石油化工设计手册

第四卷 >> 工艺和系统设计

王子宗 主编

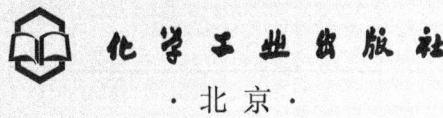
·北京·

《石油化工设计手册》(修订版)共分四卷出版。第四卷"工艺和系统设计"内容有设计基础、工艺设计及计算、基础工程设计、系统设计、自动控制、工艺安全、计算机辅助设计、贮罐工艺设计等相关知识与数据,并列举相应的实际应用实例。本书以指导设计人员正确运用、选取为原则。

本书适合从事石油化工、食品、轻工等行业技术人员阅读参考。

图书在版编目(CIP)数据

石油化工设计手册.第四卷,工艺和系统设计/王子宗主编.
—修订版.—北京:化学工业出版社,2015.5(2019.1重印)
ISBN 978-7-122-23168-0

Ⅰ.①石⋯ Ⅱ.①王⋯ Ⅲ.①石油化工-工艺装备-设计-技术手册②石油化工-系统设计-技术手册 Ⅳ.①TE65-62

中国版本图书馆CIP数据核字(2015)第039126号

责任编辑:王湘民 谢丰毅　　　文字编辑:孙凤英　王湘民
责任校对:陶燕华　　　　　　　装帧设计:王晓宇

出版发行:化学工业出版社(北京市东城区青年湖南街13号 邮政编码100011)
印　　装:北京虎彩文化传播有限公司
787mm×1092mm　1/16　印张64¾　字数1671千字　2019年1月北京第2版第2次印刷

购书咨询:010-64518888　　　　　　　售后服务:010-64518899
网　　址:http://www.cip.com.cn
凡购买本书,如有缺损质量问题,本社销售中心负责调换。

定　价:298.00元　　　　　　　　　　　　　　　　　　　版权所有　违者必究

《石油化工设计手册》（修订版）编委会

主任委员	袁晴棠	中国石油化工集团公司科学技术委员会常务副主任，中国工程院院士
副主任委员	王松汉	中国石化工程建设公司原副总工程师、教授级高级工程师，第一版主编
委　　员	（以姓氏笔画为序）	
	王子宗	中国石油化工集团公司副总工程师、教授级高级工程师
	王静康	天津大学教授，中国工程院院士
	孙国刚	石油大学教授
	吕德伟	浙江大学教授
	汪文川	北京化工大学教授
	张旭之	中国石油化工集团公司原发展战略研究小组组长、教授级高级工程师
	张霁明	中国石化工程建设有限公司副总工程师、高级工程师
	肖雪军	中石化炼化工程（集团）股份有限公司副总工程师兼技术部主任、教授级高级工程师
	罗北辰	北京化工大学教授
	周国庆	化学工业出版社副总编辑、编审
	施力田	北京化工大学教授
	赵　勇	中国石化工程建设有限公司质量安全标准部副主任、教授级高级工程师
	赵广明	中国石化工程建设有限公司工厂系统室主任、教授级高级工程师
	费维扬	清华大学教授，中国科学院院士
	袁天聪	中国石化工程建设有限公司高级工程师
	徐承恩	中国石化工程建设有限公司，中国工程院院士，设计大师
	麻德贤	北京化工大学教授
	蒋维钧	清华大学教授
	谢丰毅	化学工业出版社原副总编辑、编审

《石油化工设计手册》(修订版)编写人员

主　编　王子宗　中国石油化工集团公司副总工程师、教授级高级工程师
　　　　　　　　全国勘察设计注册工程师化工专业管理委员会委员
　　　　　　　　注册化工工程师、注册咨询工程师
副主编　肖雪军　中石化炼化工程(集团)股份有限公司副总工程师兼技术部主任、教授级高级工程师
　　　　　　　　全国注册化工工程师执业资格考试专家组副组长
　　　　　　　　注册化工工程师
　　　　袁天聪　中国石化工程建设有限公司高级工程师
　　　　　　　　注册化工工程师

第四卷人员

第一章　肖雪军　袁天聪　王延宗　王松汉　王英军
第二章　肖雪军　袁天聪　李　莉　赵广明
第三章　肖雪军　华　贲　尹清华　陈清林　袁天聪
　　　　李围潮　李　莉　张会军　王松汉　张建华
第四章　肖雪军　袁天聪　王松汉　叶赛芬　赵百云
　　　　盛在行　张瑞琪　王若青
第五章　袁天聪　杨守诚　王延宗　黄新平　腾克利　雷正香
第六章　黄步余　范宗海　沈世昭　孙淮清　林祖汉　张孝华
　　　　王大正　方承惠　魏宗云　沈加明　徐用懋　徐博文
第七章　王延宗　胡　晨
第八章　赵世春　张晓红　张瑞琪
第九章　邱文炳　雷正香　斯新中　逄金娥　冯喜才
　　　　何跃华　张云鸠

第四卷审稿人员

肖雪军　袁天聪　胡　晨

前 言

《石油化工设计手册》第一版出版以来深受读者欢迎,对提高石化工程设计水平,产生了积极的影响。十年来,石化工程建设在装置大型化和清洁化上有了长足的进步,工程装备技术水平有了重要的进展,设计手段、方法和理念也得到了提高和提升。为适应这些变化,我们组织有关专家学者对手册进行了修编工作。

设计质量是衡量石油化工装置建设质量的一个重要因素。好的设计工具书、手册可以指导和规范设计工作,对推动石油化工技术进步和提高设计质量水平具有重要意义。

手册第一版出版后,我们收到一些读者的意见,他们坦诚地指出了书中的个别错误,也期待着在再版时能够得到修正,并进一步提高图书的内容质量。正是读者的热爱,激励着我们认真地进行再版的修编工作。

修订版的修订原则是:保持特点、充实风容、尊重原著、继承风格,在实用性、可靠性、权威性、先进性方面再下功夫,反映时代特点和要求;内容要简明扼要,一目了然,突出手册特点,提高手册的水平。手册的定位则以石油化工工艺设计人员所需的设计方法和设计资料为主要内容。

手册仍分四卷:第一卷——石油化工基础数据;第二卷——标准规范;第三卷——化工单元过程;第四卷——工艺和系统设计。

感谢参与本手册第一版编写工作的各位专家,他们有着一丝不苟、认真负责和谦虚谨慎、艰辛耕耘的精神,本次修订是在他们已获得成功的成果之上,进行再次开发。

本次手册的修订出版,得到了中国石化工程建设有限公司的全力支持。中国石化工程建设有限公司是世界知名的工程公司,近年来承担了大量的石化工厂、炼油厂、煤化工工厂的工程设计,有一大批国内知名的设计专家。参加修订工作的编者很多来自中国石化工程建设有限公司,他们经验丰富,手册内容也基本反映了编者的实践经验和与国际接轨的做法。此外,清华大学、天津大学、中国石油大学、北京化工大学、浙江大学、上海理工大学、大连理工大学、北京工商大学、河北工业大学、上海化工研究院、大连化学物理研究所、四川天一科技股份有限公司的相关专家教授在修订工作中也付出了辛勤劳动,在此一并表示感谢。

衷心希望这套手册能够成为工程设计人员实用的工具书,对提高石化工业的设计水平有所裨益。

由于编写经验不足,书中疏漏和不妥之处,敬请专家和读者不吝指正。

王子宗
2015 年 4 月

第一版序

《石油化工设计手册》就要正式出版了。《手册》全面收集了石油化工设计工作中所需要的具体技术资料、图表、数据、计算公式和方法，详细介绍了工程设计的步骤和工程设计中应该考虑的问题，列有大量参考文献名录，注出图表、数据、公式等的出处，读者希望对有关问题深入了解时，可以很方便的去查阅相关的文献资料。手册选用的材料准确，有科学根据，图表、数据、公式等均经过严格的核实，手册收集的资料一般都经过实践检验，对那些正在科研阶段或虽已经过鉴定，但未工业化的科研成果和资料均未编入，有些方向性的新技术编入时，也都注明其成熟程度。手册充分体现了实用性、可靠性、权威性、先进性相结合，尤其突出实用性，是一套非常适合从事石油化工和化工设计、施工、生产、科研工作的广大技术人员查阅使用的工具书，也可作为大中专院校的师生查阅使用。

为编纂这套《手册》，国内 100 多位有很高学术理论水平和丰富经验的专家学者做出了极大努力，他们克服各种困难，查阅大量资料，伏案整理写作，反复修改文稿，经过五个寒冬酷暑春去秋来，终成这套《手册》。可以说《手册》是他们五年心血的结晶，《手册》是他们学识和智慧的硕果。当你阅读《手册》时请一定记住他们的名字，这是对他们最好的感谢。在《手册》出版之际，我也要向为《手册》提供资料和其他方便条件的单位和同志们表示衷心的感谢。

我相信，这套《手册》一定会成为石油化工、化工行业广大工程技术人员十分喜爱的工具书。

中国工程院院士

2001 年 8 月

第1版前言

石油化学工业是能源和原材料工业的重要组成部分,在国民经济中具有举足轻重的地位和作用。2000年我国原油加工能力2.737亿吨/年,加工原油2.106亿吨,居世界第三位;乙烯生产能力446.32万吨/年,产量470.00万吨,列世界第七位。我国的石化工业已形成完整的工业体系,具有比较雄厚的实力。在石化工业发展的过程中,石化战线的设计工作者进行了大量的设计实践,积累了丰富的经验,提高了设计技术水平,亟需进行归纳整理,使其系统化、逻辑化、规范化,提供给广大设计工作者及有关工程技术人员应用。为此,化学工业出版社组织有关专家编写了《石油化工设计手册》。

这套手册已列为"十五"国家重点图书。手册共分四卷,约900余万字。自1997年开始组织,先后有100余人参加编写,这些作者都是具有扎实的理论功底和丰富实践经验的专家、教授。他们在编写工作的前期,仔细研究了国内外石油化工设计工作的现状,明确了指导思想,制定了编写大纲,此后多次征求有关方面的意见,并反复进行补充修改。在编写过程中,始终坚持理论联系实际、实事求是、突出实用等原则,对标准、规范、图表、公式和数据资料进行精心筛选,慎重取材。形成文稿后,又对稿件进行多次审查,重点章节经反复讨论、推敲,最后交执笔专家修定。各位专家一丝不苟、认真负责和谦虚谨慎、艰辛耕耘的精神令人钦佩。相信这套手册的出版不仅为石化广大工程技术人员提供一套重要的工具书,而且会对我国石化工业的发展有所裨益。

由于在国内第一次出版石油化工专业的设计手册,经验不足,书中疏漏和不妥之处,敬请专家和读者不吝指正。

袁晴棠　张旭之
2001年10月

目 录

第 1 章 概 述

1.1 工艺专业在设计各阶段的任务 ………… 1
  1.1.1 设计前期工作阶段的任务 ………… 1
  1.1.2 工艺设计阶段 ………… 1
  1.1.3 基础工程设计阶段 ………… 2
  1.1.4 详细工程设计阶段 ………… 2
  1.1.5 试车及考核阶段的任务 ………… 3
1.2 工艺系统专业在设计各阶段的任务 ………… 3
  1.2.1 概述 ………… 3
  1.2.2 在设计各阶段的任务 ………… 3
1.3 设计岗位的职责和任务 ………… 4
  1.3.1 设计岗位的职责及权限 ………… 4
  1.3.2 设计岗位的任务 ………… 6
1.4 装置运行的组织和保障体系 ………… 10
  1.4.1 生产的组织机构 ………… 10
  1.4.2 生产过程的管理 ………… 11

第 2 章 设计基础

2.1 概述 ………… 14
2.2 工厂选址 ………… 14
  2.2.1 厂址选择 ………… 14
  2.2.2 厂址选择的工作阶段 ………… 17
2.3 自然条件 ………… 18
  2.3.1 一般现场数据 ………… 18
  2.3.2 气象数据 ………… 20
2.4 装置能力 ………… 21
2.5 操作制度 ………… 21
2.6 设计工况 ………… 21
2.7 装置操作弹性 ………… 21
2.8 设计规范和标准 ………… 22
  2.8.1 第一种规范分类方法 ………… 22
  2.8.2 第二种规范分类方法 ………… 26
2.9 原料规格 ………… 26
  2.9.1 原料组成 ………… 26
  2.9.2 原料规格 ………… 26
2.10 产品、副产品及化学品规格 ………… 27
  2.10.1 产品规格 ………… 27
  2.10.2 副产品及化学品规格 ………… 27
2.11 公用工程条件 ………… 27
  2.11.1 蒸汽系统 ………… 27
  2.11.2 水系统 ………… 29
  2.11.3 供电及电信系统 ………… 30
  2.11.4 燃料系统 ………… 31
  2.11.5 供氧系统 ………… 32
2.12 三废排放要求及处理原则 ………… 32
  2.12.1 废气 ………… 32
  2.12.2 废水 ………… 33
  2.12.3 废液 ………… 33
  2.12.4 废渣 ………… 33
2.13 界区条件 ………… 34
  2.13.1 界区处的原料设计条件 ………… 34
  2.13.2 界区处的产品设计条件 ………… 34
  2.13.3 界区处的副产品及化学品设计条件 ………… 34
2.14 工艺设计基础 ………… 35

第 3 章 工艺设计及计算

3.1 工艺包设计 ………… 36
  3.1.1 概述 ………… 36
  3.1.2 工艺的主要内容 ………… 37
  3.1.3 工艺流程说明 ………… 42
  3.1.4 工艺流程图（PFD） ………… 42
  3.1.5 物料和热量衡算 ………… 45
  3.1.6 工艺设备数据表 ………… 50
  3.1.7 工艺设备表 ………… 50
  3.1.8 原料、催化剂、化学品消耗量及消耗定额和产品、副产品产量 ………… 50

3.1.9	原料、催化剂、化学品和产品、副产品规格 …………… 63	3.3.3	反应流程的优化 …………… 78
3.1.10	公用物料消耗定额及消耗量 … 63	3.3.4	精馏流程的优化 …………… 79
3.1.11	公用物料规格 ……………… 64	3.3.5	蒸发系统 …………………… 80
3.1.12	分析化验要求 ……………… 65	3.3.6	工艺设备的选择 …………… 80
3.1.13	生产装置界区条件表 ……… 65	3.3.7	设备材质的选择 …………… 86
3.1.14	三废排放及建议的处理措施 … 65	3.3.8	压力容器的设计分类及工艺设备的特殊制造要求 …………… 86
3.1.15	安全分析 …………………… 67	3.3.9	工艺流程控制方案的设计 …… 87
3.1.16	建议的设备平面布置图 …… 71	3.4	过程能量综合 …………………… 94
3.1.17	工艺手册操作指南 ………… 73	3.4.1	概述 ………………………… 94
3.2 工艺包设计的工作程序 …………… 74		3.4.2	夹点分析法 ………………… 96
3.2.1	工艺包设计阶段的主要工作程序 … 74	3.4.3	㶲分析方法 ………………… 112
3.2.2	工艺专业完成设计条件的步骤 … 75	3.4.4	三环节能量综合策略方法及应用 …………………… 123
3.2.3	工艺包阶段工艺专业的条件关系 … 76	3.4.5	全局能量综合优化 ………… 148
3.3 工艺设计的原则和方法 …………… 77		参考文献 ……………………………… 155
3.3.1	工艺路线的选择 …………… 77		
3.3.2	工艺流程方案的优化 ……… 78		

第 4 章　基础工程设计

4.1 概述 ………………………………… 157		4.8.1	管道表填写内容 …………… 205
4.2 工艺管道及仪表流程图（PID） … 159		4.8.2	管道表填写说明 …………… 205
4.2.1	基本内容 …………………… 159	4.8.3	管道表的出版与修订 ……… 206
4.2.2	工艺管道及仪表流程图（PID）的设计过程 …………………… 162	4.9	生产装置界区条件表 …………… 206
4.2.3	PID 设计所需资料 ………… 166	4.10	平面布置图 ……………………… 208
4.2.4	PID 的图面布置和制图要求 … 166	4.10.1	装置布置设计的一般要求 … 209
4.2.5	典型设备的 PID 设计 ……… 170	4.10.2	管廊和主要设备的布置 …… 211
4.2.6	PID 校核提纲 ……………… 194	4.11	工艺设备表 ……………………… 219
4.3 公用系统管道及仪表流程图（UID）… 196		4.11.1	容器类设备 ………………… 219
4.3.1	基本内容 …………………… 196	4.11.2	换热器类设备 ……………… 219
4.3.2	图例 ………………………… 196	4.11.3	工业炉类设备 ……………… 220
4.4 工艺流程说明 …………………… 198		4.11.4	泵类设备 …………………… 220
4.5 原料、产品、副产品、燃料、催化剂、化学品及公用物料的技术规格 …… 198		4.11.5	压缩机、风机类设备 ……… 220
4.5.1	设计需知 …………………… 198	4.11.6	机械类设备 ………………… 220
4.5.2	基本内容 …………………… 198	4.11.7	其他类设备 ………………… 220
4.6 原料、催化剂、化学品、公用物料消耗定额及消耗量和产品、副产品产量表 … 201		4.12	工艺设备数据表 ………………… 284
		4.13	劳动安全卫生 …………………… 284
4.6.1	设计需知 …………………… 201	4.13.1	建设依据和设计依据 ……… 284
4.7 管道标志 ………………………… 203		4.13.2	工程概述 …………………… 284
4.7.1	需要编号的管道范围 ……… 203	4.13.3	生产过程中职业危险、危害因素分析 ……………… 284
4.7.2	管道标注方法 ……………… 203	4.13.4	设计采用的主要安全卫生防范措施 …………………… 284
4.7.3	管道号的编制 ……………… 203	4.13.5	预期效果与评价 …………… 285
4.8 管道表 …………………………… 205		4.13.6	劳动安全卫生预评价结论 …… 285

4.13.7 专用投资概算 …………… 285
4.13.8 存在问题与建议 …………… 285
4.13.9 附图 ………………………… 285
4.14 人员编制 …………………………… 285
4.15 工艺系统及其他专业的条件关系 …… 285
4.15.1 工艺系统在各个设计阶段的条件关系 ……………… 286
4.15.2 工艺系统和仪表专业之间的条件关系 ……………… 290

第 5 章 系统设计

5.1 概述 ………………………………… 294
5.2 设计压力的确定 …………………… 294
 5.2.1 术语 …………………………… 294
 5.2.2 系统分析 ……………………… 295
 5.2.3 设备设计压力的确定原则 …… 296
 5.2.4 管道设计压力的确定原则 …… 296
5.3 设计温度的确定 …………………… 298
 5.3.1 设备设计温度的确定 ………… 298
 5.3.2 管道设计温度的确定 ………… 298
5.4 管道水力学的设计 ………………… 299
 5.4.1 管道水力学设计步骤 ………… 299
 5.4.2 初选管径的计算 ……………… 300
 5.4.3 摩擦压力降的计算 …………… 303
 5.4.4 管网压力降的计算 …………… 318
 5.4.5 单相流（不可压缩流体）的管道压力降计算 ……………… 319
 5.4.6 单相流（可压缩流体）的管道压力降计算 ……………… 335
 5.4.7 气-液两相流（非闪蒸型）的管道压力降计算 …………… 346
 5.4.8 气-液两相流（闪蒸型）的管道压力降计算 ……………… 361
 5.4.9 气-固两相流的管道压力降计算 …… 368
 5.4.10 真空系统的管道压力降计算 … 385
 5.4.11 浆液流的管道压力降计算 …… 396
 5.4.12 计算机软件的应用 ………… 407
5.5 安全阀的选择与应用 ……………… 407
 5.5.1 概述 …………………………… 407
 5.5.2 设置安全阀的场合 …………… 408
 5.5.3 安全阀的结构形式及分类 …… 409
 5.5.4 安全阀的选择 ………………… 411
 5.5.5 安全阀的定压、积聚压力和背压的确定 ……………… 416
 5.5.6 安全阀需要排放量的计算 …… 419
 5.5.7 安全阀泄放能力的计算 ……… 424
 5.5.9 安全阀的安装 ………………… 434
 5.5.10 安全阀的泄漏试验 ………… 440
 5.5.11 故障原因分析及处置 ……… 441
5.6 疏水器的计算和选型 ……………… 442
 5.6.1 疏水器的设置 ………………… 442
 5.6.2 疏水器的种类及主要技术性能 …… 444
 5.6.3 疏水器的选择 ………………… 449
 5.6.4 疏水器系统设计 ……………… 454
5.7 爆破片的设计和选用 ……………… 458
 5.7.1 概述 …………………………… 458
 5.7.2 有关爆破片的名词、术语 …… 459
 5.7.3 爆破片设置及选用 …………… 461
 5.7.4 爆破片的泄放量和泄放面积的计算及爆破压力 ……………… 461
 5.7.5 爆破片的选用 ………………… 468
 5.7.6 爆破片与安全阀的组合使用 … 470
 5.7.7 爆破片的安装与维护 ………… 471
5.8 阻火器计算 ………………………… 476
 5.8.1 概述 …………………………… 476
 5.8.2 分类 …………………………… 476
 5.8.3 阻火器的设置 ………………… 476
 5.8.4 阻火器的设计 ………………… 477
 5.8.5 阻火器压力降的计算 ………… 479
5.9 蒸汽喷射泵的设计 ………………… 486
 5.9.1 蒸汽喷射泵的原理和计算 …… 486
 5.9.2 安装与操作 …………………… 494
 5.9.3 喷射泵计算实例 ……………… 496
5.10 呼吸阀的选用 ……………………… 502
 5.10.1 呼吸阀的用途和结构 ……… 502
 5.10.2 呼吸阀的计算 ……………… 506
 5.10.3 呼吸阀的选用及安装 ……… 508
 5.10.4 呼吸阀的参数表 …………… 509
5.11 隔热及伴热设计 …………………… 519
 5.11.1 隔热设计 …………………… 520
 5.11.2 伴热的选用 ………………… 520
 5.11.3 蒸汽伴热保温计算 ………… 521
 5.11.4 电伴热保温计算 …………… 529
5.12 管道混合器的计算与选型 ………… 531
 5.12.1 应用范围 …………………… 531

5.12.2	静态混合器的类型 …………… 532	5.17.4	设置隔声罩 …………………… 587
5.12.3	静态混合器的技术参数及压力降计算 …………… 534	5.17.5	消声器选用实例 ……………… 592
		5.18	人身防护系统的设计 …………… 593
5.12.4	主要静态混合器参数表 ……… 537	5.18.1	应用范围 ……………………… 593
5.12.5	静态混合器的安装 …………… 538	5.18.2	安装位置 ……………………… 593
5.12.6	选型步骤及例题 ……………… 539	5.18.3	设计要求 ……………………… 593
5.13	气封和液封的设计 ……………… 545	5.18.4	性能数据和产品图示 ………… 594
5.13.1	气封的作用 …………………… 545	5.19	装置内辅助系统的设计 ………… 599
5.13.2	气封的设计 …………………… 545	5.19.1	辅助系统的设计 ……………… 599
5.13.3	液封的类型 …………………… 547	5.19.2	蒸汽及冷凝水系统 …………… 600
5.13.4	液封的设计 …………………… 548	5.19.3	冷冻盐水系统 ………………… 601
5.14	管道过滤器和检流器的设计 …… 550	5.19.4	循环水系统 …………………… 601
5.14.1	管道过滤器的分类 …………… 551	5.19.5	仪表空气系统 ………………… 601
5.14.2	管道过滤器订货需知 ………… 552	5.19.6	氮气、装置空气系统 ………… 601
5.14.3	管道过滤器的安装 …………… 554	5.19.7	燃料气系统 …………………… 601
5.14.4	检流器的类型 ………………… 554	5.19.8	公用物料站的设计 …………… 602
5.14.5	检流器的设置 ………………… 554	5.20	取样系统的设计 ………………… 603
5.14.6	检流器的安装 ………………… 555	5.20.1	系统的分类 …………………… 603
5.15	管道限流孔板和盲板的设计 …… 563	5.20.2	各类取样系统的设计 ………… 604
5.15.1	限流孔板的应用 ……………… 563	5.20.3	取样器的使用注意事项 ……… 605
5.15.2	限流孔板选型 ………………… 563	5.21	阀门选用设计 …………………… 608
5.15.3	限流孔板计算方法和实例 …… 564	5.21.1	阀门的选用 …………………… 609
5.15.4	限流孔板设计附图和附表 …… 567	5.21.2	阀门和阀门组的设置 ………… 610
5.15.5	盲板的设置 …………………… 568	5.22	气液分离器的计算与选用 ……… 618
5.16	贮罐的选型 ……………………… 571	5.22.1	气液分离器 …………………… 618
5.16.1	贮罐的分类及其用途 ………… 571	5.22.2	液液分离器 …………………… 623
5.16.2	名词解释 ……………………… 575	5.23	火炬系统 ………………………… 627
5.16.3	贮罐选型的原则与步骤 ……… 577	5.23.1	概述 …………………………… 627
5.16.4	贮罐容积的计算方法 ………… 577	5.23.2	火炬气排放管网的设计 ……… 631
5.16.5	贮罐内件的设置原则 ………… 578	5.23.3	火炬装置的工艺和系统设计及总图布置 ……………… 636
5.16.6	常压罐的管口 ………………… 578		
5.16.7	带压罐的管口 ………………… 579	5.23.4	火炬的燃烧特性 ……………… 640
5.17	噪声控制的设计 ………………… 583	5.23.5	火炬装置主要设备的设计 …… 642
5.17.1	噪声控制标准 ………………… 583	5.23.6	火炬气回收 …………………… 650
5.17.2	噪声控制设计原则 …………… 584	5.23.7	火炬系统的本质安全 ………… 652
5.17.3	设计内容 ……………………… 584		

第6章 自动控制

6.1	工业自动化仪表 ………………… 655	6.1.6	过程分析仪表 ………………… 674
6.1.1	概述 …………………………… 655	6.1.7	控制室仪表 …………………… 677
6.1.2	流量测量仪表 ………………… 656	6.1.8	控制阀 ………………………… 679
6.1.3	压力测量仪表 ………………… 665	6.1.9	变送器 ………………………… 697
6.1.4	物位测量仪表 ………………… 667	6.2	自动控制系统的设计 …………… 702
6.1.5	温度测量仪表 ………………… 670	6.2.1	简单控制系统 ………………… 702

- 6.2.2 复杂控制系统 …… 704
- 6.3 先进过程控制 …… 725
  - 6.3.1 概述 …… 725
  - 6.3.2 先进过程控制及预测控制的基本原理 …… 728
  - 6.3.3 主要先进控制工具软件包 …… 730
  - 6.3.4 先进过程控制应用举例——聚丙烯先进过程控制 …… 736
- 6.4 原油蒸馏过程建模与在线优化控制 …… 749
  - 6.4.1 原油蒸馏过程工艺简述 …… 749
  - 6.4.2 严格在线过程模型 …… 750
  - 6.4.3 过程稳态优化模型 …… 752
  - 6.4.4 原油常压塔侧线产品质量多变量智能控制 …… 756
  - 6.4.5 原油常压塔质量估计中的软测量仪表 …… 759

第7章 工艺安全

- 7.1 概述 …… 763
  - 7.1.1 术语与定义 …… 763
  - 7.1.2 设计单位的主要安全职责 …… 763
  - 7.1.3 安全设计基本程序 …… 764
- 7.2 工艺物料危险性分析 …… 764
  - 7.2.1 危险化学品数据 …… 764
  - 7.2.2 火灾危险性分析 …… 765
  - 7.2.3 爆炸危险区划分 …… 766
  - 7.2.4 职业性接触毒物分级及接触限值 …… 766
- 7.3 工艺过程风险评估 …… 768
  - 7.3.1 主要的危险化工工艺 …… 768
  - 7.3.2 过程危险源分析 …… 768
  - 7.3.3 传统的危险源分析方法 …… 770
  - 7.3.4 各设计阶段过程危险源分析 …… 772
  - 7.3.5 工艺过程危险分析（PHA，Process Hazard Analysis） …… 773
  - 7.3.6 危险与可操作性研究（HAZOP，HazardAnd Operability Study） …… 774
  - 7.3.7 量化风险评估（QRA，Quantitative Risk Assessment） …… 776
- 7.4 安全设计依据及基本原则 …… 777
  - 7.4.1 安全设计依据 …… 777
  - 7.4.2 国家法律法规体系 …… 777
  - 7.4.3 国家标准规范及强制性条文 …… 777
  - 7.4.4 国家标准规范实施要点 …… 778
  - 7.4.5 安全设计基本原则 …… 779
- 7.5 工艺过程风险控制措施 …… 779
  - 7.5.1 安全对策措施与风险控制 …… 779
  - 7.5.2 安全对策措施特性及选用原则 …… 780
  - 7.5.3 安全设施定义与分类 …… 780
  - 7.5.4 工艺本质安全设计 …… 780
  - 7.5.5 安全仪表系统与可燃有毒气体检测系统设计 …… 781
  - 7.5.6 安全泄放装置及系统 …… 783
  - 7.5.7 紧急切断阀（EBV） …… 784
  - 7.5.8 设备和管道材料的选用 …… 785
  - 7.5.9 应急措施设计 …… 786
  - 7.5.10 抗爆建筑物设计 …… 786

第8章 计算机辅助设计

- 8.1 概述 …… 788
- 8.2 流程模拟 …… 789
  - 8.2.1 流程模拟软件发展历史 …… 790
  - 8.2.2 主要流程模拟软件介绍 …… 792
- 8.3 稳态流程模拟 …… 794
  - 8.3.1 稳态流程模拟系统的构成 …… 794
  - 8.3.2 物性数据库和物性计算 …… 794
  - 8.3.3 参数回归 …… 807
  - 8.3.4 单元操作模块 …… 808
  - 8.3.5 切割物流和收敛方法 …… 810
  - 8.3.6 流程选项 …… 812
  - 8.3.7 模型分析 …… 814
  - 8.3.8 功能扩展 …… 816
  - 8.3.9 稳态模拟示例 …… 825
- 8.4 动态流程模拟 …… 832
  - 8.4.1 动态流程模拟的类型 …… 834
  - 8.4.2 在Aspen Plus中清理不适用的模块 …… 834
  - 8.4.3 在Aspen Plus中完善稳态流程模拟 …… 834
  - 8.4.4 在Aspen Plus中估算塔器尺寸 …… 834
  - 8.4.5 在Aspen Plus中输入动态模拟所需参数 …… 835
  - 8.4.6 在Aspen Plus中运行

	压力检查器 …………………… 835	8.4.9	运行动态流程模拟 …………… 837
8.4.7	在 Aspen Plus 中导出动态	8.4.10	控制方案的完善 …………… 837
	流程模拟文件 ………………… 835	8.4.11	控制器参数的整定 …………… 839
8.4.8	Aspen Plus Dynamics 中的流程 … 836		

第 9 章 贮罐工艺设计

9.1	贮罐分类 …………………………… 841	9.3.7	贮罐保温 …………………………… 948
9.1.1	概述 ……………………………… 841	9.3.8	钢贮罐基础的工艺要求 ………… 951
9.1.2	分类 ……………………………… 841	9.4	石油化工贮罐主要附件的
9.2	常用各种贮罐设计原则及计算 ……… 842		选择与计算 ………………………… 954
9.2.1	球罐 ……………………………… 842	9.4.1	进料管和出料管的设计 ………… 954
9.2.2	小型贮罐 ………………………… 847	9.4.2	集水罐的设计 …………………… 961
9.2.3	低温贮罐 ………………………… 849	9.4.3	防涡流挡板 ……………………… 961
9.2.4	固定顶贮罐 ……………………… 858	9.4.4	呼吸装置 ………………………… 970
9.2.5	外浮顶贮罐 ……………………… 879	9.4.5	防护装置 ………………………… 983
9.2.6	内浮顶贮罐 ……………………… 890	9.4.6	贮罐内物料流动时的静
9.2.7	湿式气柜 ………………………… 893		电及防止办法 …………………… 990
9.2.8	干式气柜 ………………………… 904	9.4.7	贮罐消防的工艺要求 …………… 1004
9.2.9	粮仓 ……………………………… 908	9.5	贮罐及管道用钢材 ………………… 1007
9.3	石油化工贮罐工艺设计及计算 ……… 916	9.5.1	基本要求 ………………………… 1007
9.3.1	石油化工产品贮存工艺方法 …… 916	9.5.2	钢板 ……………………………… 1007
9.3.2	容量计算和基本尺寸的选择 …… 921	9.5.3	钢管 ……………………………… 1013
9.3.3	设计压力和设计温度的确定 …… 923	9.5.4	锻件 ……………………………… 1015
9.3.4	惰性气体量的计算 ……………… 926	9.5.5	螺柱和螺母 ……………………… 1015
9.3.5	贮罐液体蒸发损失 ……………… 928	参考文献 …………………………………… 1019
9.3.6	贮罐的加热与冷却 ……………… 937		

第1章 概 述

本卷的内容主要是叙述石油化工设计中工艺和工艺系统两个专业在设计内容、设计程序，以及完成的设计文件常用的计算方法和基本的工程原理。

工艺专业的主要任务是完成工艺流程的模拟计算、工艺流程图（Process flow diagram，以 PFD 表示）以及和工艺过程密切相关的公用物料流程图（Utilities flow diagram，以 UFD 表示）的绘制，提出初步的设备平面布置图和主要的设备条件。工艺系统专业的主要任务是把工艺专业完成的工艺流程设计进一步完善，达到工程化的要求。首先要完成各个设备的结构尺寸的计算，完成工艺管道及仪表流程图（Process pipes and instrument flow diagram，以 PID 表示）和公用物料管道及仪表流程图（Utilities pipes and instrument diagram，以 UID 表示）的设计任务，给各有关专业提出设计条件。

1.1 工艺专业在设计各阶段的任务

1.1.1 设计前期工作阶段的任务

① 参加项目建议书、项目可行性研究报告的编制工作，承担有关工艺部分的研究，并编写相应文件。

② 参加项目报价书、投标书技术文件的编写，承担有关工艺部分的研究，并编写相应文件，参加有关投标书的技术内容介绍、合同谈判、编写有关合同附件。

③ 参加引进技术项目的询价书编写，对投标书研究讨论（评标），合同谈判以及合同技术附件研究讨论。

④ 大中型石油化工厂或联合装置需要进行总体规划设计时，对有关项目提出可供总体规划参考的设计条件。

1.1.2 工艺设计阶段

在工艺设计阶段，工艺专业作为主导专业设计人员应配合专利所有者或研究部门完成以下各项工作。

① 确定设计基础。

a. 所采用的工艺技术路线及其依据，装置的年设计生产能力、年操作小时数及装置操作弹性等。

b. 原材料、辅助原料、催化剂、化学品的规格要求及界区条件。

c. 产品、中间产品及副产品的规格（产品牌号、规格、性能等）要求。

d. 产品方案及产品性能。

e. 公用物料的各项规格要求及界区条件（温度、压力等）。

f. 提出原材料、辅助原材料、催化剂、化学品、工艺过程中公用物料的消耗定额及副产品产出定额（预期值）。

g. 提出工艺过程排出物（气体、液体、固体等）的排放源、排放数量及其组成。

h. 编写工艺安全生产和职业卫生两方面的设计内容。

i. 提出工艺操作所需定员。

② 进行全流程的物料平衡及热量平衡计算。应进行必要的方案比较、选择，并考虑适当

的操作弹性（全流程的操作弹性，还有重要工段或重要设备的操作弹性）。

③ 绘制 PFD，图中应表示出工艺生产过程中的主要设备、主要工艺物流、重要控制方案、主要操作参数、换热设备的热负荷、特殊阀门等。

还应绘制与工艺过程关系密切的 UFD。

④ 编制物料平衡表，应表示主要工艺物流的有关数据，如流量、组成、温度、压力、平均相对分子质量及物料的重要物理性质（密度、黏度等）。

⑤ 编写工艺说明，按工艺流程顺序详细说明生产过程，应包括有关的化学反应及其机理、操作条件、主要设备的特点、重要的控制方案说明等内容。

⑥ 进行主要设备的工艺计算，包括反应器、容器、塔器的工艺计算，换热设备的热负荷计算等工作。

⑦ 在设备专业人员协助下，编制工艺设备表和反应器、搅拌器、容器的工艺设备数据表；编制机泵及其他特殊设备工艺数据汇总表。

⑧ 向仪表专业提供主要控制及联锁方案的初步要求，工艺介质的物性及操作参数，以便仪表专业开展设计工作。

⑨ 向电气专业提供工艺介质有关物性数据、操作参数等，以便电气专业编制危险区域划分图。此外，还需提供工艺对电气系统的要求，例如，对电机自启动的要求等。

⑩ 工艺专业人员负责绘制并向总图、配管、电气等专业提供建议的工艺设备布置图。

⑪ 向配管材料专业提供工艺管道使用条件表，提供工艺介质的特性（易燃、易爆、有毒、腐蚀、渗透、溶解性、黏滞性、浆液等）、操作参数（最高、最低温度，最高压力或真空度等）等条件，以便配管材料专业编制特殊管道材料等级表。

⑫ 向分析专业提出分析化验条件表。

⑬ 编写生产操作和安全规程要领（指南）。

⑭ 收集、整理与工艺有关的科研报告及专利文件。

1.1.3 基础工程设计阶段

根据工艺设计包联络会议或审核会议纪要对有关文件进行必要的调整或修改，作为基础工程设计依据。

① 配合工艺系统专业完成 PID 及 UID 的设计，以保证其符合工艺要求。特别需要注意装置安全操作、开停车及事故处理等措施。

② 对配管专业完成的设备布置图进行检查，应注意设备布置能否满足工艺操作方便、安全、物料走向合理和节省投资等要求。

③ 板式塔数据表、填料塔数据表和换热器数据表，由工艺专业向化学工程专业提出工艺条件，由化学工程专业为主导专业来完成编制任务。反应器数据表、容器数据表、搅拌器数据表，由工艺专业按工艺设备数据表编写规定，完成自己的工作内容，再由工艺系统专业为主导专业完成编制任务。其他工艺数据表按专业分工规定，由相关专业完成。

④ 确认工艺系统专业向分析专业提出的取样点条件。

⑤ 对制造厂提供的工艺设备初期资料和最终资料，进行工艺专业的确认。

1.1.4 详细工程设计阶段

① 工艺专业对供货厂商提供的关键设备、机泵等的最终图纸资料进行核查，以确保其满足工艺的要求。

② 检查 PID 及 UID、设备布置图及有特殊要求的配管图等详细工程设计图纸、文件等，

应满足开车、停车、正常操作、事故处理等各方面的要求。

③ 如有必要，与专利商或生产厂合作编制操作手册。

④ 参加装置模型的会审。

1.1.5 试车及考核阶段的任务

① 工艺设计人员应参加装置的试车及考核，并协助专利商或研究部门负责工艺方面的有关工作。

② 收集、整理现场操作参数及运行数据，了解试车、运行及考核中出现的问题，以便改进工艺技术和工艺设计。

1.2 工艺系统专业在设计各阶段的任务

1.2.1 概述

① 作为基础工程设计阶段主导专业，其首要职责是负责工艺系统设计，将化工工艺设计成果转变为工程设计成品，在仪表专业参与下，编制出各版PID（包括工艺PID和UID），作为配管专业进行配管研究和详细工程设计的主要依据。

② 通过对工艺流程系统的安全分析、经济分析及各项计算，在工艺流程中完成正确合理配置管道、阀门、管件、隔热、伴热、仪表以及安全泄放系统和气封系统的设计，以满足正常生产、开停车及事故情况下的安全要求。

③ 根据工艺物料的特性和工艺流程的特点，在整个生产过程中采取切实可行的安全和工业卫生防护措施，以符合国家颁发的对人身安全和环境保护的各项指标要求。

④ 为满足各专业开展工程设计及为它们提供订货资料而编制必要的设计条件和基础数据。

1.2.2 在设计各阶段的任务

（1）设计前期工作阶段的任务

① 项目建议书和可行性研究报告编制工作中的工艺系统专业部分的工作。

② 报价书的编制工作。

（2）工程设计阶段的任务

① 工程设计前期准备工作

a. 接受经批准的设计任务书或与业主签订的合同文件。

b. 取得完整的设计基础资料。

c. 接受工艺专业发表的全套工艺设计包资料。

d. 接受设计经理、工艺等专业提供的设计条件表及有关图纸资料。

e. 进行人工时估算及拟定工作进度表。

f. 编制专业设计统一规定及设计规定汇总表。

② 工艺包设计和基础工程设计阶段

a. 在工艺包设计阶段，设计工作以工艺专业为主，工艺系统专业可根据需要参加部分设计工作。

b. 编制并提出各有关专业设计条件。

c. 进行工艺流程系统分析。包括经济分析，安全分析，隔热、伴热系统分析。

d. 进行系统各项计算。包括管径计算及管道水力计算，安全阀、爆破片等项计算，气封系统计算。

e. 根据各项计算结果编制各类工艺设备数据表，编制安全阀规格书、爆破片规格书、呼吸阀及氮封阀规格书、疏水器规格书、过滤器规格书、阻火器规格书、消音器规格书、喷嘴规格书、特殊阀门规格书，供机泵专业、配管材料专业订货用。

f. 编制各类工艺设备表。

g. 提出设备、管道保温（冷）类型与要求。

h. 根据工艺设计包资料及对工艺流程的初步分析和计算结果编制工艺管道及仪表流程图。

i. 编制基础工程设计说明书。

（3）详细工程设计阶段

① 修改、补充设计统一规定。

② 修改、补充各项设计条件表。

③ 进行详细水力计算的核算并最终确认管径、机泵输送系统的最小吸入高度及压差。

④ 最终确认并会签设备专业设计的设备详细设计图。

⑤ 最终确认并会签制造厂返回的机泵图纸资料。

⑥ 在确认设备机泵图纸资料的基础上修改工艺设备表。

⑦ 核实并确认制造厂提供的安全阀、爆破片、呼吸阀等阀件及过滤器、疏水器等管件图纸资料。

⑧ 核实进出界区的工艺物料及公用物料的界区条件。

⑨ 根据业主审核意见、最终确认的图纸资料及配管等专业返回的修改意见分别修改完善工艺管道及仪表流程图提供给各专业作为详细工程设计的依据。

（4）施工安装阶段的任务

① 去现场进行设计交底。

② 必要时派出工艺系统专业设计代表，负责解释并及时处理有关工艺系统的设计问题。

③ 了解现场施工过程中对工艺系统的各种意见，并进行信息反馈。

（5）试车及考核阶段的任务

① 参加现场试车及考核工作，进一步了解和发现工艺系统设计方面的各种问题，并及时改进，以保证生产装置的正常运行。

② 编制工程完工报告。

1.3 设计岗位的职责和任务

1.3.1 设计岗位的职责及权限

在专业负责人组织下，首先由设计人员完成各阶段设计规定的内容，编制好设计文件，经过自校无误后，再进行校审。

1.3.1.1 校核人

① 校核人应与设计人共同研究设计方案、设计原则，对设计条件和设计成品进行全面校核，对所校核的设计文件质量负责。

② 对已确定的重大设计方案的修改有建议权。

③ 在校核中与设计人在技术问题上有意见分歧时有决定权，与审核人有意见分歧时有申诉权。

④ 校核人按照专业设计质量控制程序及专业校审提纲的规定进行校核。

⑤ 校核人必须严格遵守和执行相关的法规、标准、规范和规定的要求。经校核过的设计

文件必须满足合同以及有关方面要求。

1.3.1.2 审核人

① 大项目应由具有高级工程师技术职称及以上的或相当职称人员担任。

② 审核人应参与设计方案和重大技术问题研究并有决定权,有责任解决设计人和校核人提出的疑难问题,对设计方案的正确性负责。

③ 与设计人、校核人在技术上有意见分歧时有决定权。

④ 对设计中应采用的标准、规范有决定权。

⑤ 对审核过的设计文件质量负责。

1.3.1.3 审定人

① 一般由具有高级工程师技术职称的专业副总工程师或相当职称人员担任。

② 负责主持重大设计原则、设计方案的评审,并作出决定。

③ 对设计指导思想、技术路线、重大设计原则、技术方案等,对设计的切合实际、技术先进、经济合理、安全适用和投资控制等重大原则问题负主要责任。

④ 对设计中设计、校核、审核人之间的意见分歧有决策权。

⑤ 对审定过的设计文件质量负责。

1.3.1.4 校审步骤

① 自校 设计文件送校核前,设计人应进行全面的自校,将"常见病多发病"消除在自校中,自认无误后方可送给校核人。未经自校的设计文件不准送出校核。

② 送校 设计人将经过自校合格的设计文件连同设计条件、计算书和作为设计依据的有关资料一并送交校核人。

③ 校核 校核人收到应校的设计文件和有关资料后,应根据本专业的校审提纲或细则的要求,进行全面、认真、仔细的校核。同时将校核出的问题全部直接记录在校核文件上。

在校核中发现的不能自己决定的疑难问题,应及时与审核人商议。

经全面校核后的设计文件及有关资料一并退还设计人。

④ 校核修改 设计人收到经校核过的设计文件,应首先吃透校核人的意见,然后逐条逐项的在设计原件上进行修改。

在修改时,与校核人有意见分歧时,可以向校核人提出申诉,若校核人仍坚持原意见,设计人必须按校核意见进行修改。但可以在校核件上的适当位置记下保留意见,以备后查。

全部修改完毕并自校无误后,将修改件和校核件再送给校核人核实确认。

⑤ 核实确认 校核人应认真核实确认设计人是否完全按校核意见进行了修改,核实无误方可在设计文件上签字。

在核实中若新发现原设计的某些方面仍需进一步修改和完善时,仍应要求设计人进行修改直到满意为止。

1.3.1.5 审核步骤

① 设计人将需要审核的设计文件连同有关资料送给审核人,未经校核和修改的设计文件不准送审核人审核。

② 审核人收到设计文件后,应按有关规定进行认真审核,确保设计质量。

③ 审核中发现的重大问题,应会同设计人、校核人或有关专家共同研究,并做出决定。

④ 审核的意见应记录在审核件上,交设计人修改。

⑤ 设计人应按审核意见对设计文件进行修改，修改自校无误后再返给审核人核实确认。

⑥ 审核人对设计人修改后的文件进行核实，确认无误后，方可在设计文件上签字并退给设计人。

1.3.1.6 审定步骤

① 设计人应将需要审定的设计文件及有关资料送审定人审定。未经过校核和审核并修改好的设计文件不准送审定人。

② 审定人应按审定要求进行审定，若无意见，可以在设计文件上签字。

③ 审定人若认为设计文件需要作进一步修改时，应将有关意见记录在审定文件上，设计人修改后应经审定人核实确认后签字。

1.3.2 设计岗位的任务

1.3.2.1 校审类别和组织分工

① 根据工程类别及文件的重要程度确定校审类别。

② 校审类别分为：一级校核（校核）、二级校审（校核、审核）、三级校审（校核、审核、审定）。

③ 关键设备和三类压力容器总图、爆炸危险区域划分图、总平面布置等必须进行审定。

④ 校审工作由设计经理负责组织，设计经理对设计文件校审工作的完整性负责。

⑤ 专业负责人负责本专业设计文件校审工作的安排和组织。

⑥ 为确保校审工作质量，项目（设计）经理、专业负责人编制作业计划时要确保校审人的校审时间，并组织督促校审工作的完成。项目进度控制工程师有权对校审进度计划进行调整、控制，确保校审工作的必要时间。

⑦ 由于不重视校审工作或没有安排足够校审时间，使校审工作徒有虚名而造成设计质量事故时，应追查有关人员失职责任。

1.3.2.2 设计条件的校审

① 设计人提出的设计条件应按规定校审。设计人必须事先自校，自校无误后送校核人校核。

② 设计人在提交经校审后的设计条件前，必须负责完成各级校审人提出的修改内容，并经自校和校审人确认后才能发出。

③ 各专业提供外专业的一次条件，或具有方案性的设计条件，需经本专业审核人审核、签字。一般性设计条件需经本专业校核人校核、签字。所有设计条件均应经过设计人、校核人、审核人二级或三级签字才能有效。设计条件签字后由专业负责人统一向其他专业发送。

④ 接受条件专业的专业负责人，统一接收提来条件并要对设计条件表、条件图是否符合互提条件内容规定及是否经校审签字进行检查，检查无误才能发送给本专业设计人。如接收的条件表、条件图未按公司规定编制，或未经提出条件专业的校审人签字，应拒绝接受。由此而导致设计延期由提出条件专业负责。

⑤ 接受条件的专业负责人，如果认为所收到的设计条件中有本专业技术上不能满足的要求，或技术上虽可能，但将导致本专业技术、经济上严重不合理时，应及时与提出条件专业协商修改条件。如双方不能取得一致意见，则应由接收专业负责人请双方设计审核人参与协商解决。如仍不能协商解决，则应提请设计经理协调决定。

⑥ 提出条件专业对所提条件的完整性、正确性负责。接受条件专业对正确使用条件、满足条件要求负责。在需要修改条件时，只能由条件编制人修改，并经校审人签字发出。接受条件人无权修改外专业所提出的设计条件表、条件图。如果修改条件只涉及原条件的局部或个别尺寸、数字错误，可以在原条件上注明、修改，但修改人必须在修改处签字，并注明修改日期。提出条件专业应在自己保留的原条件上做相应修改和注明日期。

1.3.2.3 设计文件（包括成品、中间文件）的校审

设计文件提交校审前，设计人必须经过仔细的自校。设计人提交校审设计文件时，应同时提交有关的设计条件、计算书及设计依据文件。

在校核设计文件时，应按各专业设计校审提纲的要求重点校核下列内容。

① 设计文件是否达到规定深度、内容完整，齐全，图面布置合理。

② 设计文件的工艺路线、主要技术参数、技术措施，与已经批准的上阶段设计文件、设计合同是否吻合。

③ 本专业设计是否满足外专业所提设计条件表、条件图的要求。

④ 设备、管道、厂房布置等是否满足制造、施工安装和生产的要求。

⑤ 设计内容是否正确、合理，图形、文字、数字是否无错误，各部分设计是否满足有关标准、规定的要求。

⑥ 计算方法、公式选用和计算结果是否正确。

⑦ 标准图、复用图选用是否恰当，索引是否正确，图幅、比例、图签是否符合公司规定，图面布置及图面密度是否合理。

1.3.2.4 设计文件的审核内容

在审核设计文件时应按各专业设计校审提纲的要求重点审核下列内容。

① 设计原则是否正确，是否技术先进、安全适用、经济合理。设计方案是否符合业主或经批准的上阶段设计文件的要求，并认真贯彻中间审查意见。

设计成品不符合已被批准的上阶段设计文件或本公司中间审查意见的要求时，必须附有相关更改内容的审批文件。

② 基础数据、主要的计算方法、公式、电算程序选用是否恰当，计算结果是否正确。

③ 选用标准图、复用图是否恰当。

④ 设计内容是否符合有关标准、规范要求。

⑤ 投资估算是否控制在规定范围以内。

⑥ 关键的、重要的设备选型是否正确。

⑦ 是否充分考虑生产、操作、维修和施工要求。

1.3.2.5 审定人重点审定内容

① 设计规模、设计范围和技术指标是否与设计合同相符合。

② 设计成品的内容和深度是否满足规定的要求。

③ 主要设备及材料的选择是否正确、合理，工程总估算、外汇耗用是否超过控制指标。

1.3.2.6 校审意见处理

① 送校审的设计文件由于其复杂程度和形式不同，图纸应为复印件，文字表格可为设计原件或复印件，按各专业规定执行。

② 校审人的校审意见用彩笔标注在复印图上，并加文字注明，设计人负责按校审人提出

的意见进行修改并经校审人核实。

③ 如校核人与设计人意见不能统一时,由审核人解决,并将结论记入校审色标复印图上,但可记上保留不同意见。结论意见由审核人负责。

④ 设计人或校核人与审核人有意见分歧时,原则上按审核人意见修改,由审核人承担责任,但可在校审色标复印图上记下不同意见。

⑤ 审定人意见为最终意见,当设计人、校核人、审核人之间或他们与审定人之间意见不统一时,均按审定人意见修改设计,由审定人承担技术责任,但可在记录上保留不同意见。

⑥ 当校审意见不属意见分歧,而是设计上明显错误时,审核人可在校审色标复印图中作出明确结论,设计人必须按校审意见修改,并承担技术责任。

1.3.2.7 设计文件签署

① 设计前期工作文件的签署人员见表1-1。
② 基础工程设计文件的签署人员见表1-2。
③ 详细工程设计文件的签署人员见表1-3。
④ 设计文件签署职称要求见表1-4。
⑤ 签字必须用钢笔或墨水笔,姓名必须用中文全名。
⑥ 不合格的设计文件不得签署,经修改合格后方可签字。

1.3.2.8 设计经理的签署

设计经理应审查并签署带全局性的文件,如总说明、总图、物料总平衡图、水平衡图、供热系统图、图纸总目录、开车方案、安全环保篇等。如设计经理由项目经理兼任,则由项目经理签署这些文件。

1.3.2.9 设计文件的具体签署

表1-1～表1-4列出了主要的设计文件的签署决定,各专业的质量保证文件中应列出专业设计文件的校审、签署规定。

表1-1 设计前期工作文件签署

序号	文件名称	设计	校核	审核	审定	设计经理
1	说明书					
	专业部分	√	√	√		
	汇总文件	√	√	√	√	√
2	图纸					
	总平面布置	√	√	√	√	
	其他图纸	√	√	√		
3	估算书(或技术经济评估)					
	总估算书	√	√	√	√	√
	单项估算	√	√	√		

表1-2 基础工程设计文件签署

序号	文件名称	设计	校核	审核	审定	设计经理
1	说明书					安全、环保篇
	专业部分	√	√	√		
	汇总部分	√	√	√	√	√
2	图纸					
	厂区(装置)位置图	√	√	√		

续表

序号	文件名称	设计	校核	审核	审定	设计经理
2	厂区(装置)总平面图	√	√	√	√	√
	物料总平衡图	√	√	√	√	√
	工艺流程图	√	√	√	√	
	PID	√	√	√	√	
	全厂贮运系统流程图	√	√	√	√	
	装置设备布置图	√	√	√	√	
	主要容器、工业炉设备总图	√	√	√	√	
	全厂性水平衡图	√	√	√	√	√
	全厂性给排水管道平面图	√	√	√	√	
	全厂性消防系统图	√	√	√	√	
	全厂性供热系统图	√	√	√	√	√
	全厂性高压供电系统图	√	√	√	√	
	全厂性通信系统图	√	√	√	√	
	危险区域划分图	√	√	√	√	√
	主要建筑物剖面图	√	√	√		
3	表格					
	建(构)筑物一览表	√	√	√		
	设备表	√	√	√		
	(容器类)					
	(压缩机、风机类)					
	(泵类)(工业炉类)(机械类)					
	(其他类)					
	材料表、数据表、规格书、采购文件	√	√	√		
4	计算书					
	主导专业计算书	√	√	√		
	其他计算书	按专业规定				
5	估算书					
	总初步控制估算书	√	√	√	√	√
	单项初步控制估算书	√	√	√		
	总核定估算书	√	√	√	√	√
	单项核定估算书	√	√	√		

表 1-3 详细工程设计文件签署

序号	文件名称	设计	校核	审核	审定	设计经理
1	说明书					
	工艺说明书	√	√	√		
	各专业说明书	√	√	√		
	装置开车方案	√	√	√	√	√
2	图纸					
	全厂总平面图	√	√	√	√	√
	PID 图	√	√	√	√	
	危险区域划分图(修正)	√	√	√	√	√
	管道综合图	√	√	√		
	各专业主要图	√	√	√		
	各专业次要图	√	√			
3	表格					

续表

序号	文件名称	设计	校核	审核	审定	设计经理
3	装置图纸总目录	√	编制			
	分区图纸总目录	√	√			
	各专业图纸目录	√	√	√		
	各专业设备表	√	√	√		
	各专业材料表	√	√			
4	各专业计算书	√	√	√		

表 1-4 设计文件签署职称要求

序号	人员类别	职称要求	
		大项目	小项目
1	设计(编制)人	技术员以上	技术员以上
2	校核人	工程师以上	助工以上
3	审核人	专业副总工程师或高级工程师	工程师以上
4	专业负责人(主项负责人)	工程师以上	助工以上
5	设计经理	高级工程师	工程师以上
6	审定人	总(副总)工程师或指定的高级工程师	高级工程师

1.4 装置运行的组织和保障体系

在我国现行的设计人员从业体制下，大多数工艺设计人员都是刚从学校毕业的大学生或研究生，缺乏生产一线的实际操作经验。他们对实际的生产过程缺乏实践认识的机会，不明白生产过程是如何组织的、如何实施的；在做具体设计时容易脱离生产实际。例如，设计生产流程时，只考虑生产过程的需要，没有考虑检修过程的需要，没有按检修要求设计足够的放空、排凝点和必要的法兰接口，给停车检修的准备工作造成麻烦；还有对需要经常更换催化剂的反应器等设备，没有设计可以临时安装小型吊装设备的固定吊钩，需要更换催化剂时，还要安装临时的吊装支架。这些问题不属于主流程的设计，虽然不影响正常的生产过程，但是副流程设计不完整，必然给整个生产管理工作带来麻烦。

还有是分不清哪些问题是应该设计人员考虑的，哪些问题是属于生产组织者的责任，哪些问题是操作员的责任。或者什么问题都管，或者又忽略了一些可以使操作者更方便，更有效的进行操作的设计方案。

因此在设计过程中必须对企业实际的生产、运行和维护等过程有所了解。在此对该方面的内容进行介绍，希望对设计人员有所帮助。

由于这个内容不是本手册的重点，不能详细介绍生产组织的全部内容和细节，只能突出介绍一些重点内容，使工艺设计人员在考虑问题时，有更全面的思维方式，能使工艺及工艺系统的设计人员有所启发就行。

1.4.1 生产的组织机构

目前我国石油化工企业的组织没有统一的模式，由于企业的规模及地区差别，每个大型企业之间生产管理体系不尽相同，但一般具有以下机构。

1.4.1.1 生产部门

它主要由调度室、车间生产主任、操作工等几部分人员组成。

调度室在工厂的生产组织中，起着很重要的作用，公司级及厂级的调度员，都是从工厂生产一线工人中选拔出来的经验丰富、责任心强的人。他们要昼夜值班，监控全公司或全厂的生产现状，他们是代表厂长或公司经理24h对生产过程监控的领导者。他们必须监控和记录全部重要的生产数据，并随时处理全公司或全厂的原料、产品的平衡和分配，以保证生产过程的正常进行。调度室由调度长和若干调度员组成。

1.4.1.2　安全管理部门

安全部门是生产组织环节中最重要的一个部门，它的主要职责是对生产过程进行全面的安全监督，为生产的安全平稳进行负全面的责任。该部门由部门负责人及若干技术人员组成。

具体工作是：按期到各个装置或工段进行巡检，检查当班的工人是否都在认真操作，是否有跑、冒、滴、漏现象出现。记录全厂发生的一切大小事故，并组织对事故的调查及发布处理意见，全厂发生的一切大小事故，安全部门都有记录档案。

在日常的生产管理工作中，它主要负责全部检修动火项目的审查工作，所有动火项目，没有安全部门的签字是不能进行的；对安全阀的在线和离线校验都要有安全部门的签字，并且要有安全部门在现场监督，校验工作才能进行；打开有铅封的阀门也必须有安全部门的签字及在现场监督才能进行；设备需要进人检修，也需要安全部门的签字批准。

1.4.1.3　环保管理部门

环保管理部门也是生产组织环节中最重要的部门之一，它的主要职责是对生产过程执行全面的环境保护监督，为生产的安全、正常、平稳进行负全面的责任。该部门由部门负责人及若干技术人员组成。

具体工作是：按期到各个装置或工段进行巡检，检查当班的工人是否都在认真操作，是否有跑、冒、滴、漏等对环境会造成污染的现象出现。记录全厂发生的一切对环境可能造成污染的大小事故，并组织对事故的调查及发布处理意见，全厂发生的一切污染事件，环境保护部门都有记录档案。

在日常的生产管理工作中，它还要负责审查全部检修项目的准备工作，所有需要检修的设备，在打开设备人孔前，都需要环保部门的人员到现场，审查设备的吹扫是否合格，他们签字后，才能进行打开人孔及进人检修的操作。

1.4.1.4　设备管理部门

为全厂的各类动、静设备建立设备管理档案；负责建立设备的动态管理程序，对于哪些设备可能出现问题，要尽量提前做出正确的判断。该部门由部门负责人及若干技术人员组成。

具体工作是，负责组织全部的设备检修工作，包括正常生产过程中的小修和中修，也负责组织停工检修期间的大修工作。不论大、中、小修设备部门都要给检修部门下达检修计划，包括检修内容，设备名称和台数，检修的具体原因。对关键的设备还要制订检修方案，规定检修的程序；另外要负责督促车间把设备倒空、置换合格，交给检修单位施工。对全厂的关键设备进行检修，设备管理部门要有领导或技术员在检修现场，协助检修的领导工作。

1.4.1.5　检修（工程）部门

负责装置具体检修工作的组织和进度。现在的工厂组织模式，工程部门不属于公司或厂级的直属部门。检修部门及工人都脱离原工厂组织，另成立独立的维修公司。全部检修工作都是由工厂列出计划，然后交给社会上的检修单位具体实施。

检修部门要按检修计划的需要，安排每个检修项目需要多少焊工、管工、铆工、起重工等。需要安排多少机加工量，如要加工多少法兰？多少螺栓？机加工量要提前交给机加工车间施工。还要根据检修装置的位置，安排合适的吊车、电焊机等机具。这些机具还要提前组织进入施工现场。

在具体的检修施工现场，工程部门负责组织本单位的全体职工完成这个任务。并对本单位检修工作的安全进行负全部责任，要正确的安排人力、施工机具，提高检修工作的效率，按时完成各项检修任务。

1.4.2　生产过程的管理

石油化工生产装置的生产组织工作是个复杂的过程，需要装置的全体负责人、技术人员和操作人员密切配合,同心协力才能完成。整个生产的管理工作,可以分为开停车、正常生产管理、检修工作等不同的阶段,与工艺及工艺系统设计关系最密切相关的是开停车及检修两个阶段。

1.4.2.1 开工操作

在新装置建成后要开工,或者是大检修结束后的开工,组织工作都基本是一致的。对一个装置而言,开车工作是在厂(或公司)调度室和车间生产主任的领导下进行,具体工作由车间技术员和当班班长去安排,他们应组织操作工认真完成以下的组织工作。

(1) 开工前的准备工作

石油化工企业开工前要先进行全部设备和管道的吹扫、试压、试漏、氮气置换,然后对系统进行油运,直到油的含水值$\leqslant 20\times 10^{-6}$停止油运;最后进行开工前的准备,一般按以下要求,检查全装置的设备、仪表、管道、阀门。

① 检查确认所有检修过的设备和仪表、管道是否处于完好状态。
② 根据开车需要,拆除检修中所加的全部盲板。
③ 检查所有的导淋、放空阀是否都处于关闭状态。
④ 检查各系统气密性试验是否合格。
⑤ 检修真空系统的气密性试验是否合格。
⑥ 检修各系统是否用氮气置换合格,含氧量达到规定的浓度;对石化企业要求氧含量小于0.3%,才能投料。
⑦ 检修所需的各种化学品是否准备完毕。
⑧ 检查各泵密封水、冷却水及润滑油正常,达到使用条件。
⑨ 检查各个公用工程系统是否正常,具备使用条件。

(2) 开工操作

在完成以上各步的检查,并确认这些准备全部合格后,才能进入实际的开工阶段。就一个装置而言,具体的开工步骤有以下操作:

① 对需要添加化学品或溶剂等的设备,要先进行操作,把化学品或溶剂严格按操作规程的要求加入相应的设备中;
② 塔器的开车,需要先加入一定量的原料或溶剂,在塔釜建立起液位,然后给塔釜升温,温度达到要求后,才能正式进料;随着进料的增加,塔顶的压力和温度都会慢慢升高,回流罐的液位也会升高,然后就启动回流泵,向塔顶送回流;按时分析塔顶回流的组成,达到指标后就可采出产品。
③ 对于反应釜的开车,首先要加入催化剂等化学品,然后再按需要量加入原料和溶剂等;调节物料的进料温度,给反应釜升温。

1.4.2.2 停工操作

停工操作有计划停工和非计划停工两种。计划停工,指连续生产周期达到计划停工检修的期限,应该停工进行大检修;非计划停工,指没有达到计划检修的时间,可是发生了意外的设备问题或仪表问题,不停工不能处理,或不停工检修不能恢复正常生产的时候,不得不安排的停工检修。

计划停工就是多个装置同时停工。就其中一个装置而言,先要尽可能地把全装置设备及管道内的物料处理完,变成产品送出装置;再把设备及管道里的原料及半成品,都送到中间罐区去贮存。然后停进料泵和化学品计量泵,关闭有关的阀门。停止蒸汽、冷却水和仪表风。然后用空气(氮气)把全部设备及管道、仪表管线吹扫干净;对于一些凝固点较高的物料,还得用蒸汽去吹扫,用盲板把需要检修的设备和系统隔离。

对于检修中要动火的设备和管道,要求处理到它们内部的可燃物含量达到检修标准,即$\leqslant 0.2\%$。对于要进人检修的设备,还要求用空气吹扫、置换到氧含量合格的标准($\geqslant 18\%$),才能打开设备人孔,准备进入检修。必要时用蒸汽蒸煮设备,再用氮气置换设备直到可燃物含量达到上述标准,再打开设备人孔,设备降温,进入前再分析氧气含量是否达到可以进入的要求。

非计划停工,又可分为以下几种停工情况。

(1) 临时停车

由于某个设备或仪表有问题,必须停工检修后再恢复生产时,一般采用临时停工的方案。

只处理要检修的设备有关的系统,对此系统停泵及原料输送,塔及反应器等设备需降温,如果停车时间较长或物料容易聚合,需要用氮气把设备内的物料压到规定的储罐中储存。对于其他无关的系统,反应部分要停止进料,塔系统可以保压循环,不排泄物料。

用氮气把需要检修的设备进行置换,直到可燃物含量合格,然后打开设备,准备进入检修,进入前需要分析设备内的氧含量是否达到可以进入检修的要求。

(2) 紧急停车

发生停水、停电、停仪表风的故障,装置都必须停工处理,这时候的停工原则是按照受影响的范围,按临时停工方案处理。

1.4.2.3 安全阀的校验

按照国家标准的要求,安全阀的校验可分为在线校验和离线校验两种,不论采用哪种方式校验,都能达到国家标准要求的目的。

在线校验需要专业人员携带专用设备到现场进行校验,在关闭安全阀的前后保护阀后,使用专用设备校验安全阀的开启压力,是否在规定的压力范围内,达到要求就是校验工作结束;如果开启压力没有达到要求,就需要把安全阀卸下,送到专门的离线校验工作站,进行离线校验。在线校验的专用设备,可以是带压的空气钢瓶,把钢瓶的出口压力调节到安全阀的开启压力,空气进入安全阀的阀座下面,达到开启压力后即开启,该安全阀合格。专用设备也可以是由液压控制的专用工具,可以在液压的作用下,把安全阀的阀杆提起,如果提起的压力等于开启压力(包括误差在允许的范围内),该安全阀是合格的。

离线校验是把安全阀的前后保护阀关闭,把安全阀卸下送到专门的校验工作站进行校验,离线校验不仅可以校验开启压力,还可以校验启闭压差和安全阀的开度。离线校验功能较全,但是要使被保护设备在 $1\sim2d$ 内失去安全阀的保护,只能在确认该装置处于正常生产时期时才能采用。

1.4.2.4 安全生产的基本规则

① 要求本装置的生产人员熟悉全部原料及产品的主要物理性质,特别是易燃易爆物料的闪点、自燃点、沸点及密度,还有易中毒的物料及中毒现象。

② 对于易燃易爆的装置,所用机电设备都必须使用防爆电机,并设有避雷及防止静电产生的接地线和跨接线。

③ 装置内禁止使用明火,禁止吸烟,禁止穿带钉子的鞋进入,机动车未经许可不准进入装置区。

④ 生产人员上岗位,必须穿戴好劳动保护用品;并熟悉本岗位的消防设施的种类及存放位置,学会熟练使用。

⑤ 生产操作人员必须随时消除设备的泄漏,不断减少设备泄漏率。

⑥ 设备检修必须把设备物料倒空,用盲板切断与其他设备的联系,用蒸汽蒸煮清除可燃物,由车间安全员开动火证,指派专人到现场监护,动火人员方可动火。管线动火要求可燃物必须$\leqslant 0.2\%$,容器内动火可燃物必须$\leqslant 0.1\%$;容器要进入检修,氧含量要$\geqslant 18\%$才能进入检修,设备外留专人监护。

⑦ 检修期间汽车进入现场,要安装阻火器,在装卸液体物料时,不准发动汽车,所使用的胶管及车身都要接地,装卸流量不能过大,以免发生静电起火。

第2章 设计基础

2.1 概 述

项目设计数据至少要包括：现场的气象和地质条件、原料和产品的规格要求、可提供的公用工程的种类及规格、三废处理的要求等，还有业主指定使用的规范和标准。

为了使工艺及工艺系统专业设计人员对设计项目有个整体认识，在本章中所叙述的项目设计数据，不仅限于工艺及工艺系统专业需要的基础数据，是基于一个新建的大型工程所必需的全部数据而言，对于其他规模小一些的新建或改造项目，可以根据实际需要减少不必要的项目设计数据。

对工艺及工艺系统专业而言，至少应当得到下列数据，才有条件开展设计工作。

① 所采用的工艺技术路线及其依据，装置的年设计生产能力，年操作小时数及装置操作弹性等。

② 原材料、辅助原料、催化剂、化学品的规格要求及界区条件。

③ 产品、中间产品及副产品的规格（产品牌号、规格、性能等）要求。

④ 产品方案及产品性能。

⑤ 公用物料的各项规格要求及界区条件（温度、压力等）。

⑥ 提出原材料、辅助原材料、催化剂、化学品、工艺过程中公用物料的消耗定额及副产品产出定额（预期值）。

⑦ 提出工艺过程排出物（气体、液体、固体等）排放源、排放数量及其组成。

而一般现场数据，气象数据，供电及电信系统等的数据是提供给建筑、结构、采暖通风、电气等专业作为计算基础的大小，空调的负荷及用电条件的依据。

下文中出现的"公司"指承担任务的设计单位。

2.2 工厂选址

2.2.1 厂址选择

厂址选择是工厂企业基本建设中的一个重要环节，是一项政策性、技术性很强，牵涉面很广，影响面很深的工作。从宏观上说，它是实现国家长远规划，工业布局规划，决定生产力布局的一个具体步骤和基本环节。这是因为国家的长远发展规划和工业布局、地区生产力，经济的发展一般都是通过许多具体的建设项目来实现的。不管是原先的大中型项目的定址，或近年来的经济开发区等的开发，均体现了国家的鼓励发展方向，体现国家的长远发展需要的具体步骤。从微观上讲，厂址选择又是具体的工业企业建设和设计的前提，厂址选择是否得当，关系到工厂企业的投入和建成后的运营成本，对工厂企业的经济效益影响极大。

厂址选择的基本任务是根据国家（或地方、区域）的经济发展规划，工业布局规划和拟建工程项目的具体情况和要求，经过考察和比选，合理的选定工业企业或工程项目的建设地区（即大区位）。确定工业企业或工程项目的具体地点（即小区位）和工业企业或工程项目的具体坐落位置（即具体位置）。

厂址选择工作在阶段上讲，属于建设前期工作中的可行性研究的一个组成部分。但在有条件的情况下，在编制项目建议书阶段即可开始选厂工作。选厂报告也可以先于可行性研究报告提出，但它属于预选，仍应看做是可行性研究的一个组成部分。可行性报告一经批准，便成为编制工程设计的依据。

2.2.1.1 厂址选择的基本原则

① 厂址位置必须符合国家工业布局、城市或地区的规划要求，尽可能靠近城市或城镇原有企业，以便于生产上的协作，生活上的方便。

② 厂址宜选在原料、燃料供应和产品销售便利的地区，并在储运、机修、公用工程和生活设施等方面有良好基础和协作条件的地区。

③ 厂址应靠近水量充足的水质良好的水源地。当有城市供水、地下水和地面水条件时，应进行经济技术比较后选用。

④ 厂址应尽可能靠近原有交通线（水运、铁路、公路），即应有便利的交通运输条件，以避免为了新建企业，而修建过长的专用交通线，增加新企业的建厂费用和运营成本。在有条件的地方，要优先采用水运，对于有超重、超大或超长设备的工厂，还应注意沿途是否具备运输条件。

⑤ 厂址应尽可能靠近热电供应地。一般地讲，厂址应该考虑电源的可靠性（中小型工厂尤其如此）。并应尽可能利用热电站的蒸汽供应，以减少新建设工厂的热力和供电方面的投资。

⑥ 选厂应注意节约用地，不占或少占用良田、好地、菜园、果园等。厂区的大小、形状和其他条件应满足工艺流程合理布置的需要，并应有发展的可能性。

⑦ 选厂应注意当地自然环境条件，并对工厂投产后对于环境可能造成的影响做出预评价。工厂的生产区、排渣场和居民区的建设地点应同时选择。

⑧ 散发有害物质的工业企业厂址，应位于城镇相邻工业企业和居住区全年最小频率风向的上风侧，且不应位于窝风地段。

⑨ 有较高洁净度要求的生产企业厂址，应选择在大气含尘量低，含菌浓度低，无有害气体，自然环境条件良好的区域；且应远离铁路、码头、机场、交通要道，以及散发大量粉尘和有害气体的工厂、储仓、堆场等有严重空气污染、水质污染、振荡或噪声干扰的区域。如不能远离有严重空气污染区时，则应位于其最大频率风向上风侧，或全年最小频率风向的下风侧。

⑩ 厂址应避离低于洪水位，或在采取措施后仍不能确保不受水淹的地段；厂址的自然地形应有利于厂房和管线的布置、内外交通联系和场地的排水。

⑪ 厂址附近应有生产废水、生活污水排放的可靠排除地。应保证不因为新厂建设致使当地受到污染和危害。

⑫ 厂址应不妨碍或破坏农业水利工程，应尽量避免拆除民房或建、构筑物，砍伐果园和拆迁大批墓穴等。

⑬ 厂址应具有满足建设工程需要的工程地质条件和水文地质条件。

⑭ 厂址应避免布置在下列地区：地震断层带地区和基本烈度为 9 度以上的地震区；上层厚度较大的Ⅲ级自重湿陷性黄土地区；易受洪水、泥石流、滑坡、土崩等危害的山区；有卡斯特、流沙、游泥、占河道、地下墓穴、占井等地质不良地区；有开采价值的矿藏地区；对机场、电台等使用有影响的地区；有严重放射性物质影响的地区及爆破危险区；国家规定的历史文物，如古墓、古寺、古建筑等所在地区；园林风景和森林自然保护区，风景游览地区；水土保护禁垦区和生活饮用水源第一卫生防护区；自然疫源区和地方病流行地区。

2.2.1.2 工业企业厂址的基本条件

① 场地条件　厂址必须有建厂所必需的足够面积和较适宜的平面形状。这是能否建厂的基本条件，也是对厂址的最基本的要求。

工厂的厂址必须有满足其建设和生产所需要的足够的面积。工厂所需要面积与其类别、性质、规模、设备布置形式、场地的地形及场地外形等多种因素有关，同时也与工厂的生产工艺过程、运输方式、建筑形式、密度、层数以及生产过程的机械化自动水平等因素有关。不同类型、不同性质、不同规模的工厂对厂址面积的要求不一样。工业企业场地面积一般应包括厂区用地、渣场用地、厂外工程设施用地和居住区用地几部分。并应考虑工业企业建设阶段所需要的施工用地。对厂址面积的要求，在厂址选择中应注意以下问题。

a. 场地的有效面积，必须使工厂企业，在满足生产工艺过程中货物运输和安全卫生要求的条件下，能够经济合理地布置厂内外一切工程设施，并为工厂的发展留有余地和可能。

b. 厂区应集中于一处，不要分散成零碎的几块，以利于新建工厂各种设施的合理布置，利于投产后各功能区域间的相互联系和管理。

c. 在选择的厂区范围内，不应受到铁路干线、山洪沟渠或其他自然屏障的切割，以保证厂区面积的有效利用和工厂各种设施的合理布置。

d. 渣场、厂外工程设施和居住区，是厂区以外的另几项用地。应同时考虑和选定，并应注意如下几点。

（a）渣场的位置，对于厂区和居住区来说，其方位和距离均应合理适宜，其面积（体积）应在开展综合利用的前提下，满足渣量堆量堆存的要求。

（b）厂外工程设施是指独立于厂区以外的工程，如铁路专用线、公路专线、港口码头等。其用地要根据实际需要估算，不应放大也不应减少。以免造成浪费或不能满足工程设施的建设要求。

（c）居住区用地应根据企业规模及定员，按照国家及各省市的定额规定匡算，其位置应布置在工业区常年主导风向的上风侧，并保持相应的卫生防护距离，以有利生产，方便职工长期定居的需要和要求。

② 厂址的场地面积还应为企业的发展留有余地，在选择厂址时既要考虑工厂近期建设的合理，又要留有余地。厂址除了要满足近期建设外，应至少有一个方向可以用于将来发展的可能；不要将厂址定在四周都已经很闭塞的场地上，以利于将工厂的发展用地留于厂外。

每个工厂的生产都在发展，技术也在不断更新和进步。不管是一次规划（设计）分期建设，还是一次设计一次建设的工厂，工厂产品品种的增加或改变，产量的提高总是必然的，随之而来的工厂扩建、改造和发展也将成为必然。国内外有人将是否有良好的发展条件，视为是否具有现代化水平的总图运输方案的条件之一，原因就在这里。因此在选择厂址时，应考虑到近期合理，又要预留有远期发展的可能；在具体处理远近期关系时，应坚持"远近结合，以近期为主，近期集中，远期外围，由近及远，自内向外"的布置原则，做到统筹安排，全面规划，既着眼于目前，又展望于将来，以达到近期紧凑，远期合理的目的。选择厂址的同时还要防止在厂内大圈空地，多征少用和早征迟用的错误做法。

③ 厂区的平面形状应使其有效利用的区域面积尽可能大，所以选址时除有足够数量的面积外，还应考虑其平面形状之优劣。一般应尽量避免选择三角地、边角地和不规则的多边形地，以及窄长地带为拟建厂的厂址。因为三角地带、边角地带的平面利用率较差；而不规则多边形和窄长地带则较难布置。国外有资料表明，场址以边长比 1：1.5 的矩形场地比较经济合理。

2.2.1.3 地形、地质和水文地质条件

（1）地形

厂区的地形对工厂企业的建设和生产都会产生很大影响。它既影响到工厂企业各种设施的合理布局、场地的处理和改造、管道布置、交通运输系统的布局、场地排水等，也影响到工厂场地的有效利用。从而影响到工厂的建设周期、投资和长期营业费用。复杂的地形、低洼的地形会增加场地处理工程量。不良的地形和周围环境会影响到新建工厂的生产和生活环境，所以对工厂的地形地貌应该有所选择。

一般厂址宜选择于地形较简单，平坦而又开阔的且便于地面水能够自然排出的地带。而不宜选择于地形复杂和易受洪水或内涝威胁的低洼地带。

厂址应避开易形成窝风的地带和大挖大填地带。

(2) 地质和水文地质条件

工业企业建设场址的基地应该有较高的承载力和稳定性。厂址宜避开古河道和软土地基等不良地基地带。

厂址应该尽可能避开大挖大填区和大量基岩暴露或浅埋的地带，因为前者会使厂区基地不均匀，处理难度较大。而两者会给建设带来大量的土石方工程。

厂址应尽量选择在地下水位较低的地区和地下水对钢筋和混凝土无侵蚀性的地区。

2.2.1.4 供排水条件

(1) 供水

工业企业的建设场址必须具有充足、可靠的水源。无论是地表水、地下水或其他形式的水源，其可供水量必须能满足工厂企业建设和生产所需的生产、生活和其他用水的水量和水质要求。

(2) 排水

厂址应具有生产、生活污水排放的可靠排除地，并保证不因污水的排放使当地受到新的污染和危害。

2.2.1.5 供电条件

厂址应尽可能靠近电热供应地，应该考虑电源的可靠性，并应尽可能利用热电站的蒸汽供应，应以减少工厂的电热基础设施上的投入，中小型工厂企业尤其如此。

2.2.1.6 交通运输条件

厂址应有便利的交通运输条件，即应尽可能靠近原有的交通运输线路（水运、铁路或公路），对于有超长、超大或超重设备的工厂，还应注意调查清楚，原有的运输线路是否具备上述特殊设备的运输条件。

2.2.2 厂址选择的工作阶段

2.2.2.1 准备阶段

选厂指标应该包含的主要内容如下。

① 拟建工厂的产品方案，产品的品种和规模，主要副产品的品种、规模等。

② 基本的工艺流程，生产特性。

③ 工厂的项目构成，即主要项目表。

④ 所需原材料、燃料的品种、数量、质量要求。它们的供应来源或销售去向及其适用的运输方式。

⑤ 全厂年运输量（输入输出量），主要包装方式。

⑥ 全厂职工人数估计，最大班人数估计。

⑦ 水、电、汽等公用工程的耗量及其主要参数。

⑧ "三废"排放数量、类别、性质和可能造成的污染程度。

⑨ 工厂（含生产区、生活区）的理想总平面图布置图和它的发展要求，估算出拟建工厂的用地面积。

⑩ 其他特殊要求，如工厂需要的外协项目，洁净工厂的环境要求，需要一定防护距离的要求等。

编写设计基础资料的收集提纲。

为满足新建工程对设计基础资料的要求，现场工作阶段必须做好设计资料的收集工作。如果有条件，设计基础资料的大部分应在现场踏勘之前，由建设单位提供，这样可以使现场工作更有针对性，从而提高工作效率。

2.2.2.2 现场工作阶段

准备工作完成后，开始现场工作，现场工作的目的是落实建厂条件，其主要工作如下。

① 向当地政府和主管部门汇报拟建工厂的生产性质，建厂规模和工厂对厂址的基本要求，工厂建成后对当地可能的影响（好的影响和可能产生的不利影响）。听取他们对建厂方案的意见。

　　② 根据当地推荐的厂址，先行了解区域规划有关资料。确定勘察对象，为现场勘察作进一步准备。

　　③ 按收集资料提纲的内容，向当地有关部门一一落实所需用资料和进行必要的调查和核实。

　　④ 进行现场踏勘。对每个现场来说，现场勘察的重点是在收集资料的基础上进行实地调查和核实。并通过实地观察和了解，获得真实的和直观的形象。

　　现场勘察应该包括如下内容。

　　a. 勘察地形图所表示的地形、地物的实际状况，看它们是否与地形图相符，以便确定如果选用，该区是否需要进行重新测量。并研究厂区自然地形的改造和利用方式，以及场地原有设施加以利用的可能。

　　b. 在勘察中应注意核对所汇集的原始资料，对于没有原始资料的项目，应在现场收集，并注意随时做出详细记录。一般应至少勘察两个以上的厂址，经比较后择优建厂。

　　c. 研究确定铁路专用线接轨点和进线方向，建造航道和码头的适宜地点，公路的连接和工厂主要出入口的位置。

　　d. 实地调查厂区历史上洪水出现的情况。

　　e. 实地勘察厂区的工程地质状况。

　　f. 实地勘察厂区的水源地，研究取水方案；已经污水处理及排放的方案。

　　g. 实地调查热电厂的建设情况，研究是否需要新增热电厂。

　　h. 实地调查当地现有的环境污染情况和当地居民发布情况，以及居民的协调要求。

2.2.2.3　厂址方案比较和选厂报告

　　在现场工作结束后，开始编制选厂报告。项目总负责人应组织选厂工作人员在现场工作的基础上，选择几个可供比较的厂址方案，进行综合、分析，对各方面的条件进行优劣比较后做出结论性意见，推荐比较出较为合理的厂址，并写出报告和绘制拟选厂址方案图。

　　厂址选择报告一般应包括以下内容：选厂的经过和选厂的根据，拟建厂地区的基本概况，厂址方案比较和厂址技术经济条件比较，建设费用和经营费用比较，当地政府和主管部门对厂址的意见等，以及区域位置规划图。

2.3　自然条件

　　这里列出的自然条件是指整个设计项目应该用到的全部数据。对不同的专业只需要其中的一部分，如对总图专业而言，它需要工厂区域图、工厂地形图、海拔高度、厂区标高、厂区坐标等。只有掌握这些资料和数据，总图专业才能画出工厂布置图、装置布置图；同样总图专业还需要风向等自然条件，在画工厂布置图时才能根据装置所用的原料和产品的物理性质（是否含有毒有害气体）来确定哪个装置放在上风地带，哪个装置放在下风地带。

　　而地耐力、地震烈度是建筑和结构专业的最重要的基础数据，有了地耐力数据才能正确设计设备的基础，有了地震烈度数据才能正确设计建筑物和设备基础的抗震结构，而这类设计的正确与否对装置的安全生产有着很重要的联系。

　　而水源及水源的水质数据又是给排水专业的不可缺少的基础数据，等等。但要根据设计项目的具体内容的多少和范围来确定一个具体项目到底需要哪些数据。

2.3.1　一般现场数据

　　① 工厂区域图及图号＿＿＿＿＿＿＿＿＿＿＿＿＿＿＿＿＿＿＿＿＿＿＿＿＿＿＿＿＿

② 工厂地形图及图号_____。
③ 海拔高度_____ m。
④ 厂区的标高_____。
⑤ 公司所负责的界区的坐标_____。
⑥ 用户指定方位（北）或真北与设计北之间的角位关系_____。
⑦ 地形特性（征）_____。
⑧ 潮位（以平均海拔为测量基准）。
平均高潮位_____ m。
平均低潮位_____ m。
频率分析高潮位_____ m。
频率分析低潮位_____ m。
最大波浪高度_____ m。
流速和流向_____ m/s。
⑨ 河流
历史最高洪水位_____。
多年最高洪水位_____。
最大和最小流量及多年平均流量_____。
需要地点的流域面积_____。
⑩ 参照真方位角（或总图风玫瑰）所确定的主导风向
夏季主导风向频率_____，从____月到____月，共____月。
冬季主导风向频率_____，从____月到____月，共____月。
冬季主导风向。
⑪ 设计（采用）雪载
正常_____ Pa，最大_____ Pa。
最大积雪厚度_____，初终降雪日期_____。
⑫ 设计（采用）沙载：最大_____ Pa。
⑬ 1h 的最大降雨量_____ mm；一次暴雨持续时间及最大雨量在有铺砌的路面及屋面的流量占_____%，在未铺砌区的流量占_____%。
⑭ 1d 的最大降雨量_____ mm；在____年里出现一次。
⑮ 多年平均降雨量_____ mm；多年最大降雨量_____ mm；多年最小降雨量_____ mm；平均年降雪量____ mm；有记载的最大积雪深度_____ mm。
⑯ 雨季从____月到____月；雪季从____月到____月。
全年雷击日数（或小时数）_____。
土壤热导率_____ 土壤电阻率_____。
城市雨量计算公式和当地实用水文手册。
⑰ 表面可以引起腐蚀、污染的现场的特定大气条件，如：
含盐空气_____。
灰尘_____。
大风沙（沙暴）_____。
逆温_____。
⑱ 地下水
地下水最高和最低水位_____。
地下水的水质、水量及流向_____。

⑲ 水源

地下水作为水源_____。

地面水作为水源_____。

海水作为水源_____。

⑳ 蒸发

多年逐月平均蒸发量_____。

最大蒸发量_____。

最小蒸发量_____。

㉑ 云雾及日照

全年晴天及阴天日数_____雾天日数及能见度____初霜及终霜日期_____。

㉒ 地温

最热月平均　　　在地下____ m 处_____℃。

最冷月平均　　　在地下____ m 处_____℃。

㉓ 地质

地耐力_____。

地震烈度_____。

最大冻土层深度_____ m。

2.3.2 气象数据

气象数据中的气压、气温、空气湿度和风速是工艺、暖通、土建和给排水专业的主要设计依据。工艺专业在进行冷换设备的工艺计算时，就需要用到装置所在地的全年平均气温、冬季平均气温和夏季平均气温等数据；在确定管道是否需要保温时，工艺专业也需要冬季平均气温这个数据，如苯的凝固点是 5.4℃，在冬季平均气温等于和低于 5.4℃ 的地区建设芳烃抽提装置，对输送苯的管道都需要采取保温措施；而在冬季平均气温大于 5.4℃ 的地区建设芳烃抽提装置，对输送苯的管道就不需要采取保温措施。给排水专业在设计循环水凉水塔时，就需要气温和空气湿度等基础数据。

(1) 大气压

设计大气压力____ Pa；多年逐月平均气压____ Pa。

绝对最高气压____ Pa；绝对最低气压____ Pa。

大气压的最大变化率_____ Pa/h。

(2) 气温（℃）

多年逐月平均温度_____；　多年逐月最高平均温度_____。

多年逐月最低平均温度_____；　绝对最高温度_____。

绝对最低温度_____。

设计空气温度。

冷却塔　干球____℃；　湿球____℃；　空冷器　干球____；　湿球____。

压缩机　干球____℃；　湿球____℃。

冬季采暖室外计算温度_____℃。

冬季通风室外计算温度_____℃。

冬季空调室外计算温度_____℃。

夏季空调室外计算温度_____℃。

① 空气湿度

年平均相对湿度____℃下平均____%。

月平均最高相对湿度____月____℃下最高____%。

月平均最低相对湿度____月____℃下最低____%。
冬季空调室外计算相对湿度_____%。
夏季空调室外计算相对湿度_____%。
夏季通风室外计算相对湿度_____%。
② 风数据
风速_____m/s。
地面以上 10m 高处 10min _____m/s。
最大平均风速_____m/s。
地面以上 10m 高处 10min _____m/s。
瞬时风速_____m/s。
最大月平均风速_____m/s,最小月平均风速_____m/s。
夏季平均风速_____m/s,冬季平均风速_____m/s。
基本风压（在 10m 高处）_____Pa。
静风天数_____。

2.4 装置能力

这里讲的装置生产能力是指整个装置的处理能力，而不是每个设备的生产能力。装置生产能力是一个石油化工装置的最重要的基础数据之一，它直接影响到装置经济水平的高低和建设投资的大小。石油化工装置的生产能力都朝着大型化发展，因为一般来说大型装置的经济效益总比小型装置的好得多。

装置生产能力一般是由业主或专利商来确定，表示装置生产能力的常用单位是万吨/年或者吨/年。

另外还要和业主及专利商确定本装置的年操作时间，根据我国现在的石油化工生产水平，一般可连续生产的石油化工生产装置的年操作时间不应低于 8000h；而对包含后处理在内的间断生产装置的年操作时间，可取 7200~8000h。这里指的是设计采用的连续运转时间，实际生产中有的装置如乙烯装置，已经达到 3~5a 才停工检修一次，设计中也要考虑到这种实际情况。

2.5 操作制度

由于石油化工装置的生产过程大都是连续生产的，操作工人只能每天分几班，交替换班来维持生产。操作制度就是指工人每天分几个班上岗，有分三班制的，也有分四班制的。关于操作制度的设计，一般是参照中石化集团公司的有关规定来确定本装置的设计操作制度。目前中石化的规定是四班三运转制，指全部操作工人分为四个班，每天有三个班上班，一个班轮休。也可由业主提出本装置的操作制度作为设计基础条件。

2.6 设计工况

由于设计时拿到的原料条件往往和投产后的实际原料条件有差别，为避免设计工况与实际工况有较大差别，应由业主（或专利商的工艺包）给出本生产装置的设计工况，可以有 2~3 种设计工况，同时也应给出能反映每种工况的原料组成及进料量等数据的表格。

2.7 装置操作弹性

操作弹性一般取 70%~110%。

2.8 设计规范和标准

设计规范和标准既反应装置的技术水平，也反应装置投资水平。确定设计基础条件时，就应该确定该项目要执行的各种设计标准和规范。

设计标准和规范的不同相当于对设计的要求有区别，像环保标准的不同对有害物质的浓度要求就会有一些差异。又如对配管专业来说，采用不同的标准等于不同的法兰、管径的规格，它与装置建成投产后的检修、改造及备品备件的准备都有关系。所以设计时采用什么标准和规范，可影响到装置的生产水平、操作成本、建设投资等经济指标，也是一个重要的设计基础数据。

对石油化工企业而言，国家规定有一些强制性的标准，在设计过程中必须无条件执行。如《石油化工企业设计防火规范》就是在石油化工装置设计时，在总图及装置布置设计中必须严格遵守的。另外多数标准和规范都是推荐性的，也就是说如果你选用这个规范，你就得遵循它的各项要求，各个专业都应该选取一些必需的标准规范，这些标准规范要得到业主的认同。

另外设计公司、专利商和业主都可以根据具体工程情况，确定一些和工程建设有关的设计标准和规范。

在设计基础部分表示设计标准和规范的分类方法有两种，一种是按设计专业来分类，另一种是采用国际标准、国家标准、部颁和地方标准及企业标准几个层次来区分。

2.8.1 第一种规范分类方法

为叙述方便我们采用一个大型石油化工建设项目为例，摘录该项目按专业区分的设计标准和规范如下。

（1）总图

GB 50187—2012	《工业企业总平面图设计规范》
GB 50202—2002	《建筑地基基础工程施工质量验收规范》
SH 3008—2000	《石油化工厂区绿化设计规范》
SH/T 3032—2002	《石油化工企业总体布置设计规范》
SH/T 3013—2000	《石油化工企业厂区竖向布置设计规范》
SH/T 3023—2005	《石油化工厂内道路设计规范》

（2）安全、环保、卫生

GB 50058—2014	《爆炸和火灾危险环境电力装置设计规范》
GB 50160—2008	《石油化工企业设计防火规范》
GB 50016—2014	《建筑设计防火规范》
SH 3024—1995	《石油化工企业环境保护设计规范》
GB 12348—2008	《工业企业厂界环境噪声排放标准》
GB 50493—2009	《石油化工企业可燃气体和有毒气体检测报警设计规范》
GBZ 1—2010	《工业企业设计卫生标准》
SH 3024—1995	《石油化工企业环境保护设计规范》
GB 50057—2010	《建筑物防雷设计规范》

（3）建筑

GB/T 50001—2010	《房屋建筑制图统一标准》
GB/T 50100—2010	《住宅建筑模数协调标准》
GB 50003—2011	《砌体结构设计规范》
GB/T 50006—2010	《厂房建筑模数协调标准》
GB 50046—2008	《工业建筑防腐蚀设计规范》
GB/T 50104—2010	《建筑制图标准》

GB/T 50105—2010	《建筑结构制图标准》
GB 50033—2013	《建筑采光设计标准》
JGJ 67—2006	《办公建筑设计规范》
GB 50037—2013	《建筑地面设计规范》
GB 50222—1995（2001年版）	《建筑内部装修设计防火规范》（2001年版）
SH/T 3017—2013	《石油化工生产建筑设计规范》
GB 50011—2010	《建筑抗震设计规范》

（4）结构

GB 50191—2012	《构筑物抗震设计规范》
GB/T 50083—2014	《建筑结构设计术语和符号标准》
GB 50003—2011	《砌体结构设计规范》
GB 50007—2011	《建筑地基基础设计规范》
GB 50009—2012	《建筑结构荷载规范》
GB 50010—2010	《混凝土结构设计规范》
GB 50011—2010	《建筑抗震设计规范》
GB 50017—2003	《钢结构设计规范》
GB 50453—2008	《石油化工企业建（构）筑物抗震设防分类标准》
SH/T 3055—2007	《石油化工管架设计规范》
JGJ 79—2012	《建筑地基处理技术规范》
JGJ 94—2008	《建筑桩基技术规范》

（5）仪表

GB/T 2625—81	《过程检测和控制流程图用图形符号及文字代号》
SH/T 3018—2003	《石油化工安全仪表系统设计规范》
SH/T 3019—2003	《石油化工仪表管道线路设计规范》
SH/T 3006—2012	《石油化工控制室设计规范》
SHBZ 06—1999	《石油化工紧急停车及安全联锁系统设计导则》
SH/T 3020—2013	《石油化工仪表供气设计规范》
SH/T 3081—2003	《石油化工仪表接地设计规范》
SH/T 3082—2003	《石油化工仪表供电设计规范》
SH/T 3092—2013	《石油化工分散控制系统设计规范》
SH/T 3021—2013	《石油化工仪表及管道隔离和吹洗设计规范》
SH/T 3104—2013	《石油化工仪表安装设计规范》

（6）配管

SH 3011—2011	《石油化工装置布置设计规范》
SH/T 3401—2013	《石油化工钢制管法兰用非金属平垫片》
SH/T 3402—2013	《石油化工钢制管法兰用聚四氟乙烯包覆垫片》
SH/T 3403—2013	《石油化工钢制管法兰金属环垫》
SH/T 3404—2013	《石油化工钢制管法兰用紧固件》
SH/T 3405—2012	《石油化工钢管尺寸系列》
SH/T 3406—2013	《石油化工钢制管法兰》
SH/T 3407—2013	《石油化工钢制管法兰用缠绕式垫片》
SH/T 3408—2012	《石油化工钢制对焊管件》
SH 3043—2003	《石油化工设备管道钢结构表面色和标志规定》

标准编号	标准名称
SH 3501—2011	《石油化工有毒、可燃介质钢制管道工程施工及验收规范》
SH/T 3052—2014	《石油化工配管工程设计图例》
SH/T 3064—2003	《石油化工钢制通用阀门选用、检验及验收》
SH/T 3073—2004	《石油化工管道支吊架设计规范》
ASME B16.5	《钢管法兰和法兰管件》
ASME B16.9	《工厂制造的钢制对焊管件》
ASME B16.10	《黑色金属阀门面至面、端面至端面的尺寸》
ASME B16.11	《承插焊和螺纹连接的锻钢管件》
ASME B16.34	《法兰端和对焊端钢制阀门》
ASME B36.10M	《焊接的和无缝的钢管》
ASME B36.19M	《不锈钢管》
ASME B 31.3	《化工厂和石油炼制厂管路》
API 526	《法兰连接的钢制安全泄压阀》
API 593	《法兰连接的球墨铸铁旋塞阀》
API 594	《对夹(Wafer)型止回阀》
API 599	《法兰或对焊连接的钢制旋塞阀》
API 600	《法兰或对焊连接的钢制闸阀》
API 602	《缩孔型碳钢闸阀》
API 605	《大直径钢制法兰》
API 609	《凸耳型和对夹型蝶阀》
API 6D	《管线阀门规定(闸阀、旋塞阀、球阀和止回阀)》
ISO 261	《一般用途公制螺纹的通用设计》
MSS SP-95	《异径短管》
BS 标准	《英国标准》

(7) 电气

标准编号	标准名称
GB 50052—2009	《供配电系统设计规范》
GB 50217—2007	《电力工程电缆设计规范》
GB 50034—2013	《建筑照明设计标准》
GB 50053—2013	《20kV及以下变电所设计规范》
GB 50055—2011	《通用用电设备配电设计规范》
GB/T 50062—2008	《电力装置的继电保护和自动装置设计规范》
GB 50150—2006	《电气装置安装工程电气设备交接试验标准》
GB 50054—2011	《低压配电设计规范》
GB 50057—2010	《建筑物防雷设计规范》
GB/T 12325—2008	《电能质量供电电压偏差》
GB/T 12326—2008	《电能质量电压允许波动和闪变》
GB/T 50063—2008	《电力装置的电测量仪表装置设计规范》
GB/T 50064—2014	《交流电气装置的过电保护和绝缘配合设计规范》
GB/T 50065—2011	《交流电气装置的接地设计规范》
SH/T 3027—2003	《石油化工企业照度设计规定》
SH/T 3028—2007	《石油化工装置电信设计规定》
SH 3038—2000	《石油化工企业生产装置电力设计技术规定》
SH/T 3060—2013	《石油化工企业供电系统设计规范》

SH/T 3071—2013	《石油化工电气设备抗震鉴定标准》
YD 2001—92	《市内通信全塑电缆线路工程施工及验收技术规范》
YD 5018—2005	《海底光缆数字传输系统工程设计规范》
YDJ 38—85	《市内电话线路工程施工及验收技术规范》

(8) 设备和转动机械

① 容器

GB 150—2011	《压力容器设计标准》
JB/T 4700~4707—2000	《压力容器法兰/螺栓/垫片》
	《塔式容器》 { 《承压设备用碳素钢和合金钢锻件》 《低温承压设备用低合金钢锻件》 《承压设备用不锈钢和耐热钢锻件》 }
JB/T 4726~4728—2000	压力容器用钢锻件等三个标准
JB/T 4712—2007	《容器支座》

(1999) 质技监局锅发 154 号《压力容器安全技术监察规程》

② 管壳式换热器

GB 151—2014	《管壳式换热器》（附加 2002 年第 1 号修改单）
③ 板式换热器	制造厂家标准
④ 搅拌器	制造厂家标准
⑤ 气流输送装备	制造厂家标准
⑥ 挤压机和混合器	协会或制造厂家标准
⑦ 包装机、码垛机	制造厂家标准

⑧ 除上述之外的其他工艺设备，如：振动筛、过滤器、旋风分离器、旋转阀、分流阀、干燥器等均采用制造厂家标准

⑨ 转动机械

API 610	一般炼油厂使用的离心泵
API 618	一般炼油厂使用的往复式压缩机
API 619	一般炼油厂使用的离心式压缩机
API 674	容积式往复泵
API 675	容积式泵流量控制

适用于其他类型的泵、鼓风机及压缩机的协会或生产厂家标准。

⑩ 机械和齿轮

供货商国家的公差与配合标准
供货商国家的表面粗糙度标准
AGMA
制造厂家标准
适用于设备的相应标准（如 DIN、UNI、BS、JIS、GB YB 等）

(9) 给排水

GB 50013—2006	《室外给水设计规范》
GB 50014—2006（2014 年修订版）	《室外排水设计规范》
GB 50016—2014	《建筑设计防火规范》
GBJ 50140—2005	《建筑灭火器配置设计规范》
SH 3015—2003	《石油化工给水排水系统设计规范》

(10) 采暖空调

SH /T 3004—2011　　　　　　《石油化工采暖通风与空气调节设计规范》
HG/T 20698—2009　　　　　《化工采暖通风与空气调节设计规定》
（11）环境保护
GB 3095—2012　　　　　　　《环境空气质量标准》（2000年第1号修改单）实施日期2016.1.1
GB 12348—2008　　　　　　《工业企业厂界环境噪声排放标准》
GB 14554—93　　　　　　　《恶臭污染物排放标准》
GB 18484—2001　　　　　　《危险废物焚烧污染控制标准》
GB 16297—1996　　　　　　《大气污染综合排放标准》
GB 18486—2001　　　　　　《污水海洋处置工程污染控制标准》
SH 3024—1995　　　　　　　《石油化工企业环境保护设计规范》
《中华人民共和国固体废物污染环境防治法》
所有标准规范均应为编写时的最新版本。

2.8.2　第二种规范分类方法
在设计和施工中将采用下列规范和标准。
（1）法定和规定的工程设计准则
（2）国际标准
（3）国家标准
（4）部颁和地方标准
（5）业主要求执行的标准
（6）专利商或工程公司建议并经业主同意执行的标准

2.9　原料规格

2.9.1　原料组成
经常用下面的表格来填写原料的组成和数量，A、B、C表示三种工况的不同组成情况。

组　成	A 工 况		B 工 况		C 工 况	
	质量分数（体积分数）/%	kg/h	质量分数（体积分数）/%	kg/h	质量分数（体积分数）/%	kg/h

对聚合级的原料可把质量分数（%）改变为百万分之一来表示。

2.9.2　原料规格
原料规格可用下表表示。

原料名称	状　态	单　位	指　标	分析方法

对聚合级的原料也可表示为下表。

组　分	含　量

2.10 产品、副产品及化学品规格

2.10.1 产品规格

(1) 液体产品规格

产品名称

组 分	A	B	C

A，B，C 代表几种工况。

(2) 固体产品规格 见表 2-1。

2.10.2 副产品及化学品规格

名 称	状 态	组 成	用 途	运输方式	分析方法	备 注

表 2-1 均聚物产品的典型规格和性能（示例）

牌号	标准熔融指数 (ASTM D1238L) /(g/10h)	抗张屈服强度 (ASTM D638) /MPa	屈服伸长率 (ASTM D638) /%	挠曲模量 (MA 17074) /MPa	悬臂梁冲击强度（23℃） (ASTM D256) /(J/m)	洛氏硬度 (ASTM D785) /HRH	热变形温度 (0.46N/mm²) (ASTM D648)/℃	维卡软化点 (ASTM D1525) /℃
D50S	0.3	32	13	1350	200	84	90	152
D60P	0.3	32	13	1350	200	84	90	152
Q30P	0.7	33	13	1400	150	90	90	152
Q30G	0.7	33	13	1400	150	90	90	152
S30S	1.8	34	12	1450	60	90	92	152
S38F	1.8	34	12	1450	60	90	92	152
S60D	1.8	34	12	1450	60	90	92	152
T30S	3	35	12	1500	55	90	93	153
T30G	3	35	12	1500	55	90	93	153
T50G	3	35	12	1500	55	90	93	153
C30G	6	35	12	1550	40	92	93	153
C30S	6	35	12	1550	40	92	93	153
X30G	8	35	12	1550	37	93	93	154
X30S	8	35	12	1550	37	93	93	154

2.11 公用工程条件

这部分讲述的内容是指热工、电气和给排水等的专业在整个设计过程中所需要的基本条件，根据设计项目包含的内容的不同，有的条件要业主提供，有的条件要由其他设计专业来提供。

2.11.1 蒸汽系统

如果是完全新建一个大型石油化工联合装置，所需蒸汽一般是新建一个热力站来解决，不

需要业主提供已有的蒸汽条件，可完全根据生产所需要的蒸汽等级来建设新的热力站。对于只是新建一个或几个装置而言，所需蒸汽就需要业主提供已有的蒸汽条件，设计者就要选用已有的蒸汽条件来满足自己的需要。由业主提供的蒸汽条件除了蒸汽的压力、温度外也包括蒸汽的价格等，这是进行生产成本计算的必要条件。

另外如果在装置界区以内还有自产的蒸汽需要向装置外输出，那么就要按下面的（4）项的内容填写；若这个自产蒸汽的设计是原有的，条件就由业主来提供。

蒸汽等级（不同等级均应单独填写）。

(1) 界区接管点蒸汽的水力热力条件

① 接管点位置（对选定的位置在□内标注√）

□ 在公司负责的界区内外之间的交接处

□ 在公司与用户分别负责的设施之间

□ 两者兼有

② 最大可能的条件（选择控制因素为基准）

温度_____℃　　压力_____Pa　　流速_____m/s

③ 最小可能的条件（选择控制因素为基准）

温度_____℃　　压力_____Pa　　流速_____m/s

(2) 界区接管点蒸汽的设计条件

设计温度_____℃　　设计压力_____Pa

减压阀给定值_____Pa　　超过给定值的过压百分比_____%

(3) 蒸汽冷凝水处理方式（对选定的方式在□内标注√）

□ 收集　　　　　　□ 排入下水道

(4) 界区（装置）内产生的蒸汽的成本

| 供　给 | | 排　出 | | 燃料成本 | 蒸汽成本 |
压　力	温　度	压　力	温　度	/ (元/t)	/ (元/t)
Pa	℃	Pa	℃		
Pa	℃	Pa	℃		

(5) 输入蒸汽条件

| 界　区　条　件 | | 数　量 | 来　源 | 持续时间 | 成　本 |
压　力	温　度	/ (t/h)			/ (元/t)
Pa	℃				
Pa	℃				
Pa	℃				

(6) 输出蒸汽条件

| 界　区　条　件 | | 数　量 | 来　源 | 持续时间 | 成　本 |
压　力	温　度	/ (t/h)			/ (元/t)
Pa	℃				
Pa	℃				
Pa	℃				

2.11.2 水系统

对水系统而言一般是包含新鲜水源（原水）、锅炉给水、循环冷却水等部分。

锅炉给水是热工专业在设计热力站时必不可少的条件，只有知道表中之（1）所列出的锅炉给水的来水条件，才能进行蒸汽锅炉的设计工作。

根据设计合同规定的范围，如是新建的大型项目需要自建循环冷却水系统时，就需要提供新鲜水源（原水）的水质条件，否则就不需要。一般对单个装置的建设而言，需要循环冷却水和锅炉给水的条件，工艺专业在进行冷换设备的计算时就需要循环冷却水的上水和回水的温度，来计算所需的换热面积；为了节约能源、蒸汽、冷凝回水都必须回收利用，只有知道锅炉给水的条件，才能确定本装置的蒸汽、冷凝回水在送回锅炉前是否需要增加处理措施。

水质分析可分为原水水质、循环水水质、锅炉给水水质等内容，分开按需要填写。

（1）锅炉给水

① 界区接管点锅炉给水的水力热力条件

项目	条件	来源	界区条件			成本 /（元/t）	其他要求
			温度/℃	压力/Pa	流量/（kg/s）		
高压	最大						
	最小						
低压	最大						
	最小						

② 界区接管点锅炉给水的设计条件

设计温度_____℃　　　　设计压力_____Pa

减压阀给定值_____Pa　　泵的关闭压力_____Pa

（2）循环冷却水

① 界区接管点冷却上水的水力热力条件

条　件	来　源	界区条件			成本 /（元/t）
		温度/℃	压力/Pa	流量/（kg/s）	
最　大					
最　小					

② 界区接管点冷却回水的水力热力条件

条　件	来　源	界区条件		
		温度/℃	压力/Pa	流量/（kg/s）
最　大				
最　小				

各单台用水设备中的最大出口温度_____℃。

（3）其他各种用水的水力热力条件

供水设施	来源	设计条件		成本 /（元/t）
		温度/℃	压力/Pa	
未处理的水				
接软管处用水				
冷却塔补充水				
消防用水				
饮用水				
水压试验用水				
锅炉补充水				

（4）水（质）分析

用途	组成/$\times 10^{-6}$	A	B	C	D	E
钙						
镁						
钠						
总阳离子						
碳酸氢盐						
碳酸盐						
氢氧化物						
氯化物						
硫酸盐						
磷酸盐						
总阴离子						
总硬度						
酚酞						
甲基橙						
总铁						
二氧化碳（游离状）						
二氧化硅						
总固溶物						
pH 值						
浊度						

2.11.3 供电及电信系统

① 电力表中的内容是要求列出一个装置中用电设备的功率超出一个标准值（如 200kW）的设备台数，以确定要采用什么级别的电压。短路容量是电气专业开展设计的一个最基本的必要条件。

② 此条件也是一些基本条件，但不是每个项目都必需的，必要时可向有关专业或业主要求提供，如焊接设施：指需要为一台或几台焊接设施配电，要根据焊接设施的型号来设计，所以要求提供焊接设施的型号等数据。

③ 电力

电压	相数	频率/Hz	电机（最大）/kW	成本/[元/(kW·h)]	短路容量/MV·A	
					最大值	最小值

④ 电源、通信和报警

a. 输入电源电压　　kV　　　　　　　h. 岗位电话系统

b. 变压器　　　　　　　　　　　　　i. 无线电话系统

c. 焊接设施　　　　　　　　　　　　j. 报警系统

d. 应急（备用）电源系统　　　　　　k. 航空障碍（预警）指示灯

e. 连续电源系统　　　　　　　　　　l. 电视监测（安全）

f. 仪表电源　　　　　　　　　　　　m. 阴极防腐（保护）

g. 公用电话系统

2.11.4　燃料系统

如果在设计中需要用燃料（包括燃料气和燃料油）就要向业主要求提供燃料的规格，那时可采用下表的规格由业主填写。另外如果装置中产生的副产品可作为燃料使用，也要填写这个表格作为条件提出，供需要燃料的装置或设备参考使用。

燃料油规格

燃料油			
组分	A	B	C
凝固点/℃			
灰分（质量分数）/%			
水和杂质（体积分数）/%			
蒸馏残渣（质量分数）/%			
硫/$\times 10^{-6}$			
钒/$\times 10^{-6}$			
镍/$\times 10^{-6}$			
钠/$\times 10^{-6}$			
氢/碳（质量比）			
闪点/℃			
相对分子质量			
低热值/(J/kg)			
高热值/(J/kg)			
残碳（质量分数)/%			
氮/$\times 10^{-6}$			
按规范规定的蒸馏			
初沸点			
10%（体积分数）真沸点/℃			
20%（体积分数）真沸点/℃			

30%(体积分数)真沸点/℃			
40%(体积分数)真沸点/℃			
50%(体积分数)真沸点/℃			
60%(体积分数)真沸点/℃			
70%(体积分数)真沸点/℃			
80%(体积分数)真沸点/℃			
90%(体积分数)真沸点/℃			
终沸点/℃			

注：燃料气的规格见 2.12.1。

2.11.5 供气系统

装置设计中常要用到各种气源，如：仪表空气、装置空气、氮气等。不论是要求业主提供或是由有关专业设计发生设施，都需要供给方按下表提供这些数据。

空气及惰性气体

用 途	来 源	界区处条件			常压下露点/℃
		温度/℃	压力/Pa	流量/(m³/h)	
仪表空气					
装置（空气）					
氮气					

2.12 三废排放要求及处理原则

三废的排放内容是设计污水处理场、废弃物焚烧场和火炬设计的主要依据。对向大气直接排放的物料要按有关规范严格控制排放物的浓度和排放高度，所以要求提供排放物的组成及排放量。

2.12.1 废气
（1）大气排放

项 目	数量/(kg/d)	排放要求	
		允许地面浓度	距排放点水平距离/m
氧化硫（SO_x）			
氧化氮（NO_x）			
粉尘			
其他规定			

（2）燃料气

燃料气	A	B	C
组分	%（体积分数）	%（体积分数）	%（体积分数）

续表

燃料气	A	B	C
低热值,热量单位/m³			
高热值,热量单位/m³			

2.12.2 废水

项 目	kg/d	×10⁻⁶
排出废液五日内的生物化学需氧量（BOD_5）		
废液的化学需氧量（COD）		
有害物含量		
油脂类		
固体悬浮物		
溶解固体总量		

pH值、温度、毒性、其他说明。

2.12.3 废液

序号	来源	排放条件			处理方法	排至
		温度/℃	压力/Pa	流量/(kg/s)		
a	工艺废水					
b	油污水					
c	干净暴雨水					
d	生活废水					
e	冷却水排放					
f	锅炉(水)排放					
g	锅炉给水水处理废液					
h	工厂废水					
i	废酸(液)					
j	废碱(液)					
k	废溶剂					
l	其他					

2.12.4 废渣

排放物名称	来源	状态	排放量	组成	处理方法

2.13 界区条件

界区条件是一个装置设计中的装置以内的各种需要送出的物料和装置外的连接条件。只有达到界区条件的要求才能满足与外界的联系，否则该送出的物料无法送出。

2.13.1 界区处的原料设计条件

名　称	状　态	界区处压力/MPa（G）	界区处温度/℃

2.13.2 界区处的产品设计条件

（1）液体产品界区条件

产品名称	来源	流量	运输方式	界区处压力/MPa（G）	界区处温度/℃

（2）固体产品界区条件

产品名称	固态分类	来源	包装方式	运输方式	基准质量

注：1. 固态分类指：粉状、块状、颗粒状。
　　2. 基准质量指：每袋或每块的质量（kg）。

2.13.3 界区处的副产品及化学品设计条件

（1）液体副产品及化学品界区条件

名　称	来源	流量	运输方式	界区处压力/MPa（G）	界区处温度/℃

（2）固体副产品及化学品界区条件

名　称	固态分类	来源	包装方式	运输方式	基准质量

注：1. 固态分类指：粉状、块状、颗粒状。
　　2. 基准质量指：每袋、每块的质量（kg）。

2.14 工艺设计基础

工艺设计基础应包括下列内容。

① 装置能力,应说明产品年生产能力和小时生产能力、操作弹性;主生产线数;年运转率(包括操作时间、连续或间断生产、生产班次);产品方案及产品性能。

② 装置组成,列出单元名称。

③ 原料、催化剂、化学品规格、产品和副产品技术要求,一般应按不同物料分别列出物性及组成、单位、指标、分析方法和(或)标准号等;对聚合物产品规格应分别列出性能、单位、测试方法和(或)标准号、各牌号产品指标。

④ 公用物料及能量规格,应分类列出状态、温度、压力和规格等。

⑤ 如果是购买的工艺包,应由专利商提供公用物料、能量消耗定额及消耗量,应分类列出消耗定额和小时耗量(包括正常值和峰值)。

⑥ 装置所在地,对工艺设计所需的必不可少的气象条件,如大气压力、气温、设计空气温度和空气湿度等。

◆ 大气压

设计大气压力 _____ Pa;多年逐月平均气压 _____ Pa;

绝对最高气压 _____ Pa;绝对最低气压 _____ Pa;

大气压的最大变化率 _____ Pa/h。

◆ 气温

多年逐月平均温度 _____ ℃;多年逐月最高平均温度 _____ ℃;

多年逐月最低平均温度 _____ ℃;绝对最高温度 _____ ℃;

绝对最低温度 _____ ℃。

◆ 设计空气温度

冷却塔 干球 _____ ℃,湿球 _____ ℃;空冷器 干球 _____,湿球 ;

压缩机 干球 _____ ℃,湿球 _____ ℃;

冬季采暖室外计算温度 _____ ℃;

冬季通风室外计算温度 _____ ℃;

冬季空调室外计算温度 _____ ℃;

夏季空调室外计算温度 _____ ℃。

◆ 空气湿度

年平均相对湿度 _____ ℃ 下平均 _____ %;

月平均最高相对湿度 _____ 月 _____ ℃ 下最高 _____ %;

月平均最低相对湿度 _____ 月 _____ ℃ 下最低 _____ %;

冬季空调室外计算相对湿度 _____ %;

夏季空调室外计算相对湿度 _____ %;

夏季通风室外计算相对湿度 _____ %。

第3章　工艺设计及计算

3.1　工艺包设计

3.1.1　概述

本章重点叙述工艺设计的内容和工作程序。从广义上讲工艺设计应包含工艺专业设计和工艺包设计两方面的内容。

工艺专业设计的主要任务是对一个石油化工产品的生产流程，先进行基本的计算，在此基础上给有关专业提出条件，在有关专业的参与下以工艺专业为主，完成PFD图的设计任务。这个生产流程可以是工艺专业的设计人员自己开发的，也可以是其他专利商提供的技术。

化工工艺专业是化工设计的主要专业之一。无论是开发新的化工生产过程，还是设计新的化工装置，化工工艺设计的好坏，直接关系到化工装置能否顺利开车，能否达到生产能力和获得合格的产品，最终关系到工厂能否获得最大的经济效益。对于正在运行的化工装置，化工工艺专业通过工艺分析，了解装置物料和能量消耗情况，分析设备运行中存在的问题，可为制订改进方案、降低原料和能量消耗、提高产品质量以及挖掘生产潜力提供依据。因此，对于从事化工工艺专业设计的人员来说，掌握工艺设计的方法和技能，了解设备设计要求及主要工艺控制方案，熟悉有关劳动安全卫生、消防和环境保护的法规十分重要。

工艺包是一个专门的技术名词，它特指包含一个化工产品的生产技术的全部技术文件。这些文件通常应当包含以下的内容：生产该产品应该采用哪些化工生产单元？应该采用什么化工设备？应该采用什么自动控制方案？以及所采用的原料是什么？生产该产品的原料及公用物料的消耗量是多少？这就是本章要讲述的第一部分内容。

化工工艺设计工程师在进行工艺设计时，常需要进行各种设计计算，如物料平衡和热量平衡的计算，这是化工工艺设计中最基本的计算之一，也是使用最频繁的计算。当生产流程基本确定后，只有完成上述计算，才能进行设备设计计算等其他方面的计算。物料平衡和热量平衡的基本计算原则是质量守恒和能量守恒定律。要使工艺包的设计具备先进水平、使产品具备市场竞争能力，在进行流程模拟时就要注意流程的可行性，要使每一股物流都有合理的去处，尽量做到物尽其用；另外要特别注意热量的综合利用，要考虑把高温的溶剂和蒸汽冷凝水都尽量利用起来，这就需要应用"能量综合设计"的技术，在本章对上述有关内容都有较详尽的叙述。

工艺包设计的依据是已批准的可行性研究报告、总体设计、工程设计合同和设计基础资料。

工艺包设计应完成的主要任务有：绘制PFD（见图3-2）、完成工艺物料平衡计算、编制工艺设备数据表（主要是技术规格要求和负荷）、编制公用物料的设计原则和平衡图、确定环保的设计原则和排出物治理的基本原则等。

在工艺设计的过程中，工艺专业要和不同专业互提条件。发出条件表的专业是主导专业，条件表是主导专业设计工作的初步成果，是接受条件专业的设计依据，是很重要的技术文件。要做好设计就必须熟悉这些条件表，会正确填写这些条件表。

根据项目复杂程度的不同,完成工艺包设计工作大约需要 3 到 6 个月的时间。

这一阶段中,主要工作是由工艺设计人员、其他专业的有关人员和项目管理人员参加并完成的,工艺过程的重大原则和设计方案应该组织有关人员评审后才能确定,此阶段是整个设计工作全面展开的基础。

3.1.2 工艺的主要内容

3.1.2.1 设计基础

1. 设计依据

① 项目背景　说明项目来源、与业主及相关单位的关系、与相关装置的关系。

② 设计依据　说明依据的合同、批文、技术文件等。要给出文件名称、编号、发出单位。如:

项目建议书或可行性研究报告的批文;

技术转让或引进合同;

设计委托合同(含当地的地质及自然条件);

相关会议纪要;

国内开发技术的鉴定书;

其他依据的重要文件。

③ 技术来源及授权　说明工艺技术使用的专利、专有技术及工艺技术的提供者,说明专利使用、授权的限制及排他性要求,说明专有技术的范围。

④ 设计范围　说明工艺设计包所涉及的范围,界面的划分。

2. 装置规模及组成

可以用原料每年或每小时加工量或主要产品每年或每小时产量表示装置规模。要说明规模所依据的年操作小时数。

如果有不同的工况,应分别说明装置在不同工况下的能力。

如果有多个产品、中间产品、副产品,或装置由多部分组成,要列出各部分的名称;各部分加工量和产品、副产品、中间产品的产率、转化率、产量。

3. 原料、产品、中间产品、副产品的规格

说明原料状态、组成、杂质含量、馏程、色泽、密度、黏度、折射率等所有必须指定的参数。同时列出每一个参数的分析方法标准号。特殊分析方法要加以说明。如果不同工况有不同的原料,要分别列出。

对聚合物产品规格应分别列出性能、单位、测试方法和(或)标准号、各牌号产品指标。

分别说明产品、中间产品、副产品的规格以及所依据的标准,同时按标准列出每一个参数的分析方法标准号。

原料规格应为满足工艺要求,由业主提供的原料规格。

4. 催化剂、化学品规格

分别列出催化剂型号、形状、尺寸、组成、预期寿命等所有必须确定的理化性质和参数。

分别列出化学品的化学名称、分子式、外观、状态、主要组成、杂质含量等必须符合工艺要求的特性参数,如果是可以直接购买的化学品,应列出其商品名、产品标准号。

5. 公用物料和能量规格

列出水、蒸气、压缩空气、氮气、电等的规格。如:

循环水——温度(入口/出口)、压力(入口/出口);

新鲜水、软化水、脱氧水、除盐水、蒸汽——温度、压力；

压缩空气（仪表空气、工厂空气）——温度、压力、露点、含油要求；

氮气、氧气——温度、压力、纯度；

燃料油（燃料气）——温度、压力、热值、组成；

热载体——组成、热值、沸点、热力学性质；

载冷介质——温度、压力；

电——供电电压、频率、相/接线方式。

6. 性能指标

应分别列出性能指标的期望值和保证值，如产品产量、产率、转化率、产品质量、特征性消耗指标等。

7. 软件及其版本说明

列出根据合同规定工艺设计包设计使用的软件及其版本。

8. 建议采用的标准规范

列出要求工程设计执行的国际标准、国家标准、行业标准或专利持有者指定的标准、规范等。

3.1.2.2 工艺说明

按工艺流程的程序，详细地说明生产过程，包括有关的化学反应及机理，操作条件，主要设备特点，控制方案以及工程设计所必须的工艺物料的物化性质数据。

一般应叙述一下内容。

1. 工艺原理及特点

说明设计的工艺过程的物理、化学原理及特点。可以列出反应方程式。复杂的、多步骤过程可以用方框图表示相互关系并分别说明各部分原理。

2. 主要工艺操作条件

说明工艺过程的主要操作条件：温度、压力、物料配比等。要分别给出不同工艺工况的条件。对于间歇过程还要给出操作周期、物料一次加入量等。

3. 工艺流程说明

按顺序说明物料通过工艺设备的过程以及分离或生成物料的去向。

说明主要工艺设备的关键操作条件，如温度、压力、物料配比等。对于间断操作，则需说明一次操作投料量和时间周期。

说明过程中主要工艺控制要求，包括事故停车的控制原则。

说明工艺设备常用、备用工作情况；说明副产品的回收、利用及三废处理方案。

4. 工艺流程图（PFD）

标示工艺设备及其位号、名称；主要工艺管道，特殊阀门位置，物流的编号、操作条件（温度、压力、流量），工业炉、换热器的热负荷，公用物料的名称、操作条件、流量，主要控制、联锁方案。

5. 物流数据表

列出各主要物流数据，包括每股物流的起止点、相态、组成、总流量、气相流量、液相流量、温度、压力、相对分子质量、气相密度、液相密度、气相黏度、液相黏度、气相热焓、液相热焓等。应给出不同工况的数据。

6. 物料平衡

（1）工艺总物料平衡

列出装置所有产品方案的总物料平衡,包括各种物料的每小时量、每年量、收率。

由多个产品、中间产品、副产品和由多部分组成的装置,用物料平衡图表示物料量及各部分的相互关系。

一些对工艺过程的操作或产品质量影响较大的物料应分别给出该物料的平衡,如硫平衡、氢平衡。

(2) 公用物料平衡图

对于如水的多次利用或蒸汽逐级利用的复杂情况可采用平衡图说明物料量及各用户之间的相互关系。

(3) 原料消耗量

原料的年消耗量。如果有多种原料,要分别列出。

(4) 催化剂、化学品消耗量

催化剂耗量包括催化剂名称、首次装入量、寿命、年消耗量、每吨原料耗量。

化学品耗量包括化学品名称、年消耗量、每吨原料耗量。

由专利商提供的催化剂、化学品要加以注明。

(5) 公用物料及能量消耗

分别列出水、电、蒸汽、氮气、压缩空气等正常操作和最大消耗量。

水量:包括循环冷却水、循环热水、新鲜水、软化水、脱氧水、除盐水等的用户名称、温度、压力、流量。

电量:包括用户名称、设备台数、操作台数、备用台数、电压、计算轴功率。

蒸汽量:包括蒸汽压力等级、用户名称、用量、冷凝水量。

氮气、压缩空气量:包括用户名称、用量。

燃料量:包括燃料油、燃料气用户名称、用量。

冷冻量:包括用户名称、使用参数、用量。

在公用物料和能量表中工艺过程产生的物料和能量如蒸汽、冷凝水或电等计"－"值。

(6) 界区条件表

列出包括原料、产品、副产品、中间产品、化学品、公用物料、不合格品等所有物料进出界区的条件:状态、温度、压力(进出界区处)、流向、流量、输送方式等。

7. 卫生、安全、环保说明

(1) 装置中危险物料性质及特殊的贮运要求

列出装置中影响人体健康和安全的危险物料(包括催化剂)的性质,如所占比重或密度、相对分子质量、闪点、爆炸极限、自燃点、卫生允许最高浓度、毒性危害程度级别、介质的交叉作用。如果有特殊的贮运要求也需提出。

(2) 安全泄放系统说明

说明不同的事故情况下安全泄放和吹扫数据,给出火炬系统负荷研究的结果,提出建议的火炬系统负荷。

(3) 三废排放说明

列表说明废气、废水、固体废物的来源、温度、压力、排放量、主要污染物含量、排放频度、建议处理方法等。

8. 分析化验项目表

列出为保证操作需要和产品质量要求需要分析的物料名称、分析项目、分析频率(开车/

正常操作)、分析方法。

9. 工艺管道及仪表流程图（PID)

标示 PID 中的工艺设备及其位号、名称；主要管道（包括主要工艺管道、开停工管道、安全泄放系统管道、公用物料管道）及阀门的公称直径、材料等级和特殊要求；安全泄放阀；主要控制、联锁回路。

10. 建议的设备布置图及说明

给出主要设备相对关系和建议的相对尺寸，说明特殊要求和必须符合的规定。

11. 工艺设备表

列出 PID 是的设备的位号、名称、台数（操作/备用）、操作温度、操作压力、技术规格、材质等。

专利设备列出推荐的供货商。

12. 工艺设备说明

说明 PID 中的工艺设备特点、选型原则、材料选择的要求。

13. 工艺设备数据表

对 PID 中的工艺设备按容器（含塔器、反应器）、换热器、工业炉、机泵、机械等分类逐台列表。主要静设备应附简图。

容器——位号、名称、数量、介质物性、操作条件（温度、压力、流量等）、工艺设计和机械设计条件、规格尺寸和最低标高要求、主要接口规格和管口表、对内件的要求、正常和最高/最低液位、主要部件的材质及腐蚀裕度、关键的设计要求及与工艺有关的必须说明的内容。

换热器（工业炉）——位号、名称、台数、介质物性、热负荷、操作条件（温度、压力、流量等）、设计条件、形式、传热面积、主要部件的结构和材质、腐蚀裕度、污垢系数，对于有相变化的换热设备，应提供气化或冷凝方的 5 点以上包括流量、物性、热力学性质数据或曲线。

转动机械——位号、名称、台数、介质物性、操作条件（温度、压力、流量等）、设计条件、机械和材料规格、驱动器形式、对性能曲线的要求。

14. 自控仪表

（1）仪表索引表

列出 PID 中的控制回路的编号、名称。

（2）主要仪表数据表

列出 PID 中的控制仪表的名称、编号、工艺参数、形式或主要规格等。

（3）联锁说明

说明主要的联锁逻辑关系。

15. 特殊管道

（1）特殊管道材料等级规定

规定特殊管道的材料等级及相应配件的要求。不包括一般的、公用物料的管道。

（2）特殊管道索引表

特殊管道表应包括项目一般为：管道号，公称直径，PID 图号，管道起止点，物流名称，物流状态，操作压力，操作温度等。

（3）特殊管道附件数据表

如果有特殊管道附件，要逐个提出工艺和机械要求，必要时附简图。

（4）主要安全泄放设施数据表

列出安全阀、爆破片、呼吸阀等名称、位号、泄放介质、工艺参数、泄放量等。

16. 有关专利文件目录

列出相关专利名称、专利号、授权区域。

3.1.2.3　工艺手册/操作指南

（1）工艺说明

（2）工艺原理、工艺特点

说明过程的物理化学原理及其特点。

（3）操作变量分析

分析与过程有关的操作变量的影响。可以采用文字、图形、表格等所有便于表达清楚的形式。

（4）正常操作程序

按部分说明正常操作控制步骤和方法。

（5）开车准备工作程序

根据不同的工艺复杂程度分别说明如：容器检查、水压试验、管道检查等的步骤和工作要点。

（6）开车程序

按先后次序和部分说明开车步骤要点。

（7）正常停车程序

按先后次序和部分说明停车步骤要点。

（8）事故处理原则

分别说明在可能发生的事故中所采取的紧急处理方法及步骤要点。

（9）催化剂装卸

说明催化剂装填步骤及要点。

说明催化剂卸载步骤及要点。

（10）采样

分别说明采样地点、正常操作时的频率、采样方法等。

（11）工艺危险因素分析及控制措施

说明装置中易燃易爆及有毒害物料的安全和卫生控制指标。

分析装置操作中可能发生的主要危险，提出相应采取的防护原则或方法。

（12）环境保护

说明正常操作、开停车、检修时的污染源，从工艺角度提出减少污染的控制方法或原则。

（13）设备检查与维护

对于装置中的专利设备或专有设备、设施要说明其检查与维护方法。如：检查步骤，主要维护点，使用的润滑油、液压油等的介质规格要求，特殊检修方法和工具，检修的安全注意事项与安全措施，设备和设施控制系统的调试要求和调试参数。

3.1.2.4　分析化验手册

对于原料、产品、排放物、催化剂、化学品等有必须按照工艺提供者指定的方法，采用的特定仪器进行分析化验，而不能采用国家标准、行业标准、国际通用标准（如 ASTM 标准）

的分析化验方法的特殊项目,应编写分析化验指导手册。

分析化验手册要说明分析化验方法名称、标准来源、标准编号、使用的仪器设备及其安装调试方法、操作方法、精度要求等。

3.1.3 工艺流程说明

按工艺流程的顺序,详细地说明生产过程,包括有关的化学反应及机理、操作条件、主要设备特点、控制方案以及工程设计所必需的工艺物料的物化性质数据。一般应叙述以下内容。

① 生产方法、工艺技术路线(说明所采用的工艺技术路线及其依据)、工艺特点(从工艺、设备、自控、操作和安全等方面说明装置的工艺特点)及每个部分的作用。

② 工艺流程简述,叙述物料通过工艺设备的顺序和生成物的去向;说明主要操作技术条件,如温度、压力、流量配比及主要控制方案等;如系间断操作,则需说明一次操作加料量和时间周期;连续操作或间断操作时需说明工艺设备常用、备用工作情况;说明副产品的回收、利用及三废处理方案。

③ 生产过程中主要物料的危险、危害分析。

3.1.4 工艺流程图 (PFD)

PFD 的设计是石油化工厂装置设计过程的一个重要阶段,在 PFD 的设计过程中,要完成生产流程的设计、操作参数和主要控制方案的确定,以及设备尺寸的计算,是从工艺方案过渡到化工工艺流程设计的重要工序之一。

PFD 是项目设计的指导性文件之一,在工艺设计阶段完成、发布之后有关专业必须按 PFD 进行工作,并只能由工艺专业解释和修改。

3.1.4.1 PFD 的设计内容

PFD 的主要内容应包括:全部主要工艺设备及位号,主要设备(如塔等)的名称、操作温度、操作压力;物流走向及物流号,此外,除 PFD 外,应有与物流号对应的物流组成、温度、压力、状态、流量及物性的物料平衡表;主要控制方案的仪表及其信号走向;标出泵的流量和进出口压力、塔的实际板数及规格、换热器的热负荷等。PFD 必须反映出全部工艺物料和产品所经过的设备,主要物料的管道,并标示出进出界区的流向。冷却水、冷冻盐水、工艺用压缩空气、蒸汽及冷凝液系统仅标示工艺设备使用点的进出位置。

下面分别介绍设备、工艺物流和主要控制方案的具体设计内容。

(1) 设备的画法

在 PFD 中,设备用细实线简单绘出,如有多台相同设备并联时,可以只画出一台,但要标明位号 A、B,而对于需要再生的设备,需全部绘出。主要设备尽可能按适当比例画出相对位置、大小,而设备的基础、裙座和管接头不标示。对于容器类、压缩机类设备在图上方标示设备名称与位号,并在图中设备附近标明设备位号,而泵类、换热器类设备旁边一般只标位号。

在 PFD 中,应注明设备的主要规格和参数,如泵应注明正常流量和吸入、排出压力;容器应在图上方注明直径和切线长度(或高度);塔器应在图上方注明塔径和切线高度,在塔内注明实际板数或填料段数;换热器要在该换热器位号下注明换热器正常负荷。设备位号应靠近设备,并在图纸上方或下方空白处按设备重叠情况由上到下分层标注设备位号与设备名称。一般情况下,静设备在图纸上部,动设备在图纸下部表示。并且在 PFD 前应当有图例符号图或表，如介质代号、阀门的说明等。

设备外形表示方法如下。

① 离心泵用圆圈加底座组合表示，进料指向圆心。

② 往复泵以┤形与一端不封闭的长方块表示。

③ 换热设备用圆圈或设备外形表示。

④ 压缩机要表示出其型式，并表示出压缩机的段数和主要的配套辅助设备。如型式尚未确定，可用方块表示。

⑤ 反应器要画出主要元件，如筛板、催化剂框等。

⑥ 分离器也要表示出内件。槽、罐类设备要画出隔板、液封。

⑦ 喷射器、其他特殊设备，如造粒塔、电解槽、电石炉、空气磨等尽可能画出实物的大致外形。

(2) 工艺物流的画法

在工艺流程图中，工艺物流用粗实线绘出，并用箭头标明物流的去向。再生系统的物流用细实线标出。主要物流应标注物流号（除 PFD 外，应有单独的物料平衡表），并在物料平衡表中列出 PFD 上对应物流的组成、温度、压力、流量状态和相关物性，见表 3-1。在一张图中，与其他图相关的物流应标明物流来源和去向。在 PFD 中，关键物流应标明温度和压力。PFD 中对物流的标注应包括下列内容。

① 标识流程图上的各点物料的编号。

② 除有压力变化的地方要画上阀门，以表示压力等级的区别以及特殊重要的阀门外，其他情况的阀门一律不在图上画出。

③ 要标识正常生产条件下的放空和排液管道。

④ 作为热源或冷却介质的蒸汽、冷却水、凝液只标出进出流向。

⑤ 具有液封作用的管线，除示出液封外形外，还要注明液封高度。当排放口的高度有要求时，要注明排放高度。

⑥ 工艺用蒸汽、凝液、冷却水、冷冻盐水、工厂空气管线，一律不画进出总管。

物料点的编号在菱形框内按序号编写阿拉伯数字。一般用三位数字表示，第一位表示单元或工段，后两位表示序号。

设备间的物料流向用带箭头的实线表示。

进出装置界区的物料流向以圆圈中的箭头表示；图纸之间用方框表示物料的来源或去向。冷却水、蒸汽、凝液、工厂空气等在无特殊要求情况下不标明来源和去向。

(3) 主要控制方案

在 PFD 中，应标示出全部的控制方案及其相关仪表和调节阀。例如塔器的压力控制方案、灵敏板温度控制方案、回流控制方案和塔釜液位控制方案，罐的液位控制方案，主要换热器的液位控制方案或温度控制方案等。仪表仅标示出仪表类型，如温度仪表、压力仪表等。调节阀应在对应的物流线上标明，但不用标注调节阀尺寸。在复杂控制方案中，应用箭头标明信号去向。对于由组分控制的方案，应标明需要检测的主要组分。

3.1.4.2 单元设备的典型设计

化工生产过程中需要使用各种单元设备，每种单元设备对工艺流程图的设计均有一定的要求。作为一个工艺流程图的设计者，只要掌握各种单元设备的典型设计，再结合工艺流程和工程项目的特殊要求，配以设计者的工程经验，就可进行工艺流程图中单元设备的设计。下面介绍几种常用单元设备的设计，PFD见双塔脱丙烷系统工艺流程图（见图3-2）。以下介绍常用单元设备的表示方法。

(1) 泵

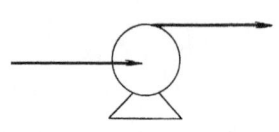

图 3-1(a)　泵 E-GA401
　　　　流量　45m³/h;
　　　吸入压力　19kgf/cm² ❶;
　　　排出压力　24kgf/cm²

在工艺流程图中，泵一般绘在图的下部。同时绘出与泵相连的工艺物流即可。在泵的附近，尽量在泵的正下方，标明泵的位号、吸入压力、排出压力和正常操作时的流量。如图 3-1（a）所示。

(2) 容器

容器分卧式容器和立式容器两种。容器需根据容器在流程中的相对位置在图面上布置。在工艺流程图中，应绘出与容器相关的主要工艺物流及与主要控制方案相关的辅助物流。容器的名称、规格和位号在工艺流程图中容器正上方靠近顶部标出，同时在容器的附近也标出容器位号。容器内的主要部件应在工艺流程图中绘出。容器的操作温度和操作压力应在图中标出。卧式罐如图3-2中低压脱丙烷塔回流罐，立式罐如图3-3中凝液罐。

(3) 塔

在工艺流程图中，塔一般在图的中部绘制。同时，应绘出与塔相关的主要工艺物流及与主要控制方案相关的辅助物流。塔的名称、规格和位号在工艺流程图中塔正上方靠近顶部标出，同时在塔的附近也标出塔位号。塔内的主要部件应在工艺流程图中绘出，如塔的实际板数或填料段数，进料板号与侧线采出板号。同时应绘出与塔相关的主要控制方案，如塔的压力控制方案、灵敏板温度控制方案、回流控制方案和塔釜液位控制方案等，还要标出塔的操作温度、操作压力。塔的周边设备应根据流程中的相对位置在工艺流程图中绘出。如图 3-2 中的低压脱丙烷塔和高压脱丙烷塔。

(4) 换热器

常见的换热器有管壳式和釜式两种。在工艺流程图中，换热器需根据其在流程中的相对位置在图面上布置。对于管壳式换热器应标明工艺物流所流经的是壳侧还是管侧，对于釜式换热器也要标明工艺物流所流经的那一侧。非工艺物流仅在图中表示，并注明介质名称即可。在换热器的附近，标明位号和热负荷。管壳式换热器如图 3-2 中 E-EA1464、E-EA412A、B，釜式换热器如图 3-2 中 E-EA411。

(5) 压缩机

在工艺流程图中，压缩机一般绘在图的下部。并绘出与压缩机相连的工艺物流。在压缩机的附近，尽量在压缩机的正下方，标明压缩机的位号、吸入压力、排出压力和正常操作时的流量。如图 3-1（b）所示。

图 3-1(b)　压缩机 E-GB201
　　　　流量　67189m³/h;
　　　吸入压力　0.23kgf/cm²;
　　　排出压力　1.65kgf/cm²

3.1.4.3　PFD的图面布置和制图要求

各个设计单位在绘制工艺流程图时所用图纸的规格不同。根据实践经验，建议采用3#图纸，以便图面布置。

---

❶　1kgf/cm² = 98.0665kPa，下同。

(1) 工艺流程图的图面布置

① 设备在图面上的布置，一般是顺流程从左到右。

② 塔、反应器、换热器等放在地面上的设备，一般是从图面水平中线往上布置。

③ 压缩机、泵布置在图面下部 1/4 线以下。

④ 中线以下 1/4 高度供走管道用。

⑤ 其他设备布置在工艺流程图要求的位置，如高位冷凝器布置在回流罐的上面，再沸器靠塔放置。

⑥ 对于无高度要求的设备，在图面上的位置要符合流程流向，以便与物流线连接。

(2) 制图要求

① 仪表和设备的表示方法要根据有关规定。

② 要改造的设备用云线圈住。

③ 设备内件用细实线表示。

④ 工艺物流出入图面要绘一矩形框，内用文字表明相接设备与图号。

⑤ 设备位号的表示方法

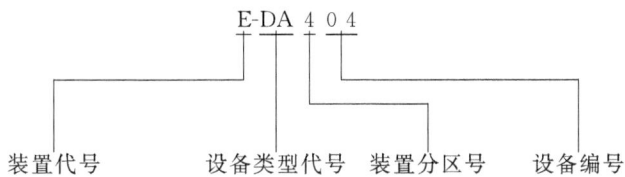

⑥ 物流流向箭头一般画在物流线改变方向处。

典型的工艺流程如图 3-2 所示。

图 3-2 和表 3-1 是一份工艺流程图的例子和相应物料平衡表。读者可从每股物流的物流号上，对应地找到物料平衡表中的物流号从而知道该物股的温度、压力、各组分的含量等等，这些数据就是工艺专业向有关专业提出各种设计条件的依据。因此物料平衡表上的输出数据的内容，要能满足工艺专业提条件的需要，需要什么数据，物料平衡表就应该能输出什么数据。

3.1.5 物料和热量衡算

在工艺设计阶段，工艺专业工程师要进行全流程物料平衡及热量平衡计算，应进行必要的方案比较，选择并考虑适当的操作弹性。

化工生产过程中，经常需要加热或冷却许多流股，最简单的方法是按各流股的质量流速、热负荷、进出口温度分别引入蒸汽加热或冷却水（冷冻液）冷却，它们的消耗构成了公用工程费用，在生产成本中占有相当大的份额。用这个方法设计热量平衡，方法简单、设备投资较少。但用有效能分析得知，这样的流程热力学效率很低，能耗不合理。为了降低成本、节约能源应当用热交换器网络的合成技术，详细地对每股热（冷）物流进行分析，尽量使系统内的加热和冷却物流相互配合使用，尽量减少从外界引进热剂或冷剂，以达到减少能耗、降低成本的目的。

工艺专业在完成全过程物料、能量平衡计算后，应把主要物流计算结果列于物料平衡表上，物料及能量应严格平衡，这个表只发表一个版本，可与工艺流程图在同一张图上出版，也可单独出版，但应与工艺流程图同时完成。典型的物料平衡表见表 3-1。

表 3-1 高低压双塔脱丙烷

物流号	14571	14572	14573	14574	14575	14576	14577	14578
物流名称	高压脱丙烷塔顶物料	EA-1460出口	高压脱丙烷塔回流罐底物流	GA-1460出口	到高压脱丙烷塔回流	高压脱丙烷塔顶产品	高压脱丙烷塔再沸器入口	高压脱丙烷塔再沸器出口
相态	气相	液相	液相	液相	液相	液相	液相	混相
组分，(摩尔分数) /%								
1 H_2O								
2 H_2								
3 CO								
4 CO_2								
5 H_2S								
6 Cl								
7 C_2H_2								
8 ETLN	0.001	0.001	0.001	0.001	0.001	0.001	0.000	0.000
9 C2	0.018	0.018	0.018	0.018	0.019	0.019	0.000	0.000
10 MAPD	4.867	4.867	4.867	4.867	4.867	4.867	8.633	8.633
11 PRLN	91.521	91.521	91.521	91.521	91.521	91.521	25.102	25.102
12 C3	3.591	3.591	3.591	3.591	3.591	3.591	1.759	1.759
13 13BD	0.001	0.001	0.001	0.001	0.001	0.001	28.416	28.416
14 BUT1	0.001	0.001	0.001	0.001	0.001	0.001	27.991	27.991
15 NC4	0.000	0.000	0.000	0.000	0.000	0.000	5.648	5.648
16 NC5	0.000	0.000	0.000	0.000	0.000	0.000	2.279	2.279
17 C6-C8NA	0.000	0.000	0.000	0.000	0.000	0.000	0.015	0.015
18 C_6H_6	0.000	0.000	0.000	0.000	0.000	0.000	0.155	0.155
19 TOLU	0.000	0.000	0.000	0.000	0.000	0.000	0.002	0.002
20 XYLE/EBZN	0.000	0.000	0.000	0.000	0.000	0.000	0.000	0.000
21 STYR	0.000	0.000	0.000	0.000	0.000	0.000	0.000	0.000
22 C9-205C								
23 205-288－PGO								
24 288＋－PFO								
流量/(kmol/h)	758.14	758.14	758.14	758.14	432.90	325.24	2048.73	2048.73
/(kg/h)	31882	31882	31882	31882	18205	13677	104359	104358
相对分子质量	42.05	42.05	42.05	42.05	42.05	42.05	50.94	50.94
温度/℃	42.7	40.0	40.0	41.8	41.0	41.7	78.5	82.0
压力(绝)/MPa	1.73	1.72	1.66	3.14	1.73	2.96	1.78	1.78
液相摩尔分数/%	0.000	1.000	1.000	1.000	1.000	1.000	1.000	0.700
气相								
密度/(kg/m³)	37.04							39.45
黏度/mPa·s	0.009							0.010
液相								
密度/(kg/m³)		479	479	481	477	481	484	483
黏度/mPa·s		0.07	0.07	0.07	0.07	0.07	0.07	0.07

系统物料平衡表

4501	4502	4503	4504	4507	4508	4509	4510
低压脱丙烷塔顶物料	低压脱丙烷塔回流罐进料	低压脱丙烷塔回流罐底物流	GA-411出口	低压脱丙烷塔再沸器入口	低压脱丙烷塔再沸器出口	低压脱丙烷塔产物	脱丁烷塔进料
气相	液相	液相	液相	液相	混相	液相	混相
0.002	0.002	0.002	0.002	0.000	0.000	0.000	0.000
0.008	0.008	0.008	0.008	0.000	0.000	0.000	0.000
10.729	10.729	10.729	10.729	0.350	0.350	0.240	0.240
36.542	36.542	36.542	36.542	0.000	0.000	0.000	0.000
2.349	2.349	2.349	2.349	0.000	0.000	0.000	0.000
22.465	22.465	22.465	22.465	31.604	31.604	28.290	28.290
22.459	22.459	22.459	22.459	29.438	29.438	26.068	26.068
4.246	4.246	4.246	4.246	6.796	6.796	6.179	6.179
1.136	1.136	1.136	1.136	17.055	17.055	19.656	19.656
0.005	0.005	0.005	0.005	3.492	3.492	4.724	4.724
0.057	0.057	0.057	0.057	9.879	9.879	12.928	12.928
0.001	0.001	0.001	0.001	1.294	1.294	1.785	1.785
0.000	0.000	0.000	0.000	0.065	0.065	0.091	0.091
0.000	0.000	0.000	0.000	0.028	0.028	0.039	0.039
266.88	266.88	266.88	266.88	958.06	958.06	281.38	281.38
13026	13026	13026	13026	59892	59892	18124	18124
48.81	48.81	48.81	48.81	62.51	62.51	64.41	64.41
44.2	24.4	24.4	26.0	75.8	80.0	80.0	65.7
0.729	0.655	0.655	3.13	0.778	0.778	0.778	0.539
0.000	1.000	1.000	1.000	1.000	0.700	1.000	0.883
15.44					17.87		12.42
0.009					0.009		0.009
	554	554	557	564	571	571	595
	0.12	0.12	0.11	0.12	0.12	0.12	0.15

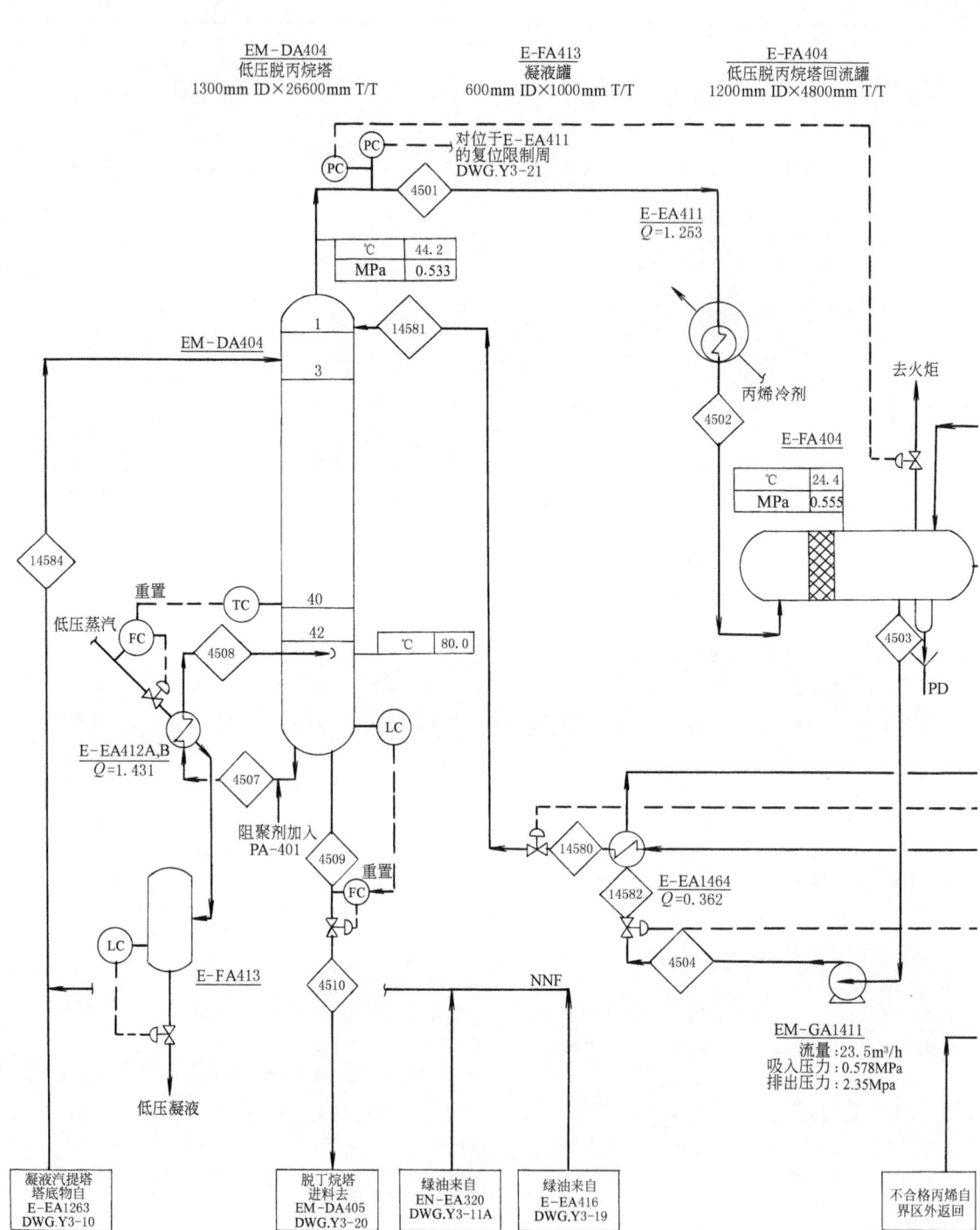

图 3-2 高低压双塔脱丙烷
(注:压力为表压)

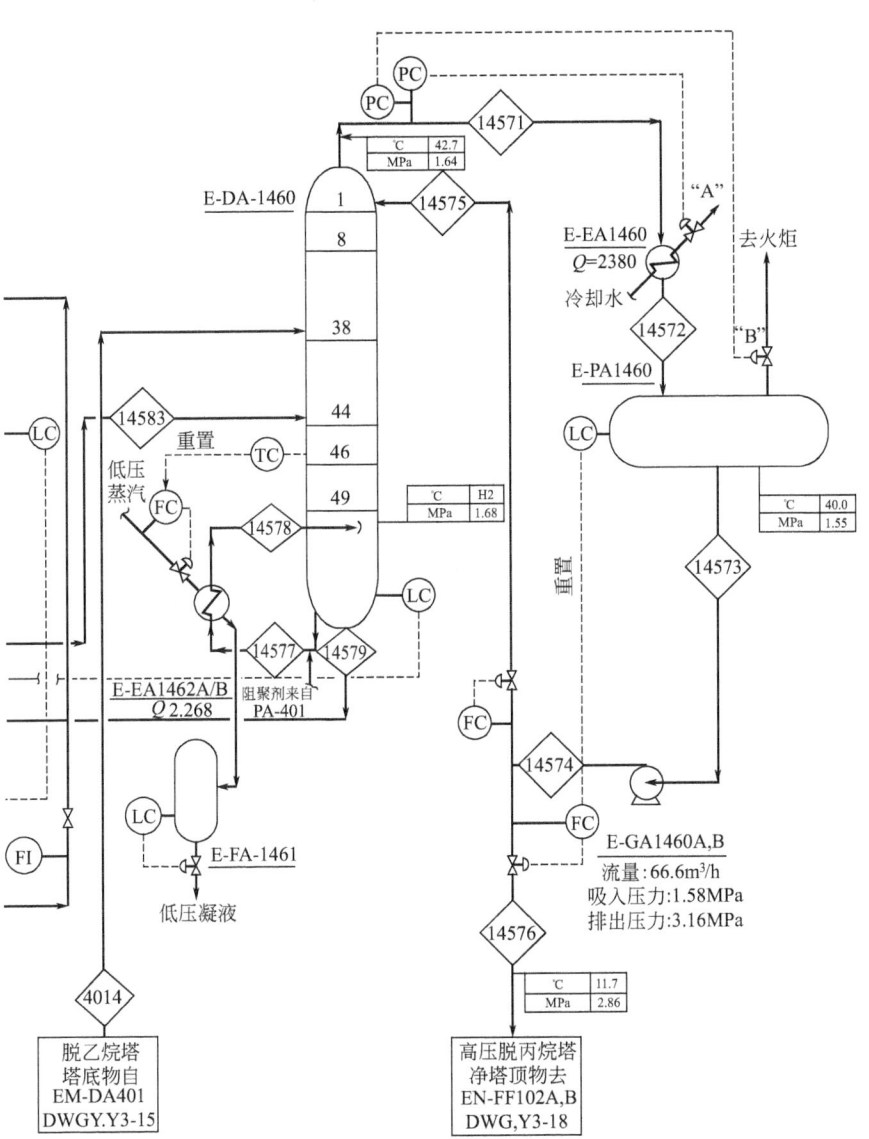

系统工艺流程图（PFD）

3.1.6 工艺设备数据表

工艺包设计阶段的设备数据表与基础设计阶段的设备数据表不完全一致，因而也有建议把工艺包设计阶段的设备数据表称为主要设备的工艺规格书。这两种设备数据表填写要求的区别主要是由于不同阶段的工作深度不同，在工艺包设计阶段一般不进行设备的水力学计算，也不进行管道的水力学计算，所以在设备数据表中不列出设计压力、设计温度和设备的外形尺寸，只列出该设备的操作参数、材质要求、传动机械要求及必要的特殊和关键的设备条件，还要列出工艺设备计算时的输入条件和计算结果。工艺设备数据表是进行系统设计的依据。

在这里我们列出了一些石油化工装置常用的主要设备的数据表（见表3-2～表3-8），包括填料塔数据表、板式塔数据表、反应器数据表、容器数据表、换热器数据表、压缩机/鼓风机数据表等。设计中如果还需要用到其他类型设备的数据表，请设计者参考上面的表格自己来绘制。

3.1.7 工艺设备表

工艺设备表为装置界区范围内全部工艺设备的汇总表，用来表示装置工艺设备的概况。在PFD中所有设备均需表示在该设备表中。

工艺设备表系根据工艺流程和工艺设备计算的数据进行编制。一般按容器类、换热器类、工业炉类、泵类、压缩机（风机）类、机械类及其他类进行编制。

由于工艺设计阶段一般来说不做塔的水力学计算和管道阻力降计算，所以这时的工艺设备表的内容和基础设计阶段的设备表的内容不可能相同，我们建议在工艺设计阶段采用下列表格型式填写。

容器类设备包括塔器、反应器和容器设备。这三种设备在容器类设备中按塔器、反应器和容器类的次序依次列出。

在工艺设计阶段压缩机组和冷冻机组中随机配套的分离器、冷却器、过滤器、消声器等设备不必单独列出。

机械类设备包括过滤机、粉碎机、螺旋加料机、挤压机、切粒机、压块机、包装机、码垛机、搅拌器、起重设备和运输设备等。由于机械类设备较杂，规格栏填写内容不易一致，一般需填写生产能力、参考的外形尺寸和对设备特征的说明。

其他类设备包括喷射器、过滤器、消声器、称量器、旋风分离器和编设备位号的特殊阀门（例如旋转加料阀）等。

设备表中一般应说明设备名称、位号、设备数量、主要规格以及设计和操作条件。

典型的工艺设备表如表3-9～表3-16所示。

3.1.8 原料、催化剂、化学品消耗量及消耗定额和产品、副产品产量

原料、催化剂、化学品消耗量是衡量装置先进性的重要参数，一般由工艺包设计者或专利所有者提供。消耗定额的保证值是装置性能考核中要达到的目标值，其期待值一般是专利工厂在稳定操作时可以达到的理想指标。

原料、催化剂、化学品消耗量和产品、副产品的消耗量是考虑损失后的平均消耗量或平均产量。

对于在使用过程中逐渐损耗的溶剂或效能逐渐降低的催化剂、吸附剂和中和剂等如进行定期补充，则需在备注栏中注明补充间隔时间和补充量，并折成每吨产品的消耗量。

对于初次充填的或定期更换的催化剂、溶剂等，必须在备注栏中注明一次填充量和更换的间隔时间，并折成每吨产品的消耗量。

表 3-2

			板 式 塔 数 据 表		编号：		修改：	
					第 页 共 页			

	设备名称		
	设备位号		
	台数		

				管 口 表					
工作介质	名称			符号	公称尺寸 DN	公称压力 /MPa	连接标准	法兰类型/ 密封面型式	名称 或用途
	主要组分								
	操作温度下的液体密度/(kg/m³)	塔顶							
		塔底							
	介质特性	爆炸危险性							
		毒性							
	火灾危险性分类	甲							
		乙							
		丙							
操作条件	操作温度/℃	塔顶							
		塔底							
		最大/最低							
	操作压力/MPa	塔顶							
		塔底							
		最大							
材质	壳体								
	衬里								
	塔板（或内件）								
	填料								
隔热	材质								
备注									

续表

	板式塔数据表	编号：	修改：
			第 页 共 页

设备名称	
设备位号	
台数	

板 式 塔 数 据

序号	名称		单位				
1							
2							
3							
4							
5							
6	操作温度		℃				
7	操作压力		MPa				
8	计算负荷	气相负荷	kg/h				
9		液相负荷	kg/h				
10		气相密度	kg/m^3				
11		液相密度	kg/m^3				
12		表面张力	mN/m				
13		气相黏度	mPa·s				
14		液相黏度	mPa·s				
15		气相相对分子质量					
16		液相对相分子质量					
17	最小负荷	气相负荷	kg/h				
18		液相负荷	kg/h				
19		气相密度	kg/m^3				
20		液相密度	kg/m^3				
21		表面张力	mN/m				
22		气相黏度	mPa·s				
23		液相黏度	mPa·s				
24		气相相对分子质量					
25		液相相对分子质量					
26	最大允许压降/板		kPa				
27							
28	泡沫特性						
29							
30	操作范围为设计负荷的百分数		%				
31	备注						

表 3-3

		填 料 塔 数 据 表		编号：		修改：	
				第 页 共 页			

	设备名称	
	设备位号	
	台数	

工作介质				管 口 表					
	名称								
	主要组分								
	操作温度下的液体密度/（kg/m³）	塔顶		符号	公称尺寸 DN	公称压力 /MPa	连接标准	法兰类型/密封面型式	名称或用途
		塔底							
	介质特性	爆炸危险性							
		毒性							
	火灾危险性分类	甲							
		乙							
		丙							

操作条件	操作温度/℃	塔顶	
		塔底	
		最大/最低	
	操作压力/MPa	塔顶	
		塔底	
		最大	

设计参数			
	是否全真空设计		
	非正常情况下的真空设计	温度/℃	
		压力/kPa	
	塔板或填料类型		
	直（内）径/mm		
	高度 T-T/mm		

材质	壳体	
	衬里	
	内件（或塔板）	
	填料	

隔热	材质	

备注	

续表

	填 料 塔 数 据 表	编号：	修改：
		第　页　共　页	

设备名称	
设备位号	
台数	

填 料 塔 数 据						
序号	名称		单位			
1	填料层数					
2	塔内径		mm			
3	填料层高度		mm			
4	填料类型和规格					
5	比表面积		m^2/m^3			
6	孔隙率		%			
7	填料因子		m^{-1}			
8	操作温度		℃			
9	操作压力		MPa			
10	填料层顶部	气相负荷	kg/h			
11		液相负荷	kg/h			
12		气相密度	kg/m^3			
13		液相密度	kg/m^3			
14		表面张力	mN/m			
15		气相黏度	mPa·s			
16		液相黏度	mPa·s			
17		气相相对分子质量				
18		液相相对分子质量				
19	填料层底部	气相负荷	kg/h			
20		液相负荷	kg/h			
21		气相密度	kg/m^3			
22		液相密度	kg/m^3			
23		表面张力	mN/m			
24		气相黏度	mPa·s			
25		液相黏度	mPa·s			
26		气相相对分子质量				
27		液相相对分子质量				
28	最大允许压降		kPa			
29	操作范围为设计负荷的百分数		%			
30	备注					

表 3-4

			反应器数据表		编号：			修改：	
					第 页共 页				
	设备名称								
	设备位号								
	台数								
工作介质	名称			反应器类型	流化床反应器				
	相态（G，L，S）				填充床反应器				
	密度/(kg/m³)				列管固定床反应器				
	毒性				搅拌釜式反应器				
	爆炸危险性				滴流床反应器				
催化剂	名称				鼓泡式反应器				
	堆积密度/(kg/m³)				管式反应器				
	再生，活化剂				塔式反应器				
操作条件	操作温度/℃	最小		管口表					
		正常							
		最大		符号	公称尺寸 DN	公称压力 /MPa	连接标准	法兰类型/ 密封面型式	名称 或用途
	操作压力 /MPa	最小							
		正常							
		最大							
	催化剂本体 再生温度 /℃	最小							
		正常							
		最大							
	催化剂本体 再生压力 /MPa	最小							
		正常							
		最大							
设计参数	容积/m³								
	催化剂用量/m³								
材质	筒体								
	衬里防腐要求								
隔热	材质								
换热介质	名称								
	进口温度/℃								
	出口温度/℃								
	压力/MPa								
	特性								
换热方式	内换热管								
	夹套换热								
	外部换热								

说明：

表 3-5

			容器数据表		编号：			修改：	
					第 页 共 页				
设备名称									
设备位号									
台数									

			容器	夹套 (或盘管)	管口表				
					符号	公称尺寸 DN	公称压力 /MPa	连接标准	法兰类型/ 密封面型式	名称 或用途
工作 介质	名称									
	相态（G, L, S）									
	密度/(kg/m³)									
	凝固点/℃									
	毒性									
	爆炸危险性									
操作 条件	操作温度 /℃	最大								
		正常								
		最小								
	操作压力 /MPa	最大								
		正常								
		最小								
设计 参数	操作容积/m³									
	传热面积/m²									
材质	筒体									
	内件									
	衬里防腐要求									
隔热	材质									

备注	

表 3-6

换热器数据表			编号：	修改：	
			第 页	共 页	
工程名称：		设备位号及名称：	填表人：	校核人：	
工艺条件			壳侧		管侧
流体名称					
总流量		kg/h			
其中	气体 进/出	kg/h			
	液体 进/出	kg/h			
	水蒸气 进/出	kg/h			
	水 进/出	kg/h			
	不凝气	kg/h			
流体蒸发或冷凝量		kg/h			
温度 进/出		℃			
操作压力（入口，绝压）		MPa			
物性数据的温度间隔		℃			
液相密度		kg/m³			
液相比热容		kcal/（kg·℃）			
液相黏度		cP			
液相热导率		kcal/（m·h·℃）			
潜热（有相变时）		kcal/kg			
液体表面张力（有相变时）		dyn/cm，kgf/m			
气相密度		kg/m³			
气相比热容		kcal/（kg·℃）			
气相黏度		cP			
气相热导率		kcal/（m·h·℃）			
相变曲线温度分布点		℃			
比焓或热负荷		kcal/kg 或 kcal/h			
气相质量分率		Y			
允许压降		kgf/cm²			
污垢系数		m²·h·℃/kcal			

换热器几何参数参考值（能够提供的或有特殊要求的）　　　　长度单位/mm

壳体参数		管束参数		折流板参数	
换热器形式		管外径×壁厚		型式	
总台数		管长		板数	
并联		管数		中间板间距	
串联		管程数		入口端间距	
壳内径		管心距		出口端间距	
壳程数		排列角度		切口％	
安装方位		窗中是否排管		方向	
有否防冲板		材质		旁路挡板对数	

接管参数				简图及说明：
	壳侧		管侧	
入口接管直径×数量				
出口接管直径×数量				
放空接管直径				
排净接管直径				

其他参考参数		
热负荷	/（kcal/h）	
传热系数	/[kcal/(m²·h·℃)]	
有效温差	/℃	
传热面积	/m²	

说明：

表 3-7

离心式压缩机数据表				提出条件专业		
				接受条件专业		
				第 页 共 页		修改：
编制		地址		项目名称		
校核		项目号		主项		
审核		编号		设计阶段		
名称				驱动机名称		
位号				位号		
台数				台数		
操作				操作		

	操作条件					
	操作工况					
1	段号或侧向进出口流号					
2	流体名称					
3	腐蚀性组分					
4	体积流量（0.1013MPa，25℃）/(m³/h)					
5	质量流量（干，湿） /(kg/h)					
6	吸入条件	压力 /MPa				
7		温度 /℃				
8		绝热指数 (C_p/C_V)				
9		相对湿度 /%				
10		平均相对分子质量				
11	排出条件	压力 /MPa				
12	操作方式	连续	间断	备用		
13	驱动方式	电动机	汽轮机	其他		
14	流量调节方式	可调进口导叶	进口节流	旁路	变转速	其他
15	防喘振旁路	手动	自动	无		
16	流量调节范围					

	安装环境及现场条件						
1	环境	安装位置	室内 室外		异常条件	湿热带 粉尘	
2		环境温度 /℃			危险区域划分		
3		环境湿度 /%			爆炸危险区域		
4		大气压 /MPa					
5	冷却水	进水温度 /℃			允许温升 /℃		
6		进水压力 /MPa			最大压降 /MPa		
7		污垢系数 /(m²·K/W)					
8	供电	低压电源	V Ph Hz		高压电源	V Ph Hz	
9		应急电源	V Ph Hz		直流电源	V	
10	供汽		最高压力 正常压力 最低压力		单位	最高温度 正常温度 最低温度	单位
11		驱动机用（入口）			MPa（G）		℃
12		加热用			MPa（G）		℃

说明和附图：

1. 向工艺介质中注入稀释剂或其他组分都必须得到工艺专业同意；
2. 返回工艺专业资料时间；
3. 返回工艺专业资料名称。

续表

			离心式压缩机数据表		提出条件专业	
			（介质组分数据表）		接受条件专业	
					第　页　共　页	修改：
编制		地址		项目名称		
校核		项目号		主项		
审核		编号		设计阶段		
名称				驱动机名称		
位号				位号		
台数				台数		
操作				操作		

操作条件（用于多组分）

操作工况						
段号或侧向进出口流号						
流体名称						
	组分	相对分子质量		摩尔分数/%		
1						
2						
3						
4						
5						
6						
7						
8						
9						
10						
11						
12						
13						
14						
15						
16						
17						
18						
19						
20						
21						
22						
23						
24						
25						
26						
27						
28						
29						
30						
31						
32						
33						
34						
35						
36						
合计						
平均相对分子质量						

说明：

表 3-8

		离心泵数据表	提出条件专业	
			接受条件专业	
			第　页　共　页	修改：
编制		地址	项目名称	
校核		项目号	主项	
审核		编号	设计阶段	
	名称			
	位号			
	台数			
	操作			
操作条件				
1	输送介质			
2	毒性			
3	固体含量（湿基）　　　（质量分数）/%			
4	固体粒度　　　　　　　　　　　　/mm			
5	腐蚀/冲蚀原因			
6	介质入口温度　　　　　　　　　　/℃			
	最小			
	正常			
	最大			
7	入口条件下的密度　　　　　　/（kg/m³）			
8	入口条件下的黏度　　　　　　　/mPa·s			
9	入口条件下的气化压力　　　　　　/MPa			
10	入口压力　　　　　　　　　　　　/MPa			
	最小			
	正常			
	最大			
11	出口压力　　　　　　　　　　　　/MPa			
12	压差　　　　　　　　　　　　　　/MPa			
13	扬程　　　　　　　　　　　　　　　/m			
14	流量　　　　　　　　　　　　/（m³/h）			
	最小			
	正常			
	最大			
15	有效气蚀裕量　　　　　　　　　　　/m			
16	有效功率　　　　　　　　　　　　/kW			
17	工作场所			
	室内			
	室外			
18	防腐等级			
19	爆炸物分级分组			
20	爆炸危险区域			
21	驱动机			
	电动机			
	蒸汽透平			
22	材料			
23	夹套保温			
说明				
1	特殊控制要求：指联锁、变速、遥控			
2				
3				
4				
5				
6				
7				
8				
9				

表 3-9　设备清单（塔器类）

序号	位号	名称	台数	操作条件					塔板（或填料）		材质	备注
				介质	温度/℃		压力/MPa(G)		板数（或填料高 m）	板（或填料）型式		
					顶	底	顶	底				

表 3-10　设备清单（容器类）

序号	位号	名称	台数	类型	操作条件				容积/m³	外形尺寸	材质	备注
					介质	温度/℃		压力/MPa				
						顶	底					

表 3-11　设备清单（换热器类）

序号	位号	名称	台数	类型	操作条件				热负荷/(kJ/h)	材质	备注
					介质	温度/℃		压力/MPa			
						进	出				

表 3-12　设备清单（工业炉类）

序号	位号	名称	台数	类型	热负荷/MW	规格及说明	材质	备注

表 3-13　设备清单（压缩机、风机类）

序号	位号	名称	台数		类型	操作条件		正常流量/(m³/h)	材质	备注
			操作	备用		介质	温度/℃			

表 3-14 设备清单(机械类)

序号	位号	名称	台数	类型	规格及说明	驱动机类型	材质	备注

表 3-15 设备清单(泵类)

序号	位号	名称	台数		类型	操作条件		正常流量 /(m³/h)	材质	备注
			操作	备用		介质	温度/℃			

表 3-16 设备清单(其他类)

序号	位号	名称	台数	类型	操作条件			材质	备注
					介质	温度/℃	压力/MPa		

原料、燃料和辅助物料年用量、开车用量、来源和进厂输送方式。附主要原料、燃料和辅助物料用量表（表 3-17）。

表 3-17 原料、产品、副产品、燃料和辅助原料用量

序号	名称	主要规格	年用量/t	开车用量/t	来源	备注

说明主要催化剂等辅助物料名称、主要规格、年用量、一次充填量和来源。附主要催化剂等辅助物料用量表（表 3-18）。

表 3-18 主要催化剂、吸附剂等辅助物料用量

序号	名称	主要规格	年用量/t	一次填充量/m³	来源	备注

列出消耗（或产出）定额和消耗（或产出）量表（表 3-19）

表 3-19 消耗（或产出）定额和消耗（或产出）量

序号	名称	主要规格	单位	每吨产品消耗定额（或产出定额）	消耗量		产出量		备注
					h	a	h	a	

备注栏中注明：①开车用量或一次充填量；②如为间断，应注明频率和时间；③必要时，应注明正常量和最大量。

3.1.9 原料、催化剂、化学品和产品、副产品规格

原料、产品和副产品技术规格，一般应按不同物料分别列出物性及组成、单位、指标、分析方法和（或）标准号等；对聚合物产品规格应分别列出性能、单位、测试方法和（或）标准号、各牌号产品指标。

由业主提供的原料规格，应满足工艺要求。见表 3-20 和表 3-21。

表 3-20 原料、产品和副产品性质及技术规格

公司名称									图纸编号		
编制									第 页 共 页		
校核		工程名称							项目名称		
审核		建设地址							设计阶段		
序号	名称	状态	组成	规格	物性				毒性	分析方法	年产（耗）量 /（×10⁴t/a）	备注
					密度	熔点	沸点	闪点				

表 3-21 催化剂、化学品性质及技术规格

公司名称								图纸编号	
编制								第 页 共 页	
校核		工程名称						项目名称	
审核		建设地址						设计阶段	
序号	名称	状态	组成	规格	物性		存放设备	分析方法	年产（耗）量 /（t/a）	备注
					密度	熔点				

3.1.10 公用物料消耗定额及消耗量

公用物料及能量消耗定额及消耗量（表 3-22），应分类列出消耗定额和小时耗量（包括正常值和峰值）。

一般生产装置所需的公用物料有：循环冷却水、工业水、脱盐水、消防水、高压蒸汽、中压蒸汽、低压蒸汽、仪表空气、装置空气、氮气、氧气、冷冻盐水、低温水、锅炉给水、蒸汽

冷凝液、燃料气、燃料油等。应根据工艺过程的需要分类列齐，不得漏项。

表 3-22 公用物料消耗定额及消耗量

序 号	公用物料名称	消耗定额	消耗量/（t/h）[①]			备 注
			最 小	正 常	最 大	

[①]最大、最小消耗量应考虑装置开停车状态的要求。公用物料规格。

3.1.11 公用物料规格

下面列出某工程的公用物料规格，附在这里供参考，可看出每一种公用物料规格的内容，因建厂地点不同各项指标的控制值会有差别，不能照抄。

(1) 脱盐水

铜/$\times 10^{-6}$	$\leqslant 0.2$	电导率/（μS/cm）	$\leqslant 0.2$
铁/$\times 10^{-6}$	$\leqslant 0.5$	氯/$\times 10^{-9}$	$\leqslant 100$
硅（以 SiO_2 计）/$\times 10^{-6}$	$\leqslant 3$	温度/℃	$\leqslant 30$
硫（以 SO_4 计）/$\times 10^{-6}$	$\leqslant 60$	压力/MPa（G）	$0.3 \sim 0.4$
总固/$\times 10^{-6}$	$\leqslant 5$		

(2) 新鲜水

压力/MPa	最高 0.35	pH 值	$7 \sim 8.5$
水温/℃	$4 \sim 28$	总硬度 meg/L❶	$5 \sim 6$

(3) 循环冷却水

循环冷却水温度/℃	$\leqslant 32$	总硬度，deg. dh (German sys.)❷	$\leqslant 12$
循环冷却水回水温度/℃	$\leqslant 42$	混浊度/（mg/L）	$\leqslant 10$
供水压力/MPa（G）	$\geqslant 0.4$	污垢系数/（$m^2 \cdot h \cdot ℃/kcal$）	$\leqslant 0.0006$
回水压力/MPa（G）	$\geqslant 0.25$	氯离子/$\times 10^{-6}$	$\leqslant 300$

(4) 消防水

供水压力/MPa（G）	0.8 ± 0.1	供水温度	常温

(5) 蒸汽

高压蒸汽/MPa（G）	3.5 ± 0.2（410℃±30℃）	低压蒸汽/MPa（G）	0.8 ± 0.2（250℃±30℃）

(6) 工艺压缩空气

温度	室温	压力/MPa（G）	最小 $0.5 \sim 0.65$

(7) 仪表压缩空气

露点/℃（常压下）	-40	温度	室温
压力/MPa（G）	$0.5 \sim 0.6$	其他	无油、无尘

(8) 氮气

纯度（体积分数）/%	$\geqslant 99.99$	温度	室温
露点（常压）/℃	-40	压力/MPa（G）	$0.5 \sim 0.6$

(9) 电

频率/Hz	$50+0.5/-1.5$	电压（AC）/V	$6000+10\%/-5\%$ 3 相 3 线
电线	6kV 双线		380/220 3 相 4 线

(10) 燃料油

相对密度（20℃）	最大 0.936	闪点/℃	120
黏度（80℃）(E)	15.5	灰度	最大 0.3

---

❶ 1meg/L=28mg/L [CaO]，原苏联标准。

❷ 1deg. dh=10mg/L [CaO]，德国标准。

| 凝固点/℃ | 25 | 水分 | 最大 2.0 |
| 硫含量（质量分数）/% | 最大 2.0 | 热值（LHV）/(kcal/kg) | 9700 |

（11）返回凝液

| 回流温度/℃ | 最高 120 | 回流压力/MPa（G） | 0.3～0.4 |

（12）锅炉给水

| 质量 | 脱氧脱盐水 | 入口温度/℃ | 常温 |
| 入口压力 | 根据具体要求定 | | |

3.1.12 分析化验要求

说明控制生产过程的分析化验要求，包括原料、中间产品和产品的分析取样要求，分析频率和分析方法，分析控制指标以及主要的分析仪器。

分析项目如表 3-23 所示。

表 3-23 分析项目

序号	取样号	取样地点	分析项目	控制指标	分析频率		压力/MPa	温度/℃	分析方法	备注
					开车	正常				

3.1.13 生产装置界区条件表

生产装置界区条件表是明确生产装置和外部原材料、公用物料互供关系、数量、在界区交接状态及交接点的重要设计文件。

说明装置需要的原料、燃料、催化剂、化学品和公用物料以及产品、副产品在界区处的条件。附界区条件表（表 3-24）。

表 3-24 界区条件

序号	名称	界区		状态	输送方式	压力/MPa	温度/℃	流量/(t/h)	备注
		进	出						

注：1. 如有特殊要求，应加以说明。
2. 压力按表压计。

3.1.14 三废排放及建议的处理措施

应说明工艺过程的污染源、主要污染物和处理方法。

（1）废水

装置和辅助设施废水污染物的排放情况。附装置和辅助设施废水排放一览表（表 3-25）。

（2）废气

各装置和辅助设施废气污染物的排放情况。附装置和辅助设施废气排放一览表（表 3-26）。

表 3-25 装置和辅助设施废水排放一览表

序号	排放源	排放规律	排放量/(m³/h)		水质/(mg/L)						处理方法	排放去向	备注
			正常	最大	pH	COD_{Cr}	BOD_5	油	重金属	其他			

注：表中，COD_{Cr}、BOD_5、油和有关重金属含量系国家总量控制指标，应详细填写；"其他"栏中填写建设项目排放废水中的特征污染物。

表 3-26 装置和辅助设施废气排放一览表

序号	排放源	排放规律	排放量/(m³/h)		出口温度/℃	排气筒/m		污染物含量/(mg/m³)				处理方法	排放去向	备注
			正常	最大		高度	直径	SO_2	NO_x	TSP	其他			

注:"其他"栏中填写建设项目排放废气中的特征污染物。

(3) 废渣（液）

各装置和辅助设施废渣（液）污染物的排放情况。附装置和辅助设施废渣（液）排放一览表（表 3-27）。

表 3-27 装置和辅助设施废渣(液)排放一览表

序号	排放源	排放规律	排放量		组成	处理方法	排放去向	备注
			正常	最大				

(4) 噪声

各装置和辅助设施噪声排放情况。附装置和辅助设施噪声排放一览表（表 3-28）。

表 3-28 装置和辅助设施噪声排放一览表

序号	装置名称	噪声源	距地高度/m	室内/室外	噪声值/dB(A)	减(防)噪措施	降噪后噪声值/dB(A)	备注

(5) 典型的环保要求值

① 大气环境质量标准

a. 环境空气质量指标（mg/m³）。

项目	日平均值	小时平均值	项目	日平均值	小时平均值
总悬浮微粒	0.30	—	NO_x	0.10	0.15
飘尘	0.15	—	CO	4.0	10.0
SO_2	0.15	0.50			

b. 有害物质排放标准（部分）。

有害物质名称	排放标准		有害物质名称	排放标准	
	排气筒高度/m	排放量/(kg/h)		排气筒高度/m	排放量/(kg/h)
SO_2	30	34	NO_x（以 NO_2 计）	20	12
	45	66		40	37
	60	110			
	80	190		80	160
	100	280		100	230
H_2S	20	1.3	烟尘及生产性粉尘	30	82
	40	3.8			
	60	7.6		60	310
	80	13		100	1200
	100	19			
	120	27		150	2400

注：按工业企业烟尘排放标准规定，最大允许烟尘浓度为 $200mg/m^3$，黑度不得超过 1 级（林格曼级）。

c. 装置界区内允许的有害物质浓度(mg/m^3)：

CO　　　　　　　　　　　　30　　　　　　H_2S　　　　　　　　　　　　10
SO_2　　　　　　　　　　　15　　　　　　甲苯　　　　　　　　　　　　100
二甲苯　　　　　　　　　　100　　　　　　粉尘　　　　　　　　　　　　10

② 废水排放　废水排放方式：a. 可接受处理之后的排放；b. 预处理后的排放；c. 直接排放。

最终的排放方法在综合考虑了包括处理方法、数据和投资后确定。废水排放标准如下。

项　　目	预处理后排放标准/（mg/L）	项　　目	预处理后排放标准/（mg/L）
pH	6～9	硫化物	1.0
悬浮物（SS）	70	NH_3-N	15
BOD_5	30	氟化物	10
COD_{Cr}	100	磷酸盐（以 P 计）	
石油类	10	温度	
挥发性酚类	0.5		

注：预处理后的数据，例如 COD_{Cr} 可以根据污水处理场的设计能力和对水的要求进行修正。

③ 固体残液排放要求　固体残液在排放之前应该去除有害物质，处理后标准根据不同残渣、不同现场的具体条件（如焚烧、堆埋）予以确定。

④ 厂区内不同区域的噪声标准

序号	区　域　类　型	噪声限制值/dB（A）	
1	成品车间及工作室	90	
2	值班室、观察室、高噪声区、车间休息室（室内地面噪声标准）	75	包括电话通信要求
		70	无电话通信要求
3	工作区域的精密仪器线路和精密设备间、机房（正常工作状态）	70	

3.1.15　安全分析

(1) 工艺包安全设计

当工艺流程确定后，需要进行工艺安全设计。工艺过程危险分析 PHA 是进行安全设计的必要手段，即通过专家小组讨论的形式，识别工艺危险、操作问题及其潜在的后果，分析工艺设计中可能出现的安全、健康、环境等问题，并对这些问题进行控制管理，决定是否通过改变工艺设计或对这些风险进行适当的管理,来减轻后果、降低风险。

(2) 相关名词解释

工艺过程危险分析 PHA(Process Hazard Analysis)——即组织专家小组进行事故假设讨论,检查工艺过程中安全保护设施是否能够防范所有可能发生的事故。

危险因素(Hazard)指可能导致人身伤害、疾病、财产损失、工作环境破坏等或这些情况组合的根源或状态。工艺过程包含许多不同类型的危险因素,物料性质如易燃易爆、腐蚀性、毒性等;操作条件如高温、高压、机械伤害、电器危险、高处作业等;在工艺安全领域主要指当工艺物料直接或间接的产生泄漏时,导致的火灾、爆炸以及毒性物质的释放等。

原因(Cause)指导致危险因素释放的事件,原因可能是设备故障,人员误操作或外部事件(例如洪水、雷电等)。

后果(Consequence)指由意外事件导致危险因素释放而产生的恶劣影响。后果有不同类型和不同的严重程度之分,不同类型分别指对人、环境、财产、企业声誉等的影响;严重程度是对影响程度的量化,例如:1人死亡与多人死亡,财产损失数量。

安全措施(Safeguard)指已设计的安全设施以及安全管理措施,用来避免或减轻意外事件产生的后果。安全设施包括:针对事故工况的特殊设计、安全泄压系统、安全联锁系统、应急行为指令等,例如:泄压设施、联锁系统、安全操作规程等。

(3) 工艺包阶段的 PHA 方法

PHA 方法有多种,工艺包阶段的 PHA 宜采用故障假设/检查表方式,发现潜在的问题,进行本质安全设计。PDP 阶段的 PHA 设计宜在 PID 设计完成后进行。

(4) 工艺包阶段的 PHA 审查文件

审查文件包括:工艺文件(工艺流程图、设备表、安全联锁关系、化学反应物料列表、工艺涉及的化学品的物理化学性质和毒性、其他技术的有效性、危险化学品的排放列表等)和环境信息(运输设计、总图)等内容。

(5) 小组讨论形式进行 PHA 审查

小组成员有:
- 安全工程师
- 环境工程师
- 工艺工程师
- 操作人员代表
- 技术专家(总图、仪表等)
- 专利商代表。
- 记录员。

(6) 安全设计标准

进行 PHA 审查之前,应编制、确认安全设计标准及风险接受标准[见(8)②],使之符合项目的要求并作为审查的依据,一旦确定就应严格执行。

(7) PHA 分析

PHA 分析分三个部分:风险辨识、风险等级划分、安全措施修正。

风险辨识:针对 PFD 或 PID,按照故障假设清单[见(8)①]中的引发事件,引导小组成员进行事故假设工况的讨论,分析事故工况导致的后果,并对该假设工况进行风险分类。

风险等级划分：根据假设工况发生的频率及后果的严重程度，明确风险的紧迫性，降低风险的优先性和必要性。危险分类方法见（8）③。

安全措施修正：对于不可接受的风险需要修改设计。

故障假设分析用来帮助工艺设计人员，确定系统可能出现的最恶劣情况（例如：超温、超压、飞温、聚合、结焦、结冻等），并据此判断当前设计条件是否满足极限操作工况（包括故障工况），并以此为依据检查/修改相应的安全措施。

记录员对讨论过程进行记录，内容见PHA样表（附件3）。

PHA分析报告：包括总论、PHA工作表、带有修改标志的PID。

PHA关闭报告：在PHA分析报告的基础上增加一列完成情况列表。如果安全措施暂不能落实，风险仍然存在，应在PHA报告中进行说明。工艺包提供方有义务明确存在的安全问题。

（8）PHA常用工具

① 故障假设清单

泄漏/破裂
  ◇ 破裂：
  ◇ 小孔：
  ◇ 密封泄漏
  ◇ 腐蚀
  ◇ 堵塞流液击
  ◇ 其他

控制系统故障
  ◇ 检测器
  ◇ 逻辑控制器
  ◇ 最终元件
  ◇ 通信界面
  ◇ 动力源（仪表风/电）
  ◇ 其他

反应性质
  ◇ 飞温反应
  ◇ 空气进入系统
  ◇ 化学品杂质混和
  ◇ 其他

公用工程故障
  ◇ 电
  ◇ 仪表风
  ◇ 工厂氮气
  ◇ 冷却水
  ◇ 蒸汽
  ◇ 其他

误操作
  ◇ 阀门误开误关

结构故障
  ◇ 设备支撑
  ◇ 基础楼板
  ◇ 周期载荷
  ◇ 压力冲击
  ◇ 其他

外部事件
  ◇ 洪水
  ◇ 闪电
  ◇ 大风
  ◇ 地层移动
  ◇ 其他

人机事件
  ◇ 车辆撞击
  ◇ 提升时物体坠落
  ◇ 其他

偶然事件
  ◇ 工艺调整时发生的
  ◇ 工艺内部事件

多重事件
  ◇ 设备故障叠加
  ◇ 人员错误叠加
  ◇ 外部事件叠加
  ◇ 其他事件

② 风险分类/风险评估矩阵。

项目	后果				频率				
	人员损失	财产损失	环境损失	公众形象	A 行业内未听说过	B 行业内听说过	C 在本公司发生过此类事故	D 每年在本公司发生过多次	E 每年在本地区发生过多次
0	没有人员受到影响/伤害	没有损害	没有影响	没有影响	零风险 0	0	0	1	1
1	人员受到轻微影响/伤害	轻微损害	轻微影响	轻微影响	0	1	1	1	2
2	人员受到较小影响/伤害	较小损害	较小影响	有限影响	1	低度风险 1	1	2	2
3	人员受到严重影响/伤害	局部损害	局部影响	相当大的影响	1	1	2	2	3
4	永久伤残或1至3人死亡	很大损失	很大影响	国家影响	2	中度风险 2	2	3	3
5	数人伤亡	巨大损失	严重影响	国际影响	2	2	高度风险 3	3	3

注:后果=事故潜在后果;可能性=以前基于这种事故发生这种后果的可能性。

③ 危险分类方法。

ⅰ.人员伤害

1 人员受到轻微影响/伤害(包括紧急、救助医疗处理和职业病),不影响工作,不导致伤残

2 人员受到较小影响/伤害(工时损失),影响工作进行,活动受限制(岗位受限或职业病),或需要几天来恢复,可以恢复的较小的健康影响,例如:皮肤受刺激,食物中毒等

3 人员受到严重影响/伤害(包括永久伤残和职业病等),长期影响工作,不能上班;不造成生命影响,造成不可恢复的健康损害。例如:噪声导致听力损失,慢性伤害,阵颤综合症,反复性拉伸伤害等

4 永久伤残或1至3人死亡,事故和职业病导致的不可避免的健康损害,严重残疾或死亡。例如:腐蚀性烧伤、热冲击、癌症(少量接触人群)

5 数人伤亡,事故和职业病导致的多人伤亡。例如:化学窒息或癌症(大量人群接触化学物质)

ⅱ.财产损失和其他连带资金损失

0 没有损害

1 轻微损害 ——不影响操作(损失低于10万元)

2 较小损害 ——短时影响操作(损失低于100万元)

3 局部损害 ——部分停车(可以即时开车,但损失达到1000万元)

4 很大损失 ——部分装置不能运行(停车两周以上,累计损失达一亿元)

5 巨大损失 ——装置完全不能运行(累计损失十个亿)

以上数据不包括人员伤害带来的损失。

ⅲ.环境影响

0 没有影响 ——没有环境损害,没有财务影响

1 轻微影响 ——在围墙内和系统内造成轻微环境损害,造成可忽略的财务影响

2 较小影响 ——足够大的污染或排放造成环境影响,但不是持续的影响。仅违反一项法律条款或限制,或受到一项指控

3 局部影响 ——排放对环境和周围邻居产生有限的影响,违反多项法律条款或限制,或受到多项指控

4 很大影响——严重的环境影响,公司要采取广泛的措施来恢复被迫害的环境。大范围的违反法律条款或限制

5 严重影响—— 对环境造成长久并严重的影响,影响范围广泛,丧失商业、娱乐功能

ⅳ. 企业公众形象的影响

0　没有影响——不被公众察觉（公众没有察觉）
1　轻微影响——公众有察觉但是不关注
2　有限影响——地方公众有一些关注，地方媒体和政府的态度对企业运营有不好的影响
3　值得注意的影响——地方公众关注，地方媒体有明显负面态度，国家媒体少许报道，地方政府已经关心，地方政府负面的姿态
4　国家范围的影响——国家范围的公众关注，国家媒体有广泛的负面态度，国家和地方政府可能出台限制措施，派监查组
5　国际影响——国际公众关注，国际上产生广泛负面影响，国际政治受到冲击

ⅴ. 风险接受标准

1区　低风险：可接受风险，应通过提醒，警示牌，宣传教育、管理程序等手段降低或避免。
2区　中度风险：不可接受风险，投资允许范围内，宜通过增加固定安全设施来避免，投资受限时，必须经过管理程序来降低或避免的风险。
3区　高度风险：不可接受风险，应通过增加固定安全设施来避免，投资受限时，应上报上级部门追加安全投入。

④ PHA样表。

ⅰ. 故障假设/检查表（工作样表）

序号	图号/设备位号	原因/引发事件	危害/后果	危险分类Ⅰ	已设安全防范措施	危险分类Ⅱ	建议措施	负责人	设计原因及落实情况	危险分类Ⅲ

ⅱ. 故障假设/检查表（简化工作样表）

序号	图号/设备位号	原因/引发事件	危害/后果	危险分类	建议措施	负责人	设计原因及落实情况

ⅲ. PHA工作表列项说明。

原因是指工艺过程中可能出现的事件，该事件会产生危险，可能导致恶劣后果。

潜在后果是指不考虑安全措施的情况下可能导致的最恶劣后果。

危险分类Ⅰ是指该潜在后果的风险等级。指不考虑任何安全措施的情况下的风险等级，这时的风险等级是最高的。

已设安全防范措施是指审查文件中已设计的安全措施。

危险分类Ⅱ增加安全措施后的风险等级。该情况下风险等级应该相应降低。降低后风险等级大于等于2的，必须增加固定安全设施；风险等级小于2的，可增加安全设施，也可增加或修改操作指令，通过提醒、警示牌、宣传教育、管理程序等手段降低或避免风险。

建议措施在已有措施的基础上，进一步修改或增加的措施或应急操作指令。

设计落实情况即PHA建议落实的反馈。

危险分类Ⅲ指PHA各项措施落实完毕后的风险等级。这时的风险应该降到零。

3.1.16　建议的设备平面布置图

建议的工艺设备布置图是生产装置初步的工艺设备布置图，是供装置布置专业、总图专业开展工作的主要依据，也是供一些制造周期长、需要提前询价定货的机泵的计算依据。

建议的工艺设备布置图，应包括全部设备的平面布置图、必要时也可画出立面图和工艺生

产所需设置的公用物料站，以及其他必要的设施（如安全喷淋洗眼等）的位置。

建议的设备布置图应标明主要设备（应标明设备名称、位号）的相对位置关系，不需标注设备间的距离尺寸。但有特殊要求的设备间的相对位置关系，应注明具体尺寸。

装置内各生产单元（设备）应按"爆炸和火灾危险区"和"非爆炸和火灾危险区"分别进行布置，并考虑防爆间距。

生产单元及单元内的设备一般可按流程顺序布置。对密切相关的生产单元应靠近布置或联合布置。根据流程的要求，应安排好各类设备框架的层高，尽量将较高设备集中布置，相同的几套设备和同类设备布置在一起，设备排列要整齐，避免过紧或过松（应留出检修空间）；对排出有害气体和有明火的生产单元应布置在下风向。

建议的工艺设备布置图应绘制出主要的建构筑物的外形，可以标注建议的参考性尺寸。

绘制出生产装置内初步考虑的管廊，并初步确定管廊的柱间中心距离。

建议设备布置图图幅一般采用1号图或0号图，常用绘制比例为1:200、1:50。

工艺设计时，一般有同类或类似生产装置的设备布置图可供参考，仅规模不同、工艺有个别改进和现场条件与现有装置不同时，可对已有装置布置图做一些修改调整后使用，这样建议的工艺设备布置图的内容可适当详细一些。

除了上述应考虑事项外，根据具体情况还应考虑以下问题。

① 设备概略布置建议图应在平面图上标示出全部或主要设备；对于多层建、构筑物等厂房，并绘制各层的平面图。

② 对于多个房屋的建、构筑物的各层平面图或剖面图，可以绘制在同一张图上，也可单独绘制，均需在各个平面图或剖面图下方注明图的名称。如"100.000平面"、"105.000平面"、"A—A剖视"等。

③ 有特殊要求的设备标高或高差，应在剖视图上标明具体尺寸。

④ 设备的平面相对位置有特殊要求的，应在剖视图上标明具体尺寸。

⑤ 有液封要求的设备，其液封高度在工艺流程图上已经标注了，在平面图上可以不必标注。

⑥ 设备概略布置建议图上的设备只需绘出简单的外形；对于外形较为复杂的定型设备，如压缩机、泵等，可绘制出基础外形；对于同一位号的设备，设备台数为三台或多于三台时，可绘制出首末两台的设备外形，其余以设备中心线表示，并将同一位号的设备用双点划线方框框出（包括平面图和剖面图）。

⑦ 各设备的外形尺寸可根据工艺数据表中的尺寸按比例绘制。如果在绘制此图时，设备尺寸尚未经有关专业确认或还未拿到厂家的最后设计图纸，所画外形及标注的尺寸只能是参考性的。

⑧ 同一设备穿过多层楼板时，在平面图上，各层均需标出设备名称和位号，在各剖面图上只注设备位号。

⑨ 各层平面图都是以上一层的楼板下的水平剖切的俯视图。

⑩ 设备名称和设备位号的标注方法：在粗横实线的上方写设备位号，粗横实线的下方写设备名称。设备名称和设备位号写在对应设备的外形旁边；属于同一位号的多台设备，在对应设备的位号右侧下方用小写英文字母a、b、c、d、e等连续标注。

⑪ 对于一些大型的定型设备如压缩机等，要等机泵专业选定机组后才能确定外形尺寸，在工艺专业绘制建议的设备布置图时只能按估计的外形尺寸绘制；等机泵专业选定机组后拿到

准确的外形尺寸后再由安装专业修改新版的设备布置图。

⑫ 在工艺专业绘制建议的设备布置图时，控制室和操作室只在平面图上标示它们的相对位置，不注明具体尺寸。

⑬ 如果有多张平面图，可在每个平面图上绘制设计北的标图，也可只在 100.000 平面上绘制设计北的标图。设计北的表示方法有如右两种。

⑭ 需要有墙的框架结构或混合结构，其墙用单的粗实线表示，建、构筑物的结构形式建议采用必要的文字说明。

3.1.17 工艺手册操作指南

操作指南是工艺包设计的一个主要内容，它是为装置开停工及正常生产、事故处理等各种操作时应注意问题做出的总说明；是装置生产单位编写操作规程的主要依据。操作指南应说明生产装置包括的单元和每一单元的主要生产工序和基本原理，以及所需的设备。一般应包括如下内容。

（1）概述

首先要简要介绍本装置的生产原理、原料和产品的名称和特性。

① 装置操作的危险性和安全规程。列出生产所用危险品，对每一种危险品分别列出燃烧爆炸危险性、包装与贮运、健康危害性、急救与防护措施、泄漏处置。

② 推荐的主要安全设备。根据生产装置所用危险品，列出需配备的安全设备，如：携带式空气呼吸器、携带式自动空气呼吸器、防毒面具、淋浴器和洗眼器、灭火器、安全帽、手套、眼镜等。

（2）工艺流程说明

按流程的顺序分单元详细叙述本装置的工艺流程，叙述设备时要说明每个设备的名称和位号；要清楚地介绍每股物料的来处和去向，并附上全流程的流程图。

① 工艺原理。对含化学反应的单元要列出反应式，说明反应原理。并说明反应温度、压力、以及偏离反应条件后的反应趋势。

② 工艺说明

a. 说明本装置的整个工艺过程和每一工艺过程的作用。

b. 列出各个生产单元的生产条件，说明实现生产条件的设施。

（3）原料及公用工程技术规格

① 说明催化剂性能及催化剂的来源、反应条件（如温度、压力、空速等）。

② 生产原料的名称、规格和控制指标。

③ 其他化学品的名称、规格和控制指标，及它们的用途和消耗量。

④ 分别说明各类公用工程的名称、规格及其他要求。

（4）产品质量控制指标

要详尽说明各个产品的名称、质量控制的全部有关指标及其分析化验的标准方法。

（5）工艺的控制指标及控制方法

这一部分主要说明各个主要设备的工艺控制指标，如温度、压力、流量、液面的控制指标或控制范围。还要说明实现以上控制指标的方法及原理。

（6）开停工步骤

按单元说明开车步骤。

分析取样要求，分单元按表3-29列出。

表3-29 分析取样点一览表

序号	取样地点	取样次数	分析要求

(7) 操作中不正常现象和采取措施

按单元叙述操作中的不正常现象和采取的措施。如对精馏塔而言，在什么条件下会出现泛塔，处理泛塔的措施；对反应器而言要说明处理超温、超压的措施；对离心式压缩机而言要说明处理"飞动"现象的措施等。

① 正常停车步骤　按单元叙述正常停车过程。

② 事故停车方法　按动力事故、蒸汽事故、冷却水事故、仪表风事故、氮气事故等分别说明必须遵循的紧急措施。

(8) 报警联锁系统

应列出报警联锁一览表（表3-30），并说明联锁的动作原则和控制数据，重新开车步骤。

表3-30 报警联锁一览表

序号	联锁对象	仪表位号	单位	控制范围	报警值	联锁值	控制状态	
							正常	事故
1	冷凝器出口温度	TA-104	℃	<50	50	55	开	关
2	回流罐液位	LICA-112	%	20~60	80	90	开	关
3	地下罐液位高	LA-102	%	<60	60	80	泵GA-121自动启动	
4	地下罐液位低	LA-102	%		20	20	泵GA-121自动关闭	
5	复位按钮	PB-101R						

3.2　工艺包设计的工作程序

前面讲述了一个工艺包的内容范围和深度要求，使我们知道了石油化工工艺包的含义，也明确了制作工艺包时的技术要求和规定。下面就工艺专业设计人员如何完成一个工艺包设计的工作程序作进一步的阐述。

3.2.1　工艺包设计阶段的主要工作程序

① 进行主流程的工艺计算，完成全流程的模拟计算，即完成物料平衡和能量平衡的计算工作；提出主流程工艺流程图（PFD）。

② 在物料平衡计算的基础上完成初步的设备表、主要设备数据表和建议的设备布置图。

③ 在能量平衡计算的基础上提出公用物料及能量的规格、消耗定额和消耗量。

④ 提出必需的辅助系统和公用系统方案，并进行初步的计算；提出初步的公用物料流程图（UFD）。

⑤ 提出污染物排放及治理措施。

⑥ 编制重要设备和材料清单。

⑦ 进行初步的安全分析。

⑧ 进行设备布置研究和危险区划分的研究。

⑨ 其他专业针对设计目标、范围进行项目研究、设计定义、投资分析（包括人工时估算）、进度计划等。

⑩ 完成供各专业做准备和开展工作用的管道及仪表流程图（0版PID）。

如果是由第三方（专利商）提供工艺包，则工艺设计阶段的主要工作包括以下内容。

① 研究并消化第三方提供的工艺包和执行的标准。

② 考虑工艺包中对主要系统的要求，提出必需的辅助系统和公用系统方案，提出初步的工艺流程图（PFD）。

③ 准备基础工程设计的设计条件、内容、要求和设计原则，编制设计统一规定，明确执行标准。

④ 编制工程规定和规定汇总表，并提交用户批准。

⑤ 进行初步的安全分析。

⑥ 编制项目设计数据和现场数据。

⑦ 编制重要设备和材料清单。

⑧ 完成供各专业做准备和开展工作用的管道及仪表流程图（0版PID）。

简言之，在第三方（专利商）提供工艺包时，工艺设计工程师的任务是将专利商的文件转化为工程文件，发表给有关专业开展设计，并提供给用户审查。

工艺设计内容，根据生产工艺特点或具体的不同，其包括的内容也有不同程度的差异。成熟的工艺包，可以和基础工程设计阶段适当交叉。

3.2.2　工艺专业完成设计条件的步骤

（1）应提交给工艺专业的设计条件

在工艺包设计阶段，项目经理应提供给工艺专业的条件和资料：①项目建议书；②可行性研究报告；③装置总平面布置图；④专利文件及专有技术资料；⑤各专业设计统一规定；⑥开工报告；⑦开工会议纪要；⑧合同文件。

在本阶段工艺专业应提交给项目经理的条件和资料：①安全和工业卫生状况表；②用电条件表；③爆炸危险区域划分条件表；④软水及脱盐水条件表；⑤蒸汽及冷凝水条件表；⑥给排水条件表；⑦水消防条件表；⑧装置空气条件表；⑨仪表空气条件表；⑩氮气条件表；⑪氧气条件表；⑫用冷条件表；⑬高架源排放废气条件表；⑭无组织排放废气条件表；⑮废渣（液）条件表；⑯其他污染条件表；⑰化验分析条件表；⑱加热炉条件表；⑲原料、燃料、产品、副产品、催化剂、化学品条件表；⑳定员表；㉑工艺管道使用条件表；㉒各类工艺设备数据表；㉓各类工艺设备表；㉔PFD及UFD；㉕建议的工艺设备布置图；㉖可燃气体检测点布置图。

（2）消化设计文件、确定设计基础

① 所采用的工艺技术路线及其依据，装置的年设计生产能力，年操作小时数及装置操作弹性等。

② 原材料、辅助原料、催化剂、化学品的规格要求及界区条件。

③ 产品、中间产品及副产品的规格（产品牌号、规格、性能等）要求。

④ 产品方案及产品性能。

⑤ 公用物料的各项规格要求及界区条件（温度、压力等）。

⑥ 提出原材料、辅助原材料、催化剂、化学品、工艺过程中公用物料的消耗定额及副产品产出定额（预期值）。

⑦ 提出工艺过程排出物（气体、液体、固体等）排放源、排放数量及其组成。

⑧ 编写工艺安全生产和职业卫生要求。

⑨ 提出工艺操作所需定员。

（3）准备设计条件

① 进行全流程的物料平衡及热量平衡计算。应进行必要的方案比较、选择，并考虑适当的操作弹性（全流程的操作弹性及某些重要工段的操作弹性）。

② 绘制工艺流程图（PFD），应标示出工艺生产过程中的主要设备、主要工艺物流、重要控制方案、主要操作参数、换热设备的热负荷、特殊阀门等。还应绘制与工艺过程关系密切的公用物料流程图（UFD）。

③ 编制物料平衡表，应标示主要工艺物流的有关数据，如流量、组成、温度、压力、平均相对分子质量及物料的重要物理性质（密度、黏度等）。

④ 编写工艺说明，按工艺流程顺序详细说明生产过程，应包括有关的化学反应及其机理、操作条件、主要设备的特点、重要的控制方案等。

⑤ 进行主要设备的工艺计算，包括反应器、容器、塔器的工艺计算，换热设备的热负荷计算等。

⑥ 在设备专业人员协助下，编制工艺设备表和反应器、搅拌器、容器的工艺设备数据表，编制机泵及其他特殊设备工艺数据汇总表。

⑦ 向仪表专业提出主要控制及联锁方案的初步要求，工艺介质的物性及操作参数，以便仪表专业开展设计工作。

⑧ 向电气专业提供工艺介质有关物性数据、操作参数等，以便电气专业编制危险区域划分图。另外还需提出工艺对电气系统的要求，如对电机自启动的要求等。

⑨ 工艺专业人员负责绘制，并向总图、布置、电气等专业提供建议的工艺设备布置图。

⑩ 向配管材料专业提供工艺管道使用条件表，提供工艺介质的特性（易燃、易爆、有毒、腐蚀、渗透、溶解性、黏滞性、浆液等）、操作参数（最高、最低温度，最高压力或真空度等）等条件，以便材料专业编制特殊管道材料等级表。

⑪ 向分析专业提供分析化验条件表。

⑫ 编写生产操作和安全规程要领（指南）。

⑬ 收集、整理与工艺有关的科研报告及专利文件。

⑭ 编制物性数据手册。

3.2.3 工艺包阶段工艺专业的条件关系

在工艺包设计阶段，有关专业提供给工艺专业的条件和资料见表3-31。

表3-31 有关专业提供给工艺专业的条件和资料

提出条件专业	条件名称	往返关系	备注
仪表专业	仪表专业确认的工艺流程图(PFD)	返回条件	确认控制方案
设备专业	设备专业返回的工艺设备表	返回条件	补充有关内容
其他专业	设备、配管、仪表专业返回的设备数据表	返回条件	补充有关内容

在工艺包设计阶段，应由工艺专业提交（或返回）给其他专业的条件和资料见表3-32，提给工艺系统专业的条件在基础设计阶段提出（当总体规划设计为外单位时，应向外单位提的条件在备注栏中有说明，这些条件表先提交设计经理，由设计经理汇总后提出；其他条件表提给本单位的相关专业）。

表3-32 工艺包阶段工艺专业的条件关系表

序号	条件名称	接受条件专业	往返关系	备注
1	安全和工业卫生状况表	工艺系统、环保		
2	测量和控制系统条件表	工艺系统、仪表		
3	程序控制装置条件表	工艺系统、仪表		
4	用电条件表	工艺系统、电气		①
5	爆炸危险区域划分条件表	工艺系统、电气		
6	电气控制联锁条件表	工艺系统		
7	电加热条件表	工艺系统		
8	软水及脱盐水条件表	工艺系统、热工		①

续表

序号	条件名称	接受条件专业	往返关系	备注
9	蒸汽及冷凝水条件表	工艺系统、热工		①
10	给排水条件表	工艺系统、给排水		①
11	水消防条件表	工艺系统、给排水、总图		①
12	装置空气条件表	工艺系统		①
13	仪表空气条件表	工艺系统		①
14	氧气条件表	工艺系统		①
15	氮气条件表	工艺系统		①
16	用冷条件表	工艺系统		①
17	化验分析条件表	工艺系统、分析		①
18	高架源排放废气条件表	工艺系统、环保、总图		①
19	无组织排放废气条件表	工艺系统、环保、总图		①
20	废渣（液）条件表	工艺系统、环保、总图		①
21	其他污染条件表	工艺系统、环保、总图		①
22	加热炉条件表	工艺系统、工业炉		
23	原料、燃料、产品、副产品、催化剂、化学品条件表	工艺系统、分析、建筑、总图、工程经济		①
24	定员表	工艺系统、给排水、建筑、总图、暖通空调、工程经济		①
25	工艺管道使用条件表	工艺系统、管道材料		
26	工艺设备表	工艺系统、配管、容器、机泵		
27	各类工艺设备数据表	工艺系统、容器、配管、仪表		
28	泵工艺数据汇总表	工艺系统、机泵		
29	压缩机、鼓风机类工艺数据汇总表	工艺系统、机泵		
30	PFD及UFD	工艺系统、仪表		
31	建议的设备布置图	配管、环保、热工、给排水、仪表、电气、电信、建筑、总图		①
32	可燃气体检测点布置图	工艺系统、配管、电气、仪表		①

① 与配管专业共同完成。

3.3 工艺设计的原则和方法

3.3.1 工艺路线的选择

工艺路线的选择包括原料路线的选择和工艺路线的选择。某些化工产品的生产，可以采用不同的原料和不同的工艺路线，工艺设计需综合考虑原料的来源、生产成本和环境污染等因素后确定合适的原料路线。原料路线确定后，再根据工艺技术的先进、合理和可靠性确定适宜的工艺路线。

3.3.2 工艺流程方案的优化

史密斯和林霍夫对全过程的开发和设计提出的"洋葱头"模型,十分直观地表示了反应系统的开发和设计是核心,它为分离系统规定了处理物料的条件,而反应和分离系统一起又规定了过程的冷、热物流的流量和换热的热负荷,最后才是公用工程系统的选择和设计。"洋葱头"模型见图3-3。

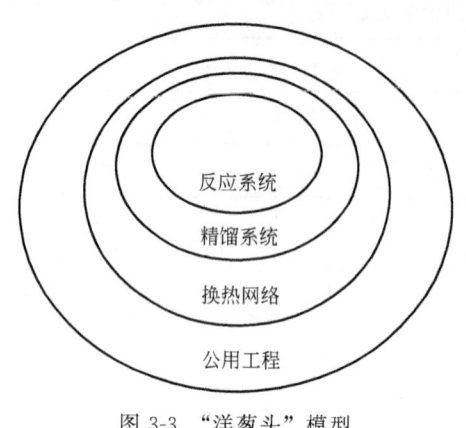

图 3-3 "洋葱头"模型

"洋葱头"模型强调了过程开发和设计的有序和分层性质,也表明了反应和分离系统的开发和设计是关键,因此工艺流程方案的优化应主要集中在反应和分离系统的优化,一旦确定了反应和分离系统的设计,即能对换热网络和公用工程系统进行设计,有效地开发和设计出全过程最优或接近最优的流程。对此史密斯和林霍夫提出全流程热集成的设计开发概念,其步骤如下。

① 根据经验规则初步建立反应和分离系统的流程。

② 变化主要的设计优化变量,如反应的转化率、惰性物质循环的浓度等,确定每组变量。

 a. 反应和分离系统中主要设备的投资及原材料的消耗。

 b. 利用夹点分析法确定换热网络和公用工程消耗的最佳总费用。

③ 建立全过程总费用与主要优化变量之间的关系,其总费用包括:a. 反应和分离系统中主要设备的投资费用;b. 原材料的消耗和除换热网络和公用工程之外反应和分离系统的操作费用;c. 换热网络和公用工程消耗的最佳总费用。

④ 确定最佳条件,并对全流程调优。

⑤ 对其他备选流程重复上述步骤,最后比较各流程的总费用,获得最佳流程。

3.3.3 反应流程的优化

化工产品常需经过若干反应步骤才能将给定的原料转化为规定的最终产品,通常获得同一产品可能有不同的反应路径,因此存在反应路径的优选问题。对反应路径进行优选,需要研究化合物的结构、评价反应路径的优劣以研究搜索最优反应路径的策略,由于问题的复杂性,其应用受到限制。此外,对于给定的反应路径和主副反应的速率数据,确定反应器系统的最优操作条件,使给定条件下的总生产成本最小也不是一件容易的事情。

实际工业生产中,为了实现高收率、高选择性和达到要求的产量,常常将相同或不同类型的反应器进行组合,常见的反应器组合及其适用范围如表3-33所示。

表 3-33 常见的反应器组合及其适用范围

组合方式	示 图	适用范围	效果
串联全混流反应器		主反应级数低于副反应的平行反应	提高目的产物选择性
		a. 主反应级数高于副反应的平行反应; b. 级数 $n>1$ 的简单反应	提高目的产物选择性;提高反应器生产强度

组合方式	示 图	适用范围	效果
全混流反应器+平推流反应器		a. 自催化反应; b. 平行-串联反应	提高反应器生产强度;提高目的产物选择性
分段进料反应器		平行反应	提高目的产物选择性
循环反应器		a. 自催化反应; b. 主反应级数低于副反应的平行反应	提高反应器生产强度;提高目的产物选择性

3.3.4 精馏流程的优化

化工生产中反应产物大多为混合物,需经精馏分离获得需要的高纯度产物。如混合物 R 个组分,通常就需要 $R-1$ 个精馏塔,精馏系统相应可以组成 $\dfrac{[2(R-1)]!}{R!(R-1)!}$ 个序列数,如分离含 A、B、C、D 四个组分的混合物,需要设置 3 个分离塔,可组成 5 种精馏分离序列。随着组分数量的增加,精馏分离序列急剧增加,因此精馏序列的合成是一相当复杂的问题。目前较为广泛采用的合成方法有试探法、调优法和数学规划法。

(1) 试探法

试探法是从长期工程设计实践经验和理论知识中总结归纳出的经验方法,其主要规则如下。

① 优先应用普通精馏　普通精馏塔操作简单,技术成熟,比较经济。但当关键组分间相对挥发度<1.05~1.1时,不宜采用普通精馏而应考虑其他精馏方法。

② 尽量避免减压操作和使用冷量　如不能常压操作,宁可采用高压而不采用减压操作,操作温度宁可采用高温而不使用冷量。需要减压精馏时应考虑萃取分离的可能性。

③ 产品数应最小　所有产品均为单一纯组分时不存在此问题,但产品为混合物时,选择的分离流程最好能直接将其分出;如用分离得到的产物混合调配而得到产品,显然是不经济的,浪费了过度分离的能耗。

④ 具有腐蚀性的或危险的组分优先分出。

⑤ 难以分离的组分最后分出　当关键组分间相对挥发度接近1时,分离所需的理论板多,回流比大,此时如有非关键组分存在,将造成塔径增大,投资高,能耗高。

⑥ 量最大的组分优先分出　如相对挥发度合适,精馏进料中量最大的组分优先分出,可避免其在后序塔系中的多次蒸发和冷凝,使塔系具有更好的经济性。

⑦ 塔顶和塔釜的产物最好等摩尔分离　如进料中各组分的含量差别不大,关键组分间相对挥发度合适,采用塔顶和塔釜产物等摩尔分离有利,这是因为塔的精馏段和提馏段紧密相连,当塔顶产物量远大于塔釜产物量时,提馏段操作线接近对角线,不可逆程度很大;反之,当塔釜产物量远大于塔顶产物量时,情况刚好与其相反,精馏段的不可逆程度很大,均造成它的总体可逆性很差。有效能损失严重。

上述经验规则中①和②可首先确定采用的分离方法；应用③、④、⑤可根据产品要求确定什么情况分离是不能进行的，什么分离应最先进行，什么分离最后进行；应用⑥、⑦可以合成出分离序列。因此，上述经验规则的次序不可变动，以克服各规则之间的矛盾。

（2）调优法

调优法是以某个初始精馏序列为出发点，按照一定的调优法则和方法对其逐步进行改进，最终合成出最优分离序列。由于它需要初始精馏序列，尤其适用于老装置的技术改造。

（3）数学规划法

数学规划法具有严格的数学基础，保证可以合成出最优的分离序列，但其计算工作量相当大。

调优法和数学规划法在合成精馏分离序列方面的应用可参阅相关资料。

确定精馏分离序列后，可对每一塔系进行优化，最佳的目标应使塔系的设备费和操作费两项之和，即总费用为最小，但由于涉及的参数很多，进行塔系的优化较为困难，故一般仅论及一些具体目标的优化，如最佳塔径、最佳回流比、最佳产品纯度、最佳回收率、最佳操作压力、最佳进料条件、最佳再沸器和冷凝器温度等。这些具体目标的优化方法可参阅有关资料。

3.3.5 蒸发系统

蒸发系统常以单位蒸汽消耗量，即每蒸发1kg溶剂所消耗的蒸汽来评价能量的有效利用率。在较高压强下蒸发的二次蒸汽可作为下一效蒸发用的加热介质，使溶液在较低压强下沸腾气化，从而使热量得到多次利用，可以显著降低单位蒸汽消耗量。用温度较高的浓缩液与蒸汽凝液来预热温度较低的料液也可以提高能量的有效利用率。

无论是多效蒸发还是蒸汽凝液系统的热能利用均以增加传热面积、增加流程与设备的复杂性为代价，人们对一套蒸发设备的评价，总是期望其处理单位产品所花费的总成本，或是蒸发单位水分所花费的总成本最低。

单效蒸发器的能耗指标很高。每蒸发1t水要消耗1t多生蒸汽，还需有13.5t冷却水，但其设备与厂房投资却是最少的。双效蒸发器的蒸汽消耗量与冷却水的消耗量约为单效的一半，但在相同的总温差下，为完成既定任务，两台蒸发器各自的传热面积都要比单效的面积大，再加上厂房设施、管线、泵、控制仪表等，投资要超过一倍多。三效蒸发的单耗更低，而基本投资更高，因此总成本最小的效数就是最优效数。最优效数不但由蒸汽单价、设备造价等因素而定，设备的生产能力往往还起很大作用。大规模装置的最优效数往往较高。在同样的工艺要求下，是采用多效蒸发、热泵蒸发，还是多级闪蒸，这中间固然存在技术适应问题，但单位蒸发量的总成本往往起着主要作用，要善于据此作出判断。

强制循环蒸发器的循环速度也有一个最优值。高流速需要大流量的循环泵，要消耗较多的电能。另一方面，较大的流速又导致较高的传热系数，可以减少结垢，因而可以采用较小的传热面积。热泵蒸发如采用较高的压缩比，就要消耗较多的外功，而较高的压缩比说明有较大的传热温差，可以减小蒸发器的传热面积。最佳循环速度、最佳压缩比就是系统优化问题的关键。

3.3.6 工艺设备的选择

3.3.6.1 反应器

化学反应种类繁多，性质各异，因此其分类方法也很多，如从操作方式上可分为连续操作、间歇操作和半连续操作反应器；从反应介质的物相方面可分为均相反应器和多相反应器；从反应介质流型可分为管式反应器、搅拌釜式反应器等。各类反应器适用于不同的反应，如间歇反应器操作灵活，但产品质量不易稳定，适用于品种多、产量小、反应时间长的反应，连续反应器适用于产品大批量生产的反应，管式反应器适用于快速反应等。各种反应器的适用场合分别见表3-34～表3-36。

表 3-34 不同类型反应器在工业生产中的使用情况

反应器内介质相态	操作方式			
	间歇	连续		
		管式	搅拌釜式	多级搅拌釜式
单一气相	少用或不用	常用	少用或不用	少用或不用
单一液相	常用	较常用	常用	较常用
气液相	较常用	常用	常用	常用
液液相	较常用	常用	较常用	常用
气固相	少用或不用	常用	常用	常用
液固相	较常用	较常用	较常用	较常用
气液固相		常用	常用	较常用

表 3-35 气液相反应器的使用情况

反应状况	搅拌釜	鼓泡塔	有外循环的鼓泡塔	浮阀塔	筛板塔	填料塔	喷洒塔
快反应	可用	不适用	不适用	可用	可用	适用	适用
慢反应	可用	适用	适用	可用	可用	不适用	不适用
高处理量	不适用	适用	可用	适用	适用	适用	适用
高气相转化率	可用	可用	可用	适用	适用	适用	适用
高液相转化率	可用	不适用	不适用	适用	适用	适用	不适用
低压降	可用	可用	可用	不适用	不适用	适用	适用

表 3-36 固体催化反应器在不同条件下的使用情况

反应器型式	操作方式				热交换		流体相		
	间歇	连续			有	无	单一相		气液两相
		管式	全混式	多段式			气相	液相	
固定床	少用	常用	少用	常用	常用	常用	常用	少用	常用
移动床	不适用	少用	不适用	不适用	常用	少用	常用	少用	少用
流化床	不适用	不适用	常用	少用	常用	少用	常用	少用	少用
提升式	不适用	常用	不适用	不适用	少用	少用	少用	少用	少用

3.3.6.2 气液传质设备

化工生产中常常需要借助精馏塔等气液传质设备将反应生成的产物进行分离以获得目标产品,由于反应产物各异,因此采用的气液传质设备的型式也不同,最常用的是板式塔和填料塔,它们均可用作吸收、蒸馏等气液传质过程(表3-37)。

表 3-37 板式塔和填料塔的比较

项目	板式塔	填料塔
压降	较大	小尺寸填料较大,大尺寸填料和规整填料较小
空塔气速	较大	小尺寸填料较大,大尺寸填料和规整填料较小
塔效率	较稳定,效率较高	传统填料低,新型散装填料及规整填料高
持液量	较大	较小
液气比	适应范围较大	对液气比有一定要求
材质	常用金属材料	金属及非金属材料均可
安装检修	较易	较难
设备费用	大直径时较低	新型填料投资较大

板式塔和填料塔由于采用的塔板和填料不同,它们又可分为多种型式,如板式塔塔板可分

为浮阀、筛板、泡罩及各种高效塔板，填料塔的填料有鲍尔环、鞍环等散装填料和丝网填料、板波纹填料等各种规整填料。

气液传质设备的选用应根据处理物料的性质、分离要求、运行费用和投资费用等因素综合考虑，其基本选型要求为：①相际传质面积大，气液两相接触充分，以获得较高的传质效率；②生产能力大；③操作稳定，弹性大，即使气相或液相负荷发生一定的变化和波动仍能正常工作；④阻力小；⑤结构简单，制造、安装方便，加工制造费用低；⑥耐腐蚀，不易堵塞，易检修。

在下述情况下应优先考虑选用板式塔：①操作负荷变化或波动较大或进料浓度波动较大的分离过程；②液相负荷较小的分离过程；③易结晶、结垢的物料；④需高压操作的分离过程；⑤内部需要设置蛇管等换热部件的情况。

在下述情况下应优先考虑选用填料塔：①分离要求高的情况下，采用新型高效填料塔可降低塔的高度；②新型填料的压降较低，有利节能，而且新型填料持液量较小，尤其适用于热敏物料的分离；③腐蚀性物料的分离；④发泡物料的分离。

板式塔的塔径通常由最大允许气速来确定，而最大气速主要受板式塔的液泛制约。液泛有两种，一是夹带液泛；二是降液管液泛，无论何种液泛情况均会造成板式塔的压降增大，效率下降，最后导致无法正常操作。通常负压操作和常压操作时液相负荷较小，易发生夹带液泛，高压操作和高液相负荷较大时易发生降液管液泛。

由夹带液泛而确定的最高气速通常采用 Souders-Brown 公式计算：

$$\omega_{n,max} = c \sqrt{\frac{\rho_L - \rho_G}{\rho_G}} \tag{3-1}$$

式中　ρ_L——液相密度，kg/m^3；

ρ_G——气相密度，kg/m^3；

c——气相负荷因子，m/s。

气相负荷因子 c 可查有关算图获得，或由下述公式计算：

$$\begin{aligned}c = \exp[&-4.531 + 1.6562H + 5.5496H^2 - 6.4695H^2 + \\ &(-0.474695 + 0.079H - 1.39H^2 + 1.3212H^3)\ln L_V + \\ &(-0.07291 + 0.088307H - 0.49123H^2 + 0.43196H^3)(\ln L_V)^2]\end{aligned} \tag{3-2}$$

式中　$H = H_T - h_L$，m；

H_T——板间距，m；

h_L——板上清液层高度，m；

L_V——动能参数，无量纲；$L_V = \left(\dfrac{L}{V}\right)\left(\dfrac{\rho_L}{\rho_G}\right)$；

L——液相流量，m^3/h；

V——气相流量，m^3/h。

液泛速度确定后，设计的空塔气速 ω 可由下式求出：

$$\omega = (0.6 \sim 0.8)\omega_{n,max} \tag{3-3}$$

填料塔的泛点速度可采用下式计算

$$\lg\left(\frac{U_G^2 \rho_G \varphi \psi \mu_L^{0.2}}{g\rho_L}\right) = -1.6678 - 1.085\lg F_{LG} - 0.29655(\lg F_{LG})^{0.2} \quad (0.01 < F_{LG} < 10) \tag{3-4}$$

式中 U_G——空塔气速,m/s;

ψ——液相密度校正因子,$\dfrac{\rho_W}{\rho_L}$;

ρ_W——水的密度,kg/m³;

ρ_L——液相密度,kg/m³;

φ——液相密度校正因子,m⁻¹;

g——重力加速度,9.81m/s²;

μ_L——液体黏度,Pa·s;

F_{LG}——流动参数,$\dfrac{L}{G}\sqrt{\dfrac{\rho_G}{\rho_L}}$,无量纲;

L——液相流量,m³/h;

G——气相流量,m³/h;

ρ_G——气相密度,kg/m³。

填料塔的最大操作气速为泛点气速的95%,比较经济可靠的操作气速为泛点气速的70%左右。

3.3.6.3 传热设备

化工生产中的传热设备因其功能不同,也相应地有不同的名称,如冷却器、冷凝器、加热器、换热器、再沸器、蒸汽发生器、过热器及废热(余热)锅炉等。

传热设备选型主要考虑的因素:①热负荷及流量大小;②流体的性质;③温度、压力及允许压降的范围;④对清洗、维修的要求;⑤设备结构材料、尺寸、重量、价格;⑥使用安全性和寿命。

流体的性质对换热器类型的选择往往会产生重大影响,如流体的物理性质(如比热容、热导率、黏度)、化学性质(如腐蚀性、热敏性)、结垢情况、是否有磨蚀性固体颗粒等因素,都对传热设备的选型有影响。如硝酸的加热器,流体的强腐蚀性决定了设备的结构材料,限制了可能采用的结构范围;又如对于热敏性大的流体,能否精确控制它在加热过程中的温度和停留时间,往往就成为选型的主要前提。流体的清净程度和易否结垢,有时在选型上也起决定性作用,如对于需要经常清洗传热面的物料,不能选用高效的板翅式或其他不可拆卸的结构。

同样,换热介质的流量、工作温度、压力等参数在选型时也很重要,例如板式换热器虽然高效紧凑、性能很好,但是由于受结构和垫片性能的限制,不宜用于温度、压力稍高或者流量很大的场合。

3.3.6.4 贮罐

化工生产中常常需要设置贮罐用于贮存原料、中间产品或成品等物料,由于贮存的物料性质和设置的目的各不相同,所以贮罐的类型也很多。贮罐的选型应遵循的基本原则和步骤如下。

① 根据贮存的物料性质及操作温度、操作压力确定贮罐的类型。

② 根据贮存物料的数量、物料停留时间或贮存周期以及装料系数确定贮罐的容积,其计算公式为:

$$容积 = 物料流量 \times 停留时间(贮存周期)/装料系数$$

通常停留时间的取值回流罐为5~10min,受槽和缓冲罐为20min,气液分离罐为2~3min,液液分离罐则视密度差来确定,易分离的可考虑20min。

装料系数的取值易挥发液体物料为 0.7~0.75，不易挥发液体物料为 0.75~0.85，但无论何种液体物料、何种贮罐均不应超过 0.85。

根据公式计算出的容积通常应进行圆整。

③ 根据计算结果并经圆整后的容积选择合适的长径比，一般取 $L:D=(2\sim4):1$。

3.3.6.5 化工用泵

化工生产中所输送的液体种类繁多，物料性质差异很大，如强腐蚀性、易燃易爆、有毒、高温、高压、低温、黏性大、易挥发或带有固体颗粒等，因此，要求化工用泵能长周期运行，安全可靠，密封性要求严格，有些场合要求绝对不泄漏等，所以对于不同的物料必须选用不同类型的化工用泵。见表 3-38。

表 3-38 主要化工用泵的性能特点及适用条件

分类		性能特点	适用场合
叶片式	离心泵	输送能力由叶轮所造成的液体旋转运动所决定,因此转速、叶轮大小、液体黏度均影响泵的性能曲线。可在泵出口管道安装调节阀进行流量调节	适用于流量大、扬程低、液体黏度小,且液体中气体体积含量小于 5%、固体颗粒含量小于 3%的场合
	高速泵	属于高扬程、小流量的离心泵,最高转速达 24700r/min,单级扬程达 1760m	可输送温度-100~250℃,且含悬浮颗粒较多,黏度较高的液体
	旋涡泵	低比转速泵,扬程较高。流量下降时,其扬程、功率反而增加,故采用旁路调节较为经济。不能关阀启动,否则易引起电机超负荷 开式叶轮旋涡泵可输送液气混合物,闭式叶轮旋涡泵抗汽蚀性能差,不能输送气液混合物	适应于扬程高、流量小的场合
	轴流泵	高比转数、大流量、低扬程泵。应在 H-Q 线最高点右侧的稳定范围内工作；应在管道所有阀门全部开启时启动,且不宜采用调节阀调节流量	适用于输送大流量的液体
	屏蔽泵	密闭性能好,无泄漏	可输送剧毒、易燃易爆、放射性物品或贵重介质
	磁力泵	密闭性能好,无泄漏	可输送剧毒、易燃易爆、放射性物品或贵重介质
容积式	往复泵	流量不均匀,有脉动现象	可输送高黏度介质及允许流量有脉动的场合
	转子泵	转速高、压头也较高。流量小,排液均匀	适用于输送高黏度、具有润滑性但不含固体颗粒的液体
	螺杆泵	结构紧凑、流量无脉动、运转平稳、噪声低、寿命长、效率高	适用于输送高黏度液体
	齿轮泵	利用两齿轮相互啮合过程所引起的工作空间容积变化输送液体	适用于输送高黏度液体
	计量泵	计量精度高,流量小,流量有脉动。能实现流量调节,精确计量	适用于需要精确计量的场合

选泵时应取最大流量作依据，一般取正常流量的 1.1 倍；扬程值应考虑最低吸入液面和最高送液高度，且应留有裕量，通常可取系统扬程的 1.05~1.1 倍。

此外选泵时应注意容积式泵不能采用关小排出阀的方法调节泵的流量，一般采用旁路或改变转速、活塞行程的方法调节流量。

3.3.6.6 气体输送机械

气体输送机械按作用原理可分为容积式和透平式两类，按机械达到的压力可分为通风机、鼓风机和压缩机。通风机和鼓风机主要用于输送气体，压缩机则用于提高气体压力。排气压力小于 0.14715MPa 的称为通风机；排气压力大于 0.14715MPa、小于 0.2MPa 的称为鼓风机；

排气压力大于 0.2MPa 的称为压缩机。

选择化工生产所需的气体输送机械，一般应根据工艺介质、气量、出入口压力、操作温度和满足安全生产的要求进行选型，选型包括结构形式的选择和技术参数的选择两个方面，具体选型可参考有关资料。

3.3.6.7 蒸发器

蒸发器的型式和结构互有差异，但总的来说它是由加热器与蒸发室（气液分离室）两个基本部分组成。应用最广泛的是管壳式加热元件的蒸发器。

蒸发器内的液体流动，可以是由于液体受热后沸腾汽化所引起的自然循环，也有采用搅拌桨或泵等进行的强制循环。液体的沸腾汽化，可以在加热区与加热同时产生，也可以在加热区之外的专设沸腾汽化区单独进行。

直流型蒸发器的料液在蒸发器内循序经过加热、汽化、分离等过程，离开时已经达到要求的浓度，其停留时间短，料液不打循环，因此浓缩程度一般不高。循环型蒸发器可在较大的浓度范围内操作，很适合用作单效蒸发，但不适宜处理易分解的热敏性物料。

蒸发设备的选型是蒸发装置设计首先要考虑的问题。有时几种型式的干燥器对相同料液的蒸发都能得到满意的效果。为使装置紧凑，在选型时应优先考虑采用传热系数高的型式，但料液的物理、化学性质常常限制它们的使用，因此在选型时，要考虑的因素有以下几点。

① 料液性质，包括料液组成、黏度变化范围、热稳定性、发泡性、腐蚀性，是否易结垢、结晶，是否带有固体悬浮物等。料液在蒸发过程中浓度的变化范围是选型的关键因素之一，要加以关注。对热敏性的物料，一般应选用贮液量少、停留时间短、一次性通过的蒸发器，还要在真空下操作，以降低其受热温度。易发泡性的物料能使泡沫充满气液分离空间，形成大量雾沫夹带，升膜式和强制循环式形成较高的气速，与防冲板撞击可形成消泡作用。降膜式的气液蒸发界面很大，也不易起泡。

② 生产要求，包括处理量、蒸发量、料液进出口浓度、温度、安装场地的大小和厂房高矮、设备投资限额、要求连续生产还是间歇生产等。

③ 公用工程条件，包括可以利用的热源情况、供电情况以及能利用的冷却水的水量、水质和温度等。

④ 各种型式蒸发器选型参考见表 3-39。

表 3-39 各种型式蒸发器的选型参考

型式		适用黏度范围 /Pa·s	蒸发量	料液停留时间	浓缩比	处理料液性质			设备造价
						盐析与结垢	热敏性物料	易发泡物料	
自然循环型	夹套釜式	≤0.05	大	长	较高	不适用	不适用	不适用	低
	中央循环管式	≤0.05	中	长	较高	不适用	不适用	尚可	低
	带搅拌中央循环管式	≤0.05	中	长	较高	尚可	不适用	尚可	较低
	自然循环式	≤0.05	中～大	长	较高	尚可	不适用	尚可	较低
强制循环型	管式	0.1～1	中～大	长	较高	尚可	不适用	尚可	较高
	板式	0.1～1	中～大	长	较高	尚可	不适用	尚可	较高
膜式	升膜	≤0.5	小～大	短	一般	不适用	适用	好	较低
	降膜	0.1～1	小～大	短一长	较高	不适用	适用	好	较低
	刮膜	1～10	小～中	短	高	好	适用	适用	高
浸没燃烧型		≤0.5	小～中	长	较高	好	不适用	尚可	低
闪蒸型		≤0.01	中～大	短～长	一般	好	适用	尚可	高

蒸发器的设计要考虑传热、气液分离和能量的合理利用三个主要方面。

① 传热方面应考虑在最小传热表面积下传递给溶液尽可能多的热量，传热的热阻主要来自溶液在壁面析盐结垢的阻力，这是选择蒸发器型式、决定蒸发器尺寸与造价的主要因素。

② 气液分离方面应考虑在达到所需气液分离要求的前提下，设备结构要尽量简单。二次蒸汽中往往带有溶液雾滴，这不仅会引起产品损失，还会引起与二次蒸汽接触的下游装置结垢、腐蚀，因此，气液分离的设计在某些蒸发系统中十分重要。

③ 能量的合理利用应注意到蒸发所需的热量，包括使料液从初始温度提高到沸腾温度的预热热量、供应从料液中分离液态溶剂与固态溶质所需的能量（溶解热的反效应）、使溶剂汽化所需的汽化热三部分，通常使溶剂汽化所需的热量最高，而溶解热的反效应所占总热量的比例一般都很小，可以忽略不计。

3.3.6.8 干燥器

对于干燥操作来说，干燥器的选择是非常困难而复杂的问题，必须考虑被干燥物料的特性、供热的方法和物料干燥介质系统的流体动力学等。由于被干燥物料种类繁多，要求各异，故不可能有万能的干燥器，只能选择最佳的干燥方法和干燥器型式。

干燥器选择首先要确定或测定被干燥物料的特性，进行干燥试验，确定干燥动力学和传递特性，以证明选择的型式是否适用，然后确定干燥设备的工艺尺寸，进行干燥成本核算，最后确定干燥器型式。若几种干燥器同时适用时，要同时进行干燥试验，核算成本及方案比较，最后选择其中最佳者。

3.3.7 设备材质的选择

化工设备常用的材质分为金属材料和非金属材料，金属材料包括有铸铁、碳素钢、不锈钢、镍材、铜及铜合金、铝及铝合金、钛及钛合金等，非金属材料包括石墨、陶瓷、聚氯乙烯、聚丙烯、聚四氟乙烯等。

化工设备材质需根据介质腐蚀性质、材质力学性能及使用要求、设备的工作温度、压力并结合实际生产使用的化工设备情况进行选择。

压力容器用材料的质量及规格应符合国家标准和行业标准的规定。

3.3.8 压力容器的设计分类及工艺设备的特殊制造要求

3.3.8.1 压力容器的设计分类

压力容器的设计分类见表3-40。

表3-40 压力容器的设计分类一览表

代号	分类	条件
A1	超高压容器、高压容器	$p \geqslant 10\text{MPa}$
A2	第三类压力容器	下列情况之一的为第三类压力容器 中压容器，$1.6\text{MPa} \leqslant p < 10\text{MPa}$，仅限毒性程度为极度和高度危害介质 中压贮存容器，$1.6\text{MPa} \leqslant p < 10\text{MPa}$，仅限易燃或毒性程度为中度危害介质，且$pV$乘积大于等于$10\text{MPa} \cdot \text{m}^3$ 中压反应容器，$1.6\text{MPa} \leqslant p < 10\text{MPa}$，仅限易燃或毒性程度为中度危害介质，且$pV$乘积大于等于$0.5\text{MPa} \cdot \text{m}^3$ 低压容器，$0.1\text{MPa} \leqslant p < 1.6\text{MPa}$，仅限毒性程度为极度和高度危害介质，且$pV$乘积大于等于$0.2\text{MPa} \cdot \text{m}^3$ 中压管壳式余热锅炉 中压搪玻璃压力容器 使用强度级别较高（指相应标准中抗拉强度规定值下限大于等于540MPa）的材料制造的压力容器 低温液体贮存容器，容积大于5m^3

续表

代号	分类	条件
A3	球形贮罐	球形贮罐,容积大于等于 50m³
A4	非金属压力容器	
C1	铁路罐车	介质为液化气体、低温液体
C2	汽车罐车或长管拖车	液化气体运输车、低温液体运输车、永久气体运输
C3	罐式集装箱	介质为液化气体、低温液体
D1	第一类压力容器	低压容器(已划入第三类、第二类压力容器的除外)
D2	第二类低、中压容器	下列情况之一的为第二类压力容器(已划入第三类压力容器的除外) 中压容器,$1.6\text{MPa} \leq p < 10\text{MPa}$ 低压容器,$0.1\text{MPa} \leq p < 1.6\text{MPa}$,仅限毒性程度为极度和高度危害介质 低压贮存容器和低压反应容器,$1.6\text{MPa} \leq p < 10\text{MPa}$,仅限易燃介质或毒性程度为中度危害介质 低压管壳式余热锅炉 低压搪玻璃压力容器

3.3.8.2 工艺设备的特殊制造要求

通常工艺设备的材质不同,使用场合各异,因此制造要求(如热加工温度、热处理、焊缝质量、超声检测、气密性试验要求等)也不同。工艺人员应根据选用材质性能、工艺物料性质、操作条件以及国家标准规定的有关事项提出工艺设备的特殊制造要求,如碳素钢和低合金钢钢板应根据 GB 150、GB 151、GB 12337 及其他国家标准和行业标准的规定进行超声检测;有色金属制压力容器焊接接头的坡口应采用机械方法加工,其表面不得有裂纹、分层和夹渣等缺陷;钛钢复合板与镍钢复合板爆炸复合后应进行应力退火处理;碳素钢、合金钢、镍及镍合金的焊缝应按国家有关标准进行射线照相检验且应符合国家标准的有关规定;需要进行气密性试验的球罐,应在液压试验合格后,进行气密性试验,并应符合国家标准的有关规定等。

3.3.9 工艺流程控制方案的设计

3.3.9.1 反应器

(1) 反应器的控制方案

应满足下列要求。

① 使反应达到规定的转化率或产品达到规定的纯度。

② 使处理量比较平稳。为此,如可能常常对主要原料进行流量调节。在有物料循环的反应系统内,为保持物料平衡,应配置必要的辅助调节系统,如惰性物料的自动放空或排除等。

③ 为防止工艺参数进入危险区域或不正常工况,应配置一些报警、联锁或自动选择性调节系统,当工艺参数超出正常范围时发出信号,当接近危险区域时,把某些阀门打开,切断或者保持在限定位置。

(2) 以反应的转化率为控制变量

如图 3-4 所示的丙烯腈聚合釜在绝热状态下进行反应,当进料浓度恒定时,温差与转化率成正比,因此控制温差即保证了反应的转化率。

(3) 以反应工艺状态变量为控制对象

图 3-5 中,(a) 所示为单回路的温度控制方案,反应热量由冷却介质带走;(b) 为串级-前馈控制方案,适用于温度调节系统滞后时间较长,对反应温度调节质量有较大影响的场合;(c) 为分程调节系统,如某些聚合反应需在一定温度下进行,在开车时需升温加热,而在正常

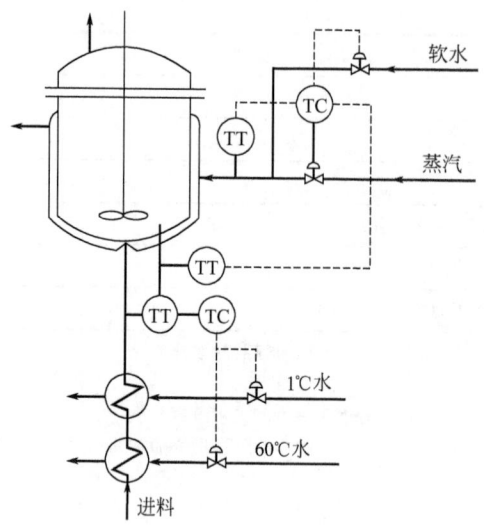

图 3-4 丙烯腈聚合釜转化率控制方案

运行时，遇到温度低时需加热，温度偏高时需冷却，为此可采用分程调节系统同时控制冷、热两种载热体；(d) 为控制反应物进口温度方案，在此流程中，采用进口物料与出口物料进行热交换，以尽可能地回收热量；(e) 为串级-比值调节系统，在硝酸生产过程中，氨氧化炉是将氨气与空气中的氧气在高温、催化条件下进行，反应极为迅速，且是一个强烈的放热过程，工艺要求氧化率在 97% 以上，为此工业生产上通过控制氧化炉反应温度来达到。影响氧化炉反应温度干扰因素有氨气总管压力（决定流量）、温度、空气流量、催化剂活性等，而这些干扰因素中氨气流量与空气流量比影响反应温度最大，为此可组成串级-比值调节系统控制氨氧化炉温度；(f) 所示的固定床反应器，在长期使用过程中催化剂活性会逐渐下降，反应器内的最高温度即热点温度的位置会逐渐下移，为了防止反应器内温度过高烧坏催化剂，必须根据热点的温度来控制冷却剂量。因而在催化剂层的不同部位都设有温度检测器，它们的输出信号经过高选器后作为调节器的测量值去进行温度控制，从而保证了催化剂的安全使用和正常生产。

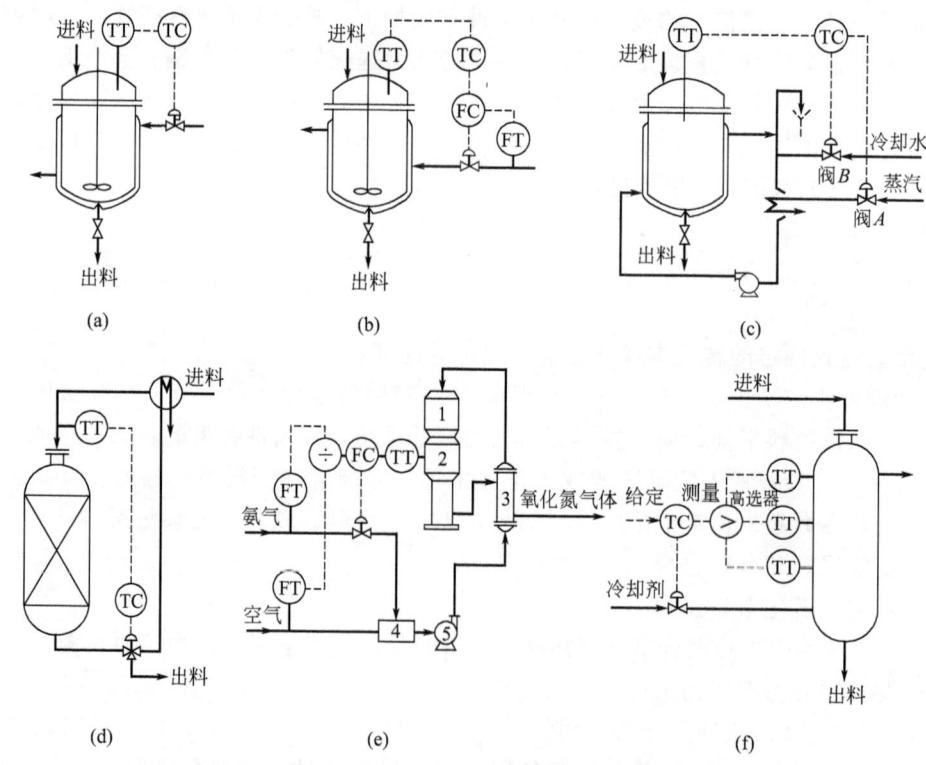

图 3-5 以反应工艺状态变量作为控制对象的控制方案
1—过滤器；2—氧化炉；3—预热器；4—混合器；5—鼓风机

3.3.9.2 精馏塔

精馏塔的自动控制应满足质量指标、物料平衡、约束条件三方面的要求。

精馏生产上遇到的主要干扰有进料量、组成、温度及状态的变化、加热介质压力的变动、冷却介质入口温度及阀前后压力的变动和环境温度的变动。这些干扰有些可采用定值调节克服，也可在串级调节的副回路中予以克服，有些干扰变化较缓慢，影响较小，在多数情况下，进料量和组成是主要干扰，然而还要结合具体情况加以分析。克服干扰影响的常用方法是改变馏出液量、釜液采出量、回流量及蒸汽量中某些项的流量。

精馏塔最直接的质量指标是产品组成。近年来随着成分检测仪表的应用，特别是工业色谱的发展，出现了直接按产品成分来调节的方案，但成分分析仪表采样分析周期较长，滞后大，加上可靠性方面的因素，应用受到了一定的限制。

精馏塔控制最常用的间接指标是温度，应根据实际情况，选择塔顶或塔釜的温度、灵敏板温度、加料板附近塔板温度或塔内某两点温差等作为被控变量。

(1) 按精馏段指标的控制方案

当对馏出液的纯度要求较之对釜液为高时，或是全都为气相进料时，或是塔釜、提馏段塔板上的温度不能很好地反映产品组成变化时，往往按精馏段指标进行控制。

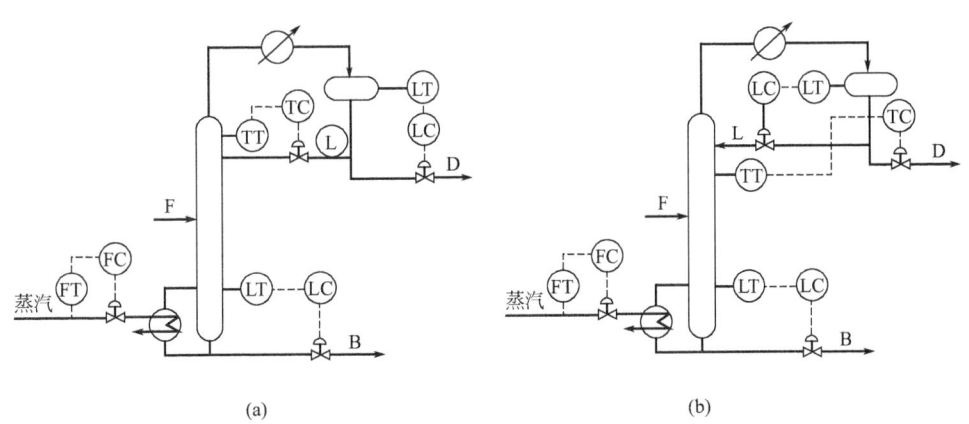

图 3-6 按精馏段指标的控制方案

图 3-6 中，(a) 为间接物料平衡控制方案，它按精馏段指标来调节回流量，保持加热蒸汽为定值，其优点是调节回路滞后小，反应迅速，所以对精馏段的干扰控制和保证塔顶产品是有利的。缺点是内回流处于变动状态，且物料与能量平衡之间关联大，不利于精馏塔平稳操作，所以在调节器参数整定上应加以注意。该方案适用于 $L/D < 0.8$ 及某些需要减小滞后的场合。(b) 为直接物料平衡控制方案，它采用按精馏段指标调节馏出液量，回流罐液位控制回流量，其优点是环境温度变化时内回流量基本保持稳定，物料与能量平衡之间关联最小，有利于精馏塔平稳操作；缺点是温度调节回路滞后较大，特别是回流罐容积较大时反应更慢，调节较为困难，该方案适用于 L/D 较大的场合。

(2) 按提馏段指标的控制方案

当对釜液组成要求较之馏出液要高、全部为液相进料、塔顶或精馏段塔板上的温度不能很好地反映产品组成变化，或实际操作回流比较最小回流比大数倍时，宜采用提馏段指标控制方案。

图 3-7 中，(a) 所示方案是按提馏段指标间接物料平衡控制方案，它采用控制加热蒸汽量，塔顶回流采用定值调节，其优点是滞后小，反应迅速，所以对克服进入提馏段的干扰和保

证塔釜产品有利；缺点是物料与能量平衡之间关联大，该方案应用较为广泛，仅在 $V/F \geqslant 2.0$ 时不宜采用。(b) 所示为直接物料平衡控制方案，它采用直接控制塔釜采出量，由液位控制加热蒸汽量，其优点是物料与能量平衡之间关联最小，当釜液采出量小时比较平稳；缺点是滞后较大，且液位调节回路存在着反向特性。该方案仅适用于釜液量小得多且釜液量小于 2 倍再沸器循环量的场合。

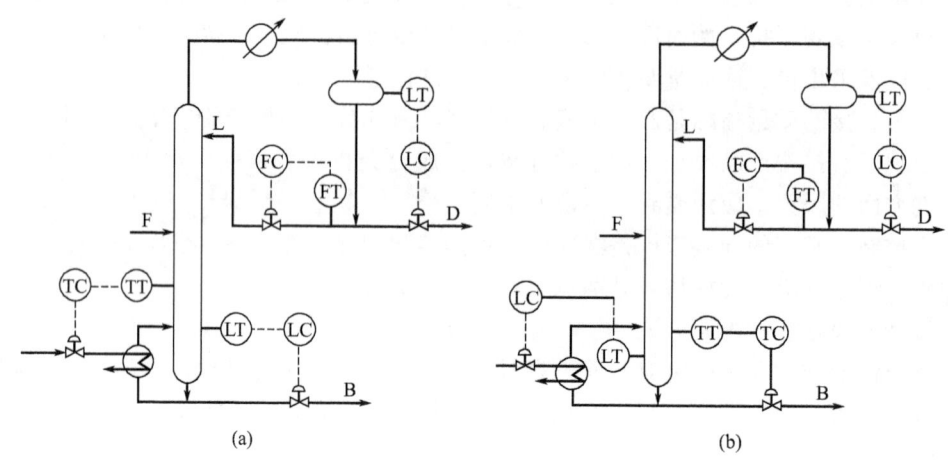

图 3-7　按提馏段指标的控制方案

（3）压力控制

精馏操作过程中，进料量、进料组成和温度的变化、塔釜加热蒸汽量的变化、回流量与回流温度、冷却介质压力波动等都可能引起塔压波动，而压力波动必将引起每层塔板上气液平衡条件的改变，使整个塔正常操作被破坏，最终将影响到产品质量。所以在精馏操作中，往往设置压力调节系统，以保证精馏塔在某一恒定压力下工作。

精馏塔压力调节方案总的说来应用能量平衡来控制塔压。

加压塔的压力控制　加压塔调节方案的确定与塔顶馏出物的相态及馏出物中含不凝物的多少有密切关系。图 3-8 中，(a)、(b) 所示压力控制方案适用于液相采出，且馏出物中含较多不凝物的场合，它们的取压点分别位于回流罐和塔顶上，前者用于回流罐压力可以间接代表塔顶压力，后者用于进料量、组成、加热蒸汽等干扰，引起冷凝器阻力变化时，回流罐压力不能代表塔顶压力，且塔顶气体流经冷凝器的阻力变化不大的情况；(c) 为分程调节系统，当塔顶气相中不凝物小于塔顶气相总流量的 2%，或塔操作中只有部分时间产生干气时，就不能采用调节不凝物排放量保持塔顶压力，否则调节系统的调节滞后过大，甚至使调节系统失败，此时可采用分程调节系统；(d)、(e)、(f) 为改变传热量的方案，当塔顶气体全部冷凝或仅含有微量不凝气体时，为保持压力恒定，常用改变传热量的手段来调节，如果传热量小于使全部蒸气冷凝所需的热量，则蒸气将积聚起来，压力会升高，反之传热量过大，则压力会降低，(d) 根据压力改变冷却水量，这种方案最节约冷却水量，(e) 按压力改变传热面积，即让部分凝液浸没冷凝器，此方案较迟钝，(f) 采用热旁路的办法，反应较灵敏，炼厂中用得较多；(g) 所示为浸没式冷凝器压力调节方案；(h) 所示为气相出料压力调节系统，按压力控制气相采出，回流罐液位控制冷却水量，以保证足够的冷凝液作回流；(i) 所示为压力流量均匀调节，用于气相出料为下一工序的进料。

图 3-9 中，(a) 所示是用蒸汽喷射泵抽真空的塔顶压力调节系统，在蒸汽管道上设有压力

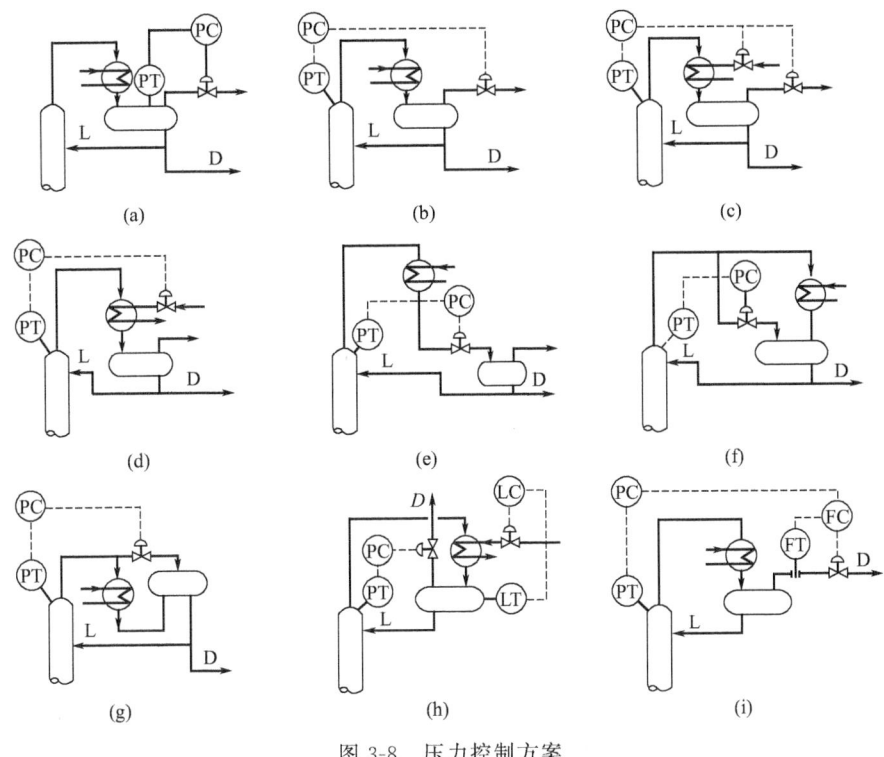

图 3-8 压力控制方案

调节系统,以维持喷射泵的最佳蒸汽压力,塔顶压力用补充的空气量来调节,这可有效地控制任何波动和干扰;(b)所示采用电动真空泵的减压系统的压力调节系统。

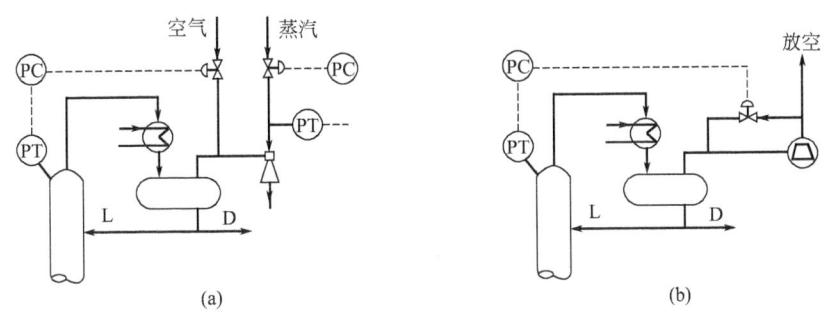

图 3-9 塔真空度控制系统

(4) 其他控制方案

图 3-10 中,(a)所示的是温度-流量串级控制方案,若塔的压力及回流罐压力波动时,可以采用串级调节控制方案,用温度调节器输出给定回流量调节器;(b)所示的是双温差控制方案,采用温差控制存在一个缺点,即负荷变化时引起塔板压降变化,随着负荷递增,由压降引起的温差也随之增大,这样温差与组成不呈单值对应关系,此时可采用双温差控制方案;(c)所示的是串级均匀控制,某些精馏塔由于回流罐的容积较小,所以不允许液位有较大的波动,若采用简单的均匀控制系统,要保持液位在规定的控制范围以内,回流量就会有较大幅度的波动,不符合工艺上恒定回流比的要求;因此在控制要求较高的精馏塔中,回流罐液位可与塔顶回流量组成串级均匀控制系统,使回流罐的液位和回流量都呈缓慢地变化,以缓和供求矛

盾，并使后续设备的操作较为平稳；(d) 所示的是内回流控制方案，内回流调节一般用在精馏塔塔顶采用空气冷却器的场合。这时，随着周围环境温度的变化，外回流液温度往往波动较大。如精馏塔采用外回流恒定的调节方法，实际内回流并不恒定。故为了保证塔的稳定操作，可采用内回流调节。内回流因在塔内很难直接测量和调节，但可通过计算的方法获得，其调节可通过改变外回流量或改变外回流液的温度来调节。

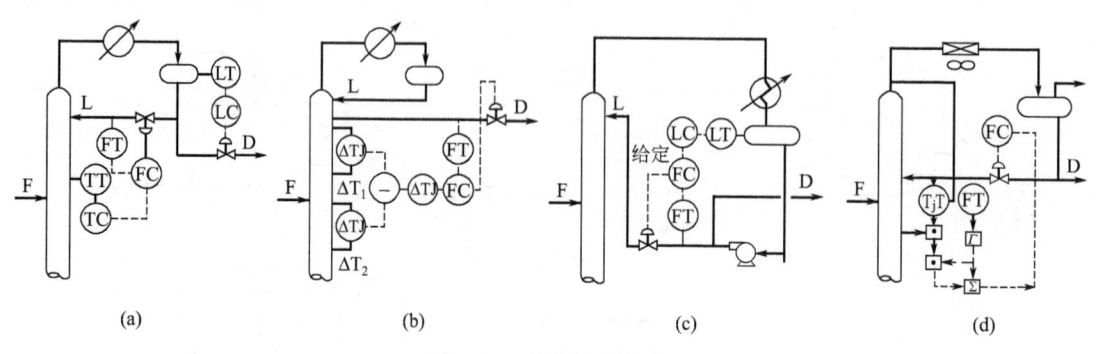

图 3-10 其他控制方案

3.3.9.3 传热设备

(1) 控制载热体流量

控制载热体流量大小，其实质是改变传热速率方程中的传热系数和平均温差，它是最常用的一种控制方案。图 3-11 (a) 所示为单回路控制载热体流量方案；(b) 为串级控制载热体流量方案。

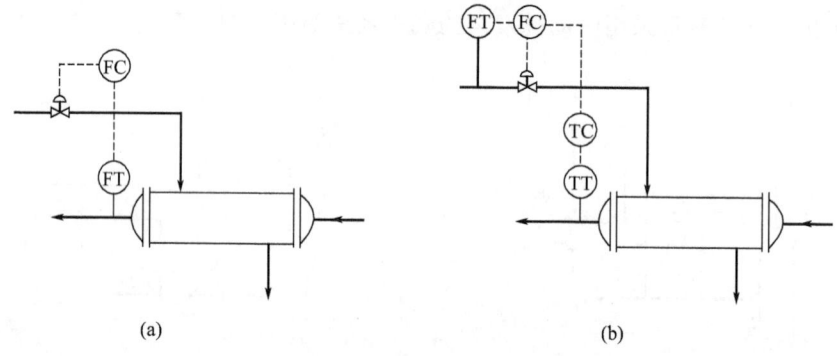

图 3-11 控制载热体流量方案

(2) 控制传热面积

图 3-12 所示的是调节阀装在凝液管道上，(a) 为单回路控制系统；(b)、(c) 为两种串级控制方案，串级控制方案滞后较大，只是在某些必要的场合才采用。

(3) 控制载热体的汽化温度

图 3-13 为氨冷器出口温度的控制方案，该方案滞后小，反应迅速。

(4) 工艺介质旁路

图 3-14 所示的控制方案，一部分介质传热，另一部分旁路，该方案反应及时，但载热体一直处于高负荷下，若为废热利用则是一种很好的控制方案。

3.3.9.4 流体输送设备

(1) 离心泵

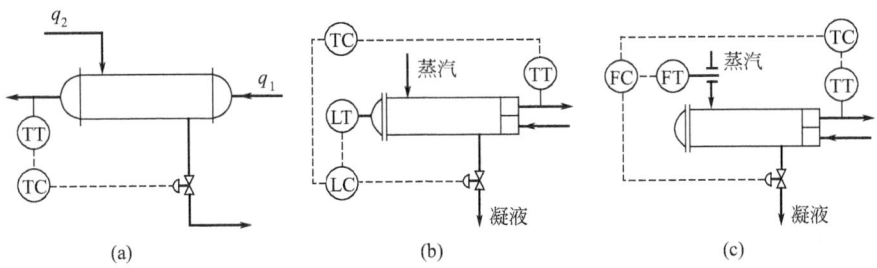

图 3-12 调节阀装在凝液管道上的控制方案

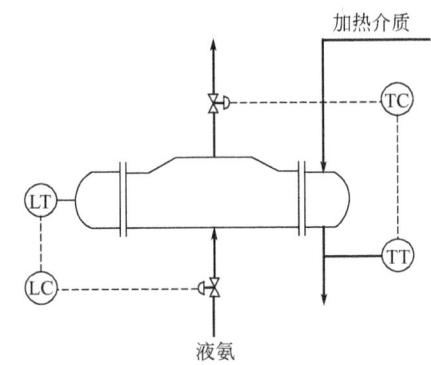

图 3-13 控制载热体汽化温度的方案

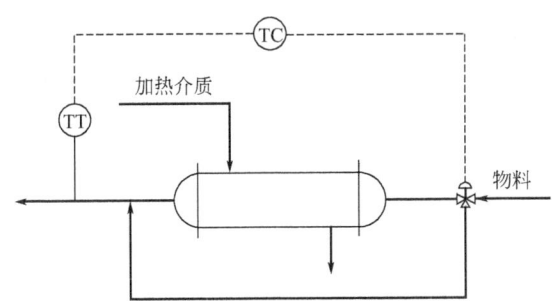

图 3-14 工艺介质旁路控制方案

图 3-15 中，(a) 为直接节流法改变调节阀的开启度，即改变了离心泵管路特性，是应用最广泛的直接节流的控制方案。(b) 采用改变旁路阀开启度的方法来调节实际排出量。此控制方案简单，而且调节阀口径较小。但也不难看出，对旁路的液体而言，由于所供给能量完全消耗于调节阀，因此总的机械效率较低。(c) 为压力控制方案。(d) 为压力控制方案且带分支管道控制方案。

图 3-16 所示是改变泵转速的控制方案。这种控制方案的优点是机械效率高。但结构较复杂，因此多用于较大功率的场合。

(2) 往复泵与位移式旋转泵

位移式泵的流量几乎与压头无关，所以在泵出口管道上节流是不能控制流量的，反而有损坏泵和电动机的危险。位移式泵的控制方案主要有改变泵的转速、改变往复泵的冲程、旁路阀控制、旁路阀控制压力，用节流阀来调流量，如图 3-17 所示。

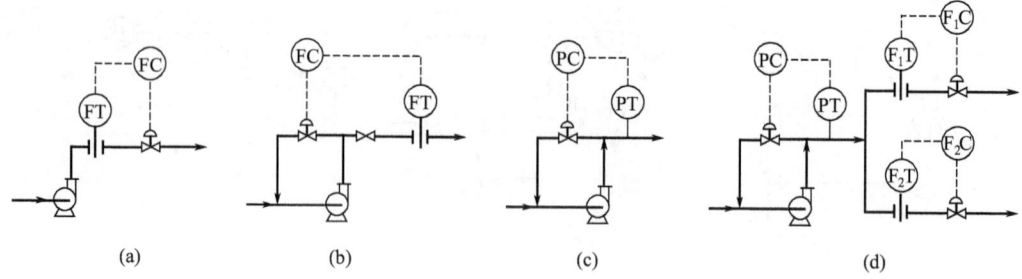

图 3-15 泵排出量控制方案

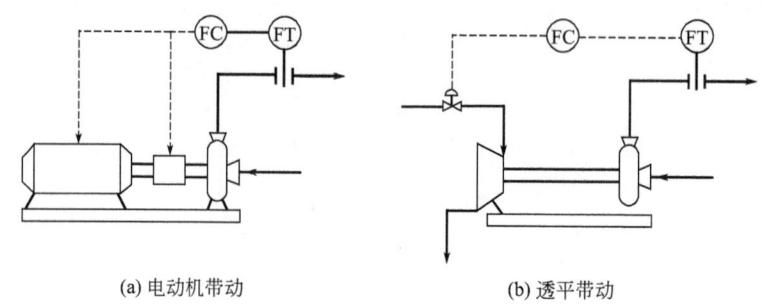

(a) 电动机带动　　　(b) 透平带动

图 3-16 改变转速的控制方案

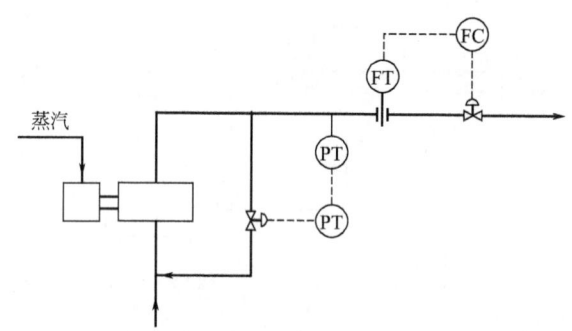

图 3-17 往复泵出口压力和流量的控制

3.4 过程能量综合

3.4.1 概述

3.4.1.1 节能降耗的意义

石油化工是国民经济的战略支柱产业；但也是耗能大户。据统计，2006年包括油气勘探开发在内的石油化工全行业能耗占全国总能耗16%；高居工业能耗首位。钢铁工业占9%，居次席。我国石化产业用能效率与国际先进水平还有一定的差距；节能降耗潜力还很大。另外，石油化工企业迄今还以耗用自身的加工副产物（如重油、抽余油、油浆、炼厂气、甚至LPG等）为主的一次能源，数以千万吨/年计。而这对于油气资源十分缺乏的中国，是可以转化为化工原料的宝贵资源。因此在当前我国能源、环境形势十分严峻，石油对外依存度直逼50%的局面下，石化企业承担着比其他任何企业都要沉重的深入节能降耗的历史性任务。

3.4.1.2 节能设计是关键

进入本世纪以来，中国石化进入了新一轮大发展的时期；其特点是：a. 产品需求总量不断扩大（原油加工量 2007 年已逼近 3.5 亿吨/年，乙烯产能已达近千万吨/年）；b. 产品质量要求不断提高（车用燃料标准提高加速，从国Ⅲ、国Ⅳ到国Ⅴ，周期越来越短）；c. 地区发展平衡要求布局重新调整。千万吨/年级炼油、百万吨/年级乙烯厂新点布局增多，几乎所有原有的石化企业也都面临扩建和质量升级的改造，设计工作量依然很大。

然而，建新装置和工厂扩产项目，普遍忽视与原有装置和系统的能量集成优化。有几个方面的原因：a. 在决策机制方面，前期工作时间仓促，经费、人力少，内容重工艺轻能量优化；b. 在企业自身方面，急于上工程，只委托设计院做装置设计，缺乏与全局节能协同优化的观念；c. 在设计单位方面，急于赶任务，也没有节能和优化的压力。因此可以说，缺乏利用设计机会大幅度提高能效的认识。

石油化工是资源密集和能量密集型工业。石油化工工业产品成本 C 的构成中，原材料即石油或其加工产物费用 M 占主要部分；另一部分即加工费 O，由设备费 O_d、能耗费 O_e 和包括工资、管理费等的其他费用 O_c 构成。在相当大一部分石油化工产品的加工费 O 中，能耗费 O_e 占 1/3 到 1/2 或更多。可用下式表示：$C = M + (O_d + O_e + O_c)$。因此，在经济全球化、市场日益国际化、信息化的时代，当原材料和同样质量规格的产品价格趋同时，竞争力的强弱主要就表现在降低成本中的加工费，特别是能耗费的能力上。

降低成本费用的措施，固然包括能源管理、制度、宣传、培训，操作和运行中的节能等方面的内容，但最主要的还在于设计。这包括新建和改造设计，装置和全厂的设计。乙烯和合成氨装置的能耗（标油/产品）从 20 世纪 70 年代的 1000kg/t 降低到 90 年代的 600kg/t 左右便是典型的例证；也是激烈的竞争促进能量综合设计技术进步的结果。有时，能量综合技术会成为一项设计的生命线。

另一方面，实施可持续发展战略，保护资源和环境是全人类共同的任务。能量综合设计大量节约宝贵的石油资源，同时也减少了燃烧产物对环境的污染。

石油化工过程系统是众多单元过程设备同时由物料、能量、信息三个流联结而成的。由原料到产品的物料流程是基本的，已为人所熟悉。还有一个能量由供入到排出至环境的能量流程。掌握和设计好能量流程，也是工艺设计师的职责。你设计得好，你要求的公用工程就会少，投资也不会增加——这就是能量综合或能量集成（process integration）的含义。

3.4.1.3 过程能量综合简介

以下是对能量综合基本概念的通俗和扼要的介绍。较具体的说明，在本章各节中给出。

① 构成石油化工系统的各个单元过程，莫不是能量和质量的转换或传递的过程。

② 能量有数量和质量两个属性。能量的质量（或品位）是由它的作功能力或它所具有的㶲（或称有效能）的多少来量度的。高温的热能具有的㶲多，品位高，低温的热能具有的㶲少，品位低。

③ 㶲推动一切过程的进行，并以自身的损耗为代价。例如，1atm（即 101325Pa）、100℃水蒸气冷凝的热 1GJ/h 传递给 13at（即 98066.5Pa）、40℃的丙烷使其气化，这是一个传热过程。热能的数量在传递中没有变，但质量（品位）降低了，㶲损耗了。这个㶲损耗，体现为 100-40＝60℃的温降或传热温差，即是传热过程的推动力。

④ 如果有一个 60℃的热源，也能令丙烷在 40℃气化；此时热能温降只有 20℃，损耗相应也减少了，这就是节能。但另一方面，因传热温差减小，传热面积要相应增加，这要增加设备

投资。经济上是否合算,需要权衡。这就是换热过程的能量综合优化设计。分馏塔的塔板数-回流比的权衡也是同样的道理。

原则:节能的尺度不是㶲损耗愈低愈好,而是㶲耗费加设备费的总费用最小为好。

⑤ 大部分石油化工过程系统中需用热能的地方很多,用热温度有高有低,温域分布颇宽。所以,既然用能是用其质而非用其量,热能便可以被多次利用,先高温,后低温——关键在于多个热源和热阱之间的优化匹配。

⑥ 工艺设计师不仅要负责在每个单元过程设备的上述权衡中作出经济效益最好的优化选择,而且要负责能量(特别是热能)在整个系统中的利用匹配方案的优化——这便是能量综合设计的主要任务。

⑦ 能量综合设计优化,须服从多方面的工程约束并与之协调:质量、安全、环保、开停工及因市场和季节变化而要求的生产条件的柔性。协调的目标准绳:经济效益。

⑧ 能量综合设计的原则应当体现在各种类型的设计任务中:新装置(工厂)设计、现有装置改造、总流程调整、扩产脱瓶颈、新产品新工艺的工业化开发等。

3.4.2 夹点分析法

夹点分析法是由原英国曼彻斯特大学理工学院(UMIST)教授 B. Linnhoff(已于 1995 年辞职,专任 Linnhoff March 公司总裁)领导下的研究小组在 Huang 与 Elshout 及 Umeda 等分别于 1976 年和 1978 年提出的夹点(pinch)和复合线(composite curve)概念基础上发展起来的。我国学者对夹点分析的发展也做出了贡献。这是过程能量综合领域中一种实用方法。开始一直称为夹点技术(pinch technology),到了 1993 年,Linnhoff 本人改称夹点分析(pinch analysis)。

夹点分析法的最大特点是它的简便、实用、面向工程,易于学会和掌握。此外,它强调工程人员在对问题和目标充分理解的基础上作出决定。夹点分析法包括两方面的内容:

① 用于换热网络合成的夹点技术

② 整个过程系统能量集成的夹点分析法

3.4.2.1 换热网络合成的夹点技术

1. 基本概念

冷流、热流

需要被加热的工艺物流称为冷流,其温度一般升高即初始温度低于目标温度;而要被冷却的工艺物流则称为热流,热流的初始温度一般高于目标温度。

热容流率 CP (heat capacity flowrate)

热容流率指工艺物流单位时间每变化 1K 所发生的焓变,定义如下(对无相变物流):

$$CP = \frac{dH}{dT} \approx \frac{|\Delta H|}{|T_s - T_t|} \approx C_p G \tag{3-5}$$

式中 CP——热容流率,W/K 或 kcal/(h·K);

C_p——比热容,J/(kg·K)或 kcal/(kg·K);

G——质量流率,kg/s 或 kg/h;

H——焓流率,W 或 kcal/h。

热容流率可理解为温焓图(T-H 图)上工艺物流焓随温度变化曲(直)线的斜率的倒数,如图 3-18 所示,物流的 CP 越大、其在 T-H 图上越平。

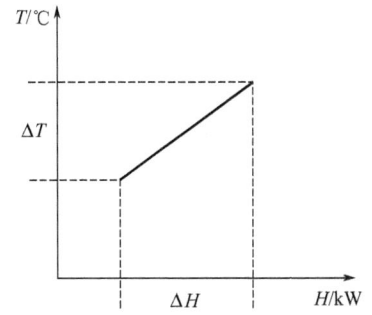

图 3-18 工艺物流在 T-H 图上的表示法

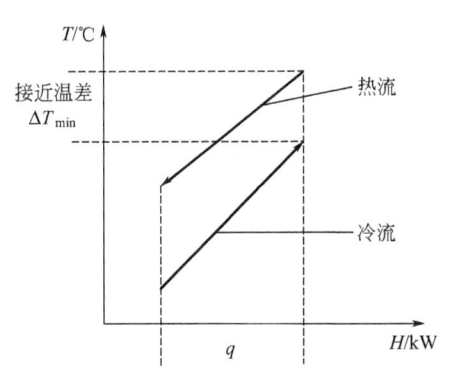

图 3-19 单个换热台位的 T-H 图示法及接近温差

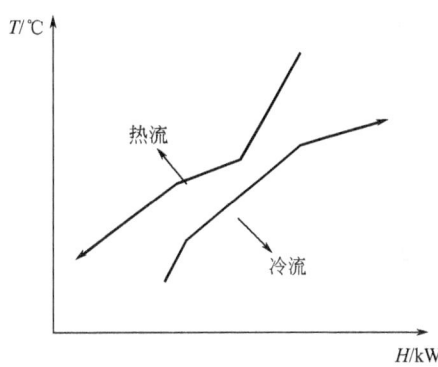

图 3-20 复合线示意

最小接近温差（夹点温差，minimum temperature approach）$\Delta T_{\min}$

单个换热台位在 T-H 图上表示如图 3-19 所示。对单个换热台位而言，换热的冷、热流冷端和热端温差中较小者，称接近温差。对一个换热网络而言，所有换热台位的接近温差中的最小值称为最小接近温差，也称夹点温差。

2. 复合线

一个待优化的换热网络在 T-H 图上可用冷、热流复合线来表示。所谓复合线，就是将多个热流或冷流的 T-H 线复合在一起的折线，如图 3-20 所示。复合线是换热网络优化合成的"夹点技术"中的一个重要工具。

复合线的绘制法

下面以两个冷流为例说明复合线的绘制方法。图 3-21 中 AB、CD 分别为冷流 C1、C2 的 T-H 线（箭头向上表示冷流、向下则表示热流），将单个物流的 T-H 线按初始温度由低到高顺序、首尾相接排列，对公共温度区间内的两物流 T-H 线 EB、CF 按力学中的求合力"四边形"法则画出两物流的"合力"线，于是就得到了两个冷流的呈折线状复合线 AEFD。类似地，可以画出多个冷（热）流复合线。

3. 夹点、给定夹点温差时的最小公用工程消耗

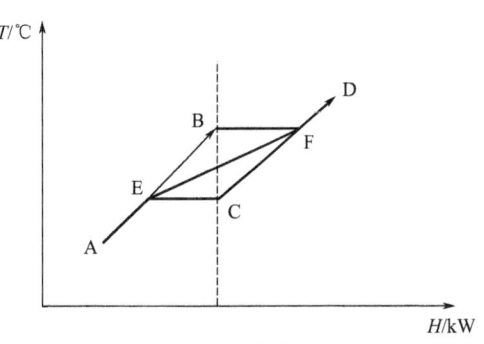

图 3-21 复合线的绘制法

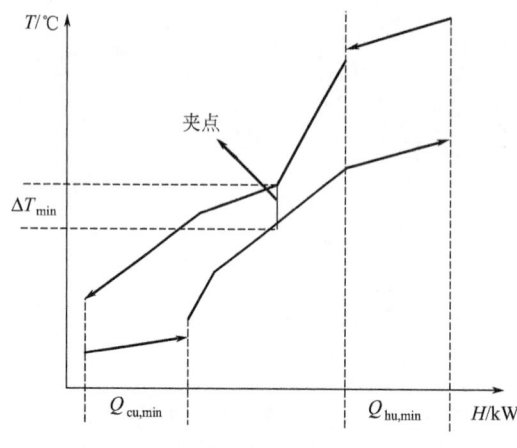

图 3-22 夹点与最小公用工程消耗示意

将冷、热流的复合线画在一个 T-H 图上，热流的复合线一定要位于冷流的上方。如沿横坐标（H）左右移动两条复合线，可以发现总有一处两条线间垂直距离（物理意义为传热温差）最短（如图 3-22 所示），该处即称为"夹点"，也有人称其为"窄点"。当夹点处的传热温差等于给定的夹点温差 ΔT_{min} 时，冷、热流复合线的高温段在水平方向未重叠部分投影于横坐标上的一段即为对应于给定 ΔT_{min} 下的最小热公用工程消耗 $Q_{hu,min}$；而两者低温段未重叠部分则为给定 ΔT_{min} 下的最小冷公用工程消耗 $Q_{cu,min}$，而两条复合线沿横轴方向重叠部分就是最大热回收量。

在 T-H 图上用复合线来求夹点位置和最小公用工程消耗直观，但不精确。Linnhoff 等提出了解题表格法（problem table）来求解给定夹点温差下的夹点位置和最小公用工程消耗。

实例 3-1 一换热系统包括两个冷物流和两个热物流，其数据列于表 3-41 中。给定夹点温差 $\Delta T_{min}=20℃$。求最大热回收的换热网络。

表 3-41 物流数据

物流标号	热容流率 $CP/(kW/K)$	初始温度 $T_s/℃$	目标温度 $T_t/℃$	热负荷 Q/kW
H1	2.0	150	60	180.0
H2	8.0	90	60	240.0
C1	2.5	20	125	262.5
C2	3.0	25	100	225.0

注：H 指热物流，C 指冷物流。

应用解题表格法及华南理工大学开发的换热网络优化合成软件 ODHEN 可得出本装置在 $\Delta T_{min}=20℃$ 时的最小公用工程消耗和夹点温度分别为：

$$Q_{hu,min}=107.5kW \qquad Q_{cu,min}=40kW$$

夹点温度 $T_p=80℃$（夹点热流温度为 90℃、冷流温度为 70℃），即该实例的夹点是由热流 C2 确定的。本实例的冷、热流复合线如图 3-23 所示。

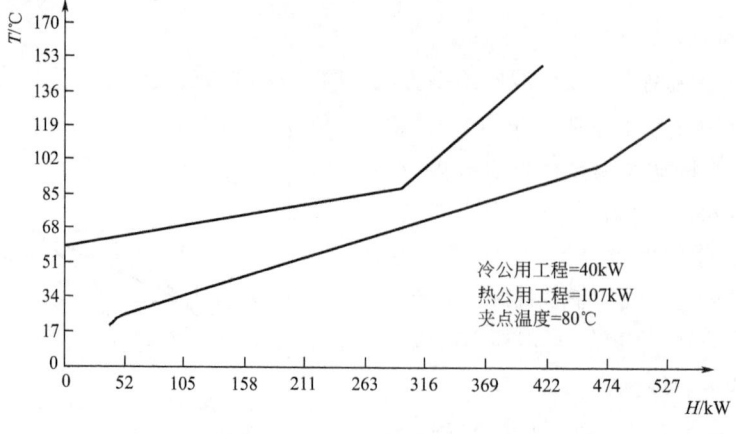

图 3-23 实例 3-1 的复合线

实例 3-2 某原油预热系统的物流数据如表 3-42 所示，给定夹点温差 $\Delta T_{min}=15℃$。

表 3-42 工艺物流数据

物流名(号)	T_s/℃	T_t/℃	q/kW	CP/(kW/℃)
H1(减渣)	380	130	14973	59.89
H2(减三线)	345	65	2131	7.61
H3(常三线)	320	70	2043	8.17
H4(减二中)	300	200	3877	38.77
H5(减二线)	300	60	5177	21.57
H6(常二线)	260	35	5119	22.75
H7(常一中)	225	165	3475	57.91
H8(常一线)	180	50	1275	9.81
H9(部分常顶油气)	110	65	1107	24.62
C1(原油)	46	220	22244	127.8
C2(初底油)	210	360	23345	155.6

应用换热网络优化合成软件 ODHEN 可得出本装置在 $\Delta T_{min}=15℃$ 时的最小公用工程消耗和夹点温度分别为：

$Q_{hu,min}=8328.5 kW$；$Q_{cu,min}=1916.4 kW$；夹点温度 $T_p=217.5℃$（由冷流 C2 决定）；其复合线图如图 3-24 所示。

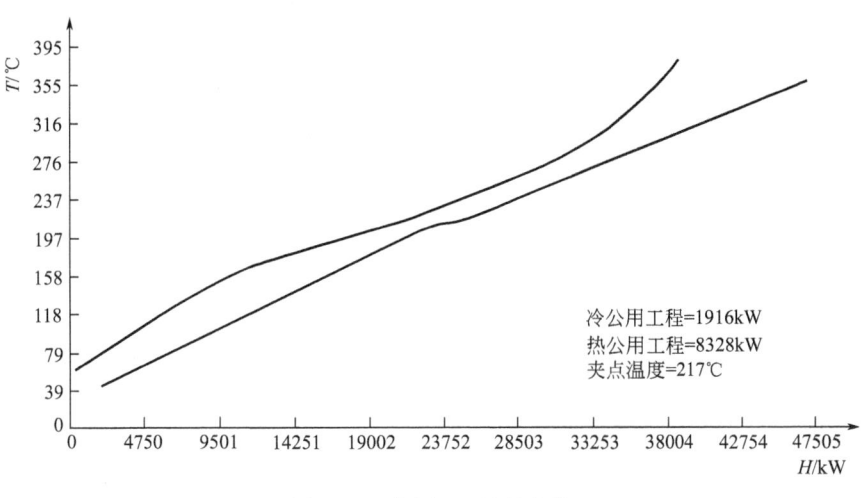

图 3-24 实例 3-2 的复合线

上述绘制复合线、用解题表格法求夹点及最小公用工程消耗由人工完成仍然很麻烦，特别是对实际大型工程设计问题。现已有很多现成的工具软件可以完成这些工作，如华南理工大学开发的换热网络优化合成软件 ODHEN 就有这些功能；国内其他工程公司或设计院（如北京院、洛阳石化工程公司）也开发了相应的软件，国外也有一些软件如 ADVENT、HEXTRAN 都能进行夹点技术计算。

4. 夹点的意义

夹点将换热网络分解为两个区域，热端——夹点之上，它包括比夹点温度高的工艺物流及其间的热交换，只要求公用设施加热物流输入热量，可称为热阱（heat sink）；而冷端包含比夹点温度低的工艺物流及其间的热交换，并只要求公用设施冷却物流取出热量，可称为热源（heat source）。当通过夹点的热流量为零时，公用设施加热及冷却负荷最小；即热回收最大。

夹点技术三个基本原则（其推导思路见图3-25）：

① 不通过夹点传递热量；
② 夹点以上的热阱部分不使用冷公用工程；
③ 夹点以下的热源部分不使用热公用工程。

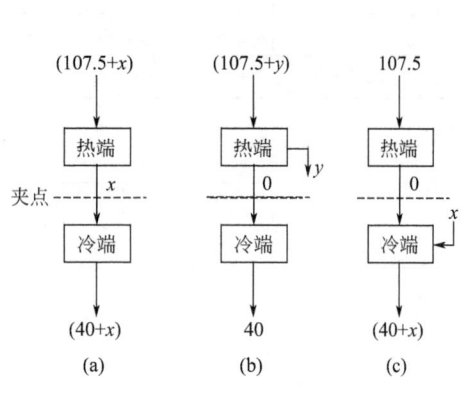
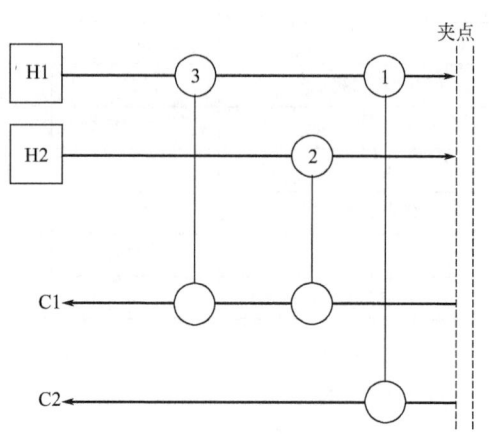

图3-25 三种情况
(a) 热流通过夹点；(b) 热阱有公用设施冷却时；
(c) 在热源有公用设施加热时

图3-26 夹点换热单元示意
(1,2为夹点换热单元，3为非夹点单元)

为得到最小公用设施加热及冷却负荷（或达到最大的热回收）的设计结果，应当遵循上述三条基本原则（也称金规则）。这三条设计金规则不只局限用于换热网络，也同样适用于热-动力系统，换热-分离系统以及全厂的能量综合优化问题。

5. 物流匹配夹点设计法

夹点设计法是在求出了最小公用工程消耗的基础上，设计出能实现最小公用工程消耗目标的换热网络匹配结构的方法。

(1) 夹点处匹配的可行性准则

夹点处冷、热流的匹配是夹点设计的重点，该处的换热单元称之为夹点换热单元。图3-26中所示的换热单元出入口两侧中至少有一侧等于最小温差，所以称为夹点换热单元，其他换热单元冷热端温差都大于最小温差称为非夹点换热单元。由上述三条基本原则，可推导出夹点换热单元的物流匹配应符合的三条准则如下。

准则一　工艺物流（包括分流）数准则

对热阱部分夹点处的匹配必须满足以下不等式（其解释见图3-27）。

$$N_H \leqslant N_C \tag{3-6}$$

式中，N_H为热流及其分流数；N_C为冷流及其分流数。

热源部分夹点处的匹配必须满足下式。

$$N_H \geqslant N_C \tag{3-7}$$

本准则可指导夹点匹配物流是否需要分流。

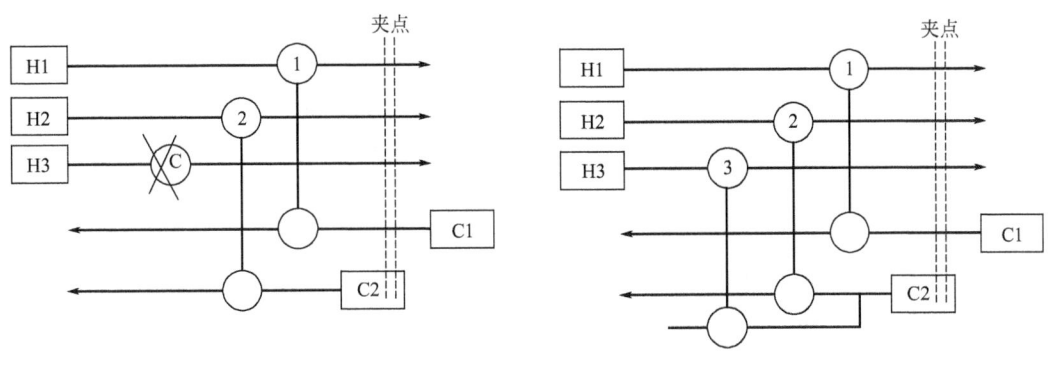

(a) 未分流,不可行　　　　　　　　　(b) 冷流分流后可行

图 3-27　夹点物流匹配物流数准则示意（热阱部分）

准则二　匹配物流热容流率（CP）不等式约束准则

夹点换热单元温差推动力在离夹点处应逐渐增大，为满足此要求，每一夹点换热单元物流匹配必须符合以下不等式：

热阱部分　　　　　　　　　　　$CP_H \leqslant CP_C$　　　　　　　　　　　　(3-8a)

热源部分　　　　　　　　　　　$CP_H \geqslant CP_C$　　　　　　　　　　　　(3-8b)

式中，CP_H 为热流或其分流的热容流率；CP_C 为冷流或其分流的热容流率。

远离夹点的换热单元由于传热温差已增大，准则二不适用。

准则三　CP 差准则

热阱部分夹点单元 CP 差　　$\Delta CP_j = CP_C - CP_H$

热源部分夹点单元 CP 差　　$\Delta CP_j = CP_H - CP_C$

热阱部分夹点处总 CP 差　　$\Delta CP_t = \Sigma CP_C - \Sigma CP_H$

热源部分夹点处总 CP 差　　$\Delta CP_t = \Sigma CP_H - \Sigma CP_C$

本准则规定　　　　　　　　　　$\Delta CP_j \leqslant \Delta CP_t$　　　　　　　　　　　(3-9)

图 3-28（a）和图 3-28（b）给出了夹点上、下应用可行性准则的程序框图。根据这一顺序设计人员可以：a. 确定夹点处的主要匹配物流；b. 确定夹点处的有效匹配方案；c. 确定夹点处的物流是否需要分流及物流的分流方案。

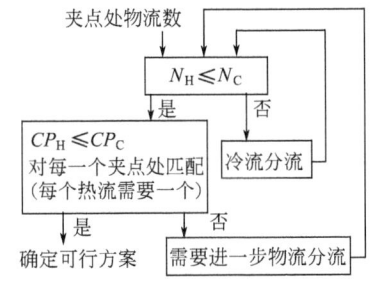 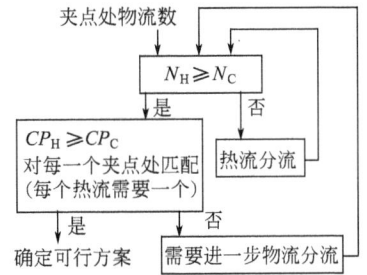

(a)热阱部分　　　　　　　　　　　　(b)热源部分

图 3-28　夹点处物流匹配设计程序

(2) 最少换热设备数

计算换热网络最少换热单元数的公式

$$U_{min} = N + L - S \tag{3-10}$$

式中，N 为物流数，取式 (3-6) 中 N_H、N_C 较大者；S 为独立的子集数；L 为环路数。一般情况下希望避免增加换热设备数，所以设计成 $L=0$，同理，如果碰巧网络中存在独立的子集（即两个冷、热流刚好能换热达到各自的目标温度），则还可以减少换热设备台数。

(3) 消去试探法

当夹点匹配完成后，可用"消去试探法"(the tick-off heuristic) 来减少匹配数，以使换热设备数最少。但减少换热匹配数会使能耗增加，而且可能导致某物流剩余的非夹点单元温差太小。因此设计者需要探试下述措施中的一个：a. 勿过于追求最少换热设备数；b. 选用另一夹点匹配方案，使新方案的消去试探不致引起温差推动力消耗太大。

(4) 总结

夹点设计法包括五个主要步骤：a. 将换热网络由夹点分成两个分离网络；b. 这两个网络均由夹点处开始往离开夹点换热单元方向，按夹点设计法的物流数准则进行设计；c. 当夹点处有可挑选的方案时，设计者可根据自己的经验决定；d. 用消去试探法确定夹点换热单元的热负荷；e. 非夹点换热单元的匹配由设计者自己的经验来确定。

(5) 换热网络的表示方法——网格图

图 3-29 所示的网格图，可以直观和方便地图示出换热网络结构。其要点是：a. 用带单箭头的水平线表示工艺物流，箭头向右为热流、向左为冷流，方框内为物流号；b. 热流放在图的上部，冷流放在下部，图左栏内为各物流的 CP 值；c. 用两头带圆圈的垂直线段表示两个冷、热流的匹配，圆圈内可标上匹配号，在该圆圈上方标出换热负荷，圆圈的两边物流线上标出物流进、出温度。

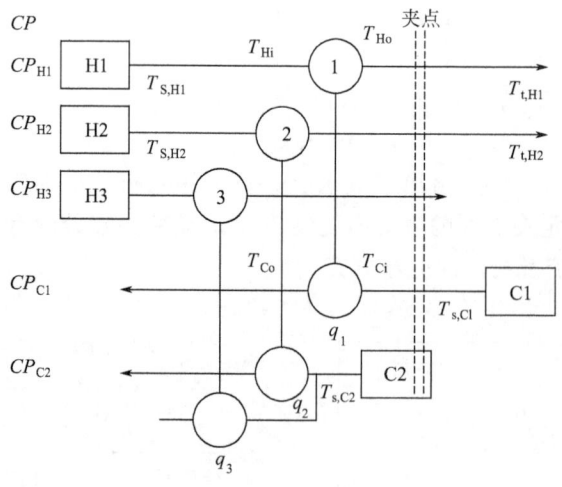

图 3-29 网格图表示法

6. 匹配实例

应用夹点设计法进行实例 3-1 的换热网络设计，得出当 $\Delta T_{min} = 20℃$ 时的、达到最小公用工程的热阱、热源部分设计如图 3-30、图 3-31 所示。

(1) 热阱部分设计

给出两个方案的比较。

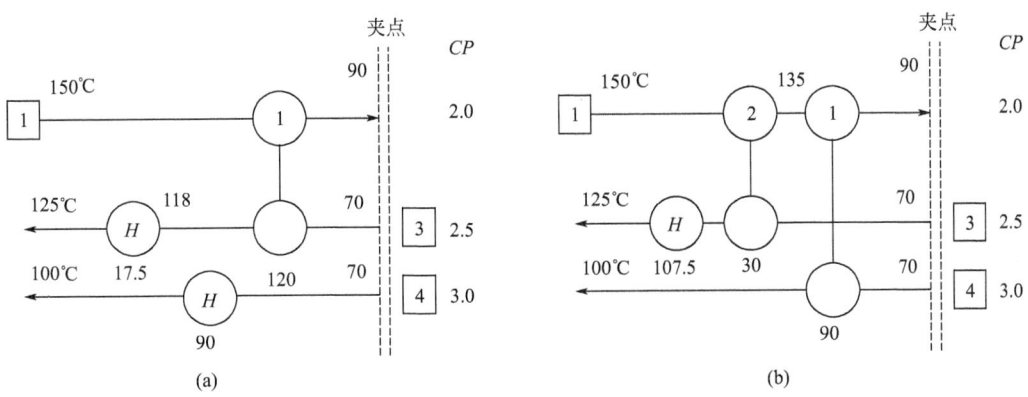

图 3-30 实例 3-1 热阱部分的两个可行方案

(2) 热源部分设计

给出两个方案的比较。

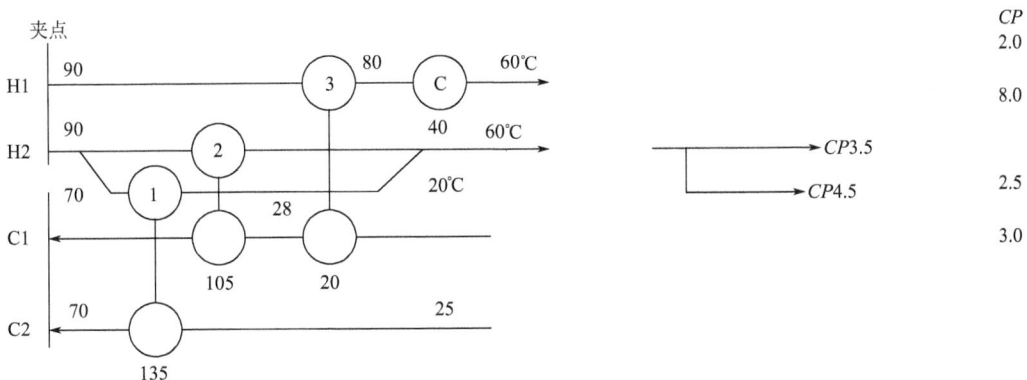

(a) H2分流,并一次匹配满足C2的热负荷需要

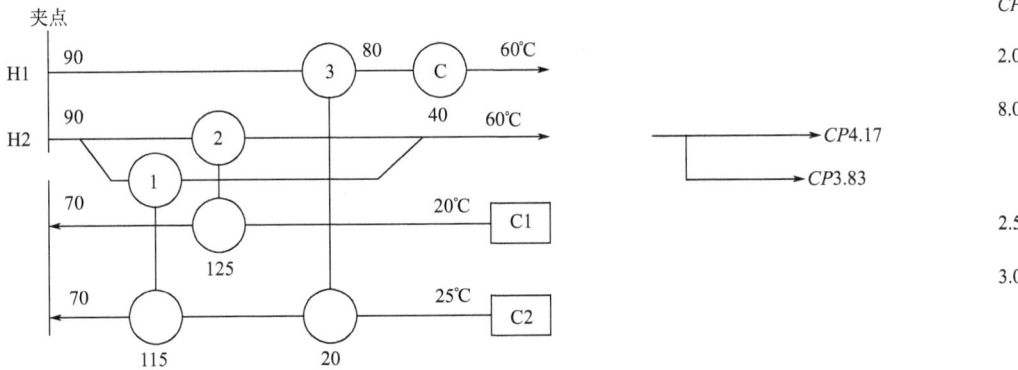

(b) H2分流,并一次匹配满足C1的热负荷需要

图 3-31 实例 3-1 热源部分物流匹配方案

将热阱部分与热源部分的物流匹配结构连接起来,即得图 3-32 的网络结构,其设计结果是达到指定 $\Delta T_{\min}$ 下的最小公用工程用量及最少换热单元数(7 台)的要求。

7. 总费用目标预优化

上述夹点温差 $\Delta T_{\min}$ 应该如何确定?这是总费用目标预优化所要解决的问题。

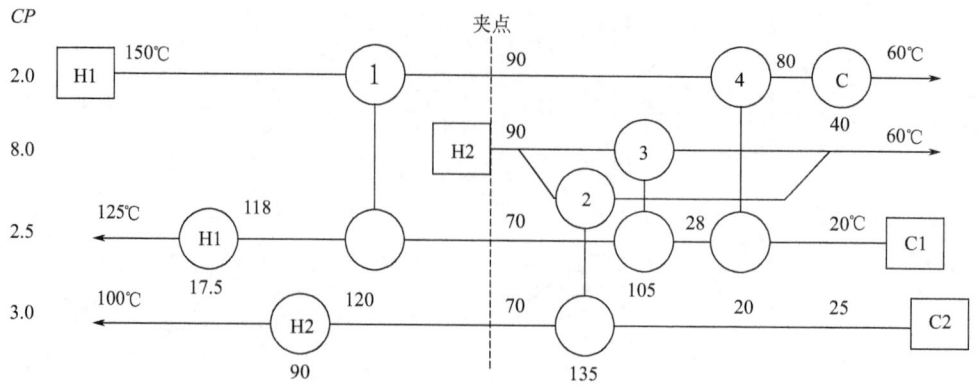

图 3-32 实例 3-1 换热网络结构

换热网络的总费用 C_t 由公用工程消耗费、换热器投资费和克服流体压降的流动㶲损费组成。

$$C_t = C_{hu} + C_{cu} + C_I + C_f \tag{3-11}$$

式中　C_{hu}——热公用工程消耗年费用，¥/a；

　　　C_{cu}——冷公用工程消耗年费用，¥/a；

　　　C_I——换热网络所有换热器（包括加热器和冷却器）的年投资费用，¥/a；

　　　C_f——流动㶲损年费用，¥/a。

从 T-H 图上可以看出，随着 ΔT_{min} 的减小，能耗费用逐渐降低，而投资费用则增大。二者之和即总费用曲线有一最小值，如图 3-33 所示。显然，最小总费用对应的夹点温差就是最优夹点温差 $\Delta T_{min,opt}$。C_t 与 ΔT_{min} 间的解析关系是难以找到的。总费用目标预优化（super-targeting）是一种简化的近似方法，设一个 ΔT_{min}，在不作网络匹配条件下，近似算出对应的 C_t，由此得到总费用曲线及最优夹点温差初值（忽略通过换热器的流动㶲损费）。

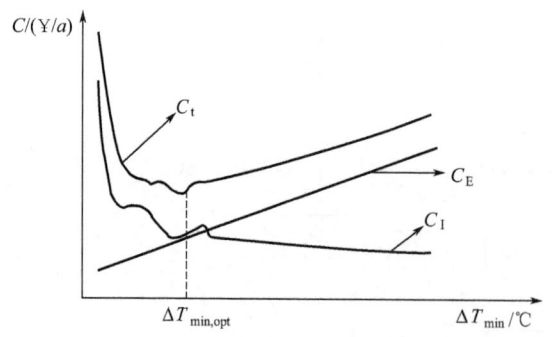

图 3-33 换热网络各费用随夹点温差变化

简化假设如下：

所有物流（包括公用工程物流）的传热膜系数为常数；

整个换热网络都采用纯逆流换热器，从而可保证所需换热器的传热面积最小；

每个换热器的传热面积相等。

估算换热网络投资费的主要步骤如下：

(1) 给定 ΔT_{min} 下的换热网络最小总传热面积估算

不合成出网络结构而估算整个网络所需总传热面积的思路，是将冷、热流复合线（包括公用工程）上每一相邻折点间所构成的换热区段 j（图 3-34）看作一个换热器，通过适当简化来求得每个区段的传热面积。即给定 ΔT_{min} 时的传热面积可按下式估算。

$$A_{min} = \sum_j \frac{1}{\Delta T_{lm,j}} \sum_i \frac{q_i}{h_i} \tag{3-12}$$

式中　A_{min}——换热网络的最小总传热面积，m^2；

　　　$\Delta T_{lm,j}$——j 区段的对数平均温差，K；

q_i——通过 j 区段的第 i 个物流所放出或需要的热量，W；

h_i——通过 j 区段的第 i 个物流的传热膜系数（包含污垢热阻），W/(m²·K)。

上述每个物流的传热膜系数 h_i（包括污垢热阻在内）可根据经验选取。

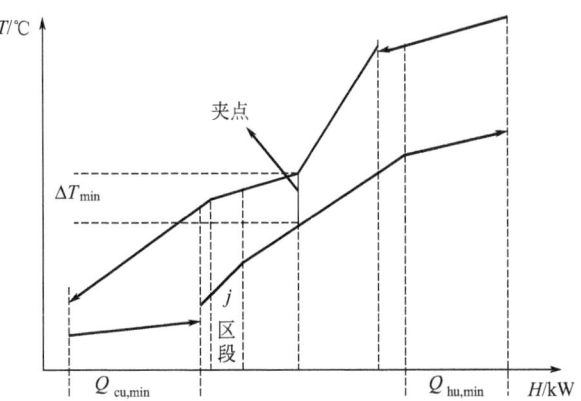

图 3-34 估算网络总传热面积的区段划分

（2）换热网络投资费估算

求出换热网络最小总传热面积后，需求出每个换热器的传热面积和投资，因为整个换热网络不可能是一个换热器。那么，应该有多少个换热器呢？前述的最少换热单元数 U_{min} 计算方法和纯逆流换热假设为换热网络投资费的估算打下了基础。

一台换热器的一次投资费（包括安装费）I 与面积 A 的关系可表示如下。

$$I = aA^b + c \tag{3-13}$$

式中，a，b，c 为与换热器形式有关的常数。网络的投资费用则还同换热单元数有关。分别求出热阱和热源部分的最少换热单元数。总换热单元数为两部分单元数之和：

$$U_{min} = U_{min,sink} + U_{min,source} \tag{3-14}$$

换热网络的最小总投资 I_{min} 估算关系式如下。

$$I_{min} = U_{min} \left[a \left(\frac{A_{min}}{U_{min}} \right)^b + c \right] \tag{3-15}$$

在求得换热网络的总投资后，按下式便可求出除流动㶲损费外的网络总费用：

$$C_t = 3600N(Q_{hu,min} + Q_{cu,min}) + (\beta + \beta_m) I_{min} \tag{3-16}$$

式中 N——年操作小时数，h；

β——换热器一次投资折旧率；

β_m——换热器年维修费占一次投资比例。

$Q_{hu,min}$、$Q_{cu,min}$ 可用解题表格法计算，在 ΔT_{min} 的一定搜索范围内进行直接搜索，即可求得最优夹点温差初值 $\Delta T_{min,opt}^0$。

实例 3-3 某原油常压蒸馏装置的工艺物流及公用工程数据如表 3-43 所示。

表 3-43 工艺物流及公用工程数据

物流名	初始温度/℃	目标温度/℃	热负荷/kW	CP/(kW/℃)	传热膜系数/[W/(m²·K)]
常二中	306	231	1095		500
常一中	227	168	1011		500
常渣	342	151	12778		500
常二线	267	60	1524		500

续表

物流名	初始温度/℃	目标温度/℃	热负荷/kW	CP/(kW/℃)	传热膜系数/[W/(m²·K)]
常一线	188	50	988		500
常顶油气	119	40	5599		400
脱前原油	40	135	7211		500
脱后原油	122	200	6688		550
蒸底油	195	359	15548		600
冷却水	30	40			800

经济数据如下：加热炉燃料 391¥/(kW·a)；冷却水 206¥/(kW·a)

换热器投资费估算公式 $I=4950A^{0.75}$（¥）；$\beta+\beta_m=20\%$

由上述总费用目标预优化方法得出的 $\Delta T^0_{min,opt}=5℃$。

这样，用夹点技术合成换热网络结构的步骤如下。

用 supertargeting（总费用目标预优化）预测最优夹点温差 $\Delta T_{min,opt}$。

以 $\Delta T_{min,opt}$ 为夹点温差，借助有关软件求出夹点和对应的最小公用工程。

在夹点处将网络分为上、下两个子网络。

运用前述夹点设计法，分别进行夹点上、下两个子网络的冷、热流匹配。

两个子网络相加，形成总体网络。

由于在用 supertargeting 求最优夹点温差过程中作了几个简化假设、且不考虑流动㶲损（压降）费和换热单元的优化，故所得到的 $\Delta T_{min,opt}$（国内学者称之为最优夹点温差初值 $\Delta T^0_{min,opt}$）并非真正的最优夹点温差，真正的 $\Delta T_{min,opt}$ 应该大于 $\Delta T^0_{min,opt}$。国内学者在夹点技术基础上提出了同时考虑流动㶲损、强化传热的换热网络合成技术思路，具体在下文中介绍。

3.4.2.2 过程系统能量的夹点技术

夹点分析法用"洋葱模型"描述过程系统的总体结构（图 3-35）：最内层是反应子系统，其次为分离子系统，第三层为换热网络，最外层为公用工程子系统。夹点分析实质上是以换热网络设计的夹点技术为核心进行过程系统能量集成，要点如下。

1. 总复合线

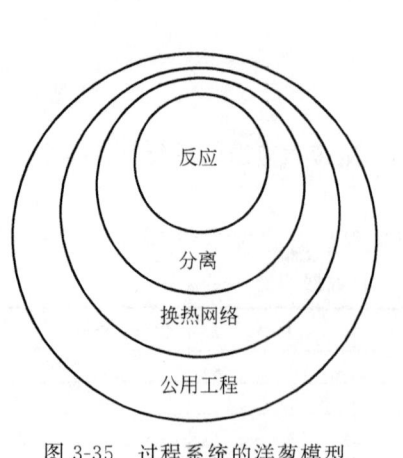

图 3-35 过程系统的洋葱模型

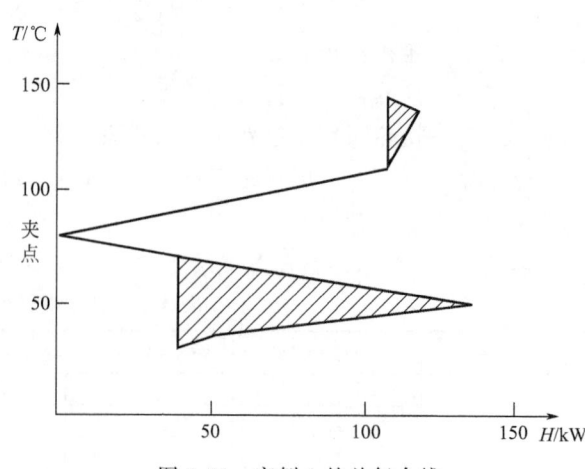

图 3-36 实例 1 的总复合线

总复合线是表示换热网络热量平衡关系的另一种方法。它也是画在 T-H 图上的折线。它的涵义是各温度段冷、热流热量相平衡后净需要（阱）或富裕（源）的热负荷；如图 3-36 所示。可见，夹点处净热负荷为零，夹点之上为净热阱子系统；夹点之下为净热源子系统。图中阴影区域表示子系统内源、阱匹配平衡的温位区域。总复合线图可以很容易地由冷、热流匹配图作出。

2. 应用总复合线解决多水平公用工程问题

根据㶲经济学原理，㶲在经济上是等价的但在能量方面则不等价。不同能级公用工程有不同的价格，如 3.5MPa 的蒸汽价格显然高于 1.0MPa 蒸汽价格。而总复合线图上示出的热阱多是变温的。因此，当有几种不同能级（水平）公用工程可选择时，便存在各等级的公用工程用量优化问题。应用上述总复合线，便可以尽量采用较便宜的公用工程。以图 3-37 夹点上部为例，其所需的总热公用工程负荷为 10000kW，可采用两种温位的蒸汽，高温蒸汽 4000kW，低温位蒸汽 6000kW。这样，就在两种蒸汽负荷衔接处形成了一个新的"公用工程夹点"。从图 3-37 还可以看到，温位 2 就是低温蒸汽的最低能级，因该公用工程线已与总复合线相碰而形成一新的公用工程夹点。至于低温蒸汽究竟取何温位，就是投资和能耗费用的权衡问题了。

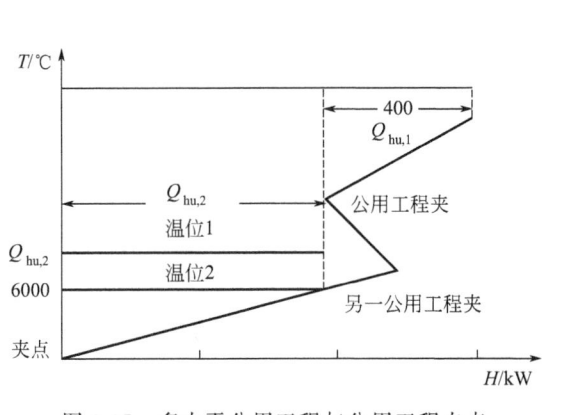

图 3-37 多水平公用工程与公用工程夹点

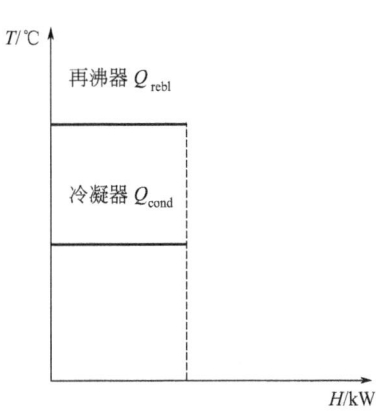

图 3-38 精馏塔的 T-H

3. 适当布置原理

过程工业用能主要是热能，电能（机械能）所占比例相对较小，如炼油过程电热比约为 1:9，这就为过程工业中热电联产提供了良好的基础。精馏塔、热机（透平、燃气轮机）和热泵是过程工业中能量利用和能量转换的重要设备，适当布置原理就是对精馏塔、热机和热泵同换热网络之间的匹配衔接关系做优化安排的指导原则。

（1）精馏塔的适当布置

简单精馏塔（一个进料，塔顶、塔底出料，塔底设再沸器、塔顶设冷凝器），当进出料热负荷相对较小、可以忽略时，在 T-H 图上表示为图 3-38。夹点分析法的适当布置原理对精馏塔的表述为：精馏塔应置于夹点一侧，即其再沸器和冷凝器要么都在夹点以上（热阱）、要么都在夹点以下（热源），这样，精馏塔的引入便不会额外增加系统的公用工程消耗；否则，如果精馏塔的再沸器位于热阱侧、冷凝器位于热源侧，将会给所在的过程系统增加相当于再沸器热负荷的热公用工程消耗和相当于冷凝器热负荷的冷公用工程消耗量，如图 3-39 所示。

（2）热机的适当布置

过程工业企业中的汽轮发电机组或燃气轮机均属于热机。热机的适当布置表述为：热机应

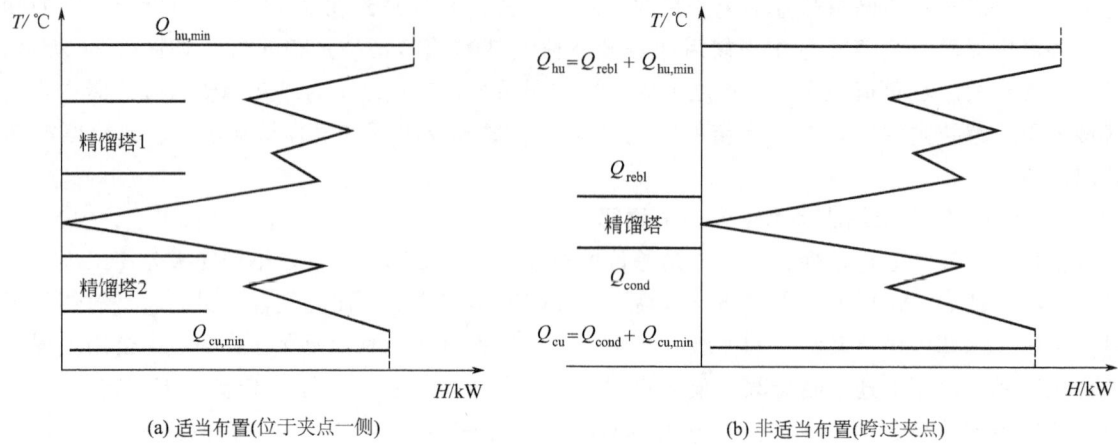

(a) 适当布置(位于夹点一侧)　　　　　　　(b) 非适当布置(跨过夹点)

图 3-39　精馏塔的适当布置示意

置于夹点一侧。即：要么从热公用工程系统中吸收高温位热能，作功后排出的较低品位热能（背压汽或燃气轮机排气）作为工艺物流加热介质或工艺物流，如图 3-40（a）所示；要么从夹点之下的工艺物流中回收热量部分用于作功后排出的较低温位热能再次利用或排入环境，而不增加冷公用工程负荷，如图 3-40（b）所示。这实际上就是利用了温位差（佣耗）来推动分馏过程或作功。当冷、热公用工程的传热温差，即温位差过大时，适当布置是提高系统用能效率的重要手段。而如图 3-41 所示的就不是适当布置，它用低于工艺夹点温度的热机余热加热工艺物流，结果最终还要增加冷公用工程负荷，问题的症结是通过夹点传递了热量。

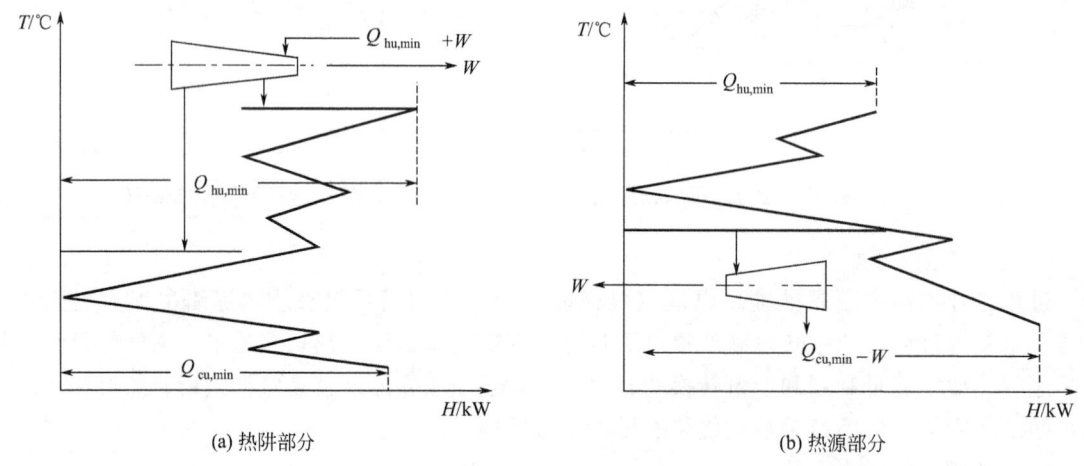

(a) 热阱部分　　　　　　　　　　　　(b) 热源部分

图 3-40　热机的适当布置

（3）热泵的适当布置

适当布置原理对热泵的表述为：热泵应该跨过夹点，即：从夹点以下吸收工艺过程的过剩热量，通过热泵将其温位提高到夹点以上，供夹点以上工艺物流加热用，这样便同时了冷、热公用工程的消耗量，如图 3-42（a）所示；否则，不但不能减少公用工程耗量，反而会增加动力（压缩式热泵）或冷却水（吸收式热泵）消耗。图 3-42（b）就是这样的情况（压缩式热泵）。再例如，用 3.5MPa 蒸汽驱动背压透平将经塔顶冷凝器后的丙烷蒸汽压缩作为塔底再沸器上升蒸汽，排出的 0.5MPa 背压汽作为脱丙烷塔、脱乙烷塔与/或脱异丁烷塔再沸器热源的方案，透平本身就跨越了夹点，丙烯塔热泵又位于夹点以下，都不是适当布置。所以方案在经济上和用能效率上都是不尽合理的。排出的 0.5MPa 背压汽因使用不当而放空，就更不合理。

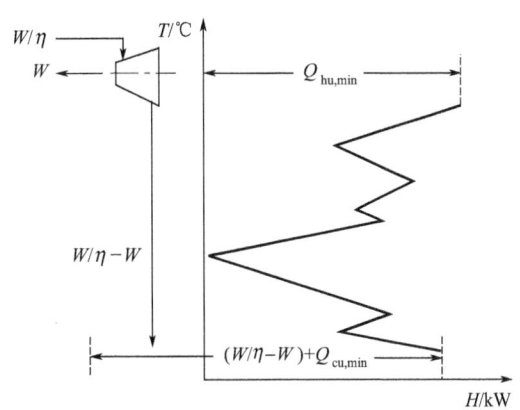

热泵的适当布置原则并非必须遵循，如某个热源的气相工艺物流冷凝温度接近或略低于环境温度而需使用制冷机时，便可考虑采用压缩式热泵将其升压、提高冷凝温度，而采用冷却水使其冷凝，这样的热泵就比采用冷冻机经济、但是在夹点以下。

图 3-41 热机的不适当布置
（跨越夹点，η 为热机本身作功效率）

4. 加减规则

加减原理（Plus/Minus rule）是夹点分析（技术）中的换热网络结构调优技术。它是在反映初始工况的冷、热复合线 T-H 图上，通过增加或减少代表冷热物流的线段的操作降低公用工程消耗的一种形象化的方法。其基本原则是：①增加夹点之上可利用的热源，使热流复合线向右延伸，如图 3-43（a）所示；②减少夹点之上冷物流（热阱）需要加热的负荷，使冷流复合线向左回缩，如图 3-43（b）所示；③增加夹点之下冷物流需要加热的负荷（热阱），使热流复合线向左延伸，如图 3-43（c）所示；④减少夹点之下热源的热负荷，使热流复合线向右回缩，如图 3-43（d）所示。

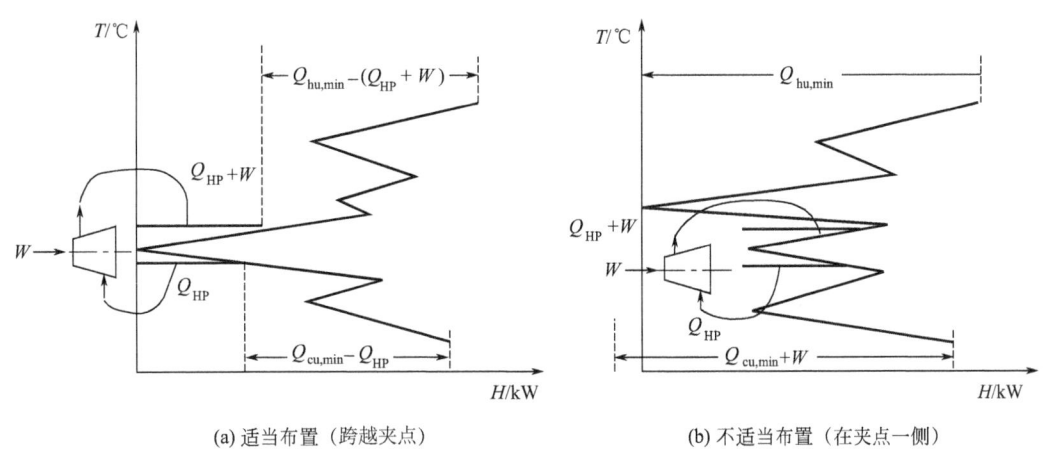

(a) 适当布置（跨越夹点）　　　　　　　(b) 不适当布置（在夹点一侧）

图 3-42 热泵的适当布置与不适当布置

5. 全厂能量综合设计

20 世纪 90 年代中以前，夹点分析法主要以局部子系统（如换热网络、分馏塔网络、蒸汽动力系统等）和单个工艺装置为研究对象。90 年代中后期，夹点分析法进一步推广到由多个工艺装置、蒸汽动力系统及外界供入低压蒸汽（如大型发电厂的 1.0MPa 背压汽）、电等构成的全厂性能量综合设计（total site）。

一个现代化的大型炼油厂、石化厂中的工艺装置（如乙烯装置）往往和全厂的多个系统联结，除了背压蒸汽外还有几种公用工程与别的装置有关联。工厂内各装置单独改进收率、节能、扩建可以增加效益，但如果与工厂公用工程系统合理匹配则可获更大效益。例如在节能改

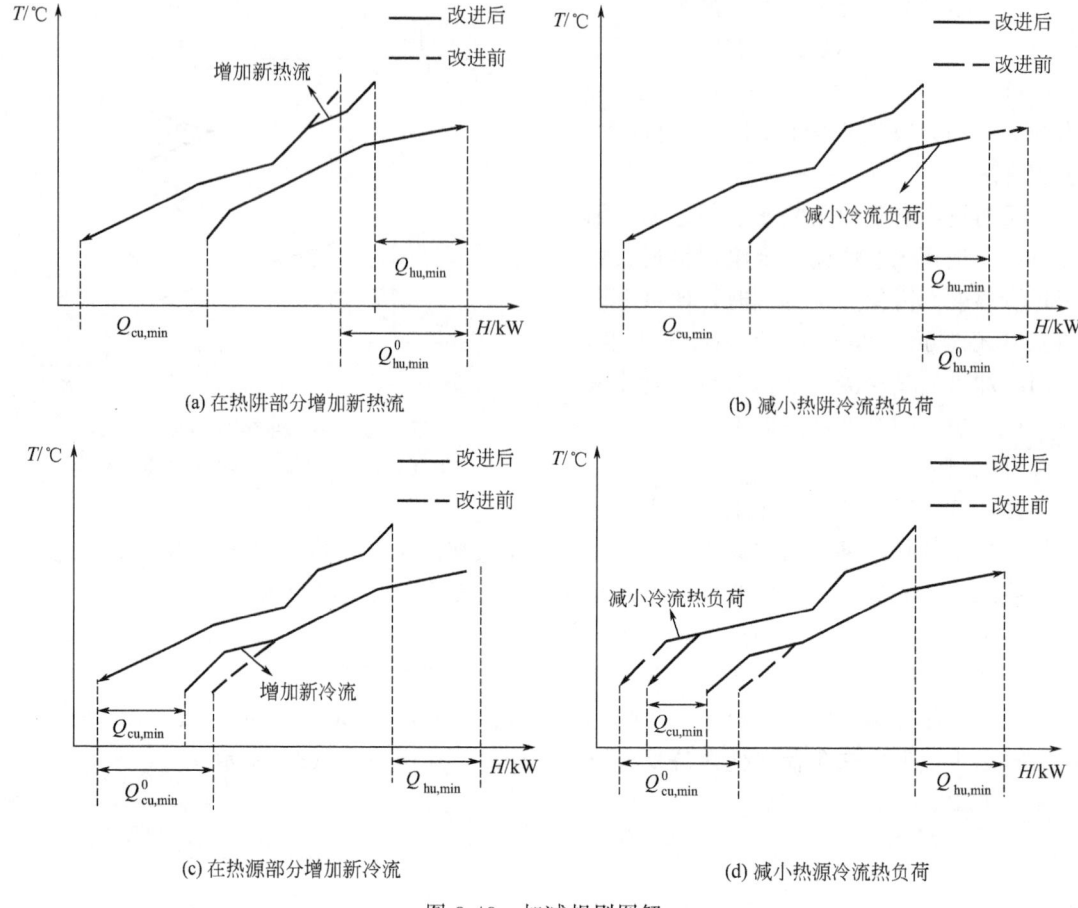

图 3-43 加减规则图解

造项目中大幅度降低工艺装置蒸汽需求时,可能使厂内蒸汽动力系统用大量蒸汽凝汽发电而导致发电成本增加(特别是对炼油厂的燃油产汽发电而言)、从而降低全厂的经济效益。夹点分析采用全厂性的总复合线(即包括全部有关工艺装置、蒸汽动力系统在内的总复合线),应用上述适当布置原则、加减规则进行全厂能量综合设计、改造,以确保所供公用工程的能级是优化的,这对冷、热公用工程都是合适的。图 3-44 是全厂能量综合设计的程序框图。

应用上述全厂能量综合设计思路对某乙烯厂进行节能改造,所提出的改造方案投资 330 万镑、年效益 260 万镑,比单纯从工艺装置优化的角度提出的方案的年效益多约 80 万镑。

3.4.2.3 夹点分析

夹点分析(PA)作为过程能量综合研究与应用领域的一个重要发展,在化工过程设计、开发和节能改造方面取得了广泛的应用。国际上一些著名的工程公司、石化企业通过采用夹点分析而获益。据称应用夹点分析已作了上千个工程研究项目。总体说来,PA 的主要优点如下。

① 从实际过程系统设计的需要出发,而不是从系统工程理论和概念的移植出发,因而,它是一个真正的面向工程实用的方法。

② 利用图论方法描述过程系统,这样使得系统简单明了。如用复合线、总复合线及网格图等描述和解决换热网络的优化合成和整个过程系统的能量集成问题。

③ 强调工程人员对问题和目标的理解。所有的决定由设计师自己而不是由他不能理解的

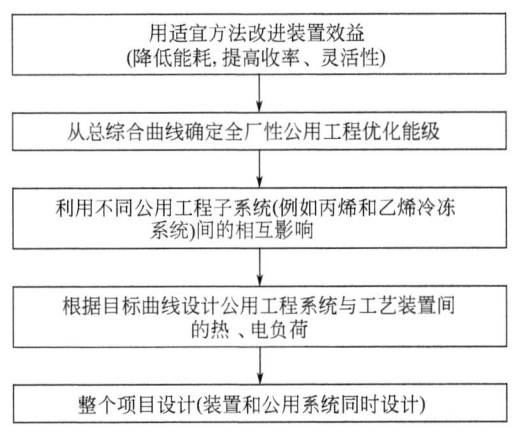

图 3-44　全厂能量综合设计逻辑

计算机程序作出。工程师始终了解所发生的事情，并且处于主动状态。

④ 夹点分析法的概念、方法和应用步骤简单、精炼、易于学会，便于掌握。

然而，PA 也存在如下的问题和值得改进之处。

① 作为过程能量综合技术，它忽视了过程系统的核心环节（最重要的工艺核心部分）的能量综合，即反应和分离子系统的能量综合，在 PA 中，HEN 特别是其最小接近温差 ΔT_{min} 始终处于方法的中心地位；一旦初始 HEN 的 $\Delta T_{min,opt}$ 通过 "supertangeting" 确定下来，便被当做整个系统中所有各种能量供需匹配的唯一标准，这一点，在借助于 "总复合线" 进行各种 "适当布置" 调整过程中有充分反映。然而这是不对的，换热网络及其夹点（和相应的 ΔT_{min}）并不是过程系统的核心，它们只是处于第二位的子系统的一部分。这种主次关系的颠倒使得运用夹点分析不可能找到整个系统能量综合的真正最优结果。

② 夹点分析法说它是一个热力学方法，但它从不做定量的热力学分析，而仅仅用了一些粗略的、定性的概念和规则，尽管这在概念设计阶段中也能提供一些指导，但还很不够。因为以设计优化为目标的投资和能耗费用之间的权衡需要热力学和热经济学的定量运用。

③ 当夹点分析法强调工程师在设计过程中理解的重要性时，却严重忽视了最优化技术和计算机技术的运用。所采用的主要优化技术是求 $\Delta T_{min,opt}$ 即 "超目标"。但即使在这里，优化所采用的目标函数和约束条件也是值得推敲的。并且仅一个 supertargeting 对过程系统的设计优化是远远不够的。

④ 夹点分析法在过程能量综合中进行的所有匹配中，只采用一个判据 $\Delta T_{min,opt}$ 这是值得商榷的，甚至在某些情况下是错误的。因为 $\Delta T_{min,opt}$ 是网络的而不是每个换热器的特征参量；而且是在一定条件下得出的初始换热网络的特征参量，根本不能被当做为一般的热力学判据到处应用，一旦构成初始换热网络的各物流条件发生了变化，并且不管是外加的变化，还是按照夹点分析法进行 "适当布置"、"工艺改进"、"热机和热泵布置" 所造成的变化，原来的 $\Delta T_{min,opt}$ 就不再有意义，更不是最优，因而用初始网络的 $\Delta T_{min,opt}$ 做判据去改进网络结构，其实是一种自身的否定。其次，ΔT_{min} 是网络的接近温差，而不是各台换热器的接近温差，也不是传热温差，所以，它不能作为各台换热器优化匹配的尺度。这正是 "双温差" 改进建议提出的基础。

基于以上评述，可以说：夹点分析法对过程能量综合研究领域的发展做出了很大的贡献，特别上在概念设计阶段，有相当的参考价值。但不能进一步深入到基础设计阶段中来。也不能作为设计优化的主要方法。

3.4.3 㶲分析方法

本章概述部分已经指出,石油化工系统虽然以生产物料产品为目的,但石油化工系统是由多个单元过程借物料、能量、信息三种流联结而成的。况且,构成石油化工系统的各个单元过程,莫不是能量和质量的转换或传递过程。能量决不仅仅是在物流需要加压或升温时才用的。能量推动一切过程(运动和变化)的进行。因为从哲学意义上来说,能量就是运动和变化的量度。因此,石油化工设计师必须对能量的本质和用能过程的科学规律有一个基本的、正确的了解。

前已述及,能量有数量和质量两个属性。能量的质量(或品位)是由它的作功能力或它所具有的㶲(或称有效能)的多少来量度的。高温的热能具有的㶲多,品位高,低温的热能具有的㶲少,品位低。㶲推动一切过程的进行,并以自身的损耗为代价。本节将对此给以简要的、可用来指导设计工作的介绍。

㶲是在一定的环境状况下系统能对相关外界作出的最大有用功,是能量中能够无限转换的那一部分,它体现了热力学体系中能量的真正价值。㶲概念的引入对提高能量的利用效率起了十分重要的作用。20 世纪 70 年代世界范围能源危机的出现促使了节能研究的深入,作为研究能量、物质和它们之间相互作用规律的热力学分析方法得到了广泛的研究与应用。㶲分析(exergy analysis),又称热力学第二定律分析(second-law analysis),以热力学第一定律及热力学第二定律为理论基础科学地、全面地将能量的"质"与"量"二者有机结合起来,真正反映了能量的价值,克服了能量分析法的严重不足。随后发展起来的㶲经济学对用能过程的优化作出了重要贡献。直到现在,这个领域的研究开发工作,还在蓬勃开展、不断创新。

3.4.3.1 过程能量综合的理论基础

1. 热力学第一定律

热力学第一定律反映能量在传递和转换过程中数量保持守恒,在用能过程中的表达式为:

对封闭体系 $$\Delta U = Q + W \tag{3-17}$$

对于开口流动体系 $$\Delta H = Q + W \tag{3-18}$$

式中,U 为体系内能,H 为体系的焓,Q 为过程中体系放热,W 为体系对外所作的功。

其意义为:在能量体系的变化过程中,体系内能(或焓)的减少等于体系对外所作的功、放热的总和。第一定律的本质即能量守恒。

能量分析法以热力学第一定律为指导,以能量方程式为依据,从能量转换的数量关系来评价过程和装置在能量利用上的完善性,主要指标是第一定律效率即热效率。例如,在加热炉或分馏塔的能量平衡分析中,上述公式常表现为下列形式。

$$\Delta H_1 + Q_1 + W_1 = \Delta H_2 + Q_2 + W_2 \tag{3-19}$$

式中,下标 1 表示进入设备(体系),下标 2 表示离开。有时,上式右端还有一项代表损失。

2. 热力学第二定律

热力学第二定律指出了能量变质的规律,其经典表述为孤立体系的熵恒增大,即:

$$S = \Delta S + \Delta S \geqslant 0 \tag{3-20}$$

第二定律在用能过程中的表述式为式(3-20),它指出:能量中能够以功的形式而无限转换和传递的那一部分是有限度的;并由体系的状态和某一基准态所决定。

$$W_{有用} \leqslant (H - H_0) - T_0(S - S_0) \tag{3-21}$$

以上式中,"="号表示可逆过程,">"号和"<"号表示实际过程。

3. 基准态

经典热力学中,状态参数取值的基准态常是任意的。例如烃类及各种气体焓图的基准温度均各不相同。但在用能过程热力学分析中,基准态则有明确的概念和定义,即在人类生活的地球表面、具有无限大广延量(容积、质量、熵等)的环境中最稳定和普遍的存在形态,主要参数:$T_0=288K$,$P_0=1atm$,H_2O 为液态海水,CO_2 为大气中 CO_2,其分压为 0.0003atm。对各种元素和其他物质的基准态,包括相态和化学组成,目前已有公认的规定。如甲烷的物理基准态为 1atm、288K、气态;而其化学基准态,也就是元素 H 和 C 的基准态就是上述 CO_2 和水。在作设计方案的㶲分析时,了解基准态的规定是很重要的。当体系与环境达到热力学平衡时,体系的状态称为"寂态"。达到寂态,就是能量利用的限度。

4. 㶲、㷎、用能过程热力学基本方程

在认识了式 (3-20) 的基础上,可以定义两个热力学参数,"㶲"
$$E_x=(H-H_0)-T_0(S-S_0) \tag{3-22}$$
和"㷎"
$$A_N=T_0(S-S_0) \tag{3-23}$$
式中,H 为焓;S 为熵;下标"0"表示基准状态。

这样,对于所有用能过程,第二定律式 (3-21) 可以用㶲参数表示为
$$W \leqslant E_x \quad Q \geqslant A_N \tag{3-24}$$
即用能过程中可能作出的最大功等于体系的㶲 E_x,同时放出的最小热量等于体系的㷎 A_N(可逆条件下),而作功与放热的总和不论条件是否可逆都等于体系的能量 E,即:
$$E=(H-H_0)=E_x+A_N \tag{3-25}$$
它的涵义是:由于环境和熵函数的存在,能量中只有一部分(㶲)是可以无限转换的和可以推动过程进行的;另一部分(㷎)只能表现为同环境交换的热量。理解这一点,对用能设计是极为重要的。

㶲 E_x 与能量 E 比值称为"能级系数"ε:
$$\varepsilon=E_x/E \tag{3-26}$$

5. 㶲的分类和计算

(1) 㶲的分类

㶲和能量一样包含和体现各种运动形式,在不存在核、磁、电以及表面张力变化的前提下,在一般的石油化工过程中,主要涉及:a. 基于物理状态变化的能量和㶲,称为物理能和物理㶲,主要包括热㶲、压㶲、动能㶲、位能㶲,后三者也常合称为"流动㶲",其强度量分别为温度 T、压力 P、速度 W 和高度 Z;b. 基于化学状态变化的能量和㶲,称化学能和化学㶲。主要因化学组成不同于基准物或者因浓度不同于基准态浓度而致,其强度量为化学位 μ。流动体系的总㶲为物理㶲、化学㶲之和。

(2) 㶲的计算

根据㶲的定义,可推导出各种能量所对应㶲的计算公式。

功㶲 功与㶲等效,即
$$E_x=W \tag{3-27}$$

热㶲 传递的热量 Q,具有的㶲为:$E_x=(1-\dfrac{T_0}{T})Q$ \hfill (3-28)

物流的物理㶲 任何物流的物理㶲均可借式 (3-22) 计算,式中,H、S 和 H_0、S_0 分别为该物流在给定状态和物理基准态下的焓和熵。将描述物流性质的热力学关系式代入,便可得

出具体的算式。例如，不可压缩液体的压㶲算式为

$$E_{xp} = V(P - P_0) \tag{3-29}$$

理想气体的压㶲则为

$$E_{xp} = RT_0 \ln \frac{P}{P_0} \tag{3-30}$$

水蒸气的㶲则可从水蒸气物性表中查出给定状态和物理基准态下的 H、S 值，由式（3-22）计算得到。

物流的化学㶲 是由物系组成不同于环境或者由浓度不同于基准浓度而具有的作功能力。无论是物系的化学组成不同于基准态（例如物系为 NH_3，而基准态是空气中的氮气和海水），还是虽然物系的化学组成与基准态相同但浓度不同（例如富氧空气），都可以在变化到寂态的过程中作功。化学电池和浓差电池是这两类作功方式的典型设备。

NH_3 的化学㶲可由 1atm、288K 下 NH_3 和其基准态物质的 H、S 值，或偏摩尔等压位值算出。为了计算上的方便，有关文献还专门列出各种纯物质的化学㶲，称为标准化学㶲或标准㶲（standard exergy）。

当物系为混合物时，可先计算纯物质的化学㶲，再加上混合过程的㶲变化。由热力学原理可推得混合物化学㶲的计算公式：

$$e_x = \sum x_i e_{xi}^0 + \sum x_i \ln \gamma_i x_i \tag{3-31}$$

式中 e_{xi}^0——物质 i 的标准㶲（即纯物质的化学㶲）；

x_i——混合物中组分 i 的摩尔分率；

γ_i——混合物中组分 i 的活度系数，对于理想溶液 $\gamma_i = 1$。

式中末项为负，表明混合是不可逆过程。

(3) 热㶲的图示

从式（3-30）可见，热㶲的大小取决于其温度 T。比较式（3-28）和式（3-26），可见，对热㶲来说，能级系数就是温度的函数：

$$\varepsilon = \left(1 - \frac{T_0}{T}\right) \tag{3-32}$$

可以看出，等号的右端就是卡诺因子。如果某一热流是温度的函数，则在 $\varepsilon = (1 - T/T_0)$ 和 Q 坐标下，式（3-26）中 E_x 的值等于坐标图中 $Q = f(\varepsilon)$ 曲线下的面积。图 3-45 表明了当热量 Q 由热流 h 传给冷流 c 时，热量虽然守恒（$q_h = q_c$），但因温差不可逆引起的㶲损耗（$D_K = E_{xh} - E_{xc}$）等于 ε_h 和 ε_c 两曲线间的面积，传热过程的㶲效率为 $\eta_x = E_{xc}/E_{xh}$。

ε-Q 图是非常有用的直观的㶲分析工具。例如，在图 3-46 示出的催化裂化装置烟气热量回收发生蒸汽过程 ε-Q 图中，ε_1 代表发生中压蒸汽，ε_2 代表发生低压蒸汽。显然，同样的热量，发生中压蒸汽㶲损耗要小得多，得到回收的㶲则多得多。

6. 热力学㶲差与过程㶲损耗

对一个由许多单元过程构成的过程系统，如果其目标是由状态 1 的原料生产状态 2 的产品，则

$$D_T = E_{x2} - E_{x1} \tag{3-33}$$

称为过程系统的"热力学㶲差"，也称"理想功"。即当构成它的所有单元过程都是理想的可逆过程时，只要付出或消耗 $D_S = D_T$ 的㶲便可完成生产任务。实际上所有单元过程都是不可逆的，整个过程系统的㶲损耗：

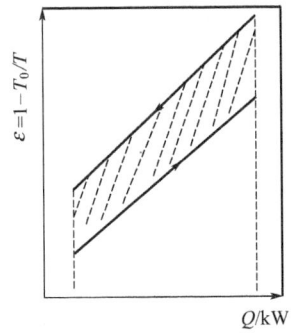
图 3-45 传热过程㶲传递和㶲损耗

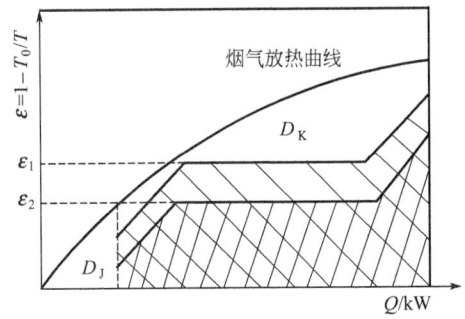
图 3-46 烟气能量回收的能级-热量（ε-Q）图
（点斜线部分为回收有效㶲）

$$D_K = \sum_i D_{Ki} \tag{3-34}$$

也称为"损耗功"。则实际㶲耗为

$$D_S = D_T + D_K \tag{3-35}$$

㶲分析可以准确算出所有各单元过程㶲损耗。

7. 㶲损和熵增

第二定律指出，在理想的用能过程中，孤立体系的总熵不变，因而，体系的总㶲也保持恒定，即无㶲损。而在实际用能过程中，总熵增大，能量守恒而总㶲减少。表示过程的不可逆程度的指标有：熵增与㶲损，两者反映了同一实质，其相互关系由 Gouy-Stodola 方程给出。

$$D_K = T_0 \Delta S_{\text{iso}} \tag{3-36}$$

式中，D_K 为㶲损耗，ΔS_{iso} 为总熵增。

3.4.3.2 过程㶲分析的本质

1. 单元设备的㶲分析

由于过程不可逆性引起的㶲损耗，进出控制系统的㶲流是不平衡的。如图 3-47 所示，对组元 j，除存在物料、能量平衡外，还可写出㶲分析式。

物料平衡 $\quad \sum_i \dot{m}_{\text{in},i} - \sum_i \dot{m}_{\text{out},i} = 0 \tag{3-37}$

能量平衡 $\quad \sum_i \dot{E}_{\text{in},i} - \sum_i \dot{E}_{\text{out},i} = 0 \tag{3-38}$

㶲平衡 $\quad \sum_i \dot{E}x_{\text{in},i} - \sum_i \dot{E}x_{\text{out},i} = D_{K,j} \tag{3-39}$

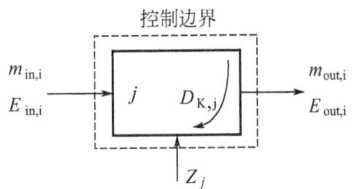
图 3-47 物料、能量及㶲平衡示意

迄今，设备的㶲损耗仍是在计算出所有出入方㶲流的基础上，通过式（3-39）计算得出的。当然，也可分段计算㶲损耗，以细致查明其所在，并由此获得减少它，即节能的途径。各种㶲流、各种设备㶲平衡计算的方法和步骤，可参阅有关文献。目前已开发了在物料流程模拟结果基础上进行㶲平衡计算的软件，可以很快得到㶲分析的结果。

设备的㶲分析可以帮助我们深刻揭示节能的潜力。例如，一般石油化工加热炉的第一定律效率可达 90% 左右。但㶲分析表明它们的㶲效率一般只有 40% 左右。图 3-48 是 1 台工业炉的 ε-Q 图㶲分析结果。

巨大的㶲损耗，是由：①燃烧过程不可逆化学反应；②高温火焰与冷空气的不可逆混合；

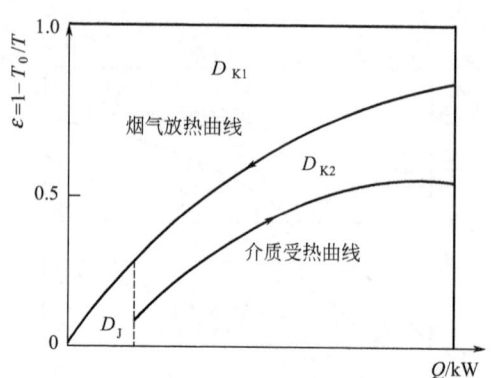

图 3-48 某工业炉燃烧加热过程㶲损分布
D_{K1}—燃烧与混合㶲损；D_{K2}—加热炉内传热㶲损；D_J—烟气排弃㶲

③高温烟气与被加热流体间的大温差不可逆传热，三部分构成的。由此指出了节能改进的途径：a. 用可逆的电化学过程（燃料电池）代替常规的不可逆燃烧；b. 高温空气预热燃烧技术减少混合㶲损耗；c. 采用前置燃气轮机，用较低温排气加热流体。虽然这些技术，有的正在开发，部分正在投入工业应用，但这些概念无疑会在设计过程中起重要的指导作用。

2. 过程系统的㶲分析

（1）过程系统的㶲平衡

与设备㶲平衡不同的是，由多个设备构成的系统，用能情况更为复杂；按照能量平衡规律，有多少能量供入系统就得有多少排出到相关外界或环境。排入环境的能量，例如，通过空冷器和水冷却器排入大气的热量，排弃的污水、废气带出的热量，高温设备表面辐射散失的热量等，并非都在环境温度下，即并非都是㶲。其中所含有的㶲，称为"排弃㶲"，记为 D_J。这样，式（3-35）变成为

$$D_S = D_T + D_K + D_J \tag{3-40}$$

过程系统㶲平衡是由单元设备㶲平衡加和而成。

（2）过程系统的㶲分析

过程系统的㶲分析是在单元设备㶲分析的基础上，按照过程系统三环节能量结构模型（详见前述）进行的。目前正在开发的软件（PEFSA）可以在物料流程模拟基础上直接获得系统㶲分析的结果。与能量分析不同的是，它详细给出了每个设备、每个环节的㶲损耗。从而可在分析比较中找到节能潜力和改进措施；并且可以对改进措施的合理性和科学性作出直观和准确的反映。随着研究开发的不断深入和信息技术的飞速发展，未来的某一时候，它可能成为石油化工设计优化的一个基本工具。

下面以某甲醛装置的㶲分析和用能优化改造实例来说明㶲分析的应用。

甲醛生产工艺采用电解银法，即通过甲醇氧化脱氢生产甲醛，图 3-49 为其工艺流程图。

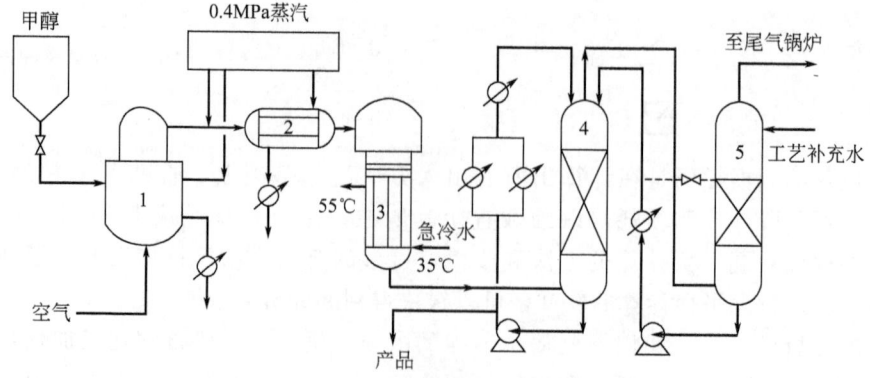

图 3-49 原装置工艺流程

1—蒸发器；2—过热器；3—反应器及急冷器；4—第一吸收塔；5—第二吸收塔

如何有效利用所产生的大量的反应热是装置节能降耗的关键。图 3-50 为原流程冷热流匹配㶲分析图。

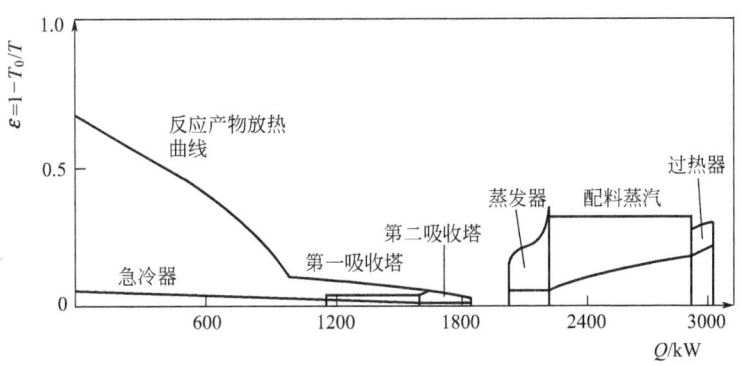

图 3-50 甲醛装置原流程㶲分析

甲醛装置用能总体评价表明：在现有的工艺条件下，放热反应所释放出热力学㶲差在 657℃高温下转变为反应产物热㶲时所产生的㶲损（507kW）是难以避免的；转换和回收排弃㶲总量不多，其改进潜力不大。因此，主要的改进潜力在于反应产物从 657℃急冷降温直到常温的热㶲如何进一步利用，也就是目前大部为转换和回收环节传热过程（包括利用环节吸收塔内不可逆传热）的㶲损约 900kW 如何进一步降低，其详细分布见表 3-44。

表 3-44 甲醛装置㶲损耗和排弃㶲分布　　　　　　　　　　　单位：kW

环节	转换			利用		回收			合计
设备	蒸发器	过热器	机泵	反应器	吸收器	尾气锅炉	急冷器	冷却器	
㶲损耗(D_K)	66.7	18.7	34.0	507.6	59.4	590.7	358.0	30.6	1665.7
排弃㶲(D_J)	—	6.5	—	—	—	29（散热）	25	48.9	80.4

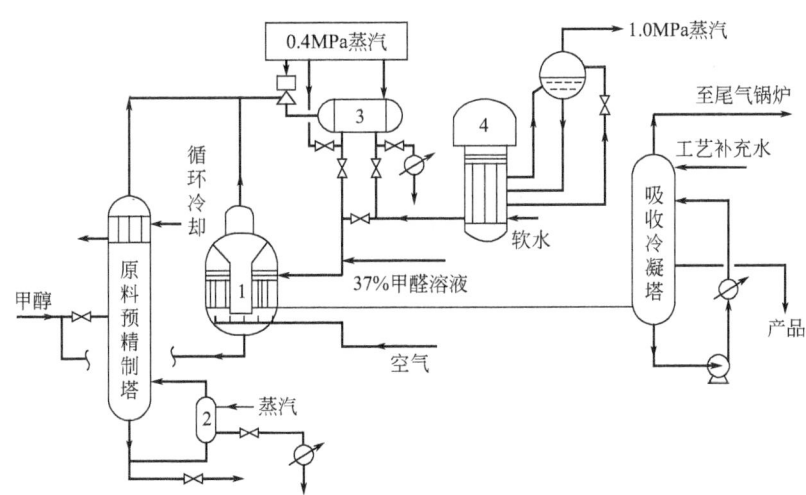

图 3-51 用能优化改造后甲醛装置工艺流程
1—中间再沸器；2—塔底再沸器；3—过热器；4—反应器及急冷塔

从图 3-51 及表 3-44 看出：传热温差大的地方，也是㶲损大的地方。装置㶲分析指出的改进潜力主要涉及以下工艺过程改进内容：a. 工艺总用㶲 241kW 中配料蒸汽 174kW，占 72%，有降低潜力；b. 重新考虑所有热源、热阱的匹配安排；c. 降低吸收过程的两级传热㶲损（包括利用、回收两环节的㶲损）。

具体改进措施包括：减少配料蒸汽；反应产物显热由加热 50℃ 左右的水改为发生 1.0MPa 蒸汽、低温潜热则用来加热水等；增设原料预精制塔，采用吸收冷凝塔新设备，并作能量集成。

用能优化改造后流程见图 3-50，图 3-51 为优化改造后甲醛装置㶲分析图。

比较图 3-50 和图 3-52 可以看出，优化改造后传热温差大大减小，㶲损耗大大降低，反应热㶲几乎全部得到了回收利用。结果，改造方案比原方案能耗降低了 48%。

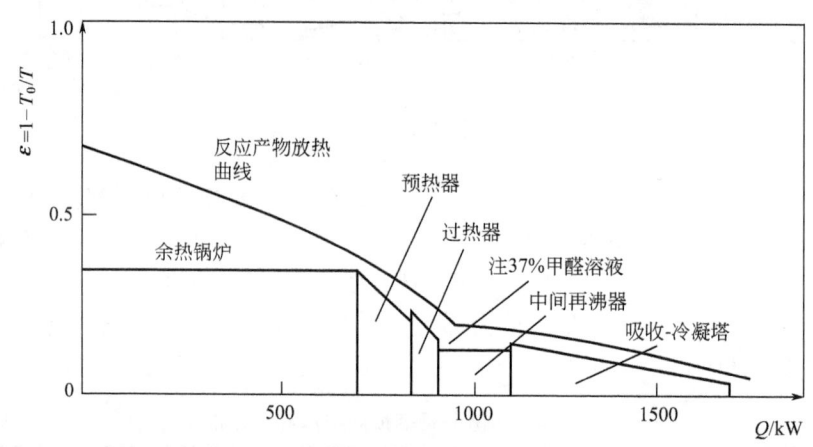

图 3-52 甲醛装置优化方案㶲分析

3. 过程用能的本质

图 3-53 给出了一个简单分馏塔节能改造的热㶲损耗变化图。其中图 3-53（1）为改造前典型分馏塔的用能及㶲损耗情况；图 3-53（2）为降低分馏塔回流比所带来的节能效果，外供入㶲减少，以此降低过程㶲损耗；图 3-53（3）则表示通过使用高效填料代替塔盘使得分离效率提高、全塔压降、温降减少，同时优化塔底再沸器及塔顶冷凝器以回收塔顶气相物流显热、潜热等所带来的节能效果，外供入㶲数量、能级同时降低，全塔㶲损耗减小。

对于一个精密分馏塔，进料和产品的热能所占比例很小而且大致平衡。塔的用能主要是：向再沸器供入大量高温热，再从塔顶冷凝冷却器以低温热排出（给冷却水）。从热力学上看，如果使精馏过程可逆进行，㶲损耗便似乎是可以避免的。但从动力学和经济学看来则不然，实际过程都是按照动力学规律进行的。以化工过程中最普遍的传热过程为例，任何换热器中的实际传热动力学方程为：

$$Q = KF\Delta T \tag{3-41}$$

或写成

$$q = \frac{Q}{F} = \frac{\Delta T}{K^{-1}} \tag{3-42}$$

即

$$传热速率 = \frac{传热推动力}{总传热阻力} \tag{3-43}$$

这是一个"现象方程"，质量传递、动量传递、化学反应过程也有类似的规律。

传热推动力是传热温差。所有过程的推动力都是相应强度量的差。热力学已证明了可逆过程必须是在无限小的强度量差下进行；强度量差愈大，不可逆性愈大，相应的㶲损耗也就愈大。从各种过程㶲损耗算式上也可看到：㶲损耗 D_K 实际上就是提供强度量差即提供过程推动力的本源。例如传热过程㶲损：

$$D_{KH}=QT_0(\frac{T_H-T_C}{T_H T_C}) \tag{3-44}$$

而过程推动力是使过程在一定速率下得以进行的条件。速率是单位时间、空间内传递（或反应）的量，它实际上反映着生产能力、劳动生产率和设备投资的大小。推动力及其本源㶲损耗则反映着能量的消耗和费用。因此通过现象方程所表示的动力学关系，可以进一步求得投资费用和能耗费用权衡的经济关系。

上述精馏过程也是一样，热㶲损耗实际上提供了浓度差推动力，从而得到一定的传质速率，才能用比较紧凑的塔设备，比较少的投资，完成精馏过程。

因此，过程节能并不是一个单纯的技术问题，还要受到经济决策、管理、工艺、设备、操作控制等众多因素的制约，将它同热力学与经济学以及环境密切联系起来为能源的合理利用提供了必要的理论指导。

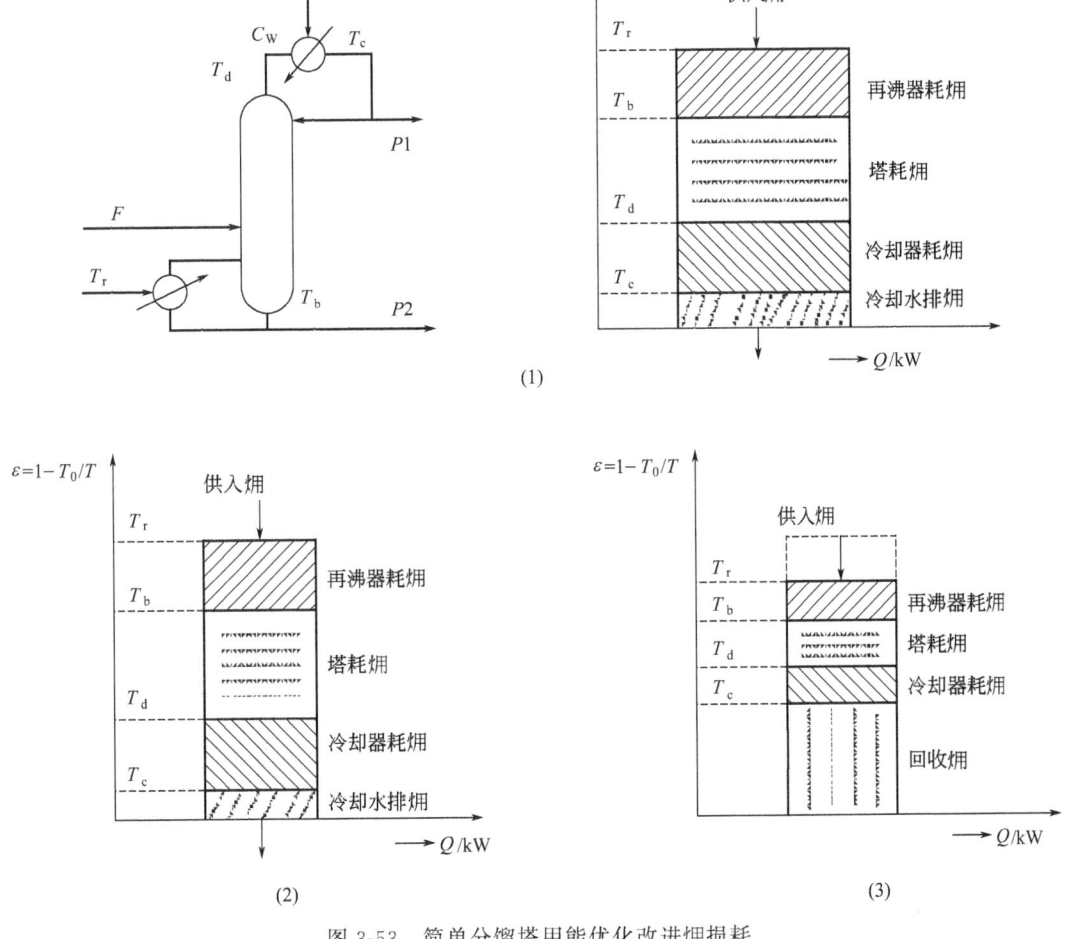

图 3-53　简单分馏塔用能优化改进㶲损耗

㶲分析以热力学第一、第二定律为指导，以㶲平衡式和损耗功基本方程式为依据，从能量的品位和㶲的利用程度来评价过程和装置在能量利用上的完善性，主要指标是㶲效率和损耗功。它不仅可以揭示由于"三废"、散热、散冷等引起的㶲损失以及工艺物流、能流所带走的㶲，而且能准确查明由于过程不可逆性引起的㶲损，并确认过程不可逆是能量损失的内在因素，指出能量利用热力学上的薄弱环节与正确的节能方向，这是对节能本质认识的重大突破。目前此方法已广泛应用于包括动力、能源以及过程等工业领域的用能分析与优化，以此要求工艺过程设计师熟悉掌握㶲分析方法，并广泛应用于各种过程设计中。

3.4.3.3 㶲经济学

类似于前述的传热过程，任何实际用能过程均存在以下现象方程：

$$\text{过程速率} = \frac{\text{推动力}}{\text{阻力}}$$

过程速率的大小决定着过程进行的设备、硬件系统的投资费用；推动力，即过程的热力学不可逆程度，与过程的㶲损耗互为单调增加关系（有时是线性关系），直接决定过程进行的能耗费用。

前已述及，㶲分析能指出单元设备与过程、局部子系统以及过程全局的㶲损耗大小，查明过程用能的薄弱环节，指出通过降低㶲损耗即不可逆性、提高热力学的完善性来实现节能改进的方向。但是，过程㶲损耗降低意味着推动力减少，相应的设备投资费用必将增加；这是否经济？或者说，㶲损耗降低的适宜尺度是什么？可逆过程是热力学上的极限情况，其㶲损耗和推动力均为零，但动力学方程指出，这需要无限大的设备或无限长的时间，在经济上不合理。显然，㶲分析不能回答这个问题。用能合理性的尺度必定包括经济性的考虑。任何过程的用能优化设计时，都必须考虑能耗费与设备投资费二者的权衡，并最终以最大的经济效益作为取舍指标。

设备费用的计算不成问题；能耗费用的计算，对于一个工厂一个装置，也不成问题；只要加和所用各种能量的费用便可。但对于一个局部子系统、一个单元过程和设备，问题就来了。因为此时进出子系统的能量常常不是容易计价的燃料或电，而是（譬如）各种温位的热量；如果只按热量的数量来计价，不问其品质如何，显然会导致错误的结论。㶲经济学便是为此应运而生的。

㶲经济学是热力学第二定律分析（㶲分析）与技术经济学相互结合而产生的一门新型交叉学科，其特点是依据㶲含量而赋予能量流一定的价值，结合价值平衡思想，估算能量在转换与传递过程中价值的变化，最终以经济效益为尺度科学地评价过程用能的热力学完善性及现实合理性。㶲经济学主要缘于以下几个方面的考虑：a. 能量的热力学不等价性；b. 㶲的经济学不等价性；c. 联产㶲流计价问题。㶲平衡方程与费用平衡方程构成了㶲经济学分析优化的基础。

(1) 能量的热力学不等价性

众所周知，能量在热力学上是不等价的，以热力学第一定律为基础的能量平衡和"能耗"计算中，"等焓等价"的原则，显然不合理，因其并未反映能量质的差别，因此也难以反映其价值的差别。由于㶲是能量中唯一能够作功和能够在变化过程中起推动作用的部分，所以应该按照㶲的含量来决定能量的价值，能量能级 ε 的高低确实能够反映其在工艺过程中的实用价值。

(2) 㶲的经济学不等价性

不同地点、不同形式的㶲在经济学上并非等价，以工业加热炉㶲流转换及价值变化为例。图 3-54 为从燃料化学㶲开始，经过加热炉转换为工艺物流热㶲过程中的损耗情况及其价值增值。

由图可见，由于加热炉中㶲流的转换存在㶲的损耗 D_K 和排弃 D_J，输出的有效热流㶲数量远小于燃料化学㶲。但是燃料的价值和成本必定全部转移到输出热流㶲中，加上炉子运行过程中的投资折旧和工资、管理等费用，致使单位热流㶲的价值将成倍地高于燃料化学㶲，并且因炉子的㶲效率的不同而不同。

㶲的经济学不等价性是由于㶲价不断因下列因素而变：

（A）转换、传输过程中的不可逆性造成的㶲损，因具体过程设备而不同；
（B）转换、传输过程中耗用的设备的价值也各不相同；
（C）转换、传输过程中耗用劳动也不尽相同。

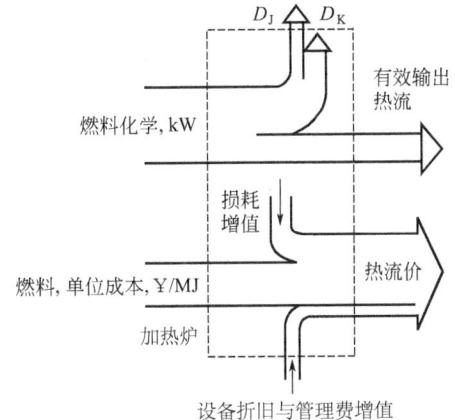

图 3-54　能量转换与传递过程中㶲流减少和成本增加示意

（3）费用平衡方程（Money Balance Equation）

工艺设计师所设计的任何工业过程均将实现所有的费用消耗向目的产品转移，即满足

$$\text{出方流总费用} = \text{入方流总费用} + \text{设备费用}$$

如图 3-55 所示的组元 j，结合进出㶲流的㶲价，可以写出以下费用平衡式。

$$\sum_e (c_e \dot{E}x_e)_j + c_{W,j} \dot{W}_j = c_{q,j} \dot{E}x_{q,j} + \sum_i (c_i \dot{E}x_i)_j + \dot{Z}_j \tag{3-45}$$

式中，c 为各自㶲流的㶲价；$\dot{Z}_j$ 为组元 j 的投资折旧费用。

费用平衡方程是连结系统中物流、㶲流及经济流的纽带，并构成了不同㶲流实际价值计算的前提。㶲经济学能定量地反映能量（㶲）流与经济流之间的关系，工艺设计师在进行有关能量转换和利用的过程或系统优化设计时，可以运用㶲经济费用平衡原理给能量（㶲）准确计价。

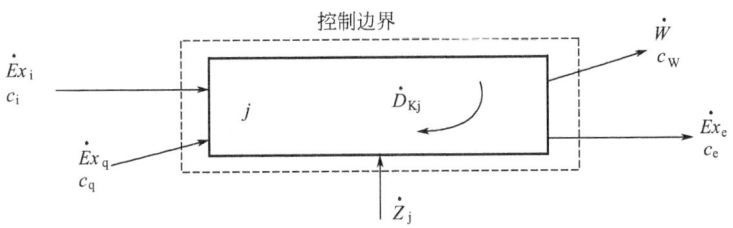

图 3-55　组元 j 㶲与费用平衡示意

(4) 联产㶲价计算

在能量转换和传递过程中，经常同时产生几种不同形式的能量（㶲），如热电联产装置同时供电、供热，空气分离装置同时提供几种不同纯度或不同压力的气体产品，在这种情况下，仅仅依靠费用平衡方程就不能同时确定联产的几种不同形式产品㶲流的价格。为解决面临的费用分摊难题，需要引入经济学附加条件。以图 3-56 所示的背压透平汽电联产为例，附加条件的确定有以下几种方法：

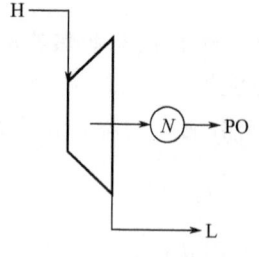

图 3-56 蒸汽背压示意

① 提取法：即认为发电是唯一目的，因而背压蒸汽的㶲价与高压蒸汽㶲价相同，透平的折旧、操作费等均由电价承担。

$$c_L = c_H \tag{3-46}$$

$$c_S = c_H \frac{E_{xH} - E_{xL}}{E_{xS}} + \frac{C_T}{E_{xS}} \tag{3-47}$$

式中，c 为㶲单价；C 为投资折旧及操作等费用；E_x 为㶲，L 为低压蒸汽；H 为高压蒸汽；S 为轴功或电；T 为透平。

② 均值法：低压蒸汽和电都是所需要的目的产品，㶲价相等，透平折旧等费用由两者分摊。

$$c_L = c_S \tag{3-48}$$

$$c_L = c_S = \frac{E_{xH} c_H + C_T}{E_{xL} + E_{xS}} \tag{3-49}$$

③ 副产电法：目的产品只是低压蒸汽，电为副产。这时 c_L 可由低压锅炉的工艺条件来定，电价则由 c_L 和 c_H 决定。

$$c_L = \frac{c_F}{\eta_{xLB}} + \frac{C_{LB}}{E_{xLB}} \tag{3-50}$$

$$c_S = \frac{c_H E_{xH} - c_L E_{xL}}{E_{xS}} + \frac{C_T}{E_{xS}} \tag{3-51}$$

式中，η_x 为㶲效率，F 为燃料，下标 LB 为低压锅炉。

④ 副产蒸汽法：目的产品是电，低压蒸汽是副产。此时，电价 c_S 由凝汽透平的条件来定，或者按外购价，c_L 则由 c_H 和 c_S 来定。

设计中采用那一种方法应根据具体设计对象的特点及要求而定。

(5) 㶲经济优化

㶲平衡与费用平衡方程构成了㶲经济学分析优化的基础。优化目标函数的㶲经济化，可兼顾能量利用的经济性和合理性，亦即通过能耗费用与设备投资费用的权衡，可以使得总费用最小。图 3-57 示出了管径和保温厚度㶲经济优化关系。

单元设备与过程的节能优化设计是工艺设计师在石油化工设计中经常遇到及必须解决的问题。如前所述，使用"㶲"而非"能量"作为优化目标中能耗费项计算的基准对于得到真正的优化方案极为重要，例如，单台换热器的优化、流体输送管径及保温厚度的优化等。㶲经济学的发展突破了常规热力学的束缚，与工程实际的联系更加紧密，特别是在工艺过程设计中的广泛应用使得用能过程能同时达到热力学与经济学两方面的目标，取得显著的用能经济效益与社会效益。表 3-45 给出了一个某芳烃分离装置㶲经济优化产生的效益比较。

表 3-45　某芳烃分离装置㶲经济优化与传统优化比较

方案内容	原设计	传统设计	㶲经济优化	考虑传质强化的㶲经济优化	
传质元件	浮阀	浮阀	浮阀	CY 丝网填料	BX 丝网填料
R/R_{min}	3.94	1.08	1.24	1.20	1.20
塔径/m	2.20	1.10	1.20	1.20	1.20
理论板数(填料高度/m)	63	126	105	(13.5)	(27)
年总费用/(万元/年)	148	58.9	37.1	28.5	31.1

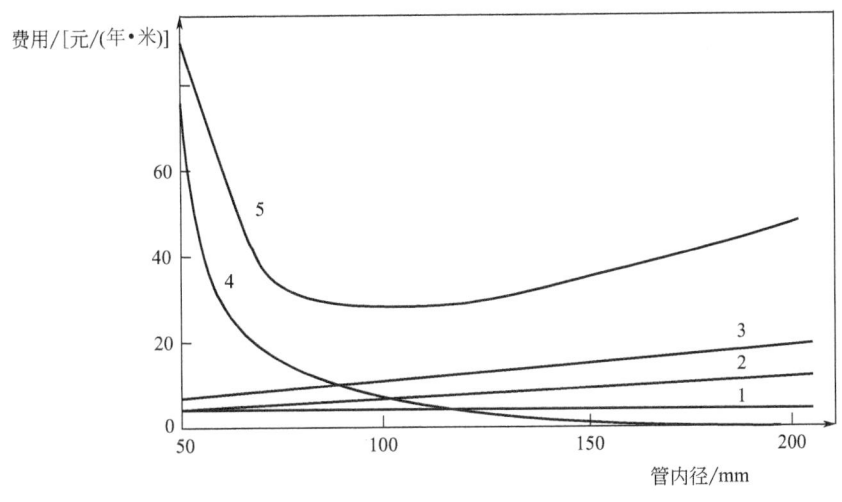

图 3-57　某热油品输送年费与管径的关系的㶲经济优化曲线
1—管线保温费用；2—管线费用；3—散热㶲损费用；4—摩擦损失费用；5—总费用

3.4.4　三环节能量综合策略方法及应用

传统的观念只是按照物料变化的线索来认识、描述系统的结构。随着能源问题日益突出，以及对能量是过程推动力这一普遍原理的揭示，按能量变化的线索来认识过程系统，揭示其结构关系，便成了研究、设计过程系统的一个重要手段。不同生产目的的石油化工过程，其物料流程千差万别，难有共性，但能量在任何石油化工过程中的演变却是有一定规律可循的。至今，石油化工设计师主要重视物料流程的工艺设计，而对所设计过程的能量综合利用考虑不够。过程能量综合是在一定的物料流程基础上，追随系统中能量流演化过程，在单元设备、局部子系统和系统全局三个层次上，通过能耗费与设备费的权衡，得到全局费用最优的流程结构和运行参数。前面介绍的换热网络综合的夹点技术以及分离序列综合等均属于子系统的能量集成。广泛研究及在设计中广泛采用的系统过程能量集成方法有：夹点分析和三环节方法。

随着信息技术的飞速发展，过程系统优化领域的研究开发工作也在蓬勃开展、不断创新，这对石油化工设计师提出更高的要求。首先必须对能量在过程中演变的共性规律有一个全面的、正确的了解，特别是能掌握并在实际设计中广泛运用过程能量综合优化的思想和方法，以提高我国的石油化工设计水平，推动我国的石油化工设计从经验走向科学。

3.4.4.1　过程系统的能量结构

1. 工艺过程用能特点

常用的石油化工工艺流程图是以物料流为主线的系统结构，而研究能量集成就需要从能量流的角度描述系统，大部分由一定原料生产一定产品的石油化工过程直接利用的能量形式主要有两种：热能和流动能。热能使物料达到工艺所要求的温度及提供吸热反应所需要的焓差；流动能，由流体的动能、位能和压力能构成，主要使物流通过一定的驱动设备达到一定的压力或高度。石油化工工艺过程总用能之中，热能占绝大多数，与流动能之比大约为9∶1。不过，热能和流动能都是难以贮存和远距离传输的。所以需要一个能量转换的环节。

石油化工工艺过程用能的另一特点是所用的热能温位分布相当广泛，这给热能的多次利用提供了机会。

2. 能量在过程中的演化

外界供入工艺装置的能源，大部分是燃料化学能、电能及水蒸气。锅炉、加热炉、电炉、燃气轮机、电动机、蒸汽透平、泵、压缩机、蒸汽加热器等，虽然是分属不同类型的单元设备，但其共同的功能都是把燃料化学能、电能、蒸汽等转换为热能或流动能提供给工艺过程使用。

由于能量守恒，进入工艺过程的热能和流动能，在推动各种单元过程进行时数量不变，但质量降低。除了进入产品那部分能量外，那些"利用"过的能量或通过各种换热器、蒸汽发生器、膨胀机、水力透平、冷却器、空冷器等设备回收利用或通过各种形式排入环境。

上述能量在过程系统中转换、利用、回收和排出的演化线索，具有普遍性。

3. 过程系统能量结构模型

在夹点分析中提出的"洋葱模型"实际上就是对过程系统能量结构的一种粗略的描述。三环节模型按照能量在系统中的功能将系统划分为三个环节，给出了严格、定量的过程系统能量流结构的拓扑关系，见图3-58。从能量的利用原理和能流演化角度，可以清楚看出整个过程

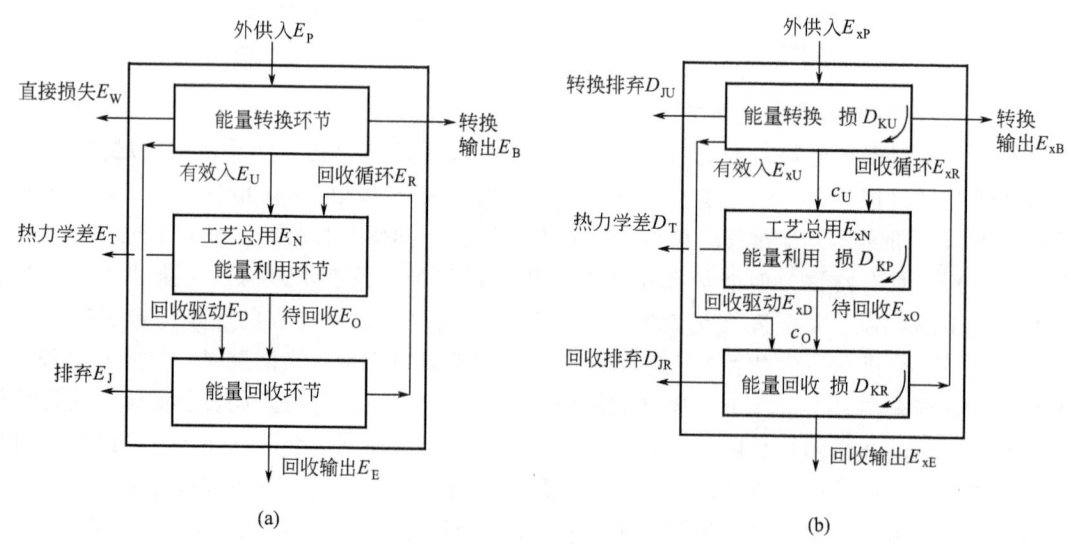

图 3-58 三环节模型示意

系统由能量转换、能量利用和能量回收三个环节（子系统）构成。图3-59则为一个简单分馏过程的物料流程和能量流程图。

过程系统三环节结构模型总体概括了过程系统的能量结构。在这个结构框架下，可以分层次对单元设备、局部子系统、系统全局的用能状况和经济合理性进行严格的描述、计算和剖

析,其目的在于能准确指出存在问题的症结以及改进的潜力与方向。根据第二节所介绍的用能原理和关联式,可以导出整个系统及各个环节的能量平衡式与㶲平衡式。表3-46为三环节模型的基本要点、三个层次的数学关系以及评价指标。

对于整个系统,出入系统的能流数值相等而质量降低,即㶲发生损耗,其能量平衡式为

$$E_P = E_T + E_B + E_W + E_J + E_E \tag{3-52}$$

㶲平衡式为

$$E_{xP} = D_T + E_{xB} + E_{xE} + D_{KU} + D_{KP} + D_{KR} + D_{JU} + D_{JR} \tag{3-53}$$

能量结构的揭示使得石油化工设计师能够按照环节分别分析和评价过程系统用能的合理性,并提出切实的用能改进措施。

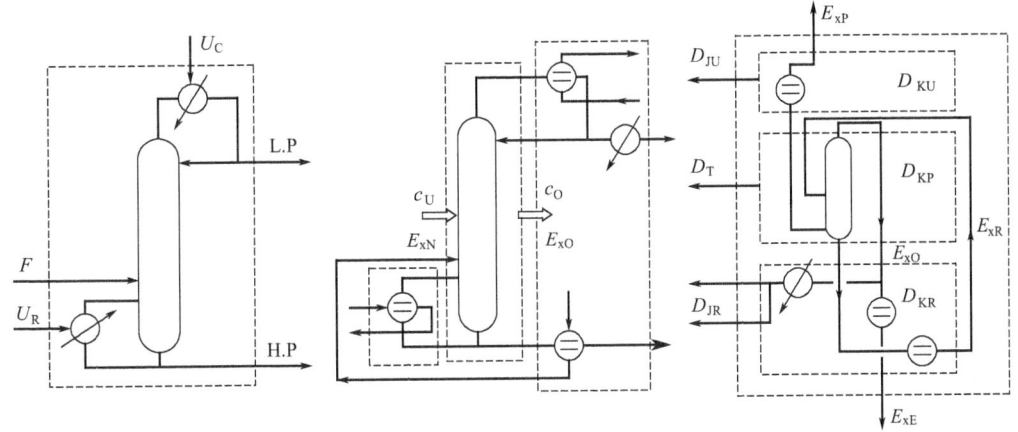

图 3-59 一个简单分馏过程的物料流程(左、中)和能量流程(右)

表 3-46 三环节能量结构模型要点

环节		能量利用	能量回收	能量转换
功能		原料到产品工艺变化	能量回收利用和排出	能量形式转换和传输
单元设备		反应、各种分离	换热、冷却、能量升级	炉、机泵、热机等
能量形式		热、流动、蒸汽	热、流动	化学、电、热、蒸汽
能量	平衡关系	$E_U + E_T = E_N = E_T + E_O$	$E_O + E_D = E_R + E_E + E_J$	$E_P = E_U + E_D + E_B + E_W$
	效能指标	$\eta_T = E_T / E_N$	$\eta_R = (E_R + E_E)/(E_O + E_D)$	$\eta_U = (E_U + E_D + E_B)/E_P$
㶲	平衡关系	$E_{xU} + E_{xR} = E_{xN}$ $E_{xN} = D_T + D_{KP} + E_{xO}$	$E_{xO} + E_{xD} = E_{xR} + E_{xE} + D_{KP} + D_{JR}$	$E_{xP} = E_{xU} + E_{xD} + D_{KU} + D_{JU}$
	效能指标	$\eta_{xT} = D_T / E_N; D_{KP} = \sum D_{KPj}$	$\eta_{xR} = 1 - (D_{KR} + D_{JR})/(E_{xO} + E_{xD})$	$\eta_{xU} = 1 - (D_{KU} + D_{JU})/E_{xP}$

3.4.4.2 过程系统的能量分析和㶲经济分析

1. 过程系统三环节能量分析

从过程系统能量结构可知,仅仅孤立地考虑每一单元过程的单项节能措施肯定不能达到整个系统节能的最优效果。例如,考虑一台泵的节能往往局限与提高转换效率的单项技术,但更大的节能常常是降低扬程和排量。不过这个考虑并不取决于泵本身,而是与此泵有关的利用或回收环节的系统安排。因此,几个环节的节能改进,更多的是相互关联、制约,需要从系统全局的角度统筹考虑。

过程能量分析就是在对整个系统的能量核查（也称能量审计 energy audit）的基础上，综合运用现有技术分析各单元和系统的能耗，发现系统的节能潜力并提出相应的改进措施。过程系统的用能分析评价主要是基于三环节能量结构进行的。首先，根据各单元设备的功能将其归于某个环节，然后，按单元设备、环节（子系统）、系统全局三个层次分别进行能量、㶲计算，得到各自的用能效率和㶲效率。对能量的工艺利用环节，主要是分析个单元工艺总用能 E_N 的合理性和影响全厂工艺总用能的因素；对能量的转换环节，主要评价其转换和传输效率 η_U；对能量的回收环节，主要分析各单元、各不同温位的物流的能量利用情况和流股匹配和合理性，主要指标为能量回收率 η_R；对整个系统，主要是分析能耗在整个工艺装置、各个辅助单元间的分布以及各种能耗在总能耗中所占的比例。我国石化部门制订了按照三环节能量结构进行过程能量分析的统一标准。根据能量分析，就可以评价整个系统的用能情况，找出改进方向，进行用能调优。

目前正在开发的将基于流程模拟软件（如 PRO/Ⅱ 或 ASPEN PLUS）的物料流程模拟结果直接转换为能量流程模拟的软件（PEFSA），可以快速获得系统㶲分析结果。能量、㶲计算过程的计算机化将极大促进能量分析、㶲分析技术在工程界的应用。

2. 过程系统三环节㶲经济分析

㶲经济学部分指出：㶲在经济学上是不等价的，不同来源的㶲其经济代价是不一样的。因此，单纯追求低能耗，即要求㶲损耗最小是不现实的，这会导致设备投资过高，总费用过大，反之单纯追求节省投资，会造成能耗费从而运行费用过高。因此，能量利用的合理性的最佳判据是投资和能耗总费用之和最小。对一个大系统总体评价时，可以由输入能源量计算能耗费用；但在评价某些单元过程或子系统时，时常无法直接计算能耗费用，此时作为推动力的㶲损耗的费用或成本，就必须通过㶲经济方法来计价。

过程系统㶲经济分析同样可以按照如图 3-58（b）所示的三环节过程系统㶲经济结构进行，各环节㶲经济平衡要点见表 3-47。通过各环节的㶲平衡和费用平衡来计算三个环节的节点㶲价。

表 3-47　三环节㶲经济平衡要点

环节	能量利用	能量回收	能量转换
㶲经济平衡式	$O_T = O_e + O_d = (c_{ui} E_{xNi} - c_{Oj} E_{xOj}) + \dot{Z}_P$	$c_{Oj} E_{xOj} = c_{Ui}(E_{xRi} + E_{xEi} - E_{xDi}) - \dot{Z}_R$	$c_{ui}(E_{xui} + E_{xDi} + E_{xBi}) = c_{Pi} E_{xPi} + \dot{Z}_U$

3.4.4.3　子系统㶲经济优化设计

1. 反应过程的能量综合优化

（1）改变反应工艺条件，降低工艺总用能

① 降低反应压力和吸热反应的温度　反应压力愈高，使反应物升压所需的泵和压缩机功耗愈大，特别是气相反应物的压缩功。借膨胀机或水力透平虽然可以回收压力能，但是投资高、回收率低，远不如降压操作效益好。例如烃类催化重整（芳构化）反应从 3MPa 降低到 1.5MPa，压缩机功耗可获适当降低。目前已有 <1MPa 的新工艺。石油馏分的加氢裂化和加氢精制反应，也有类似改进。关键是开发新的、适用于低压操作的催化剂。

甲醇法制醋酸原本是在 230～350℃，5～7MPa 下（硼系催化剂）进行的，经过 BASF 和 Monsanto 公司等几次改进，成功地在 175℃、2.8MPa 下实现高收率（99%）转化，工艺总用能成倍降低。

对吸热反应,温度降低后,反应热的数量即使不变或增加,因供热温位降低,耗用的㶲也将大大减少;原来需用燃料加热的,可用回收的低温热取代,因而同样有巨大的节能效果。

② 提高转化率和产率,减少副反应　通过开发新的催化剂来提高反应的转化率和产率,减少副反应,也有降低工艺总用能的效果。因为对单位最终产品来说,不仅反应用能减少,而且下游分离、提纯耗能也会降低。例如鲁姆斯公司采用低活性、高选择的催化剂使乙苯的转化率提高到70%苯乙烯选择性提高到95%,使苯烯的能耗从传统工艺的27.9GJ/t,降低到10.0GJ/t,降低了64%,所用蒸汽90%可自给。

③ 反应物相态、浓度的优选　许多反应是在溶液中进行的,反应工艺总用能中有很大一部分是用于溶剂的升压、升温,并且反应物中溶剂的分离、回收耗能甚多。因而,适当改变工艺条件,提高反应物在溶液中的浓度,或者避免使用溶剂,将会有很大的节能效果。

例如,粗对苯二甲酸(PTA)的加氢精制反应是在约280℃、6.8MPa氢分压下的水溶液中进行的,此时PTA在溶液中的浓度为20%。适当提高温度和压力(295℃、7.1MPa),PTA在溶液中的浓度可以增加到23%;对单位PTA产品来说,水的升温升压用能减少了16.3%,而因P、T条件改变增加的工艺总用能则不到6%。再如聚丙烯本体聚合与传统的溶液法比较,不仅能耗减少3/4,而且设备投资也节省60%左右。

④ 反应工艺方法、工艺路线的优选　不同的工艺方法路线,工艺总用能可能相差很多。许多情况下,主要区别在反应条件和催化剂;例如由丁烷制丁二烯。也有些情况下,工艺方法的不同在于惰性组分,例如,银法甲醇氧化制甲醛,用分离了甲醛后的尾水蒸汽,不仅可以降低工艺总用能,而且还有利于提高产品甲醛的浓度。

⑤ 优化原料循环量　若干有化学变化的二次加工过程的工艺总用能E_{NH},在受反应原料的循环量(例如催化裂化的回炼比,延迟焦化的循环比)和反应物中某一组分的分压比(如加氢精制中的氢油比)影响很大。未反应物在循环中重复降温和升温使ENH增加。催化裂化回炼比每增加0.1,E_{NH}将增加50MJ/t进料。当然,这部分E_{NH}基本上可在稍低的温位回收利用,但也形成了㶲损。

减少回炼比、氢油比以降低E_{NH}的措施涉及一系列技术问题,如改进催化剂的性能,优化反应工艺条件以提高单程转化率;或者在同样的单程转化率下,采用部分排出未反应物料的操作方案;而这又涉及装置的处理能力、产品收率及分布等一系列经济效果问题,需要通过技术经济优化来找到最优条件。设计师的任务是:在掌握各种工艺及其关键参数关联的基础上,进行不同方案的技术经济对比,选出物料、能量和投资、环境等综合经济效果最好的方案。利用计算机软件进行工艺核心环节㶲经济优化设计的技术正在研究开发中,2010年左右可能投入使用。

(2) 反应供、取热方案的优化

对许多反应过程所做的热力学分析表明,因化学反应的不可逆性而导致的㶲损耗,常常只占整个反应器㶲损耗的小部分;而大部分㶲损耗常是反应器中的不可逆传热所引起的。因此,降低反应过程㶲损耗的关键在于深入剖析反应器内的传热过程,并加以优化。

① 传热温差的优化　恒温放热反应要靠取热维持反应温度。取热介质同反应物的温差越大,㶲损耗就越大。减小温差会使传热面积相应增加,可由投资和㶲回收效益的权衡确定优化设计点。馏分油流化催化裂化装置中的再生器烧焦温度700℃左右,目前再生器内取热盘管多半用于发生4MPa中压饱和蒸汽(250℃),传热温差高达400℃。如果改为发生7~10MPa高压蒸汽,则可将减少的㶲损耗转化为功。

合成氨反应器内过程更杂，其中既有催化剂填充床绝热反应段，又有同冷原料气换热的准恒温反应段和直接换热的急冷降温段，由于反应压力很高，反应器投资大，内部空间很宝贵，因此反应器优化设计是传热温差（㶲损）-传热面积和催化装填体积（投资）-净氨值（转化率）的三维权衡过程和结果。

② 传热方式的优选　无论放热或吸热反应，供、取热可分为直接、间接两种。

直接传热是在冷原料和热的反应中间产物或催化剂之间进行的。其优点是在分子级或微粒表面直接传热，不需专门的换热设备投资，且传热速度高、需要空间小。缺点是只能顺流传热，传热温差及㶲损耗大、温度效率低（图 3-60）。当反应温度、压力很高，或反应物有强腐蚀性，需要贵重合金材料时，直接传热可能更经济。

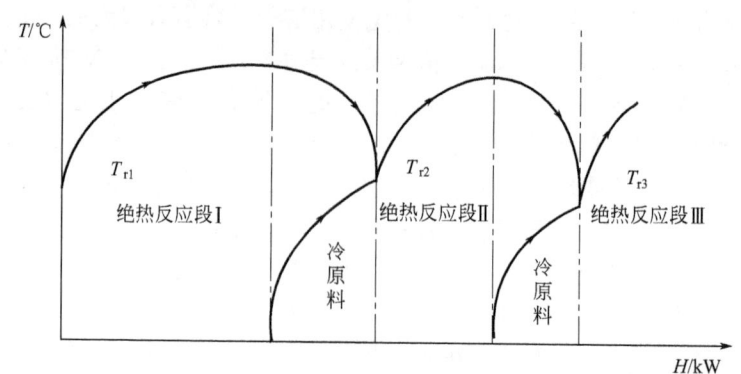

图 3-60　用冷原料分段直接混合取热的绝热放热反应 T-H 图

间接传热是采用取（供）热介质、通过传热表面换热，介质的种类和换热设备的型式依反应温度范围和反应器型式而多种多样。通过优化设计，可使传热㶲损尽可能减小。例如由邻二甲苯制苯酐，采用 370~400℃ 的熔盐在列管式固定床反应器中取热，然后用于发生 10MPa 高压蒸汽在背压或抽汽在背压或抽汽透平中发电，可使装置用电自给，并外输蒸汽 3t/t 苯酐。

可以采用新型反应器代替在本工艺中习用的传统型式，以使传热效率大大提高。这是设计师发挥创造性的一个重要阵地。

③ 放热反应温度选择　从能量利用角度来说，在满足反应速率要求的条件下，放热反应，特别是热效应较大的放热反应。温度越高越好。这虽然会增加反应物预热的工艺总用能。但是反应放热能级和㶲值的提高所获得效益更大。例如苯绝热硝化制硝基苯，在 0.4~0.45MPa 下，利用反应放热可使产物升温到 135℃，并使分离出硝基苯后的废酸经真空闪蒸蒸出水分，浓缩到 70% 循环使用，与传统的 60℃ 等温硝化工艺比较，既省去了排除反应热的冷却水，又节省了蒸浓废酸用的蒸汽。

(3) 减小反应过程的压降

许多反应物不完全转化的气相反应，在分离出产物后，反应物气体需用压缩机增压后循环使用。这时，系统压降对循环压缩机耗能起决定作用。反应器，特别是固定床反应器的压降，常占系统压降的相当大一部分。在保证与催化剂活性表面有足够接触时间的前提下，减小床层压降是节约压缩机能耗的重要手段；改轴向流为径向流为一种有效的方法。改固定床为流化床可能效果更佳。

(4) 间歇式反应过程节能

连续、稳定流动条件下流体的传热性能最好。间歇式反应多半在釜式反应器内间歇进行，并常伴有搅拌条件下的不稳定流动。在这种条件下,无论是夹套还是盘管,传热系数都很小,传热效率很低,并且,釜内反应过程中温度和其他参数常常是周期性变化的,这更为能量的合理利用带来了困难。

对于间歇式反应,下列几点可作为节能方案的制订导则。

① 如果有连续、间歇两种方案可供选择,尽量选择连续方案,以利节能。

② 即使反应必须间歇进行,也要尽可能把反应产物的分离、提纯变为连续过程。

③ 每釜的进料、出料过程,都可以安排为连续、稳定流动。充分利用这一操作条件进行热交换,是间歇反应过程的一个重要的节能机会。但须注意,进、出料操作时间常常较短,因而换热器的操作时间不长,会使投资回收期长。需由投资费用和节能效益的权衡来决定。

④ 搅拌节能。间歇反应过程常常在有搅拌的反应釜中进行。搅拌是使反应物均匀混合、充分接触,从而使反应完全、时间缩短的一种单元操作手段。搅拌消耗的机械功或泵、风机(液流循环或气流搅拌)的流动功有时相当可观、根据具体条件、合理设计搅拌方式及相应几何、操作参数,可以在满足搅拌效果要求下节省功耗和避免过度搅拌。

2. 分离过程的㶲经济优化设计

分离过程的途径有精馏、蒸发、干燥、结晶、萃取等。对不同的分离过程设备,优化设计思路有所区别。下面举例说明分馏设备和子系统的㶲经济优化设计思路。

(1) 简单精馏塔的优化设计

简单精馏塔是只有一个进料、一个塔顶产品和一个塔底产品的塔。它的优化设计主要包括两大问题:回流比 R——塔板数;N_T——分离精度;X 的三维权衡优化;全塔压降-分离元件选择(强化传质技术)-水力学条件优化。简单塔的分离精度、R、N_T 关系见图 3-61,可由模拟程序给出,在方案设计时可用吉利兰-恩德伍德法简算。

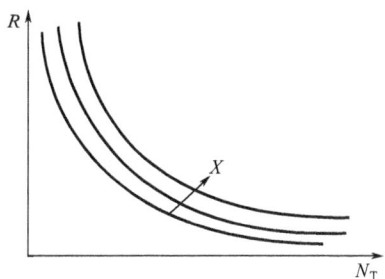

图 3-61 简单塔的 R-N_T-X（分离精度）关系

在一定分离精度和分离元件下,R、N_T 与年度化投资费 O_d 及年度化操作费(即能耗费)O_e 有一定关系。R 决定再沸器及冷凝器负荷,即决定塔内气、液相负荷和塔直径 D,也就是说同时影响能耗费 O_e 和设备费 O_d;而 N_T 则决定塔高度 H,即影响 O_d。塔的总投资费 I_T 由塔体、塔板两部分组成:

$$I_T = I_{tower} + I_{tray} = \Psi a\gamma\pi D\delta H + N_T A' M_T/\eta_T \tag{3-54}$$

$$O_d = (\beta_0 + \beta_m)I_T \tag{3-55}$$

式中,I_{tower} 为塔体投资费;I_{tray} 为塔板投资费;Ψ 为附加材料系数;a 为钢材单价;γ 为比重;δ 为厚度;A' 为钢材单价;M_T 为每板重;η_T 为板效率;β_0 为一次投资年折旧率;β_m 为年维修费占一次投资的比率。

考虑简单塔的优化设计时的空塔线速 $\bar{\omega}_0$ 按下式选取。

$$\bar{\omega}_0 = \frac{3600 V_G}{\frac{4}{\pi}D^2} \leqslant \bar{\omega}_{oa} \tag{3-56}$$

$$V_G = f(R), D = f(\omega_{oa}, R), H = H(N_T)$$

将模拟结果的 $R = f(N_T)$ 关系回归函数式引入可求得 $O_d = f(R, N_T)$ 关联式。

能耗费 O_e 在传统的优化设计时一般取下式：

$$O_e = C_s E_s + C_c G_c \tag{3-57}$$

式中，$E_s = f(R)$ 再沸器耗蒸汽量，$G_c = \varphi(R)$ 塔顶冷却水量，均为回流比的函数；C_s、C_c 分别为蒸汽和水的单价。

简单塔的总费用 $O = O_d + O_e$，令 $\dfrac{\partial O}{\partial R} = 0$，即可解出 R。文献一般认为 $R_{opt} \approx 1.1 \sim 1.2 R_{min}$。Malone 认为 O_d 主要取决于 R（塔径 D 而不是塔高 H）。

全塔压降-分离元件选择（强化传质技术）-水力学条件优化问题在弄清优化目标后再讨论。

（2）分馏塔能量综合的目标和实质

利用上述方法对某吸附分离装置中的 AD 分馏塔做优化设计，即如图 3-62 所示的 R-N_T 优化。在塔顶用水冷，塔底加热用 1.6MPa 蒸汽条件下，优化结果，最优回流比 $R_{opt} = 7.42$。若改用 1MPa 汽，塔顶热用来产生 1.1atm 蒸汽外供，则最优回流比 $R'_{opt} = 8.45$。由此可见：分馏塔的优化结果，与再沸器和冷凝器的能量利用安排有密切的关系。传统的优化，实际上是在某种随机状况下，包括再沸器和冷凝器在内的小系统而非分馏塔本身的优化。当大系统（多塔、多冷、热流集成系统）内部匹配优化安排时，再沸器和冷凝器存在着多种不同的选择和匹配可能。因此，澄清分馏塔自身优化的边界条件和与再沸器和冷凝器优化之间的关系，是十分必要的。

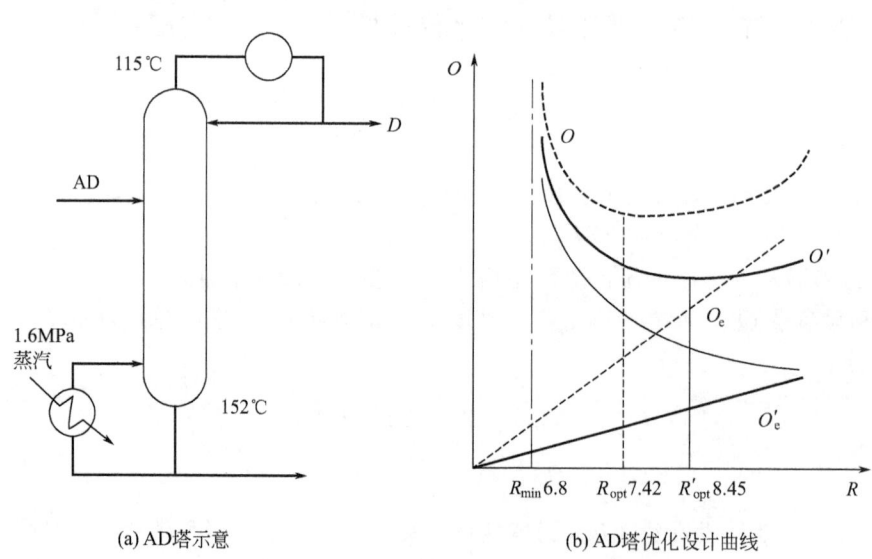

(a) AD塔示意　　(b) AD塔优化设计曲线

图 3-62　某吸附分离装置 AD 塔及其优化曲线

① 分馏塔在过程系统中的位置　无论单塔和塔系，都是在利用环节。塔系可看做利用环节内 j 个子单元，其间有局部流程安排问题（分离顺序、复杂塔、Petlyuk 塔等）。但所有的冷凝器都在回收环节；再沸器可在转换环节，可在回收环节。

② 分馏过程用能的本质　是用㶲、而不是用能（见图 3-65），其㶲耗

$$D_s = D_T + D_K \tag{3-58}$$

式中，D_T 为分离㶲，D_K 为过程㶲损耗，$D_K=f(Q,\Delta\varepsilon)$ 为在 ε-Q 图上塔底、塔顶线段间的面积。

分馏过程节能的途径 从 $D_K=f(Q,\Delta\varepsilon)$ 关系和利用环节的节能原则可知，分馏塔的节能途径有二：降低 E_{xN}（N 类措施）和减少 D_{KP}（K 类措施）。通过增加理论板数而降低再沸器负荷属 N 类措施，所有 $E_{xN}\downarrow$ 大多同时有 $D_{KP}\downarrow$ 效应；沸点相近、精密分离的 $R_{\min}$ 很大，降低 ΔP 便是降低 $\Delta\varepsilon$ 的 K 类措施。

③ **分馏塔能耗费用的正确估算** 欲求塔自身的真正优化，必须努力排除不同的再沸器、冷凝器条件干扰，三环节㶲经济学模型提供了㶲经济独立优化的可能。塔的能耗费应是塔内 D_T+D_{KP} 的费用，即简单塔的能耗（㶲耗）费。

$$O_e=\sum_i C_{ui}E_{xNi}-\sum_i C_{oi}E_{xoi} \tag{3-59}$$

C_{ui} 为塔釜物料自再沸器获得的热㶲单价，C_{oi} 为塔顶物流携往冷凝器的热㶲单价；当 C_{ui}、C_{oi} 合理确定，O_e 便不受另两环节随机条件干扰。而三环节㶲经济学方法可以证明，C_{ui}、C_{oi} 值的确定，建立在再沸器和冷凝器优化设计的基础上。由此可知，分馏塔的优化同再沸器和冷凝器的优化之间存在着相互协调、配合的关系。

(3) 分馏塔能量综合的内容

分馏是一个单元操作过程，简单分馏（二元物系）可在一个塔内完成，多元分馏需要不止一个塔或复杂塔，或一个塔网络。塔网络加上再沸器、冷凝器构成一个局部流程。这里的讨论是不包括再沸器和冷凝器考虑的分馏塔（系统）本身的问题。

① **回流比-塔板数-分离程度优化权衡** 简单塔的情形，前已述及。对复杂塔，每一个塔段都有同样的问题，可类如简单塔的方法处理。

② **降低全塔压降（采用新型塔板（多降液管筛板、导向浮阀）、高效填料等）** 由于蒸汽压-饱和温度存在制约关系，因而 $P_B-P_D=\Delta P$ 对 $\Delta T=T_B-T_D$ 影响很大，特别是 B、D 沸点相近时，ΔT 主要由 ΔP 决定。

R 一定，再沸器热负荷 Q 一定，直接影响能耗费的㶲损 D_{KS} 主要取决于 T_B-T_D。

$$D_{KS}=QT_0\left(\frac{1}{T_D}-\frac{1}{T_B}\right) \tag{3-60}$$

③ **传质强化——提高板效率和全塔效率** 采用新型塔板、新型填料及进行优化的水力学设计（塔板几何参数正确设计，塔板形式（即对不同 V/L）的合理选择，努力使操作点落在适宜区高效线上），减少实际板数，降低投资费 O_d。

④ **分离顺序优化** N 个组分混合物的分离方案组合为：

$$S_N=\frac{[2(N-1)]!}{N!(N-1)!} \tag{3-61}$$

被分离组分数 N 愈多，可能的分离顺序愈多 S_N。实际采用直观推断法，也称试探法（Heuristic Method）。对分离顺序选择的几个试探规则如下。

a. **相对挥发度规则** 相对挥发度 $\alpha\to 1$ 的组分应该在无关键组分塔分离。

b. **最轻组分规则** 最轻组分应该优先分离，即能够按组分轻重顺序逐一分离的顺序优先。

c. **最大含量组分规则** 进料中含量最多的组分应该尽量先分离出来。

d. **相近摩尔数规则** 能在塔顶、塔底近似等摩尔数切割的分离顺序优先。

⑤ **Petlyuk 塔（耦合塔）** 在一定分离顺序下两塔非常规（液相产品）联结，即或气相或液气双相联结形成耦合，是 Petlyuk 等 1965 年提出的，其节能机制是：避免组分在塔段内无

谓的重复冷凝-气化。图 3-63 为三组分分离的四种方案。

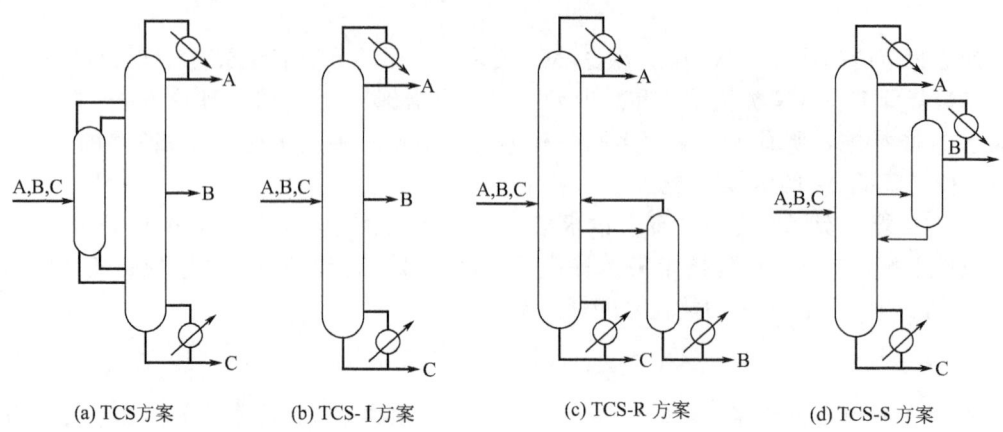

图 3-63　三组分 Petlyuk 塔（耦合塔）的四种方案

Petlyuk 塔的成功运用，可降低 20%～30% 的 O_e。耦合塔的应用实例主要有：炼油工业的侧线汽提、闪蒸塔，BASF 公司在化工装置中也有应用。耦合塔在运用时要根据分离对象物性、组成，选择适当方案。

⑥ 复杂塔　复杂塔是指一个或多个进料、除塔顶和塔底出料（产品）外还有一至数个侧线产品（出料）的分馏塔。复杂塔的节能机制为：某些产品从侧线抽出，避免无谓的重复冷凝气化。如图 3-64（b）中，产品 B 是一次冷凝。如果从塔顶出来再进入下一塔，则需两次气化-冷凝。

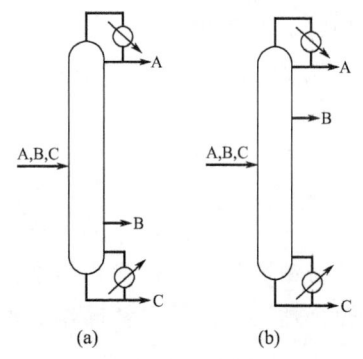

图 3-64　三组分复杂塔示意

⑦ 中间再沸器及中间冷凝器　中间再沸器位于塔底再沸器和进料段之间，用部分低温热代替塔底再沸器的高温热，降低 E_{xN} 和 D_{KP}；中间冷凝器位于塔顶冷凝器和进料段之间，是用高温取热取代部分低温取热，降低 D_{KP}。

采用中间再沸器和中间冷凝器后，由于中间再沸器以下及中间冷凝器以上塔段 R_j 降低，为了不降低分离程度有时需增加 N_T；同时，采用中间再沸器后，返塔板传热负荷增大，需增加一块传热板，采用中间冷凝器则需增加循环泵，且需增设管线、控制仪表等，存在三维权衡优化问题（图 3-65）。

这类措施的效益是借改变供取热品位而节省㶲耗，投资不一定增加，因 N_T 虽增但部分塔段 D 减小。

⑧ 改变塔压（塔压优选）　精馏塔的压力通常可在一定范围内变化，改变塔压的目的主要是希望能利用热工艺物流或较低品位的热公用工程作为其再沸器的热源，或使其冷凝器的热量能作为其他塔的再沸器热源或有利于加热工艺冷流（也可考虑作为采暖或吸收式制冷的热源），以节省公用工程的消耗或降低其品位。例如：塔顶冷凝温度 $T_c \approx T_0$ 时（环境温度），提高塔压以尽量用冷却水而避免用冷冻水。在对塔压进行优化时，要考虑工艺物流的腐蚀、分解温度、塔压改变时可能引起的材质及其价格变化等因素等，而操作压力的提高会降低相对挥发度，从而影响 R-N_T 权衡关系。

塔压优化虽然在分馏塔网络综合中也须先行考虑，但更多是在与另两环节协调中改变。

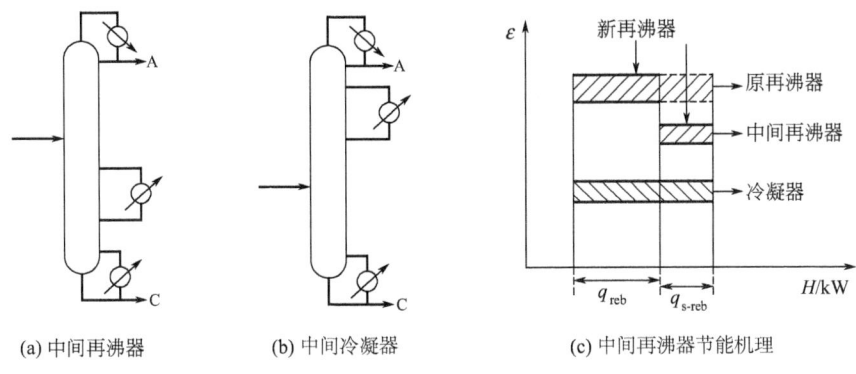

(a) 中间再沸器　　(b) 中间冷凝器　　(c) 中间再沸器节能机理

图 3-65　中间再沸器、中间冷凝器及其节能机理

⑨ 多效塔　多效塔与多效蒸发类似,是将高压塔的塔顶冷凝潜热作为低压塔的再沸器热源,有双效、三效等,多效塔是改变塔压措施的一个具体特例,图 3-66 是双效塔及其 ε-H 图。

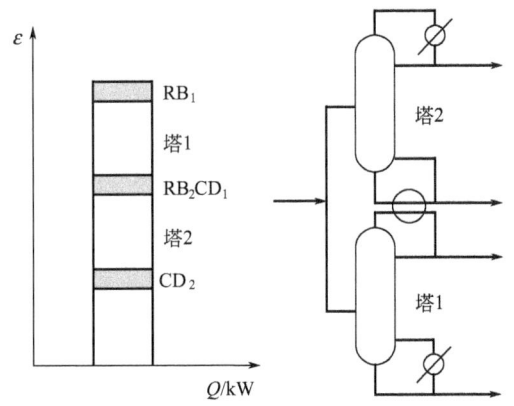

图 3-66　双效塔及其 ε-Q 图

多效塔的节能机制是利用精馏塔的 T-P 关系达到 E_{xO1} 用于回收供 E_{xN2} 的安排;其具体措施与改变塔压措施类似,即提高或降低某个(或几个)塔的操作压力,同时适当增加或减少塔板数以实现塔压较高的冷凝器与塔压较低的塔再沸器合并的目标。

⑩ 分馏与其他工艺的联合　这里以分馏与反应联合来说明分馏与其他工艺联合的节能作用。图 3-67 是乙烯装置中脱乙烷塔与乙炔反应器联合的工艺,该工艺可避免脱乙烷塔顶蒸汽的不必要的冷凝-气化,O_d、O_e 均可节省。

这种分馏与其他工艺的联合的措施可先考虑,亦可在复合措施中考虑。

(4) 复杂塔的㶲经济调优思路

显然,复杂塔的设计参量远较简单塔多而关系复杂。当侧线较多时,每两侧线间的一个塔段均类如一个简单塔,其㶲经济调优内容包括:R-N_T-精度权衡问题、ΔP 优化问题、分离元件强化问题等,也有中间再沸、中间冷凝方案优化、侧线 Petlyuk 塔选择及进料闪

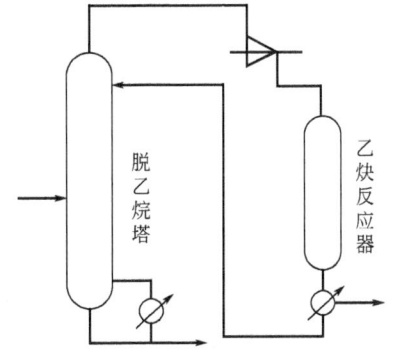

图 3-67　乙烯装置脱乙烷塔与乙炔反应器的联合

蒸等。以原油分馏塔（3~4个侧线，5~6个产品）为例，同时解决上述问题的数学规划法优化几乎是不可能的，数模就难以建立，关系亦十分复杂，决策变量太多，是多变量非线性规划。尽管如此，复杂塔优化的目标和目标函数及总体优化的机制仍可参考简单塔的优化，所采用的措施也分两类：N 类措施，其目标是降低 E_{xN}，K 类措施，以降低 D_{KP} 为目标。优化目标函数中能耗费为：

$$O_e = \sum_j \sum_i C_{ui} E_{xNij} - \sum_j^j C_{oj} E_{xoj} \tag{3-62}$$

问题在于，这里是多项措施、多个变量、多个约束关系，在不能由数学规划法直接求得最优解情况下，借鉴全局能量综合方案调优的思路，提出了㶲经济调优设计复杂塔的方法，总体思路如下：

① 不是以 $O = O_d + O_e$ 为目标函数求 O_{min}，而是先按现有的或经验、半经验方法，提出一个基础的能量综合方案。

② 根据基础方案㶲分析指出的改进方向、工程和经济条件及约束的初步考虑（并尽可能按优化的目标考虑），提出在此方案基础上的改进措施。

③ 每个相对于基础方案的改进措施都有相应的收益（ΔO_K）和代价（ΔI_K），计算出它们，求得相应指标 $\Delta O_K / \Delta I_K$。

④ 根据各 $\Delta O_K / \Delta I_K$ 信息，调整各项措施，再做第二轮的计算，比较和调整。使方案不断改善。

措施分类（以油品分馏塔-过热进料为例）

N 类措施

① 减少进料注汽量。

② 降低进料温度，减小塔底注汽量，降低过气化率。

③ 增设中间再沸器（供热量优化）。

④ 分股（分相）进料（前闪蒸，初馏）。

⑤ 侧线 Petlyuk 塔方案调整（汽提、重沸）。

K 类措施

① 增设中间冷凝器（取热量安排优化）。

② 塔顶冷凝流程优化（两段，一段半流程）。

③ 塔顶冷凝流程优化（两段，一段半流程）。

④ 采用填料降低全塔压降和强化传质。

⑤ 改善水力学条件、采用新元件、（包括填料）提高板效率。

效益计算：用流程模拟软件和相应的㶲经济分析软件可计算出各 ΔE_X 值，然后用下列通式计算。

$$\Delta O_{NK} = \sum_j \sum_i C_{ui} (\Delta E_x N_{ij})_k - \sum_j C_{oj} (\Delta E_{xoj})_{NK} + (\beta \Delta P_{PK})_k \tag{3-63}$$

$$\Delta O_{Kk} = - \sum_j C_{oj} (\Delta E_{xoj})_k + (\beta \Delta P_{PK})_k \tag{3-64}$$

在边界经济条件 C_{oj}、C_u 一定下，关键是开发上述 10 种改进措施各自的 ΔE_{xnijk} 和 ΔE_{xoiNK} 的数模。

（5）喷雾干燥塔的㶲经济优化设计

喷雾干燥塔常用于浆体物料或乳状物料的干燥。某喷雾干燥塔用加热炉烟气干燥微球分子筛催化剂。经过对影响参数的全面分析和考虑各种工艺限制条件，以 Parti 模型为基础，进行了必要的修正，以排气温度作为优化的决策变量；在原有的加热炉和尾气排空条件下，用直接搜索法求出的优化设计参数见图 3-68 和表 3-48。相应的年操作费用 O_e、设备费用 O_d 以及总成本 O 与尾气温度 T 的关系如图 3-68。优化设计同原设计的比较列于表 3-48。

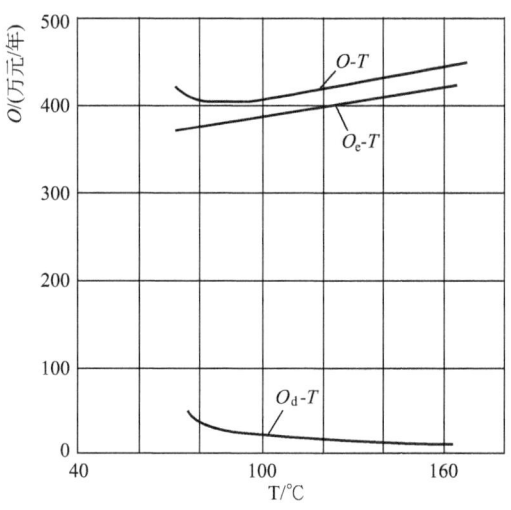

图 3-68 年费用和尾气温度的关系

表 3-48 原设计与优化设计的比较

比较项目	原设计	优化设计
进气量 G_B/(吨/小时)	53.29	45.0
排气温度 T/℃	164	80
干燥塔尺寸 $D \times H_1/H_2$	6500mm×6500mm/7000mm	9700mm×9800mm/10600mm
设备投资/万元	94.03	211.39
设备费/(万元/年)	11.65	26.20
能耗费/(万元/年)	411.76	378.38
年总费用/(万元/年)	453.41	404.58

(6) 多效蒸发的㶲经济优化设计

多效蒸发是一种在过程工业中较常用到的单元操作。在蒸发器的设计计算中，单纯从热力学考虑即追求最小的㶲损耗和不可逆性是不现实的，因为这将导致过大的设备投资、过低的设备时空效率。但单纯从动力学和工程考虑，即追求最大设备时空效率也是不现实的，因为这要求付出过大的推动力和㶲耗的代价，使能耗费用过高。合理的判断依据应是总体的经济性，即当加工产品的价值增值（M_1-M_f）一定（即年生产量一定）时，操作费用之和（$M_a+M_c+M_d+M_e$）为最小。对一定的年蒸发量，总操作费用数学模型为：

$$C = M_a + M_c + M_d + M_e \tag{3-65}$$

式中，M_a 为冷却水费；M_c 为工资及管理费等费用；M_d 为蒸汽的费用；M_e 为设备费用，包括固定资产折旧和维修费。

以上各项均以㶲经济方法表示，将各项费用与有关参数的关联式分别整理、代入，最后

得到多效蒸发器的总费用方程,即优化的目标函数:

$$C = \left(\alpha + \frac{\beta}{kh} + \rho\varphi\right)\frac{W_h}{\eta} + n[\sigma(M_{ep} + M_{ef}) + M_{em}] + M_c + \rho M_{cf} + M_{cm} \quad (3-66)$$

由式可知,总操作费用是多效蒸发器效数 n 的函数。在蒸发量一定的情况下,存在一最适宜效数 n_{opt}。使总操作费用为最小(图 3-69)。将式(3-66)对 n 求导,并令其导数等于零,就可求出总操作费用为最小时的 n_{opt}:

$$n_{opt} = \sqrt{\frac{(\alpha + \beta/kh + \rho\varphi)W_h}{\sigma(M_{ep} + M_{ef}) + M_{em}}} \quad (3-67)$$

上式表明,多效蒸发器的最适宜效数取决于能源价格与固定投资费用的比例,如果水、汽的价格越贵,则效数应越多,以便节省蒸汽和冷却水的消耗量,如果蒸发器的固定投资及维修费越大,则效数应尽可能少些。

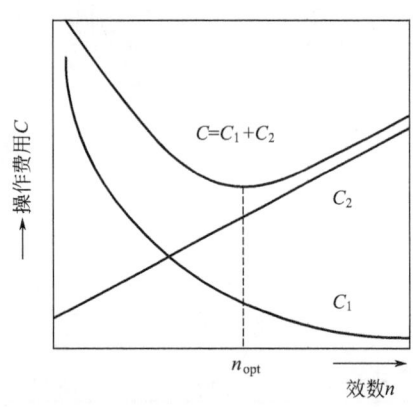

图 3-69 操作费和与效数的关系

3. 能量回收子系统优化设计

能量回收子系统包括热能回收子系统(即换热网络)、热泵和功回收设备(子系统)。下面分别介绍各自的优化设计思路。

热能回收子系统(换热网络)的综合优化

化学工业用能 80% 以上是以热能的形式利用的,其他过程工业(炼油、轻工、冶金)所用的能量也以热能为主,其中大部分为流动的介质和连续运行的过程系统,又为热交换提供了良好的条件。因此,通过热能的回收、再次甚至多次重复、逐级利用,是过程节能的一个主要内容。在许多过程中,热能回收潜力都占总节能潜力的一半以上。因此,热能回收子系统的综合优化,是过程系统优化设计和过程强化改进的重要内容。

① 热能利用的大系统匹配 某些只有一个单元过程的系统经过一次利用后的排热再利用被称做"废热回收"(例如冶金炉的烟气)。但对常常有多个单元过程的系统来说,只有经过多次利用、终温 t_J 已降低到接近环境温度、不再有利用的经济价值的热量,才能叫"废热"。而这个温度 t_J 是随设备与能源的价格比而不断降低的。热能多次利用的关键,首先是考虑扩大热源、热阱匹配的范围。因为范围愈大,源、阱数目愈多,找到和比热容相适应的匹配机会就愈多,总的㶲损耗也愈小。

传统的设计思想只在装置或单元内部、原料和(中间)产品之间考虑换热,匹配选择受到很大限制。范围扩大会带来距离较远,管线投资、泵功耗和散热增加,不同装置开停工不同步、操作控制不在同一系统等工程问题。具体的决策只能由具体条件下的技术经济优化权衡作出。随能源设备比价上升,联合匹配系统日益扩大已成为重要趋势。扩大热能匹配系统导则如下。

a. 工艺装置之间的物流换热。

b. 装置间"热进、出料",即上游中间产品不经冷却,而直接进下游装置。

c. 工艺装置与公用工程单元的联合。特别是蒸汽的生产、从接近常温的软水到过热蒸汽,包括四段不同温位的热阱(当然,蒸发段负荷最大)可以分别利用不同温位的工艺热源。图 3-70 是一个很好配合的实例。大型合成氨装置也是这样,不过热源分布在各个不同单元而已。

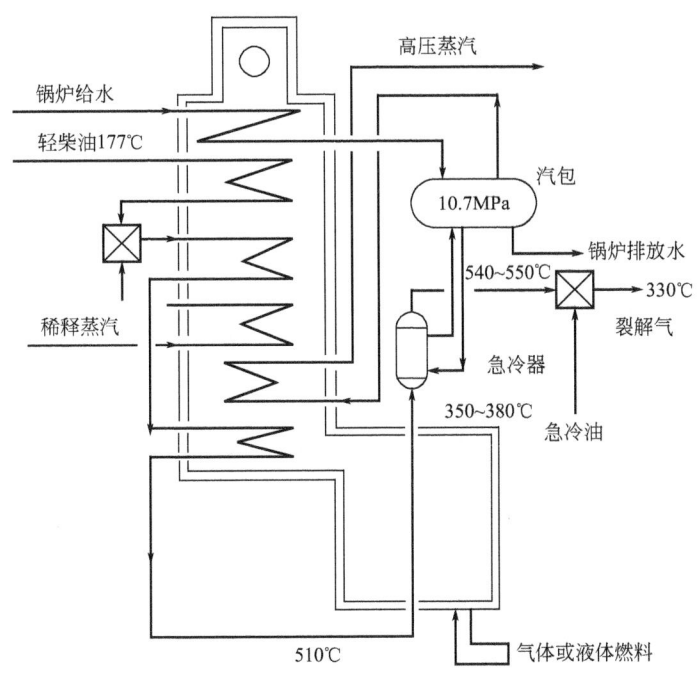

图 3-70 裂解炉对流段联合

d. 工艺单元与贮运单元的联合。提高（中间）产品进贮罐温度，适当降低允许最近贮存温度，合理缩短贮存周期，并在优化保温的基础上利用工艺物流的低温热加热软水作为罐和管线保温伴热热源。按照这一思想所做的优化设计可以做到用原来工艺物流的冷却负荷完全或大部分取代原来罐区耗用的蒸汽。

e. 内外热阱的充分利用。工业炉用空气的预热、工艺管线的伴热、厂房和生活用建筑物的采暖和空调等低温热阱，数量相当大，是消耗燃料、蒸汽和电能的大户。完全可以利用工艺物流适宜温位的热量。

② 换热网络的优化设计

a. 换热网络（HEN）优化合成技术简介。

HEN 优化设计技术有"夹点技术"，和数学规划法两大类，另外还有将人工智能方法与夹点技术和数学规划法结合的方法。以夹点技术为主的软件已在许多设计中参照采用。数学规划法和人工智能方法也在研究开发之中。

b. 换热网络和单台换热器优化的㶲经济目标函数。

传统的 HEN 优化合成仅从热力学第一定律观点，考虑热能回收节省的冷热公工程数量同换热器投资之间的经济权衡；并且是在合成了 HEN 以后，在详细的工程设计中才考虑每台换热器设计优化问题。研究证明，单台换热器的优化对网络合成结果有相当大的影响。在若干实例中，网络最优 ΔT_{min} 可相差 100%，总费用可相差 10%以上。

按热力学第二定律（㶲分析）的观点，HEN 优化的目标应是在最小的设备投资 $\sum C_{eq,j} F_j$ 和最小的回收驱动用费 $\sum \bar{C}_{Dj} \bar{E}_{xDj}$ 下，回收最大价值的热㶲 $\sum (\bar{C}_h \bar{E}_{xR} + \bar{C}_h \bar{E}_{xE})_j$。当 HEN 的冷、热流复合线在 ε-Q 图上表示时（图 3-71），热流复合线到横轴之间的面积"1+2+3+5"就是待回收 $\sum E_{xoj}$，冷流复合线换热回收部分线下的面积"5"是 $\sum (E_{xR} + E_{xE})_j$，冷公用工程线下的面积"1"是排弃用 $\sum D_{JRj}$；显然，面积"2+3+4" $\sum D_{KRj}$ 就是总传热㶲损。

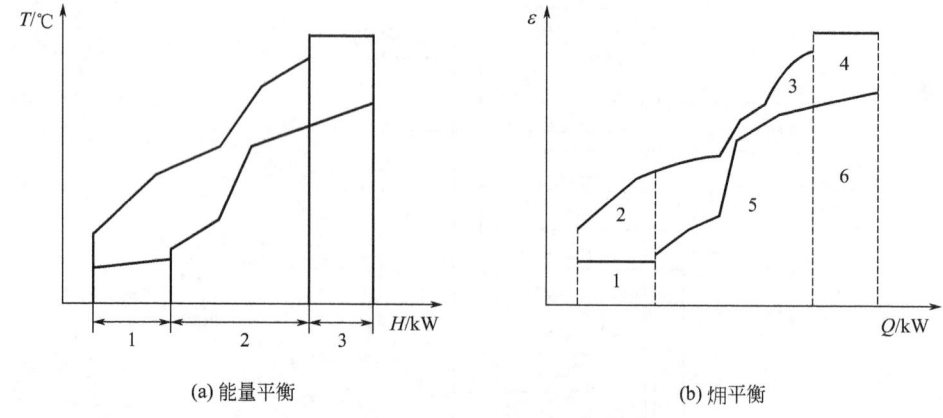

(a) 能量平衡　　　　(b) 㶲平衡

图 3-71　HEN 的能量平衡与㶲平衡关系

经过推导，HEN 的总费用 C_{HEN} 可以表示为式（3-68）：

$$C_{HEN} = \sum_j C_{hc} D_{KRj} + \sum_j C_f D_{Kfj} + \sum_j C_{eq} F_j + C'_{uc} \tag{3-68}$$

或

$$C_{HEN} = \sum_j C_{HEj} + C'_{uc} \tag{3-69}$$

其中

$$C_{HEj} = C_{hc} D_{KRj} + C_f D_{Kfj} + C_{eq} F_j \tag{3-70}$$

为 HEN 中第 j 台换热器的总费用，也就是第 j 台换热器优化的目标函数。该式也可写做：

$$C_{HE} = C_{\Delta T} + C_{\Delta P} + C_{eq} \tag{3-71}$$

其意义是：换热器的总费用等于因温差所致的热㶲损耗费 $C_{\Delta T}$、因压差（或压比）所致的压㶲损耗费 $C_{\Delta P}$ 和设备投费 C_{eq} 之和。式（3-68）、式（3-69）中 C'_{uc} 是不包括冷却器冷流侧压用费在内的网络冷公用工程费（冷却水或制冷水的其他费用）。由此可见，HEN 的目标函数可表示为各单台换热器目标函数之和。这为网络和单台换热器同时优化奠定了基础。三项费用最小就是最经济地回收最大热能的目标。

考虑换热器的传热㶲损与压㶲（流动）损的具体表达式，便可得到换热器优化的具体目标函数：

$$C_{HEj} = C_h Q_j T_0 \times \frac{\Delta T_j}{T_{cj} T_{hj}} + C_f \sum (V_i \Delta P)_j + C_{eq} Q_j / (K_j \Delta T_j F_{tj}) \tag{3-72}$$

c. 给定温度条件的单台换热器优化设计。

给定两流体进出口温度，则 $C_{\Delta T}$ 为定值，换热器优化问题实质是压㶲费和投资（通过总传热系数关联）之间的权衡。图 3-72 给出了 ΔP 优化对总费用 $C'(=C_{\Delta P}+C_{eq})$ 的影响。

当用解析法求解时，涉及包括换热器几何参数、流体物性、传热和流动准数等十几个变量和方程式；并须注意，冷、热流体两侧必须同时优化。取两侧雷诺数为决策变量，用拉格朗日乘子法可求得最优解，但太繁琐。实际工程设计中一个较实用的方法是按给定设计条件试算一系列的换热器，已编制在中国标准三种管壳式换热器（固定管板、浮头、U 型，包括 Φ19、Φ25 两种管型）系列中，穷举法优化选型（包括螺纹管、交叉锯齿带内插物、螺旋槽管、横纹管、内螺旋翅片管等七种强化传热技术组合的优选）的计算机软件。

另一种简算最优压降方法是 D Steinmeyer，1983 年提出的，取 6.9kPa 为基数，乘以三个修正系数的方法（详见文献 [13]）：

$$\Delta P_{opt} = 6.9(F_{\Delta T})(F_{cost})(F_{prop}) \quad (3-73)$$

必须指出，当电价与设备价格比较高时，由上述经济目标所求得的 ΔP_{opt} 所对应的流速可能低于为防止污垢形成所要求的最小流速，这时，便须充分考虑污垢因素对流速的限制，否则污垢热阻的急剧增大将使求解 ΔP_{opt} 数模中总传热系数 K 的关联失真。

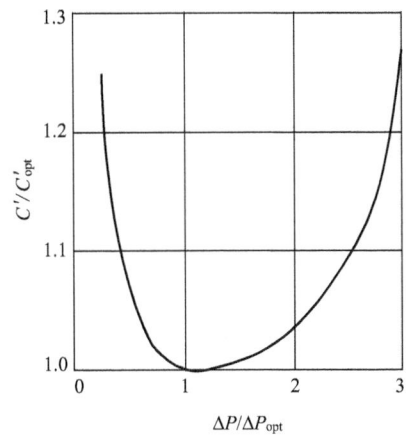

图 3-72　压降优化对换热器总费用的影响

d. 同时考虑流动㶲损、强化传热的换热网络优化合成方法。

下面简单介绍国内学者在夹点技术基础上发展的，同时考虑流动㶲损、强化传热的换热网络合成技术思路。

用 Supertargeting（超目标法）预测最优夹点温差初值 $\Delta T^0_{min,opt}$。

对在 $[\Delta T^0_{min,opt}, \Delta T^0_{min,opt}+5]$ 范围内（步长建议取 0.5 或 1K）的每一 ΔT_{min}

ⅰ. 用相应的解题表格法软件求出夹点和最小公用工程消耗。

ⅱ. 将整个换热网络分为三段　夹点附近的物流段、低温段（热源部分中除夹点物流外的物流）和高温段（热阱部分中除夹点物流外的物流），结合人工智能方法（包括夹点设计规则和专家经验）和数学规划法（将整个网络分为 3 段分别应用数学规划法）得出三个子系统初步优化匹配结构。

ⅲ. 优选各台位换热器，得出压㶲损失费用，和每一子系统同时考虑传热强化和换热单元优化的优化匹配结构及费用。

三个子网络相加，形成整个优化网络，并求出总费用

从上述网络中选择总费用最小的网络，相应的最优 $\Delta T_{min,opt}$，得到最终的优化换热流程。

在换热网络优化合成软件方面，国外软件公司目前已销售到国内有 ASPEN Tech 公司的 ADVENT，SimSic 公司的 HEXTRAN；Linnhoff March 的公司的 SUPERTARGET 也正在试图打入中国市场。国内北京石油设计院、洛阳石化工程公司、华南理工大学、青岛化工学院、大连理工大学等单位，也已独立开发了用于工程设计的软件。

③ HEN 优化合成时要注意的几个问题　从全局过程节能观点来说，在合成优化的换热网络结构时要注意以下几点。

a. HEN 优化合成系统范围和物流的确定　如前所述，应当打破传统观念局限，在更大范围内考虑热回收利用匹配。这并不就意味着要把大系统内的所有冷、热物流都同时纳入一个HEN 最优合成问题中，但下列工程因素是应予以考虑的：ⅰ. 因操作温度、压力相差悬殊和腐蚀因素，而使换热器的壳体厚度、材质的投资差别很大；ⅱ. 因物流相态不同的膜传热系数相差很大；ⅲ. 因距离太远，管线投资、压降等太大；ⅳ. 因对物流特殊要求，某些匹配被禁止。

b. 常常有必要把某些物流另列，单独考虑换热匹配，而只把一定的适宜的冷热流纳入HEN 优化系统内。

c. 采用中间传热介质，通常为水蒸气、软化水或做为热载体的专用油品或有机物（如联

苯-联苯醚)乃至熔融的无机盐,在一个 HEN 合成系统中分别做为热阱和热源出现两次。

d. 确定几个 HEN 系统,分别求最优 ΔT_{min} 和生成网络,然后在它们之间再进行协调优化。协调的手段往往是上述中间传热介质的负荷分配。

④ HEN 的弹性设计　按照给定的冷、热物流温度和流量条件合成的优公 HEN,在物流条件发生变化时(这在市场经济条件下的实际生产中是不可避免的,有时是较大的或频繁的),操作状况可能远离优化点,技术经济性恶化,公用工程消耗增加。其中的某些换热器甚至会出现负荷大大降低乃至反传热的现象。弹性的 HEN 设计,就是借助 HEN 弹性分析技术,找出在实际可能的物流条件变化时网络中的薄弱处,并在设计中采取相应对策,使在附加投资增加最小条件下,网络能最大限度地适应变化的物流条件,保持较好的技术性能。这个重要的过程节能技术,目前正在开发中。

⑤ 强化传热技术的推广应用　"强化传热"(heat transfer enhancement)是指增加一般热传递过程的传热量。"强化传热技术"一般指在一定的传热面积和温差下,增加传热系数或对流传热系数的技术。由于世界范围内持续不断的能源危机,近来国内外传热学界对强还传热技术开展了大量的研究工作。总得来说,对于无相变的对流传热,凡是能降低变阶层厚度、增加流体绕动、促进流体混合和提高传热固体壁面流体速度梯度的措施都能强化传热。

在实际工业中,换热设备的投资往往占总设备投资的 30% 以上,换热设备效率的高低严重影响系统的能耗水平。目前强化热交换器在强化管上开发较为成功的有螺旋槽管、横纹管、缩放管、螺旋扁管、内螺纹管、低肋管、T 形翅片管、花瓣形翅片、三维内肋片管、三维外肋片管、内外复合强化管(图 3-73)。

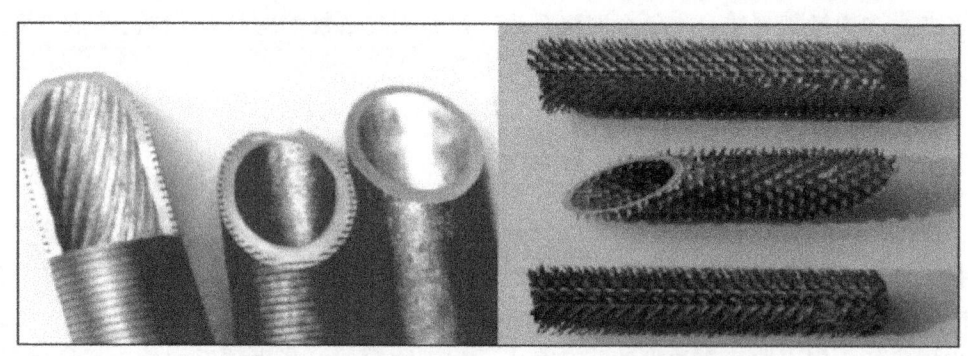

(a) T形翅片管　　　　　　　　(b) 二维外肋片管

图 3-73　热交换器强化管

采用螺旋隔板与二维翅片、三维翅片、缩放管以及 T 形翅片管组合得到的协同强化换热器可用于冷却、冷凝、气-气换热和再沸器等各种场合,比传统的二维翅片管传热系统可提高 28%～48%,压降降低 35%～75%(图 3-74)。

⑥ 技术经济条件变化对 HEN 优化设计的影响　"优化"一词的涵义就是在一定的技术经济条件下以最小的投入得到最大的产出或经济效益。HEN 的优化也是如此。按照上述优化设计的方法所获得的结果,无不是取决于当时、当地的技术经济条件。但问题是,自上世纪后期以来,科学技术进步加速,新的节能技术在不断的涌现。同样的投入所能够获得的传热效果不断提升;而经济因素,主要是能耗价格与设备价格的比值在不断增大。历史证明,这两者随人类社会发展进步而变化的上述趋势,是规律性的,不可改变的。因为迄今人类所用的一次能源,绝大多数是有限量、不可再生的化石能源;人类已经消耗了过多的化石能源,余下的部分

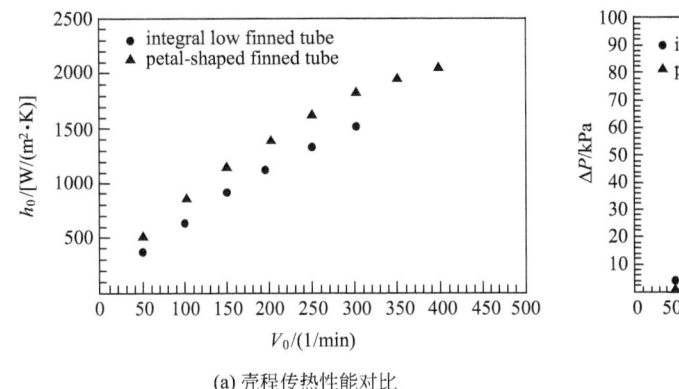
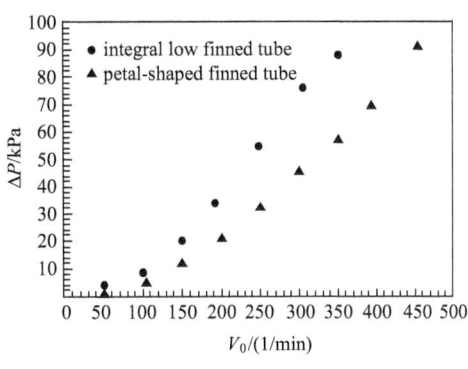

(a) 壳程传热性能对比　　　　　　　　　　(b) 壳程压降性能对比

图 3-74　强化换热器性能对比

只够几十年到一百多年使用，而且开采难度日渐增加；其价格也日益由其稀缺性、而不是生产成本所决定。21 世纪以来，国际市场石油价格上涨了近 10 倍，由十几美元/桶涨到 2008 年的 100 多美元/桶；另一方面科技进步使制造业生产率大幅度提高，设备的成本和价格，虽然也会随原材料和人工费增加而上涨，但幅度却小得多。这种局面所决定的"优化"结果的总趋势，必然是：不断适当增加设备投资尽可能多回收能量。体现在换热器和 HEN 的设计参数上，就是传热温差和 HEN 的 ΔT_{min} 不断减小。表 3-49 列出了加热炉排烟温度 T_f 和换热器传热温差 ΔT_{opt} 的变化。

表 3-49　排烟温度和传热温差随经济条件的变化

年份(代)	石油价格/($/bbl)	排烟温度 T_f/℃	传热温差 ΔT_{opt}/℃
1970 年代	1~3	>400℃	80~100
1980 年代	10~30	<200℃	约 30
2008 年	>100	<100℃	约 10

中国的情况与发达国家还有所不同。一方面，中国仍是发展中国家，国内工资、物价还必须维持在远低于发达国家的水平，这决定了我们的设备的价格，特别是节能改造所需的大宗化工设备，像换热器、管道、普通机泵等的价格还远低于国外市场的价格，而且我国的人工费用也便宜；另一方面，由于中国人均能源资源远低于世均值，特别是石油和天然气还需要进口，因而中国的能源价格必须与国际市场价格基本上接近，在某些地区的电价甚至比国外高。所以，在同样装置组成和同样的加工条件下，我国练厂的能耗应该比国外低；因而我们为节约同样价值的能源所付出的设备和人工费用的投资成本的经济代价远比国外小；这才符合技术经济的规律。

在用㶲经济学方法开发出换热器最优传热温差随技术经济条件变化的模型和软件基础上，给出了当前（2008 年）经济条件（原油 100＄/桶，换热器造价按 20000￥/吨计）下几种物流换热的换热器最优传热温差计算分析的一般性结论。

① 200℃左右原油与各种侧线、回流热的换热器 ΔT_{opt} 一般为 10~18℃；
② 150℃左右，各种侧线、回流热与热媒水换热的 ΔT_{opt} 一般为 9~15℃；
③ 0.1MPa 蒸汽作为分馏塔再沸器的 ΔT_{opt} 一般为 8~13℃。

同此原理，在深冷低温情况下，由于制冷效率（COP）与温度的关系更为明显，即冷能的温度越低，COP 越小。故可算得在 -100℃左右，轻烃介质的 ΔT_{opt} 一般在 2~4℃。

4. 能量升级利用技术及其优化

能量升级利用技术,是指通过一个循环系统(完全闭路或与某工艺系统结合)把能级较低的热能转换为能级较高的热能、冷量或功的技术。

(1) 能量升级利用的途径

① 热泵(HP) 利用专门技术使温位和能级较低的热能升温,并得以向温度更高的热阱供热的设施,均可称为热泵(HP)。在石油化工中常用的有三类(为包括化学热泵)。

a. 开式热泵或机械蒸汽再压缩(MVR) 被压缩的是工艺蒸汽本身,不需循环,故称开式;因压力升高,而导致可在更高的饱和温度下放出冷凝潜热。它消耗的是压缩机的机械功。典型的 MVR 流程见图 3-75。

b. 闭式工质循环压缩式热泵(CHP) 相当于逆循环热机,即输入机械功,通过循环的工质从工艺物流(低温热源)取热而向高温热阱放热。图 3-76 示出了一个 CHP 系统,用 117~104℃ 的常压塔顶油气冷凝热产生 193℃ 的 1MPa 蒸汽的流程。

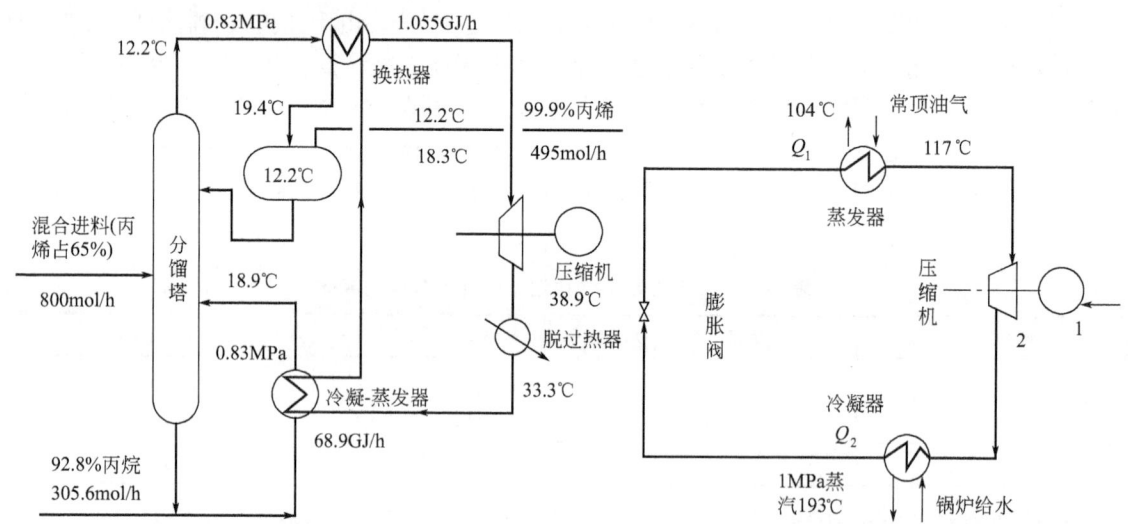

图 3-75 丙烷-丙烯分馏塔热泵流程　　图 3-76 某常压塔顶热利用 CHP 流程示意

c. 吸收热泵(AHP) 可分为两类。第一类 AHP 同 CHP 类似,冷凝器是高压的,蒸发器是低压的。不同的是它没有压缩机,而用一个吸收-解吸过程代替压缩机,起到把蒸发器出来的工质气体压力升高的作用。第二类 AHP 正好相反,冷凝器和解吸器在低压,而蒸发器和吸收器在高压。热源的一部分用于推动过程循环的进行,并且需向环境传递部分"废热",以此保证另一部分得以升级到较高的温度而被利用。图 3-77 示出了第二类 AHP 的循环流程。第二类 AHP 可以两段串联,产生更大的升级效果;也称为吸收-再吸收过程。AHP 用在低温范围内(<0℃)、不以供热为目的的,也常称为"吸收制冷"。

② 功(动力)回收技术　压力较高的工艺物流需要减压送到下一个设备、工段或到储运系统,这样的工艺物流所携带的压力能便可用功(动力)回收设备(如膨胀机、水力透平、两相全流透平等)来回收,用于驱动本装置的压缩机、泵等或发电向外输出。

低温朗肯循环(LRC)

a. 把热能用于加压的循环工质蒸发,部分变为压力能,然后利用朗肯循环作功或发电。工质可为水蒸气、轻烃等有机物。后者习称有机工质朗肯循环(ORC),见图 3-78。在热源温度较低时(以 100℃ 左右为界),ORC 比用水蒸气效率要高。

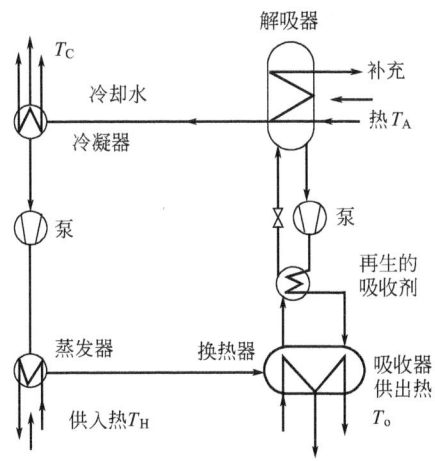
图 3-77 第二类吸收热泵流程

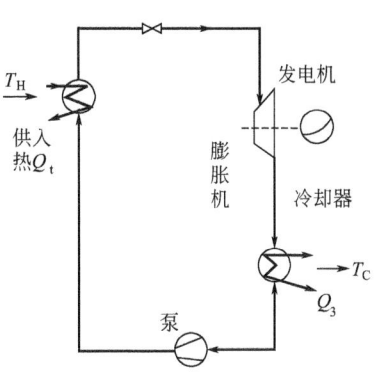
图 3-78 ORC 循环示意

b. 非循环（开式）工质透平（OWT） 象开式热泵一样，在某些特定的工艺流程中，可以利用工艺流体吸收低温热蒸发（再沸器）的过程，使之适当升压升温，多吸收一些热量，产生 T、P 都高于工艺要求的蒸汽，进入透平作功后再返回工艺设备中。图 3-79 即为一例。

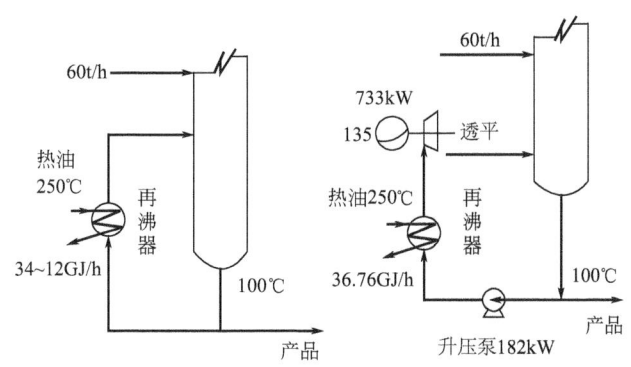

(a) 原有常驻规流程　　(b) 带膨胀透平的流程

图 3-79 开式工质膨胀透平流程示意

③ 汽液两相全流式透平（TPT） 以水为工质，用余热把加压的水加热到一定温度后不经闪蒸扩容直接进入透平，透平多采用螺杆式，容许汽水两相流通过和持续的闪蒸。它结构简单、高效。图 3-80 为一个全流透平与扩容闪蒸蒸汽透平的双重循环系统的流程。与 LRC 相比，TPT 有更高的效率。特别是 TPT 与 LRC 结合的双重循环系统，效率更高。据文献的分析，热源温度范围在 90℃ 以上时，几种方案的效率比较如表 3-50。

表 3-50　几种能量升级技术的效率比较

技术	水扩容 LPC	ORC	TPT	TPT＋LRC
效率	9%～13%	8%～11%	约 18%	约 22%

必须指出，几年来的技术进步和能源涨价使升级利用的技术经济条件得到改善。采用传统的蒸汽透平回收低温热用于发电的项目不断增加；采用螺杆式膨胀机的项目也已工业化运行。我国自主知识产权的螺杆式膨胀机最大已有 3MW 规模的用例。

（2）升级利用系统优化要点

升级利用系统内的参数优化　如某精馏塔的热泵流程，塔顶气的压缩比同冷凝-蒸发器的传热温差这两个参数，作为系统优化的决策变量，优化结果对总费用影响甚大。再如采用低温朗肯循环发电的升级利用技术。对系统效益也有很大影响。以上两例均可用㶲经济优化解决。

流程组合及大系统内升级利用安排的优化　升级利用安排与同级利用安排（HEN 合成）的协调。如图 3-81，传统安排（包括夹点技术）按复合线合成网络最后余出 70~90℃ 热考虑升级。优化安排则以 70~90℃ 热与 40~60℃ 热阱换热，余出 100℃ 热升级；显然更为合理。

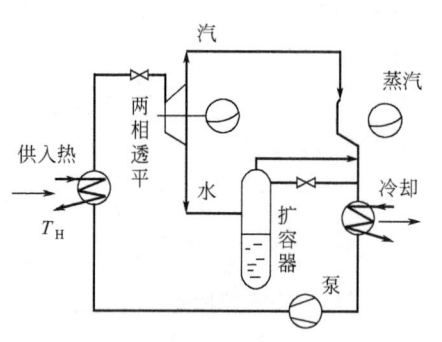

图 3-80　两相透平双重蒸汽循环

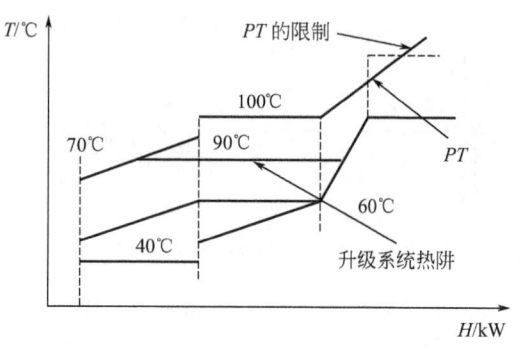

图 3-81　升级利用与 HEN 合成的协调

另一个例子是气分装置丙烯塔热泵精馏工艺在与催化裂化装置整体优化考虑前、后的节能效果比较（图 3-82），两个装置未热联合前，气分丙烯塔热泵（背压透平驱动，耗 3.5MPa 中压汽 20t/h），而大部分催化主分馏塔顶循（145~80℃）与塔顶油气（110~70℃）热量被空冷带走；两个装置热联合优化后，催化主分馏塔顶循和塔顶油气低温热通过循环热水回收（50~105℃），供气分丙烯塔（操作压力略高于热泵精馏）、脱乙烷塔再沸器作为热源，不用宝贵的中压汽，节能和经济效益都十分显著。

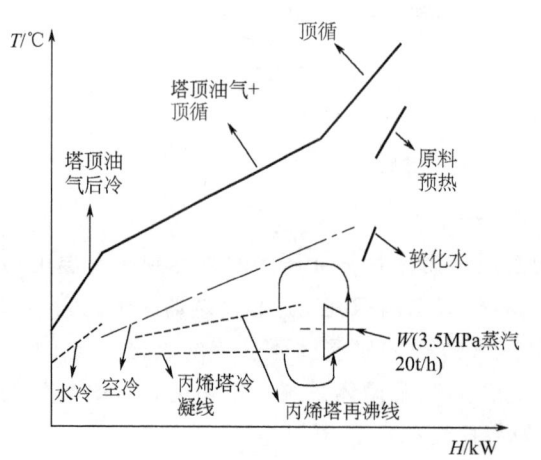

(a) 气分丙烯塔用热泵(耗汽20t/h)催化低温热冷却排弃

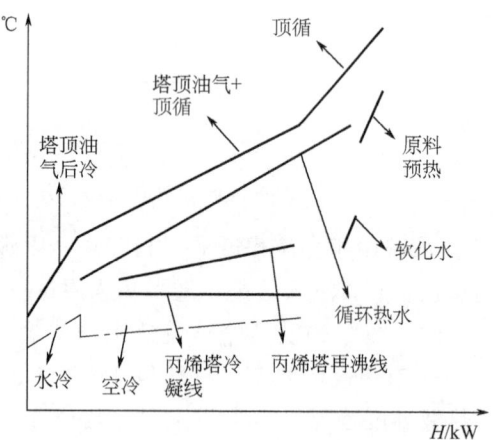

(b) 催化低温热由循环热水回收用作丙烯塔再沸器热源

图 3-82　气分装置丙烯塔热泵精馏工艺

5. 能量转换子系统优化设计

能量转换子系统主要包括锅炉、加热炉、汽轮机、压缩机、泵和蒸汽加热器等能量转换设备。这里主要介绍能量转换联产的优化设计方面的有关问题。联产（cogeneration）一词的涵义目前较多被理解为燃料化学能同时生产热和动力，所以前面常冠以"功热"或"热电"两字。这种理解来自热能工程；而从过程节能的角度看来，在能量转换中，为使投资和㶲损耗最小而安排在任何同时供出两种以上不同形式或不同能级的工艺用能方案，都可称为联产。

过程工业采用联产技术的节能潜力有两个方面：一是功热比适中，过程工业耗能中绝大部分是热能，动力能占比例一般很小（大约 9∶1），这就为所需动力大部分通过联产发生提供了基础。有些工业（如制糖）联产动力自给有余，还可输出。二是热阱温位分布较广，不仅为HEN结构调优、也为高温段的热联供提供了基础。

(1) 燃气轮机热能动力联产系统的优化

燃气轮机热能动力联产节能的原理，一是大大减少传热温差；二是燃气在透平中直接做功减少了蒸汽透平系统中好几个中间转换传递过程的㶲损；三是用高温排气作燃烧空气，大大减少过程中的㶲损。其节能效益远远大于仅从数量角度看到的诸如降低排烟温度、减少散热等。这是目前过程工业最重要、总体效率最高联产方式。

① 分类　按供热对象主要有两种：a. 燃机与生产工艺用蒸汽的锅炉联合。这是技术最成熟、应用最多的。b. 燃机与工艺加热炉联合，如原油加热炉、造气炉、裂解炉，炉愈大愈经济。按燃机排气中的 O_2（约 15%）和显热的利用方式，主要也有两种（图 3-83、图 3-84）：a. 只用排气显热的 I 型燃气轮机功热联产，以全部燃料为基础的㶲效率最高、产功多；但热阱温度受限。b. 用尽排气中的 O_2 作助燃空气的 II 型联产。以全部燃料为基础的㶲效率较低，产热多，热阱温度、炉负荷不受限制。实用中，常常有不完全属于上述两种极端典型的变种；如在燃烧室出口加注蒸汽（程氏循环）、利用排气来预热进燃烧室前的压缩空气（回热式）等。

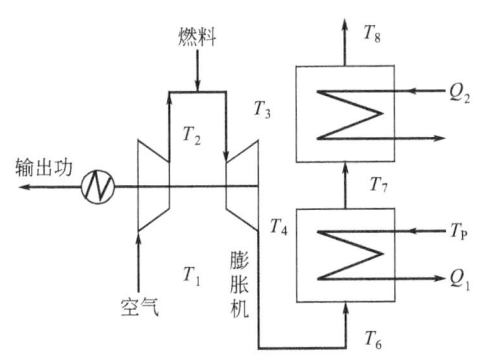

图 3-83　只用排气显热的（I 型）GWHC 系统

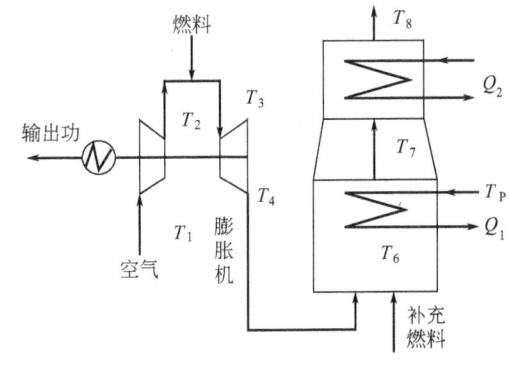

图 3-84　利用排气中氧气助燃的（II 型）GWHC 系统

② 燃机的选择　过程工业联产所用燃机，限于所需热量和动力的规模，一般不太大，多在 20MW 以下，因此不少是采用航空发动机用燃机改型的轻型燃机。近 20 多年来的技术开发和改进，已使这种燃机完全适应了过程工业长周期、连续稳定运行需要，有的大修周期已达 2 万小时，单机产功效率也大大提高，有的已达 40% 以上。

③ 技术经济和系统优化　采用燃机联产技术方案是否可行，在很大程度上不在机组本身而在整个系统的安排。由于机组本身控制系统复杂而精密、投资较高，加上规模效益，一般大机组（10MW 级）比小机组（1MW 级）的经济性要好。而一个较大的机组无论在所产的功、所供的热（汽）还是所耗的燃料这三个方面都会在企业的相应系统中占相当的比例。这就要求务必做好机组参数的优化设计和系统全局能量综合的优化安排，以及两者之间的极密切的协调配合。既要考虑设计参数优化，又要考虑系统的发展和因市场，原料、季节等的变化而致的汽电负荷的波动，还要考虑燃料机负荷因冬夏空气密度不同的变化等。

(2) 工业加热炉的热联供

图 3-70 是一个加热炉对流段热联供的典型实例。每段烟气与受热物流之间的传热温差 ΔT，均可按换热单元优化原则进行优化设计。当受热物流的升温范围受工艺要求限定时，发生蒸汽和预热空气，以及预热用于发生蒸汽的汽包给水压力和流量的改变，是调整网络各段传热温差的重要手段。由于整个传热温差和㶲损减小，因而可以获得较高的㶲效率。

在几台较小炉并联时，可用一台大炉，中间用挡墙隔开，且共用对流段。每种被加热流体的温度分别控制。这可减少散热损失和减少总的传热㶲损，也是一种热联供。

(3) 不同一次能源条件下的蒸汽和动力联产

随着经济全球化条件下我国经济发展和能源形势的变化，石化企业所耗用的一次能源构成也在变化。越来越多采用价格较低的煤和天然气替代原来耗用的石油加工副产品，如渣油、含有大量轻烃的炼厂气、LPG、抽余油、油浆等。国外石化企业早自 20 世纪 80 年代就已大量采用天然气为蒸汽动力系统的主要一次能源。而 21 世纪初我国开始发展天然气时却正好赶上油气价格飙升。所以不能照搬国外的作法。在天然气供应充足、价格可以接受的地方，天然气取代自产轻烃，肯定合适。而鉴于我国煤炭资源相对丰富，更多采用煤做石化企业蒸汽动力系统的主要一次能源乃是中国国情决定的大趋势。

由于即使超大型的石化企业总的电力负荷也不过 100～200MW，远小于一般发电企业的经济规模。按照国家政策，石化企业蒸汽动力系统必须是尽可能充分热电联产的"自备电站"。煤做石化企业蒸汽动力系统的一次能源有如下几种技术路线。

① 传统的是采用 10MPa 压力等级或更高的高压锅炉；背压透平和抽汽透平是最普通的联产技术。在规模适宜条件下，尽可能建高压锅炉、逐级背压，可增加联产功的量，每 100t/h 蒸汽经 10～1MPa 背压透平作功，1MPa 背压汽 20%再经低压背压透平降压到 0.3MPa，可联产功 12MW，产功效率比凝汽透平发电厂效率高 3 倍。

② 较新的技术是采用循环流化床炉（CFB 炉）；其优点是有脱硫效果，可以混烧企业自产的石油焦等。联产系统设置与上述高压锅炉同。

③ 由于生态和环境的约限，最有发展潜力的是煤富氧气化多联产系统，国外曾称 IGCC，但并不确切。IGCC 意为煤整体气化联产，指煤经富氧气化生成合成气 $CO+H_2$ 和二氧化碳 CO_2，过程中可以产生部分蒸汽，$CO+H_2$ 可以通过燃气轮机联合循环作功发电，或蒸汽供热，CO_2 则可回收利用，或注入地层沉积起来、避免排放。但是，已经产生了的 $CO+H_2$ 是一种宝贵的化工原料；既可以通过变换制氢，也可以进一步合成甲醇-二甲醚作为车用燃料，或者合成各种低碳烯烃进而生成化学品。国外常常是以天然气（甲烷）为原料制合成气再进一步加工的。已经得到了合成气，再进入燃气轮机发电供热，是不经济的；不如天然气直接联合循环或热电联产。中国石化企业蒸汽动力系统需要进行资源的系统优化整合；根据当地资源供应、价格等条件，把 IGCC、天然气 CHP 及燃煤 CFB 等技术单元加以集成优化，可以获得最好的技术经济效果。

蒸汽-动力系统联产技术的主要关键是整个系统（即包括机组和全部汽、电用户即工艺装置）汽、电的产需平衡的优化设计和优化调度、管理和控制；即在汽、电需求量因生产量、季节和经济因素而变动时，机组能够有相应的弹性和适应性，始终保持较合理的运行方案，而又不增加许多投资。

(4) 联产系统与换热网络的协调优化

以上三种联产技术中都提到机组本身和系统设计的协调优化问题。所指的系统既包括能量转换系统，也与能量回收环节中的热回收网络（HEN）密切相关。采用联产技术的配合，是

HEN 结构调优的重要手段之一。图 3-85 是一个例子：初始 HEN 中热源 $A'M$ 与加热蒸汽 AB 同热阱 OPQ 的传热温差过大。用一台背压透平可使蒸汽降压降温到 $A'B'$，相应得功 W。则热复合线变成 $A'B'N$，传热温差和㶲损耗都大大减小。

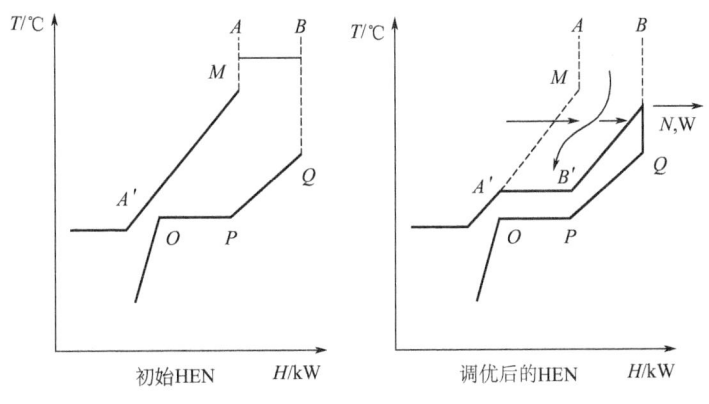

图 3-85　利用联产（复合）措施使 HEN 调优

（5）冷热电联供

前面提到低温热利用的一个手段是 100℃ 左右的液流热用于吸收制冷。显然，150～200℃ 的烟气，也可作吸收制冷的热源，因此，在上述发电、供热联产方案中，在系统需要冷量的情况下，可以同时包括一个吸收制冷单元，并做出全局优化设计安排（图 3-86）。

实际上，冷热电联供远不止是利用低温余热（不论是工艺物流的还是烟气或低压蒸汽）进行吸收制冷。现代工业的能源供应系统，是一个从能量转换到终端供应整体集成优化的大系统。他不仅包含石化企业内部三个环节之间的集成优化，而且扩展到企业附近其他产业乃至城市住区能源供应的协调优化，形成区域能源循环经济的概念。例如，在附近有 LNG 接收站的企业，可以利用 LNG 气化的冷能部分替代原有的制冷机，梯级供应各级冷量；有 IGCC 的系统，可以不自建或少建空分装置，而是购入

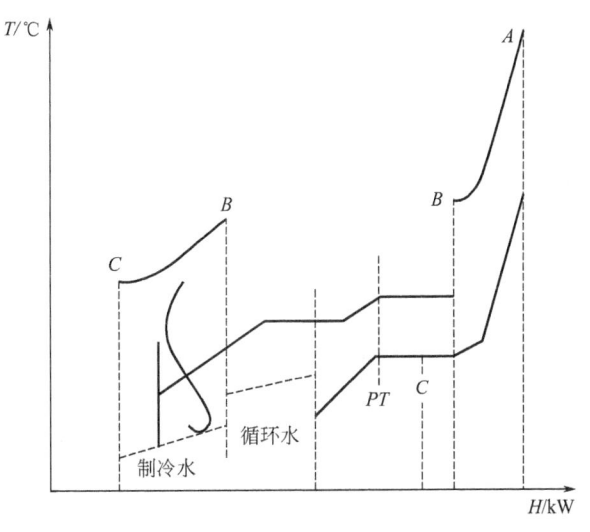

图 3-86　烟气制冷联产

LNG 接收站冷能生产的价格较低的液氧，一方面用气态氧进行煤炭气化，另一方面利用液氧气化的冷能部分替代乙烯深冷、低温甲醇洗用冷，以及其他浅冷用户，实现冷能的梯级利用。具体的组合方案，完全依据当时当地的技术经济条件优化选定。

（6）压力燃烧的烟气透平联产

炼油工业 FCC 装置在将馏分油裂化为轻油的同时，部分重组分会综合成为焦炭沉积在微球硅铝催化剂表面。经过在再生器中通空气燃烧，沉积的焦炭氧化成为 CO_2（或部分 CO）随烟气排出，而使催化剂恢复活性并升高温度回到反应器（见图 3-87）。为保持催化剂的流动和

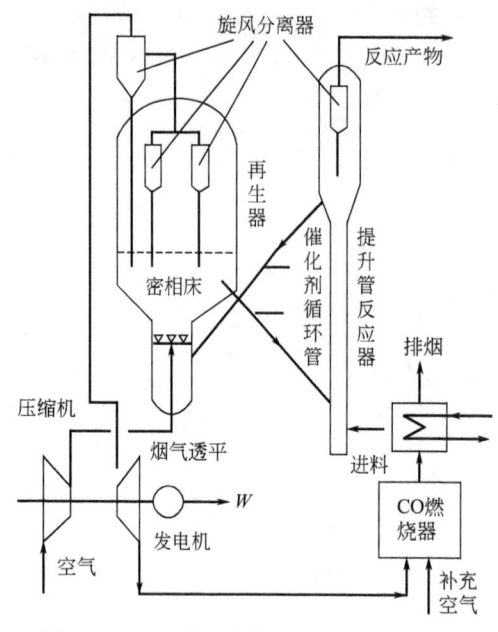

图 3-87 FCC 焦炭燃烧能量转换联产技术

与反应器的压力平衡,再生器的操作压力一般为 0.25~0.3MPa(绝),焦碳燃烧产生的烟气的流动㶲(压力能)通过烟气轮机作功。对一个加工量为 100 万吨/年 FCC 而言,一台设计、制造和运转良好的烟气轮机约可产 6MW 的动力,不仅可用于驱动本装置空气压缩机、还可发电 1.5~2MW 输出供厂内其他装置使用。

全世界每年有数以亿吨的馏分油在 FCC 装置中加工,产生上千万吨的焦炭。目前的技术已有可能采用联产技术使这些焦炭化学能的转换达到或接近燃机联产系统烧用的轻油或炼厂气一样高的使用效率。与普通燃机不同的是,它的燃烧器同时也是一个工艺设备——再生器,烟气中不但没有过剩 O_2,反而有相当不不完全燃烧的 CO。但随着 FCC(或 RCC)原料和生焦率的不同,采用两段再生等不同的技术,流程和参数也可有不同的变化。

在这个系统中,FCC 焦炭的化学能一部分通过循环催化剂供给裂化所需的反应热,转换为产品的化学能,另一部分通过烟机作功输出,还同时产生压力 4MPa 以上的蒸汽,是一个高级的联产系统。

目前国内的系统绝大部分是再生器出口温度 700℃ 左右,先进入烟机膨胀作功,500℃ 左右的烟气再进入 CO 燃烧器,CO 燃烧放热升温,再仅余热锅炉产汽。改进的系统把 CO 燃烧器放在烟机之前,这样 CO 燃烧放热升温可达 900~1100℃,先进高温余热锅炉,出来的 700℃ 烟气再进烟机,可使烟机功率增加 1MW,装置能耗降低(标准油)3kg/t。

更进一步的改进是,将烟机的叶片改为空心结构,像一般燃气轮机一样内通空气或蒸汽冷却。这样,就可以把烟机的进气温度从 700℃ 提高到 1100℃;在同样的压比下,与 600~700℃ 左右的进气相比,作功能力将可以成倍提高。空心内冷叶片技术是完全成熟的,FCC 烟机与普通燃气轮机的区别,只在于前者有气流中催化剂颗粒对叶片的高速冲蚀作用;这一点,也已经通过叶片表面耐高温陶瓷材料喷涂而加以解决,并且推广到普通燃气轮机上采用。因此 FCC 烟机改用内冷叶片大幅度提高功回收率在技术上是完全可行的。这项技术的采用,取决于商务、市场方面的运作和组织。相信不久之后一定能在中国率先实现,因为中国是世界上 FCC 烟机最多的国家。

3.4.5 全局能量综合优化

三环节㶲经济模型使得单元设备和环节有了分别综合优化的可能。由于三个环节之间极其密切的相互联结、制约关系,它们分别、独立的优化是有条件的、相对的,原因如下。

每个环节(单体)优化的㶲经济边界条件多半是其他环节能量综合状况的函数。因此在全局综合中必须反复调整(迭代)而不可能序贯求解。如利用环节优化的㶲经济边界条件 C_{ui} 取决于转换效率、C_{oj} 取决于回收效率;而回收环节优化的㶲经济边界条件是 E_{xO}、E_{xD} 和 C_{ui},分别取决于利用环节和转换环节(图 3-88)。

每个环节自身优化的结果,都会在各种程度上改变其他环节综合优化的物(能)流条件或㶲经济边界条件。例如:利用环节的优化、会使回收环节 HEN 冷热流的组成,数目大大改观(正向影响);HEN 的匹配优化、升级措施考虑,会使转换环节 E_{xU}、E_{xD} 的数量、品位改变(正向影响);转换环节联产和提高 η_{xU} 的考虑,会给 HEN 提出新的源和阱、改变网络结构(反向影响);HEN 的结构缺陷提出调整源、阱条件的要求,促使利用环节综合方案的重新调整(反向影响)。

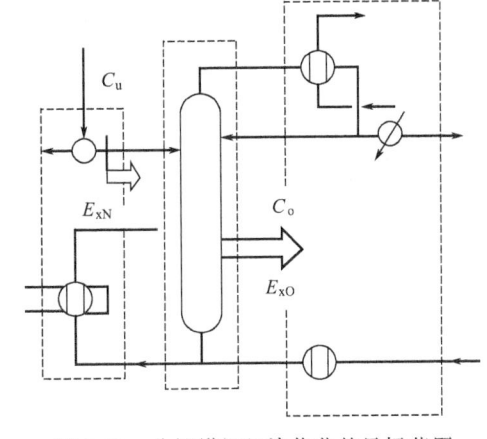

图 3-88 分馏塔㶲经济优化的目标范围

综此,过程系统全局的能量综合和寻优是比单元和局部环节综合更重要的一步。由于过程系统的复杂性,全局综合一般谈不到采用数学规划法求出最优解,甚至难以从数学角度定义为一个求解某几个决策变量的最优值的最优化问题。但是,从对用能合理性尺度的认识—经济性可以明了,全局能量综合的经济性是可以通过在能量合理计价前提下的全局最优经济效益来表征的。

对全局综合优化的规律还在探索中。这里只就初步研究有一定见解的问题加以介绍。

3.4.5.1 按三个子系统进行分解协调优

前述中,大致列出了先从利用环节即反应、分离子系统开始优化的具体内容。优化的方法,可以根据具体的内容特点,采用解析法、数学规划法、专家系统或调优的任何一种最优化技术。问题的关键在于,当把利用环节或其中的某个子单元分解出来单独优化时,必须设定边界条件值。而边界条件值又是由转换、回收两个环节的能量综合状况所决定的。另一方面,这两个环节的能量综合又必须以利用环节的优化结果为基础。这就决定了三个环节(子系统)优化之间的互相影响、制约和必须反复协调。协调变量,就是环节之间的节点传递㶲价 C_{ui} 和 C_{oj}。下面以分馏塔系统为例来说明。

图 3-88 给出了以一个简单分馏塔代表的分馏塔系统的物料和能量流程简图。首先定义两组结点㶲价 C_{ui} 和 C_{oj} 作为边界约束条件,并在给定的初值下,相对独立地进行利用环节(塔体或其部分)的优化。随后进行其他两个环节(再沸器、冷凝器)的分解优化,导致 C_{ui} 和 C_{oj} 的初值发生改变。再以 C_{ui}、C_{oj} 作为协调变量,协调三个环节间的优化,最终导致总体上趋优。

1. 利用环节(分馏塔自身)的优化

对分馏塔系统或网络,首先优化的是塔本身,其范围如图 3-89 所示的中间虚线框部分。优化的目标函数可表示为:

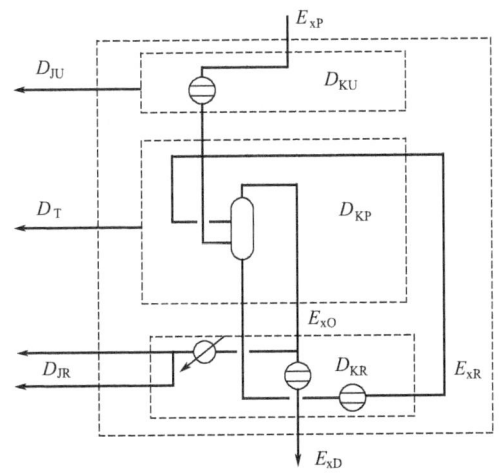

图 3-89 某简单分馏塔系统的三环节模型

$$O = \sum_j^m \bar{C}_u \bar{E}x_{uj} - \sum_j^m C_{oj} + \sum_j^m \beta P_{pj}$$

(3-74)

式中,m 为分馏塔或改进措施的数目。

以上费用方程中，各状态变量和决策变量，如回流比、塔盘数、塔盘型式和效率，乃至中间冷凝，中间再沸物流参数等同 E_{xui}、E_{xoj}、P_{pj} 之间的关系不难由具体塔系的模拟、㶲分析、㶲经济分析和投资概算关联式给出；从而得出关于各个设计变量的目标函数式。一般情况下，这些函数都非常繁复，难以用数学规划法求解（多为混合整数非线性规划）。具体的优化求解方法取决于实际对象优化参数关联的复杂程度。例如一个芳烃分离的简单塔的 R-N_T 优化解，是在用 PRO-Vision 流程模拟软件模拟计算出 R-N_T 关系的基础上用一个直接搜索程序求得的。而复杂塔的最优方案，则可通过基于㶲经济评价试探调优法求得。

2. 回收环节和转换环节（冷凝器和再沸器）的优化

分馏塔自身优化的结果所确定的工艺总用用 E_{xN} 和待回收㶲 E_{xO}，正是再沸器和冷凝器优化设计的基础（即冷热流负荷和温度条件）。再沸器和冷凝器的优化，实质上就是整个能量回收环节和能量转换环节的综合优化；也是既有单台优化设计问题，又有网络匹配问题。因此要包括预热、冷却器等其他热源、热阱一并考虑，因而牵涉到换热网络的综合和转换联产方案的制定。在确定 E_{xN} 和 E_{xO} 条件下，这两个环节综合优化又是相对独立于塔自身优化的，其范围为图 3-88 左右两个虚线框内部分，目标函数分别为：

转换环节

$$O_u = \sum_i (\bar{C}_u - \bar{C}_p)(\bar{E}_{xO} + \bar{E}_{xD})_i = \sum_i \bar{C}_p (D_{KD} + D_{JU})_i + \sum_i \beta P_{ui} \tag{3-75}$$

回收环节

$$O_R = \sum_j \bar{C}_{ui}(\bar{E}_{x_R} + \bar{E}_{x_E})_j - \sum_j C_{oj}(E_{x_R} + E_{x_E})_j =$$

$$\sum_j C_{oj}(D_{k_R} + D_{JR})_j + \sum_j \bar{C}_{uj} \bar{E}_{xDj} - \sum_j C_{oj} E_{xDj} + \sum_j \beta P_{Rj} \tag{3-76}$$

两环节优化的结果，分别求得相应的特参量有效供入㶲价 C_{ui} 和待回收㶲价 C_{oj} 的优化值，并给出相应的热量匹配方案。

3. 全局协调

用新的 C_{ui} 和 C_{oj} 值重新调整塔的初步优化结果，又会使 E_{xN} 和 E_{xo} 值发生变化。这就是 C_{ui} 和 C_{oj} 作为协调变量在全局优化中所起的作用。迭代重复 1 至 3 步骤，便可获得收敛的全局优化结果。表 3-51 给出了经过三轮分解协调优化后某塔系的设计参数变化的效益增加的结果。

表 3-51 某塔系分解协调优化的结果

序号	C_u /(¥/GJ)	C_o /(¥/GJ)	原料量 /(t/a)	物料效益 /(10^4¥/a)	能耗费 /(10^4¥/a)	总效益 /(10^4¥/a)
初始	91.4	−36.9	1.3	612	498	114
第一轮	91.4	−36.9	1.61	809	172.0	569.5
第二轮	90.3	47.7	1.6	804	144.6	603.9
第三轮	90.2	47.7	1.6	804	145.4	608.0

3.4.5.2 换热网络结构调优

对于给定的热源和热阱，冷、热流复合线的形状是固定不变的，一旦最优夹点温差 $\Delta T_{\min,\text{opti}}$ 被确定，则每个匹配单元（即每个换热器）的传热温差 ΔT_j 也被确定，但此时绝大多数换热器的传热温差却不是最佳的。

1. 换热单元的优化传热温差 ΔT_{opt}

由换热单元总费用式（3-73）经过适当的推导，可得出换热单元的最优传热温差为：

$$\Delta T_{\text{opt}} = \frac{T_e}{\sqrt{C_{\text{hc}} T_0/(C_f \lambda + n\tau)} - 1} \tag{3-77}$$

或

$$\Delta T_{\text{opt}} = T_h \sqrt{\frac{C_f \lambda + n\tau}{C_{\text{hc}} T_0}} \tag{3-78}$$

其中

$$\tau = I/(KF) \tag{3-79}$$

$$\lambda = \sum_i (V_i \Delta P) KF_i \text{（液体换热）} \quad \text{或} \quad \lambda = \sum_i n_i RT_0 \ln(P_1/P_2)_i/(KF) \text{（气体换热）} \tag{3-80}$$

式中，τ[元/(W·K)]为传热经济因数，意为 1K 温差下传递单位热量所耗用的一次投资；I（¥/m²）为每平方米换热面积的投资；λ[W/(W·K)]称为换热器的功耗因数，意为 1K 温差下传递单位热量所耗的流动。

可见，换热器的最优温差，是在 ΔP-K 优化设计前提下，投资、功耗、传热㶲损三维权衡的优化结果。文献用同样的思路，另一种表示方法，给出废热锅炉、进出料换热器、再沸器等三种情况下最优温差的计算式。

2. 换热网络结构调优的途径

为了调整换热网络结构，使得每个匹配单元的 ΔT_j 接近于相应的最佳传热温差 $\Delta T_{\text{opt},j}$，必须对一些热源、热阱做一定的调整，这种调整有以下三个途径。

（1）利用环节的工艺改进

例如改变分馏塔的操作压力来改变塔顶冷凝和塔底再沸物流的温位，增加中间再沸器以减少塔底再沸器负荷；再如，通过提高闪蒸压力来提高溶剂蒸汽冷凝放热温位等。

（2）转换环节的功热联产（"多水平公用工程"）

例如采用背压或抽汽透平提供不同温位的加蒸汽，或采用燃气轮机、用排出的尾气做加热源等。

（3）回收环节的能量升级（"热机、热泵"）

例如采用热泵系统使低温热升级为能级 ε（即卡诺因子 $1-T_0/T$）较高的热量或冷量；或采用低温朗肯循环使一段低温热源转化为功。

图 3-90 给出一个通过工艺改进调整换热网络结构的实例。为了回收更多的冷凝热，在增加 B 塔操作压力的同时，使用填料代替部分塔盘以降低 B 塔的全塔压降，因而温位提高后的 B 塔顶凝热可以用来作为 A 塔再沸器的加热热源。换热网络调整前后，相应的冷热复合线见图 3-90（b）。图 3-91 是另一个热泵（能量升级）复合措施的示意图。表 3-54 和表 3-55 中也可以看到复合措施的调优情况。

复合措施与 Linnhoff 等的"适当布置原则"的一个重要区别在于：当考虑复合措施时，原先换热网络的夹点温差不再是衡量匹配热源、热阱的标准；两条改进后的复合曲线也不再如"平衡复合曲线"那样各段趋近于等温差。同时，也不需要最后再优化平衡复合曲线的 $\Delta T_{\min}$。

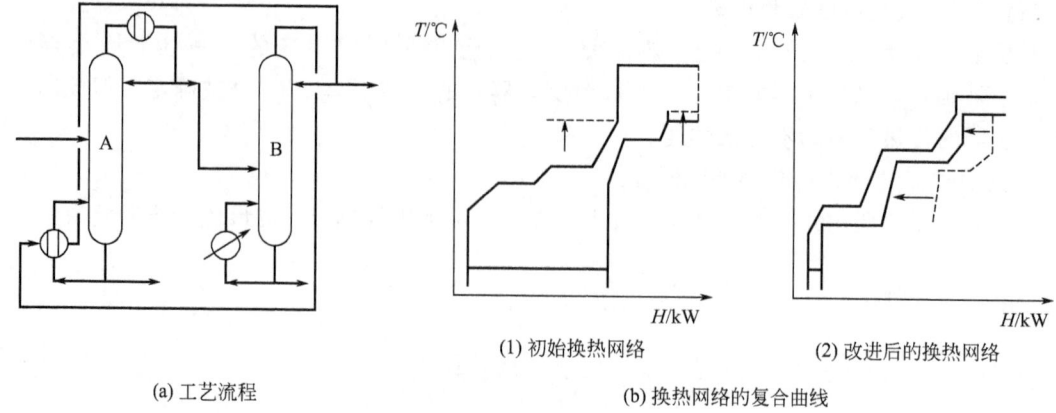

(a) 工艺流程　　(b) 换热网络的复合曲线

(1) 初始换热网络　　(2) 改进后的换热网络

图 3-90　通过工艺改进（改变塔压和塔压降）进行换热网络结构调优

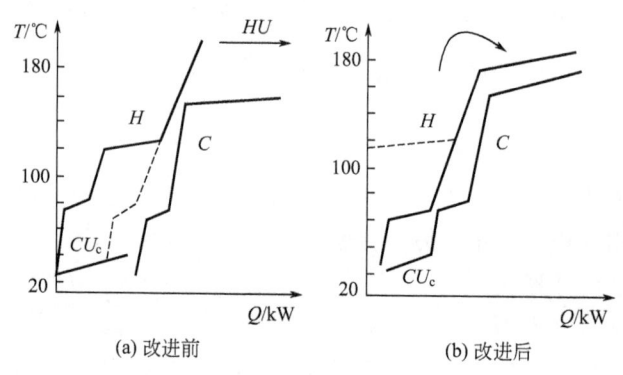

(a) 改进前　　(b) 改进后

图 3-91　热泵复合措施 HEN 结构调优曲线

相反地，最后优化的换热网络复合线各段的传热温差是各不相同的，取决于各台换热器 ΔT 优化的计算结果。

3. 复合措施的效益和优化

复合措施的优化同上述分解优化是不同的，因为它涉及不止一个环节，而且是基于初步优化过的方案上进行。优化的目标函数不再是总费用而是与初始方案比较总费用的减小量，通过使目标函数达到最大，求出决策变量的最优值。上面两个例子中，决策变量是填料的高度和传热温差。在多数情况下是难以通过数学规划法求解最优值的。

复合措施的效益可由㶲经济方法计算，详见文献 [19]。在有了投资和效益计算模型的基础上，可采用直接搜索法或决策变量的一维离散值作图法可求解复合措施的优化方案。

3.4.5.3　技术改造的㶲经济调优

就一个全局系统而言，在各子系统的㶲经济边界约束条件一定的情况下，存在很多以最小费用为目标的相对独立的局部优化。而这些约束条件又往往取决于其他子系统的局部优化。因而，当这些子系统构成一个全局时，它们的优化结果不可能处在一个效益相同的位置。换句话说，它们的投资利润率 $r_k = \Delta O_K / \Delta I_K$ 互相之间将存在很大差别。按照增量效益评价法，真正的最优投资增量应是边际投资增量 ΔI_{mar}，而不是相应于最大 ΔO 的"优化投资增量" ΔI_{opt}。因为超过边际投资增量点的微分投资利润率 dO/dI 已经小于最小可接受的投资利润率（MARR），见图 3-92。因此，愈是投资利润率较小的措施，ΔI_{op} 与 ΔI_{mar} 的差值愈大，所以必须做一定的调整，退回到实际最优点。对于投资利润率较大的措施，简单地再追加投资肯定是不合理的，不过对这种情况往往可以通过对方案作进一步的深化改进，从而在投资利润率变化不大的情况下获得更多效益。

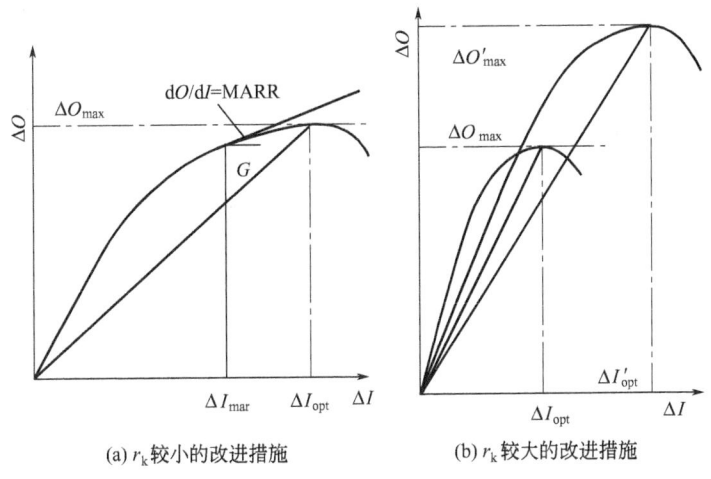

(a) r_k 较小的改进措施　　(b) r_k 较大的改进措施

图 3-92　ΔI_{opt} 与 ΔI_{mar} 的比较

1. 改进措施效益计算

一般的说，改进措施的投资估算是比较容易的。困难在于效益的计算。如前所述，按照措施所在环节和效益特征，可将节能改进措施分为 4 类：a. N 类措施（特征参量 E_{xNj}）降低工艺总用㶲；b. K 类措施（特征参量 D_{kpj}）降低过程㶲损耗 D_{kpj}；c. R 类措施（特征参量 C_{oj}）增加能量回收；d. U 类措施（特参量 C_u）提高转换效率。在这 4 类措施中，除了 U 类措施可以从节省外界供入的能源计算效益之外，其他 3 类则很难作到。因为它们的节能效果多体现在㶲损耗的降低、总用㶲的减少或回收㶲的增加上；因而，它们的效益必须通过㶲经济学方法计算。

上述四类措施效益计算的㶲经济学方程式可归纳如下表 3-52。

表 3-52　四类措施效益计算方程汇总

措施记号	特征变量	效益	算式
N_{jk}	ΔE_{xNj}	ΔO_{Njk}	$\overline{C}_u \Delta E_{xojNk} + \beta_{pNj}\Delta P_{pNjk}$
K_{jk}	ΔD_{kpj}	ΔO_{kjk}	$\overline{C}_{uoj}\Delta D_{kpjk} + \beta_{pkj}\Delta P_{pkjk}$
R_{jk}	ΔC_{oj}	ΔO_{pjk}	$-E_{xoj}\Delta C_{ojk}$
U_{jk}	ΔC_{ui}	ΔO_{uik}	$\overline{E}_{xNi}\Delta C_{uik}$

2. 调优思路

① 求得各措施施的 ΔO_k 后，很容易便可求出 $r_k = \Delta O_k / \Delta I_k$

② 在每期措施都是在各自的㶲经济边界条件下分别按最小费用法优化的情况下，以从全局效益角度求得的经济性指标（统一的！）$r_k = \Delta O_K/\Delta I_K$ 来评价它们之间的相对经济性，无疑是协调它们之间的关系的合理判据。具体处理思路如下列五种情形（表 3-53），按此判据提

出的方向调整措施程度，虽然会使就局部观点看来的总费用增加，但全局的效益会更好。

表 3-53 $\Delta O/\Delta I$ 取值情况及处理策略

情况	1	2	3	4	5
ΔO	—	—	—	+	+
ΔI	0	—	+	—	+
$\Delta O/\Delta I$	1	+	—	—	+
意义	不需要投资经济条件限制	投资和操作费都节省	增加投资，节省操作费用	增加操作费用，节省投资	投资和操作费用都增加
处理原则	进、取	进、取	根据给定经济约束条件和 $\Delta O/\Delta I$ 值进、退调整		舍去（极少发现）

③ 对调整后的方案再作进一步调优可使全局效益逐步趋优。

表 3-54 和表 3-55 给出了两个工程项目能量综合改进方案的调优结果。

表 3-54 设计方案改进的两轮调优结果

措施编号		第一次改进方案				第二次改进方案				第三次调优进方案		
		ΔO/(万元/年)	ΔI/(万元/年)	$\Delta O/\Delta I$	处理	ΔO/(万元/年)	ΔI/(万元/年)	$\Delta O/\Delta I$	处理	ΔO/(万元/年)	ΔI/(万元/年)	$\Delta O/\Delta I$
	U11	−0.026	0.012	−0.26	C							
	U12	−0.032	0.176	−0.19	C							
L R C	KR11	−0.877	0.400	−2.19	A	−1.08	0.790	-1.37	A	−1.14	0.717	−1.59
		−1.04	0.577	−1.87	A	−1.05	0.493	−2.13	A	−1.05	0.605	−1.74
		−1.13	4.68	−0.240	T	−1.00	3.94	−0.25	T	−1.02	3.942	−0.26
	R12	−0.278	0.605	−0.46	A	−0.272	0.925	−0.29	T	−0.278	0.637	−0.44
	R31	−0.048	0.093	−0.52	A	−0.051	0.016	−2.94		−0.055	0.055	−1.0
	(LRC)	−2.50	5.93	−0.42	T	−2.38	5.37	−0.44	T	−2.41	5.238	−0.46
	R13	−0.211	0.371	−0.56	L,T	同第一次				同第一次		
	R14	+0.109	1.84	+0.06	C							
	N01	−0.192	0		L,T	同第一次				同第一次		
	N11	−0.074	0		L,T							
	N31	−0.25	−1.14	+0.22	L,T							
		−4.048	7.686	−0.53		1.182	5.395	−0.78		−4.272	5.187	−0.82

注：A 为进、取，T 为调整，C 为取消，L 为工艺限制。

表 3-55　全局方案的㶲经济评价

措施分类	ΔI/万元	ΔO/万元	$\Delta O/\Delta I$	处理	$(\Delta O/\Delta I)'$
N11	11.2	50.1	4.47	保留	4.47
NR12	108.8	53.1	0.49	退	0.556
				退	0.556
R11	10.5	42.3	4.03	保留	4.03
R12	0.65	0.44	0.68	保留	0.68
R23	0.65	0.39	0.60	保留	0.60
R24	1.20	1.83	1.53	保留	1.53
U21	18	1.7	0.094	保留	
U22	1.21	17.9	14.8	保留	14.8
合计	151.6	167.8	1.11	—	—
调整后合计	118.2	164.9	—	—	1.40

　　三环节能量综合策略方法是在我国过程工业节能技术的研究开发和工程实践中提出和发展的。它的特点是㶲经济学方法和过程系统能量结构理论的结合。由于它在模型上的严谨性和㶲经济学计算的繁琐性，应用起来比较麻烦。计算机科学的迅速发展，将会解决这个问题；通过相应软件的开发，使大量繁琐的计算由计算机程序来完成，这是为时不久的了。在这里，设计师可以借鉴这一策略方法的思路和所举的实例，在所承担的设计任务中创造性地发挥自己的聪明才智，作出接近于优化的能量综合设计方案来。

参 考 文 献

[1] 徐宏株，傅良. 化工节能实例选编. 北京：化学工业出版社，1989：149.
[2] 华贲，石熙. 石油炼制. 节能论文汇编. 1989：155.
[3] 徐宏株，傅良. 化工节能实例选编. 北京：化学工业出版社，1989：153.
[4] 徐宏株，傅良. 化工节能实例选编. 北京：化学工业出版社，1989：155.
[5] 华贲，沈剑峰. 石油化工，1992，21 (6)：392.
[6] Petlyuk F B, et al. Int Chem Engr, 1965, (5): 3, 555.
[7] Zheng Z Z, et al. First International Thermal Energy Congress, Marrakesh, Morocco 1993: June 6-10.
[8] Parti M, Palancz B. Chem Eng Sci, 1974, 29.
[9] 谭志明等. 中国井矿盐，1992，23 (6)：16.
[10] 尹清华等. 化工学报，1992，43 (1)：54.
[11] Yin Q H, Hua B, et al. ASME AES-Vol. 27, HTD-228, 1992: 341-346.
[12] 吴国东等. 石油化工，1994，23 (2)：100.
[13] 华贲，杨友麒. 化工百科全书. 卷 6.508.
[14] 李志红，华贲等. 石油化工，1998，27 (11)：11.
[15] 赵士杭. 燃气轮机循环与变工况性能. 北京：清华大学出版社，1993.
[16] 尹清华，陈清林，华贲等. 炼油设计，2000，(8).
[17] 华贲，徐天华. 管壳式换热器及其强化传热的㶲经济评价和优化. 化学工程，1993，(21)：5.
[18] 华贲，吴国东. 化学工程，1991，(2).
[19] Keenan J H. Mech Eng, 1932, (54): 195.
[20] 华贲. 工艺过程用能分析及综合. 北京：烃加工出版社，1989.

[21] Tsatsaronis G. Progress of Energy Combustion Science,1993,(19):227.
[22] Evans R B,et al. Principles of Desalination. N. Y. :Acad Press,1966.
[23] Obert E F,et al. Thermodynamics,2nd ed. N. Y. :Mcgraw-Hill,1963.
[24] El-Sayed Y M,Tribus M. ACS Symposium Series,1983,(235):215.
[25] Fehring T,Gaggioli R A. Trans ASME,J Engr for Power,1977,(99):482.
[26] Wepfer W J,Gaggioli R A. Trans ASME,J Engr for Industry,1979,(101):427.
[27] Gaggioli R A,Fehring T. Combustion,1978,(49):35.
[28] Marc A. Rosen,Ibrahim Dincer Int. J of Energy Research,1997,(21):643.
[29] Frangopoulos C A AES,1991,(25):49.
[30] 低能耗的甲醛生产方法. 中国,ZL92101137.7.
[31] 华贲,戴自庚等. 甲醛装置的㶲分析和能量综合优化. 石油炼制:石油化工节能专辑,1992.

第4章 基础工程设计

4.1 概　　述

化工工艺基础设计（也称初步设计），是化工设计中很重要的内容之一，它是由工艺包转换成工程设计的重要环节。在基础设计阶段，化工工艺和系统设计工程师要把工艺包的文件和图纸认真消化，在 PID 图纸上加入为实现工业化生产所必备的全部管道和管件，再为自控、容器、机械、给排水、环保、外管、暖通、概算等专业提出设计条件，并把这些专业返回的条件也补充到 PID 上和相应的设计文件中。在与各专业的条件往来中，化工工艺和系统设计工程师工作量比较大的是为自控及设备（包括容器和机械两个专业）专业提出条件。要提好这些条件，化工工艺和系统设计工程师必须具备扎实的基础知识和丰富的生产经验，获得这些知识和经验只有靠长期的设计实践经验来积累。

化工工艺和系统设计工程师在进行基础设计时还需要很多计算，这些计算的原理都在化工单元设计中讲述了，这里不再重复叙述了。

化工工艺基础设计的主要设计文件应有：工艺设计基础、工艺说明、界区条件表、工艺流程图（PFD）、工艺设备表、公用物料流程图（UFD）、工艺管道及仪表流程图（PID）、管道表。

基础工程设计文件的深度，应达到能满足业主审查、工程物资采购准备和施工准备、开展详细工程设计的要求。供政府行政主管部门审查的"消防设计专篇"、"环境保护专篇"、"安全设施设计专篇"、"职业卫生专篇"、"节能专篇"和"抗震设防专篇"设计文件组成。

基础设计的全过程需要 6~9 个月的时间。

基础设计的概述部分是对装置基础工程设计作全面概括的说明，其内容应包括概况、产品及副产品、主要原料、生产方法及能源利用、生产控制、装置位置及周边情况、公用系统及辅助设施、主要技术经济指标、存在问题和建议。

在概述中应说明：装置的建设规模、建设性质、建设依据和设计依据、设计中贯彻执行的方针政策，装置的组成、设计范围和设计分工，装置的年运行时数、推荐的操作班次和定员，项目的依托条件等内容。

装置的建设规模应列出主产品或加工原料量的设计生产规模，分期建设的项目应列出分期建设的规模。

装置的建设性质应说明是新建、扩建或改建（技术改造）。

建设依据和设计依据应列出建设项目可行性研究报告或总体设计和批准文件，建设项目的环境影响报告书（表）、安全评价报告、职业病危害预评价报告、项目节能评估意见等及其批准文件、工程建设场地地震安全性评价报告，设计合同、工艺设计包等文件的名称、文件号和审批单位的名称，含有引进技术的项目尚应列出引进技术合同的名称和合同号。

说明装置设计贯彻执行的方针政策（包括国家的有关方针政策和建设项目行业主管部门的有关法规文件）。

说明装置的组成、设计范围。装置由单元（主项）组成时，按表 4-1 列出单元（主项）

表，由 2 家以上单位完成设计时，还应列出设计分工。

表 4-1　单元（主项）表

单元(主项)编号	单元(主项)名称	负责设计单位	备 注

说明装置（或单元）的年运行时数和操作班次，并按表 4-2 列出装置建议的定员。

表 4-2　装置定员

序号	岗位名称	管理人员	技术人员	操作人员				辅助人员	其他	小计	备注
				班长	内操	外操	班次				
	合　计										

对改扩建项目，还应简要说明装置的依托条件。

说明装置全部产品和副产品的名称、主要规格、产量、贮存运输条件、运输方法和去向。

当项目建设中包括产品储仓时，应说明产品储仓的贮存能力（贮存周期）。

当项目建设中包括原料储仓时，应说明原料储仓的贮存能力（贮存周期）和贮存方式。

说明装置使用的主要原料的名称和主要规格、预计年用量，说明原料的来源和供应（输送）方式。

简要说明装置的生产方法和技术来源，概述其生产过程和节能措施。

简要说明装置生产过程中的自动控制水平、主体仪表和控制系统的选型。

说明装置在厂区内的位置，与相邻装置、设施的间距和相对位置。

说明装置所需电、汽、冷、水、氮、仪表用空气、压缩空气、燃料等的规格或参数，需用量和来源。

装置设计的主要技术经济指标见表 4-3。

表 4-3　主要技术经济指标

序号	单元(主项)名称	数值及单位	备 注
1	设计规模及主要产品方案		
2	消耗指标 (1)原料 (2)主要辅助材料及催化剂 (3)新鲜水 (4)循环冷却水 (5)电 (6)蒸汽 (7)燃料		
3	装置区总占地面积		
4	装置总建筑面积		
5	"三废"排放量		
6	运输量 运入量 运出量		

续表

序号	单元(主项)名称	数值及单位	备 注
7	总定员		
8	总能耗		
9	工艺设备总台(套)数 (1)容器 (2)换热器 (3)工业炉 (4)机泵 (5)机械 (6)其他		其中国外订购台数
10	三材用量 (1)钢材 (2)木材(必要时) (3)水泥		
11	总投资		

说明工程建设进度的初步安排。说明安排工程建设进度的原则，并附工程建设进度初步安排表，说明工作起始点（合同生效）、基础工程设计、详细工程设计、设备和材料采购、施工、中交、联运、投料试车、交付生产等主要建设阶段的进度。

说明装置设计所存在的问题并提出建议。

重要的批复文件作为附件。

4.2 工艺管道及仪表流程图（PID）

4.2.1 基本内容

工艺管道及仪表流程图（Process Piping and Instrument Diagrams 亦称 PID、带控制点流程图）的设计是化工厂设计中从化工工艺的流程设计过渡到工程施工设计的重要工序。

管道及仪表流程图分为工艺管道及仪表流程图（PID）和公用物料管道及仪表流程图（UID）。

由于 PID 图的设计千变万化，即使同一工艺流程的装置，也往往由于外界因素的影响（如用户要求、地理环境的不同，以及操作生产人员经验的差异等），需要在 PID 设计时作出相应的对策；再加上设计者处理方法的不同，同一工艺流程在不同的工程项目中，其 PID 不可能完全一致，但也不会有太大的差异。另外 PID 通常有 6~8 版，视工作需要而定。

PID 是工厂安装设计的依据。工艺流程对工厂管道安装设计中的一切要求，除了高点放空和低点放净外，大到整个生产过程中所有的设备、管道（包括主要的和辅助的管道），小到每一个法兰和每一个阀门，都要在 PID 中标示清楚。

一套完整的 PID 及 UID 要能清楚地标示出设备、配管、仪表等方面的内容和数据。具体 PID 的设计内容如下。

4.2.1.1 设备

(1) 设备的名称和位号

在 PFD 中，如有多台相同设备并联时，可以只画出一台，但在 PID 中，每台设备，包括备用设备，都必须标示出来。若是扩建、改建项目，已有设备要用细实线表示，并用文字注明。

(2) 成套设备

对成套供应的设备（如快装锅炉、冷冻机组、压缩机组），要用细点划线画出成套供应范围的框线。在此范围内，所有附属设备的位号后都要带后缀"X"以示这部分设备随主机供应，不需另外订货。

(3) 设备规格

PID 上应注明设备的主要规格和参数，如泵应注明流量 Q 和扬程 H；容器应注明直径 D 和长度 L；换热器要注出换热面积或换热量；贮罐要注出容积。和 PFD 不同的是，PID 中标注的设备规格和参数是设计值，而 PFD 中标注的是操作数据。

(4) 接管与连接方式

管口尺寸、法兰面形式和法兰压力等级均应详细注明。一般而言，若设备管口的尺寸、法兰面形式和压力等级与相接管道的尺寸、管路等级规定的法兰面形式和压力等级一致，则不需特别标出；若不一致，须在管口附近加注说明，以免在安装设计时配错法兰。

(5) 零部件

为便于理解工艺流程，与管口相邻的塔盘、塔盘号和塔的其他内件（如挡板、堰、内分离器、加热冷却盘等）都要在 PID 中标示出来。

(6) 标高

对安装高度有要求的设备须标出设备要求的最低标高。塔和立式容器须标明自地面到塔、容器下切线的实际距离或标高；卧式容器应标明容器内底部标高或到地面的实际距离。

(7) 驱动装置

泵、风机和压缩机的驱动装置要注明驱动机类型，有时还要标出驱动机功率。

(8) 泄放条件

PID 应标明容器、塔、换热器等设备和管道的放空、放净去向，如排放到大气、泄压系统、干气系统或湿气系统。若排往下水道，要分别注明排往生活污水、雨水或含油污水系统。

4.2.1.2 配管

(1) 管道规格

所有的工艺、公用工程管道都要注明管径、管道号、管道等级和介质流向。管径用公称直径表示。若同一根管道上使用了不同等级的材料，应在图上注明管道等级的分界点。

一般在 PID 上管道改变方向处标注介质流向。

(2) 间断使用的管道

对间断使用的管道要注明"开车"、"停车"等字样。

(3) 阀件

正常运行时常闭的阀门或需要保证开启或关闭的阀门要注明"常闭"、"铅封开"、"铅封闭"、"锁开"、"锁闭"等字样。

所有的阀门（仪表阀门除外）在 PID 上都要示出，并用图例示出阀门的形式；若阀门尺寸与管道尺寸不一致时，要注明。

阀门的压力等级与管道的压力等级不一致时，要标注清楚；如果压力等级相同，但法兰面的形式不同，也要标明，以免安装设计时配错法兰，导致无法安装。

(4) 管道的衔接

管道进出 PID 中，图面的箭头接到哪一张图及相接设备的名称和位号要交代清楚，以便查找相接的图纸和设备。

(5) 两相流管道

两相流管道由于容易产生"塞流"而造成管道振动，故应在 PID 上注明。

(6) 管口

开车、停车、试车用的放空口、放净口、蒸汽吹扫口、冲洗口和灭火蒸汽口等，在 PID 上都要清楚地标示出来。

(7) 伴热管

蒸汽伴热管、电伴热管、夹套管及保温管等，在 PID 上也要清楚地标示出来，但保温厚度和保温材料类别不必示出（可以在管道表上查到）。

(8) 埋地管道

所有埋地管道应用虚线标示，并标出始末点的位置。

(9) 管件

各种管路附件，如补偿器、软管、永久过滤器、临时过滤器、盲板、疏水器、可拆卸短管、非标准的管件等都要在图上标示出来，有时还要注明尺寸，标上编号。

(10) 取样点

取样点的位置和是否有取样冷却器等都要标出，并注明接管尺寸。

(11) 特殊要求

管道坡度、对称布置和液封高度要求等均需注明。

(12) 成套设备接管

PID 中应示出和成套供应的设备相接的连接点，并注明设备随带的管道和阀门与工程给料管道的分界点。工程给料部分必须在 PID 上标示，并与设备供货的图纸一致。

(13) 扩建管道与原有管道

扩建管道与已有设备或管道连接时，要注明其分界点。已有管道用细实线表示。

(14) 装置内、外管道

装置内管道与装置外管道连接时，要画"联络图"。并列表标出管道号、管径、介质名称；装置内接往某张图、与哪个设备相接；装置外与装置边界的某根管道相接，这根管道从何处来或去何处。

(15) 特殊阀件

双阀、旁通阀在 PID 上都要标示清楚。

(16) 清焦管道

在反应器的催化剂再生时，需除焦的管道应标注清楚。

4.2.1.3　仪表与仪表配管

(1) 在线仪表

流量计、调节阀等在线仪表的接口尺寸如与管道尺寸不一致时，要注明尺寸。

(2) 调节阀

调节阀及其旁通阀要注明尺寸,并标明气开或气闭,是否可以手动等。我国钢制调节阀阀体的最低压力等级是 $4\times10^6 Pa$,而管道的压力等级往往低于 $4\times10^6 Pa$,此点在 PID 上要注明,以免法兰配不上。

(3) 安全阀

安全阀要注明连接尺寸、阀孔面积和定压值。

(4) 设备附带仪表

设备上的仪表如果是作为设备附件供应,不需另外订货时,该仪表编号要加后缀"X"。

(5) 仪表编号

仪表编号和电动、气动信号的连接不可遗漏。

(6) 联锁及信号

联锁及声、光信号在 PID 上亦要标示清楚。

(7) 冲洗、吹扫

仪表的冲洗、吹扫要示出。

(8) 成套设备

成套供应设备的供货范围要标明。对制造厂成套供货范围内的仪表,在编号后应加后缀"X"。

4.2.2 工艺管道及仪表流程图(PID)的设计过程

PID 的设计过程是从无到有,从不完善到完善的过程。研究工艺管道及仪表流程图的设计过程,有利于提高其设计质量。

PID 的设计,必须待工艺流程完全确定后才能开始,否则容易造成大返工,从而导致人力的浪费。但也不必待工艺流程设计完全结束后才开始,这样可以缩短设计周期,加快基建速度。

PID 的设计一般要经过初步条件版、内部审核版、供建设单位批准版、设计版、施工版和竣工版等阶段后才能完成。

4.2.2.1 初步条件版(零版)

PID 设计过程中,系统专业需要具备必要的基础资料。这些资料在 PID 设计初期不可能全部具备,但有了主要部分即可开展工作。

PID 的零版可以由系统工程师完成。也可由工艺工程师完成后移交给系统工程师,由系统工程师继续完成后面的一系列工作。

PID 零版的主要作用,一是供配管专业进行装置布置和主要管道走向的研究使用;二是供给自控专业完善自控设计。在此版设计时,PID 的设计者根据工艺流程图和自己的专业知识进行仪表设计。关于控制方案,还应听取用户的意见。PID 的零版应包括下列内容。

(1) 设备

所有的设备,包括备用设备及它们的名称和位号,驱动机类型,均不能遗漏。

(2) 工艺管道

主要的工艺管道要注明管径〔通常(1/2)″以上〕和流向,但管道编号可暂不标注。

(3) 公用工程管道

与设备相接的公用工程管道应标出管径,蒸汽管要标出蒸汽压力。

(4) 间断使用的管道

间断使用的管道要标注其用途（如开工用、停工用、事故处理用等）。

(5) 管材

管道的材质要求可用管道等级或文字说明（如碳钢、奥氏体不锈钢）标注；若暂时无条件标注时，可暂不标注；但对合金钢管道和高压管道则一定要注明所用材料。

(6) 阀门

管道上的阀门在此阶段要尽量标示出来，并表明常开或常闭状态。

(7) 设备的最低标高

对于有标高要求的设备，应标出其最低标高。

(8) 泄压系统

应标示清楚安全阀出口是排往大气或排往火炬、废料处理系统。

(9) 安全阀

要标出主要的安全阀，但并不要求注出尺寸和编号。

(10) 调节阀

要画出全部调节阀，但不要求注出尺寸。

(11) 仪表

按照对工艺流程图的理解标出全部仪表（包括检测仪表、控制和联锁仪表，但不必注出仪表编号）。要用图例符号表明仪表是在上位机、DCS 或现场的不同位置。

(12) 必要的设计说明

自流管道、管道的坡度、液封、布置在某个特定位置上的调节阀组以及排往下水系统的类型（含油污水、雨水或生活污水系统）等均应有相应说明。对有常开、常闭要求的阀门，图上也应注明。

(13) 供货范围

成套供应设备的供货范围要用细点划线框出。

(14) 介质流向

管道上要注明介质流向。

(15) 指出需要保温和伴热的管道

工艺工程师应在零版 PID 图纸上注明工艺过程对配管材质的要求，并同时提出推荐的初步装置布置图，供配管专业参考。

4.2.2.2 内部审核版（1 版）

在 PID 送给建设单位审核前，要先在设计单位内部进行审核。各专业接到零版图纸后，需要再作如下完善。

① 所有的管道。系统工程师应对 PID 进一步深化，把工艺和公用物料管道补全，加上工艺过程所需要的放空和放净管道，并注明管径。

开车工程师应在零版图纸上补充说明开车、停车、试压及事故处理的各项要求，然后把图纸送回给系统工程师。

② 标注所有管道的管径及伴热、保温要求。

系统专业应对管道的管径进行初步的水力计算和保温设计，并在 PID 和管道表上注明管径、保温和伴热的初步要求。

一般的管道可根据物料平衡表中的物料流量、推荐流速或允许压力降来选用管径。但对某些水力计算有特殊要求的管道，则应进行详细的水力计算，其中包括：塔及反应器的入口管道；泵的吸入管道；制冷管道；往高位输送或长距离输送的液体管道（需校核泵的扬程是否够用）；要求流量均匀分配的对称布置的管道；催化剂管道；液封管道（需校核液封是否会被冲掉或吸入）；提升管道；两相流管道；浆液管道；压缩机吸入或排出管道；塔的回流管道；安全阀的入口和出口管道（控制安全阀入口管道的压降不超过其定压的3%，出口管道需校核安全阀的背压对安全阀定压的影响）；热虹吸再沸器工艺物料的进口管道和出口管道。

③ 工艺工况。工艺工程师再对PID的设计是否符合工艺要求进行详细校核，并注上工艺工况。

④ 加注管道号。系统工程师应在PID上加上管道号，编制管道表（某些单位由配管材料专业完成）。

⑤ 标注管道等级。系统工程师根据安装专业配管材料人员制定的管道等级，在PID上注明。对少量暂时还提不出管道等级的管道标出管壁厚度。

⑥ 加深自控设计内容。仪表专业应对零版进行校核，并补上所需的全部仪表，仪表编号。

⑦ 指出管道斜度及特殊要求管道安装尺寸要求。

⑧ 加深设备内件的设计内容。

⑨ 注明所有的非标准配件。

系统工程师收到自控工程师返回的零版图纸后，根据返回的条件对图纸进行修改、补充、加深，并加上管道防冻的措施，公用物料管道的配置，8字盲板的设置等内容。然后，由系统、自控工程师一起对PID进行全面校阅。所有的图例、符号、线条都要符合公司规定或项目组规定，并调整图面布置，使图面布置匀称，达到正规出图的要求。自此以后，所有PID的修改均在此版（即内部审核版或1版）底图上进行，不再重新绘制。

4.2.2.3 供建设单位批准版（2版）

PID的内部审核会主要由工艺系统、设备、自控和配管专业参加，其他专业视具体情况酌情参加讨论。会上由系统专业工程师把PID介绍一遍。系统专业人员在蓝图上对核，对无问题的管道、仪表、阀门、设备及说明用黄色涂上，需删去部分用蓝色涂上，修改部分用红色涂上；同时，对管道表也用同样方法核对。在会议前，各专业应先在自己的PID蓝图上用红、蓝笔进行修改，为出席会议作准备。

根据审核会上各专业对图纸的修改及讨论情况，系统专业应再次对PID的原图进行修改、补充。即完成供建设单位批准版。

在前三版修订过程中，凡是已订货的设备，要用制造厂提供的设备确认图与PID进行详细地核对，各项数据务必一致。若某些设备还未落实，建议在PID底图上用铅笔圈上，并注明"待定"。其他专业对"待定"设备暂不设计，以免以后返工，招致重大的经济损失。

至此，PID的设计已接近完成，基本满足设计、生产上的要求。配管专业可以按此图开展配管研究等工作。

4.2.2.4 设计版（3版）

供建设单位批准版发送建设单位后，一般每个装置应给建设单位两周时间审核。建设单位可以在自己公司内找人审核，也可以从外单位聘请有关专家审核或由建设单位的上级单位派人参加审核。然后，建设单位送回审核意见。这份审核意见要归入工程档案，以备查用。项目负责人及系统工程师应仔细研究建设单位的意见，必要时还应请工艺、自控、配管工程师等参加讨论。然后应与建设单位一起讨论研究，充分交换意见，以求取得一致的见解。修改后的图纸即为设计版。

设计版的PID是吸取了设计单位内部各专业和建设单位意见后的成品，是各专业进行详细工程设计的依据。其中，除了用"待定"圈起来的内容外，各专业的设计人员必须严格地按照该版图纸上的规定进行详细工程设计，完成最终的装置布置设计图、配管成品图和正式的材料统计。

在设计版正式出图后，管道仪表流程图的每次修改都需在图纸上注明修改符号，一般用正三角形内写上序号表示，如△。当出下一个修改版时，要把前一版的修改符号及修改范围擦去，只留本次的修改符号及修改范围。每次修改，都需在图纸上的修改记录表内填上修改序号、修改内容、修改日期及修改者的姓名。出修改图时，不需把整套PID全部复制，只需复制有修改的图纸，并分发各有关专业。

4.2.2.5 施工版（4版）

在各专业开展详细工程设计（施工图设计）时，设备制造厂的图纸已陆续到齐。系统工程师应根据这些确认图修改PID，使之与设备的实际情况完全一致。另外，根据最终配管图对管系进行详细的水力计算，最后确定管系的管径。此时，可能会要求对某管系进行返工，调整管径。在施工图设计开展的过程中，可能会暴露出一些问题，因此在出PID的施工版之前，需要对PID再次详细校审，对图中不合理部分及各专业不一致处进行修改，目的是使设计图纸与现场实际情况完全一致，避免返工。施工单位接到施工版后，才能对图中非"待定"部分进行施工。对图纸中标注的"待定"部分，施工单位只能进行施工准备工作，不能进行正式施工。出PID的施工版时，配管施工图已完成，应根据PID的施工版对配管施工图、配管模型及配管材料表再次进行校核。此后，除了圈"待定"的内容和图面上的小错外，对PID不允许再进行修改。若建设单位要求修改设计，应当由建设单位书面提出，经工程负责人签字后，以书面形式通知有关人员才能修改，而且要从PFD开始修改。

在施工图设计过程中，由于设备布置的变化及其他原因，会发现公用物料配管的支管引出次序及连接位置与PID有较大的出入，此时，要根据配管图的实际情况在施工版中修改公用物料图。由配管专业提出草图，系统专业改图。

4.2.2.6 竣工版（5版）

施工过程中，PID不允许大改或大返工，但小的错误或图纸与现场情况不符是允许修改的，并由设计代表根据施工实际情况修改PID成竣工图。但在大部分情况下，由于施工版与实际情况很接近，就不出PID的竣工版了。

PID设计过程中，各专业的修改、补充都由系统专业工程师转移到原图上；当然，系统专业工程师的修改也在原图上进行。这样可避免在众多的图纸中找不到基准而造成混乱。

过去我们习惯于设计一气呵成，这不符合事物发展的规律。各专业之间发展的不平衡，设备定货的落实与否，制造厂条件的返回等，都将导致图纸不可能一次完成。因此，应不断加深，不断升华，形成图纸的不同版本，使设计趋于完善。为了使设计人员对每个版次的PID设计有一个明确的概念，我们把6版PID设计的工作要点归纳为一个图表附在后页，供参考。

随着计算机辅助设计的发展，在PID设计过程中，计算机的应用也日渐增多，并经历了三个发展阶段。第一阶段是利用计算机来完成PID的制图工作。第二阶段是直接利用计算机进行PID的设计。既可提高设计质量，也可节省设计工时。同时，还可利用计算机校核图纸间的衔接。第三阶段是计算机辅助设计系统的问世。它除了具有第二阶段的各项功能外，还可以在制图的同时，得到 PID 的设备一览表、管道表、仪表一览表、阀门一览表、管件一览表、特殊管路附件表等。由于这些表是计算机根据 PID 图面显示统计得到的，不会存在人工制表时的差错，为减少设计工时，提高工程设计质量创造了良好的条件。

当然，竣工版 PID 通常在施工结束后完成，不属于基础工程设计范围。

4.2.3 PID 设计所需资料

设计 PID 的过程中，需要很多资料。收集和准备好这些资料，是保证 PID 设计顺利进行的一个重要条件。这些资料包括 PFD、设备资料、自控方案等。

（1）PFD

PID 是在 PFD 的基础上发展起来的。所以，在设计 PID 之前，必须有一份经过有关部门批准的、比较详细的 PFD 作为 PID 设计的依据。

（2）设备

由于在 PID 上要标出有关设备的型式、台数、基础数据和尺寸，所以必须有完整的工艺设备性能要求。

在工艺流程中，有不少非定型设备和定型设备。在绘制 PID 的过程中，必须有这些非定型设备的简图和定型设备总图，才能知道管口的尺寸、连接形式、法兰的压力等级和法兰面形式等。这些内容在绘制 PID 时是必要的。

（3）自控方案

重要的自控方案必须由工艺、自控专业联合提出。一般的自控方案可以由 PID 设计者自行决定，然后由自控专业修改。

（4）推荐配管材质表

推荐表应能满足工艺对配管材质的要求，应有管道等级等。

（5）有关的标准规范

有关的标准规范应包括工程规定（如保温、伴热、配管、仪表方面的规定等）和工程采用的标准、图例等。它关系到整个工程的统一性和工程的水平，需由工程负责人组织有关人员提出。

（6）类似装置的 PID

若有类似装置的 PID 可供参考，则有利于吸取他人的经验。在他人工作的基础上起步，事半功倍。

（7）流程介绍

流程应介绍其生产特点及整个生产过程的简要情况。

（8）开停车及装置的操作特点

根据该资料应当了解设计中需做哪些特殊考虑和处理。

（9）仪表一览表

（10）设备一览表

在开始绘制 PID 时，上述资料不可能全部具备。只要有主要部分就可开展工作，但要在工作过程中将其他部分逐步汇集完全，以保证 PID 设计工作的顺利开展。

4.2.4 PID 的图面布置和制图要求

各个设计单位在绘制 PID 时所用图纸的规格不同。根据实践经验，建议采用 1# 或 0# 图纸，以便图面布置。具体要求如下：

① 设备在图面上的布置，一般是顺流程从左至右。

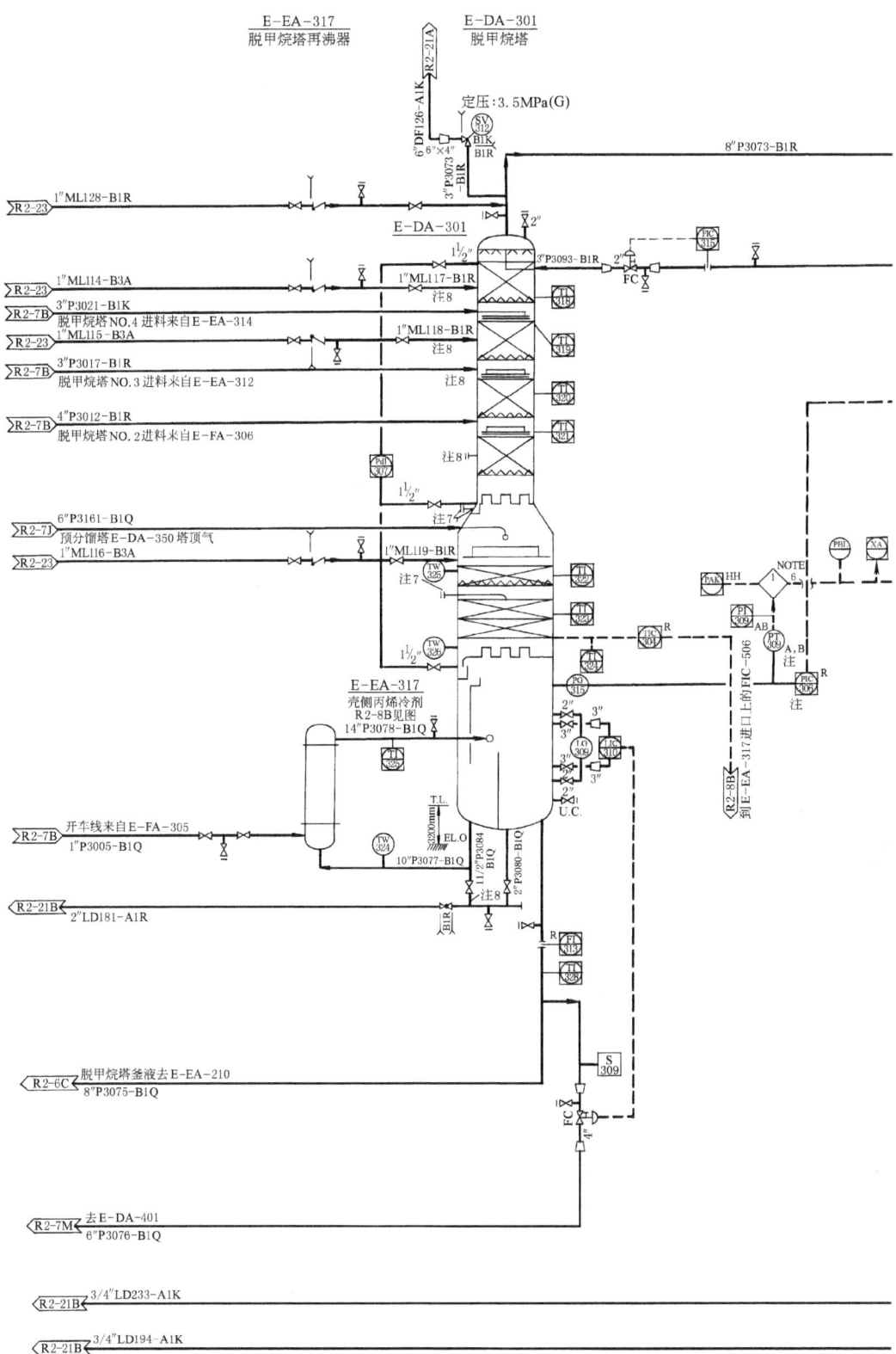

图 4-1 脱甲烷塔工艺

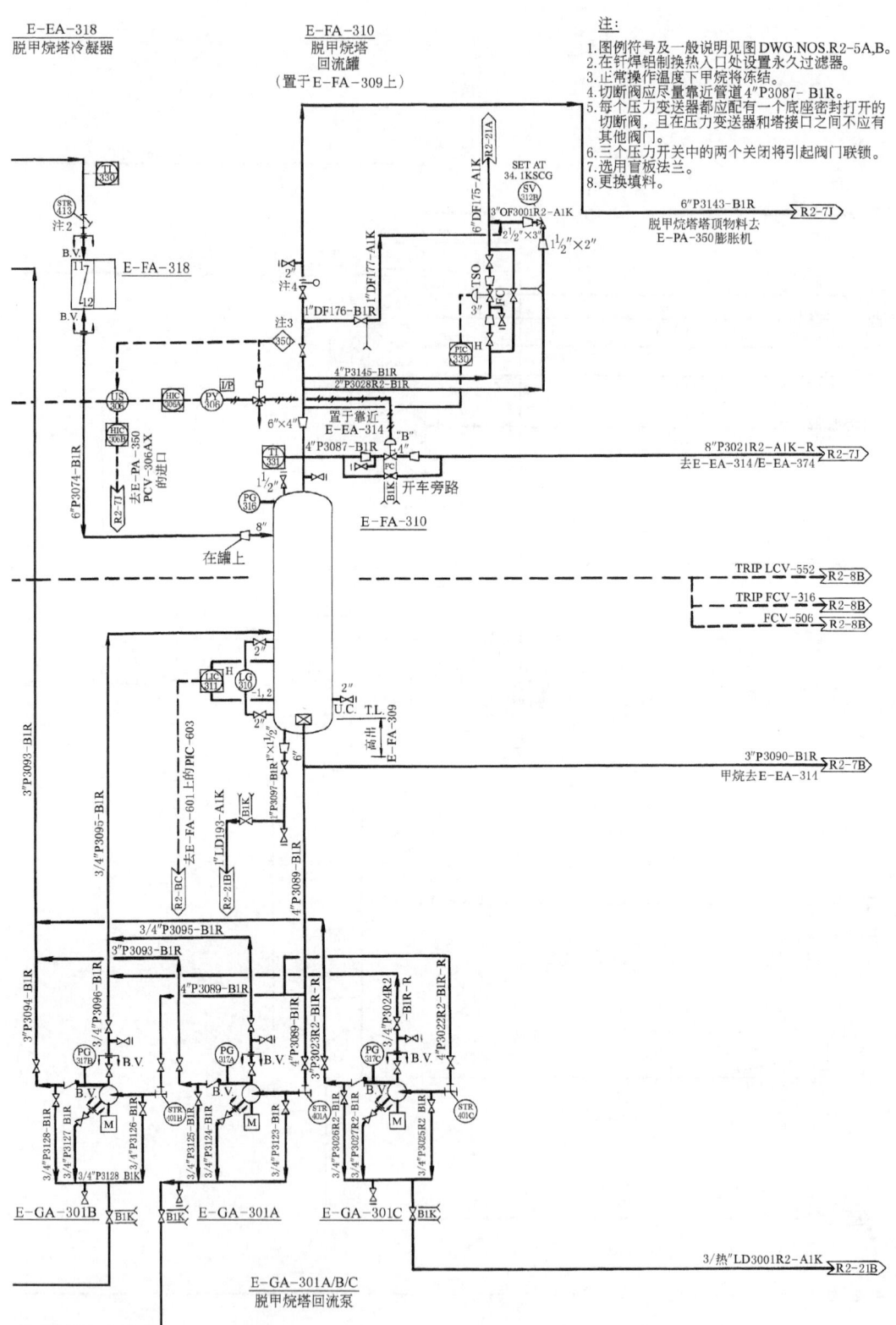

管道及仪表流程

② 塔、反应器、贮罐、换热器、加热炉等若放在地面上，一般是从图面水平中线往上布置。

③ 压缩机、泵布置在图面下部 1/4 线以下。

④ 中线以下 1/4 高度供走管道用。

⑤ 其他设备布置在工艺流程要求的位置，如高位冷凝器布置在回流罐的上面，再沸器靠塔放置。

⑥ 对于无高度要求的设备，在图面上的位置要符合流程流向，以便管道连接。

⑦ 围堰范围也可以在管道仪表流程图上表示出来。

⑧ 一般工艺管线由图纸左右两侧方向出入，与其他图纸上的管道连接。

⑨ 放空或去泄压系统的管道，在图纸上方离开图纸。

⑩ 公用物料管道有两种表示方法。一种表示方法同工艺管道，从左右或底部出入图纸，或者就近标出公用物料代号及相接图纸号。另一种表示方法是在相关设备附近注上公用物料代号，如 CW、PO 表示这台设备需要用冷却水及冲洗油；然后在公用物料分配图上详细示出与该设备相接的管道尺寸、压力等级、管道号及阀门配置等。这种表示方法常用于标示泵及压缩机等设备的水冷、轴封油以及冲洗油等公用物料管道。

⑪ 所有出入图纸的管道，除可用介质代号表示公用物料管道的图纸连接外，都要带箭头，并注出连接图纸号、管道号、介质名称和相接的位号等有关内容。

图 4-1 为 PID 图例。

综上所述，兹将工程设计的主要程序归纳如下。

工程设计主程序

开工报告会		业主审核会		详细设计入库	
0版输入条件:	1版输入条件:	2版输入条件:	3版输入条件:	4版输入条件:	5版输入条件:
● 工艺包文件	● 0版 PID	● 1版 PID	● 最新的2版 PID	● 最新的3版 PID	● 最新的4版 PID
● 有关的技术规定和规范	● 管道等级规定	● 配管研究后的修改意见	● 业主审核会议纪要	● 配管专业的修改意见	● 各专业在校核设计成品时发现的问题
● 公用工程参数	● 工艺专业的修改意见	● 设备制造商的返回意见	● 总体设计的意见等	● 管道水力学详细计算的结果	
● 工艺包设计（联络）会议纪要等	● 仪表、配管专业的修改意见	● 内部审核会的意见			
	● 工程规定				

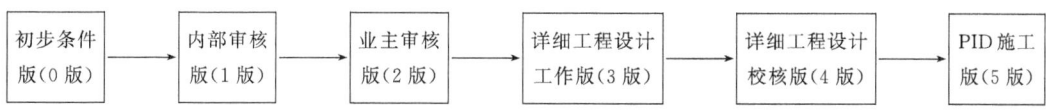

初步条件版(0版)	内部审核版(1版)	业主审核版(2版)	详细工程设计工作版(3版)	详细工程设计校核版(4版)	PID 施工版(5版)
0版目的及输出条件:	1版目的及输出条件:	2版目的及输出条件:	3版目的及输出条件:	4版目的及输出条件:	5版目的及输出条件:

0 版接受条件	1 版接受条件	2 版接受条件	3 版接受条件	4 版接受条件	5 版接受条件
• 初步的设备表 • 建议的设备平面布置图 • PID0 版图（应有全部设备、仪表、管道、公用物料、调节阀及管件、排放系统、分析取样系统及必要的设计说明）	• 补充工艺管道、阀门、特殊管件、仪表、隔热等 • 增加放空、放净、联锁及报警，加上设备管口尺寸 • 计算主要管道的管道阻力，确定管径，加管道号，汇成 1 版 PID • 参加内部审核会	• （是第一次对外发表的版本） • 补充调节阀尺寸 • 标示仪表、管件尺寸、安全阀定压等 • 根据各方的意见修改 PID，提供业主审核、批准 • 应该使 PID 和本专业条件的内容达到基础设计内容规定的要求	• （提供各专业详细设计的依据） 将各专业的返回意见经认真研究后，修改到 3 版 PID 上 从设备专业拿到设备制造厂商的产品样本后，修改到 3 版 PID 上	• 根据机械设备专业提供的制造商的最终版制造图纸，补充、修改 PID • 根据仪表专业提供的仪表最终版制造图纸，补充、修改 PID • 根据配管专业提供的意见，在 PID 上增补高点放空、低点放净等，根据管道水力学计算的最终结果确认管径	• 在这个阶段将完成 PID 的最终成品，要与各个专业密切配合来完成任务
专业： • 工艺、配管 • 仪表、环保	专业： • 工艺、配管 • 仪表、环保	专业： • 工艺、配管、设备 • 仪表、环保、电气 • 机械、热工、给排水 • 贮运等	专业： • 工艺、配管、设备 • 仪表、环保、电气 • 机械、热工、给排水 • 贮运等	专业： • 工艺、配管、设备 • 仪表、环保、电气 • 机械、热工、给排水 • 贮运等	专业： • 工艺、配管、设备 • 仪表、环保、电气 • 机械、热工、给排水 • 贮运等
	← 基础设计阶段 →	← 详细工程设计阶段 →			

4.2.5 典型设备的 PID 设计

PID 的设计是在 PFD 的基础上完成的，它是石化工程设计中从工艺流程设计过渡到施工设计的重要环节。一个石化工程的设计，从可行性研究、工艺包、基础设计到详细设计，其中大部分的设计阶段，PID 都是工艺及工艺系统专业的设计中心，而其他专业（包括设备、机泵、仪表、材料、配管、土建等）都在为实现 PID 里的设计要求而努力。

广义的 PID 可分为工艺管道及仪表流程图（即通常意义的 PID）和公用物料管道及仪表流程图（即 UID）两大类。

下面简要说明在 PID 设计中对各种典型设备的特殊要求。

4.2.5.1 泵的设计

泵是为液体提供能量的输送设备。泵的种类很多，化工中最常用的是离心泵，它的适应范围最广。往复泵主要适用于小流量、高压强的场合。计量泵适用于要求输液量十分准确而又便于调节的地方，有时用一台电机带数台计量泵的办法，可同时为几个点提供流量稳定、比例恒定的液量。而旋转泵（齿轮泵、螺杆泵等）则适于输送黏稠的液体。PID 的设计中应根据不同的用途进行选择。

下面以离心泵为例作一说明。

(1) 常规设计

① 泵为机械运行装置，通常都要有备用。一般为一开一备，大流量及特殊场合也可几开一备。

② 泵的出、入口均需设置切断阀，一般采用闸阀，有暖泵要求的还应注明 CSO（铅封开）。

③ 为了防止离心泵未启动时物料倒流，在其出口处应安装止回阀。由于止回阀容易损坏，应靠近泵的出口安装，以便切断后检修。

④ 为便于止逆阀拆卸前的泄压，止逆阀上方应加装一个泄液阀，或者加一（3/4）in 带闸阀的旁路。2in 以上的止逆阀，也可考虑直接在阀盖上钻孔引出放净。如图 4-2（a）和（b）所示。

⑤ 在泵的出口处应安装压力表，以便观察压力。

⑥ 泵的出口、入口管道的管径一般与泵体出、入口法兰口径相同或大一个等级，大小头应尽量靠近泵管口；而且入口管道比出口管道的管径通常也大一个等级。

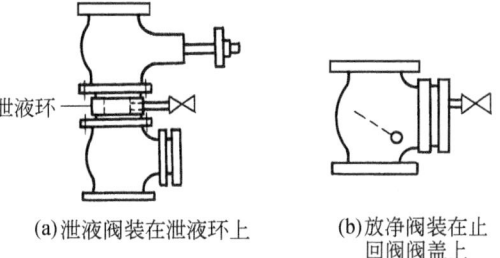

(a) 泄液阀装在泄液环上　(b) 放净阀装在止回阀阀盖上

图 4-2　泵出口的泄液阀

⑦ 为防止杂物进入泵体损坏叶轮，应在泵吸入口设过滤器。一般 2in 及其以下的管道用 Y 形过滤器，2in 以上的管道用 T 形过滤器。过滤器的安装位置应在泵入口（变径管）至切断阀之间。

⑧ 离心泵订货以后，要根据泵的实际气蚀余量校核泵入口液体容器的安装高度，以免产生汽蚀现象。

⑨ 拿到制造厂家的泵制造资料以后，要用泵的关闭压力校核泵出口设备、仪表及管道等的设计压力。

⑩ 泵体放空一般应返回吸入罐（或塔）的气相空间。

⑪ 泵体和泵的切断阀前后的管道都应设置放净阀，并将排出物送往合适的排放系统（CD、LD、ND、OD、QD 及火炬等）。

CD——化学排放；LD——液体排放；ND——无污染排放；OD——油类排放；QD——急冷油排放。

⑫ 泵的驱动电机上一般都要设置运行指示灯。

⑬ 重要场合的备用泵要设置泵自启动（Auto-start）装置，以保证出口的压力不可太低。

离心泵的典型设计如图 4-3 所示。

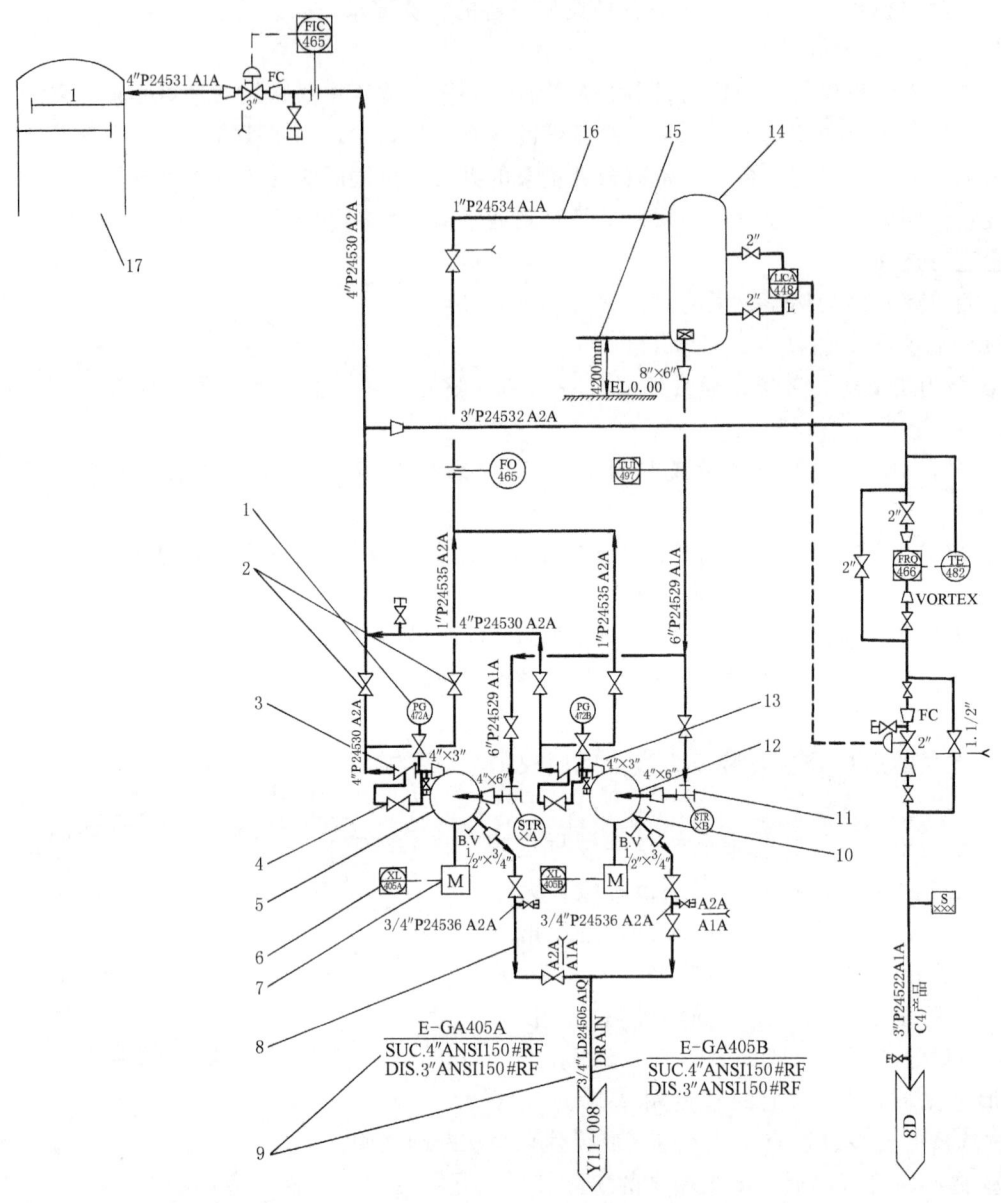

图 4-3 泵在 PID 中的常规设计

1—泵出口压力指示表；2—进出口切断阀；3—出口止逆阀；4—止逆阀旁路；5—泵体；
6—运行指示灯；7—驱动马达；8—排放管道；9——开—备两台泵；10—制造厂供货范围；
11—入口过滤器；12—泵口尺寸比管道细一个等级；13—泵出口管，尺寸一般比入口小一个等级；
14—贮罐（这里为回流罐）；15—安装高度要求；16—最小流量旁路管道；17—出口容器（这里为塔体）

(2) 保护管道

在某些情况下，离心泵需要设置保护管道。

① 暖泵及防凝管道 用于输送介质温度 230℃ 以上或者介质的凝点高于环境温度的泵，为了避免泵在启动时因温变过快而产生应力问题，或者泵备用时有凝固现象，应在泵出口止逆阀前后设 $(3/4) \sim (1\,1/2)$ in 的旁通管道作为暖泵管道或防凝管道（进出口切断阀加 CSO，保

证开启),使少量介质连续从旁路通过,从而使泵保持在热备用状态,如图4-4(a)和(b)所示。有自启动要求的泵,一般都应设暖泵管道或防凝管道。旁通可由一个闸阀加限流孔板串联而成,亦可只用一个截止阀或闸阀,也有人在止逆阀阀瓣上钻一个小孔来代替暖泵管道。

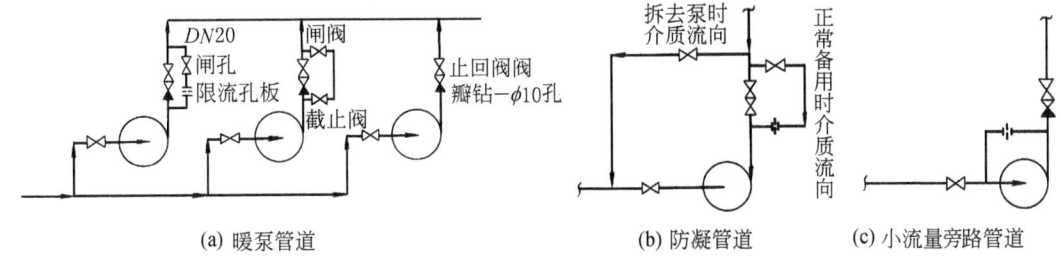

(a) 暖泵管道　　　　(b) 防凝管道　　(c) 小流量旁路管道

图4-4　旁通管道流程

② 最小流量旁路管道　当泵的流量低到一定的程度时,泵的工作效率很低,而且还会发热、空转等,引起泵运转的不正常。所以泵的工作流量有可能低于其最小流量时,就必须设置最小流量旁路管道。最小流量旁路由泵出口返回到入口容器内,其流量由限流孔板或截止阀控制;若最小流量旁路管道有几台泵共用部分,限流孔板之后应串联一个闸阀,泵备用时切断,以防液体倒流。最小流量旁路的流量由泵的制造厂家提供。如图4-4(c)所示。

③ 平衡管道　输送常温下饱和蒸气压高于大气压的液体或处于闪蒸状态的液体时(如乙烯装置中的低温泵),为防止蒸汽进入泵体产生汽蚀,应设平衡管道。平衡管道接到吸入罐的气相段。平衡管道常设安全阀,以自动控制排放,而且平衡管道一般与泵体放空管道在泵体放空管道的切断阀之后合并。如图4-5所示。

④ 高扬程旁通管道　为了避免阀板因单向受压太大而使阀门不易打开,高扬程的备用泵应在切断阀前后设置旁通管道。如图4-6所示。

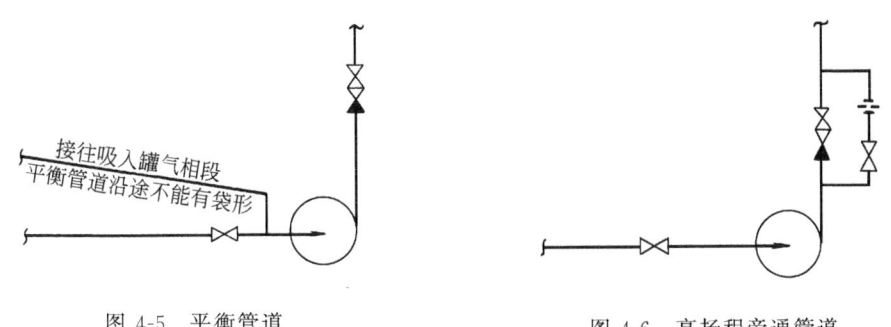

图4-5　平衡管道　　　　　　　图4-6　高扬程旁通管道

(3) 特殊要求

除了考虑单元设备的共性和流程要求之外,还要考虑装置的特殊性。

① 如乙烯装置中的急冷油泵系统,其泵体、管道等都要伴热,防止泵备用时介质凝结;而几台泵共用的部分,由于不会断流,只保温即可。同时,泵体设有密封油系统;泵体、管道、仪表及过滤器等还需引入冲洗油。所有的放净口都应接往一个封闭系统,并排至废油罐。

② 对于安装在冬季月平均气温低于零度地区的乙烯装置中急冷区与压缩区几台输送水的泵,液体有可能积存不动的部分(如就地仪表、取样器、切断阀上部至共用管道汇合点及止逆阀旁路等)都应伴热,其他部分保温即可。

③ 泵口与泵口管道两法兰公称压力不一致的，泵口的配对法兰应注明其公称压力和法兰面形式，如 CL300 等。

④ 低温泵应注甲醇防冻，而介质温度高于 80℃ 的泵，则需要用冷却水冷却。

4.2.5.2 容器的设计

化工中容器的概念很宽，塔器、各类贮罐、槽类及罐类等也都具有容器的特性。但这里所讲的容器仅指回流罐、缓冲罐、排出罐、吸入罐、凝液罐、排放罐、分离罐及装置内用的小型贮罐等各种封闭式的罐类容器，它们大多作为暂时贮存、缓冲及气液分离之用。

① 容器的物料入口管口处，不一定设切断阀；与容器相接的空气、蒸汽与氮气等公用物料管道，在靠近容器管口处应设切断阀，若物料是易燃的还应在切断阀前设止逆阀。输送黏度大的流体，管道应坡向容器。

② 容器顶部气相出口一般不设切断阀，若设调节阀应为压力控制；容器的液相出口一般应设切断阀，调节阀多为液位控制。

③ 容器顶部设放空口，底部设放净口，下部有 2in 的 U.C. 口（公用物料接口），以供开停车和检修时，容器的放空、排净、吹扫及清洗之用。

④ 需查看液位的容器应设玻璃液位计；要控制液位的，玻璃液位计、液位（变送）指示控制甚至液位报警、联锁等都应设定；并且液位计底部应设放净阀。若容器需要设置两个或两个以上的液位计（如需要液位控制及液位变送）时，应设液位计总管（常用 $DN50$ 或 $DN80$），所有的液位计都接在液位计总管上，总管再与容器相接。

⑤ 除放净口外，容器底部的液相出口都应设置约 150mm 的溢流管，以防固体杂质流入及堵塞管口；液相出口接泵或控制阀的，容器内部靠近此管口处还应设防涡流板，以免吸入气体。

⑥ 气相里有可能夹带液体的，可在容器内增设破沫网加以分离。

⑦ 带压容器上部气相区域应设压力指示及安全阀或压控阀，安全阀也可设在顶部的气相管道上，必要时可以泄压。

⑧ 当容器对标高有具体要求时，应标出最小安装高度。一般立式容器标容器下切线（T.L.）的标高，卧式容器标容器内底的标高。

⑨ 为避免轻烃液体由容器顶部成自由射流进入罐内而产生静电，轻烃需由管道引至罐体液面以下或从容器底部引入；但混相引入时除外。

⑩ 容器也应进行必要的保温、保冷等，特别是液相部分，必要的时候可进行局部伴热及内部加热。

图 4-7 所示为常用卧式容器的 PID。就地液位计和高液位报警器合用一个液位计总管与容器相接；容器顶部的安全阀设有一铅封闭的旁通阀；进料管口处无切断阀。图中示出此容器的最小安装标高为 H。

图 4-8 所示为装有破沫器的立式分离罐，罐体带有蒸汽伴热。

图 4-9 所示为装有氮封的立式分离罐。罐上部有呼吸阀与大气相通，并接有氮气管，以免空气进入容器而与容器内的介质进行化学反应。氮气由编号为 021 的 UID 图引来。引入管道上设有切断阀、止回阀、过滤器和流量指示计。流量指示计附近设有调节流量用的阀门；过滤器设在流量指示计前，以免氮气中可能携带的杂质进入流量指示计。进入分离罐的介质是轻烃液体。为了避免轻烃液体由容器顶部成自由射流进入罐内而产生静电，轻烃由管道引至罐体液面以下。罐底液相出口接往泵吸入口，故罐内管口附近设有防涡流板。罐下切线安装高度至少

高出出料泵吸入口 2m。为了避免罐内介质被泵抽空，设有低液位报警器。

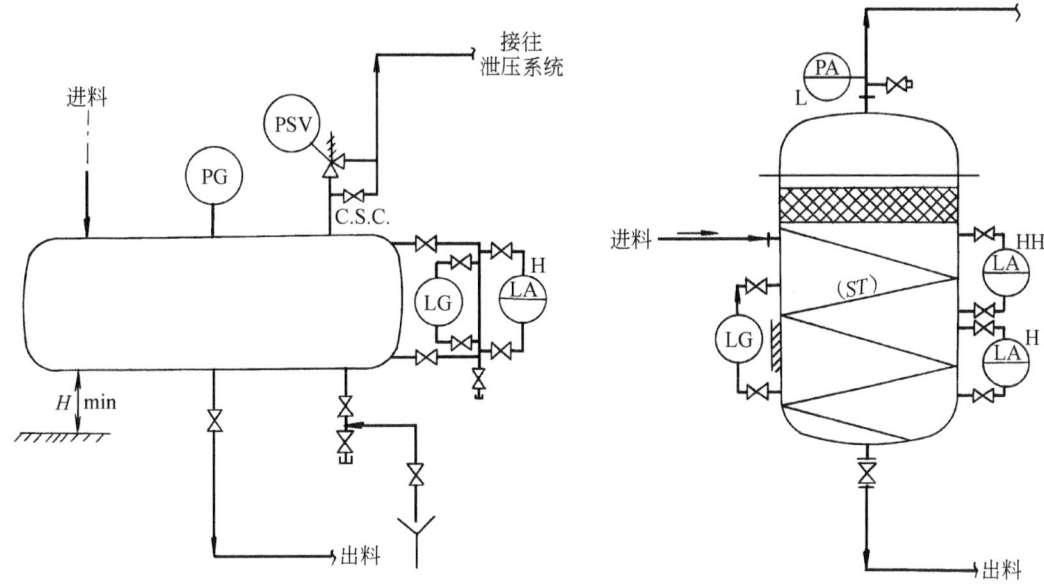

图 4-7　卧式容器的管道仪表流程　　　　　图 4-8　装有破沫器的立式分离罐

图 4-10 所示为装有搅拌装置的立式容器。容器内的液态物料由泵抽出，所以容器上除了玻璃板液位计外还设有低液位报警器，以免介质被抽空。容器底部液体出口虽接往泵吸入口，但因罐内装有搅拌装置，故可免设防涡流板。该容器有安装标高要求。

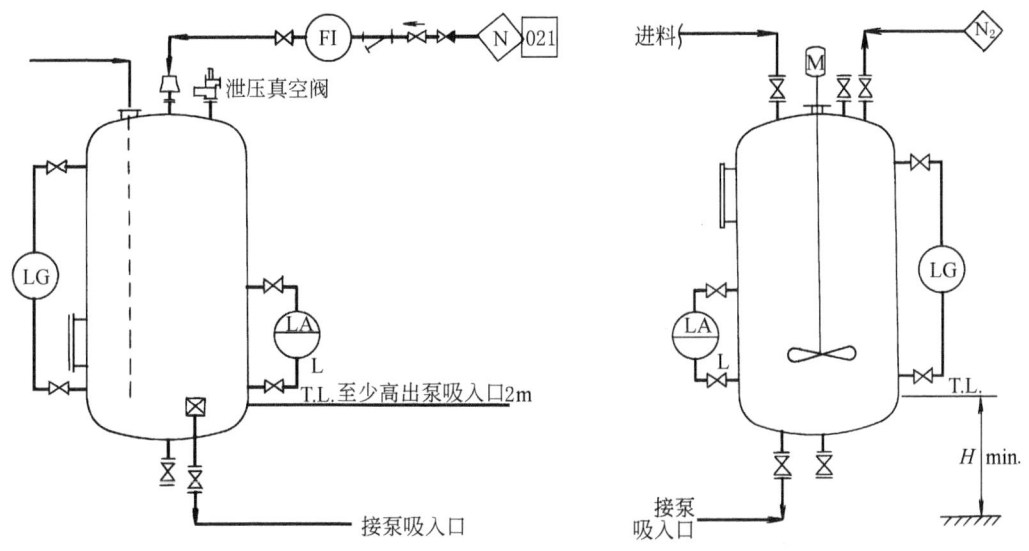

图 4-9　装有氮封的立式分离罐　　　　　图 4-10　装有搅拌装置的立式容器

图 4-11 所示为典型的分离罐。罐内由调节阀控制并维持一定的压力。当罐内压力超过预定高值时，调节阀打开，往火炬系统排气；若此时罐内压力继续升高，到一定的预定高值时，安全阀开启，以保证罐内压力不超过设计值。罐底出料的调节阀由就地液位调节器控制；控制室内有液位指示计和高液位报警器，以保证罐内液位不超过一定值。罐的下部设有一个 $DN50$

的公用物料接口。在罐的放净管和含油污水系统间应设漏斗，以便操作工开启放净阀时观察放净情况。

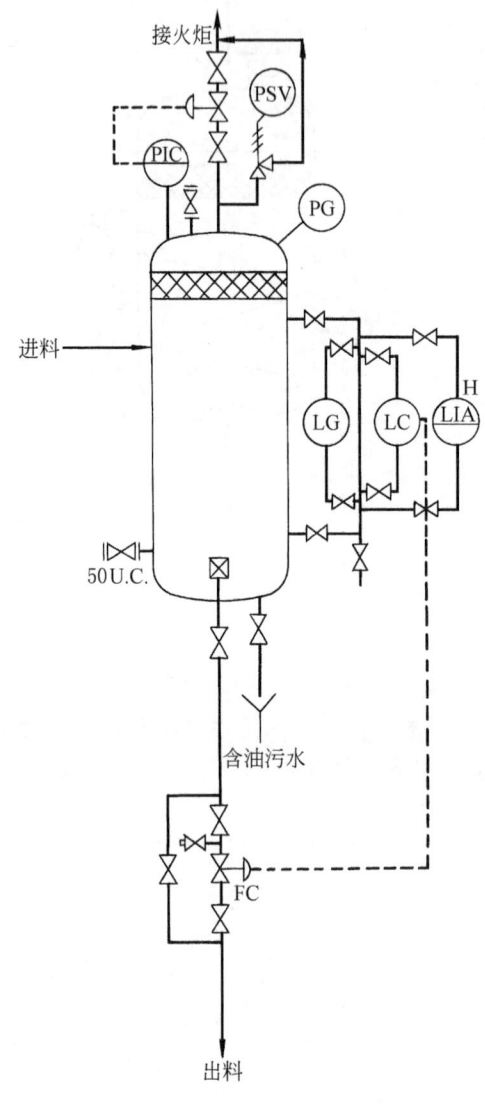

图 4-11 分离罐

4.2.5.3 塔的设计

塔有板式塔和填料塔之分。板式塔处理量大、抗堵性强、价格便宜，其塔盘又有浮阀、筛板、泡罩、角钢、折流板及各种高效塔板（如 MD 类塔盘、DJ 塔盘、斜孔塔板、微分浮阀、条型阀、导向浮阀等）等多种形式。填料塔效率高、阻力降小，同样其填料也有多种形式，如鲍尔环、鞍环、纳特环、Intalox 填料、格栅及各种规整填料等。同时板式塔的鼓泡促进器、降液管、填料塔的气液相分布器、再分布器又是多种多样的。不过，在许多场合这两种塔型往往都可以采用。

塔也是容器的一种，容器对 PID 的种种要求同样也适用于塔。但塔又有一些与一般容器不同的设计。

① 由于操作及分离的需要，塔的进料口可以有一个，也可以有多个，以便根据组分、温度等的不同，分别进入不同的塔盘。精馏塔进料位置在下部或中部，而汽提塔在顶部。

② 精馏塔常有塔顶、塔底及侧线采出等两个或两个以上的产品，而汽提塔一般仅对塔底流出物有纯度要求。采出的产品都应加阀控制。主要产品要进行取样或在线分析。

③ 精馏塔设回流罐、回流泵；侧线一般采液相且靠重力采出；塔釜液相可靠自身压力压出，也可用泵抽出。

④ 精馏塔要有再沸器、冷凝器，甚至有中间再沸器或中间冷凝器。

⑤ 塔顶馏出线上一般不设阀门，直接接往塔顶冷凝器。

⑥ 有结焦、堵塞等现象的再沸器，应设置备用再沸器。再沸器入口可由塔的一根总管引出然后分支，但再沸器出口一般应分别返塔。互为备用的再沸器进出管道都要设切断阀及"8"字盲板，以便于切换。在再沸器出口到"8"字盲板间，还应设置安全阀，以防再沸器备用时加热介质漏入引起汽化超压。

⑦ 再沸器入口为液相，出口为混相或气相，所以返回管道一般比入口管道直径大至少一个等级。卧式再沸器常设两个出口，管口对称布置。

⑧ 热虹吸再沸器进出口一般都不设控制阀。再沸器强制循环及侧线再沸器控制采出的入口管道除外。

⑨ 热虹吸再沸器与塔之间有相对安装高度要求。塔釜正常操作时的液面与立式热虹吸再

沸器的上管板一样高或高出25～40mm。

⑩ 发生冷凝相变的加热介质，出口常设凝液罐，若为水蒸气冷凝液也可设疏水器。

⑪ 用蒸汽加热的再沸器，可在蒸汽入口管道上设调节阀，控制蒸汽流量；也可在蒸汽凝液出口管道上装调节阀，改变再沸器内蒸汽冷凝液的液面高度而调节传热量。

⑫ 用灵敏板的温度或关键组分的含量来控制再沸器的加热量，用塔顶或塔底的压力来控制冷凝器冷凝量，而中间再沸器的负荷一般仅占再沸器总负荷的30%左右，可用固定加热负荷的控制方法。

⑬ 在塔的顶、底及不同的区段，根据需要要测量塔的温度、压力、压差及关键组分的纯度等，要保证压力计口在塔盘下的气相区，而温度计口放在塔板上的液相区。

⑭ 为了避免塔被超压损坏，塔顶馏出管道上应设安全阀。这个安全阀最好设在塔顶的气相馏出物管道上，也可设在回流罐上。回流罐要设压控阀，由塔顶或塔釜压力控制。

⑮ 为减轻火炬系统的负荷压力，在冷却水及电力故障时，应设置可靠的联锁系统，切断塔的再沸器加热热源，或让此热源走可靠的再沸器的旁路管道。

⑯ 塔的压力控制一般采用冷凝器冷侧物流的流量，或回流罐上排往火炬的压力控制阀控制。

⑰ 乙烯装置中，应根据不同的工艺要求，设置不同的注入管道。例如：工艺水汽提塔等要注碱防腐；冷区的低温塔则要在不同的塔段必要时注入甲醇防冻；在一些塔的易结焦部位，如凝液汽提塔、脱乙烷塔和脱丙烷塔等的塔釜与再沸器，应注阻聚剂；等等。

⑱ 注意关键塔的开工管道的设置，如乙烯装置中，油洗塔的开工调质油管道，水洗塔的开工精制水补入管道和石脑油补入管道，脱乙烷塔的开工气相乙烯充压管道，乙烯精馏塔的开工气相乙烯管道和开工液相乙烯管道等。

⑲ 注意乙烯装置冷区各塔再沸器或中间再沸器干燥管道的设置。

塔在PID里的典型设计见图4-12。

4.2.5.4 贮罐的设计

贮罐有球罐、拱顶罐、浮顶罐及卧式贮罐等多种。

① 贮罐的液面需用两种不同的液面计进行测量。

② 为了排出贮罐内的积水，常压贮罐的底部应设一集水槽，由集水槽向外排放。

③ 大型贮罐的基础是挠性的，在水压试验过程中会有较大的沉降，所以与贮罐管口相接的管道应有一定的挠性，常用柔性管与其相连接。

④ 拱顶常压罐的顶部应设呼吸阀、真空阀或其他相应的设施，以避免贮罐超压损坏或被真空吸扁。浮顶罐不需要设置呼吸阀和真空阀。

⑤ 球罐应设置安全阀和真空阀。

⑥ 球罐与产品塔之间常设置平衡管道，以使球罐因日照而汽化出的气体能够及时排出，稳定球罐的压力。

⑦ 常压贮罐常设有化学泡沫灭火系统。

⑧ 贮罐贮存轻烃时，应设消防喷淋系统。拱顶罐一般沿罐顶设一环状喷淋水管或者一水堰；球罐从顶到底，可设多圈平行的喷水管。一旦发生火灾，喷淋水管自动或手动开启，使贮罐表面不至于过热。

图4-13所示为一常压拱顶贮罐的PID。贮罐的进料和出料管通过柔性管与贮罐相接。罐顶放空管上设有带阻火器的呼吸阀，罐顶还设有空气泡沫灭火设施。罐底附近设有公用物料接

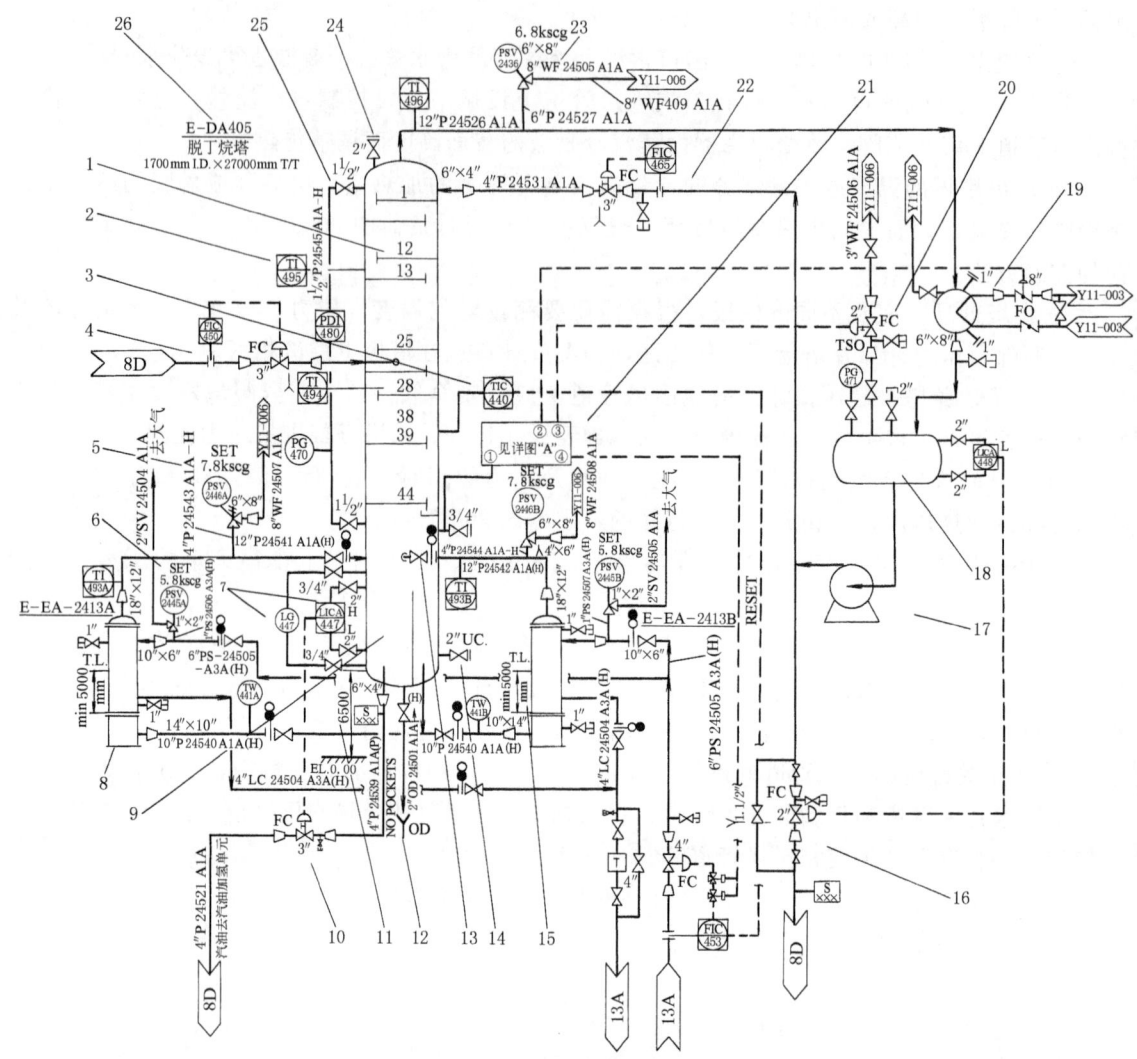

图 4-12 塔的常规设计

1—塔板；2—测温点；3—灵敏板温度；4—进料管；5—再沸器出口安全阀；
6—再沸器热源入口安全阀；7—玻璃液位计及液位控制；8—再沸器一开一备两台；9—塔体；
10—釜液采出口；11—塔的安装高度要求；12—塔体放净阀；13—切断阀及"8"字盲板；14—公用工程口；
15—再沸器与塔的相对高度要求；16—塔顶产品采出口；17—回流泵一开一备两台；18—回流罐；
19—塔顶冷凝器；20—回流罐上的压控阀；21—三取二釜压联锁系统；22—回流管道；
23—塔顶气相管道上的安全阀；24—塔顶放空口；25—压力指示及塔顶塔底压差计；26—塔位号及名称

口，还设置有集水井（由集水井往含油污水系统排水）。罐内设有蒸汽加热管，以加热罐内贮存的物料。贮罐除设有现场的液位指示计外，在控制室还设有液位指示计、控制装置和报警器，两套不同的液位测量系统各自独立，彼此不受影响。罐侧面设有温度计，可读得罐内贮存物料的温度。罐顶设有人孔，人可由人孔进入罐内进行检修。

图 4-14 所示为球罐的典型 PID。进料阀由罐内液位自动或者手工遥控，出料阀由手工遥控，两阀的开启位置在控制室内都有显示。为了避免罐内物料抽空而被大气压扁，在罐内压力低于 $0.31 \times 10^5 Pa$（G）时，充氮系统自动往罐内充氮气，罐上设有真空阀，当充氮系统失灵，

且罐内真空度达到 65mmHg 时,真空阀自动打开,以免罐内成为真空。球罐设有一通向火炬的放空管道,当罐内压力过高时,调节阀自动打开,以免贮罐超压;当压力继续上升时,罐顶的安全阀会自动起跳,往工厂的火炬系统泄压;由于需要的安全阀通过面积很大,难以选到一合适的阀门,故使用两个安全阀并联;另有一旁通,可以人工往火炬系统泄压。球罐设有消防水喷淋系统。消防水由地下引入,其控制阀安装在罐区围堰外的安全地点;罐顶设有一堰,消防水可由堰顶溢流均匀洒布在球罐表面;球罐赤道带附近有一圈环状喷淋管,以便向球罐下半部表面喷淋。考虑该罐位于北方严寒地区,消防水管有冰冻的可能,故在冰冻管道下设一放净阀,以排泄冰冻管道以上管道内的积液;放净阀下设一 1200×1200×1500 的砾石坑,以利于

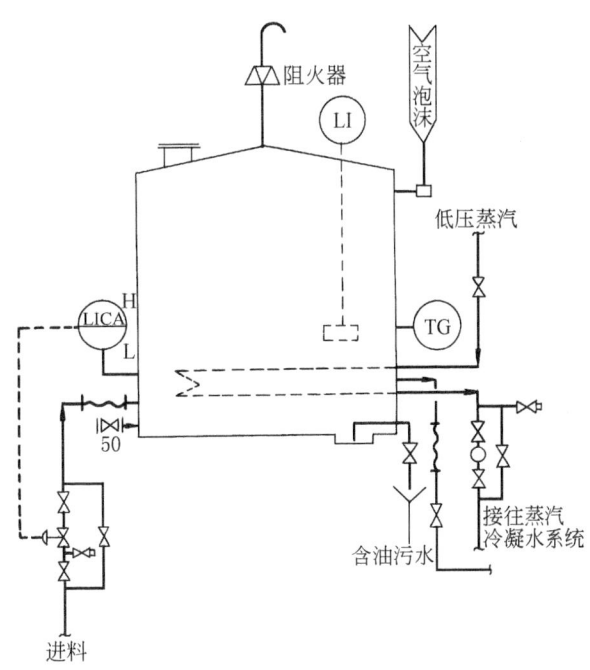

图 4-13 常压拱顶贮罐的管道仪表流程

排出的积液缓慢向四周渗透。考虑罐内贮存的是液化石油气,故进、出球罐的物料管都采用了双阀(一个手动阀,一个遥控阀),两阀中间设一放净阀。球罐设有两套不同的、彼此独立的液位测量系统(在控制室和现场都有液位指示计)。液位过高时,控制室内有报警,同时自动切断进料阀;液位过低时,控制室也有报警,并自动切断排出泵的电源,以免罐被抽空。现场和控制室都安装有罐内物料的温度指示计和压力指示计。球罐的出料管口附近设有防涡流板,罐顶和罐底均设人孔。公用氮气管和贮罐相接时,除设有切断阀外,还设有止回阀,以免工艺介质倒入氮气系统而造成生产事故。罐底的氮气管在装置正常生产时是不用的,只在罐打开检修前,用氮气吹扫时才用,故设置了可卸短管;正常生产时把短管卸去,可杜绝工艺介质倒入氮气系统。罐底的放净排往装置的含油污水系统。

4.2.5.5 换热器的设计

换热器按用途可分为加热器、冷却器、冷凝器、蒸发器、中间再沸器和再沸器等几种,生产中可根据不同的工艺需要进行选择。

通常按照传热原理和实现热交换的方式,换热器分为间壁式、混合式和蓄热式三类,其中以间壁式换热器应用最为普遍。它主要有管式、板式和翅片式三种类型。

管式——沉浸蛇管式、喷淋式、套管式和管壳式。

板式——夹套式、螺旋板式和平板式。

翅片式——翅片管式和板翅式。

在这些换热器中以管壳式(又称列管式)换热器应用最广,它又包括固定管板式、浮头式和 U 形管式等几种主要的形式。

下面首先介绍管壳式换热器在 PID 里的设计情况。

① 换热器进出口通常给出介质的流向,一般冷流体下进上出,热流体则上进下出。一旦发生故障,热介质首先撤出对设备有利。

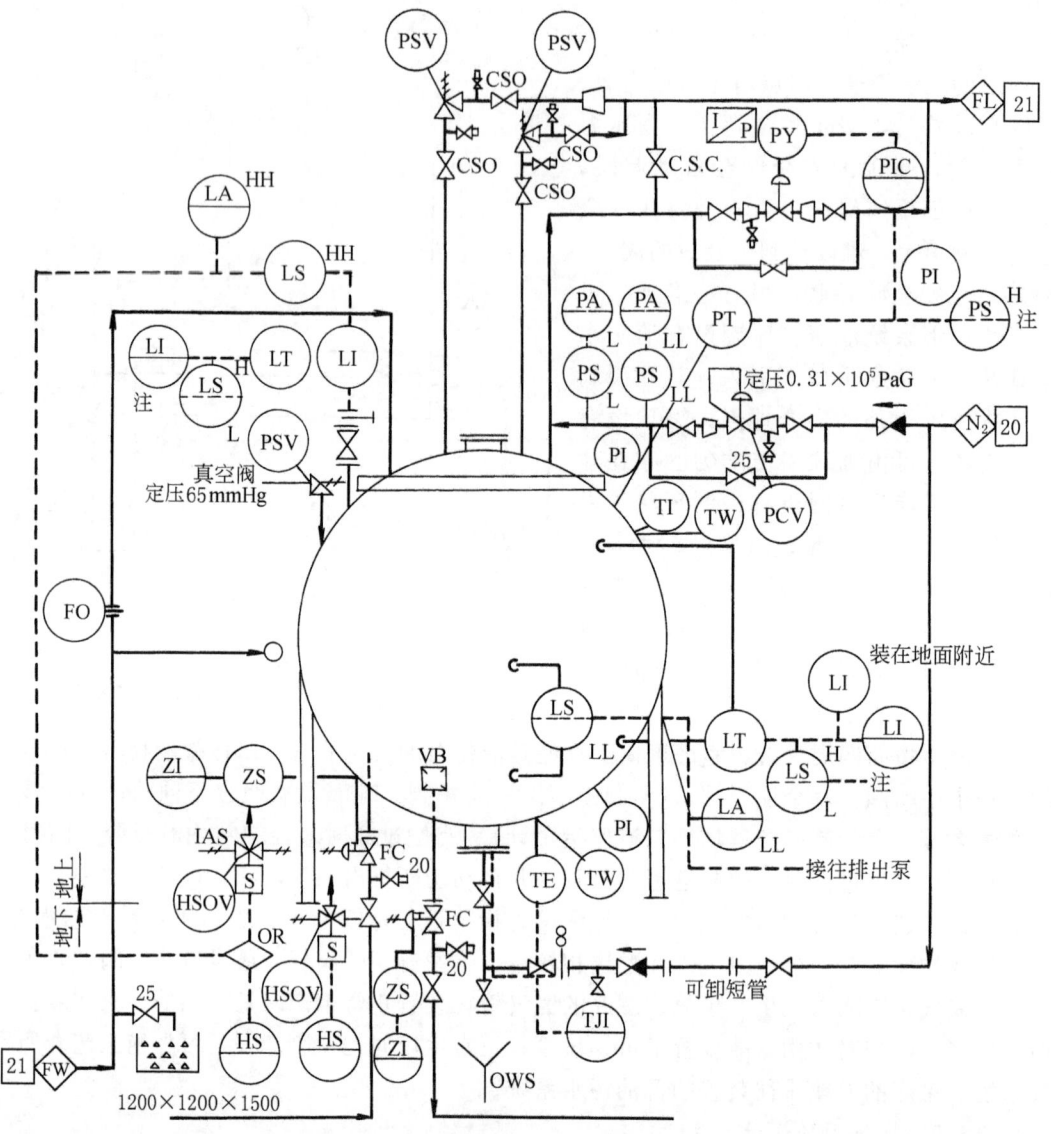

图 4-14 球罐的典型管道仪表流程

注：球罐压力计及液位报警器需接往乙烯装置中央控制室。

② 使用蒸汽作热源时（冷凝），蒸汽宜从上部引入，凝液应从下部排出。这样调节换热器里的凝液液位，就可改变传热面积，控制加热量。

③ 若换热的两个介质都是液体，采用逆流比顺流有利。因为在其他条件相同的情况下，逆流的温差大，对传热有利。

④ 除 U 形管换热器外，容易结垢和腐蚀性的介质应走管程，以便于清洗和检修。

⑤ 有毒的流体宜走管程，使泄漏机会减少。

⑥ 与环境温度相比，一般温度很高或很低的流体宜走管程，以减少热或冷损失及降低对壳体的材质要求。

⑦ 压力高的流体宜走管侧，可降低换热器外壳的强度要求，节省投资。

⑧ 饱和蒸汽宜走壳程，有利于蒸汽凝液的排出，且蒸汽较洁净，以免污染壳程。
⑨ 被冷却的流体宜走壳程，便于散热，增强冷却效果。
⑩ 若两流体温差较大，宜将对流传热系数大的流体走壳程，以减小管壁和壳壁的温差。
⑪ 冷剂及水的完全汽化，宜选用釜式换热器，且走壳程，下部细管道进，上部粗管道（或对称双管道）出。若进料为混相，一般应直接进入上部的气相空间，在汽化之前首先进行气液两相的分离。
⑫ 冷剂与水蒸气的冷凝，换热器出口配备一个凝液罐，操作控制凝液罐更方便一些，并使传热更好。
⑬ 低传热系统、小温差且干净的介质，选用换热管单侧或双侧强化的高通量换热器，效果更显著。
⑭ 若换热器壳侧的设计压力比管侧的设计压力低，且满足下列条件：a. 换热器低压侧设计压力≤2/3 高压侧的操作压力；b. 换热器高压侧的操作压力≥7MPa（G），或者低压侧的介质是能闪蒸的液体，或介质是含有蒸汽、会汽化的液体，那么换热器的低压侧就应该设置安全阀，且设计安全阀时，安全阀的排放介质应取高压侧的流体。
⑮ 对换热器在阀门关闭后可能由于热膨胀或液体蒸发造成压力太高的地方，应设安全阀或泄压阀 [尺寸为（3/4）×1in 即可]。
⑯ 换热器的管侧、壳侧根据需要一般应设置放空阀及排净阀，必要时排往火炬或排往特定的容器加以收集。
⑰ 若换热器某一侧有液液多相，应设集液槽加以分离，必要时还应加界面观测及界面控制系统。
⑱ 发生相变的换热器，在汽化或冷凝侧，通常应设置玻璃液位计及液位控制（多在凝液罐上）。
⑲ 在寒冷地区，水冷却器和水冷凝器的水管道上可设置一供水、回水管的防冻旁通，并在上水管切断阀后及回水管切断阀前，靠近换热器的一侧各设一放净阀。旁路直径1″~2″，要伴热，放净阀（3/4）″。
⑳ 换热器冷却水出口侧应设温度计，以便于调节冷却水流量，控制冷却水出口温度不至过高而结垢。被冷却或加热的工艺介质的出口也应设温度测量点，以便控制物料的加热（冷却）温度。
㉑ 串联换热器宜用重叠式布置，以减少压降并节省投资与占地，但叠放不应超过三个。
㉒ 规格大小完全一样的换热器并联使用，设备与管道宜采用对称形式布置，以便于操作控制。
㉓ 立式热虹吸再沸器有相对安装高度的要求，一般讲上管板应与塔釜稳定操作时的控制液面相等。
㉔ CIK（英文"Core in Kettle"的缩写，是一种具有类似于釜式换热器的外壳和板翅式换热器的内芯的高通量换热器）换热器的进出口设计可参照冷箱处理。
㉕ 当裂管式换热器壳侧走有冷凝的气体时，若换热器设有挡板，挡板的设计应让冷凝液畅通流过。

下面列举几种换热器的 PID 图例，如图 4-15～图 4-20 所示。

图 4-15 所示为换热器温度测量及控制的几种方案。对平时不需检测温度，只有开车时才测温处，管道上设置温度计套管（TW）即可，需要时再装入温度计 [图 4-15(a)]；对生产中需要

经常测量温度,又不太重要之处,可设就地温度计(TG)[图 4-15(b)];对生产过程中需要经常检查温度处,需在控制室设温度指示计(TI)[图 4-15(b)]。一般就地温度计(TG)和控制室内的温度指示计(TI)二者只设一个,只有对温度控制很重要处才同时设置就地指示计(TG)和控制室指示计(TI)或控制室指示、控制计(TIC)。但此时,温度指示计(TG)和(TI)一般不在同一测温点测温,而在两个点测温,以保证测得的温度具有代表性。对特别重要之处,也有用两支热电偶一起测温,一支用于温度指示及控制,另一支用于温度记录。可用工艺物料出口温度来控制加热、冷却介质的流量,以控制工艺物料的温度。

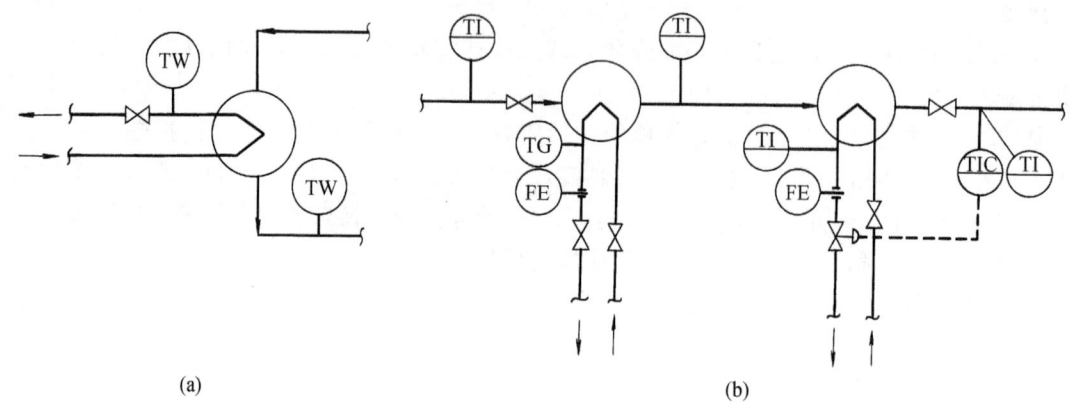

图 4-15 换热器的温度检测装置

图 4-16 为典型的换热器管道仪表流程。图 4-16(a)的冷却水管不能完全切断,冷却水侧不需设膨胀用安全阀;冷却水和物料的出口均设有温度计套管,供测温用。图 4-16(b)的冷却水出入口设有切断阀,冷却水侧需要设置液体膨胀用安全阀;冷却水进出口阀前设有防冻旁通,阀后设有放净阀;冷却水出口管道上的放空阀也可用作检测冷却水中含烃量的取样口。

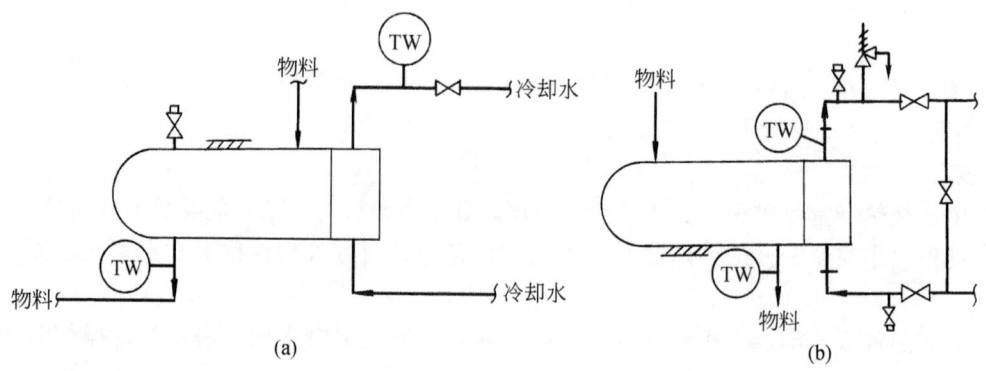

图 4-16 换热器的管道仪表流程

图 4-17 所示为一冷却器的管道仪表流程。冷却器利用物料出口温度控制冷却水入口的调节阀,以达到控制冷却水量的目的。冷却水出口的压力控制冷却水出口的调节阀;在换热管破裂时,冷却水侧压力会急剧上升,为了避免渗漏的烃类进入工厂的冷却水系统,调节阀切断。为了同一目的,在冷却水入口处设有止回阀。冷却器的壳体侧设有液体膨胀泄压用安全阀。

图 4-18 为一蒸发器的管道仪表流程。作为废热锅炉,蒸发器利用工艺生产过程中高温物料的废热来蒸发水,以产生低压蒸汽。蒸发器的进水量由其液位控制。作为锅炉,蒸发器上必

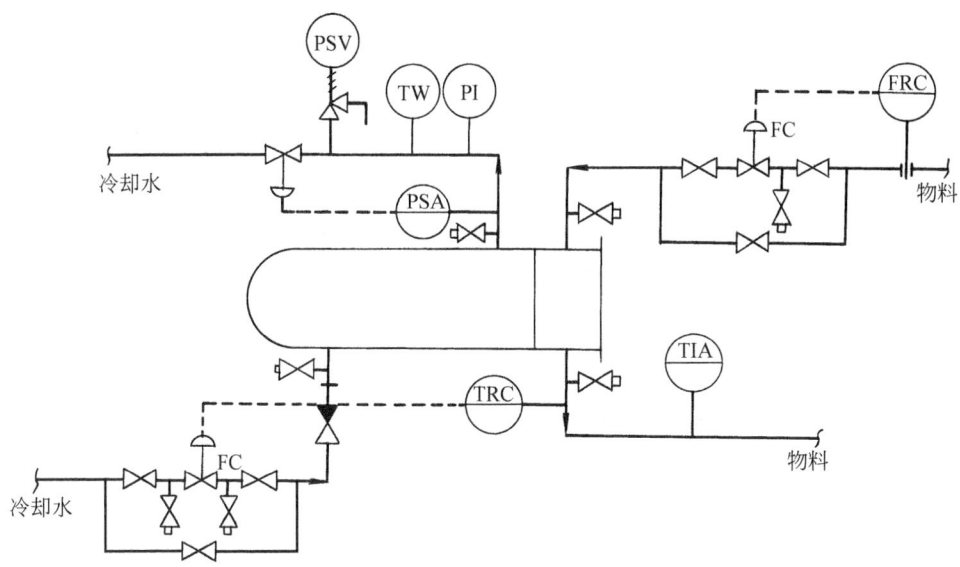

图 4-17 冷却器的管道仪表流程

须分开设置两个液位计,以免液位计失灵而导致事故。蒸汽出口调节阀由蒸汽出口压力控制,以维持蒸发器内的压力。壳体侧设安全阀,以保证壳体侧不超压。对蒸汽发生器(锅炉),除了图中所示的几条要求外,还要考虑排污。连续排污管要从水位以下、盐分浓度最高处引出,间歇排污管应自蒸发器底部引出。

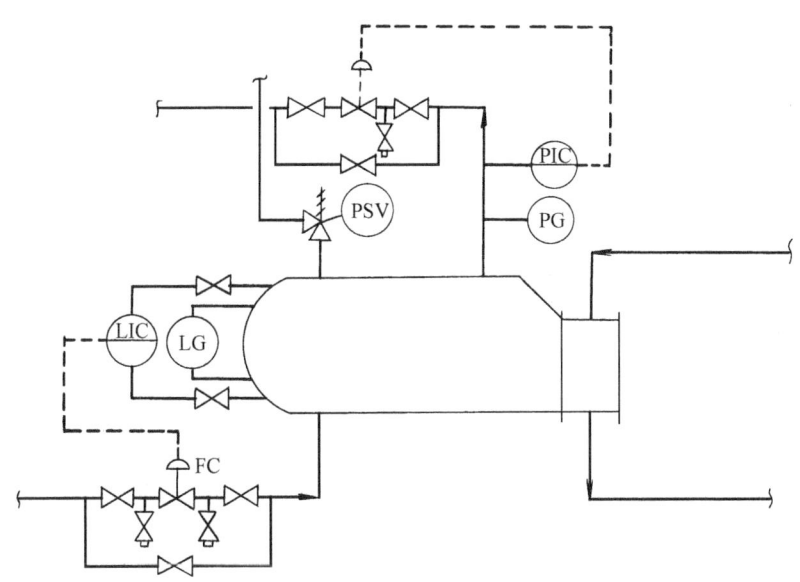

图 4-18 蒸发器的管道仪表流程

图 4-19 为蒸汽加热的蒸发器。加热的蒸汽量由物料蒸汽出口压力控制。为了避免蒸汽压力超过管侧的设计压力,在蒸汽减压阀后设置了安全阀。进入蒸发器的物料量由蒸发器的液位控制。安全阀后的泄压系统通过火炬与大气相通。其压力比安全阀前低很多,所以图中示出了管道压力等级的分界线,以采用不同的管路等级。由于相似的原因,在物料进口调节阀后也画了压力等级分界线。

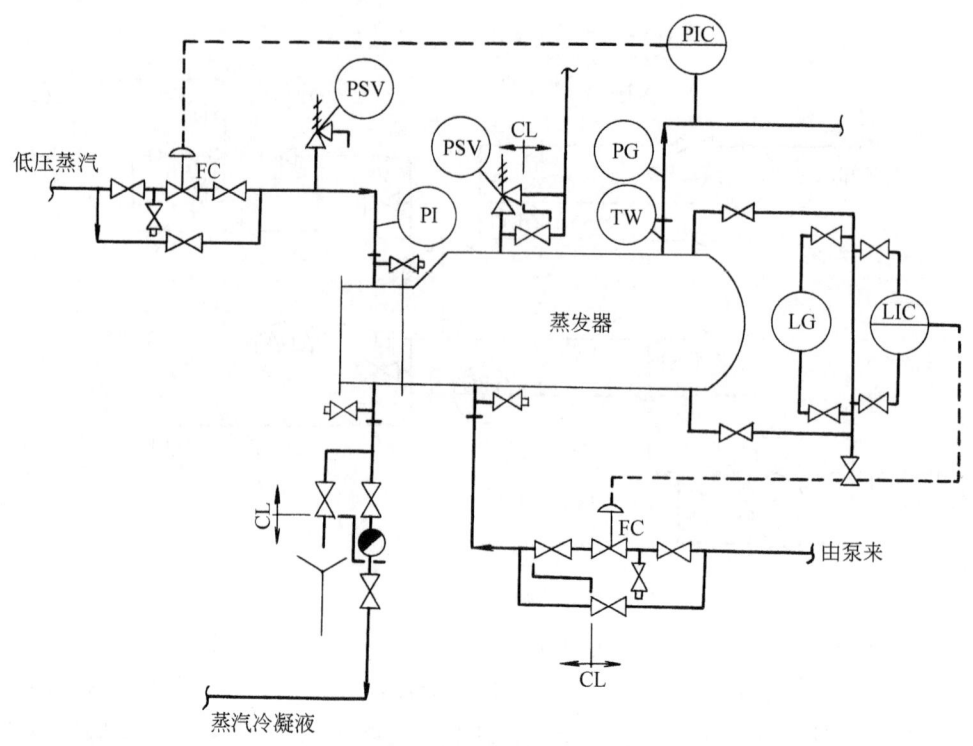

图 4-19 蒸汽加热的蒸发器

图 4-20 为带高位槽的蒸发器。蒸发器的进料由高位槽内的压力控制,高位槽的进料由高位槽的液位控制。由蒸发器到高位槽间的管道应当畅通无阻,所以即使设置了阀门,也要锁开,保证正常生产时呈开启状态。为了避免蒸发器内低沸点物料被压力过高的蒸汽全部蒸发,当蒸汽压力过高时,除了在控制室报警外,蒸汽冷凝液出口的调节阀也自动关闭。

4.2.5.6 冷箱的设计

在低温条件下,一台或几台板翅式换热器组合在一起,紧凑地布置与安装在一个大的箱体内,内填珍珠岩,统一保冷,使热量散失很少,即构成所谓的冷箱。

① 冷箱内部为一台或几台组合有序的板翅式换热器,其材质常为合金铝,因而传热效果好,重量轻。

② 对于具有混相物流的板翅式换热器,其入口应设置两相分配器系统。

③ 板翅式换热器之间的管道一般设放空和排净线,由冷箱底部一侧引出,统一排放。

④ 冷箱应具有氮气吹扫及干燥系统:a. 与工厂氮气系统连接的阀门和法兰;b. 冷箱内的氮气吹扫干管;c. 顶部排放口和事故泄压阀;d. 压力表;e. 低压报警器;f. 冷箱顶部、中部和底部根据需要设置的三处取样点。

⑤ 冷箱上要设人孔、吊耳与梯子等。

⑥ 冷箱内的板翅式换热器易堵,检修困难,因而要求进入冷箱的所有物流在冷箱前都要加设过滤器。工艺物流多为 T 形,公用物料氮气管道较细则常为 Y 形。

⑦ 为便于冷箱的干燥、吹扫,特别是开车之前与冷箱相接的管道设备吹扫时需把冷箱旁路关掉,冷箱管口与外界管道之间,都要用一段可拆装的短管连接,而且短管上应设 (3/4)″ 的放净阀(若有过滤器,则应设在此短管上)。

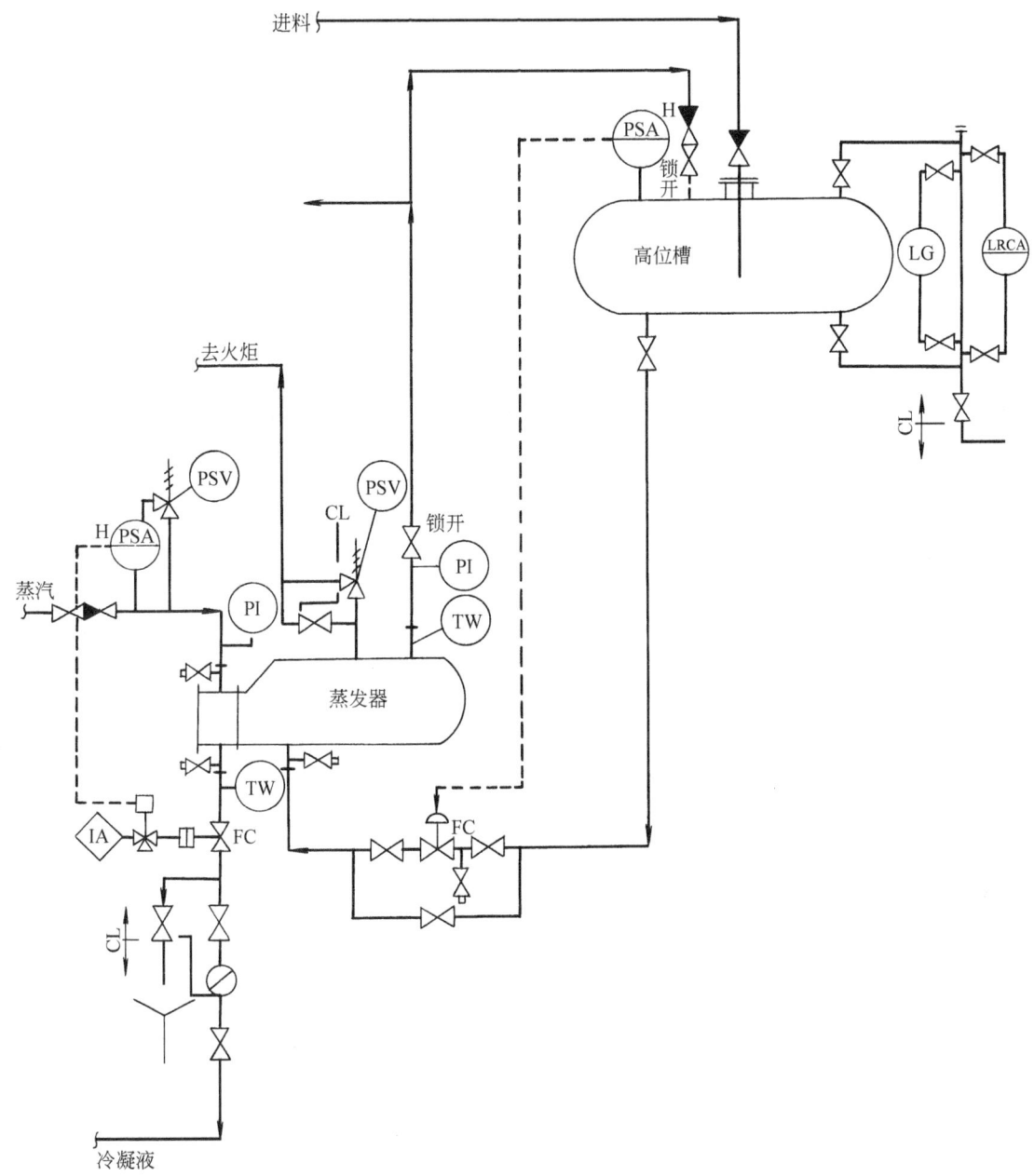

图 4-20 带高位槽的蒸发器

⑧ 冷箱严禁用蒸汽吹扫，不允许做水压试验，板翅式换热器内部必须保持绝对干燥。在有可能带入水分而结冻的管道上，要设置甲醇防冻注入管道。

⑨ 冷箱出口由低温介质过渡到普通碳钢，至少应离开冷箱 50m 以后进行。

⑩ 为防止开、停车及事故状态时，冷箱的一部分低温介质进入普通碳钢（C.S.）系统，在这类出口管道上常设置低温报警联锁系统。

⑪ 冷箱出口设置阀的管道上，阀前应设安全阀，以免阀门关闭时，冷箱超压。

冷箱典型的 PID 设计见图 4-21。

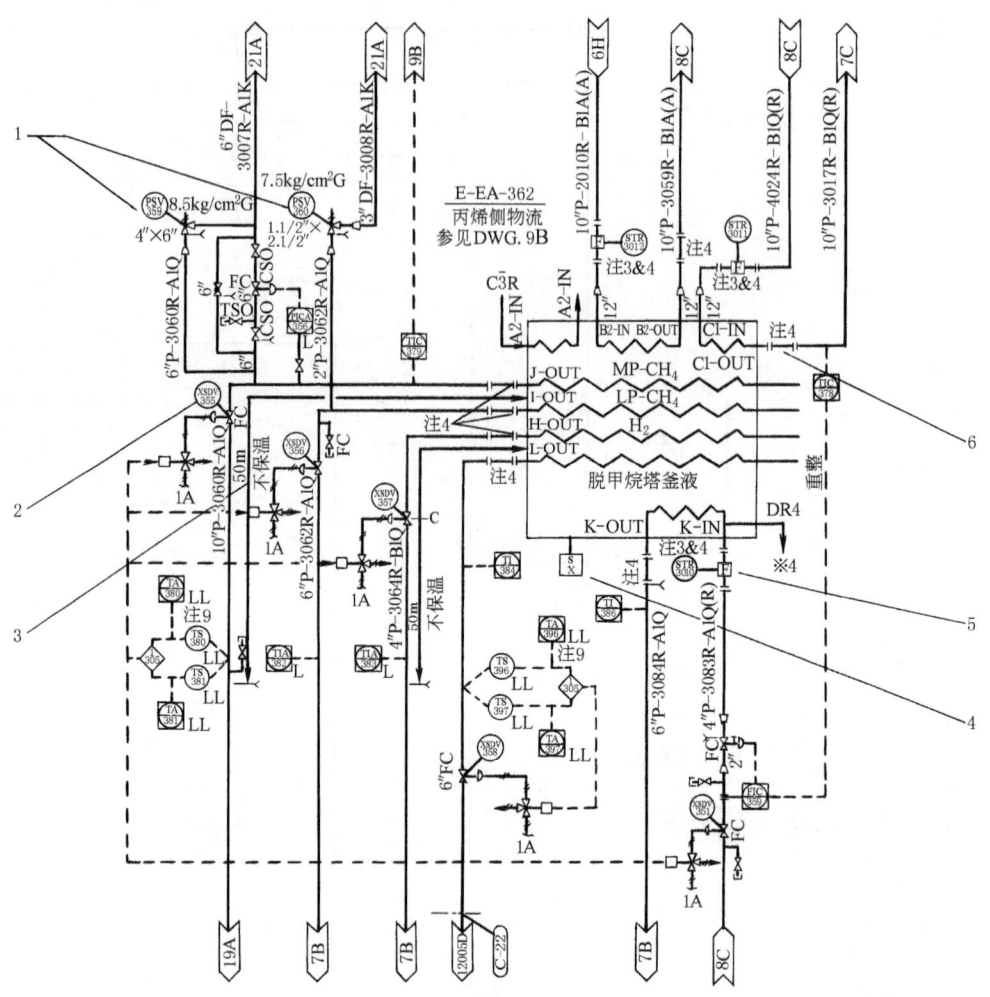

图 4-21 冷箱在 PID 中的设计

1—冷箱出口管道阀前的安全阀；2—冷箱出口的低温联锁系统；3—在距冷箱 50m 之外变换材质；
4—冷箱上的取样器；5—冷箱入口管道上的过滤器；6—冷箱进出口的可拆卸短管

4.2.5.7 压缩机的设计

气体压送机械按其出口压力的不同可分为真空泵、通风机、鼓风机和压缩机几种，若按它的结构与工作原理又有离心式、往复式、旋转式和流体作用式之分。

乙烯装置里以离心式和往复式压缩机的应用为最多，其中处理气量较大时常选用前者。如裂解气压缩机、丙烯制冷压缩机和乙烯制冷压缩机为离心式压缩机，而小型装置的甲烷制冷压缩机常选往复式压缩机，为了满足获得高压缩比，并防止出口温度过高结焦以及降低能耗等要求，实际中常常采用多级压缩且中间冷却、补气或喷淋的办法。因此根据不同的压缩需要，这些压缩机所采用的缸、段、级数也会各不相同，而且同一种压缩机在不同的装置中情况也不一样。例如：裂解气压缩机选用"三缸五段十六级"，丙烯和乙烯制冷压缩机常选用单缸、三至四段、六至七级，甲烷压缩机常为二段等。

① 压缩机进出口一般应设置切断阀，且常为电动阀。

② 为减少压缩机段间阻力降，降低能耗，乙烯装置中裂解气压缩机的各段之间，一般不设切断阀，而且各后冷器应该选低阻力降的，尤其是前三段。甲烷制冷压缩机的一、二段之间，也是如此。

③ 往复式空气压缩机，入口不设切断阀。

④ 往复式压缩机的间歇吸入和排出，会使气体产生压力脉动。为此，应在压缩机进口和出口处设置缓冲罐，且其位置越接近压缩机管口越好。

⑤ 为防止凝液进入压缩机气缸，必须在各段吸入口前设置吸入罐或凝液分离罐，以除去凝液。当凝液为易燃或有害物质时，应把凝液排往闭式系统集中处理。

⑥ 压缩机的凝液分离罐应尽量靠近压缩机吸入口布置。管道应坡向分离罐，以免凝液进入压缩机气缸。

⑦ 压缩机停车时不允许有凝液回流。当压缩机出口管内的气体接近饱和状态时，出口管上要设置凝液分离罐，同时安装一个止逆阀。压缩机出口气体不是饱和状态时，由于其排出气体中多带有润滑油，因此出口亦应设置分离罐，以分离润滑油。

⑧ 若用水冷却压缩机和被压缩的气体时，应先将冷却水接往后冷器，然后接往中间冷却器（对二级压缩而言），最后冷却气缸夹套，以充分利用冷却水。

⑨ 各级冷却器的冷凝液应分别用管道排出，并保证各级排出压力高于系统压力。若把不同级别冷却器的冷凝液合为一个系统，应分别装一个止回阀，然后再接在一起。

⑩ 凝液分离罐至压缩机间的管道应进行保温或伴热。

⑪ 压缩机入口和入口管道上的切断阀之间应设过滤器。

⑫ 离心式压缩机是连续排料的，几乎可以不考虑流量波动，因此离心式压缩机的出入口不需设置缓冲罐。

⑬ 压缩机有大量的辅助管道，如冷却水、润滑油、密封油、冲洗油、气体平衡和放空管道等。对于密封油和润滑油系统的油冷却器，还要考虑它的冷却水管道。此外，还应考虑贮油罐冬季保温加热用的蒸汽管道。在详细设计阶段，应根据制造厂家的要求，这些辅助管管道都应在 PID 图上一一补上。

⑭ 乙烯装置中的裂解气压缩机常注轻质油或注水，防焦并降温。

⑮ 乙烯装置中的乙烯和丙烯制冷压缩机一般都应设置出口气相至一段吸入罐底的吹干线，三段或四段吸入罐底液相至前面各段吸入罐气相出口的淬冷管道。

⑯ 离心压缩机应设置防喘振系统。如乙烯装置中，裂解气压缩设"三返一、五返四"最小流量管道，丙烯制冷压缩机设置"四返一、四返二、四返三和四返四"最小流量管道，乙烯制冷压缩机设置"三返一、三返二和三返三"最小流量管道，丙烯或乙烯机中间段若有抽出还应设石墙线❶等。

乙烯装置中丙烯制冷压缩机的设计见图 4-22。

压缩机必须在空负荷状态启动，所以每台压缩机都应有出口放空阀，且此阀一定要安装在出口切断阀前的管道上。

⑰ 汽轮机（又称透平）以蒸汽为动力，可用作压缩机、泵、发电机等的驱动机。为了避免杂物和水进入汽轮机，要求在汽轮机的蒸汽入口管道上设置过滤器、疏水器或其他凝液分离装置。

---

❶ 石墙线（Stonewall）——压缩机最小抽出流量旁路管道，用以防止进入压缩机下一级的流量超过最大设计值。

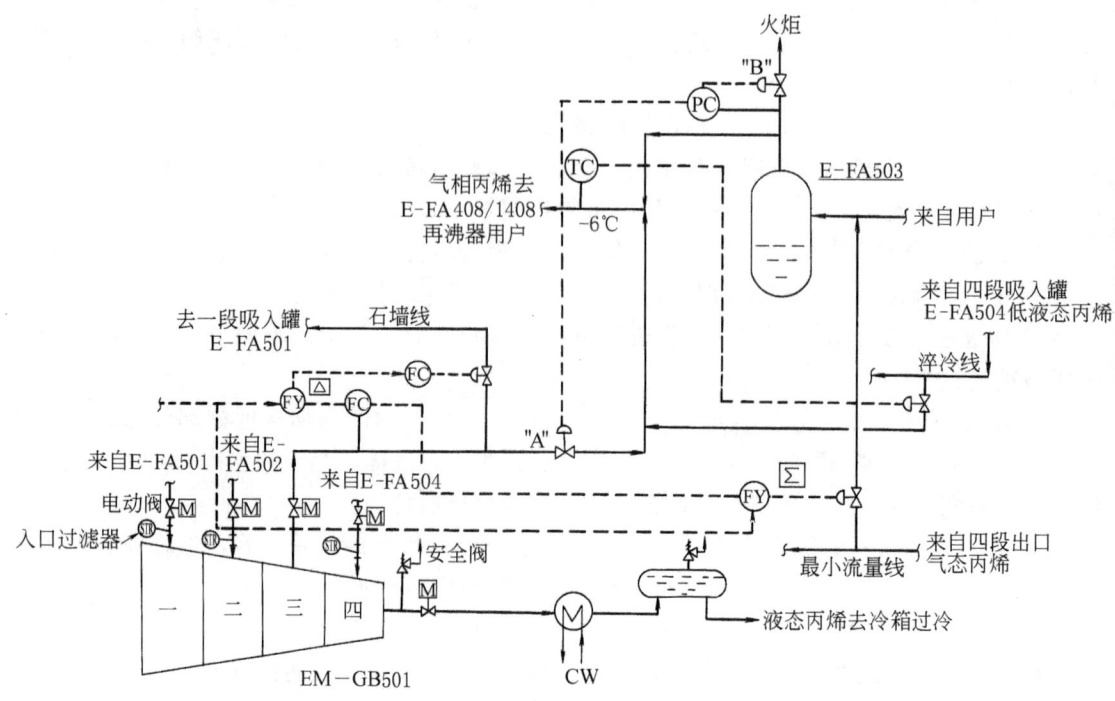

图 4-22 乙烯装置中丙烯制冷压缩机的设计示意

⑱ 蒸汽压力过高会造成汽轮机转速过快或外壳超压损坏,所以在蒸汽入口管道上要设调压阀和安全阀,以保持恒定的汽轮转速。

⑲ 汽轮机启动时,加热太快会造成振动或机械的热膨胀太快造成损坏,所以应设暖泵线。开车前,应先使少量蒸汽进入汽轮机暖机。

⑳ 汽轮机外壳的底部要设连续排水的疏水器,以排出汽轮机内生成的冷凝液。

㉑ 汽轮机排汽有多种形式。小型间歇操作的汽轮机,可直接排往户外安全高度处,必要时设消声器。连续运行的汽轮机,其乏汽(即透平排汽)要设法利用,可接往装置的低一级或几级压力的蒸汽系统,这种汽轮机称背压式汽轮机;为了多做功,在汽轮机出口设有表面冷凝器,以冷凝汽轮机排出的蒸汽,这种汽轮机称凝汽式汽轮机;把汽轮机排出的蒸汽部分通入冷凝器冷凝,部分抽出做为较低压力等级的蒸汽使用的汽轮机为抽(汽)凝(汽)式汽轮机。

㉒ 汽轮机入口的蒸汽管道上安装过滤器时,过滤器应当尽量靠近汽轮机入口。

㉓ 背压式汽轮机乏汽管道上应设置切断阀,并应紧靠透平出口。

㉔ 背压式汽轮机乏汽管道的低点应设疏水装置。

㉕ 凝汽式汽轮机的乏汽管道上均应设置全量泄放的安全阀。通常把此安全阀装在冷凝器上。

㉖ 若在进入表面冷凝器的乏汽管道上安装切断阀,安全阀应安装在切断阀前。

㉗ 压缩机及透平都设置联锁停车系统,一旦发生故障,保证进口阀打开、出口阀关闭,保证最小流量管道全开,淬冷管道全关等,以确保机组的安全。

㉘ 压缩机及汽轮机的出口都应设置安全阀。安全阀的排放量一般应为机组的最大设计排量。安全阀均设在出口切断阀前的管道上。

㉙ 应设置压缩机的开车管道,如乙烯装置中,乙烯制冷压缩机开车时,来自产品罐区的

乙烯管道；乙烯和丙烯制冷压缩机开车时的干燥管道等。同时，还应设置压缩机的停车排空和排放系统。

图 4-23 为汽轮机的流程示意。汽轮机入口蒸汽管上设置了过滤器、蒸汽入口调节阀、凝液分离包和带限流孔板的开车暖机旁通，汽轮机壳体下部设有疏水设施。图中（1）表示蒸汽经汽轮机后直接排入大气，排放口设有消声器；图中（2）为背压汽轮机组，乏汽排往低压蒸汽管网，在接往低压蒸汽系统管道的切断阀前设有全排量的安全阀；图（3）为冷凝机组，冷凝器前设有安全阀。

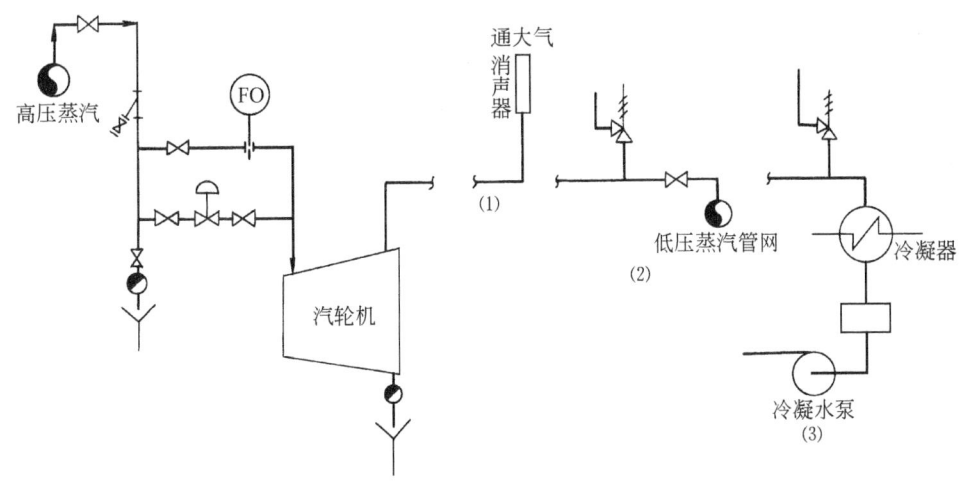

图 4-23 汽轮机的流程示意

4.2.5.8 干燥器、反应器的设计

干燥器和反应器都属容器之列，但又有其特殊性。

（1）干燥器

乙烯装置中一般有裂解气、氢气、乙烯和丙烯等几组干燥器。除乙烯干燥器物料中水分含量较低，为节省投资，小型装置可只设单台外，其他干燥器都应有备用，以便定期切换，保证再生时干燥器工作的不间断。

① 干燥器的进口、出口或者干燥剂床层下部，通常要设置水分探测仪，以确定进口物料的水分含量以及监测出口的含水量是否合格。应注意水分分析管道上的伴热防冻。

② 在设置入孔和手孔的问题上，要充分考虑干燥剂周期性装卸的方便。支撑与限位格栅的设置，既要考虑干燥时的情况，又要考虑再生时的情况。

③ 干燥器再生系统可以单设，也可以几组干燥器共用。其应包括再生气加热器和冷却器，以及再生气的分配系统。

④ 干燥器都应设置再生管道，既能提供定量的热甲烷，也能提供定量的冷甲烷。再生时的流向与干燥的流向相反。

⑤ 干燥管道与再生管道的操作压力通常相差较大，所以都应设置双阀，而且干燥管道与再生管道上的阀门严禁同时打开，必要时联锁加以控制。一般再生管道的压力较低，所以再生管道上还应设置止逆阀。

⑥ 干燥器的下部都应设置泄压管道，双阀控制，第一个阀为闸阀，第二个阀为截止阀。闸阀以后应伴热，截止阀以后可以改换成低压力等级材质。泄压出的物料应适当收集处理，乙

烯装置中一般都要返裂解气压缩机一段吸入罐。

⑦ 干燥器干燥时入口常有温度要求，再生时升温、恒温和降温都有温度和时间要求；泄压时要有压力控制，干燥与再生的切换更是视压力高低而定。所以干燥器进出口一般都要设现场或控制室的温度和压力指示。若物料有液相存在，还应设置玻璃液位计。

⑧ 应设置火灾工况的安全阀，常由顶部管道上引出。安全阀带 1″ 或（3/4）″的旁通，互为备用干燥器的安全阀出口可加切断阀（CSO）。

干燥器的典型设计举例如图 4-24 所示。

（2）反应器

乙烯装置中的反应器，顺序流程中一般有脱砷、甲烷化、碳二加氢和碳三加氢几组反应器；前脱乙烷或丙烷流程中还有全馏分加氢反应器等。除甲烷化反应器再生周期较长外，其他反应器都需要有备用。乙烯装置后的 DPG 单元（裂解汽油加氢）中，一段加氢和二段加氢也不设备用。

反应器上的许多设置同干燥器相仿。

① 为防止反应器床层飞温，每个床层至少纵向和横向均匀设三层及床层出口共四处，每处至少设两个热电偶，来监测床层温度，并设置高温联锁开关。

② 反应器的进口、出口甚至催化剂床层中，通常要设置取样点或浓度分析仪，随时测定物料中关键组分的含量是否合乎要求。

③ 在设置人孔和手孔时，要充分考虑催化剂周期性装卸的方便。支撑与限位格栅的设置，既要考虑反应时的情况，又要考虑吹扫、还原、再生、活化时的情况。

④ 反应器再生加热器可以单设，也可以几组共用。

⑤ 反应器一般要用氮气吹扫、置换、升温、冷却及充压保护等，氮气或冷热甲烷干燥，氢气或甲烷氢还原与活化，蒸汽加热、恒温及汽提，装置风烧焦再生等。这些管道都要一一设置，加双阀、加止逆阀（超高压蒸汽除外）且带"8"字盲板，而且要有温度、压力和流量的指示控制。但最终在进入反应器之前，可合为一根管道。要注意材质及保温情况的变化。

⑥ 乙烯装置中，反应器置换、再生、活化、还原等的流出物，含氢气、水等而不含空气和氮气的返急冷水塔塔底，其他的放空或排火炬。

⑦ 乙烯装置中的碳二加氢反应器的排放，返急冷区油洗塔中段回流，该排放管道需要伴热、加双阀、带止逆阀等。其他反应器底部流出物排放均去火炬，控制方式为：联锁、手控、压控或安全阀。

⑧ 液相加氢的出口分离罐要用氢气稳压，压力低时补入氢气，压力高时，脱砷反应器流出物罐排至急冷水塔塔底，丙二烯转化器流出物分离罐排至裂解气压缩机五段吸入罐，而 DPG 单元的一段加氢反应器则由手控阀排至火炬。

⑨ 反应器进出口一般都要设现场或控制室的温度和压力指示。一般不设液位计（DPG 单元的一段加氢反应器除外）。

⑩ 反应器的操作条件要严格控制，如温度、压力、空速、配氢量、反应物浓度、杂质含量等。必要时加入预处理、中间冷却、引入循环等，加以控制。

⑪ 为防止反应超温，在反应器进出口、配氢管道、循环管道等处都要加联锁控制。

⑫ 应设置火灾工况的安全阀，常由顶部管道上引出。安全阀带 1″ 或（3/4）″的旁通，互为备用干燥器的安全阀出口可加切断阀（CSO）。

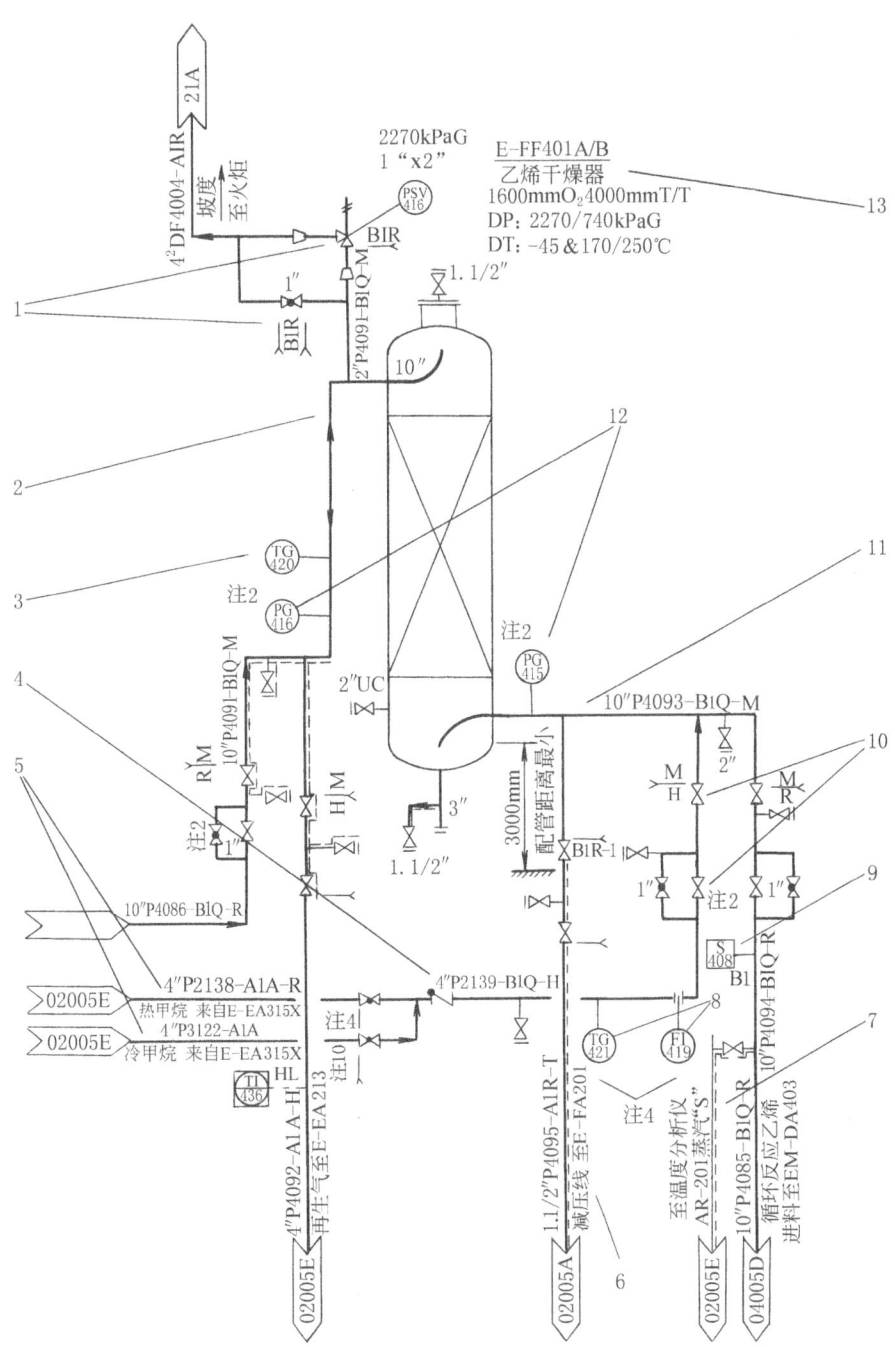

图 4-24 乙烯装置中乙烯干燥器在 PID 里的设计

1—安全阀；2—安全阀旁路；3—入口温度指示；4—再生管道上的止逆阀；5—冷热甲烷再生管道；
6—泄压管道；7—水分测量系统；8—再生管道上的温度及流量指示；9—进出口取样器；
10—各进出口管道均为双阀；11—出口管道；12—进出口管道上的压力指示；13——开一备两台干燥器

4.2.5.9 过滤器的设计

乙烯装置中应用到的过滤器有管道过滤器、特殊过滤器以及油雾消除器几类，主要用在泵、压缩机、冷箱等易堵塞设备的入口。

(1) 管道过滤器

管道过滤器有 T 形和 Y 形之分，一般 2″ 及其以下的管道用 Y 形过滤器（3″ 的冲洗油管道也见有用的），2″ 以上的管道用 T 形过滤器。

如：乙烯装置中的硫注入泵、碱液注射泵、去急冷区各泵的冲洗油管道、消泡剂泵、中和剂泵、喷射油泵、聚合抑制剂泵、碳四产品阻聚剂泵以及抗氧剂注入泵，等等，都为小的计量泵或隔膜泵，管道多在 (1/2)″～2″ 之间，通常采用 Y 形小过滤器。

离心泵一般流量都较大，故多采用 T 形过滤器。冷箱入口一般应用 T 形过滤器。

离心压缩机入口采用 T 形过滤器。对阻力降要求苛刻的地方（如裂解气压缩机一、二段入口、丙烯制冷压缩机一段入口等处），可采用临时 TS 过滤器，吹扫干净之后拆除。

(2) 特殊过滤器

乙烯装置中设置特殊过滤器的地方，主要是可能含有较大固体颗粒的物料，如从界外来的裂解原料、急冷油泵前后的急冷油、裂解燃料油泵的出口、冲洗油泵的出口等处。这些地方用的特殊过滤器多为篮式的。若流量较大，进出口可设计成平口。过滤下的溶渣，过滤器有备用时可停车人工清理；无备用也可用机械刮刀在线清理，这时一般要再设置一台小的辅助过滤器，将刮下的溶渣再进一步处理。

特殊过滤器要有放空、排净口，调质油或冲洗油口（或吹扫蒸汽口），燃料气或装置风口、清渣口及公用工程口等，以便于过滤器的清洗。过滤器的前后应加压差计（带仪表冲洗油），以确定过滤器的堵塞情况。要注意这些管道的防凝伴热。

特殊过滤器的典型设计见图 4-25。

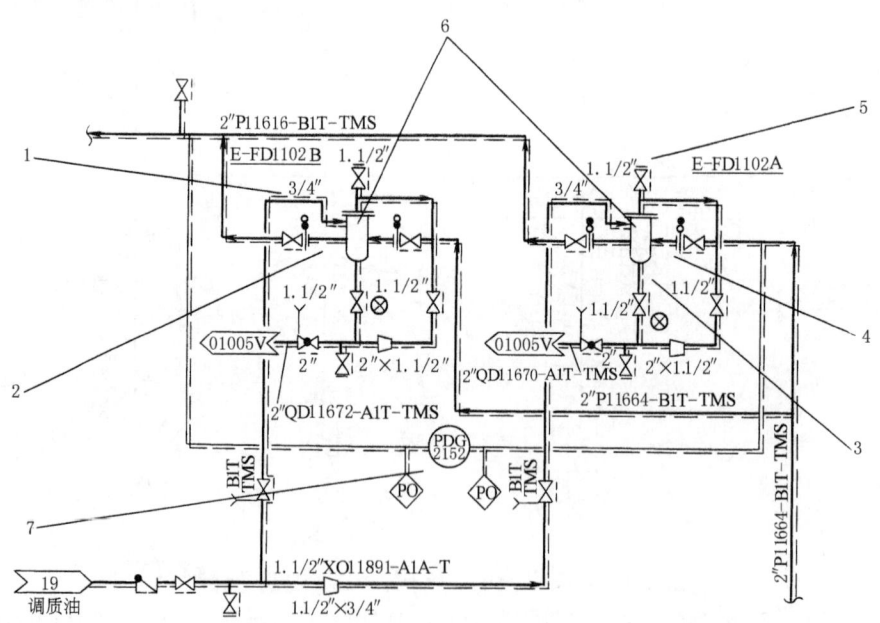

图 4-25　特殊过滤器在 PID 中的设计

1—过滤器冲洗口；2—出口；3—放净口；4—入口；
5—放空口；6——开一备两台过滤器；7—压差计

(3) 油雾消除器

油雾消除器是一种气液分离器，滤芯式的，用超细玻璃纤维制作，用于从气体中分离出几微米细小（多<3μm）的油雾。乙烯装置中主要用于乙烯制冷压缩机出口，以防油雾夹带到冷凝器中，影响换热器的传热效果。

① 设入口、出口、油排放口（双阀控制）和液位计接口。
② 加旁路便于拆卸清洗。
③ 切断阀内设置火灾工况的安全阀。
④ 停车清洗检修时，通过安全阀旁路也可通过放净口泄压。

4.2.5.10 隔热的设计

在 PID 和公用工程流程图上，设备、仪表和管道等的隔热要求也应标示出来。

(1) 绝热分类与符号

分类	符号	说　　明	分类	符号	说　　明
1	A 或 D	防潮保温	8	R 或 C	保冷
2	E	电伴热	9	S	特殊用途
3	F	全部热保温或防火	10	T	蒸汽伴热（低压蒸汽）
4	H	正常热保温	11	TMS	蒸汽伴热（中压蒸汽）
5	M	双重用途保温	12	TS	带定位架的蒸汽伴热
6	O	操作防振	13	V	防噪声
7	P	人身防烫保温			

注：1. 不同装置的绝热表示方法不尽相同。
2. 个别隔离方式可以复用。

(2) 保温绝热

① 保温绝热通常应用于操作温度在 100℃ 及其以上的设备和管道，但是在希望有热损失的地方除外。不过，在限制热损失的地方，即使操作温度低于 100℃，也应该采用全部保温绝热。

② 具有耐火或绝缘材料作为内衬的设备和管道，在其外部不应该再用保温，但是在必须控制金属温度的地方除外。

③ 除另有规定，安全阀连同其出口管道以及诸如蒸汽吹出阀、放空和放净阀等的下游管道均不应保温。

④ 疏水器及其下游管道均不应保温，但是在回收排水热量时，在有必要防止结冰堵塞，以及在图纸上另有规定者除外。

⑤ 下列设备及其部件不应进行保温绝热，（但是另有规定者除外）：a. 除带蒸汽伴热的泵体外，其他泵体都不保温；b. 鼓风机和压缩机；c. 具有移动元件的部件，诸如膨胀节、转动接头和滑阀；d. 安全阀。

(3) 人身防烫保温

人身防烫保温应适用于在 60℃ 及其以上的不保温设备和管道以及下面所列的地区，在此类地区内，操作人员在工作如有疏忽时就会发生触碰：a. 自地面或楼面标高 2100mm 的高度以内；b. 平台或走道边缘以外 750mm 的距离以内；c. 在希望热损失的地方，可以设置屏障或防护物以取代人身防烫保温。

（4）保冷

① 冷保温将用于操作温度在 10℃ 及以下的设备和管道，除了希望有热增益的地方。

② 阀门的保冷绝热和防露绝热应该做到阀盖为止，安全阀应该绝热到该阀的排放口法兰端。

③ 通常情况下，操作温度在 0℃ 及以上工作的泵不应该进行保冷。

④ 下列附件或突出物在没有设置中间隔热层而要固定到管道或设备（或法兰）上进行保冷绝热时，其冷保温应以 4 倍保温厚度延伸到附件或突出物上：a. 塔和罐的裙座或支腿；b. 管架；c. 放空和放净管道的支线。

（5）防结露保冷

防结露保冷适用于的设备和配管，是指操作温度在 10℃ 以上，但是其工作温度在环境温度下，其表面凝结水将引起下列不利影响：a. 电气危害；b. 设备损坏；c. 表面凝液使工作人员感到不适等。

4.2.6 PID 校核提纲

为了保证工程设计质量，发图前必须对 PID 进行严格检查。PID 是工程设计和施工最重要的依据，一旦出现差错，就会造成严重后果。因此，PID 的校核工作是一项十分重要而细致的工作。作者根据设计体会，总结出下列 41 条校核提纲，供读者参考。该提纲曾在工程设计中试用，效果甚佳。

① 检查所有非正常操作情况（开车、停车、催化剂再生、蒸汽吹扫、炉子除焦等）下所需的管道和阀门是否都已齐全。

② 检查事故处理手段是否妥善、完备。如停电、停水时该怎么处理，后果怎样。仪表压缩空气停止供应后，是否所有的仪表都在合适的位置上等。

③ 出现误操作（如某些阀门出现操作失误）时会发生什么问题，怎样防止误操作。对误操作后可能带来灾难性事故的阀门，应在 PID 上注明，提醒配管设计人员注意。同时，应采取特殊措施把误操作后易产生严重事故的阀门分开布置。

④ 检查管道的编号、管路等级是否合适。当不同管路等级的管道连接时，管路压力等级的分界点是否在正确的位置上，如图 4-26 所示。

⑤ 检查管内介质是否会产生倒流。如有可能，应在适当的地方加止回阀。

⑥ 检查离心泵、压缩机出口是否均有止回阀。

⑦ 几个换热设备（包括加热炉、空冷器）并联时，应考虑管路的对称布置。特别是在有相变的情况下，对称配管尤其重要。

⑧ 有两相流时，可能引起管道的振动，因此，在图上应注明，以利配管设计人员在处理这些管道时作一些必要的特殊考虑。

⑨ 当公用工程的蒸汽、压缩空气、水及氮气管道与工艺物料的烃类管道或设备相接时，一定要用止回阀，且止回阀和切断阀间设一检查阀。

⑩ 检查有高度要求设备的标高在图上是否都已标注清楚。

⑪ 水进入热油罐可能会造成热油罐冒顶。因此，在设计中应考虑是否有水进入热油系统的可能，采取什么措施（通常采用加双阀、止回阀等措施）防止此类事故的发生。蒸汽通入带油设备时，必须先疏水，因为冷凝水进入带油设备，会发生类似水进入热油系统

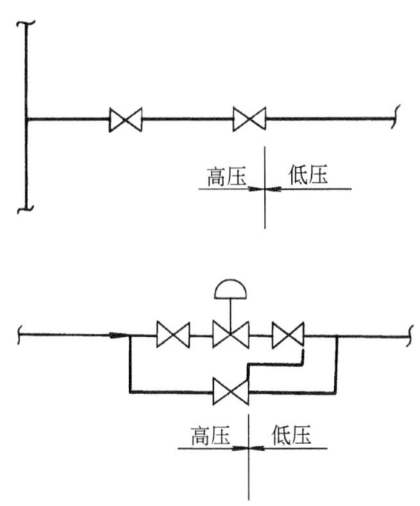

图 4-26 管路压力等级分界点举例

的事故。

⑫ 检查是否存在会发生化学反应的物料管道相接的情况，以免产生化学反应。

⑬ 对需要加热的设备应注意检查是否有适当的温度控制，载热体的温度是否适当，以免物料过热而产生高压或者分解。

⑭ 检查取样点的位置是否合适，注意使试样不受环境污染。

⑮ 汽轮机的蒸汽入口管和汽轮机的壳体内不允许积聚蒸汽冷凝液，因此必须采取疏水措施。

⑯ 压缩机在低流量下工作时，应设旁通管。同时，注意在旁通管上设冷却器，以免压缩机入口温度过高。

⑰ 检查换热器配管的连接是否合适。当循环水系统发生故障时，要求仍有一部分循环水留在换热器内而不致倒空。所以，换热器的冷却水配管以下进上出为好。

⑱ 循环水温度太高会造成换热器内部结垢，所以用循环水作冷却介质的换热器，其循环水出口处应安装温度计。在循环水回水管的高处应设置取样阀，以便于取样，检查水内是否含有烃类，从而判断换热器是否有泄漏。

⑲ 非埋地的循环水供、回水管，在冰冻地区应设旁通阀。在装置边界切断阀前应设一 $DN50$ 的旁通阀，在换热器切断阀前应设一 $DN25$ 的旁通阀。

⑳ 检查冷却器或冷凝器的低温侧（壳侧）配管上是否设置有安全阀。

㉑ 检查需经常拆卸的设备管口是否有可拆卸的短管。

㉒ 检查管道和设备是否有合适的保温（包括工艺生产过程中要求的保温，人体保护所需的防烫保温和水管道等的防冻保温）和伴热。

㉓ 对容易发生事故的催化反应器，其再生管应安装回转弯头。催化剂再生过程应输入空气，而催化反应过程却需隔绝氧气。为避免使用阀门控制反应与再生过程容易发生的误操作，安装回转弯头是十分必要的。另外，装设回转弯头还可避免冷热管道接在一起，有利于应力问题的处理。

㉔ 检查盲板、切断阀是否都已配置齐全。进入装置的物料管道和公用工程管道在装置边界处都应安装切断阀；烃类和蒸汽管道还应加装8字盲板。

㉕ 开、停车及发生事故时需要使用氮气，应注意其供应和管道连接是否合适。

㉖ 检查应该设置放空、放净的地方是否都已设置；所有的放空、放净管道是否都已接到合适的位置和系统上。

㉗ 检查液封是否能保持，是否有可能被吹掉或吸干，采取什么措施防止。

㉘ 检查需锁注或铅封的阀门是否都已注明。注意，处理事故用的阀门只能铅封，而不能锁住。

㉙ 根据建厂现场的气象条件，决定是否需要检查整个装置的管道是否都已设置必要的防冻措施（如设旁通、放净、保温和伴热等），并尽量避免管道有"盲肠"部位。

㉚ 检查所有可能超压处是否均有安全阀或其他压力保护措施，安全阀的规格、尺寸是否均已注明；安全阀后是否已接往火炬系统或排往合适的地点。注意在排往火炬系统时，不会发生冷凝的气体物料应接往干气系统，管道无坡度要求；而可能产生冷凝液的气体则应排往湿气系统，管道应往分离罐下坡，无袋形，经分离罐分离液滴后再进入火炬燃烧处理，以免凝液进入火炬产生"火雨"。

㉛ 检查直接排入大气的放空及就地排放的放净系统的介质是否允许直接排往大气或就地排放。

㉜ 当有轻烃类气体直接排入大气时，要检查是否可能因雷击等原因引燃排出的轻烃类气体。若有可能，轻烃排出管要设蒸汽灭火装置。灭火蒸汽的控制阀距轻烃排出点（即着火处）要有一定的距离。

㉝ 检查温度、压力和液面的报警、联锁切断是否能满足生产要求。

㉞ 检查所有的调节阀是否都标注有"气开"、"气闭"，标注是否合适。

㉟ 检查装置设计中是否考虑到起动或停车的要求；开、停车系统的设计是否满足要求。

㊱ 注意检查发生重大事故时装置该如何停车。

㊲ 检查装置运行中操作条件超过允许值时，是否有警报。

㊳ 检查开、停车时，物料是否会发生相变，是否允许。

㊴ 检查泄压和火炬系统是否能满足装置开、停车的要求。

㊵ 正常生产时关闭的阀门，应在 PID 上注明"常闭"。

㊶ 对非定型生产的管件，应在 PID 上逐个编号，并绘制特殊管件表、特殊管件图。有时还应注上管件制造厂的型号，以便采购。

4.3 公用系统管道及仪表流程图（UID）

4.3.1 基本内容

① 标示与公用系统有关，即使用或产生公用物料的设备（包括备用设备），填写设备位号及名称；有温度、压力变化处，标示出温度和压力。

② 标示公用物料干管、总管、支管及进出设备的所有公用物料管道及管件、阀件等。并标注管道内介质、管道号、公称直径等；正确标示公用物料经过的设备顺序及其走向。

③ 标示公用物料管道上的所有仪表和控制方案，但在工艺管道及仪表流程图上已标示的公用物料仪表不得重复出现。

4.3.2 图例

公用系统管道仪表流程图的样本见图 4-27。

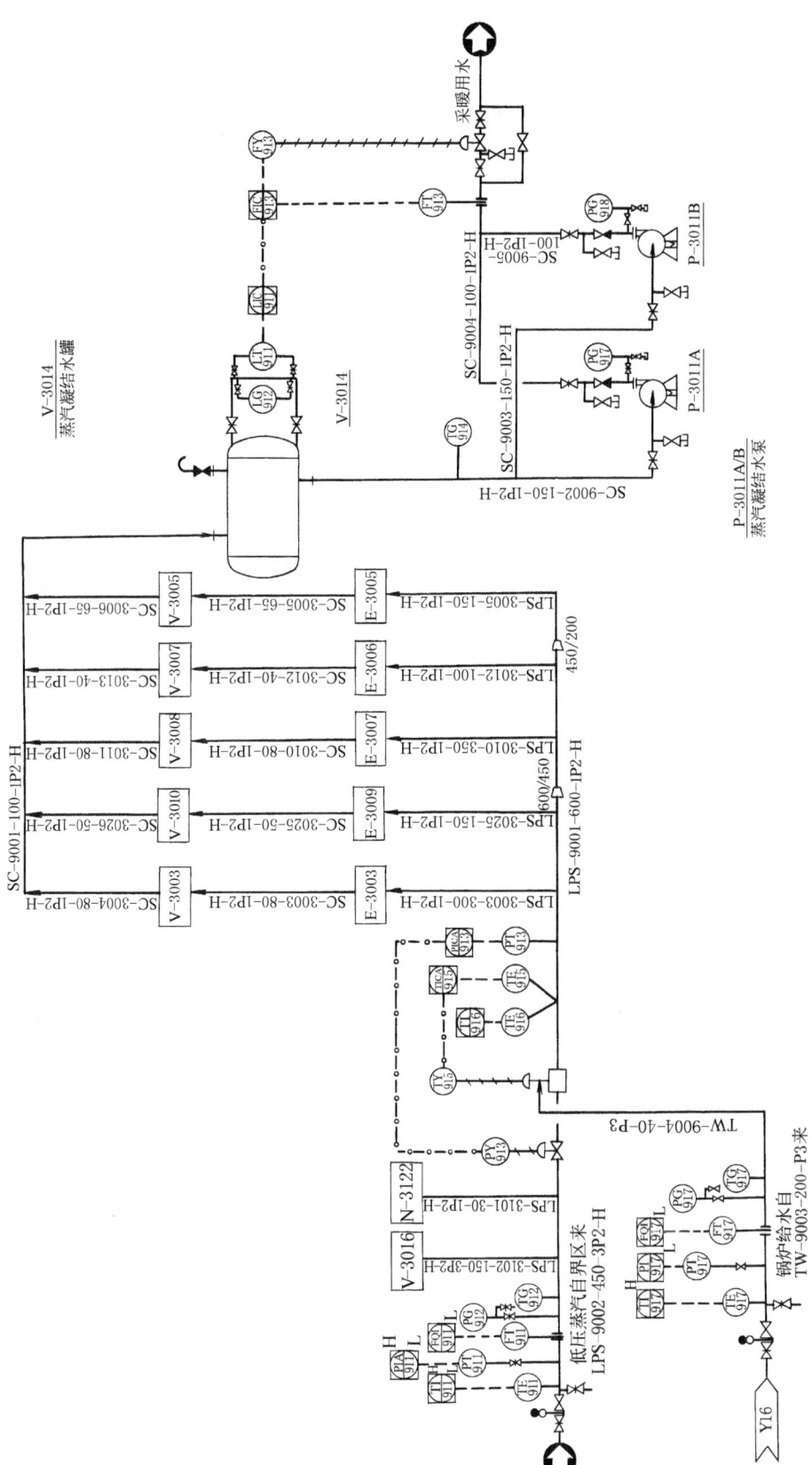

图4-27 公用系统管道及仪表流程

4.4 工艺流程说明

先要说明工艺过程和基本控制系统及单元的划分,工艺流程的特点和每个生产单元的作用。

按工艺流程的顺序,详细地说明整个生产过程的内容,操作条件,主要设备特点,控制方案。

在基础工程设计阶段重点要说明与主装置配套的辅助生产设施的设置和流程。

一般应叙述以下内容。

① 生产方法、工艺技术路线(说明所采用的工艺技术路线及其主要设备)。

② 工艺特点(从工艺、设备、自控、操作和安全等方面说明装置的工艺特点)及每个部分的作用。

③ 工艺流程简述,叙述物料通过工艺设备的顺序和生成物的去向;说明主要操作技术条件,如温度、压力、流量及主要控制方案等;如系间断操作,则需说明一次操作加料量和时间周期;连续操作或间断操作时需说明工艺常用设备、备用设备工作情况;说明副产品的回收、利用及三废处理方案。

4.5 原料、产品、副产品、燃料、催化剂、化学品及公用物料的技术规格

4.5.1 设计需知

对原料、产品、副产品等,一般应分别列出它们的物性和组成、单位、指标、分析方法和(或)标准号等;对聚合物产品的规格应分别列出性能、单位、测试方法和(或)标准号、各牌号产品指标。

对催化剂、化学品,一般应按不同物料分别列出物性及组成、单位、指标、分析方法和(或)标准号等。

对公用物料一般应该按水、电、汽不同的物料分别列出状态、温度、压力及其他规格,如电压、频率等,对氮气和仪表空气还要列出露点、含油等的常用指标。

4.5.2 基本内容

(1) 原料、催化剂、化学品规格表的编制规定

原料为参与主要化学反应生成产品(包括中间产品)的物料。如乙烯法生产氯乙烯时用的乙烯和氯气。

化学品指在生产过程中加入的某种物料,它有利于工艺过程的进行,或对中间产品、产品、副产品起改性或精制、干燥等作用的物料,如中和剂、吸附剂、脱附剂、萃取剂、干燥剂、终止剂、消泡剂、抗氧剂、分散剂、阻聚剂、引发剂和稳定剂等。

原料、化学品规格表(见表4-4)填写说明。

① 按原料、化学品次序分类,每种原料或化学品编一张表。

② 名称栏中所填写的物料化学名称或通用商品名称,如果系专用名称,则需注明生产厂名。

③ 物料或组成栏需填写物料的主要物性,包括外观、密度、黏度、色度、熔点和pH值等,有些固体物料需填写颗粒尺寸、比表面积等;组成应填写物料的主要成分的化学名称(或分子式)及纯度;也要填写必须控制一定限量的杂质的化学名称。

④ 单位栏填写各物性数据或组成的计量单位。组成单位可选用通用型式表示但应注明是

体积分数或摩尔分数或质量分数。

⑤ 在指标栏中填写物性数据允许的范围。组成则填写纯度或主要成分的最小允许含量和必须控制的一些杂质的最大允许含量。

⑥ 在分析方法及标准号栏内填写物性测试方法或标准号。

⑦ 装置生产所需催化剂填在催化剂规格表中，以催化剂种类编序号，按表中内容填写，如需指定厂商及型号也应表示清楚。见表 4-5。

（2）产品及副产品规格表（见表 4-6）的编制规定

① 按产品、副产品的次序分类，对每类中的每一种产品编一张表。

② 副产品指除装置主要产品外，可作为商品外销或本厂其他装置原料的产物。

③ 在表头中的名称栏中填写产品和副产品的化学名称或通用商品名称。

④ 物料或组成栏中填写产品或副产品的一些物性或主要成分和必须控制一定限量杂质的化学名称，通用商品名称。

⑤ 单位栏填写各物性数据或成分的计量单位，注意需标明体积分数、摩尔分数、质量分数等。

指标栏中需填写物性数据或主要成分的最小允许含量和必须控制的一些杂质的最大允许含量。

在分析方法和（或）标准号栏内填写分析物料中主要成分和必须控制杂质规定的分析方法和（或）标准号。

备注栏可作特殊说明用。如注明产品或副产品采用的国际或部标规格的标准号等。

（3）聚合物产品规格表（见表 4-7）的编制规定

由于聚合物产品的牌号较多，各牌号产品的性能有差别，需填写聚合物产品规格表。

① 将聚合物产品的各种性能按次序编序号。

② 性能栏中填写聚合物产品的各种必要的性能。

③ 聚合物产品有合成树脂和合成橡胶生胶等产品。合成树脂的主要品种有聚氯乙烯、聚乙烯、聚丙烯和聚苯乙烯等。合成橡胶生胶的主要品种有丁苯橡胶、顺丁橡胶和乙丙橡胶等。

④ 聚氯乙烯的主要性能有 K 值、密度、颗粒尺寸、挥发分含量和残留单体含量等。

聚丙烯和聚苯乙烯的主要性能包括上述聚氯乙烯除 K 值的各种性能外，还包括熔融指数、抗拉强度、抗冲击强度、硬度、热变形温度、软化点和伸长率等物理机械性能。此外，聚丙烯还包括等规度、浊度、光泽度、鱼眼、螺旋流动等物理机械性能。通用级聚苯乙烯的性能还包括透明度和光泽度。

高压聚乙烯和线型低密度聚乙烯的主要性能有密度、熔融指数、光泽度、浊度、抗冲击强度、抗拉强度和伸长率等。线型低密度聚乙烯的性能还包括抗穿刺强度和抗撕裂强度。

⑤ 合成橡胶生胶产品的主要性能包括密度、门尼黏度、挥发分、灰分、防老剂（或稳定剂）的含量和必须控制的一些杂质的含量，还包括定伸强度、抗拉强度和伸长率等物理机械性能。

⑥ 测试方法和（或）标准号一栏内填写测试性能采用的方法和（或）标准号。

（4）公用物料规格表编制规定

为了统一工程设计中生产装置用公用物料规格表的编制内容而制订本规定。一般生产装置所需的公用物料有：循环冷却水及回水、工业水、脱盐水、消防水、高压蒸汽、中压蒸汽、低压蒸汽、仪表空气、装置空气、氮气、氧气、冷冻盐水、低温水、蒸汽冷凝液、燃料气、燃料油等。应根据生产装置的具体要求分类列齐，不得漏项。

(5) 公用物料规格表填写说明

① 循环冷却水及回水应把界区处工作条件（温度、压力）填写在界区条件栏中，循环冷却水的污垢系数填写在规格表中。

② 工业水应写明界区处工作条件（压力、温度）。

③ 脱盐水应写明界区条件（压力、温度），填写在界区条件栏中。水质指标（pH值、电导率、SiO_2、总铁、总铜的含量等）填写在规格栏中。

④ 消防水应分工作时（灭火时）的水压和非工作时水压。

⑤ 电应分动力用电、照明用电、仪表用电、写明电压（包括波动值）、频率（包括波动值）、相数。动力用电由工艺专业填写，照明用电由电气专业提条件，仪表用电由仪表和电气专业共同提条件。

⑥ 蒸汽应按其压力等级（高压、中压和低压）分类写明其界区条件（温度、压力）。

⑦ 仪表空气应说明界区条件（压力、温度），着重说明使用压力下的露点要求和含油、含尘的要求。

⑧ 装置空气（压缩空气、杂用空气）应写明其界区条件（压力、温度）和含油含尘的控制要求。

⑨ 氮气除说明其界区条件（压力、温度）外，应着重说明氮的纯度要求和杂质含量控制要求。

⑩ 氧气除说明其界区条件（压力、温度）外，应着重说明氧的纯度要求和杂质含量要求。

⑪ 冷冻盐水和低温水应说明其组成和密度以及界区条件（温度、压力）。冷冻水和低温水的回水应说明界区条件。冷冻水浓度在规格栏填出。

⑫ 蒸汽凝液应说明其界区条件（温度、压力）。

⑬ 燃料气和燃料油应写明其组成和主要物性（密度、黏度、热值等），并写明其界区条件。

对原料或化学品，催化剂、产品及副产品、公用物料填写的规格表示于表 4-4～表 4-8。

表 4-4　原料或化学品名称栏规格表

物性及组成	单位	指标	分析方法和（或）标准号	备注

表 4-5　催化剂名称栏 规格表

物性及组成	单位	指标	分析方法和（或）标准号	备注

表 4-6 产品及副产品名称栏规格表

物性及组成	单 位	指 标	分析方法和（或）标准号	备 注

表 4-7 聚合物产品名称栏规格表

性能指标	单 位	分析方法和（或）标准号	各牌号产品指标	备 注
密度				
颗粒尺寸				
熔融指数				
抗拉强度				
硬度				

表 4-8 公用物料规格表

序号	物料名称	状 态	界区条件		规 格	备 注
			温度/℃	压力/MPa		

4.6 原料、催化剂、化学品、公用物料消耗定额及消耗量和产品、副产品产量表

4.6.1 设计需知

原料、催化剂、化学品、公用物料消耗量表应按生产装置分别填写，并按原料、催化剂、化学品和公用物料的次序分类填写。产品、副产品产量表也是分装置填写，产品产量表见表 4-9，填写方法参见以下叙述。

在名称栏中填写物料化学名称，通用商品名称，如果填写专用名称，应在备注栏中注出厂名。

在单位栏中对于消耗量较大的原料等以"t（吨）"为单位，对于消耗量较小的催化剂和化学品等，以"kg（千克）"为单位。

在数量栏中填入每吨产品、每小时、每年对各种原料，催化剂或化学品的消耗量。这个消耗量应是考虑损失后的平均消耗量。

对在使用过程中逐渐损耗的溶剂或效能逐渐降低的催化剂、吸附剂和中和剂等，如进行定期补充，则需在备注栏中注明补充间隔时间及补充量，并折成每吨产品的平均消耗量。

对初次充填的或定期更换的催化剂、溶剂或干燥剂等，必须在备注栏中注明一次填充量和更换的间隔时间，并折成每吨产品的平均消耗量。

有的工艺过程还要使用燃料，对燃料的消耗可参照公用物料的消耗量表填写。

我们把以上内容要求制成一组表格，推荐给大家作为参考。见表 4-9～表 4-11。

表 4-9　产品、副产品产量表

公司名称							图纸编号			
编制							第　　页　共　　页			
校核			工程名称				项目名称			
审核			建设地址				设计阶段			
序号	物料名称		状态	单位	产　　量					备注
					小时产量	年产量				

表 4-10　原料、催化剂、化学品消耗量表

公司名称								图纸编号			
编制								第　　页　共　　页			
校核			工程名称					项目名称			
审核			建设地址					设计阶段			
序号	名　称		状态	单位	消　耗　量			一次填充量	更换间隔/个月	备注	
					小时耗量	吨产品耗量	年耗量				

表 4-11　公用物料单耗及消耗量表

序号	公用物料名称	单位	消　耗　量			备注
			吨产品耗量	小时耗量	年耗量	
1						
2						
3						
4						
5						
6						
7						
8						
9						
10						
11						
12						
13						
14						
15						
16						
17						
18						
19						
20						

4.7 管道标志

本规定阐述了工艺和公用物料管道及仪表流程图管道编号中应遵循的规则，描述了如何为管道命名，哪些管道应编号，顺序号该怎样排列等。

4.7.1 需要编号的管道范围

（1）在管道及仪表流程图上标示的下列管道均应编号

① 所有工艺管道及其支管。

② 公用系统总管及支管。

③ 与系统相连接的放净管。

④ 在切断阀以外装有管道的放空管及其他接管。

⑤ 设备管口上直接设置的装有阀门和盲板或装有阀门、短管及管帽的放净口或公用系统接管。

（2）下列管道不需要编号

① 调节阀及其他仪表或管件的旁路。

② 管道上的放空、排净管，且只装阀门和盲板，或阀门、短管及管帽，或只装盲板而没有管道者均不需另编管道号。

③ 设备与设备的管口直接相连，例如重叠安装的换热器及直接与塔连接的再沸器。

④ 仪表管道，如压力表接管、各类仪表信号管道等。

⑤ 作为成套机组的一部分由制造厂供应的管道。

⑥ 无出口导管而直接排大气的安全阀入口导管。

⑦ 设备上、机械上、管道上的伴热管和夹套管。

4.7.2 管道标注方法

管道号由七个基本单元表示，即管道所在管道及仪表流程图图号、管道介质符号，流程分段号或单元代号、管道序号、管道公称直径、管道等级及隔热类别。

例：

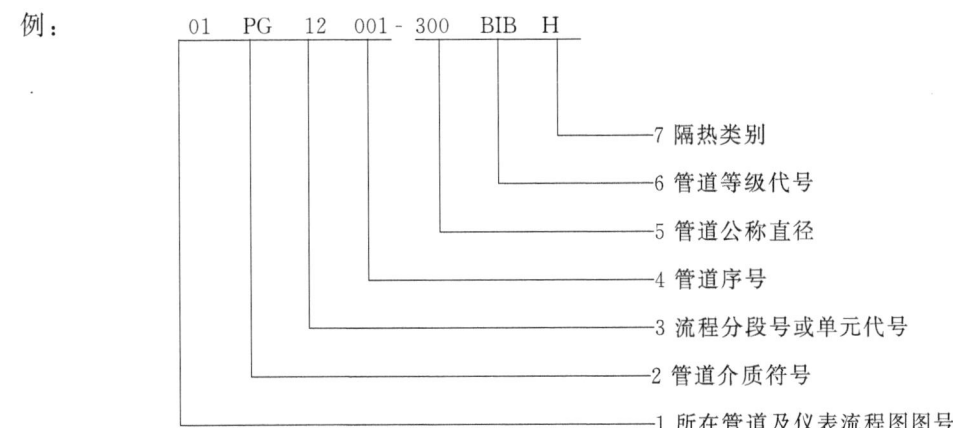

4.7.3 管道号的编制

标志管道特征的七个基本单元在设计、施工中均起重要作用。其中前2、3、4三个单元构成基本管道号，用它们就能确定某一特定的管道。

（1）基本管道号

基本管道号包括管道介质符号、流程分段号或单元代号及管道序号三个单元，基本管道号一般占据八位，其分配如下：

1	2	3	4	5678
P	G	1	2	012
A	S	0	1	008
管道介质符号		流程分段号或单元代号		管道序号
基本管道号				

管道序号一般是三位，因此第八位数留空。当某单元内某一流体的管道数超过999时占用第八位。

（2）带生产线号的基本管道号

在一个装置内具有若干条相同的生产线，当管道编号时，每条生产线中相同的管道除了生产线符号不同以外其他符号应相同，生产线用英文字母从A到Z（I和O除外）表示。一般装置很少超过24条生产线，如有例外可用两个字母表示。

1	2	3	4	567	8
P	G	1	2	012	C
P	G	1	2	012	A
管道介质符号		流程分段或单元代号		管道序号	生产线号
基本管道号					

（3）管道序号排列原则

工艺管道及仪表流程图（参考管道及仪表流程图基本管道号编制样图）。

① 每个流程单元的顺序号自成一个体系，而同一流程单元内各种流体管道的编号也独立为一个系统，因此每一个流程单元内每一种流体的管道其编号可有999个，即001～999。例如：P 01001-P01999，AG01001-AG01999。

② 通常由一设备（或管道）至另一设备（或管道）的管道，编一根管道号，分支管则另编一个号，其流程单元代号根据起始设备（或管道）所在的流程单元号确定。若是管道通向另一流程单元，其代号仍一直保持到终点设备（或管道）。

③ 管道序号按照流程图上流体前进的方向编排。

④ 第一个管道序号是由界区处开始流抵第一台设备的管道或者是该流程单元内的第一台设备出口流抵界区处的管道。

⑤ 管道序号一直保持到管道的终点设备。

⑥ 在一个循环系统里其顺序号应根据其实际过程的次序排列。例如：塔回流系统的顺序应是由塔至冷凝器，然后至收集槽，再至回流泵而返回至塔。

⑦ 同一管道的管路等级或管径有改变时其基本管道号不变。

⑧ 由主管至各并联的支管，可按支管的先后排列管道序号。

⑨ 某些支管不是以主管为起点，如并联设备的出口管，与上述原则一样编管道序号。

⑩ 调节阀、疏水器、管道过滤器以及其他小设备的旁路不另编号。

⑪ 每张流程图应预留一些管道序号（空号）以便以后增加管道时使用。

公用系统管道及仪表流程图的管道号：公用系统管道与工艺管道的编号基本相同，但补充以下几点（参考公用系统管道及仪表流程图基本管道号编制样图）。

① 在工艺装置中的公用系统管道与工艺管道采用同一流程单元代号。

② 供给两个或两个以上流程单元的公用系统总管则采用公用系统的单元代号。

③ 无论是界区内或是界区外由业主或其他单位设计的公用设施均应规定其装置标志代号。

④ 由总管到某个流程单元内设备的公用物料管道与该设备所在的流程单元代号相一致。
⑤ 由总管端部到供方的最后一台设备的管道应另编一个管道号,以表示与总管有所区别。
⑥ 到并联设备的支管也应与工艺管道一样依次编排管道序号。

4.8 管道表

管道表是生产装置中,也是该装置 PID 上全部管道的索引,它表明了每根管道主要的技术数据。从 PID "B"版开始,管道表随 PID 一起编制,供配管专业开展配管设计用。

本规定阐述了管道表编制中应遵循的规则,说明了管道表中工艺系统专业需要填写的内容以及管道表的出版与修订。

4.8.1 管道表填写内容

管道表填写内容包括:管段号;公称直径;管道等级;PID 图号;图幅分区;管道起止点;物料名称;物料状态;操作压力 [MPa(G)];操作温度(℃);管道级别。

参见表 4-12。

表 4-12 管道表

管道号	公称直径	管道等级	PID 图号	管段起止点		物料名称	物料状态	操作条件		隔热类型	备注
				从	至			温度/℃	压力/MPa		

4.8.2 管道表填写说明

(1) 管段号

管道编号即为对每一流程单元的流体代号依次赋予的顺序号,按 "4.7 节管道标志"中基本管道号填写。

(2) 公称直径

公称直径按 "4.7 节管道标志"填写。但引进装置亦可按合同及工程统一规定以英寸为单位填写。

（3）管道等级

管道等级按"4.7节管道标志"填写管道等级代号。

（4）PID图号

图号即该管道首次出现的工艺管道及仪表流程图图号，按"4.7节管道标志"第一单元填写。

（5）图幅分区

图幅分区指该管道在PID图面上的坐标位置分区号，如果一根管道跨越几个分区，则按该管道起点位置所在分区号填写。

（6）管道起止点

管道起止点填写该管道起点、终点所连接的设备位号或管道编号，如该管道以装置界区为起点或终点，则填写"界区"；自大气的吸气管或排往大气的排气管，则填写"大气"。

（7）物料名称

物料名称用中文填写，不用介质代号，物料名称应能表明其特性，如"粗丙烯"、"精丙烯"；物料如由多种组分组成，则填写其主要组分名称或代表其特性的物料名称。

（8）物料状态

物料状态按气相、液相、固相或混相填写。

（9）操作压力［MPa（G）］

操作压力应填写该管道输送介质在正常操作过程中的最高压力，一般可按该管道所连接的设备、管道的操作压力或机泵的出口压力填写，如该管道连接两台设备或两根管道，则按其中压力较高者填写。

（10）操作温度（℃）

操作温度应填写该管道输送介质在正常操作过程中可能出现的最高温度，一般按该管道所连接的设备或管道的操作温度填写，如该管道连接两台设备或两根管道，则按其中温度较高者填写。

（11）管道级别

管道级别按《石油化工剧毒、易燃、可燃介质管道施工验收规范》（SH 3501—2002）的第1.0.6条规定填写。

4.8.3 管道表的出版与修订

管道表一般按0、1、2、3、4、5版编制，从工艺PID零版开始，随工艺PID各版编制，分别为管道表1版、2版、3版、4版、5版。其内容在零版基础上逐步补充、修改、完善，其中第3版为基础工程设计成品版，随工艺PID 3版编制并出版。第4版为详细工程设计成品版，随工艺PID 4版编制并出版。根据工程要求和不同的工作情况，PID一般有5～8版。

4.9 生产装置界区条件表

其基本内容一般包括：管道号、介质及介质状态、管道起止点、正常操作条件（流量、压力和温度）、界区交接点的设计条件，以及操作状态。

界区条件要考虑装置的开停车以及最大操作条件。

生产装置界区条件表是明确生产装置和外部原材料、公用物料互供关系、数量、在界区交接处的位置和状态的重要文件。

生产装置界区条件表的主要内容是，管道号、介质及介质状态、管道起止点、管道正常操作条件（流量、压力、温度）、界区交接处的设计条件，以及操作状态（间歇或连续）。界区条件要考虑装置的开停车和最大操作条件。具体的要求如下。

（1）界区内

① 管道号　按照PID中相应的管道号填写基本管道号。

② 材料类　按照PID中相应的管道材料等级填写。

③ 外径×壁厚　按照管道表中相应的管道的外径×壁厚填写。

④ 绝缘层厚度　按照管道表中相应的绝缘层厚度填写，如有伴热管或夹套保温等均在备注栏中填写。

（2）流体介质

指管道中流体介质的名称。

（3）流体状态

指管道中流体的相态，如液态、气态。

（4）起止点

（5）界区正常流量条件

① 流量。指流体通过管道的正常工作流量。根据化工工艺专业及公用物料条件（图或表）数据填写。

② 温度。指流体的正常工作温度，根据管道表的相应内容填写。

③ 压力。指流体的正常工作压力（接点处的压力），根据管道表的相应内容填写。

④ 黏度。指流体在正常工作温度下的黏度。根据化工工艺专业提供的数据填写。

（6）界区设计流量条件

① 流量。指流体通过管道的正常工作流量。根据化工工艺专业及公用物料条件（图或表）的数据填写。

② 温度。指流体的正常工作温度，根据管道表的相应内容填写。

③ 压力。指流体的正常工作压力（接点处的压力），根据管道表的相应内容填写。

④ 黏度。指流体在正常工作温度下的黏度。根据化工工艺专业提供的数据填写。

（7）输送特性

按化工工艺专业或工艺系统专业的要求填写，标明管道是连续或间断输送介质。具体样表见表4-13和表4-14。

表 4-13

公司名称			外　管　条　件　表								提出条件专业			
											接受条件专业			
											第　页　共　页		修改：	
审核			地址								项目名称			
校核			项目号								主项			
编制			编号								设计阶段			
序号	管道编号	介质名称	起始点		输送介质特性						对外管设计的要求			
			起点	终点	状态	密度 kg/m³	动力黏度 Pa·s	爆炸范围 %	闪点 ℃	沸点 ℃	凝固点，℃	毒性	运行要求（连续、间断冬夏不可停）	坡度	接地	隔热	伴热

续表

公司名称		外 管 条 件 表						提出条件专业			
								接受条件专业			
								第 页 共 页		修改：	
审核		地址						项目名称			
校核		项目号						主项			
编制		编号						设计阶段			

序号	操作温度 ℃	操作压力 MPa(G)	设计温度 ℃	设计压力 MPa(G)	设计流量 kg/h	设计流速 m/s	公称直径 mm	厚度,mm		材料		内部防腐	备 注
								本体	内衬	本体	内衬		

表 4-14 装置界区条件表

①公称直径 DN
②保温或保冷
③伴热管

序号	名 称	进/出	状 态	输送方式	流量/(kg/h)	温度/℃	压力/MPa	备注
一	原料和化学品							
1								
2								
3								
4								
5								
二	产品和副产品							
1								
2								
3								
4								
5								
6								
三	公用物料							
1								
2								
3								
4								
5								

4.10 平面布置图

在基础设计阶段要完成装置的平面布置图的设计工作。这个工作是以配管专业为主完成的，工艺系统专业是主要参与专业。在工艺包设计阶段要求工艺专业完成建议的平面布置图，到基础设计阶段，要求工艺系统专业配合配管专业，完成装置平面布置图的不同版本的设计任务。由于平面布置图和工艺系统专业有密切关系，所以我们还是较详细的介绍有关装置的平面布置图的设计内容和设计工作程序。

化工装置布置与管道设计不仅仅是配管专业的任务，实际是化工工艺、工艺系统、设备、机械、材料、电气、仪表、建筑、结构、消防、安全与卫生、总图等各个专业技术人员工作的结晶，是一个系统工程。

设备布置图的一般内容：装置的界区范围；装置界区内建、构筑物的结构、形式和主要尺寸；装置界区内全部设备按比例标示出它们的位置和尺寸，以及设备位号；装置界区内管廊的走向和进出界区的位置，以及管道方位和物流走向；地下冷却水管道的走向和方位；地下或架空的电气及仪表管线进出界区的方位；确定本装置与其他装置区的相对位置的坐标基准点；大型设备吊装的预留场地和空间；主要设备的检修空间和场地，预留的换热器抽芯场地和空间；装置区内主要道路、通道的走向以及装置建北方向的标志。

4.10.1 装置布置设计的一般要求

4.10.1.1 工艺要求

装置布置设计一般按照工艺流程顺序和同类设备适当集中的方式进行布置，这是首先要遵循的基本原则，对有真空、重力流及固体卸料等有位差要求的设备一律按管道PID的标高要求布置设备。对有腐蚀、有毒和易凝物料的设备宜按流程顺序集中紧凑布置，以便统一采取措施，对易结焦、堵塞、控制温降，压降避免发生副反应等有工艺要求的相关设备，也要靠近布置，对流程中要求采用贵重合金材料的设备宜紧凑布置，以便缩短相应材料的管道。

大型石化企业的设备布置应尽可能采用露天化、集中化，除一些贵重机械设备以及生产工艺上要求必须布置在室内的设备外，其余设备应尽可能考虑露天布置。生产中不需经常看管的设备、辅助设备和受气候影响较小的设备（如吸附器、吸收塔、不冻液体贮罐、大型贮罐、废热锅炉、气柜等）一般都应考虑在露天放置；需要大气来调节温度、湿度的设备如凉水塔、空冷器等更宜于露天放置；在气候温和、没有酷暑严寒的地区，应考虑更多的设备露天放置。但是对于医药、精细化工、化纤等特殊装置，应根据行业特点及要求将设备布置在室内。例如某些反应器和使用冷冻剂的设备，它们受大气温度的影响，而生产工艺上又不允许有显著的温度变化，这类设备就要考虑放在室内；产品的成型、包装等往往也根据要求布置在室内。

管道布置也要适应工艺要求，例如贵重的合金钢管道、大口径管道应该尽可能短，以节省投资。处理酸、碱等腐蚀介质的泵、池、罐宜分别集中布置在底层，这样可以在较小范围内由土建设计采取措施统一处理。有利于节约投资和集中管理。

此外，在PID备注中有关对设备布置的要求同样应满足。

4.10.1.2 安全和环保要求

(1) 适应全年最小频率风向的要求

装置的控制室、变配电室、化验室和生活间等，应布置在装置的一侧，位于爆炸危险区范围以外，并宜位于甲类设备全年最小频率风向的下风侧；明火设备宜集中布置在装置的边缘，且位于可燃气体、液化烃、甲B类液体设备的全年最小频率风向的下风侧。

装置布置与建设地的风向关系密切，过去习惯用"常年主导风向"来描述，这种说法不准确。

以北京为例，主导风向（北风）和次导风向（南风）同在一条轴线上。如果只以主导风向为依据来布置设备，明火加热炉可放在装置南边（下风位置）。可是到刮南风时，加热炉就处于上风位置，是很危险的。

因此不采用"常年主导风向"而采用全年最小频率风向是更科学的。因为不论主导风向怎么改变,明火设备都是处于安全位置。

(2) 防火间距

装置的设备、建筑物、构筑物的防火间距;装置与其他相邻装置或设施的防火间距均应按《石油化工企业设计防火规范》执行。

(3) 安全措施

① 装置内应有安全通道,通道上不得设置障碍物,且不得构成 6m 以上一端封闭的狭长地带。

② 装置区应设环形道路,至少有两个以上出入口与厂区道路相贯通。

③ 对经常散发可燃气体的场所,应设置报警、检测等安全措施,直接排放至大气的有害气体的排放高度应符合《石油化工企业设计防火规范》。

④ 水道、土建、自控、电气等有关专业都应根据装置的危险等级采取相应的安全措施。

⑤ 装置内各区域面积不应大于 $10000m^2$,各区间采用道路相隔。

⑥ 在设备及管道极可能泄漏可燃物料时,在其周围应安放固定式、半固定式水蒸气或惰性气体灭火设施。其操作阀门应位于发生泄漏事故后,仍可安全操作的地方。

⑦ 要考虑防毒及防噪声的要求,对噪声大的设备,宜采用封闭式隔断等措施;可能泄漏有毒物料的区域,要和其他区域安全隔开,并单独设置自己的生活辅助设施。

总之,石油化工生产装置的设备或系统内潜在着发生火灾或爆炸的危险,安全问题尤为重要,当然首先要从工艺设计方面保证安全生产,防止事故发生,对装置布置设计来讲,如果发生火灾或爆炸事故,如何从装置布置方面预先考虑到防止二次危险的发生。

4.10.1.3 操作要求

装置布置要为操作人员创造一个良好的操作条件,主要包括:操作和检修通道,合理的设备间距和净空高度,必要的平台、楼梯(经常上下的梯子应采用斜梯)和安全出入口,尽可能地减少对操作人员的污染和噪声等。

控制室是操作的核心地带,应位于装置主要操作区附近,装置界区线内,并宜位于甲类设备全年最小频率风向的下风侧,受污染、噪声影响较少的地方。

输送有毒或有腐蚀性介质的管道,不得在人行道上空设置阀门、伸缩器、法兰等,以免管道泄漏时发生事故。

4.10.1.4 设备的安装和维修要求

设备的安装和维修应尽量采用可移动式的起吊设备。在布置阶段要考虑以下几点。

① 道路的出入口要方便吊车的出入。

② 搬运及吊装所需的占地面积和空间。

③ 设备内构件及填充物(如催化剂、填料)等的搬运和装卸。

④ 在定期大修时,能对所有设备同时进行维修工作。

⑤ 对换热器、加热炉等的管束抽芯要考虑有足够的场地,应避免拉出管束时延伸到相邻的通道上。对压缩机等转动设备的部件更换及驱动机的检修、更换也要提供足够的拆卸区。

⑥ 设备的端头和侧面与建、构筑物的间距应根据便于拆卸部件和维修设备的需要而定。

⑦ 在装置布置设计时应将上述操作、检修、施工所需要的通道、地场、空间结合起来综合考虑。

⑧ 布置设备时要避免设备基础与建筑物基础及地下构筑物(如地沟、地坑等)之间发生碰、挤和重叠等情况。

⑨ 有剧烈震动的机械,其操作台和基础切勿和建筑物的柱、墙及建筑物基础相连。

⑩ 管道的布置不应妨碍设备、管件、阀门、仪表的检修。塔和容器的管道不可从人孔正前方通过。

4.10.1.5 管道的热（冷）应力要求

敏感设备（如压缩机等）、高温、高压设备的管道应力问题比较突出，管道的柔性往往可以通过调整设备布置来解决，实践证明这是比较好的方法，也是合理有效的，所以在设备布置中同时考虑应力管道的走向十分重要。

4.10.1.6 经济合理要求

① 节省占地面积。

装置布置应在遵守国家法律、法规、标准规范和满足上述各项要求的前提下，尽可能缩小占地面积，同时也节约了配管材料，节省能耗。

② 实践证明，装置界区地形呈正方形或长方形，为经济合理的装置布置提供有利条件，无论对装置整体的合理布局或划分整齐的条状区域都是有利条件。

③ 道路和主管廊的布置要平直，以保证装置总体布置的合理性。

④ 尽可能缩小合金钢设备的管道配管范围，节约投资。

⑤ 尽可能缩小爆炸区域范围。

4.10.1.7 业主要求

在装置布置设计中征求业主意见非常重要，不少问题需要与业主商量，如预留扩建地的位置、建、构筑物的结构型式等方案在平面布置设计中就要与业主讨论确定。

在基础工程设计阶段，继内部审核之后有一版专供业主审核的设备布置图，为了操作环境和操作方便他们往往对装置内铺砌范围、梯子、平台的设置等提出要求，在不增加过多的投资情况下应使业主满意。

4.10.1.8 外观要求

在满足以上各项基本要求的前提下，装置的外观则依靠设计者的精心布置，装置外观能给常年在装置内工作的人员以美好的印象。外观整齐还可减少操作工的误操作。

装置布置的外观表现在以下几个方面。

① 设备排列整齐、成条成块。

② 塔群中心线取齐，人孔方位尽可能一致，朝向道路侧。

③ 框架、管廊立柱对齐，纵横成行。

④ 建筑物轴线对齐。

⑤ 与相邻装置布置格局协调。

⑥ 泵群排出口中心线取齐，换热器群管箱接管中心取齐。

4.10.2 管廊和主要设备的布置

4.10.2.1 管廊的布置

(1) 管廊的形式

管廊的形式根据装置界区的地形、地貌、占地面积和原料、产品以及公用物料进出界区的位置来确定。对设备数量较少的装置，通常采用一端式或直通式管廊，如图 4-28 (a)、(b) 所示，一端式即工艺和公用物料管道从装置的一端进出；直通式是从装置的两端进出。

一端式和直通式是管廊的基本形状，其他 L 形、T 形、U 形及组合管廊等可视为几个基本形状的组合，如图 4-28 (c)、(d)、(e)、(f)、(g) 所示。

L 形管廊由两端进出管廊，T 形管廊由三端进出管道，其他形状管廊可根据具体情况而定。

(2) 管廊的平面布置

管廊在装置中的布置以能联系尽量多的设备为宜，管廊布置要结合设备的平面布置一起考虑，主管廊的位置一般由工厂总平面布置界区外管廊的位置和装置的地形条件等因素而定。

当设备布置在管廊一侧时，管廊就比较长，若把设备布置在其两侧，则管廊就可缩短，如

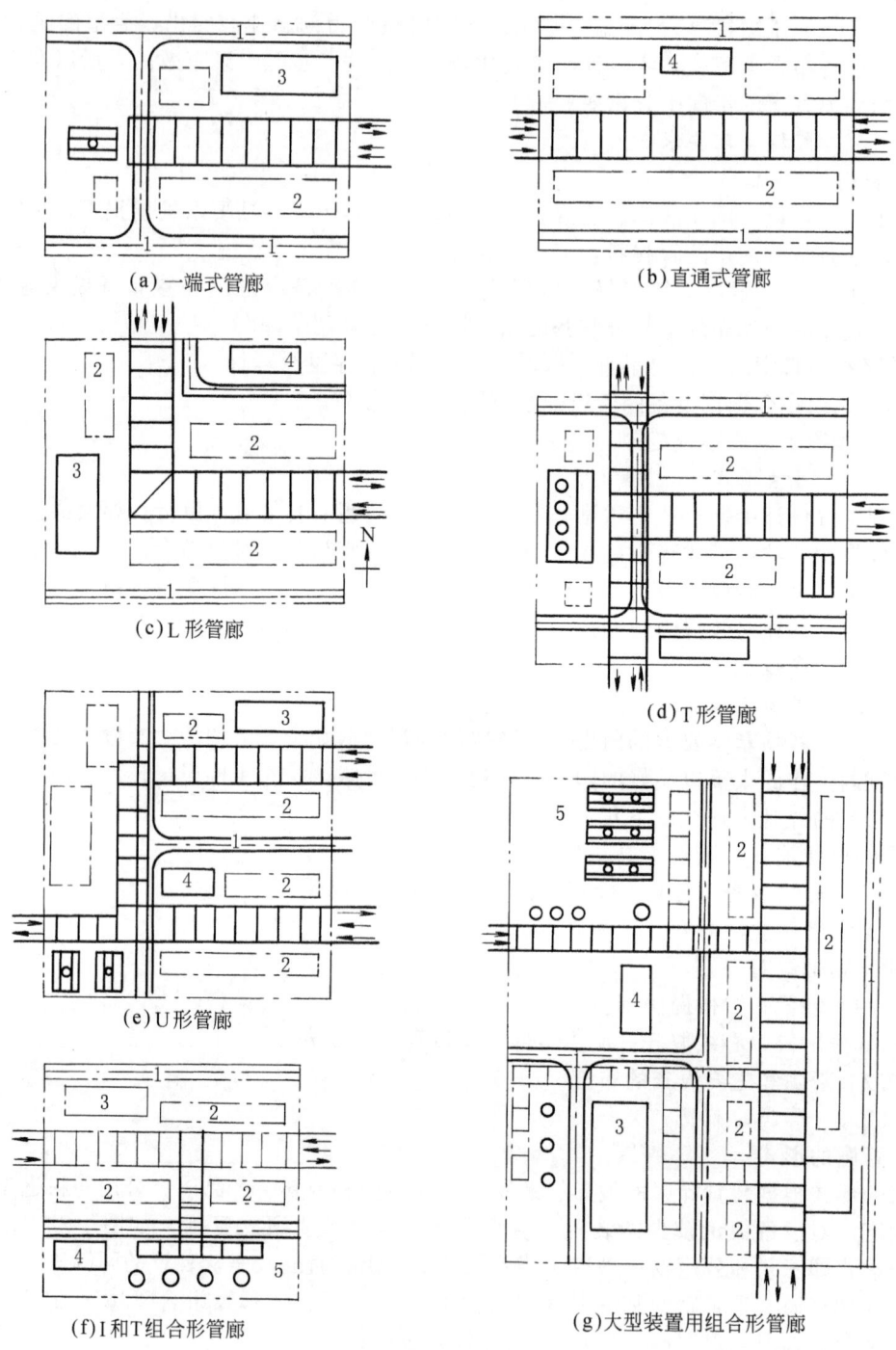

图 4-28 管廊的布置型式
1—道路；2—工艺设备；3—压缩机；4—控制室；5—加热炉

何合理布置设备和管廊是装置布置设计的重要环节，需要设计者综合考虑，精心规划。

(3) 管廊的宽度和高度

管廊的宽度主要由管廊上管道的数量和管径的大小确定，并考虑一定的预留宽度，一般留有20%~25%的余量，同时要考虑管廊下设备和通道以及管廊上空冷器等设备（如果有）的影响。如仪表、电气槽板布置在管廊上，还需考虑它们的宽度。管廊的宽度一般不大于9m，如有必要，最大不超过12m。

管廊的层数，可以为单层、双层或多层，根据需要而定，但一般不宜超过三层。

横穿装置内道路的管廊净空高度最小为4.5m，当管廊下布置泵时，考虑到泵的操作和维修最小净空高度为3.5m，如果管廊下布置换热器，则根据换热器的安装高度相应增加管廊标高。

垂直相交的管廊高差，若管廊改变方向或两管廊成直角相交，其高差一般为0.75~1.0m。在确定管廊高度时，要考虑管廊横梁和纵梁的结构断面和型式，使梁底或桁架底的高度满足上述确定管廊的要求。对于双层或多层管廊，上下层间距一般为1.5~2.0m，主要取决于管廊上多数管道直径，但整个装置应统一规划。

4.10.2.2 加热炉的布置

① 加热炉属于明火设备，宜位于装置常年最小频率风向的下风侧，以免泄漏的可燃气体吹向炉子，发生事故。

② 加热炉周围应保持一定的安全距离，与控制室和工艺设备的间距应按《石油化工企业设计防火规范》的规定。

③ 卧管箱式加热炉应考虑炉管抽芯所需的空间，其检修场地的长度宜为炉管长度加2m。

④ 垂直安装炉管的立式加热炉，应考虑从顶部抽出炉管的空间。

⑤ 为便于施工安装，加热炉通常布置在装置区的边缘地区，靠近主要道路。

⑥ 两台加热炉的净距不宜小于3m。

4.10.2.3 压缩机的布置

① 可燃气体压缩机宜露天或半露天布置，但严寒或多风沙地区应布置在厂房内；往复式压缩机应布置在厂房或带遮阳板的敞棚内。厂房内通风应符合国家现行《工业企业采暖通风和空气调节设计规范》的规定。

② 可燃气体压缩机的布置及其厂房的设计应符合《石油化工企业设计防火规范》有关规定。

③ 机组及其附属设备的布置应满足制造厂的要求。

④ 大型或多段压缩机宜采用二层布置，上层布置机组（压缩机和驱动机），下层布置附属设备，机组的操作和检修在二层。压缩机的安装高度除满足其附属设备的安装要求外，尚应满足进出口连接管道与地面的净空要求、进出口连接管道与管廊上管道的连接高度要求、吸入管道上过滤器的安装高度与尺寸要求。

⑤ 当压缩机布置在厂房内时，机组一侧应有检修时放置机组部件的场地，其大小应能放置机组最大检修部件并能进行检修作业。靠道路端的厂房楼板上设置吊装孔。

⑥ 压缩机上方应设置检修用吊车，根据制造厂提供的压缩机最大起吊部件的最小起吊高度确定吊车梁的轨顶标高。

⑦ 压缩机厂房基础应与压缩机基础分开，以防引起共振。

⑧ 室内离心压缩机的布置（平面）见图4-29。

⑨ 室内离心压缩机的布置（立面）见图4-30。

4.10.2.4 塔的布置

(1) 塔的平面布置

塔的布置多数采用单排形式，按流程顺序沿管廊或框架一侧中心线对齐。这样既方便安装，又方便配管。

对直径较小本体较高的塔，可以双排或成三角形布置，利用平台将塔联系在一起，也可以

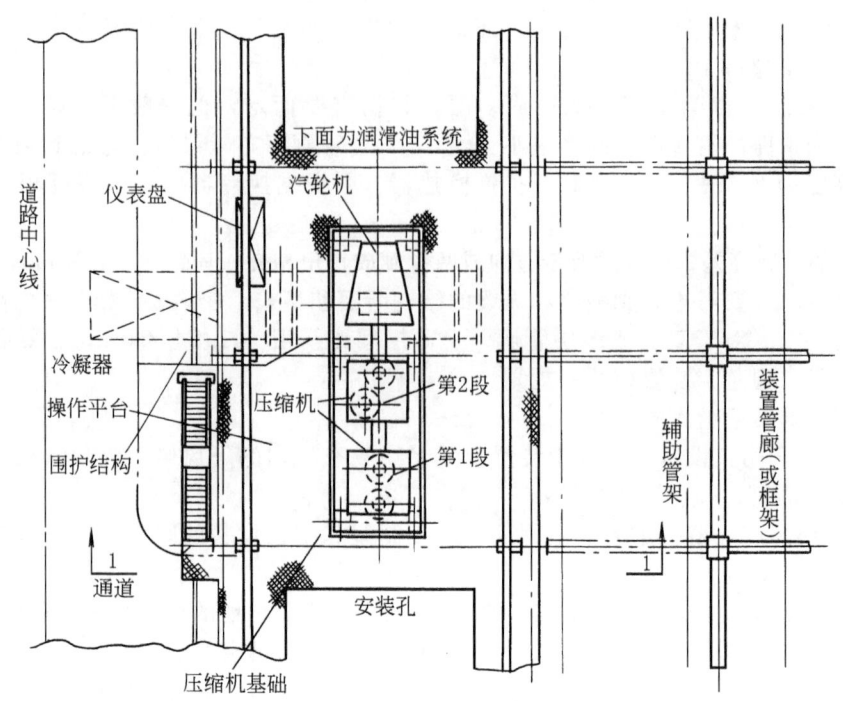

图 4-29 室内离心压缩机的布置（平面）
注：1. 压缩机进出口管在下部的优点是维修方便，容易打开机顶盖。
2. 下部冷凝器要考虑检修时抽出管束所需空间。
3. 剖视 1—1 见图 4-30（立面图）。

布置在框架内，利用联合平台或框架提高其稳定性。

塔和管廊立柱之间没有布置泵时，塔外壁与管廊立柱之间的距离一般 3～5m。

塔和管廊立柱之间布置泵时，应按泵的操作，检修和配管要求确定，一般情况下，不宜小于 2.5m，见图 4-31，图 4-32。

两塔之间净距不宜小于 2.5m，以便敷设管道和设置平台。

塔的操作一侧应考虑塔的吊装设施和运输通道。

在塔的吊柱转动范围内，应留有起吊塔盘、填料、安全阀等的空间。

(2) 塔的安装高度

塔的安装高度应考虑以下各方面因素：利用塔的内压或塔内流体重力将物料送往其他设备和管道时，应由其内压和被送往设备或管道的压力和高度来确定塔的安装高度；用泵抽吸塔底液体时，应由泵的必需汽蚀余量和吸入管道的压力降来确定塔的安装高度；带有立式热虹吸式再沸器或卧式再沸器的塔的安装高度应按塔和再沸器之间的相互关系和操作要求来确定（根据 PID 要求）；塔的安装高度还应满足底部管道安装和操作的要求。

4.10.2.5 反应器的布置

① 反应器与提供反应热量的加热炉之间，没有防火间距要求，但应考虑操作和检修通道，或在二者之间设管廊。加热炉的安全距离按《石油化工企业设计防火规范》。

② 反应器一般成组布置在框架内，框架顶部设有吊装催化剂和供检修用的吊车梁，框架下部应有卸催化剂的空间，框架的一侧应有通道和检修、起吊所需的空间和场地，见图 4-33。

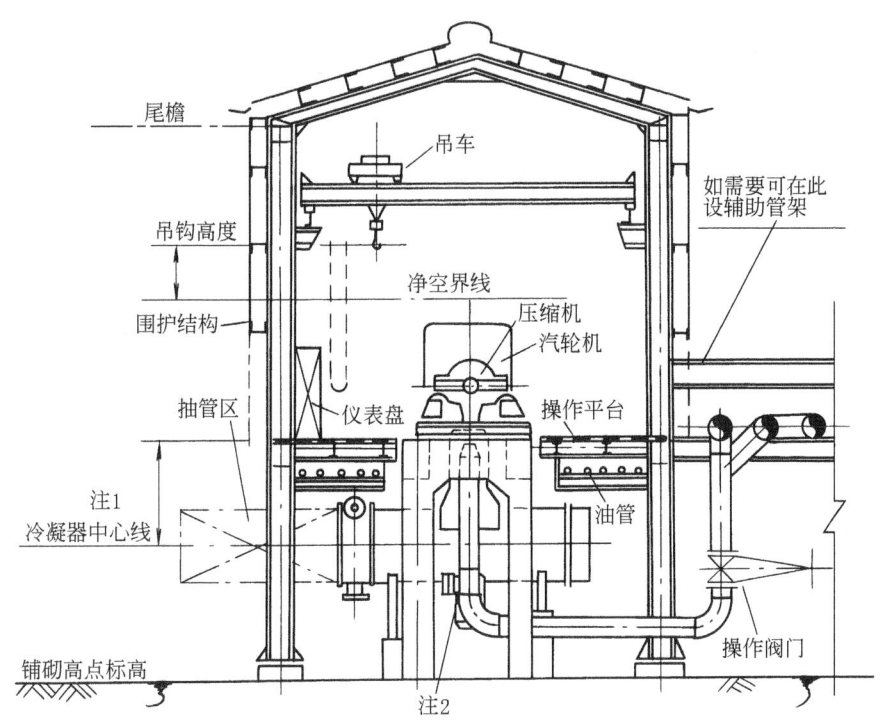

图 4-30 离心压缩机的立面布置（图 4-29 的 1—1 立面）

注：1. 润滑油管道自流应有坡度。2. 冷凝器安装高度应考虑凝结水泵的吸入高度要求。

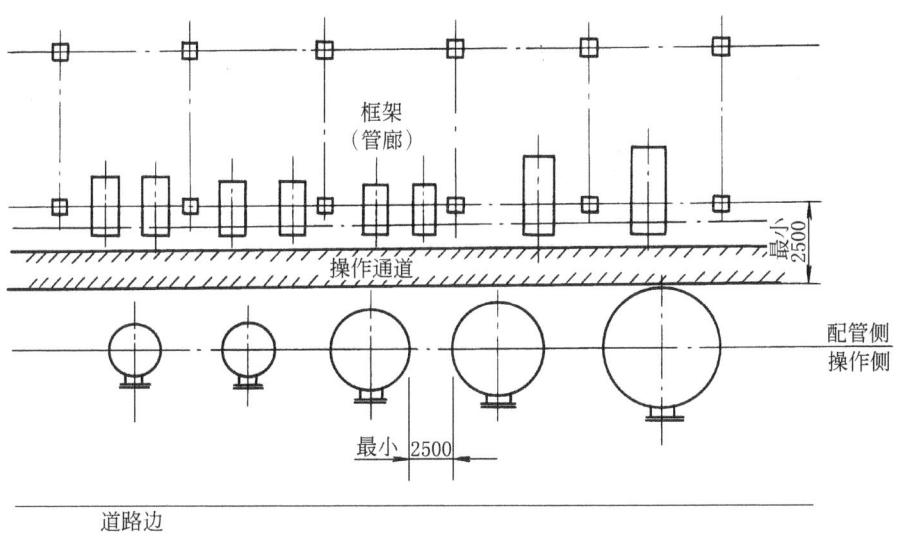

图 4-31 成排的塔布置

③ 反应器和加热炉相联系的管道应在应力通过的前提下确定合理的布置，尽量缩短管道长度。

④ 操作压力超过 3.5MPa 的反应器宜布置在装置的一端或一侧。

⑤ 反应器的安装高度应考虑催化剂卸料口的位置和高度。

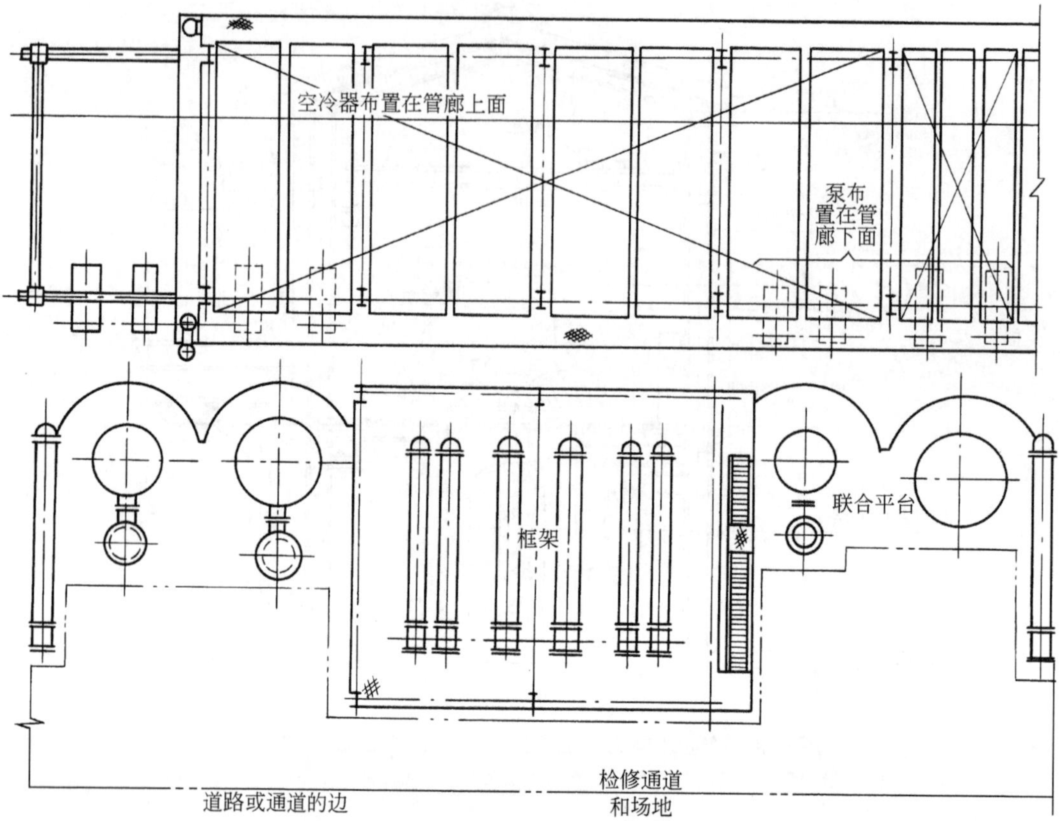

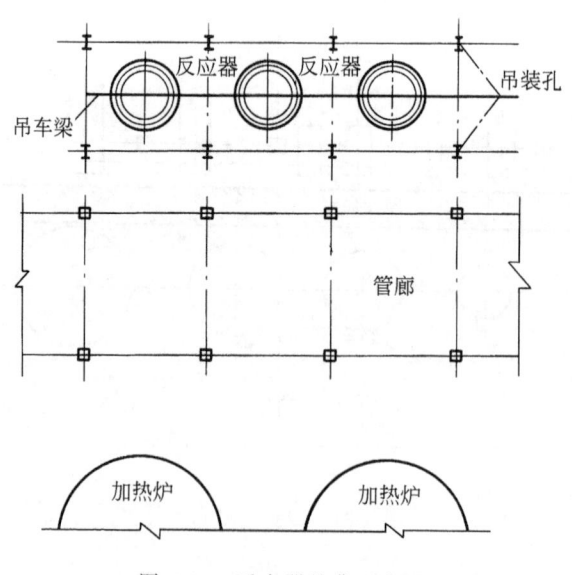

图 4-32 成组的塔与框架的联合布置

图 4-33 反应器的典型布置

卸料口在反应器正下方时，其安装高度应能使催化剂的运输车辆进入反应器底部，一般净空不小于 3m。

卸料口伸出反应器底部，并允许将废催化剂就地卸去，卸料口的高度不应低于 1.2m。

反应器的废催化剂如果结块需要处理时,在反应器底部应有废催化剂粉碎过筛所需空间。

4.10.2.6 换热器的布置

(1) 地面上换热器的布置

① 布置时要考虑换热器管束抽出的方法和所需的空间,应将管箱侧朝向通道。
② 成组布置的换热器应排列整齐,其管箱接管中心线宜在一条直线上。
③ 除工艺有特殊要求外,应避免将两台换热器重叠在一起。
④ 布置时要避免把换热器中心线正对着管廊或框架的柱子中心线,以便于检修和配管。
⑤ 布置在管廊下的换热器,其端头侧应留有足够的检修空间和通道。
⑥ 两台换热器外壳间无配管时,最小净距为 0.6m。
⑦ 两台换热器外壳间有操作阀门或仪表时,操作通道最小距离为 1.0m。
⑧ 两台换热器外壳之间有配管但无操作要求时,仅巡视检查用通道,其最小净距为 0.75m。
⑨ 在布置列管换热器时,应考虑维修卸下管箱盖并用机械方法清理管子的空间。
⑩ 釜式换热器壳体上装有液位计时,应考虑其操作、维修或设置操作平台的空间。
⑪ 换热器的安装高度,如工艺没有特殊要求,则可按其底部接管最低标高(或排液阀下部)与地面(或平台面)的净空不小于150mm考虑。
⑫ 管廊下换热器的布置见图 4-34。

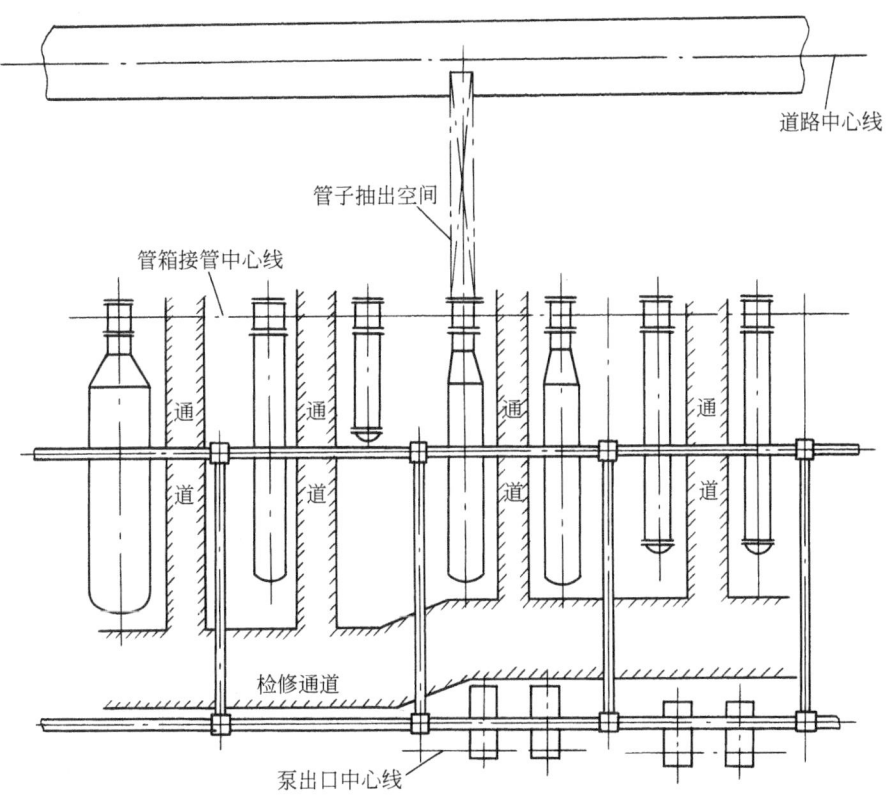

图 4-34 管廊下换热器的布置

(2) 框架上换热器的布置

浮头式管壳换热器在浮头端距平台边的最小距离为1.2m；在管箱端距平台边的最小距离为1.5m，并应考虑管束抽出所需空间，以便检修吊车接近设备。换热器周围平台应留有足够的操作和维修通道，最小通道为0.8m。原则上框架平台应设置斜梯，当平台面积超过50m²时，应设辅助直爬梯。

应使换热器一端支座中心线取齐，以便于土建专业布置承重梁。框架上换热器的布置见图4-35。

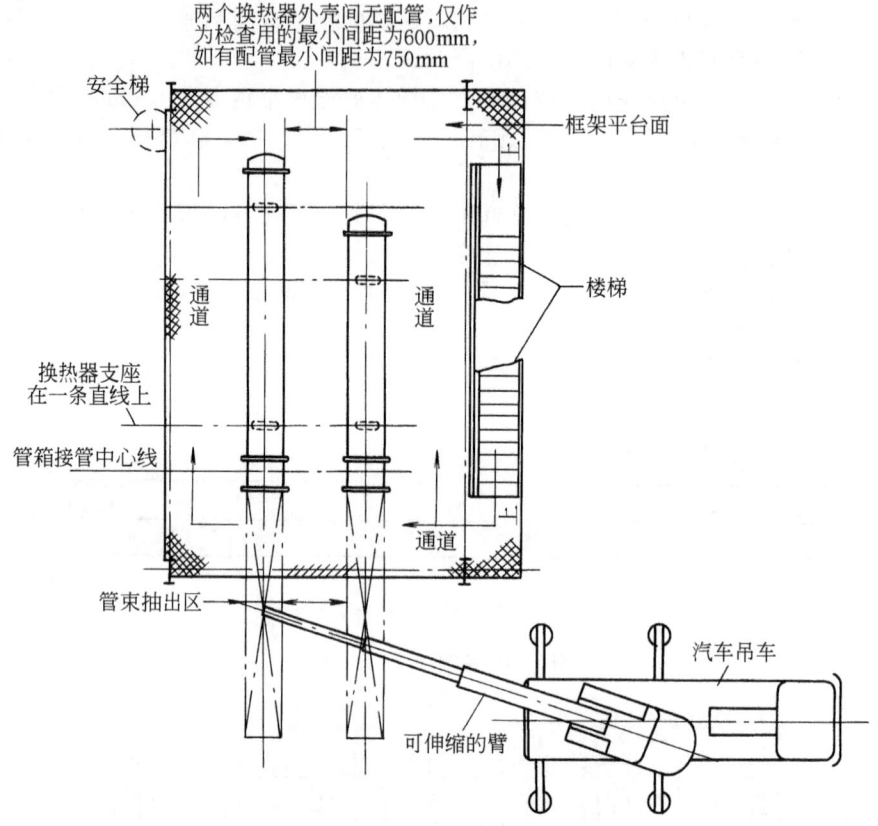

图4-35 框架上换热器的布置

4.10.2.7 容器的布置

(1) 立式容器的布置

为了操作方便，立式容器可以安装在地面、楼板或平台上，也可以穿越楼板或平台，采用支耳支撑。立式容器穿越楼板或平台时，应避免液位计和液位控制器穿越楼板或平台。

大型立式容器宜从地面支承，如带有大负荷的搅拌器时更应如此。

对于顶部设有加料口的立式容器，加料点的高度不宜高出楼板或平台1.0m，否则应考虑增设加料平台或台阶。

(2) 卧式容器的布置

成组布置的卧式容器宜按支座基础中心线取齐或按封头切线对齐，卧式容器之间如无阀门或仪表时巡视检查通道不宜小于0.75m，当有阀门或仪表时，操作通道净空应不小于1.0m。容器下方需设通道时，容器底部配管与地面净空不应小于2.2m。

卧式容器的安装高度应满足物料重力流或泵吸入高度的要求。容器下部有集液包时，应注意集液包上检测仪表及其操作所需的高度。

卧式容器在地下坑内布置，应妥善处理坑内的积水和有毒、易爆、可燃介质的积聚，坑内尺寸应满足容器的操作和检修要求。

卧式容器的平台设置要考虑人孔和液面计等操作因素，集中布置的卧式容器可设联合平台。

大型容器的支座应位于构筑物的梁上。当多台容器布置在同一框架上时，框架高度按最高的容器标高考虑，容器上空要考虑在容器顶部如设置操作平台所需的净空要求。

4.10.2.8 泵的布置

有多台泵的装置，泵宜在管廊下成排布置，泵出口中心线取齐。在管廊上无空冷器时，泵布置在管廊内侧，泵出口中心线距管廊柱中心线 0.6m，在管廊上方有空冷器时，如泵的操作温度为 340℃以下，则泵布置在管廊外侧，泵出口中心线伸出管廊距柱中心线 0.6m，泵的驱动机在管廊内侧。如泵的操作温度等于或大于 340℃时，则泵布置在管廊外侧（包括泵的驱动机），泵出口中心线距管廊中心线 3m。

管廊内两排泵对称布置时，中间通道宽度不应小于 2m，如果考虑用汽车吊车检查，其通道宽度最小应为 3.5m。两台泵之间的最小净距为 0.8m。

泵前方的操作检修通道不应小于 1.25m，多级泵前宽度不应小于 1.8m。

立式泵布置在管廊或框架下方时，其上方应留出泵体安装和检修所需的空间。

4.11 工艺设备表

4.11.1 容器类设备

容器类设备包括塔器、反应器和容器设备。这三种设备在容器类设备中按塔器、反应器和容器的次序依次列出。

（1）反应器和容器类设备

反应器类型有釜式反应器、固定床反应器（包括管式）和流化床反应器等。容器和釜式反应器有立式和卧式两种类型。容器包括贮槽、贮罐、分离器、带搅拌的混合器和沉降槽等。反应器或容器在设备表上按位号顺序填写反应器或容器的序号、位号、名称、数量、类型、介质名称、操作温度（℃）和操作压力（MPa）、筒体直径 D/夹套直径 D_1（如带有夹套），切线长度 L 或切线高度 H 和容积。对于有搅拌器、有（或无）盘管的釜式反应器或容器，需在内件栏中注明搅拌器的位号和（或不注）盘管的传热面积。夹套或外盘管的传热面也在内件栏中说明。材质栏分别填写本体、内盘管、夹套或外盘管的材质名称。固定床反应器一般还需注明内部分布器和换热管材质；流化床反应器一般尚需注明内部分布器、换热器及旋风分离器的材质。

（2）塔类设备

在容器类设备表上对塔类按位号顺序填写塔的序号、位号、名称、数量和类型。在类型栏中写浮阀塔、筛板塔或填料塔等，并填写介质名称，操作条件的温度、压力栏填写塔顶的数据，填写塔的直径和切线高度，容积栏不要填写。工艺设计阶段在内件栏中需说明塔板数或填料高度。材质栏内需填写塔体、浮阀或填料等材质。

4.11.2 换热器类设备

换热器类设备类型有列管式换热器、板式换热器（螺旋板或平板）、空冷器等。列管式换热又分为立式和卧式。在换热器类设备表上按位号顺序填写换热器的序号、位号、名称、数量和类型。在介质和操作条件栏中列管换热器需分别填写管程和壳程的介质名称，操作条件下的压力（MPa）和进、出口温度（℃），板式换热器需分别填写热侧和冷侧的介质名称，压力（MPa）和进、出口温度（℃），空冷器需填写物料侧的介质名称、压力（MPa）和进、出口温度（℃）。在外形尺寸栏中填写外壳直径 D、长度 L 或高度 H。填写热负荷和换热面积。在材质栏中依次填写壳体和换热管的材质。

4.11.3 工业炉类设备

工业炉类型分为圆筒炉、箱式炉和斜顶炉等。在工艺设计阶段的工业炉设备表中需按位号顺序填写工业炉的序号、位号、名称、数量和类型。热负荷栏中填写总的热负荷（MW），不需填写辐射段和对流段分段热负荷。在规格栏中填写介质名称、炉体外形尺寸、操作温度和操作压力。材质栏中依次填写炉体、辐射段和对流段的材质。

4.11.4 泵类设备

泵类设备的类型有离心泵、往复泵、计量泵、螺杆泵和齿轮泵等，但不包括喷射泵。泵类设备表需按泵的位号顺序填写序号、位号、名称、数量（操作和备用数量）和类型。并注入介质名称、操作温度（℃）、入口和出口操作压力（MPa）、正常流量（m³/h）和材质。在工艺设计阶段不要注轴功率。

4.11.5 压缩机、风机类设备

压缩机的类型有往复式压缩机、回转式压缩机（包括螺杆式压缩机）和离心式（或涡轮）压缩机等。风机的类型有鼓风机、排风机和风扇。在压缩机、风机类设备表中还包括压缩式冷冻机（组）和旋转式、水环式和往复式真空泵。在压缩机、风机类设备表上按压缩机、冷冻机（组）、真空泵和风机分类填写。在每一类中按位号顺序填写序号、位号、名称、数量（操作和备用数量）和类型。在操作条件栏中填写介质名称（机组的最初）入口温度、（最初）入口压力和（最后）出口压力（MPa），正常气量（m³/h）或入口状态下气量（m³/h），此时在备注中注明入口状态，对所用材质和驱动机类型进行说明，但在工艺设计阶段不要填写轴功率。

在工艺设计阶段，压缩机组和冷冻机组中随机配套的分离器、冷却器、过滤器、消声器等设备不必单独列出。

4.11.6 机械类设备

机械类设备包括过滤机、粉碎机、螺旋加料机、挤压机、切粒机、压块机、包装机、码垛机、搅拌器、起重设备和运输设备等。在机械设备表上按位号顺序填写设备的序号、位号、名称、数量和类型。如过滤机类型有离心式、叶片式和沉降式等。由于机械类设备较杂，规格栏填写内容不易一致，一般需填写生产能力、参考的外形尺寸和对设备特征的说明。注明驱动机类型，但在工艺设计阶段不需填写驱动机功率。

4.11.7 其他类设备

其他类设备包括喷射器、过滤器、消声器、称量器、旋风分离器和编设备位号的特殊阀门（例如旋转加料阀）等等。

在其他类设备表上按位号顺序填写设备的序号、位号、名称、数量、类型、介质名称、操作温度（℃）和操作压力（MPa）。由于其他类设备较杂，在规格栏中填写内容不易一致，一般应填写生产能力、参考的外形尺寸和对设备特殊的说明，标明所用材质。

以下示出上述各类工艺设备表的格式（见下页以后的各表）。

设备表(换热器类)

编号：　　　　　　　　　　　　修改：
第　页　共　页

序号	位号	名称	数量/台	类型	介质	操作条件			外形尺寸/mm		热负荷/MW	换热面积/m²	材质	保温		图号	备注
						温度/℃		压力/MPa	直径	长(高)度				材质	厚度/mm		
						进	出										

公司名称　　　　　　　　　　　　　设备表（工业炉类）　　　　　　　　　编号：　　　　　　　　　第　页　共　页　　　修改：

序号	位号	名称	数量/台	类型	热负荷/MW	规格说明	材质	图号	备注

设备表(泵类)

公司名称						编号:			修改:
	名称	台数		类型	操作条件			轴功率 /(kW)	正常流量 /(m³/h)	材质	第 页 共 页	备注
		操作	备用		介质	温度/℃	入口压力 /MPa	出口压力 /MPa				
位号												
序号												

设备表（压缩机、风机类）

公司名称　　　　　　　　　　　　　　　　　　　　　　　　　编号：
　　　　　　　　　　　　　　　　　　　　　　　　　　　　　第　页　共　页
　　　　　　　　　　　　　　　　　　　　　　　　　　　　　修改：

序号	位号	名称	台数		类型	操作条件				气量/(m³/h)		驱动机类型	轴功率/kW	材质	备注
			操作	备用		介质	入口温度/℃	出口温度/℃	入口压力/MPa	出口压力/MPa	正常	最大				

公司名称				设备表(机械类)			编号： 第　页　共　页	修改：
序号	位号	名称	数量/台	类型	规格说明	驱动机		备注
						类型	功率/kW	

设备表(其他类)

公司名称									编号:		第 页 共 页	修改:
序号	位号	名称	数量/台	类型	操作条件			规格说明	材质	保温		图号	备注
					介质	温度/℃	压力/MPa			材质	厚度/mm		

公司名称				设备表(容器类)								编号：第 页 共 页		修改：
序号	位号	名称	数量/台	类型	操作条件			尺寸/mm		容积/m³	内件	材质	保温		图号	备注
					介质	温度/℃	压力/MPa	直径	长(高)度 T-T				材质	厚度/mm		

公司名称	板 式 塔 数 据 表	编号： 修改：
		第 页共 页

设备名称	
设备位号	
台数	

板 式 塔 数 据							
序号	名称		单位				
1	塔板数（自　　　　至　　）						
2	板型						
3	塔内径		mm				
4	出口堰高		mm				
5	板间距		mm				
6	操作温度		℃				
7	操作压力		MPa				
8	最大负荷	气相负荷	kg/h				
9		液相负荷	kg/h				
10		气相密度	kg/m^3				
11		液相密度	kg/m^3				
12		表面张力	mN/m				
13		气相黏度	mPa·s				
14		液相黏度	mPa·s				
15		气相相对分子质量					
16		液相相对分子质量					
17	最小负荷	气相负荷	kg/h				
18		液相负荷	kg/h				
19		气相密度	kg/m^3				
20		液相密度	kg/m^3				
21		表面张力	mN/m				
22		气相黏度	mPa·s				
23		液相黏度	mPa·s				
24		气相相对分子质量					
25		液相相对分子质量					
26	最大允许压降/板		kPa				
27	降液管内最大清液层高度		mm				
28	泡沫特性						
29	降液管内最小液相停留时间（或最大流速）		s（m/s）				
30	操作范围为设计负荷的百分数		%				
31	备注						

公司名称	板 式 塔 数 据 表	编号：
		修改：
		第 页 共 页

设备名称	
设备位号	
台数	

塔 板 结 构 数 据								
序号	名　　　称		单位					
1	塔板数（自　　至　）							
2	板型							
3	塔内径		mm					
4	出口堰高		mm					
5	板间距		mm					
6	液流程数							
7	降液管类型							
8	降液管顶部	降液管宽度	mm					
9		堰长	mm					
10		中间降液管宽度	mm					
11		中间降液管堰长	mm					
12		齿形堰齿深	mm					
13	降液管底部	降液管宽度	mm					
14		中间降液管宽度	mm					
15		降液管底间隙	mm					
16		降液管上段直高	mm					
17		降液管斜段高	mm					
18		降液管下段直高	mm					
19		受液盘宽度	mm					
20		受液盘深度	mm					
21	孔径		mm					
22	孔数或浮阀数							
23	孔型或浮阀型							
24	开孔率		%					
25	塔板厚度		mm					
26	备注							

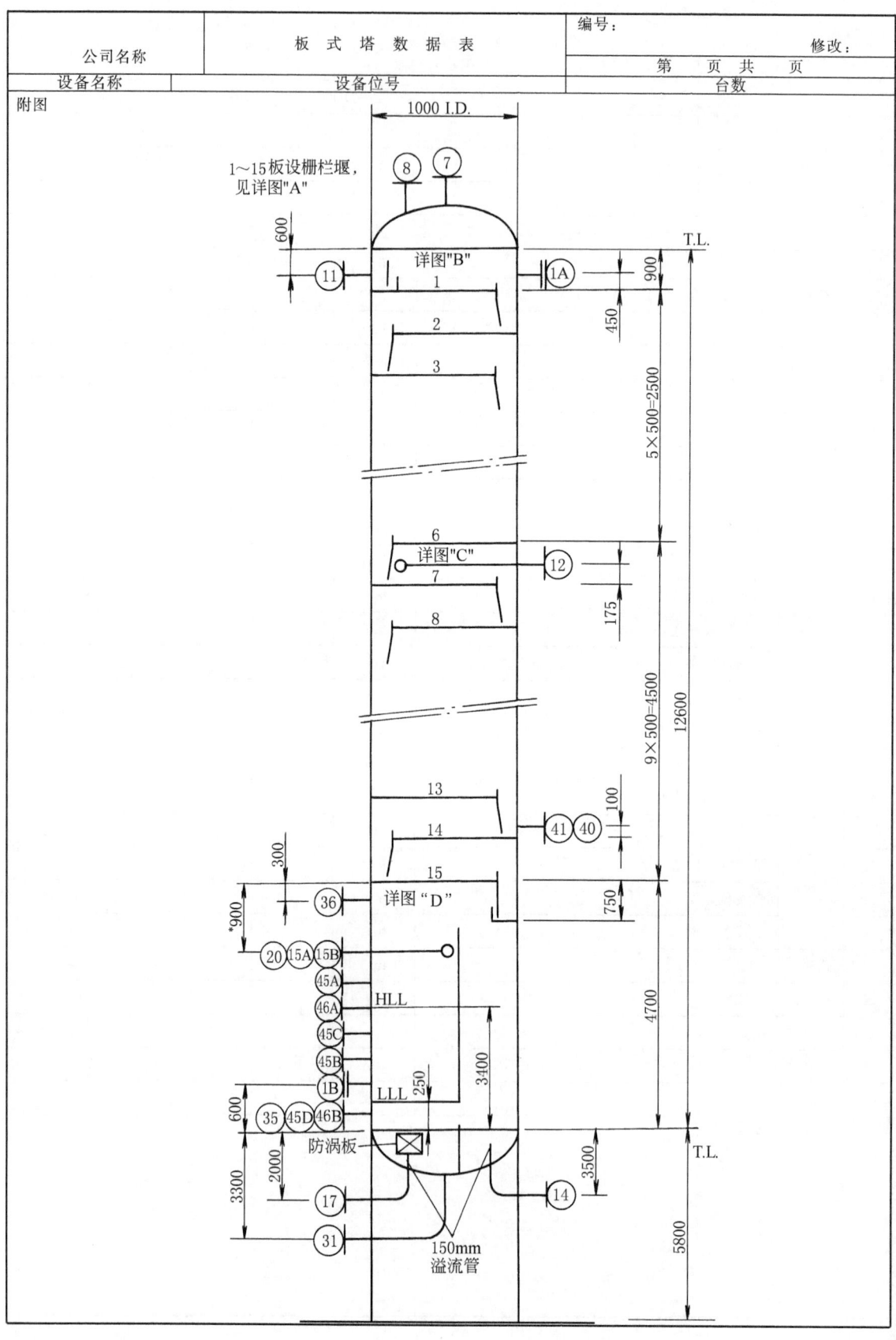

公司名称	板 式 塔 数 据 表	编号：	修改：
		第 页 共 页	

	设备名称	
	设备位号	
	台数	

				管 口 表				
工作介质	名称			符号	公称尺寸 DN	公称压力 /MPa	连接标准	法兰类型/密封面型式	名称或用途
	主要组分								
	操作温度下的液体密度/(kg/m³)	塔顶							
		塔底		1A，B	500	PN2.0			人孔
	介质特性	爆炸危险性		7	80	PN2.0	SH/T 3406	SO-RF	气体出口
		毒性		8	25	PN2.0	SH/T 3406	SW-RF	放空口
	火灾危险性分类	甲		11	80	PN2.0	SH/T 3406	SO-RF	进料口（自 E-GA107A/B）
		乙							
		丙							
操作条件	操作温度/℃	塔顶		12	40	PN2.0	SH/T 3406	SW-RF	进料口（自 E-GA105A～C）
		塔底							
		最大/最低		14	100	PN2.0	SH/T 3406	SO-RF	再沸器进料口
	操作压力/MPa	塔顶		15A，B	250	PN2.0	SH/T 3406	SO-RF	再沸器返回口
		塔底		17	100	PN2.0	SH/T 3406	SO-RF	釜液出口（去 GA1201A/B）
		最大							
设计参数	设计温度/℃			20	50	PN2.0	SH/T 3406	SO-RF	最小流量返回口
	设计压力/MPa			31	40	PN2.0	SH/T 3406	SW-RF	放净口
				35	50	PN2.0	SH/T 3406	SO-RF	公用工程接口
	是否全真空设计			36	25	PN2.0	SH/T 3406	SW-RF	压力指示计口
				40	40	PN2.0	SH/T 3406	SW-RF	温度指示计口
	非正常情况下的真空设计	温度/℃		41	40	PN2.0	SH/T 3406	SW-RF	温度控制口
		压力/kPa		45A～D	20	PN2.0	SH/T 3406	SW-RF	玻璃液位计口
				46A，B	50	PN2.0	SH/T 3406	SO-RF	液位控制口
	塔板或填料类型		
	直（内）径/mm		
	高度 T-T/mm		

材质	壳体	
	衬里	
	塔板（或内件）	
	填料	
	壳体腐蚀裕量/mm	
	塔板（或内件）腐蚀裕量/mm	

隔热	材质	
	厚度/mm	
	容重/（kg/m³）	

静电接地板数	
防火措施	
安装环境	
容器设计规范	
备注	

公司名称		填 料 塔 数 据 表	编号：修改：第 页 共 页			
设备名称						
设备位号						
台数						
填 料 塔 数 据						
序号		名称	单位			
1		填料层数				
2		塔内径	mm			
3		填料层高度	mm			
4		填料类型和规格				
5		比表面积	m^2/m^3			
6		孔隙率	%			
7		填料因子	m^{-1}			
8		操作温度	℃			
9		操作压力	MPa			
10	填料层顶部	气相负荷	kg/h			
11		液相负荷	kg/h			
12		气相密度	kg/m^3			
13		液相密度	kg/m^3			
14		表面张力	mN/m			
15		气相黏度	mPa·s			
16		液相黏度	mPa·s			
17		气相相对分子质量				
18		液相相对分子质量				
19	填料层底部	气相负荷	kg/h			
20		液相负荷	kg/h			
21		气相密度	kg/m^3			
22		液相密度	kg/m^3			
23		表面张力	mN/m			
24		气相黏度	mPa·s			
25		液相黏度	mPa·s			
26		气相相对分子质量				
27		液相相对分子质量				
28		最大允许压降	kPa			
29		操作范围为设计负荷的百分数	%			
30		备注				

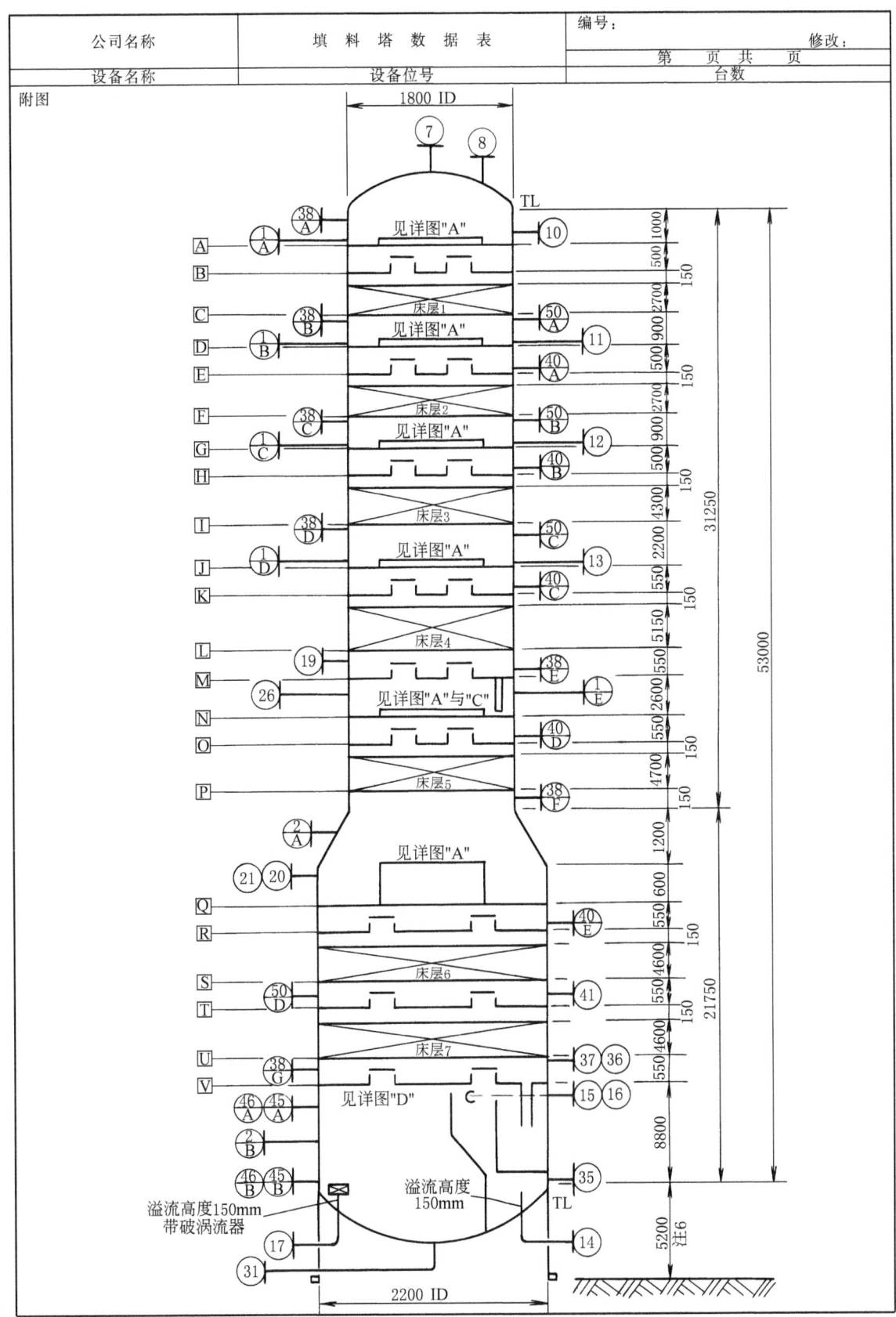

公司名称			容 器 数 据 表			编号:			修改:	
						第 页 共 页				
	设备名称									
	设备位号									
	台数									
			容器	夹套 (或盘管)		管 口 表				
工作介质	名称				符号	公称 尺寸 DN	公称 压力 /MPa	连接标准	法兰类 型/密封 面型式	名称 或用途
	相态(G, L, S)									
	密度/(kg/m³)									
	凝固点/℃				1	450	$PN5.0$	SH 3046—96	WN-RF	人孔
	毒性				7	50	$PN5.0$	SH 3406—96	WN-RF	气体出口
	爆炸危险性				8	25	$PN5.0$	SH 3406—96	WN-RF	放空口
操作条件	操作温 度/℃	最大			11	80	$PN5.0$	SH 3406—96	WN-RF	进料口
		正常			17	80	$PN5.0$	SH 3406—96	WN-RF	底部出口
		最小			31	25	$PN5.0$	SH 3406—96	WN-RF	排液口
	操作压力 /MPa	最大			35	50	$PN5.0$	SH 3406—96	WN-RF	公用工程接口
		正常								
		最小			36	25	$PN5.0$	SH 3406—96	WN-RF	压力表口
设计参数	设计温度/℃				45	25	$PN5.0$	ANS1	RF	玻璃液位计口
	设计压力/MPa				46	40	$PN5.0$	SH 3406—96	WN-RF	液位控制口
	事故真空/kPa									
	全容积/m³									
	操作容积/m³									
	传热面积/m²									
	传热管规格									
材质	筒体									
	封头									
	内件									
	附件									
	腐(磨)蚀裕 量/mm									
	衬里防腐要求									
隔热	材质									
	厚度/mm									
	容重/(kg/m³)									
	静电接地板数									
	防火措施									
	安装位置									
	容器设计规范									
备 注										

公司名称			填料塔数据表			编号：		修改：
						第 页 共 页		

	设备名称	
	设备位号	
	台数	

				管 口 表				
工作介质	名称							
	主要组分							
	操作温度下的液体密度/(kg/m³)	塔顶	符号	公称尺寸 DN	公称压力 /MPa	连接标准	法兰类型/密封面型式	名称或用途
		塔底						
	介质特性	爆炸危险性						
		毒性	1A~E	500	PN2.0	ANSI B16.5	WN-RF	人孔
			2A, B	600	PN2.0	ANSI B16.5	WN-RF	人孔
	火灾危险性分类	甲	7	300	PN2.0	ANSI B16.5	WN-RF	气体出口
		乙	8	40	PN2.0	ANSI B16.5	SO-RF	放空口
		丙	10	50	PN2.0	ANSI B16.5		回流口
操作条件	操作温度/℃	塔顶	11	80	PN2.0	ANSI B16.5		进料口
		塔底	12	80	PN2.0	ANSI B16.5		进料口
		最大/最低	13	200	PN2.0	ANSI B16.5		进料口
	操作压力/MPa	塔顶	14	350	PN2.0	ANSI B16.5		去再沸器物料出口
		塔底	15	300	PN2.0	ANSI B16.5		再沸器返回口
		最大	16	300	PN2.0	ANSI B16.5		再沸器返回口
设计参数	设计温度/℃		17	250	PN2.0	ANSI B16.5		底部出口
	设计压力/MPa		19	200	PN2.0	ANSI B16.5		液体排放口
			20	150	PN2.0	ANSI B16.5		混相返回口
	是否全真空设计		21	150	PN2.0	ANSI B16.5		混相返回口
			26	250	PN2.0	ANSI B16.5		混相液体进料口
	非正常情况下的真空设计	温度/℃	31	50	PN2.0	ANSI B16.5		放净口
		压力/kPa(A)	35	50	PN2.0	ANSI B16.5		公用工程接口
			36	20	PN2.0	ANSI B16.5		压力表
	塔板或填料类型		37	20	PN2.0	ANSI B16.5		压力控制口
	直（内）径/mm		38A~G	40	PN2.0	ANSI B16.5		压差指示
	高度 T-T/mm		40A~E	40	PN2.0	ANSI B16.5		温度指示口
材质	壳体		41	40	PN2.0	ANSI B16.5		温度控制口
	衬里		45A, B	50	PN2.0	ANSI B16.5		玻璃液位计口
	内件（或塔板）		46A, B	50	PN2.0	ANSI B16.5		液位控制口
	填料		50A~D	25	PN2.0	ANSI B16.5		甲醇注入口
	壳体腐蚀裕量/mm							
	内件（或塔板）腐蚀裕量/mm							
隔热	材质							
	厚度/mm							
	容重/(kg/m³)							
静电接地板数								
防火措施								
安装环境								
容器设计规范								
备注								

公司名称	容 器 数 据 表	编号：	修改：
		第　页　共　页	
设备名称		设备位号		台数	

附图

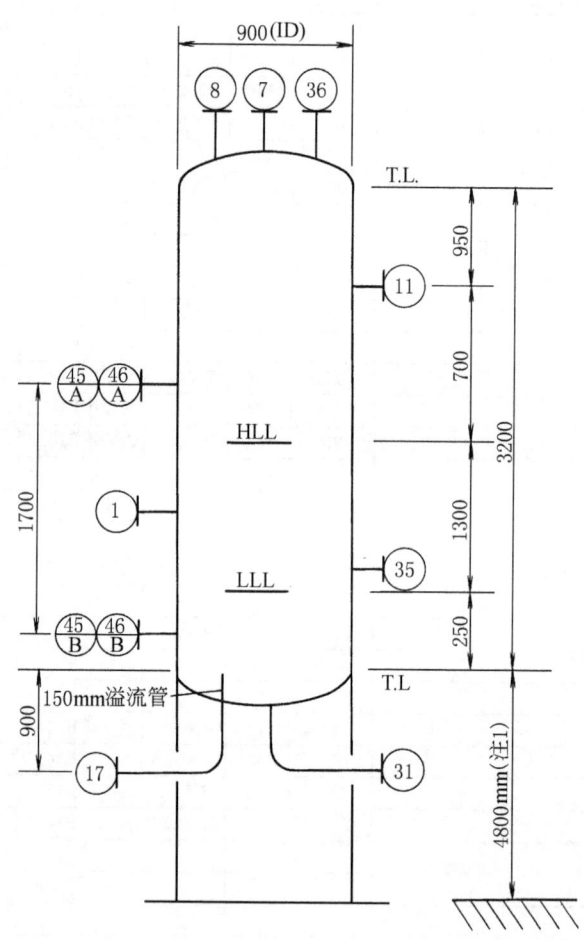

注：详细设计时确认，应满足在烃类底部出口管上流量孔板的液体扬程要求。

	公司名称	换 热 器 数 据 表		编号：		修改：	
				第 页 共 页			
1	设备名称	设备位号	制造规范		设备等级		
2	设备尺寸 mm	设备型式	安装方位 H / V		连接方式 并联 台 串联 台		
3	总传热面积 m²	单台面积		m²	单台翅片面积		m²
4	换热器台数 台	其中使用 台，备用 台			设备空重/充水重 / kg/台		
		换 热 器 性 能 数 据					
5	流体位置		壳 侧		管 侧		
6	流体名称						
7	流体流量 总流量 /(kg/h)						
8	气 进/出 /(kg/h)						
9	液 进/出 /(kg/h)						
10	水蒸气 进/出 /(kg/h)						
11	水 进/出 /(kg/h)						
12	不凝气 /(kg/h)						
13	流体汽化或冷凝量 /(kg/h)						
14	温度 进/出 /℃						
15	密度 液/气 /(kg/m³)						
16	黏度 液/气 /mPa·s						
17	比热容 液/气 /[kJ/(kg·℃)]						
18	热导率 液/气 /[W/(m·℃)]						
19	相对分子质量 汽或气						
20	潜热 /(kJ/kg)						
21	入口压力（表） /MPa						
22	流速 /(m/s)						
23	压降 允许/计算 /MPa						
24	污垢系数 /[m²·℃/W]						
25	给热系数 /[W/(m²·℃)]						
26	金属壁温 /℃						
27	热负荷 /kW						
28	传热平均温差（校正） /℃						
29	总传热系数 /[W/(m²·℃)]		清洁时		计算值	采用值	
		换 热 器 结 构 数 据					
30	管子规格 管数/台		管外径 mm		管壁厚 mm	管子长度 mm	
31	管心距 mm		管排列 30° 45° 60° 90°		管型式	管子材质	
32	壳体规格 壳内径 mm		壳体是否有膨胀节 有/无		有无防冲板 有/无	壳体材质	

续表

公司名称		换 热 器 数 据 表			编号:		修改:	
							第 页 共 页	
33	折流板类型 垂直/纵向		型式	切口% 块数	板间距 mm		切口方向 垂直 平行 45°	
			壳侧		管侧		简图（表示管束和接管方位）	
34	设计压力（表） /MPa							
35	设计温度 /℃							
36	每台程数							
37	腐蚀裕度 /mm							
38	保温或保冷							
39	入口接管直径×数量 /mm		法兰规格					
40	出口接管直径×数量 /mm		法兰规格					
41	放空接管直径 /mm		法兰规格					
42	排净接管直径 /mm		法兰规格					
	套 管 式 换 热 器							
43	内管直径 OD/ID		mm	管长	mm	材质		
44	外管直径 OD/ID		mm	管长	mm	材质		
	板 式 换 热 器							
45	板片尺寸：长×宽×板片厚		mm	总板片数		波纹角度		
46	角孔直径		mm	密封材质		板片材质		
	空 冷 器							
47	迎风面速度		m/s	长×宽×管排数		管束数/台		
48	翅片尺寸：翅高		mm	翅厚 mm	翅片数		片/m	
49	风扇规格：直径		mm	转速 r/min	出口风压		Pa	
50	电机规格：功率		kW/台	型式	电机台数		台	
51	材质要求：基管			翅片	海拔高度		m	
52	说明							

公司名称		换 热 器 数 据 表	编号：		修改：
			第 页 共 页		
设备名称			设备位号		台数

附图（1）

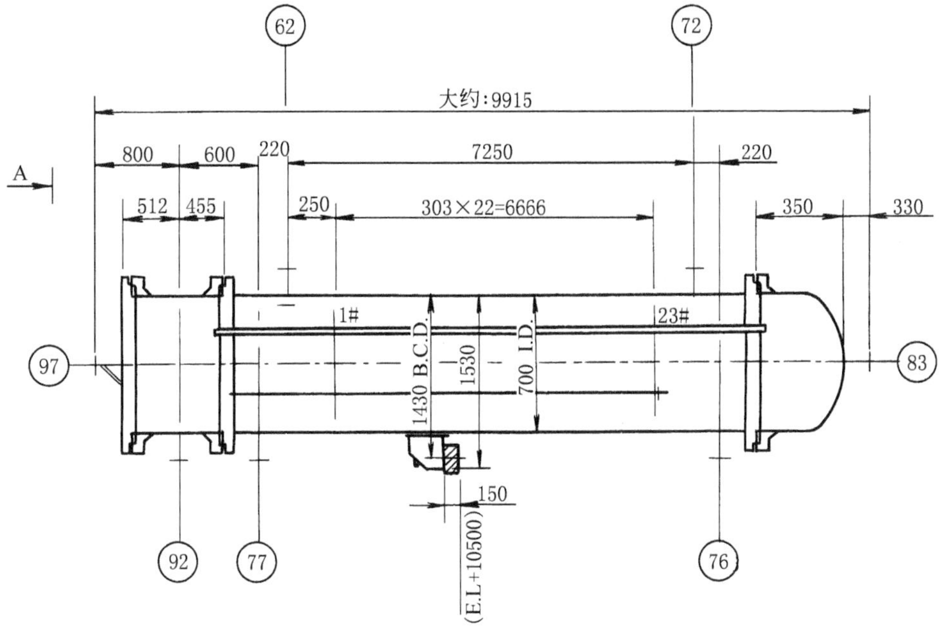

隔 热	材质名称	壳 侧	管 侧	静电接地	数 量
	厚度/mm				
	容重/(kg/m³)				

管 口 表

符 号	公称尺寸DN	公称压力/MPa	连接标准	法兰类型/密封面形式	用途
62	250	PN5.0	ANSI B16.5	WN-RF	裂解气进口
72	250	PN5.0	ANSI B16.5	WN-RF	裂解气出口
76	20	PN5.0	ANSI B16.5	WN-RF	放净口
77	20	PN5.0	ANSI B16.5	WN-RF	放空口
83	250	PN2.0	ANSI B16.5	WN-RF	液体入口
92	300	PN2.0	ANSI B16.5	WN-RF	混合物出口
97	20	PN2.0	ANSI B16.5	WN-RF	放空口

公司名称	换 热 器 数 据 表	编号:		修改:
		第 页 共 页		
设备名称		设备位号		台数

附图（2）

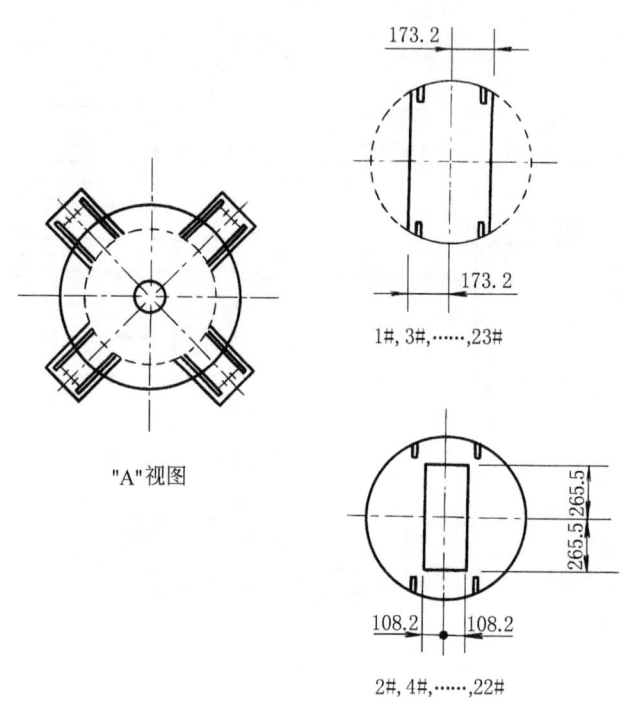

"A"视图

1#, 3#,……,23#

2#, 4#,……,22#

注：1. 材料设计的最低温度：壳侧－8.4℃，管侧－8.4℃。
2. 流体与能力属工况 2。
3. 设备详图见 TEC 的工程图。

裂解炉辐射段数据表

项目号				编号:		
	地址			项目名称		
				主项		
				设计阶段		第 页 共 页
进料		燃料				修改
		辐射热		炉子负荷 MW	热效率	

No.	运行状态 项目	辐射热	排烟温度 ℃				炉子负荷		热效率 备注
			过剩空气	超高压蒸汽过热器Ⅱ	超高压蒸汽过热器Ⅰ	上混合过热器	下混合过热器	锅炉给水预热器	下原料预热器	上原料预热器
1	介质									
2	流量/(kg/h)									
3	吸热/(Gcal/h) 吸热/MW									
4	压降/MPa									
5	烟道气排放温度									
6	入口 相		气	气	气	汽	汽	液		
7	温度/℃									
8	压力/MPa									
9	液相流量/(kg/h)									
10	气体流量/(kg/h)									
11	质量分数/%									
12	密度(L)/(kg/m³)									
13	气相 M.W.									
14	出口 相		气	气	气	汽	汽	混相	液	
15	温度/℃									
16	压力/MPa									
17	液相流速/(kg/h)									
18	气体流速/(kg/h)									
19	质量分数/%									
20	密度(L)/(kg/m³)									
21	气相 M.W.									

注:1. 热效率的计算基于1.5%的辐射损失。2. 蒸汽产品的产生基于27.14MW/h的TL正负荷和2%的排污。3. 底部混合预热炉管指示的入口压力是文丘里管的入口压力(20.5mmI.D)

修改	0	1	2	3	4	5	6	7	8
日期									
编制									
校核									
审核									

方案一 裂解炉对流段管束参数表

编号：

项目名称					
地址		主项		第 页 共 页	修改：
		设计阶段			

项目号	对流段管束名称	下混合过热段	超高压蒸汽过热段-Ⅰ	超高压蒸汽过热段-Ⅱ	稀释蒸汽过热段	上混合过热段	锅炉给水预热段-Ⅱ	原料预热段-Ⅱ	锅炉给水预热段-Ⅰ	原料预热段-Ⅰ	备注
编号		0	1	2	3	4	5	6	7	8	
1	物流组数										
2	有效直管长/mm										
3	管排数										
4	每排管数量										
5	光管数量										
6	光管面积/m²										
7	翅片管数量										
8	翅片管总面积/m²										
9	管中心间距(水平)/mm										
10	管中心间距(垂直)/mm										
11	弯头规格/mm										
12	物流对烟气的流向										
13	管排对编号										
14	炉管炉号										
15	炉管材料										
16	炉管外径/mm										
17	炉管壁厚/mm										
18	最高管壁温度(计算)/℃										
19	翅片规格										
20	翅片类型										
21	翅高/mm										
22	翅厚/mm										
23	每米翅片数(片/m)										
24	翅片温度(计算)/℃										

修改			
日期			
编制			
校核			
审核			

方案二 对流段工艺数据表

项目号		地址										编号: 项目名称 主　项 设计阶段			第　页　共　页		修改: 修改页

原料			燃料类型		过剩空气系数		操作状态			排烟温度/℃				烟气量/(kg/h)			

编号	对流段管排名称	物料名称	流量 /(kg/h)	热负荷 P(MMK) /(J/h)	物料压降 /MPa	入口			出口			备注
						介质状态	温度/℃	压力 /MPa	介质状态	温度/℃	压力 /MPa	
1	原料预热器-Ⅰ(FPH-Ⅰ)											
2	锅炉给水预热器(BWH-Ⅰ)											
3	原料预热器-Ⅱ(FPH-Ⅱ)											
4	锅炉给水预热器(BWH-Ⅱ)											
5	上混合过热器(MSH-Ⅰ)											
6	稀释蒸汽过热器(DSSH)											
7	超高压蒸汽过热器Ⅱ(SSH-Ⅱ)											
8	超高压蒸汽过热器Ⅰ(SSH-Ⅰ)											
9	下混合过热器(MSH-Ⅱ)											

原料			燃料类型		过剩空气系数		操作状态			排烟温度/℃				烟气量/kg·h			

编号	对流段管排名称	物料名称	流量 /(kg/h)	热负荷 P(MMK) /(J/h)	物料压降 /MPa	入口			出口			备注
						介质状态	温度/℃	压力 /MPa	介质状态	温度/℃	压力 /MPa	
1	原料预热器-Ⅰ(FPH-Ⅰ)											
2	锅炉给水预热器(BWH-Ⅰ)											
3	原料预热器-Ⅱ(FPH-Ⅱ)											
4	锅炉给水预热器(BWH-Ⅱ)											
5	上混合过热器(MSH-Ⅰ)											
6	稀释蒸汽过热器(DSSH)											
7	超高压蒸汽过热器Ⅱ(SSH-Ⅱ)											
8	超高压蒸汽过热器Ⅰ(SSH-Ⅰ)											
9	下混合过热器(MSH-Ⅱ)											

修改	日期	编制	校核	审核
0	1	2	3	4	5	6	7	8

公司名称			反 应 器 数 据 表			编号：			修改：	
						第 页 共 页				

设备名称	
设备位号	
台数	

工作介质	名称			反应器类型	流化床反应器	
	相态（G，L，S）				填充床反应器	
	密度/(kg/m³)				列管固定床反应器	
	毒性				搅拌釜式反应器	
	爆炸危险性				滴流床反应器	
催化剂	名称				鼓泡式反应器	
	堆积密度/(kg/m³)				管式反应器	
	再生，活化剂				塔式反应器	

操作条件				管 口 表					
	操作温度/℃	最小		符号	公称尺寸 DN	公称压力/MPa	连接标准	法兰类型/密封面型式	名称或用途
		正常							
		最大							
	操作压力/MPa	最小							
		正常							
		最大		UC	50	PN5.0	SH/T 3406	WN-RF	公用工程接口
	催化剂本体再生温度/℃	最小		SP1	50	PN5.0	SH/T 3406	WN-RF	催化剂采样口
		正常		SP2	50	PN5.0	SH/T 3406	WN-RF	催化剂采样口
		最大		SP3	50	PN5.0	SH/T 3406	WN-RF	催化剂采样口
	催化剂本体再生压力/MPa	最小		TW1	40	PN5.0	SH/T 3406	WN-RF	热电偶
		正常		TW2	40	PN5.0	SH/T 3406	WN-RF	热电偶
		最大		HH2	250	PN5.0	SH/T 3406	WN-RF	手孔
				HH1A，B	150	PN5.0	SH/T 3406	WN-RF	手孔
设计参数	设计温度/℃			MH	500	PN5.0	SH/T 3406	WN-RF	人孔
	设计压力/MPa			O2	150	PN5.0	SH/T 3406	WN-RF	催化剂卸出口
	高度 T-T/mm			O1	250	PN5.0	SH/T 3406	WN-RF	出料口
	直径/mm			I1	250	PN5.0	SH/T 3406	WN-RF	进料口
	容积/m³								
	催化剂用量/m³								

材质	筒体	
	封头	
	列管	
	内件	
	附件	
	腐蚀裕量/mm	
	衬里防腐要求	

隔热	材质	
	厚度/mm	
	容重/(kg/m³)	

换热介质	名称	
	进口温度/℃	
	出口温度/℃	
	压力/MPa	
	特性	

换热方式	内换热管	
	夹套换热	
	外部换热	

说明	

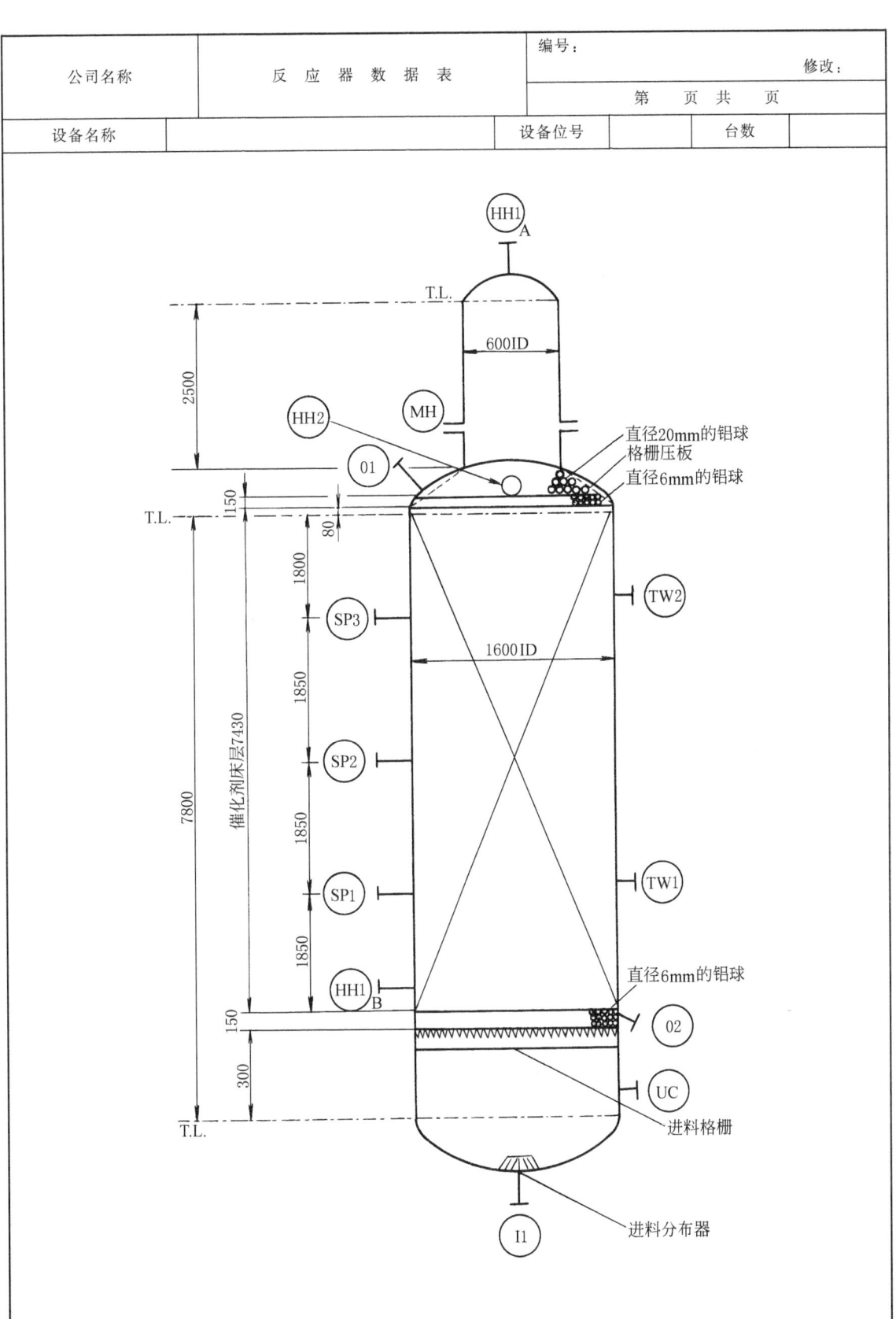

公司名称	搅拌器数据表	编号：	修改：
		第 页 共 页	

设备名称	
设备位号	
台数	

一般情况	操作方式(间断或连续)		搅拌器数据	型式			驱动型式	
	速度是否可变			叶轮型式			叶轮数	
	变速方法			叶轮直径			叶轮相对安装高度	
	搅拌强度			转速/(r/min)			一阶临界转速/(r/min)	
	建议的排量/(m³/h)			是否需稳定翅或环			切线速度/(m/s)	
	最大允许的切线速度/(m/s)			排量/(m³/h)				
				轴功率			设计最大叶轮功率	
		最大 正常 最小		轴长度			轴直径/mm	
	操作压力/MPa			是否需长键槽			长度/mm	
	操作温度/℃			旋转方向（电动机端）			轴是否分段	
固体数据	颗粒相对密度			密封型式				
	颗粒尺寸/mm			是否需密封罐			供货商	
	颗粒质量分数/%			密封液			压力/MPa	
	沉降速度/(m/s)		装配和支承数据	连接	型式		搅拌器方位	
	是否磨损				尺寸		安装口	
应用方式	吸收 溶解 输送				公称压力		搅拌器的支撑	
	充气 乳化 汽提				密封面		是否需固定轴承	
	混合 萃取 悬浮			质量	搅拌器/kg		扭矩/N·m	
	结晶 气体分散 反应				电动机/kg		瞬时扭矩/N·m	
	分散 热传递 其他				合计/kg			
	是否需减轻颗粒破碎		容器数据	位号			图号	
	是否固体沉降时开车			内径			切线高度	
	开车 固体液位/mm			型式（立或卧式）			顶盖（敞开或密闭）	
	是否把沉降固体再悬浮			上封头型式			下封头型式	
	悬浮 固体液位/mm			总容积/m³			操作容积/m³	
	固体组分是否易混合			设计压力/MPa			设计温度/℃	
	装卸料时是否需搅拌			结构材料			附件图号	
				内件				

连续操作混合数据						
组分	相态	质量分数/%	流量/(m³/h)	密度/(kg/m³)	黏度/mPa·s	温度/℃
总的混合物						
注入气体						

挡板	数量		长度/mm	
	型式		宽度/mm	
	位置		距壁距离/mm	
结构材料	叶轮		垫片	
	轴		螺栓	
	密封/填料		螺母	
电动机	功率/kW		电压/V	
	转速/(r/min)		频率/Hz	
	防爆级别		相数	
	绝缘级别		防护级别	

间断操作混合数据											
		加入/排出				加入物料后的混合物				搅拌	
步骤	组分	相态	容积/m³	密度/(kg/m³)	黏度/mPa·s	液位/mm	容积/m³	密度/(kg/m³)	黏度/mPa·s	固体（质量分数）/%	开/停	混合强度

用户	扬子石化	搅拌器	主项号	A-109
地址	中间挡子		数量	1
			安装位置	中和反应罐
装置	200000 吨聚丙烯/年		页	

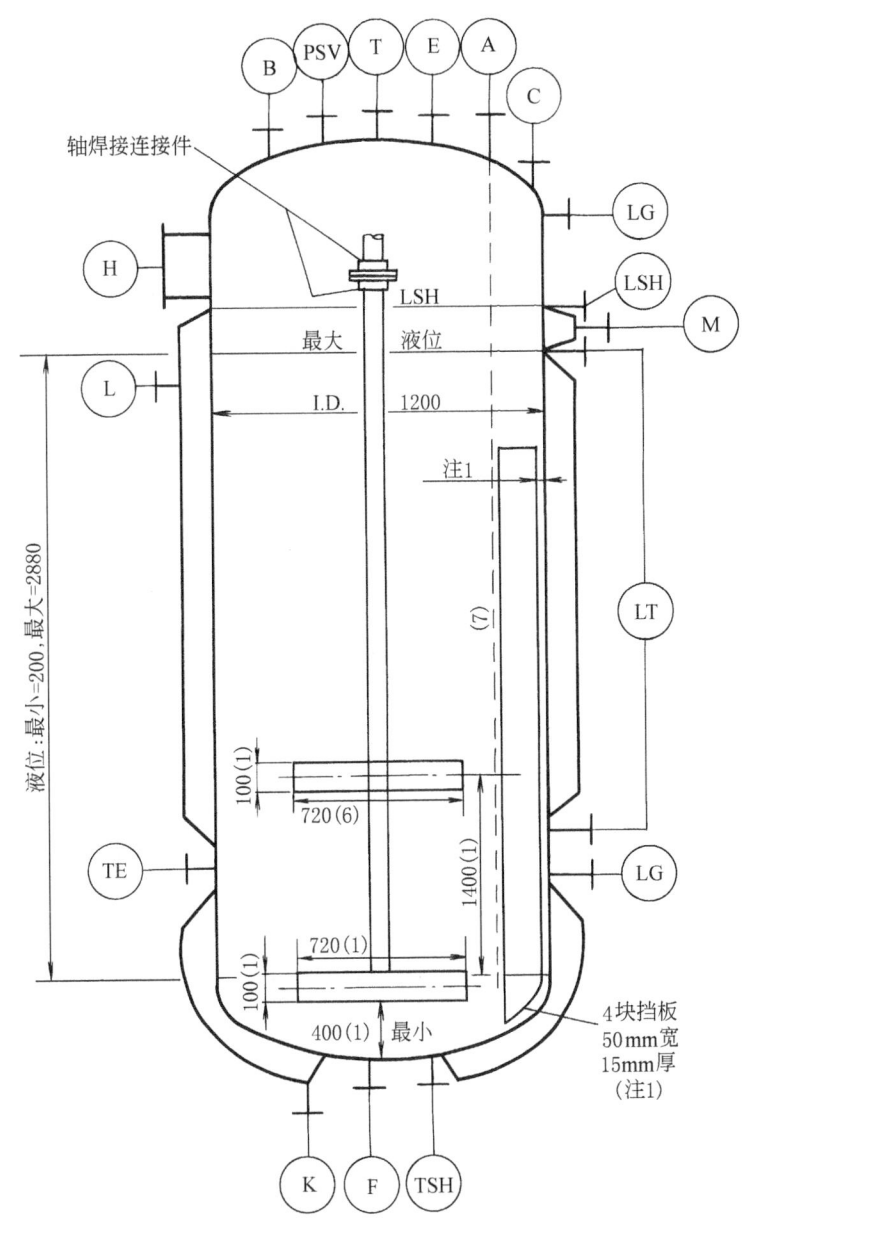

注：1. 搅拌器供货商将确认所有尺寸，包括挡板。
2. 管口表参考其他数据表。

修改	A	B	C	D	0	1	2	3	4	5
日期	00.1	00.5	00.7	00.7						
编制	CP	CP	CP	CP						
校核	PB	PB	PB	PB						

公司名称	离心泵数据表 位号：	编号： 修改：
		第 页 共 页

注： ○由买方填写　　□由制造厂填写　　△双方共同填写

设备名称：　　　　台数：　　　　操作：　　台　备用：　　台
泵制造厂：　　　　型式：　　　　型号：

		○操作条件					
1	输送介质						
2	腐蚀/冲蚀原因						
3	介质入口温度/℃		最小		正常		最大
4	入口条件下的密度/(kg/m³)						
5	入口条件下的黏度/mPa·s						
6	入口条件下的气化压力/MPa						
7	入口压力/MPa		最小		正常		最大
8	出口压力/MPa						
9	压差/MPa						
10	扬程/m						
11	流量/(m³/h)		最小		正常		额定
12	有效汽蚀裕量/m				有效功率	kW	
13	工作场所		○室内		○室外		○腐蚀 防腐等级
14	危险区域划分		○危险介质分级分组：				○危险区类别：

		□性能	
15	性能曲线号	级数	
16	效率/%	设计叶轮直径/mm	
17	扬程（曲线）/m	设计叶轮最大/最小直径/mm/mm	/
18	轴功率/kW	入口汽蚀比转速	
19	必需汽蚀裕量/m	轴向推力/kN	
20	最小连续稳定流量/(m³/h)	惯性矩/kg·m²	
21	泵转速/(r/min)		

		△结构				
		名称	公称尺寸	压力等级	密封面	位置
22	主管口	进口				
		出口				
23	壳体开孔		□放空	□放净	□仪表	□
		型式				
		规格				
24	密封压盖开孔		□放空	□放净	□冲洗	□封液
		型式				
		规格				
25	管口法兰标准：					
26	泵体安装方式	□底脚	□中心线	□立式	□	
27	泵壳剖分	□径向	□轴向			
28	壳体形式	□单涡壳	□双涡壳	□圆筒体	□导叶	
29	泵体设计压力		MPa（G）	壳体设计温度		℃
30	叶轮型式	□闭式	□半开式	□开式		
31	转向	□逆时针	□顺时针（从联轴器端看）			
32	轴承型式	□径向	□止推	○型号：		
33	轴承润滑方式	□油浴	□抛油环	□油环	□油雾	□干油
34	传动方式	○直联	○齿轮箱	○皮带		
35	联轴器	○弹性柱销	○弹性膜片	○	○带加长段	

		△材料			
36	○API 610 材料代号				
37	壳体		轴套		叶轮口环
38	叶轮		喉部衬套		壳体口环
39	轴		节流衬套		

公司名称		离心泵数据表 位号：		编号： 第 页 共 页		修改：	
	△密封和冲洗						
40	○机械密封	○API 代号：			○机械密封件材料		○填料密封
41	型式	○单端面　○双端面		○串联	动环		型式
		○平衡型　○非平衡型			静环		填料环数量
42	○密封管路方案：		管道材料		○碳钢无缝钢管	○不锈钢无缝钢管	○
43	○辅助密封管路方案：		管道材料		○碳钢无缝钢管	○不锈钢无缝钢管	○
44	○外冲洗液名称：			○温度/℃	□压力/MPa	□流量/(m³/h)	
45	○密封液名称：			○温度/℃	□压力/MPa	□流量/(m³/h)	
	△冷却或加热						
46	○冷却水管路方案	API 代号	管道材料		○碳钢无缝钢管	○不锈钢无缝钢管	○
47	○冷却/加热部位	○泵壳	○轴承箱	○密封腔	○支座	○密封冷却器	
48	○冷却/加热介质	○循环水	○新鲜水	○冷凝水	○盐水	○	
49	□总冷却水量　m³/h	○进水/回水压力			MPa（G）	○进/出口温度	℃
50	其他：						
	△电动机						
51	○制造厂				○额定功率/kW		
52	○安装型式	○B3　○V1　○			○型号		
53	○防爆要求				○防护/绝缘要求		
54	○进线方式	○钢管布线	○塑套电缆		○启动方式	○直接　○Y—△　○启动设备	
55	○电源(电压/相/频率)	V/3Ph/50Hz			○转速/(r/min)		
56	□启动时间/s				□堵转时间/s		
57	□启动电流/A				□堵转电流/A		
58	□额定电流/A				□功率因数		
	○检查和试验						
59	试验	观察	非见证	见证	检查	○材料合格证	
	性能	○	○	○		○车间检查	
	水压	○	○	○		○试验后拆卸与检查	
	汽蚀余量	○	○	○		○	
	□质量/kg						
60	总重		泵		电机	底盘	辅助设备
61	其他：						
	○主要供货范围						
62	○泵　　○电动机　　○共用底座　　○地脚螺栓、螺母、垫片 ○联轴器　○防护罩（○无火花型）　○进、出口配对法兰及螺栓、螺母、垫片 ○要求以法兰连接的辅助管道要配到底盘端面　○						
	○制造厂的资料						
63	机组外形图	应包括外形尺寸、基础尺寸及主要管口尺寸等			填充完整的数据表		
64	泵剖面图	应标出主要零部件名称			密封装配图		
65	试验曲线	应给出额定点、最小流量点			动静载荷，管口承受的力和力矩		
66	辅助配管图	应包括放净、放空、冲洗、冷却等管口			随机发送操作手册		
	△说明						
1	执行标准：						
2							
3							
4							
5							
6							
7							
8							
9							
10							
11							

公司名称	屏蔽泵数据表 位号：	编号： 第 页 共 页	修改：

注：○由买方填写　□由制造厂填写　△双方共同填写

设备名称：	台数：	操作：	台　备用：	台
泵制造厂：	型式：	型号：		

	○操作条件				
1	输送介质				
2	腐蚀/冲蚀，原因				
3	介质入口温度/℃	最小		正常	最大
4	入口条件下的密度/(kg/m³)				
5	入口条件下的黏度/mPa·s				
6	入口条件下的气化压力/MPa				
7	入口压力/MPa	最小		正常	最大
8	出口压力/MPa				
9	压差/MPa				
10	扬程/m				
11	流量/(m³/h)	最小		正常	额定
12	有效汽蚀裕量/m		有效功率	kW	
13	工作场所	○室内　○室外　○腐蚀　○防腐等级：			
14	危险区域划分	○危险介质分级分组：　○危险区类别：			

	□性能		
15	性能曲线号	级数	
16	效率/%	设计叶轮直径/mm	
17	扬程（曲线）/m	最大/最小叶轮直径/mm/mm	/
18	轴功率/kW	汽蚀比转速	
19	必需汽蚀裕量/m	轴向推力/kN	
20	最小连续稳定流量/(m³/h)	惯性矩/kg·m²	
21	泵转速/(r/min)		

	△结构					
22	主管口	名称	公称尺寸	压力等级	密封面	位置
		进口				
		出口				
23	壳体开孔		□放空	□放净	□仪表	□
		型式				
		规格				
24	管口法兰标准：					
25	机型	○基本型	○自吸型	○逆循环型	○高温分离型	○
26	泵体区分	○轴流	○低 Ns 用	○立轴	○双吸	○
27	诱导轮	○无	○有			
28	泵体安装方式	□底脚	□中心线	□		
29	泵壳剖分	□径向	□			
30	壳体形式	□单涡壳	□双涡壳	□圆筒体	□导叶	
31	循环管结构	□标准管	□管带换热器	□管带夹套	□后部注液方式	□
32	壳体设计压力	MPa（G）	壳体设计温度	℃		
33	叶轮型式	□闭式	□半开式	□开式		
34	转向	□逆时针	□顺时针	（从驱动端看）		
35	轴承型式	□径向	□止推		□型号：	
36	备注：					
37						
38						

	△材料			
39	壳体	定子屏蔽套	后轴承座	
40	叶轮	转子屏蔽套	电机法兰	
41	轴	连接体前轴承座	轴套推力盘	
42	轴承			

公司名称		屏蔽泵数据表 位号：		编号： 第 页 共 页		修改：

			△冷却及加热			
43	○管道材料	○碳钢无缝钢管		○不锈钢无缝钢管	○	
44	○冷却部位	○电机		○换热器	○泵壳	
45	○冷却水	○循环水	○新鲜水	○冷凝水	○盐水	○热水 ○蒸汽
46	□总冷却水量	m³/h	进水/回水压力	MPa	进/出口温度	℃
47	其他要求					
			△屏蔽电机			
48	○防爆要求			○额定功率/kW		
49	○防护/绝缘要求			○进线方式	○钢管布线	○塑套电缆
50	○TRG表要求	○机上 ○遥控 ○保护箱 ○报警器		○启动方式	○直接 ○Y-△ ○启动设备	
51	○电源（电压/相/频率）	V/3Ph/50Hz		○转速/(r/min)		
52	□启动时间/s			□堵转时间/s		
53	□启动电流/A			□堵转电流/A		
54	□额定电流/A			□功率因数		

55	试验		观察	非见证	见证	检查	○材料合格证	
		性能	○	○	○		○车间检查	
		水压	○	○	○		○试验后拆卸与检查	
		汽蚀余量	○	○	○			

		□质量/kg			
56	总重		底盘		辅助设备
57	其他				

		○主要供货范围	
58	○屏蔽泵 ○有关仪表 ○ ○	○地脚螺栓、螺母、垫片 ○要求以法兰连接的辅助管道要配到底盘端面	○进、出口配对法兰及螺栓、螺母、垫片

		○制造厂的资料	
59	机组外形图	应包括外形尺寸、基础尺寸及主要管口尺寸等	填充完整的数据表
60	泵剖面图	应标出主要零部件名称	随机发送操作手册
61	试验曲线	应给出额定点、最小流量点	
62	辅助配管图	应包括放净、放空、冲洗、冷却等管口	

	△说明
1	执行标准：
2	技术附件编号：
3	
4	
5	
6	
7	
8	
9	
10	
11	
12	
13	
14	
15	
16	
17	
18	
19	
20	

公司名称		往复泵计量泵数据表		编号：		修改：
		位号：			第 页 共 页	

注： ○由买方填写　　□由制造厂填写　　△双方共同填写

设备名称：　　　台数：　　　操作：　　台　备用：　　台
泵制造厂：　　　型式：　　　型号：

	○操作条件					
1	输送介质					
2	腐蚀/冲蚀原因					
3	介质入口温度/℃		最小	正常		最大
4	入口条件下的密度/(kg/m³)					
5	入口条件下的黏度/mPa·s					
6	入口条件下的气化压力/MPa					
7	入口压力/MPa		最小	正常		最大
8	出口压力/MPa					
9	压差/MPa					
10	惯性头/m					
11	流量/(L/h)		最小	正常		额定
12	有效汽蚀裕量/m			有效功率	kW	
13	工作场所		○室内	○室外	○腐蚀 防腐等级	
14	电气分区		○爆炸物级别：		○电气危险区域	

	□性能			
15	额定流量/(L/h)		往复次数/(次/min)	
16	排出压力/MPa		柱塞直径/mm	
17	轴功率/kW		行程/mm	
18	必需汽蚀裕量/m		计量精度/%	
19	液压试验压力/MPa		流量调节范围/%	
20	其他：			

	△结构					
21	主管口	名称	公称尺寸	压力等级	密封面	位置
		进口				
		出口				
22	其他开口		□放空	□放净	□仪表	□冲洗
		型式				
		规格				
23	管口法兰标准					
24	液力端型式	□柱塞式	□单隔膜式	□双隔膜式	□单作用	□双作用
		□缸数	□阀型式	□单缸阀数	吸入阀：	排出阀：
25	动力端型式	□曲柄—连杆	□偏心轮	□	○空气直接驱动 ○	
26	传动方式	□皮带传动	□减速器	□直联		
27	联轴器	○弹性柱销	○弹性膜片	○	○带加长段	
28	润滑方式	□油浴	□强制	□	□油牌号：	
29	底座	□泵驱动机共用	□泵驱动机分离	□		
30	进口缓冲器	□隔膜式	□气液接触式	□容积； m³	□压力： MPa(G)	
31	出口缓冲器	□隔膜式	□气液接触式	□容积； m³	□压力： MPa(G)	
32	减速器	□型式：	□型号：	□减速比：	□制造厂：	
33	工作介质	□动力液体		□中间液体：		
34	安全阀	□泵内	□独立	□设定压力： MPa(G)		
35	其他	□隔膜破裂报警装置	□			

	□材料			
36	缸体		缸衬	阀球
37	柱塞		活塞杆	阀座
38	活塞环		隔膜	阀弹簧
39	其他：			

公司名称		往复泵计量泵数据表		编号：		
		位号：		第 页 共 页		修改：

			○流量控制				
40	流量调节方式		○就地控制 ○遥控		○变速	○行程调节	○
			○手动 ○自动		○气信号	○电信号	○
41							
			□密封				
42	填料环材料				填料环数量		
43	其他：						
			△冷却或加热				
44	管道材料		○碳钢无缝钢管	○不锈钢无缝钢管			
45	冷却/加热部位		○轴承箱	○填函		○夹套	○
46	冷却/加热介质		○循环水 ○新鲜水	○冷凝水 ○盐水		○热水	○蒸汽
47	□总冷却/加热水量 m³/h		○进水/回水压力	/ MPa		○进/出口温度	/ ℃
48	其他：						
			△电动机				
49	○制造厂				○额定功率/kW		
50	○安装型式		○B3 ○V1 ○		○型号		
51	○防爆要求				○防护/绝缘要求		
52	○进线方式		○钢管布线 ○塑套电缆		○启动方式	○直接 ○Y-△	○启动设备
53	○电源（电压/相/频率）		V/3Ph/50Hz		○转速/(r/min)		
54	□启动时间/s				□堵转时间/s		
55	□启动电流/A				□堵转电流/A		
56	□额定电流/A				□功率因数		
			○检查和试验				
57	试验		观察	非见证	见证	检查	○车间检查
	性能		○	○	○		○试验后拆卸与检查
	水压		○	○	○		
	汽蚀余量		○	○	○	○	
	机械运转试验		○	○	○		
			□质量/kg				
58	总重		泵	电机	底盘	辅助设备	
			○主要供货范围				
59	○泵 ○电动机 ○共用底座 ○地脚螺栓、螺母、垫片 ○监控仪表 ○联轴器 ○防护罩（无火花型） ○安全阀 ○进口缓冲器 ○出口缓冲器 ○减速器 ○皮带传动装置 ○进、出口配对法兰及螺栓、螺母、垫片 ○润滑油系统 ○要求以法兰连接的辅助管道要配到底盘端面						
			○制造厂的资料				
60	机组外形图		应包括外形尺寸、基础尺寸及主要管口尺寸等			填充完整的数据表	
61	泵剖面图		应标出主要零部件名称			密封装配图	
62	试验曲线		应给出额定点			随机发送操作手册	
63	辅助配管图		应包括放净、放空、冲洗、冷却等管口				
			△说明				
1	执行标准：						
2							
3							
4							
5							
6							
7							
8							
9							
10							
11							
12							

转子泵数据表

公司名称		位号：		编号： 第 页 共 页	修改：

注：○由买方填写　　□由制造厂填写　　△双方共同填写

设备名称：	台数：	操作： 台　备用： 台
泵制造厂：	型式：	型号：

○操作条件

1	输送介质		介质特性　○腐蚀性　○磨蚀性　○有毒
2	固体含量（湿基）(质量分数)/%		固体粒度/mm
3	介质入口温度/℃	最小	正常　　　　最大
4	入口条件下的密度/(kg/m³)		
5	入口条件下的黏度/mPa·s		
6	入口条件下的气化压力/MPa		
7	入口压力/MPa	最小	正常　　　　最大
8	出口压力/MPa		
9	压差/MPa		
10	扬程/m		
11	流量/(m³/h)	最小	正常　　　　额定
12	有效汽蚀裕量/m		有效功率　　　　kW
13	工作场所	○室内　○室外	○腐蚀　防腐等级：
14	危险区域划分	○危险介质分级分组：	○危险区类别：

□性能

15	性能曲线号	允许最高转速/(r/min)
16	容积效率/%	允许最低转速/(r/min)
17	总效率/%	最大允许压力/MPa(G)
18	轴功率/kW	液压试验压力/MPa(G)
19	必需汽蚀裕量/m	夹套设计压力/MPa(G)
20	泵排量/(m³/h)	安全阀设定压力/MPa(G)
21	泵额定转速/(r/min)	其他：

△结构

22	主管口	名称	公称尺寸	压力等级	密封面	位置
		进口				
		出口				
23	壳体开孔		□放空	□放净	□仪表	□夹套
		型式				
		规格				
24	密封压盖开孔		□放空	□放净	□冲洗	□封液
		型式				
		规格				
25	管口法兰标准					
26	泵体安装方式	□底脚	□中心线	□托架	□	
27	泵壳剖分	□径向	□轴向			
28	转向	□逆时针	□顺时针	（从联轴器端看）		
29	轴承型式	□径向	止推	□	□型号	
30	转承润滑方式	□油浴	□油环	□压力	□干油	□油牌号
31	底座	□共用	□泵与驱动机分离	□		
32	传动方式	○直联	○齿轮	○皮带		
33	联轴器	○弹性柱销	○弹性膜片	○	○带加长段	
34	安全阀	○内部	○外部	○装在管道上		
35	其他					

□材料

36	壳体		轴套		轴承箱	
37	转子		滑片		同步齿轮	
38	轴		端板		底盘	
39						

公司名称		转子泵数据表 位号：			编号： 第 页 共 页		修改：	
△密封和冲洗							
40	○机械密封	○API 代号：			○机械密封件材料		○填料密封	
41	型式	○单端面 ○双端面 ○串联			动环		型式	
		○平衡型 ○非平衡型			静环		填料环数量	
42	○密封管路方案：		管道材料		○碳钢无缝钢管		○不锈钢无缝钢管 ○	
43	○辅助密封管路方案：		管道材料		○碳钢无缝钢管		○不锈钢无缝钢管 ○	
44	○外冲洗液名称：		□温度/℃		□压力/MPa（G）		□流量/(m^3/h)	
45	○密封液名称：		□温度/℃		□压力/MPa（G）		□流量/(m^3/h)	
△冷却或加热							
46	○冷却水管路方案：		管道材料		○碳钢无缝钢管 ○不锈钢无缝钢管 ○			
47	○冷却/加热部位	○泵壳	○轴承箱		○密封腔	○支座	○	
48	○冷却/加热介质	○循环水	○新鲜水		○冷凝水	○盐水	○热水 ○蒸汽	
49	□总冷却/加热水量/(m^3/h)		□进水/回水压力/		MPa	○进/出口温度	/	℃
50	其他：							
△电动机							
51	○制造厂				○额定功率/kW		
52	○安装型式	○B3 ○V1 ○			○型号		
53	○进线方式	○钢管布线 ○塑套电缆			○启动方式		○直接 ○Y-△ ○启动设备	
54	○防爆要求				○防护/绝缘要求		
55	○电源（电压/相/频率）	V/3Ph/50Hz			○转速/(r/min)		
56	□启动时间/s				□堵转时间/s		
57	□启动电流/A				□堵转电流/A		
58	□额定电流/A				□功率因数		
○检查和试验							
59	试验		观察	非见证	见证	检查	○车间检查	
		性能	○	○	○		○试验后拆卸与检查	
		水压	○	○	○		○	
		机械运转	○	○	○		○	
		汽蚀余量	○	○	○		○	
□质量/kg							
60	总重		泵		电机	底盘	最大维修件	
61	其他：							
○主要供货范围							
62	○泵 ○电动机 ○共用底座 ○地脚螺栓、螺母、垫片 ○联轴器 ○防护罩（○无火花型） ○传动装置 ○润滑油系统 ○安全阀 ○要求以法兰连接的辅助管道要配到底盘端面○进、出口配对法兰及螺栓、螺母、垫片							
○制造厂的资料							
63	机组外形图		应包括外形尺寸、基础尺寸及主要管口尺寸等			填充完整的数据表		
64	泵剖面图		应标出主要零部件名称			密封装配图		
65	试验曲线		应给出额定点、最小流量点			随机发送操作手册		
66	辅助配管图		应包括放净、放空、冲洗、冷却等管口					
△说明							
1	执行标准：							
2								
3								
4								
5								
6								
7								
8								
9								
10								
11								

公司名称		通 风 机 数 据 表		编号：	
		位号：		第 页 共 页	修改：

注： ○由买方填写　　□由制造厂填写　　△双方共同填写

设备名称		台数：	操作：	台　备用：	台
风机制造厂		型式：	型号：		

○操作条件

	气体名称		组分名称	摩尔分数/%	相对分子质量	备注
1		1				
		2				
		3				
		4				
		5				
2	腐蚀/磨蚀介质					
3	安装环境		○室内 ○室外 ○腐蚀	防腐等级？ ○危险介质分级分组： ○危险区类别：		
4	相对湿度/%			质量流量（干）/（kg/h）		
5	平均相对分子质量			体积流量（进口状态下）/(m³/h)		
6	进口条件下密度/(kg/m³)			进口压力/kPa		
7	绝热指数/K			出口压力/kPa		
8	进口温度/℃			全压/kPa		
9	压缩系数			出口温度/℃		
10	注：					

□性能

11	性能曲线号		级数	
12	内效率/%		叶轮直径/mm	
13	全压效率/%		壳体设计压力/kPa	
14	轴功率/kW		比转速	
15	风机转速/(r/min)		轴向推力/kN	
16	噪声等级/dB (A)		惯性矩/kg·m²	
17	注：			

△结构

18	主管口	名称	公称尺寸	压力等级	密封面	位置
		进口				
		出口				
19	出口方位	○ ○	○ ○	○ ○	○ ○	○其他
		○ ○	○ ○	○ ○	○ ○	其他
20	壳体开孔		○放空	○放净	○仪表	□其他
		型式				
		规格				
21	壳体支撑方式	□底脚	□轴中心线	□悬挂		
22	壳体剖分型式	□轴向	□径向			
23	风机转向	□顺时针	□逆时针	（面对联轴器）		
24	叶轮型式	□闭式	□半开式	□开式	□悬壁	□双支承
25	轴承型式	径向轴承：	□滑动	□流动	□轴承型号：	
		止推轴承：	□滑动	□滚动	□轴承型号：	
26	润滑方式	□油脂	□油环	□压力油	□油牌号：	
27	进口可调导叶	□手动调节	□气动调节		□无	
28	底座	风机与驱动机共用		□分开		
29	传动方式	○直联	○皮带	○齿轮箱		
30	联轴器	○弹性柱销	○弹性膜片	○	○带加长段	
31	其他：	□检查和清洗口	□进口滤网	□进口消声器	□出口消声器	
32						

公司名称		通 风 机 数 据 表 位号：		编号： 第 页 共 页		修改：
			△密封和冲洗			
33		○填料密封	○迷宫密封		○浮环密封	
34	□型式					
35	□填料环数量					
			△冷却			
36	○冷却部位	○轴承箱		○密封腔	○支座	○
37	○冷却水	○循环水		○新鲜水	○冷凝水	○盐水
38	□总冷却水量/(m³/h)	○进水/回水压力	/ MPa		○进/出口温度 / ℃	
39	管道材料：	○碳钢无缝钢管	○不锈钢无缝钢管		○	
40	其他要求：					
			□材料			
41	壳体		轴套		衬里	
42	叶轮		垫片			
43	轴		底盘			
			△电动机			
44	○制造厂			○额定功率/kW		
45	○安装型式	○B3 ○V1 ○		○型号		
46	○防爆要求			○防护/绝缘要求		
47	○进线方式	○钢管布线 ○塑套电缆		○启动方式	○直接 ○Y-△ ○启动设备	
48	○电源（电压/相/频率）	V/3Ph/50Hz		○转速/(r/min)		
49	□启动时间/s			□堵转时间/s		
50	□启动电流/A			□堵转电流/A		
51	□额定电流/A			□功率因数		
			○试验和检验			
52		性能试验	静平衡试验	动平衡试验	水压试验	机械运行试验	试验后拆卸与检查
	观察	○	○	○	○	○	○
	非见证	○	○	○	○	○	○
	见证	○	○	○	○	○	○
			□质量/kg			
53	总重		风机	驱动机	底盘	最大维修件
			○主要供货范围			
54	○风机 ○驱动机 ○共用底座 ○地脚螺栓、螺母、垫片 ○联轴器 ○防护罩（无火花型） ○进口滤网 ○皮带传动装置 ○消声器 ○进口导叶 ○进、出口配对法兰及螺栓、螺母、垫片 ○要求以法兰连接的辅助管道要配到底盘端面					
			○制造厂的资料			
55	机组外形图	应包括外形尺寸、基础尺寸及主要管口尺寸等			填充完整的数据表	
56	风机剖面图	应标出主要零部件名称			密封装配图	
57	试验曲线	应给出额定点			随机发送操作手册	
58	辅助配管图	应包括放净、放空、冷却等管口				
			△说明			
1	执行标准：					
2						
3						
4						
5						
6						
7						
8						
9						
10						
11						
12						

公司名称			罗茨鼓风机数据表 位号：		编号：		修改：
					第 页 共 页		

注： ○由买方填写　　□由制造厂填写　　△双方共同填写

设备名称：　　　　　　　　台数：　　　　　　操作：　　　台　备用：　　台
风机制造厂：　　　　　　　型式：　　　　　　型号

			○操作条件			
1	气体名称		组分名称	摩尔分数/%	相对分子质量	备注
		1				
		2				
		3				
		4				
		5				
2	腐蚀/磨蚀介质					
3	安装环境		○室内○室外○腐蚀　防腐等级：○危险介质分级分组：　○危险区类别：			
4	相对湿度/%			质量流量（干）/(kg/h)		
5	平均相对分子质量			体积流量（进口状态下）/(m³/h)		
6	进口条件下密度/(kg/m³)			进口压力/kPa（G）		
7	绝热指数/K			出口压力/kPa（G）		
8	进口温度/℃			压缩比		
9	出口温度/℃			压缩系数		
10	注：					
			□性能			
11	性能曲线号			转子长径比		
12	容积效率/%			转子直径/mm		
13	轴功率/kW			壳体设计压力/kPa		
14	风机转速/(r/min)			壳体设计温度/℃		
15	临界转速/(r/min)			噪声等级/dB（A）		
16						
17	注：					
			△结构			
18	主管口	名称	公称尺寸	压力等级	密封面	位置
		进口				
		出口				
19	壳体开孔		○放空	○放净	○仪表	□其他
		型式				
		规格				
20	○管口法兰标准：					
21	力和力矩	管口允许的力和力矩	进口		出口	
			力/kN	力矩/kN·m	力/kN	力矩/kN·m
		轴向				
		垂直				
		水平90°				
22	壳体剖分型式		□轴向	□径向		
23	转子制造方法		□	□		
24	风机转向		□顺时针	□逆时针	（从驱动端看）	
25	同步齿轮		□型式：		□润滑方式：	□油牌号：
26	轴承型式		径向轴承：□滑动	□滚动		□轴承型号：
			止推轴承：□滑动	□滚动		□轴承型号：
27	轴承润滑方式		□油脂	□油环	□压力油	□油牌号：
28	流量调节方式		○旁路	○进口节流	○变转速	○无○调节范围：
29	底座		□风机与驱动机共用		□分开	
30	传动方式		○直联	○皮带	○齿轮箱	
31	联轴器		○弹性柱销	○弹性膜片	○	○带加长段
32	其他：		□检查和清洗口	□进口滤网	□进口消声器	□出口消声器　□隔声罩

公司名称		罗茨鼓风机数据表		编号：		修改：
		位号：			第 页 共 页	

		△密封和冲洗			
33	○填料密封		○迷宫密封		○浮环密封
34	□型式				
35	□填料环数量				
		△冷却			
36	○冷却部位	○轴承箱	○密封腔	○机壳	○转子
37	○冷却水	○循环水	○新鲜水	○冷凝水	○盐水
38	□总冷却水量/(m³/h)	○进水/回水压力 / MPa		○进/出口温度/℃	
39	管道材料：	○碳钢无缝钢管	○不锈钢无缝钢管		
40	其他要求：				
		□材料			
41	壳体		轴套		
42	转子		同步齿轮		
43	轴		底盘		
		△电动机			
44	○制造厂		○额定功率/kW		
45	○安装型式	○B3 ○V1 ○	○型号		
46	○防爆要求		○防护/绝缘要求		
47	○进线方式	○钢管布线 ○塑套电缆	○启动方式	○直接 ○Y-△ ○启动设备	
48	○电源（电压/相/频率）	V/3Ph/50Hz	○转速/(r/min)		
49	□启动时间/s		□堵转时间/s		
50	□启动电流/A		□堵转电流/A		
51	□额定电流/A		□功率因数		

		○试验和检验					
52		性能试验	静平衡试验	动平衡试验	水压试验	机械运转试验	试验后拆卸与检查
	观察	○	○	○	○	○	○
	非见证	○	○	○	○	○	○
	见证	○	○	○	○	○	○

		□质量/kg			
53	总重	风机	驱动机	底盘	最大维修件

		○主要供货范围		
54	○鼓风机 ○驱动机	○共用底座		○地脚螺栓、螺母、垫片
	○联轴器 ○防护罩（无火花型）	○进口滤网		○皮带传动装置
	○消声器 ○就地仪表	○进、出口配对法兰及螺栓、螺母、垫片		
	○要求以法兰连接的辅助管道要配到底盘端面	○隔声罩		○

		○制造厂的资料	
55	机组外形图	应包括外形尺寸、基础尺寸及主要管口尺寸等	填充完整的数据表
56	风机剖面图	应标出主要零部件名称	密封装配图
57	试验曲线	应给出额定点	管口允许的力和力矩
58	辅助配管图	应包括放净、放空、冷却等管口	随机发送操作手册

	△说明
1	执行标准：
2	合同技术附件号：
3	
4	
5	
6	
7	
8	
9	
10	
11	
12	

公司名称	离心式压缩机数据表		编号：		
					修改：
	位号：		第 页 共 页		

注：○由买方填写　　□由制造厂填写　　△双方共同填写

设备名称：　　　　　　　　　　　　　　　　　台数：
压缩机制造厂：　　　　　　　　　　　　　　　压缩机型号：

		△操作条件			
1	○压缩介质组分(摩尔分数)/%	相对分子质量	正常	额定	其他工况	备注
	1					
	2					
	3					
	4					
	5					
	6					
	7					
	8					
	9					
2	○质量流量（○干，○湿）/(kg/h)					
3	○体积流量（0.1013MPa，0℃）/(m³/h)					
4	○　　压力/MPa（A）					
5	○　　温度/℃					
6	○　　相对湿度/%					
7	○　　绝热指数 C_p/C_V（K_1 或 $K_{平均}$）					
8	□　　压缩性系数（Z_1 或 $Z_{平均}$）					
9	□　　容积流量（○干，○湿）/(m³/h)					
10	○出口压力/MPa（A）					
11	□　　温度/℃					
12	□　　绝热指数 C_p/C_V（K_2 或 $K_{平均}$）					
13	□　　压缩性系数（Z_2 或 $Z_{平均}$）					
14	□性能曲线号					
15	□轴功率（包括全部损失）/kW					
16	□多变能量头/(N·m/kg)					
17	□多变效率/%					
18	□转速/(r/min)					
19	○保证点					
20	□预计的喘振范围（上述转速）/(m³/h)					
21	操作方式	○连续	○间断	○备用		
22	驱动方式	○电动机	○汽轮机	○详见文件号：		
23	流量调节方式	○可调进口导叶	○进口节流	○旁路	○变转速	
24	流量调节范围	○		○		
25	防喘振旁路	○手动	○自动	○无		
26	隔声措施	○消声器	○隔声罩	○无	○噪声值：　dB(A)	
27	信号源	○电信号　　mA		○气信号　MPa（G）	○其他：	
		○安装环境及现场条件				
28	环境	安装位置	○室内　室外○	环境温度		℃
29		异常条件	○湿热带　○粉尘○	环境湿度		%
30		危险区域划分	○介质分级分组：　○危险区类别：	大气压		mmHg
31	冷却水	进水温度	℃	允许温升		℃
32		进水压力	MPa（G）	最大压降		MPa
33		污垢系数				
34	仪表空气		压力：　　　　MPa（G）	正常露点：		℃
35	供电	低压电源	V　Ph　Hz	高压电源	V　Ph　Hz	
36		应急电源	V　Ph　Hz	直流电源	V	
37	供汽		最高压力　正常压力　最低压力	单位	最高温度　正常温度　最低温度	单位
38		驱动机用		MPa（G）		℃
39		加热用		MPa（G）		℃

公司名称		离心式压缩机数据表 位号：		编号： 第 页 共 页	修改：

△结构特点

40	气缸	气缸序号		92	轴承箱	型式	□单独	□整体
41		气缸型号		93		剖分	□轴向	□
42	转速	最高连续转速/(r/min)		94		材料		
43		跳闸转速/(r/min)		95	径向轴承	型式	□衬套	□瓦块
44		叶轮最高周速（额定转速时）/(m/s)		96		制造厂		
45	临界转速	横向临界转速（一阶）/(r/min)		97		基体材料		
46		横向临界转速（二阶）/(r/min)		98		瓦块数		
47		横向临界转速（三阶）/(r/min)		99		单位载荷/kN		
48		扭转临界转速（一阶）/(r/min)		100	推力轴承	型式	□瓦块式	
49		扭转临界转速（二阶）/(r/min)		101		制造厂		
50		扭转临界转速（三阶）/(r/min)		102		基本材料		
51	缸壁	缸壁厚/mm		103		瓦块数		
52		缸壁腐蚀裕度/mm		104		单位载荷/kN		
53	压力	最高工作压力/MPa		105		润滑方式		
54		最高设计压力/MPa		106		推力盘型式		
55		○系统安全阀整定压力/MPa		107		推力盘材料		
56		水压试验压力/MPa		108		○探测器型式		
57	温度	最高工作温度/℃		109		○制造厂		
58		最低工作温度/℃		110	轴承温度监测	○用于径向轴承的数量		
59		设计温度/℃		111		○用于推力轴承的数量		
60	机壳	机壳剖分型式		112		○监视器型式		
61		机壳材料		113		○制造厂		
62		机壳剖分处密封		114		量程/℃		
63	叶轮	每缸叶轮数		115		报警设定值/℃		
64		叶轮型式		116		停车设定值/℃		
65		叶轮材料		117		延时/s		
66		叶轮制造方法		118		○安装位置		
67	轴	轴端型式		119		注：		
68		轴硬度		120		○探测器型式	○	
69		轴材料		121		○制造厂		
70	轴套	轴套材料（级间密封处）		122	轴振动监测	○每个轴承安装数量		
71		轴套材料（轴密封处）		123		○监视器型式		
72	平衡盘	平衡盘材料		124		○制造厂		
73		平衡盘面积/mm²		125		量程/μm		
74		平衡盘装配方法		126		报警设定值/μm		
75	迷宫密封	级间密封型式		127		停车设定值/μm		
76		级间密封材料		128		延时/s		
77		平衡盘密封型式		129		○安装位置		
78		平衡盘密封材料		130		注：		
79	轴封	○轴封型式		131		○探测器型式		
80		○轴封稳定压力/MPa		132		○制造厂		
81		○特殊操作条件		133	轴位移监测	○安装数量		
82		○缓冲气类别		134		○监视器型式		
83		缓冲气用于	□试车口	135		○制造厂		
84		缓冲气流量/(m³/h)		136		○量程/μm		
85		缓冲气压力/MPa		137		报警设定值/μm		
86		接触型密封的附加设备		138		停车设定值/μm		
87		负压密封的加压气体		139		延时/s		
88		内漏油保证值/(m³/d)		140		○安装位置		
89	其他	隔板材料		141		注：		
90		转向（从驱动机侧看）		142	其他			
91		振动试验允许值（峰-峰）/μm		143				

		公司名称		离心式压缩机数据表 位号:		编号: 第 页 共 页		修改:	
△结构特点（续）									
		名称	数量	型式	规格	压力等级	密封面	方位	备注
144	主管口								
145		进口							
146		出口							
147	其他接管	润滑油进口							
148		润滑油出口							
149		密封油进口							
150		密封油出口							
151		机壳排放							
152		级间排放							
153		排气							
154		冷却水							
155		测压							
156		测温							
157		轴承箱吹扫							
158		轴承与密封间吹扫							
159		密封与气体间吹扫							
160		溶剂喷入							
161									

162	○管口法兰标准:				
163	力和力矩	管路允许的力和力矩	进口		出口	
164			力/kN	力矩/kN·m	力/kN	力矩/kN·m
165		轴向				
166		垂直				
167		水平 90°				
168	管路振动					
169						
170						
171						

		△辅助设备及附件				
172	联轴器	○型式			□间隔套长度	mm
173		□型号			○防护罩型式	
174		□制造厂			□润滑方式	
175		□最大连续扭矩			□润滑油量	L/h
176	底座	○独立底座	○共用底座，上装：○压缩机 kN·m		○驱动机 ○齿轮箱	
177		○集液槽	○调水平凸台	○调水平垫块	○	
178	齿轮箱	○型式			□齿轮材料	
179		○制造厂			□箱体材料	
180		□速比			□润滑方式	
181	过滤器					
182						
183						
184	冷却器					
185						
186						
187	分离器					
188						
189						
190	其他					
191						
192						
193						
194						

				离心式压缩机数据表		编号：				
公司名称				位号：				修改：		
								第 页 共 页		

□仪表

		用途	就地	就地盘	控制室		用途	就地	就地盘	控制室
195		用途	就地	就地盘	控制室	220	用途	就地	就地盘	控制室
196		各段气体进出口	□	□	□	221	气体进口温度	□	□	□
197		压缩机密封气	□	□	□	222	气体出口温度	□	□	□
198		润滑油总管	□	□	□	223	冷却水进出口温度	□	□	□
199		密封油总管	□	□	□	224	油箱油温	□	□	□
200		调节油总管	□	□	□	225	油冷却器出口	□	□	□
201	压	油过滤器压差	□	□	□	226	温			
202	力		□	□	□	227	度 密封油回油	□	□	□
203	表		□	□	□	228	计 径向轴承	□	□	□
204		参比气与密封油压差	□	□	□	229	径向轴承回油	□	□	□
205		各油泵出口压力	□	□	□	230	推力轴承	□	□	□
206		密封室压力	□	□	□	231	推力轴承回油	□	□	□
207		平衡室压力	□	□	□	232	脱气槽	□	□	□
208		平衡盘压差	□	□	□	233	齿轮箱轴承回油	□	□	□
209						234	联轴器回油	□	□	□
210						235	各段气体进口温度	□	□	□
211						236	各段气体出口温度	□	□	□
212						237				
213		各气体分离器	□	□	□	238	压缩机各轴承回油	□	□	□
214	液	润滑油箱	□	□	□	239	液 齿轮箱各轴承回油	□	□	□
215	位	密封油箱	□	□	□	240	流 联轴器回油	□	□	□
216	计	润滑油高位槽	□	□	□	241	视 油冷却器水出口	□	□	□
217		密封油高位槽	□	□	□	242	镜			
218		密封油收集器	□	□	□	243	指 轴位移指示	□	□	□
219						244	示 轴振动指示	□	□	□

报警与联锁停车

		接点信号		就地盘		控制室				接点信号		就地盘		控制室	
245	项目	报警	停车	报警	停车	报警	停车	259	项目	报警	停车	报警	停车	报警	停车
247	进气压力低	□	□	□	□	□	□	261	段间分离器液位高	□					
248	进气压力高	□	□	□	□	□	□	262	密封油-气压差低						
249	进气温度高	□	□	□	□	□	□	263	润滑油箱油位低						
250	排气压力低	□	□	□	□	□	□	264	密封油箱油位低						
251	排气压力高	□	□	□	□	□	□	265	润滑油高位油箱油位低						
252	排气温度高	□	□	□	□	□	□	266	密封油高位油箱油位低						
253	平衡盘压差高	□	□	□	□	□	□	267	润滑油总管压力低						
254	轴向位移	□	□	□	□	□	□	268	密封油总管压力低						
255	转子振动	□	□	□	□	□	□	269	调节油总管压力低						
256	径向轴承温度高	□	□	□	□	□	□	270	油过滤器压差高	□	□				
257	推力轴承温度高	□	□	□	□	□	□	271	油冷却器出口油温高						
258								272							

○车间检验与试验

	项目	要求	见证	观察		项目	要求	见证	观察
273	项目	要求	见证	观察	284	项目	要求	见证	观察
274	水压试验	○	○	○	285	扭振测量	○	○	○
275	叶轮超速试验	○	○	○	286	齿轮箱试验	○	○	○
276	机械运转	○	○	○	287	氦检漏试验	○	○	○
277	轴端密封检查	○	○	○	288	车间检查	○	○	○
278	气体泄漏试验	○	○	○	289	噪声试验	○	○	○
279	性能试验	○	○	○	290	确认的试验数据副本	○	○	○
280	整机试验	○	○	○	291				
281	串联试验	○	○	○	292				
282	全载荷/全速/全压试验	○	○	○	293				
283					294				

	公司名称		离心式压缩机数据表 位号：			编号： 第 页 共 页		修改：	
			□润滑油、密封油、调节油系统						
295	耗油	供油对象	压缩机轴承	压缩机密封处	压缩机控制	驱动机轴承	驱动机调节	齿轮箱	联轴器
296		流量/(L/min)							
297		压力/MPa							
298		安全阀整定值/MPa							
299	油牌号：		运动黏度：		Pa·s 首次充油量：				m³
300	油泵		型式	型号	流量/(m³/h)	排压/MPa(A)	驱动机	功率/kW	驱动机型号
301		主油泵							
302		辅助油泵							
303	容器	油冷却器	型式	配置	管子材料	壳体材料	设计压力管/壳/MPa		换热面积/m²
304							/		
305		油过滤器	型式	配置	过滤精度	壳体材料	设计压力/MPa		切换压差/MPa
306									
307		油蓄能器		型式	容积/m³	壳体材料	设计压力/MPa		
308									
309		油箱	总容积/m³	工作容积/m³		材料	加热方式		
310									
311	高位槽	润滑油	总容积/m³	设计压力/MPa		材料			
312									
313		密封油							
314	收集器		公称容积/L	设计压力/MPa		材料	操作方式		
315		低压密封油							
316		高压密封油							
317	脱气槽		最大容积/m³	排气流量/(m³/h)		材料	加热方式		
318									
319	备注：								
			□公用工程总消耗						
320	冷却水		m³/h		仪表空气				m³/h
321	蒸汽 kg/h		驱动机用： 加热用：		吹扫气	□空气		□氮气	m³/h
322	电		驱动机： 辅助设备：		加热器：				kW
323	备注：								
			□质量/kg						
324	压缩机		驱动机		润滑油站			齿轮箱	
325	压缩机转子		驱动机转子		密封油站			齿轮箱转子	
326	压缩机上机壳		底座		高位油箱			最大维修件	
327	总质量：				总运输质量：				
328	备注：								
			□空间要求/m						
329			长		宽		高		备注
330	整机								
331	润滑油站								
332	密封油站								
333	高位油箱								
334	备注：								
			○主要供货范围						
335	○压缩机		○就地仪表		○进口过滤器			○地脚螺栓及螺母垫片	
336	○驱动机		○就地仪表盘		○后冷却器及分离器			○配对法兰及螺栓螺母垫片	
337	○底座		○控制室仪表盘		○段间冷却器及分离器			○专用工具	
338	○齿轮箱		○振动监测系统		○润滑及密封油系统			○备用转子	
339	○调节及控制系统		○轴位移监测系统		○消声器			○开车备件（附清单）	
340	○防喘振系统		○温度监测系统		○联轴器及护罩			○两年操作备件（附清单）	
341									
342									

公司名称		离心式压缩机数据表	编号：	
		位号：		修改：
			第 页 共 页	
		○图纸资料		
343	○外形尺寸图及连接件清单	○密封油路部件图及参数	○转速与启动转矩关系曲线	○水压试验记录
344	○剖视图和材料表	○润滑油路 PID 及材料表	○填充完整的数据表	○机械运转试验记录
345	○转子装配图及材料表	○润滑油路装配图及接管表	○振动分析数据	○转子平衡记录
346	○止推轴承装配图及材料表	○润滑油路部件图及参数	○横向临界转速分析	○转子机械和电的总跳动值
347	○径向轴承装配图及材料表	○电气仪表系统图及材料表	○扭转临界转速分析	○操作和维护手册
348	○密封装配图及材料表	○电气仪表布置图及接点表	○瞬时扭矩分析	○推荐的备品备件表
349	○联轴器装配图及材料表	○多变能量头效率流量曲线	○法兰的许用负荷	○
350	○密封油路 PID 及材料表	○出口压力功率流量曲线	○找正图	○
351	○密封油路装配图及接管表	○平衡管压力与推力曲线	○焊接程序	○
352	备注：			
		△总说明		
353				
354				
355				
356				
357				
358				
359				
360				
361				
362				
363				
364				
365				
366				
367				
368				
369				
370				
371				
372				
373				
374				
375				
376				
377				
378				
379				
380				
381				
382				
383				
384				
385				
386				
387				
388				
389				
390				
391				
392				
393				

公司名称	往复式压缩机数据表 位号：	编号： 第 页 共 页	修改：

注：○由买方填写　　　□由制造厂填写　　　△双方共同填写

○设备名称：　　　　　　　　　　　○台数：
○压缩机制造厂：　　　　　　　　　○压缩机型号：

	△操作条件					
1	○压缩介质组分（摩尔分数）/%	相对分子质量	正常工况	额定工况	其他工况	备注
	1					
	2					
	3					
	4					
	5					
	6					
	7					
	8					
	9					
2	○质量流量（○干，○湿）/(kg/h)					
3	○体积流量（0.1013MPa，0℃）/(m³/h)					
4	○进口压力/MPa					
5	○　　温度/℃					
6	○　　相对湿度/%					
7	○　　绝热指数 C_p/C_V（K_1 或 $K_{平均}$）					
8	□　　压缩性系数（Z_1 或 $Z_{平均}$）					
9	□　　容积流量（○干，○湿）/(m³/h)					
10	○出口压力/MPa					
11	□　　温度/℃					
12	□　　绝热指数 C_p/C_V（K_2 或 $K_{平均}$）					
13	□压缩性系数（Z_2 或 $Z_{平均}$）					
14	□轴功率（包括全部损失）/kW					
15	□容积效率/%					
16	□总效率/%					
17	□保证点					
18	□总压缩比			□转速/(r/min)		
19	□惯性矩　GD^2/kg·mm²			□临界转速/(r/min)		
20	气缸润滑方式		○有油　○无油	□转向（从驱动机看）	□CW □CCW	
21	操作方式		○连续 ○间断 ○	□盘车装置	□	
22	驱动方式	○电动机	文件号：	○汽轮机	文件号：	
23	传动方式	○直联	○齿轮箱	○皮带		
24	流量调节方式	○吸气阀	○变余隙容积	○旁路	○变转速	○
25	流量调节范围	○				
26	控制方式	○手动	○气动	○电动	○液动	
27	信号源	○电信号：	mA	○气信号：MPa(G)	○其他：	
	○安装环境及公用工程					
28	环境	安装位置	○室内　○室外　○遮棚	环境温度		℃
29		异常条件	○湿热带　○粉尘　○	环境湿度		%
30		危险区域划分	○介质分级分组　○危险区类别	大气压		kPa
31	冷却水	进水温度	℃	允许温升		℃
32		进水压力	MPa（表）	最大压降		MPa
33		污垢系数	m²·K/W			
34	仪表空气：	压力：	MPa（G） 正常露点：			℃
35	电	低压电源	V　　　Ph　　　Hz	高压电源	V　Ph	Hz
36		应急电源	V　　　Ph　　　Hz	直流电源	V	
37	蒸汽		最高压力　正常压力　最低压力	单位　最高温度　正常温度　最低温度		单位
38		驱动机用		MPa（G）		℃
39		加热用		MPa（G）		℃

公司名称		往复式压缩机数据表 位号：		编号： 第 页 共 页		修改：
		□结构特点				
40		级序号	1	2	3	4	5
41	气缸	每级气缸数/作用形式					
42		缸内径/mm					
43		余隙容积/%					
44		气缸冷却					
45		设计压力/MPa					
46		水压试验压力/MPa					
47		设计温度/℃					
48		缸套型式					
49		气阀配置位置					
50		安全阀整定压力/MPa					
51	活塞	活塞型式					
52		行程/mm					
53		最大允许活塞力/kN					
54		平均活塞速度/(m/s)					
55		活塞密封形式					
56		活塞环数量					
57		活塞环润滑方式					
58	活塞杆	活塞杆直径/mm					
59		活塞杆密封形式					
60		填料函润滑	□有 □无				
61		填料函冷却	□水冷 □油冷				
62		填料函氮封	□需要 □不要				
63		氮气流量/(m³/h)					
64		氮气压力/MPa					
65		排放气压力/MPa					
66	气阀	气阀型式					
67		吸气阀数目					
68		排气阀数目					
69	传动机构	曲轴型式					
70		连杆形式					
71		十字头型式					
72		十字头与活塞杆连接方式					
73		十字头销形式					
74		中体型式					
75		润滑方式					
76		传动机构润滑油路类型					
77	结构材料	气缸					
78		气缸套					
79		活塞					
80		活塞环					
81		支承环					
82		活塞杆					
83		阀片					
84		阀座					
85		阀限制器					
86		填料					
87		十字头					
88		连杆					
89		中体					
90		曲轴					
91		机身					

公司名称		往复式压缩机数据表			编号：			
		位号：				修改：		
					第　页共　页			
□结构特点（续）								
92	主管口	名称	数量	型式	规格	压力等级	密封面	方位	备注
93		进口							
94		出口							
95	其他管口	润滑油进口							
96		润滑油出口							
97		机身放净							
98		级间放净							
99		放空口							
100		冷却水进口							
101		冷却水出口							
102		测压口							
103		测温口							
104		轴承箱吹扫口							
105									
106									
107									
108									
109									
110	○管口法兰标准：								
111	气流脉动与管路振动	振动抑制装置类型							
112		振动控制的设计方法							
113									
114									
115									
116									
117									
118									
119									
辅助设备及附件									
120	联轴器	○型式				□加长段长度			mm
121		□型号				○防护罩型式			
122		○制造厂				□润滑方式			
123		□最大连续转矩			kN·m	□润滑油量			L/h
124	底座	○分开底座　　○共用底座，装设：				○压缩机　　○驱动机　　○齿轮箱			
125		○集液槽　　○调水平凸台　　○调水平垫块　　○							
126	齿轮箱	○型式				□齿轮材料			
127		○制造厂				□箱体材料			
128		□速比				□润滑方式			
129	过滤器	型式：　　　　过滤精度：　　　　材料：　　　　过滤面积：　　　　m²							
130									
131									
132	冷却器	型式：　　　　换热面积：　　m²　材料：							
133									
134									
135	分离器	型式：　　　　体积：　　　m³　材料：							
136									
137									
138	其他								
139									
140									
141									
142									

公司名称	往复式压缩机数据表 位号：	编号： 修改： 第 页 共 页

□仪表

		用途	就地	就地盘	控制室		用途	就地	就地盘	控制室
143		用途	就地	就地盘	控制室	168	用途	就地	就地盘	控制室
144		气体进口	□	□	□	169	工艺气体进口温度	□	□	□
145		每级气体进口	□	□	□	170	工艺气体出口温度	□	□	□
146	压	气体出口	□	□	□	171	各级气体进口温度	□	□	□
147	力	每级气体出口	□	□	□	172	各级气体出口温度	□	□	□
148	表	主润滑油泵出口	□	□	□	173	油箱油温	□	□	□
149		辅助润滑油泵出口	□	□	□	174	温	润滑油冷却器出口	□	□	□
150		机身集合管处润滑油压	□	□	□	175	度	主径向轴承	□	□	□
151		润滑油过滤器压差	□	□	□	176	计	电动机轴承	□	□	□
152		冷却水进口集合管	□	□	□	177		气缸冷却水进出口	□	□	□
153			□	□	□	178		冷却水箱进出口	□	□	□
154			□	□	□	189		中间冷却器水进出口	□	□	□
155	液	各气体分离器	□	□	□	180		中冷器气体进出口	□	□	□
156	位	润滑油箱	□	□	□	181		后冷却器水进出口	□	□	□
157	计		□	□	□	182		后冷却器气体进出口	□	□	□
158			□	□	□	183			□	□	□
159						184			□	□	□
160						185					
161	液	压缩机主轴承回油	□			186		冷却水流量计	□	□	□
162	流	齿轮箱各轴承回油	□			187	其	压力变送器	□	□	□
163	视	油冷却器水出口	□			188	他	液位变送器	□	□	□
164	镜	中间冷却器水出口	□			189		报警蜂鸣器	□	□	□
165		后冷却器水出口	□			190			□	□	□
166			□			191			□	□	□
167						192					

报警与联锁停车

	项目	接点信号		就地盘		控制室			项目	接点信号		就地盘		控制室	
193	项目	报警	停车	报警	停车	报警	停车	207	项目	报警	停车	报警	停车	报警	停车
194								208							
195	进气压力低	□	□	□	□	□	□	209	轴承润滑油压低	□	□	□	□	□	□
196	进气压力高	□	□	□	□	□	□	210	油过滤器压差高	□	□	□	□	□	□
197	进气温度高	□	□	□	□	□	□	211	机身润滑油液位低	□	□	□	□	□	□
198	排气压力低	□	□	□	□	□	□	212	辅助润滑油泵故障	□	□	□	□	□	□
199	排气压力高	□	□	□	□	□	□	213	气缸润滑系统故障	□	□	□	□	□	□
200	各级排气压力高	□	□	□	□	□	□	214	各气缸夹套水温高	□	□	□	□	□	□
201	排气温度高	□	□	□	□	□	□	215	各分离器液位高	□	□	□	□	□	□
202	各级排气温度高	□	□	□	□	□	□	216	隔离 N_2 压力低	□	□	□	□	□	□
203	压缩机振动大	□	□	□	□	□	□	217							
204	主轴承温度高	□	□	□	□	□	□	218							
205	电机轴承温度高	□	□	□	□	□	□	219							
206	机身油温高							220							

○车间检验与试验

	项目	要求	见证	观察		项目	要求	见证	观察
221	项目	要求	见证	观察	232	项目	要求	见证	观察
222	按 NEMA 标准试验	○	○	○	233	车间检查	○	○	○
223	按制造厂标准试验	○	○	○	234		○	○	○
224	气缸水压试验	○	○	○	235		○	○	○
225	气缸气密性试验	○	○	○	236		○	○	○
226	机械运转试验	○	○	○	237		○	○	○
227	气缸套水压试验	○	○	○	238		○	○	○
228	盘车检查余隙	○	○	○	239				
229	润滑油控制台运行试验	○	○	○	240				
230		○	○	○	241				
231					242				

公司名称		往复式压缩机数据表 位号：		编号： 第 页 共 页		修改：
		□润滑油系统				
243	供油	供油对象	压缩机机身	驱动机	齿轮箱	联轴器
244		流量/(L/min)				
245		压力/MPa				
246		安全阀整定值/MPa				
247	润滑方式： 油牌号： 动力黏度： Pa·s 首次充油量： m³					
248	主油泵	型式	型号	流量/(m³/h)	排压/MPa（A）	驱动机	功率/kW	驱动机型号
249								
250	辅助油泵							
251	油冷却器	型式	配置	管子材料	壳体材料	设计压力管/壳/MPa	换热面积/m²
252						/	
253	油过滤器	型式	配置	过滤精度	壳体材料	设计压力/MPa	切换压差/MPa
254							
255	油蓄能器	型式	容积/m³	壳体材料	设计压力/MPa		
256							
257	油箱	总容积/m³	工作容积/m³	材料	加热方式		
258							
259	润滑油高位槽	总容积/m³	设计压力/MPa	材料			
260							
261	注油器	驱动方式	流量/(L/h)	油牌号			
262							
263	油管路材料：						
264	备注：						
265							
266							
267							
		□公用工程总消耗				
268	冷却水		m³/h	仪表空气			m³/h
269	蒸汽		kg/h	吹扫气	□空气	□氮气	m³/h
270	电	□驱动机：	□辅助设备：		□加热器		kW
271	备注：						
		□质量/kg				
272	压缩机		底座		齿轮箱		独立控制盘
273	驱动机		润滑油站		齿轮箱转子		最大安装质量
274	驱动机转子		高位油箱		最大维修件		最大维修件
275	机组总质量：				总装运质量：		
276	备注：						
		□空间要求/mm				
277		长	宽	高	备注：		
278	整机组						
279	润滑油站						
280	独立安装控制盘						
281	活塞杆移动距离						
282							
		□主要供货范围				
283	□压缩机	□就地仪表	□进口过滤器	地脚螺栓及螺母垫片			
284	□驱动机	□就地仪表盘	□后冷却器及分离器	□配对法兰及螺栓螺母垫片			
285	□底座	□控制室仪表盘	□中间冷却器及分离器	□专用工具			
286	□齿轮箱	□振动监测系统	□润滑油系统	□开车备件（附清单）			
287	□调节及控制系统	□安全阀	□消声器	□两年操作备件（附清单）			
288	□盘车机构	□脉动抑制装置	□联轴器及护罩	□			
289	□	□	□				
290							

公司名称	往复式压缩机数据表 位号：	编号： 第 页 共 页	修改：
	□图纸资料		

291	□外形尺寸图及管口表	□冷却系统原理图及材料表	□启动速度与扭矩的关系曲线	□所有主要辅助设备外形尺寸图
292	□剖视图和材料表	□冷却系统组装图及管口表	□扭转临界分析	□最终版数据表
293	□注有地脚螺栓位置的基础平面图	□隔距件简图及管口表	□瞬时扭转分析	□最终版尺寸及数据
294	□法兰允许负荷	□流量控制原理图及材料表	□声学特性分析数据	□操作及维修手册
295	□不平衡力和力矩	□电气仪表系统图及材料表	□脉动抑制装置剖面图	□带有剖面图的零件表
296	□重心：垂直及平面位置	□电气仪表布置图及接点表	□水压试验记录	□专用工具清单
297	□润滑油系统原理图及材料表	□性能曲线	□焊接工艺	□推荐的备件清单
298	□润滑油系统组装图及管口表	□十字头负荷反向图	□驱动机外形图	□
299	□润滑油系统部件图及数据	□活塞杆综合负荷数据	□驱动机性能特性	□
300	备注：			

	总 说 明
301	执行标准：
302	
303	
304	
305	
306	
307	
308	
309	
310	
311	
312	
313	
314	
315	
316	
317	
318	
319	
320	
321	
322	
323	
324	
325	
326	
327	
328	
329	
330	
331	
332	
333	
334	
335	
336	
337	
338	
339	
340	
341	

公司名称		螺杆式压缩机数据表		编号：		
						修改：
		位号：		第　页　共　页		
注：	○由买方填写		□由制造厂填写		△双方共同填写	
设备名称：			台数：			
压缩机制造厂：			压缩机型号：			

		△操作条件				
1	○压缩介质组分（摩尔分数）/%	相对分子质量	正常	额定	其他条件	备注
	1					
	2					
	3					
	4					
	5					
	6					
	7					
	8					
	9					
2	○质量流量（○干，○湿）/(kg/h)					
3	○体积流量（0.1013MPa，0℃）/(m³/h)					
4	○进口压力/MPa					
5	○温度/℃					
6	○相对湿度/%					
7	○绝热指数 C_p/C_V（K_1 或 $K_{平均}$）					
8	□压缩系数（Z_1 或 $Z_{平均}$）					
9	□体积流量（○干，○湿）/(m³/h)					
10	○出口压力/MPa（A）					
11	□　　温度/℃					
12	□　　绝热指数 C_p/C_V（K_2 或 $K_{平均}$）					
13	□　　压缩系数（Z_2 或 $Z_{平均}$）					
14	□性能曲线号					
15	□轴功率（包括全部损失）/kW					
16	□压缩比					
17	□容积效率/%					
18	□转速/(r/min)					
19	□消声器压降/MPa					
20						
21	操作方式	○连续		○间断		
22	驱动方式	○电动机，文件号：		○汽轮机，文件号：		
23	流量调节方式	○滑阀调节	○进口节流	○旁路	○变转速 ○	
24	流量调节范围	○				
25	流量调节执行方式	○手动	○自动	○		
26	隔声措施	○消声器	○隔声罩	○无	□噪声值：	dBA
27	信号源	○电信号　　mA		○气信号：MPa(G)	○其他：	

		○安装环境及公用工程				
28	环境	安装位置	○室内　室外　○		环境温度	℃
29		异常条件	○湿热带　○粉尘　○		环境湿度	%
30		危险区域划分	○介质分级分组：○危险区类别：		大气压	kPa
31	冷却水	进水温度	℃	允许温升		℃
32		进水压力	MPa	最大压降		MPa
33		污垢系数	m²·K/W			
34	仪表空气：	压力：	MPa（G）	正常露点：		℃
35	电	低压电源	V　　Ph　　Hz	高压电源	V　　Ph	Hz
36		应急电源	V　　Ph　　Hz	直流电源	V	
37	蒸汽		最高压力	正常压力	最低压力	单位	最高温度	正常温度	最低温度	单位
38		驱动机用				MPa（G）				℃
39		加热用				MPa（G）				℃

公司名称	螺杆式压缩机数据表		编号：		修改：
	位号：		第　页共　页		

			△结构特点					
40	转速	最高连续转速/(r/min)		92	轴承箱	型式	□独立	
41		跳闸转速/(r/min)		93		剖分	□整体 □剖分	
42		转子最高周速(额定转速时)/(m/s)		94		材料		
43	临界转速	横向临界转速(一阶)/(r/min)		95	径向轴承	型式/间距	/	
44		横向临界转速(二阶)/(r/min)		96		制造厂		
45		横向临界转速(三阶)/(r/min)		97		基体材料		
46		扭转临界转速(一阶)/(r/min)		98		瓦块数/材料		
47		扭转临界转速(二阶)/(r/min)		99		单位载荷/kPa		
48		扭转临界转速(三阶)/(r/min)		100	推力轴承	型式		
49		转向（从驱动机侧看）	□CW □CCW	101		制造厂		
50		振动允许值(峰—峰)/μm		102		基体材料		
51		剖分型式	□水平 □垂直	103		瓦块数		
52		剖分处密封		104		单位载荷/kPa		
53		材料		105		润滑方式		
54	机壳	壁厚/mm		106		推力盘型式		
55		其中腐蚀裕度/mm		107		材料		
56		最高工作压力/MPa		108	轴承温度监测	○探测器型式		
57		最高设计压力/MPa		109		○制造厂		
58		安全阀整定压力/MPa		110		○用于径向轴承的数量		
59		水压试验压力/MPa		111		○用于推力轴承的数量		
60		最高工作温度/℃		112		○监测器型式		
61		最低工作温度/℃		113		○制造厂		
62		是否喷液	○是 ○否	114		量程/℃		
63		液体名称		115		报警设定值/℃		
64	转子	型式		116		停车设定值/℃		
65		直径/mm		117		○延时/s		
66		齿数（阳转子/阴转子）		118		○安装位置		
67		制造方法		119		注：		
68		材料		120	轴振动监测	○探测器型式		
69		长径比（L/D）		121		制造厂		
70		转子之间间隙/mm		122		○每个轴承安装数量		
71		冷却	□内部冷却 □否	123		○监测器型式		
72				124		○制造厂		
73				125		量程/μm		
74	轴及轴套	轴端型式	○圆柱 ○圆锥	126		报警设定值/μm		
75		轴硬度		127		停车设定值/μm		
76		轴材料		128		○延时/s		
77		轴套材料（○轴密封处）		129		○安装位置		
78		轴封型式 ○机械密封 ○迷宫 ○浮环 ○填料		130		注：		
79		○密封系统型式		131	轴位移监测	○探测器型式		
80		轴封稳定压力/MPa		132		○制造厂		
81	轴封	特殊操作条件		133		安装数量		
82		○缓冲气名称		134		○监测器型式		
83		缓冲气流量/(m³/h)		135		○制造厂		
84		缓冲气压力/MPa		136		量程/μm		
85		接触型密封的附加设备		137		报警设定值/μm		
86		负压密封的加压气体		138		停车设定值/μm		
87		内漏油保证值/(L/d)		139		○延时/s		
88				140		○安装位置		
89		注：		141		注：		
90	其他	蓄能器压力/MPa		142	其他			
91				143				

公司名称		螺杆式压缩机数据表 位号：			编号： 第 页 共 页		修改：	
△结构特点（续）								
		名称	数量	型式	规格	压力等级	密封面	方位	备注
144	主管口	名称	数量	型式	规格	压力等级	密封面	方位	备注
145	主管口	进口							
146	主管口	出口							
147	其他管口	润滑油进口							
148	其他管口	润滑油出口							
149	其他管口	密封油进口							
150	其他管口	密封油出口							
151	其他管口	机壳放净口							
152	其他管口	喷液口							
153	其他管口	放空口							
154	其他管口	冷却水进口							
155	其他管口	冷却水出口							
156	其他管口	测压口							
157	其他管口	测温口							
158	其他管口	轴承箱吹扫口							
159	其他管口	轴承与密封间吹扫口							
160	其他管口	密封与气体间吹扫口							
161									

162	○管口法兰标准：							
163	力和力矩	管路允许的力和力矩		进口			出口	
164	力和力矩	管路允许的力和力矩		力/kN	力矩/kN·m		力/kN	力矩/kN·m
165	力和力矩		轴向					
166	力和力矩		垂直					
167	力和力矩		水平90°					
168	管路振动							
169	管路振动							
170	管路振动							
171	管路振动							

辅助设备及辅件								
172	联轴器	安装位置		驱动机-齿轮箱	齿轮箱-压缩机	安装位置	驱动机-齿轮箱	齿轮箱-压缩机
173	联轴器	○型式				□加长段长/mm		
174	联轴器	□型号				□防护罩型式		
175	联轴器	□最大连续转矩/kN·m				○润滑方式		
176	联轴器	○制造厂				□安装方式		
177	底座	○分开底座	○共用底座，装设：○压缩机			○驱动机		○齿轮箱
178	底座	○集液槽	○调水平凸台	○调水平垫块		○		
179	齿轮箱	○型式				□齿轮材料		
180	齿轮箱	○制造厂				□箱体材料		
181	齿轮箱	□速比				□润滑方式		
182	齿轮箱	□允许传递功率			kW			
183	同步齿轮	○型式				□齿轮材料		
184	同步齿轮	○制造厂				□箱体材料		
185	同步齿轮	□速比				□润滑方式		
186	同步齿轮	□允许传递功率			kW			
187	其他	过滤器：						
188	其他							
189	其他	冷却器：						
190	其他							
191	其他	分离器：						
192	其他							
193	其他							
194	其他							

公司名称	螺杆式压缩机数据表 位号：	编号： 第 页 共 页		修改：	

□ 仪表

	用途	就地	就地盘	控制室		用途	就地	就地盘	控制室
195					220				
196	压缩机进出口	□	□	□	221	气体进口	□	□	□
197	压缩机密封气	□	□	□	222	气体出口	□	□	□
198	润滑油总管	□	□	□	223	冷却水进出口	□	□	□
199	密封油总管	□	□	□	224	油箱油温	□	□	□
200	调节油总管	□	□	□	225	润滑油冷却器出口	□	□	□
201 压力表	润滑油过滤器压差	□	□	□	226 温度计	密封油冷却器出口	□	□	□
202	密封油过滤器压差	□	□	□	227	密封油回油	□	□	□
203	调节油过滤器压差	□	□	□	228	径向轴承	□	□	□
204	参比气压力	□	□	□	229	径向轴承回油	□	□	□
205	各油泵出口	□	□	□	230	推力轴承	□	□	□
206	密封室压力	□	□	□	231	推力轴承回油	□	□	□
207	平衡管线	□	□	□	232	脱气槽	□	□	□
208		□	□	□	233	齿轮箱轴承回油	□	□	□
209					234	联轴器回油	□	□	□
210					235		□	□	□
211					236		□	□	□
212					237				
213	各气液分离器	□	□	□	238	压缩机各轴承回油	□		
214 液位计	润滑油箱	□	□	□	239 液流视镜	各密封油回油	□		
215	密封油箱	□	□	□	240	联轴器回油	□		
216	润滑油高位槽	□	□	□	241	油冷却器水出口	□		
217	密封油高位槽	□	□	□	242				
218	密封油收集器	□	□	□	243 指示	轴位移指示	□	□	□
219					244	轴振动指示	□	□	□

□ 报警及联锁停车

	项目	接点信号 报警 停车	就地盘 报警 停车	控制室 报警 停车		项目	接点信号 报警 停车	就地盘 报警 停车	控制室 报警 停车
245 246					259 260				
247	进气压力低	□ □	□ □	□ □	261	段间分离器液位高	□ □	□ □	□ □
248	进气温度高	□ □	□ □	□ □	262	密封油—气压差低	□ □	□ □	□ □
249	进气温度高	□ □	□ □	□ □	263	润滑油箱油位低	□ □	□ □	□ □
250	排气压力低	□ □	□ □	□ □	264	密封油箱油位低	□ □	□ □	□ □
251	排气压力高	□ □	□ □	□ □	265	高位油箱油位低	□ □	□ □	□ □
252	排气温度高	□ □	□ □	□ □	266	润滑油总管压力低	□ □	□ □	□ □
253	平衡鼓压差高	□ □	□ □	□ □	267	密封油总管压力低	□ □	□ □	□ □
254	轴向位移大	□ □	□ □	□ □	268	调速油总管压力低	□ □	□ □	□ □
255	转子振动大	□ □	□ □	□ □	269	油过滤器压差高	□ □	□ □	□ □
256	径向轴承温度高	□ □	□ □	□ □	270	油冷却器出口油温高	□ □	□ □	□ □
257	推力轴承温度高	□ □	□ □	□ □	271				
258					272				

○ 车间检验与试验

	项目	要求	见证	观察		项目	要求	见证	观察
273					284				
274	液压试验	○	○	○	285	扭振测量	○	○	○
275	机械运转试验	○	○	○	286	齿轮箱试验	○	○	○
276	轴端密封检查	○	○	○	287	氦检漏试验	○	○	○
277	备用转子机械运转试验	○	○	○	288	车间检查	○	○	○
278	性能试验	○	○	○	289	噪声测量	○	○	○
279	整机试验	○	○	○	290				
280	全载荷/全速/全压试验	○	○	○	291		○	○	○
281	试验后拆卸检查	○	○	○	292		○	○	○
282		○	○	○	293				
283					294				

公司名称			螺杆式压缩机数据表			编号：			
		位号：				第 页 共 页 修改：			

			□润滑油、密封油、控制油系统						
295	供油	供油对象	压缩机轴承	压缩机密封处	压缩机控制	驱动机轴承	驱动机调速	齿轮箱	联轴器
296		流量/(L/min)							
297	油	压力/MPa							
298		安全阀整定值，MPa							
299	油牌号：		动力黏度：		Pa·s 首次充油量：				m³
300	油泵		型式	型号	流量/(m³/h)	排压/MPa	驱动机	功率/kW	驱动机型号
301		主油泵							
302		辅助油泵							
303	容器		型式	配置	管子材料	壳体材料	设计压力管/壳/MPa		换热面积/m²
304		油冷却器					/		
305			型式	配置	过滤精度	壳体材料	设计压力/MPa		切换压差/MPa
306		油过滤器							
307			型式		容积/m³	壳体材料	设计压力/MPa		
308		油蓄能器							
309	高位槽		总容积/m³		工作容积/m³	材料	加热方式		
310		油箱							
311			总容积/m³		设计压力/MPa	材料			
312		润滑油							
313		密封油							
314	收集器		公称容积/L		设计压力/MPa	材料	操作方式		
315		低压密封油							
316		高压密封油							
317		脱气槽	最大容积/m³		排气流量/(m³/h)	材料	加热方式		
318									
319	备注：								

	□公用工程总消耗						
320	冷却水/(m³/h)				仪表空气		m³/h
321	蒸汽/(kg/h)	□驱动机：	□加热器：		吹扫气 □空气 □氮气		m³/h
322	电	□驱动机：	□辅助设备：		□加热器：		kW
323	备注：						

	□质量/kg						
324	压缩机		驱动机		润滑油站		齿轮箱
325	压缩机转子		驱动机转子		密封油站		齿轮箱转子
326	压缩机上机壳		底座		高位油箱		最大维修件
327	机组总质量：				总运输质量：		
328	备注：						

	□空间要求/m				
329		长		宽	高	备注
330	整机					
331	润滑油站					
332	密封油站					
333	高位油箱					
334	备注：					

	○主要供货范围			
335	○压缩机	○就地仪表	○进口过滤器	○地脚螺栓及螺母垫片
336	○驱动机	○就地仪表盘	○后冷却器及分离器	○配对法兰及螺栓螺母垫片
337	○齿轮箱	○控制室仪表盘	○油系统	○专用工具
338	○底座	○振动监测系统	○消声器	○备用转子
339	○调速及控制系统	○轴位移监测系统	○联轴器及护罩	○开车备件（附清单）
340	○	○温度监测系统	○	○两年操作备件（附清单）
341				
342				

公司名称	螺杆式压缩机数据表 位号:		编号: 第　页　共　页	修改:
		○图纸资料		
343	○外形尺寸图及管口表	○密封油路部件图及参数	○转速与启动转矩关系曲线	○焊接程序
344	○剖视图和材料表	○润滑油路示意图及材料表	○填充完整的数据表	○水压试验记录
345	○转子装配图及材料表	○润滑油路装配图及接口表	○振动分析数据	○机械运转试验记录
346	○止推轴承装配图及材料表	○润滑油路部件图及参数	○横向临界转速分析	○转子平衡记录
347	○径向轴承装配图及材料表	○电气仪表系统图及材料表	○扭转临界转速分析	○转子机械和电的总跳动值
348	○密封装配图及材料表	○电气仪表布置图及接点表	○瞬时扭矩分析	○操作和维护手册
349	○联轴器装配图及材料表	○启动转矩与转速关系曲线	○法兰的许用负荷	○推荐的备品备件清单
350	○密封油路示意图及材料表	○消声器图纸及规格书	○找正图	○
351	○密封油路装配图及管口表	○进口流量功率及出口温度与压比和转速的关系曲线		○
352	备注:			
		○总说明		
353				
354				
355				
356				
357				
358				
359				
360				
361				
362				
363				
364				
365				
366				
367				
368				
369				
370				
371				
372				
373				
374				
375				
376				
377				
378				
379				
380				
381				
382				
383				
384				
385				
386				
387				
388				
389				
390				
391				
392				
393				

公司名称		汽轮机数据表		编号：		
		位号：		第 页 共 页 修改：		

注：○由买方填写　　□由制造厂填写　　△双方共同填写

设备名称：　　　　　　　　　　　　　　　台数：
汽轮机制造厂：　　　　　　　　　　　　　汽轮机型号：
被驱动机名称：　　　　　　　　　　　　　被驱动机位号：

			□性能			
1			正常值	额定值	最小值	
2	主轴	主轴功率/kW				
3		主轴转速/(r/min)				
4	进汽	进汽压力/MPa				
5		进汽流量/(kg/h)				
6		进汽温度/℃				
7	抽汽	抽汽流量/(kg/h)				
8		抽汽压力/MPa				
9		抽汽温度/℃				
10	补汽	补汽流量/(kg/h)				
11		补汽压力/MPa				
12		补汽温度/℃				
13	排汽	排汽压力/MPa				
14		排汽温度/℃				
15		□汽耗/[kg/(kW·h)]				
16		□热耗/[MJ/(kW·h)]				
			○蒸汽参数			
17			正常值	最大值	最小值	
18	进汽	进汽压力/MPa				
19		进汽温度/℃				
20	抽汽	抽汽流量/(kg/h)				
21		抽汽压力/MPa				
22	补汽	补汽流量/(kg/h)				
23		补汽压力/MPa				
24		补汽温度/℃				
25	排汽	排汽压力/MPa				
26		排汽温度/℃				
27	操作方式		○连续　　○间断			
28	型式		○背压式　○凝汽式　○抽汽凝汽式　○抽汽背压式			
29	转向　　（从进汽端看）		○逆时针　○顺时针			
30	信号源		○电信号：　　mA　　○气信号：　　MPa（G）　　○其他：			
31	备注：					
32						
33						
34						
			○安装环境及公用工程条件			
35	环境	安装位置	○室内　○室外　○	环境温度		℃
36		异常条件	○湿热带　○粉尘　○	环境湿度		%
37		危险区域划分	○介质分级分组：　○危险区类别：	大气压		kPa
38	冷却水	进水温度	℃	允许温升		℃
39		进水压力	MPa	最大压降		MPa
40		污垢系数	m²·K/W			
41	仪表空气：	压力：	MPa（G）	正常露点：		℃
42	供电	低压电源	V　　Ph　　Hz	高压电源	V　Ph	Hz
43		应急电源	V　　Ph　　Hz	直流电源	V	
44	供气		最高压力　正常压力　最低压力	单位	最高温度　正常温度　最低温度	单位
45		进气		MPa（G）		℃
46		排气		MPa（G）		℃

公司名称	汽轮机数据表 位号:	编号: 修改: 第 页 共 页			

△结构特点

#			#		位置	进汽端	排汽端
47	汽缸允许最高工作压力/MPa	进汽: 排汽:	99	轴承箱	型式		
48	汽缸允许最高工作温度/℃	进汽: 排汽:	100		制造厂		
49	汽缸水压试验压力/MPa	高压缸: 中压缸:	101		材料		
50		排汽缸:	102				
51	喷嘴环进汽度/ %		103	径向轴承	型式		
52	焊接喷嘴环 ○允许 ○不允许		104		制造厂		
53	隔板静叶固定法 □焊接 □整体 □		105		基体材料		
54	隔板轴向定位 □逐个定位 □堆叠		106		瓦块数		
55	转速/(r/min) 允许最高转速: 脱扣转速:		107		单位载荷/kPa		
56	最高连续转速		108	推力轴承	型式		
57	横向临界转速/(r/min) 一阶: 二阶:		109		制造厂		
58	扭转临界转速/(r/min) 一阶: 二阶:		110		基体材料		
59	动叶叶顶最高线速度/(m/s)		111		瓦块数		
60	末级动叶叶片长度/mm		112		单位载荷/kPa		
61	现场平衡环 数量: 位置:		113		润滑方式	□溢流	□直供
62	级数:		114		推力盘型式	□整锻	□可拆
63	主轴型式: □整锻轮盘式 ○双出轴		115		推力盘材料		
64	汽封内轴段 □轴套 □电镀 □喷镀		116		轴封型式	□迷宫	□碳环
65	轴承间距/mm		117		密封表面线速度/(m/s)		
66	轴端型式 ○圆柱 ○圆锥		118		最高密封压力/MPa		
67	对外连接型式 ○单键 ○双键 ○液压		119	轴	蒸汽泄漏量/(kg/h)		
68			120		空气泄漏量/(m³/h)		
69		位置 □主进汽 □补汽	121		轴封处轴径/mm		
70		制造厂	122	封	每个汽封的密封环数		
71		型号	123		每个密封的压差/MPa		
72		规格	124		静迷宫型式		
73	脱扣装置和节流阀	压力等级	125		动迷宫型式		
74		密封面	126		级间汽封型式:	□迷宫	□
75		动作 □拉出就位 □压入就位	127			控制油	润滑油
76		复位 □手动 □	128		正常流量/(m³/h)		
77		脱扣 □就地手动 □遥控	129		瞬时流量/(m³/h)		
78		执行器 □就地手动 □遥控	130	润滑和控制油系统	油压/MPa(G)		
79		滤网尺寸	131		油温/℃		
80		阀门的弹性支座 □买方提供 □卖方提供	132		排除总热量/(MJ/h)		
81			133		油类型		
82			134		油牌号		
83	盘车装置 □需要 □不需要		135		动力黏度/Pa·s		
84		制造厂	136		过滤精度/μm		
85		型式	137		供货厂		
86		型号	138				
87		离合方式 □自动 □手动	139			位置	主汽阀	抽汽阀
88		驱动方式 □电动 □	140	控制阀	脱扣位置(开/关)		
89		安装者 □买方安装 □卖方安装	141		阀的数量		
90		真空系统供货厂	142		密封泄漏量/(kg/h)		
91		密封蒸汽压力/MPa	143		制造厂		
92	汽封和真空系统	密封蒸汽流量/(kg/h)	144		绝热与罩壳		
93		安全阀设定压力/MPa	145		绝热层	□要求	□不要求
94		流量调节阀型式	146		罩壳型式	□可拆式	□
95		汽封凝汽器 详见位号:	147		罩壳材料	□碳钢	□不锈钢
96		汽封抽汽器 详见位号:	148				
97		蒸汽压力/MPa 蒸汽流量/(kg/h)	149				
98		真空泵 详见位号:	150				

		汽轮机数据表	编号：	
公司名称		位号：	修改：第 页 共 页	

△结构特点（续）

151	调速器型式	○机械 ○电子	203	真空破坏器	
152	型号		204	安装位置	
153	NEMA等级		205	阀门制造厂	
154	制造厂		206	阀门型式	
155	操作要求	○机械驱动 ○电动	207	阀门规格/等级	
156	机械驱动时转速控制器	○工艺压力○	208	法兰密封面	
157	电动时转速控制器	○同步控制○	209	阀门数量	
158	就地转速变换器型式		210	止逆阀	
159	遥控设备型式		211	设定压力/MPa	
160	转速传感器数量	型式：	212	蒸汽流量/(kg/h)	
161	手动阀数量		213	制造厂	
162	操作方式	□手动 □电动	214	型式	
163	超速保安器 型式	○机械式 ○电动式	215	规格/等级	
164	型号		216	法兰密封面	
165	整定点/(r/min)		217	数量	
166	转速传感器数量		218	轴承温度监测系统	
167	型式	○直联 ○60齿齿轮	219	探测器型式	
168	调速器安装位置	○就地 ○远程 ○	220	制造厂	
169	安装方式	○盘上 ○表面 ○	221	用于径向轴承的数量	
170	电源要求		222	用于推力轴承的数量	
171	就地调速器控制盘	○要求 ○不要求	223	监测器型式	
172	安装位置	○就地 ○控制室	224	制造厂	
173	保护装置		225	量程/℃	
174	排汽安全阀		226	报警设定值/℃	
175	安装位置		227	停车设定值/℃	
176	设定压力/MPa		228	延时/s	
177	蒸汽流量/(kg/h)		229	安装位置	
178	制造厂		230	轴振动监测系统	
179	型式		231	探测器型式	
180	规格/等级		232	制造厂	
181	法兰密封面		233	每个轴承安装数量	
182	数量		234	监测器型式	
183	抽汽安全阀		235	制造厂	
184	安装位置		236	量程/μm	
185	设定压力	MPa	237	报警设定值/μm	
186	蒸汽流量	kg/h	238	停车设定值/μm	
187	制造厂		239	延时/s	
188	型式		240	安装位置	
189	规格/等级		241	轴位移监测系统	
190	法兰密封面		242	探测器型式	
191	数量		243	制造厂	
192	补汽安全阀		244	安装数量	
193	安装位置		245	监测器型式	
194	设定压力	MPa	246	制造厂	
195	蒸汽流量	kg/h	247	量程/μm	
196	制造厂		248	报警设定值/μm	
197	型式		249	停车设定值/μm	
198	规格/等级		250	延时/s	
199	法兰密封面		251	安装位置	
200	数量		252		
201			253		
202			254		

公司名称	汽轮机数据表 位号:			编号: 第 页 共 页			修改:	

△结构特点（续）

	名称	数量	型式	规格	压力等级	密封面	方位	备注
255								
256 主管口	进汽口							
257	排汽口							
258	抽汽口							
259	补汽口							
260	润滑油进口							
261	润滑油出口							
262	控制油进口							
263	控制油出口							
264	机壳排放							
265 其他接管	冷却水							
266	测压							
267	测温							
268	轴承箱吹扫							
269								
270								
271								
272								

273	管口法兰标准：							
274	管路允许的力和力矩		进汽口		出汽口		抽汽或补汽口	
275 力和力矩			力/kN	力矩/kN·m	力/kN	力矩/kN·m	力/kN	力矩/kN·m
276	轴向	X						
277	垂直	Z						
278	水平90°	Y						

279	高压缸			轴端汽封	
280	中压缸			级间汽封	
281 结构材料	排汽缸			油管	
282	蒸汽室			主汽阀阀杆	
283	隔板			主汽阀阀座	
284	隔板喷嘴			主汽阀密封	
285	喷嘴环			控制阀阀杆	
286	轮盘			控制阀阀座	
287	动叶			控制阀密封	
288	动叶固定件				
289	拉筋				
290	围带				
291	围带固定件				

△辅助设备及附件

292 联轴器	型式		加长段长度	mm
293	型号		防护罩型式	
294	制造厂		润滑方式	
295	最大连续转矩	kN·m	润滑油量	L/h
296 底座	○分开底座 ○共用底座，装设：○压缩机 ○驱动机 ○齿轮箱			
297	○集液槽 ○调水平凸台 ○调水平垫块 ○			
298 齿轮箱	型式		齿轮材料	
299	制造厂		箱体材料	
300	速比		润滑方式	
301				
302 其他				
303				
304				
305				

公司名称		汽 轮 机 数 据 表				编号：					
		位号：				第　页　共　页　　修改：					

						○仪表					
306		用途	就地	就地盘	控制室	317	用途		就地	就地盘	控制室
307	压力表	主进汽	☐	☐	☐	318	温度计	主汽轮机进汽	☐	☐	☐
308		一级后	☐	☐	☐	319		主汽轮机抽汽	☐	☐	☐
309		抽汽	☐	☐	☐	320		主汽轮机排汽	☐	☐	☐
310		补汽	☐	☐	☐	321		径向轴承	☐	☐	☐
311		排汽	☐	☐	☐	322		推力轴承	☐	☐	☐
312		蒸汽室	☐	☐	☐	323					
313		喷嘴室	☐	☐	☐	324					
314		汽封	☐	☐	☐	325	指示	轴位移指示	☐		
315		喷射器蒸汽	☐	☐	☐	326		轴振动指示	☐		
316			☐	☐	☐	327					

			○报警与联锁停车										
328	项目	接点信号		就地盘		控制室		334	项目	接点信号		就地盘		控制室	
329		报警	停车	报警	停车	报警	停车	335		报警	停车	报警	停车	报警	停车
330	排汽压力高	○	○	○	○	○	○	336	补汽压力高	○	○	○	○	○	○
331	一级后压力高	○	○	○	○	○	○	337	排汽温度高	○	○	○	○	○	○
332	抽汽压力高	○	○	○	○	○	○	338		○	○	○	○	○	○
333		○	○	○	○	○	○	339		○	○	○	○	○	○

				○车间检验与试验						
340		项目	要求	见证	观察	367		项目	要求	见证	观察
341	机械运转	合同转子	○	○	○	368	着色探伤	脱扣和节流阀	○	○	○
342		备用转子	○	○	○	369		蒸汽室	○	○	○
343		试验/现场用联轴器	○	○	○	370		汽缸	○	○	○
344		要求试验记录带	○	○	○	371		管道	○	○	○
345		记录带提供给买方	○	○	○	372		转子	○	○	○
346			○	○	○	373	射线探伤	脱扣和节流阀	○	○	○
347	选择试验	性能试验	○	○	○	374		蒸汽室	○	○	○
348		整机试验	○	○	○	375		汽缸	○	○	○
349		扭转振动	○	○	○	376		管道	○	○	○
350		噪声级测试	○	○	○	377		转子	○	○	○
351		脱扣和节流阀	○	○	○	378	超声波探伤	脱扣和节流阀	○	○	○
352		汽封密封系统	○	○	○	379		蒸汽室	○	○	○
353		汽封真空系统	○	○	○	380		汽缸	○	○	○
354		润滑油系统	○	○	○	381		管道	○	○	○
355		安全阀	○	○	○	382		转子	○	○	○
356		汽缸内部检查	○	○	○	383	其他试验与检查	热稳定性	○	○	○
357		联轴器与轴的配合	○	○	○	384		清洁度	○	○	○
358		盘车装置	○	○	○	385		硬度	○	○	○
359		要求最终装配记录	○	○	○	386		水压试验	○	○	○
360			○	○	○	387		叶片振动（静态）	○	○	○
361	磁粉探伤	脱扣和节流阀	○	○	○	388		转子平衡 标准方式	○	○	○
362		蒸汽室	○	○	○	389		高速	○	○	○
363		汽缸	○	○	○	390		最终表面检验	○	○	○
364		管道	○	○	○	391		包装箱检查	○	○	○
365		转子	○	○	○	392		备用转子安装	○	○	○
366						393					

		☐公用工程总消耗			
394	冷却水		m³/h	仪表空气：	m³/h
395	辅助设备耗蒸汽		kg/h	吹扫气： ☐空气　☐氮气	m³/h
396	电	☐辅助驱动机：		☐辅助设备　　☐加热器：	kW
397	备注：				
398					

公司名称		汽轮机数据表 位号：		编号： 第 页 共 页	修改：
			□质量/kg		
399	汽轮机			脱扣及节流阀	
400	汽轮机转子			最大维修件质量	
401	汽轮机上半汽缸			总装运质量	
			□空间要求/m		
402		长	宽	高	备注
403	整机				
404	控制盘				
405					
406	备注：				
			○供货范围		
407	○汽轮机	○就地仪表		盘车装置	○地脚螺栓及螺母垫片
408	○底座	○就地仪表盘		○调速装置	○配对法兰及螺栓螺母垫片
409	○齿轮箱	○控制室仪表盘		○汽封及真空系统	○专用工具
410	○控制阀	○振动监测系统		○润滑及控制油系统	○备用转子
411	○保护装置	○轴位移监测系统		○绝热层和罩壳	○开车备件（单）
412	○脱扣及节流阀	○温度监测系统		○联轴器及护罩	○两年操作备件（附清单）
413	备注：				
			○图纸资料		
414	○外形尺寸图及管口表	○电气仪表系统图及材料表		○瞬时扭矩分析	○操作和维护手册
415	○剖视图和材料表	○电气仪表布置图及接点表		○法兰的许用负荷	○推荐的备品备件清单
416	○转子装配图及材料表	○控制及调速系统说明及简图		○找正图	○进度报告及交付计划
417	○止推轴承装配图及材料表	○超速停车系统说明及简图		○焊接工艺	○图纸清单
418	○径向轴承装配图及材料表	○蒸汽流量与功率关系曲线		○水压试验记录	○装运清单
419	○密封装配图及材料表	○蒸汽流量与第一级压力关系曲线		○机械运转试验记录	○特殊工具
420	○联轴器装配图及材料表	○蒸汽流量与转速及效率关系曲线		○无损检测工艺	○技术手册
421	○密封油路示意图及材料表	○蒸汽流量与阀的开度曲线		○钢厂试验报告	○贮存包装及运输程序
422	○密封油路装配图及管口表	○抽汽与补汽性能曲线		○转子平衡记录	○装配及起吊手册
423	○密封油路部件图及参数	○蒸汽修正系数		○转子机械和电的总跳动值	○振动探针安装部位图
424	○润滑油路示意图及材料表	○叶片振动分析		○制造用数据表	○
425	○润滑油路装配图及管口表	○横向临界转速分析		○制造用尺寸及数据	○
426	○润滑油路部件图及参数	○扭转临界转速分析		○安装手册	○
			总　说　明		
427					
428					
429					
430					
431					
432					
433					
434					
435					
436					
437					
438					
439					
440					
441					
442					
443					
444					
445					
446					

4.12 工艺设备数据表

工艺设备数据表是提交设备专业进行设备施工图设计的主要依据，是一份很重要的设计文件。工艺设备数据表一般由两部分组成，一部分是设备的基本数据；另一部分是设备的简图。下面我们给出工艺系统专业在基础设计阶段应该提出的全部工艺设备数据表的内容，仅供参考。

实际的设备附图不一定只用一张图，需要几张图就画成几张。

4.13 劳动安全卫生

根据建设项目（工程）劳动安全卫生监察规定（劳动部第3号令）的要求，工程设计单位对建设项目劳动安全卫生设施的设计负技术责任。在设计中要严格遵守现行的劳动安全卫生标准，在编制初步设计文件时，应同时编制《劳动安全卫生专篇》，劳动安全卫生专篇的主要内容包括如下几个方面。

4.13.1 建设依据和设计依据
① 设计合同（名称和文号）。
② 国家或地方的相关法规。
③ 设计执行的相关标准、规范。
④ 可研或总体设计批复文件及劳动安全卫生预评价报告。

4.13.2 工程概述
① 装置的建设性质、规模和产品方案。
② 工艺过程或生产方法简述。
③ 装置平面布置。
④ 装置与全厂劳动安全卫生设施、管理机构的依托关系。

4.13.3 生产过程中职业危险、危害因素分析
（1）火灾、爆炸危险

装置的火灾危险类别；火灾、爆炸危险区域划分；火灾、爆炸危险物料的种类、数量、性质及使用条件。

（2）毒性物质危险

装置使用的毒性物料的种类、数量、毒性及使用条件。

（3）腐蚀性危害

装置使用的腐蚀性物料的种类、数量、形态及使用条件。

（4）噪声危害

分析装置内主要噪声源及高噪声区，给出A声压级。

（5）其他危害

装置内其他职业安全卫生危险因素，如高温灼伤、粉尘、坠落、放射性等。

（6）危险岗位

装置各危险岗位、危险类别及在岗人员数。

4.13.4 设计采用的主要安全卫生防范措施
① 装置中，根据全面分析各种危险因素确定的工艺路线，选用的可靠设备，依据火灾爆炸危险类别设置泄压、防爆、防火等安全设施和必要的检测、检验设施。
② 按照爆炸和火灾危险场所的类别、等级、范围选择电气设备、控制仪表、安全距离、

防雷、防静电及防止误操作等设施。
③ 生产过程中的自动控制系统和紧急停机、事故处理的保护措施。
④ 说明危险性较大的生产过程中，一旦发生事故和急性中毒的抢救、疏散方式及应急措施。
⑤ 防止尘毒危害所采用的防护设备、设施及其效果等。
⑥ 经常处于高温、高噪声、高振动工作环境所采用的降温、降噪及降振措施，防护设备性能及检测、检验设施。
⑦ 改善繁重体力劳动强度方面的设施。
⑧ 防放射性危害的设施。

4.13.5 预期效果与评价
对劳动安全卫生方面存在的主要危害所采取的治理措施提出预期效果与综合评价。

4.13.6 劳动安全卫生预评价结论
劳动安全卫生预评价结论及设计采取的相应措施。

4.13.7 专用投资概算
劳动安全卫生专用投资概算应包括下列费用：①劳动安全卫生专项防范设施投资；②检测装备和设施投资；③安全教育装备和设施费用；④事故应急措施费用。

4.13.8 存在问题与建议
提出存在的问题及其处理的意见。

4.13.9 附图
① 工艺流程图。
② 装置平面位置图。
③ 爆炸危险区域划分图。
④ 可燃性气体及有毒气体浓度报警系统布置图。

4.14 人员编制

按照积极贯彻工厂设计模式改革，逐步实现设计水平、管理水平、操作水平向国际石化先进水平靠近的目标，本着科学性、先进性和可操作性的要求，石化集团公司制订了《石油化工生产装置设计定员暂行规定》。规定中推荐了石油化工生产装置的设计定员人数。在设计过程中如果业主没有特殊要求，一般都应按此规定执行。

其中，班长负责组织本班生产和班组管理工作，内操人员负责室内 DCS 的控制调节、安全平稳运行，外操人员负责外设备的操作和维护、定期巡回检查。

对联合生产装置有集中的 DCS 操作系统的生产装置，一般应按照"一人多岗，一岗多能"的原则减少定员，按单个生产装置比上述规定的要求减少 10%～15% 的设计定员来执行。

4.15 工艺系统及其他专业的条件关系

前面介绍的内容都是工艺系统专业在基础设计过程中应做的工作。完成这些工作的过程不是一次性的过程，而是反复多次不断完善的过程，也是伴随着和各个专业之间的条件往返来进行的。

熟悉工艺系统和各专业之间的条件关系是工艺系统专业设计者的一项基本功。下面我们就专门介绍这方面的内容。

4.15.1 工艺系统在各个设计阶段的条件关系

4.15.1.1 与项目经理或设计经理的条件关系

(1) 基础工程设计阶段提供给工艺系统专业的条件和资料

① 全厂总平面布置图;
② 工艺设计包文件;
③ 各专业设计统一规定;
④ 设计主项表;
⑤ 开工会议议定书;
⑥ 合同文件;
⑦ 开工报告。

(2) 基础工程设计阶段工艺系统专业提交给项目或设计经理的条件和资料

① 各版工艺管道及仪表流程图(PID);
② 各版公用物料管道及仪表流程图;
③ 各版管道表;
④ 安全和工业卫生条件表;
⑤ 测量和控制系统条件表;
⑥ 用电条件表;
⑦ 爆炸危险区域划分条件表;
⑧ 电信用户条件表;
⑨ 软水及脱盐水条件表;
⑩ 蒸汽及冷凝水条件表;
⑪ 给排水条件表;
⑫ 水消防条件表;
⑬ 氧气条件表;
⑭ 氮气条件表;
⑮ 仪表空气条件表;
⑯ 装置空气条件表;
⑰ 局部通风条件表;
⑱ 采暖通风空调条件表;
⑲ 用冷条件表;
⑳ 噪声条件表;
㉑ 高架源排放条件表;
㉒ 无组织排放废气条件表;
㉓ 废渣(液)条件表;
㉔ 其他污染条件表;
㉕ 工艺设备表;
㉖ 加热炉条件表;
㉗ 火炬气排放条件表;
㉘ 装置火炬气排放点汇总表;
㉙ 外管条件表;
㉚ 定员表。

(3) 详细工程设计阶段提供给工艺系统专业的条件和资料

① 基础工程设计文件业主审核会议纪要;
② 各专业商定的修改方案;
③ 批准的总平面图。

(4) 详细工程设计阶段工艺系统专业提交给项目或设计经理的条件和资料

① 1、2、3 版工艺管道及仪表流程图(PID);
② 各版公用物料管道及仪表流程图;
③ 工艺设备表。

4.15.1.2 与其他专业的条件关系

① 基础工程设计阶段提供给工艺系统专业的条件和资料(见表 4-15)。

表 4-15 工艺系统专业接受条件表

序号	提出条件专业	条件名称	往返关系	备注
1	工艺专业	(1) 安全和工业卫生状况表		
		(2) 测量和控制系统条件表		
		(3) 程序控制装置条件表		
		(4) 用电条件表		

续表

序号	提出条件专业	条 件 名 称	往返关系	备 注
		(5) 爆炸危险区域划分条件表		
		(6) 电气控制联锁条件表		
		(7) 电加热条件表		
		(8) 软水及脱盐水条件表		
		(9) 蒸汽及冷凝水条件表		
		(10) 给排水条件表		
		(11) 水消防条件表		
		(12) 装置空气条件表		
		(13) 仪表空气条件表		
		(14) 氧气条件表		
		(15) 氮气条件表		
		(16) 用冷条件表		
		(17) 化验分析条件表		
		(18) 高架源排放废气条件表		
		(19) 无组织排放废气条件表		
		(20) 废渣（液）条件表		
		(21) 其他污染条件表		
		(22) 原料、燃料、产品、副产品、催化剂、化学品条件表		
		(23) 定员表		
		(24) 加热炉条件表		
		(25) 工艺管道使用条件表		
		(26) 工艺设备表		
		(27) 各类工艺设备数据表		
		(28) 泵工艺数据汇总表		
		(29) 压缩机、鼓风机类工艺数据汇总表		
		(30) PFD 及 UFD		
		(31) 建议的设备布置图		
		(32) 可燃气体检测点布置图		
2	配管专业	(1) 配管材料规定		
		(2) 隔热设计规定		
		(3) 伴热设计规定		
		(4) 概略版设备布置图		
		(5) 初步版设备布置图		
		(6) 安全阀、爆破片等制造厂返回资料		
3	电气专业	(1) 爆炸危险区域划分图		
4	总图专业	(1) 全厂总平面一次条件表		

续表

序号	提出条件专业	条 件 名 称	往返关系	备 注
		（2）全厂总平面布置条件图		
		（3）全厂竖向条件图		
5	仪表专业	（1）工艺控制图（PCD）		
		（2）各版PID（填写仪表数据）	返回	设计经理明确
6	容器专业	（1）各版设备图		
7	机泵专业	（1）机泵数据表		
		（2）制造厂提供的先期确认（ACF）图纸资料和最终确认（CF）图纸资料		
8	机械专业	（1）机械类数据表		
		（2）制造厂提供的先期确认（ACF）图纸资料和最终确认（CF）图纸资料		

② 基础工程设计阶段工艺系统专业提交（或返回）给其他专业的条件和资料（见表4-16）。

表 4-16　工艺系统专业提交条件表

序号	条 件 名 称	接受条件专业	往返关系	备注
1	A、B、0版工艺管道及仪表流程图（PID）	工艺、环保、配管、仪表		工艺仅需A版
2	A、B、0版公用物料管道及仪表流程图	工艺、环保、配管、仪表		工艺仅需A版
3	各版管道表	配管		
4	安全和工业卫生状况表	工艺、环保、配管、仪表、电气、电信、建筑、总图		
5	测量和控制系统条件表	仪表		
6	程序控制装置条件表	仪表		
7	电气控制联锁条件表	电气		
8	电加热条件表	电气		
9	用电条件表	电气		
10	爆炸危险区域划分条件表	电气		
11	电信用户条件表	电信		
12	装置空气条件表	辅助系统		
13	仪表空气条件表	辅助系统		
14	氧气条件表	辅助系统		
15	氮气条件表	辅助系统		
16	蒸汽及冷凝水条件表	配管、热工		
17	软水及脱盐水条件表	配管、热工		
18	给排水条件表	环保、配管、给排水		
19	水消防条件表	配管、给排水		
20	采暖通风空调条件表	暖风		
21	局部通风条件表	暖风		
22	用冷条件表	辅助系统		
23	噪声条件表	环保、配管、建筑		

续表

序号	条 件 名 称	接 受 条 件 专 业	往返关系	备注
24	建构筑物特征条件表	建筑、暖通空调		
25	高架源排放废气条件表	环保、配管、总图		
26	无组织排放废气条件表	环保、配管、总图、暖通空调		
27	废渣（液）条件表	环保、配管、总图、工业炉		
28	其他污染条件表	环保、配管、总图、建筑		
29	安全阀规格书	管道材料		
30	特殊阀门规格书	管道材料		
31	呼吸阀规格书	管道材料		
32	疏水器规格书	管道材料		
33	过滤器规格书	管道材料		
34	阻火器规格书	管道材料		
35	消声器规格书	管道材料		
36	喷嘴规格书	管道材料		
37	爆炸片规格书	管道材料		
38	搅拌器数据表	容器		
39	容器数据表	容器		
40	反应器数据表	容器		
41	压缩机、鼓风机、泵类工艺数据条件表	机泵		
42	机械类数据表	机械		
43	加热炉条件表	工业炉		
44	装置火炬气排放点汇总表	环保、火炬		
45	火炬气排放条件表	环保、火炬		
46	外管条件表	配管、辅助系统		
47	定员表	给排水、电信、建筑、总图、暖通空调		
48	原料、燃料、产品、副产品、催化剂、化学品条件表	分析、辅助系统、建筑、总图		
49	化验分析条件表	分析		
50	工艺设备表	工艺、配管、电气、容器、机泵、机械、工业炉		
51	可燃气体检测点布置图	工艺、配管、仪表		

③ 详细工程设计阶段其他专业提供给工艺系统专业的条件和资料（见表4-17）。

表 4-17 工艺系统专业接受条件表

序号	提出条件专业	条 件 名 称	往返关系	备 注
1	工艺专业	（1）2版 PID 的确认意见		
		（2）最终确认的分析取样点		
2	机械、机泵专业	（1）制造厂返回资料		
		（2）制造厂最终确定的图纸样本资料		
3	配管专业	（1）详细设计管道布置图		
		（2）详细设计设备布置图		

续表

序号	提出条件专业	条件名称	往返关系	备注
		(3) 配管专业返回的修改补充条件		
		(4) 配管专业校核其成品后的修改条件		
4	总图	(1) 全厂总平面布置条件图		
		(2) 全厂竖向条件图		
5	管道材料	修改版配管材料规定		

④ 详细工程设计阶段工艺系统专业提交其他专业的条件和资料（见表 4-18）。

表 4-18 工艺系统专业提交条件表

序号	接受条件专业	条件名称	往返关系	备注
1	工艺、环保、配管、仪表	1、2版工艺管道及仪表流程图（PID）		工艺仅需2版
2	工艺、环保、配管、仪表	1、2版公用物料管道及仪表流程图		工艺仅需2版
3	配管	各版管道表		
4	工艺、配管、电气、容器、机械、机泵、工程经济	工艺设备表		
5	分析	化验分析条件表		
6	（接收条件专业同基础工程设计）	条件表的修改和补充		

4.15.2 工艺系统和仪表专业之间的条件关系

为了让工艺系统设计人员更具体地明白工艺系统和其他专业之间的条件关系，我们以工艺系统和仪表专业之间的工作关系为例，具体介绍它们之间的分工和如何填写仪表数据表。

(1) 工艺系统专业和仪表专业之间的分工

① 管道和仪表流程图（PID） 一般的控制系统以及复杂的控制系统均由工艺系统专业提出要求，并与仪表专业商定方案。

仪表专业负责完成控制测量回路、联锁回路及所有仪表的编号，并对 PID 上仪表专业内容提出修改和完善，以条件形式返回工艺系统专业。

② 工艺开停车顺序要求和紧急联锁停车系统的详细说明及因果表由工艺系统提出，仪表专业负责编制联锁及顺序逻辑图。工艺系统专业在详细设计结束前提供联锁、报警值、调节阀设定值。

③ 现场可燃气体、有毒气体检测探头和火灾报警的位置由工艺系统提出，配管专业确认，仪表专业负责选型。

④ 自动分析取样位置由工艺系统专业与配管专业协商提出，仪表专业负责选型、样气预处理、提出开孔要求和返回点的操作条件，由工艺系统专业确定返回点位置。

⑤ 仪表规格书。仪表专业负责编制各类仪表规格书，工艺系统专业需向仪表专业提出仪表的工艺数据表。仪表定货后，制造厂返回的资料由仪表专业负责确认，液位仪表还需经容器、配管专业确认。若引起 PID、配管图或容器制造图修改时，由仪表专业通知工艺系统、配管、容器等专业作相应修改。

(2) 仪表数据表

工艺系统专业需向仪表专业提出仪表的工艺数据表《测量和控制系统条件表》。就此表的填写说明如下。

① 顺序号　同项目号。

② 仪表回路号　指在检测、控制系统中，构成一个回路的一组工业自动化仪表的编号。如 FIC-101。根据仪表专业编制的回路号填写。

③ 安装位置　CR——中心控制室；LR——就地控制室；L——就地。

④ 仪表位号　组成仪表回路号中的若干个仪表的编号。如 FIC-101 中的 FE-101（节流装置）；FV-101（调节阀）。根据仪表专业编制的仪表位号填写。

⑤ 介质状态　L——液体；S——蒸气；G——气体；M——混合介质。

⑥ 阀动作时间　指采用双切断阀或调节阀对流量进行控制时，对切断阀或调节阀的动作时间要求，一般应根据工艺要求计量的准确程度，如有严格要求时填写，单位以秒计，以确保流量的准确性。

⑦ 气源故障阀动作　FO——故障开，即故障时阀全开；FC——故障闭，即故障时阀全闭；FL——故障锁定，即故障时阀保持原位。

⑧ 阀泄漏量等级　按美国 ANSI B16.104—1976 调节阀的泄漏量标准填写。调节阀的最小泄漏量分为Ⅱ、Ⅲ、Ⅳ、Ⅴ、Ⅵ级。一般情况调节阀的泄漏量等级为Ⅱ、Ⅲ级（即调节阀的型式定为双座或单座）。物料为有毒介质时为Ⅳ级，等级越高，允许泄漏量越小，要求零泄漏时为Ⅵ级。

⑨ 测界面用上液体名称、下液体名称　指两种不互溶的液体，分为上下两层，上层为上液体，下层为下液体。如上层为油和下层为水，则上液体名称为油，下液体名称为水。当其上液体有界面高度位置测定要求时才填写。

⑩ 报警设定　L——低报警；LL——低低报警；H——高报警；HH——高高报警。

本表无须逐项填写，而是根据所选仪表的不同类型，分项填写，具体要求如下。

(1) 压力、温度的指示、记录、报警、联锁等

填写 1～13；16；20～24；39 项。

(2) 在线分析仪的指示、记录、报警、联锁等

填写 1～13；16；20～24；26；39 项。

还需在空栏处增填如下内容。

① 背景组成　指被测介质的组成百分比。按最小、正常和最大填写。

② 时滞　指从输入变量产生变化的瞬间起到它所引起的输出变量开始变化的瞬间为止的时间间隔。一般分析器少于 60s，工业色谱稍大。

(3) 差压或差温的指示、记录、报警、联锁等

填写 1～13；16；20～24；39 项。

还需在空栏处增填：差压或差温的最小、正常和最大值。

(4) 液位测量的指示、报警、联锁等

填写 1～8；20～23；39 项。

如有界面测定要求时，增填 38 项，还需在空栏处填写界面的操作波动范围。

(5) 流量的指示、记录、报警、联锁等

① 介质为液体时，填写 1～14；16；19～23；26～27；39 项。

② 介质为气体时，填写 1～13；15～16；19～24；26；29～31；39 项。

③ 介质为蒸汽时，填写 1～14；16；19～23；26；29；32～34；39 项。

(6) 调节阀

测量和控制系统条件表				提出条件专业	
				接受条件专业	
编制		地址		项目名称	
校核		项目号		主项	
审核		编号		设计阶段	
1	顺序号				
2	仪表回路号				
3	用途				
4	安装位置（CR，LR，L）				
5	仪表位号				
6	PID图号或PCD图号				
7	物流号				
8	检测管道编号或设备位号				
9	公称直径				
10	管道等级				
11	管道外径/mm				
12	管道壁厚/mm				
13	管道材质				
14	流量/(kg/h)		最大		
			正常		
			最小		
15	流量/(m³/h)		最大		
			正常		
			最小		
16	上游压力/MPa（A）		最大		
			正常		
			最小		
17	调节阀下游压力/MPa（A）				
18	阀关闭时最大压差/MPa				
19	节流装置允许压损/kPa				
20	上游操作温度/℃		最大		
			正常		
			最小		
21	介质名称				
22	介质状态（L，S，G，M）				
23	操作密度/(kg/m³)				
24	标准密度/(kg/m³)				
25	平均相对分子质量				
26	操作状态动力黏度/mPa·s				
27	液体饱和蒸气压/MPa				
28	临界压力/MPa				
29	比热比（C_p/C_V）				
30	压缩系数 Z				
31	气体相对湿度/%				
32	饱和蒸气压/MPa				
33	饱和蒸汽温度/℃				
34	饱和蒸汽密度/(kg/m³)				
35	阀动作时间（开或关）/s				
36	气源故障阀动作（FO，FC，FL）				
37	阀泄漏量等级				
38	测界面用	上液体名称			
		上液体密度/(kg/m³)			
		下液体名称			
		下液体密度/(kg/m³)			
39	报警设定	L			
		LL			
		H			
		HH			

① 介质为液体时，填写 1~14；16~18；20~29；35~37 项。
② 介质为气体时，填写 1~13；15~18；20~24；26；30~31，35~37 项。
③ 介质为蒸汽时，填写 1~14；16~18；20~23；26；32~37 项。

（7）双位切断阀

填写 1~13；16；18；20~22；35~37 项。

第5章 系统设计

5.1 概述

工艺系统专业（Process System Section）是从工艺专业中分离出来的一个新专业，它是石油化工工程设计中的一个关键环节和重要组成部分。随着对先进国家设计方法的引进和消化吸收，石油化工工艺系统专业的重要性和必要性，被越来越多的石油化工行业人士认同。在我国，不少大型石油化工设计院都陆续设立了这个专业。

传统的设计方法，由于专业分工较粗，所设计的过程只是一个静态的孤立过程。近些年来由于科学技术的迅速发展，石油化工装置的经济规模逐步扩大，技术要求越来越高。要求现代设计方法能对生产过程进行深入的、动态的、连续的分析研究，并进行优化，这样才能提出比较经济的设计条件和工艺流程。要完成这些复杂的设计任务，工艺系统专业担负着先锋和参谋的重要作用。工艺系统专业的设计成果对石油化工装置建设的经济效益、产品的市场竞争能力都会起到重要作用。

工艺系统设计的主要任务是，整个工艺流程的系统分析，管道水力学计算，全流程的安全阀、疏水器等管件阀门的设置，全流程的控制方案的设计；最后向各个有关专业提出设计条件；绘制出全流程的 PID 图。

随着计算机的飞速发展，计算机在石油化工系统设计中的应用会越来越广泛。目前系统设计中的计算任务、制图任务、制表任务全都可以由计算机来完成，可以大大提高工作效率和工作质量。随着计算机软件的不断发展，计算机的应用会更深入，在不久的将来一定能实现工艺系统设计全过程的计算机化。到那时手工书写的劳动将减到很低程度，而设计的效率和可靠性将大大提高。由于设计周期缩短，要求设计者对问题要有更准确的分析和判断，进而要求设计者具有更深的理论知识和实践经验。总之随着计算机应用的深入，不会降低对设计人员素质的要求，而是要求更高了。所以分工也就越来越细了。

5.2 设计压力的确定

设备的设计压力是工艺系统专业确定的一个重要参数，是设备和管道强度设计的主要依据，也是保证装置长周期安全运转的基础数据。一定要采取科学态度，认真对待，应在满足安全要求的基础上，尽可能做到既经济又合理。

设备设计压力的确定，不能只考虑单台设备的最高工作压力，而要把设备放到一个系统中，结合系统前后的管道压力降或者静压头来考虑，用最高工作压力加上（或减去）这个管道的压力降或者静压头，才能得到可靠的设计压力。

具体来说是先对单台设备按 5.2.3 所述的原则确定它们的初步设计压力，再按 5.2.2 的系统分析方法把单台设备放到一个系统中去分析研究才能得出最终的设计压力，这个最终设计压力才是提给设备专业进行设备设计的依据。

5.2.1 术语

最高工作压力：设备在正常工作过程中，设备顶部可能达到的最大压力，称为最高工作压力。由工艺专业提出。

5.2.2 系统分析

要确定设备的设计压力,必须进行系统分析。因为,每台设备都不是孤立的,而是在一个特定的流程中工作。

比如,精丙烯去聚合前,要经过脱水处理,使用分子筛脱水。分子筛脱水罐在正常脱水过程中,操作压力2.44MPa,操作温度45℃。使用几个月后,分子筛需要再生才能继续使用。分子筛的再生,使用热氮气吹扫,这时该设备的操作压力是0.35MPa,操作温度250℃。综合两种工作工况,设计压力确定为2.6MPa,设计温度确定为280℃。

(1) 物性分析

对一些特殊物料如剧毒的和贵重的物料,为防止它们泄露,一般都把这些设备的设计压力定得高于5.2.3确定的标准。沥青、石蜡、苯酐等常温下就会凝固成固体的物料,对它们的设备和管道必须设计可靠的伴热管;必要时也可适当提高这类设备的设计压力。

(2) 塔系统

塔设备的安全阀一般装在塔的馏出管道上,而且从塔顶到回流罐不加截断阀,这时回流罐不再安装安全阀,回流罐的设计压力等于塔的设计压力加上塔顶冷凝器到回流罐的液体静压力。如果安全阀装在回流罐上,塔的设计压力等于回流罐的设计压力加上塔到回流罐的管道阻力降,再加上冷凝器到回流罐的液体静压力。而这时回流罐的设计压力,应等于罐内物料的液体在冷凝温度下的饱和蒸气压力。

(3) 泵系统

泵可分为离心泵和容积式泵两种,在泵出口的切断阀关闭的情况下,两种泵的出口管道中的压力是完全不同的。离心泵的出口压力等于流量为零的泵排出压力;容积式泵的出口切断阀是不能关死的,因为出口管内的压力会升得很高,直到管道或泵体膨胀爆炸为止。不能以这个压力来确定设备最高压力。

对容积式泵而言,泵吸入侧设备的设计压力按5.2.3的原则确定;泵输出侧设备的最高压力是该设备的最大工作压力加上系统附加条件后的数值。

(4) 液化气体容器

储存临界温度高于50℃液化气体的压力容器,当设计有可靠的保冷设施时,其最高压力为所装液化气体在可能达到的最高工作温度下的饱和蒸气压力;如无保冷设施,其最高压力不得低于该液化气体在50℃时的饱和蒸气压力。

储存临界温度低于50℃液化气体的压力容器,当设计有可靠的保冷设施,并能确保低温储存时,其最高压力不得低于实测的最高温度下的饱和蒸气压力;没有实测数据或没有保冷设施的压力容器,其最高压力不得低于该液化气体在规定的最大装填量时,温度为50℃的饱和蒸气压力。

常温下储存混合液化石油气的压力容器,应以50℃为设计温度。当其50℃的饱和蒸气压力低于异丁烷50℃的饱和蒸气压力时,取50℃异丁烷的饱和蒸气压力为最高压力;当其高于50℃时异丁烷的饱和蒸气压力时,取50℃丙烷的饱和蒸气压力为最高压力;如高于50℃丙烷的饱和蒸气压力时,取50℃丙烯的饱和蒸气压力为最高压力。常温下储存混合液化石油气容器的设计压力取值见表5-1。

(5) 冷冻系统

冷冻系统在正常工作时分为高压侧和低压侧,在停车后高压侧压力将降低而低压侧压力将升高,最后两侧压力相等,这时的压力即是"停车压力"。

表 5-1　常温下储存混合液化石油气容器的设计压力取值

储 存 介 质	设计压力取值(表)
介质为丁烷、丁烯、丁二烯时	0.79MPa
介质 50℃时的饱和蒸气压＜1.57MPa 时	1.57MPa
介质为液态丙烯或介质 50℃时的饱和蒸气压＞1.57MPa 又＜1.62MPa 时	1.77MPa
介质为液态丙烯或介质 50℃时的饱和蒸气压＞1.62MPa 又＜1.94MPa 时	2.16MPa

"停车压力"按高压侧至低压侧等焓节流来计算。

高压侧的最大工作压力通常是工艺规定的压力,一般高于"停车压力"。

低压侧的最大工作压力为"停车压力"加上一定的富裕量;或者就取最高预期环境温度下冷冻剂的平衡压力。

5.2.3　设备设计压力的确定原则

(1) 本规定的适用范围

本规定仅适用于以下范围的压力容器的设计压力的确定:0.1MPa≤设计压力≤35MPa;真空度高于 2kPa(200mmH$_2$O)。

本规定仅适用于以下范围的常压容器的设计压力的确定:设计压力低于 0.1MPa;真空度低于 2kPa(200mmH$_2$O)。

(2) 常压设备

设计压力为常压,用常压加上系统附加条件校核。

(3) 外压设备

设计外压力取不小于在工作过程中可能产生的最大内外压力差。

(4) 内压设备

没装安全泄放装置时,一般取 1.0～1.10 倍最高压力(表);

有安全阀时,取 1.05～1.10 倍最高工作压力。当最高工作压力偏高时,取下限,反之取上限,且不低于安全阀开启压力。

有爆破片时,取不小于爆破片的最大标定爆破压力。

(5) 真空设备

对无夹套的真空设备,当有安全保护措施时,设计外压力取 1.25 倍最大内外压力差值或 0.1MPa 进行比较,两者取较小值。当无安全阀时,按全真空条件设计,即设计外压力取 0.1MPa,考虑到真空设备也要进行气密性试验,设计压力取全真空及 0.35MPa 两组。

对有夹套的真空设备,夹套内有内压时,容器壁按外压容器设计,其设计压力取无夹套真空容器规定的压力值,再加上夹套内设计压力,且必须校核在夹套试验压力(外压)下的稳定性;夹套壁的设计内压力按内压容器规定选取。

设备设计压力的选取可参考表 5-2。

5.2.4　管道设计压力的确定原则

(1) 适用范围

本规定适用于以下工作范围的管道。

压力管道:0MPa≤设计压力≤35MPa 范围的管道。

真空管道:设计压力≤0MPa 的管道。

(2) 管道设计压力的确定原则

管道设计压力不得低于最大工作压力。

表 5-2 设备设计压力选取表

类 型		设 计 压 力（表）
常压容器	常压下工作	设计压力为常压，用常压加上系统附加条件校核
内压设备	未装安全泄放装置	一般取 1.00～1.10 倍最高压力
	装有安全阀	1.05～1.10 倍最高工作压力（当最高工作压力偏高时，可取下限，反之取上限），且不低于安全阀开启压力
	装有爆破片	不小于最大标定爆破压力［详见《爆破片的设置和选用》（HG/T 20570.3—95）］
	出口管道上装有安全阀	不低于安全阀开启压力加上流体从容器至安全阀处的压力降
	容器位于泵进口侧，且无安全泄放装置时	取无安全泄放装置时的设计压力，且以 0.10MPa 外压进行校核
	容器位于泵出口侧，且无安全泄放装置时	取泵的关闭压力
真空容器	无夹套真空容器　设有安全泄放装置	设计外压力取 1.25 倍最大内外压力差或 0.10MPa 进行比较，两者取较小值
	无夹套真空容器　未设有安全泄放装置	按全真空条件设计（即设计外压取 0.10MPa）
	夹套内为内压的带夹套真空容器　容器壁	按外压容器设计，其设计压力取无夹套真空容器规定的压力值，再加夹套内设计压力，且必须校核在夹套试验压力（外压）下的稳定性
	夹套内为内压的带夹套真空容器　夹套壁	设计内压力按内压容器规定选取
外压容器		设计外压力取不小于在工作过程中可能产生的最大内外压力差
薄壁容器	内压（表）	按内压容器设计，并考虑受环境温度变化可能造成的负压（表）
常温储存下，烃类液化气体或混合液化石油气（丙烯与丙烷或丙烯与丁烯等的混合物）容器	介质为丁烷、丁烯、丁二烯时	0.79MPa
	介质 50℃时饱和蒸气压小于 1.57MPa 时	1.57MPa
	介质为液态丙烷或介质 50℃时饱和蒸气压大于 1.57MPa，小于 1.62MPa(表)时	1.77MPa
	介质为液态丙烯或介质 50℃时饱和蒸气压大于 1.62MPa，小于 1.94MPa 时	2.16MPa

装有安全泄压装置的管道，其设计压力不得低于安全泄压装置的开启压力（或爆破压力）。

所有与设备相连接的管道，其设计压力不应低于所连接设备的设计压力。

输送制冷剂、液化气等沸点低的介质的管道，按阀被关闭或介质不流动时可能达到的最大饱和蒸气压力作为设计压力。

(3) 管道设计压力的取值

设有安全阀的压力管道：管道设计压力≥安全阀开启压力。

与不设安全阀的设备相连的压力管道：管道设计压力≥设备设计压力。

离心泵出口管道：管道设计压力≥泵的关闭压力。

往复泵出口管道：管道设计压力≥泵出口安全阀开启压力。

压缩机排出管道：管道设计压力≥安全阀开启压力＋压缩机出口至安全阀管道内最大正常流量下的压力降。

真空管道：管道设计压力＝全真空。

凡不属于上述范围的管道，管道设计压力≥工作压力变动中的最大值。

5.3 设计温度的确定

设备的设计温度是指在正常工作过程中,与用来确定设备设计压力的最高压力相对应的设备材料达到的温度。

5.3.1 设备设计温度的确定

工艺系统专业如果能知道设备在正常工作过程中介质的最高(或最低)工作温度或最高工作温度下的壁温,这个温度是通过传热计算或实测得到的,就可以作为设计温度。

工艺系统专业如果不能知道设备在正常工作过程中介质的最高(或最低)工作温度,只能以化工工艺专业提出的正常工作温度加上(或减去)一定裕量作为设计温度。设备壁与介质直接接触并且有外部保温时,计算原则见表5-3。

表 5-3 设备壁与介质直接接触并有外部保温时的计算原则

介质温度 $T/℃$	设计温度	
	Ⅰ	Ⅱ
$T<-20℃$	介质最低工作温度	介质正常工作温度减 0~10℃
$-20℃\leqslant T<15℃$	介质最低工作温度	介质正常工作温度减 5~10℃
$T\geqslant 15℃$	介质最高工作温度	介质正常工作温度加 15~30℃

其他情况设备设计温度的计算原则,如表5-4所示。

表 5-4 其他情况设备设计温度的计算原则

设备工作情况	设计温度计算原则
壳体的温度由大气温度确定	取历年来"月平均最低温度"的最低值
大气温度≤-20℃	取-20℃
-20℃≤大气温度≤-10℃	取-10℃
设备内用蒸汽或其他加热元件	取正常工作过程中介质的最高温度
直接加热时	
设备器壁两侧与不同温度介质接触	取较高介质温度确定设计温度
介质之一的温度低于-20℃	取较低的介质温度为设计温度
设备器壁两侧与不同温度介质接触但不会只与单一介质接触	要通过传热计算确定设计温度
内壁有可靠的隔热层	要通过传热计算确定设计温度
设备内不同部位出现不同温度	应按不同温度选取元件相应的设计温度

5.3.2 管道设计温度的确定

管道设计温度指的是管道在正常工作过程中,在相应设计压力下可能达到的管道材料温度。工艺系统专业根据化工工艺专业提出的正常工作过程中的工作温度,按"最苛刻条件下的压力温度组合"来选取管道设计温度。

管道设计温度由以下方法确定:最好用传热计算或实测得到的正常工作过程中介质的最高工作温度下的壁温作为设计温度。如果不能得到实测或计算的最高工作温度,按正常工作过程中介质的最高工作温度,用表5-5的原则确定。

表 5-5 管道设计温度的确定原则

金属管道	不保温管道		外保温管道	内衬保温材料	介质温度≤0℃
	介质温度<38℃	介质温度≥38℃			
	设计温度=介质最高温度	设计温度=0.95×介质最高温度	设计温度=介质最高温度	设计温度=介质最高温度	设计温度=介质最低温度
非金属	无环境温度影响的管道		安装在环境温度高于介质最高温度的环境中		
	设计温度=介质最高温度		设计温度=环境温度		

5.4 管道水力学的设计

工艺系统专业在工艺流程基本确定后,就要进行带仪表控制点的工艺流程图(PID)的设计工作,其中的一个重要内容就是根据工艺、公用及辅助系统的物料条件,进行管道水力学计算,确定每一条管道的直径。而管道直径的大小将影响工程的投资和生产成本。所以,管道水力学设计的最终目的,是求得在已有条件下比较合理的管道直径。

计算管道直径需要经过复杂的计算步骤,首先要根据经验初选流速,初估所需的管道直径;然后根据管道上下游的阀门、仪表、管件的位置和型号等内容及流体性质计算每条管道的总压力降,再结合管道物料性质,选取每段管道的许用压力降,来确定合理的管道直径。所以我们要重点介绍管道压力降的计算方法。由于管道压力降的计算方法是以流体的不同流动特性(如:单相流、两相流、真空系统等)为基础,推导出计算公式或归纳出经验计算方法,所以我们的介绍也按流动特性的区别来分别叙述。

随着计算机的普及,工艺系统设计工程师已经不需要再用手算的办法来进行管道水力学设计了。现在有很多计算机软件在应用中,例如 PROⅡ、ASPEN、INPLANT 等软件。但它们的计算方法和原理,基本上还是依据本章介绍的内容。所以我们还是一步一步地介绍最基本的计算方法,在作者比较有把握的部分,我们也介绍自己的一些在应用计算机设计方面的体会以供参考。

5.4.1 管道水力学设计步骤

管道水力学设计要解答的问题一般可分为以下两类。

第一类是已知管径、流量求阻力降,它的计算步骤是:①计算雷诺数以确定流型;②选择管壁绝对粗糙度,计算相对粗糙度,求得摩擦系数;③求单位管道长度的压力降;④确定直管长度和管件、阀门等的当量长度;⑤分别求出 Δp_f、Δp_N 和 Δp_s,得到管道的总阻力降。

第二类是已知压力降、流量求管径:①选用合理的流速初估管径;②计算雷诺数以确定流型;③选择管壁粗糙度,求得摩擦系数;④求单位管道长度的压力降;⑤确定直管长度和管件、阀门等的当量长度;⑥分别求出 Δp_f、Δp_N 和 Δp_s,得到管道的总阻力降;⑦得到总压力降,用总压力降和已知压力降进行比较;如计算的总压力降和已知的压力降不符,则调整管径,按上述步骤重新迭代计算,直到二者基本符合为止,最后以 105% 的流量进行校核。

这里介绍的仅仅是管道水力学计算的一般步骤,在得到实际条件后,要先分析问题的内容,找出已知条件和未知条件的关系,确定计算步骤,再进行计算。

管道阻力降由以下几方面组成:

$$\Delta p_t = \Delta p_f + \Delta p_s + \Delta p_N \tag{5-1}$$

式中　Δp_t——管道总阻力降;
　　　Δp_f——管道摩擦阻力降;
　　　Δp_s——管道静压力降;
　　　Δp_N——管道速度阻力降。

其中摩擦阻力降的计算比较复杂,摩擦阻力降由两部分组成,一部分是流体在管道内流动,由流体与管壁摩擦而引起的阻力降;另一部分是流体通过管件的变径、变方向的部位和阀门时引起的阻力降。它们分别称为**摩擦压力降**和**局部压力降**。计算摩擦压力降,需要先确定流体流动的流型,选取管道的相对粗糙度,根据不同的流型选取摩擦系数计算公式,求得摩擦系数,才能计算摩擦阻力降。计算局部压力降工程上常用的方法有两种:**当量长度法**和**阻力系数法**;只要选取其中一种方法来计算就可以了。下面分别介绍管道直径的计算、摩擦压力降和局部压力降的计算步骤、计算方法。

5.4.2 初选管径的计算

这部分内容适用于化工生产装置中的工艺和公用物料管道,不包括贮运系统的长距离输送管道、非牛顿型流体及固体粒子气流输送管道。

在管道情况比较简单,设计人员对流体流动情况比较熟悉时,管径不需要严格计算;可以直接采用式(5-2)~式(5-5)四个方程介绍的方法来计算管径。

初选管径第一步是按表5-6选择流速,再按公式(5-2)和公式(5-3)来计算初选管径。或是按表5-9选择100m管道长度的压力降控制值,采用公式(5-4)和公式(5-5)来计算初选管径。

对有腐蚀性的流体的流速,可按表5-10来选取。

$$d = 18.81\sqrt{\frac{W}{u\rho}} \tag{5-2}$$

$$d = 18.81 V_0^{0.5} u^{-0.5} \tag{5-3}$$

$$d = 18.16 W^{0.38} \rho^{-0.207} \mu^{0.033} \Delta p_{f100}^{-0.207} \tag{5-4}$$

$$d = 18.16 V_0^{0.38} \rho^{-0.207} \mu^{0.033} \Delta p_{f100}^{-0.207} \tag{5-5}$$

式中 d——管道的内径,mm;
W——管内介质的质量流量,kg/h;
V_0——管内介质的体积流量,m³/h;
ρ——介质在工作条件下的密度,kg/m³;
u——介质在管内的平均流速,m/s;
μ——介质的动力黏度,Pa·s;
Δp_{f100}——计算管长的压力降控制值,kPa。

当进行详细管道阻力降计算时,要用到管道许用压力降的数据,许用压力降为各种流体在一定范围内允许使用的最高压力降损失数值,以保证管道工作压力降在比较经济的状态下工作,可使生产成本控制在一个合理的水平上,同时也使管道的一次投资不会过高。所以用许用压力降来控制管道尺寸是比较科学的。一般来说,管道工作压力降 Δp 与许用压力降 Δp_e 之间有下列关系。

$$\Delta p / \Delta p_e = 0.33 \sim 1.0 \tag{5-6}$$

即工作压力降可以选择在许用压力降的33%~100%范围内,尽可能不超过许用压力降的20%以上。

许用压力降的数值是在长期生产实践和大量实验数据总结的基础上确定的。已经被越来越多的工程设计人员采用。

管道内各种介质常用流速范围见表5-6。表中管道的材质除注明外,一律为钢。该表中流速为推荐值。

常用流体的许用压力降数值及管道压力降控制值见表5-7~表5-9,该表中压力降值为推荐值。

表 5-6 常用流速的范围[①]

介　质	工作条件或管径范围	流速/(m/s)
饱和蒸汽	$DN>200$ $DN=200\sim100$ $DN<100$	30~40 35~25 30~15
饱和蒸汽	$p<1$MPa $p=1\sim4$MPa $p=4\sim12$MPa	15~20 20~40 40~60
过热蒸汽	$DN>200$ $DN=200\sim100$ $DN<100$	40~60 50~30 40~20
二次蒸汽	二次蒸汽要利用时 二次蒸汽不利用时	15~30 60
高压乏汽		80~100
乏汽[⑤]	排气管：从受压容器排出 从无压容器排出	80 15~30
压缩气体	真空 $p\leqslant0.3$MPa $p=0.3\sim0.6$MPa $p=0.6\sim1$MPa $p=1\sim2$MPa $p=2\sim3$MPa $p=3\sim30$MPa	5~10 8~12 20~10 15~10 12~8 8~3 3~0.5
氧气[②]	$p=0\sim0.05$MPa $p=0.05\sim0.6$MPa $p=0.6\sim1$MPa $p=2\sim3$MPa	10~5 8~6 6~4 4~3
煤气	管道长 50~100m $p\leqslant0.027$MPa $p\leqslant0.27$MPa $p\leqslant0.8$MPa	3~0.75 12~8 12~3
半水煤气	$p=0.1\sim0.15$MPa	10~15
天然气		30
烟道气	烟道内 管道内	3~6 3~4
石灰窑窑气		10~12
氮气	$p=5\sim10$MPa	2~5
氢氮混合气[③]	$p=20\sim30$MPa	5~10
氨气	$p=$真空 $p<0.3$MPa $p<0.6$MPa $p<2$MPa	15~25 8~15 10~20 3~8
乙烯气	$p=22\sim150$MPa	5~6
乙炔气[④]	$p<0.01$MPa $p<0.15$MPa $p<2.5$MPa	3~4 4~8（最大） 最大 4
氯	气体 液体	10~25 1.5
氯仿	气体 液体	10 2

续表

介　质	工作条件或管径范围	流速/(m/s)
氯化氢	气体（钢衬胶管）	20
	液体（橡胶管）	1.5
溴	气体（玻璃管）	10
	液体（玻璃管）	1.2
氯化甲烷	气体	20
	液体	2
氯乙烯 二氯乙烯 三氯乙烯		2
乙二醇		2
苯乙烯		2
二溴乙烯	玻璃管	1
水及黏度相似的液体	$p=0.1\sim0.3$MPa	0.5～2
	$p\leqslant 1$MPa	3～0.5
	$p\leqslant 8$MPa	3～2
	$p\leqslant 20\sim 30$MPa	3.5～2
自来水	主管 $p=0.3$MPa	1.5～3.5
	支管 $p=0.3$MPa	1.0～1.5
锅炉给水	$p>0.8$MPa	1.2～3.5
蒸汽冷凝水		0.5～1.5
冷凝水	自　流	0.2～0.5
过热水		2
海水，微碱水	$p<0.6$MPa	1.5～2.5
油及黏度较大的液体	黏度 0.05Pa·s	
	DN25	0.5～0.9
	DN50	0.7～1.0
	DN100	1.0～1.6
	黏度 0.1Pa·s	
	DN25	0.3～0.6
	DN50	0.5～0.7
	DN100	0.7～1.0
	DN200	1.2～1.6
	黏度 1Pa·s	
	DN25	0.1～0.2
	DN50	0.16～0.25
	DN100	0.25～0.35
	DN200	0.35～0.55
液氨	$p=$真空	0.05～0.3
	$p\leqslant 0.6$MPa	0.8～0.3
	$p\leqslant 2$MPa	1.5～0.8
氢氧化钠	浓度 0～30%	2
	30%～50%	1.5
	50%～73%	1.2

续表

介 质	工作条件或管径范围	流速/(m/s)
四氯化碳		2
硫酸	浓度88%~93%（铅管）	1.2
	93%~100%（铸铁管，钢管）	1.2
盐酸	（衬胶管）	1.5
氯化钠	带有固体	2~4.5
	无固体	1.5
排出废水		0.4~0.8
泥状混合物	浓度15%	2.5~3
	25%	3~4
	65%	2.5~3
气体	鼓风机吸入管	10~15
	鼓风机排出管	15~20
	压缩机吸入管	10~20
	压缩机排出管：	
	$p<1$MPa	10~8
	$p=1$~10MPa	10~20
	$p>10$MPa	8~12
	往复式真空泵吸入管	13~16
	往复式真空泵排出管	25~30
	油封式真空泵吸入管	10~13
水及黏度相似的液体	往复泵吸入管	0.5~1.5
	往复泵排出管	1~2
	离心泵吸入管（常温）	1.5~2
	离心泵吸入管（70~110℃）	0.5~1.5
	离心泵排出管	1.5~3
	高压离心泵排出管	3~3.5
	齿轮泵吸入管	≤1
	齿轮泵排出管	1~2

① 本表所列流速，在选用时还应参照相应的国家标准。
② 氧气流速应参照《氧气站设计规范》（GB 50030—2003）。
③ 氢气流速应参照《氢氧站设计规范》（GB 50177—2005）。
④ 乙炔流速应参照《乙炔站设计规范》（GB 50031—91）。
⑤ 乏汽指蒸汽做功后利用的排放气，如汽轮机的排放气等。

表 5-7　一般工程设计的管道压力降控制值

管道类别	最大摩擦压力降/(kPa/100m)	总压力降/kPa	管道类别	最大摩擦压力降/(kPa/100m)	总压力降/kPa
液体			公用物料总管		按进口压力的2%
泵进口管	8		压缩机进管		压缩贡进口管
泵出口管			$p<350$kPa		1.8~3.5
$DN40$、$DN50$	93		$p>350$kPa		3.5~7
$DN80$	70				14~20
$DN100$及以上	50		蒸汽		按进口压力的3%
蒸汽和气体					
公用物料总管		按进口压力的5%			

5.4.3 摩擦压力降的计算

5.4.3.1 雷诺数的计算

雷诺数按下式计算：

表 5-8　某些管道中流体允许压力降范围

序号	管道种类及条件		压力降范围（100m管长）/kPa	序号	管道种类及条件	压力降范围（100m管长）/kPa
1	蒸汽 $p=6.4\sim10$MPa		$46\sim230$		进口管（接管点至阀）	最大取整定压力[①]的3%
	总管	$p<3.5$MPa	$12\sim35$		出口管	最大取整定压力的10%
		$p\geqslant3.5$MPa	$23\sim46$		出口汇总管	最大取整定压力的7.5%
	支管	$p<3.5$MPa	$23\sim46$	4	一般低压工艺气体	$2.3\sim23$
		$p\geqslant3.5$MPa	$23\sim69$	5	一般高压工艺气体	$2.3\sim69$
	排气管		$4.6\sim12$	6	塔顶出气管	12
2	大型压缩机>735kW			7	水总管	23
	进口		$1.8\sim9$	8	水支管	18
	出口		$4.6\sim6.9$	9	泵	
	小型压缩机进出口		$2.3\sim23$		进口管	最大取8
	压缩机循环管道及压缩机出口管		$0.23\sim12$		出口管<34m³/h	$35\sim138$
					$34\sim110$m³/h	$23\sim92$
3	安全阀				>110m³/h	$12\sim46$

① 整定压力即安全阀的开启压力。

表 5-9　每100m管长的压力降控制值（Δp_{f100}）

介 质	管 道 种 类	压 力 降/kPa
输送气体的管道	负压管道[①]　　$p\leqslant49$kPa　　　　　　　　　49kPa$<p\leqslant101$kPa	1.13 1.96
	通风机管道 $p=101$kPa	1.96
	压缩机的吸入管道 　　101kPa$<p\leqslant111$kPa 　　111kPa$<p\leqslant0.45$MPa 　　$p>0.45$MPa	1.96 4.5 $0.01p$
	压缩机的排出管和其他压力管道 　　$p\leqslant0.45$MPa 　　$p>0.45$MPa	4.5 $0.01p$
	工艺用的加热蒸汽管道 　　$p\leqslant0.3$MPa 　　0.3MPa$<p\leqslant0.6$MPa 　　0.6MPa$<p\leqslant1.0$MPa	10.0 15.0 20.0
输送液体的管道	自流的液体管道	5.0
	泵的吸入管道 　　饱和液体 　　不饱和液体	$10.0\sim11.0$ $20.0\sim22.0$
	泵的排出管道 　　流量小于150m³/h 　　流量大于150m³/h	$45.0\sim50.0$ 45.0
	循环冷却水管道	30.0

① 表中 p 为管道进口端的流体之压力（绝对压力）。

$$Re = du\rho/\mu = 354W/d/\mu = 354V\rho/d/\mu \tag{5-7}$$

式中　Re——雷诺数，无量纲；

d——管道内径,m;
u——流体平均流速,m/s;
ρ——流体密度,kg/m³;
μ——流体黏度,mPa·s;
W——流体的质量流量,kg/h;
V——流体的体积流量,m³/h。

表 5-10 某些对管壁有腐蚀及磨蚀流体的流速

序号	介质条件	管道材料	最大允许流速/(m/s)	序号	介质条件	管道材料	最大允许流速/(m/s)
1	烧碱液(浓度>5%)	碳钢	1.22	5	盐水	碳钢	1.83
2	浓硫酸(浓度>80%)	碳钢	1.22		管径≥900	衬水泥或沥青钢管	4.60
3	酚水(含酚>1%)	碳钢	0.91		管径<900	衬水泥或沥青钢管	6.00
4	含酚蒸汽	碳钢	18.00				

注:当管道为含镍不锈钢时,流速有时可提高到表中流速的10倍以上。

5.4.3.2 摩擦系数的计算

(1) 名词解释

① 绝对粗糙度(ε) 由于管道材料的性质和加工处理后,会使管道的内表面出现凸凹不平的现象。用管壁凸起来的高度ε(m)表示管壁的绝对粗糙度。

② 相对粗糙度(ε/d) 同样的绝对粗糙度ε,而管道直径不同时,对摩擦系数的影响也不同,绝对粗糙度ε和管道直径d的比值ε/d称为相对粗糙度。

③ 流动型态 流体在管道中流动的型态分为层流和湍流两种流型,层流和湍流间有一段不稳定的临界区。湍流区又可分为过渡区和完全湍流区。工业生产中流体流型大多数属于过渡区。确定管道内流体流动型态的准则是雷诺数。

a. 层流。雷诺数$Re<2000$,其摩擦损失与剪应力成正比,摩擦压力降与流体流速的一次方成正比。

b. 湍流。雷诺数$Re\geq4000$,其摩擦压力降几乎与流速的平方成正比。

过渡区:摩擦系数是雷诺数和管壁相对粗糙度的函数,在工业生产中,除黏度较大的某些液体(如稠厚的油类等)外,为提高流量或传热、传质速率,要求$Re>10^4$。因此,工程设计中管内的流体流型多属于湍流过渡区的范围。

完全湍流区:在图 5-1 中,MN线上部范围内,摩擦系数与雷诺数无关,仅随管壁相对粗糙度而变化。

c. 临界区。$2000<Re<4000$,在计算中,当$Re>3000$时,可按湍流来考虑,其摩擦系数和雷诺数及管壁相对粗糙度均有关,当粗糙度一定时,摩擦系数随雷诺数而变化。

(2) 光滑管和粗糙管

从理论上讲摩擦系数是雷诺数和相对粗糙度的函数。但对光滑管而言,光滑管的摩擦系数只是雷诺数的函数;而粗糙管的摩擦系数只是相对粗糙度的函数。

摩擦系数的计算可选择图表法和计算法两种。首先要计算雷诺数来确定流体流型,根据流型选择计算公式,再选取管道粗糙度后就可计算出摩擦系数。

工程上常采用相对粗糙度判断是否是光滑管:

$$Re<26.98(d/\varepsilon)^{8/7} \tag{5-8}$$

计算结果能满足上式时,可用光滑管摩擦系数公式来计算。公式中的字母含义同上。

绝对粗糙度表示管道内壁凸出部分的平均高度。在选用时,应考虑到流体对管壁的腐蚀、磨蚀、结垢和使用情况等因素。如无缝钢管,流体是石油气、饱和蒸汽以及干压缩空气等腐蚀性小的流体时,可选用绝对粗糙度 $\varepsilon=0.2$mm;输送蒸汽冷凝液(有空气)则取绝对粗糙度 $\varepsilon=0.5$mm;输送纯水时绝对粗糙度 $\varepsilon=0.2$mm;对未处理的水取绝对粗糙度 $\varepsilon=0.3\sim0.5$mm;对酸、碱等腐蚀性较大的流体,则取绝对粗糙度 $\varepsilon=1$mm 或更大些。

在湍流时,管壁粗糙度对流体流动的摩擦系数影响更大些。

(3) 摩擦系数的计算公式

常用摩擦系数的计算公式及适用范围见表 5-11。为了让工艺系统的设计人员更好地掌握这些公式的应用范围,在后面将分别介绍每个公式的应用条件。摩擦系数的计算公式主要以流体流动性来区分,按层流、临界流、湍流三种流型来计算。

表 5-11 摩擦系数公式汇总

流态	Re	阻力区	判断式	计算公式
层流	<2000		$Re \leqslant 2000$	$\lambda = \dfrac{J}{Re}$ 正方形管 $J=57$ 矩形管 $J=62$ 圆管 $J=64$ 套管环隙 $J=96$
临界流	2000~4000		$2000 < Re < 4000$	$\lambda = 0.0025 Re^{1/3}$ $\lambda = 0.1\left(\dfrac{\varepsilon}{d} + \dfrac{100}{Re}\right)^{0.25}$
湍流	≥4000	光滑区	$Re < 26.98\left(\dfrac{d}{\varepsilon}\right)^{8/7}$	$\dfrac{1}{\sqrt{\lambda}} = 2\lg(Re\sqrt{\lambda}) - 0.8$ $\lambda = 0.3164 Re^{-0.25}$ $(2000 < Re < 10^5)$ $\lambda = \dfrac{1}{(1.8\lg Re - 1.5)^2}$ $(10^5 < Re < 10^6)$
湍流	≥4000	粗糙区	$Re > \dfrac{191.2}{\sqrt{\lambda}} \times \dfrac{d}{\varepsilon}$	$\lambda = \dfrac{1}{\left(1.74 + 2\lg\dfrac{d}{2\varepsilon}\right)^2}$ $\lambda = 0.11\left(\dfrac{\varepsilon}{d}\right)^{1/4}$ $\lambda = 0.0055 + 0.15\left(\dfrac{\varepsilon}{d}\right)^{1/3}$
湍流	≥4000	过渡区	$26.98 < Re < \dfrac{191.2}{\sqrt{\lambda}}\left(\dfrac{d}{\varepsilon}\right)^{8/7}$	$\dfrac{1}{\sqrt{\lambda}} = 1.74 - 2\lg\left(\dfrac{18.7}{Re\sqrt{\lambda}} + \dfrac{2\varepsilon}{d}\right)$ $\lambda = 0.0055\left[1 + \left(2000\dfrac{\varepsilon}{d} + \dfrac{10^6}{Re}\right)^{1/3}\right]$ $\lambda = 0.11\left(\dfrac{\varepsilon}{d} + \dfrac{68}{Re}\right)^{0.25}$

从表中可看出在层流区计算公式只有一个,计算也简单。因为在层流时,绝对粗糙度突起的高度比层流底层的厚度小得多,故粗糙度的影响可忽略不计,因此层流摩擦系数仅是雷诺数的函数。必须指出的是这个公式只适用于圆形管;在计算其他管型的层流摩擦系数时,需要校正。为了方便设计者,把这个公式的不同管型的计算结果全部列入表 5-13~表 5-15 中,设计者可根据雷诺数直接查出摩擦系数。

湍流区计算公式比较多,又分为三个小区(光滑、粗糙、过渡),也要用雷诺数或者相对粗糙度 (ε/d) 来判断。为了方便设计者我们把光滑区的第一、第二两个公式的计算结果全部列入表 5-16 和表 5-17 中,设计者可根据雷诺数直接查出摩擦系数。

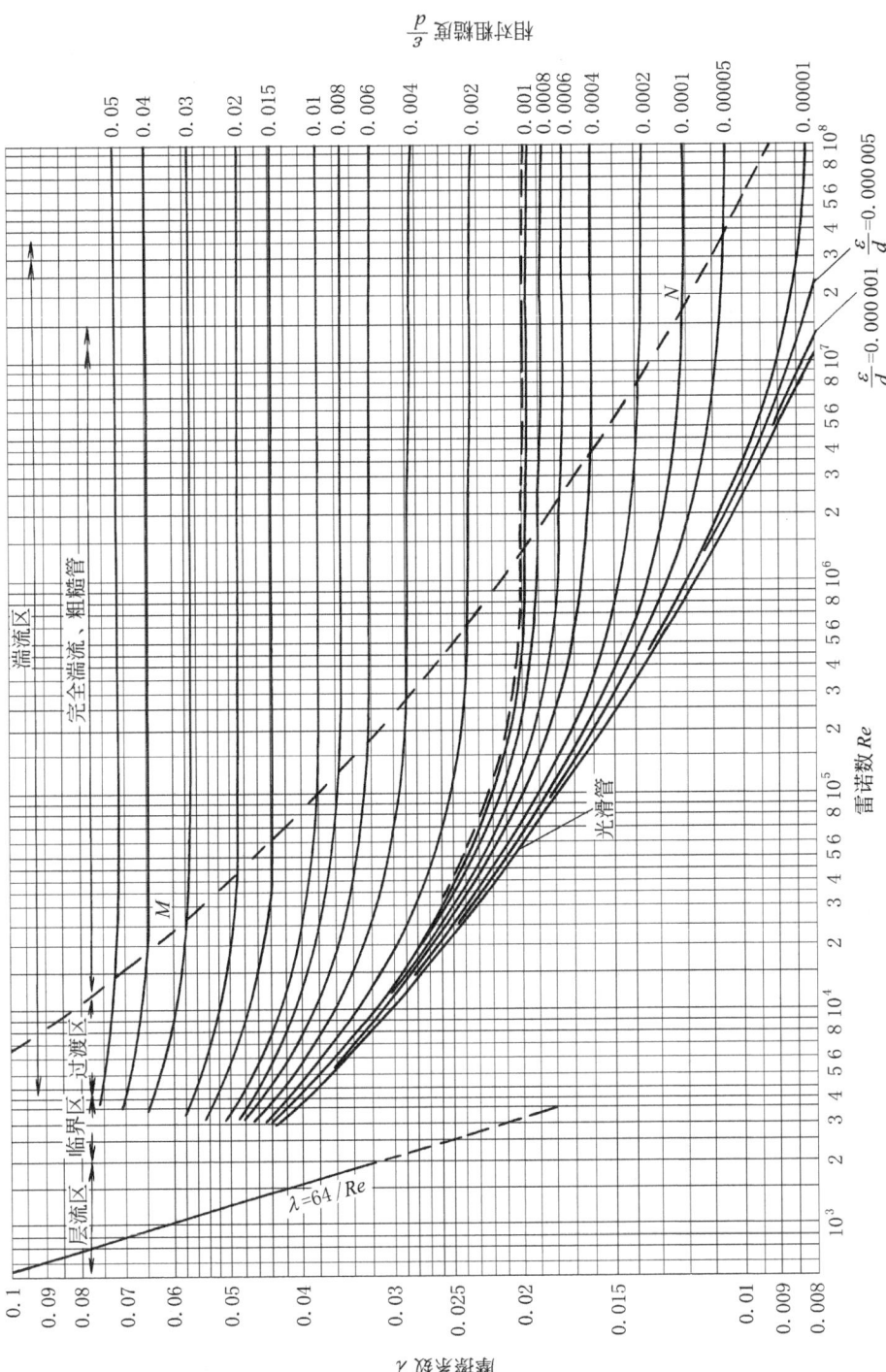

图5-1 摩擦系数(λ)与雷诺数(Re)及管壁相对粗糙度(ε/d)的关系

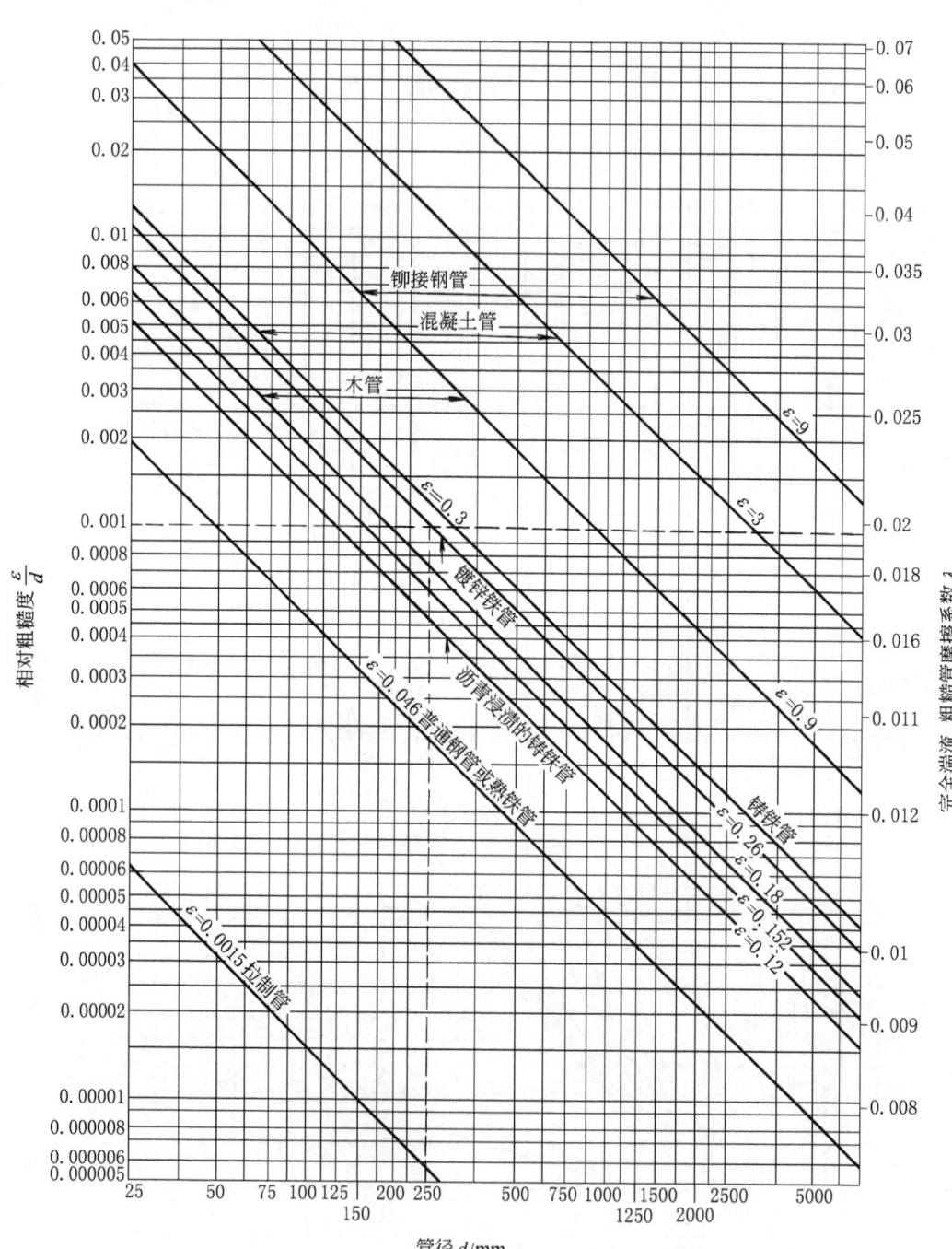

图 5-2 清洁新管的粗糙度

临界流和湍流中的粗糙区和过渡区三部分的摩擦系数要设计者按公式自己计算；也可由图 5-1 和图 5-2 中直接查出。

摩擦系数（λ）与雷诺数（Re）及管壁相对粗糙度（ε/d）的关系见图 5-1；在完全湍流情况下，清洁新管的管径（d）占绝对粗糙度（ε）的关系见图 5-2。

某些工业管道的绝对粗糙度见表 5-12；相对粗糙度由图 5-2 查得。

表 5-12 某些工业管道的绝对粗糙度

序号	管道类别		绝对粗糙度 ε mm	序号	管道类别		绝对粗糙度 ε mm
1	金属管	无缝黄铜管、铜管及铅管	0.01～0.05	8	非金属管	干净玻璃管	0.0015～0.01
2		新的无缝钢管或镀锌铁管	0.1～0.2	9		橡皮软管	0.01～0.03
3		新的铸铁管	0.25～0.42	10		木管道	0.25～1.25
4		具有轻度腐蚀的无缝钢管	0.2～0.3	11		陶土排水管	0.45～6.0
5		具有显著腐蚀的无缝钢管	0.5 以上	12		接头平整的水泥管	0.33
6		旧的铸铁管	0.85 以上	13		石棉水泥管	0.03～0.8
7		钢板制管	0.33				

表 5-13 矩形管层流摩擦系数

$\lambda = K/Re$ （$K=62$，$Re=100\sim2000$）

Re	0	10	20	30	40	50	60	70	80	90
100	0.6200	0.5636	0.5167	0.4769	0.4429	0.4133	0.3875	0.3647	0.3444	0.3263
200	0.3100	0.2952	0.2818	0.2696	0.2583	0.2480	0.2385	0.2296	0.2214	0.2138
300	0.2067	0.2000	0.1938	0.1879	0.1824	0.1771	0.1722	0.1676	0.1632	0.1590
400	0.1550	0.1512	0.1476	0.1442	0.1409	0.1378	0.1348	0.1319	0.1292	0.1265
500	0.1240	0.1216	0.1192	0.1170	0.1148	0.1127	0.1107	0.1088	0.1069	0.1051
600	0.1033	0.1016	0.1000	0.0984	0.0969	0.0954	0.0939	0.0925	0.0912	0.0899
700	0.0886	0.0873	0.0861	0.0849	0.0838	0.0827	0.0816	0.0805	0.0795	0.0785
800	0.0775	0.0765	0.0756	0.0747	0.0738	0.0729	0.0721	0.0713	0.0705	0.0697
900	0.0689	0.0681	0.0674	0.0667	0.0660	0.0653	0.0646	0.0639	0.0633	0.0626
1000	0.0620	0.0614	0.0608	0.0602	0.0596	0.0590	0.0585	0.0579	0.0574	0.0569
1100	0.0564	0.0559	0.0554	0.0549	0.0544	0.0539	0.0534	0.0530	0.0525	0.0521
1200	0.0517	0.0512	0.0508	0.0504	0.0500	0.0496	0.0492	0.0488	0.0484	0.0481
1300	0.0477	0.0473	0.0470	0.0466	0.0463	0.0459	0.0456	0.0453	0.0449	0.0446
1400	0.0443	0.0440	0.0437	0.0434	0.0431	0.0428	0.0425	0.0422	0.0419	0.0416
1500	0.0413	0.0411	0.0408	0.0405	0.0403	0.0400	0.0397	0.0395	0.0392	0.0390
1600	0.0387	0.0385	0.0383	0.0380	0.0378	0.0376	0.0373	0.0371	0.0369	0.0367
1700	0.0365	0.0363	0.0360	0.0358	0.0356	0.0354	0.0352	0.0350	0.0348	0.0346
1800	0.0344	0.0343	0.0341	0.0339	0.0337	0.0335	0.0333	0.0332	0.0330	0.0328
1900	0.0326	0.0325	0.0323	0.0321	0.0320	0.0318	0.0316	0.0315	0.0313	0.0312
2000	0.0310									

表 5-14 圆管层流摩擦系数

$\lambda = K/Re$ （$K=64$，$Re=100\sim2000$）

Re	0	10	20	30	40	50	60	70	80	90
100	0.6400	0.5818	0.5333	0.4923	0.4571	0.4267	0.4000	0.3765	0.3556	0.3368
200	0.3200	0.3048	0.2909	0.2783	0.2667	0.2560	0.2462	0.2370	0.2286	0.2207
300	0.2133	0.2065	0.2000	0.1939	0.1882	0.1829	0.1778	0.1730	0.1684	0.1641
400	0.1600	0.1561	0.1524	0.1488	0.1455	0.1422	0.1391	0.1362	0.1333	0.1306

续表

Re	0	10	20	30	40	50	60	70	80	90
500	0.1280	0.1255	0.1231	0.1208	0.1185	0.1164	0.1143	0.1123	0.1103	0.1085
600	0.1067	0.1049	0.1032	0.1016	0.1000	0.0985	0.0970	0.0955	0.0941	0.0928
700	0.0914	0.0901	0.0889	0.0877	0.0865	0.0853	0.0842	0.0831	0.0821	0.0810
800	0.0800	0.0790	0.0780	0.0771	0.0762	0.0753	0.0744	0.0736	0.0727	0.0719
900	0.0711	0.0703	0.0696	0.0688	0.0681	0.0674	0.0667	0.0660	0.0653	0.0646
1000	0.0640	0.0634	0.0627	0.0621	0.0615	0.0610	0.0604	0.0598	0.0593	0.0587
1100	0.0582	0.0577	0.0571	0.0566	0.0561	0.0557	0.0552	0.0547	0.0542	0.0538
1200	0.0533	0.0529	0.0525	0.0520	0.0516	0.0512	0.0508	0.0504	0.0500	0.0496
1300	0.0492	0.0489	0.0485	0.0481	0.0478	0.0474	0.0471	0.0467	0.0464	0.0460
1400	0.0457	0.0454	0.0451	0.0448	0.0444	0.0441	0.0438	0.0435	0.0432	0.0430
1500	0.0427	0.0424	0.0421	0.0418	0.0416	0.0413	0.0410	0.0408	0.0405	0.0403
1600	0.0400	0.0398	0.0395	0.0393	0.0390	0.0388	0.0386	0.0383	0.0381	0.0379
1700	0.0376	0.0374	0.0372	0.0370	0.0368	0.0366	0.0364	0.0362	0.0360	0.0358
1800	0.0356	0.0354	0.0352	0.0350	0.0348	0.0346	0.0344	0.0342	0.0340	0.0339
1900	0.0337	0.0335	0.0333	0.0332	0.0330	0.0328	0.0327	0.0325	0.0323	0.0322
2000	0.0320									

表 5-15　套管环隙层流摩擦系数

$$\lambda = K/Re \quad (K=96,\ Re=100\sim2000)$$

Re	0	10	20	30	40	50	60	70	80	90
100	0.9600	0.8727	0.8000	0.7385	0.6857	0.6400	0.6000	0.5647	0.5333	0.5053
200	0.4800	0.4571	0.4364	0.4174	0.4000	0.3640	0.3692	0.3556	0.3429	0.3310
300	0.3200	0.3097	0.3000	0.2909	0.2824	0.2743	0.2667	0.2595	0.2526	0.2462
400	0.2400	0.2341	0.2286	0.2233	0.2182	0.2133	0.2037	0.2043	0.2000	0.1959
500	0.1920	0.1882	0.1846	0.1811	0.1778	0.1745	0.1714	0.1684	0.1655	0.1627
600	0.1600	0.1574	0.1548	0.1524	0.1500	0.1477	0.1455	0.1433	0.1412	0.1391
700	0.1371	0.1352	0.1333	0.1315	0.1297	0.1280	0.1263	0.1247	0.1231	0.1215
800	0.1200	0.1185	0.1171	0.1157	0.1143	0.1129	0.1116	0.1103	0.1091	0.1079
900	0.1067	0.1055	0.1043	0.1032	0.1021	0.1011	0.1000	0.0990	0.0980	0.0970
1000	0.0960	0.0950	0.0941	0.0932	0.0923	0.0914	0.0906	0.0897	0.0889	0.0881
1100	0.0873	0.0865	0.0857	0.0850	0.0842	0.0835	0.0828	0.0821	0.0814	0.0807
1200	0.0800	0.0793	0.0787	0.0780	0.0774	0.0768	0.0762	0.0756	0.0750	0.0744
1300	0.0738	0.0733	0.0727	0.0722	0.0716	0.0711	0.0706	0.0701	0.0696	0.0691
1400	0.0686	0.0681	0.0676	0.0671	0.0667	0.0662	0.0658	0.0653	0.0649	0.0644
1500	0.0640	0.0636	0.0632	0.0627	0.0623	0.0619	0.0615	0.0611	0.0608	0.0604
1600	0.0600	0.0596	0.0593	0.0589	0.0585	0.0582	0.0578	0.0575	0.0571	0.0568
1700	0.0565	0.0561	0.0558	0.0555	0.0552	0.0549	0.0545	0.0542	0.0539	0.0536
1800	0.0533	0.0530	0.0527	0.0525	0.0522	0.0519	0.0516	0.0513	0.0511	0.0508
1900	0.0505	0.0503	0.0500	0.0497	0.0495	0.0492	0.0490	0.0487	0.0485	0.0482
2000	0.0480									

表 5-16　光滑管摩擦系数（一）

$$\lambda = 0.3164 Re^{-0.25} \quad (2000 < Re < 10^5)$$

Re	0	50	100	150	200	250	300	350	400	450
2000		0.0470	0.0467	0.0465	0.0462	0.0459	0.0457	0.0454	0.0452	0.0450
2500	0.0447	0.0445	0.0443	0.0441	0.0439	0.0437	0.0435	0.0433	0.0431	0.0429
3000	0.0428	0.0426	0.0424	0.0422	0.0421	0.0419	0.0417	0.0416	0.0414	0.0413
3500	0.0411	0.0410	0.0408	0.0407	0.0406	0.0404	0.0403	0.0402	0.0400	0.0399
4000	0.0398	0.0397	0.0395	0.0394	0.0393	0.0392	0.0391	0.0390	0.0388	0.0387

续表

Re	0	50	100	150	200	250	300	350	400	450
4500	0.0386	0.0385	0.0384	0.0383	0.0382	0.0381	0.0380	0.0379	0.0378	0.0377
5000	0.0376	0.0375	0.0374	0.0373	0.0373	0.0372	0.0371	0.0370	0.0369	0.0368
5500	0.0367	0.0367	0.0366	0.0365	0.0364	0.0363	0.0363	0.0362	0.0361	0.0360
6000	0.0359	0.0359	0.0358	0.0357	0.0357	0.0356	0.0355	0.0354	0.0354	0.0353
6500	0.0352	0.0352	0.0351	0.0350	0.0350	0.0349	0.0348	0.0348	0.0347	0.0347
7000	0.0346	0.0345	0.0345	0.0344	0.0343	0.0343	0.0342	0.0342	0.0341	0.0341
7500	0.0340	0.0339	0.0339	0.0338	0.0338	0.0337	0.0337	0.0336	0.0336	0.0335
8000	0.0335	0.0334	0.0334	0.0333	0.0332	0.0332	0.0331	0.0331	0.0330	0.0330
8500	0.0330	0.0329	0.0329	0.0328	0.0328	0.0327	0.0327	0.0326	0.0326	0.0325
9000	0.0325	0.0324	0.0324	0.0324	0.0323	0.0323	0.0322	0.0322	0.0321	0.0321
9500	0.0320	0.0320	0.0320	0.0319	0.0319	0.0318	0.0318	0.0318	0.0317	0.0317
10000	0.0316	0.0316	0.0316	0.0315	0.0315	0.0314	0.0314	0.0314	0.0313	0.0313
10500	0.0313	0.0312	0.0312	0.0311	0.0311	0.0311	0.0310	0.0310	0.0310	0.0309
11000	0.0309	0.0309	0.0308	0.0308	0.0308	0.0307	0.0307	0.0307	0.0306	0.0306
11500	0.0306	0.0305	0.0305	0.0305	0.0304	0.0304	0.0304	0.0303	0.0303	0.0303
12000	0.0302	0.0302	0.0302	0.0301	0.0301	0.0301	0.0300	0.0300	0.0300	0.0300
12500	0.0299	0.0299	0.0299	0.0298	0.0298	0.0298	0.0297	0.0297	0.0297	0.0297
13000	0.0296	0.0296	0.0296	0.0295	0.0295	0.0295	0.0295	0.0294	0.0294	0.0294
13500	0.0294	0.0293	0.0293	0.0293	0.0292	0.0292	0.0292	0.0292	0.0291	0.0291
14000	0.0291	0.0291	0.0290	0.0290	0.0290	0.0290	0.0289	0.0289	0.0289	0.0289
14500	0.0288	0.0288	0.0288	0.0288	0.0287	0.0287	0.0287	0.0287	0.0286	0.0286
15000	0.0286	0.0286	0.0285	0.0285	0.0285	0.0285	0.0284	0.0284	0.0284	0.0284
15500	0.0284	0.0283	0.0283	0.0283	0.0283	0.0282	0.0282	0.0282	0.0282	0.0282
16000	0.0281	0.0281	0.0281	0.0281	0.0280	0.0280	0.0280	0.0280	0.0280	0.0279
16500	0.0279	0.0279	0.0279	0.0279	0.0278	0.0278	0.0278	0.0278	0.0278	0.0277
17000	0.0277	0.0277	0.0277	0.0276	0.0276	0.0276	0.0276	0.0276	0.0276	0.0275	0.0275
17500	0.0275	0.0275	0.0275	0.0275	0.0274	0.0274	0.0274	0.0274	0.0274	0.0273
18000	0.0273	0.0273	0.0273	0.0273	0.0272	0.0272	0.0272	0.0272	0.0272	0.0271
18500	0.0271	0.0271	0.0271	0.0271	0.0271	0.0270	0.0270	0.0270	0.0270	0.0270
19000	0.0269	0.0269	0.0269	0.0269	0.0269	0.0269	0.0268	0.0268	0.0268	0.0268
19500	0.0268	0.0268	0.0267	0.0267	0.0267	0.0267	0.0267	0.0267	0.0266	0.0266
20000	0.0266	0.0266	0.0266	0.0266	0.0265	0.0265	0.0265	0.0265	0.0265	0.0265
20500	0.0264	0.0264	0.0264	0.0264	0.0264	0.0264	0.0263	0.0263	0.0263	0.0263
21000	0.0263	0.0263	0.0263	0.0262	0.0262	0.0262	0.0262	0.0262	0.0262	0.0261
21500	0.0261	0.0261	0.0261	0.0261	0.0261	0.0261	0.0260	0.0260	0.0260	0.0260
22000	0.0260	0.0260	0.0260	0.0259	0.0259	0.0259	0.0259	0.0259	0.0259	0.0258
22500	0.0258	0.0258	0.0258	0.0258	0.0258	0.0258	0.0257	0.0257	0.0257	0.0257
23000	0.0257	0.0257	0.0257	0.0257	0.0256	0.0256	0.0256	0.0256	0.0256	0.0256
23500	0.0256	0.0255	0.0255	0.0255	0.0255	0.0255	0.0255	0.0255	0.0254	0.0254
24000	0.0254	0.0254	0.0254	0.0254	0.0254	0.0254	0.0253	0.0253	0.0253	0.0253
24500	0.0253	0.0253	0.0253	0.0253	0.0252	0.0252	0.0252	0.0252	0.0252	0.0252
25000	0.0252	0.0251	0.0251	0.0251	0.0251	0.0251	0.0251	0.0251	0.0251	0.0251
25500	0.0250	0.0250	0.0250	0.0250	0.0250	0.0250	0.0250	0.0250	0.0249	0.0249
26000	0.0249	0.0249	0.0249	0.0249	0.0249	0.0249	0.0248	0.0248	0.0248	0.0248
26500	0.0248	0.0248	0.0248	0.0248	0.0248	0.0247	0.0247	0.0247	0.0247	0.0247
27000	0.0247	0.0247	0.0247	0.0246	0.0246	0.0246	0.0246	0.0246	0.0246	0.0246
27500	0.0246	0.0246	0.0245	0.0245	0.0245	0.0245	0.0245	0.0245	0.0245	0.0245
28000	0.0245	0.0244	0.0244	0.0244	0.0244	0.0244	0.0244	0.0244	0.0244	0.0244
28500	0.0244	0.0243	0.0243	0.0243	0.0243	0.0243	0.0243	0.0243	0.0243	0.0243

续表

Re	0	50	100	150	200	250	300	350	400	450
29000	0.0242	0.0242	0.0242	0.0242	0.0242	0.0242	0.0242	0.0242	0.0242	0.0242
29500	0.0241	0.0241	0.0241	0.0241	0.0241	0.0241	0.0241	0.0241	0.0241	0.0241
30000	0.0240	0.0240	0.0240	0.0240	0.0240	0.0240	0.0240	0.0240	0.0240	0.0240
30500	0.0239	0.0239	0.0239	0.0239	0.0239	0.0239	0.0239	0.0239	0.0239	0.0239
31000	0.0238	0.0238	0.0238	0.0238	0.0238	0.0238	0.0238	0.0238	0.0238	0.0238
31500	0.0237	0.0237	0.0237	0.0237	0.0237	0.0237	0.0237	0.0237	0.0237	0.0237
32000	0.0237	0.0236	0.0236	0.0236	0.0236	0.0236	0.0236	0.0236	0.0236	0.0236
32500	0.0236	0.0236	0.0235	0.0235	0.0235	0.0235	0.0235	0.0235	0.0235	0.0235
33000	0.0235	0.0235	0.0235	0.0234	0.0234	0.0234	0.0234	0.0234	0.0234	0.0234
33500	0.0234	0.0234	0.0234	0.0234	0.0234	0.0233	0.0233	0.0233	0.0233	0.0233
34000	0.0233	0.0233	0.0233	0.0233	0.0233	0.0233	0.0232	0.0232	0.0232	0.0232
34500	0.0232	0.0232	0.0232	0.0232	0.0232	0.0232	0.0232	0.0232	0.0231	0.0231
35000	0.0231	0.0231	0.0231	0.0231	0.0231	0.0231	0.0231	0.0231	0.0231	0.0231
35500	0.0231	0.0230	0.0230	0.0230	0.0230	0.0230	0.0230	0.0230	0.0230	0.0230
36000	0.0230	0.0230	0.0230	0.0229	0.0229	0.0229	0.0229	0.0229	0.0229	0.0229
36500	0.0229	0.0229	0.0229	0.0229	0.0229	0.0229	0.0228	0.0228	0.0228	0.0228
37000	0.0228	0.0228	0.0228	0.0228	0.0228	0.0228	0.0228	0.0228	0.0228	0.0227
37500	0.0227	0.0227	0.0227	0.0227	0.0227	0.0227	0.0227	0.0227	0.0227	0.0227
38000	0.0227	0.0227	0.0226	0.0226	0.0226	0.0226	0.0226	0.0226	0.0226	0.0226
38500	0.0226	0.0226	0.0226	0.0226	0.0226	0.0226	0.0225	0.0225	0.0225	0.0225
39000	0.0225	0.0225	0.0225	0.0225	0.0225	0.0225	0.0225	0.0225	0.0225	0.0225
39500	0.0224	0.0224	0.0224	0.0224	0.0224	0.0224	0.0224	0.0224	0.0224	0.0224
40000	0.0224	0.0224	0.0224	0.0224	0.0223	0.0223	0.0223	0.0223	0.0223	0.0223
40500	0.0223	0.0223	0.0223	0.0223	0.0223	0.0223	0.0223	0.0223	0.0222	0.0222
41000	0.0222	0.0222	0.0222	0.0222	0.0222	0.0222	0.0222	0.0222	0.0222	0.0222
41500	0.0222	0.0222	0.0222	0.0221	0.0221	0.0221	0.0221	0.0221	0.0221	0.0221
42000	0.0221	0.0221	0.0221	0.0221	0.0221	0.0221	0.0221	0.0221	0.0220	0.0220
42500	0.0220	0.0220	0.0220	0.0220	0.0220	0.0220	0.0220	0.0220	0.0220	0.0220
43000	0.0220	0.0220	0.0220	0.0220	0.0219	0.0219	0.0219	0.0219	0.0219	0.0219
43500	0.0219	0.0219	0.0219	0.0219	0.0219	0.0219	0.0219	0.0219	0.0219	0.0219
44000	0.0218	0.0218	0.0218	0.0218	0.0218	0.0218	0.0218	0.0218	0.0218	0.0218
44500	0.0218	0.0218	0.0218	0.0218	0.0218	0.0218	0.0217	0.0217	0.0217	0.0217
45000	0.0217	0.0217	0.0217	0.0217	0.0217	0.0217	0.0217	0.0217	0.0217	0.0217
45500	0.0217	0.0217	0.0217	0.0217	0.0216	0.0216	0.0216	0.0216	0.0216	0.0216
46000	0.0216	0.0216	0.0216	0.0216	0.0216	0.0216	0.0216	0.0216	0.0216	0.0216
46500	0.0215	0.0215	0.0215	0.0215	0.0215	0.0215	0.0215	0.0215	0.0215	0.0215
47000	0.0215	0.0215	0.0215	0.0215	0.0215	0.0215	0.0215	0.0214	0.0214	0.0214
47500	0.0214	0.0214	0.0214	0.0214	0.0214	0.0214	0.0214	0.0214	0.0214	0.0214
48000	0.0214	0.0214	0.0214	0.0214	0.0214	0.0213	0.0213	0.0213	0.0213	0.0213
48500	0.0213	0.0213	0.0213	0.0213	0.0213	0.0213	0.0213	0.0213	0.0213	0.0213
49000	0.0213	0.0213	0.0213	0.0213	0.0212	0.0212	0.0212	0.0212	0.0212	0.0212
49500	0.0212	0.0212	0.0212	0.0212	0.0212	0.0212	0.0212	0.0212	0.0212	0.0212
50000	0.0212	0.0212	0.0211	0.0211	0.0211	0.0211	0.0211	0.0211	0.0211	0.0211
50500	0.0211	0.0211	0.0211	0.0211	0.0211	0.0211	0.0211	0.0211	0.0211	0.0211
51000	0.0211	0.0210	0.0210	0.0210	0.0210	0.0210	0.0210	0.0210	0.0210	0.0210
51500	0.0210	0.0210	0.0210	0.0210	0.0210	0.0210	0.0210	0.0210	0.0210	0.0210
52000	0.0210	0.0209	0.0209	0.0209	0.0209	0.0209	0.0209	0.0209	0.0209	0.0209
52500	0.0209	0.0209	0.0209	0.0209	0.0209	0.0209	0.0209	0.0209	0.0209	0.0209
53000	0.0209	0.0208	0.0208	0.0208	0.0208	0.0208	0.0208	0.0208	0.0208	0.0208

续表

Re	0	50	100	150	200	250	300	350	400	450
53500	0.0208	0.0208	0.0208	0.0208	0.0208	0.0208	0.0208	0.0208	0.0208	0.0208
54000	0.0208	0.0208	0.0207	0.0207	0.0207	0.0207	0.0207	0.0207	0.0207	0.0207
54500	0.0207	0.0207	0.0207	0.0207	0.0207	0.0207	0.0207	0.0207	0.0207	0.0207
55000	0.0207	0.0207	0.0207	0.0206	0.0206	0.0206	0.0206	0.0206	0.0206	0.0206
55500	0.0206	0.0206	0.0206	0.0206	0.0206	0.0206	0.0206	0.0206	0.0206	0.0206
56000	0.0206	0.0206	0.0206	0.0206	0.0205	0.0205	0.0205	0.0205	0.0205	0.0205
56500	0.0205	0.0205	0.0205	0.0205	0.0205	0.0205	0.0205	0.0205	0.0205	0.0205
57000	0.0205	0.0205	0.0205	0.0205	0.0205	0.0205	0.0205	0.0204	0.0204	0.0204
57500	0.0204	0.0204	0.0204	0.0204	0.0204	0.0204	0.0204	0.0204	0.0204	0.0204
58000	0.0204	0.0204	0.0204	0.0204	0.0204	0.0204	0.0204	0.0204	0.0204	0.0203
58500	0.0203	0.0203	0.0203	0.0203	0.0203	0.0203	0.0203	0.0203	0.0203	0.0203
59000	0.0203	0.0203	0.0203	0.0203	0.0203	0.0203	0.0203	0.0203	0.0203	0.0203
59500	0.0203	0.0203	0.0202	0.0202	0.0202	0.0202	0.0202	0.0202	0.0202	0.0202
60000	0.0202	0.0202	0.0202	0.0202	0.0202	0.0202	0.0202	0.0202	0.0202	0.0202
60500	0.0202	0.0202	0.0202	0.0202	0.0202	0.0202	0.0201	0.0201	0.0201	0.0201
61000	0.0201	0.0201	0.0201	0.0201	0.0201	0.0201	0.0201	0.0201	0.0201	0.0201
61500	0.0201	0.0201	0.0201	0.0201	0.0201	0.0201	0.0201	0.0201	0.0201	0.0201
62000	0.0201	0.0200	0.0200	0.0200	0.0200	0.0200	0.0200	0.0200	0.0200	0.0200
62500	0.0200	0.0200	0.0200	0.0200	0.0200	0.0200	0.0200	0.0200	0.0200	0.0200
63000	0.0200	0.0200	0.0200	0.0200	0.0200	0.0200	0.0199	0.0199	0.0199	0.0199
63500	0.0199	0.0199	0.0199	0.0199	0.0199	0.0199	0.0199	0.0199	0.0199	0.0199
64000	0.0199	0.0199	0.0199	0.0199	0.0199	0.0199	0.0199	0.0199	0.0199	0.0199
64500	0.0199	0.0199	0.0198	0.0198	0.0198	0.0198	0.0198	0.0198	0.0198	0.0198
65000	0.0198	0.0198	0.0198	0.0198	0.0198	0.0198	0.0198	0.0198	0.0198	0.0198
65500	0.0198	0.0198	0.0198	0.0198	0.0198	0.0198	0.0198	0.0198	0.0197	0.0197
66000	0.0197	0.0197	0.0197	0.0197	0.0197	0.0197	0.0197	0.0197	0.0197	0.0197
66500	0.0197	0.0197	0.0197	0.0197	0.0197	0.0197	0.0197	0.0197	0.0197	0.0197
67000	0.0197	0.0197	0.0197	0.0197	0.0197	0.0196	0.0196	0.0196	0.0196	0.0196
67500	0.0196	0.0196	0.0196	0.0196	0.0196	0.0196	0.0196	0.0196	0.0196	0.0196
68000	0.0196	0.0196	0.0196	0.0196	0.0196	0.0196	0.0196	0.0196	0.0196	0.0196
68500	0.0196	0.0196	0.0196	0.0195	0.0195	0.0195	0.0195	0.0195	0.0195	0.0195
69000	0.0195	0.0195	0.0195	0.0195	0.0195	0.0195	0.0195	0.0195	0.0195	0.0195
69500	0.0195	0.0195	0.0195	0.0195	0.0195	0.0195	0.0195	0.0195	0.0195	0.0195
70000	0.0195	0.0194	0.0194	0.0194	0.0194	0.0194	0.0194	0.0194	0.0194	0.0194
70500	0.0194	0.0194	0.0194	0.0194	0.0194	0.0194	0.0194	0.0194	0.0194	0.0194
71000	0.0194	0.0194	0.0194	0.0194	0.0194	0.0194	0.0194	0.0194	0.0194	0.0194
71500	0.0193	0.0193	0.0193	0.0193	0.0193	0.0193	0.0193	0.0193	0.0193	0.0193
72000	0.0193	0.0193	0.0193	0.0193	0.0193	0.0193	0.0193	0.0193	0.0193	0.0193
72500	0.0193	0.0193	0.0193	0.0193	0.0193	0.0193	0.0193	0.0193	0.0193	0.0193
73000	0.0192	0.0192	0.0192	0.0192	0.0192	0.0192	0.0192	0.0192	0.0192	0.0192
73500	0.0192	0.0192	0.0192	0.0192	0.0192	0.0192	0.0192	0.0192	0.0192	0.0192
74000	0.0192	0.0192	0.0192	0.0192	0.0192	0.0192	0.0192	0.0192	0.0192	0.0192
74500	0.0192	0.0191	0.0191	0.0191	0.0191	0.0191	0.0191	0.0191	0.0191	0.0191
75000	0.0191	0.0191	0.0191	0.0191	0.0191	0.0191	0.0191	0.0191	0.0191	0.0191
75500	0.0191	0.0191	0.0191	0.0191	0.0191	0.0191	0.0191	0.0191	0.0191	0.0191
76000	0.0191	0.0191	0.0190	0.0190	0.0190	0.0190	0.0190	0.0190	0.0190	0.0190
76500	0.0190	0.0190	0.0190	0.0190	0.0190	0.0190	0.0190	0.0190	0.0190	0.0190
77000	0.0190	0.0190	0.0190	0.0190	0.0190	0.0190	0.0190	0.0190	0.0190	0.0190
77500	0.0190	0.0190	0.0190	0.0190	0.0190	0.0189	0.0189	0.0189	0.0189	0.0189

续表

Re	0	50	100	150	200	250	300	350	400	450
78000	0.0189	0.0189	0.0189	0.0189	0.0189	0.0189	0.0189	0.0189	0.0189	0.0189
78500	0.0189	0.0189	0.0189	0.0189	0.0189	0.0189	0.0189	0.0189	0.0189	0.0189
79000	0.0189	0.0189	0.0189	0.0189	0.0189	0.0189	0.0189	0.0189	0.0188	0.0188
79500	0.0188	0.0188	0.0188	0.0188	0.0188	0.0188	0.0188	0.0188	0.0188	0.0188
80000	0.0188	0.0188	0.0188	0.0188	0.0188	0.0188	0.0188	0.0188	0.0188	0.0188
80500	0.0188	0.0188	0.0188	0.0188	0.0188	0.0188	0.0188	0.0188	0.0188	0.0188
81000	0.0188	0.0188	0.0187	0.0187	0.0187	0.0187	0.0187	0.0187	0.0187	0.0187
81500	0.0187	0.0187	0.0187	0.0187	0.0187	0.0187	0.0187	0.0187	0.0187	0.0187
82000	0.0187	0.0187	0.0187	0.0187	0.0187	0.0187	0.0187	0.0187	0.0187	0.0187
82500	0.0187	0.0187	0.0187	0.0187	0.0187	0.0187	0.0187	0.0186	0.0186	0.0186
83000	0.0186	0.0186	0.0186	0.0186	0.0186	0.0186	0.0186	0.0186	0.0186	0.0186
83500	0.0186	0.0186	0.0186	0.0186	0.0186	0.0186	0.0186	0.0186	0.0186	0.0186
84000	0.0186	0.0186	0.0186	0.0186	0.0186	0.0186	0.0186	0.0186	0.0186	0.0186
84500	0.0186	0.0186	0.0186	0.0185	0.0185	0.0185	0.0185	0.0185	0.0185	0.0185
85000	0.0185	0.0185	0.0185	0.0185	0.0185	0.0185	0.0185	0.0185	0.0185	0.0185
85500	0.0185	0.0185	0.0185	0.0185	0.0185	0.0185	0.0185	0.0185	0.0185	0.0185
86000	0.0185	0.0185	0.0185	0.0185	0.0185	0.0185	0.0185	0.0185	0.0185	0.0185
86500	0.0184	0.0184	0.0184	0.0184	0.0184	0.0184	0.0184	0.0184	0.0184	0.0184
87000	0.0184	0.0184	0.0184	0.0184	0.0184	0.0184	0.0184	0.0184	0.0184	0.0184
87500	0.0184	0.0184	0.0184	0.0184	0.0184	0.0184	0.0184	0.0184	0.0184	0.0184
88000	0.0184	0.0184	0.0184	0.0184	0.0184	0.0184	0.0184	0.0184	0.0183	0.0183
88500	0.0183	0.0183	0.0183	0.0183	0.0183	0.0183	0.0183	0.0183	0.0183	0.0183
89000	0.0183	0.0183	0.0183	0.0183	0.0183	0.0183	0.0183	0.0183	0.0183	0.0183
89500	0.0183	0.0183	0.0183	0.0183	0.0183	0.0183	0.0183	0.0183	0.0183	0.0183
90000	0.0183	0.0183	0.0183	0.0183	0.0183	0.0183	0.0183	0.0182	0.0182	0.0182
90500	0.0182	0.0182	0.0182	0.0182	0.0182	0.0182	0.0182	0.0182	0.0182	0.0182
91000	0.0182	0.0182	0.0182	0.0182	0.0182	0.0182	0.0182	0.0182	0.0182	0.0182
91500	0.0182	0.0182	0.0182	0.0182	0.0182	0.0182	0.0182	0.0182	0.0182	0.0182
92000	0.0182	0.0182	0.0182	0.0182	0.0182	0.0182	0.0182	0.0182	0.0181	0.0181
92500	0.0181	0.0181	0.0181	0.0181	0.0181	0.0181	0.0181	0.0181	0.0181	0.0181
93000	0.0181	0.0181	0.0181	0.0181	0.0181	0.0181	0.0181	0.0181	0.0181	0.0181
93500	0.0181	0.0181	0.0181	0.0181	0.0181	0.0181	0.0181	0.0181	0.0181	0.0181
94000	0.0181	0.0181	0.0181	0.0181	0.0181	0.0181	0.0181	0.0181	0.0181	0.0180
94500	0.0180	0.0180	0.0180	0.0180	0.0180	0.0180	0.0180	0.0180	0.0180	0.0180
95000	0.0180	0.0180	0.0180	0.0180	0.0180	0.0180	0.0180	0.0180	0.0180	0.0180
95500	0.0180	0.0180	0.0180	0.0180	0.0180	0.0180	0.0180	0.0180	0.0180	0.0180
96000	0.0180	0.0180	0.0180	0.0180	0.0180	0.0180	0.0180	0.0180	0.0180	0.0180
96500	0.0180	0.0179	0.0179	0.0179	0.0179	0.0179	0.0179	0.0179	0.0179	0.0179
97000	0.0179	0.0179	0.0179	0.0179	0.0179	0.0179	0.0179	0.0179	0.0179	0.0179
97500	0.0179	0.0179	0.0179	0.0179	0.0179	0.0179	0.0179	0.0179	0.0179	0.0179
98000	0.0179	0.0179	0.0179	0.0179	0.0179	0.0179	0.0179	0.0179	0.0179	0.0179
98500	0.0179	0.0179	0.0179	0.0179	0.0179	0.0179	0.0178	0.0178	0.0178	0.0178
99000	0.0178	0.0178	0.0178	0.0178	0.0178	0.0178	0.0178	0.0178	0.0178	0.0178
99500	0.0178	0.0178	0.0178	0.0178	0.0178	0.0178	0.0178	0.0178	0.0178	0.0178
100000	0.0178									

表 5-17 光滑管摩擦系数（二）

$$\lambda = 11/(1.8\lg Re - 1.5)^2 \quad (10^5 < Re < 10^6)$$

Re	0	500	1000	1500	2000	2500	3000	3500	4000	4500
100000	0.0178	0.0178	0.0177	0.0177	0.0177	0.0177	0.0177	0.0177	0.0176	0.0176
105000	0.0176	0.0176	0.0176	0.0175	0.0175	0.0175	0.0175	0.0175	0.0175	0.0174
110000	0.0174	0.0174	0.0174	0.0174	0.0174	0.0173	0.0173	0.0173	0.0173	0.0173
115000	0.0173	0.0173	0.0172	0.0172	0.0172	0.0172	0.0172	0.0172	0.0172	0.0171
120000	0.0171	0.0171	0.0171	0.0171	0.0171	0.0170	0.0170	0.0170	0.0170	0.0170
125000	0.0170	0.0170	0.0170	0.0169	0.0169	0.0169	0.0169	0.0169	0.0169	0.0169
130000	0.0168	0.0168	0.0168	0.0168	0.0168	0.0168	0.0168	0.0168	0.0167	0.0167
135000	0.0167	0.0167	0.0167	0.0167	0.0167	0.0167	0.0166	0.0166	0.0166	0.0166
140000	0.0166	0.0166	0.0166	0.0166	0.0165	0.0165	0.0165	0.0165	0.0165	0.0165
145000	0.0165	0.0165	0.0165	0.0164	0.0164	0.0164	0.0164	0.0164	0.0164	0.0164
150000	0.0164	0.0164	0.0163	0.0163	0.0163	0.0163	0.0163	0.0163	0.0163	0.0163
155000	0.0163	0.0162	0.0162	0.0162	0.0162	0.0162	0.0162	0.0162	0.0162	0.0162
160000	0.0162	0.0161	0.0161	0.0161	0.0161	0.0161	0.0161	0.0161	0.0161	0.0161
165000	0.0161	0.0160	0.0160	0.0160	0.0160	0.0160	0.0160	0.0160	0.0160	0.0160
170000	0.0160	0.0160	0.0159	0.0159	0.0159	0.0159	0.0159	0.0159	0.0159	0.0159
175000	0.0159	0.0159	0.0159	0.0158	0.0158	0.0158	0.0158	0.0158	0.0158	0.0158
180000	0.0158	0.0158	0.0158	0.0158	0.0158	0.0157	0.0157	0.0157	0.0157	0.0157
185000	0.0157	0.0157	0.0157	0.0157	0.0157	0.0157	0.0157	0.0156	0.0156	0.0156
190000	0.0156	0.0156	0.0156	0.0156	0.0156	0.0156	0.0156	0.0156	0.0156	0.0155
195000	0.0155	0.0155	0.0155	0.0155	0.0155	0.0155	0.0155	0.0155	0.0155	0.0155
200000	0.0155	0.0155	0.0154	0.0154	0.0154	0.0154	0.0154	0.0154	0.0154	0.0154
205000	0.0154	0.0154	0.0154	0.0154	0.0154	0.0154	0.0153	0.0153	0.0153	0.0153
210000	0.0153	0.0153	0.0153	0.0153	0.0153	0.0153	0.0153	0.0153	0.0153	0.0153
215000	0.0152	0.0152	0.0152	0.0152	0.0152	0.0152	0.0152	0.0152	0.0152	0.0152
220000	0.0152	0.0152	0.0152	0.0152	0.0152	0.0151	0.0151	0.0151	0.0151	0.0151
225000	0.0151	0.0151	0.0151	0.0151	0.0151	0.0151	0.0151	0.0151	0.0151	0.0151
230000	0.0151	0.0150	0.0150	0.0150	0.0150	0.0150	0.0150	0.0150	0.0150	0.0150
235000	0.0150	0.0150	0.0150	0.0150	0.0150	0.0150	0.0150	0.0149	0.0149	0.0149
240000	0.0149	0.0149	0.0149	0.0149	0.0149	0.0149	0.0149	0.0149	0.0149	0.0149
245000	0.0149	0.0149	0.0149	0.0149	0.0148	0.0148	0.0148	0.0148	0.0148	0.0148
250000	0.0148	0.0148	0.0148	0.0148	0.0148	0.0148	0.0148	0.0148	0.0148	0.0148
255000	0.0148	0.0148	0.0147	0.0147	0.0147	0.0147	0.0147	0.0147	0.0147	0.0147
260000	0.0147	0.0147	0.0147	0.0147	0.0147	0.0147	0.0147	0.0147	0.0147	0.0147
265000	0.0147	0.0146	0.0146	0.0146	0.0146	0.0146	0.0146	0.0146	0.0146	0.0146
270000	0.0146	0.0146	0.0146	0.0146	0.0146	0.0146	0.0146	0.0146	0.0146	0.0146
275000	0.0145	0.0145	0.0145	0.0145	0.0145	0.0145	0.0145	0.0145	0.0145	0.0145
280000	0.0145	0.0145	0.0145	0.0145	0.0145	0.0145	0.0145	0.0145	0.0145	0.0145
285000	0.0145	0.0144	0.0144	0.0144	0.0144	0.0144	0.0144	0.0144	0.0144	0.0144
290000	0.0144	0.0144	0.0144	0.0144	0.0144	0.0144	0.0144	0.0144	0.0144	0.0144
295000	0.0144	0.0144	0.0143	0.0143	0.0143	0.0143	0.0143	0.0143	0.0143	0.0143
300000	0.0143	0.0143	0.0143	0.0143	0.0143	0.0143	0.0143	0.0143	0.0143	0.0143
305000	0.0143	0.0143	0.0143	0.0143	0.0143	0.0142	0.0142	0.0142	0.0142	0.0142
310000	0.0142	0.0142	0.0142	0.0142	0.0142	0.0142	0.0142	0.0142	0.0142	0.0142
315000	0.0142	0.0142	0.0142	0.0142	0.0142	0.0142	0.0142	0.0142	0.0141	0.0141
320000	0.0141	0.0141	0.0141	0.0141	0.0141	0.0141	0.0141	0.0141	0.0141	0.0141
325000	0.0141	0.0141	0.0141	0.0141	0.0141	0.0141	0.0141	0.0141	0.0141	0.0141

续表

Re	0	500	1000	1500	2000	2500	3000	3500	4000	4500
330000	0.0141	0.0141	0.0141	0.0140	0.0140	0.0140	0.0140	0.0140	0.0140	0.0140
335000	0.0140	0.0140	0.0140	0.0140	0.0140	0.0140	0.0140	0.0140	0.0140	0.0140
340000	0.0140	0.0140	0.0140	0.0140	0.0140	0.0140	0.0140	0.0140	0.0140	0.0139
345000	0.0139	0.0139	0.0139	0.0139	0.0139	0.0139	0.0139	0.0139	0.0139	0.0139
350000	0.0139	0.0139	0.0139	0.0139	0.0139	0.0139	0.0139	0.0139	0.0139	0.0139
355000	0.0139	0.0139	0.0139	0.0139	0.0139	0.0139	0.0139	0.0138	0.0138	0.0138
360000	0.0138	0.0138	0.0138	0.0138	0.0138	0.0138	0.0138	0.0138	0.0138	0.0138
365000	0.0138	0.0138	0.0138	0.0138	0.0138	0.0138	0.0138	0.0138	0.0138	0.0138
370000	0.0138	0.0138	0.0138	0.0138	0.0138	0.0138	0.0137	0.0137	0.0137	0.0137
375000	0.0137	0.0137	0.0137	0.0137	0.0137	0.0137	0.0137	0.0137	0.0137	0.0137
380000	0.0137	0.0137	0.0137	0.0137	0.0137	0.0137	0.0137	0.0137	0.0137	0.0137
385000	0.0137	0.0137	0.0137	0.0137	0.0137	0.0137	0.0136	0.0136	0.0136	0.0136
390000	0.0136	0.0136	0.0136	0.0136	0.0136	0.0136	0.0136	0.0136	0.0136	0.0136
395000	0.0136	0.0136	0.0136	0.0136	0.0136	0.0136	0.0136	0.0136	0.0136	0.0136
400000	0.0136	0.0136	0.0136	0.0136	0.0136	0.0136	0.0136	0.0136	0.0135	0.0135
405000	0.0135	0.0135	0.0135	0.0135	0.0135	0.0135	0.0135	0.0135	0.0135	0.0135
410000	0.0135	0.0135	0.0135	0.0135	0.0135	0.0135	0.0135	0.0135	0.0135	0.0135
415000	0.0135	0.0135	0.0135	0.0135	0.0135	0.0135	0.0135	0.0135	0.0135	0.0135
420000	0.0135	0.0134	0.0134	0.0134	0.0134	0.0134	0.0134	0.0134	0.0134	0.0134
425000	0.0134	0.0134	0.0134	0.0134	0.0134	0.0134	0.0134	0.0134	0.0134	0.0134
430000	0.0134	0.0134	0.0134	0.0134	0.0134	0.0134	0.0134	0.0134	0.0134	0.0134
435000	0.0134	0.0134	0.0134	0.0134	0.0134	0.0134	0.0134	0.0133	0.0133	0.0133
440000	0.0133	0.0133	0.0133	0.0133	0.0133	0.0133	0.0133	0.0133	0.0133	0.0133
445000	0.0133	0.0133	0.0133	0.0133	0.0133	0.0133	0.0133	0.0133	0.0133	0.0133
450000	0.0133	0.0133	0.0133	0.0133	0.0133	0.0133	0.0133	0.0133	0.0133	0.0133
455000	0.0133	0.0133	0.0133	0.0133	0.0132	0.0132	0.0132	0.0132	0.0132	0.0132
460000	0.0132	0.0132	0.0132	0.0132	0.0132	0.0132	0.0132	0.0132	0.0132	0.0132
465000	0.0132	0.0132	0.0132	0.0132	0.0132	0.0132	0.0132	0.0132	0.0132	0.0132
470000	0.0132	0.0132	0.0132	0.0132	0.0132	0.0132	0.0132	0.0132	0.0132	0.0132
475000	0.0132	0.0132	0.0132	0.0131	0.0131	0.0131	0.0131	0.0131	0.0131	0.0131
480000	0.0131	0.0131	0.0131	0.0131	0.0131	0.0131	0.0131	0.0131	0.0131	0.0131
485000	0.0131	0.0131	0.0131	0.0131	0.0131	0.0131	0.0131	0.0131	0.0131	0.0131
490000	0.0131	0.0131	0.0131	0.0131	0.0131	0.0131	0.0131	0.0131	0.0131	0.0131
495000	0.0131	0.0131	0.0131	0.0131	0.0131	0.0130	0.0130	0.0130	0.0130	0.0130
500000	0.0130	0.0130	0.0130	0.0130	0.0130	0.0130	0.0130	0.0130	0.0130	0.0130
505000	0.0130	0.0130	0.0130	0.0130	0.0130	0.0130	0.0130	0.0130	0.0130	0.0130
510000	0.0130	0.0130	0.0130	0.0130	0.0130	0.0130	0.0130	0.0130	0.0130	0.0130
515000	0.0130	0.0130	0.0130	0.0130	0.0130	0.0130	0.0130	0.0130	0.0130	0.0129
520000	0.0129	0.0129	0.0129	0.0129	0.0129	0.0129	0.0129	0.0129	0.0129	0.0129
525000	0.0129	0.0129	0.0129	0.0129	0.0129	0.0129	0.0129	0.0129	0.0129	0.0129
530000	0.0129	0.0129	0.0129	0.0129	0.0129	0.0129	0.0129	0.0129	0.0129	0.0129
535000	0.0129	0.0129	0.0129	0.0129	0.0129	0.0129	0.0129	0.0129	0.0129	0.0129
540000	0.0129	0.0129	0.0129	0.0129	0.0129	0.0128	0.0128	0.0128	0.0128	0.0128
545000	0.0128	0.0128	0.0128	0.0128	0.0128	0.0128	0.0128	0.0128	0.0128	0.0128
550000	0.0128	0.0128	0.0128	0.0128	0.0128	0.0128	0.0128	0.0128	0.0128	0.0128
555000	0.0128	0.0128	0.0128	0.0128	0.0128	0.0128	0.0128	0.0128	0.0128	0.0128
560000	0.0128	0.0128	0.0128	0.0128	0.0128	0.0128	0.0128	0.0128	0.0128	0.0128
565000	0.0128	0.0128	0.0128	0.0128	0.0127	0.0127	0.0127	0.0127	0.0127	0.0127
570000	0.0127	0.0127	0.0127	0.0127	0.0127	0.0127	0.0127	0.0127	0.0127	0.0127

续表

Re	0	500	1000	1500	2000	2500	3000	3500	4000	4500
575000	0.0127	0.0127	0.0127	0.0127	0.0127	0.0127	0.0127	0.0127	0.0127	0.0127
580000	0.0127	0.0127	0.0127	0.0127	0.0127	0.0127	0.0127	0.0127	0.0127	0.0127
585000	0.0127	0.0127	0.0127	0.0127	0.0127	0.0127	0.0127	0.0127	0.0127	0.0127
590000	0.0127	0.0127	0.0127	0.0127	0.0127	0.0127	0.0126	0.0126	0.0126	0.0126
595000	0.0126	0.0126	0.0126	0.0126	0.0126	0.0126	0.0126	0.0126	0.0126	0.0126
600000	0.0126	0.0126	0.0126	0.0126	0.0126	0.0126	0.0126	0.0126	0.0126	0.0126
605000	0.0126	0.0126	0.0126	0.0126	0.0126	0.0126	0.0126	0.0126	0.0126	0.0126
610000	0.0126	0.0126	0.0126	0.0126	0.0126	0.0126	0.0126	0.0126	0.0126	0.0126
615000	0.0126	0.0126	0.0126	0.0126	0.0126	0.0126	0.0126	0.0126	0.0126	0.0126
620000	0.0126	0.0125	0.0125	0.0125	0.0125	0.0125	0.0125	0.0125	0.0125	0.0125
625000	0.0125	0.0125	0.0125	0.0125	0.0125	0.0125	0.0125	0.0125	0.0125	0.0125
630000	0.0125	0.0125	0.0125	0.0125	0.0125	0.0125	0.0125	0.0125	0.0125	0.0125
635000	0.0125	0.0125	0.0125	0.0125	0.0125	0.0125	0.0125	0.0125	0.0125	0.0125
640000	0.0125	0.0125	0.0125	0.0125	0.0125	0.0125	0.0125	0.0125	0.0125	0.0125
645000	0.0125	0.0125	0.0125	0.0125	0.0125	0.0125	0.0125	0.0125	0.0125	0.0124
650000	0.0124	0.0124	0.0124	0.0124	0.0124	0.0124	0.0124	0.0124	0.0124	0.0124
655000	0.0124	0.0124	0.0124	0.0124	0.0124	0.0124	0.0124	0.0124	0.0124	0.0124
660000	0.0124	0.0124	0.0124	0.0124	0.0124	0.0124	0.0124	0.0124	0.0124	0.0124
665000	0.0124	0.0124	0.0124	0.0124	0.0124	0.0124	0.0124	0.0124	0.0124	0.0124
670000	0.0124	0.0124	0.0124	0.0124	0.0124	0.0124	0.0124	0.0124	0.0124	0.0124
675000	0.0124	0.0124	0.0124	0.0124	0.0124	0.0124	0.0124	0.0124	0.0124	0.0124
680000	0.0123	0.0123	0.0123	0.0123	0.0123	0.0123	0.0123	0.0123	0.0123	0.0123
685000	0.0123	0.0123	0.0123	0.0123	0.0123	0.0123	0.0123	0.0123	0.0123	0.0123
690000	0.0123	0.0123	0.0123	0.0123	0.0123	0.0123	0.0123	0.0123	0.0123	0.0123
695000	0.0123	0.0123	0.0123	0.0123	0.0123	0.0123	0.0123	0.0123	0.0123	0.0123
700000	0.0123	0.0123	0.0123	0.0123	0.0123	0.0123	0.0123	0.0123	0.0123	0.0123
705000	0.0123	0.0123	0.0123	0.0123	0.0123	0.0123	0.0123	0.0123	0.0123	0.0123
710000	0.0123	0.0123	0.0123	0.0123	0.0123	0.0123	0.0122	0.0122	0.0122	0.0122
715000	0.0122	0.0122	0.0122	0.0122	0.0122	0.0122	0.0122	0.0122	0.0122	0.0122
720000	0.0122	0.0122	0.0122	0.0122	0.0122	0.0122	0.0122	0.0122	0.0122	0.0122
725000	0.0122	0.0122	0.0122	0.0122	0.0122	0.0122	0.0122	0.0122	0.0122	0.0122
730000	0.0122	0.0122	0.0122	0.0122	0.0122	0.0122	0.0122	0.0122	0.0122	0.0122
735000	0.0122	0.0122	0.0122	0.0122	0.0122	0.0122	0.0122	0.0122	0.0122	0.0122
740000	0.0122	0.0122	0.0122	0.0122	0.0122	0.0122	0.0122	0.0122	0.0122	0.0122
745000	0.0122	0.0122	0.0122	0.0122	0.0122	0.0121	0.0121	0.0121	0.0121	0.0121
750000	0.0121	0.0121	0.0121	0.0121	0.0121	0.0121	0.0121	0.0121	0.0121	0.0121
755000	0.0121	0.0121	0.0121	0.0121	0.0121	0.0121	0.0121	0.0121	0.0121	0.0121
760000	0.0121	0.0121	0.0121	0.0121	0.0121	0.0121	0.0121	0.0121	0.0121	0.0121
765000	0.0121	0.0121	0.0121	0.0121	0.0121	0.0121	0.0121	0.0121	0.0121	0.0121
770000	0.0121	0.0121	0.0121	0.0121	0.0121	0.0121	0.0121	0.0121	0.0121	0.0121
775000	0.0121	0.0121	0.0121	0.0121	0.0121	0.0121	0.0121	0.0121	0.0121	0.0121
780000	0.0121	0.0121	0.0121	0.0121	0.0121	0.0121	0.0121	0.0121	0.0121	0.0120
785000	0.0120	0.0120	0.0120	0.0120	0.0120	0.0120	0.0120	0.0120	0.0120	0.0120
790000	0.0120	0.0120	0.0120	0.0120	0.0120	0.0120	0.0120	0.0120	0.0120	0.0120
795000	0.0120	0.0120	0.0120	0.0120	0.0120	0.0120	0.0120	0.0120	0.0120	0.0120
800000	0.0120	0.0120	0.0120	0.0120	0.0120	0.0120	0.0120	0.0120	0.0120	0.0120
805000	0.0120	0.0120	0.0120	0.0120	0.0120	0.0120	0.0120	0.0120	0.0120	0.0120
810000	0.0120	0.0120	0.0120	0.0120	0.0120	0.0120	0.0120	0.0120	0.0120	0.0120
815000	0.0120	0.0120	0.0120	0.0120	0.0120	0.0120	0.0120	0.0120	0.0120	0.0120

续表

Re	0	500	1000	1500	2000	2500	3000	3500	4000	4500
820000	0.0120	0.0120	0.0120	0.0120	0.0120	0.0120	0.0120	0.0119	0.0119	0.0119
825000	0.0119	0.0119	0.0119	0.0119	0.0119	0.0119	0.0119	0.0119	0.0119	0.0119
830000	0.0119	0.0119	0.0119	0.0119	0.0119	0.0119	0.0119	0.0119	0.0119	0.0119
835000	0.0119	0.0119	0.0119	0.0119	0.0119	0.0119	0.0119	0.0119	0.0119	0.0119
840000	0.0119	0.0119	0.0119	0.0119	0.0119	0.0119	0.0119	0.0119	0.0119	0.0119
845000	0.0119	0.0119	0.0119	0.0119	0.0119	0.0119	0.0119	0.0119	0.0119	0.0119
850000	0.0119	0.0119	0.0119	0.0119	0.0119	0.0119	0.0119	0.0119	0.0119	0.0119
855000	0.0119	0.0119	0.0119	0.0119	0.0119	0.0119	0.0119	0.0119	0.0119	0.0119
860000	0.0119	0.0119	0.0119	0.0119	0.0119	0.0119	0.0119	0.0119	0.0119	0.0119
865000	0.0118	0.0118	0.0118	0.0118	0.0118	0.0118	0.0118	0.0118	0.0118	0.0118
870000	0.0118	0.0118	0.0118	0.0118	0.0118	0.0118	0.0118	0.0118	0.0118	0.0118
875000	0.0118	0.0118	0.0118	0.0118	0.0118	0.0118	0.0118	0.0118	0.0118	0.0118
880000	0.0118	0.0118	0.0118	0.0118	0.0118	0.0118	0.0118	0.0118	0.0118	0.0118
885000	0.0118	0.0118	0.0118	0.0118	0.0118	0.0118	0.0118	0.0118	0.0118	0.0118
890000	0.0118	0.0118	0.0118	0.0118	0.0118	0.0118	0.0118	0.0118	0.0118	0.0118
895000	0.0118	0.0118	0.0118	0.0118	0.0118	0.0118	0.0118	0.0118	0.0118	0.0118
900000	0.0118	0.0118	0.0118	0.0118	0.0118	0.0118	0.0118	0.0118	0.0118	0.0118
905000	0.0118	0.0118	0.0118	0.0118	0.0118	0.0118	0.0118	0.0118	0.0117	0.0117
910000	0.0117	0.0117	0.0117	0.0117	0.0117	0.0117	0.0117	0.0117	0.0117	0.0117
915000	0.0117	0.0117	0.0117	0.0117	0.0117	0.0117	0.0117	0.0117	0.0117	0.0117
920000	0.0117	0.0117	0.0117	0.0117	0.0117	0.0117	0.0117	0.0117	0.0117	0.0117
925000	0.0117	0.0117	0.0117	0.0117	0.0117	0.0117	0.0117	0.0117	0.0117	0.0117
930000	0.0117	0.0117	0.0117	0.0117	0.0117	0.0117	0.0117	0.0117	0.0117	0.0117
935000	0.0117	0.0117	0.0117	0.0117	0.0117	0.0117	0.0117	0.0117	0.0117	0.0117
940000	0.0117	0.0117	0.0117	0.0117	0.0117	0.0117	0.0117	0.0117	0.0117	0.0117
945000	0.0117	0.0117	0.0117	0.0117	0.0117	0.0117	0.0117	0.0117	0.0117	0.0117
950000	0.0117	0.0117	0.0117	0.0117	0.0117	0.0117	0.0117	0.0117	0.0117	0.0117
955000	0.0117	0.0117	0.0117	0.0116	0.0116	0.0116	0.0116	0.0116	0.0116	0.0116
960000	0.0116	0.0116	0.0116	0.0116	0.0116	0.0116	0.0116	0.0116	0.0116	0.0116
965000	0.0116	0.0116	0.0116	0.0116	0.0116	0.0116	0.0116	0.0116	0.0116	0.0116
970000	0.0116	0.0116	0.0116	0.0116	0.0116	0.0116	0.0116	0.0116	0.0116	0.0116
975000	0.0116	0.0116	0.0116	0.0116	0.0116	0.0116	0.0116	0.0116	0.0116	0.0116
980000	0.0116	0.0116	0.0116	0.0116	0.0116	0.0116	0.0116	0.0116	0.0116	0.0116
985000	0.0116	0.0116	0.0116	0.0116	0.0116	0.0116	0.0116	0.0116	0.0116	0.0116
990000	0.0116	0.0116	0.0116	0.0116	0.0116	0.0116	0.0116	0.0116	0.0116	0.0116

5.4.4 管网压力降的计算

管道压力降的计算中还会遇到管网的计算问题，就是说要计算几条管道汇合在一起的阻力降。

（1）简单管道的阻力降计算

凡是没有分支的管道称为简单管道。简单管道中如果管径不同，那么它的流量和压力降，分别按下式计算：

$$V_f = V_{f1} = V_{f2} = V_{f3} = V_{f4} = \cdots$$

此式表示通过各管段的流量不变。

$$\Delta p = \Delta p_1 + \Delta p_2 + \Delta p_3 + \Delta p_4 + \cdots$$

此式表示整个管道的压力降等于各管段的压力降之和。

(2) 复杂管路的阻力降计算

凡是有分支的管道，称为复杂管道。复杂管道可视为由若干简单管道组成。复杂管道由并联管道组成时：

$$\Delta p = \Delta p_1 = \Delta p_2 = \Delta p_3 = \Delta p_4 = \cdots$$

此式表示各分支管道的压力降相等，在计算压力降时，只计算其中一根管道的阻力降就行了。

$$V_f = V_{f1} + V_{f2} + V_{f3} + V_{f4} + \cdots$$

此式表示主管道的流量等于各支管流量之和。

复杂管道由枝状管道组成时（所谓枝状管道指，从主管某处分出支管或支管上再分出支管，而不再汇合成为一根主管），那么它的主管流量等于各支管流量之和；支管所需能量按耗能最大的支管计算。对较复杂的枝状管道，可在分支处划为若干简单管道，再按一般简单管道分别计算。

5.4.5 单相流（不可压缩流体）的管道压力降计算

本部分内容适用于牛顿型单相流体在管道中流动压力降的计算。牛顿型流体的流体剪应力与速度梯度成正比，而黏度为其比例系数。凡是气体都是牛顿型流体，除由高分子等物质组成的液体和泥浆外，多数液体也属于牛顿型流体。

单相流体按其压缩性可以分为：可压缩单相流和不可压缩单相流两类。

按照流体流态不同，单相流又可以分为：层流单相流和湍流单相流；而湍流单相流又可分为：光滑区单相流、粗糙区单相流、过渡区单相流。

对牛顿型流体，不论是单相流、还是两相流，它们的管道的摩擦系数、阀门和管件的当量长度都可用相同的方法求取。

本部分介绍的内容都不考虑安全系数，计算时应根据实际情况选用合理的安全系数数值。对平均需用 5～10 年的钢管，在摩擦系数中加 20%～30% 的安全系数，就可以适应其粗糙度条件的变化；再考虑到流量会增加，应对摩擦压力降的计算结果乘上 1.15 倍系数，但对静压力降和其他压力降就不必乘系数。

计算精确度取小数点后两位为宜。

管道摩擦阻力降的计算公式由流体流动的管道截面型式的不同而不同。根据使用经验选择了四种管型（圆管、非圆管、冷却水管、螺旋管）的摩擦阻力降计算公式供选用。静压力降和速度阻力降的计算方法，各种不同类型的管道都和圆型管一样。

5.4.5.1 圆形截面管

(1) 摩擦压力降

由流体和管道管件等内壁摩擦产生的压力降称为摩擦压力降。摩擦压力降都是正值，正值表示压力下降。可由当量长度法表示，亦可以阻力系数法表示，即

$$\Delta p_f = \left(\frac{\lambda L}{D} + \Sigma K \right) \frac{u^2 \rho}{2} \times 10^{-3} \tag{5-9}$$

式中　Δp_f——管道总摩擦压力降，kPa；
　　　λ——摩擦系数，无量纲；
　　　L——管道长度，m；
　　　D——管道内直径，m；
　　$\sum K$——管件、阀门等阻力系数之和，无量纲；
　　　u——流体平均流速，m/s；
　　　ρ——流体密度，kg/m³。

此式称为范宁（Fanning）方程式，为圆截面管道摩擦压力降计算的通式，层流和湍流两种流动形态均适用。

通常，将直管摩擦压力降和管件、阀门等的局部压力降分开计算，对直管段用以下公式计算。

a. 层流。

$$\Delta p_f = \frac{32\mu u L}{d^2} \tag{5-10}$$

b. 湍流。

$$\Delta p_f = \frac{\lambda L}{d} \times \frac{\mu^2 \rho}{2 \times 10^3} = 6.26 \times 10^4 \times \frac{\lambda L W^2}{d^5 \rho} = 6.26 \times 10^4 \times \frac{\lambda L V_f^2 \rho}{d^5} \tag{5-11}$$

式中　d——管道内直径，mm；
　　　W——流体质量流量，kg/h；
　　　V_f——流体体积流量，m³/h；
　　　μ——流体黏度，mPa·s。
其余符号意义同前。

(2) 静压力降

由于管道出口端和进口端标高不同而产生的压力降称为静压力降。静压力降可以是正值或负值，正值表示出口端标高大于进口端标高，负值则相反。其计算式为

$$\Delta p_s = (Z_2 - Z_1)\rho g \times 10^{-3} \tag{5-12}$$

式中　Δp_s——静压力降，kPa；
　Z_2, Z_1——管道出口端、进口端的标高，m；
　　　ρ——流体密度，kg/m³；
　　　g——重力加速度，9.81m/s²。

(3) 速度压力降

由于管道或系统的进、出口端截面不等使流体流速变化所产生的压差称速度压力降。速度压力降可以是正值，亦可以是负值。其计算式为

$$\Delta p_N = \frac{u_2^2 - u_1^2}{2}\rho \times 10^{-3} \tag{5-13}$$

式中 Δp_N——速度压力降，kPa；
u_2，u_1——出口端、进口端流体流速，m/s；
ρ——流体密度，kg/m³。

(4) 阀门、管件等的局部压力降

流体经管件、阀门等产生的局部压力降，通常采用当量长度法和阻力系数法计算，分述如下。

① 当量长度法　将管件和阀门等折算为相当的直管长度，此直管长度称为管件和阀门的当量长度。计算管道压力降时，将当量长度加到直管长度中一并计算，所得压力降即该管道的总摩擦压力降。常用管件和阀门的当量长度见表 5-18 和表 5-19。

表 5-18 和表 5-19 的使用说明如下。

a. 表中所列常用阀门和管件的当量长度计算式，是以新的清洁钢管绝对粗糙度 $\varepsilon = 0.046\text{mm}$，流体流型为完全湍流条件下求得的，计算中选用时应根据管道具体条件予以调整。

b. 按 a 条件计算，可由图 5-1 查得摩擦系数 λ_T（完全湍流摩擦系数），亦可采用表 5-20 中的数据。

表 5-18　常用阀门以管径计的当量长度

序号	名 称 及 示 意 图	当量长度 L_e/m	备 注
1	闸阀（全开） 楔形盘、双圆盘、栓状圆盘等	$L_e = 8DN$ DN——管道公称直径，m。以下同	
2	截止阀（全开） a. 阀杆与流体垂直，阀座为平面、倾斜及栓状 b. Y 形	a. $L_e = 340DN$ b. $L_e = 55DN$	

续表

序号	名 称 及 示 意 图	当量长度 L_e/m	备注
3	角阀（全开） a.　　　　　　b.	a. $L_e=150DN$ b. $L_e=55DN$	
4	止逆阀（全开） a. 旋启式 (a)　　　　(b)	a. (a) $L_e=100DN$ (b) $L_e=50DN$	
	b. 升降式 (a)	b. (a) $L_e=600DN$ (b) $L_e=55DN$	
	c. 斜盘式		

公称通径（DN）/mm	L_e/m	
	$\alpha=5°$	$\alpha=15°$
50～200	40DN	120DN
250～350	30DN	90DN
400～1200	20DN	60DN

续表

序号	名　称　及　示　意　图	当量长度 L_e/m	备注
5	截断式（全开）		
	a.	a. $L_e=400DN$	
	b.	b. $L_e=200DN$	
	c.	c. $L_e=300DN$	
	d.	d. $L_e=350DN$	
	e.	e. $L_e=55DN$	
	f.	f. $L_e=55DN$	

续表

序号	名称及示意图	当量长度 L_e/m	备注
6	带滤网底阀（全开） a. 升降式 b. 合页式	a. $L_e=420DN$ b. $L_e=75DN$	
7	球阀（全开）	$L_e=30DN$	
8	蝶阀（全开）	公称通径（DN）/mm L_e/m 50～200 45DN 250～350 35DN 400～600 25DN	

续表

序号	名 称 及 示 意 图	当量长度 L_e/m	备注
9	旋塞（全开） a. 直通 b. 三通 视图 X-X (a) (b)	a. $L_e = 18DN$ b. (a) $L_e = 30DN$ (b) $L_e = 90DN$	
10	隔膜阀（全开）	公称通径（DN）/mm L_e/m 50 121DN 80 128DN 100 135DN 150 153DN 200 164DN	

注：a_1，a_2——截面积；d_1，d_2——内直径；θ，α——角度。

表 5-19 常用管件以管径计的当量长度

序号	名称及示意图	当量长度 L_e /m	备注
1	90°弯头 (1) 标准型	$L_e = 30DN$	DN——管道公称直径，m。以下同
	(2) 法兰连接或焊接	r/d | L_e/m | r/d | L_e/m 1 | 20DN | 10 | 30DN 2 | 12DN | 12 | 34DN 3 | 12DN | 14 | 38DN 4 | 14DN | 16 | 42DN 6 | 17DN | 18 | 46DN 8 | 24DN | 20 | 50DN	
2	45°弯头	$L_e = 16DN$	
3	斜接弯头	α | L_e | α | L_e 15° | 4DN | 60° | 25DN 30° | 8DN | 75° | 40DN 45° | 15DN | 90° | 60DN	
4	180°回弯头	$L_e = 50DN$	
5	标准三通 a. 直通 b. 分枝	a. $L_e = 20DN$ b. $L_e = 60DN$	

注：d——内直径或表示内直径长度；r——曲率半径；α——角度。

表 5-20　新的清洁钢管在完全湍流下的摩擦系数

（由图 5-1 查得）

公称直径 DN/mm	15	20	25	32	40	50	65～80	100	125	150	200～250	300～400	450～600
摩擦系数 λ_T	0.027	0.025	0.023	0.022	0.021	0.019	0.018	0.017	0.016	0.015	0.014	0.013	0.012

② 阻力系数法　管件或阀门的局部压力降按下式计算，式中有关符号见图 5-3。

$$\Delta p_k = K \times \frac{u^2 \rho}{2 \times 10^3} \tag{5-14}$$

式中　Δp_k——流体经管件或阀门的压力降，kPa；

K——阻力系数，无量纲。

其余符号意义同前。

逐渐缩小的异径管，当 $\theta \leqslant 45°$ 时，

$$K = 0.81 \sin \frac{\theta}{2} (1-\beta^2) \tag{5-15}$$

$$\beta = \frac{d_1}{d_2}$$

当 $45° < \theta \leqslant 180°$ 时，

$$K = 0.5 (1-\beta^2) \sqrt{\sin \frac{\theta}{2}} \tag{5-16}$$

逐渐扩大的异径管，当 $\theta \leqslant 45°$ 时

$$K = 2.61 \sin \frac{\theta}{2} (1-\beta^2)^2 \tag{5-17}$$

当 $45° < \theta \leqslant 180°$ 时，

$$K = (1-\beta^2)^2 \tag{5-18}$$

式中各符号意义同前，并见图 5-3 说明。

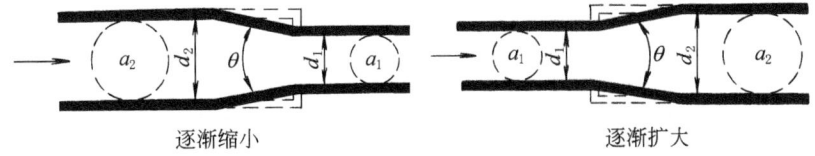

图 5-3　逐渐缩小及逐渐扩大的异径管

a_1, a_2——异径管的小管段、大管段截面积；

d_1, d_2——异径管的小管段、大管段内径；

θ——异径管的变径角度

通常，流体经孔板、突然扩大或缩小以及接管口等处，将产生局部压力降。

突然缩小和从容器到管口（容器出口）按下式计算。

$$\Delta p_k = (K + K_v) \frac{u^2 \rho}{2 \times 10^3} \tag{5-19}$$

突然扩大和从管口到容器（容器进口）按下式计算。

$$\Delta p_k = (K - K_v) \frac{u^2 \rho}{2 \times 10^3} \tag{5-20}$$

式中　Δp_k——局部压力降，kPa；

　　　K——阻力系数，无量纲，见表 5-21，通常取 $K=0.5$；

　　　K_v——管件速度变化阻力系数，无量纲。

其余符号意义同前。

管件速度变化阻力系数 $K_v = 1 - \left(\dfrac{d_{小}}{d_{大}}\right)^4$。容器接管口，$\left(\dfrac{d_{小}}{d_{大}}\right)^4$ 值甚小，可略去不计，故 $K_v = 1$。因此，通常 $K + K_v = 1.5$，$K - K_v = -0.5$；将此关系式分别代入式（5-19）和式（5-20）得

容器出口　　　　　　　$\Delta p_k = 1.5 \times \dfrac{u^2 \rho}{2 \times 10^3}$　　　　　　　　（5-21）

容器进口　　　　　　　$\Delta p_k = -0.5 \times \dfrac{u^2 \rho}{2 \times 10^3}$　　　　　　　（5-22）

Δp_k 为负值，表示压力回升，计算中作为富裕量，略去不计。

完全湍流时容器接管口阻力系数，在要求比较精确的计算中，可查表 5-21，层流时阀门和管件的阻力系数见表 5-22。

表 5-21　容器接管口的阻力系数（K）（湍流）

1	容器的出口管（接管插入容器）	1.0	5	容器或其他设备出口（锐边接口）	0.5
2	容器或其他设备进口（锐边接口）	1.0	6	容器的出口管（小圆角接口）	0.28
3	容器进口管（小圆角接口）	1.0	7	容器的出口管（大圆角接口）	0.04
4	容器的进口管（接管插入容器）	0.78			

表 5-22　管件、阀门局部阻力系数（层流）

序号	管件及阀门名称		局部阻力系数 K			
			$Re=1000$	$Re=500$	$Re=100$	$Re=50$
1	90°弯头（短曲率半径）		0.9	1.0	7.5	16
2	三通	（直通）	0.4	0.5	2.5	
		（分枝）	1.5	1.8	4.9	9.3
3	闸阀		1.2	1.7	9.9	24
4	截止阀		11	12	20	30
5	旋塞		12	14	19	27
6	角阀		8	8.5	11	19
7	旋启式止回阀		4	4.5	17	55

5.4.5.2　非圆形截面管

（1）水力半径

水力半径为流体通过管道的自由截面积与被流体所浸润的周边之比，即

$$R_H = A/C \tag{5-23}$$

（2）当量直径

当量直径为水力半径的 4 倍，即

$$D_e = 4R_H \tag{5-24}$$

某些非圆形截面管的当量直径见表 5-23。

(3) 压力降

用当量直径计算湍流非圆形截面管压力降。计算公式如下：

$$\Delta p_f = \lambda (L/D_e)[u^2 \rho/(2 \times 10^3)] \tag{5-25}$$

式中 R_H——水力半径，m；

A——管道的自由截面积，m²；

C——浸润周边，m；

D_e——管道的当量直径，m；

其余符号意义同前。

式 (5-25) 对非满流的圆截面管也适用，但不适用于很窄或成狭缝的流动截面，对矩形管，其周边长度与宽度之比不得超过 3:1，对环形截面管可靠性较差。层流用当量直径计算不可靠，在必须使用当量直径计算时，对摩擦系数进行修正，即

$$\lambda = J/Re \tag{5-26}$$

式中 Re——雷诺数，无量纲；

J——常数，无量纲，见表 5-23。

表 5-23 某些非圆形管的当量直径 (D_e) 及常数 (J)

序号	非圆形截面管	当量直径 D_e/m	常数 J
1	正方形，边长为 a	a	57
2	等边三角形，边长为 a	$0.58a$	53
3	环隙形，环宽度 $b=(d_1-d_2)/2$（d_1 为外管内径；d_2 为内管外径）	$d_1 \sim d_2$	96
4	长方形，长为 $2a$，宽为 a	$1.3a$	62
5	长方形，长为 $4a$，宽为 a	$1.6a$	73

5.4.5.3 冷却水管

冷却水管有结垢，推荐采用哈森-威廉[❶]的经验公式进行计算，即

$$\Delta p_f = 1.095 \times 10^{10} \left(\frac{V_f}{C_{HW}}\right)^{1.85} (L/d^{4.8655}) \tag{5-27}$$

式中 Δp_f——摩擦压力降，kPa；

V_f——冷却水体积流量，m³/h；

C_{HW}——Hazen-Williams 系数，铸铁管 $C_{HW}=100$，衬水泥铸铁管 $C_{HW}=120$，碳钢管 $C_{HW}=112$，玻璃纤维增强塑料管 $C_{HW}=150$；

d——管道内直径，mm；

L——管道长度，m。

式 (5-27) 仅在流体的黏度约为 1.1mPa·s（水在 15.5℃ 时的数值）时，其值才准确。水的黏度随温度而变化，0℃ 时为 1.8mPa·s；100℃ 时为 0.29mPa·s。在 0℃ 时可能使计算出的摩擦压力降增大 20%，100℃ 时可能减小 20%。其他流体当黏度和水近似时，也可用此公式计算。

5.4.5.4 螺旋管

流体经螺旋管的摩擦压力降按下式计算：

---

❶ 哈森-威廉式即 Hazen-Williams 式。

$$\Delta p_\mathrm{f}=\left(\frac{\lambda_\mathrm{c}L_\mathrm{c}}{D}+\sum K\right)\frac{u^2\rho}{2\times 10^3}=\left(\frac{4f_\mathrm{c}L_\mathrm{c}}{D}+\sum K\right)\frac{u^2\rho}{2\times 10^3} \tag{5-28}$$

$$L_\mathrm{c}=n\sqrt{H^2+9.87D_\mathrm{c}^2} \tag{5-29}$$

式中 Δp_f——螺旋管摩擦压力降，kPa；

f_c，λ_c——螺旋管摩擦系数，由图 5-4 得出（$\lambda_\mathrm{c}=4f_\mathrm{c}$）；

K——螺旋管进、出口连接管口的阻力系数，由表 5-20 查得；如果出口管口直接与螺旋管相切连接，则滞流时 $K=0.5$，湍流时 $K=0.1$；

u——流体平均流速，m/s；

ρ——流体密度，kg/m³；

L_c——螺旋管长度，m；

D——螺旋管内直径，m；

D_c——螺旋管直径（以管中心为准），m；

H——螺距（以管中心为准），m；

n——螺旋管圈数。

上述管道压力降计算后填写管道计算表（见表 5-24 式样）。

表 5-24 管道计算表

（单相流）

管道编号和类别				
自				
至				
物料名称				
流量	m³/h			
相对分子质量				
温度	℃			
压力	kPa			
黏度	mPa·s			
压缩系数				
密度	kg/m³			
真空度				
管道公称直径	mm			
表号或外径×壁厚				
流速	m/s			
雷诺数				
流导	cm³/s			
压力降	kPa (100m)			
直管长度	m			
管件当量长度/m	弯头 90°			
	三通			
	大小头			
	闸阀			
	截止阀			
	旋塞			
	止逆阀			
	其他			
总长度	m			

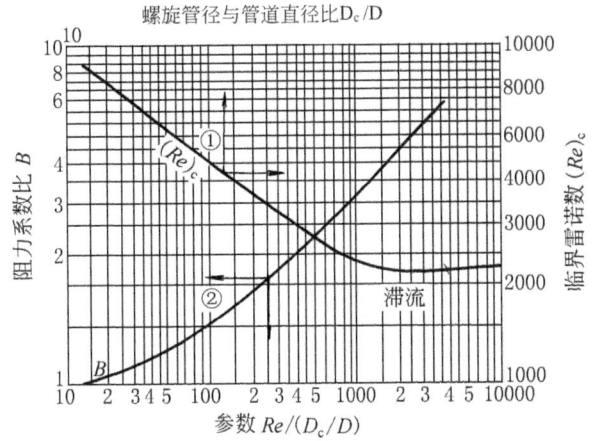
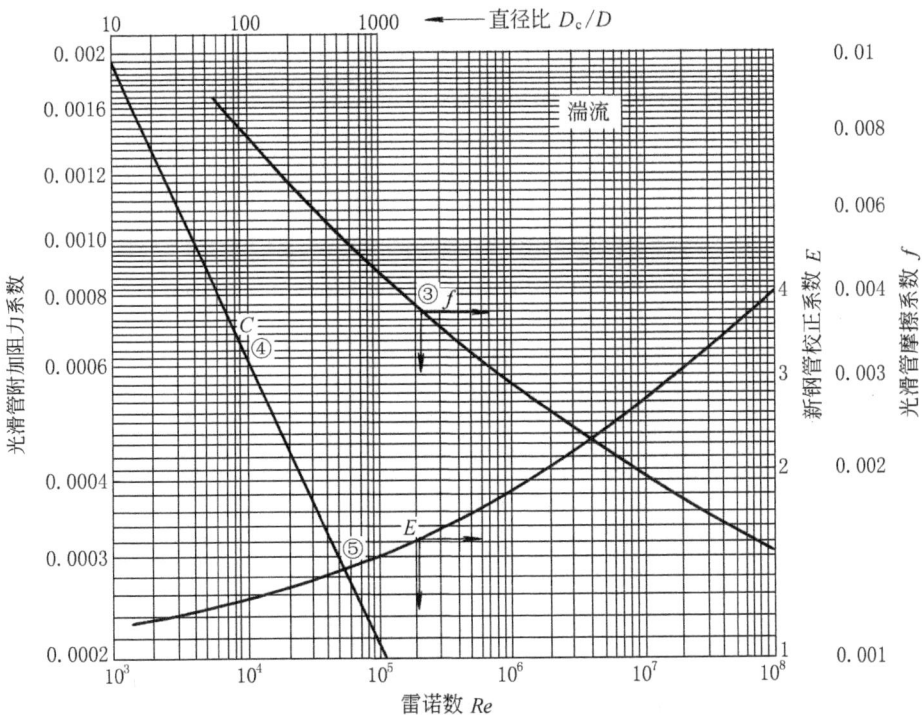

图 5-4 螺旋管摩擦系数

求 f_c 步骤如下。

① 层流：当 $Re<(Re)_c$，$(Re)_c$ 由曲线①而得；光滑管 $f_c=16B/Re$；
新钢管 $f_c=19.2B/Re$，B 由曲线②而得。

② 湍流：当 $Re>(Re)_c$，f 由曲线③而得；光滑管 $f_c=c+f$，c 由
曲线④而得；新钢管 $f_c=E(c+f)$，E 由曲线⑤而得。

5.4.5.5 计算实例

以下将管道计算的一般步骤介绍如下。

(1) 已知管径、流量求压力降

a. 计算雷诺数以确定流型。

b. 选择管壁绝对粗糙度，计算相对粗糙度，查图 5-1 得摩擦系数。

c. 求单位管道长度的压力降。

d. 确定直管长度和管件及阀门等的当量长度。
e. 分别求出 Δp_f、Δp_N 和 Δp_s，得到管道的总压力降。

(2) 已知允许压力降、流量求管径

a. 选定合理流速估算管径。
b. 计算雷诺数确定流型。
c. 选择管壁粗糙度查摩擦系数。
d. 求单位管道长度的压力降。
e. 确定直管长度和管件及阀门等的当量长度。
f. 分别求出 Δp_f、Δp_N 和 Δp_s，其和则为总压力降。
g. 得到总压力降后，按额定负荷进行压力降平衡计算和核算管径。如计算的管径与最初估算的管径值不符，则按上述步骤重新计算，直至两者基本符合，最后以 105% 负荷进行校核。

计算时应按实际情况确定计算步骤后再进行计算。

例 5-1 某液体反应器系统，由反应器经一个控制阀和一个流量计孔板，将液体排入一个贮槽中，反应器中的压力为 540kPa，温度为 35℃，反应器中液体的密度为 930kg/m³，黏度为 9.1×10^{-4} Pa·s，流经控制阀时基本上没有闪蒸，质量流量为 4900kg/h，管道为钢管，求控制阀的允许压力降。

解 选流体流速为 1.8m/s，则管径为

$$d = 18.8\sqrt{\frac{W}{u\rho}} = 18.8 \times \sqrt{\frac{4900}{1.8 \times 930}} \text{mm} = 32.16\text{mm}$$

选用内直径为 33mm 管 ($\phi 38 \times 2.5$)，则实际流速为

$$u = \left(18.8^2 \times \frac{4900}{930 \times 33^2}\right) \text{m/s} = 1.71 \text{m/s}$$

$$Re = 354 \frac{W}{d\mu} = \frac{354 \times 4900}{33 \times 9.1 \times 10^{-4} \times 1000} = 5.78 \times 10^4 > 4000 \text{（湍流）}$$

取管壁绝对粗糙度 $\varepsilon = 0.2$，则相对粗糙度 $\varepsilon/d = 0.2/33 = 0.0061$，查图 5-1，得摩擦系数 $\lambda = 0.0336 \approx 0.034$。

单位管道长度的摩擦压力降

$$\Delta p_f' = 6.26 \times 10^4 \frac{\lambda L W^2}{d^5 \rho} = \frac{6.26 \times 10^4 \times 0.034 \times 1 \times 4900^2}{33^5 \times 930} \text{kPa} = 1.40 \text{kPa}$$

当量长度（管件及阀门均为法兰连接）：直管 176m，90°弯头（曲率半径为 2 倍管内径）15 个，(0.4×15)m=6m；三通（6 个直通，两个支流），$(0.66 \times 6 + 1.98 \times 2)$m=7.92m；闸阀（4 个全开），$(0.264 \times 4)$m=1.06m。

总长度（以上合计）190.98m≈191m。

因此，摩擦压力降为

$$\Delta p_f = (1.4 \times 191) \text{kPa} = 267.4 \text{kPa}$$

我们用自己编制的程序对同一例题进行计算，结果是：

摩擦系数 $\lambda = 0.033619$

雷诺数 $Re = 57710$

单位摩擦压力降 $\Delta p_f = 1.3867 \text{kPa/m}$

摩擦压力降 $\Delta p_f = (1.3867 \times 191) \text{kPa} = 264.858 \text{kPa}$

反应器出口（锐边）$\Delta p_N = (K + K_v) \dfrac{u^2 \rho}{2 \times 10^3}$

查表 5-20 得 $K=0.5$，又 $K_v=1$，则

$$\Delta p_{N1} = \left(1.5 \times \dfrac{1.71^2 \times 930}{2 \times 10^3}\right) \text{kPa} = 2.04 \text{kPa}$$

贮槽进口（锐边），$\Delta p_N = (K - K_v) \dfrac{u^2 \rho}{2 \times 10^3}$。

查表 5-20 得 $K=1$，又 $K_v=1$，故 $\Delta p_{N2}=0$。

取孔板允许压力降为 35kPa，以上摩擦压力降之和为 (267.4 + 2.04 + 35) kPa = 304.44 kPa。

反应器和贮槽的压差为

$$\left(540 - \dfrac{1.0133 \times 10^5}{10^3}\right) \text{kPa} = 438.67 \text{kPa}$$

控制阀的允许压力降（Δp_v）为以上压差与以上各项摩擦压力降之和的差值，即

$$\Delta p_v = (438.67 - 304.44) \text{kPa} = 134.23 \text{kPa}$$

计算 $[\Delta p_v/(\Delta p_v + \Delta p_f)] \times 100\% = \dfrac{134.23}{134.23 + 304.44} \times 100\% = 30.60\%$。

通常此值为 25%～60%，故计算结果可以使用。

例 5-2 一并联输油管路，总体积流量 10800m³/h，各支管的尺寸分别为 $L_1=1200$m，$L_2=1500$m，$L_3=800$m；管道内直径 $d_1=600$mm，$d_2=500$mm，$d_3=800$mm；油的黏度为 5.1mPa·s，密度为 890kg/m³，管道材质为钢，求并联管路的压力降及各支管的流量。

解 并联管路各支管压力降相等，即 $\Delta p_1 = \Delta p_2 = \Delta p_3$，即

$$\dfrac{\lambda_1 L_1 V_{f1}^2}{d_1^5} = \dfrac{\lambda_2 L_2 V_{f2}^2}{d_2^5} = \dfrac{\lambda_3 L_3 V_{f3}^2}{d_3^5}$$

则

$$V_{f1} : V_{f2} : V_{f3} = \sqrt{\dfrac{d_1^5}{\lambda_1 L_1}} : \sqrt{\dfrac{d_2^5}{\lambda_2 L_2}} : \sqrt{\dfrac{d_3^5}{\lambda_3 L_3}}$$

又因

$$V_f = V_{f1} + V_{f2} + V_{f3}$$

设管壁绝对粗糙度 $\varepsilon_1 = \varepsilon_2 = \varepsilon_3$，取钢管 $\varepsilon = 0.2$mm，则

$$\varepsilon_1/d_1 = 0.2/600 = 3.33 \times 10^{-4}$$
$$\varepsilon_2/d_2 = 0.2/500 = 4 \times 10^{-4}$$
$$\varepsilon_3/d_3 = 0.2/800 = 2.5 \times 10^{-4}$$

设流体在全湍流条件下流动，则 λ 与 Re 无关，查图 5-1 得

$$\lambda_1 = 0.0153, \lambda_2 = 0.016, \lambda_3 = 0.0144$$

由

$$\begin{aligned}
V_{f1} : V_{f2} : V_{f3} &= \sqrt{\dfrac{d_1^5}{\lambda_1 L_1}} : \sqrt{\dfrac{d_2^5}{\lambda_2 L_2}} : \sqrt{\dfrac{d_3^5}{\lambda_3 L_3}} \\
&= \sqrt{\dfrac{600^5}{0.0153 \times 1200}} : \sqrt{\dfrac{500^5}{0.016 \times 1500}} : \sqrt{\dfrac{800^5}{0.0144 \times 800}} \\
&= 2057983 : 1141088.7 : 5333333.3 \\
&= 1 : 0.554 : 2.592
\end{aligned}$$

$$V_{f1} = \left(10800 \times \frac{1}{1+0.554+2.592}\right) \text{m}^3/\text{h}$$
$$= 2605 \text{m}^3/\text{h}$$
$$V_{f2} = \left(10800 \times \frac{0.554}{1+0.554+2.592}\right) \text{m}^3/\text{h} = 1444 \text{m}^3/\text{h}$$
$$V_{f3} = \left(10800 \times \frac{2.592}{1+0.554+2.592}\right) \text{m}^3/\text{h} = 6751 \text{m}^3/\text{h}$$

校核 λ 值：

$$Re_1 = 354 \times \frac{V_{f1}\rho}{d_1\mu} = \frac{354 \times 2605 \times 890}{600 \times 5.1} = 2.68 \times 10^5$$
$$Re_2 = 354 \times \frac{V_{f2}\rho}{d_2\mu} = \frac{354 \times 1443 \times 890}{500 \times 5.1} = 1.78 \times 10^5$$
$$Re_3 = 354 \times \frac{V_{f3}\rho}{d_3\mu} = \frac{354 \times 6752 \times 890}{800 \times 5.1} = 5.21 \times 10^5$$

查图 5-1 得 $\lambda_1 = 0.0173$，$\lambda_2 = 0.0185$，$\lambda_3 = 0.0159$，与原假设值不符，应重新计算。

第二次假设：$\lambda_1 = 0.0173$，$\lambda_2 = 0.0185$，$\lambda_3 = 0.0159$。

则 $V_{f1} : V_{f2} : V_{f3} = \sqrt{\frac{600^5}{0.0173 \times 1200}} : \sqrt{\frac{500^5}{0.0185 \times 1500}} : \sqrt{\frac{800^5}{0.0159 \times 800}}$

$$= 1935372 : 1061191 : 5075530$$
$$= 1 : 0.5483 : 2.6225$$

所以

$$V_{f1} = \left[10800 \times \frac{1}{(1+0.5483+2.6225)}\right] \text{m}^3/\text{h} = 2589 \text{m}^3/\text{h}$$
$$V_{f2} = \left[10800 \times \frac{0.5483}{(1+0.5483+2.6225)}\right] \text{m}^3/\text{h} = 1420 \text{m}^3/\text{h}$$
$$V_{f3} = \left[10800 \times \frac{2.6225}{(1+0.5483+2.6225)}\right] \text{m}^3/\text{h} = 6791 \text{m}^3/\text{h}$$

校核 λ 值：

$$Re_1 = \frac{354 \times 2589 \times 890}{600 \times 5.1} = 2.67 \times 10^5$$
$$Re_2 = \frac{354 \times 1420 \times 890}{500 \times 5.1} = 1.75 \times 10^5$$
$$Re_3 = \frac{354 \times 6791 \times 890}{800 \times 5.1} = 5.24 \times 10^5$$

查图 5-1 得 $\lambda_1 = 0.0173$，$\lambda_2 = 0.0185$，$\lambda_3 = 0.0159$ 与假设值符合，故

$V_{f1} = 2589 \text{m}^3/\text{h}$，$V_{f2} = 1209 \text{m}^3/\text{h}$，$V_{f3} = 6791 \text{m}^3/\text{h}$，可作为本题答案。

并联管路压力降

$$\Delta p = \Delta p_1 = \Delta p_2 = \Delta p_3$$
$$\Delta p_1 = \frac{6.26 \times 10^4 \times 0.0173 \times 1200 \times 2589^2 \times 890}{600^5} \text{kPa} = 99.73 \text{kPa}$$

$$\Delta p_2 = \frac{6.26 \times 10^4 \times 0.0185 \times 1500 \times 1420^2 \times 890}{500^5} \text{kPa} = 99.73 \text{kPa}$$

$$\Delta p_3 = \frac{6.26 \times 10^4 \times 0.0159 \times 800 \times 6791^2 \times 890}{800^5} \text{kPa} = 99.73 \text{kPa}$$

三根支管压力降差别极微，计算结果是正确的，可取 Δp 值为 99.73kPa（或 100kPa）。将计算结果填入表中，供各版次管道仪表流程图（P&ID）使用，见表 5-24。

用我们自编的计算机程序计算的结果是：

管线号	摩擦系数 λ	Re	流量 V_f/(m³/h)	压力降 Δp/kPa
1#	0.017399	265370	2579.74	99.438
2#	0.018554	174853	1416.50	99.438
3#	0.015811	524912	6803.76	99.438

5.4.6 单相流（可压缩流体）的管道压力降计算

5.4.6.1 计算方法

本计算方法适用于工程设计中单相可压缩流体在管道中流动压力降的一般计算，对某些流体在高压下流动压力降的经验计算式也作了简单介绍。

可压缩流体是指气体、蒸汽和蒸气等（以下简称气体），因其密度随压力和温度的变化而差别很大，具有压缩性和膨胀性。

可压缩流体沿管道流动的显著特点是：沿程摩擦损失使压力下降，从而使气体密度减小，管内气体流速增加。压力降越大，这些参数的变化也就越大。

计算中应注意以下事项。

① 压力较低，压力降较小的气体管道，按等温流动一般计算式或不可压缩流体流动公式计算，计算时密度用平均密度；对高压气体，首先要分析气体是否处于临界流动。

② 一般气体管道，当管道长度 $L > 60$m 时，按等温流动公式计算；$L < 60$m 时，按绝热流动公式计算，必要时用两种方法分别计算，取压力降较大的结果。

③ 流体所有的流动参数（压力、体积、温度、密度等）只沿流动方向变化。

④ 安全阀、放空阀后的管道、蒸发器至冷凝器管道、高流速及压力降大的管道系统，都不适宜用等温流动计算。

可压缩流体当压力降小于进口压力的 10% 时，不可压缩流体计算公式、图表以及一般规定等均适用，误差在 5% 范围以内。

流体压力降大于进口压力 40% 时，如蒸汽管可用式（5-43）进行计算；天然气管可用式（5-44）或式（5-45）进行计算。

为简化计算，在一般情况下，采用等温流动公式计算压力降，误差在 5% 范围以内。必要时对天然气、空气、蒸汽等可用经验公式计算。

① 管道系统压力降的计算与不可压缩流体基本相同，即

$$\Delta p = \Delta p_f + \Delta p_s + \Delta p_N$$

静压力降 Δp_s，当气体压力低、密度小时，可略去不计；但压力高时应计算。在压力降较大的情况下，对长管（$L > 60$m）在计算 Δp_f 时，应分段计算密度，然后分别求得各段的 Δp_f，最后得到 Δp_f 的总和才较正确。

② 可压缩流体压力降计算的理论基础是能量平衡方程及理想气体状态方程，理想气体状态方程为

$$pV = WRT/M \tag{5-30}$$

或 $p/\rho = C$ （等温流动）

对绝热流动，上式应变化为

$$p/\rho^k = C \tag{5-31}$$

上述各式中 Δp——管道系统总压力降，kPa；
Δp_f，Δp_s，Δp_N——管道的摩擦压力降、静压力降和速度压力降，kPa；
  p——气体压力，kPa；
  V——气体体积，m³；
  W——气体质量，kg；
  M——气体相对分子质量；
  R——气体常数，8.314kJ/(kmol·K)；
  ρ——气体密度，kg/m³；
  C——常数；
  k——气体绝热指数，$k = C_p/C_V$； $\tag{5-32}$
  C_p、C_V——气体的定压比热容和定容比热容，kJ/(kg·K)。

③ 绝热指数（k） 绝热指数（k）值由气体的分子结构而定，部分物料的绝热指数见行业标准《安全阀的设置和选用》（HG/T 20570.2—95）表 16.0-2 所列。

一般单原子气体（He、Ar、Hg 等）$k=1.66$，双原子气体（O_2、H_2、N_2、CO 和空气等）$k=1.40$。

④ 临界流动

a. 当气体流速达到声速时，称为临界流动。其速度即临界流速，是可压缩流体在管道出口处可能达到的最大速度。

通常，当系统的出口压力等于或小于入口绝对压力的一半时，将达到声速。达到声速后系统压力降不再增加，即使将流体排入压力更低的设备中（如大气），流速仍不会改变。对于系统条件是由中压到高压范围排入大气（或真空）时，应判断气体状态是否达到声速，否则计算出的压力降可能有误。

气体的声速按以下公式计算：

绝热流动 $$u_c = \sqrt{\frac{10^3 kRT}{M}} \tag{5-33}$$

等温流动 $$u_c = \sqrt{\frac{10^3 RT}{M}} \tag{5-34}$$

式中 u_c——气体的声速，m/s；
  k——气体的绝热指数；
  R——气体常数，8.314kJ/(kmol·K)；
  T——气体的热力学温度，K；
  M——气体的相对分子质量。

b. 临界流动判别。通常可用下式判别气体是否处于临界流动状态，下式成立时，即达到临界流动。

$$\frac{p_2/p_1}{G/G_{cni}} \leqslant \frac{0.605}{\sqrt{k}}\sqrt{\frac{T_2}{T_1}} \tag{5-35}$$

c. 临界质量流速

$$G_c = 11 p_1 \sqrt{M/T_1} \tag{5-36}$$

式中 p_1，p_2——管道上、下游气体的压力，kPa；
　　　G，G_c——气体的质量流速和临界质量流速，kg/(m²·s)；
　　　T_1，T_2——管道上、下游气体温度，K；
　　　G_{cni}——参数，见式（5-41），kg/(m²·s)；
其余符号意义同前。
⑤ 管道中气体的流速应控制在低于声速的范围内。

5.4.6.2 管道压力降计算

(1) 摩擦压力降

① 等温流动　当气体与外界有热交换时，能使气体温度很快地接近于周围介质的温度来流动，如煤气、天然气等长管道就属于等温流动。

等温流动计算式如下：

$$\Delta p_f = 6.26 \times 10^3 g \frac{\lambda L W_G^2}{d^5 \rho_m} \tag{5-37}$$

式中 Δp_f——管道摩擦压力降，kPa；
　　　g——重力加速度，9.81m/s²；
　　　λ——摩擦系数，无量纲；
　　　L——管道长度，m；
　　　W_G——气体质量流量，kg/h；
　　　d——管道内直径，mm；
　　　ρ_m——气体平均密度，kg/m³，$\rho_m = \frac{\rho_1 - \rho_2}{3} + \rho_2$； (5-38)
　　　ρ_1，ρ_2——管道上、下游气体密度，kg/m³。

② 绝热流动　假设条件：对绝热流动，当管道较长时（$L > 60$m），仍可按等温流动计算，误差一般不超过5%，在工程计算中是允许的。对短管可用以下方法进行计算，但应符合下列假设条件：a. 在计算范围内气体的绝热指数是常数；b. 在匀截面水平管中的流动；c. 质量流速在整个管内横截面上是均匀分布的；d. 摩擦系数是常数。

计算步骤：可压缩流体绝热流动的管道压力降计算辅助图见图5-5。

a. 计算上游的质量流速。

$$G_1 = W_G/A \quad (G_1 = G, G_1 \text{ 即图 5-5 中 } G) \tag{5-39}$$

b. 计算质量流量。

$$W_G = 1.876 \times 10^{-2} p_1 d^2 \sqrt{\frac{M}{T_1}} \left(\frac{G}{G_{cni}}\right) \tag{5-40}$$

c. 计算参数（G_{cni}）。

$$G_{cni} = 6.638 p_1 \sqrt{\frac{M}{T_1}} \tag{5-41}$$

d. 假设 N 值，然后进行核算。

$$N = \frac{\lambda L}{D} \tag{5-42}$$

e. 计算下游压力（p_2），根据 N 和 G_1/G_{cni} 值，由图 5-5 查得 p_2/p_1 值，即可求得下游压力（p_2）。

上述各式中　G——气体的质量流速，$kg/(m^2 \cdot s)$；

$\qquad G_1$——上游条件下气体的质量流速，$kg/(m^2 \cdot s)$；

$\qquad W_G$——气体的质量流量，kg/s；

$\qquad A$——管道截面积，m^2；

$\qquad p_1$——气体上游压力，kPa；

$\qquad d$——管道内直径，mm；

$\qquad M$——气体相对分子质量；

$\qquad T_1$——气体上游温度，K；

$\qquad G_{cni}$——无实际意义，是为使用图 5-5 方便而引入的一个参数，$kg/(m^2 \cdot s)$；

$\qquad N$——速度头数；

$\qquad \lambda$——摩擦系数；

$\qquad L$——管道长度，m；

$\qquad D$——管道内直径，m。

在上面介绍的绝热流动计算方法，需要查阅"计算辅助图 5-5"有不方便之处。这里介绍一种简化的计算方式可以用微机完成。计算原理是把一段长管道分为若干段，对每段采用等温流动的计算公式，而每段出口的密度用下式计算。

根据公式 (5-31)，

$$p/\rho^k = C$$

得

$$\rho_2 = \rho_1 \left(\frac{p_2}{p_1}\right)^{\frac{1}{k}}$$

当 $k=1$ 时，

$$\rho_2 = \rho_1 \left(\frac{p_2}{p_1}\right)$$

用此式计算出该段的密度 ρ_2 和出口压力 p_2，作为下段管道的入口压力和密度，重复这个计算，累加每段的出口压力即可得总的摩擦压力降。计算结果介于等温流动和绝热流动的计算值之间。

③ 高压下的流动　当压力降大于进口压力的 40% 时，用等温流动和绝热流动计算式均可能有较大误差，在这种情况下，可采用以下的经验公式进行计算。

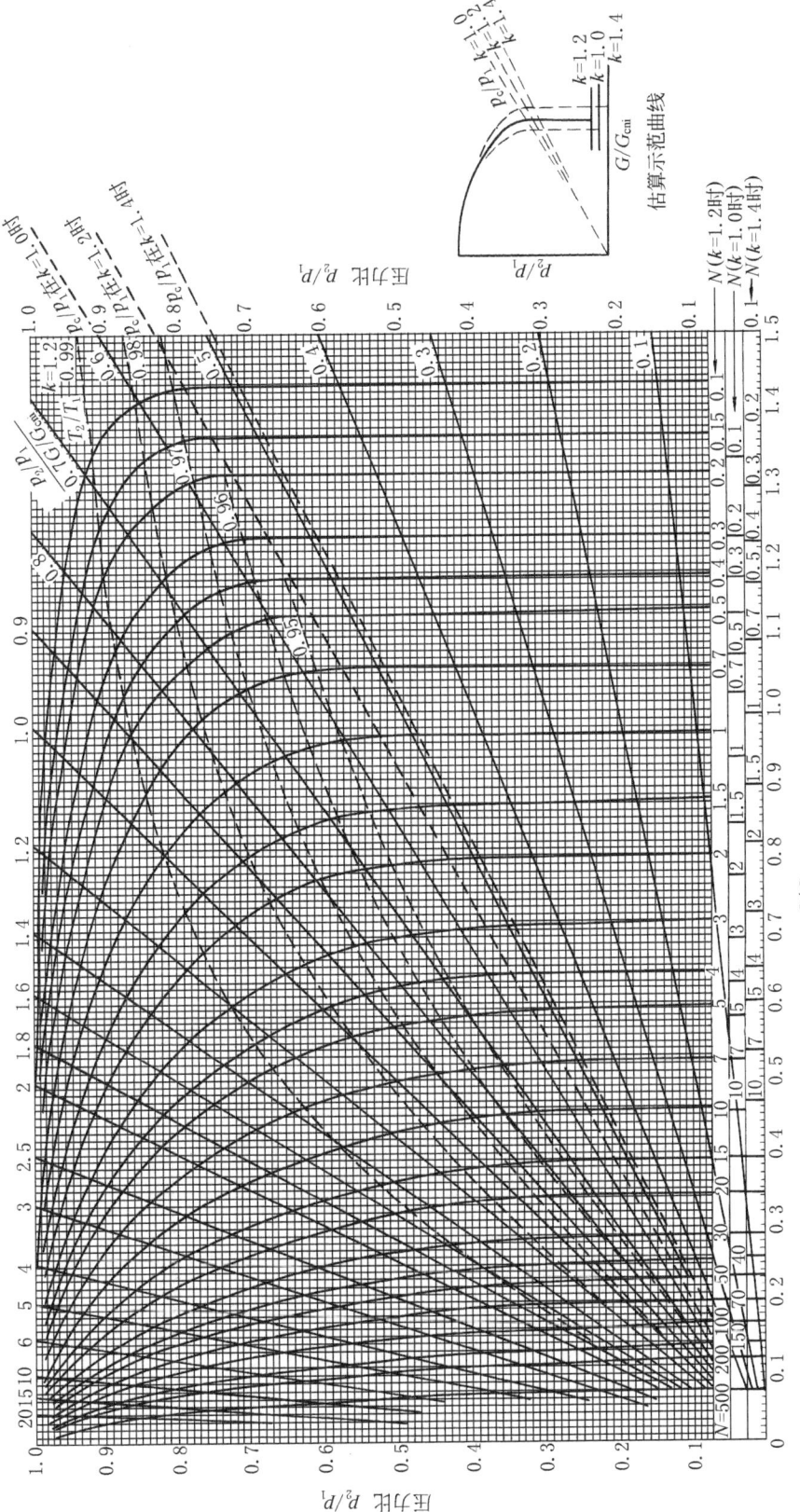

图5-5 可压缩流体绝热流动的管道压力降计算辅助图

a. 巴布科克式[1]。

$$\Delta p_f = 678 \frac{W_G^2 L}{\rho_m d^5} + 6.2 \times 10^4 \frac{W_G^2 L}{\rho_m d^6} \tag{5-43}$$

式中　Δp_f——摩擦压力降，kPa；
　　　W_G——气体的质量流量，kg/h；
　　　L——管道长度，m；
　　　ρ_m——气体平均密度，kg/m³；
　　　d——管道内直径，mm。

本式用于蒸汽管的计算，在压力等于或小于 3450kPa 情况下结果较好，但当管径小于 100mm 时，计算结果可能偏高。

b. 韦默思式[2]。

$$V_G = 2.538 \times 10^{-5} d^{2.667} \sqrt{\frac{(p_1^2 - p_2^2)}{\gamma L} \times \frac{273}{T}} \tag{5-44}$$

式中　V_G——气体体积流量（标），m³/s，（标表示标准状态）；
　　　d——管道内直径，mm；
　　　p_1，p_2——管道上、下游压力，kPa；
　　　γ——气体相对密度（气体密度与相同温度、压力下的空气密度之比）；
　　　L——管道长度，km；
　　　T——气体热力学温度，K。

本式用于在 310～4240kPa 压力、管道直径大于 150mm 的稳定流动情况下，计算天然气管道压力降的结果较好。对相对密度接近 0.6，常温，流速为 4.5～9.0m/s，直径为 500～600mm 的气体管道也适用。

c. 潘汉德式[3]

$$V_G = 3.33 \times 10^{-5} E d^{2.6182} \left(\frac{p_1^2 - p_2^2}{L} \right)^{0.5349} \tag{5-45}$$

式中　E——流动效率系数；
　　　L——管道长度，km。

对于没有管道附件、阀门的水平新管，取 $E = 1.00$；工作条件较好，取 $E = 0.95$；工作条件一般，取 $E = 0.92$；工作条件较差，取 $E = 0.85$。

其余符号意义同前。

本式用于管道直径在 150～600mm，$Re = (5 \times 10^6) \sim (1.4 \times 10^7)$ 的天然气管道，准确度较式（5-44）稍好。

d. 海瑞思式[4]

---

[1] 巴布科克式即 Babcock 式。
[2] 韦默思式即 Weymouth 式。
[3] 潘汉德式即 Panhandle 式。
[4] 海瑞思式即 Harris 式。

$$\Delta p_f = 7.34 \times 10^5 \frac{LV_G^2}{p_m d^{5.31}} \tag{5-46}$$

式中 p_m——气体平均压力，kPa，$p_m = \dfrac{p_1 + p_2}{2}$。 (5-47)

其余符号意义同前。

本式通常用于压缩空气管道的计算。

(2) 局部压力降

局部压力降和"单相流（不可压缩流体）"一样，采用当量长度或阻力系数法计算，在粗略计算中可按直管长度的 1.05～1.10 倍作为总的计算长度。

(3) 速度压力降

速度压力降采用"单相流（不可压缩流体）"的管道一样的计算方法。

在工程计算中对较长管道此项压力降可略去不计。

(4) 静压力降

静压力降计算与"单相流（不可压缩流体）"压力降中的方法相同，仅在管道内气体压力较高时才需计算，压力较低时密度小，可略去不计。

5.4.6.3 计算步骤及例题

(1) 一般计算步骤

① "不可压缩流体"管道的一般计算步骤，雷诺数、摩擦系数和管壁粗糙度等的求取方法及有关图表、规定等均适用。

② 假设流体流速以估算管径。

③ 计算雷诺数（Re）、相对粗糙度（ε/d），然后查图 5-1，求摩擦系数（λ）值。

④ 确定直管长度及管件和阀门等的当量长度。

⑤ 确定或假设孔板和控制阀等的压力降。

⑥ 计算单位管道长度压力降或直接计算系统压力降。

⑦ 如管道总压力降超过系统允许压力降，则应核算管道摩擦压力降或系统中其他部分引起的压力降，并进行调整，使总压力降低于允许压力降。如管道摩擦压力降过大，可增大管径以减少压力降。

⑧ 如管道较短，则按绝热流动进行计算。

(2) 临界流动的计算步骤

① 已知流量、压力降求管径。

a. 假设管径，用已知流量计算气体流速。

b. 计算流体的声速。

c. 当流体的声速大于流体流速，则用有关计算式计算，可得到比较满意的结果。如两种流速相等，即流体达到临界流动状况，计算出的压力降不正确。因此，重新假设管径使流速小于声速，方可继续进行计算，直到流速低于声速时的管径，才是所求得的管径。

d. 或用式 (5-35) 进行判别，如气体处于临界流动状态，则应重新假设管径计算。

② 已知管径和压力降求流量，计算步骤同上，但要先假设流量，将求出的压力降与已知压力降相比较，略低于已知压力降即可。

③ 已知管径和流量，确定管道系统入口处的压力（p_1）。

a. 确定管道出口处条件下的声速，并用已知流量下的流速去核对，若声速小于实际流速，则必须以声速作为极限流速,流量也要以与声速相适应的值为极限。

  b. 采用较声速低的流速以及与之相适应的流量为计算条件,然后用有关计算式计算压力降。

  c. 对较长管道,可由管道出口端开始,利用系统中在某些点上的物理性质将管道分为若干段,从出口端至进口端逐段计算各段的摩擦压力降,其和即为该管道的总压力降。

  d. 出口压力与压力降之和为管道系统入口处的压力(p_1)。

  例 5-3 将25℃的天然气(成分大部分为甲烷),用管道由甲地输送到相距 45km 的乙地,两地高差不大,每小时送气量为 5000kg,管道直径为 307mm (内径)的钢管($\varepsilon=0.2$mm),已知管道终端压力为 147kPa,求管道始端气体的压力。

  解 ① 天然气在长管中流动,可视为等温流动,用等温流动公式计算。

  天然气可视为纯甲烷,则相对分子质量 $M=16$。

  设:管道始端压力 $p_1=440$kPa。

  摩擦压力降按下式计算,即

$$\Delta p_f = 6.26 \times 10^3 g \frac{\lambda L W_G^2}{d^5 \rho_m}$$

雷诺数 $Re = 354 W_G/d/\mu$,25℃时甲烷黏度 μ 为 0.011mPa·s

  则 $Re = 354 \times 5000/307/0.011 = 5.24 \times 10^5$

相对粗糙度 $\varepsilon/d = 0.2/307 = 6.51 \times 10^{-4}$

由图 5-1,查得 $\lambda = 0.0176$

气体平均密度

$$\rho_m = \rho_2 + \frac{1}{3}(\rho_1 - \rho_2)$$

$$\rho_1 = pM/(RT) = [440 \times 16/(8.3143 \times 298)]\text{kg/m}^3 = 2.8414\text{kg/m}^3$$

$$\rho_2 = [147 \times 16/(8.3143 \times 298)]\text{kg/m}^3 = 0.9493\text{kg/m}^3$$

因此,
$$\rho_m = \left[0.9493 + \frac{(2.8414 - 0.9493)}{3}\right]\text{kg/m}^3 = 1.5800\text{kg/m}^3$$

摩擦压力降
$$\Delta p_f = 6.26 \times 10^3 g \frac{\lambda L W_G^2}{d^5 \rho_m}$$

$$= \left[6.26 \times 10^3 \times 9.81 \times \frac{0.0176 \times 45000 \times 5000^2}{(307)^5 \times 1.58}\right]\text{kPa}$$

$$= 282.2\text{kPa}$$

始端气体压力 $p_1 = p_2 + \Delta p_f = (147 + 282.2)\text{kPa}$

         $= 429.2\text{kPa} < 440\text{kPa}$

第二次假设 $p_1 = 429.2\text{kPa}$

$$\rho_1 = [429.2 \times 16/(8.3143 \times 298)]\text{kg/m}^3 = 2.7717\text{kg/m}^3$$

$$\rho_m = \left[0.9493 + \frac{(2.7717 - 0.9493)}{3}\right]\text{kg/m}^3 = 1.5568\text{kg/m}^3$$

因此,
$$\Delta p_f = \left[6.26 \times 10^3 \times 9.81 \times \frac{0.0176 \times 45000 \times 5000^2}{(307)^5 \times 1.5568}\right]\text{kPa}$$

$$= 286.4\text{kPa}$$

$$p_1 = (147 + 286.4)\text{kPa} \approx 433.4\text{kPa}$$

② 用韦默思式计算

$$V_G = 2.538 \times 10^{-5} d^{2.667} \sqrt{\frac{p_1^2 - p_2^2}{\gamma L} \times \frac{273}{T}}$$

标准状态下气体密度

$$\rho = \frac{pM}{RT} = \frac{1.0133 \times 10^2 \times 16}{8.3143 \times 273} \text{kg/m}^3 = 0.7143 \text{kg/m}^3$$

气体相对密度

$$\gamma = 16/29 = 0.552$$
$$d^{2.667} = (307)^{2.667} = 4297.32 \times 10^3$$

标准状态下气体体积流量　$V_G = W_G/\rho = (5000/0.7143)$ m³（标）/h ≈ 7000 m³（标）/h

$$7000 = 2.538 \times 10^{-5} \times 4297.32 \times 10^3 \sqrt{\frac{p_1^2 - 147^2}{0.552 \times 45} \times \frac{273}{298}}$$

$$p_1 = 365.08 \text{kPa} \approx 365.1 \text{kPa}$$

$\Delta p = 218.08$ kPa，此值较等温流动式计算值小。

③ 用潘汉德式计算

$$V_G = 3.33 \times 10^{-5} E d^{2.6182} \left(\frac{p_1^2 - p_2^2}{L}\right)^{0.5394}$$

$$7000 = 3.33 \times 10^{-5} \times 0.92 \times (307)^{2.6182} \left(\frac{p_1^2 - 147^2}{45}\right)^{0.5394}$$

$$p_1 = 375.68 \text{kPa} \approx 375.7 \text{kPa}$$

$\Delta p = (375.68 - 147)$ kPa $= 228.68$ kPa，此值较等温流动式计算值小，而较韦默思式计算值大。

计算结果见下表。

项目 计算式	压力/kPa 始端 p_1	压力/kPa 终端 p_2	压力降 Δp /kPa	误差/% p_1	误差/% Δp
等温式	433.4	147	286.4	+9.03	+11.71
韦默思式	365.1	147	218.1	-6.98	-11.1
潘汉德式	375.7	147	228.7	-4.28	-6.8
平均	391.4		244.4		

由计算结果看出，用潘汉德式计算误差最小，但为稳妥起见，工程设计中应采用等温式计算的结果，即天然气管始端压力为433.4kPa。考虑到未计算局部阻力以及计算误差等，工程计算中可采用 (433.4×1.15) kPa $= 498.4$ kPa ≈ 500 kPa 作为此天然气管道始端的压力。

例 5-4　空气流量 8000 m³（标）/h，温度 38℃，钢管内直径 100mm，长度 64m，已知始端压力为 785kPa，求压力降。在何种条件下达到声速，产生声速处的压力是多少？

解　① 按等温流动计算

设终点压力 $p_2 = 590$ kPa

$$\rho_1 = p_1 M/(RT) = [785 \times 29/(8.3143 \times 311)] \text{kg/m}^3 = 8.804 \text{kg/m}^3$$
$$\rho_2 = p_2 M/(RT) = [590 \times 29/(8.3143 \times 311)] \text{kg/m}^3 = 6.617 \text{kg/m}^3$$

因此　$\rho_m = \left[6.617 + \frac{(8.804 - 6.617)}{3}\right] \text{kg/m}^3 = 7.346 \text{kg/m}^3$

查得标准状态下空气密度 $\rho = 1.293$ kg/m³

则空气的质量流量 $W_G = V_G\rho = (8000 \times 1.293)$ kg/h $= 10344$ kg/h

查得38℃空气黏度 $\mu = 0.019$ mPa·s

$$Re = 354\frac{W_G}{d\mu} = 354 \times \frac{10344}{100 \times 0.019} = 1.93 \times 10^6$$

取 $\varepsilon = 0.2$ mm，则 $\varepsilon/d = 0.2/100 = 0.002$

查图 5-1 得 $\lambda = 0.0235$。

摩擦压力降

$$\Delta p_f = 6.26 \times 10^3 g \frac{\lambda L W_G^2}{d^5 \rho_m} = \left(6.26 \times 10^3 \times 9.81 \times \frac{0.0235 \times 64 \times 10344^2}{100^5 \times 7.346}\right) \text{kPa} = 134.53 \text{kPa}$$

$p_2 = p_1 - \Delta p_f = (785 - 134.53)$ kPa $= 650.47$ kPa，与假设不符。

第二次假设　$p_2 = 650$ kPa，则

$$\rho_2 = [650 \times 29/(8.3143 \times 311)] \text{kg/m}^3 = 7.2899 \text{kg/m}^3$$

$$\rho_m = \left[7.2899 + \frac{(8.804 - 7.2899)}{3}\right] \text{kg/m}^3 = 7.7946 \text{kg/m}^3$$

$$\Delta p_f = \left(6.26 \times 10^3 \times 9.81 \times \frac{0.0235 \times 64 \times 10344^2}{100^5 \times 7.7946}\right) \text{kPa} = 126.79 \text{kPa}$$

$p_2 = (785 - 126.79)$ kPa $= 658.21$ kPa，与假设不符合。

第三次假设　$p_2 = 658$ kPa

$$\rho_2 = [658 \times 29/(8.3143 \times 311)] \text{kg/m}^3 = 7.3797 \text{kg/m}^3$$

$$\rho_m = \left(7.3797 + \frac{8.804 - 7.3797}{3}\right) \text{kg/m}^3 = 7.8545 \text{kg/m}^3$$

$$\Delta p_f = \left(6.26 \times 10^3 \times 9.81 \times \frac{0.0235 \times 64 \times 10344^2}{100^5 \times 7.8545}\right) \text{kPa} = 125.82 \text{kPa}$$

$$p_2 = (785 - 125.82) \text{kPa} = 659.18 \text{kPa}$$

计算结果

$$\Delta p = (785 - 659.18) \text{kPa} = 125.82 \text{kPa}$$

等温流动声速

$$u_c = \sqrt{\frac{10^3 RT}{M}} = \sqrt{\frac{1000 \times 8.3143 \times 311}{29}} \text{m/s} = 298.60 \text{m/s}$$

声速下的临界流量

$$V_{uc} = u_c A, [A = \pi/4(0.1)^2 = 7.85 \times 10^{-3} \text{m}^2]$$
$$= (298.60 \times 7.85 \times 10^{-3}) \text{m}^3/\text{s} = 2.344 \text{m}^3/\text{s} = 8438.4 \text{m}^3/\text{h}$$

声速下的临界压力

$$p_{uc} = W_G RT/(V_{uc} M) = [10344 \times 8.3143 \times 311/(8438.4 \times 29)] \text{kPa} = 109.30 \text{kPa}$$

声速下的临界密度

$$\rho_{uc} = p_{uc} M/(RT) = [109.30 \times 29/(8.3143 \times 311)] \text{kg/m}^3 = 1.2258 \text{kg/m}^3$$

平均密度 $\rho_m = \left[1.2258 + \frac{(8.804 - 1.2258)}{3}\right] \text{kg/m}^3 = 3.7519 \text{kg/m}^3$

压力降 $\Delta p = (785 - 109.30)$ kPa $= 675.70$ kPa

由　$675.70 = 6.26 \times 10^3 \times 9.81 \times \dfrac{0.0235 L (10344)^2}{(100)^5 \times 3.7519}$

得 $L=157.97\mathrm{m}\approx 158\mathrm{m}$

即在管长为158m处可达临界条件，其流速为声速，达到声速时的临界压力 p_{uc} 为109.30kPa。

② 按绝热流动考虑

质量流速 $G_1=W_G/A=[10344/(7.85\times 10^{-3}\times 3600)]\mathrm{kg/(m^2\cdot s)}=366.03\mathrm{kg/(m^2\cdot s)}$

$G_{cni}=6.638p_1\sqrt{M/T_1}=(6.638\times 785\times\sqrt{29/311})\mathrm{kg/(m^2\cdot s)}=1591.20\mathrm{kg/(m^2\cdot s)}$

比值 $G_1/G_{cni}=366.03/1591.20=0.23$

$$N=\lambda L/D=0.0235\times 64/0.1=15.04$$

由图5-5查得 $p_2/p_1=0.83$，则 $p_2=0.83p_1=(0.83\times 785)\mathrm{kPa}=651.55\mathrm{kPa}$ 及 $p_{uc}/p_1=0.108$，则 $p_{uc}=0.108p_1=(0.108\times 785)\mathrm{kPa}=84.78\mathrm{kPa}$

因 $N=48$，则声速条件下距离为

$$L=ND/\lambda=(48\times 0.1/0.0235)\mathrm{m}=204.26\mathrm{m}$$

压力降 $\Delta p=p_1-p_2=(785-651.55)\mathrm{kPa}=133.45\mathrm{kPa}$

计算结果比较见下表：

项目 计算式	终端压力 p_2/kPa	压力降/kPa	临界条件		误差/%			
			p_c/kPa	距离 L/m	p_2	Δp	p_c	L
等温式	659.18	125.82	109.30	158	+0.59	−3.04	+12.63	−14.64
绝热式	651.55	133.45	84.78	204.26	−0.59	+3.04	−12.63	+14.64
平均	655.37	129.64	97.04	182.13				

由上表计算可知，用两种方法计算所得压力降相差为6.08%＞5%。管长64m应按绝热流动计算。因管长仅64m，故该管道系统不可能达到声速条件。

5.4.6.4 管道计算表

"可压缩流体"管道计算表的编制步骤、用途及专业关系等均与"不可压缩流体"管道计算表相同，见表5-25。

表 5-25 管道计算表（单相流）

管道编号和类别				
自				
至				
物料名称				
流量/(m³/h)				
相对分子质量				
温度/℃				
压力/kPa				
黏度/mPa·s				
压缩系数				
密度/(kg/m³)				
真空度				
管道公称直径/mm				
表号或外径×壁厚				
流速/(m/s)				
雷诺数				
流导/(cm³/s)				
压力降(100m)/kPa				

续表

管道编号和类别				
直管长度/m				
管件当量长度/m	弯头90°			
	三　通			
	大小头			
	闸　阀			
	截止阀			
	旋　塞			
	止逆阀			
	其　他			
总长度/m				
管道压力降/kPa				
孔板压力降/kPa				
控制阀压力降/kPa				
设备压力降/kPa				
始端标高/m				
终端标高/m				
静压力降/kPa				
设备接管口压力降/kPa				
总压力降/kPa				
压力(始端)/kPa				
压力(终端)/kPa				
版次或修改	版次			
	日期			
	编制			
	校核			
	审核			

5.4.7　气-液两相流（非闪蒸型）的管道压力降计算

气-液两相流的阻力降计算是一个复杂的过程，因为在两相流的管道中，气相和液相物流的流量和密度都在不断变化。如再沸器的气相返回管道中，就是典型的两相流。在再沸器及返回管道中，气-液两相流的实际变化是从第一个气泡出现，到气相达到气化率要求为止的全过程都存在；这当中也包含流型的变化过程，即分散流、环状流、柱状流等流型的改变过程。

要解答复杂的工程问题，总是先做实验。不少科学家用水、空气或汽油、空气为介质，在一定条件下，来测定气-液两相流的管道中的流速和压力降，再回归成经验公式。在实验过程中随着流速的变化，可看到不同的流型出现，所以提出流型的概念。Dukler和Lockhart-Martinelli公式都是在实验的基础上提出来的。

在手工计算的设计阶段,受运算速度的限制,只能把复杂的工程问题简化后来计算。在气-液两相流的计算中,就是先假设在流动过程中,存在两种情况:一种是气液相体积分率不变的非闪蒸型;另一种是随着压力降的减少,液体不断挥发的闪蒸型;还可再分为气-液两相流速相等的均相型和两相流速不相等的非均相型。在这样的前提下,运用有一定条件的计算方法来解决工程问题。

计算机广泛运用以后,有条件计算这些复杂的工程问题了。前提很简单,就是把两相流的管道分为很小的管段,小到足以认为在此管段中,两相流的气液密度和流速都可视为不变,因此就可运用前面讲的经验公式来解决问题。从国外工程公司引进的几种计算机应用软件的计算方法,都是应用这个原则来计算两相流问题。

为了使设计者对两相流有一个完整的了解,我们还是从流型的知识介绍起,而且还按过去的系统来介绍两相流的计算问题。一般来说两相流的阻力降要比相同质量流速的单相流大得多,因为两相流的界面还有摩擦阻力;液体在管中起伏运动,产生能量损失等。当气液混合物中气相在 6%~98%(体积分数)的范围内时,应采用两相流的计算方法来进行管道阻力降计算。

确定气-液两相流的流型,对两相流的阻力降计算是非常重要的。在水平管道中,气-液两相流大致可分为七种类型,见表 5-26;在垂直管中,气-液两相流大致可分为五种类型,见表 5-27。

表 5-26 水平管中的气-液两相流型

图示	说明
	气泡流:气泡沿管上部移动,其速度接近液体速度
	活塞流:液体和气体沿管上部交替呈活塞状流动
	层流:液体沿管底部流动,气体在液面上流动,形成平滑的气-液界面
	波状流:类似于层流,但气体在较高流速下流动,其界面受波动影响而被搅乱
	柱状流:由于气体以较快速度流动而周期性崛起波状,形成泡沫栓,并以比平均流速大得多的速度流动
	环状流:液体呈膜状沿管内壁流动,气体则沿管中心高速流动
	分散流:大部分或几乎全部液体被气体雾化而带走

在工程设计中,一般要求两相流的流型为分散流或环状流,避免柱状流和活塞流,以免引起管道及设备严重震动。若计算后确定为柱状流,应在压力降允许的情况下尽量缩小管径,增大流速,使其形成环状流或分散流。也可采用增加旁路、增大流量等办法来避免柱状流。

由于气-液两相流的流动情况复杂,目前尚无准确的压力降计算公式,多以半经验公式来计算,计算方法有多种,但各种方法都存在着局限性。综合各种情况,推荐以下计算方法。

表 5-27　垂直管中的气-液两相流型

图示	说明
	气泡流：气体呈气泡分散在向上流动的液体中，当气体流速增加时，气泡的尺寸，速度及数目也增加
	柱状流：液体和气体交替呈柱状向上移动，液体柱中含有一些分散的气泡，每一气体柱周围是一层薄液膜，向柱底流动。当气体流速增加时，气体柱的长度和速度都增加
	泡沫流：薄液膜消失，气泡和液体混合在一起，形成湍动紊乱的流型
	环状流：液体以小于气体的速度沿管壁向上移动，气体在管中心向上移动，部分液体呈液滴夹带在气体中。当气体流速增加时，夹带也增加
	雾状流：当气体流速增加时，全部液体离开管壁呈微细的液滴，被气体带走

（1）流型判断

对于水平管，使用图 5-6❶判断。对于垂直管，使用图 5-7❷判断。

（2）压力降计算

如判断结果为分散流、环状流、波状流或层流，则用均相法和杜克勒法两种方法进行气-液两相流压力降计算，取其中较大值。

如判断为柱状流、活塞流，则应采取缩小管径、增大流速等措施来避免。然后也应用均相法和杜克勒法两种方法计算，取其较大值。

5.4.7.1　流型判断

（1）水平管流型判断

在以流动条件、流体性能和管径来判断水平管中气-液两相流流型的许多图表中，图 5-6 为最常用，该图以气相的质量速度 G'（每单位面积的质量流率）为纵坐标，两相质量比 L'/G' 及添加的参数 λ 和 ψ 为横坐标而作出的。此图把两相流在水平管中的流动分成七个流型区域。这里应该注意到，分隔不同流型区域的边界存在着相当宽的过渡区，因此，计算时对邻接流型也应加以考虑。图 5-6 中 B_y 和 B_x 的计算公式如下。

$$B_y = \frac{7.1 W_G}{A(\rho_G \rho_L)^{0.5}} \tag{5-48}$$

$$B_x = \frac{2.1 W_L}{W_G} \times \frac{(\rho_G \rho_L)^{0.5}}{\rho_L^{0.67}} \times \frac{\mu_L^{0.33}}{\sigma_L} \tag{5-49}$$

---

❶ 图 5-6 即 Baker 图。
❷ 图 5-7 即 Griffith-Wallis 图。

式中 B_y,B_x——伯克（Baker）参数；
　　　W_G——气相质量流量，kg/h；
　　　W_L——液相质量流量，kg/h；
　　　ρ_G——气相密度，kg/m³；
　　　ρ_L——液相密度，kg/m³；
　　　μ_L——液相黏度，Pa·s；
　　　A——管道截面积，m²；
　　　σ_L——液相表面张力，N/m。

通常，先计算 B_y，当 $B_y \geqslant 80000$ 时，对于一般黏度的液态烃类，其流型多在环状流或气泡流区域，无需计算 B_x。$B_y < 80000$，需计算 B_x。

根据计算出的 B_x、B_y 值，从图 5-6 中查出其流型。

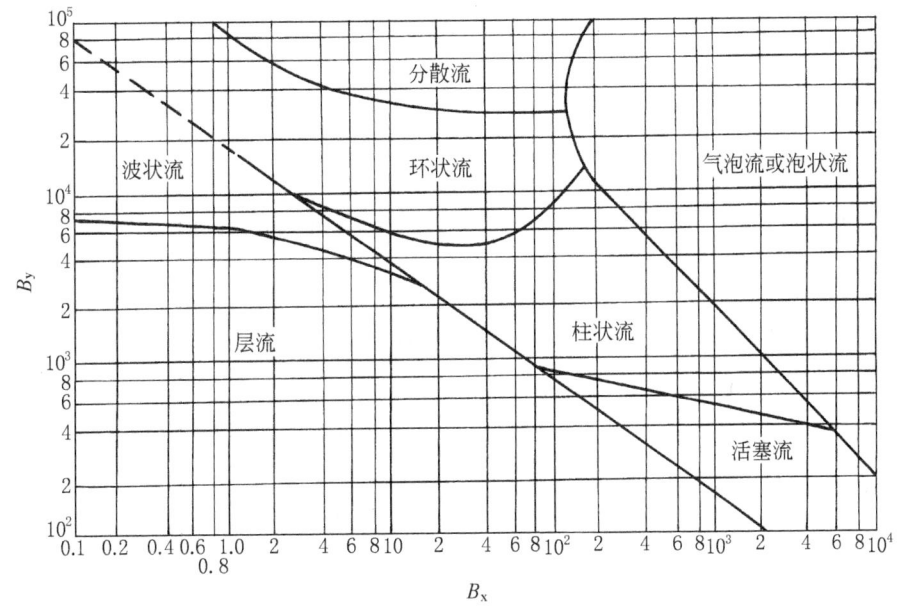

图 5-6 水平管内气-液两相流流型

（2）垂直管流型判断

图 5-6 把垂直管的气-液两相流流型划分为三个区域：气泡流、柱状流和环状流或雾状流区域。判断流型的参数如下。

$$Fr = \frac{[(V_G+V_L)/A]^2}{gd} \tag{5-50}$$

$$F_V = \frac{V_G}{V_G+V_L} \tag{5-51}$$

其中

$$V_G = \frac{W_G}{3600\rho_G} \tag{5-52}$$

$$V_L = \frac{W_L}{3600\rho_L} \tag{5-53}$$

式中 Fr——弗鲁特（Froude）数；

F_V——气相体积分率；
V_G——气相体积流量，m^3/s；
V_L——液相体积流量，m^3/s；
d——管道内直径，m；
A——管道截面积，m^2；
g——重力加速度，$9.81 m/s^2$。

其余符号意义同前。

通过计算，求出 Fr、F_v 值，在图 5-7 中查出其流型。

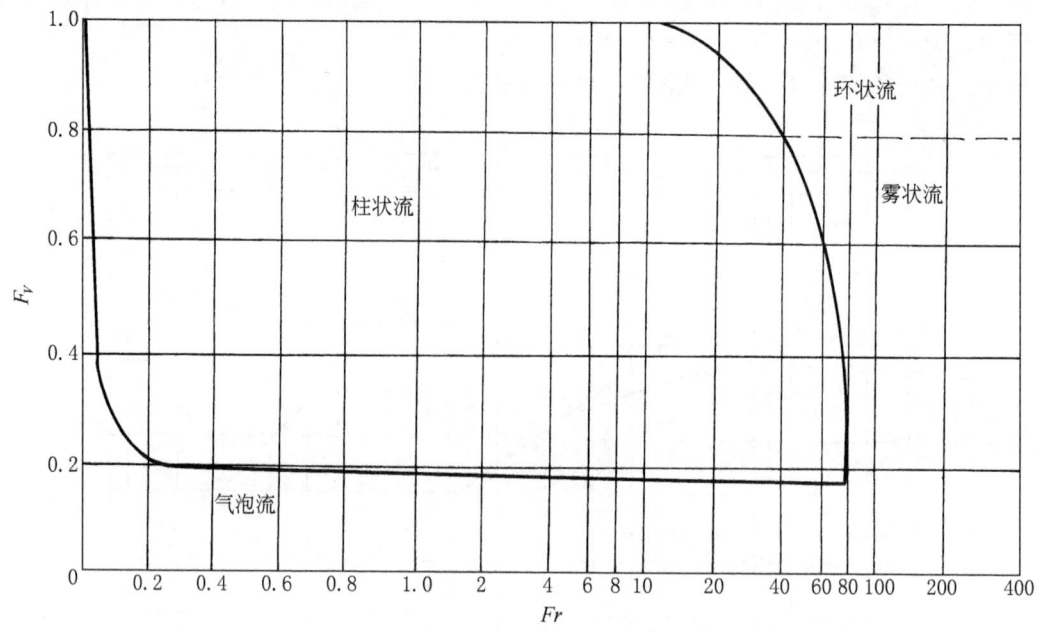

图 5-7 垂直管内气-液两相流流型图

5.4.7.2 压力降计算

(1) 均相法

气-液两相流压力降计算比较复杂，均相法是力图简单化，其特点是假定气-液两相在相同的速度下流动，将气-液混合物视为其物性介于液相与气相之间的均相流，这个假定在理论上可用于分散流，但不能用于环状流，因环状流的气相流速高于液相流速。均相法计算步骤如下。

① 均相物性计算

$$W_T = W_G + W_L \tag{5-54}$$

$$Y = \frac{W_G}{W_G + W_L} \tag{5-55}$$

$$\rho_H = \frac{1}{(Y/\rho_G) + (1-Y)/\rho_L} \tag{5-56}$$

$$X = (W_L/\rho_L)/(W_T/\rho_H) \tag{5-57}$$

$$\mu_H = X\mu_L + (1-X)\mu_G \tag{5-58}$$

$$u_H = \frac{W_T}{3600 \times 0.785 \times d^2 \times \rho_H} \tag{5-59}$$

$$Re = \frac{\rho_H u_H d}{\mu_H} \tag{5-60}$$

式中 W_T——气-液两相流总的质量流量，kg/h；

W_L——液相质量流量，kg/h；

W_G——气相质量流量，kg/h；

Y——气相质量分率；

ρ_H——气-液两相流平均密度，kg/m³；

ρ_G——气相密度，kg/m³；

ρ_L——液相密度，kg/m³；

X——液相体积分率；

μ_H——气-液两相流平均黏度，Pa·s；

μ_L——液相黏度，Pa·s；

μ_G——气相黏度，Pa·s；

u_H——气-液两相流平均流速，m/s；

d——管道内直径，m；

Re——雷诺数。

② 压力降计算。根据管道材料及管内径，从"单相流（不可压缩流体）"中图 5-2 查取 ε（管壁绝对粗糙度）和 ε/d（管壁相对粗糙度）。

根据 Re（雷诺数）和 ε/d，从图 5-1 查取 λ（摩擦系数），即 λ_H。

a. 直管段摩擦压力降

$$\Delta p_f' = \frac{\lambda_H \rho_H u_H^2}{2} \times \frac{L}{d} \times 10^{-6} \tag{5-61}$$

b. 局部压力降。按当量长度法进行计算，常用管件和阀门的当量长度见"单相流（不可压缩流体）"中表 5-18。

$$\Delta p_k' = \frac{\lambda_H \rho_H u_H^2}{2} \times \frac{L_e}{d} \times 10^{-6} \tag{5-62}$$

c. 上升管静压降

$$\Delta p_s = (Z_2 - Z_1) \rho_H \times 9.81 \times 10^{-6} \tag{5-63}$$

总压力降（忽略管两端的速度压力降）

$$\Delta p = 1.15(\Delta p_f + \Delta p_k + \Delta p_H) \tag{5-64}$$

上述各式中

1.15——安全系数；

Δp_f——直管段摩擦压力降，MPa；

λ_H——管壁的摩擦系数；

L——直管段长度，m；

Δp_k——局部压力降，MPa；

L_e——管件的当量长度，m；

Z_2——管道终端标高，m；

Z_1——管道始端标高,m;

Δp_s——上升管静压降,MPa;

Δp——总压力降,MPa。

其余符号意义同前。

(2) 杜克勒法[1]

此法考虑了气-液两相在管内并非以同等速度流动的影响,计算分两步进行。

① 试差法求液相实际体积分率 K_L

$$K_L = 1 - K(1 - X) \tag{5-65}$$

$$X = u_L / u_H \tag{5-66}$$

$$Z = (Re)^{1/6} (Fr)^{1/8} / X^{1/4} \tag{5-67}$$

$$Re = d u_H \rho_H / \mu_{TP} \tag{5-68}$$

$$\mu_{TP} = K_L \mu_L + (1 - K_L) \mu_G \tag{5-69}$$

$$Fr = u_H^2 / (gd) \tag{5-70}$$

$$u_L = W_L / (\rho_L \times 3600 \times 0.785 d^2) \tag{5-71}$$

$$u_H = W_T / (\rho_H \times 3600 \times 0.785 d^2) \tag{5-72}$$

当 $Z \leqslant 10$ 时,

$$K = -0.16367 + 0.31037Z - 0.03525Z^2 + 0.001366Z^3 \tag{5-73}$$

当 $Z > 10$ 时,

$$K = 0.75545 + 0.003585Z - 0.00001436Z^2 \tag{5-74}$$

以上各式中

K_L——液相实际体积分率(试差初值可取 $K_L = 0.5$);

K——班可夫(Barkoff)流动参数;

X——液相体积分率;

u_L——液相流速,m/s;

u_H——气-液两相流平均流速,m/s;

μ_{TP}——气-液两相流混合黏度,Pa·s;

Fr——均相弗鲁特(Froude)数;

Re——雷诺数;

g——重力加速度,9.81m/s²;

Z——计算用中间参数。

其余符号意义同前。

试差法求 K_L 的计算过程是先假定 K_L 值,由式(5-66)至式(5-72)计算 Re、Fr、X、Z 和 K 值等,然后再由式(5-65)核算 K_L 值,若核算值与假定值不符,则用核算值作为假定值重新计算,直至两者接近为止。

② 压力降计算

a. 直管段及局部摩擦压力降

$$\Delta p_f + \Delta p_k = \frac{\lambda_{TP} \rho_{cs} u_H^2}{2} \left(\frac{L + L_e}{d} \right) \times 10^{-6} \tag{5-75}$$

---

[1] 杜克勒法即 Dukler 法。

$$\lambda_{TP} = \alpha_x \lambda_0 \tag{5-76}$$

$$Re_{TP} = \frac{\rho_{cs} u_H d}{\mu_H} \tag{5-77}$$

$$\alpha_x = 1 - \ln X / \xi \tag{5-78}$$

$$\xi = 1.28 + 0.478\ln X + 0.444(\ln X)^2 + 0.094(\ln X)^3 + 0.00843(\ln X)^4 \tag{5-79}$$

$$\rho_{cs} = \rho_L X^2 / K_L + \rho_G (1-X)^2 / (1-K_L) \tag{5-80}$$

$$\mu_H = X\mu_L + (1-X)\mu_G \tag{5-81}$$

b. 速度-压力降。管两端气-液两相流速度压力降

$$\Delta p_a = 10^{-6} \times \left\{ \left[\frac{G_L^2}{\rho_L K_L} + \frac{G_G^2}{\rho_G (1-K_L)} \right]_{\text{出}} - \left[\frac{G_L^2}{\rho_L K_L} + \frac{G_G^2}{\rho_G (1-K_L)} \right]_{\text{入}} \right\} \tag{5-82}$$

$$G_G = \frac{W_G}{3600 \times 0.785 d^2} \tag{5-83}$$

$$G_L = \frac{W_L}{3600 \times 0.785 d^2} \tag{5-84}$$

式中　[ ]$_{\text{出}}$，[ ]$_{\text{入}}$——管道始端和终端处的数据。

对非闪蒸的气-液两相流，若气体和液体体积分率及气体密度沿管道流向的变化不大，则速度压力降可以忽略不计。

c. 上升管静压力降

$$\Delta p_s = (Z_2 - Z_1)\rho_{TP} \times 9.81 \times 10^{-6} \tag{5-85}$$

$$\rho_{TP} = K_L \rho_L + (1-K_L)\rho_G \tag{5-86}$$

d. 总压力降

$$\Delta p = 1.15(\Delta p_f + \Delta p_k + \Delta p_N + \Delta p_s)$$

以上各式中

1.5——安全系数；

Δp_f——气-液两相流直管段摩擦压力降，MPa；

Δp_k——气-液两相流局部摩擦压力降，MPa；

λ_{TP}——气-液两相流摩擦系数；

λ_0——单相流摩擦系数；可由"单相流（不可压缩流体）"中图 5-1 和图 5-2 查得；

Δp_N——气-液两相流速度压力降，MPa；

Δp_s——气-液两相流静压力降，MPa；

Re_{TP}——两相流雷诺数；

ρ_{cs}——气-液两相流平均密度的校正密度，kg/m^3；

ρ_{TP}——气-液两相流密度，kg/m^3；

α_x——摩擦系数；

ξ——中间参数；

μ_H——气-液两相流黏度，Pa·s；

Z_1，Z_2——管道始端和终端标高，m；

Δp——总压力降，MPa；

G_L——液相质量流速，kg/(m^2·s)；

G_G——气相质量流速，kg/(m^2·s)。

其余符号意义同前。

例 5-5 求再沸器出口返回再生塔的上升管段总压力降。已知条件见下表。

参数或物性	气 相	液 相
质量流量/(kg/h)	$W_G=55441$	$W_L=317659$
密度/(kg/m³)	$\rho_G=0.9259$	$\rho_L=1217.41$
黏度/mPa·s	$\mu_G=1\times10^{-5}$	$\mu_L=0.5\times10^{-3}$
表面张力/(N/m)		$\sigma_L=0.07$
管道内直径/m	$d=1.024$	
管道材质	碳钢	
管长/m	$L=16.0$m,其中垂直管长 6m	
管件/个	90°弯头 1 个	
压力/MPa	$p=0.168$(管始端)	

解 水平管内流型判断

$$B_y=\frac{7.1W_G}{A(\rho_L\rho_G)^{0.5}}=\frac{7.1\times55441}{0.785\times1.024^2\times(1217.41\times0.9259)^{0.5}}=14244$$

由于 $B_y<80000$，因此必须计算 B_x。

$$B_x=\frac{2.1W_L}{W_G}\times\frac{(\rho_L\rho_G)^{0.5}}{\rho_L^{0.67}}\times\frac{\mu_L^{0.33}}{\sigma_L}$$

$$=\frac{2.1\times317659}{55441}\times\frac{(1217.41\times0.9259)^{0.5}}{1217.41^{0.67}}\times\frac{(0.5\times10^{-3})^{0.33}}{0.07}$$

$$=4.02$$

由图 5-6 查得水平管内为环状流。

垂直管内流型判断

$$V_G=\frac{W_G}{3600\rho_G}=\frac{55441}{3600\times0.9259}\text{m}^3/\text{s}=16.63\text{m}^3/\text{s}$$

$$V_L=\frac{W_L}{3600\rho_L}=\frac{317659}{3600\times1217.41}\text{m}^3/\text{s}=0.0725\text{m}^3/\text{s}$$

$$Fr=\frac{[(V_G+V_L)/A]^2}{gd}=\left(\frac{16.63+0.0725}{0.785\times1.024^2}\right)^2\bigg/(9.81\times1.024)=41.00$$

$$F_V=\frac{V_G}{V_G+V_L}=\frac{16.63}{16.63+0.0725}=0.996$$

由图 5-7 查得垂直管内为环状流。

在已知流型情况下，下面分别用均相法和杜克勒法计算两相流体的压力降。

① 均相法　先进行均相物性计算

$$W_T=W_G+W_L=(55441+317659)\text{kg/h}=373100\text{kg/h}$$

$$Y=\frac{W_G}{W_G+W_L}=\frac{55441}{55441+317659}=0.149$$

$$\rho_H=1\bigg/\left(\frac{Y}{\rho_G}+\frac{1-Y}{\rho_L}\right)=1\bigg/\left(\frac{0.149}{0.9529}+\frac{1-0.149}{1217.14}\right)\text{kg/m}^3=6.204\text{kg/m}^3$$

$$X=\frac{W_L\rho_H}{W_T\rho_L}=\frac{317659\times6.204}{373100\times1217.41}=0.00434$$

$$\mu_H=X\mu_L+(1-X)\mu_G=[0.00434\times0.5\times10^{-3}+(1-0.00434)\times10^{-5}]\text{Pa}\cdot\text{s}=1.2\times10^{-5}\text{Pa}\cdot\text{s}$$

$$u_H=W_T/(3600\times0.785d^2\rho_H)=[373100/(3600\times0.785\times1.024^2\times6.204)]\text{m/s}=20.30\text{m/s}$$

$$Re = \rho_H u_H d/\mu_H = 6.204 \times 20.30 \times 1.024/1.2 \times 10^{-5} = 1.075 \times 10^7$$

查图 5-2，得 $\varepsilon = 0.046$，$\varepsilon/d = 0.000045$

查图 5-1，得 $\lambda_H = 0.0105$

计算直管段摩擦压力降

$$\Delta p_f = \frac{\lambda_H \rho_H u_H^2}{2} \times \frac{L}{d} \times 10^{-6}$$

$$= \frac{0.0105 \times 6.204 \times 20.30^2}{2} \times \frac{16}{1.024} \times 10^{-6} \text{MPa}$$

$$= 0.000210 \text{MPa}$$

计算局部压力降

$$\Delta p_k = \frac{\lambda_H \rho_H u_H^2}{2} \times \frac{L_e}{d} \times 10^{-6}$$

$$= \frac{0.0105 \times 6.204 \times 20.30^2}{2} \times 30 \times 10^{-6} \text{MPa}$$

$$= 0.0004 \text{MPa}$$

计算上升管静压降

$$\Delta p_s = (Z_2 - Z_1)\rho_H \times 9.81 \times 10^{-6} = (6 \times 6.204 \times 9.81 \times 10^{-6}) \text{MPa} = 0.000365 \text{MPa}$$

总压力降

$$\Delta p = 1.15(\Delta p_f + \Delta p_k + \Delta p_H)$$

$$= [1.15 \times (0.000210 + 0.0004 + 0.000365)] \text{MPa}$$

$$= 0.00112 \text{MPa}$$

② 杜克勒法 由均相法计算中已知 $\rho_H = 6.204 \text{kg/m}^3$，$u_H = 20.30 \text{m/s}$

$$u_L = \frac{W_L}{\rho_L \times 3600 \times 0.785 d^2} = \frac{317659}{1217.41 \times 3600 \times 0.785 \times 1.024^2} \text{m/s} = 0.088 \text{m/s}$$

$$X = \frac{u_L}{u_H} = \frac{0.088}{20.30} = 0.00434$$

$$Fr = \frac{u_H^2}{gd} = \frac{20.30^2}{9.81 \times 1.024} = 41.023$$

假定 $K_L = 0.07$（如无参考资料，可以 $K_L = 0.5$ 开始试差计算）

$$\mu_{TP} = \mu_L K_L + \mu_G (1 - K_L) = [0.5 \times 10^{-3} \times 0.07 + 1 \times 10^{-5} (1 - 0.07)] \text{Pa·s} = 4.43 \times 10^{-5} \text{Pa·s}$$

$$Re = \frac{d u_H \rho_H}{\mu_{TP}} = \frac{1.024 \times 20.30 \times 6.204}{4.43 \times 10^{-5}} = 2.911 \times 10^6$$

$$Z = (Re)^{\frac{1}{6}} (Fr)^{\frac{1}{8}} / (X)^{\frac{1}{4}}$$

$$= (2.911 \times 10^6)^{\frac{1}{6}} \times (41.023)^{\frac{1}{8}} / (0.00434)^{\frac{1}{4}}$$

$$= 74.062$$

由于 $Z > 10$

$$K = 0.75545 + 0.003585 Z - 0.00001436 Z^2$$

$$= 0.75545 + 0.003585 \times 74.062 - 0.00001436 \times 74.062^2$$

$$= 0.942$$

$$K_L = 1 - K(1 - X) = 1 - 0.942 \times (1 - 0.00434) = 0.062$$

计算出的 K_L 与原假定值（$K_L=0.07$）不符，应重新假定，假定 $K_L=0.06$

$$\mu_{TP}=[0.06\times0.5\times10^{-3}+(1-0.06)\times10^{-5}]\text{Pa}\cdot\text{s}=3.94\times10^{-5}\text{Pa}\cdot\text{s}$$

$$Re=\frac{1.024\times20.30\times6.204}{3.94\times10^{-5}}=3.273\times10^6$$

$$Z=(3.273\times10^6)^{\frac{1}{6}}\times(41.023)^{\frac{1}{8}}/(0.00434)^{\frac{1}{4}}=75.523$$

由于 $Z>10$

$$K=0.75545+0.003585\times75.523-0.00001436\times75.523^2=0.944$$

$$K_L=1-0.944\times(1-0.00434)=0.060$$

计算出的 K_L 值与假定值（$K_L=0.060$）相符，试算结束。以 $K_L=0.06$ 计算两相流体压力降。

$$\rho_{cs}=\rho_L\frac{X_L^2}{K_L}+\rho_V\frac{(1-X)^2}{1-K_L}$$

$$=\left[1217.41\times\frac{0.00434^2}{0.06}+0.9259\times\frac{(1-0.00434)^2}{1-0.06}\right]\text{kg/m}^3$$

$$=1.3586\text{kg/m}^3$$

$$Re_{TP}=\frac{\rho_{cs}du_H}{\mu_H}=\frac{1.3586\times1.024\times20.30}{1.2\times10^{-5}}=2.35\times10^6$$

由图 5-2，查得 $\varepsilon=0.046$，$\varepsilon/d=0.000045$。

由图 5-1，查得 $\lambda_H=0.0116$。

$$\xi=1.281+0.478\times\ln X+0.444\,(\ln X)^2+0.094\,(\ln X)^3+0.00843\,(\ln X)^4$$
$$=1.281+0.478\times\ln0.00434+0.444\times(\ln0.00434)^2+0.094\times(\ln0.00434)^3+0.00843\times(\ln0.00434)^4$$
$$=4.07$$

$$\alpha_x=1-\frac{\ln X}{\xi}=1-\frac{\ln0.00434}{4.07}=2.337$$

$$\lambda_{TP}=\alpha_x\lambda_0=2.337\times0.0116=0.0271$$

90°弯头一个，由表 5-19，查得 $L_e/d=30$

$$\Delta p_f+\Delta p_k=\lambda_{TP}\frac{\rho_{cs}u_H^2}{2}\times\frac{L+L_e}{d}\times10^{-6}$$

$$=\left[0.0271\times\frac{1.3586\times20.30^2}{2}\times\left(\frac{16}{1.024}+30\right)\times10^{-6}\right]\text{MPa}$$

$$=0.000346\text{MPa}$$

计算上升管静压力降

$$\rho_{TP}=K_L\rho_L+(1-K_L)\rho_G=[0.06\times1217.41+(1-0.06)\times0.9259]\text{kg/m}^3=73.92\text{kg/m}^3$$

$$\Delta p_s=(Z_2-Z_1)\rho_{TP}\times9.81\times10^{-6}=(6\times73.92\times9.81\times10^{-6})\text{MPa}=0.00435\text{MPa}$$

总压力降（忽略速度压力降）

$$\Delta p=1.15\times(0.000346+0.00435)\text{MPa}=0.0054\text{MPa}$$

两种方法的计算结果如下：

均相法：$\Delta p=0.00112\text{MPa}$

杜克勒法：$\Delta p=0.0054\text{MPa}$

最后总压力降取两者中较大值，即 $\Delta p=0.0054\text{MPa}$。

例 5-6 现以乙烯装置中压缩区的一条管道为例,说明两相流压力降计算方法。其物流性质如下:

参数和物性	气相	液相
质量流量/(kg/h)	68149	2989
密 度/(kg/m³)	5.56	811
黏 度/mPa·s	$\mu_G=0.011\times10^{-3}$	$\mu_L=0.43\times10^{-3}$
表面张力/(N/m)		$\sigma_L=0.23$
管道内径/m	$d=0.387$	
管道材质	碳钢	
管 长/m	$L=21.5\text{m}(直管),L_{垂直}=4.995\text{m}$	
管 件/个	90°弯头,5个	
压 力/MPa	$p=0.544$(管始端)	

估算这段管子的压力降。

解 ① 流型判断

水平管

$$B_y=\frac{7.1W_G}{A(\rho_L\rho_G)^{0.5}}=\frac{7.1\times68149}{0.785\times0.387^2\times(5.56\times811)^{0.5}}=61288.4$$

由于 $B_y<80000$,所以还要计算 B_x,

$$B_x=\frac{2.1W_L}{W_G}\times\frac{(\rho_L\rho_G)^{0.5}}{\rho_L^{0.67}}\times\frac{\mu_L^{0.33}}{\sigma_L}$$

$$=\frac{2.1\times2989}{68149}\times\frac{(811\times5.56)^{0.5}}{811^{0.67}}\times\frac{0.43^{0.33}}{0.23}$$

$$=0.23$$

查图 5-6,知水平管内为环状流。

垂直管

$$V_G=\frac{W_G}{3600\rho_G}=\frac{68149}{3600\times5.56}=3.405$$

$$V_L=\frac{W_L}{3600\rho_L}=\frac{2989}{3600\times811}=0.001$$

$$Fr=\frac{[(V_G+V_L)/A]^2}{gd}=\frac{[(3.405+0.001)/(0.785\times0.387^2)]^2}{9.81\times0.387}=221.07$$

$$F_V=\frac{3.405}{3.405+0.001}=0.9997$$

由图 5-7,查得垂直管为环状流。

② 均相法计算管道压力降 均相物性计算

$$W_T=W_G+W_L=71138\text{kg/h}$$

$$Y=\frac{W_G}{W_G+W_L}=\frac{68149}{71138}=0.958$$

$$\rho_H=1/\left(\frac{Y}{\rho_G}+\frac{1-Y}{\rho_L}\right)=\left[1/\left(\frac{0.958}{5.56}+\frac{1-0.958}{811}\right)\right]\text{kg/m}^3=5.80\text{kg/m}^3$$

$$X=\frac{W_L\rho_H}{W_T\rho_L}=\frac{2989\times5.80}{71138\times811}=3.0\times10^{-4}$$

$$\mu_H=X\mu_L+(1-X)\mu_G=[3\times10^{-4}\times0.43+(1-3\times10^{-4})\times0.011]\text{Pa·s}\approx0.011\text{Pa·s};$$

$$u_H = W_T/(3600A\rho_H) = [71138/(3600 \times 0.785 \times 0.387^2 \times 5.80)]\text{m/s} = 28.98\text{m/s}$$

$$Re = \rho_H u_H d/\mu_H = 5.80 \times 28.98 \times 0.387/0.011 = 5913.5$$

查图 5-2 得 $\varepsilon = 0.046$，$\varepsilon/d = 0.00012$；

查图 5-1 得 $\lambda_H = 0.0359$；

计算直管摩擦压力降

$$\Delta p_f = \frac{\lambda_H \rho_H u_H^2}{2} \times \frac{L}{d} \times 10^{-6}$$

$$= \left(\frac{0.0359 \times 5.8 \times 28.98^2}{2} \times \frac{21.5}{0.387} \times 10^{-6}\right)\text{MPa}$$

$$= 0.0048\text{MPa}$$

计算局部压力降

$$\Delta p_k = \frac{\lambda_H \rho_H u_H^2}{2} \times \frac{L_e}{d} \times 10^{-6} \times 5$$

$$= \left(\frac{0.0359 \times 5.80 \times 28.98^2}{2} \times 30 \times 10^{-6} \times 5\right)\text{MPa}$$

$$= 0.0131\text{MPa}$$

计算上升管静压降

$$\Delta p_H = (Z_2 - Z_1)\rho_H \times 9.81 \times 10^{-6}$$

$$= (4.995 \times 5.80 \times 9.81 \times 10^{-6})\text{MPa}$$

$$= 0.000284\text{MPa}$$

所以总压力降

$$\Delta p = 1.15(\Delta p_f + \Delta p_k + \Delta p_H)$$

$$= [1.15 \times (0.0048 + 0.0131 + 0.000284)]\text{MPa}$$

$$= 0.021\text{MPa}$$

③ 杜克勒法计算　由前面均相法可知　$\rho_H = 5.8\text{kg/m}^3$，$u_H = 28.98\text{m/s}$，

$$u_L = \frac{W_L}{3600\rho_L A}$$

$$= \frac{2989}{811 \times 3600 \times 0.785 \times 0.387^2}\text{m/s}$$

$$= 0.0087\text{m/s};$$

$$X = \frac{u_L}{u_H} = \frac{0.0087}{28.98} = 3.0 \times 10^{-4}$$

$$Fr = \frac{u_H^2}{gd} = \frac{28.98^2}{9.81 \times 0.387} = 221.22$$

假定 $K_L = 0.1$，开始试差计算。

$$\mu_{TP} = 0.43 \times 0.1 + 0.011 \times (1 - 0.1) = 0.0529$$

$$Re = \frac{0.387 \times 28.98 \times 5.8}{0.0529} = 1229.65$$

$$Z = (1229.65)^{1/6} \times (221.22)^{1/8}/(0.0003)^{1/4} = 48.84$$

因为 $Z > 10$，所以

$$K = 0.75545 + 0.003585 \times 48.84 - 0.00001436 \times 48.84^2 = 0.896$$

$$K_L = 1 - K(1-X) = 1 - 0.896 \times (1-0.0003) = 0.104$$

可见 K_L 值与假设值已经很接近了,故再假设 $K_L = 0.104$,

$$\mu_{TP} = 0.43 \times 0.104 + 0.011 \times (1-0.104) = 0.0546$$

$$Re = \frac{0.387 \times 28.98 \times 5.8}{0.0546} = 1191.36$$

$$Z = (1191.36)^{1/6} \times (221.22)^{1/8} / (0.0003)^{1/4} = 48.58$$

由于 $Z > 10$,所以

$$K = 0.75545 + 0.003585 \times 48.58 - 0.00001436 \times 48.58^2 = 0.896$$

$$K_L = 1 - 0.896 \times (1-0.0003) = 0.104$$

$K_L = 0.104$ 与假设值相同,所以 $K_L = 0.104$。

下面以 $K_L = 0.104$ 计算两相流压力降。

$$\rho_{cs} = \rho_L \times \frac{X_L^2}{K_L} + \rho_G \times \frac{(1-X)^2}{1-K_L} = 811 \times \frac{0.0003^2}{0.104} + 5.56 \times \frac{(1-0.0003)^2}{1-0.104} = 6.20$$

$$Re_{TP} = \frac{\rho_{cs} d u_H}{\mu_H} = \frac{6.20 \times 0.387 \times 28.98}{0.011} = 6321$$

由前面均相法可知

$$\varepsilon = 0.046, \quad \varepsilon/d = 0.00012, \quad \lambda_H = 0.0359$$

$$\xi = 1.281 + 0.478 \ln X + 0.444 (\ln X)^2 + 0.094 (\ln X)^3 + 0.00843 (\ln X)^4 = 12.93$$

$$\alpha_x = 1 - \frac{\ln X}{\xi} = 1 - \frac{\ln 3.0 \times 10^{-4}}{12.93} = 1.626$$

$$\lambda_{TP} = 1.626 \times 0.0359 = 0.0584$$

则

$$\Delta p_f + \Delta p_k = \lambda_{TP} \frac{\rho_{cs} u_H^2}{2} \times \frac{(L+L_e)}{d} \times 10^{-6}$$

$$= \left[0.0584 \times \frac{6.2 \times 28.98^2}{2} \times \left(\frac{21.5}{0.387} + 30 \times 5 \right) \times 10^{-6} \right] \text{MPa}$$

$$= 0.0313 \text{MPa}$$

$$\rho_{TP} = K_L \rho_L + (1-K_L) \rho_G$$

$$= 0.104 \times 811 + 0.896 \times 5.56 = 89.33$$

$$\Delta p_s = (Z_2 - Z_1) \rho_{TP} \times 9.81 \times 10^{-6}$$

$$= 4.995 \times 89.33 \times 9.81 \times 10^{-6}$$

$$= 0.0044$$

所以 总压力降(忽略速度压力降)

$$\Delta p = [1.15 \times (0.0313 + 0.0044)] \text{MPa} = 0.0411 \text{MPa}$$

两种方法计算结果比较:

  均相法: $\Delta p = 0.00112 \text{MPa}$;
  杜克勒法:$\Delta p = 0.041 \text{MPa}$;

所以这段两相流管道的压力降,取其中最大值:

$$\Delta p = 0.071 \text{MPa}$$

5.4.7.3 管道计算表

"气-液两相流（非闪蒸型）"的压力降计算表见表 5-28。编制步骤、用途及专业关系与"单相流"管道计算表相同。

表 5-28 管道计算表（两相流）

管道编号和类别			
自			
至			
流量/(m³/h)			
温度/℃			
压力/kPa			
黏度/mPa·s			
密度/(kg/m³)			
表面张力/(N/m)			
流速/(m/s)			
管道公称直径/mm			
外径×壁厚			
直管长度/m			
管件当量长度/m 弯头			
管件当量长度/m 三通			
管件当量长度/m 异径管			
管件当量长度/m 闸阀			
管件当量长度/m 截止阀			
管件当量长度/m 旋塞			
管件当量长度/m 止回阀			
总长度/m			
管道压力降/kPa			
孔板压力降/kPa			
控制阀压力降/kPa			
设备压力降/kPa			
始端标高/m			
终端标高/m			
静压力降/kPa			
设备接管口压力降/kPa			
总压力降/kPa			
压力(始端)/kPa			
压力(终端)/kPa			

管道编号和类别									
版次或修改	版次								
	日期								
	编制								
	校核								
	审核								

5.4.8 气-液两相流(闪蒸型)的管道压力降计算

闪蒸型气-液两相流的特点是,在流动过程中气-液两相流的密度和流量都随着阻力降的下降而减少,液相量不断减少,气相量不断增多。例如回收蒸汽冷凝液管道中、锅炉排污管内的流体都是闪蒸型两相流。由于两相流的特点,就不能采用单相流或均相流的方法计算压力降,而是采用上一节中讲到的分段计算原则来处理。

在这里我们介绍两种计算方法:计算方法一和计算方法二。使用计算方法一,需要管道入口及至少一个中间点的工艺数据,中间点越多,计算结果越准确;若无中间点数据,则推荐使用计算方法二,但精度较差。

5.4.8.1 计算方法一的公式

流体质量流量(W_T)、管道截面积(A)与系统压力(p)和物料密度(ρ_a)之间的关系如下。

$$\left(\frac{W_T}{3600A}\right)^2 = 2\times 10^6 \times \frac{\int_{p_1}^{p_2}(-\rho_a)\mathrm{d}p}{2\ln\frac{\rho_{a1}}{\rho_{a2}}+\frac{\lambda L}{d}} \tag{5-87}$$

若将管道分成 $n-1$ 段,上式中的积分项可用下式表示

$$\int_{p_1}^{p_n}-(\rho_a)\mathrm{d}p = \frac{\rho_{a1}+\rho_{a2}}{2}(p_1-p_2)+\cdots+\frac{\rho_{a(n-1)}+\rho_{an}}{2}(p_{n-1}-p_n)$$

因此式 (5-87) 可简化为

$$\left(\frac{W_T}{3600A}\right)^2 = 2\times 10^6 \times \frac{\frac{\rho_{a1}+\rho_{a2}}{2}(p_1-p_2)+\cdots+\frac{\rho_{a(n-1)}+\rho_{an}}{2}(p_{n-1}-p_n)}{2\ln\frac{\rho_{a1}}{\rho_{a2}}+\frac{\lambda L}{d}} \tag{5-88}$$

要注意的是式 (5-87) 未顾及管道出口与入口端的静压力降(式中 L 指管道计算总长度),摩擦系数 (λ) 值为不变的平均值,由平均黏度及平均雷诺数等求取。

5.4.8.2 计算方法一的计算步骤

① 给出入口、出口及一个或多个中间点的工艺数据,即给出温度(T)、压力(p)、质量流量(W)、相对分子质量(M)和密度(ρ)等,同时给出管径、长度等管道数据。

② 计算两相流体的平均密度

$$\rho_a = \frac{W_T}{W_L/\rho_L + W_G/\rho_G} \tag{5-89}$$

③ 依据两相流体平均密度(ρ_a)与相应的压力(p)绘制 ρ_a-p 图(见图 5-8)

④ 计算两相流体的液相平均体积分率

$$X = \frac{W_L/\rho_L}{W_T/\rho_a} \tag{5-90}$$

⑤ 计算两相流体的平均黏度

$$\mu_a = \mu_L X + \mu_G (1-X) \tag{5-91}$$

⑥ 计算雷诺数

$$Re = \frac{W_T d}{3600 A \mu_a} \tag{5-92}$$

并由图 5-2 和图 5-1 查得管道的相对粗糙度（ε/d）及摩擦系数（λ），并计算 $\lambda L/d$。

⑦ 由给定的质量流量及管道截面积计算 $\left(\dfrac{W_T}{3600A}\right)^2$。

上述各式中

W_T——气-液两相流总质量流量，kg/h；

W_L——液相质量流量，kg/h；

p_1——管道始端压力，MPa；

p_n——管道 n 点压力（$n=1,2,3,\cdots$），MPa；

W_G——气相质量流量，kg/h；

ρ_a——气-液两相流平均密度，kg/m³；

ρ_L——液相密度，kg/m³；

ρ_G——气相密度，kg/m³；

X——液相平均体积分率；

λ——摩擦系数；

μ_L——液相黏度，Pa·s；

μ_G——气相黏度，Pa·s；

μ_a——气-液两相流平均黏度，Pa·s；

A——管道截面积，m²；

d——管道内直径，m；

L——管道计算长度，m。

⑧ 确定 $n-2$ 个压力点，连同始端、终端的压力值共 n 个点，再由 ρ_a-p 图查取与 p_1、p_2、$\cdots$、p_n 点相对应的 ρ_{a1}、ρ_{a2}、$\cdots$、ρ_{an}，由式（5-88）计算点 1 与点 2、点 1 与点 3$\cdots$点 1 与点 n 的 $n-1$ 个 $\left(\dfrac{W_T}{3600A}\right)^2$ 值。若其中某一点已达到本节⑦的 $\left(\dfrac{W_T}{3600A}\right)^2$ 值，则表示管截面积为 A 的管道可以满足要求。不过从经济性或工艺控制要求考虑，还应进一步作 A 值的调整计算。另外，为确保操作，一般应用 1.08 倍的安全系数。

5.4.8.3 计算方法二的公式

计算方法二由 8 个公式组成，式（5-93）至式（5-100）是在假设密度随压力的变化是一条直线的基础上进行计算的，因此仅需要入口及出口两个点的工艺数据。设点 1、2、3 分别为管道始端、终端、中间点数据。中间点的工艺数据按下列方法确定。

$$p_3 = p_2 + \frac{p_1 - p_2}{3} \tag{5-93}$$

$$W_{G3} = W_{G2} + \frac{W_{G1} - W_{G2}}{3} \tag{5-94}$$

$$W_{L3} = W_{L2} + \frac{W_{L1} - W_{L2}}{3} \tag{5-95}$$

$$T_3 = T_2 + \frac{T_1 - T_2}{3} \tag{5-96}$$

$$M_3 = M_2 - \frac{M_2 - M_1}{3} \tag{5-97}$$

$$\rho_{G3} = \rho_{G2} + \frac{\rho_{G1} - \rho_{G2}}{3} \tag{5-98}$$

$$\rho_{L3} = \rho_{L2} + \frac{\rho_{L1} - \rho_{L2}}{2} \tag{5-99}$$

$$\rho_{a3} = \frac{W_T}{\dfrac{W_{G3}}{\rho_{G3}} + \dfrac{W_{L3}}{\rho_{L3}}} \tag{5-100}$$

式中 p_1, p_2, p_3——管道始端、终端、中间点压力，MPa；
W_{G1}, W_{G2}, W_{G3}——管道始端、终端、中间点气体质量流量，kg/h；
W_{L1}, W_{L2}, W_{L3}——管道始端、终端、中间点液体质量流量，kg/h；
T_1, T_2, T_3——管道始端、终端、中间点温度，℃；
M_1, M_2, M_3——管道始端、终端、中间点流体相对分子质量；
$\rho_{G1}, \rho_{G2}, \rho_{G3}$——管道始端、终端、中间点气体密度，kg/m³；
$\rho_{L1}, \rho_{L2}, \rho_{L3}$——管道始端、终端、中间点液体密度，kg/m³；
ρ_{a3}——管道中间点的流体密度，kg/m³。

其余符号意义同前。

5.4.8.4 计算方法二的计算步骤

① 假设一个管径，用点 3 的平均密度、平均黏度等数据按"单相流"的方法计算 Δp，此压力降包括摩擦压力降、速度压力降及静压力降三个部分，具体方法见"单相流（不可压缩流体）"。若忽略 1、2 点间混合物的密度差别，则其中速度压力降可按下式计算。

$$\Delta p_N = \frac{W_T(u_2 - u_1)}{3600 A} \times 10^{-6} \tag{5-101}$$

式中 u_1, u_2——流体在管始端及终端处的流速，m/s。

其余符号意义同前。

② 将计算出压力降与允许的压力降比较，若计算的压力降小于且接近允许压力降，则假设管径可用，否则需重新假设管径计算压力降，直至计算压力降小于且接近允许压力降，即为所求管径。

5.4.8.5 计算实例

例 5-7 采用计算方法一，式（5-88）的计算举例如下。

已知条件：炼油厂裂化炉油气输出管道，气-液正常总流量 $W_T = W_G + W_L = 165333 \text{kg/h}$；负荷安全系数 1.08；气-液最大总流量 $W_m = W_T \times 1.08 = 178560 \text{kg/h}$；

设定数据点序号 1、2、3、4，分别代表设定数据点位置：炉子出口、中间点、中间点、塔入口。

各点的工艺数据列于下表中。

各点的工艺数据

数据点序号	温度/℃	压力/MPa	物料流量/(kg/h) 气 W_G	物料流量/(kg/h) 液 W_L	气体 相对分子质量	气体 ρ_G/(kg/m³)	液体 ρ_L/(kg/m³)	ρ_a/(kg/m³)
1	460	0.1496	38325	127008	315	7.69	684	31.98
2	457	0.1379	49443	115890	318	7.21	689	23.53
3	449	0.1014	58061	107272	333	5.61	713	15.75
4	440.5	0.0621	76881	88452	352	3.68	737	7.87

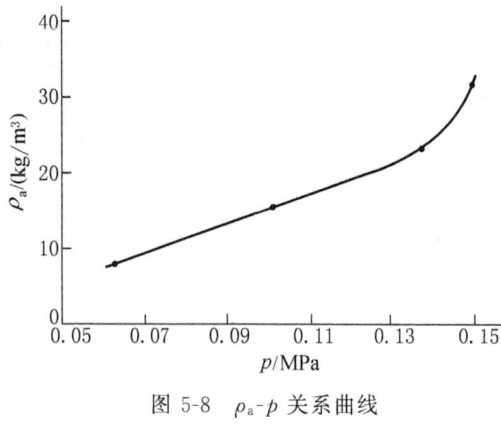

图 5-8 ρ_a-p 关系曲线

表中 ρ_a 用式 (5-89) 计算。绘 ρ_a-p 曲线, 如图 5-8 所示。

在平均压力为 0.106MPa 时, 物料平均黏度为 0.0001Pa·s。用式 (5-91) 计算, 选用合适尺寸的输送管道。

解 试选 DN250 和 DN300 两种规格管道。

① 选用 DN250 钢管 管道内径 $d = 0.2545$m, 管截面积 $A = 0.0508$m², 管道计算长度 $L = 47.85$m

$$\left(\frac{W_T}{3600A}\right)^2 = \left(\frac{165333}{3600 \times 0.0508}\right)^2 \text{kg}^2/(\text{s}^2 \cdot \text{m}^4)$$

$$= 817310 \text{kg}^2/(\text{s}^2 \cdot \text{m}^4)$$

$$\left(\frac{W_m}{3600A}\right)^2 = \left(\frac{178560}{3600 \times 0.0508}\right)^2 \text{kg}^2/(\text{s}^2 \cdot \text{m}^4) = 953314 \text{kg}^2/(\text{s}^2 \cdot \text{m}^4)$$

$$Re = \frac{W_T d}{3600A\mu_a} = \frac{165333 \times 0.2545}{3600 \times 0.0508 \times 0.0001} = 2.3 \times 10^6$$

由图 5-2 查得相对粗糙度 $\varepsilon/d = 1.8 \times 10^{-4}$

由图 5-1 查得摩擦系数 $\lambda = 0.014$

$$\lambda \frac{L}{d} = 0.014 \times \frac{47.85}{0.2545} = 2.63$$

② 选用 DN300 钢管 管道内径 $d = 0.3037$m, 截面积 $A = 0.0724$m², 长度 $L = 52.43$m

$$\left(\frac{W_T}{3600A}\right)^2 = \left(\frac{165333}{3600 \times 0.0724}\right)^2 \text{kg}^2/(\text{s}^2 \cdot \text{m}^4) = 402380 \text{kg}^2/(\text{s}^2 \cdot \text{m}^4)$$

$$\left(\frac{W_m}{3600A}\right)^2 = \left(\frac{178560}{3600 \times 0.0724}\right)^2 \text{kg}^2/(\text{s}^2 \cdot \text{m}^4) = 469338 \text{kg}^2/(\text{s}^2 \cdot \text{m}^4)$$

$$Re = \frac{W_T d}{3600A\mu_a} = \frac{165333 \times 0.3037}{3600 \times 0.0724 \times 0.0001} = 1.93 \times 10^6$$

由图 5-2 查得相对粗糙度 $\varepsilon/d = 1.4 \times 10^{-4}$

由图 5-1 查得摩擦系数 $\lambda = 0.0136$

$$\lambda \frac{L}{d} = 0.0136 \times \frac{52.43}{0.3037} = 2.35$$

将以上计算结果列入下表中。

计算结果

项 目	管道规格	
	$DN250$	$DN300$
管道内径 d/m	0.2545	0.3037
管道截面积 A/m^2	0.0508	0.0724
相对粗糙度 ε/d	1.8×10^{-4}	1.4×10^{-4}
平均黏度 $\mu_a/Pa\cdot s$	0.0001	0.0001
$[W_T/(3600A)]^2/[kg^2/(s^2\cdot m^4)]$	817310	402380
Re	2.3×10^6	1.93×10^6
摩擦系数 λ	0.014	0.0136
计算长度 L/m	47.85	52.43
$\lambda L/d$	2.63	2.35
$[W_m/(3600A)]^2/[kg^2/(s^2\cdot m^4)]$	953314	469338

③ 由图 5-8 的 ρ_a-p 曲线查取 8 组对应的 ρ_a-p，将管路分成 7 段，求取不同管径下允许的最大流速。以 $DN250$ 管为例：

第 1 点 $p_1=0.1496\text{MPa}$　$\rho_{a1}=32.04\text{kg/m}^3$；

第 2 点 $p_2=0.1379\text{MPa}$　$\rho_{a2}=23.39\text{kg/m}^3$；

第 3 点 $p_3=0.1242\text{MPa}$　$\rho_{a3}=18.42\text{kg/m}^3$。

从第 1 点到第 2 点间

$$\left(\frac{W}{3600A}\right)^2=\frac{\frac{32.04+23.39}{2}\times(0.1496-0.1379)\times 2\times 10^6}{2\times\ln\frac{32.04}{23.29}+2.63}\text{kg}^2/(\text{s}^2\cdot\text{m}^4)=199018\text{kg}^2/(\text{s}^2\cdot\text{m}^4)$$

从第 1 点到第 3 点间

$$\left(\frac{W}{3600A}\right)^2=\left[\frac{\frac{32.04+23.39}{2}\times(0.1496-0.1379)\times 2\times 10^6}{2\times\ln\frac{32.04}{8.42}+2.63}+\right.$$

$$\left.\frac{\frac{23.39+18.42}{2}\times(0.1379-0.1342)\times 2\times 10^6}{2\times\ln\frac{32.04}{8.42}+2.63}\right]\text{kg}^2/(\text{s}^2\cdot\text{m}^4)$$

$$=326840\text{kg}^2/(\text{s}^2\cdot\text{m}^4)$$

依此类推计算出一组数据，列于下表。

$\Delta p - \left(\dfrac{W}{3600A}\right)^2$ 对应表

序号	压力 p /MPa	平均密度 ρ_a /(kg/m³)	压力降 /MPa	$\int_{p_1}^{p_n}(-\rho_a)dp$ 末项	$\int_{p_1}^{p_n}(-\rho_a)dp$ 总和	$2\ln\dfrac{\rho_{a1}}{\rho_{an}}+\dfrac{XL}{d}$ DN250	$2\ln\dfrac{\rho_{a1}}{\rho_{an}}+\dfrac{XL}{d}$ DN300	$\left(\dfrac{W}{3600A}\right)^2$ DN250	$\left(\dfrac{W}{3600A}\right)^2$ DN300
1	0.1496	32.04							
2	0.1379	23.39	0.0117	0.3243	0.3243	3.259	2.979	199018	217724
3	0.1242	18.42	0.0137	0.2864	0.6107	3.737	3.457	326840	353312
4	0.1103	16.02	0.0139	0.2894	0.8501	4.016	3.736	423357	455086
5	0.0965	14.42	0.0138	0.2100	1.0601	4.227	3.947	501585	537167
6	0.0828	12.82	0.0137	0.1866	1.2467	4.462	4.182	558808	596222
7	0.0689	9.61	0.0139	0.1559	1.4026	5.038	4.758	556808	589575
8	0.0621	7.85	0.0068	0.0594	1.4020	5.443	5.163	537204	566337

注：积分 $\int_{p_1}^{p_n}(-\rho_a)dp$ 中"总和"指 $\int_{p_1}^{p_n}(-\rho_a)dp$，"末项"指 $\int_{p_{n-1}}^{p_n}(-\rho_a)dp = \dfrac{\rho_{a(n-1)}+\rho_{an}}{2}[p_{(n-1)}-p_n]$。

④ 讨论 由上表看出，对于一定的起始压力和压力降，有一个对应的 $\left(\dfrac{W_T}{3600A}\right)^2$ 值（最大），二者相互对应。

由上表得知，对于 $DN250$ 管，终点压力为 $0.0621MPa$ 时，$\left(\dfrac{W_T}{3600A}\right)^2$ 值为 537204，$\Delta p = (0.1496-0.0621) = 0.0875MPa$。

由上表得知，$DN250$ 管最大流通能力约为 537204，而计算结果表中要求 $DN250$ 管最大流通能力为 953314，满足不了要求，对于 $DN300$ 管的最大流通能力为 566337，计算结果表中要求 $DN300$ 管的最大流通能力为 469338，因此选用 $DN300$ 管可满足工艺要求。

在求取各终点压力下的 W_T 值时，要计算相应条件下的 $\left(\dfrac{W_T}{3600A}\right)^2$ 值，该 $\left(\dfrac{W_T}{3600A}\right)^2$ 值相应于流过计算长度为 L 的管道的临界流量，其压力降为起点压力减去相应的终点压力。

例 5-8 采用计算方法二，式 (5-93) 至式 (5-100) 的计算举例。

例题条件同例 5-7。

① 选用 DN300 管道，$d=0.3037m$，$A=0.0724m^2$，$L=52.43m$，$\mu_a=0.0001Pa\cdot s$，始、终点的工艺数据列于下表中。

始、终点的工艺数据

数据点序号	p /MPa	T /℃	u /(m/s)	M	W_G /(kg/h)	W_L /(kg/h)	ρ_G /(kg/m³)	ρ_L /(kg/m³)	ρ_a /(kg/m³)
1	0.1496	460	19.80	315	38325	127008	7.69	684	32.04
2	0.0621	440.5	80.81	352	76881	88452	3.68	737	7.85

由点1、点2计算第3点（中间点）的各数据。

由式 (5-93) 至式 (5-100) 得

$p_3 = 0.0913MPa$，$T_3 = 447℃$，$M_3 = 339.7$，$W_{G3} = 64029kg/h$，$W_{L3} = 101304kg/h$，$W_T = 165333kg/h$，$\rho_{G3} = 5.02kg/m^3$，$\rho_{L3} = 719kg/m^3$，$\rho_{a3} = 12.82kg/m^3$，$u_3 = \dfrac{165333}{12.82\times 3600\times 0.0724}m/s = 49.48m/s$

压力降 Δp 的计算

$$Re = \frac{W_T d}{3600 A \mu_a} = \frac{165333 \times 0.3037}{3600 \times 0.0724 \times 0.0001} = 1.926 \times 10^6$$

由图 5-2，查得普通碳钢管的相对粗糙度 $\varepsilon/d = 1.4 \times 10^{-4}$
由图 5-1，查得 $\lambda = 0.0136$
以第 3 点数据计算管道的摩擦压力降 Δp_f

$$\Delta p_f = \frac{\rho_{a3} u_3^2}{2} \times \frac{\lambda L}{d} \times 10^{-6} = \left(\frac{12.82 \times 49.48^2}{2} \times \frac{0.0136 \times 52.43}{0.3037} \times 10^{-6} \right) \text{MPa} = 0.0368 \text{MPa}$$

以点 1、点 2 两个端点数据计算速度压力降 Δp_N

$$\Delta p_N = \frac{W_T (u_2 - u_1)}{3600 A} \times 10^{-6} = \left[\frac{165333 \times (80.81 - 19.8)}{3600 \times 0.0724} \times 10^{-6} \right] \text{MPa} = 0.0387 \text{MPa}$$

假设该管道为水平管，故静压力降 $\Delta p_s = 0$；
因此，系统总压力降 $\Delta p = \Delta p_f + \Delta p_N + \Delta p_s = (0.0368 + 0.0387) \text{MPa} = 0.0755 \text{MPa}$
实际上，两端间压力降 $\Delta p = (0.1496 - 0.0621) \text{MPa} = 0.0875 \text{MPa}$
② 选用 DN250 管道，$d = 0.2545 \text{m}$，$A = 0.0508 \text{m}^2$，$L = 47.85 \text{m}$
由式（5-93）得
$p_3 = 0.0913 \text{MPa}$，$T_3 = 447 \text{℃}$，$M_3 = 339.7$，$W_T = 165333 \text{kg/h}$，$\rho_{a3} = 12.83 \text{kg/m}^3$，$u_3 = 70.52 \text{m/s}$

$$Re = \frac{165333 \times 0.2545}{3600 \times 0.0508 \times 0.0001} = 2.3 \times 10^6$$

由图 5-2，查得 $\varepsilon/d = 1.8 \times 10^{-4}$
由图 5-1，查得 $\lambda = 0.014$

$$\Delta p_f = \left(\frac{12.82 \times 70.52^2}{2} \times 0.014 \times \frac{47.85}{0.2545} \times 10^{-6} \right) \text{MPa} = 0.0839 \text{MPa}$$

$$u_1 = \frac{165333}{32.04 \times 3600 \times 0.0508} \text{m/s} = 28.22 \text{m/s}$$

$$u_2 = \frac{165333}{7.85 \times 3600 \times 0.0508} \text{m/s} = 115.17 \text{m/s}$$

$$\Delta p_N = \left[\frac{165333 \times (115.17 - 28.22)}{3600 \times 0.0508} \times 10^{-6} \right] \text{MPa} = 0.0786 \text{MPa}$$

水平管 $\Delta p_s = 0$
因此系统总压力降 $\Delta p = (0.0839 + 0.0786) \text{MPa} = 0.1625 \text{MPa}$
实际上，两端间压力降为 0.0875MPa，因此选用 DN250 管是不合适的，应选用 DN300 管。

5.4.8.6 管道计算表

"气-液两相流（闪蒸型）"的管道压力降计算表，见表 5-29。
编制步骤、用途及专业关系与"单相流"管道计算表相同。

表 5-29　管道计算表（两相流）

管道编号和类别				
自				
至				
流量/(m³/h)				
温度/℃				
压力/kPa				
黏度/mPa·s				
密度/(kg/m³)				
表面张力/(N/m)				
流速/(m/s)				
管道公称直径/mm				
外径×壁厚				
直管长度/m				
管件当量长度/m	弯头			
	三通			
	异径管			
	闸阀			
	截止阀			
	旋塞			
	止回阀			
总长度/m				
管道压力降/kPa				
孔板压力降/kPa				
控制阀压力降/kPa				
设备压力降/kPa				
始端标高/m				
终端标高/m				
静压力降/kPa				
设备接管口压力/kPa				
总压力降/kPa				
压力(始端)/kPa				
压力(终端)/kPa				
版次或修改	版次			
	日期			
	编制			
	校核			
	审核			

5.4.9　气-固两相流的管道压力降计算

5.4.9.1　概述

气体和固体在管道内一起的流动称为气-固两相流动（简称气-固两相流）。气-固两相流出现在气力输送系统中。

气力输送按其被输送物料在管道中的运动状态可分为以下几类,见图 5-9 和图 5-10。

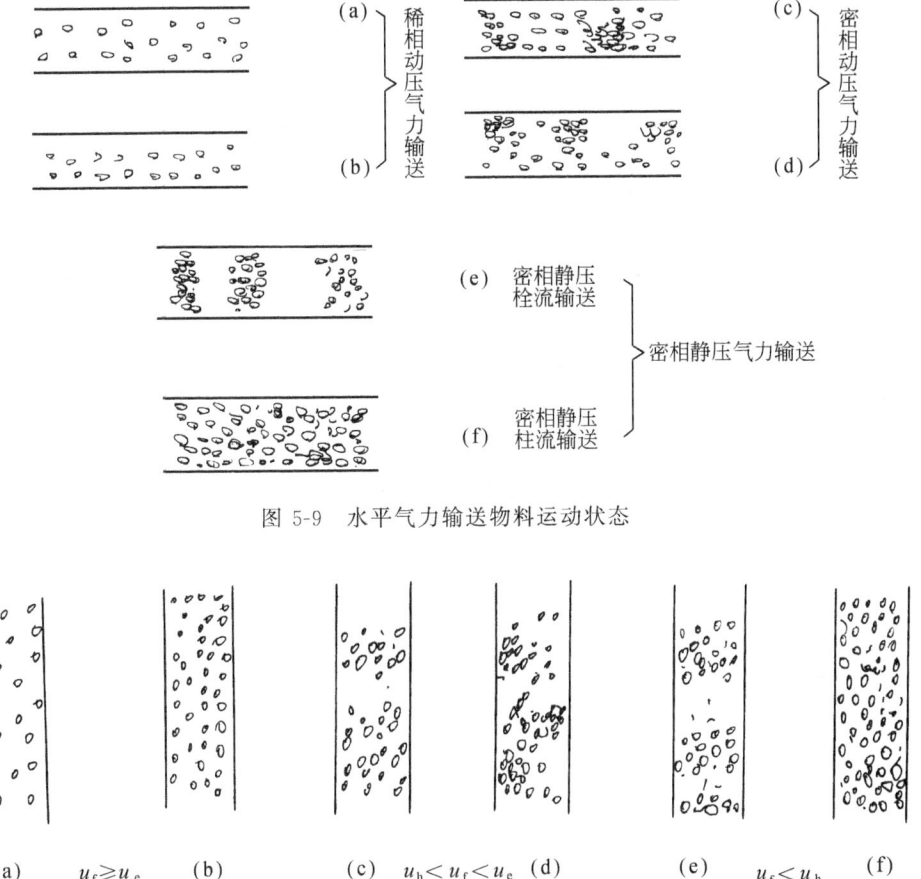

图 5-9 水平气力输送物料运动状态

(a) $u_f \geq u_e$ (b)　　(c) $u_h < u_f < u_e$ (d)　　(e) $u_f < u_h$ (f)
稀相动压气力输送　　密相动压气力输送　　密相静压　密相静压
　　　　　　　　　　　　　　　　　　　　栓流输送　柱流输送
　　　　　　　　　　　　　　　　　　　　密相静压气力输送

图 5-10 垂直气力输送物料运动状态

(1) 稀相动压气力输送

在输送物料时,物料悬浮在管中并呈均匀分布,在水平管道中呈飞翔状态,空隙率很大,物料输送主要靠由较高速度在工作气体中所形成的动能来实现。气流速度通常在 12m/s 至 40m/s 之间,质量输送比(简称输送比,即被输送物料的质量流量与工作气体质量流量之比,以 m 表示)通常在 1~5 之间,对于粒料,输送比可高达 15。

(2) 密相动压气力输送

物料在管道内已不再均匀分布,而呈密集状态,物料从气流中分离出来,但管道并未被堵塞,物料呈沙丘状,密相动压输送亦是依靠工作气体的动能来实现的。

通常密相动压输送中,气流速度在 8~15m/s 之间,输送比(m)在 15~20 之间,对于易充气的物料,输送比(m)可高达 200 以上。

(3) 密相静压气力输送

物料在管道中沉积、密集而栓塞管道,依靠工作气体的静压来推送物料,比起前两种输送方式，密相静压输送的气流速度更低，输送比（m）更高。

设计气力输送系统时，应根据被输送物料的特性、装置的技术经济要求以及生产过程的工艺特性和工艺要求等因素，选择合适的输送方式。要考虑温度对被输送物料的影响，同时系统中应采取消除静电和防爆措施，确保安全操作。

确定正确的输送方式后，可根据系统的允许压力降和工作气体的流量选择送风或引风设备。

气力输送系统的压力降包括输送管道（包括管件）和附属设备，如分离器、喷嘴或吸嘴以及袋滤机等的压力降。本章只给出管道（包括管件）压力降的计算公式，附属设备压力降的计算可参考有关制造厂的产品说明和其他的文献资料。

气力输送的计算一般采用半经验半理论的方法。化工物料品种繁多，形状各异。设计气力输送装置时，可根据实际应用装置，选取设计参数，若无实际装置参考，可通过实验来确定，也可从与被输送物料性质接近（指形状、密度等物理性质接近）的实际装置中选取有关数据。

① 在某一气体流速下输送物料其压力降最小，该气体流速称为经济流速，以 u_e 表示。

② 当气体流速低到某一值时，输送物料开始沉积而堵塞管道，此时的气体流速称为噎塞流速，用 u_h 表示。

③ 稀相动压输送时，气体流速大于经济流速。密相动压输送时，气体流速介于经济流速与噎塞流速间。密相静压输送的气体流速则低于噎塞流速。输送过程中，随着输送距离的加大，有时应逐渐加大输送管径以适应流速的增加。

④ 经济流速和噎塞流速由实验测定。输送比则可根据物料特性及输送方式来确定

$$m=\frac{W_s}{W_G} \tag{5-102}$$

式中　m——料-气质量输送比，简称输送比；

　　　W_s——物料质量流量，kg/h；

　　　W_G——气体质量流量，kg/h。

⑤ 使物料保持悬浮状态的气体最小流速称为悬浮流速，以 V_t 表示，由实验测定，亦可由下式估算。

对于粉料（通常粒径小于 0.001m 称为粉料）

$$V_t=\frac{d_s^2(\rho_s-\rho_f)g}{18\mu_f} \tag{5-103}$$

对于粒状物料（通常粒径大于 0.001m 称为粒料）

$$V_t=\left[\frac{3g(\rho_s-\rho_f)d_s}{\rho_f}\right]^{0.5} \tag{5-104}$$

式中　V_t——悬浮流速，m/s；

　　　d_s——输送物料的当量球径（同体积圆球的直径），m；

　　　ρ_s——输送物料的堆积密度，kg/m³；

　　　ρ_f——工作气体的密度，kg/m³；

　　　g——重力加速度，m/s²；

　　　μ_f——工作气体的黏度，Pa·s。

5.4.9.2　稀相动压气力输送管压力降计算

稀相动压气力输送的气体流速高于经济流速（u_e），计算时，应首先选定气体流速（u_f），

u_f 由经验选定，或由下式估算。

$$u_f = K_L \sqrt{\rho_s/1000} + K_d L_t \tag{5-105}$$

式中 u_f——气体流速，m/s；

K_L——输送物料的粒度系数，见表 5-30；

K_d——输送物料的特性系数，取 $2\times10^{-5} \sim 5\times10^{-5}$，对于干燥粉料取较小值；

L_t——输送距离，m。

表 5-30 物料的粒度系数 K_L

物料种类	颗粒大小/m	K_L 值	物料种类	颗粒大小/m	K_L 值
粉料	<0.001	10~16	细块状物料	0.01~0.02	20~22
均质粒状物料	0.001~0.01	16~20	中块状物料	0.02~0.08	22~25

$$L_t = L_1 + n_1 L_h + n_2 L_2 + n_b L_b \tag{5-106}$$

式中 L_1——水平管长度，m；

L_2——倾斜管长度，m；

L_h——垂直管长度，m；

L_b——弯管当量长度，m；90°弯管当量长度见表 5-31；

n_1——垂直管校正系数，$n_1 = 1.3 \sim 2.0$；

n_2——倾斜管校正系数，$n_2 = 1 + 2\alpha (n_1 - 1)/\pi$ 或 $n_2 = 1.1 \sim 1.5$；

α——倾斜直管与水平面的夹角，rad；

n_b——弯管数量。

其余符号意义同前。

表 5-31 90°弯管当量长度 L_b

物料种类 \ R_0/D	4	6	8	10
粉状料	4~8	5~10	6~10	8~10
大小均匀的颗粒	—	8~10	12~16	16~20
大小不均匀的小块粒	—	—	28~35	35~45
大小均匀的大块粒	—	—	60~80	70~90

注：R_0——弯管的曲率半径，m；D——输送管内直径，m。

除上述可由式（5-105）估算 u_f 外，亦可以 $u_f = 2V_t$ 作为初选气体流速。

气力输送中，满足工况要求可以选用的气体流速和输送比的范围是较宽的，但如何确定最优方案却是比较困难的。本章提到的经济流速，是指输送管中物料颗粒在气流中由均匀分布到不再均匀分布的临界点，即稀相动压输送与密相动压输送间的临界点，并非输送中气流的最优流速。一般气力输送计算中应选择几组气体流速及料-气输送比，进行压力降、管径和风机选择等计算，然后根据装置的具体情况，从经济角度来选取较优的方案。

此外，气力输送中，工作气体的密度，流速以及与此有关的其他参数（如后面提到的料-气容积比等）值是有变化的。通常在稀相和输送距离不远的密相动压输送中，这种变化可以忽略。在本节有关的计算公式中，上述参数是指输送管入口端（对压送式装置）或输送管出口端（对吸送式装置）的值。对于密相静压输送或距离较远的密相动压输送，由于压力变化较大，在进行有关计算时，应采用平均值。

选定气体流速（u_f）及输送比（m）后，根据下式计算输送管起始段的内直径（D）。

$$D = \frac{1}{30}\sqrt{\frac{W_s}{\pi m \rho_f u_f}} \tag{5-107}$$

式中 D——输送管内直径，m。

其余符号意义同前。

稀相动压气力输送管道压力降由直管段压力降（Δp_{mt}）、弯管段压力降（Δp_{mb}）和管件局部压力降（Δp_{fp}）三部分组成，分述如下。

(1) 直管段压力降（Δp_{mt}）计算

直管段压力降是由两部分组成：加速段压力降（Δp_{sa}）和恒速段压力降（Δp_{sc}），即

$$\Delta p_{mt} = \Delta p_{sa} + \Delta p_{sc} \tag{5-108}$$

(2) 加速段压力降（Δp_{sa}）计算

在长距离输送中，由于管道总压力降较大，加速段压力降相对较小，可以忽略不计，但在短距离输送中，必须计算。

对垂直输料管，物料达到稳定运动时的速度（V_m）常取

$$V_m = u_f - V_t \tag{5-109}$$

处于垂直加速段的物料速度（V_s）可按图 5-11 根据参数 m_1 及 u_f/V_t 值查得 V_s/u_f 而求得，其中参数

$$m_1 = 2gL_{ho}/V_t^2 \tag{5-110}$$

式中 L_{ho}——垂直直管加速段长度，m。

其余符号意义同前。

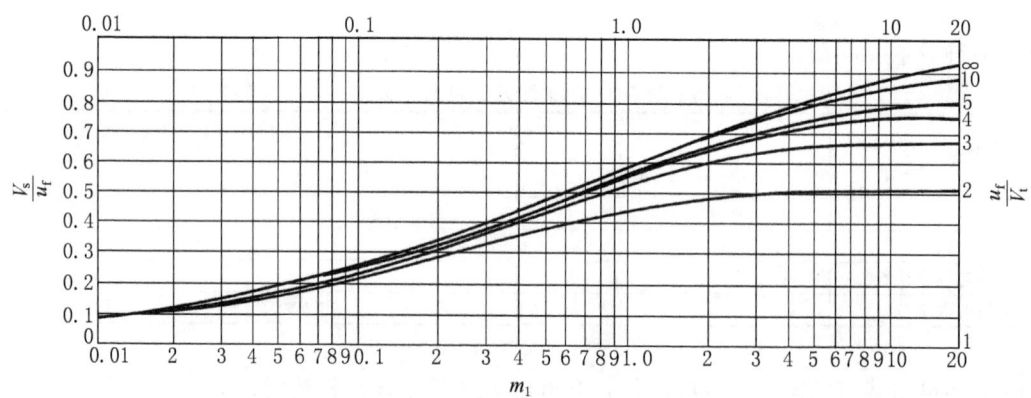

图 5-11 垂直管加速段 V_s/u_f 与 m_1 的关系

设计计算时，先计算垂直加速段长度（L_{ho}），令 $V_s = V_m$，根据 u_f/V_t 及 V_s/u_f（也即 V_m/u_f）数值，查图 5-11 得到 m_1，则有

$$L_{ho} = \frac{m_1 V_t^2}{2g} \tag{5-111}$$

式中符号意义同前。

若 $L_{ho} > L_h$，则说明整个垂直段，物料一直处于加速状态，此时 $L_{ho} = L_h$，用式（5-110）及图 5-11 计算 V_s。

若 $L_{ho} \leq L_h$，则在垂直段中，物料已达到稳定运动状态，且加速段末期，物料速度 $V_s = V_m$。

对水平输料管，物料达到稳定运动时的速度（V_m）常近似取

$$V_m = u_f - V_{起} \tag{5-112}$$

或
$$V_m \approx (0.70 \sim 0.85) u_f \tag{5-113}$$

式中 $V_起$——物料在水平输料管中的起始流速，m/s。

处于水平加速段的物料速度 (V_s)，可按图 5-12 根据参数 (m_2) 及 (V_m/u_f) 值查得 V_s/u_f 而求得，其中参数

$$m_2 = 2gL_0/V_t^2 \tag{5-114}$$

式中 L_0——水平加速段长度，m。

其余符号意义同前。

设计计算时，先计算水平加速段长度 (L_0)，令 $V_s = V_m$，根据 V_m/u_f 及 V_s/u_f（即 V_m/u_f）数值，查图 5-12 得到 m_2，则有

$$L_0 = \frac{m_2 V_t^2}{2g} \tag{5-115}$$

式中符号意义同前。

若 $L_0 > L_1$，则说明整个水平直管段物料一直处于加速状态，此时 $L_0 = L_1$，用式（5-114）及图 5-12 计算 V_s。

若 $L_0 \leqslant L_1$，则在水平直管段中，物料已达到稳定运动状态，且加速段末段，物料速度 $V_s = V_m$。

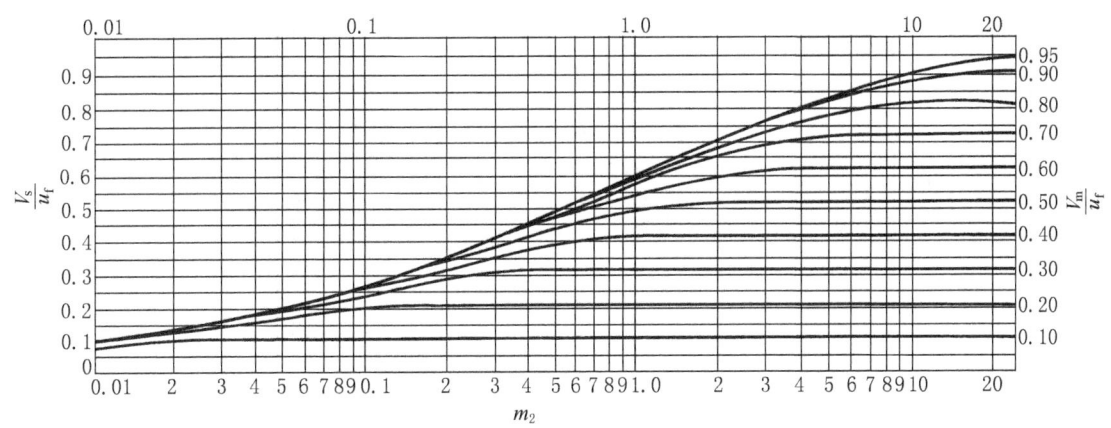

图 5-12 水平管加速段 V_s/u_f 与 m_2 的关系

对于倾斜直管加速段，可先求得垂直加速段的速度比 (V_s/u_f)，再乘以 $\sin\alpha$ 而求得倾斜直管加速比 (V_s/u_f)，α 为倾斜角（与水平方向的夹角）。

设物料由初始速度 (V_0) 加速到 V_s，加速度阻力系数 (λ_{sa}) 为

$$\lambda_{sa} = 2(V_s - V_0)/u_f \tag{5-116}$$

$$\Delta p_{sa} = \lambda_{sa} m \rho_f u_f^2 / 2 \tag{5-117}$$

式中 λ_{sa}——加速段阻力系数；

V_0——物料初始速度，m/s；

其余符号意义同前。

(3) 恒速段压力降 (Δp_{sc}) 计算

① 稀相动压输送时直管恒速段压力降计算公式（参见表 5-34）

垂直直管（参见表 5-34）

$$\Delta p_{sc} = \Delta p_f \left\{ 1 + m \frac{2\eta}{\lambda_f} \left[\frac{gD}{u_f(u_f - V_t)} \right] \right\} \quad (5-118)$$

其中
$$\eta = 1 + 0.0156 \left[\frac{(u_f - V_t)^2}{gD} \right]^{0.85} \quad (5-119)$$

水平直管
$$\Delta p_{sc} = \Delta p_f \left(1 + m \frac{0.0312}{\lambda_f} Fr_c^{0.85} \frac{gD}{V_c V_t} \right) \quad (5-120)$$

其中
$$V_c = u_f - CV_t \quad (5-121)$$
$$C = 0.55 + 0.0032 Fr^{0.85} \quad (5-122)$$
$$Fr = u_f / (gD)^{0.5} \quad (5-123)$$
$$Fr_c = V_c / (gD)^{0.5} \quad (5-124)$$

式中 Δp_f——纯工作气体单相流动时的压力降，Pa；

λ_f——工作气体的摩擦阻力系数。

其余符号意义同前。

倾角为 α 的倾斜直管，可用垂直直管的计算公式，但其中
$$\eta = \sin\alpha + 0.0156 Fr^{0.85} \quad (5-125)$$

以上各式中，Δp_f、λ_f 分别为纯工作气体（空气）单相流动时的压力降及摩擦阻力系数，λ_f 值根据雷诺数按有关公式计算。表 5-32 给出了 λ_f 的实验值。

表 5-32 直管摩擦阻力系数（λ_f）（实验值）

管道内径 /mm	λ_f			管道内径 /mm	λ_f		
	新钢管	旧钢管	特别旧的积垢钢管		新钢管	旧钢管	特别旧的积垢钢管
0.025	0.049	0.065	0.078 以上	0.250	0.023	0.028	0.032 以上
0.050	0.038	0.049	0.057 以上	0.300	0.022	0.027	0.030 以上
0.075	0.033	0.042	0.049 以上	0.350	0.022	0.026	0.029 以上
0.100	0.030	0.038	0.049 以上	0.400	0.021	0.025	0.028 以上
0.150	0.027	0.033	0.038 以上	0.450	0.020	0.024	0.027 以上
0.200	0.025	0.030	0.035 以上	0.500	0.020	0.023	0.026 以上

要注意的是式（5-118）和式（5-120）只适用于表 5-34 所列的有关范围，若超出适用范围则应按下式计算 Δp_{sc}

$$\Delta p_{sc} = \left[\lambda_f + (\lambda_h + \lambda_s + \lambda_{ss}) \varphi_m m \right] \frac{L_3}{D} \times \frac{\rho_f u_f^2}{2g} \quad (5-126)$$

式中 L_3——水平直管或垂直直管或倾斜直管恒速段长度，m；

λ_h——与物料自重及悬浮有关的阻力系数；

λ_h 的计算公式见下表：

项目	水平直管	垂直直管	倾斜直管
λ_h	$\dfrac{2Fr_t}{\varphi_m^2 Fr^3}$	$\dfrac{2}{\varphi_m^2 Fr^2}$	$\dfrac{2(Fr_t/Fr + \varphi_m)\sin\alpha}{\varphi_m^2 Fr^2}$

φ_m——料-气最大速度比，其值等于 V_m/u_f，当物料流速达到最大值 V_m 时，物料就处于恒速运动状态；

φ_m 值的计算公式见下表：

φ_m	粉状物料	粒状物料
水平直管	$\dfrac{(1+2\lambda_s FrFr_t)^{0.5}-1}{\lambda_s FrFr_t}$	$\dfrac{1-\left[1-\left(1-\dfrac{\lambda_s}{2}Fr_t^2\right)\left(1-\dfrac{Fr_t}{Fr}\right)^3\right]^{0.5}}{\left(1-\dfrac{\lambda_s}{2}Fr_t^2\right)}$
垂直直管	$\dfrac{\left[\left(\dfrac{Fr}{Fr_t}\right)^2-2\lambda_s Fr^2\left(1-\dfrac{Fr}{Fr_t}\right)\right]^{0.5}-\dfrac{Fr}{Fr_t}}{\lambda_s Fr^2}$	$\dfrac{1-\dfrac{Fr_t}{Fr}\left[1+\dfrac{\lambda_s}{2}(Fr^2-Fr_t^2)\right]^{0.5}}{1-\dfrac{\lambda_s}{2}Fr_t^2}$
倾斜直管	垂直直管的 φ_m 与 $\sin\alpha$ 的乘积	$\dfrac{1-\left[1-\left(1-\dfrac{\lambda_s}{2}Fr_t^2\right)\left(1-\dfrac{Fr_t^2}{Fr^2}\sin\alpha\right)\right]^{0.5}}{\left(1-\dfrac{\lambda_s}{2}Fr_t^2\right)}$

表中 λ_s——物料运动时与管壁的摩擦阻力系数，一般需实测，也可参照表 5-33 选取；

Fr——以气体流速 (u_f) 为基准的弗鲁特数，见式 (5-123)；

Fr_t——以悬浮流速 (V_t) 为基准的弗鲁特数，$Fr_t=\dfrac{V_t}{(gD)^{0.5}}$；

λ_{ss}——与物料颗粒间碰撞有关的阻力系数，需实测，当输送比较小或物料粒度较均匀及气体流速较低时，可以忽略不计。

其余符号意义同前。

表 5-33 物料冲击回转圆盘时测得的 λ_s 值

λ_s	λ_s			
	淬火钢板	普通钢板	硬质铝板	软质铜板
玻璃球 $d_s=0.004$	0.0025	0.0032	0.0051	0.0053
小麦	0.0032	0.0024	0.0032	0.0032
煤 $d_s=0.003\sim0.005$	0.0023	0.0019	0.0017	0.0012
焦炭 $d_s l=0.0045\times5$	0.0014	0.0034	0.0040	0.0019
石英 $d_s=0.003\sim0.005$	0.0060	0.0072	0.0185	0.0310
碳化硅 $d_s=0.003$	—	—	0.0360	—
玻璃球碎片 ($d_s=0.008$) 的球碎片约占 1/3	—	0.0123	—	—

表 5-34 式 (5-118) 与式 (5-120) 的适用范围

物性或参数	适用范围	物性或参数	适用范围
气体密度/(kg/m³)	0.58～2.19	气流速度/(m/s)	1.66～35
物料密度/(kg/m³)	1000～3378	输送比	0.088～70.5
物料粒径/m	0.0000376～0.0073	$Fr_c=\dfrac{V_c}{\sqrt{gD}}$	0.338～3260
管道内径/m	0.00678～0.65		

② 弯管压力降 (Δp_{mb}) 计算 假定弯管进口处物料流速 (V_1) 等于弯管出口处物料流速 (V_4)（实际上进、出口速度有差异，但工程计算中，这样假定不会引起大的误差）。

弯管压力降可折成当量长度后计算，由弯管曲率半径 (R_0) 计算 R_0/D，然后按表 5-31 得当量长度 (L_b)，Δp_{mb} 为计算长度等于 L_b 的水平直管的压力降。

③ 管件压力降 (Δp_{fp}) 的计算 在设计气力输送管道时，应尽可能少设置管件，以减少

局部压力降。阀门、三通及异径管等管件的压力降（Δp_{fp}）的计算，是通过将其折算成当量长度的水平直管后，计算水平直管压力降的办法来实现的。气-固两相流的阀门和管件的当量长度见表 5-35。

表 5-35 管件当量长度折算表

管件名称	输送管道管径/m							
	0.1	0.125	0.15	0.2	0.25	0.3	0.35	0.4
	当量长度/m							
阀门	1.5	2.0	2.5	3.5	5.0	6.0	7.0	8.5
三通	10	14	17	24	32	40	50	60
异径管	2.5	3.5	4	6	8	10	12	15
弯管	1	1.4	1.7	2.4	3.2	4.0	5.0	6.0
长度为 l 的软管	$2l$						
内径为 d 的移动吸嘴	$150d$						
蝶阀	8						

5.4.9.3 密相动压气力输送管压力降计算

密相动压气力输送时，气体流速高于噎塞流速（u_h），而低于经济流速（u_e），可表示为 $u_h < u_f < u_e$。

同稀相动压气力输送压力降的计算一样，先选定气体流速（u_f），并根据实验或参考已有装置确定输送比（m）。由于 u_f 应小于 u_e，因此应先估算经济流速。经济流速（u_e）的估算公式如下。

$$u_e = 2.87\sqrt{f_w}V_t \tag{5-127}$$

或

$$u_e = 2V_t \tag{5-128}$$

式中 f_w——颗粒对管壁的滑动摩擦系数，由实验测定。

其余符号意义同前。

密相动压气力输送管道压力降由直管段压力降（Δp_{mt}）、弯管段压力降（Δp_{mb}）和管件压力降（Δp_{fp}）三部分组成，分述如下。

① 直管段压力降（Δp_{mt}）计算 直管段压力降（Δp_{mt}）由加速段压力降（Δp_{sa}）和恒速段压力降（Δp_{sc}）两部分组成。一般情况下，加速段的长度较短，加速段的压力降可以忽略不计。直管内恒速段的压力降为：

$$\Delta p_{mt} = \frac{\lambda_f L_s}{D} \times \frac{\rho_f u_f^2}{2} + \frac{f_k L_s \rho_f g m}{\varphi_m} \tag{5-129}$$

式中 L_s——水平管道长度或垂直管道提升高度，m；对于倾斜直管，L_s 为倾斜直管长度与 $\sin\alpha$ 的乘积；

φ_m——料-气最大速度比，此处 $\varphi_m = V_m/u_f = 1 - \dfrac{V_{te}}{u_f}\sqrt{f_k}$； (5-130)

f_k——比例常数；垂直管 $f_k = 1$，水平管 $f_k = V_{te}/u_f$。

以上 f_k、φ_m 中的 V_{te} 为实效悬浮流速，实效悬浮流速的计算公式如下：

$$V_{te} = V_t(1.1 + 5.71\delta) \tag{5-131}$$

$$\delta = \frac{W_s \rho_f}{W_G \rho_s} \tag{5-132}$$

式中 V_{te}——实效悬浮流速，m/s；
δ——料-气容积输送比。

δ 值的实测范围为：粒料 $\delta=0.03\sim0.10$，粉料 $\delta=0.07\sim0.4$。

其余符号意义同前。

② 弯管及管件压力降（Δp_{mb}、Δp_{fp}） 弯管及其他管件的压力降，是将其折算成当量长度来计算的，折算值见表 5-35。

5.4.9.4 密相静压气力输送管压力降计算

密相静压气力输送是低速高浓度输送装置，而且是较好的中等距离输送方式，密相静压输送的气流速度低于噎塞速度。

输送比关联式为

$$m=227\,(\rho_s/G)^{0.38}L_t^{-0.75} \tag{5-133}$$

式中 G——气体质量流速，kg/(m²·s)。

其余符号意义同前。

密相静压气力输送压力降计算公式如下。

水平直管压力降

$$\Delta p_{mt}=5mL_1\rho_f u_f^{0.45}g\Big/\left(\frac{D}{d_s}\right)^{0.25} \tag{5-134}$$

垂直直管压力降

$$\Delta p_{mt}=2m\rho_f gL_h \tag{5-135}$$

倾斜直管压力降

$$\Delta p_{mt}=2m\rho_f gL_2\sin\alpha \tag{5-136}$$

弯管压力降

$$\Delta p_{mb}=(\lambda_f+\lambda_{zb}m)\frac{L_b}{D}\times\frac{u_f^2\rho_f}{2}(1+K_b) \tag{5-137}$$

式中 K_b——与曲率半径（R_0）有关的系数，当弯管由水平转向垂直时，$K_b=13.8-0.3(R_0/D)$；当弯管由垂直转向水平时，$K_b=2.1-0.03(R_0/D)$；
λ_{zb}——物料运动阻力系数，$\lambda_{zb}=3.75Fr^{-1.6}$。

其余符号意义同前。

密相静压输送时，加速段压力降可以忽略。管件压力降可通过折算成当量长度水平直管来计算，管件折算见表 5-35。

5.4.9.5 分流管压力降的计算

等截面 Y 形分流圆管在水平面内的压力降为

$$\Delta p_d=\varepsilon\rho_f u_f^2/2 \tag{5-138}$$

$$\varepsilon=\left(\frac{W_2}{W_1}\right)^2-C_1\frac{W_2}{W_1}+C_2+m_3\left[C_3\left(\frac{W_2}{W_1}\right)^2+\varphi\right] \tag{5-139}$$

式中 W_1——分流前物料的体积流量，m³/h；
W_2——分流后物料的体积流量，m³/h；
m_3——分流后的料-气质量输送比。

系数 C_1、C_2、C_3 和 φ 见表 5-36。

其余符号意义同前。

表 5-36 C_1、C_2、C_3 和 φ 值

分叉角	30°	45°	60°	90°	120°	分叉角	30°	45°	60°	90°	120°
C_1	1.60	1.59	1.50	1.21	0.85	C_3	0.51	0.48	0.55	0.74	0.85
C_2	0.88	0.97	0.91	0.93	0.78	φ	0.09	0.09	0.07	0.06	0.10

5.4.9.6 肘形管压力降的计算

设计中应避免或尽量少用肘形管。

肘形管压力降（Δp_e）为

$$\Delta p_e = (\phi + m\beta)\rho_f u_f^2/2 \tag{5-140}$$

式中 ϕ——纯工作气体在肘形管中单相流动的阻力系数；

β——形状系数，对 90°肘形管 $\beta = 0.66$。

其余符号意义同前。

5.4.9.7 排料压力降的计算

在压送式气力输送中，物料将从输送管末端直接向大气或向分离室排出，排料的压力降计算公式如下：

$$\Delta p_{ef} = \frac{\rho_{ef} u_{ef}^2}{2}(1 + 0.64m) \tag{5-141}$$

式中 Δp_{ef}——排料压力降，Pa；

ρ_{ef}——输送管末端出口处气体密度，kg/m³；

u_{ef}——输送管末端出口处气体流速，m/s。

其余符号意义同前。

5.4.9.8 功率计算

压气机所需功率（N）等于克服气力输送系统压力降所需的功率

$$N = \frac{V_G \Delta p_t}{102 \eta_e g} \tag{5-142}$$

$$V_G = K_e A u_f \tag{5-143}$$

式中 N——风机功率，kW；

V_G——工作气体体积流量，m³/s；

K_e——系统漏气增加的系数，一般取 1.1~1.2；

η_e——风机效率，一般取 0.65；

Δp_t——系统总压力降，即输送管道压力降及管道附件压力降及其他部件压降之和，Pa；

A——管道截面积，m²，$A = \frac{\pi}{4}D^2$。 (5-144)

其余符号意义同前。

5.4.9.9 计算实例

例 5-9 某装置吸送产品，已知输送物料为粒料，平均粒径 $d_s = 0.0035m$，最大输送量 $W_s = 4000 kg/h$，物料堆积密度 $\rho_s = 1320 kg/m^3$，测得悬浮流速 $V_t = 8 m/s$，物料与管壁的摩擦系数 $\lambda_s = 0.0024$，装置的系统布置见图 5-13。

试决定系统主要参数，并计算压力降。

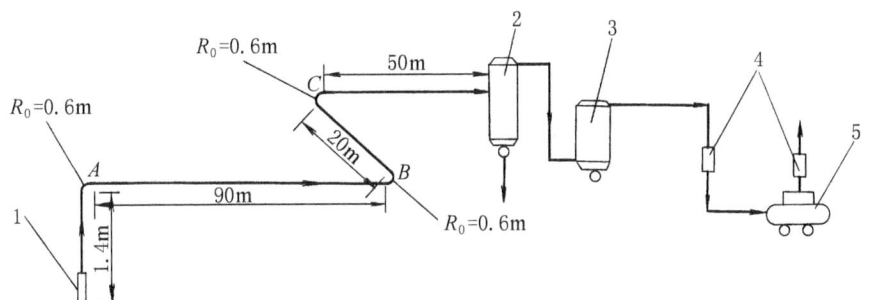

图 5-13 产品吸送系统示意
1—吸嘴；2—分离器；3—袋滤器；4—消声器；5—空压机

解 ① 根据物料性质，采用稀相动压输送比较合适，以空气为工作气体。选择输送比 $m=5.7$。

② 估算气体流速（u_f），由式（5-105）得

$$u_f = K_L\sqrt{(\rho_s/1000)} + K_d L_t$$

$\rho_s = 1320 \text{kg/m}^3$，$K_L$ 取 18，K_d 取 4×10^{-5}

由公式（5-106）$L_t = L_1 + n_1 L_h + n_2 L_2 + n_b L_b$

$L_1 = (90+20+50)$ m $=160$m，$L_2=0$，$L_h=1.4$m，n_1 取 1.6，90°弯头 1 个，45°弯头 2 个，近似取 90°弯头 2 个，$n_b = 2$，L_b 取 10m。

得 $L_t = (160 + 1.6\times1.4 + 0 + 2\times10)$ m $= 182.24$m

$$u_f = (18\times\sqrt{1320/1000} + 4\times10^{-5}\times182.24) \text{ m/s} = 20.69 \text{m/s}$$

取 $u_f = 20$m/s。

③ 空气密度取 $\rho_f = 1.29$kg/m³，由式（5-107），求输送管道内径 D。

$$D = \frac{1}{30}\sqrt{\frac{W_s}{\pi m \rho_f u_f}} = \frac{1}{30}\times\sqrt{\frac{4000}{\pi\times5.7\times1.29\times20}} \text{ m} = 0.098 \text{m}$$

取 $D = 0.1$m。

④ 计算系统管道压力降时，分为垂直直管及水平直管两大部分。

由空气物性表查得 20℃、相对湿度 50% 时空气的运动黏度为

$$\nu_f = 1.512\times10^{-5} \text{ m}^2/\text{s}$$

由式（5-123）和 $Fr = \dfrac{V_t}{(gD)^{0.5}}$，求弗鲁特数

$$Fr = \frac{u_f}{\sqrt{gD}} = \frac{20}{\sqrt{9.81\times0.1}} = 20, \quad Fr_t = \frac{V_t}{\sqrt{gD}} = \frac{8}{\sqrt{9.81\times0.1}} = 8$$

雷诺数 $$Re = \frac{u_f D}{\nu_f} = \frac{20\times0.1}{1.512\times10^{-5}} = 1.32\times10^5$$

纯空气在管内流动时，处于湍流状态，因此对于光滑管可用表 5-11 公式计算

$$\lambda_f = \frac{0.3164}{Re^{0.25}} = \frac{0.3164}{(1.32\times10^5)^{0.25}} = 0.0166$$

a. 为求垂直管上吸嘴末端的物料流速（V_s），由式（5-110）先计算参数（取 $L_{ho} = L_h = 1.4$）。

$$m_1 = 2gL_{ho}/V_t^2 = 2\times 9.81\times 1.4/8^2 = 0.429$$

查图 5-11，当 $m_1=0.429$，$u_f/V_t=20/8=2.5$ 时

$$V_s/u_f=0.38, \quad V_s=(0.38\times 20)\text{m/s}=7.6\text{m/s}$$

对垂直直管，根据下式计算物料达到稳定运动时的流速 V_m

$$\varphi_m = \frac{1-\dfrac{Fr_t}{Fr}\sqrt{1+\dfrac{\lambda_s}{2}(Fr^2-Fr_t^2)}}{1-\dfrac{\lambda_s}{2}Fr_t^2} = \frac{1-\dfrac{8}{20}\times\sqrt{1+\dfrac{0.0024}{2}\times(20^2-8^2)}}{1-\dfrac{0.0024}{2}\times 8^2} = 0.57$$

$$V_m=\varphi_m u_f=(0.57\times 20)\text{m/s}=11.4\text{m/s}$$

若按式(5-109)，$V_m=u_f-V_t$，算得 $V_m=(20-8)\text{m/s}=12\text{m/s}$。

可见两种方法算出的 V_m 值很接近。

由于 $V_s=7.6\text{m/s}$ 小于 V_m，因此可以得知物料颗粒尚未达到应有的稳定（最大）流速，前面取 $L_{ho}=L_h=1.4$ 正确。

进出 A 点弯管物料流速 $V_1=V_4=7.6\text{m/s}$。

b. 对水平直管，求物料达到稳定运动，即达到最大流速 V_m 可按下式计算。

$$\varphi_m = \frac{1-\sqrt{1-\left(1-\dfrac{\lambda_s}{2}Fr_t^2\right)\left(1-\dfrac{Fr_t^3}{Fr^3}\right)}}{1-\dfrac{\lambda_s}{2}Fr_t^2} = \frac{1-\sqrt{1-\left(1-\dfrac{0.0024}{2}\times 8^2\right)\times\left(1-\dfrac{8^3}{20^3}\right)}}{1-\dfrac{0.0024}{2}\times 8^2} = 0.684$$

$$V_m=\varphi_m u_f=(0.684\times 20)\text{m/s}=13.7\text{m/s}$$

根据式(5-113)计算 $V_m=(0.70\sim 0.85)u_f=(0.75\times 20)\text{m/s}=15\text{m/s}$，两者结果相差无几，取 $V_m=13.7\text{m/s}$。

c. 计算水平加速段长度 L_0，由式（5-114）得

$$L_0=m_2 V_t^2/2g$$

由于加速段末期，物料颗粒速度 $V_s=V_m=13.7\text{m/s}$，因此当 $V_m/u_f=0.684$，$V_s/u_f=0.684$ 时，查图 5-12 得 $m_2=4.5$。

计算得 $L_0=[4.5\times 8^2/(2\times 9.81)]\text{m}=14.7\text{m}$，即由 A 点开始，经 14.7m 的加速段后，物料由初始流速 $V_0=7.6\text{m/s}$ 达到最大流速 $V_m=13.7\text{m/s}$。

d. 计算水平管加速段压力降 Δp_{sa}，根据式（5-117）和式（5-116），

$$\Delta p_{sa}=\lambda_{sa}m\rho_f u_f^2/2$$

$$\lambda_{sa}=2\times\frac{V_s-V_0}{u}=2\times(13.7-7.6)/20=0.61$$

得 $\Delta p_{sa}=(0.61\times 5.7\times 1.29\times 20^2/2)\text{Pa}=897.06\text{Pa}$

e. 计算水平管恒速段压力降 Δp_{sc} 按式(5-120)

$$\Delta p_{sc}=\Delta p_f\left(1+m\frac{0.0312}{\lambda_f}Fr_c^{0.85}\frac{gD}{V_c V_t}\right)$$

根据式(5-121)及式(5-124)

$$V_c=u_f-CV_t, \qquad Fr_c=\frac{V_c}{\sqrt{gD}}$$

由式（5-122）得

$$C = 0.55 + 0.0032 Fr^{0.85} = 0.55 + 0.0032 \times (20)^{0.85} = 0.591$$
$$V_c = (20 - 0.591 \times 8) \text{m/s} = 15.3 \text{m/s}$$
$$Fr_c = \frac{15.3}{\sqrt{9.81 \times 0.1}} = 15.3$$

系统中共有三个弯管(90°一个，45°两个)，相当于90°弯管两个，$R_0/D = 6$，查表5-31得当量长度 $L_b = 10\text{m}$，两个弯管总长度为20m，恒速段总长度 $L_t = (90+20+50+20-14.7)\text{m} = 165.3\text{m}$，按"单相流(不可压缩流体)"的"单相流"压力降公式来计算恒速段水平直管摩擦压力降 Δp_f，即

$$\Delta p_f = \lambda_f \times \frac{L_t}{D} \times \frac{u_f^2 \rho_f}{2} = \left(0.0166 \times \frac{165.3}{0.1} \times \frac{20^2 \times 1.29}{2}\right) \text{Pa} = 7079.5 \text{Pa}$$

得 $\Delta p_{sc} = 7079.5 \times \left(1 + 5.7 \times \frac{0.0312}{0.0166} \times 15.3^{0.85} \times \frac{9.81 \times 0.1}{15.3 \times 8}\right) \text{Pa} = 13256.8 \text{Pa}$

⑤ 已知吸嘴、分离器、袋滤器以及连接管等压力降之和为6164Pa，忽略了垂直直管(1.4m)的压力降，则系统总压力降为

$$\Delta p_t = (6164 + 897.06 + 13256.8) \text{Pa} = 20317.9 \text{Pa}$$

将已知的参数和计算结果，对照表5-34校核，得知是符合适用范围的，因此本例所采用的有关公式是合适的。

⑥ 计算压气机功率。

由式(5-144)计算管道内截面积 A

$$A = \frac{\pi}{4} D^2 = \frac{3.14}{4} \times 0.1^2 = 0.00785 \text{m}^2$$

取 $K_e = 1.1$，由式(5-143)得

$$V_G = K_e A u_f = (1.1 \times 0.00785 \times 20) \text{m}^3/\text{s} = 0.1727 \text{m}^3/\text{s}$$

根据式(5-142)计算压气机功率 N

$$N = \frac{V_G \Delta p_t}{102 \eta_e g}$$

取 $\eta_e = 0.65$，得

$$N = \frac{0.1727 \times 20317.9}{102 \times 0.65 \times 9.31} \text{kW} = 5.68 \text{kW}$$

本例中给出一组 u_f 和 m 值，设计计算时应再选择几组，进行经济比较后，确定最优方案。

例 5-10 某厂拟设计一套密相动压输送物料的压送式装置，物料量 $W_s = 20000 \text{kg/h}$，物料粒径 $d_s = 0.0041 \text{m}$，物料堆积密度 $\rho_s = 1351 \text{kg/m}^3$，悬浮流速 ($V_t$) 测定为8.2m/s，颗粒对管壁的滑动摩擦系数 $f_w = 0.45$，容积输送比 $\delta = 0.035$，工作气体为空气，温度300K，试决定输送系统的主要参数并计算管道压力降。物料输送系统示意见图5-14。

解 ① 实效悬浮流速 (V_{te}) 按式 (5-131) 计算

$$V_{te} = (1.1 + 5.71\delta) V_t = [(1.1 + 5.71 \times 0.035) \times 8.2] \text{m/s} = 10.66 \text{m/s}$$

② 计算经济流速 u_e，按式(5-127)和式(5-128)

$$u_e = 2.87 \sqrt{f_w} V_t = (2.87 \times \sqrt{0.45} \times 8.2) \text{m/s} = 15.79 \text{m/s}$$

或 $u_e = 2V_t = (2 \times 8.2) \text{m/s} = 16.4 \text{m/s}$

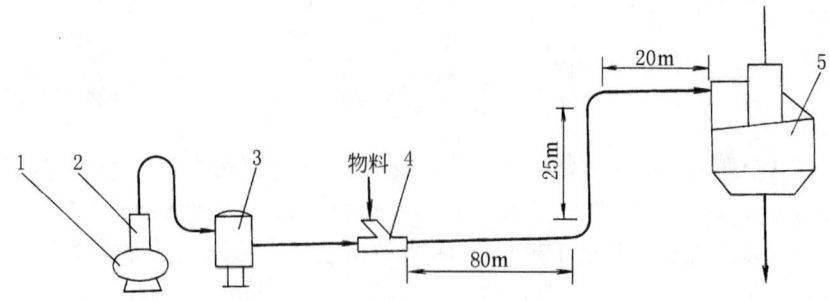

图 5-14 物料压送系统示意
1—鼓风机；2—消声器；3—储气罐；4—进料喷嘴；5—出料分离器

③ 取气体流速 $u_f=13\text{m/s}(<15.79\text{m/s})$

④ 计算输送比 (m)。由质量输送比 (m) 及料气容积输送比 (δ) 的定义，即采用式(5-1028)及式(5-132)来计算

$$m=\frac{W_s}{W_G}, \quad \delta=\frac{W_s\rho_f}{W_G\rho_s}$$

得到 $m=\dfrac{\delta\rho_s}{\rho_f}=\dfrac{1351\times 0.035}{\rho_f}=\dfrac{47.3}{\rho_f}$

以上 u_f 和 ρ_f 分别为工作气体在输送管内的平均流速和平均密度。

⑤ 输送管的内直径计算。由式(5-107)得

$$D=\frac{1}{30}\sqrt{\frac{W_s}{\pi m\rho_f u_f}}=\frac{1}{30}\times\sqrt{\frac{2000}{3.14\times\dfrac{47.3}{\rho_f}\rho_f\times 13}}\text{m}=0.1073\text{m}$$

若取 $D=0.1\text{m}$，则有

$$u_f=\frac{W_s}{\pi m\rho_f(30D)^2}=\frac{2000}{3.14\times\dfrac{47.3}{\rho_f}\rho_f\times(30\times 0.1)^2}\text{m/s}$$

$$=14.96\text{m/s}\approx 15\text{m/s}\ (<15.79\text{m/s})$$

故可取 $D=0.10\text{m}$，$u_f=15\text{m/s}$

⑥ 按式(5-129)计算水平直管的压力降 (Δp_{mt1})

$$\Delta p_{mt1}=\frac{\lambda_f L_s}{D}\times\frac{\rho_f u_f^2}{2}+\frac{f_k L_s\rho_f gm}{\varphi_m}, \quad f_k=\frac{V_{te}}{u_f}=\frac{10.66}{15}=0.71$$

$$\varphi_m=1-\frac{V_{te}}{u_f}\sqrt{f_k}=1-0.71\times\sqrt{0.71}=0.402$$

由表 5-32 得 $\lambda_f=0.030$，$L_s=120\text{m}$（其中包括两个弯头的当量长度）得

$$\Delta p_{mt1}=\frac{0.03\times 120\times 15^2\rho_f}{0.1\times 2}+\frac{0.71\times 120\times 47.3\times 9.81}{0.402}\text{Pa}=4050\rho_f+98343.1\text{Pa}$$

⑦ 按式（5-129）计算垂直直管的压力降（Δp_{mt2}）

$$f_k=1, \quad \varphi_m=1-\frac{10.66}{15}\times\sqrt{1}=0.289$$

$$\Delta p_{mt2}=\frac{0.03\times25\times15^2\rho_f}{0.1\times2}+\frac{1\times25\times47.3\times9.81}{0.289}\text{Pa}=843.75\rho_f+40139.75\text{Pa}$$

⑧ 已知喷嘴、消声器、储气罐和风管等压力降为 20000Pa，则系统总压力降（不包括排料压力损失）为

$$\Delta p_{mt}=(4050+843.75)\rho_f+(98343.1+40139.5+20000)\text{Pa}=4893.75\rho_f+158482.6\text{Pa}$$

⑨ 按式(5-141)计算排料压力降

$$\Delta p_{ef}=\frac{\rho_{ef}u_{ef}^2}{2}(1+0.64m)$$

⑩ 由于工作气体在输送管的入口和出口端的压力、密度和流速均为未知数（工作气体在输送管中的平均流速已经计算得到），因此以下计算将用试差法。

令输送管入口端的压力为 p_1，密度为 ρ_1，流速为 u_1，输送管出口端（在管内一侧）分别为 p_2、ρ_2 和 u_2，而平均值为 p_f、ρ_f 和 $u_f=15\text{m/s}$。同时假定输送过程在等温条件下进行，空气按理想气体考虑，因此有以下关系：

$$p_1u_1=p_2u_2=p_fu_f, \quad \rho_1u_1=\rho_2u_2=\rho_fu_f$$

$$p_1/\rho_1=p_2/\rho_2=p_f/\rho_f=RT/M$$

若排料罐直接连通大气，大气压取为 101300Pa，则有

$$p_2=101300+\Delta p_{ef}=101300+\frac{\rho_2u_2^2}{2}\times\left(1+0.64\times\frac{47.3}{\rho_f}\right)$$

第一次假定 $p_f=0.2\times10^6\text{Pa}$，则

$$p_2u_2=p_fu_f=0.2\times10^6\times15=3\times10^6$$

$$\rho_f=\frac{p_fM}{RT}=\frac{0.2\times10^6\times29}{8.314\times300\times1000}\text{kg/m}^3=2.325\text{kg/m}^3$$

由 $\rho_2u_2=\rho_fu_f=2.325\times15=34.88$

$$p_2=\left[101300+\frac{34.88\times3\times10^6}{2p_2}\left(1+0.64\times\frac{47.3}{2.325}\right)\right]\text{Pa}=108086.67\text{Pa}$$

若按简单算术平均值计算 p_1，即 $p_f=(p_1+p_2)/2$

$$p_1=(2\times0.2\times10^6-108086.67)\text{Pa}=291913.33\text{Pa}$$

$$p_1-p_2=183826.66\text{Pa}$$

由于系统总压力降(不包括排料压力降)

$$\Delta p_{mt}=(4893.75\times2.325+158482.6)\text{Pa}=169860.57\text{Pa}$$

与假设不符，作第二次假定 $p_f = 0.192 \times 10^6 \text{Pa}$

同理，$p_2 u_2 = p_f u_f = 0.192 \times 10^6 \times 15 = 2.88 \times 10^6$

$$u_2 = 2.88 \times 10^6 / p_2$$

$$\rho_f = \frac{0.192 \times 10^6 \times 29}{8.314 \times 300 \times 1000} \text{kg/m}^3 = 2.232 \text{kg/m}^3$$

由 $\rho_2 u_2 = \rho_f u_f = 2.232 \times 15 = 33.49$

$$p_2 = 101300 + \frac{33.49 \times 2.88 \times 10^6}{2p_2}\left(1 + 0.64 \times \frac{47.3}{2.232}\right)$$

得 $p_2 = 107813.96 \text{Pa}$

$$p_1 = (2 \times 0.192 \times 10^6 - 107813.96)\text{Pa} = 276186.03 \text{Pa}$$

$$p_1 - p_2 = 168372.1 \text{Pa}$$

$$\Delta p_{mt} = (4893.75 \times 2.232 + 158482.6)\text{Pa} = 169405.5 \text{Pa}$$

与假设基本符合，即不包括排料压力降的总压力降为 $0.169 \times 10^6 \text{Pa}$，排料部分压力降为 $6.7 \times 10^3 \text{Pa}$，输送管入口端的压力需要 $0.276 \times 10^6 \text{Pa}$，质量输送比 $m = 22.2$。

例 5-11 试计算每小时输送 $W_s = 3000 \text{kg}$ 聚氯乙烯树脂粉的密相静压气力输送管的管径及压力降。已知管线总长 50m（其中垂直直管 15m），树脂粉堆积密度 $\rho_s = 560 \text{kg/m}^3$，平均粒度 $d_s = 0.000184 \text{mm}$，用空气为工作气体，温度为 27℃（300K）。

解 根据经验，取入口端 $u_f = 5 \text{m/s}$，设入口端气体密度为 3kg/m^3，则气体质量流速 $G = (5 \times 3)\text{kg}/(\text{m}^2 \cdot \text{s}) = 15 \text{kg}/(\text{m}^2 \cdot \text{s})$

① 按式(5-133)估算料-气输送比 m

$$m = 227(\rho_s/G)^{0.38} L_t^{-0.75} = 227 \times (560/15)^{0.38} \times 50^{-0.75} = 47.8$$

② 管径计算

管道截面积根据式(5-107)及式(5-144)得

$$D = \frac{1}{30}\sqrt{\left(\frac{W_s}{\pi m \rho_f u_f}\right)}$$

$$A = \frac{\pi}{4} D^2 = \frac{W_s}{3600 mG}$$

$$A = [3000/(47.8 \times 3600 \times 15)]\text{m}^2 = 0.00116 \text{m}^2$$

管道内直径

$$D = \sqrt{\frac{0.00116}{0.785}} \text{m} = 0.0385 \text{m}$$

可选用管道内直径为 0.041m 的 $1\frac{1}{2}''$ 管，

$$G=\frac{3000}{47.8\times3600\times0.785\times0.041^2}\text{kg/(m}^2\cdot\text{s)}=13.2\text{kg/(m}^2\cdot\text{s)}$$

③ 压力降计算时应使用气体平均密度及平均流速。采用试差法，首先设管内气体平均压力为150000Pa，则平均密度为

$$\rho=\frac{29\times150000}{8.314\times(273+27)}\text{g/m}^3=1744\text{g/m}^3 \text{ 或 } 1.744\text{kg/m}^3$$

气体平均流速 $u_f=G/\rho_f=(13.2/1.744)$ m/s=7.6m/s

④ 水平直管压力降按式(5-134)计算

$$\Delta p_{mt1}=5mL_1\rho_f u_f^{0.45}g/\left(\frac{G}{d_s}\right)^{0.25}$$

$$=\left[5\times47.8\times(50-15)\times1.744\times7.6^{0.45}\times9.81/\left(\frac{0.041}{0.000184}\right)^{0.25}\right]\text{Pa}$$

$$=92269\text{Pa}$$

⑤ 垂直直管压力降按式(5-135)计算

$$\Delta p_{mt2}=2m\rho_f gL_h=(2\times47.8\times1.744\times9.81\times15)\text{Pa}=24534\text{Pa}$$

⑥ 总压降

$$\Delta p_{mt}=\Delta p_{mt1}+\Delta p_{mt2}=(92269+24534)\text{Pa}=116803\text{Pa}$$

⑦ 由于已知入口端气体密度为3kg/m³，温度为300K，因此入口端气体压力为(8.341×300×3000/29)Pa=258021Pa。

管内平均压力为(258021−116803/2)Pa=199620Pa 与假定值(150000Pa)不符，必须重新试差。第二次设管内气体平均压力为190000Pa，则平均密度 $\rho_f=2.21\text{kg/m}^3$，平均流速 $u_f=(13.2/2.21)$m/s=5.97m/s

$$\Delta p_{mt1}=[5\times47.8\times(50-15)\times5.97^{0.45}\times9.81/(41/0.184)^{0.25}]\text{ Pa}=104888\text{Pa}$$

$$\Delta p_{mt2}=(2\times47.8\times2.21\times9.81\times15)\text{ Pa}=31089\text{Pa}$$

总压降 $\Delta p_{mt}=\Delta p_{mt1}+\Delta p_{mt2}$
得 $\Delta p_{mt}=135977\text{Pa}$

管内平均压力为(258021−135977/2)Pa=190032Pa，与假定值(190000Pa)相近。于是得压力降为135977Pa≈135.98kPa。

5.4.9.10 管道计算表

"气-固两相流"管道压力降计算表见表5-37。编制步骤、用途及专业关系与"单相流"管道计算表相同。

5.4.10 真空系统的管道压力降计算

本规定主要用于真空系统管道压力降计算，不包括系统中的设备设计及泵的选型等。

对一般低真空系统直接用式(5-166)计算管道压力降。对要求较高的中真空和高真空系统，可按照例5-12的计算方法，使管径适应流导要求，并用允许压力降校核，直至压力降和流导相适应为止。

表 5-37　管道计算表（气-固两相流）

管道编号和类别				
自				
至				
输送物料量/(kg/h)				
粒径/mm				
温度/℃				
压力/kPa				
黏度/mPa·s				
密度/(kg/m³)				
表面张力/(N/m)				
流速(m/s)				
管道公称直径/mm				
外径×壁厚				
直管长度/m				
管件当量长度/m	弯 头			
	三 通			
	异径管			
	闸 阀			
	截止阀			
	旋 塞			
	止回阀			
总长度/m				
管道压力降/kPa				
孔板压力降/kPa				
控制阀压力降/kPa				
设备压力降/kPa				
始端标高/m				
终端标高/m				
静压力降/kPa				
设备接管口压力降/kPa				
总压力降/kPa				
压力(始端)/kPa				
压力(终端)/kPa				
版次或修改	版次			
	日期			
	编制			
	校核			
	审核			

真空管道中安装了调节阀，应考虑调节阀阻力降和管道全部摩擦阻力降之比，应该控制在 0.3~0.5 之间，不能太小。

5.4.10.1 一般计算

(1) 真空区域的划分

根据 GB 3163《真空技术名词术语》的分类，真空区域的大致划分见表 5-38。

表 5-38 真空区域的划分

低真空	$10^5 \sim 10^2$ Pa	高真空	$10^{-1} \sim 10^{-5}$ Pa
中真空	$10^2 \sim 10^{-1}$ Pa	超高真空	$<10^{-5}$ Pa

(2) 流型划分及判别

通常流型划分及判别标准如下：

黏性流动　　$p_m d > 66.66$ Pa·cm　　(5-145)

分子流动　　$p_m d < 1.998$ Pa·cm　　(5-146)

过渡流动　　$1.998 \text{Pa·cm} < p_m d < 66.66 \text{Pa·cm}$　　(5-147)

$$p_m = (p_1 + p_2)/2 \tag{5-148}$$

式中　p_m——管道中气体的平均压力，Pa；
　　p_1, p_2——管道两端的压力，Pa；
　　　d——管道内直径，cm。

(3) 流导的划分

气体沿管道流动的能力，称为流导，其计算式如下：

$$C = \frac{Q}{p_1 - p_2} \tag{5-149}$$

① 串联管道流导　总流导的倒数等于各管段流导倒数之和，即

$$\frac{1}{C} = \frac{1}{C_1} + \frac{1}{C_2} + \frac{1}{C_3} + \cdots \tag{5-150}$$

② 并联管道流导　总流导等于各管段流导之和，即

$$C = C_1 + C_2 + C_3 + \cdots \tag{5-151}$$

式中　C, C_1, C_2, C_3——管道的总流导和各分管段流导，cm³/s；
　　　　Q——单位时间内通过给定截面的气体量，Pa·cm³/s；
　　　p_1, p_2——管道两端的压力，Pa。

(4) 流导的计算

① 黏性流动流导

a. 圆直长管（$L > 20d$）。

$$C_{vl} = \frac{10^3 \pi d^4 p_m}{128 \mu L} \tag{5-152}$$

式中　C_{vl}——黏性流动长管流导，cm³/s；
　　d——管道内直径，cm；
　　μ——气体黏度，mPa·s；

L——管道长度,cm;

p_m——管道中气体的平均压力,Pa。

b. 圆孔流导。

$$C_{vo} = 3.16 \times 10^3 \sqrt{\frac{2k}{k-1} \times \frac{RT}{M} X^{\frac{1}{k}} \sqrt{1-X^{(\frac{k-1}{k})}}} \frac{A_0}{1-X} \tag{5-153}$$

20℃空气的圆孔流导（$k=1.4$，$M=29$）

当 $1 \geqslant X \geqslant 0.525$ 时

$$C_{vo} = 7.66 \times 10^4 X^{0.712} \sqrt{1-X^{0.288}} \frac{A_0}{1-X} \tag{5-154}$$

当 $X \leqslant 0.525$ 时

$$C_{vo} \approx \frac{2 \times 10^4 A_0}{1-X} \tag{5-155}$$

当 $X \leqslant 0.1$ 时

$$C_{vo} \approx 2 \times 10^4 A_0 \tag{5-156}$$

式中 C_{vo}——黏性流动圆孔的流导,cm³/s;

k——气体的绝热指数,$k=C_p/C_V$;

C_p,C_V——气体的定压比热容和定容比热容,kJ/(kg·K);

R——气体常数,8.3143kJ/(kmol·K);

T——气体的热力学温度,K;

M——气体相对分子质量;

X——气体压力比,$X=p_2/p_1$;

p_1,p_2——孔前和孔后的气体压力,Pa;

A_0——圆孔截面积,cm²。

c. 短管流导（$L \leqslant 20d$）。

$$C_{vs} = \frac{C_{vl} C_{vo}}{C_{vl} + C_{vo}} \tag{5-157}$$

式中 C_{vs}——黏性流动短管流导,cm³/s;

C_{vl}——黏性流动长管流导,cm³/s,按式（5-152）计算;

C_{vo}——黏性流动圆孔流导,cm³/s,按式（5-153）计算,A_0 按管截面积计算。

② 分子流动流导

a. 圆直长管（$L>20d$）。

$$C_{ml} = \frac{3.16 \times 10^3}{6} \sqrt{\frac{2\pi RT}{M}} \frac{d^3}{L} \tag{5-158}$$

b. 圆孔流导。

$$C_{mo} = 3.16 \times 10^3 \sqrt{\frac{RT}{2\pi M}} A_0 \tag{5-159}$$

c. 短管流导（$L \leqslant 20d$）。

$$C_{\mathrm{ms}}=3.16\times10^3\sqrt{\frac{RT}{2\pi M}}Aa \tag{5-160}$$

式中 C_{ml}——分子流动长管流导，cm^3/s；
  C_{mo}——分子流动圆孔流导，cm^3/s；
  C_{ms}——分子流动短管流导，cm^3/s；
  A，A_0——短管、圆孔截面积，cm^2；
  a——修正系数，其值见表 5-39；

其余符号意义同前。

表 5-39　短管流导修正系数

L/d	0	0.05	0.1	0.2	0.4	0.6	0.8
a	1	0.965	0.931	0.870	0.769	0.690	0.625
L/d	1	2	4	6	8	10	20
a	0.572	0.40	0.25	0.182	0.143	0.117	0.0625

③ 过渡流动流导。圆直长管

$$C_{\mathrm{T}}=\frac{10^3\pi d^4}{128\mu L}p_{\mathrm{m}}+\frac{3.16\times10^3}{6}\sqrt{\frac{2\pi RT}{M}}\frac{d^3}{L}\frac{1+3.162\times10^{-4}\sqrt{\frac{M}{RT}}\frac{10^3 dp_{\mathrm{m}}}{\mu}}{1+3.921\times10^{-4}\sqrt{\frac{M}{RT}}\frac{10^3 dp_{\mathrm{m}}}{\mu}} \tag{5-161}$$

式中 C_{T}——过渡流动流导，cm^3/s；
  p_{m}——管道中气体平均压力，Pa；
  μ——气体黏度，$\mathrm{mPa \cdot s}$；
  R——气体常数，$8.3143\mathrm{kJ/(kmol \cdot K)}$；
  d——管道内直径，cm；
  L——管道长度，cm；
  M——气体相对分子质量。

(5) 抽气速度
① 名义抽气速度　真空泵性能表中所列泵的抽气速度，称为名义抽气速度，简称抽速。
② 有效抽气速度　真空泵对真空容器抽气口的抽气速度（真空容器出口）称为有效抽气速度。当管道的流导很大时，有效抽气速度接近于名义抽气速度；反之，有效抽速小于名义抽速。设计中为使有效抽速增大，必须使真空管道长度尽量短而直径适当增大。
③ 名义抽速和有效抽速的关系　在一般情况下，两种抽速之比为 $u/u_{\mathrm{p}}=0.6\sim0.8$。真空容器、泵及管道的流导关系（因是串联）如下：

$$\frac{1}{u}=\frac{1}{u_{\mathrm{p}}}+\frac{1}{C} \tag{5-162}$$

式中 C——管道的流导，cm^3/s；
  u，u_{p}——有效抽速和名义抽速，cm^3/s。

(6) 抽气时间

真空系统中从某一压力抽到另一指定压力所需的时间,称为抽气时间。

在低真空和中真空下,不考虑设备和管道本身出气的影响,对机械泵从某一压力开始抽气时,抽速随真空度升高而下降,其抽气时间用下式计算:

$$t = 2.3K \frac{V}{u_p} \lg \frac{p_1}{p_2} \tag{5-163}$$

式中 t——抽气时间,s;

V——真空设备容积,L;

u_p——泵的名义抽速,L/s;

p_1——设备开始抽气时的压力,Pa;

p_2——经 t 时间抽气后的压力,Pa;

K——修正系数,与设备抽气终止时的压力有关,其值见表 5-40。

表 5-40 抽气时间修正系数

p_2/kPa	133.32~13.33	13.33~1.33	1.33~0.133	0.133~0.0133	0.0133~0.00133
K	1	1.25	1.5	2	4

在粗略计算中,用图 5-15 计算机械泵的抽气时间。

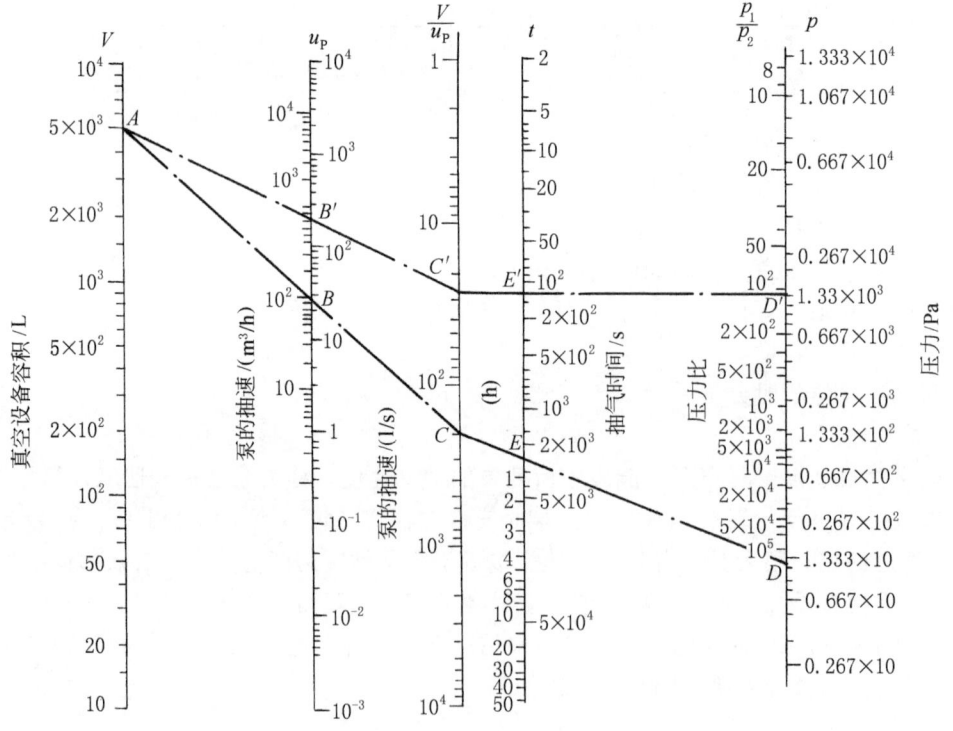

图 5-15 抽气时间计算

使用说明:

1. 从大气压抽到所需的压力 p:从 V 线上找到容积点 A,u_p 线上找到抽速点 B,A、B 两点连线交 V/u_p 线于点 C,C 点与 p 线上所需压力点 D 连线交 t 线于 E 点,E 点所示即抽气时间。

2. 如从 p_1 开始抽到 p_2,则应求出 p_1/p_2 的值点 D',A 和 u_p 线上 B 连线延长交 V/u_p 线上 C' 点,连接 $C'D'$ 交 t 线于 E' 点,E' 点所示即抽气时间。

5.4.10.2 压力降计算

(1) 湍流

空气或蒸汽在圆截面管中流动,当压力降小于最终压力的10%,且符合以下限制时,用式(5-165)计算。当压力降大于最终压力的10%时用分段法计算。

限制条件为

$$\frac{W_G}{D} \geqslant 360 \tag{5-164}$$

压力降计算为

$$\Delta p = 2.759 \times 10^4 \frac{F_1 C_{D1} C_{T1} + F_2 C_{D2} C_{T2}}{p_1} \tag{5-165}$$

式中 W_G——气体质量流量,kg/h;
D——管道内直径,m;
Δp——真空管每米管道长度压力降,Pa;
F_1, F_2——基准摩擦系数,见图 5-17;
C_{D1}, C_{D2}——管径校正系数,见图 5-17;
C_{T1}, C_{T2}——温度校正系数,见图 5-16;
p_1——气体管道始端压力,Pa。

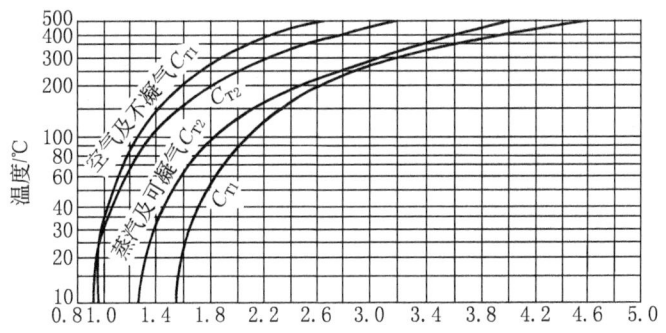

图 5-16 温度修正系数 C_{T1}、C_{T2}

(2) 层流 ($W_G/D < 360$)

对空气,当压力范围在 6.666～133.32Pa 之间,且压力降不超过最终压力的10%时,用式(5-166)计算。

$$\Delta p = \frac{\lambda L \rho u_1^2}{2D} \tag{5-166}$$

式中 Δp——真空管每米压力降,Pa;
L——管道长度,m;
u_1——流体流速,m/s;
D——管道内直径,m;
ρ——气体平均密度,kg/m³;
λ——摩擦系数,$\lambda = 4f$,f 由图 5-17 查得。

对一般低真空系统,也可用此式计算,但应由图 5-1 中查得摩擦系数。

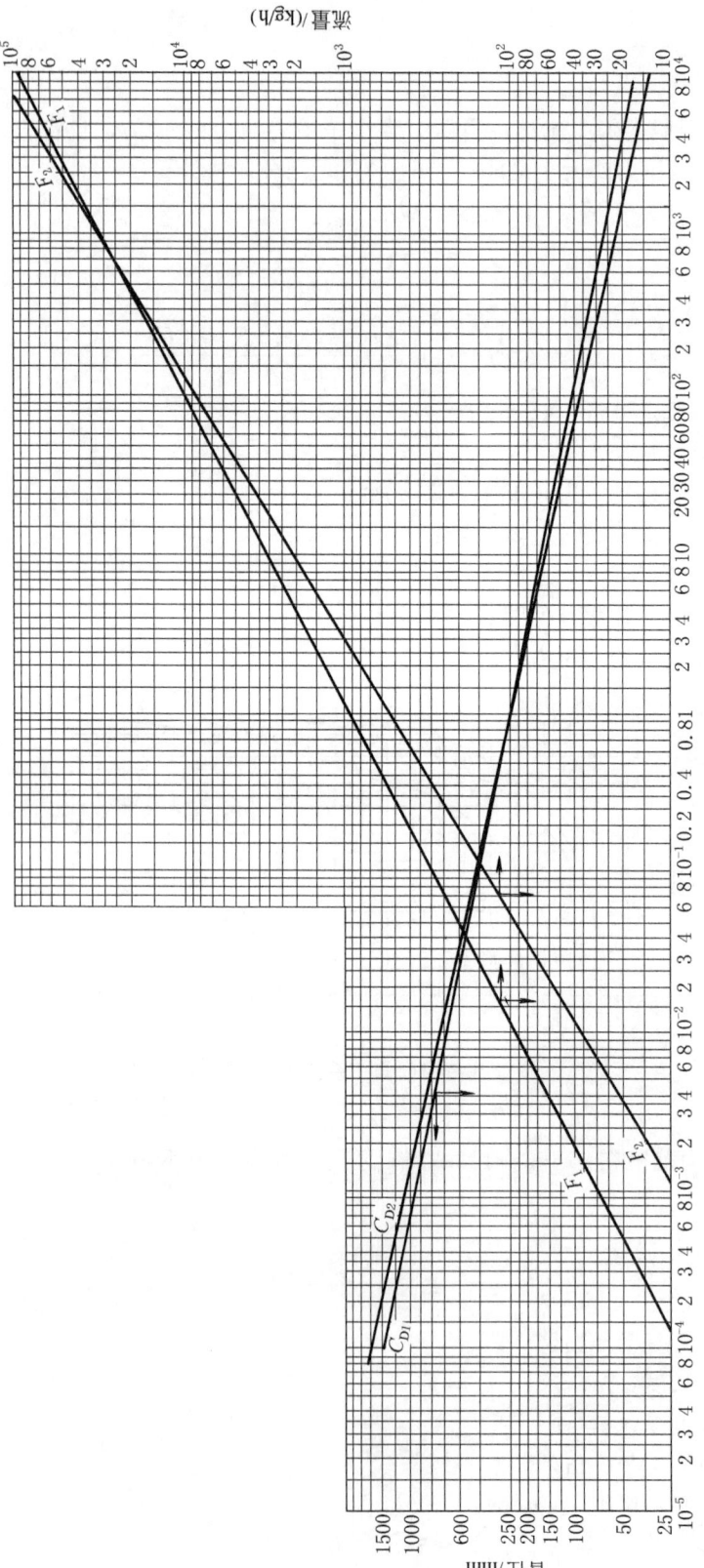

图5-17 摩擦系数 F_1、F_2 和管径修正系数 C_{D1}、C_{D2}

5.4.10.3 计算步骤及例题

计算步骤

① 已知泵的抽气速度及初始压力，求管径。

a. 假设管道直径以判断流型。

b. 求在泵抽气速度下的管道流导。用假设的管径求管道的流导，此值如小于泵抽速下的流导，则应重新假设管径进行计算，直至流导大于泵抽速下的流导为止。

c. 核算压力降。

$W_G/D \geq 360$（湍流），按式（5-165）计算。

$W_G/D < 360$（层流），按式（5-166）计算。

计算的压力降和最终压力之比 $\Delta p/p_2 \leq 10\%$，所假设的管径即为所求的结果。否则需重新假设管径或分段计算。

② 已知流量及初始压力，求管径。

a. 假设管径求雷诺数。

b. 查出摩擦系数（f）（见图 5-18）及修正系数（C_D、C_T）值。

c. 核算压力降。在按式（5-165）或式（5-166）计算所得压力降与最终压力之比小于 10% 时，所假设的管径即为所求的结果，否则需重新假设管径计算或分段计算。

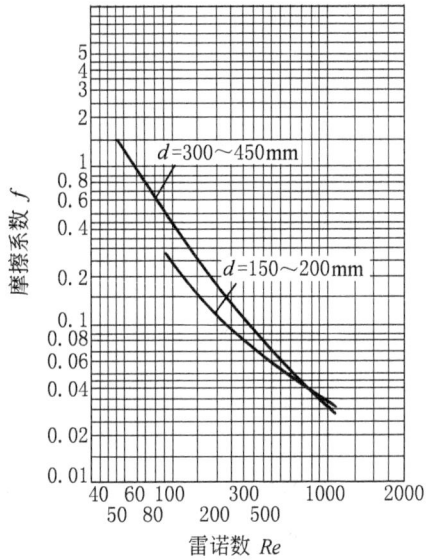

图 5-18 空气在 6.666Pa 至 133.32Pa 压力下层流流动的摩擦系数

③ 已知流量、管径及初始压力，求压力降。

a. 查基准摩擦系数（f）及校正系数（C_D、C_T）值。

b. 计算压力降

c. 如前所述，在按式（5-165）和式（5-166）计算的压力降与终点压力之比小于 10% 时，则计算结束，大于 10% 时，对管段分段计算压力降，各管段压力降之和即为所求压力降值。应当指出，当计算结果大于 10% 时，并非此管径在设计中不能采用，而是强调使用分段计算法的计算结果将比较精确。管径的尺寸应取决于工艺对总压降或终点压力的要求，见例 5-14。

④ 层流流动可参考"单相流"计算方法及以上步骤进行计算。

例 5-12 一真空系统，抽出 20℃ 空气，真空容器出口有效抽速为 25L/s，如泵的抽速损失为 20%，压力为 6.666Pa，泵和真空容器间管道长度为 3m，求管径。

解 ① 泵的抽速

$$u_p = \frac{u}{0.8} = \frac{25}{0.8} \text{L/s} = 31.25 \text{L/s} = 112.5 = \text{m}^3/\text{h} = 0.03125 \text{m}^3/\text{s}$$

② 流导计算。由 $\frac{1}{u} = \frac{1}{u_p} + \frac{1}{C}$ 得

$$C = \frac{u u_p}{u_p - u} = \frac{25 \times 31.25}{31.25 - 25} \text{L/s} = 125 \text{L/s}$$

设压降甚微，则平均压力 $p_m \approx p_1 = 6.666 \text{Pa}$

③ 管径计算。设管道内直径 $d = 7\text{cm}$，则

流型 $p_{\mathrm{m}}d = 6.666 \times 7 \mathrm{Pa \cdot cm} = 46.662 \mathrm{Pa \cdot cm}$

$1.998 \mathrm{Pa \cdot cm} < 46.662 \mathrm{Pa \cdot cm} < 66.6 \mathrm{Pa \cdot cm}$

属于过渡流动。

④ 核算管径。20℃空气黏度 $\mu = 1.81 \times 10^{-2} \mathrm{mPa \cdot s}$

$d^3 = 7^3 = 343$，$d^4 = 2401$，代入式（5-161）得

$$C_{\mathrm{T}} = \left(\frac{10^3 \pi \times 2401 \times 6.67}{128 \times 1.81 \times 10^{-2} \times 300} + \frac{3.16 \times 10^3}{6} \times \sqrt{\frac{2\pi \times 8.3143 \times 293}{29}} \times \frac{343}{300} \times \right.$$

$$\left. \frac{1 + 3.162 \times 10^{-4} \times \sqrt{\frac{29}{8.3143 \times 293}} \times \frac{7 \times 6.67 \times 10^3}{1.81 \times 10^{-2}}}{1 + 3.921 \times 10^{-4} \times \sqrt{\frac{29}{8.3143 \times 293}} \times \frac{7 \times 6.67 \times 10^3}{1.81 \times 10^{-2}}} \right) \mathrm{cm^3/s}$$

$= (7238.6 + 1186.6) \mathrm{cm^3/s} = 83573.2 \mathrm{cm^3/s}$

$= 83.6 \mathrm{L/s} < 125 \mathrm{L/s}$

流导过小，不能满足要求，应重新假设管径进行计算。

又假设管道内直径 $d = 8 \mathrm{cm}$，得

$p_{\mathrm{m}}d = (6.666 \times 8) \mathrm{Pa \cdot cm} = 53.328 \mathrm{Pa \cdot cm}$ 仍属于过渡流动，且 $d^3 = 512$，$d^4 = 4096$，代入式（5-161）得

$C_{\mathrm{T}} = 140173.1 \mathrm{cm^3/s} = 140.2 \mathrm{L/s} > 125 \mathrm{L/s}$，故第二次假设 $d = 8.0 \mathrm{cm}$ 是正确的。

⑤ 核算压力降。

空气密度 $\rho = 7.94 \times 10^{-8} \mathrm{g/cm^3} = 7.94 \times 10^{-5} \mathrm{kg/m^3}$

质量流量 $W_{\mathrm{G}} = (7.94 \times 10^{-5} \times 112.5) \mathrm{kg/h} = 8.93 \times 10^{-3} \mathrm{kg/h}$

$W_{\mathrm{G}}/d = 8.93 \times 10^{-3}/0.08 = 0.1116 < 360$（层流）

雷诺数 $Re = 354 \times \dfrac{W_{\mathrm{G}}}{d\mu} = \dfrac{354 \times 8.93 \times 10^{-3}}{80 \times 1.81 \times 10^{-2}} = 2.18$

查图 5-18，取 $f = 1$，则 $\lambda = 4f = 4$

管道截面积 $A = 5.026 \times 10^{-3} \mathrm{m^2}$

气体流速 $u_1 = \dfrac{0.03125}{5.026 \times 10^{-3}} \mathrm{m/s} = 6.22 \mathrm{m/s}$，代入式（5-166）。

管道压力降 $\Delta p = \dfrac{\lambda L \rho u_1^2}{2d} = \dfrac{4 \times 3 \times 7.94 \times 10^{-5} \times 6.22^2}{2 \times 0.08} \mathrm{Pa}$

$= 0.23 \mathrm{Pa}$（此值甚微，与假设符合）

$p_2 = (6.666 - 0.23) \mathrm{Pa} = 6.436 \mathrm{Pa}$

$\Delta p/p_2 = \dfrac{0.23}{6.436} \times 100\% = 3.57\% < 10\%$

由以上计算，管道内直径为 8.0cm 是正确的，可选用 $\phi 89 \times 4.5$ 钢管。

例 5-13 一真空管道，抽吸 175℃空气，流量 115kg/h，管道始端压力为 2133Pa，总长度 100m，求管径。

解 设管道内直径 $d = 20.7 \mathrm{cm} = 0.207 \mathrm{m}$

$\dfrac{W_{\mathrm{G}}}{d} = \dfrac{115}{0.207} = 555 > 360$ 属湍流流动，采用式（5-165）计算。

由图 5-16 和图 5-17 查得

$$F_1 = 1.55 \times 10^{-2}, \quad C_{D1} = 3.5, \quad C_{T1} = 1.5$$
$$F_2 = 7.1 \times 10^{-2}, \quad C_{D2} = 3.2, \quad C_{T2} = 1.67$$

代入式（5-165）得

$$\Delta p = \left(2.764 \times 10^4 \times \frac{1.55 \times 10^{-2} \times 3.5 \times 1.5 + 7.1 \times 10^{-2} \times 3.2 \times 1.67}{2133}\right) \text{Pa} = 5.963 \text{Pa}$$

$$\Delta p_{总} = (100 \times 5.963) \text{Pa} = 596.3 \text{Pa}$$

$$p_2 = (2133 - 596.3) \text{Pa} = 1536.7 \text{Pa}$$

$$\frac{\Delta p_{总}}{p_2} \times 100\% = 38.8\% > 10\%$$

说明不符合工艺对终点压力的要求。

又设 $d = 25.7 \text{cm}$，则 $W_G/D = 115/0.257 = 447 > 360$，仍属湍流，查图 5-16 得 $C_{D1} = 0.96$，$C_{D2} = 0.96$，其余系数数值不变，计算得 $\Delta p_{总} = 176.388 \text{Pa}$，$p_2 = (2133 - 176.388) \text{Pa} = 1956.6 \text{Pa}$

$$\frac{\Delta p_{总}}{p_2} \times 100\% = 9.01\% < 10\%$$

因此管道内直径 $d = 25.7 \text{cm}$ 是正确的，可选 $\phi 273 \times 8$ 钢管。

例 5-14 有气体管道（不凝气体），管道内直径 150mm（$\phi 159 \times 4.5$），长度 30m，质量流量 80kg/h，温度 38℃，始端压力为 1733Pa，求压力降。

解 $\dfrac{W_G}{d} = \dfrac{80}{0.150} = 533 > 360$，湍流流动，查图 5-16 和图 5-17 得

$$F_1 = 7.7 \times 10^{-3}, \quad C_{D1} = 15, \quad C_{T1} = 1.02$$
$$F_2 = 4.1 \times 10^{-2}, \quad C_{D2} = 11.5, \quad C_{T2} = 1.08$$

每米管道压力降

$$\Delta p = \left(2.764 \times 10^4 \times \frac{7.7 \times 10^{-3} \times 15 \times 1.02 + 4.1 \times 10^{-2} \times 11.5 \times 1.08}{1733}\right) \text{Pa} = 10.00 \text{Pa}$$

$$\Delta p_{总} = (30 \times 10) \text{Pa} = 300 \text{Pa}$$

$$p_2 = (1733 - 300) \text{Pa} = 1433 \text{Pa}$$

$$\frac{\Delta p_{总}}{p_2} \times 100\% = 20.94\% > 10\%$$

由于 $\dfrac{\Delta p_{总}}{p_2} \times 100\% = 20.94\% > 10\%$，不符合要求，现改用分段法计算，将管段分为四段，每段增量为 7.5m，图 5-16 和图 5-17 的各系数数值不变。

$$\Delta p_1 = (10 \times 7.5) \text{Pa} = 75 \text{Pa}$$

$$p_2 = p_1 - \Delta p_1 = (1733 - 75) \text{Pa} = 1658 \text{Pa}$$

$$\Delta p_2 = \left(2.764 \times 10^4 \times \frac{0.627 \times 7.5}{1658}\right) \text{Pa} = 78.39 \text{Pa}$$

$$p_3 = p_2 - \Delta p_2 = (1658 - 78.39) \text{Pa} = 1579.6 \text{Pa}$$

$$\Delta p_3 = \left(2.764 \times 10^4 \times \frac{0.627 \times 7.5}{1579.6}\right) \text{Pa} = 82.28 \text{Pa}$$

$$p_4 = p_3 - \Delta p_3 = (1579.6 - 82.28) \text{Pa} = 1497.3 \text{Pa}$$

$$\Delta p_4 = \left(2.764 \times 10^4 \times \frac{0.627 \times 7.5}{1497.3}\right) \text{Pa} = 86.81 \text{Pa}$$

$$p_5 = p_4 - \Delta p_4 = (1497.3 - 86.81)\text{Pa} = 1410.49\text{Pa}$$

总压力降 $\Delta p = \Delta p_1 + \Delta p_2 + \Delta p_3 + \Delta p_4 = (75 + 78.39 + 82.28 + 86.81)\text{Pa} = 322.48\text{Pa}$

终点压力 $p_5 = (1733 - 322.48)\text{Pa} = 1410.52\text{Pa}$

5.4.10.4 管道计算表

本表的编制步骤、用途及专业关系，以及计算表格式、内容与"单相流"管道计算表相同，见表 5-41。

表 5-41 真空管道计算表

管道编号和类别	
自	
至	
物料名称	
流量/(m³/h)	
相对分子质量	
温度/℃	
压力/kPa	
黏度/mPa·s	
压缩系数	
密度/(kg/m³)	
真空度	
管道公称直径/mm	
表号或外径×壁厚	
流速/(m/s)	
雷诺数	
流导/(cm³/s)	
压力降(100m)/kPa	
直管长度/m	
管件当量长度/m — 弯头 90°	
管件当量长度/m — 三 通	
管件当量长度/m — 大小头	
管件当量长度/m — 闸 阀	
管件当量长度/m — 截止阀	
管件当量长度/m — 旋 塞	
管件当量长度/m — 止逆阀	
管件当量长度/m — 其 他	
总长度/m	
管道压力降/kPa	
孔板压力降/kPa	
控制阀压力降/kPa	
设备压力降/kPa	
始端标高/m	
终端标高/m	
静压力降/kPa	
设备接管口压力降/kPa	
总压力降/kPa	
压力(始端)/kPa	
压力(终端)/kPa	
版次或修改 — 版 次	
版次或修改 — 日 期	
版次或修改 — 编 制	
版次或修改 — 校 核	
版次或修改 — 审 核	

5.4.11 浆液流的管道压力降计算

浆液由液、固两相组成，属两相流范畴，其流型属非牛顿型流体；按固体颗粒在连续相中的分布情况，又可分为均匀相浆液、混合型浆液和非均匀相浆液三种流型。

确定浆液输送管道的尺寸,必须注意下列几点。

① 均匀相流动的浆液,要求固体颗粒均匀地分布在液相介质之中,只要计算出浆液中固体颗粒的最大粒径(d_{mh}),将它与已知筛分数据进行比较,若全部固体颗粒小于d_{mh},则为均匀相浆液,否则为混合型浆液或非均匀相浆液。

② 为避免固体粒子在管道中沉降,要使浆液浓度、黏度和沉降速度间处于合理的关系中。对于均匀相浆液的输送,必须确定浆液呈均匀相流动时的最低流速,且要获得高浓度、低黏度、低沉降速度。浆液流动要求有一个适宜的流速,它不宜太快,否则管道摩擦压力降大;它亦不宜太慢,否则易堵塞管道。该适宜的最低流速数据由试验确定。为获得高浓度、低黏度、低沉降速度,可采用合适的添加剂。

③ 混合型浆液或非均匀相浆液的输送,应保证浆液流动充分呈湍流工况。

本规定提出了计算浆液流体的管道压力降的数据收集、关联式回归和计算步骤的一般内容和要求,适用于均匀相浆液、混合型浆液或非均匀相浆液三种流型的压力降计算。

5.4.11.1 计算依据

须提供下列数据。

(1) 实测数据

包括最低的浆液流体流速(U_{min});固体筛分的质量分数(X_{pi});固体筛分的密度(ρ_{pi});浆液流的表观黏度(μ_s)与剪切速率(τ)的相关数据或流变常数(η)和流变指数(n)。

(2) 可计算数据

包括连续相(水)的物性数据:黏度(μ_L)、密度(ρ_L);固体的质量流量(W_s)或浆液的质量流量(W_{sL})及浆液的浓度(C_{sL});连续相(水)的质量流量(W_L);浆液的平均密度(ρ_{sL});固体的平均密度(ρ_s)。

(3) 计算浆液流体物性数据

① 已知ρ_s、ρ_L、W_s、W_L计算ρ_{sL}

$$\rho_{sL}=(W_s+W_L)/(W_s/\rho_s+W_L/\rho_L) \tag{5-167}$$

② 已知ρ_{sL}、ρ_L、W_{sL}、C_{sL},计算ρ_s

$$W_s=W_{sL}C_{sL} \tag{5-168}$$

$$W_L=W_{sL}-W_s \tag{5-169}$$

$$\rho_s=\rho_{sL}\rho_L W_s/(W_{sL}\rho_L-W_L\rho_{sL}) \tag{5-170}$$

③ 计算均匀相浆液的物性数据

$$\rho_{1s}=100/(\sum X_{pi}/\rho_s) \tag{5-171}$$

$$\rho_a=\rho_{hsL}=\rho_{sL} \tag{5-172}$$

④ 计算混合型浆液物性数据

$$\rho_{1s}=\sum[W_s(X_{p1}/100)]/\sum[W_s(X_{p1}/100)/\rho_{pi}] \tag{5-173}$$

$$\rho_{2s}=\sum[W_s(X_{p2}/100)]/\sum[W_s(X_{p2}/100)/\rho_{pi}] \tag{5-174}$$

$$\rho_{hsL}=\rho_a=\frac{\sum[W_s(X_{p1}/100)]+W_L}{\sum[W_s(X_{p1}/100)/\rho_{pi}]+W_L/\rho_L} \tag{5-175}$$

$$X_{vs}=(W_s/\rho_s)/(W_s/\rho_s+W_L/\rho_L) \tag{5-176}$$

$$X_{vhes}=\sum[W_s(X_{p2}/100)/\rho_{pi}]/(W_s/\rho_s+W_L/\rho_L) \tag{5-177}$$

(4) 浆液流体流型的确定和计算均匀相浆液的最大粒径(d_{mh})

根据流变常数(η)、流变指数(n)[由试验测得浆液流的表观黏度(U_a)与剪切速率

(γ) 的相关数据求得] 计算 μ_a；由浆液流的有关参数 (Y)、阻滞系数 (C_h) (Y 与 C_h 的关联式由实验数据回归获得) 计算 d_{mh}。

均匀相浆液的表观黏度 (μ_a) 由下式计算。

$$\gamma = 8U_a/D \tag{5-178}$$

$$\mu_a = 1000\eta\gamma^{n-1} \tag{5-179}$$

$$Y = 12.6[\mu_a(\rho_{1s}-\rho_a)/\rho_a^2]^{\frac{1}{3}} \tag{5-180}$$

当 $Y > 8.4$ 时，

$$C_h = 18.9Y^{1.41} \tag{5-181}$$

当 $8.4 \geqslant Y > 0.5$ 时，

$$C_h = 21.11Y^{1.46} \tag{5-182}$$

当 $0.5 \geqslant Y > 0.05$ 时，

$$C_h = 18.12Y^{0.963} \tag{5-183}$$

当 $0.05 \geqslant Y > 0.016$ 时，

$$C_h = 12.06Y^{0.824} \tag{5-184}$$

当 $0.016 \geqslant Y > 0.00146$ 时，

$$C_h = 0.4 \tag{5-185}$$

当 $Y \leqslant 0.00146$ 时，

$$C_h = 0.1 \tag{5-186}$$

$$d_{mh} = 1.65C_h\rho_a/(\rho_{1s}-\rho_a) \tag{5-187}$$

若固体颗粒粒度全小于 d_{mh}，为均匀相浆液，否则为混合型浆液或非均匀相浆液。

(5) 管径的确定

① 输送均匀相浆液　由试验获得浆液最低流速 (U_{min})，计算管径 (D)

$$U_a = U_{min} \tag{5-188}$$

$$D = \sqrt{(W_s/\rho_s + W_L/\rho_L)/(3600 \times 0.785U_a)} \tag{5-189}$$

$$Re = 1000D\rho_aU_a/\mu_a \tag{5-190}$$

浆液流流型应控制在滞流的范围之内，故 Re 在 2300 以下。调整 D 到满足要求为止。

② 输送混合型浆液或非均匀相浆液　由试验获得浆液最低流速 (U_{min})，可计算允许流速 (U_a)；由浆液流的有关参数 (x)、非均匀相中固体颗粒的平均粒径 (d_{wa})，可计算管径 (D)。x 与 $U_{min}/(gD)^{0.5}$ 的关联式由回归获得。

$$U_a = U_{min} + 0.8 \tag{5-191}$$

$$U = (W_s/\rho_s + W_L/\rho_L)/(3600 \times 0.785D^2) \tag{5-192}$$

$$x = 100x_{vhes}F_d(\rho_{2s}-\rho_a)/\rho_a \tag{5-193}$$

$$d_{wa} = \sum(x_{p2}\sqrt{d_1d_2})/\sum x_{p2} \tag{5-194}$$

当 $d_{wa} \geqslant 368$ 时

$$F_d = 1 \tag{5-195}$$

当 $d_{wa} < 368$ 时

$$F_d = d_{wa}/386 \tag{5-196}$$

当 $0.006 < x \leqslant 2$ 时

$$U_{min}/(gD)^{0.5} = \exp(1.053x^{0.149}) \tag{5-197}$$

当 $2 < x \leq 70$ 时

$$U_{min}/(gD)^{0.5} = \exp\{[(4.2718 \times 10^{-3} \ln x + 5.0264 \times 10^{-2}) \ln x + 4.7849 \times 10^{-2}] \ln x + 8.8996 \times 10^{-2}\} \tag{5-198}$$

浆液流应控制在湍流的范围之内，目标函数 $|U_a - U| \leq \delta$。调整 D 到满足要求为止。

5.4.11.2 泵压差（Δp）的计算

管道中包括直管段、阀门、管件、控制阀、流量计孔板等。管道系统的压力降是各个部分的摩擦压力降、速度压力降和静压力降的总和。

(1) 通用数据的计算

由浆液流的有关参数（Z）、非均匀相阻滞系数（C_{he}）（Z 与 C_{he} 的关联式由回归获得），可计算非均匀相尺寸系数（C_{ra}）、沉降流速（V_t）。

$$Z = 0.000118 d_{wa} [\rho_a(\rho_{2s} - \rho_a)/\mu_a^2]^{\frac{1}{3}} \tag{5-199}$$

当 $Z > 5847$ 时，

$$C_{he} = 0.1 \tag{5-200}$$

当 $20 < Z \leq 5847$ 时，

$$C_{he} = 0.4 \tag{5-201}$$

当 $1.5 < Z \leq 20$ 时，

$$C_{he} = 10.979 Z^{-1.106} \tag{5-202}$$

当 $0.15 < Z \leq 1.5$ 时，

$$C_{he} = 13.5 Z^{-1.61} \tag{5-203}$$

$$V_t = 0.00361 \sqrt{d_{wa}(\rho_{2s} - \rho_a)/(\rho_a C_{he})} \tag{5-204}$$

$$C_{ra} = \sum(X_{p2} \sqrt{C_{he}}) / \sum X_{p2} \tag{5-205}$$

(2) 摩擦压力降（Δp_k）的计算

它由直管段、阀门、管件的摩擦压力降组成。其值为正，表示压力下降。流体流经阀门、管件的局部阻力有两种计算方法：阻力系数法和当量长度法。现推荐当量长度法。

① 均匀相浆液摩擦压力降（Δp_k）的计算

$$\Delta p_k = 0.03262 \times 10^{-6} \mu_a U_a (L + \sum L_e)/D^2 \tag{5-206}$$

② 混合型浆液或非均匀相浆液摩擦压力降（Δp_k）的计算 浆液中非均匀相固体的有效体积分率（ψ）为

$$\psi = 0.5[1 - U/(V_t/\sin\alpha)] \pm \sqrt{0.25[1 - U/(V_t/\sin\alpha)]^2 + X_{vhes} U/(V_t/\sin\alpha)} \tag{5-207}$$

$$U_{hsL} = U + \psi V_t \sin\alpha \tag{5-208}$$

若 $X_{vhes} V_t \sin\alpha \ll U$ 则 $\psi = X_{vhes}$，$U_{hsL} = U$ (5-209)

a. 非垂直管道。

$$\Delta p_{k1} = (4F_n/D) \rho_a U_{hsL}^2 (L + \sum L_e)/(20000 g_c) \tag{5-210}$$

$$dd = \{U_{hsL}^2 \rho_a C_{ra}/[\cos\alpha \times 9.81 D(\rho_{2s} - \rho_a)]\}^{1.5} \tag{5-211}$$

$$\Delta p_k = \frac{0.11 \Delta p_{k1}(1 + 85\psi/dd)}{1 + 0.1\cos\alpha} \tag{5-212}$$

b. 垂直管道。

$$\Delta p_k = 0.11[(4F_n/D) \rho_a U_{hsL}^2 (L + \sum L_e)/(20000 g_c)] \tag{5-213}$$

(3) 速度压力降（Δp_v）的计算

由温度和截面积变化引起密度和速度的变化，它导致压力降的变化。

① 均匀相浆液速度压力降（Δp_v）的计算

$$\Delta p_v = 0.1\rho_a U_a^2/(20000 g_c) \tag{5-214}$$

② 非均匀相浆液速度压力降（Δp_v）的计算

$$\Delta p_v = \frac{0.1[(1-X_{vhes})U_{hsL}^2 + (\rho_{2s}/\rho_a)(U_{hsL}-V_t\sin\alpha)^2 X_{vhes}]\rho_a}{20000 g_c} \tag{5-215}$$

若 $V_t\sin\alpha \ll U_{hsL}$，则可用简化模型

$$\Delta p_v = 0.1\rho_a U_{hsL}^2/(20000 g_c) \tag{5-216}$$

（4）静压力降（Δp_s）的计算

由管道系统进（出）口标高变化而产生的压力降称静压力降。其值可为正值或负值。正值表示压力降低，负值表示压力升高。

① 均匀相浆液静压力降（Δp_s）的计算

$$\Delta p_s = 0.1(Z_{s.d}\sin\alpha\rho_a/10000 \pm H_{s.d}\rho_{sL}/10000) \tag{5-217}$$

② 非均匀相浆液静压力降（Δp_s）的计算

$$\Delta p_s = 0.1\{Z_{s.d}\sin\alpha\{1.1\psi[(\rho_{2s}-\rho_a)/\rho_a]+1\}(\rho_a/10000) \pm (H_{s.d}\rho_{sL}/10000)\} \tag{5-218}$$

（5）泵压差（Δp）的计算

$$\sum\Delta p_s = (\Delta p_k)_s + (\Delta p_v)_s + (\Delta p_s)_s \tag{5-219}$$

$$\sum\Delta p_d = (\Delta p_k)_d + (\Delta p_v)_d + (\Delta p_s)_d \tag{5-220}$$

$$\Delta p = p_{rd} - p_{rs} + \sum\Delta p_s + \sum\Delta p_d \tag{5-221}$$

（6）摩擦系数（F_n）的计算

推荐采用牛顿型流体摩擦系数的计算方法。

① 在层流范围之内（$Re<2300$）

$$F_n = 16/Re \tag{5-222}$$

② 在过渡流范围之内（$2300<Re\leqslant 10000$）

$$F_n = 0.0027(10^6/Re + 16000\varepsilon/D)^{0.22} \tag{5-223}$$

③ 在湍流范围之内（$Re>10000$）

$$F_n = 0.0027(16000\varepsilon/D)^{0.22} \tag{5-224}$$

（7）当量长度（$\sum L_e$）的计算

若只知阀门管件的局部阻力系数（K_n）的计算方法，可采用（L_e）与（K_n）的关系式求得 L_e。

$$L_e = K_n D/(4F_n) \tag{5-225}$$

局部阻力系数、当量长度的计算方法见"单相流（不可压缩流体）"。

5.4.11.3 计算步骤及例题

（1）确定流型和管径

① 计算浆液流体物性数据。

② 计算均匀相浆液的最大粒径（d_{mh}）及管径（D）。

a. 设浆液全为均匀相浆液，校核其最大粒径。

(a) 计算均匀相固体的平均密度 (ρ_{1s})、均匀相固体的体积分率 (X_{vs})。
(b) 计算管径 (D)。
(c) 计算均匀相浆液的表观黏度 (μ_a)。
(d) 计算均匀相浆液的允许流速 (U_a)。
(e) 计算均匀相浆液的最大粒径 (d_{mh})。
b. 设浆液为混合型浆液或非均匀相浆液,校核其最大粒径。
(a) 计算浆液均匀相部分固体的平均密度 (ρ_{1s}) 及非均匀相部分固体的平均密度 (ρ_{2s})。
(b) 计算均匀相浆液密度 (ρ_a) 及非均匀相浆液中固体的体积分率 (X_{vhes})。
(c) 计算非均匀相浆液中固体颗粒的平均粒径 (d_{wa})。
(d) 计算非均匀相浆液中允许最低流速 (U_a) 及实际流速 (U)。
(2) 计算吸入端、排出端总压力降 (Δp_k、$\sum p_s$、$\sum p_d$) 及泵压差 (Δp)。

例 5-15 已知如图 5-19 所示的泥浆系统和下列数据:固体流量 $W_s = 122500 \text{kg/h}$,液体流量 $W_L = 40820 \text{kg/h}$,固体平均密度 $\rho_s = 2499 \text{kg/m}^3$,液体密度 $\rho_L = 865 \text{kg/m}^3$,液体黏度 $\mu_L = 0.2 \text{mPa·s}$,泥浆黏度 $\mu_{sL} = 3 \text{mPa·s}$,温度 $t = 26.7$℃,最大流速 $U = 3.66 \text{m/s}$,流变常数 $\eta = 0.0773$,流变指数 $n = 0.35$,泵排出端容器液面的压力为 0.17MPa,泵吸入端容器液面的压力为 0.1MPa。

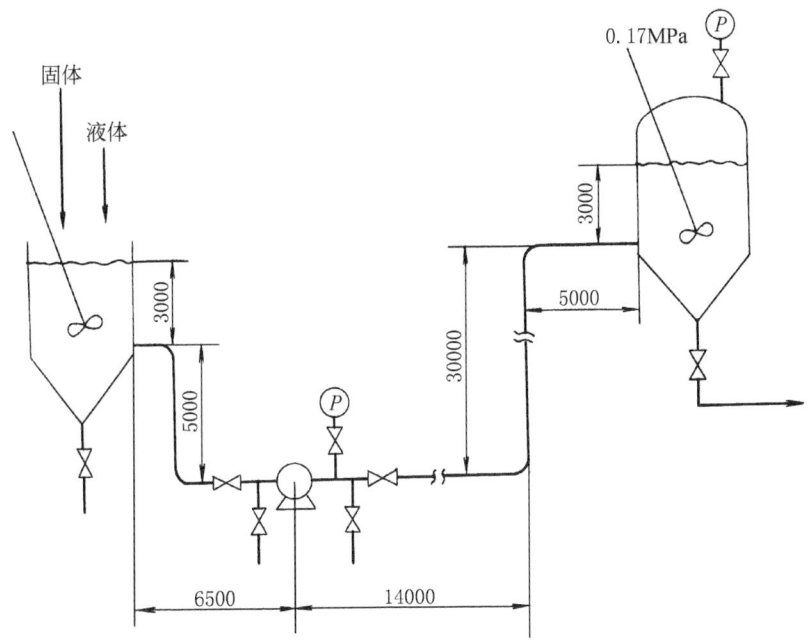

图 5-19 计算示图

固体筛分数据

网 目	粒度/μm	质量分数/%	密度/(kg/m³)	网 目	粒度/μm	质量分数/%	密度/(kg/m³)
20~48	840~300	5	4806	100~200	150~74	30	2403
48~65	300~210	10	4005	200~325	74~44	20	2403
65~100	210~150	20	3204	325	44	15	1602

压力降计算有关数据

项目	$\alpha/(°)$	弯头数	三通数	闸阀数	钝边进口数	钝边出口数	管道长度/m
泵吸入端：							
水平管	0	1	1	1	1	0	6.5
下降管	90	1	0	0	0	0	5
泵排出端：							
水平管	0	1	2	1	0	1	19
上升管	90	1	0	0	0	0	30

试求系统管径和泵压差。

解 ① 确定流型和管径。按5.4.11.3中计算步骤进行。先假设全为均匀相泥浆并校核其最大粒径，获结果：固体颗粒粒径非全小于最大粒径（d_{mh}），可见假设不妥（具体计算步骤省略）。然后假设最后三个筛分级在均匀相泥浆中，重复上述计算，获结果：该三个筛分级固体颗粒仍非全小于最大粒径（d_{mh}），可见假设仍不妥（具体计算步骤省略）。继续假设最后两个筛分级在均匀相泥浆中并校核其最大粒径。

按式（5-167），
$$\rho_{sL}=(W_s+W_L)/(W_s/\rho_s+W_L/\rho_L)$$
$$=[(122500+40820)/(122500/2499+40820/865)]\mathrm{kg/m^3}=1698\mathrm{kg/m^3}$$

按式（5-173）
$$\rho_{1s}=\frac{\sum[W_s(X_{p1}/100)]}{\sum[W_s(X_{p1}/100)/\rho_{pi}]}=\left[\frac{122500\times(0.2+0.15)}{122500\times(0.2/2403+0.15/1602)}\right]\mathrm{kg/m^3}$$
$$=1979\mathrm{kg/m^3}$$

按式（5-174）
$$\rho_{2s}=\frac{\sum[W_s(X_{p2}/100)]}{\sum[W_s(X_{p2}/100)/\rho_{pi}]}$$
$$=\frac{122500\times(0.05+0.1+0.2+0.3)}{122500\times(0.05/4806+0.1/4005+0.2/3204+0.3/2403)}\mathrm{kg/m^3}$$
$$=2920\mathrm{kg/m^3}$$

按式（5-175）
$$\rho_a=\frac{\sum[W_s(X_{p1}/100)]+W_L}{\sum[W_s(X_{p1}/100)/\rho_{pi}]+W_L/\rho_L}$$
$$=\frac{122500\times(0.2+0.15)+40820}{122500\times(0.2/2403+0.15/1602+40820/865)}\mathrm{kg/m^3}$$
$$=1216\mathrm{kg/m^3}$$

按式（5-177）
$$X_{vhes}=\frac{\sum[W_s(X_{p2}/100)/\rho_{pi}]}{(W_s/\rho_s+W_L/\rho_L)}$$
$$=\frac{122500\times(0.05/4806+0.1/4005+0.2/3204+0.3/2403)}{122500/2499+40820/865}$$
$$=0.283$$

按式（5-194）
$$d_{wa}=\frac{\sum(X_{p2}\sqrt{d_1 d_2})}{\sum X_{p2}}$$

$$= \frac{5\times\sqrt{840\times300}+10\times\sqrt{300\times210}+20\times\sqrt{210\times150}+30\times\sqrt{150\times74}}{5+10+20+30}\mu m$$

$$=180\mu m$$

按式（5-196）
$$F_d = d_{wa}/368 = 180/368 = 0.489$$

按式（5-193）
$$x = 100X_{vhes}F_d(\rho_{2s}-\rho_a)/\rho_a$$
$$= 100\times 0.283\times 0.489\times(2920-1216)/1216 = 19.4$$

按式（5-198）
$$U_{min}/(gD)^{0.5} = \exp\{[(4.2718\times10^{-3}\ln x + 5.0264\times10^{-2})\ln x +$$
$$4.7849\times10^{-2}]\ln x + 8.8996\times10^{-2}\} = 2.19$$

按式（5-191）
$$U_{min} = 2.19(gD)^{0.5} = 2.19\times 9.81^{0.5}\sqrt{D} = 6.86\sqrt{D}$$
$$U_a = U_{min} + 0.8 = 6.86\sqrt{D} + 0.8$$

按式（5-192）
$$U = \frac{(W_s/\rho_s + W_L/\rho_L)}{3600\times 0.785D^2} = \frac{(122500/2499 + 40820/865)}{3600\times 0.785\times D^2} = 0.034/D^2$$

目标函数 $|U_a - U|\leqslant\delta$，调整 D，到满足要求为止，见下表。

D/m	U_a/(m/s)	U/(m/s)	D/m	U_a/(m/s)	U/(m/s)
0.075	2.68	6.04	0.125	3.23	2.18
0.100	2.97	3.40			

根据目标函数要求，选用 $D = 0.100$m

又按式（5-178）～式（5-187）得
$$\mu_a = 1000\eta\gamma^{n-1} = [77.3\times(8\times 3.4/0.1)^{0.35-1}]\ Pa\cdot s = 2.02\ mPa\cdot s$$
$$Y = 12.6[\mu_a(\rho_{1s}-\rho_a)/\rho_a^2]^{1/3}$$
$$= 12.6[2.02\times(1979-1216)/1216^2]^{1/3} = 1.28$$
$$C_h = 21.11Y^{1.46} = 30.3$$
$$d_{mh} = 1.65C_h\rho_a/(\rho_{1s}-\rho_a)$$
$$= [1.65\times 30.3\times 1216/(1979-1216)]\mu m = 79.7\mu m$$

经比较，确定最后两个筛分级在均匀相泥浆中，其余筛分级在非均匀相泥浆中。允许最低流速 $U_a = 2.97$m/s；实际流速 $U = 3.4$m/s。

② 计算压力降及泵压差。

计算通用数据。

① 计算颗粒沉降速度（V_t）

按式（5-199）～式（5-204）
$$Z = 0.000118d_{wa}[\rho_a(\rho_{2s}-\rho_a)/\mu_a^2]^{1/3}$$
$$= 0.000118\times 180\times[1216\times(2920-1216)/2.02^2]^{1/3} = 1.69$$
$$C_{he} = 10.979Z^{-1.106} = 6.15$$
$$V_t = 0.00361\sqrt{\frac{d_{wa}(\rho_{2s}-\rho_a)}{\rho_a C_{he}}} = 0.00361\times\sqrt{\frac{180\times(2920-1216)}{1216\times 6.15}}\ m/s = 0.023\ m/s$$

② 计算非均匀相尺寸系数（C_{ra}）。按式（5-199）～式（5-205）得

$$Z = 0.000118 \times \sqrt{840 \times 300} \times [1216 \times (4806-1216)/2.02^2]^{1/3} = 6.06$$
$$C_{he} = 10.979 Z^{-1.106} = 1.5$$
$$Z = 0.000118 \times \sqrt{300 \times 210} \times [1216 \times (4005-1216)/2.02^2]^{1/3} = 2.78$$
$$C_{he} = 10.979 Z^{-1.106} = 3.5$$
$$Z = 0.000118 \times \sqrt{210 \times 150} \times [1216 \times (3204-1216)/2.02^2]^{1/3} = 1.76$$
$$C_{he} = 10.979 Z^{-1.106} = 5.88$$
$$Z = 0.000118 \times \sqrt{150 \times 74} \times [1216 \times (2403-1216)/2.02^2]^{1/3} = 0.88$$
$$C_{he} = 13.5 Z^{-1.61} = 16.6$$

由式（5-205）得

$$C_{ra} = \frac{\sum(X_{p2}\sqrt{C_{he}})}{\sum X_{p2}} = \frac{5 \times \sqrt{1.5} + 10 \times \sqrt{3.5} + 20 \times \sqrt{5.88} + 30 \times \sqrt{16.6}}{5+10+20+30} = 3.01$$

计算压力降及泵压差。

按式（5-208）～式（5-209）得

$$X_{vhes} V_t \sin 90° = 0.283 \times 0.023 = 0.00651$$

由于 $X_{vhes} V_t \sin 90° \ll U$，则 $\psi = 0.283$，$U_{hsL} = 3.4 \text{m/s}$

按式（5-190）和式（5-224）得

$$Re = 1000 D U_{hsL} \rho_a / \mu_a = 1000 \times 0.1 \times 3.4 \times 1216 / 2.02 = 204673$$
$$F_n = 0.0027(16000\varepsilon/D)^{0.22} = 0.0027 \times (16000 \times 0.0000457/0.1)^{0.22} = 0.00418$$

泵吸入端

水平管道

① 当量长度（L_e）的计算

泵吸入端水平管道连接管件	件　数	L_e/m	K_n
闸板阀	1	$8D=0.8$	
90°短径弯头	1	$30D=3$	
三通直流	1	$20D=2$	
进口（即容器出口）	1	$K_n D/(4F_n)=5.98$	1.0
Σ	4	11.78	

② 压力降的计算

按式（5-210）～式（5-213）、式（5-216）、式（5-218）～式（5-221）得

$$\Delta p_{kl} = (4F_n/D)\rho_a U_{hsL}^2 (L+\sum L_e)/(20000 g_c)$$
$$= 4 \times 0.00418/0.100 \times 1216 \times 3.4^2 \times (6.5+11.78)/(20000 \times 9.81)$$
$$= 0.219$$

$$dd = \{U_{hsL}^2 \rho_a C_{ra}/[\cos\alpha \times 9.81 D(\rho_{2s}-\rho_a)]\}^{1.5}$$
$$= \{3.4^2 \times 1216 \times 3.01/[\cos 0 \times 9.81 \times 0.1 \times (2920-1216)]\}^{1.5} = 127.344$$

$$\Delta p_k = [0.11\Delta p_{kl}/(1+0.1\cos\alpha)](1+85\psi/dd)$$
$$= \{[0.11 \times 0.219/(1+1.1)](1+85 \times 0.283/127.344)\}\text{MPa} = 0.026\text{MPa}$$

垂直管道

① 当量长度（L_e）的计算

泵吸入端垂直下降管道连接管件	件数	L_e/m
90°短径弯头	1	$30D=3$
Σ	1	3

② 压力降的计算

$$\Delta p_k = 0.11[(4F_n/D)\rho_a U_{hsL}^2(L+\Sigma L_e)/(20000g_c)]$$
$$= \{0.11\times[(4\times 0.00418/0.1)\times 1216\times 3.4^2\times(5+3)/(20000\times 9.81)]\}\text{MPa}$$
$$= 0.01054\text{MPa}$$

$$\Delta p_v = -0.1\rho_a U_{hsL}^2/(20000g_c) = [-0.1\times 1216\times 3.4^2/(20000\times 9.81)]\text{MPa}$$
$$= -0.00716\text{MPa}$$

$$\Delta p_s = 0.1\{Z_s\sin\alpha\{1.1\psi[(\rho_{2s}-\rho_a)/\rho_a]+1\}(\rho_a/10000) - H_s\rho_{sL}/10000\}$$
$$= 0.1\times\{-5\times\sin 90°\times\{1.1\times 0.283\times[(2920-1216)/1216]+1\}\times(1216/10000) - 3\times 1698/10000\}\text{MPa}$$
$$= -0.1383\text{MPa}$$

泵排出端
水平管道
① 当量长度（L_e）的计算

泵排出端水平管道连接管件	件 数	L_e/m	K_n
闸板阀	1	$8D=0.8$	
90°短径弯头	1	$30D=3$	
三通直流	2	$2\times 20D=4$	
出口（即容器入口）	1	$K_n D/(4F_n)=2.99$	0.5
Σ	5	10.79	

② 压力降的计算

$$\Delta p_{k1} = (4F_n/D)\rho_a U_{hsL}^2(L+\Sigma L_e)/(20000g_c)$$
$$= [(4\times 0.00418/0.1)\times 1216\times 3.4^2\times(19+10.79)/(20000\times 9.81)]\text{MPa}$$
$$= 0.357\text{MPa}$$

$$dd = \{U_{hsL}^2\rho_a C_{ra}/[\cos\alpha\times 9.81D(\rho_{2s}-\rho_a)]\}^{1.5}$$
$$= \{3.4^2\times 1216\times 3.01/[\cos 0\times 9.81\times 0.1\times(2920-1216)]\}^{1.5}$$
$$= 127.344$$

$$\Delta p_k = [0.11\Delta p_{k1}/(1+0.1\cos\alpha)](1+85\psi/dd)$$
$$= \{[0.11\times 0.357/(1+0.1)]\times(1+85\times 0.283/127.344)\}\text{MPa} = 0.0424\text{MPa}$$

垂直管道
① 当量长度（L_e）的计算

泵排出端垂直上升管道连接管件	件 数	L_e/m
90°短径弯头	1	$30D=3$
Σ	1	3

② 压力降的计算

$$\Delta p_k = 0.11[(4F_n/D)\rho_a U_{hsL}^2 (L+\sum L_e)/(20000g_c)]$$
$$= \{0.11 \times [4 \times 0.00418/0.1 \times 1216 \times 3.4^2 \times (30+3)/(20000 \times 9.81)]\} MPa$$
$$= 0.0435 MPa$$
$$\Delta p_v = 0.1\rho_a U_{hsL}^2/(20000g_c)$$
$$= [0.1 \times 1216 \times 3.4^2/(20000 \times 9.81)]MPa = 0.00716 MPa$$
$$\Delta p_s = 0.1\{Z_d \sin\alpha \{1.1\psi[(\rho_{2s}-\rho_a)/\rho_a]+1\}(\rho_a/10000)+H_d\rho_{sL}/10000\}$$
$$= 0.1 \times \{30 \times \sin 90 \times \{1.1 \times 0.283 \times [(2920-1216)/1216]+1\} \times (1216/10000)+3 \times 1698/10000\} MPa$$
$$= 0.5749 MPa$$

计算结果汇总表

项目	Δp_k/MPa	Δp_v/MPa	Δp_s/MPa	$\sum \Delta p_{s.d}$/MPa
泵吸入端:				
水平管	0.0260			
下降管	0.01054	−0.00716	−0.1383	
$\sum$	0.0365	−0.00716	−0.1383	−0.1090
泵排出端:				
水平管	0.0424			
上升管	0.0435	0.00716	0.5749	
$\sum$	0.0859	0.00716	0.5749	0.6680

(3) 泵压差

$$\Delta p = p_{rd} - p_{rs} + \sum \Delta p_s + \sum \Delta p_d = (0.17 - 0.1 - 0.1090 + 0.6680) MPa = 0.629 MPa$$

5.4.11.4 管道计算表

"浆液流"管道压力降计算见表5-42。编制步骤、用途及专业关系与"单相流"管道计算表相同。

表5-42 管道计算表（浆液流）

管道编号和类别			
自			
至			
浆液流量/(m³/h)			
浆液平均密度/(kg/m³)			
温度/℃			
流变常数(η) /[kg/(m·s^{2-n})]			
流变常数(1000η) /[kg/(m·s^{2-n})]			
		泵吸入端	泵排出端
管道公称直径/mm			
表号或外径×壁厚			
流　速/(m/s)			
浆液表观黏度/mPa·s			
雷诺数			
直管长度/m			
管件当量长度/m	弯头 90°		
	三通		
	大小头		
	闸阀		
	截止阀		
	旋塞		
	止逆阀		
	其他		

续表

总长度/m		
摩擦压力降（Δp_k）/MPa		
速度压力降（Δp_v）/MPa		
始端液面标高（距管接口）/m		
终端液面标高（距管接口）/m		
静压力降（Δp_s）/MPa		
容器液面的压力/MPa		
总压力降/MPa		
版次或修改	版次	
	日期	
	编制	
	校核	
	审核	

5.4.12 计算机软件的应用

目前计算机在设计领域的应用越来越广泛，在石油化工行业内的管道水力学设计中，也有不少应用软件，如常用于流程模拟的 ASPEN 和 PRO Ⅱ 都可以进行管道水力学的设计计算。在化工装置中应用得比较广泛的是美国 Simsci 公司的计算工艺管道、公用工程及火炬排放网络中，物流稳态压力、温度和汽液量互相变化的模拟软件 INPLANT；它可以处理单相液体、单相气体和气液混合相体系的流体流动的问题。它可以用于方案研究和管径的计算，能帮助用户迅速地解决一系列的工程问题。

我们通过实际应用后，感到该软件的计算结果可靠，准确性好。只是由于编者使用的数据库对输入数据有一定的要求，因此对输入数据的范围有一定的限定，使用者需要先熟悉它的要求，才好使用它。

此外 Simsci 公司还开发了一种专门用于计算火炬排放系统的模拟软件，取名为 Visual Flure。同 INPLANT 相比，它的特点是能对多火炬系统及带有循环流（Loop）的复杂管网系统进行水力学计算。

在炼油装置的设计中，常用的管道水力学设计软件是 ASPEN 或其他软件。

5.5 安全阀的选择与应用

5.5.1 概述

（1）适用范围

在石油化工生产过程中，由于火灾、操作失误或机械故障，会造成生产系统压力超过容器和管道的设计压力。为避免设备或管道在这些情况下损坏及发生事故，需要在容器或管道上设置泄压设施对系统泄压。压力泄放设施可能是一个安全阀，也可能是爆破片或其他压力泄放装置（如折断销、易熔塞等）。本节仅讨论安全阀。

安全阀是一种自动阀门，它不借助任何外力，而利用介质本身的力来排出一额定数量的流体，以防止压力超过额定的安全值。当压力恢复正常后，阀门再行关闭并阻止介质继续流出。

本节所介绍的安全阀选用内容，仅适用于石油化工企业，用于保护压力容器和管道不出现超压事故，不适用于其他行业的压力容器及管道的保护。

对安全阀的描述在国际上多遵循美国的 ASME 标准，在该标准中"安全阀"仅指用于蒸汽或气体工况的泄压设施，而用"安全泄压阀"表示包含安全阀、泄压阀、安全泄压阀在内的全部泄压设施。由于历史的原因，我国用"安全阀"代表了 ASME 的安全泄压阀的含义。本节仍按现行的国家标准来命名，以安全阀代表 ASME 的安全泄压阀的全部含义。

(2) 有关安全阀的专业名词

① 安全阀的几何尺寸特性

a. 实际排放面积。实际排放面积是实际测定的决定阀门流量的最小净面积。

b. 帘面积。帘面积是当阀瓣在阀座上升起时，在其密封面之间形成的圆柱形或圆锥形通道的面积。

c. 有效排放面积。有效排放面积不同于实际排放面积，它是介质流经安全阀的名义面积或计算面积，用于确定安全阀排量的流量计算公式中。

d. 喷嘴面积。也称喷嘴喉部面积，是指喷嘴的最小横截面积。

e. 入口尺寸。除特别说明外，均指安全阀进口的公称管道尺寸。

f. 出口尺寸。除特别说明外，均指安全阀出口的公称管道尺寸。

g. 开启高度。当安全阀排放时，阀瓣离开关闭位置的实际行程。

② 安全阀的操作特性

a. 最高操作压力。设备运行期间可能达到的最高压力。

b. 背压力。安全阀出口处压力，它是附加背压力和排放背压力的总和。

c. 整定压力（或开启压力）。安全阀阀瓣在运行条件下开始升起的进口压力。在该压力下，开始有可测量的开启高度，介质呈由视觉或听觉感知的连续排放状态。

d. 排放压力。阀瓣达到规定开启高度的进口压力。

e. 回座压力。排放后阀瓣重新与阀座接触，即开启高度变为零时的进口压力。

f. 超过压力。排放压力与整定压力之差，通常用整定压力的百分数来表示。

g. 启闭压差。整定压力与回座压力之差，通常用整定压力的百分数来表示。

h. 排放背压力（也称"积聚背压"或"动背压"）。由于介质通过安全阀流入排放系统，而在阀出口处形成的压力。

i. 附加背压力（也称"叠加背压"或"静背压"）。安全阀动作前，在阀出口处存在的压力，它是由其他压力源在排放系统中引起的。

j. 冷态试验差压力。是安全阀在试验台上调整到开启时的进口静压力。这个试验压力包含了对背压和温度等工作条件的修正。

k. 积聚压力。在安全阀排放期间，安全阀的入口压力超出容器的最高操作压力的增值。以压力的百分数表示，叫做积聚压力。

5.5.2 设置安全阀的场合

(1) 压力容器

所有独立的压力系统都需要设置泄压设施。当一个安全阀用于保护多个压力容器时，必须满足下列要求。

① 连接容器、换热器和塔的管道上，不可装有阀门、调节阀等可把设备和安全阀断开的设施，并且连接的管道应足以泄压，不可过细。

② 当容器与换热器相接时，换热器管线上的切断阀只有在维修时才关闭。如同时又能满足下述"(2) 换热器"的要求时，管线上可设置阀门，但必须铅封，正常操作时保持在开启状态。

(2) 换热器

① 预热用的换热器常设计成可承受泵出口阀门关闭时的压力，故一般不再设置安全阀。

若泵出口阀门关闭时的压力可能超过换热器设计压力的110%，则需设置安全阀。

② 换热器进出口设有阀门。若在操作时低温侧阀门可能全部或部分关闭，则低温侧需设置安全阀保护。

③ 冷凝器出入口装有阀门时，若被冷凝液体在常温下的蒸汽压力可能超过设备设计压力的110%，需设置安全阀。

④ 当换热器两侧的压差很大时，要考虑换热管破裂后低压侧的压力保护。

(3) 加热炉

加热炉只在工艺物料出口装有调节阀或其他可能造成出口有背压时才考虑设置安全阀。安全阀最好装在加热炉的出口处，这样在安全阀排放时，介质一定要流经炉管，可保护炉管不致过热。

(4) 机械设备

① 往复泵出口阀门关闭时的压力有可能超过泵体能承受的最高压力时，要设安全阀。往复泵安全阀的定压至少应高于泵高峰压力的110%。

② 一般情况下，往复泵安全阀的定压为泵体的最大允许工作压力，并不超过下游管线最大允许工作压力的121%。泵安全阀出口一般与泵吸入口相接。

③ 在非正常吸入工况下，离心泵的压力可能超过泵体能承受的最高压力，或者高于下游管线最大允许工作压力的133%时，要设安全阀。

④ 往复式压缩机各级出口都要设安全阀，并排往同级的吸入口。

⑤ 冷凝式汽轮机常在出口管或冷凝器上设置安全阀，以保护汽轮机的低压侧和冷凝器在冷却水系统出现故障时不超压。

(5) 管道系统

① 装置内的一般管道不需考虑由于液体热膨胀造成的超压。操作温度低于常温的管道，当两端阀门可能被切断，且环境温度下介质（如液化石油气，制冷剂等）的蒸气压力可能超过管道的最大允许工作压力的133%时，要设保护措施。

② 装置外的架空液体管道，当直径大于或等于200mm，长度超过30m，且可能被切断阀在两端切断时，要设液体膨胀泄压用安全阀。安全阀的入口管径为$DN20$，定压为工作温度下管线法兰所允许的最高工作压力。

③ 若在切断阀旁设一带止回阀的旁通，当管线内压力升高时，止回阀能起到泄压的作用，可免设液体膨胀用安全阀。

5.5.3 安全阀的结构形式及分类

(1) 重力式安全阀

利用重锤的重力控制定压的安全阀被称为重力式安全阀。当阀前静压超过安全阀的定压时，阀瓣上升以泄放被保护系统的超压；当阀前压力降到安全阀的回座压力时，可自动关闭，见图5-20。

(2) 弹簧安全阀

① 通用式弹簧安全阀　由弹簧作用的安全阀。其定压由弹簧控制。其动作特性受背压的影响。见图5-21。

② 平衡式弹簧安全阀　由弹簧作用的安全阀。其定压由弹簧控制。用活塞或波纹管减少背压对安全阀的动作性能的影响。见图5-22。

(3) 先导式安全阀

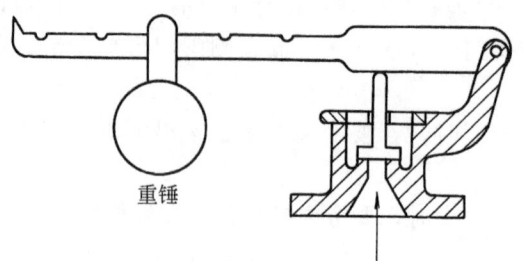

图 5-20 重力式安全阀

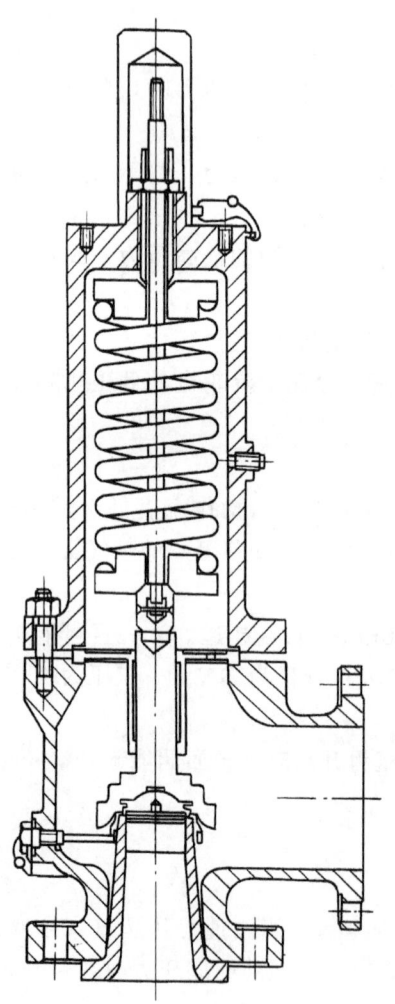

图 5-21 通用式弹簧安全阀（JOS 型）

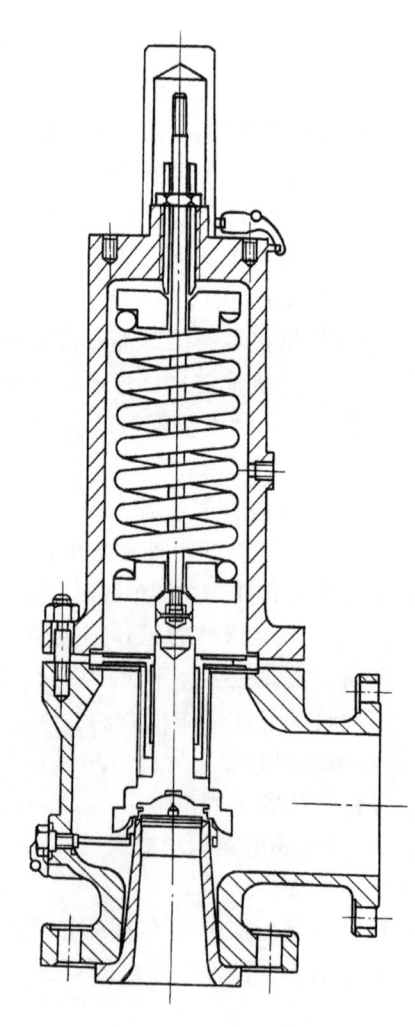

图 5-22 波纹管平衡式弹簧安全阀（JBS 型）

由导阀控制的安全阀。其定压由导阀控制，动作特性基本上不受背压的影响。结构见图 5-23。带导阀的安全阀又分快开型（全启）和调节型（渐启）两种；导阀又分流动式和不流动式两种。

导阀是控制主阀动作的辅助压力泄放阀。本文所命名的安全阀实际包括这三种压力泄放阀。

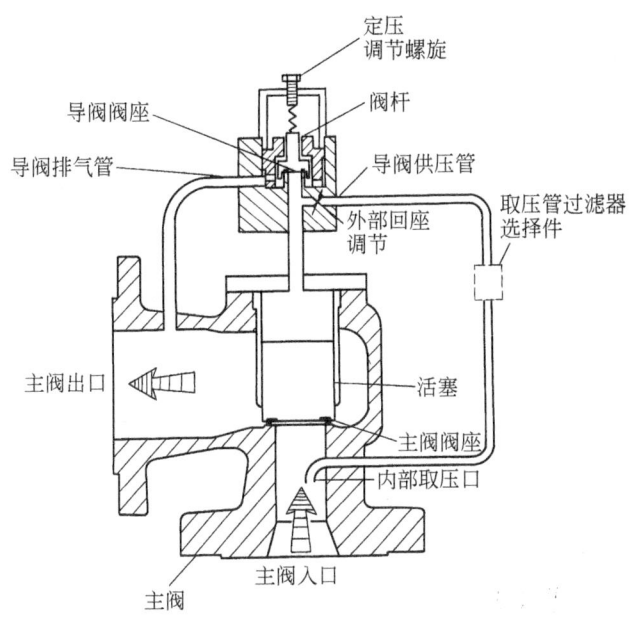

图 5-23 先导式安全阀

(4) 微启式安全阀和全启式安全阀

① 微启式安全阀 当安全阀入口处的静压达到设定压力时,阀瓣位置随入口压力升高而成比例的升高,最大限度地减少排出的物料。一般用于不可压缩流体。阀瓣的最大上升高度不小于喉径的 1/20～1/40。

② 全启式安全阀 当安全阀入口处的静压达到设定压力时,阀瓣迅速上升到最大高度,最大限度地排出超压的物料。一般用于可压缩流体。阀瓣的最大上升高度不小于喉径的 1/4。

5.5.4 安全阀的选择

(1) 安全阀的选型

① 排放不可压缩流体 (如水和油等液体) 时,应选用微启式安全阀;排放可压缩流体 (如蒸汽和其他气体) 时,应选用全启式安全阀。

② 下列情况应选用波纹管安全阀或先导式安全阀。

a. 安全阀的动背压大于其定压的 10% 时。

b. 安全阀的背压不稳定,其变化可能影响安全阀的运行时。

c. 下列情况应选用波纹管安全阀:由于波纹管能在一定范围内防止背压变化所产生的不平衡力,因而弹簧力所平衡的压力值即为定压值;波纹管还能将导向套、弹簧和其他顶部工作部件与通过的介质隔开;故当介质具有腐蚀性或易结垢,安全阀的弹簧会因此而导致工作失常时,要采用波纹管安全阀。但波纹管安全阀不适用于酚、蜡液、重石油馏分、含焦粉等介质以及往复式压缩机的场合。因为在这些应用工况下,波纹管有可能被堵塞或被损坏。

d. 先导式安全阀,阀座密封性能好,当入口压力接近定压时,仍能保持密封;而一般的弹簧式安全阀当阀前压力超过 90% 定压时,就不能密闭。这就是说,同一容器使用先导式安全阀时,可允许比较高的工作压力,且泄漏量小,有利于安全生产和节省装置的运行费用,应优先考虑。流动式导阀由于在正常运行时，有少量介质需要连续排放，不宜用于有害介质的排放；而不流动式导阀适用于有害介质的应用。

e. 液体膨胀用安全阀允许采用螺纹连接，但入口应为锥形管螺纹连接，一般采用入口 $DN20$，出口 $DN25$。

f. 除液体膨胀泄压用安全阀外，石油化工生产装置一般只采用法兰连接的弹簧式安全阀或先导式安全阀。

g. 除波纹管安全阀及用于排放水、水蒸气、氮气或空气的安全阀外，所有安全阀都要选用带封闭式弹簧罩结构。

h. 只有介质是水蒸气或空气时，允许选用带扳手的安全阀。扳手有两种，开放式扳手，扳手使用时介质会从扳手处流出；封闭式扳手，介质不会从扳手处流出。

扳手的作用主要是检查安全阀阀瓣的灵活程度，有时也可用作紧急泄压。

i. 介质温度大于 300℃ 时，安全阀要选用带散热片的弹簧式安全阀。

j. 软密封安全阀。采用软密封可有效地减少安全阀开启前的泄漏，比常规的硬密封更耐用，更易维修，价格也较低。只要安全阀使用温度和介质允许，常选用软密封。常用软密封材料的适用温度范围如表 5-43 所示。

表 5-43　软密封材料适用温度

丁腈橡胶	−54～135℃	聚氨基甲酸酯	−54～149℃	聚三氟氯乙烯	−253～204℃
氟橡胶	−54～204℃	聚四氟乙烯	−253～204℃	环氧树脂	−54～163℃

由于安全阀对保护化工、石化生产装置的安全性至关重要，而安全阀产品质量的出入较大，故在采购前要对选用的安全阀制造厂的产品质量进行考察，选用可靠的产品。

（2）安全阀的最小尺寸

除液体膨胀泄压用安全阀外，安全阀入口最小尺寸为 $DN25$；液体膨胀泄压用安全阀的最小尺寸不小于 $DN20$。

（3）安全阀的选材

安全阀的阀体、弹簧罩的材料应同安全阀入口的配管材料一致。对某些特殊系统，如排出的液体经安全阀阀孔的节流降压后会气化，导致温度降低的自制冷系统，应考虑选用能满足低温要求的材料。安全阀的阀瓣和喷嘴应使用耐腐蚀的 Cr-Ni 或 Ni-Cr 钢，不允许使用碳钢。碳钢阀体的安全阀，其阀杆要用锻制铬钢；奥氏体钢阀体的安全阀，阀杆用 SS316 或相当的不锈钢。

低温用安全阀的冲击试验仅限于阀体、弹簧罩和法兰。

（4）安全阀与管道、设备的连接

除液体膨胀泄压用安全阀采用螺纹连接外，其他应用场合均采用法兰连接。

（5）弹簧式安全阀和先导式安全阀

弹簧式安全阀是我们常用的一种安全阀，但其性能不及先导式安全阀，比较如下。

① 安全阀阀座的关闭力　由于安全阀的泄漏往往受阀的关闭力的影响，就作用原理而言，先导式安全阀阀前压力越高，阀门关闭越严密；而普通弹簧式安全阀恰恰相反，阀前压力越接近定压，阀门的关闭力越小，越易泄漏（见图 5-24）。

② 软密封　大部分化工生产过程的温度并不是很高，且随着现代工业的发展，已开发出多种可耐温的弹性体作阀门的密封材料。先导式安全阀其阀门的密封大都采用软密封，可保证

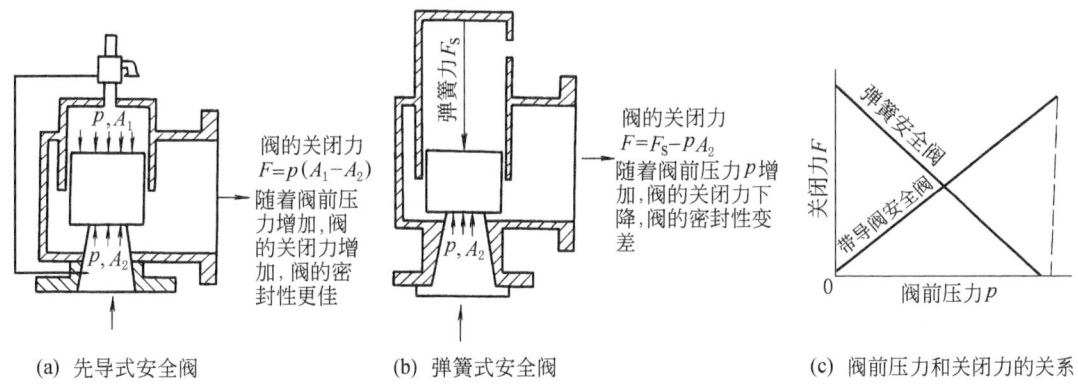

图 5-24 安全阀关闭力示意

良好的密封性；而弹簧式安全阀的密封大都是硬密封，密封性能较差。再加上先导式安全阀在阀前压力作用下，其关闭力较大，这些保证了先导式安全阀有很好的密封性。

③ 安全阀开启前的泄漏　弹簧式安全阀在阀前压力达到定压的 90%~95% 的情况下就会有泄漏，且随着阀前压力的继续升高，阀门的泄漏量增大。当阀前压力达到定压时，阀门开启；阀前压力升高达到定压的 110% 时，阀门全开。随着压力的泄放，阀前压力回降，直到降到定压的 95% 时，阀芯回座，阀门关闭，见图 5-25（a）。快开式先导式安全阀，当阀前压力达到定压的 98% 时才开始泄漏，阀前压力达到定压时（无需超压），阀门即可全开；当阀前压力降到定压的 95%~98% 时，阀门关闭，见图 5-25(b)。调节式先导式安全阀，当阀前压力达到定压的 98% 时才开始泄漏，阀前压力达到定压时，阀门即开启；随着阀前压力升高达到定压的 110% 时，阀门全开；当阀前压力下降时，阀开度下降；直到阀前压力降到定压的 98%~99% 时，阀门关闭，见图 5-25(c)。可见，先导式安全阀在阀前压力达到定压前，开始泄漏较晚，泄漏量小；而阀前压力降到定压以下时，它又能较早地关闭，从而减少了泄漏及过量排放。这样，既减少了工艺物料的损失，又有利于环境保护。弹簧安全阀及先导式安全阀的开度与定压的关系见图 5-25。

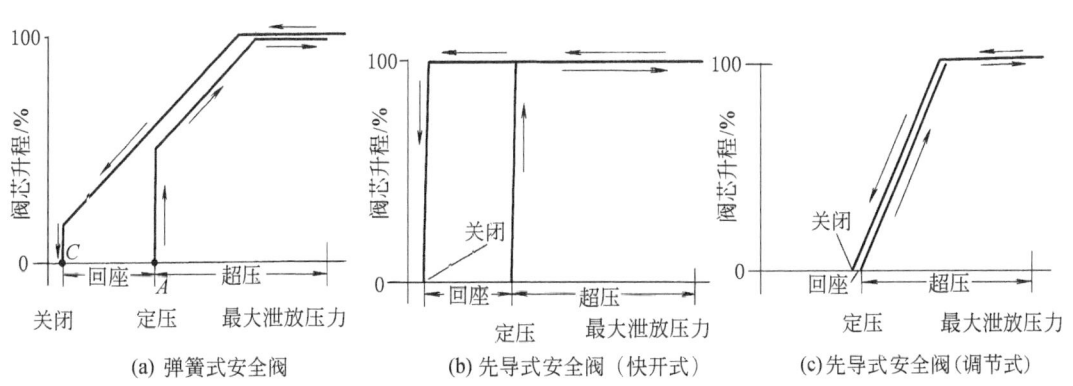

图 5-25 安全阀的开度和定压的关系

④ 维修　先导式安全阀泄放压力后，阀芯能顺利回座，并能继续有效地起到超压保护作用，从而不必将安全阀拆下重新调整。若阀门密封面损坏，不必将整个阀门拆下研磨加工，只需将阀体上部压盖打开，即可取出活塞及阀座进行修理或更换。此外，调整定压也不需卸下整

个阀门，而只需用一个小型压缩气钢瓶在线进行定压检查或调整。进行定压检查时，装置仍可以正常运行，如果在测试过程中系统超压，安全阀仍会开启，以策安全。

⑤ 工作特性不受背压的影响　通用式弹簧安全阀的背压超过入口压力的15％就会影响安全阀的排放能力，所以在工程设计中常要限制通用式弹簧安全阀的背压，要求它不超过安全阀定压的10％。平衡式弹簧安全阀虽可承受一定的背压，但当背压大于定压的30％时也会影响安全阀的泄放能力。先导式安全阀可承受比以上两种弹簧安全阀高得多的背压，三种安全阀的背压特性见图5-26～图5-28，由此可见，应用先导式安全阀可避免因背压过高而影响泄压系统的正常工作，给泄压系统的设计带来很大的方便，也给泄压系统的运行带来更高的可靠性。

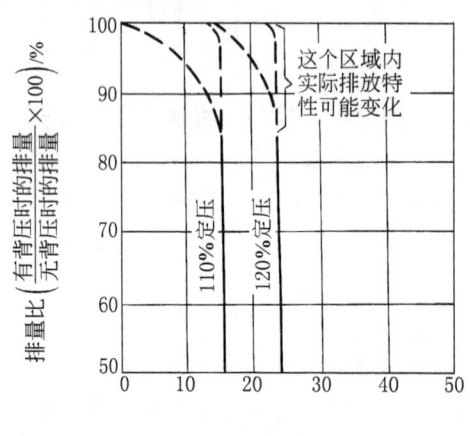

图5-26　通用式弹簧安全阀动背压对泄放能力的影响

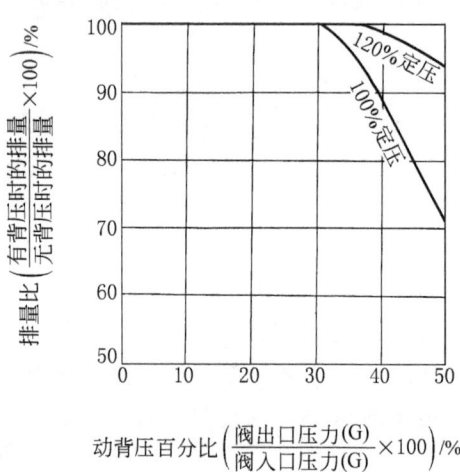

图5-27　平衡式弹簧安全阀的动背压特性对泄放能力的影响

⑥ 泄放量　弹簧安全阀的喷嘴大多为半喷嘴，而半喷嘴的直径比安全阀入口的法兰内径要小；而先导式安全阀的喷嘴为全喷嘴，对同样尺寸的入口法兰来说，其直径可比半喷嘴大，这就是说，在入口法兰尺寸相同的情况下，先导式安全阀的喷嘴尺寸可以比弹簧安全阀大，因而先导式安全阀泄放能力较大。

⑦ 安全阀入口管的压降　弹簧安全阀入口管的压降不可超过定压的3％，否则可能会影响弹簧安全阀的使用；而先导式安全阀，可将安全阀的导压管加长，直接接在压力源的容器或管道上取压。这样，既可直接检测被保护系统的实际压力，又不致受安全阀入口管道压降过大的影响使安全阀工作失常。

⑧ 先导式安全阀还可配上各种附件来改变它的性能，如防止背压回流，导阀取压过滤，手控泄放，手动检查阀芯，遥控泄压等。

(6) 各种安全阀的比较和应用范围

表5-44列出各种安全阀的优点和应用范围的限制供选用安全阀时参考。必须根据具体应用工况、类似

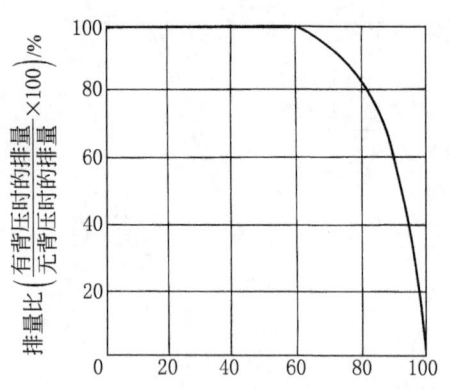

图5-28　先导式安全阀的动背压对泄放能力的影响

应用经验、规范要求及市场供应等进行选用。

表 5-44 各种安全阀的优点和应用范围的限制

优　　点	应　用　范　围　的　限　制
重力式安全阀	
价格低廉 定压可以很低 简单	定压难于调节 密封差，阀开启前有较长的开启过程 阀达到全开时需要很高的超压，有时甚至超 100% 定压 低温应用时，阀座很容易被冻住
通用金属阀座弹簧安全阀	
价格最低（低压、小口径） 广泛用于化学工业；适于高温应用	阀座易漏，导致工艺介质损失，环境污染 开启过程长和回座过程慢，导致阀前超压和介质过量排放 安全阀入口管道压降过大会影响安全阀的性能 背压对安全阀的定压和排量产生影响 定压容易漂移
平衡式波纹管金属阀座弹簧安全阀	
波纹管保护，阀座免受腐蚀 定压不受背压影响 高背压才会影响安全阀的排量 有比较好的高温性能	阀座易漏，导致工艺介质损失，环境污染 开启过程长和回座过程慢，导致阀前超压和介质过量排放 波纹管寿命有限；价格贵、维护费用高 能承受有限的背压 安全阀入口管道的过大压降将影响安全阀的性能 定压容易漂移
通用或平衡式软阀座弹簧安全阀	
安全阀排放前阀座密封良好 安全阀排放回座后阀座密封仍良好 反复启闭后仍有良好的回座密封性 维护费低	工作温度受阀座材料耐温性的限制 阀座材料限制适用介质的腐蚀性 安全阀入口管道的过大压降将影响安全阀的性能 承受有限的背压
软阀座先导式安全阀（活塞式）	
尺寸小、质量轻（高压、大口径） 安全阀排放前阀座密封极佳 安全阀排放回座后阀座密封仍极佳 容易调整定压和回座压力 有快开和调节两种排放特性可供选用 主阀可在线维护 可配测压元件，输出压力信号 回座压差很小 现场在线进行定压设定 可遥控泄压 安全阀的开启不受背压影响	应用在聚合过程，取压管必须冲洗 软密封材料必须满足介质对温度和腐蚀的要求 定压不能太低（0.1MPa）
软阀座先导式安全阀（薄膜式或金属波纹管式）	
可在很低的定压下工作（75mmH$_2$O） 安全阀排放前阀座密封极佳 安全阀排放回座后阀座密封仍极佳 容易调整定压和回座压力 有快开和调节两种排放特性可供选用 可配测压元件，输出压力信号 回座压差小；现场在线进行定压设定 可遥控泄压 安全阀的开启不受背压影响 快开式在定压下阀全开，无超压 低温时阀座不会冻住 主阀可在线维护	应用在聚合过程，取压管必须带有冲洗 软密封材料必须满足介质对温度和腐蚀的要求 定压不能太高（0.35MPa） 不宜用于液体介质
爆破片	
爆破片破裂前绝对不漏 可用多种材料制作 所占位置很小	爆破压力偏差较大 爆破后不能关闭 压力波动时，可能会提前爆破

5.5.5 安全阀的定压、积聚压力和背压的确定

(1) 定压

安全阀的定压应不大于被保护的容器或管道的设计压力。

(2) 积聚压力

非火灾工况时,压力容器允许的最大积聚压力为设计压力的 10%。火灾工况时,压力容器允许的最大积聚压力为设计压力的 16%(GB 150 为 16%,API 为 21%)。管道允许的最大积聚压力为设计压力的 33%。

(3) 背压

① 通用式安全阀的允许背压值　通用式安全阀在非火灾工况使用时,动背压的值不可超过定压的 10%;在火灾工况下使用时,动背压不可超过定压的 20%。

② 波纹管平衡式安全阀　波纹管平衡式安全阀在火灾及非火灾工况下总的背压(静背压+动背压)不高于定压值的 30%(有些厂家可做到 50%)。

③ 背压对安全阀泄放能力的影响　图 5-29 为通用式安全阀用于泄放蒸汽和气体时,背压对泄放能力的修正曲线。图 5-30 为波纹管平衡式安全阀用于泄放蒸汽和气体时全背压泄放能力的修正曲线。图 5-31 为波纹管平衡式安全阀在超压 25% 泄放液体时背压对泄放能力影响的修正曲线。

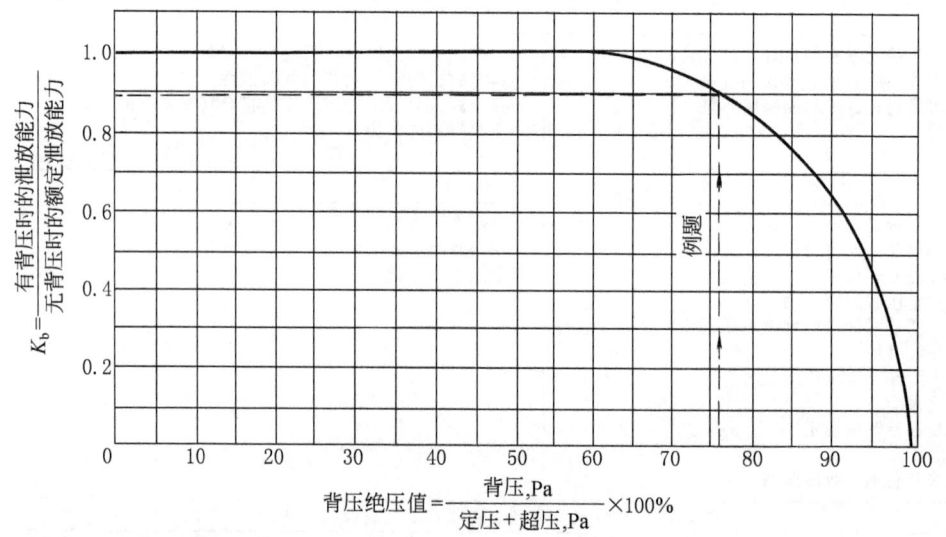

例题: 定压(表)=7.031×10^5 Pa;
　　　背压(表)=5.625×10^5 Pa;
　　　超压 10%;
　　　背压绝对值=$\dfrac{5.625+1}{7.031+0.703+1} \times 100\% = 76\%$;
　　　由曲线可查得 $K_b = 0.89$。
故有背压时的泄放能力等于无背压时的额定泄放能力的 0.89。

图 5-29　通用式安全阀用于泄放蒸汽和气体时,全背压对泄放能力影响的修正曲线

④ 对于有背压的泄放系统,其安全阀的出口法兰、弹簧罩、波纹管的机械强度都应满足背压的要求。

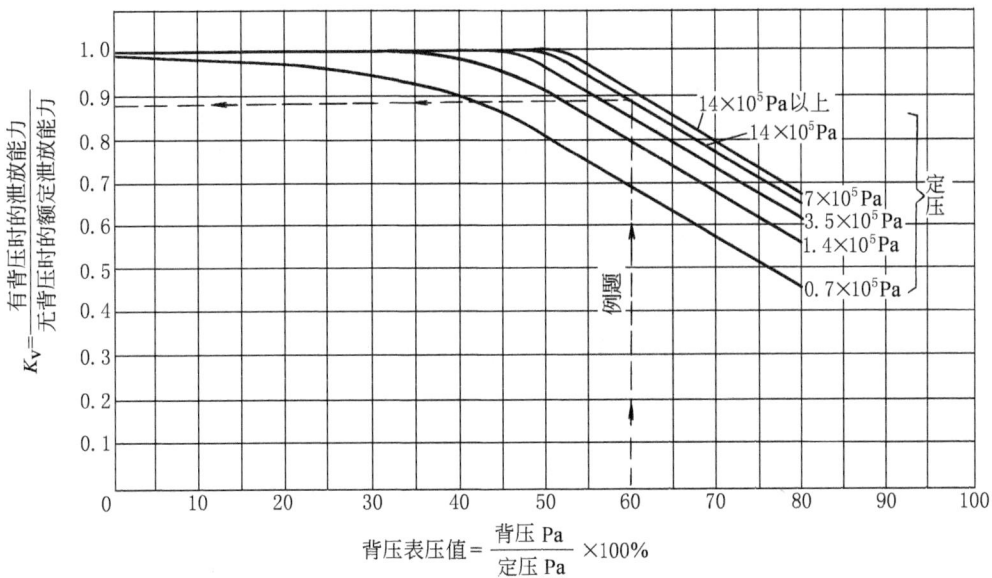

例题：定压=$7.0×10^5$Pa；
背压=0～$4.2×10^5$Pa；
背压表压值=$\frac{4.2}{7.0}×100\%=60\%$；
由曲线可查出$K_v=0.88$。

(a)

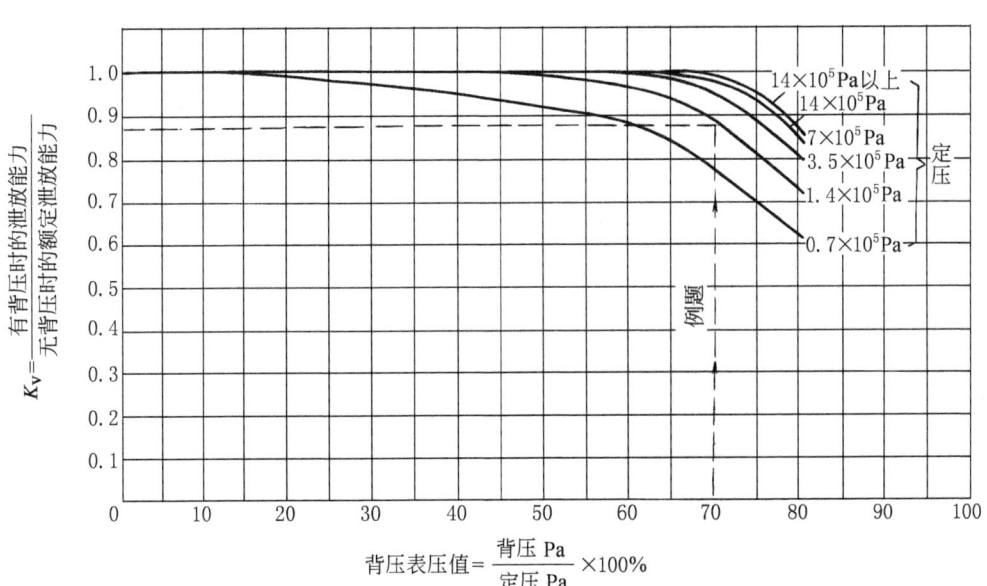

例题：定压=$1.4×10^5$Pa
背压=0～$0.98×10^5$Pa；
背压表压值=$\frac{0.98}{1.4}×100\%=70\%$；
由曲线可查出$K_v=0.87$。

(b)

图 5-30 波纹管平衡式安全阀用于泄放蒸汽和
气体时全背压对泄放能力的修正曲线

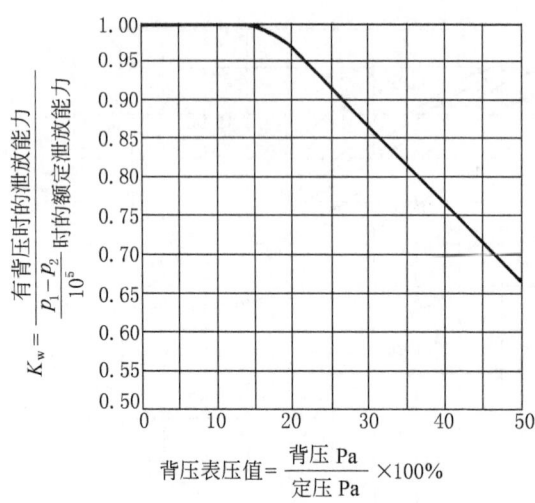

图 5-31 波纹管平衡式安全阀在超压 25% 泄放液体时背压对泄放能力影响的修正曲线

（4）安全阀的压力工况

液体用安全阀（渐开式）阀前压力达到定压时，阀瓣开始打开，阀前压力逐渐上升，直到超过定压 10%～33%（视使用工况而定，非火工况下的压力容器为 10%，受火工况下的压力容器为 16%，管道为 33%）。在安全阀定压等于容器或管道的设计压力时，安全阀的超压值即为积聚压力。当超压 25% 时，安全阀达到额定排放量。图 5-32 所示为液体通用安全阀和波纹管平衡式安全阀的压力工况。图 5-33 所示为蒸汽和气体用安全阀的压力工况。在阀前压力达到定压时，阀打开，压力继续上升，超压 3% 时阀全开；当压力降到低于定压 4% 时，阀弹回阀座，停止排放。

（5）冷态试验差压力

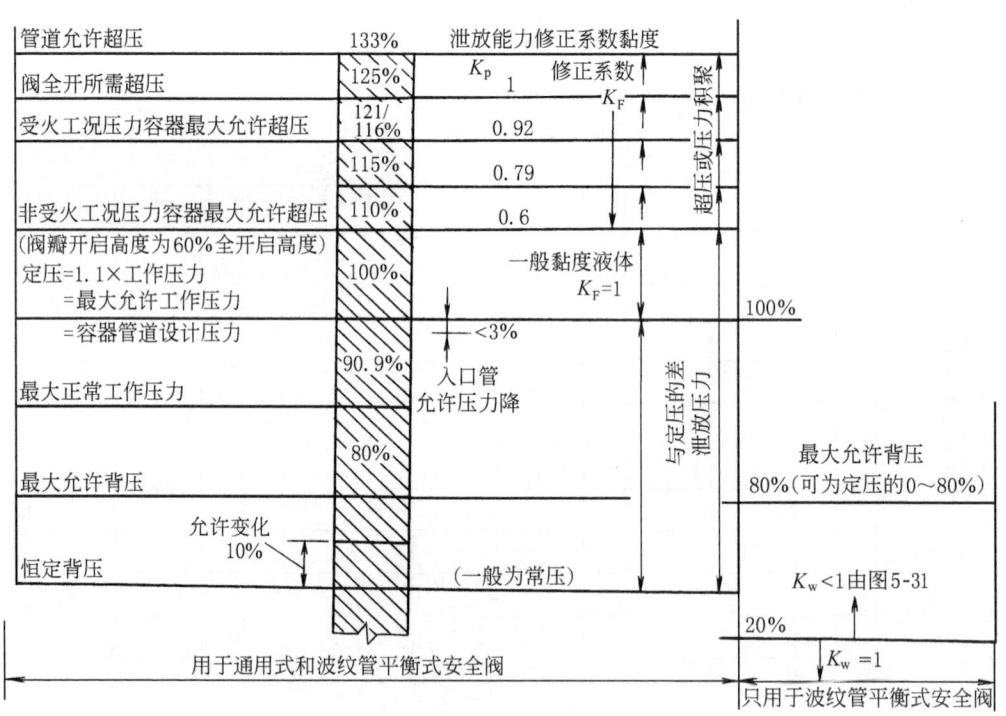

图 5-32 液体用安全阀的压力工况

波纹管平衡式安全阀与一般安全阀相比有一特点：当流量在 100%（背压 20%）到 40%（背压 80%）变化时，背压可在 0～80% 范围内变化。超压 25% 时，要乘以修正系数 K_w。

冷态试验差压力不是安全阀的定压，而是考虑了使用工况的背压和温度修正后在试验台上（一般是常温、无背压）调整的开启压力。

① 温度修正 当弹簧式安全阀的试验介质水或空气的温度是常温，而工作温度比较高时，

要对试验差压力进行调整。冷态试验差压力修正值见表 5-45。

表 5-45 冷态试验压力温度修正值

操作温度	在常温下增加的定压	操作温度	在常温下增加的定压
−18~66℃	无	317~427℃	2%
67~316℃	1%	428~538℃	3%

② 背压修正　通用式弹簧式安全阀通常出口是无压的，如出口有稳定的背压，试验差压力等于定压减去背压，例如：

　　定压　　　　　　　　　1MPa
　　稳定背压　　　　　　　0.1MPa
　　冷态试验差压力　　　　0.9MPa

此时，安全阀的弹簧要按冷态试验差压力来选；上例中按 0.9MPa 选用安全阀弹簧。

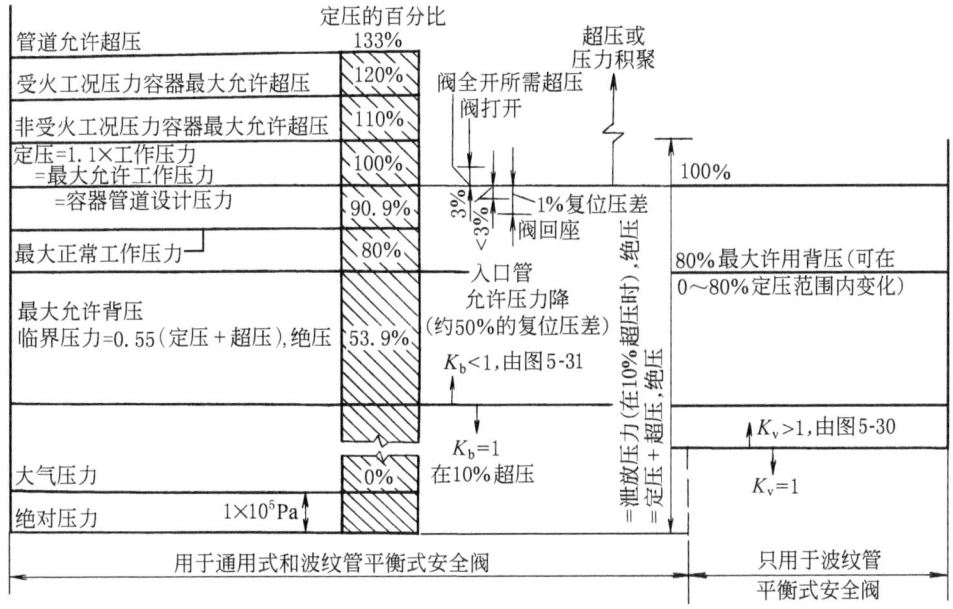

图 5-33　气体和蒸汽用安全阀的压力工况
波纹管平衡式安全阀计算时用 K_v（见图 5-30）代替 K_b

5.5.6　安全阀需要排放量的计算

我国劳动部《压力容器安全技术监察规程》中对计算安全阀在不同工况下的排放量有明确规定，在规定以外的内容可参见美国石油学会 API RP 520 和 API RP 521 的有关部分。本节所介绍的方法考虑了工程的处理和我国有关规定的推荐方法，总的来说，与 API RP 520 和 API RP 521 推荐的方法一致或更安全些，同时也满足了我国《压力容器安全技术监察规程》的要求。

在下列诸种工况中，按单一事故的最大排量选用安全阀。

(1) 冷凝器的冷却故障

冷凝器发生故障有多种情况。其中之一是冷凝器失去全部冷凝功能。此时，安全阀的排放量取用正常组分和温度下的正常进料蒸汽量,所以它与开始排放时的蒸汽组分非常接近。由于温度升高的影响低于压力上升的影响,从而使蒸汽量稍有保守。

另一种是冷凝器失去部分冷凝能力。此时,排放量按正常工况下进入的蒸汽量和冷凝量的差值计算。不安装百叶的空冷器在发生供电故障时,其自然通风冷却负荷按 25% 正常负荷考虑,泄压排放量按正常负荷的 75% 考虑。当空冷器安装有百叶时,百叶在故障时的位置(若采用动力驱动)和百叶在冬天的最小定位是决定自然通风冷却负荷率的主要因素。百叶在冬天的位置可能接近关闭,因此仍按 100% 的负荷计算排放量。

在考虑冷凝器出现故障时的排放量时,应视回流罐的容量、操作者处理事故的能力和冷凝器对塔负荷影响的大小等因素,决定是否加回流负荷。

(2) 回流和出料故障

① 塔顶回流故障 当发生塔顶回流故障时,初期的排放量是在正常操作温度下进入顶层塔盘的蒸汽量减去塔顶冷凝器的冷凝量。一旦冷凝器充满液体,泄压排放量是正常温度下进入顶层塔盘的正常进料量。

② 塔底出料故障 塔底出料泵停止运行或者阀门关闭时,产生的蒸汽量相当于泵抽出流量所带走热量产生的蒸汽。

塔顶回流和塔底出料同时发生故障的机会是罕见的。此时可按两者中影响较大者考虑。

③ 回流故障 回流冷凝器的冷却水故障也会造成蒸馏塔的超压,在一个典型的蒸馏系统,冷却水故障可能造成短时间的回流故障(典型的大约 15min),API RP 521 要求此时失去回流前后的泄放量都要计算,因为不知哪一个所需的泄压量大,取用大者作为选用安全阀的基础。

(3) 装置停电故障

考虑装置停电故障所需安全阀大小时,必须详细分析停电的范围及影响生产的情况。因为停电时,可能影响泵、风机、压缩机和阀门等的电动执行机构的工作,有时还会影响仪表压缩空气的工作。

(4) 调节阀故障

虽然 API RP 520 规定"工艺用自控调节阀一般安装在设备的入口或出口处,当安装在设备入口的调节阀发生故障而关闭时,不必考虑设备超压时的泄压措施";但工程公司在作安全泄压分析时却常按"所有的调节阀假定事故时阀门常开,而不管设计时的事故假设",比较保守地处理这个问题。若发生故障时,入口阀门全开或部分开启,则有可能需要设置泄压措施,以防超压。若同一事故使一个或几个出口阀门关闭,而入口阀门仍开着,则需要的泄放量就是最大入口流量和仍开着的出口阀门的最大流出量的差值。

一般情况下,一个调节阀的故障不致影响其他调节阀。若有故障调节阀的开、闭影响其他调节阀的功能的话,则需要增加安全阀的泄放量。造成调节阀故障的原因有两个,即仪表压缩空气故障和弹簧故障。

有时,情况要复杂得多。如一个高压容器,其底部有液面控制,液体排入低压系统。正常运行时,高压气体不会进入低压系统,高压液体排入低压系统,部分液体闪蒸。但设计时要考虑容器在高压下失去液面而导致高压气体进入低压系统的可能。若进入低压系统的气体量相当大,或者高压气源是"无限"的,则低压系统可能很快超压。这样,低压系统的泄压措施需要满足通过液面控制调节阀进入低压系统的全部气体量。当高压气体量不大,而低压系统的容量又较大时,高压气体进入低压侧使低压侧压力升高,同时高压侧的压力随之下降;这时,考虑高压气体正常补给工况下的泄放量,再加上一定的富裕量即可。

临时开车，事故处理或由于排放量等原因，部分打开旁通阀时，在调节阀全开情况下可按旁通阀开启 25% 考虑。调节阀故障时安全阀的泄放量的计算，可采用计算 C_V 值的公式进行反算。

(5) 不正常的工艺热量输入

在决定安全阀的尺寸时，要考虑过程热量输入的潜在能力，不能只考虑正常的热量输入。例如，炉子燃烧器的最大负荷往往可达到炉子铭牌负荷的 125%，此时应按泄压工况下的最大蒸汽发生量减去正常冷凝量或蒸汽流出量选用安全阀。

进行系统设计时，若考虑到将来扩建，则安全阀和配管尺寸应满足扩建后的需要，但安全阀喷嘴的尺寸必须按当前的设计量考虑。

对于用蒸汽加热的再沸器和类似的管式换热器，在决定调节阀故障时的换热工况时，假设管子是清洁无污垢的。

(6) 液体膨胀

参见本手册 5.5.2 中 (5) 管道系统，5.5.4 中 (1) 安全阀的选型及 5.5.4 中 (2) 安全阀的最小尺寸。

(7) 内部爆炸

设备内部爆炸一般采用爆破片泄压。对于一般炼油厂和石油化工厂发生的烃类和空气混合物的爆炸，按 $0.06 m^2/m^3$ 蒸气容积决定爆破片的面积。爆破片的厚度应由爆破片制造厂决定。

(8) 化学反应

计算化学反应引起的泄放量时应考虑反应率和反应动力学。若化学反应可能引起爆炸，则按上述内部爆炸考虑。

放热反应产生热量，使温度升高，反应加快；继而产生更多的热量，反应速率更快，此时温度、压力都升高。当温度、压力的上升达到指数加速时，采用常规的压力泄放措施是不够的，此时必须控制反应速率，使温度、压力达不到指数上升。较好的办法是往反应器内引入足够量的易挥发液体或用低温介质撤热，以吸收过多的反应热，控制反应在安全水平；或往反应器内加入中止剂来控制反应。

(9) 外部火灾

液体烃类物质的贮存压力大于或等于与贮存温度相对应的蒸气压力，当贮罐暴露于火焰前时，由于辐射、对流传热和火焰的直接接触，容器内贮存的物质被加热，压力升高，直到安全阀开启，使容器内压力不超过最大允许压力。若安全阀的泄放能力小于产生的蒸气量，则容器内的压力就会升高到最大允许压力以上，这是不安全的。

容器暴露于火焰前，按传入容器的热量计算安全阀所需的排放量。API RP 520 根据试验数据给出了贮罐在火灾时的安全阀计算方法，按容器的含液表面（称为湿表面）在火灾时吸热来计算，而忽略不含液容器表面的受热。

只考虑火焰高度在 7.5m (25ft) 以下的设备，火焰的高度是以地面式可积存液体物料的装置平台（能形成相当大火焰）为基准。如果平台是格栅，不能积存液体，则不能作为计算基准。

① 对无绝热材料保温的液体容器。由于容器有否合适的消防设施和容器附近有否很好的下水系统对容器在火灾时的消防有一定的影响，故按两种情况进行考虑。

a. 容器有合适的消防设施和良好的下水系统，火灾时安全阀所需排放量 G 按式 (5-226) 计算。

$$G = \frac{155400 F A^{0.82}}{L} \tag{5-226}$$

b. 当容器没有合适的消防设施和良好的下水系统时，公式（5-226）改为式（5-227）。

$$G=\frac{255000FA^{0.82}}{L} \tag{5-227}$$

式中　G——火灾工况时安全阀所需的排放量，kg/h；
　　　F——容器外壁校正系数，见表5-46；
　　　A——容器湿表面积，m²；
　　　L——液体在泄压工况时的气化潜热，kJ/kg。

表 5-46　容器外壁校正系数

安装形式	F①	安装形式	F①
不保温容器	1.0	10220	0.0376
保温容器②［下面所列的保温材料热导率，		8176	0.03
J/(m·h·℃)］		6745	0.026
81760	0.3	不保温容器且有水喷淋③	1.0
40880	0.15	采用减压和卸压等空罐措施④	1.0
20440	0.075	地下贮罐	0.3⑤
13695	0.05	地面上用土覆盖的贮罐⑥	

① 表中所列的 F 值只是建议值。若情况不完全相同时需用工程经验判断。可采用较大的 F 值或用减压。
② 用限制热量输入的方法对贮罐进行保护。用保温来减弱吸热的可靠性的关键因素是保温材料在高温下的耐热性和机械强度。要求如下。
　保温材料必须是块状或预制的，能连续承受593℃的高温。因此大多数的玻璃棉和矿棉无法使用。
　发生火灾时，在高压消防水的冲击下，保温层和保护层的结构和材料要保证它们保持在原来的位置上而不掉下。
　采用不同材料组成多层保温层时，要检验预定温度下每层材料的物理性能。
③ 往金属表面上喷淋水可形成水膜。在理想情况下，水膜可吸收大量的辐射热，使金属表面保持较低的温度。一般采用的喷淋强度为 0.124～0.49m³/hm²。对于容器，水喷淋的最重要部位是顶部，因为容器顶部无液体保护，容易发生局部过热。影响水喷淋可靠性的因素很多，如冬天冰冻、系统堵塞、水力不足、风速过高等都会影响水喷洒的均匀性，所以 APIRP520 不考虑喷淋水的外壁校正系数。由于水喷淋能有效地降低金属表面温度，所以对贮存大量轻烃类的贮罐，要特别考虑采用喷淋水系统。安全阀能使容器内部压力不超过容器的最大积聚压力，但并不能保护非湿表面因局部过热造成的损坏。
④ 对贮罐采用减压和泄压等空罐措施可减少贮罐内的压力和罐壁所受的应力，这有利于减少贮罐破裂后罐内燃料加入火灾的可能。但减压和泄压措施并不能减少泄压设施的负荷。
⑤ 我国国家劳动总局《压力容器安全监察规程》埋地贮罐的容器外壁修正系数为0.3。
⑥ 把贮罐埋地是一种有效地减少燃料输入的保护方法，可用式（5-228）来计算所需的安全阀排量。

计算容器的湿表面积时：应按下述要求进行。

对于卧式和立式容器，整个容器的表面积为湿表面积。如果容器安装位置很高，可计算7.5m高度以下的面积。

对于球形贮罐，取球罐的最大水平截面积高度和距地面7.5m高度二者中的较大者计算的表面积为湿表面积。

气体压缩机出口的缓冲罐一般只盛一半液体，湿表面积按容器总表面积的50%计。

分离罐内只有少量的液体，湿表面积按比例计算。分馏塔的湿表面积可假设为塔底和7.5m高度的塔盘内积盛液体部分表面积之和。

壳管式换热器的壳侧要考虑100%的外表面积为湿表面积；釜式换热器按75%外表面积为湿表面积；分子筛气体干燥器按25%考虑；分子筛液体干燥器按100%考虑；气体洗涤器按50%考虑。

② 对有完善保护的液体容器

$$G=\frac{2.61(650-t)\lambda A^{0.82}}{\delta L} \tag{5-228}$$

式中　G——火灾工况时安全阀所需的排放量，kg/h；

t——泄压工况时被泄放液体的饱和温度,℃;
λ——常温下绝热材料的热导率,kJ/(m·h·℃);
A——容器湿表面积,m²;
δ——保温层厚度,m;
L——液体在泄压工况时的气化潜热,kJ/kg。

完善的保护是指:保温保护层需采用不锈钢,其绝热材料应能满足在火灾发生时,2h内不会被烧毁脱落,在消防水的冲击下也不会脱落,可参见表5-46的注②。

③ 气体贮罐 火灾工况,气体贮罐安全阀的有效通过面积按下式计算:

$$A=\frac{19F'A_s}{\sqrt{\frac{p_1}{10^5}}} \tag{5-229}$$

式中 A——安全阀的有效通过面积,cm²;
F'——安全阀的工作系数,由图5-34查得;
A_s——容器暴露的外表面积,m²;
p_1——安全阀入口压力,为安全阀定压的1.1倍或1.2倍(由允许的超压值决定),Pa(A)。

④ 空冷器火灾时,空冷器的换热表面全部暴露在火焰前,可用下式计算吸入的热量。

$$Q=154.8\times 1000A \tag{5-230}$$

式中 Q——湿表面总的吸热量,J/h;
A——总的湿表面积或暴露外表面积,m²。

当空冷器有冷凝而无过冷时,湿表面积按光管面积30%计;冷凝而有过冷时,冷凝段的湿表面积按30%光管面积计,过冷段的湿表面积等于光管面积;气体冷却用空冷器的暴露外表面积等于光管面积;液体冷却时的湿表面积等于光管面积。决定空冷器的湿表面积或暴露外表面积时,不存在7.5m高度范围问题。

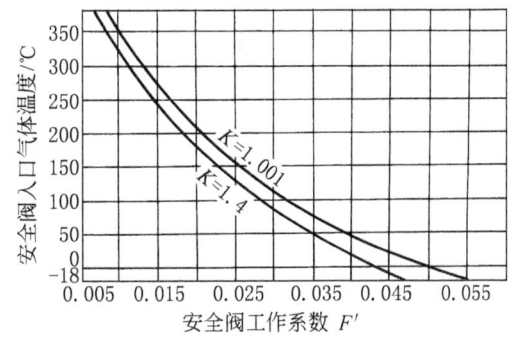

图5-34 安全阀工作系数
注1. 本图适用于碳钢容器,并按容器壁温650℃考虑。
2. 推荐使用最小值 $F'=0.01$。

⑤ 管道 火灾区内的管道表面积也应考虑。一般考虑管道湿表面积为贮罐表面积的10%~20%。

(10) 换热管破裂

① 决定换热器在换热管超压破裂时是否需要设置压力保护,应与整个低压系统的超压情况一起考虑,具体规定如下。

换热器运行时,内部气体所占的容积大于或等于换热器体积的50%,而高压侧的设计压力是低压侧设计压力的1.25倍以上,由于换热管破裂造成低压侧的压力超过其设计压力1.25倍时,低压侧应设置安全阀。

换热器运行时,液体容积大于或等于换热器体积的50%,高压侧设计压力低于7MPa(G),且管子损坏会造成低压侧压力超过其设计压力1.5倍时,低压侧要设安全阀。

换热器运行时,液体容积大于或等于换热器体积的50%时,换热管破裂造成低压侧压力超过其设计压力,高压侧设计压力大于7MPa(G),且高低压比值大于1.5或高低压侧的压差大于或等于7MPa时，需要用爆破片来防止低压侧超压。

② 换热器安全阀定压和尺寸的决定。安全阀定压为保护侧（即低压侧，常为壳侧）的设计压力。

换热管的破裂计算按 API RP 520 和刊登在 1992 年 2 月号烃加工杂志的论文 WingY. Wong 著《换热管破裂时的安全阀尺寸》推荐。API RP 520 规定是按介质通过一根换热管断面的加倍面积的流量所需的泄压面积来考虑。按与破裂的换热管同样断面积的锐边孔板来计算通过破裂换热管的介质流量，然后乘2得到计算所需泄压面积的流量；计算时，假定流体是绝热流动，不考虑介质通过管子破裂处时介质的闪蒸和两相流作为均匀的混合物考虑；然后可用有关的锐边孔板公式计算通过的流量。在计算中，介质通过管子时的任何附加的压力降都不考虑。

计算时高压侧的压力采用高压侧的最大允许工作压力（MAWP），低压侧的压力采用低压侧的最大允许工作压力。计算所需安全阀阀孔尺寸或爆破片尺寸时，必须考虑高压液体进入低压侧的闪蒸，并在选材上考虑由于液体闪蒸可能产生的低温。

安全阀应安装在换热器壳侧或管箱上部，排出最少量液体的位置。

5.5.7 安全阀泄放能力的计算

本文介绍 API 的安全阀计算方法；近年也有人采用 ASME 的计算方法。ASME 的方法与 API 的主要不同在于 ASME 采用安全阀的喷嘴通过面积和安全阀的流量系数都是具体阀的实测值；而 API 计算采用的面积和系数都是公称数值。

（1）安全阀有效通过面积的计算

① 全启式安全阀（安全阀阀芯开启高度等于或大于 1/4 喷嘴喉部直径）

$$A = 0.785 D^2 \tag{5-231}$$

式中　A——安全阀的有效通过面积，cm^2；

　　　D——安全阀喷嘴喉部直径，cm。

② 微启式安全阀（安全阀阀芯开启高度小于 1/4 喷嘴喉部直径）

$$A = \pi D L \tag{5-232}$$

式中　A——安全阀的有效通过面积，cm^2；

　　　D——安全阀阀座直径，cm；

　　　L——阀芯开启高度，cm。

当阀座为斜面时，

$$A = \pi D L \sin\theta \tag{5-233}$$

式中　A——安全阀的有效通过面积，cm^2；

　　　D——安全阀阀座直径，cm；

　　　L——阀芯开启高度，cm；

　　　θ——斜面角度，(°)。

（2）安全阀泄放能力的计算

① 排放介质为气体或蒸汽时

$$W = 230 A \left(\frac{p}{10^5} + 1\right) \sqrt{\frac{M}{T}} K_b \tag{5-234}$$

式中　W——排放量，kg/h；

　　　A——安全阀的有效通过面积，cm^2；

　　　p——安全阀定压，Pa（G）；

T——排出气体的热力学温度，K；

M——气体相对分子质量，排出气体为混合物时，为平均相对分子质量；

K_b——背压影响泄放能力的修正系数，由图 5-29 或图 5-30 查得。

② 排放介质为水蒸气　式（5-235）计算的结果和气体公式（5-234）一样，但本式已把蒸汽的物理参数计入，不需再代入。考虑到蒸汽一般排入大气，故一般计算时不需考虑安全阀背压对排放的影响；但加入了过热蒸汽修正系数，校正蒸汽过热对泄放量的影响。

$$W = 40\left(\frac{1.03p}{10^5}+1\right)ACK_b \tag{5-235}$$

式中　W——排放量，kg/h；

A——阀的有效通过面积，cm^2；

p——安全阀定压，Pa（G）；

C——过热蒸汽修正系数，由表 5-47 查得；

K_b——背压修正系数，由图 5-29 查得。

选用波纹管平衡式安全阀时，式（5-2367 中的 K_b 由 K_v（由图 5-30 查得）代替。

表 5-47　过热水蒸气修正系数 C

定压 $/\times10^5$Pa(G)	饱和温度 /℃	修　正　系　数 C							
		0.99	0.98	0.97	0.96	0.95	0.94	0.93	0.92
		蒸　汽　温　度/℃							
0.7	114.6	131.1	151.5	168.1	186.5	204.3	219.9	237.7	255.5
1.0	119.6	135.7	153.9	170.2	188.4	205.6	221.2	238.5	255.5
1.5	126.8	142.4	158.0	173.4	191.0	207.5	223.1	239.7	255.5
2.0	132.9	147.9	161.9	176.3	192.9	208.9	224.8	240.6	255.7
3.5	147.2	160.1	172.7	184.1	196.3	212.8	229.2	243.0	256.6
5.0	158.1	170.2	181.6	192.7	203.8	219.9	235.6	246.2	257.7
6.5	167.0	179.4	188.3	199.6	210.7	224.9	239.7	250.4	259.2
8.0	174.5	186.3	195.7	205.5	216.6	230.8	244.8	253.4	261.9
9.5	181.2	—	202.1	211.4	222.2	234.2	248.1	257.5	264.9
11.0	187.1	—	206.4	217.4	227.7	238.8	252.2	260.6	268.3
12.5	192.5	—	212.3	221.7	231.8	242.9	255.2	264.2	272.5
14.0	197.4	—	215.4	226.5	235.4	246.0	258.2	267.2	274.9
15.5	201.9	—	221.2	229.5	239.6	249.0	261.2	269.6	277.9
17.0	206.1	—	224.2	233.7	243.6	252.0	264.2	272.4	280.8
18.5	210.1	—	227.2	238.3	246.5	254.8	267.1	274.8	283.1
20.0	213.9	—	231.2	241.2	249.6	257.9	269.4	277.8	285.6
22.5	219.7	—	236.2	245.7	254.3	263.5	273.3	281.7	290.0
25.0	225.0	—	241.3	249.6	258.5	267.4	277.3	285.5	292.7
30.0	234.6	—	249.1	258.8	267.6	275.9	284.9	291.8	299.0
35.0	243.0	—	257.0	267.1	274.2	283.7	291.5	297.6	305.3
40.0	250.6	—	263.8	273.9	281.1	288.8	296.6	304.5	310.9
55.0	269.8	—	283.6	290.9	297.6	305.9	312.7	319.9	328.3
70.0	285.4	—	296.9	305.2	312.5	319.7	326.5	333.6	340.4
85.0	298.7	—	309.4	316.2	324.5	330.2	335.8	344.1	351.3
100.0	310.3	—	—	328.4	335.3	341.4	347.4	354.4	361.3
120.0	323.8	—	—	340.0	347.3	352.8	358.5	365.2	371.3

定压 /×10⁵Pa(G)	饱和温度 /℃	修正系数 C						
		0.99	0.98	0.97	0.96	0.95	0.94	0.93	0.92
		蒸汽温度/℃						
140.0	335.7	—	—	351.4	356.9	362.5	367.6	375.3	381.3
160.0	246.3	—	—	359.5	365.9	371.5	377.7	383.7	388.9
180.0	355.8	—	—	367.2	373.8	379.4	385.4	390.9	395.8
210.0	368.5	—	—	378.1	383.6	389.2	394.2	399.3	405.2

定压 /×10⁵Pa(G)	饱和温度 /℃	修正系数 C						
		0.91	0.90	0.89	0.88	0.87	0.86	0.85	0.84
		蒸汽温度/℃						
0.7	114.6	271.2	285.1	299.1	312.9	325.8	340.7	355.2	368.5
1.0	119.6	270.6	284.2	297.6	311.6	324.3	339.4	348.1	367.2
1.5	126.8	269.9	283.1	295.5	309.7	322.5	337.5	340.8	365.3
2.0	132.9	269.2	282.4	294.6	308.3	321.4	336.1	339.2	363.9
3.5	147.2	268.2	281.5	293.4	305.8	320.3	333.6	348.8	362.0
5.0	158.1	268.4	279.9	291.9	304.4	318.8	332.3	345.4	360.5
6.5	167.0	268.1	279.4	290.6	304.3	318.4	331.3	344.6	360.0
8.0	174.5	270.3	280.1	291.3	304.6	318.3	332.0	344.8	360.1
9.5	181.2	273.2	281.7	292.8	306.8	319.2	332.1	345.8	359.1
11.0	187.1	276.2	284.5	295.6	307.6	320.9	333.1	346.0	358.3
12.5	192.5	279.2	287.5	298.6	309.8	322.0	334.9	346.5	359.9
14.0	197.4	282.1	290.5	301.6	311.0	323.8	335.4	347.8	360.0
15.5	201.9	285.6	293.4	302.8	313.3	325.0	337.8	348.9	361.1
17.0	206.1	288.0	296.3	306.3	315.8	326.9	338.5	351.2	362.9
18.5	210.1	290.9	298.7	308.0	317.6	328.7	340.8	352.4	363.5
20.0	213.9	292.7	301.4	310.4	319.3	330.4	342.0	353.5	365.9
22.5	219.7	297.2	304.9	313.6	323.1	334.0	344.9	355.9	368.2
25.0	225.0	300.5	308.3	317.2	326.1	336.6	347.7	359.4	371.6
30.0	234.6	306.9	315.3	323.4	332.7	342.9	340.4	365.0	377.2
35.0	243.0	313.7	320.9	329.3	340.9	348.7	260.5	371.0	383.1
40.0	250.6	318.9	327.0	334.4	344.4	354.7	341.3	372.6	388.4
55.0	269.8	333.8	342.1	350.9	358.8	369.9	379.0	390.8	402.2
70.0	285.4	348.6	356.9	353.1	373.6	383.7	393.1	404.2	413.3
85.0	208.7	358.7	367.1	373.8	383.2	390.5	403.6	413.8	429.9
100.0	210.3	368.9	376.5	383.8	392.5	401.9	412.7	422.7	433.3
120.0	323.8	379.2	386.4	393.6	402.4	412.5	422.5	432.0	443.0
140.0	335.7	388.6	395.8	402.5	411.4	420.9	431.9	440.4	451.5
160.0	346.3	396.3	402.6	410.4	418.8	429.3	438.3	448.0	458.2
180.0	355.8	403.1	409.0	419.8	425.2	436.4	444.6	354.6	464.6
210.0	368.5	411.5	418.1	423.7	433.1	444.2	454.1	462.6	473.6

注：若蒸汽压力和温度是表中值以外的数值，可用插入法求修正系数。按表中最相近的压力、温度取最近的高值求修正系数。

③ 排放介质为液体

a. 一般液体。

$$W=3660A\sqrt{\frac{1.25p_1-p_2}{10^5}}GK_\text{p} \tag{5-236}$$

式中　W——排放量，kg/h；

　　　A——阀的有效通过面积，cm²；

p_1——定压,Pa(G);
p_2——背压,Pa(G);
G——液体相对密度;
K_p——积聚压力修正系数,由图 5-35 查得。

积聚压力低于 25% 时,泄放能力受孔口系数和积聚压力变化的影响;当积聚压力大于 25% 时,泄放能力只受积聚压力数值的影响。

积聚压力值不宜小于 10%。

b. 高黏度液体。当排放介质为高黏度液体时,需要对排放量进行黏度修正。一般根据流体在管道内流动的雷诺数选用黏度修正系数(见表 5-48)。则

$$W = 3660A\sqrt{\frac{1.25p_1-p_2}{10^5}GK_pK_v} \quad (5\text{-}237)$$

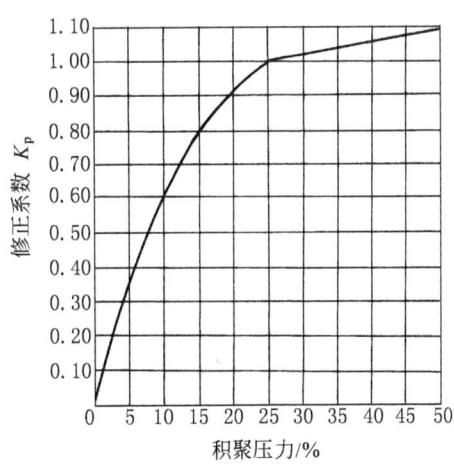

图 5-35 安全阀泄放液体时,积聚压力对泄放能力的修正系数 K_p

式中 K_v——黏度修正系数,由表 5-48 查得。

表 5-48 由雷诺数决定的黏度修正系数 K_v

雷诺数	5000	3000	2000	1500	1000	500
黏度修正系数	0.98	0.97	0.96	0.95	0.91	0.89
雷诺数	100	50	40	30	20	10
黏度修正系数	0.59	0.41	0.35	0.28	0.19	0.11

在很多情况下,用蒸汽伴热管或蒸汽夹套可以防止介质黏度过大或在阀体内凝固。

当采用波纹管平衡式安全阀时,式(5-237)的右侧要乘以背压修正系数 K_w(见图 5-31),则

$$W = 3660A\sqrt{\frac{1.25p_1-p_2}{10^5}GK_pK_vK_w} \quad (5\text{-}238)$$

c. 饱和液体。饱和液体是液体在安全阀泄放前是 100% 液体,但在安全阀排放过程中,介质流经安全阀阀孔时有压降,产生闪蒸。推荐按闪蒸蒸汽量计算阀孔面积 A_v 和余下的饱和液体量计算所需阀孔面积 A_1 之和,即为需要的安全阀阀孔的通过面积。

$$A = A_v + A_1 \quad (5\text{-}239)$$

式中,A_v 用式(5-234)计算,A_1 用式(5-236)计算。对波纹管平衡式安全阀,其排放量按式(5-238)计算。

此法计算得到的阀孔面积偏大。为了避免流量过小使安全阀启闭过于频繁,可以选用两个安全阀并联安装,其中一个阀的阀孔面积为 2/3 由上式计算得到的安全阀有效通过面积 A,另一个为 1/3 由上式计算得到的安全阀有效通过面积 A。阀孔面积小的安全阀,其定压比面积大的高 30%。

d. 两相流。两相流是介质在泄放温度和压力下介质已是两相,计算时按气体和液相分别计算所需的泄压面积,两者之和为所需的泄压面积。其他同上面饱和液体的计算。

5.5.8 安全阀计算实例

(1)火灾工况

例 5-16 一个卧式丙烷贮罐,直径 $D=3.6$m,长 $L=12.6$m(一端封头切线至另一端封头切线之距离),椭圆形封头,外壁不保温,安全阀定压 1.76MPa(G),操作温度 26.7℃,

丙烷相对分子质量 $M=44$；罐有良好的消防系统保护，罐附近有良好的下水系统。求所需安全阀泄放能力。

解 贮罐的湿表面积 $A=\pi D(L+0.30)$
$$= [3.14\times3.6\times(12.6+0.3\times3.6)]\ m^2$$
$$=154.64\ m^2$$

公式来自 GB 150。

查表 5-46 得，无保温容器外壁的修正系数 $F=1$。

根据一般规定，火灾工况时压力容器允许超压 16%，则安全阀入口压力［见本手册 5.5.5 (2) 积聚压力］
$$p_1 = 1.16\text{ 倍安全阀定压} = (1.16\times1.76\times10^6)\ Pa = 2.042\times10^6\ Pa\ (G)$$

对应的丙烷的气化潜热 $L=261.5\ J/kg$，故贮罐所需安全阀的泄放能力由式（5-227）为
$$G=\frac{255000FA^{0.82}}{L}=\frac{255000\times1\times154.64^{0.82}}{261.5}\ kg/h = 60857\ kg/h$$

(2) 排放气体时

例 5-17 一容器，顶部排出正己烷气体，相对分子质量 $M=86$，设计温度 $t=135℃$，安全阀定压 $p=0.4\times10^6\ Pa\ (G)$，需要排放量为 $W=2770\ kg/h$，决定所需安全阀的喷嘴面积 A，并计算选用安全阀的实际排放能力 W。

解 由式（5-234）得
$$A=\frac{W}{230\left(\dfrac{p}{10^5}+1\right)\sqrt{\dfrac{M}{T}}K_b}$$

式中，$W=2770\ kg/h$；$p=0.4\times10^6\ Pa\ (G)$；$M=86$；$T=(135+273)\ T=408K$；$K_b=1$。

所需安全阀的喷嘴面积
$$A=\frac{2770}{230\times\left(\dfrac{0.4\times10^6}{10^5}+1\right)\times\sqrt{\dfrac{86}{408}}\times1}\ cm^2 = 5.25\ cm^2$$

选用安全阀的喷嘴喉部直径 $D=3.2\ cm$，开启高度 $L=0.8\ cm$。开启高度为喷嘴喉部直径的 1/4，属于全启式安全阀。由式（5-231）
$$A=0.785D^2 = (0.785\times3.2^2)\ cm^2 = 8.04\ cm^2$$

故此安全阀的泄放能力为由式（5-234）
$$W=\left[230\times8.04\times\left(\dfrac{0.4\times10^6}{10^5}+1\right)\times\sqrt{\dfrac{86}{408}}\times1\right]\ kg/h = 4245\ kg/h$$

(3) 排放水蒸气

例 5-18 一个锅炉汽包安全阀，定压 $p=6.6\times10^6\ Pa\ (G)$，求饱和蒸汽排放量 $W=14000\ kg/h$ 时所需安全阀喷嘴面积及选用安全阀的通过能力。

解 由式（5-235）得
$$A=\frac{W}{40\left(\dfrac{1.03p}{10^5}+1\right)CK_b}$$

式中，$W=14000\ kg/h$；$p=6.6\times10^6\ Pa\ (G)$；$C=1$；$K_b=1$。

所需安全阀的喷嘴面积

$$A = \frac{14000}{40 \times \left(\frac{1.03 \times 6.6 \times 10^6}{10^5} + 1\right) \times 1 \times 1} \text{cm}^2 = 5.07 \text{cm}^2$$

选用安全阀的喉部直径为 3cm，平面阀座直径为 3.7cm，开启高度为 0.65cm。$L < D/4$，属于微启式安全阀。由式 (5-232)，

$$A = \pi D L = (3.1416 \times 3.7 \times 0.65) \text{cm}^2 = 7.55 \text{cm}^2$$

故选用安全阀的实际排放能力为

$$W = \left[40 \times \left(\frac{1.03 \times 6.6 \times 10^6}{10^5} + 1\right) \times 7.55 \times 1 \times 1\right] \text{kg/h} = 20840 \text{kg/h}$$

(4) 排放液体

例 5-19 液态丙烯的相对密度 $G = 0.5$，要求排放量为 13250kg/h，定压为 1.79×10^6 Pa (G)，背压为 $0 \sim 0.1 \times 10^6$ Pa (G)，积聚压力为 25% 定压。求安全阀所需的喷嘴面积和选用安全阀的实际排放能力。

解 由图 5-35，可查得 25% 积聚压力时的修正系数 $K_p = 1$，则由式 (5-236)，得

$$A = \frac{W}{3660 \times \sqrt{\frac{1.25 p_1 - p_2}{10^5} G K_p}}$$

式中，$W = 13250$ kg/h，$p_1 = 1.79 \times 10^6$ Pa (G)，$p_2 = 0.1 \times 10^6$ Pa (G)，$G = 0.5$，$K_p = 1$。

则所需的安全阀喷嘴面积

$$A = \frac{13250}{3660 \times \sqrt{\frac{1.79 \times 10^6 \times 1.25 - 0.1 \times 10^6}{10^5} \times 0.5 \times 1}} \text{cm}^2$$

$= 1.56 \text{cm}^2$

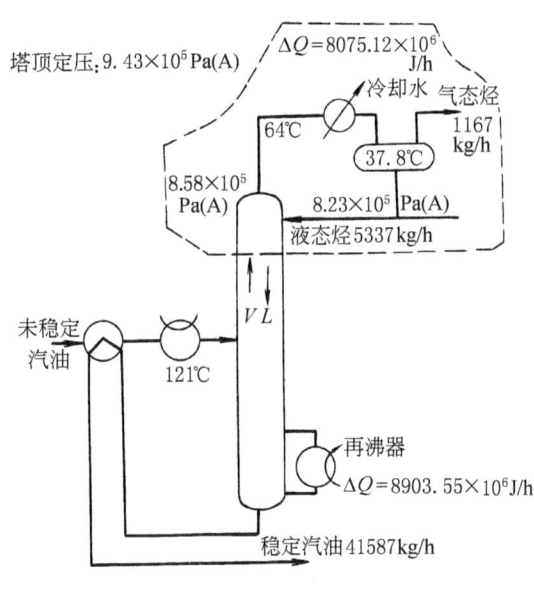

图 5-36 催化裂化装置汽油稳定塔

选用安全阀的喉部直径 $D = 1.6$cm，开启高度 $L = 0.4$cm。$L = D/4$，属于全启式安全阀。由式 (5-231)

$$A = (0.785 \times 1.6^2) \text{cm}^2 = 2.01 \text{cm}^2$$

选用安全阀的实际排放能力为

$$W = 3660 \times 2.01 \times \sqrt{\frac{(1.79 \times 1.25 - 0.1) \times 10^6}{10^5} \times 0.5 \times 1} = 17006 \text{kg/h}$$

(5) 塔回流泵停电故障时的释压负荷

例 5-20 计算图 5-36 催化裂化装置汽油稳定塔在塔顶回流故障时的安全阀泄压负荷。

解 排放量是在正常温度下第一块塔板处产生的蒸气量，不进行由于蒸气组分变化引起的调整。由于没有测量第一块塔板的温度，故假定第一块塔板液体温度是塔顶部的温度，而上升到第一块塔板物料的蒸气温度则比塔顶流出的蒸气温度高 8.3℃。

图 5-36 中被虚线包围部分的热量平衡和物料平衡计算如下：

$$V = (L + 1167 + 5337); \text{kg/h}$$

进入第一块塔板蒸气的温度为 72℃，输入热量见表 5-49。

输入总热量为 $(2614.524 \times 10^6 + 389.1 \times 10^3 L)$ J/h。

离开回流罐的物料温度是 37.8℃，输出热量见表 5-50。

总的输出热量 = $(8482.395 \times 10^6 + 92.048 \times 10^3 L)$ J/h

则 $2614.524 \times 10^6 + 389.1 \times 10^3 L = 8482.395 \times 10^6 + 92.048 \times 10^3 L$

$$L = 19754 \text{kg/h}$$

第一块塔板处的总蒸气量为蒸气产品、液体产品和内回流之和，即

$$(1167 + 5337 + 19754) \text{kg/h} = 26258 \text{kg/h}$$

所以泄压蒸气负荷为 26258kg/h。

表 5-49 输入热量

物 料	kg/h	J/kg	J/h
气态烃	1167	422.6×10^3	493.174×10^6
被冷凝成液态的烃	5337	397.5×10^3	2121.35×10^6
第一块塔板的内回流	L	389.1×10^3	$389.1 \times 10^3 L$

表 5-50 输出热量

物 料	kg/h	J/kg	J/h
气态烃	1167	359.82×10^3	419.9×10^6
液态烃	5337	-2.343×10^3	-12.505×10^6
离开第一块塔板的内回流	L	92.048×10^3	$92.048 \times 10^3 L$
冷凝负荷			8075×10^6

(6) 蒸馏塔冷却器故障时的泄压负荷

例 5-21 计算图 5-37 所示常压蒸馏塔在一中段冷却器发生故障时的泄压负荷。塔顶温度和侧线温度是 4.15×10^5 Pa (A)（安全阀定压 + 积聚压力 = 安全阀的定压的 1.1 倍）对应的饱和温度，原油入口温度 377℃，但原油在 4.15×10^5 Pa (A) 下蒸发时温度会下降。用原油闪蒸汽化曲线决定进料中蒸汽含量和液体含量。

解 对整个塔进行热平衡计算，可以求出被蒸发的内回流量，然后即可计算出泄压负荷。输入热量见表 5-51，输出热量见表 5-52。

根据热量平衡

$$344698 \times 10^6 = 337519 \times 10^6 + X$$

$$X = 7179 \times 10^6 \text{J/h}$$

第一块塔板处内回流的汽化潜热是 320.9×10^3 J/h，则内回流蒸汽量为

$$\frac{7179 \times 10^6}{320.9 \times 10^3} \text{kg/h} = 22371 \text{kg/h}$$

总的塔顶总蒸汽混合量为

$$(8120 + 33026 + 97083 + 22371) \text{kg/h} = 160600 \text{kg/h}$$

故泄压蒸汽总负荷为 160600kg/h。

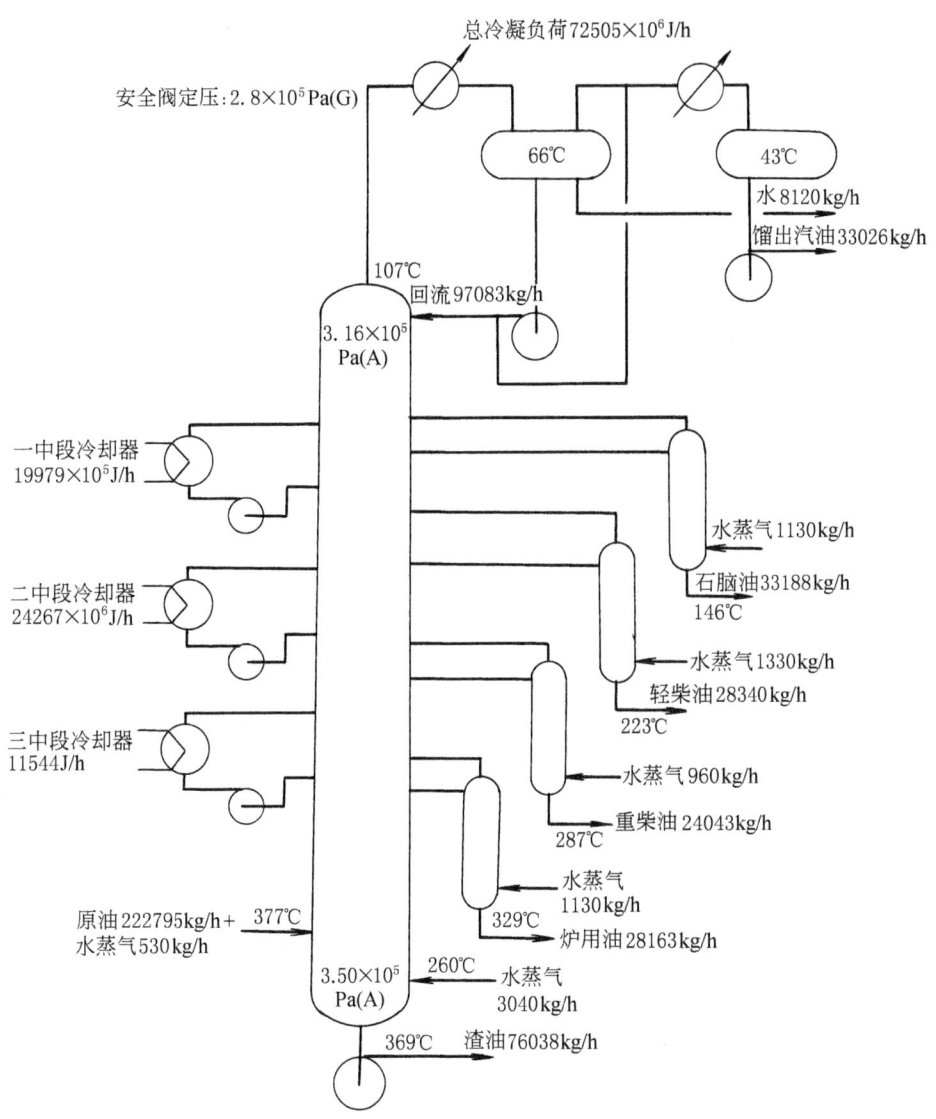

图 5-37 常压蒸馏塔的泄压负荷计算

注：原油进料泵是蒸汽透平驱动的，脱盐罐后的原油加压泵和所有的产品油泵都是电动的。

表 5-51 输入热量

项　目	℃	Pa（A）	kg/h	J/kg	°API	J/h
原油：蒸气	377	4.15×10^5	130462	1383×10^3	46.3	180690×10^6
原油：液体	377	4.15×10^5	92333	1105×10^3	18.3	102028×10^6
汽提蒸汽	260		7590	2803×10^3		21275×10^6
原油含的水分	377		530	3226×10^3		1710×10^6
外回流	78		97083	402×10^3		38995×10^6

注：总的输入热量 $= 344698 \times 10^6$ J/h。

（7）安全阀的选用

① 选用安全阀的注意点

表 5-52 输出热量

项 目	℃	Pa (A)	kg/h	J/kg	°API	J/h
塔顶气体：水蒸气	121	3.89×10^5	8120	2.724×10^3		22119×10^5
产品	121	3.89×10^5	33026	849×10^3	77.1	28039×10^6
回流	121	3.89×10^5	97083	787×10^3	73.5	76404×10^6
成品油：石脑油	160		33186	573×10^3	49.5	19015×10^6
轻柴油	241		28340	766×10^3	38.5	21708×10^6
重柴油	304		24043	946×10^3	33.6	22745×10^6
炉用油	349		18163	1.063×10^3	27.5	29937×10^6
渣油	369		76038	1.075×10^3	16.4	81741×10^6
一中段冷却器						0
二中段冷却器						24267×10^6
三中段冷却器						11544×10^6
内回流蒸气						X

注：总的输出热量 $=337519\times10^6+X$。

a. 安全阀的出口直径比入口直径大；一种入口尺寸的安全阀可能配几种出口尺寸。

b. 安全阀入口法兰的压力等级较高，出口法兰的压力等级可能比入口法兰低或相同；一般出口法兰的压力等级为 150# 或 300#。

c. 入口法兰和出口法兰直径相同的安全阀可配不同的喷嘴直径，一般，可配三到四种不同的喷嘴。

② API 标准安全阀喷嘴面积代码表和尺寸表　美国生产的安全阀，其喷嘴尺寸用喷嘴尺寸代码表示，表 5-53 示出 API 喷嘴代码的尺寸（表中为弹簧式安全阀的尺寸，先导式安全阀的尺寸略有差别）。

表 5-53　API 安全阀喷嘴尺寸代码和尺寸

喷嘴	有效喷嘴面积		安全阀入口磅级及进出口尺寸						
	in[❶]	cm²	150lb	300lb	300lb	600lb	900lb	1500lb	2500lb
D	0.11	0.710	1D2	1D2	1D2	1D2	1–1/2D2	1–1/2D2	1–1/2D3
E	0.196	1.265	1E2	1E2	1E2	1E2	1–1/2E2	1–1/2E2	1–1/2E3
F	0.307	1.981	1–1/2F2	1–1/2F2	1–1/2F2	1–1/2F2	1–1/2F3	1–1/2F3	1–1/2F3
G	0.503	3.245	1–1/2G3	1–1/2G3	1–1/2G3	1–1/2G3	1–1/2G3	2G3	2G3
H	0.785	5.065	1–1/2H3	1–1/2H3	2H3	2H3	2H3	2H3	2H3
J	1.278	8.303	2J3	2J3	3J4	3J4	3J4	3J4	3J4
K	1.838	11.858	3K4	3K4	3K4	3K4	3K6	3K6	
L	2.853	18.406	3L4	3L4	4L6	4L6	4L6	4L6	
M	3.6	23.226	4M6	4M6	4M6	4M6	4M6		
N	4.34	28.000	4N6	4N6	4N6	4N6	4N6		
P	6.38	41.161	4P6	4P6	4P6	4P6	4P6		
Q	11.05	71.290	6Q8	6Q8	6Q8	6Q8			
R	16	103.226	6R8	6R8	6R10	6R10			
T	26	167.742	8T10	8T10	8T10	8T10			

近年来，由于装置规模的扩大，安全阀的尺寸已突破上表，进口尺寸为 20，出口尺寸为 24 的安全阀，国内已有厂家生产。

③ 表 5-54 为参考的安全阀规格书。

[❶] 1in=0.0254m。

表5-54 安全阀规格书

#						
1		位　号		设定压力/MPa		
2	作	(1) 安全阀		允许超压百分数/%		
3		(2) 泄压阀		泄放压力/MPa		
4	用	(3) 安全泄压阀		背压	无背压/MPa	
5	类	(1) 通用式(全启式,微启式)			排放背压/MPa	
6		(2) (波纹管式)平衡			附加背压/MPa	
7	型	(3) (活塞式)平衡		回座压力(低于定压%)		
8		(4) 导阀控制		泄放温度/℃		
9		要求数量		排放去向	(1) 大气	
10		安装位置			(2) 火炬	
11		被保护设备管道名称			(3) 排泄	
12		被保护设备管道位号		有效的泄放面积/mm²		
13		操作压力/MPa		实际泄放面积/mm²		
14		容器或管道设计压力/MPa		喷嘴代码①		
15		操作温度/℃		计算喷嘴的流量系数 $C=$		
16		容器或管道设计温度/℃		选用安全阀流量系数 $C=$		
17	规	容器管道设计		弹簧设定压力/MPa		
18	范	安全阀选用依据		材料	阀　体	
19		介质名称			喷　嘴	
20		主要组分及组成			阀　盘	
21	介	介质状态(液体或气体)			阀　杆	
22		泄放温度下密度/(kg/m³)			弹　簧	
23		相对分子质量			波纹管	
24	质	介质黏度/mPa·s			垫　片	
25		压缩系数Z		有无阀帽		
26		C_p/C_V		有无手柄		
27		火灾/(kg/h)		有无试验用顶丝		
28	泄	入口冷凝器冷却故障/(kg/h)		进口尺寸和压力等级		
29	放	塔回流中断/冷凝器冷却故障		出口尺寸和压力等级		
30	量	/(kg/h)		阀体试压等级(进口/出口)		
31	计	热膨胀/(kg/h)		阀门设计温度/℃		
32	算	换热管破裂/(kg/h)		制造厂名		
33		入口控制阀故障/(kg/h)		制造厂型号②		
34	(kg/h)	容器出口阀关闭/(kg/h)		附件		
35		其他/(kg/h)				
36				① 指按API规范设计制造的安全阀		
37		需要排放能力/(kg/h)		② 订货后,制造厂必须返还计算资料,以便确认		

5.5.9 安全阀的安装

(1) 安全阀的安装

安全阀必须垂直安装,并尽量靠近被保护的设备或管道。

安全阀应安装连接在容器或管道上部气相空间。

安全阀安装在易于检修和调节之处,周围要有足够的工作空间。立式容器的安全阀,DN80 以下,允许安装在平台上边缘处;DN100 以上,拟安装在平台外,靠近平台处。由于大口径安全阀的质量大,故在布置时要考虑大口径安全阀拆装时吊装的可能,建议安全阀质量超过 50kg 时要设置吊杆。

(2) 安全阀入口管道设计

① 当被保护容器或管道内的压力超过安全阀定压,安全阀开始排放前,安全阀入口静压力即为容器内的静压力;当安全阀开始排放后,由于安全阀入口管道内的动压头损失,安全阀入口静压力低于容器内的静压力;此时,若安全阀入口管道压降过大,安全阀入口静压力低于安全阀回座压力时,安全阀即刻关闭;一旦安全阀关闭,安全阀入口管道内无介质流动,则安全阀入口管道内的动压头损失为零;安全阀入口静压力回升到容器内的静压力,当超过安全阀的定压时,安全阀再次开启;如此,安全阀反复启闭,产生颤振。故必须控制安全阀入口管道的压降,以免安全阀产生颤振。

② 从保护设备到安全阀入口流体的压力降应低于安全阀定压的 3%。流量应按照安全阀排放时通过安全阀的最大流量计算。采用远端取压的先导式安全阀不受此限制。

③ 若安全阀入口管道的压力降超过 3%,可增大入口管径或将管道和设备连接处做成圆弧状以减少压力降。一般入口管管径大于或等于安全阀入口法兰管径。

④ 安全阀应尽量靠近被保护的设备或管道安装,使安全阀的入口管道尽量缩短,采用先导式安全阀时,由于先导式安全阀有单独的取压管,可以直接在容器上取压,取压管内的介质不流动,故不会产生前述的安全阀入口管道压降对安全阀动作性能的影响。

⑤ 为免除安全阀入口管道及出口管道堵塞,需要时要采取防堵措施,如用蒸汽或气体反吹,蒸汽伴热等措施来防堵。

⑥ 输送腐蚀性介质或易凝结介质的管道及设备,为了避免其安全阀被腐蚀或堵死,在安全阀前应加置爆破片。此时,在爆破片和安全阀之间要增加检查阀和压力表;计算安全阀通过能力时,要考虑爆破片对安全阀排放能力的影响。

⑦ 管道上安装的安全阀,应设置在流体压力比较稳定、且距波动源有一定距离的地方,如图 5-38 所示。安全阀不应装在水平管道的死端,因死端容易积聚脏物或液体。

⑧ 对液体管道、换热器或容器等,当阀门关闭后,可能由于热膨胀而造成压力憋高的地方,要设置安全阀。此阀可水平安装,直接向下排出。

⑨ 当两个或多个安全阀(不含备用)安装在一个集合管上时,此集合管的横截面积不应小于各安全阀的入口面积之和,计算集合管压降时应使用各安全阀排放时的最大流量之和。

(3) 安全阀出口管道设计

① 安全阀需向大气排放有危险性或可燃性气体时,应按有关标准规范执行。而且切成斜口,省工、省料。这种方法近年来获得广泛应用。

一般都应与火炬系统相连接。安全阀出口管口与火炬总管相连接时,都应遵守向下斜接的原则如图 5-39 (g) 所示。

② 相对分子质量小于 80 的气体直接排放大气时,若对附近地面或操作平台上的气体浓度

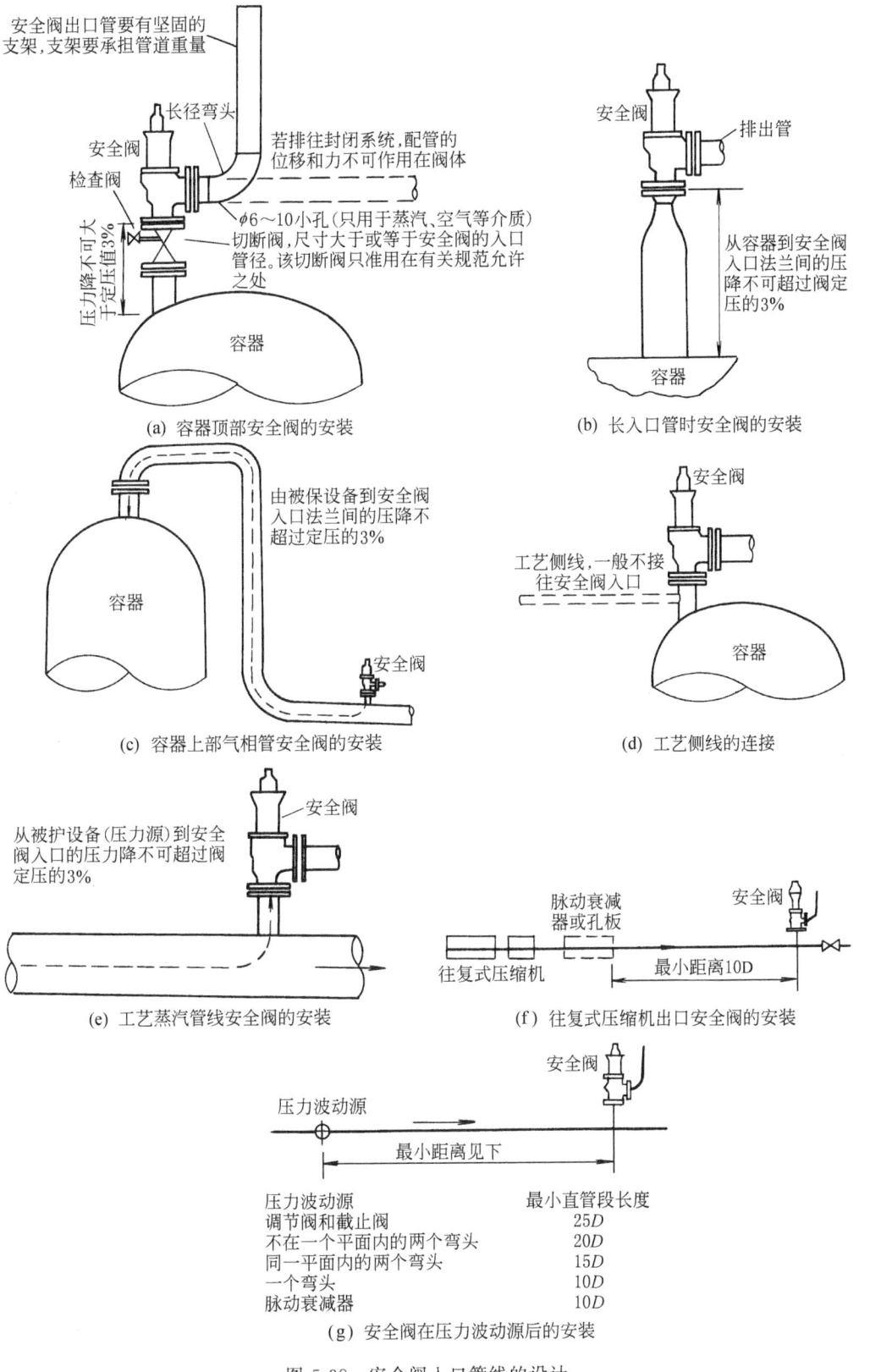

图 5-38 安全阀入口管线的设计

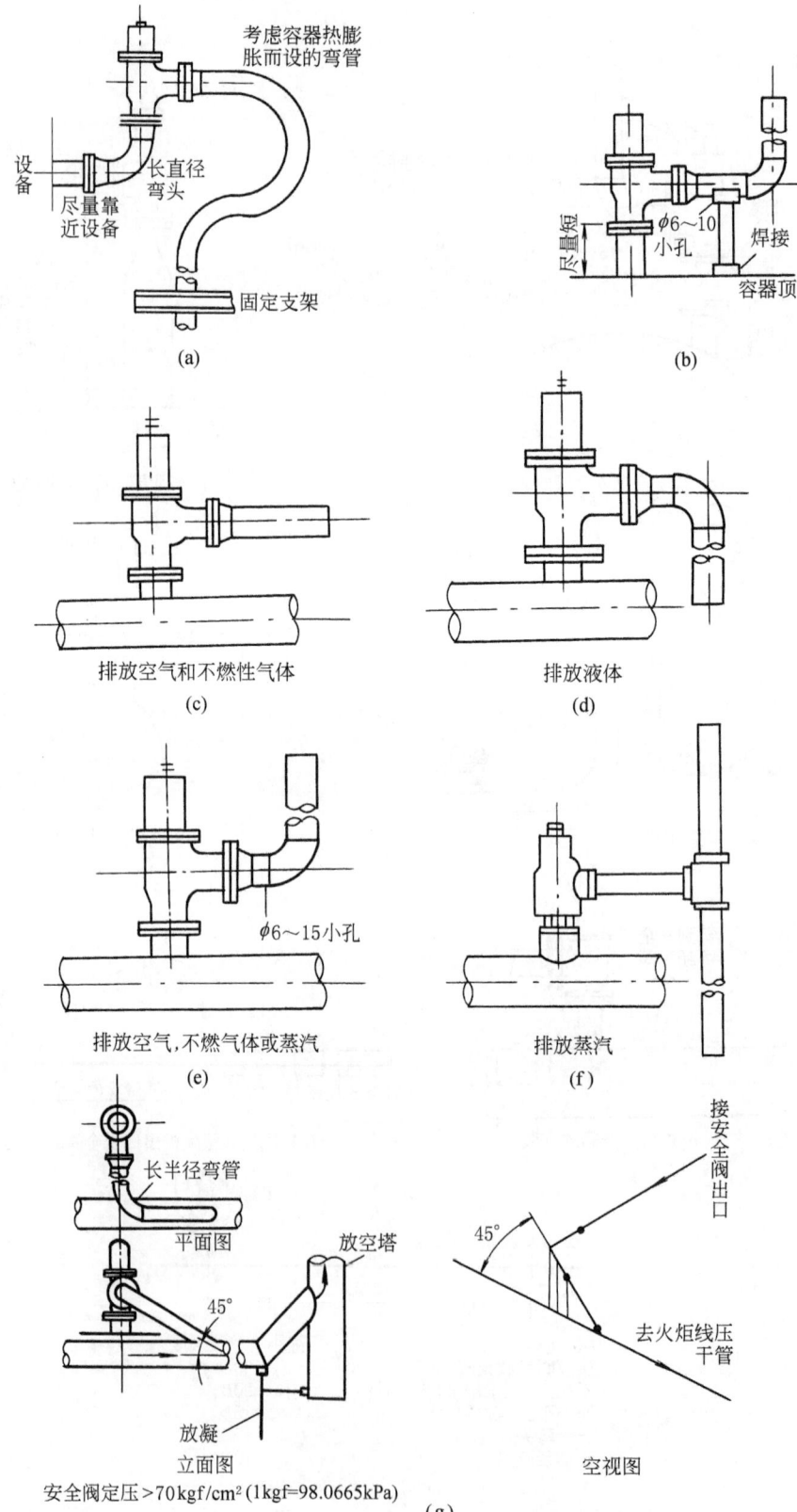

图 5-39 安全阀出口管线的设计

不致造成毒性、腐蚀性及其他危害时,则可以考虑直接排入大气;但应取得环保及安全专业的同意。

③ 安全阀向大气排放时,无毒无危险性气体的安全阀排放管口应高出以排放口为中心的 7.5m 半径范围内的操作平台、设备 2.5m 以上;对有腐蚀性、易燃或有毒的介质,排放口要高出 15m 半径范围内的操作平台、设备或地面 3m 以上。应遵循《石油化工企业设计防火规范》(GB 50160) 和有关国家环保卫生规定。

④ 分馏塔塔顶安全阀,直接排入大气且泄放能力为 100% 进料量时,液面高位报警以上的贮液容积至少应有 15min 进料量的体积,否则应排往闭式泄压系统。对安装在贮罐和小型塔上的安全阀,贮液量无要求,但需排向闭式泄压系统。

⑤ 排放可燃性气体安全阀的放空管应在其底部连接灭火用蒸汽管。若放空管公称直径小于或等于 DN100 时需连接 DN25 蒸汽管;大于 DN100 时,需连接 DN40 蒸汽管。灭火蒸汽阀应设在距排出口一定距离处,如图 5-40 所示。

⑥ 湿气体排放系统,应考虑泄压系统低点的凝液排放或加热蒸发。所谓湿泄压系统是指泄压系统内可能有液体产生的系统;大多指在安全阀排放时,系统内可能产生凝液的系统。所以,对湿气体排放系统,从安全阀出口到泄压系统末端的管线

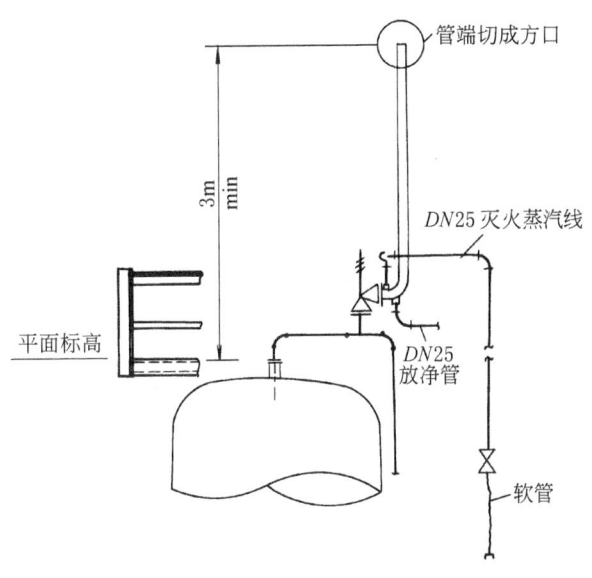

图 5-40 安全阀的灭火蒸汽管

只能向下坡,不能上翻,以免袋形管段积液;即安全阀的安装高度应高于泄压系统。当实际情况受限制,排出管需要上翻时,应在低处易于接近的地方设手动放液阀,见图 5-41。

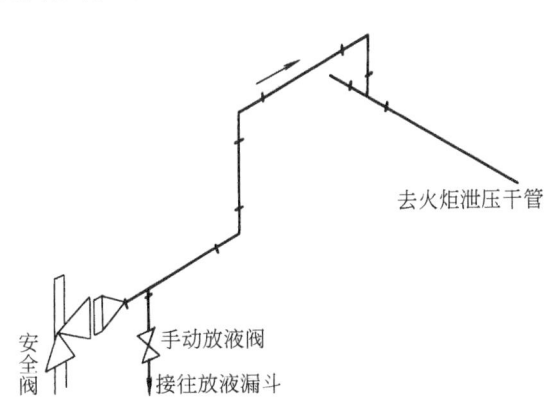

图 5-41 泄压系统放液阀

⑦ 在寒冷地区,"袋形"管段需要蒸汽伴热防冻。蒸汽伴热也可使"袋形"管段内的冷凝液汽化,避免积液。但即使采用伴热管,手动放液阀仍是必需的。

如"袋形"管段的放液阀不易接近时,可设双阀。即在"袋形"管段附近设一常开的阀门,阀后接一段排液管至容易接近处,再设一操作阀。

⑧ 泄压系统在装置边界的泄压管道总阀要求铅封开;此阀门采用全通径的阀(如闸阀),当采用闸阀时,阀杆要向下或水平安装,以免阀瓣与阀杆连接的销子腐蚀后,阀瓣由于重力下滑,造成泄压系统阻塞。

⑨ 排出气体的温度低于自燃温度,但由于雷击而可能着火时,也要考虑设置灭火蒸汽管。

⑩ 灭火蒸汽管最小直径 DN25。灭火蒸汽管应坡向切断阀和软管接头,软管长度小

于 6m。

⑪ 安全阀排放液体时，需引向装置内最近的、合适的工艺废料系统，不允许排往大气。

⑫ 电动往复泵出口管上的安全阀，需排向泵的吸入管或泵的吸入容器。

⑬ 安全阀出口接往泄压总管时，应由上部顺着流向以 45°角插入总管，以免总管内的凝液倒入支管，并可减小安全阀的背压。当安全阀定压大于 7MPa 时，必须采用 45°插入，见图 5-39。

⑭ 对有可能有液化烃类排入的泄压管道，因介质气化而导致可能产生低温，应考虑采用低温材料。

⑮ 对有可能用蒸汽吹扫的泄压系统，应考虑由于蒸汽吹扫而产生的泄压管道的热膨胀。

⑯ 安全阀出口管道的压降过大会造成安全阀出口背压过大，而导致弹簧式安全阀工作失常。故在设计过程中要检查安全阀出口的背压，检查背压对安全阀排放能力和性能的影响。

⑰ 安全阀出口排回工艺过程时，要检查工艺过程接受安全阀泄放的可能和压力工况。

(4) 安全阀的切断阀

安全阀入口处一般不允许设置切断阀；若出于检修需要（如泄放介质中含有固体颗粒，影响安全阀开启后不能再关闭，需拆开检修；或用于泄放黏性、腐蚀性介质）可加置切断阀并设检查阀。

安全阀的切断阀应符合下列要求。

① 安全阀入口和出口设置的切断阀应铅封在开启状态。

② 安全阀的旁通阀应铅封在关闭状态。其安装要求如图 5-42 所示。

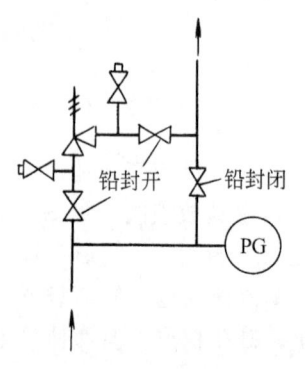 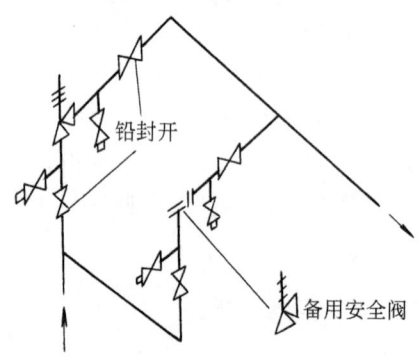

(a) 无备用安全阀,检修时人工排放　　(b) 有备用安全阀(检修时装上)

图 5-42　安全阀的切断阀之安装

③ 切断阀应是全通径的闸阀或球阀，和管径同直径。

④ 闸阀的阀杆应水平安装或者向下安装，以免阀杆与阀瓣连接处的销钉腐蚀后，阀瓣由于重力而下降，造成泄压系统意外堵塞，不能保护装置的安全运行。

⑤ 采用备用安全阀时，备阀的进口切断阀应铅封在开启状态，出口切断阀铅封在打开状态。如果因工艺原因，出口切断阀需关闭，则出口管线及切断阀的等级应与安全阀上游相同，以便在安全阀泄漏时不出现问题。

(5) 安全阀的切换阀

安全阀前安装切断阀时，安全阀入口管道的压降极易超过 3% 安全阀的定压，也易出现切断阀关闭，安全阀无法工作的状况。近年来美国已不允许在安全阀前加装普通切断阀，而采用一种叫安全阀的切换阀的阀门来达到此功能（见图 5-43）。由于介质流经安全阀切换阀的压降很小，采用 45°弯管引导介质流向，且能保证在任何时刻，安全阀出口至少有一路是畅通的，不至于造成安全阀出口管路关闭的事故。安全阀切换阀可以只装在安全阀入口管（安全阀后排往大气），或两者都装（安全阀后排入闭式系统）。

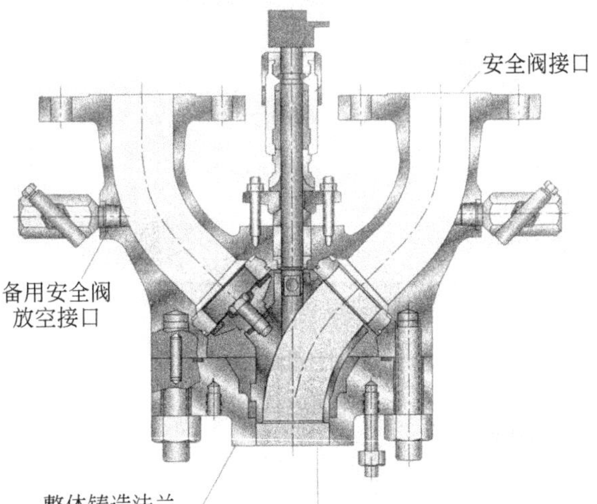

（6）检查阀的设置

安全阀和入口切断阀之间要设检查阀。

当安全阀出口管接往容器、有压管道而不是泄压总管时，在安全阀和出口切断阀之间要设检查阀。

允许将检查阀安装在切断阀阀体上靠安全阀一侧。

图 5-43 安全阀的切换阀

液体膨胀用安全阀不必设置检查阀。

安全阀前设置爆破片时，安全阀和爆破片之间要设置检查阀。

（7）需要分别设置泄压系统的场合

由于介质的温度、腐蚀性等不同，所需管材不同，这时可分别设置合金钢或不锈钢、碳素钢泄压系统，这样可能是经济的。

泄放一般介质与泄放重黏性介质，宜分设两个系统。因为泄放重黏性介质的管道和安全阀要经常检修，有时还需要伴热、蒸汽吹扫、设置备用安全阀和切断阀等，而一般泄压系统不需要这些设施。

泄放可凝性气体和不凝性气体，可设立两个泄放系统。因前者需设分液罐，而后者并不需要。

高压泄放和低压泄放，应分设高压泄放系统和低压泄放系统。

（8）安全阀出口的反力

由于气体或蒸汽由安全阀排入大气时，在出口管中心线上产生与流向相反的作用力 F，致使安全阀与压力容器壁连接管口之根部有一弯矩 M 和剪力 F，如图 5-44 所示；此外尚需承受出口管的自重、振动和热膨胀等力的作用，故在安全阀出口管口附近需设立固定支架，如图 5-39（a）、(b) 所示。

安全阀入口管段 L 较长时，压力容器壁应设补强。

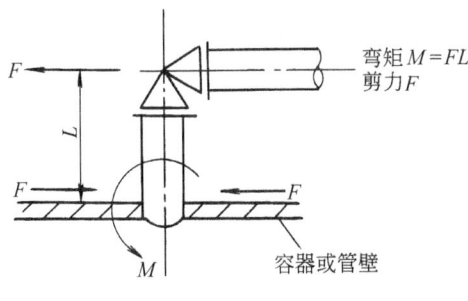

图 5-44 安全阀排放时管口根部受力示意

安全阀排出口反力可按下式计算。

$$F=\dfrac{W\sqrt{\dfrac{KT}{(k_p+1)M}}}{273}+0.01A\rho \tag{5-240}$$

式中　F——安全阀出口管中心线的反力，kg；
　　　W——气体或蒸汽排放量，kg/h；
　　　A——出口管线的截面积，mm²；
　　　ρ——安全阀排放点的静压（表压），kgf/cm²；
　　　k_p——气体或蒸汽的绝热指数，$k_p=c_p/c_V$；
　　　T——入口热力学温度（C+273），K；
　　　M——气体或蒸汽的相对分子质量。

式（5-240）是假设安全阀出口处的气体或蒸汽达到临界流速，水平排入大气，不连接排出管的公式。如出口速度低于临界流速，其反力小于式（5-240）的计算值。

例 5-22　一安全阀的入口法兰向下垂直安装，排放异丁烯气体，排量为 31800kg/h，排出温度 66℃，异丁烯相对分子质量 $M=56$，绝热指数 $k_p=1.094$ 泄放压力为 0.75MPa，阀出口为 DN150。阀后不接管子，求排放时安全阀出口的反力 F。

解　由式（5-240）　　$W=31800$kg/h，$k=1.094$，$T=(66+273)℃=339℃$，$M=56$

$$F=\left(31800\times\sqrt{\frac{1.094\times 339}{(1.094+1)\times 56}}\frac{}{273}+0.01\times\frac{3.14}{4}\times 150\times 150\times 7.5\right)\text{kg}=1532\text{kg}$$

5.5.10　安全阀的泄漏试验

安全阀阀座的严密程度是检验安全阀性能的一项重要指标，安全阀出厂前或检修后要做阀座泄漏试验。下面介绍 API 527 安全阀阀座严密性试验的主要内容。

（1）适用范围

下列的允许泄漏量适用于安全阀定压介于 0.1MPa(G) 到 41.4MPa(G) 之间。如需要的安全阀阀座的严密性要高于下列数值，需在定货的安全阀规格书上说明。

（2）试验介质

安全阀阀座泄漏试验介质可以是空气、蒸汽或水，但应与定压试验的介质相同。如用空气或水，其温度应接近室温。

（3）试验设施

安全阀阀座泄漏试验用空气作介质时的设施见图 5-45，泄漏管外径 7.9mm，壁厚 0.89mm，管口切成方形且光滑，插入水面下 12.7mm，管子垂直插入水中。

试验时安全阀应垂直安装在试验台上，试验装置如图 5-45 所示装在安全阀的出口处，所有其他的开口要封闭，如放空、放液接口等。在开始计数气泡个数前，试验压力至少要保持 1min 的稳定（对 DN50mm 及以下的安全阀），DN(65～100)mm 的阀要 2min，DN150mm 及以上的阀要 5min；试验时间不小于 1min。

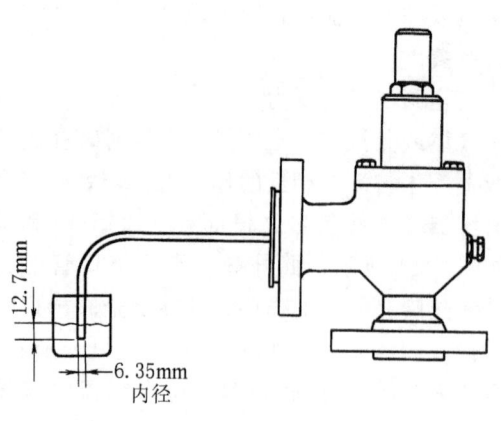

图 5-45　安全阀阀座泄漏试验装置示意

（4）试验压力

金属阀座的安全阀，定压大于 345kPa(G) 时，安全阀入口的试验压力为 90% 安全阀的定压；当安全阀的定压等于或小于 345kPa(G) 时，试验压力应是定压减去 34.5kPa。

软密封安全阀，其试验压力为 90% 或 95% 的定压。

(5) 允许泄漏率

金属阀座安全阀的允许泄漏量见表 5-55，软密封阀在 1min 的试验时间内，不允许有气泡泄漏。

对先导式安全阀，阀座允许泄漏率只适用于导阀。

表 5-55　金属阀座安全阀最大允许泄漏

定压/MPa(G)	有效阀孔面积 1.98cm² 及以下		有效阀孔面积 1.98cm² 以上	
	泄漏量气泡/min	24h 泄漏量(标)/m³	泄漏量气泡/min	24h 泄漏量(标)/m³
0.103~6.896	40	0.017	20	0.0085
10.3	60	0.026	30	0.013
13	80	0.034	40	0.017
17.2	100	0.043	50	0.021
20.7	100	0.043	60	0.026
27.6	100	0.043	80	0.034
38.5	100	0.043	100	0.043
41.4	100	0.043	100	0.043

5.5.11　故障原因分析及处置

(1) 泄漏

在设备正常工作压力下，阀瓣与阀座密封面处发生超过允许程度的渗漏，称安全阀的泄漏。安全阀的泄漏不但会引起介质损失，而且会使硬的密封材料遭到破坏。由于常用的安全阀的密封面都是金属材料，要在介质有压情况下做到绝对不漏是很困难的。安全阀泄漏的原因主要有以下几种。

① 安全阀的工作压力偏高或安全阀定压设定的太低。

② 工艺介质的腐蚀或冲蚀。

③ 定压的偏差；当安全阀的工作压力较高时，压力的波动使阀瓣得不到密封而泄漏。因此，应检查安全阀的定压偏差不应超出允许的范围。

④ 阀座和阀瓣间有固体颗粒；这种情况下，硬度高的阀座和阀瓣材料也不能解决泄漏问题。可采用特殊的刀刃型密封结构，这种结构可以排除密封面的沉积物或固体颗粒，也可采用弹性 O 形圈密封结构。

⑤ 出口管线的热应力；管线中的热应力也能影响安全阀内部的对中性而造成泄漏。可采用柔性支撑、膨胀节或其他热补偿器的方式消除热应力的影响。

⑥ 管线或容器的振动，当系统的工作压力接近安全阀的定压时，振动将使阀门趋于泄漏。

⑦ 装配失误；安全阀由于误调而造成"长时间"排放，多数是由卡阻造成的。

当安全阀带有提升装置时，阀杆提升垫板的不正确位置使提升装置把阀瓣从阀座上提起一定的间隙也会造成泄漏。

在金属对金属的密封中，如氢等密度小且渗透性强的介质容易产生泄漏。选择弹性 O 形圈密封的安全阀能保证不泄漏。

(2) 颤振和频跳

安全阀颤振现象的发生极易造成金属的疲劳，使安全阀的力学性能下降。造成严重的设备隐患。频跳现象对安全阀的密封极为不利，容易造成密封面的泄漏。颤振和频跳产生的原因基本相同，主要有以下几个方面。

① 安全阀泄放能力过大。如果所选用安全阀的尺寸过大，当安全阀泄放时，很快泄放出足够多的流体使容器压力迅速下降到安全阀定压以下，安全阀回座，然后容器压力再次快速上升，产生颤振或频跳。

一般所选用的安全阀实际泄放面积大于需要的泄放面积的 4 倍，则易发生频跳或颤振。

② 安全阀进口管线压降过大。安全阀进口管线压降过大，会造成安全阀开启高度不足，从而使阀瓣不能达到全启，易发生频跳或颤振。

③ 压力的波动。排放引起的压力波动或安全阀进口压力的波动都可引起颤振或频跳。安全阀背压的变化也可能引起颤振或频跳。当排放管线的尺寸设计都不能防止颤振时，可选用平衡波纹管式安全阀。

④ 弹簧刚度过大可造成阀瓣颤振或频跳。

(3) 提前开启

安全阀的提前开启不仅和外界的干扰有关，还和安全阀本身的装配、检测及使用条件有关。

① 内部调节件的调整。当阀瓣下方的压力接近安全阀的定压时，内部调节件的调整（上调或下调调节圈）能引起安全阀的提前开启。因此，应在无压力状态下调节。如果系统必须保持压力状态，也应稍微关闭安全阀前的切断阀以防止突然排放。

② 冷整定的原因。当安全阀在室温下整定而在高温设备上使用时，阀盖和阀体膨胀，与温度相关的弹簧力减小，导致安全阀在实际工作温度下的定压降低，从而造成提前开启。因此，应运用安全阀制造厂所提供的弹簧冷整定修正系数进行修正。

③ 当压力接近安全阀的定压时，敲打安全阀的阀体或阀帽来阻止泄漏，将造成提前开启。

(4) 共振频跳

安全阀入口管线的声音频率接近安全阀活动部件的机械频率时，会发生共振频跳。过高的定压，过大的阀门尺寸或过大的入口管线压降都可能造成共振频跳。共振频跳是不可控的，一旦开始就无法停止，直到入口管线的压力被泄放完毕。如果发生共振频跳，由于较大的冲击力，可能导致安全阀破坏，所以应尽量避免。

5.6 疏水器的计算和选型

本节适用于石油化工工程设计中对疏水器的设置、计算、选型并确定其规格。

5.6.1 疏水器的设置

下列各点均应考虑安装疏水器

① 饱和蒸汽输送管和用于伴热的蒸汽管的末端或最低点。见图 5-46。

② 长距离输送蒸汽的管道中途。饱和蒸汽的蒸汽管道可在每个补偿弯前或立管的最低点，见图 5-47。排凝点的间隔一般以 25~50m 为宜。过热蒸汽的管道可根据过热度的情减少安装疏水器数量。

③ 蒸汽管线上的减压阀和控制阀的入口端。见图 5-48。

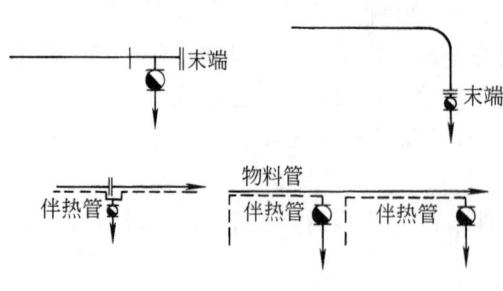

图 5-46 蒸汽管末端及伴热蒸汽管

④ 蒸汽管不经常流动的死端且又是最低点处，如公用工程软管站的蒸汽管的阀门前端见图 5-49。

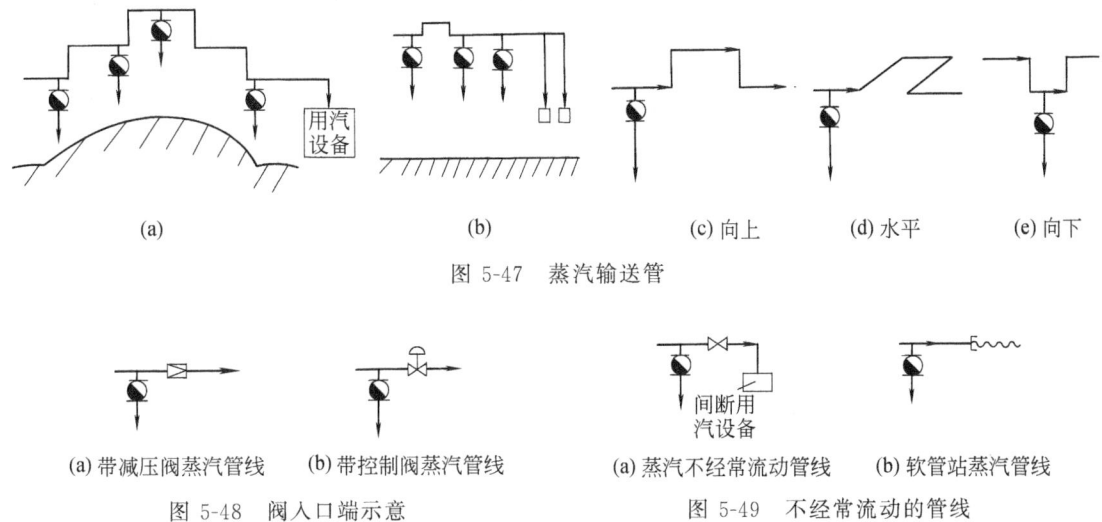

图 5-47 蒸汽输送管

图 5-48 阀入口端示意

图 5-49 不经常流动的管线

⑤ 蒸汽分水器，蒸汽分配罐或管、蒸汽闪蒸罐、蒸汽减压增湿器的低点或控制的水位处见图 5-50。

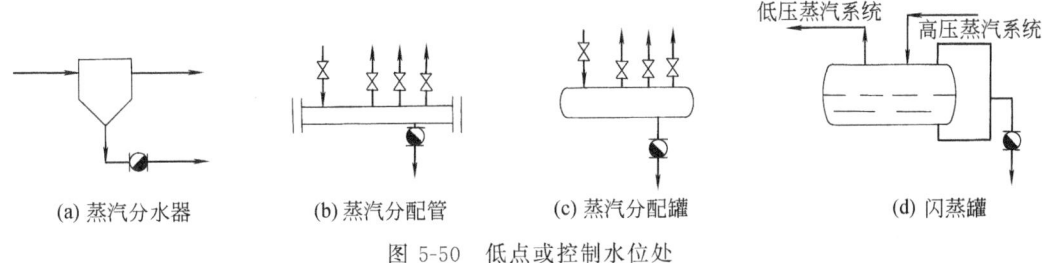

图 5-50 低点或控制水位处

⑥ 蒸汽加热设备、夹套、盘管的凝结水出口。见图 5-51。

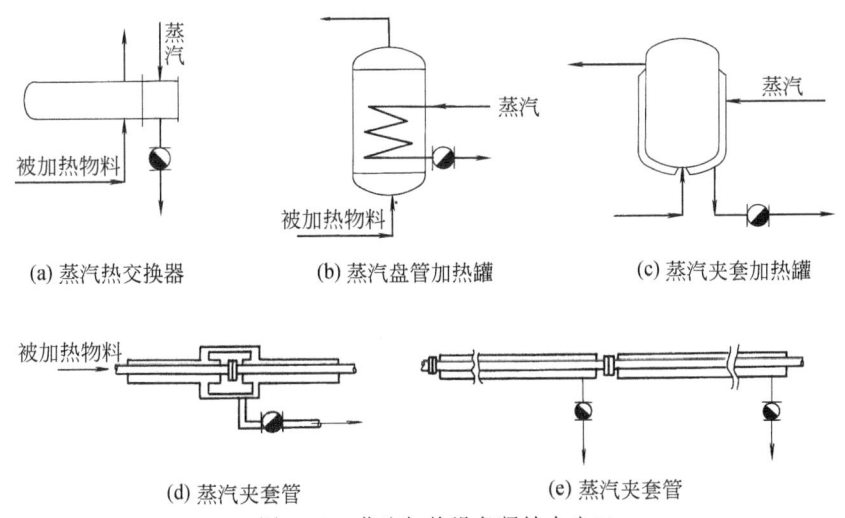

图 5-51 蒸汽加热设备凝结水出口

⑦ 经常处于热备用状态的设备和机泵，间断操作的设备和机泵，以及有开有备的设备和机泵的进汽管的最低点。如蒸汽往复套的汽缸等进汽管的切断阀前。

⑧ 其他需要经常疏水的场合。

以上所述各点是否设置疏水器，应视整个系统的配管情况而定，如因管线的坡向或其他原因使得在这些地方没有凝结水积累或形成，则可不设疏水器。

5.6.2 疏水器的种类及主要技术性能

疏水器排放凝结水最基本的原理是利用蒸汽和凝结水物理性质的不同来实现疏水的目的，其动作原理是多种多样的，根据其动作原理的不同，大致分类如表 5-56 所示。

表 5-56 疏水器的分类

疏水器的种类		动作原理
热动力型	孔板式 圆盘式	蒸汽和凝结水的热力学，流体力学特性
热静力型	双金属式 波纹管式	蒸汽和凝结水的温差
机械型	浮子式 吊桶式	蒸汽和凝结水的密度差

5.6.2.1 热动力型疏水器

热动力型疏水器的动作原理是在入口压力和出口压力的中间设置一个中间压力的变压室，当变压室内流入蒸汽或高湿凝结水时（饱和温度的凝结水），由该蒸汽压力或凝结水的再蒸发蒸汽产生的压力来关闭疏水器。若变压室的温度因蒸汽凝结成水而下降，或自然冷却至某一温度以下时，变压室内的压力就下降，使疏水器开启。从而起到关闭疏水器阻汽，开启疏水器排水的目的。这类疏水器所共有的特征：①体积小质量轻，便于安装和修理；②成本低；③抗水击能力强；④不易冻结；⑤不适用于大排量（其中迷宫式适合于特大排量）；⑥由于是根据热力学性质进行动作，易受压力影响。当使用蒸汽的设备由自动调节阀控制进口压力时，往往使进口压力变化频繁引起动作不协调。

代表这类疏水器的有圆盘式、脉冲式、迷宫式或微孔式。

(1) 圆盘式疏水器

结构简单，间断排水，有噪声，可排饱和温度的水，允许过冷度为 6~8℃，有一定漏汽量（约 3%），能自动排气。其背压不可超过最低入口压力的 50%，最小工作压差为 $\Delta p = 0.05$MPa。安装方位不受限制。如果有可能发生冻结而需要垂直安装时，出口向下。适应于可能冻结及过热蒸汽场合。此类型的阀适用范围广，比较常用。

(2) 脉冲式疏水器

结构简单，能连续排水，但有较大的漏气量，背压度较低（允许 25%），能排除一定量的冷热空气，最小过冷度为 6~8℃，不需要防冻，可用于过热蒸汽系统。动作敏感，但性能不太可靠，控制缸易卡住，使用时间短。

(3) 迷宫式或微孔式疏水器

利用凝结水通过迷宫式通道的多节膨胀降压，或通过微孔的一次膨胀所产生的二次蒸汽来阻止或减少蒸汽的泄漏。结构简单，能连续排水，排空气。微孔式适用于小排量，迷宫式适用于特大排量。但都不能适应压力及流量变化较大的情况，而且要注意防止流道的阻塞和冲蚀。

5.6.2.2 热静力型疏水器（恒温型）

热静力型疏水器为温度启动式，它利用蒸汽（高温）和凝结水（低温）的温差原理，使用双金属、膨胀液或波纹管等感温元件随温度变化而改变形状、变位，达到开闭疏水器的目的。这类疏水器所共有的特征如下：

① 低温时呈开启状态。在开始启动时，是处在低温条件下，呈最大开阀状态，大量产生的凝结水可在短时间内排除，同时可排除空气，不会产生气堵。

② 设备停止运转时，设备内形成低温，疏水器呈开启状态，残留的凝结水能排除，疏水器不会冻结。

③ 与其他类型的疏水器相比，噪声小，有利于用在要求控制噪声的场合。

④ 此种疏水器当达到蒸汽温度时能准确关阀，凝结水的温度不降低，疏水器不开启，不会漏汽。

⑤ 依靠温差而动作，动作不灵敏，不能随负荷的急剧变化而变化。但从另一个角度讲，高温凝结水可以在用汽设备内滞留而有效地利用显热。它适合用来调节温度。

⑥ 仅适用于压力较低，压力变化不大的场合。

⑦ 需在疏水器前配约1m长的散热管。

这类疏水器又分为双金属片式、液体膨胀式、波纹管式等。

(1) 液体膨胀式疏水器

结构复杂，灵敏度不高，能排除 60~100℃ 的低温水，也能排除空气。适用于要求伴热温度较低的伴热管道及采暖用管道排凝结水。

(2) 膜盒蒸汽压力式疏水器

结构简单，动作灵敏，可连续排水，排空气性能良好，过冷 3~20℃，允许背压度 30%~60%，漏汽量小于 3%，不受安装位置限制。但抗污垢、抗水击性差。应用范围较广，可作为蒸汽系统的排空气阀用。

(3) 波纹管压力式疏水器

结构简单，动作灵敏，间断性排水，过冷 5~20℃，工作压力受波纹管材料的限制，一般为 1.6MPa。抗水击性能差，可以作为蒸汽系统排空气阀。

(4) 双金属片疏水器

动作灵敏度高，能连续排水，排水性能好，过冷度较大，并可调节，排气性能好，而且反向密封的型式具有止回功能，从低压到高压都适用。最高使用压力可达 21.5MPa，最高使用温度可达 550℃。抗污垢、抗水击性强。允许最大背压为入口压力的 50%，经调整可提高背压。可作为蒸汽系统排空气阀。

(5) 双金属式温度调整型疏水器（TB型）

可人为地控制凝结水的排放温度，可利用高温凝结水的显热。采用了 SCCV❶ 关闭系统，寿命长，体积小，可任意方位安装，连续排水，排气性能好。背压度可达 80%。节能效果好。

5.6.2.3 机械型疏水器

机械型疏水器，其动作的根本原理是基于浮力的纯力学原理。所以在蒸汽疏水器的设计压力范围内，若蒸汽压力的变化或温度（蒸汽和凝结水的温差及凝结水的温度）的变化有小偏差，其性能不会受影响。这种类型的疏水器的容量是根据进出口压差和阀口面积来决定的。机械型疏水器的一般共性如下。

① 适用于大排量。但是，由于要使用浮子，使其外形比其他类型的疏水器大。

② 由于是依靠浮力使浮子上下移动，所以阀体需要水平安装。但也不是绝对不能垂直安装。

③ 使用压力若超过疏水器的设计压力，阀门则不能打开，也就不能排除凝结水。

---

❶ SCCV 是自动关阀、自动定心和自动落阀的英文缩写。

④ 在疏水器内部存有凝结水,在寒冷地区需要保温以防冻结,尤其是在室外。
⑤ 不要安装在有剧烈振动的部位。
⑥ 当背压异常高时,不会泄漏蒸汽,但凝结水的排量降低。
⑦ 阀的操作噪声小,适用于需要安静的场合。
⑧ 可排饱和水,适用于凝结水需尽快排、温度控制严格、设备要求快速加热的场合。
⑨ 一般来说,小口径阀的灵敏度较大口径的高,浮球式灵敏度高于浮桶式疏水器。

机械型疏水器还分密闭球状浮子的"浮球式"和桶状开口形浮子的"浮桶式"。浮桶式又分为桶口向上的"浮桶式"和桶口向下的"倒吊桶式",亦称"钟形浮子"或"反浮桶式"。

(1) 自由浮球式疏水器

结构简单,灵敏度高,能连续排水,漏汽量小。分为具有自动排气功能与不具有自动排气功能两种。若选用后者,可附加热静力型排气阀或设置手动放气阀。最大工作压力9.0MPa(表),允许背压度较大,可达80%,抗水击、抗污垢能力差,动作迟缓,但有规律,性能稳定、可靠。

(2) 杠杆浮球式疏水器

结构较为复杂,灵敏度稍低,连续排水,漏汽量小。内置自动排除空气装置或汽阻释放阀,该阀具有自动排除空气功能。否则,需附加热静力型排气阀或设置手动放气阀。能适应负荷的变化,自动调节排水量,但抗水击、抗污垢能力差。

(3) 浮球式双座平衡型疏水器

排量较大,可达60t/h,相对同类疏水器体积小、质量轻。内置有双金属空气排放阀,可自动排除空气。浮球内装有挥发性液体,增加了浮球的耐压、抗水击能力,可连续排水。

(4) 浮桶式疏水器

灵敏度不高,间断排水,不能自动排除空气,需设置手动或自动放气阀。启动时先放气、充水。仅用于较低的操作压力,如果压力波动太大或压力范围不符合它的要求时,均影响其动作,必须进行调整。进出口压差不能小于0.05MPa。抗水击、抗污垢性比浮球式强。但阀座经常与阀口碰撞,易磨损。有逐渐被倒吊桶式取代的趋势。

(5) 倒吊桶式(钟形浮子式)疏水器

间歇排放凝结水,漏汽量为2%~3%,可排空气,额定工作压力范围通常小于1.6MPa,使用条件可以自动适应。允许背压度为80%,但进出口压差不能小于0.05MPa。动作迟缓,有规律,性能稳定、可靠。启动时需要先充水,并且必须使疏水器内经常保持一定水位的凝结水。应使用在凝结水间断时间不长的场合,否则浮筒浮不起来,阀常开而大量漏汽。工作压力必与浮筒的体积、重量相适应。阀结构较复杂,阀座及销钉尖易磨损。但是,随着疏水器结构的改进,有一些厂家生产的倒吊桶疏水器,简化了结构,没有固定支点,减少磨损和卡阻的现象,阀座和阀瓣为球形结构,在磨损时密封不受影响。在选用时,请注意厂家的说明。

(6) 杠杆钟形浮子式疏水器(ES型)

采用了SCCV关闭系统,寿命较长,动作灵活,阻汽排水性能好,自动排除空气,节能效果好,背压度可达90%。与同类疏水器相相比体积小,排量大。阀结构较复杂。

(7) 差压钟型浮子式疏水器(ER型)

采用了SCCV关闭系统,寿命长,动作灵活,阻汽排水性能好,自动排除空气,与同类疏水器相比体积小、排量大、强度好。采用双重关闭方式,使操作振动小,主副阀动作平稳,克服了撞击磨损的缺点。阀结构较复杂。

5.6.2.4 其他类型疏水器

有些疏水器具有热动力型或热静力型或机械型两种或两种以上的性能,有些疏水器具有常规疏水器不具备的功能。这类阀只介绍两种。

(1) 浮子型双金属疏水器

结构复杂,动作灵敏,具有疏水器、过滤器、排空气、止回阀、截止阀和旁通阀的功能,在规定的操作范围内都能正常工作。结构为防冻型。必须水平安装。

(2) 反冲过滤旁通疏水器

具有可调恒温疏水器的性能(见 5.6.2.2⑤),并具有过滤功能,不拆阀能对滤芯进行反向冲洗,阀前、阀后可旁通。

SCCV 自动关阀具体含义:它的关阀系统(图 5-52)是由一个针状锥体阀芯和一个带有锥体的阀座配合而成,形成一个特殊的关闭系统。此系统专门为保护阀门的关闭件而设计,在锥体阀芯与阀座关闭过程中能自动定心、浮动自由、动作灵活,且巧妙地利用了流体的吸入力和阀体中的内压力进行平缓动作,属一种"软着陆"关闭方式,避免了缓冲阀芯与阀座的直接刚性碰撞,减少了关闭件间的撞击与磨损,有效地解决了当今疏水器关闭件易磨损的最大难点,使疏水器的寿命延长。

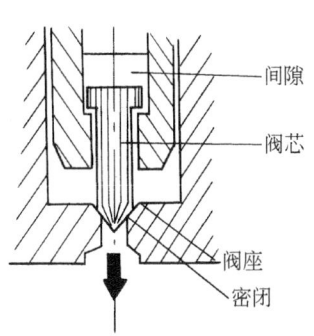

图 5-52 SCCV 关闭系统示意

表 5-57、表 5-58 列出了各种疏水器的主要特征,表 5-59 对各种疏水器蒸汽损失的难易作了比较。表 5-60 为常用疏水器的性能比较。

表 5-57 各种疏水器的主要特征(一)

型 式		优 点	缺 点
机械型	浮筒式	动作准确,排放量大、不泄漏蒸汽、抗水击能力强	排除空气能力差,体积大,有冻结的可能,疏水器内的蒸汽层有热量损失
	倒吊桶式	排除空气能力强,没有空气气堵和蒸汽汽锁现象,排量大、抗水击能力强	体积大,有冻结的可能
	杠杆浮球式	排量大,排除空气性能连续(按比例动作),排除凝结水	体积大,抗水击能力差,疏水阀内蒸汽层有热量损失,排除凝结水时有蒸汽卷入
	自由浮球式	排量大,排空气性能好,能连续(按比例动作)排除凝结水,体积小,结构简单,浮球和阀座易互换	抗水击能力比较差,疏水阀内蒸汽有热损失,排除凝结水时蒸汽卷入
热静力型	波纹管式	排量大,排空气性能良好,不泄漏蒸汽,不会冻结,可控制凝结水温度,体积小	反应迟钝,不能适应负荷的突变及蒸汽压力的变化,不能用于过热蒸汽,抗水击能力差,只适用于低压的场合
	圆板双金属式	排量大,排空气性能良好,不会冻结,不泄漏蒸汽,动作噪声小,无阀瓣堵塞事故,抗水击能力强,可利用凝结水的显热	很难适应负荷的急剧变化,不适蒸汽压力变动大的场合,在使用中双金属板特性有变化
	圆板双金属温调式	凝结水显热利用好,节省蒸汽,不泄漏蒸汽,动作噪声小,随蒸汽压力变化应动性能好	不适用于大排量
热动力型	孔板式	体积小,质量轻,排空气性能良好,不易冻结,可用于过热蒸汽	不适用于大排量,泄漏蒸汽,易有故障,背压容许度低(背压限制在30%)
	圆盘式	结构简单,体积小,质量轻,不易冻结,维修简单,可用于过热蒸汽,安装角度自由,抗水击能力强,可排饱和温度的凝结水	空气流入后不能动作,空气气堵多,动作噪声大,背压允许度低(背压限制在50%),不能在低压(0.0MPa 以下)使用,阀片有空打现象,蒸汽层放热有热损失,蒸汽有泄漏,不适用于大排量

表 5-58 各种疏水器的主要特征（二）

疏水阀名称	蒸汽	空气障碍	蒸汽障碍	背压允许度	动作检查	耐水击性能	凝结水排量	需要时间 开阀	需要时间 闭阀	比例控制	排放特性	安装	冻结	耐久性	凝结水显热的利用
浮筒式	○	×	○	○	○	○	○	△	△	×	×	×	○	○	×
倒吊桶式	○	○	○	○	○	○	○	△	△	×	×	×	×	○	×
浮球式	×	△	○	×	×	○	○	×	×	○	×	×	×	○	×
波纹管式	○	○	×	○	×	×	×	×	×	×	×	○	○	×	○
圆板双金属式	○	○	×	○	×	×	×	×	×	×	×	○	○	×	○
圆板双金属温调疏水阀	○	○	×	○	×	×	×	×	×	×	×	○	○	×	○
孔板式	×	○	×	○	○	○	×	○	×	×	×	○	○	×	×
圆盘式	×	○	×	○	○	×	×	×	×	×	×	○	○	×	×
判定记号	○难×易	○没有×有△高温空氯时有	○没有×有	○高×低	○容易×难	○大×小	○大×小	○不需要时间△需要一定时间×需要长时间	○可×否	○连续×间歇	○角度自由×只限水平安装	○大×小	○大×小	○可×否	

表 5-59 各种疏水器蒸汽损失的难易

蒸汽损失原因	易损失蒸汽的型式	不易损失蒸汽的型式
动作特点决定了在闭阀之前要泄漏蒸汽，因此造成蒸汽损失	圆盘式	双金属式，浮筒式，倒吊桶式
排放凝结水时有可能卷入蒸汽，造成蒸汽损失	圆盘式，浮球式	双金属式，浮筒式，倒吊桶式
疏水阀内部的蒸汽层散热，造成蒸汽的损失	圆盘式，浮球式，浮筒式	双金属式，浮筒式，倒吊桶式
不能利用凝结水的显热，造成蒸汽损失	圆盘式，浮球式，倒吊桶式	双金属式，波纹管式

表 5-60 常用疏水器技术性能比较

项目	热动力型疏水阀 热动力式	热动力型疏水阀 脉冲式	机械型疏水器 倒吊桶式	机械型疏水器 浮球式	机械型疏水器 浮筒式	热静力型疏水阀 波纹管式	热静力型疏水阀 双金属式（圆盘形）	热静力型疏水阀 双金属式（长方形）
排水性能	间歇排水	间歇排水	间歇排水	连接排水	间歇排水	间歇排水	间歇排水	间歇排水
排气性能	较好（随每次动作排气）	好	较好	不好	不好	好	好	好
使用条件变动时	自动适应	需调整	自动适应		需调整浮筒重量		除很大的变动外不要调整	宜调整
允许最大背压或允许背压度	允许背压度50%，最低动作压力0.05MPa	允许背压度25%	$\Delta p>$ 0.5MPa	$\Delta p>$ 0.5MPa	$\Delta p>$ 0.5MPa	允许背压极低	允许背压度50%时，不必调整	允许背压极低，但调整后可提高
动作性能	敏感，可靠	敏感，控制缸易卡住	迟缓，但规律稳定，可靠	迟缓，但规律稳定，可靠	迟缓，但规律稳定，可靠	迟缓，不可靠	迟缓，不可靠	迟缓，不可靠
适用范围	可用于过热蒸汽	可用于过热蒸汽				仅适用于低压(0.2MPa)		
蒸汽泄漏	<3%	1%～2%	2%～3%	无	无		无	
排水温度	接近饱和温度					低于饱和温度	低于饱和温度	低于饱和温度
耐久性能	较好	较差	阀和销钉尖部分的磨损较快			阀门部分磨损较快而漏气	好	好
结构大小	小	小	较大	大	大		小	小

5.6.3 疏水器的选择

5.6.3.1 疏水器的选型原则

① 能及时排除凝结水（有过冷要求的除外）。

② 尽量减少蒸汽泄漏损失。

③ 操作压力范围大，压力变化后不影响其正常工作。

④ 背压影响小，允许背压大（凝结水不回收的除外）。

⑤ 能自动排除不凝性气体。

⑥ 动作敏感，性能可靠，耐用，噪声小，抗水击，抗污垢能力强。

⑦ 安装方便，容易维修。

⑧ 外形尺寸小，重量轻，价格便宜。

⑨ 除上述外，还须对以下条件进行充分的研究：疏水器的型式（工作特性）；疏水器的容量（排凝结水量）；疏水器的最高使用压力；疏水器的最高使用温度；正常状态下疏水器的进口压力；正常状态下疏水器的出口压力（背压）；疏水器阀体材料；疏水器的连接管径（配管尺寸）；疏水器的进、出口的连接方式。

5.6.3.2 疏水器选型要点

① 选疏水器时，应选择符合国家标准的优质节能疏水器。这种疏水器在阀门代号S前都冠以"C"字代号。其使用寿命≥8000h，漏汽率≤3%。注意不要选用已淘汰的产品。有关疏水器性能应以制造厂说明书或样本为准。

② 在负荷不稳定的系统中，如果排水量有可能低于额定最大排水量15%时，不应选用脉冲式疏水器，以免在低负荷下引起新鲜蒸汽泄漏。

③ 在凝结水一经形成，必须立即排除的情况下，不宜选用脉冲式和波纹管式疏水器（二者均要求有一定的过冷度）。可选用浮球式、ES型和ER型疏水器。也可选用圆盘式疏水器。

④ 热交换器、加热釜、组合加热器、管式干燥器等蒸汽加热设备适用浮球式和倒吊桶式，也可用圆盘式疏水器。热水器或重油贮罐内的油加热器等，由于被加热物的加热温度不足100℃，并且凝结水量较少，适宜使用双金属式温调疏水器。如果管式干燥器的加热管较长，易产生水击，要选用抗水击能力强的圆盘式疏水器，可带旁通。

⑤ 对于蒸汽泵，带分水器的蒸汽主管及透平机外壳等工作场合，以选用浮球式疏水器为宜。必要时选用热动力式疏水器，不可选用脉冲式和恒温型疏水器。

⑥ 蒸汽伴线工程上伴管对疏水器要求：质量轻、体积小，容易安装；水平方向和垂直方向均可安装；使用压力范围广；具有防冻功能。

因而，伴热管的疏水器最适于选用圆盘式和双金属式温调式疏水器。

⑦ 热动力式疏水器有接近连续排水的性能，其应用范围较广，一般都可选用，但最高允许背压不得超过入口压力的50%，最低进出口压差不得低于0.05MPa。只有要求安静的地点不宜使用，此时应选用机械型疏水器。

⑧ 间歇工作的室内蒸汽加热设备或管线，可选用倒吊桶式疏水器。

⑨ 机械型疏水器不宜室外使用，否则应有防冻措施。

⑩ 疏水器的安装位置不同，选择不同类型的疏水器。

a. 疏水器安装位置低于加热设备时可选任何型式的疏水器。

b. 疏水器安装位置高于加热设备时，不可选用浮筒式，可选用双金属式疏水器。

c. 疏水器安装位置标高与加热设备基本一致的可选机械型、热动力式和双金属式疏水器。

⑪ 对于易发生蒸汽汽锁的蒸汽使用设备，可选用倒吊桶式疏水器或安装与解锁阀并用的浮球式疏水器。

解锁阀是可使安装在疏水器内的排气阀强行开阀的装置，它主要用于浮球式疏水器。

⑫ 适合各种蒸汽使用设备的各种蒸汽疏水器，归纳见表 5-61。

表 5-61 蒸汽疏水器的选择（按使用设备和用途分类）

用 途	适 用 形 式	备 注
蒸汽输送管	圆盘式、自由浮球式、倒吊桶式	凝结水量少时，用双金属式温调疏水阀
热交换器	浮球式、倒吊桶式	加热温度在 100℃ 以下，凝结水量少时用双金属式温调疏水阀
加热釜	浮球式、倒吊桶式、圆盘式	用圆盘式时，希望与自动空气排放阀并列安装
暖气（散热器和对流加热器）	散热器疏水阀、温调疏水阀	对流散热器，使用 0.1～0.3MPa（表）的蒸汽时，用浮球式倒吊桶式比较恰当
空气加热器（组合加热器、电加热器）	浮球式、倒吊桶式、圆盘式	
筒式干燥器	浮球式、倒吊桶式	
干燥器（管道干燥器）	浮球式、圆盘式、倒吊桶式	
直接加热装置（蒸馏甑，硫化器）	浮球式、倒吊桶式	
热板压力机	浮球式、倒吊桶式	
伴 线	双金属式温调疏水阀、圆盘式	加热温度在 100℃ 以下时，用温调疏水阀最合适

5.6.3.3 确定疏水器的规格

(1) 排水量

① 排水量的计算

a. 对于连续操作的用汽设备，计算的凝结水量 $G_{计}$ 应采用工艺计算的最大连续用汽量。对于间断操作的用汽设备，$G_{计}$ 应采用操作周期中的最大用汽量。

b. 当开工时的用汽量大于上述数值时，可按具体情况加大安全系数 n（见 5.6.3.3②）或通过排污阀排放或再并联一个疏水器。

c. 蒸汽管道，蒸汽伴热管的疏水量可取正常运行时产生的凝结水量计算值。如果在开工时产生的凝结水量大于计算值，可通过排污阀排放。

d. 蒸汽管道及阀门在开工时所产生的凝结水量

$$G_{计} = \frac{W_1 C_1 \Delta t_1 + W_2 C_2 \Delta t_2}{i_1 - i_2} \times 60 \tag{5-241}$$

式中 $G_{计}$——计算的凝结水量，kg/h；

W_1——钢管和阀门的总量，kg；

W_2——用于钢管和阀门的保温材料质量，kg；

C_1——钢管的比热容，kJ/(kg·℃)，碳素钢 $C_1=0.469$ kJ/(kg·℃)，合金钢 $C_1=0.486$ kJ/(kg·℃)；

C_2——保温材料的比热容，kJ/(kg·℃)，或取 $C_2=0.837$ kJ/(kg·℃)；

Δt_1——管材的升温速度，℃/min，一般取 $\Delta t_1=5$℃/min；

Δt_2——保温材料的升温速度，℃/min，一般取 $\Delta t_2=\Delta t_1/2$；

i_1——工作条件下过热蒸汽的焓或饱和蒸汽的焓，kJ/kg；

i_2——工作条件下饱和水的焓，kJ/kg。

e. 正常工作时蒸汽管的凝结水量

$$G = \frac{Q}{i_1 - i_2} \tag{5-242}$$

式中　Q——蒸汽管道的散热量，kJ/h；

G，i_1，i_2——同式（5-241）。

f. 蒸汽伴热管的冷凝水量。蒸汽伴热管的凝结水量等于蒸汽伴热管用蒸汽量。参见表5-62。

表 5-62　蒸汽伴热管用汽量(蒸汽压力 1MPa)

环境温度/℃	保持介质温度/℃	项 目	工艺管径 DN/mm				
			40～50	80～100	150～200	250～350	400～500
不低于 −20	≤60	根数×伴热管通径	1×15	1×15	1×20	2×25	2×20
		最大放水距离/m	100	100	120	150	120
		用汽量/[kg/(m·h)]	0.2	0.2	0.25	0.35	0.5
	61～100	根数×伴热管通径	1×20	1×25	2×20	2×20	2×25
		最大放水距离/m	120	150	120	120	150
		用汽量/[kg/(m·h)]	0.25	0.35	0.5	0.5	0.7
−21～−30	≤60	根数×伴热管通径	1×20	1×20	1×25	2×20	2×25
		最大放水距离/m	120	120	150	120	150
		用汽量/[kg/(m·h)]	0.25	0.25	0.35	0.5	0.7
	61～100	根数×伴热管通径	1×25	2×20	2×25	2×25	2×40
		最大放水距离/m	150	120	150	150	200
		用汽量/[kg/(m·h)]	0.35	0.5	0.7	0.7	0.9

② 安全系数（n）选定　由于疏水器最大排水能力是按照连续正常排水测得的，计算求得的设备或管道凝结水量应乘以安全系数 n。影响安全系数值的因素有：疏水器的操作特性；估计或计算凝结水量的准确性；疏水器进出口压力。

如果凝结水量及压力条件可以准确确定，安全系数可以取小一些，以避免选用大尺寸的疏水器。

若安全系数过大，安装使用了容量过大的蒸汽疏水器时，会产生下列弊端：a. 蒸汽疏水器的容量大会增高成本；b. 若为间歇动作的蒸汽疏水器，容量过大会使疏水器动作周期加长，凝结水的平均滞留量增加，用汽设备的能力降低；c. 对于像浮球式疏水器那样连续（按比例）动作的蒸汽疏水器，由于阀瓣开度小，过大的容量会使阀座产生拉毛现象（高速流体通过狭窄的缝隙时，对接触表面产生腐蚀作用，而形成沟槽），使阀座损伤而引起泄漏；d. 使蒸汽疏水器的寿命缩短。

相反，如果安全系数太小，会使所用疏水器的容量过小，则会产生以下故障：a. 不能适应蒸汽使用设备的负荷变化，使运转效率显著降低；b. 通过疏水器的凝结水经常达到最高限量，使阀瓣和阀座容易产生腐蚀性损伤；c. 使蒸汽疏水器的寿命缩短。

因此，在选用蒸汽疏水器时，不但对疏水器的型式，容量等作多方面的充分研究，同时要接受蒸汽疏水器生产厂家的指导。安全系数 n 的推荐值见表 5-63。

③ 需要排水量的确定　计算的排水量 $G_{计}$ 乘以安全系数 n 为需要的排水量 $G_{需}$，以此作为选择疏水器的依据。即

表 5-63 安全系数 n 的推荐值

序号	使 用 部 位	使 用 要 求	n 值
1	分汽缸下部排水	在各种压力下，能进行快速排除凝结水	3
2	蒸汽主管疏水	每 100m 或控制阀前、管路拐弯、主管末端等处疏水	3
3	支管	支管长度大于 5m 处的各种控制阀的前面设疏水	3
4	汽水分离器	在汽水分离器的下部疏水	3
5	伴热管	伴热管径为 $DN15$，$\leqslant 50m$ 处设疏水点	2
6	暖风机	压力不变时	3
		压力可调时 $0 \sim 0.1MPa$	2
		$0.2 \sim 0.6MPa$	3
7	单路盘管加热（液体）	快速加热	3
		不需快速加热	2
8	多路并联盘管加热（液体）		2
9	烘干室（箱）	压力不变时	2
		压力可调时	3
10	溴化锂制冷设备蒸发器疏水	单效：压力 $\leqslant 0.1MPa$	2
		双效：压力 $\leqslant 1.0MPa$	3
11	浸在液体中的加热盘管	压力不变时	2
		压力可调时 $0.1 \sim 0.2MPa$	2
		大于 $0.2MPa$	3
		虹吸排水	5
12	列管式热交换器	压力不变时	2
		压力可调时 $\leqslant 0.1MPa$	2
		$\geqslant 0.2MPa$	3
13	夹套锅	必须在夹套锅上方设排空气阀	3
14	单效、多效蒸发器	凝结水量 $<20t/h$	3
		$>20t/h$	2
15	层压机	应分层疏水，注意水击	3
16	间歇，需速加热设备		4
17	回转干燥圆筒	表面线速度 $U \leqslant 30m/s$	5
		$\leqslant 80m/s$	8
		$\leqslant 100m/s$	10
18	二次蒸汽罐	罐体直径应保证二次蒸汽速度 $U \leqslant 5m/s$ 且罐体上部要设排空气阀	3
19	淋浴	单独热交换器	2
		多喷头	4
20	采暖	压力 $\geqslant 0.1MPa$	$2 \sim 3$
		压力 $<0.1MPa$	4

注：表中压力均为表压。

$$G_{需} = G_{计} n \tag{5-243}$$

式中　$G_{需}$——需要的排水量，kg/h；

$G_{计}$——计算的凝结水量，kg/h；

n——安全系数。

（2）疏水器使用压力的确定

① 最高使用压力　疏水器的最高使用压力应根据疏水器安装系统的最高压力来确定。疏水器的公称压力应满足安装系统的设计压力。见图 5-53。

丙烯系统表压力为 2.0MPa，考虑到丙烯有漏到蒸汽侧的可能，蒸汽进口管的安全阀设置压力为 2.0MPa，蒸汽系统（指"止回阀"后）的最高压力为 2.0MPa，设计压力 2.2MPa，因此疏水器的最高使用压力为 2.0MPa，设计压力为 2.2MPa。

② 入口压力 p_1　疏水器的入口压力 p_1 是指疏水器入口处的压力，它比蒸汽压力 p 低 0.05~0.1MPa；疏水器的公称压力按工程规定的管道等级选用，而疏水器的疏水能力应按入口压力 p_1 选择。

③ 出口压力 p_2　疏水器的出口压力 p_2 也称为背压，它由疏水器后的系统压力决定，如果凝结水不回收就地排放时，出口压力可视为零。但是，一般将凝结水经管网集中回收。此时疏水器的出口压力是管道系统的阻力降、位差及凝结水槽或界区要求压力的总和。

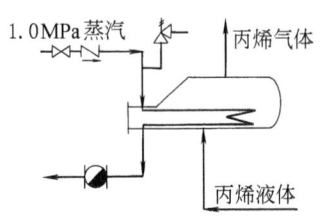

图 5-53　安装系统的压力

④ 疏水器的工作压差 Δp

$$\Delta p = p_1 - p_2 \tag{5-244}$$

式中　Δp——疏水器的工作压差，MPa；
　　　p_1——疏水器的进口压力，MPa；
　　　p_2——疏水器的出口压力，MPa。

$$p_2 = \frac{H}{96.8} + p_3 + L\Delta p_e \tag{5-245}$$

式中　H——疏水器与凝结水槽之间的位差或疏水器与出口最高管系之间的位差（两者取大的），m；
　　　p_3——凝结水槽内的压力或界区要求的压力，MPa；
　　　Δp_e——每米管道的摩擦阻力，MPa/m；
　　　L——管道的当量长度，m。

由于疏水器的排水量与 $\sqrt{\Delta p}$ 成正比，因此 p_1、p_2 的计算很重要。

注意，在一些厂家的疏水器样本上，排水量曲线或表中的压力大都指压差 Δp。

⑤ 背压度

$$背压度 = \frac{疏水器系统背压\ p_2}{疏水器入口压力\ p_1} \times 100\% \tag{5-246}$$

⑥ 背压对排水量的影响　由于疏水器的排水量大都是在不同的进口压力下，出口为排到大气而测得的，在有背压的条件下使用时，排水量必须校正。背压度越大，疏水器排水量下降得越多。校正时可参照表 5-64。

表 5-64　背压使疏水器排水量下降的百分数　　　　　　　　　单位：%

背压度/%	进口压力（表）/MPa（psic）			
	0.035（5）	0.17（25）	0.69（100）	1.38（200）
25	6	3	0	0
50	20	12	5	5
75	38	30	23	23

（3）疏水器通径的选择

疏水器通径选择，一般根据所需要的凝结水排水量及压差，对照所选型号的疏水器的排水量曲线或表，选择公称通径，然后以此为参考决定进出口管径。

（4）排水能力的比较

根据所选的疏水器通径及计算的压差和疏水器的凝结水排水量曲线或表，确定疏水器的凝结水最大排水量，将最大排水量与需要的排水量进行比较，要求：

$$G_{最大}(1-f) \geqslant G_{需} \tag{5-247}$$

式中 $G_{最大}$——疏水器的最大排水量，kg/h；

f——背压使疏水器排水量下降率；

$G_{需}$——需要的排水量。

如果需要的排水量大于单个疏水器的排水量，可以采用两个或两个以上的疏水器并联使用。此时疏水器的型号应一致，规格尽可能相同。如果需要较多的疏水器并联，应与采用分水罐自动控制液位的方法做经济比较，以选用更合适的排水方案。

5.6.4 疏水器系统设计

疏水器不允许串联使用，应单机疏水，必要时可以并联。

不能多台用汽设备共用一台疏水器，以防短路。

5.6.4.1 疏水器的入口管

① 疏水器的入口管应设在用汽设备的最低点。蒸汽管道的疏水，应在蒸汽管道底部设置一个集液包，由集液包底接至疏水器。集液包的管径一般比主管径小两级，但最大不超过$DN250$。见图5-54。

如果输送蒸汽的管道有可能存在杂质，而杂质会与凝结水一起进入集液包，为防止杂质进入疏水器，可采用图5-55所示的连接方式。

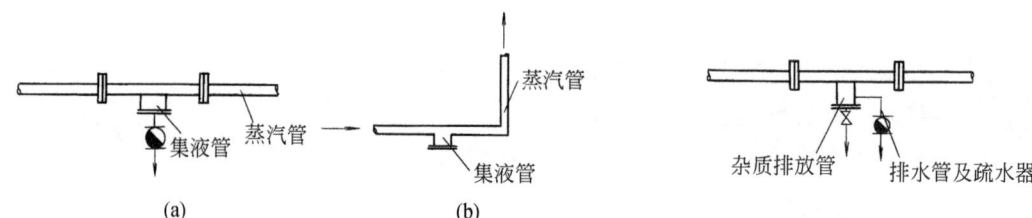

图5-54 疏水器入口管1　　　　　图5-55 疏水器入口管2

② 从凝结水出口至疏水器入口管段应尽可能的短，且凝结水自然流下进入疏水器。但对于热静力型疏水器应留有1m长的管段，且不设绝热层。而在寒冷环境中，如果由于停车或间断操作而有冻结危险，或在需要对人员采取保护的情况下，凝结水管可设绝热层或防护层。

③ 疏水器一般都自带过滤器，如果不带者，应在阀前安装过滤器。过滤器的滤网为网孔$\phi 0.7 \sim 1.0$mm的不锈钢丝网，其过滤面积不得小于通道面积的1.5倍。

④ 凝结水回收的系统，疏水器前要设置切断阀和排污阀，排污阀一般设在凝结水出口的最低点。除特别必要外，一般不设旁路，以免新鲜蒸汽窜入凝结水管网，使背压升高而干扰其他疏水器正常运行。

⑤ 用汽设备到疏水器这段管路，应沿流向有4%的坡度，尽量少拐弯。管路的公称通径不应小于疏水器的公称通径，以免形成汽阻造成管路不畅。

⑥ 疏水器安装的位置一般都比凝结水出口低，只有在必要时，采取防止积水和防止汽锁措施，才能将疏水器安装在比凝结水出口高的位置上，见图5-56（a）。在蒸汽管的低点设置返水接头，靠返水接头的作用把凝结水压上来。另外，在这种情况下，为了使立管内被隔离的蒸汽迅速凝结，防止汽锁，便于凝结水顺利压升，最好立管的尺寸小一级，或用带散热片的管子作立管。当加热管的表面不能加工出螺纹时，可在加热管末端做成U形并密封，虹吸管下端插入U形管底，虹吸管上部设置疏水器，见图5-56（b）。

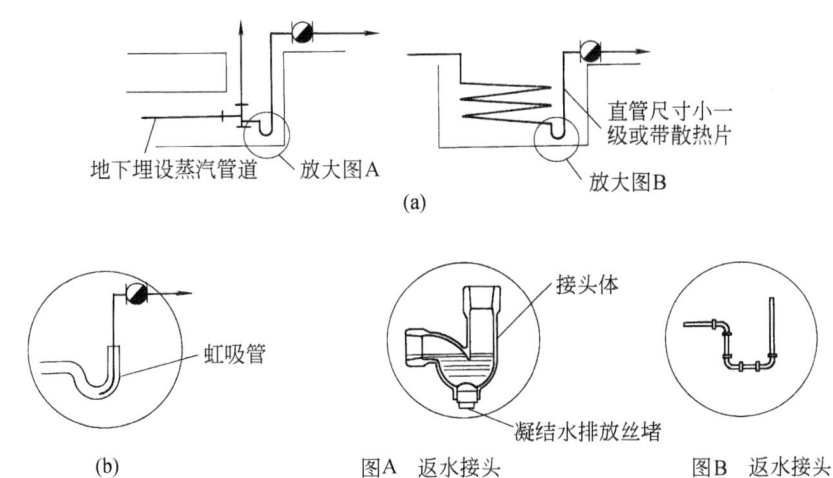

图 5-56 疏水器安装位置

注意,返水接头后主管(吸升凝结水的高度)一般以 600mm 左右为宜。如果需要进一步提高,可用 2 段或 3 段组合,高度可达 600~1000mm。返水接头会使管内的空气排放受阻。因此要尽量避免使用及使用过高的吸升高度。

⑦ 疏水器安装安置不得远离用汽设备。

5.6.4.2 疏水器的出口管

① 疏水器的出口管应少弯曲,尽量减少向上的立管,管径按汽液混合相计算,一般比疏水器口径大 1~2 级。

② 疏水器后凝结水管允许抬升高度,应根据疏水器的最低入口压力、凝结水管的摩擦阻力和凝结回收设备或界区要求的压力来确定[见式(5-245)]。

③ 如果出口管有向上的立管时,在疏水器后应设止回阀,且止回阀尽量靠近疏水器安装。有止回功能的疏水器阀后可不设止回阀。

④ 对于凝结水回收的系统,疏水器阀后要设置切断阀,检查阀或窥视镜。

⑤ 若出水管插入水槽的水面以下时,为防止疏水器在停止动作时出口管形成真空,将泥沙等异物吸进导致疏水器故障,可在出口管的弯头处开小孔($\phi 4mm$),见图 5-57。

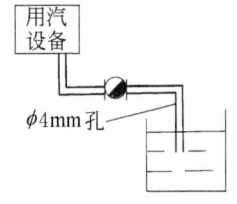

图 5-57 防止出口管产生真空示意

⑥ 凝结水集合管应坡向凝结水回收设备的方向。为不增加静压和防止水垂现象的产生,集合管不宜向上抬升。图 5-58(a)为不正确敷设形式,图 5-58(b)为正确的敷设形式。

⑦ 疏水器的出口压力取决于疏水器后的系统压力,因此高低压蒸汽系统的疏水器,可合用一个凝结水系统,不会干扰,见图 5-59(a)。但当疏水器设置旁通管时,必须分别将高低压凝结水排入两个系统,如图 5-59(b)所示。

⑧ 为保证凝结水畅通,各支管与集合管相接宜采用顺流,由管上方 45°斜交。见图 5-60。

⑨ 疏水器往往由于装置的条件所限必须装在室外,这样在寒冷季节,一旦蒸汽使用设备或管道停用,蒸汽疏水器及其配管内的滞留凝结水将会发生冻结。为防冻可采用下列措施。

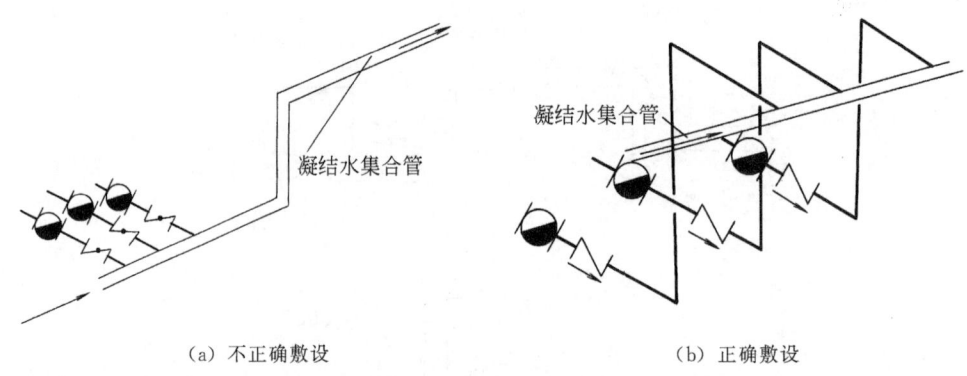

(a) 不正确敷设　　　　　　　　　　(b) 正确敷设

图 5-58　凝结水集合管的敷设

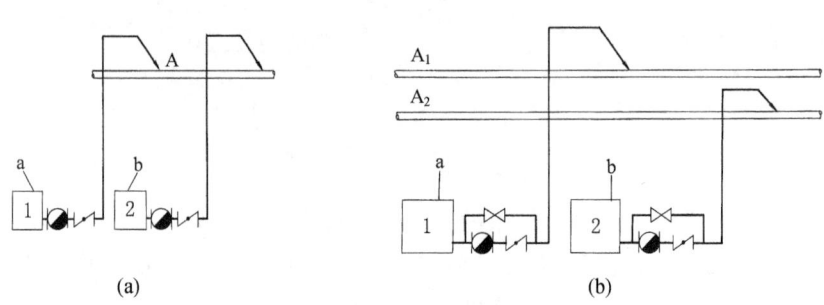

图 5-59　凝结水系统选用示意

1—高中压蒸汽加热设备；2—低压蒸汽加热设备；a—高中压蒸汽；b—低压蒸汽；
A—凝结水集合管；A_1—高中压凝结水集合管；A_2—低压凝结水集合管

a. 入口管和出口管保温。

b. 不要把出口管设置为竖管，否则在低点设置排净阀。

c. 对于任意安装的圆盘式蒸汽疏水器，垂直安装时，尽量使出口向下。

d. 对于只能水平安装的机械型疏水器，可在阀的底部设置自动防冻阀。

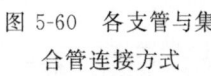

图 5-60　各支管与集合管连接方式

自动防冻阀是类似于球体止回阀一样的结构，在蒸汽使用设备操作时，靠蒸汽压力关阀，当不操作停用时，疏水器内压力降至大气压力，防冻阀靠弹簧将阀瓣（球体）顶起，从而开阀将疏水器内凝结水全部排掉。当设备再投入运行后，疏水器内压力升高，防冻阀将自动关闭。

e. 如不能安装自动防冻阀，可给疏水器适当加保温罩。必要时可对疏水器本身保温。见图 5-61（a）。

f. 把压缩空气系统连接在疏水器的进口管上，当蒸汽使用设备在冬季停止运行时，关闭疏水器进口阀，打开压缩空气阀，靠压缩空气将疏水器及管内水强行排除。如图 5-61（b）所示。

⑩ 当疏水器向大气排放凝结水时，由于疏水器排放动作的声音，有时会产生噪声，抑制噪声可采取下列措施：a. 采用可低温排水的热静力型疏水器；b. 可把出口管末端插入排入槽或排水沟的水面以下，见图 5-57；c. 凝结水的压力较低时，采用较长的出口管（2m 以上），使二次蒸汽能在管内凝结，见图 5-62；d. 使出口管通过排水沟的底部，使再蒸发蒸

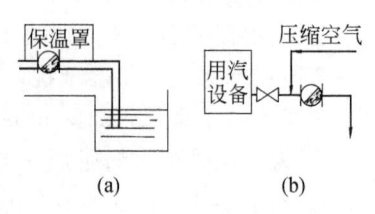

图 5-61　防止冻结的措施

汽凝结，但这时出口管的末端应露出水面，见图 5-63；e. 在出口管安装消声器，见图 5-64；f. 凝结水直接排向沙土地面，但在疏水器停止动作时出口管也会形成真空使沙土吸入疏水器，因而必须采用 5.6.4.2⑤的办法防止故障；见图 5-65。

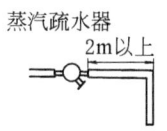
图 5-62 长出口管示意

图 5-63 出口管通过水沟示意

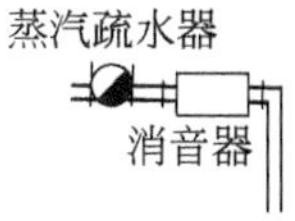

图 5-64 出口管装消声器示意

图 5-65 凝结水排向沙土地面示意

5.6.4.3 疏水器的配置

① 闭式凝结水系统（凝结水回收）

a. 疏水器出口管有向上立管（图 5-66）。
b. 疏水器出口无向上的立管（图 5-67）。

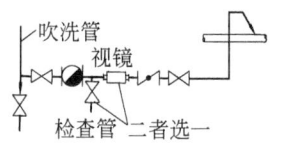
图 5-66 疏水器出口管有向上立管的配置

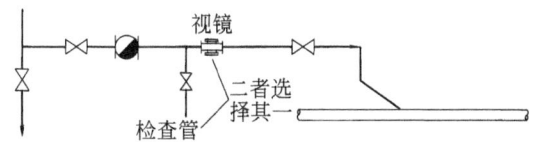
图 5-67 疏水器出口无向上立管的配置

② 开式凝结水系统（凝结水不回收） 见图 5-68。
③ 需要两个或多个疏水器并联 见图 5-69。

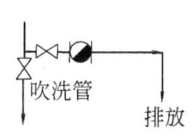
图 5-68 疏水器出口管直接排放的配置

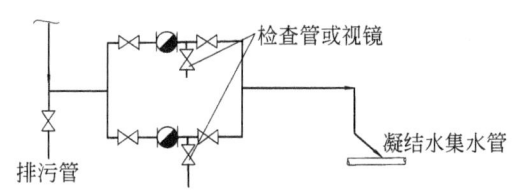
图 5-69 疏水器并联的配置
（要求疏水器同一标高）

④ 疏水器本身不带过滤器，而配用在线过滤器 见图 5-70。
⑤ 必须设置旁通 见图 5-71。

疏水阀图例及计算选型表如图 5-72 及表 5-65 所示。

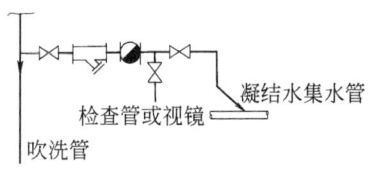
图 5-70 疏水器不带过滤器的配置

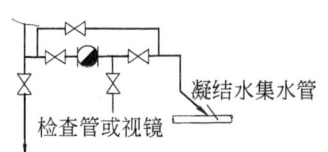
图 5-71 疏水器设置旁通配置

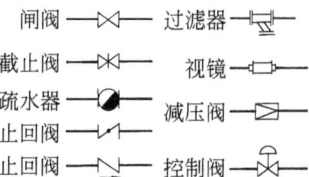
图 5-72 疏水阀图例

（要求旁通管的标高不低于疏水器的标高）

表 5-65 疏水阀计算、选型表

编制			蒸汽疏水阀计算、选型表			工程项目主项			专业版次第 页 共 页	
校核										
审核										
疏水阀编号			蒸汽系统设计压力 $p_设$/MPa			用户	设备位号	安装方式	□室外	□室内
蒸汽系统设计温度 $T_设$/℃			蒸汽系统最高压力 $p_最$/MPa				管道编号		□水平	□垂直
蒸汽系统操作温度 $T_操$/℃			蒸汽系统操作压力 $p_设$/MPa						□倾斜	□
计算排水量 $G_计$ /(kg/h)			开工启动	正常操作	计算方法	疏水阀型号				
	蒸汽管道					公称压力 PN/MPa				
	蒸汽伴热					公称直径 DN				
	蒸汽加热设备					连接形式				
	蒸汽驱动设备					最高工作压力 p_{max}/MPa				
	汽水分离器					最高工作温度 T_{max}/℃				
	其他					允许背压度/%				
						过冷度/℃				
排水要求		□连续	□间断	□立即	□过冷	是否带过滤器			□带	□不带
压差 Δp	进口压力 p_1	蒸汽系统至疏水阀进口的阻力降 $\Delta p'$/MPa				最大排水量 G_{max}/(kg/h)				
		进口压力 $p_1 = p - \Delta p'$/MPa				校正后的排水量/(kg/h)			$G_校 = G_{max}(1-f)$ =	
	出口压力 p_2	疏水阀与集水槽的位差 H_1/m				疏水阀的安装形式			□单机	□并联
		疏水阀与阀后最高管泵的位差 H_2/m							□多个并联 $m^①$	
		H_1、H_2 取最大者为 H/m				判别所选疏水	$p_{max} \geq p_设$			
		集水槽内压力或凝结水出界压力 p_3/MPa					$T_{max} \geq T_设$			
		每米管道的摩擦阻力降 Δp_e/(MPa/m)					允许背压度≥背压度			
		管道的当量长度 L/m								
		$p_2 = H/96.8 + p_3 + L\Delta p_e$ MPa					$m - G_校 \geq G_需$			
	$\Delta p = p_1 - p_2 =$ MPa					备注	① 仅限于同型号同规格。			
安全系数	$n =$									
需要的排水量	$G_需 = nG_计 =$				kg/h					
背压度	$p_2/p_1 \times 100 =$									
背压对排水量的影响			使排水量下降 $f =$ %							

5.7 爆破片的设计和选用

5.7.1 概述

5.7.1.1 适用范围

在石油化工生产过程中为了防止因火灾烘烤或操作失误造成系统压力超过设计压力而发生爆炸事故,应设置泄压设施以保护设备或管道系统。

本章所介绍的爆破片设计适用于石油化工装置新建、改建和扩建工程中石化装置压力容器、管道或其他密闭空间防止超压的拱形金属爆破片和爆破片装置的设置、计算和选型。爆破片的爆破压力最高不大于 35MPa,最小不低于 0.01MPa(G)。

5.7.1.2 相关标准

《压力容器安全技术监察规程》(质技监局锅发 [1999] 154 号)

《拱形金属爆破片技术条件》(GB 567—2012)

《爆破片的设置和选用》(HG/T 20570.3—95)

《钢制压力容器》(GB 150)

5.7.2 有关爆破片的名词、术语

(1) 爆破片装置

由爆破片（或爆破片组件）和夹持器（或支撑圈）等装配组成的压力泄放安全装置。当爆破片两侧压力差达到预定温度下的预定值时，爆破片立即动作（破裂或脱落），泄放出压力介质。

(2) 爆破片

在爆破片装置中，能够因超压而迅速动作的压力敏感元件，用以封闭压力，起到控制爆破压力的作用。

(3) 爆破片组件（又称组合式爆破片）

由压力敏感元件、背压托架、加强环、保护膜等两种或两种以上零件组合成的爆破片。

(4) 正拱型爆破片

压力敏感元件呈正拱型。在安装时，拱的凹面处于压力系统的高压侧，动作时该元件发生拉伸破裂。

① 正拱普通型爆破片　压力敏感元件无需其他加工，由坯片直接成型的正拱型爆破片。

② 正拱开裂型爆破片　压力敏感元件由有缝（孔）的拱形片与密封膜组成的正拱型爆破片。

(5) 反拱型爆破片

压力敏感元件呈反拱型。在安装时，拱的凸面处于压力系统的高压侧，动作时该元件发生压缩失稳，导致破裂或脱落。

① 反拱带刀架（或鳄齿）型爆破片　压力敏感元件失稳翻转时因触及刀刃（或鳄齿）而破裂的反拱型爆破片。

② 反拱脱落型爆破片　压力敏感元件失稳翻转时沿支承边缘脱落，并随高压侧介质冲出的反拱型爆破片。

(6) 刻槽型爆破片

压力敏感元件的拱面（凸面或凹面）刻有减弱槽的拱形（正拱或反拱）爆破片。

(7) 夹持器

在爆破片装置中，具有设计给定的泄放口径，用以固定爆破片位置，保证爆破片准确动作的配合件。

(8) 支承器

用机械方式或焊接固定反拱脱落型爆破片位置，保证爆破片准确动作的环圈。

(9) 背压

存在于爆破片装置泄放侧的静压，在泄放侧若存在其他压力源或在入口侧存在真空状态均形成背压。

泄放侧压力超过入口侧压力的差值称为背压差。

(10) 背压托架

在组合式爆破片中，用来防止压力敏感元件因出现背压差而发生意外破坏的拱型托架。该类托架需与压力敏感元件配合，拱面开孔（或缝）。

置于正拱型爆破片凹面的背压托架，在出现背压差时，防止爆破片凸面受压失稳。当系统压力可能出现真空时，此种背压托架有时称为真空托架。

置于反拱型爆破片凸面的背压托架，在出现背压差时，防止爆破片凹面受压破坏。

(11) 加强环

在组合式爆破片中，与压力敏感元件边缘紧密结合，起增强边缘刚度作用的环圈。

(12) 密封膜

在组合式爆破片中，对压力敏感元件起密封作用的薄膜。

(13) 保护膜（层）

当压力敏感元件易受腐蚀影响时，用来防止腐蚀的覆盖薄膜，或者涂（镀）层。

(14) 坯片

从金属薄带或薄板材上冲剪出来的，在制成拱型爆破片以前的金属片。

(15) 爆破压力

爆破片装置在相应的爆破温度下动作时，爆破片两侧的压力差值。

① 设计爆破压力　爆破片设计时由需方提出的对应于爆破温度下的爆破压力。

② 最大（最小）设计爆破压力　设计爆破压力加制造范围，再加爆破压力允差的总代数和。

③ 试验爆破压力　爆破试验时，爆破片在爆破瞬间所测量到的实际爆破压力。测量此爆破压力的同时应测量试验爆破温度。

④ 标定爆破压力　经过爆破试验标定符合设计要求的爆破压力。当爆破试验合格后，其值取该批次爆破片按规定抽样数量的试验爆破压力的算术平均值。

同一批次爆破片的标定爆破压力必须在商定的制造范围以内，当商定制造范围为零时，标定爆破压力应是设计爆破压力。

(16) 最大正常工作压力

容器在正常工作过程中，容器顶部可能达到的最大的压力。

(17) 最高压力

容器最大正常工作压力加上流程中工艺系统附加条件后，容器顶部可能达到的压力。

(18) 爆破温度

与爆破压力相应的压力敏感元件壁的温度。此术语可以与"设计"或"试验"等定语连用。

(19) 制造范围

为方便爆破片制造，设计爆破压力在制造时允许变动的压力范围。此种允许变动的压力范围需由供需双方协商确定。

(20) 爆破压力允差

爆破片实际的试验爆破压力相对于标定爆破压力的最大允许偏差。其值可以是正负相等的绝对值或百分数。

当商定制造范围为零时，此允差即表示对设计爆破压力的最大偏差。

(21) 泄放面积

爆破片装置几何上最小的流通面积。用以计算爆破片装置的理论泄放量。

(22) 泄放量（又称泄放能力）

爆破片爆破后，通过泄放面积泄放出去的压力介质流量。

(23) 批次

具有相同型式、规格、标定爆破压力与爆破温度，且其材料（牌号、性能）和制造工艺完全相同的一组爆破片为一个批次。

5.7.3 爆破片设置及选用

5.7.3.1 爆破片的分类

① 正拱型爆破片（拉伸型金属爆破片装置）。
② 反拱型爆破片（压缩型金属爆破片装置）。

按组件结构特征还可细分，见表 5-66，此外还有石墨和平板型爆破片。

表 5-66 金属爆破片分类

型 式	名 称	型 式	名 称
正拱型	普通型 开缝型 背压托架型 加强环型 软垫型 刻槽型	反拱型	卡圈型 背压托架型 刀架型 鳄齿型 刻槽型

夹持器的夹持面及外接密封面形式见表 5-67。

表 5-67 夹持器的夹持面及外接密封面形式

夹持面形状	平面 锥面	外接密封面形状	平面 凹凸面 榫槽面

5.7.3.2 爆破片的设置

① 独立的压力容器和（或）压力管道系统设有安全阀、爆破片装置或这两者的组合装置。
② 满足下列情况之一应优先选用爆破片：
a. 压力有可能迅速上升的；b. 泄放介质含有颗粒、易沉淀、易结晶、易聚合和介质黏度较大者；c. 泄放介质有强腐蚀性，使用安全阀时其价值很高；d. 工艺介质十分昂贵或有剧毒，在工作过程中不允许有任何泄漏，应与安全阀串联使用；e. 工作压力很低或很高时，选用安全阀则其制造比较困难；f. 使用温度较低而影响安全阀工作特性；g. 需要较大泄放面积。
③ 对于一次性使用的管路系统（如开车吹扫的管路放空系统），爆破片的破裂不影响操作和生产的场合，设置爆破片。
④ 为减少爆破片破裂后的工艺介质的损失，可与安全阀串联使用，详见 5.7.6 节。
⑤ 作为压力容器的附加安全设施，可与安全阀并联使用，例如爆破片用于火灾情况下的超压泄放。
⑥ 为增加异常工况（如火灾等）下的泄放面积，爆破片可并联使用。
⑦ 爆破片不适用于经常超压的场合。
⑧ 爆破片不适用于温度波动很大的场合。

5.7.4 爆破片的泄放量和泄放面积的计算及爆破压力

5.7.4.1 泄放量的计算

根据劳动部颁发的《压力容器安全监察规程》（劳锅字［1990］8 号）附录 5 之规定来计算压力容器的安全泄放量。

（1）压缩气体或水蒸气压力容器的安全泄放量
① 压缩贮气罐和汽包等压力容器的安全泄放量应取设备的最大生产能力（产气量）。
② 气体贮罐等压力容器的安全泄放量，按下式计算。

$$W' = 2.83 \times 10^{-3} \rho v d^2 \tag{5-248}$$

式中 W'——压力容器的安全泄放量，kg/h；
ρ——泄放压力下的气体密度，kg/m³；
d——压力容器进口管的内径，mm；
v——压力容器进口管内气体的流速，m/s。

(2) 液化气体压力容器的安全泄放量

① 介质为易燃液化气体或装设在有可能发生火灾的环境下工作时的非易燃液化气体。

a. 对无绝热材料保温层的压力容器。

$$W' = \frac{2.55 \times 10^5 F A^{0.82}}{r} \tag{5-249}$$

式中 W'——压力容器的安全泄放量，kg/h；
r——在泄放压力下液化气体的汽化潜热，kJ/kg；
F——系数，压力容器装在地面以下，用沙土覆盖时，取 $F=0.3$；压力容器在地面上时，取 $F=1$；对设置在大于 10L/m² 水喷淋装置下时，取 $F=0.6$；
A——压力容器的受热面积，m²。

A 按下列公式计算：

对半球形封头的卧式压力容器 $A = \pi D_0 L$

对椭圆形封头的卧式压力容器 $A = \pi D_0 (L + 0.3 D_0)$

对立式压力容器 $A = \pi D_0 L'$

对球形压力容器 $A = \frac{1}{2} \pi D_0^2$ 或从地平面起到 7.5m 高度以下所包括的外表面积，取二者中较大的值。

式中 D_0——压力容器直径，m；
L——压力容器总长，m；
L'——压力容器内最高液位，m。

b. 对有完善的绝热材料保温层的液化气体压力容器

$$W' = \frac{2.61 \times (650 - t) \lambda A^{0.82}}{\delta r} \tag{5-250}$$

式中 W'——压力容器的安全泄放量，kg/h；
t——泄放压力下的饱和温度，℃；
λ——常温下绝热材料的热导率，kJ/(m·h·℃)；
A——压力容器的受热面积，m²；
δ——保温层厚度，m；
r——泄放压力下液化气体的汽化潜热，kJ/kg。

② 介质为非易燃液化气体的压力容器，而且装设在无火灾危险的环境下工作时，安全泄放量可根据其有无保温层分别选用不低于按公式（5-247）或式（5-250）计算值的 30%。

由于化学反应使气体体积增大的压力容器，其安全泄放量应根据压力容器内化学反应可能生成的最大气量以及反应时所需的时间来决定。

根据美国石油学会标准 API 520 中规定：对于有足够的消防保护措施和能及时排走地面上

泄漏的物料时，其泄放量由式（5-251）计算

$$W' = \frac{1.555 \times 10^5 FA^{0.82}}{r} \tag{5-251}$$

否则采用式（5-252）计算

$$W' = \frac{2.55 \times 10^5 FA^{0.82}}{r} \tag{5-252}$$

式中符号同式（5-249），F 的计算、取值根据美国石油学会标准 API 520：

a. 容器在地面上无保温，$F=1.0$。
b. 容器有水喷淋设施，$F=1.0$。
c. 容器地面上有良好的保温时，按式（5-253）计算

$$F = 4.2 \times 10^6 \times \frac{\lambda}{d_0}(904.4-t) \tag{5-253}$$

式中 λ——保温材料的热导率，$kJ/(m \cdot h \cdot ℃)$；

d_0——保温材料厚度，m；

t——泄放温度，℃。

d. 容器在地面之下和有沙土覆盖的地上容器，F 值按式（5-253）计算。将其中保温材料的热导率和厚度换成土壤或沙土相应的数值。

另外，保冷材料一般不耐烧，保冷容器的外壁校正系数 F 为 1.0。

5.7.4.2 泄放面积的计算

根据劳动部颁发的《压力容器安全技术监察规程》附件五之规定进行爆破片泄放面积的计算（气体、临界条件下）

$$a \geqslant \frac{W'}{7.6 \times 10^{-2} C_0 Xp \sqrt{\frac{M}{ZT}}} \tag{5-254}$$

式中 a——爆破片泄放面积，mm^2；

W'——压力容器安全泄放量，kg/h；

C_0——流量系数，对一般直圆管 $C_0=0.71$，对喇叭形接管 $C_0=0.87$；

p——爆破片设计爆破压力，MPa；

X——气体特性系数（按本节后附录 6 选取）；

M——压力容器内气体的摩尔质量，kg/kmol；

T——压力容器内气体的热力学温度，K；

Z——气体的压缩系数。

对于化学超压过程（如内部爆炸），由于其机理复杂和工况繁多，目前还没有计算公式，要经过试验才能确定所需要的爆破片。API 521 的《Guide for pressure-relieving and depressuring systems》1990 标准中推荐，在没有试验数据时，爆破面积为 $6.6m^2/100m^3$ 容积（适用于空气-碳氢化合物体系）。

由公式（5-254）计算出爆破片的最小泄放面积 a 后，再由 a 值来计算泄放口径 d，并按标准管径的公称直径向上圆整 d 值。至此初步选定了爆破片的泄放面积和泄放口径。

5.7.4.3 爆破片额定泄放量的核算

按圆整后选定的 d 值计算爆破片泄放面积 a 值，并根据工况利用下列公式之一来计算爆

破片的额定泄放量 W，如满足要求（$W \geqslant W'$），则 a 和 d 即为选定的泄放面积和泄放口径。

物理超压过程的爆破片额定泄放量（泄放能力）的核算或计算按以下公式计算。

气体
$$W \leqslant 55.8C_0 Cap \sqrt{\frac{M}{ZT}} \tag{5-255}$$

水蒸气
$$W \leqslant 5.2C_0 C_S ap \tag{5-256}$$

液体
$$W \leqslant 55.8C_0 Cap \sqrt{\rho p} \tag{5-257}$$

式中 W——爆破片的额定泄放量（泄放能力），kg/h；

a——爆破片的最小泄放面积，mm^2；

C——气体的特性系数，由附录 3 查取或按下式计算

$$C = \sqrt{\frac{k}{k-1}\left[\left(\frac{p_0}{p}\right)^{\frac{2}{k}} - \left(\frac{p_0}{p}\right)^{\frac{k+1}{k}}\right]} \tag{5-258}$$

当 $\frac{p_0}{p} = \left(\frac{2}{k+1}\right)^{\frac{k}{k-1}}$ 时为临界泄放压力比，当 p_0/p 等于或小于临界泄放压力比时，C 有极大值

$$C_{\max} = 0.7071 \sqrt{k\left(\frac{2}{k+1}\right)^{\frac{k+1}{k-1}}} \tag{5-259}$$

k——绝热指数；

C_S——水蒸气的特性系数，蒸汽压力小于 16MPa 的饱和蒸汽，$C_S \approx 1$；过热蒸汽的 C_S 值随过热温度而减少，查附录 2；

M——气体的相对分子质量；

p——爆破片的设计爆破压力，MPa；

p_0——背压，MPa；

T——容器或设备内泄放气体的热力学温度，K；

Z——气体的压缩系数，根据 T_r 与 p_r 由附录 5 查得。对比温度 $T_r = T/T_{ct}$（T_{ct}——临界温度，K）；对比压力 $p_r = p/p_{ct}$（p_{ct}——临界压力，MPa）；

ρ——液体密度，kg/m^3；

C_0——额定泄放系数，取 $C_0 = 0.62$ 或实测值；

ξ——液体动力黏度校正系数，根据雷诺数

$$Re = \frac{0.3134W}{\mu \sqrt{a}} \tag{5-260}$$

由附录 4 查取；当液体黏度等于或小于水的黏度时，取 $\xi = 1$。

5.7.4.4 爆破片的设计爆破压力和标定爆破压力

（1）标定设计压力

每一爆破片装置应有指定温度下的标定爆破压力，其值不得超过容器的设计压力。当爆破试验合格后，其值取该批次爆破片按规定抽样数量的试验爆破压力的算术平均值。爆破压力允差见表 5-68，表示实际的试验爆破压力相对于标定爆破压力的最大允许偏差。

表 5-68 爆破压力允差

爆破片形式	标定爆破压力/MPa	允许偏差	爆破片形式	标定爆破压力/MPa	允许偏差
正拱型	<0.2 ≥0.2	±0.010 ±5%	反拱型	<0.3 ≥0.3	±0.015 ±5%

(2) 爆破片制造范围

爆破片的制造范围是设计爆破压力在制造时允许变动的压力幅度，须由供需双方协商确定。在制造范围内的标定爆破压力应符合本规定的爆破压力允差(见表5-68)。当商定制造范围为零时，则标定爆破压力应是设计爆破压力。

① 正拱型爆破片制造范围　分为：标准制造范围；1/2标准制造范围；1/4标准制造范围；亦可以是零。爆破片制造范围见表5-69。

表 5-69 爆破片制造范围

设计爆破压力 /MPa (G)	标准制造范围/MPa		1/2标准制造范围/MPa		1/4标准制造范围/MPa	
	上限(正)	下限(负)	上限(正)	下限(负)	上限(正)	下限(负)
0.10~0.16	0.028	0.014	0.014	0.010	0.008	0.004
0.17~0.26	0.036	0.020	0.020	0.010	0.010	0.006
0.27~0.40	0.045	0.025	0.025	0.015	0.010	0.010
0.41~0.70	0.065	0.035	0.030	0.020	0.020	0.010
0.71~1.0	0.085	0.045	0.040	0.020	0.020	0.010
1.1~1.4	0.110	0.065	0.060	0.040	0.040	0.020
1.5~2.5	0.160	0.085	0.080	0.040	0.040	0.020
2.6~3.5	0.210	0.105	0.100	0.030	0.040	0.025
3.6 及以上	6%	3%	3%	1.5%	1.5%	0.8%

② 反拱刀架(或刻槽)型爆破片制造范围　按设计爆破压力的百分数计算，分为：-10%；-5%；0。

③ 制造范围说明　爆破片的制造范围与爆破压力允差不同，前者是制造时相对于设计爆破压力的一个变动范围，而后者是试验爆破压力相对于标定爆破压力的变动范围。

(3) 爆破片的设计爆破压力

为了使爆破片获得最佳的寿命，每一种类型的爆破片的设备最高压力与最小标定爆破压力之比见表5-70。

表 5-70 爆破片的设备最高压力与最小标定爆破压力之比

型别名称及代号	简　图	$\dfrac{设备最高压力(表压)}{最小标定爆破压力(表压)} \times 100\%$
正拱普通平面型 LPA		70%

续表

型别名称及代号	简图	$\dfrac{\text{设备最高压力(表压)}}{\text{最小标定爆破压力(表压)}} \times 100\%$
正拱普通锥面型 LPB	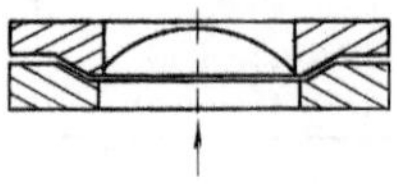	70%
正拱普通平面托架型 LPTA	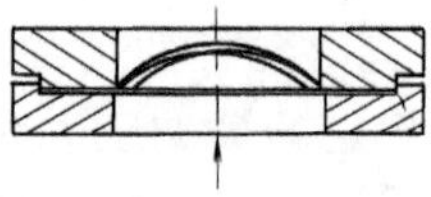	70%
正拱普通锥面托架型 LPTB	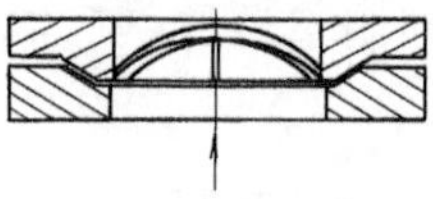	70%
正拱开缝平面型 LKA	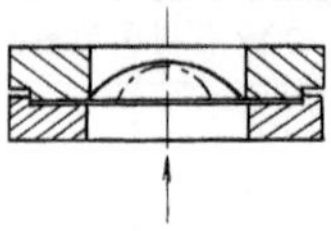	80%
正拱开缝锥面型 LKB	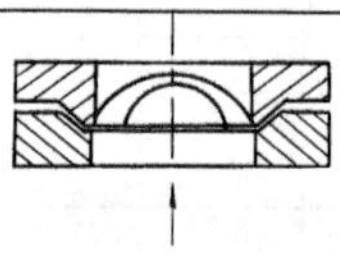	80%
反拱刀架型 YD	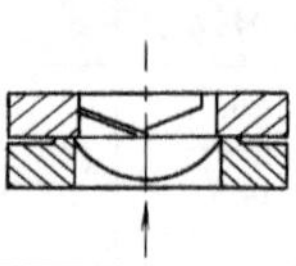	90%
反拱卡圈型 YQ	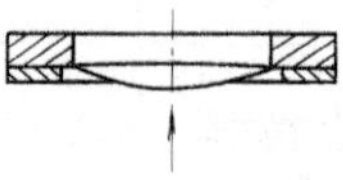	90%
反拱托架型 YT	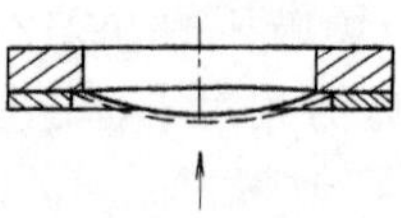	80%

对于新设计的压力容器,确定最高压力之后,根据所选择的爆破片形式和表 5-70 中的比值,确定爆破片的设计爆破压力。

设计爆破压力 p_B＝最小标定爆破压力 p_n＋制造范围负偏差的绝对值。

根据 GB 150《钢制压力容器》附录 B,容器的设计压力为:设计压力大于、等于设计爆破压力加上制造范围正偏差。

旧设备新安装爆破片,容器的设计压力和最高压力已知时,按选定爆破片的制造范围确定设计爆破压力,查表 5-70,确定合适的爆破片形式。

(4) 压力关系图和表

① 与爆破片相关的压力关系,如下图所示。本图表示了爆破片的最高压力(即被保护容器的最高压力)与爆破片设计、制造时的各类爆破压力的关系。

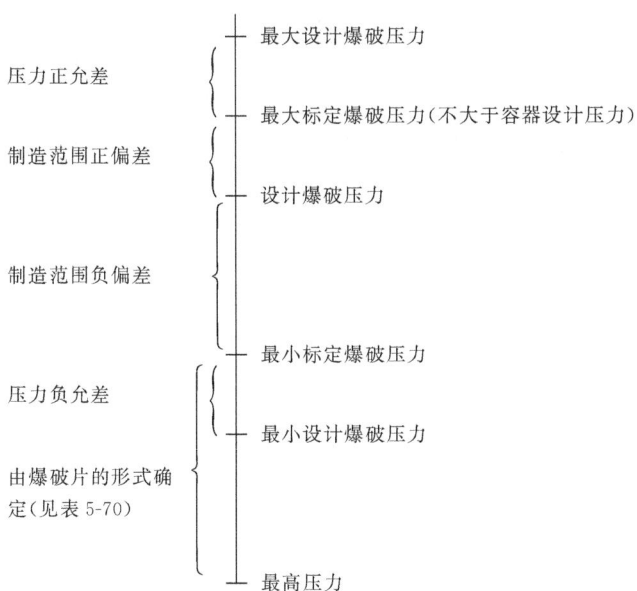

② 与容器相关的压力关系,见表 5-71。本表表明了不同情况下被保护系统设置爆破片的最大设计爆破压力、最大标定爆破压力的数值与被保护容器的设计压力或最大允许工作压力数值的比例关系。

表 5-71 爆破片与容器相关的压力关系(见 API 520)

压力容器要求	容器压力	爆破片典型特征
	121%	火灾情况下最大设计爆破压力
	116%	多个爆破片用于非火灾情况下最大设计爆破压力
	110%	多个爆破片用于火灾情况下的最大标定爆破压力 单个爆破片用于非火灾情况下最大设计爆破压力
	105%	多个爆破片用于非火灾情况下的最大标定爆破压力
容器设计压力(或最大允许工作压力) 最高压力	100%	最大标定爆破压力(单个爆破片)

5.7.4.5 设计计算举例

例 5-23 订购一批爆破片,设计爆破压力为 1MPa。试确定最大、最小设计爆破压力范围。

解 ① 情况一:按标准制造范围选用正拱形爆破片。

查表 5-69,这一爆破压力的标准制造范围为 $\begin{pmatrix} +0.085 \\ -0.045 \end{pmatrix}$MPa,制造厂可按 0.955~1.085MPa 范围内的任何一个值作为该批爆破片的标定爆破压力交货。若提供标定爆破压力为 1.05MPa,规定压力允差为 ±5%,则该批爆破片的实际爆破压力为 (1.05±0.0525)MPa;若提供的标定爆破压力为 0.955MPa,规定压力允差为 ±5%,则该批爆破片的实际爆破压力为 (0.955±0.0478)MPa。

② 情况二:按 1/2 标准制造范围选用正拱形爆破片。

查表 5-69 的 1/2 标准制造范围为 $\begin{pmatrix} +0.04 \\ -0.02 \end{pmatrix}$MPa,即规定爆破压力的范围为 0.98~1.04MPa,制造厂只能在此范围内确定该批爆破片的标定爆破压力,压力允差按规定计算。

③ 情况三：按 0 标准制造范围选用反拱形爆破片。

制造范围为 0 表示该批爆破片的规定爆破压力不允许变动。因压力允差为±5%，故制造厂将按用户要求提供实际爆破压力为 (1.0 ± 0.05) MPa 的反拱型爆破片。

④ 情况四：按制造范围为 −10% 选用反拱形爆破片。

制造范围为 −10% 的反拱形爆破片，标定爆破压力可在 0.9~1.0MPa 范围内由制造厂确定。若提供的标定爆破压力为 0.95MPa，规定的压力允差为±5%，则该批爆破片的实际爆破压力就是 (0.95 ± 0.0475) MPa。

例 5-24 设计一非易燃液化气体容器，容器为椭圆封头的卧式容器，直径 $D_0=2$m，容器总长 $L=5$m，无保温。因考虑到现场有可能发生火灾，拟在容器上安装爆破片装置，泄放至大气，最高压力为 1.5MPa，工作温度为 0~30℃，试进行选用。

解 ① 确定爆破片的爆破压力及容器设计压力，拟选用正拱型普通爆破片，其设备最高压力与最小标定爆破压力之比为 70%，所以，爆破片的最小标定爆破压力为

$$p_n = (1.5\div70\%)\text{MPa} = 2.14\text{MPa}$$

若制造范围为标准制造范围，查表 5-68 为：$^{+0.16}_{-0.085}$。

容器的设计压力不能低于最大标定爆破压力：$2.14+0.16+|-0.085|=2.385$，因此确定容器的设计压力为 2.4MPa。

② 确定爆破温度。此液化气体在 2.14MPa 时，对应的饱和温度为 60℃，故取 60℃ 为爆破片的爆破温度。

③ 泄放口径的确定。根据《压力容器安全技术监察规程》按式(5-249)计算，泄放量为 5.65×10^4 kg/h。可按式(5-255)计算最小泄放面积

$$a \geqslant \frac{W}{55.8C_0Cp}\sqrt{\frac{ZT}{M}}$$

已知：$M=17$，$k=C_p/C_V=1.36$，$C=0.44$，$C_0=0.62$，$Z=0.72$，$T=273+60=333$

$$p = (2.14+0.085)\text{MPa} = 2.225\text{MPa}$$

$$a \geqslant \frac{5.65\times10^4}{55.8\times0.62\times0.44\times2.225}\times\sqrt{\frac{0.72\times333}{17}}$$

$$a \geqslant 6269\text{mm}^2, \quad d \geqslant \sqrt{\frac{4a}{3.14}}\text{mm} = 89.3\text{mm}$$

泄放口径应大于等于 89.3mm，因此选公称直径为 100mm 的爆破片。

也可以用式(5-254)计算泄放面积，但由于 C_0' 取值偏大，计算结果通常偏小。

④ 确定爆破片爆破压力允差。查《拱形金属爆破片技术条件》(GB 567—2012)，爆破压力允差为 +5%。得最大设计爆破压力 $p_{B.max}=(2.385\times105\%)\text{MPa}=2.5\text{MPa}$

最小设计爆破压力 $p_{B.min}=(2.14\times95\%)\text{MPa}=2.03\text{MPa}$

⑤ 爆破片材料选择。考虑介质有轻微腐蚀性，故选用不锈钢材料。

⑥ 按表 5-71 要求，火灾情况下单个爆破片最大设计爆破压力不大于设备的设计压力的 121%。

设备设计压力的 121%=$(2.4\times121\%)\text{MPa}=2.9\text{MPa}$，而从④计算得最大设计爆破压力 $p_{B.max}=2.5\text{MPa}$，故计算结果满足表 5-71 要求。

5.7.5 爆破片的选用

5.7.5.1 爆破片形式的确定

选择爆破片形式时，应考虑以下几个因素。

(1) 压力

a. 压力较高时,爆破片宜选择正拱型。
b. 压力较低时,爆破片宜选择开缝型或反拱型。
c. 系统有可能出现真空或爆破片可能承受背压时,要配置背压托架。
d. 有循环压力或承受脉动压力的中低压容器则优先选择反拱型。

(2) 温度

考虑高温对金属材料和密封膜的影响,各种材料最高使用温度见表 5-73。

(3) 使用场合

a. 在安全阀前使用,爆破片爆破后不能有碎片。
b. 用于液体介质,不能选用反拱型爆破片。

表 5-72 为各种爆破片的特性汇总表。

表 5-72 各种爆破片特性汇总

类型名称	正拱普通型	正拱刻槽型	正拱开缝型	反拱刀架型	反拱鳄齿型	反拱刻槽型
内力类型	拉伸	拉伸	拉伸	压缩	压缩	压缩
抗压力疲劳型	较好	好	差	优良	优良	优良
爆破时有无碎片	有	无	有,但少	无	无	无
可否引起撞击火花	可能	否	可能性很小	可能	可能性小	否
可否与安全阀串联使用	否	可	可以	可	可	可
背压托架	可加	可加	已加	不加	不加	不加
爆破压力/MPa	0.03~20	0.01~8		0.2~10	0.08~2.5	0.15~10

5.7.5.2 爆破片材料的选择

制造爆破片的标准材料为铝、镍、不锈钢、因康镍、蒙乃尔。特殊用途时,可采用金、银、钛、哈氏合金等。石墨仅适用于强腐蚀和低压场合(小于 1MPa),其他材料无法满足腐蚀要求且允许爆破片破裂时有碎片产生。

爆破片材料的选择主要有以下因素。

① 不允许爆破片被介质腐蚀,必要时,要在爆破片上涂覆盖层或用聚四氟乙烯等衬里来保护。常用的衬里材料有聚四氟乙烯、镍、金、不锈钢、银、铂。常用的涂层材料有聚四氟乙烯、氟化乙丙烯、氯丁橡胶等。

② 使用温度和材料的抗疲劳特性。

表 5-73 为爆破片材料的最高使用温度,表 5-74 为部分材料的抗疲劳性能比较。表 5-75 是成都航空仪表公司的产品数据。

5.7.5.3 爆破片选用程序

① 根据 5.7.3.2 节的原则确定被保护设备或压力管道系统是否需要设置爆破片。
② 根据工艺介质和操作条件按 5.7.5.1 节原则确定爆破片的形式及材料。

表 5-73 各种爆破片材料最高使用温度

爆破片材料	最高使用温度/℃			爆破片材料	最高使用温度/℃		
	无保护膜	有保护膜			无保护膜	有保护膜	
		聚四氟乙烯	氟化乙丙烯			聚四氟乙烯	氟化乙丙烯
铝	100	100	100	钛	350	—	—
银	120	120	120	不锈钢	400	260	200
铜	200	200	200	蒙乃尔	430	260	200
镍	400	260	200	因康镍	480	260	200

表 5-74 部分材料抗疲劳性能比较

爆破片材料	性能比较	爆破片材料	性能比较	爆破片材料	性能比较
镍	1000	316不锈钢	700	铜	2
厚铝板(≥0.25mm)	1000	蒙乃尔	400	银	2
因康镍	700	薄铝板(≤0.127mm)	7		

注：假定最好的材料抗疲劳性能为 1000。

表 5-75 爆破片主要材料及最高使用温度

爆破片材料	最高温度	爆破片材料	最高温度	爆破片材料	最高温度
铝	120℃	钛	350℃	因康镍	480℃
镍	400℃	钽	260℃	石墨	<200℃
不锈钢(316、316L)	480℃				

③ 根据被保护容器或压力管道系统的最高压力及工艺选用爆破片形式，按表 5-70 中的比值确定爆破片的最小标定爆破压力，再根据 5.7.4.4 节的规定和选定的爆破片制造范围，查出制造范围的负偏差，则设计爆破压力＝最小标定爆破压力＋制造范围负偏差的绝对值。同时验证设计爆破压力是否小于被保护容器的设计压力。

④ 根据工艺条件、物理参数按 5.7.4.1 节的公式计算爆破片的安全泄放量 W'。

⑤ 根据 5.7.4.2 节的公式计算出爆破片的最小泄放面积 a，再由 a 计算出需要的泄放口径 d，并按标准管径的公称直径向上圆整 d 值，再按圆整 d 值计算泄放面积，至此初步选定了爆破片的泄放面积和泄放口径。

⑥ 如果需要，可按 5.7.4.3 节规定进行爆破片额定泄放量的核算。一般由制造厂核算。

⑦ 填写爆破片规格书，提供给材料专业，作为订货的技术条件。使用单位必须选用有制造许可证的单位生产的产品。

5.7.6 爆破片与安全阀的组合使用

5.7.6.1 爆破片安装在安全阀的入口

为了避免因爆破片的破裂而损失大量的工艺物料，在安全阀不能直接使用的场合（如物料腐蚀、剧毒、严禁泄漏等），一般在安全阀入口处安装一个爆破片。

爆破片的标定爆破压力与安全阀的设定压力相同。爆破片的公称直径不小于安全阀的入口管径。爆破片破裂后泄放面积应不小于安全阀进口面积，同时应保证爆破片破裂的碎片不影响安全阀的正常动作。爆破片的阻力按当量长度计算时，为 75 倍公称直径。

5.7.6.2 爆破片安装在安全阀的出口

如果泄放总管有可能存在腐蚀性气体环境，爆破片应安装在安全阀的出口处，以保护安全阀不受腐蚀。此时容器内的介质应是洁净的，不含有胶着物质或阻塞物质。

爆破片的最大设计爆破压力不超过弹簧式安全阀设定压力的 10%。爆破片的公称直径与安全阀出口管径相同。爆破片的泄放面积不得小于安全阀的进口面积。爆破片安装在安全阀出口处附近,爆破片的阻力降按当量长度计时,为75倍公称直径。

5.7.6.3 爆破片与安全阀的并联使用

为防止在异常工况下压力容器内的压力迅速升高,或增加在火灾情况下的泄放面积,安装一个或几个爆破片与安全阀并联使用。

爆破片的标定爆破压力略高于安全阀的设定压力,并不得大于容器的设计压力。爆破片要有足够的泄放面积,以达到保护容器的要求。

5.7.7 爆破片的安装与维护

5.7.7.1 爆破片的安装

① 爆破片在安装时应保持清洁,并检验有无破损、锈蚀、气泡和夹渣。铭牌朝向泄放侧。

② 爆破片的入口管道应短而直,管径不小于爆破片的公称直径。

③ 爆破片的出口管道应泄向安全场所或密闭回收系统。出口管道应有足够的支撑。要考虑爆破时的反冲力和震动。出口管道的管径要保证管内流速不大于0.5马赫数。对易燃、毒性为极度、高度或中度危害介质的压力容器,应将排放介质引至安全地点,进行妥善处理,不得直接排入大气。

④ 爆破片单独用作泄压装置时,有时需要及时更换,爆破片的入口管设置一切断阀。切断阀应在开启状态加铅封(C.S.O)。

⑤ 爆破片在安全阀前串联使用时,应在爆破片与安全阀之间设置压力表和放空阀或报警指示器。压力表和放空阀可设置在夹持器上,订货时要说明。

⑥ 爆破片在安全阀后串联使用时,在安全阀与爆破片之间应设置放空管或排污管,以防止压力累积。

5.7.7.2 爆破片与夹持器的标志

每片爆破片与夹持器都应有永久性标志,其内容如下。

(1) 爆破片

    制造单位及许可证编号   年   月
    制造批号   日期
    型号   规格
    材料
    爆破压力(标定爆破压力)
    适用介质和适用温度
    泄放能力

(2) 夹持器

    型号
    规格
    材料

5.7.7.3 爆破片的维护

① 正常情况下,爆破片不需特殊维护。

② 爆破片应定期检验,检查表面有无伤痕、腐蚀、变形和异物吸附。

③ 爆破片应定期更换。

④ 爆破片在安全阀前串联使用时,要经常检查压力表,确认爆破片是否破裂。

阅读资料

1. 安全阀与爆破片性能比较表

内容		对比项目	爆破片	安全阀
结构形式	1	品种	多	较少
	2	基本结构	简单	复杂
适用范围	3	口径范围	φ3~1000mm	大口径和小口径均难
	4	压力范围	几十毫米水柱~几千大气压力	很低压力或很高压力均难
	5	温度范围	-250~500℃	低温和高温均难
	6	介质腐蚀性	可选用各种耐腐蚀材料或可作简单防护	选用耐腐蚀材料有限,防护结构复杂
	7	介质黏稠,有沉淀结晶	不影响动作	明显影响动作
	8	对温度敏感性	高温时动作压力降低,低温时动作压力升高	不很敏感
	9	工作压力与动作压力差	较大	较小
	10	经常超压的场合	不适用	适用
防超压动作	11	动作特性	一次性爆破	泄压后可以复位,多次使用
	12	灵敏性	惯性小,急剧超压时反应迅速	不很及时
	13	正确性	一般±5%	波动幅度大
	14	可靠性	一旦受损伤,爆破压力降低	甚至不起跳或不闭合
	15	密闭性	无泄漏	可能泄漏
	16	动作后对生产造成损失	较大,必须更换后恢复生产	较小,复位后正常生产
维护与更换	17		不需要特殊维护,更换简单	要定期检验

2. 水蒸气特性系数(C_S)表

绝对压力/MPa	温度/℃												
	饱和	200	220	260	300	340	380	420	460	500	560	600	660	700
	系数(C_S)													
0.5	1.005	0.996	0.972	0.931	0.896	0.864	0.835							
1	0.978	0.981	0.983	0.938	0.901	0.868	0.838							
1.5	0.977	0.976	0.970	0.947	0.906	0.872	0.841							
2	0.972		0.967	0.955	0.912	0.876	0.845	0.817	0.792	0.768				
2.5	0.969			0.961	0.918	0.880	0.848	0.819	0.793	0.770				
3	0.967			0.957	0.924	0.885	0.851	0.822	0.795	0.774	0.742	0.721	0.695	0.679
4	0.965			0.958	0.934	0.894	0.857	0.826	0.799	0.775	0.744	0.725	0.696	0.680
5	0.966				0.953	0.904	0.865	0.832	0.803	0.778	0.747	0.732	0.697	0.681
6	0.968				0.953	0.911	0.872	0.838	0.808	0.781	0.747	0.729	0.698	0.682
7	0.971				0.958	0.924	0.881	0.844	0.812	0.785	0.749	0.731	0.702	0.683
8	0.975				0.967	0.937	0.888	0.850	0.817	0.789	0.752	0.731	0.701	0.684
9	0.980					0.957	0.897	0.856	0.822	0.792	0.754	0.733	0.702	0.685
10	0.986					0.961	0.909	0.863	0.827	0.796	0.757	0.735	0.703	0.686
12	0.999					0.975	0.926	0.876	0.838	0.805	0.762	0.739	0.706	0.688
14	1.016					1.002	0.956	0.893	0.846	0.811	0.768	0.743	0.711	0.691
16	1.036						0.988	0.907	0.858	0.819	0.774	0.748	0.714	0.693
18	1.063						1.004	0.929	0.873	0.828	0.779	0.752	0.717	0.697
20	1.094						1.028	0.953	0.885	0.835	0.786	0.757	0.720	0.700
22	1.129						1.072	0.982	0.900	0.849	0.793	0.761	0.724	0.702
24								1.016	0.915	0.861	0.797	0.766	0.727	0.705
26								1.055	0.935	0.871	0.804	0.772	0.731	0.708
28								1.096	0.956	0.883	0.811	0.776	0.735	0.710
30								1.132	0.977	0.895	0.821	0.781	0.735	0.715
32								1.169	1.009	0.908	0.824	0.787	0.742	0.714

注:压力和温度处于中间值时,C_S可以由内插法计算。

3. 气体特性系数（C）图

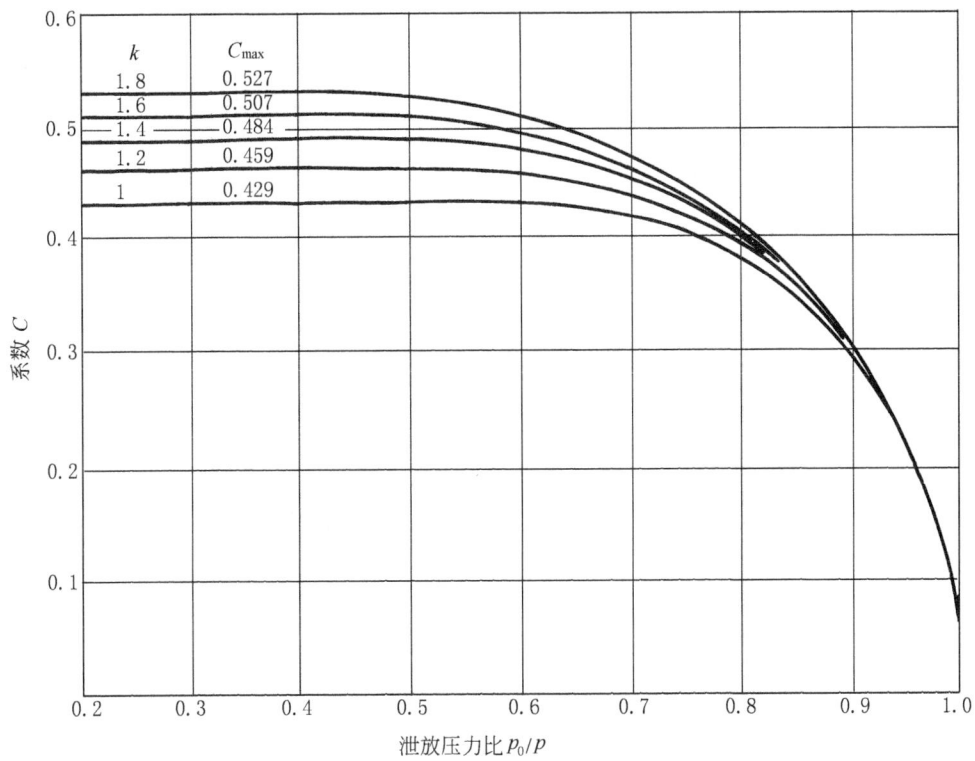

4. 液体黏度校正系数（ξ）图

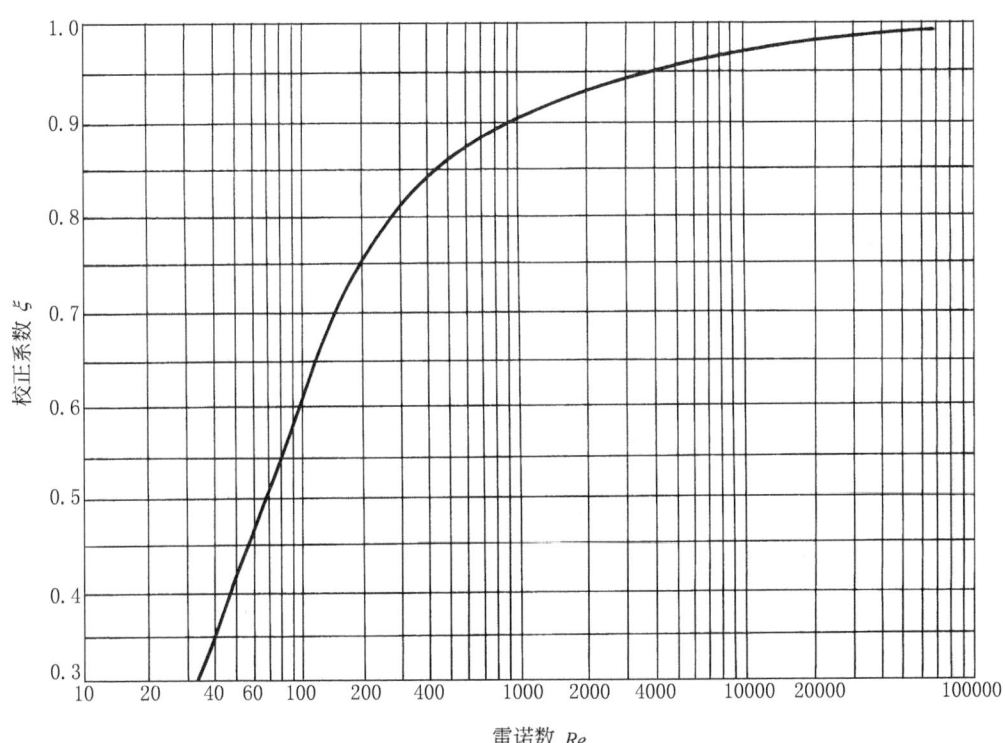

5. 气体压缩系数 Z

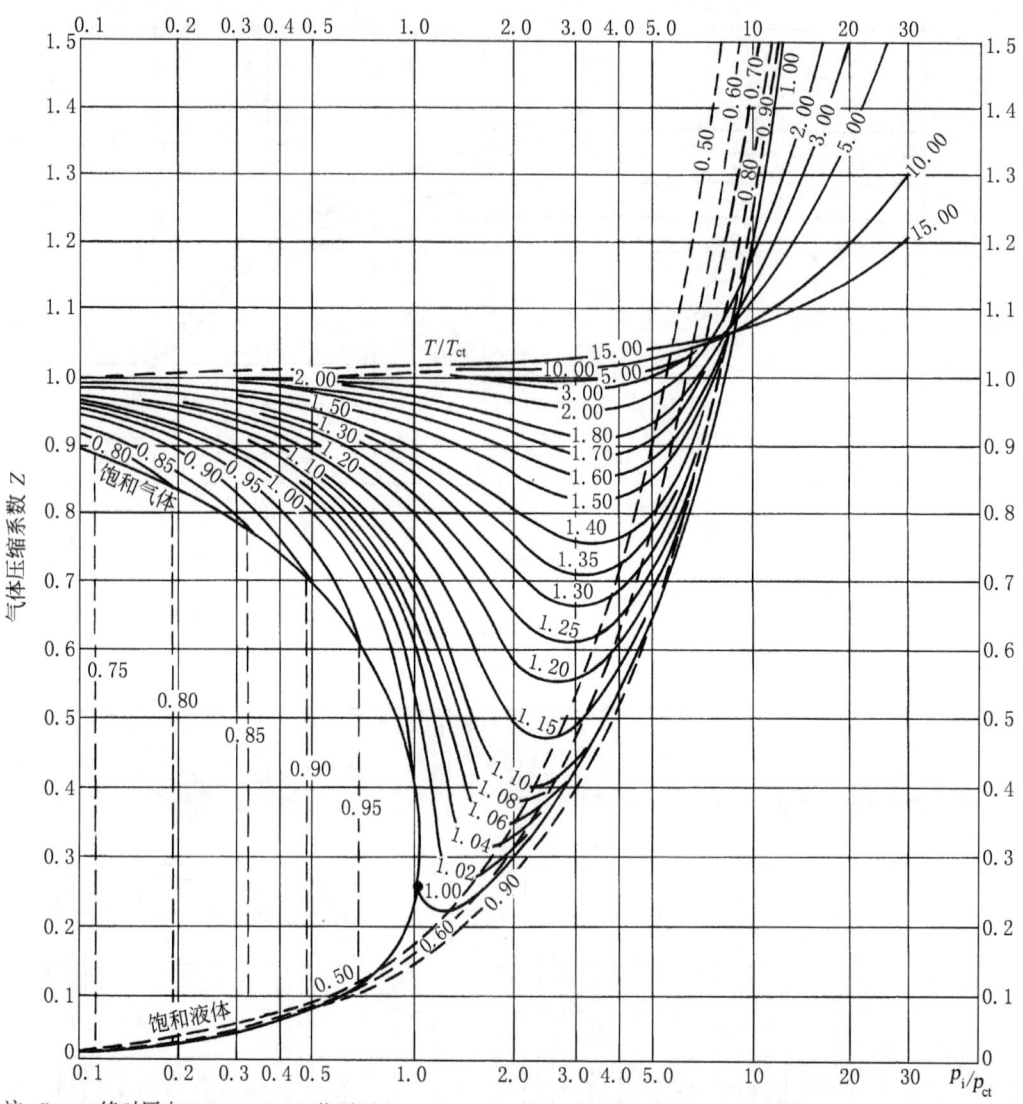

注：p_i——绝对压力，MPa；p_{ct}——临界压力，MPa；T——热力学温度，K；T_{ct}——临界温度，K。

6. 气体特性系数（X）值 [式（5-254）用]

K	X	K	X	K	X	K	X
1.00	315	1.20	337	1.40	356	1.60	372
1.02	318	1.22	339	1.42	358	1.62	374
1.04	320	1.24	341	1.44	359	1.64	376
1.06	322	1.26	343	1.46	361	1.66	377
1.08	324	1.28	345	1.48	363	1.68	379
1.10	327	1.30	347	1.50	364	1.70	380
1.12	329	1.32	349	1.52	366	2.00	400
1.14	331	1.34	351	1.54	368	2.20	412
1.16	333	1.36	352	1.56	369		
1.18	335	1.38	354	1.58	371		

注：表中 K 为气体的比定压热容与比定容热容之比。

7. 爆破片装置规格书

			编号：		修改：
				第　页共　页	

一般情况	位号		应用方式	单独使用		
	所在PID图号			设置在压力泄放阀的入口侧		
	排出物去向			设置在压力泄放阀的出口侧		
	需要数量(套)			爆破碎片是否脱落破碎		
	保护对象设计规范					
介质	名称		保护对象	位号		
	主要组分			名称		
	状态			设计规范		
	分子量			操作压力/MPa		
	要求的泄放量/(kg/h)			设计压力/MPa		
	泄放状态下的密度/(kg/m³)			操作真空度/kPa		
	泄放状态下的黏度/mPa·s			最大真空度/kPa		
	压缩系数 Z			操作温度/℃		
	比热容比 $k=C_p/C_V$			设计温度/℃		
				操作中压力变化率		
				压力变化频率		
膜片	类型	正拱普通型		夹持器	类型	盒式/插入式
		正拱开缝型				满直径
		反拱刀架型(或鳄齿型)				组合式
		反拱卡圈型				栓状/螺钉型
		反拱托架型			数量(套)	
		石墨型			入口侧夹持器材质	
		平板型				
		其他			出口侧夹持器材质	
	尺寸			托架	类型	开启型
	爆破泄放能力/(kg/h)					非开启型
	爆破温度/℃				材质	
	爆破温度下的爆破压力/MPa			接管	入口管径	
	允许超压/%				入口连接型式	
	爆破压力允许偏差(+)				入口连接标准	
	爆破压力允许偏差(-)				出口管径	
	背压/MPa				出口连接型式	
	材质				出口连接标准	
	入口侧涂层					
	出口侧涂层					
	需要数量/片			推荐型号		
		其中安装/片		推荐厂商		
		其中备用/片				
备注:静(已有)背压/MPa						

5.8 阻火器计算

5.8.1 概述

阻火器（又名放火器、隔火器）是用来阻止易燃气体和易燃液体蒸气的火焰向外蔓延的安全装置。它由一种能够通过气体的、具有许多细小通道或缝隙的固体材料（阻火元件）所组成。要求阻火元件的缝隙或通道尽量小，因而当火焰进入阻火器后，被阻火元件分成许多细小的火焰流，由于传热作用（气体被冷却）和器壁效应，火焰流猝灭。

本文中给出的有关阻火器计算的内容仅作为设计时参考，具体选用时，应核对阻火器产品资料中的"流量-压力降曲线"是否满足工艺过程的要求。

5.8.2 分类

阻火器按阻止火焰速度、安装位置、用途、结构、适用的气体或蒸气介质等可以分为很多类。其中按适用气体介质可以分为：①适用于ⅡA级气体的阻火器；②适用于ⅡB级气体的阻火器；③适用于ⅡC级气体的阻火器。

气体或蒸气爆炸性混合物分级见附录。

按结构可以分为：①充填型阻火器（也称填料型阻火器）；②板型阻火器（分为平行板型和多孔板型两种）；③金属网型阻火器；④液封型阻火器，可以用于含有少量固体粉粒的物料体系；⑤波纹型阻火器，性能稳定，应用广泛。

5.8.3 阻火器的设置

（1）放空阻火器的设置

放空阻火器安装在贮罐（或槽车）的放空管道上，用以防止外部火焰传入贮罐（或槽车）内。

① 石油油品贮罐阻火器的设置按《石油库设计规范》（GB50074—2002）规定执行。

② 化学品的闪点≤43℃的贮罐（和槽车），其直接放空管道（含带有呼吸阀的放空管道）上设置阻火器。

③ 贮罐（和槽车）内物料的最高工作温度大于或等于该物料的闪点时，其直接放空管道（含带有呼吸阀的放空管道）上设置阻火器。该最高工作温度要考虑到环境温度变化、日光照射、加热管失控等因素。

④ 可燃气体在线分析设备的放空汇总管上设置阻火器。

⑤ 进入爆炸危险场所的内燃发动机排气口管道上设置阻火器。

⑥ 其他有必要设置阻火器的场合。

（2）管道阻火器的设置

① 管道阻火器安装在密闭管路系统中，用以防止管路系统一端的火焰蔓延到管路系统的另一端。

② 输送爆炸性混合气体的管道（应考虑可能的事故工况），在接收设备的入口处设置管道阻火器。

③ 输送能自行分解爆炸并引起火焰蔓延的气体物料的管道（如乙炔），在接收设备的入口或由试验确定的阻止爆炸最佳位置上，设置管道阻火器。

④ 火炬排放气进入火炬头前应设置阻火器或阻火装置。

⑤ 其他应设置管道阻火器的场合。

5.8.4 阻火器的设计

5.8.4.1 阻火器设计与火焰速度的关系

阻火器应根据不同的火焰速度设计成不同的结构，而火焰速度又同所使用的介质种类和点火距离（点火点距阻火器之间的距离称为点火距离）有关。由表 5-76 和表 5-77 可以看出，不同性质的气体在不同的点火距离有不同的火焰速度。

在一般情况下，应使点火距离尽可能短，这样可以降低回火火焰速度，设计出更为经济的阻火器。

回火距离（火焰距设置阻火器之间的距离）随着管径的增大而增大。

此外，当管道内有少许的阻碍物（约为管道断面的 5%）或小的弯角三通时，就会使管道内的火焰产生加速，爆炸压力也会增大，故在选择安装阻火器位置时最好要远离管道的弯角或阻碍物。

(1) 开口端点火时的火焰速度

靠近管道开口端点火情况示意于图 5-73，火焰由开口一端进入密闭的设备或管道内。这时阻火器内的火焰速度取决于可燃气体的性质和点火距离。表 5-76 给出了点火点靠近管道开口一端时几种不同性质气体的火焰速度，这些数值是在没有阻碍的光滑直管内测定的。对于管径大于 300mm 到 900mm 的管道也可参考。

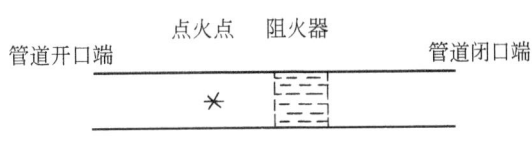

图 5-73 点火点靠近管道开口一端

表 5-76 点火点靠近管道开口一端时几种不同性质气体的火焰速度

（管道直径 300mm）

火焰速度/(m/s) 气体名称	点火距离/m 0.304	1.5	3	10	火焰速度/(m/s) 气体名称	点火距离/m 0.304	1.5	3	10
丙烷/空气	4.8①	70	100	100	城市煤气/空气	30	—	②	②
乙烯/空气	30	70	152	②	氢气/空气	—	②	②	②

① 表示点火距离小于 0.076m 时，火焰速度可取 1.2m/s。
② 表示爆轰火焰速度，其值可达 2133m/s。

丙烷和其他饱和烃及许多易燃性气体同空气混合的火焰速度可达 1768m/s，城市煤气/空气和氢气/空气的火焰速度可达 2133m/s。

对于此种情况，点火距离最好不超过 10m。在某些特殊情况下需要超过 10m 时，设计的管道阻火器应能承受 3.5MPa 的压力，并设置泄爆孔。

(2) 闭口端点火时的火焰速度

靠近管道闭口端点火情况示意于图 5-74，火焰由闭口一端进入密闭的设备或管道内。这时阻火器内的火焰速度取决于可燃气体的性质和点火距离，表 5-77 给出了点火点靠近管道闭口一端时几种不同性质气体的火焰速度，同样这些数值也是在没有阻碍的光滑直管内测定的。管径大于 300mm 到 900mm 的管道也可参考。

对于此种情况，点火距离最好不超过 10m。在某些特殊情况下需要超过 10m 时，设计的管道阻火器应能承受爆轰所产生的压力（可能超过初

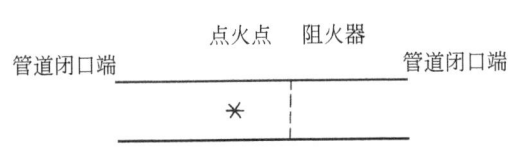

图 5-74 点火点靠近管道闭口一端

始内压的 40 倍)。

表 5-77　点火点靠近管道闭口一端时几种不同性质气体的火焰速度
（管道直径 300mm）

火焰速度/(m/s)　点火距离/m　气体名称	0.304	1.5	3	10	火焰速度/(m/s)　点火距离/m　气体名称	0.304	1.5	3	10
丙烷/空气	33.5	116	128	149	城市煤气/空气	—	—	①	①
乙烯/空气	—	—	—	①	氢气/空气	—	①	①	①

① 表示爆轰火焰速度,其值可达 2133m/s。

5.8.4.2　阻火器阻火层的设计

应根据使用气体组分、温度、压力、流率、压降及其安装位置而进行阻火层的设计。

(1) 熄灭直径的计算

通常应通过试验得到易燃气体的熄灭直径,几种气体的标准燃烧速度和熄灭直径见表 5-78,也可以采用式 (5-261) 估算熄灭直径。

$$D_0 = 6.976 H^{0.403} \tag{5-261}$$

式中　H——最小点火能量,mJ;

　　　D_0——熄灭直径,mm。

表 5-78　几种气体的标准燃烧速度和熄灭直径

气体名称	标准燃烧速度/(m/s)	熄灭直径/mm	气体名称	标准燃烧速度/(m/s)	熄灭直径/mm
甲烷/空气	0.365	3.68	乙烯/空气	0.701	1.9
丙烷/空气	0.457	2.66	城市煤气/空气	1.127	2.03
丁烷/空气	0.396	2.8	乙炔/空气	1.767	0.787
己烯/空气	0.396	3.04	氢气/空气	3.352	0.86

(2) 阻火层能够阻止最大火焰速度的计算

阻火层的有效阻止火焰速度要通过试验决定,但作为参考,波纹型、金属网型和多孔板型阻火层能够阻止最大火焰速度可用式 (5-262) 进行计算。

$$V = 0.38 a y / d^2 \tag{5-262}$$

式中　V——阻火层能够阻止最大火焰速度,m/s;

　　　a——有效面积比(即阻火层面积与阻火层空障面积之比);

　　　y——阻火层的厚度,mm;

　　　d——孔隙直径,cm。

使用式 (5-262) 应符合以下条件:a. d 值不超过气体熄灭直径的 50%;b. 对于波纹型阻火器 y 值至少为 13mm;c. 适用于单层金属网。

图 5-75 (a)、(b) 给出了火焰速度与阻火层厚度的关系。

(3) 阻火层厚度计算

如果已知阻火层能够阻止最大火焰速度,则也可以根据式 (5-262) 反过来计算需要的阻火层的厚度。

波纹型阻火器阻火层厚度与波纹高度与气体的分级有关,参见表 5-79。

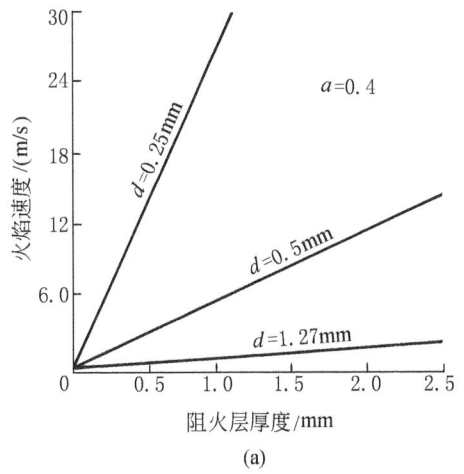
(a)

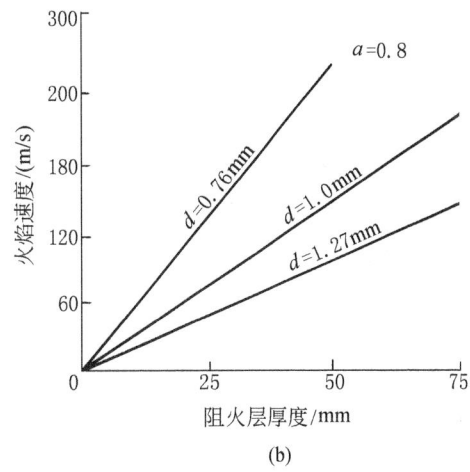
(b)

图 5-75 阻火层厚度与火焰速度的关系

表 5-79 波纹型阻火器阻火层厚度与波纹高度及气体分级的关系

气体分级	ⅡA	ⅡB	ⅡC
波纹高度/mm	0.61	0.61	0.43
阻火层厚度/mm	19	38	76

注：气体分级见附录。

图 5-76 给出了波纹高度与压力的关系，而图 5-77 则给出了波纹高度与温度的关系。

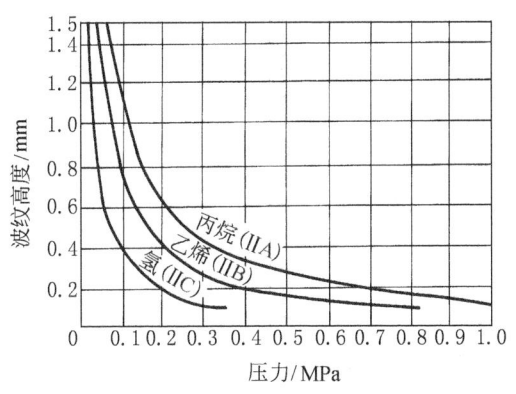
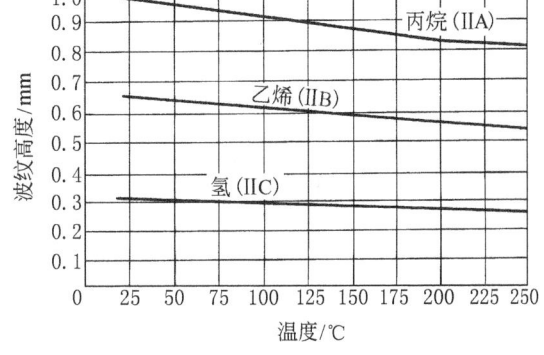

图 5-76 阻火层波纹高度与压力的关系　　图 5-77 阻火层波纹高度与温度的关系

5.8.5 阻火器压力降的计算

(1) 金属网型阻火器压力降计算

雷诺数 $$Re=\rho Ud(1-Md)^2/[4\mu e(1-e)] \tag{5-263}$$

雷诺数<5000 时，根据以下经验公式计算：

阻力系数 $$N=pD_1^2/[4h(1-e)\rho U^2] \tag{5-264}$$

$$\lg 15N = 1.75 Re^{-0.203} \tag{5-265}$$

上面各式中

p——金属网型阻火器压力降，inH_2O（$1in=0.0254m$）；

D_1——孔隙的水力直径，in；

h——金属网层厚度，in；

e——阻火层体积孔隙率＝阻火层有效空间体积/总体积，%；

U——阻火器内流体速度，ft/s（$1ft=0.3048m$）；

ρ——流体密度；

μ——流体黏度；

d——金属网丝直径；

M——金属网目数。

利用以上关系式绘制成压力降计算图（参见图5-78），通常可以利用此图计算金属网型阻火器的压力降。

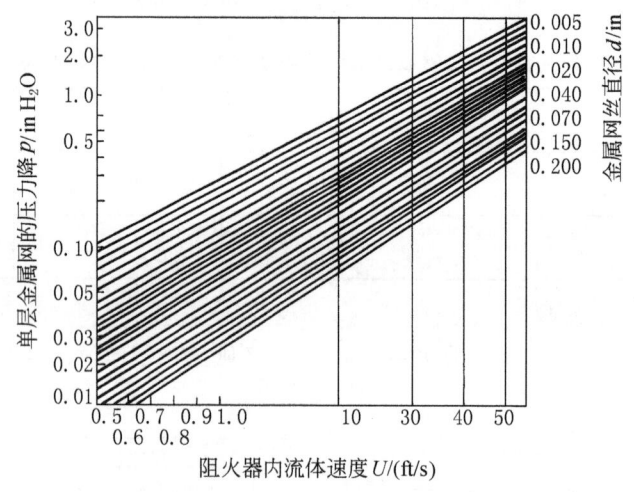

图 5-78　金属网型阻火器压力降计算

（2）波纹型阻火器压力降计算

根据以下经验公式计算：

雷诺数 $\qquad Re=\rho Ud/(\mu e)$ （5-266）

阻力系数 $\qquad N=pD_1^2/(4h\rho U^2)-Z$ （5-267）

雷诺数<2000时，$N=4.0Re^{0.9}$

雷诺数>2000时，$N=0.353Re^{0.58}$

$$p=1.14\times10^{-4}(U/e)^{1.082}h^{0.665}/d^{1.583} \qquad (5-268)$$

式中　h——波纹型阻火层厚度，in；

Z——总的进出口压力损失系数，$Z=8h[(1.5-e)^2+(1-e)^2]/d$；

d——波纹板厚度，in；

p——波纹型阻火器压力降，inH_2O。

其他符号意义同前。

利用以上关系式绘制成压力降计算图（参见图5-79），通常可以利用此图计算波纹型阻火器的压力降。

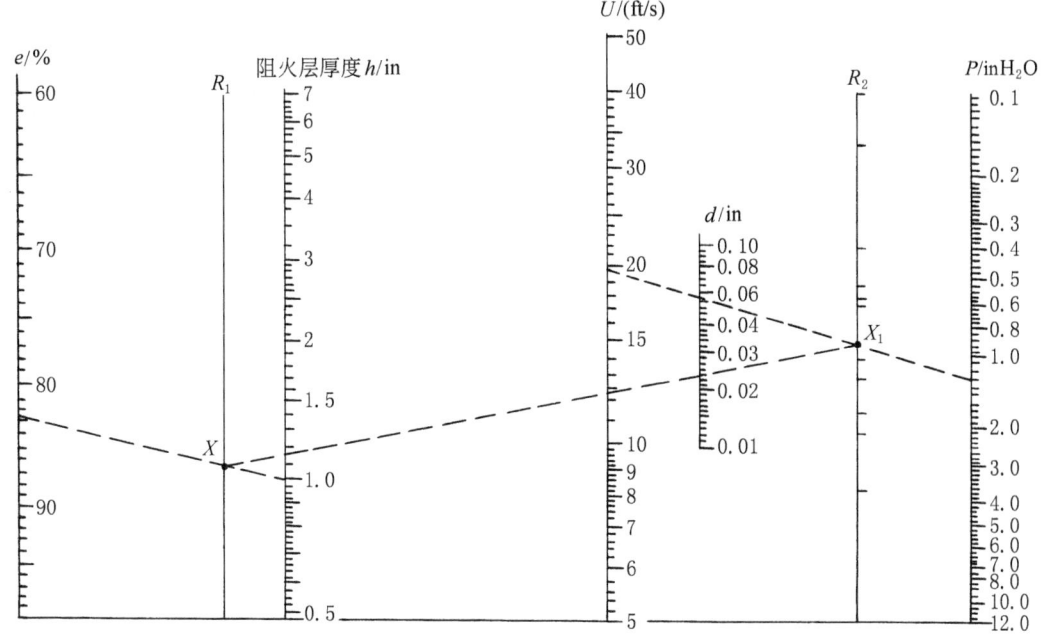

图 5-79　波纹型阻火器压力降计算

(3) 多孔板型阻火器压力降计算

雷诺数　$Re = \rho U d / (\mu e)$

雷诺数<10000 时，根据以下经验公式计算：

流量系数　　　　　　　$C = (U/e)[(1-e^2)/(2gp)]$ 　　　　　(5-269)

$$p = 2.2 \times 10^{-4} U^2 (0.905/e)^{0.1}(1-e^2)K \tag{5-270}$$

$$K = 1/C^2 \tag{5-271}$$

式中　g——重力加速度，ft/s^2；

　　　d——孔板孔径，in；

　　　p——多孔板型阻火器压力降，inH_2O。

其他符号意义同前。

利用以上关系式绘制成压力降计算图（参见图 5-80），通常可以利用此图计算多孔板型阻火器的压力降。

(4) 充填型阻火器压力降计算

根据以下经验公式计算：

阻力系数　　　　　　　$N = pd/[h\rho U^2 F(e)]$ 　　　　　(5-272)

雷诺数　　　　　　　　$Re = \rho U d / (\mu e)$ 　　　　　(5-273)

雷诺数>3，同时雷诺数<1000 时，

$$N = 1000/Re + 125/Re^{0.5} + 14 \tag{5-274}$$

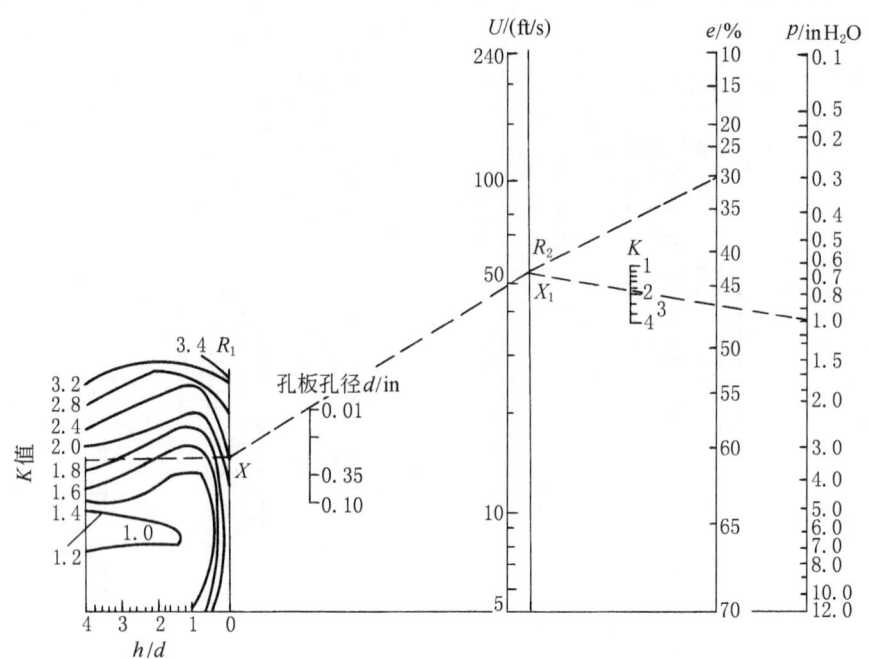

图 5-80　多孔板型阻火器压力降计算

$$p=2.4\times10^{-4}(1-e)^{3.5}hU^2/(de)[8.56/(Ud)+2.47/(Ud)^{0.5}+63.5] \quad (5-275)$$

式中　p——充填型阻火器压力降；
　　　$F(e)$——罗斯孔隙度函数；
　　　h——充填层厚度；
　　　d——充填料粒径。

其他符号意义同前。

利用以上关系式绘制成压力降计算图（参见图 5-81），通常可以利用此图计算充填型阻火器的压力降。

(5) 阻火器压力降计算图应用示例

例 5-25　金属网型阻火器压力降计算。

已知金属网孔径为 0.2in，阻火器内气体流速为 10ft/s，由图 5-78 中查得单层金属网层的压力降约为 0.06inH_2O。

例 5-26　波纹型阻火器压力降计算。

已知波纹型阻火器的阻火层孔隙的水力直径 d_1 是 0.025in，阻火层厚度 1.0in，孔隙率 82.7%。阻火器内气体速度为 20ft/s。用图 5-79，由标尺 e 上的 82.7% 与 h 标尺上的 1.0in 相连，于参考线 R_1 上的点 X 相交，将点 X 与 d_1 标尺上的 0.025in 相连，延长相交于参考线 R_2 上的点 X_1，再通过点 X_1 与 U 标尺上的 20ft/s 相连并延长交 p 标尺于 1.3inH_2O，此值即为该阻火器的压力降。

例 5-27　多孔板型阻火器压力降计算。

已知多孔板型阻火器孔板上的孔径 d 为 0.01in，而 h/d 等于 4，阻火器内气体速度 50ft/s，孔隙率 e 为 30%。借助于图 5-80。先将 U 标尺上的速度 50ft/s 与孔径标尺 d 的 0.01in 相

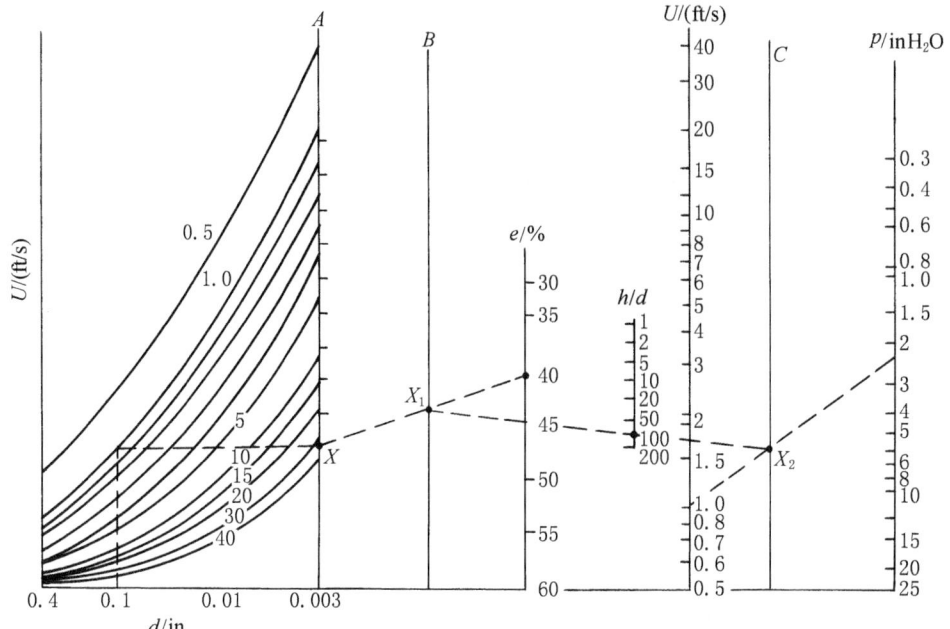

图 5-81 充填型阻火器压力降计算

连并延长交 R_1 于 X 点。过 X 点作水平线，当 h/d 为 4 时得 K 值为 1.85。再将 e 标尺上为 30% 的点与 U 标尺上 50ft/s 的点相连，交参考线 R_2 上点 X_1。从 R_2 上的点 X_1 与右边的 K 标尺上为 1.85 的点相连并延长交 p 标尺于 $1.0 \text{inH}_2\text{O}$，此值为该阻火器的压力降。

例 5-28 充填型阻火器压力降计算。

已知充填型阻火器的阻火层充填砾石颗粒直径为 0.1in，阻火器内气体速度为 1ft/s，阻火层厚度为 10in，孔隙率为 40%，h/d 值为 100。借助于图 5-81。先在横坐标 d 为 0.1in 处作垂直线与速度为 1.0ft/s 的曲线相交，再作该交点的水平线交辅助轴 A 于 X 点。将 X 点与 e 标尺 40% 点相连，与辅助轴 B 交于点 X_1。再将 X_1 点与 h/d 上的 100 点相连并延长交辅助轴 C 于点 X_2。最后将 X_2 点与 U 标尺上的速度为 1.0ft/s 点相连并延长交 p 标尺于 $2.3 \text{inH}_2\text{O}$，此值即为该阻火器的压力降。

附录　　气体或蒸气爆炸性混合物分级

ⅡA 级一览表

序号	类别	物质名称	分子式（或结构式）	序号	类别	物质名称	分子式（或结构式）
	一、烃类			9		壬烷	C_9H_{20}
	（一）链烷类			10		癸烷	$C_{10}H_{22}$
1		甲烷	CH_4		（二）环烷类		
2		乙烷	C_2H_6				
3		丙烷	C_3H_8	11		环丁烷	$CH_2(CH_2)_2CH_2$
4		丁烷	C_4H_{10}				
5		戊烷	C_5H_{12}	12		环戊烷	$CH_2(CH_2)_3CH_2$
6		己烷	C_6H_{14}				
7		庚烷	C_7H_{16}	13		环己烷	$CH_2(CH_2)_4CH_2$
8		辛烷	C_8H_{18}				

续表

序号	类别	物质名称	分子式（或结构式）	序号	类别	物质名称	分子式（或结构式）
14		环庚烷	CH$_2$(CH$_2$)$_5$CH$_2$		（二）醇类和酚类		
15		甲基环丁烷	CH$_3$CH(CH$_2$)$_2$CH$_2$	45		甲醇	CH$_3$OH
16		甲基环戊烷	CH$_3$CH(CH$_2$)$_3$CH$_2$	46		乙醇	C$_2$H$_5$OH
17	（二）环烷类	甲基环己烷	CH$_3$CH(CH$_2$)$_4$CH$_2$	47		丙醇	C$_3$H$_7$OH
				48		丁醇	C$_4$H$_9$OH
				49		戊醇	C$_5$H$_{11}$OH
				50		己醇	C$_6$H$_{13}$OH
18		乙基环丁烷	C$_2$H$_5$CH(CH$_2$)$_2$CH$_2$	51		庚醇	C$_7$H$_{15}$OH
				52		辛醇	C$_8$H$_{17}$OH
19		乙基环戊烷	C$_2$H$_5$CH(CH$_2$)$_3$CH$_2$	53		壬醇	C$_9$H$_{19}$OH
				54		环己醇	CH$_2$(CH$_2$)$_4$CHOH
20		乙基环己烷	C$_2$H$_5$CH(CH$_2$)$_4$CH$_2$	55		甲基环己醇	CH$_3$CH(CH$_2$)$_4$CHOH
21		萘烷（十氢化萘）	C$_{10}$H$_{18}$	56		苯酚	C$_6$H$_5$OH
	（三）链烯类			57		甲酚	CH$_3$C$_6$H$_4$OH
22		丙烯	CH$_3$CH=CH$_2$	58		4-羟基-4-甲基戊酮（双丙酮醇）	(CH$_3$)$_2$C(OH)CH$_2$COCH$_3$
	（四）芳烃类				（三）醛类		
23		苯乙烯	C$_6$H$_5$CH=CH$_2$	59		乙醛	CH$_3$CHO
24		甲基苯乙烯	C$_6$H$_5$C(CH$_3$)=CH$_2$	60		聚乙醛	(CH$_3$CHO)$_n$
	（五）苯类				（四）酮类		
25		苯	C$_6$H$_6$	61		丙酮	(CH$_3$)$_2$CO
26		甲苯	C$_6$H$_5$CH$_3$	62		2-丁酮（甲基乙基酮）	C$_2$H$_5$COCH$_3$
27		二甲苯	C$_6$H$_4$(CH$_3$)$_2$	63		2-戊酮（甲基丙基酮）	C$_3$H$_7$COCH$_3$
28		乙苯	C$_6$H$_5$C$_2$H$_5$	64		2-己酮（甲基丁基酮）	C$_4$H$_9$COCH$_3$
29		三甲苯	C$_6$H$_3$(CH$_3$)$_3$	65		甲基戊基酮	C$_5$H$_{11}$COCH$_3$
30		萘	C$_{10}$H$_8$	66		戊间二酮（乙酰丙酮）	CH$_3$COCH$_2$COCH$_3$
31		异丙苯	C$_6$H$_5$CH(CH$_3$)$_2$	67		环己酮	CH$_2$(CH$_2$)$_4$CO
32		甲基异丙苯	(CH$_3$)$_2$CHC$_6$H$_4$CH$_3$		（五）酸类		
	（六）混合烃类			68		醋酸	CH$_3$COOH
33		甲烷（工业用）			（六）酯类		
34		松节油		69		甲酸甲酯	HCOOCH$_3$
35		石脑油		70		甲酸乙酯	HCOOC$_2$H$_5$
36		煤焦油		71		醋酸甲酯	CH$_3$COOCH$_3$
37		石油（包括车用汽油）		72		醋酸乙酯	CH$_3$COOC$_2$H$_5$
38		洗涤汽油		73		醋酸丙酯	CH$_3$COOC$_3$H$_7$
39		燃料油		74		醋酸丁酯	CH$_3$COOC$_4$H$_9$
40		煤油		75		醋酸戊酯	CH$_3$COOC$_5$H$_{11}$
41		柴油		76		甲基丙烯酸甲酯	CH$_2$=CCOOCH$_3$ (带CH$_3$支链)
42		动力苯		77		甲基丙烯酸乙酯	CH$_2$=C(CH$_3$)COOC$_2$H$_5$
	二、含氧化合物类			78		醋酸乙烯酯	CH$_3$COOCH=CH$_2$
	（一）氧化物（包括醚）类			79		乙酰基醋酸乙酯	CH$_3$COCH$_2$COOC$_2$H$_5$
43		一氧化碳	CO				
44		二丙醚	(CH$_3$H$_7$)$_2$O				

续表

序号	类别	物质名称	分子式（或结构式）	序号	类别	物质名称	分子式（或结构式）
	三、含卤化合物类			101		四氢噻吩	$\overline{CH_2-(CH_2)_2-CH_2-S}$
	（一）无氧化合物类				五、含氮化合物类		
80		氯甲烷	CH_3Cl	102		氨	NH_3
81		氯乙烷	C_2H_5Cl	103		乙腈	CH_3CN
82		溴乙烷	C_2H_5Br	104		亚硝酸乙酯	CH_3CH_2ONO
83		氯丙烷	C_3H_7Cl	105		硝基甲烷	CH_3NO_2
84		氯丁烷	C_4H_9Cl	106		硝基乙烷	$C_2H_5NO_2$
85		溴丁烷	C_4H_9Br		六、胺类		
86		二氯乙烷	$C_2H_4Cl_2$	107		甲胺	CH_3NH_2
87		二氯丙烷	$C_3H_6Cl_2$	108		二甲胺	$(CH_3)_2NH$
88		氯苯	C_6H_5Cl	109		三甲胺	$(CH_3)_3N$
89		氯苄	$C_6H_5CH_2Cl$	110		二乙胺	$(C_2H_5)_2NH$
90		二氯苯	$C_6H_4Cl_2$	111		三乙胺	$(C_2H_5)_3N$
91		氯丙烯	$CH_2=CHCH_2Cl$	112		正丙胺	$C_3H_7NH_2$
92		二氯乙烯	$CHCl=CHCl$	113		正丁胺	$C_4H_9NH_2$
93		氯乙烯	$CH_2=CHCl$	114		环己胺	$\overline{CH_2(CH_2)_4CHNH_2}$
94		三氟甲苯	$C_6H_5CF_3$				
95		二氯甲烷	CH_2Cl_2	115		2-乙醇胺	$NH_2CH_2CH_2OH$
	（二）含氧化合物类			116		2-二乙氨基乙醇	$(C_2H_5)NCH_2CH_2OH$
96		乙酰氯	CH_3COCl	117		乙二胺	$NH_2CH_2CH_2NH_2$
97		氯乙醇	CH_2ClCH_2OH	118		苯胺	$C_6H_5NH_2$
	四、含硫化合物类			119		N,N-二甲基苯胺	$C_6H_5N(CH_3)_2$
				120		1-苯基-2-氨基丙烷	$C_6H_5CH_2CH(NH_2)CH_3$
98		乙硫醇	C_2H_5SH	121		甲苯胺	$CH_3C_6H_4NH_2$
99		1-丙硫醇	C_3H_7SH	122		吡啶	C_5H_5N
100		噻吩	$\overline{CH=CH-CH=CHS}$				

ⅡB 级一览表

序号	类别	物质名称	分子式（或结构式）	序号	类别	物质名称	分子式（或结构式）
	一、烃类			9		甲基乙基醚	$CH_3OC_2H_5$
1		丙炔（甲基乙炔）	$CH_3C\equiv CH$	10		二乙醚	$(C_2H_5)_2O$
2		乙烯	C_2H_4	11		二丁醚	$(C_4H_9)_2O$
3		环丙烷	$\overline{CH_2CH_2CH_2}$	12		环氧乙烷	$\overline{CH_2CH_2O}$
4		1,3-丁二烯	$CH_2=CHCH=CH_2$	13		1,2-环氧丙烷	$\overline{CH_3CHCH_2O}$
	二、含氮化合物类			14		1,3-二噁戊烷	$\overline{CH_2CH_2OCH_2O}$
5		丙烯腈	$CH_2=CHCN$				
6		硝酸异丙酯	$(CH_2)_2CHONO_2$	15		1,4-二噁烷	$\overline{CH_2CH_2OCH_2CH_2O}$
7		氰化氢	HCN				
	三、含氧化合物类			16		1,3,5-三噁烷	$\overline{CH_2OCH_2OCH_2O}$
8		二甲醚	$(CH_3)_2O$	17		羟基醋酸丁酯	$HOCH_2COOC_4H_9$

续表

序号	类别	物质名称	分子式(或结构式)	序号	类别	物质名称	分子式(或结构式)
18	三、含氧化合物类	四氢糠醇	$CH_2CH_2CH_2CHO$ CH_2OH		四、混合气类		
				25		焦炉煤气	
19		丙烯酸甲酯	$CH_2\!=\!CHCOOCH_3$		五、含卤化合物类		
20		丙烯酸乙酯	$CH_2\!=\!CHCOOC_2H_5$				
21		呋喃	$CH\!=\!CHCH\!=\!CHO$	26		四氟乙烯	C_2F_4
22		丁烯醛	$CH_3CH\!=\!CHCHO$	27		环氧氯丙烷	OCH_2CHCH_2Cl
23		丙烯醛	$CH_2\!=\!CHCHO$	28		硫化氢	H_2S
24		四氢呋喃	$CH_2(CH_2)_2CH_2O$				

ⅡC 级一览表

序号	类别	物质名称	分子式	序号	类别	物质名称	分子式
1		氢	H_2	4		硝酸乙酯	$C_2H_5ONO_2$
2		乙炔	C_2H_2	5		水煤气	
3		二硫化碳	CS_2				

5.9 蒸汽喷射泵的设计

5.9.1 蒸汽喷射泵的原理和计算

具有一定压力的水蒸气，高速通过喷嘴时，压力能转变成速度能，将系统中的气体吸入混合室，气体与工作蒸汽随即混合，混合后的气体以一定的速度进入扩散器，速度能又变成压力能，减速增压后排出，这一过程使与吸入口相连的系统形成一定的真空。喷射泵中，压力和速度的分布见图5-82。

蒸汽喷射泵的结构如图5-83所示。

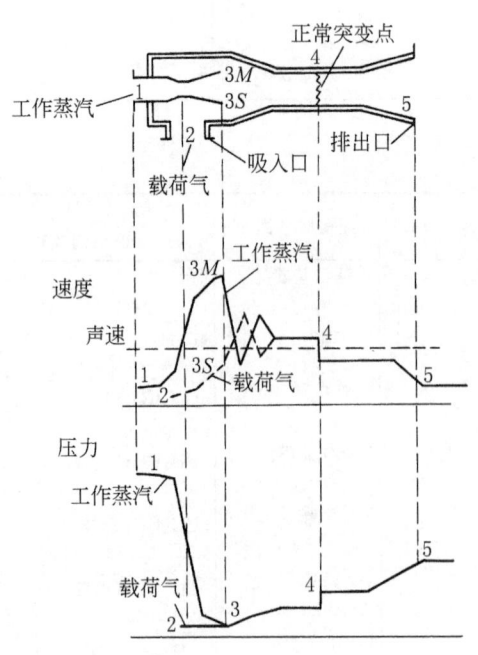

图 5-82 喷射泵中速度与压力变化

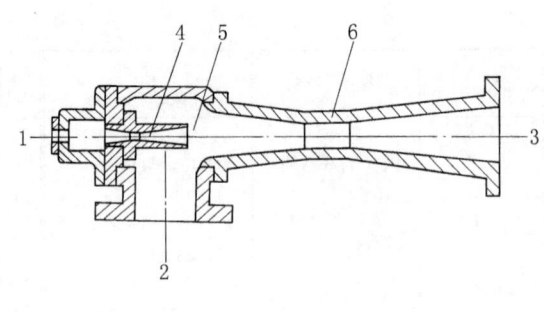

图 5-83 蒸汽喷射泵结构示意
1—工作蒸汽入口；2—抽出气体入口；
3—混合气排出口；4—喷嘴；
5—混合室；6—扩散器

5.9.1.1 工作蒸汽消耗量计算

(1) 计算蒸汽消耗比 R (kg 工作蒸汽量/kg 抽出气体量)

$$R_a = R_0 M_p M_s M_d \qquad (5-276)$$

式中 R_0——工作蒸汽压力为 1.137MPa 的消耗比（kg 工作蒸汽量/kg 抽出气体量），由抽吸压力和排出压力查图 5-84；

M_p——工作蒸汽压力校正系数，由工作蒸汽操作压力查图 5-85；

M_s——稳定性校正系数，末级的 $M_s=1.15$，其他级 $M_s=1.0$；

M_d——载荷校正系数，末级的 $M_d=1.10$，其他级 $M_d=1.0$。

其中图 5-85（a）为其他级（末级除外）蒸汽泵，（b）为末级蒸汽泵。图中横坐标的单位为 lb/(in)^2（1lb=0.4536kg），如工作中所用的工作蒸汽的压力单位为 MPa 则应乘以 1.3945 系数后再查图 5-85。

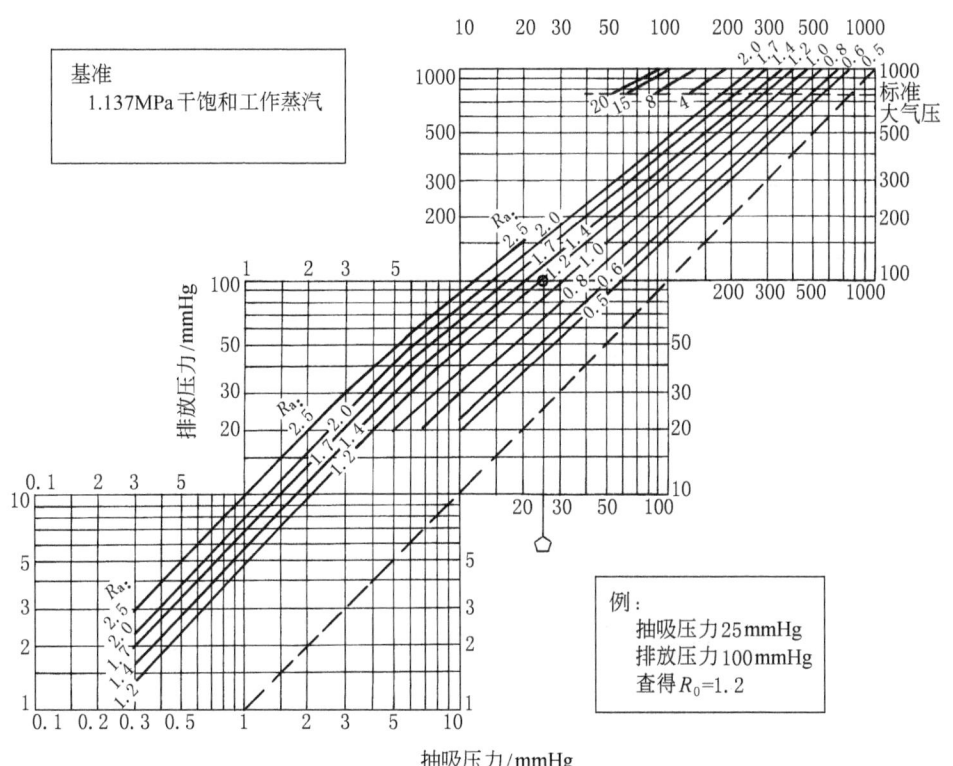

图 5-84 工作蒸汽压力为 1.137MPa 时的蒸汽消耗比 R_0

(2) 工作蒸汽消耗量计算

$$G_1 = R_a G_2 \qquad (5-277)$$

式中 G_1——工作蒸汽消耗量，kg/h；

R_a——蒸汽消耗比，kg 工作蒸汽/kg 抽气量；

G_2——抽出的气体量，kg/h。

当计算的工作蒸汽用量 $G_1 < 40$kg/h 时，需要用图 5-86 作校正。上述所采用的计算图表，

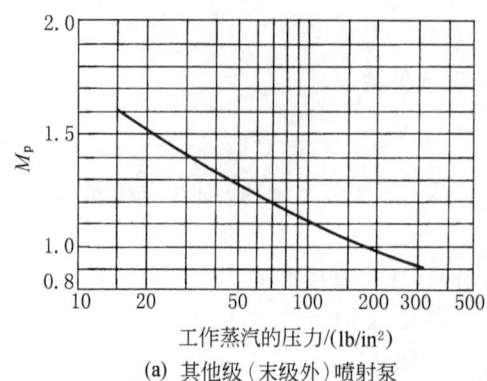

(a) 其他级（末级外）喷射泵　　　　(b) 末级喷射泵

图 5-85　工作蒸汽压力校正系数 M_p

（$1lb/in^2 = 6894.76Pa$）

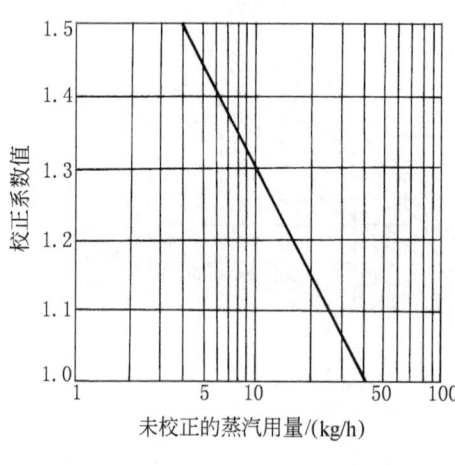

图 5-86　蒸汽用量校正系数

与制造商的实际数据相比较，误差约为 20%，而当工作蒸汽压力 > 0.4412MPa，压缩比 < 10 时，误差在 10% 左右范围。

5.9.1.2　喷射泵几何尺寸计算

喷射泵的几何尺寸，主要有喷嘴喉径 d_0，扩散器喉径 D_0，喷射泵估计总长 L，吸入口直径 D_2 和排出口直径 D_3 等，详见图 5-87。

（1）喷嘴喉径

$$d_0 = 1.5\sqrt{G_1/p_1^{0.96}} \tag{5-278}$$

式中　d_0——喷嘴喉径，mm；
　　　G_1——工作蒸汽消耗量，kg/h；
　　　p_1——工作蒸汽压力，kgf/cm² （$1kgf/cm^2 = 98.0665kPa$）。

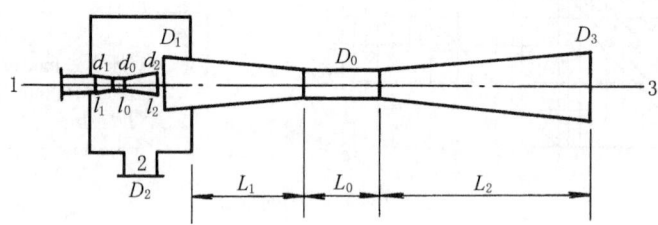

图 5-87　喷射泵主要几何尺寸

反映喷嘴喉径与流量关系的式（5-278）是非常正确的。通常误差在 2%～3%。喷射泵的其他几何尺寸的误差最大可达 30%，设计时应作相应的考虑。

（2）扩散器喉径

$$D_0 = 1.6\sqrt{\frac{G_1 + G_2}{p_3}} \tag{5-279}$$

式中　D_0——扩散器的喉径，mm；

G_1——工作蒸汽消耗量，kg/h；
G_2——抽吸气体量，kg/h；
p_3——排出压力，kgf/cm²。

(3) 喷射泵总长度估算

$$L = 27D_0 \tag{5-280}$$

式中 L——喷射泵总长度，mm；
D_0——扩散器喉径，mm。

(4) 吸入口直径

$$D_2 = 2.3\sqrt{G_2/p_2} \tag{5-281}$$

式中 D_2——吸入口直径，mm；
G_2——吸入的气体量，kg/h；
p_2——吸入压力，kgf/cm²。

(5) 排出口直径

$$D_3 = 2D_0 \tag{5-282}$$

(6) 其他几何尺寸

$$L_0 = 4D_0 \tag{5-283}$$

$$L_1 = eD_0 \tag{5-284}$$

式中 L_0——从理论上说，喷嘴的喉部不需要直线长度，但为便于制造和防止使用过程中喉部的迅速磨损而改变喉部尺寸，所以要求有一直线长度，一般取 3~5mm；
L_1——由装置几何尺寸决定。

e 值与压缩比 β 有关，见表 5-80。

表 5-80 系数 e 值

β	3	4~5	6~7
e	6	7	8

$$\beta = p_3/p_2 \tag{5-285}$$

式中 β——压缩比；
p_2——吸入压力，kgf/cm² 或 mmHg；
p_3——排出压力，kgf/cm² 或 mmHg。

$$L_2 = 10D_0 \tag{5-286}$$

$$D_1 = \sqrt{2}D_0 \tag{5-287}$$

$$L_2 = 3.8(d_2 - d_0) \tag{5-288}$$

$$d_1 = (4\sim6)d_0 \tag{5-289}$$

$$d_2 = cd_0 \tag{5-290}$$

c 值与膨胀比 E 有关，见表 5-81。

$$E = p_1/p_2 \tag{5-291}$$

式中 p_1——工作蒸汽压力，kgf/cm² 或 mmHg；
p_2——抽吸压力，kgf/cm² 或 mmHg。

表 5-81 系数 c 值

E	c	E	c	E	c	E	c	E	c
10	1.60	45	2.70	100	3.75	450	7.17	1000	10.0
12	1.68	50	2.83	120	4.07	500	7.5	1200	10.8
14	1.76	55	2.95	140	4.36	550	7.8	1400	11.6
16	1.84	60	3.05	160	4.60	600	8.1	1600	12.3
18	1.92	65	3.14	180	4.84	650	8.4	1800	12.8
20	2.00	70	3.23	200	5.06	700	8.7	2000	13.4
25	2.17	75	3.32	250	5.53	750	8.95	2500	14.7
30	2.33	80	3.41	300	6.00	800	9.2	3000	15.9
35	2.46	85	3.50	350	6.43	540	9.4	3500	16.9
40	2.58	90	3.59	400	6.80	900	9.6	4000	17.8

5.9.1.3 工作蒸汽要求

对抽气量较小的喷射泵,工作蒸汽压力不宜过高,以免喷嘴喉部直径过小而造成堵塞。当喷嘴直径小于 6mm 时,必须要求在蒸汽入口处装设蒸汽过滤器。

在一定压力范围内,工作蒸汽压力愈高,单位抽气量所消耗的蒸汽就愈少,但当蒸汽压力高于 2.35MPa 时,节约蒸汽的效果就不太明显了。当工作蒸汽压力过低,如低于 0.0245MPa 时,喷射泵的操作不易稳定。另外工作蒸汽既不应采用饱和蒸汽,也不应采用过热度很高的蒸汽,最适宜的是略呈过热状态。在一般情况下,蒸汽压力在 0.588～1.176MPa 范围时较宜。

工作蒸汽应尽量不带水,因为湿蒸汽不仅会使真空度下降,而且还将腐蚀喷射泵,缩短使用寿命。

5.9.1.4 压缩比与分级

蒸汽喷射泵排出压力 p_3 与吸入压力 p_2 之比 β 称为压缩比。如式(5-285)所示

$$\beta = p_3/p_2$$

蒸汽喷射泵的经济压缩比范围大致为 $\beta=1\sim6$,最大 $\beta=8$ 左右。所以当喷射泵的吸入压力较低(即真空度较高)时,就需要用多个喷射泵串联(串联的个数叫级数),才能使最后一级的排出压力稍高于一个大气压。喷射泵的级数可根据最低吸入压力而定,其关系参见表 5-82。

表 5-82 蒸汽喷射泵级数与吸入压力的关系

吸入压力 \ 泵级数	1	2	3	4	5	6
mmHg	90～300	20～100	5～30	0.8～5	0.07～1	0.005～0.1
MPa	0.0119～0.04	0.0026～0.0133	0.00067～0.04	0.0001～0.00067	0.0000093～0.00013	0.00000067～0.000013

对于多级喷射泵,除最初的抽吸压力和最终的排出压力是已知的外,其他级间的抽吸和排放压力,均应根据压缩比的分配来确定。压缩比的大小直接影响工作蒸汽消耗量,因此压缩比的分配要慎重,需通过多个压缩比分配方案的计算,视蒸汽消耗量多少,选择一个最合适的压缩比分配方案。经验是:

a. 如果抽吸气体全部为不凝气时,各级可按等压缩比考虑;b. 如果抽吸的是可凝汽和不凝气混合物时,第一级可小些,其他各级可略大一些(有级间冷却器时);c. 压缩比越大,工作蒸汽的消耗量越大,但喷射泵的操作稳定性越好。

5.9.1.5 末级排放压力的确定

对单级喷射泵或多级的最后一级喷射泵,其排出压力应稍高于大气压。一般在 0.101～

0.107MPa 的范围内，取 0.103MPa 的压力是比较适中的。

5.9.1.6 级间吸入压力和排出压力的确定

对每级蒸汽喷射泵，在计算出吸入、排出压力后，可以按 5.9.1.1 节所述计算方法，逐级计算出每个喷射泵的几何尺寸和工作蒸汽用量。

5.9.1.7 级间压力分配计算方法

真空系统要求达到的压力 p_2^0 和排出压力 p_3^0 为已知。首先由 p_2^0 的大小，从表 5-82 查得喷射泵需要的级数 n，然后计算总压缩比 β^0

$$\beta^0 = p_3^0 / p_2^0 \tag{5-292}$$

如果按等压缩比分配，则每级的压缩比为

$$\beta = (\beta^0)^{1/n} \tag{5-293}$$

对第 n 级的吸入、排出压力为

$n=1$（第一级）时，$\quad p_2^1 = p_2^0 \tag{5-294}$

$$p_3^1 = \beta p_2^1 \tag{5-295}$$

$n>1$（其他级）时，$\quad p_2^n = p_3^{n-1} \tag{5-296}$

$$p_3^n = \beta p_2^n \tag{5-297}$$

式中，p_2、p_3 分别为吸入、排出压力（MPa），上角标表示级数。

5.9.1.8 计算举例

例 5-29 第一级的抽吸压力 $p_2^0 = 0.00098$，末级的排放压力 $p_3^0 = 0.1029$MPa，决定达到要求的级数和每一级喷射泵的进出压力分配。

解 ① $p_2^0 = 0.00098$，由表 5-82 查得需 3 级喷射，即 $n=3$。

② 由式（5-292），计算总压缩比 β^0

$$\beta^0 = 0.1029/0.00098 = 105$$

③ 由式（5-293），计算每级的压缩比

$$\beta = (105)^{1/3} = 4.718$$

④ 由式(5-294)～式(5-297)，计算每级的吸入、排出压力（上角标表示级数，下角标表示：2—吸入口，3—排出口）

第 1 级

$$p_2^1 = p_2^0 = 0.00098 \text{MPa}$$

$$p_3^1 = \beta p_2^1 = (4.718 \times 0.00098)\text{MPa} = 0.00462 \quad \text{MPa}$$

第 2 级

$$p_2^2 = p_3^{2-1} = p_3^1 = 0.00462 \quad \text{MPa}$$

$$p_3^2 = \beta p_2^2 = (4.718 \times 0.00462)\text{MPa} = 0.00218 \quad \text{MPa}$$

第 3 级

$$p_2^3 = p_3^{3-1} = p_3^2 = 0.00218 \quad \text{MPa}$$

$$p_3^3 = \beta p_2^3 = (4.718 \times 0.00218)\text{MPa} = 0.1029 \quad \text{MPa}（与 p_3^0 = 0.1029\text{MPa 一致}）$$

5.9.1.9 级间压降影响

多级喷射泵除最后一级排出压力应稍高于一个大气压（一般取 0.1029MPa）外，其余各级压力，由于级间有连接管线或级间冷凝器，必须考虑这部分压降的存在。所以除末级外的排出压力应加上 1/2 级间压降；除第一级以外的吸入压力应减去 1/2 级间压降。

直接接触式冷凝器，其压降为10～20mmHg，表面式凝汽器为5mmHg，列管式冷凝器为25mmHg左右。

5.9.1.10 抽出气体的当量空气量

本节通过一个算例，来说明当量空气量计算方法和步骤。

假定被抽气体是100kg/h的水蒸气，58kg/h的空气，132kg/h的CO_2及100kg/h平均相对分子质量为50的烃蒸气，吸入温度为95℃，计算抽出气体的当量空气量。

首先，把抽出气体分成两部分，一是水蒸气，二是其余混合气体，经分别处理后相加，即为当量空气量，作为那一级喷射泵的抽气量G_2。

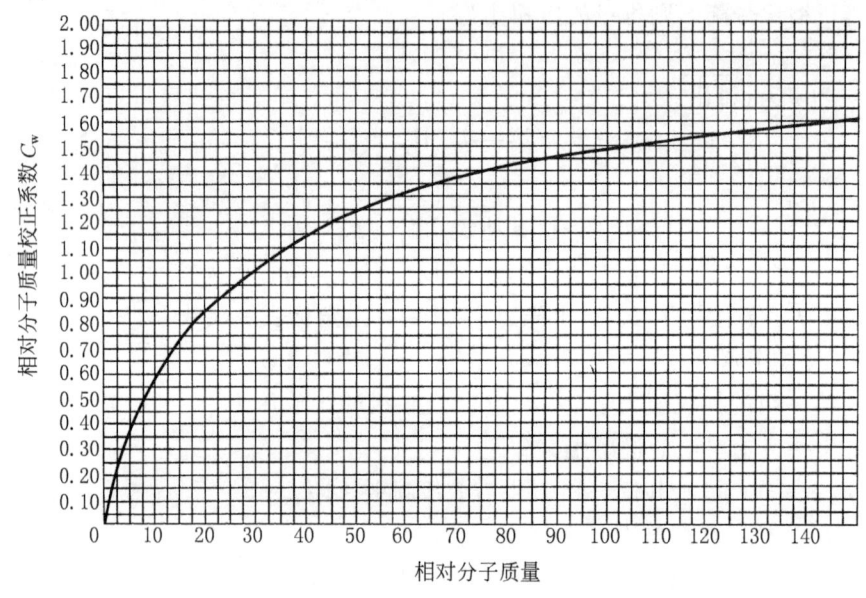

图 5-88 相对分子质量校正系数

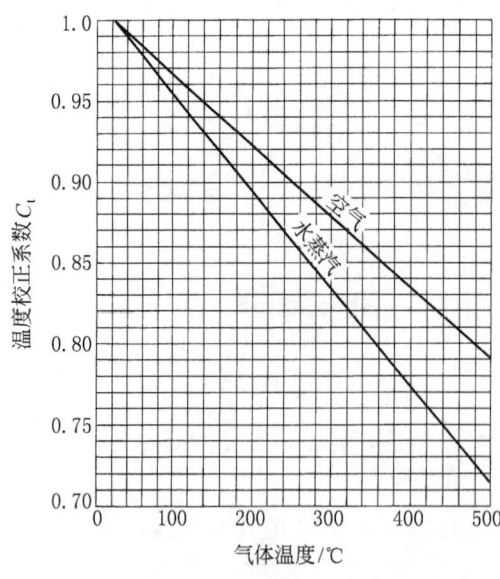

图 5-89 气体温度校正系数

对水蒸气作相对分子质量和温度校正。

从图 5-88 中查得相对分子质量校正系数$C_w=0.8$，从图 5-89 中查得温度校正系数$C_t=0.957$。

$$G_{水蒸气}=\frac{未校正的水蒸气量（kg/h）}{C_w C_t} \quad (5-298)$$

$$=\frac{100}{0.8\times 0.957} kg/h = 130.6 \ kg/h$$

对其余混合气体作相对分子质量、温度校正。

① 计算混合气体的平均相对分子质量。

名 称	流 量	相对分子质量	kg·mol/h
空气	58	29	2
CO_2	132	44	3
烃	100	50	2
Σ	290		7

平均相对分子质量

$$M_w = \frac{W_1 + W_2 + W_3 + \cdots}{W_1/M_1 + W_2/M_2 + W_3/M_3 + \cdots} = \frac{290}{7} = 41.4 \tag{5-299}$$

② 从图 5-88 中查得相对分子质量校正系数，$C_w = 1.15$。
③ 从图 5-89 中查得温度校正系数，$C_t = 0.967$，用式（5-298）计算

$$G_{混合气} = \frac{290}{1.15 \times 0.967} \text{kg/h} = 260.8 \text{ kg/h}$$

④ 计算抽出气体的当量空气量 G_2。

$$G_2 = G_{水蒸气} + G_{混合气} = (130.6 + 260.8) \text{kg/h} = 391.4 \text{ kg/h}$$

5.9.1.11 抽气量的确定

吸入气体一般由可凝气与不可凝气组成。可凝气有工艺气和水蒸气，不可凝气有工艺过程中产生的不凝气体，漏入的空气和冷却水中释放的溶解空气及饱和蒸气压以下的水蒸气。

工艺过程中产生的可凝气和不可凝气应该是已知的，由工艺条件确定。漏入到真空系统的空气量可查表 5-83，表 5-84 及图 5-90 得到。

表 5-83 真空管道连接处漏入空气量

管件种类	漏入空气量 /(kg/h)	管件种类	漏入空气量 /(kg/h)
螺纹接头		填料式阀门	
50mm 以下	0.05	杆径≥12.7mm	0.5
50mm 以上	0.1	润滑旋塞阀	0.05
法兰接头		小旋塞阀	0.1
150mm 以下	0.3	视镜	0.5
150~600mm	0.4	仪表玻璃管（包括仪表旋塞）	0.9
600~1800mm	0.5	搅拌机、泵等轴填料、盒液封	0.2/25mm 轴径
1800mm 以上	0.9	通常填料盒	0.7/25mm 轴径
填料式阀门		安全阀、真空开关	0.5/25mm 直径
杆径＜12.7mm	0.3		

表 5-84 喷射泵和中间冷凝器的空气漏入量

喷射泵		气压冷凝器		表面式凝汽器	
扩散器喉径 /mm	漏入量 /(kg/h)	内径 /mm	漏入量 /(kg/h)	内径 /mm	漏入量 /(kg/h)
10~20	0.2	300	0.6	300	0.7
25~32	0.3	400	0.8	400	1.0
40~50	0.5	500	1.0	500	1.5
64~80	1.0	600	1.2	600	2.0
100~152	1.5	800	1.5	800	3.0
200 以上	2.0	1000	2.0	1000	4.0

从冷却水中释放出来的溶解空气量查图 5-91。
混合气体中低于饱和蒸气压而被夹带的水蒸气量，可查图 5-92。
吸入气中最大的水蒸气量应该是前一级排放气中，由于未经中间冷凝器而直接进入的含有

大量工作蒸汽的混合气体，这部分水蒸气绝对不能忘记。

$$G_{抽气量} = G_{工艺可凝气} + G_{工艺不凝气} + G_{空气} + G_{水蒸气} \tag{5-300}$$

计算出 $G_{抽气量}$ 后，按照 5.9.1.10 节方法，计算出当量空气量 G_2。再根据工作蒸汽压力（p_1）、要求的系统压力（抽吸压力 p_2）和泵的排放压力（p_3），用 5.9.1 节介绍的计算方法就可以得到工作蒸汽用量 G_1、喷嘴喉径 d_0、扩散器喉径 D_0 及其他主要尺寸。

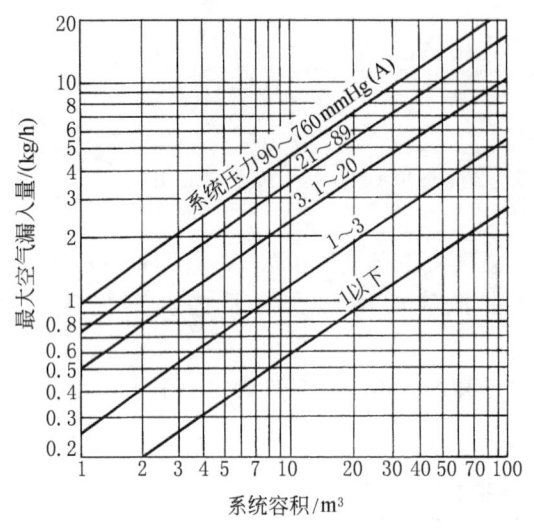

图 5-90　真空设备的空气漏入量　　　　图 5-91　冷却水放出的空气量

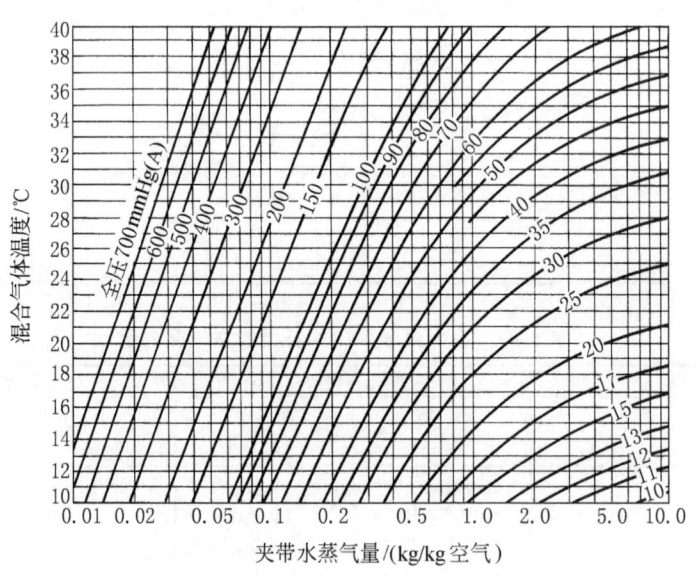

图 5-92　水-空气系统的夹带水蒸气量

为计算方便，设计了计算表格，见附录表。

5.9.2　安装与操作

5.9.2.1　蒸汽喷射泵的布置与安装

（1）布置

各种级数蒸汽喷射泵的布置方式,见图 5-93~图 5-99。

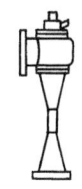

图 5-93 单级喷射泵

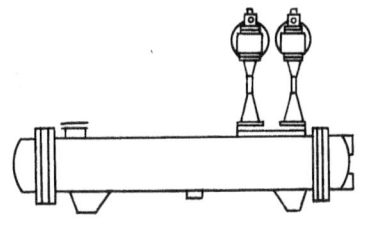

图 5-94 单级喷射泵并联

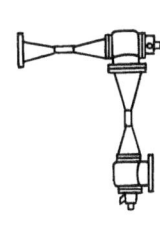

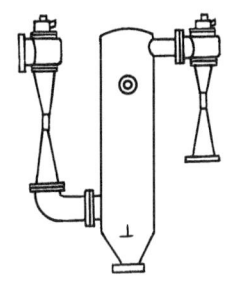

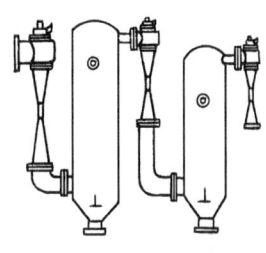

图 5-95 两级喷射泵
直接串联

图 5-96 两级间设中间
冷凝器的串联

图 5-97 三级喷射泵
连接方法

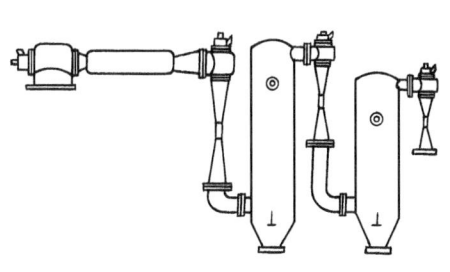

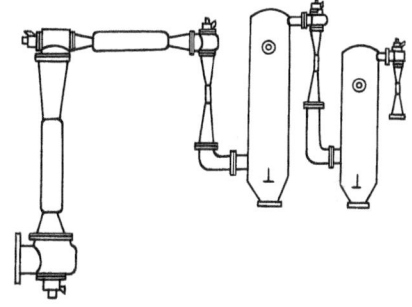

图 5-98 四级喷射泵连接方法

图 5-99 五级喷射泵连接方法

(2) 安装

① 蒸汽喷射泵可以水平安装,也可垂直安装,但应注意安装方位所引起的喷射泵内部的可能积液。因此,垂直向下安装时,应使扩散器的进口低于或等于吸入室底面;水平放置时,应使吸入室的吸入口朝下。

② 工作蒸汽压力需保持稳定,各级喷射泵的用汽不能互相影响,造成压力波动,所以安装时工作蒸汽管线应独立,不能与其他用汽点相连。

③ 工作蒸汽进入喷射泵之前,应先进入汽水分离器、蒸汽过滤器等,以确保进入蒸汽泵的工作蒸汽是清洁的和干燥饱和的,否则将导致喷射泵的效率降低和喉径处磨损。

④ 所有工作蒸汽管线、分离器、过滤器及喷射泵的排出端均应保温,以防烫伤和蒸汽冷凝;对喷射泵的吸入部分和级间冷凝器,则不需保温。

⑤ 蒸汽喷射泵系统的安装质量,直接关系到喷射泵能否顺利开车和正常操作。由于系统

在真空状态下运行,对设备和管线的密封性要求较高,应特别重视安装质量。

5.9.2.2 蒸汽喷射泵的开、停车

(1) 开车

① 做好开车前的准备,包括检查设备、管线、阀门、仪表等是否完好,工作蒸汽压力是否与要求一致。一切满足要求后,方能开车。

② 对多级蒸汽喷射泵,从操作考虑,一般有两种布置方式,如图 5-100、图 5-101 所示。图 5-100 为工作蒸汽阀串联布置;图 5-101 为并联布置。这两种布置方式均可以,但各有优缺点。图 5-100 开、停车操作方便,不会误操作,不足之处是所有阀门均安装在蒸汽分配头上,导致阀门的尺寸较大;另外,这种安装方式不能预热第一级喷射泵,而且第一级位于总管线的末端,是最"湿"的地方,这对第一级启动非常不利。图 5-101 为常规布置,只要按要求的顺序操作是不会出问题的,而且避免了图 5-100 的一些缺点。

③ 当级后有冷凝器时,首先应打开冷却水阀门,向冷凝器通水,然后再开启该级喷射泵的工作蒸汽阀门,启动该级。切记先开冷却水,后开工作蒸汽。

④ 开车时,应从末级开始,逐级向前开启阀门;对于图 5-100 和图 5-101 来说,应按 (1)、(2)、(3)、(4) 的顺序打开阀门。

(2) 停车

① 停车时,先关工作蒸汽,后关冷却水。

② 对多级蒸汽喷射泵,停车时应从第一级开始,逐级向后关闭阀门。对图 5-100 和图 5-101,应按 (4)、(3)、(2)、(1) 阀门顺序关闭。

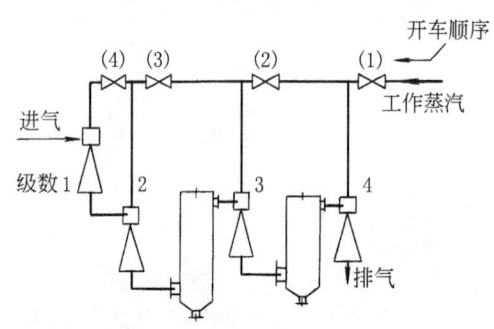

图 5-100 工作蒸汽阀门串联布置

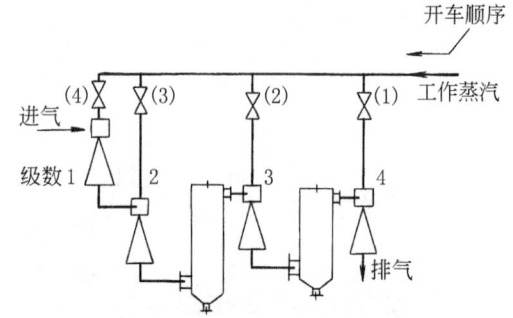

图 5-101 工作蒸汽阀门并联布置

5.9.3 喷射泵计算实例

例 5-30 一级喷射泵计算。

用 1.176MPa 的微过热工作蒸汽,要求系统压力达到 0.0266MPa (200mmHg),排放压力为 0.1029MPa (772mmHg 进入消声器)。抽气量为 200kg/h 的空气,吸入温度 35℃,试确定该喷射泵的工作蒸汽用量和主要尺寸。

解 由系统要求达到 0.0266MPa 的压力,查表 5-82,确定采用单级蒸汽喷射泵。由于抽出气体为 35℃的空气,对 G_2 不需要作相对分子质量和温度的校正。按照附录中的计算表格,逐项计算。详细计算见表 5-85。主要计算结果摘录如下:工作蒸汽用量 480kg/h;喷嘴喉径 9.97mm;扩散器喉径 40.7mm;估计总长度 1100mm。

例 5-31 多级喷射泵计算。

抽出气体中，含有10kg/h的水蒸气，5.8kg/h的空气，13.2kg/h的CO_2和10kg/h的平均相对分子质量为50的烃类混合气。吸入温度为92℃。工作蒸汽压力为1.078MPa，吸入口的压力$p_2^0=0.00266$MPa（20mmHg），排出压力为$p_3^0=0.1029$MPa（772mmHg）。级间有直接接触水冷凝器，冷却水温度25℃，确定级数，计算工作蒸汽用量及泵的基本尺寸。

表5-85 蒸汽喷射泵计算

	名 称	单 位	符 号	数 值	备 注
已知条件	工作蒸汽压力	MPa	p_1	12	$=170.6$lb/in^2
	吸入压力	MPa	p_2	0.272	$=200$mmHg
	排放压力	MPa	p_3	1.05	$=772$mmHg
	当量空气抽气量	kg/h	G_2	200	
计算参数	压缩比：p_3/p_2		β	3.86	式（5-285）
	膨胀比：p_1/p_2		E	44.1	式（5-291）
	11.6MPa蒸汽消耗比	kg蒸汽/kg抽气	R_0	1.9	查图5-84
	工作蒸汽压力校正系数		M_p	1.0	查图5-85
	稳定性校正系数		M_s	1.15	末级$M_s=1.15$，其他$M_s=1$
	载荷校正系数		M_d	1.10	末级$M_d=1.10$，其他$M_d=1$
	蒸汽消耗比	kg蒸汽/kg抽气	R_a	2.4	式（5-276）
计算结果	工作蒸汽消耗量	kg/h	G_1	480	式（5-277）
	喷嘴喉径	mm	d_0	9.97	式（5-278）
	扩散器喉径	mm	D_0	40.7	式（5-279）
	吸入口直径	mm	D_2	62.4	式（5-281）
	排出口直径	mm	D_3	81.4	式（5-282）
	总长度估算	mm	L	1100	式（5-280）
说明	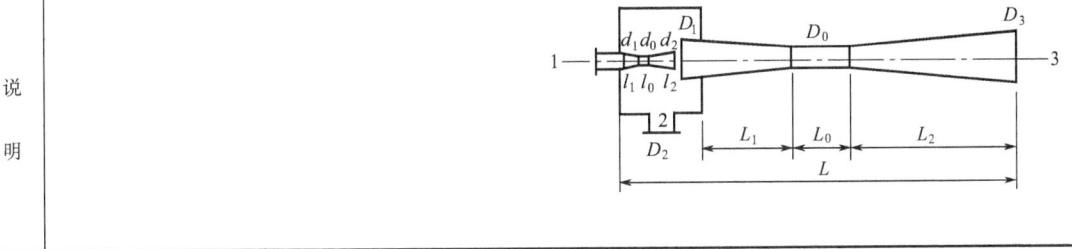				

解 级数的确定及级间压力分配。

① 确定级数。按5.9.1.4节，根据20mmHg的吸入压力，由表5-82查得要达到这一压力需要采用3级喷射泵。

② 各级间压力分配。按等压缩比分配原则，确定各级的进出口压力。

用式（5-292）计算压缩比β^0

$$\beta^0 = p_3^0/p_2^0 = 0.1029/0.00266 = 38.6$$

平均压缩比［分三级，用式（5-293）计算］

$$\beta = \beta^{0\,1/3} = 38.6^{1/3} = 3.38$$

③ 各级初步压力分配［式（5-294）～式（5-296）］。

第一级：$p_2^1 = p_2^0 = 0.00266$

$p_3^1 = p_2^1 \beta = 0.00266 \times 3.38 = 0.009$

第二级：$p_2^2 = p_3^{2-1} = p_3^1 = 0.009$

$p_3^2 = p_2^2 \beta = 0.009 \times 3.38 = 0.0304$

第三级：$p_2^3 = p_3^{3-1} = p_2^3 = 0.0304$

$p_3^3 = p_2^3 \beta = 0.0304 \times 3.38 = 0.1029$（与末级排出压力 $p_3 = 0.1029$ 完全一致）

④ 考虑级间压降影响，修正进、出口压力。

由于一级与二级之间、二级与三级之间存在连接管线和设有级间冷凝器，应考虑这部分压降，为了简便，假定这部分压降约共为 15mmHg（0.00196MPa）。据此，对各级进出压力作修正。

第一级：$p_2^1 = 0.00266$

$$p_3^1 = 0.009 + \frac{1}{2} \times 0.00196 = 0.00998$$

第二级：$p_2^2 = 0.009 - \frac{1}{2} \times 0.00196 = 0.00998$

$$p_3^2 = 0.0304 + \frac{1}{2} \times 0.00196 = 0.03138$$

第三级：$p_2^3 = 0.0304 - \frac{1}{2} \times 0.00196 = 0.03138$

$p_3^3 = 0.1029$

例 5-32 各级抽气量计算。

对无级间冷凝器的多级喷射泵：

中间各级的抽气量＝前一级的抽气量(可凝和不可凝)＋级间漏入的空气量＋前一级工作蒸气量

对有级间冷凝器的多级喷射泵：

中间各级的抽气量＝前一级的不凝气量＋级间漏入的空气量＋直接接触冷凝器中冷却水放出的溶解空气量＋饱和不凝气的水蒸气量

第二级和第三级前，设有直接接触冷凝器，冷却水温度为 25℃。经过冷凝器后，烃类气体和工作蒸汽被冷凝。假定从冷却水中释放出的空气量可以忽略。根据这一操作情况，按 5.9.1.10 节方法计算各级抽气量。

① 第一级抽气量

a. 计算当量空气抽气量。

● 水蒸气当量空气量。水蒸气相对分子质量 18，吸入温度为 92℃，由此查图 5-88，得相对分子质量校正系数 $C_w = 0.8$，查图 5-89，得温度校正系数 $C_t = 0.96$，用式（5-298）计算

$$G_{水蒸气} = \frac{10}{0.8 \times 0.96} \text{kg/h} = 13.02 \text{ kg/h}$$

● 计算其余混合气体当量空气量。

先用式（5-299）计算混合气的平均相对分子质量

$$M_w = \frac{5.8 + 13.2 + 10}{5.8/29 + 13.2/44 + 10/50} = 41.4$$

从图 5-88 中查得 $C_w = 1.15$，从图 5-89 中查得 $C_t = 0.97$（92℃时），则

$$G_{混合气} = \frac{29}{1.15 \times 0.97} \text{kg/h} = 26.0 \text{ kg/h}$$

b. 第一级抽气量 G_2^1

$$G_2^1 = G_{水蒸气} + G_{混合气} = (13.02 + 26.0) \text{ kg/h} = 39.02 \text{ kg/h}$$

② 第二级抽气量计算。经过冷凝器后，只有空气（5.8kg/h）和 CO_2（13.2kg/h）未被冷凝。如果入口处温度为30℃，吸入压力为0.00803MPa（60mmHg），则用图 5-92 可查得每千克不凝气所夹带出的水蒸气量：0.7kg 水蒸气/kg 不凝气。估计级间漏入的空气量为1.5kg/h。

a. 夹带的水蒸气量。

$$G_2 = [(5.8+13.2+1.5) \times 0.7] \text{kg/h} = 14.35 \quad \text{kg/h}$$

b. 计算当量空气量。

水蒸气当量空气量：相对分子质量=18，温度=30℃，查图 5-88 得 $C_w=0.8$，图 5-89 得 $C_t=0.995$，则

$$G_{水蒸气} = \frac{14.35}{0.8 \times 0.995} \text{kg/h} = 18.03 \quad \text{kg/h}$$

计算其余混合气体当量空气量：用式（5-299）计算平均相对分子质量

$$M_w = \frac{5.8+1.5+13.2}{\dfrac{5.8+1.5}{29} + \dfrac{13.2}{44}} = 37.2$$

由相对分子质量 37.2 和 30℃，查图 5-88 得 $C_w=1.12$，查图 5-89 得 $C_t=0.996$，则

$$G_{混合气} = \frac{20.5}{1.12 \times 0.996} \text{kg/h} = 18.38 \quad \text{kg/h}$$

c. 第二级抽气量。

$$G_2^2 = (18.03+18.38) \text{kg/h} = 36.41 \quad \text{kg/h}$$

③ 第三级抽气量计算。经过二、三级间的冷凝器后除空气（7.3kg/h）和 CO_2（13.2kg/h）不冷凝，继续进入第三级外，其余均被冷凝，漏入的空气量估计为 1kg/h。单位不冷凝气夹带水蒸气量，由吸入压力 0.0294MPa（220mmHg）和 30℃查图 5-92 得 0.11kg 水蒸气/kg 不凝汽。

a. 夹带的水蒸气量。

$$G_3 = [(7.3+13.2+1) \times 0.11] \text{kg/h} = 2.37 \quad \text{kg/h}$$

b. 计算当量空气量。水蒸气分子量=18，温度=30℃，查图 5-88 得 $C_w=0.8$，查图 5-89 得 $C_t=0.995$，则

$$G_{水蒸气} = \frac{2.37}{0.8 \times 0.995} \text{kg/h} = 2.98 \quad \text{kg/h}$$

计算其余混合气体当量空气量：用式（5-299）计算平均相对分子质量

$$M_w = \frac{7.3+1+13.2}{\dfrac{7.3+1}{29} + \dfrac{13.2}{44}} = 36.7$$

用计算的相对分子质量 36.7 和 30℃，查图 5-88 得 $C_w=1.1$，查图 5-89 得 $C_t=0.996$，则

$$G_{混合气} = \frac{21.5}{1.1 \times 0.996} \text{kg/h} = 19.62 \quad \text{kg/h}$$

c. 第三级的抽气量 G_2^3。

$$G_2^3 = (2.98+19.62) \text{kg/h} = 22.6 \quad \text{kg/h}$$

计算数据汇总

第一级：$p_1^1=1.0787$MPa，$p_2^1=0.00266$MPa，$p_3^1=0.01$MPa，$G_2^1=39.0$kg/h。

第二级：$p_1^2=1.0787\text{MPa}$，$p_2^2=0.00803\text{MPa}$，$p_3^2=0.0313\text{MPa}$，$G_2^2=36.41\text{kg/h}$。

第三级：$p_1^3=1.0787\text{MPa}$，$p_2^3=0.0313\text{MPa}$，$p_3^3=0.1029\text{MPa}$，$G_2^3=22.60\text{kg/h}$。

主要计算结果汇总：

编号	工作蒸汽用量 /(kg/h)	喷嘴喉径 /mm	扩散器喉径 /mm	估计长度 /mm
1	42.9	3.11	45.36	1220
2	50.97	3.39	26.44	710
3	48.6	3.31	13.18	360

详细计算步骤见表 5-86～表 5-89。

表 5-86 蒸汽喷射泵计算表 1 级

	名 称	单 位	符 号	数 值	备 注
已知条件	工作蒸汽压力	MPa	p_1	11	156lb/in²
	吸入压力	MPa	p_2	0.0272	20mmHg
	排放压力	MPa	p_3	0.1019	75mmHg
	当量空气抽气量	kg/h	G_2	39.0	当量空气抽气量
计算参数	压缩比：p_3/p_2		β	3.75	式 (5-285)
	膨胀比：p_1/p_2		E	404	式 (5-291)
	11.6MPa 蒸汽消耗比	kg 蒸汽/kg 抽气	R_0	1.1	查图 5-84
	工作蒸汽压力校正系数		M_p	1.0	查图 5-85
	稳定性校正系数		M_s	1.0	末级 $M_s=1.15$，其他 $M_s=1$
	载荷校正系数		M_d	1.0	末级 $M_d=1.10$，其他 $M_d=1$
	蒸汽消耗比	kg 蒸汽/kg 抽气	R_a	1.1	式 (5-276)
计算结果	工作蒸汽消耗量	kg/h	G_1	42.9	式 (5-277)
	喷嘴喉径	mm	d_0	3.11	式 (5-278)
	扩散器喉径	mm	D_0	45.36	式 (5-279)
	吸入口直径	mm	D_2	87.09	式 (5-281)
	排出口直径	mm	D_3	90.72	式 (5-282)
	总长度估算	mm	L	1220	式 (5-280)
说明					

表 5-87 蒸汽喷射泵计算表 2 级

	名 称	单 位	符 号	数 值	备 注
已知条件	工作蒸汽压力	MPa	p_1	11	156lb/in²
	吸入压力	MPa	p_2	0.0819	60mmHg
	排放压力	MPa	p_3	0.32	235mmHg
	当量空气抽气量	kg/h	G_2	36.41	
计算参数	压缩比：p_3/p_2		β	3.9	式 (5-285)
	膨胀比：p_1/p_2		E	134	式 (5-286)
	11.6MPa 蒸汽消耗比	kg 蒸汽/kg 抽气	R_0	1.4	查图 5-84
	工作蒸汽压力校正系数		M_p	1.0	查图 5-85
	稳定性校正系数		M_s	1.0	末级 $M_s=1.15$，其他 $M_s=1$
	载荷校正系数		M_d	1.0	末级 $M_d=1.10$，其他 $M_d=1$
	蒸汽消耗比	kg 蒸汽/kg 抽气	R_a	1.4	式 (5-276)

续表

	名 称	单 位	符 号	数 值	备 注
计算结果	工作蒸汽消耗量	kg/h	G_1	50.97	式（5-277）
	喷嘴喉径	mm	d_0	3.39	式（5-278）
	扩散器喉径	mm	D_0	26.44	式（5-279）
	吸入口直径	mm	D_2	48.49	式（5-281）
	排出口直径	mm	D_3	52.88	式（5-282）
	总长度估算	mm	L	710	式（5-280）
说明	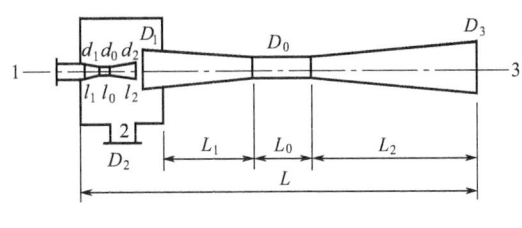				

表 5-88 蒸汽喷射泵计算表 3 级

	名 称	单 位	符 号	数 值	备 注
已知条件	工作蒸汽压力	MPa	p_1	11	156 lb/in²
	吸入压力	MPa	p_2	0.3	220 mmHg
	排放压力	MPa	p_3	1.05	772 mmHg
	当量空气抽气量	kg/h	G_2	22.60	
计算参数	压缩比：p_3/p_2		β	3.5	式（5-285）
	膨胀比：p_1/p_2		E	36.7	式（5-291）
	11.6MPa 蒸汽消耗比	kg 蒸汽/kg 抽气	R_0	1.70	查图 5-84
	工作蒸汽压力校正系数		M_p	1.0	查图 5-85
	稳定性校正系数		M_s	1.15	末级 $M_s=1.15$，其他 $M_s=1$
	载荷校正系数		M_d	1.1	末级 $M_d=1.10$，其他 $M_d=1$
	蒸汽消耗比	kg 蒸汽/kg 抽气	R_a	2.15	式（5-276）
计算结果	工作蒸汽消耗量	kg/h	G_1	48.6	式（5-277）
	喷嘴喉径	mm	d_0	3.31	式（5-278）
	扩散器喉径	mm	D_0	13.18	式（5-279）
	吸入口直径	mm	D_2	19.96	式（5-281）
	排出口直径	mm	D_3	26.36	式（5-282）
	总长度估算	mm	L	360	式（5-280）
说明	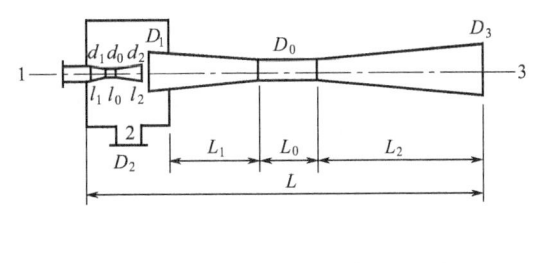				

表 5-89　蒸汽喷射泵计算表　　　　　第　　级

	名　称	单　位	符号	数　值	备　注
已知条件	工作蒸汽压力	MPa	p_1		
	吸入压力	MPa	p_2		
	排放压力	MPa	p_3		
	当量空气抽气量	kg/h	G_2		
计算参数	压缩比：p_3/p_2		β		式(5-285)
	膨胀比：p_1/p_2		E		式(5-291)
	1.16MPa蒸汽消耗比(蒸汽/抽气)	kg/kg	R_0		查图 5-84
	工作蒸汽压力校正系数		M_p		查图 5-85
	稳定性校正系数		M_s		末级 $M_s=1.15$,其他 $M_s=1$
	载荷校正系数		M_d		末级 $M_d=1.10$,其他 $M_d=1$
	蒸汽消耗比(蒸汽/抽气)	kg/kg	R_a		式(5-276)
计算结果	工作蒸汽消耗量	kg/h	G_1		式(5-277)
	喷嘴喉径	mm	d_0		式(5-278)
	扩散器喉径	mm	D_0		式(5-279)
	吸入口直径	mm	D_2		式(5-281)
	排出口直径	mm	D_3		式(5-282)
	总长度估算	mm	L		式(5-280)
说明					

5.10　呼吸阀的选用

5.10.1　呼吸阀的用途和结构

呼吸阀是一种用于常压罐的安全设施，它可以保持常压罐中的压力始终处于正常状态，用来降低常压贮罐内挥发性液体的蒸发损失，并保护贮罐免受超压或超真空度的破坏。

呼吸阀的内部结构是由一个低压安全阀（即呼气阀）和一个真空阀（即吸气阀）组合而成的，习惯上把它称为呼吸阀。

目前石油化工企业中常用的呼吸阀可分为两种基本类型：即重力式呼吸阀（或称阀盘式呼吸阀）和先导式呼吸阀。

重力式呼吸阀的结构见图 5-102。

当罐内压力正好等于大气压时，呼吸阀内的压力阀和真空阀的阀盘都不动作，靠阀座上的密封结构具有的"吸附"效应来保持良好的密封作用。

重力式呼吸阀的结构比较简单，压力阀和真空阀的阀盘是互不干涉，独立工作的。罐内压力升高时，呼气阀动作，向罐外排放气体；罐内压力降到设定的负压以下时，吸气阀动作，向罐内吸入大气。压力阀阀盘和真空阀阀盘既可并排布置，也可以重叠布置。在任何时候，呼气阀和吸气阀不能同时处于开启状态。

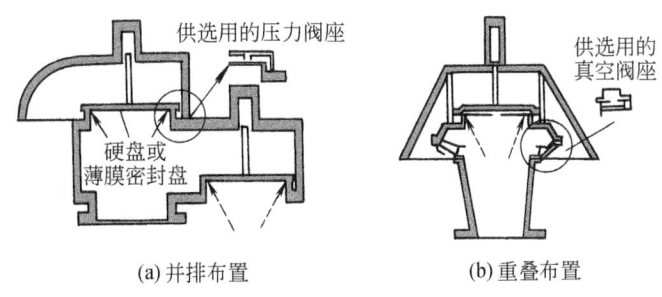

(a) 并排布置　　　　　(b) 重叠布置

图 5-102　阀盘式呼吸阀工作原理图

先导式呼吸阀的结构是由一个主阀和一个导阀组成，两阀先后动作来联合完成呼气或吸气动作。在导阀开启前，主阀不受控制流的作用，关闭严密，无泄漏现象，主阀的密封是采用软密封，所以先导式呼吸阀可达到汽泡级的密封。

(1) 美国石油学会新版的《大型焊接低压贮罐的设计和施工规定》API 620 规定：低压贮罐用呼吸阀，由于阀前压力很低，有时只有几十 mm 水柱，常规的弹簧安全阀和重力式安全阀都不能正常工作。由于作用在阀芯下部向上的作用力有限，使阀不容易准确地在定压下开启；即使阀芯打开了，也会由于作用力太小，导致阀卡住。此外，弹簧安全阀和重力式安全阀在定压下工作时，由于工作压力非常接近定压，阀门很容易泄漏；而弹簧安全阀则随着阀的开启度增大，弹簧变形增大，作用在阀芯上的弹簧力也增大，导致阀无法开足，使阀门难于达到设计能力。为此，在新版 API 620 中，对大型贮罐用低压安全阀（我们习惯把此种低压安全阀和破真空阀合称呼吸阀）的使用作出了新的规定，对低压工况推荐使用先导式安全阀以取代弹簧安全阀和重力式安全阀。

低压及接近常压的贮罐，它们的起压保护，只能选用呼吸阀，不用选用常规的弹簧式安全阀和重力式安全阀，它们在几十毫米水柱的压力下，均无法工作，另外它们的密封性也达不到要求。

(2) 先导式低压安全阀的应用：先导式低压安全阀是用导阀控制主阀的。由于导阀采用薄膜结构，薄膜面积大，故在很低的工作压力下仍可达到一定的作用力。从而控制主阀动作。此外，在导阀开启前，主阀不受控制流的作用，关闭严密，故先导式安全阀可以达到气泡级密封。这种安全阀不易损坏，维修工作量小，易于调整定压，故在工程中得到广泛应用。先导式低压安全阀不只适用于一般的化工物料低压常温贮罐，也适用于天然气及合成氨、丙烷、丁烷、氧气等的低温贮罐。常用的软密封材料见表 5-41。

图 5-103 所示为常见的先导式低压安全阀，图 5-104 为带波纹管的导阀型安全阀。这类产

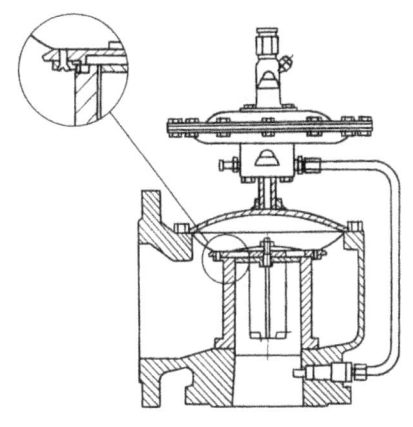

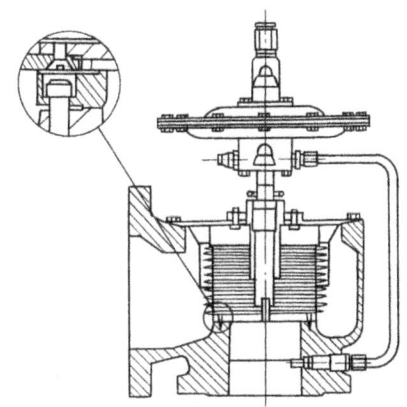

图 5-103　93T 型低压安全阀　　　　　图 5-104　带波纹管的导阀型安全阀

品的特点是，若配上双导阀，用单一阀门即可提供泄压和破真空能力，当作泄压真空阀用。图5-105 示出带导阀的低压呼吸阀的工作原理。

如图5-105(a)所示，在正常操作条件下，系统压力作用在主阀阀座底部上、主阀膜片顶部上以及导阀检测室内。主阀阀座由一巨大作用力维持紧闭，这一作用力等于系统压力乘以主阀膜片的不平衡面积。

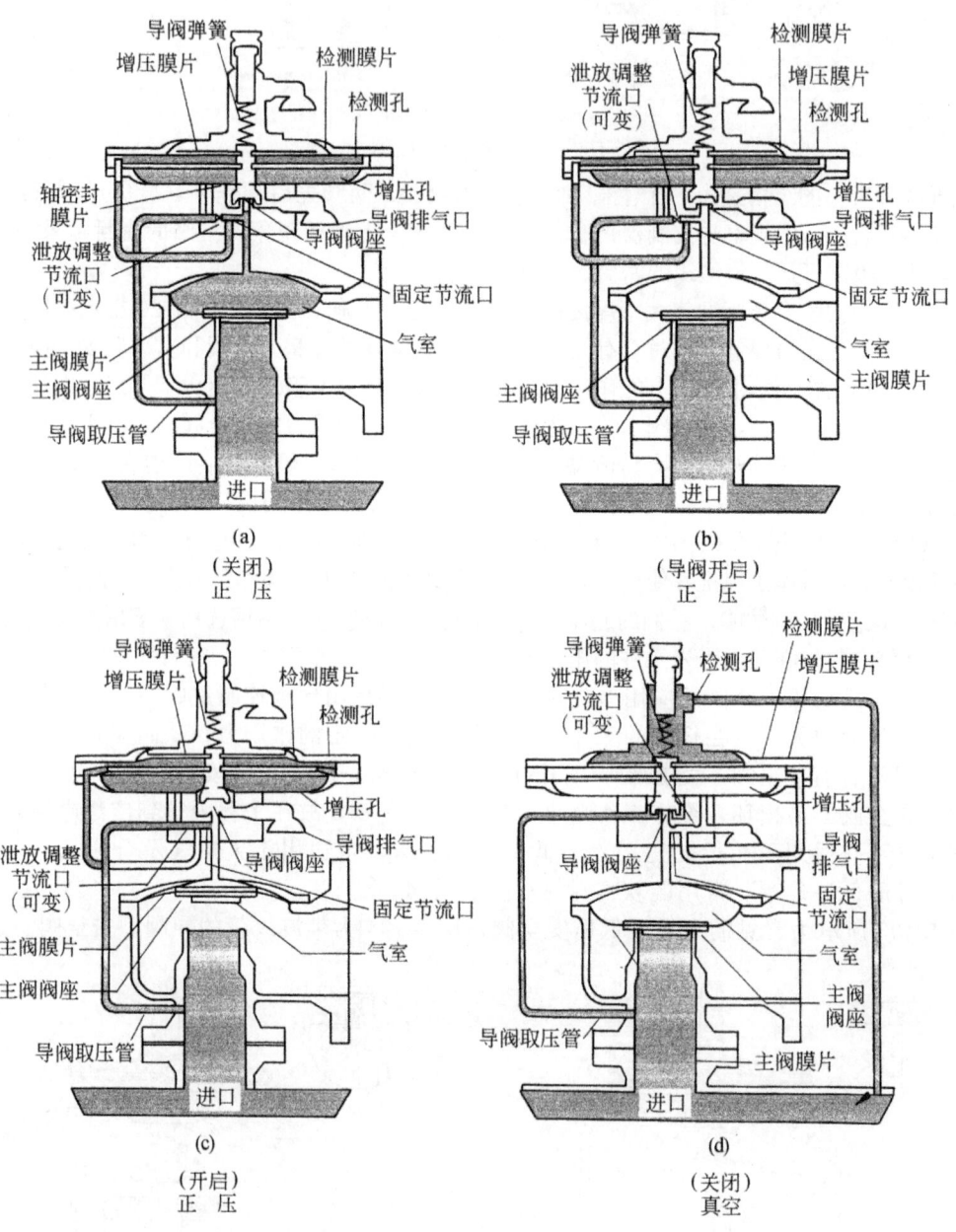

图 5-105　先导式低压呼吸阀工作原理

系统压力也作用于可变节流口下游的增压孔和检测孔。

导阀软阀座维持关闭，这时导阀弹簧载荷大于作用在检测膜片上的向上作用力。

如图5-105(b)所示，给定压力是作用于检测膜片上的向上作用力，刚好超越弹簧载荷。

这时，导阀阀座稍为开启，给定一微小流量在导阀检测管里。这一微小流量流过泄放调整节流口，导致节流口下游和检测孔里压力降低。虽然这只是微量的压力降低，却形成一巨大的向上作用力，使导阀快速全开。

图 5-105(c)导阀全开时，主阀膜片顶部上的压力大量降低，使主阀阀座达致全行程。

经过主阀的流体继续流动，直到系统压力降低至导阀弹簧能够克服作用于检测膜片上的提升力。当导阀开始关闭时，经过泄放调整节流口的流量和压降都减小。这时检测孔压力增高，以助导阀加速关闭。导阀关闭后，系统压力又再集中作用于气室面积上，使主阀阀座关闭，并使压力回到图 5-105(a)所示的部位上。

导阀弹簧克服作用于增压膜片上的净提升力的压力点可能随着改变经过泄放调整可变节流口的压降而变动。较小的节流口调整使阀门能在较低的压力下关闭（较长时间泄放）。

图 5-105(d)操作原理基本上和正压泄压相同。较大的气室面积载压大于阀座下的进口压力，即可形成一阀座力。在关闭的情况下，大气压力存在于主阀的气室面积内，而真空则存在于进口，形成一种净作用力，可以关闭阀座。在设定点上，导阀开启，把气室压力通过供应管送到进口真空处。当部分真空在气室形成时，大气压力就使膜片和阀座开启，并在阀内形成气流，从而破除系统真空。当导阀复位时，供应管即由导阀阀座关闭。这时大气压力又再通过泄放调整节流口和固定节流口流入气室，关闭主阀。

在超低压时（如低压在 100mmH$_2$O 以下），前述的先导式低压呼吸阀也不能很好地工作，

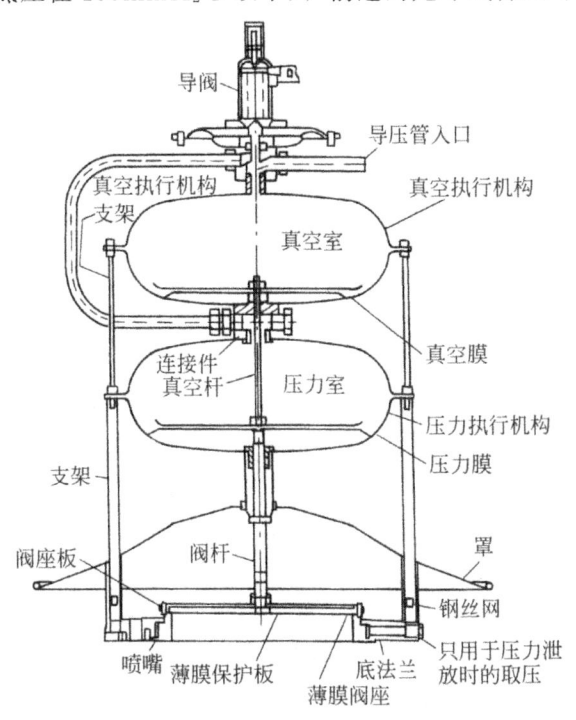

图 5-106　9200 系列超低压先导式泄压真空阀

此时要选用超低压泄压真空阀，具体结构见图 5-106。当主阀前压力达到定压时，导阀动作，使压力室通大气，主阀前压力的作用，使主阀打开；但此时真空膜不动（由于压力膜阀杆是空心的，套在真空膜阀杆外；当压力膜阀杆上滑时，真空膜阀杆不动）。当主阀前压力为真空时，若达到定压，真空膜上侧压力为导阀入口压力（真空），真空膜下侧通压力室，此时通大气，

产生一向上的作用力，使真空膜上抬；真空膜阀杆上升时，把空心的压力膜阀杆带上，其开启力大于真空对主阀的吸力，主阀打开，真空破坏。这种阀的开启度随着阀前压力升高而增大，到超压6%时，阀开足。这种结构的阀采用特殊的阀座密封，阀瓣下有一塑料薄膜，此薄膜两侧相通，故阀前正压时，薄膜上侧也有压；但薄膜在阀座外部分，薄膜下通大气，而薄膜上部有微压，使薄膜紧贴在阀座上，防止了泄漏，减小了物料损失，这种泄压真空阀在阀前压力达到98%定压时仍能保持不漏，见图5-107。

先导式呼吸阀的一个显著特点是，定压范围可低于 $0.5oz/in^2$（盎司/英寸^2）❶（21.97mmH$_2$O），因此可用于低压罐上。此外由于该阀设计成"导阀一旦打开，主阀就完全打开；导阀一旦关闭，主阀就迅速关闭"，因此在泄压时达到最大流量的超压非常小，可以忽略不计。当阀门在吸入时，由于导阀不起作用，因此超负压的作用等同于阀盘式呼吸阀。先导式呼吸阀的不足之处是，该类呼吸阀中有些设计是在贮罐压力比呼吸阀定压低得多的压力时它才关闭，增大了呼吸损耗。选用时应当注意。

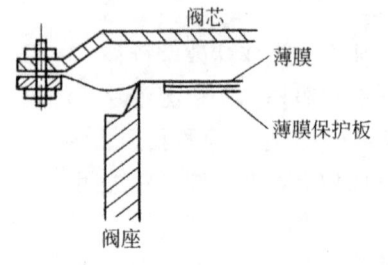

图 5-107　9200 阀阀座详图

实际应用中呼吸阀分为以下几种基本型式。

① 标准型呼吸阀　安装在贮罐上，能保持罐内压力正常，不出现超压或负压状态。但没有防冻、防火功能。

② 防火型呼吸阀　安装在贮罐上，对罐内压力的保护功能同上一款的内容，又具有防冻功能，能用于寒冷地区。

③ 防冻型防火呼吸阀　安装在贮罐上，对罐内压力的保护功能同上一款的内容，又具有防冻、防火功能，能用于寒冷地区；它的防火功能指当发生火灾事故时，安装了这种呼吸阀的贮罐可能阻挡火苗窜入罐内，相当于安装了一个阻火器。

④ 呼吸人孔　只适用于常压罐，可直接安装在人孔盖上，而且对罐内介质要求是，在常温下基本不挥发或有少量挥发物也不会对环境造成污染。它也能保护罐内不出现超压或负压状态。

⑤ 真空泄压阀　只适用于防止贮罐不出现真空状态。

⑥ 泄压阀：只适用于防止贮罐不出现超压状态。

以上几种类型的呼吸阀的适用范围详见 5.10.3 的内容。

5.10.2　呼吸阀的计算

(1) 确定呼吸量

呼吸阀的计算内容主要是确定呼吸量，呼吸量按下列条件确定。

① 贮罐向外输出物料时，造成贮罐内压力降低，需要吸入气体保持贮罐内压力平衡。

② 向贮罐内灌装物料时，造成贮罐内压力升高，需要排出气体保持贮罐内压力平衡。

③ 由于气候等影响引起贮罐内物料蒸气压增大或减少，造成的呼出和吸入（通称热效应）。

④ 火灾时贮罐受热，引起蒸发量骤增而造成的呼出。

前三个原因引起的呼吸量叫正常呼吸量，后一个原因引起的呼吸量叫火灾呼吸量。

---

❶　1oz=½lb=31.04g。

(2) 正常呼吸量的计算

根据 API（美国石油协会）标准 2000，《常压和低压贮罐的通气》中规定呼吸阀适用于设计操作条件在 216～7456Pa（22～760mmH$_2$O）的地上液体石油贮罐及地上与地下低温贮罐的正常通气量的计算结果见表 5-90。原表是用英制单位绘制的，表 5-90 是从英制换算成公制单位后制成的。

(3) 火灾呼吸量的计算

对于不设保护措施（如：喷淋、保温等）的贮罐，火灾时的排气量的计算可查表 5-91，该表的使用条件是 1atm（1atm＝101325Pa）（绝）和 15.6℃。

表 5-90　热效应引起的呼吸气量

| 罐的容积 | 热效应引起的吸入量（适用各种闪点） | 热效应引起的呼出气量 | | 罐的容积 | 热效应引起的吸入量（适用各种闪点） | 热效应引起的呼出气量 | |
| | | 38℃闪点及以上的油品 | 38℃闪点以下的油品 | | | 38℃闪点及以上的油品 | 38℃闪点以下的油品 |
m^3	m^3/h	m^3/h	m^3/h	m^3	m^3/h	m^3/h	m^3/h
9.46	1.69	1.10	1.69	5564.3	877.82	538	877.82
16.89	2.83	1.69	2.83	6359.2	962.77	594.65	962.77
79.49	14.15	8.49	14.15	7154.4	1047.72	651.29	1047.72
158.98	28.3	15.108	28.3	7949.0	1132.67	679.6	1132.67
317.96	56.63	33.98	56.63	9538.8	1245.104	764.55	1245.104
475.104	84.95	50.97	84.95	11128.6	1359.21	764.55	1245.104
635.103	113.26	67.96	113.26	12718.4	1472.47	877.82	1472.47
794.91	141.58	84.95	141.58	14308.2	1586.74	962.77	1586.74
1589.83	283.17	169.9	283.17	15898.0	1699	1019.4	1699
2384.74	424.75	254.85	424.75	19077.6	1926.54	1160.99	1926.54
3179.65	566.34	339.8	566.34	22257.2	2123.76	1274.26	2123.76
3974.57	679.60	424.75	679.60	25436.8	2324.99	1416.84	2324.99
4769.4	792.87	481.39	792.87	28616.4	2548.53	1529.11	2548.53

注：1. 热效应呼吸气量指在 1atm（绝）和 15.6℃时，以空气为介质经试验测得的数据。
2. 本表原文为英制单位，表中的公制单位数据是由英制换算得出的。
3. 表中未列出的贮罐容量的计算值可用内查法算出。

表 5-91　火灾时紧急排气量与湿润面积的关系［在 1atm（绝）和 15.6℃条件下的计算值］

湿润面积/m^2	排气量/(m^3/h)	湿润面积/m^2	排气量/(m^3/h)	湿润面积/m^2	排气量/(m^3/h)	湿润面积/m^2	排气量/(m^3/h)
1.858	597.5	32.52	8156.24	9.290	2973.3	111.484	15772.46
2.787	894.81	37.161	8834.842	11.148	3567.92	130.06	16621.96
3.716	1192.14	46.452	10024.15	13.006	4263.57	148.645	17386.52
4.645	1492.3	56.742	11100.2	14.86	4757.22	167.23	18094.44
6.574	1789.62	66.032	12119.59	16.723	5380.2	186.806	18746.72
6.503	2085.105	74.322	13082.36	18.581	5974.85	229.67	19936.03
7.432	2384.275	83.613	13960.18	23.226	6767.72	260.13	21011.07
8.361	2684.432	92.903	14838.0	27.871	7503.95	260.13 以上	

对于设计压力超过 1atm（绝）的贮罐和容器的湿润表面积大于 260m^2 时，火灾时的总排气量可按下列公式计算

$$CFH = 1107 A^{0.82}$$

式中 CFH——排气量,ft³/h[以14.7lbf/ft²(1lbf=4.44822N)绝压,60℉❶空气表示,相当于1atm(绝)和15.6℃时的空气排气量];

A——湿润表面积,ft²。

5.10.3 呼吸阀的选用及安装

(1) 呼吸阀的选用步骤和注意事项

当贮罐内物料的闪点≤60℃时,应选用呼吸阀。

选用呼吸阀时应先计算确定呼吸量,对照呼吸阀制造厂提供的各种规格的呼吸阀不同定压值的性能曲线,选用呼吸阀尺寸,也就决定了呼吸阀的起跳压力和通气压力。

当单个呼吸阀的呼吸量不能满足要求时,可安装两个以上的呼吸阀。如果没有呼吸阀制造厂提供的各种规格性能曲线,还可根据中国石油化工总公司的标准《石油化工企业储运系统罐区设计规范》(SH/T3007—2007)的规定按进出贮罐的最大液体量(m³/h)选用呼吸阀的规格尺寸,见表5-92。

表 5-92 呼吸阀的选用

进出贮罐的最大液体量/(m³/h)	呼吸阀的个数×公称直径/(个×mm)	进出贮罐的最大液体量/(m³/h)	呼吸阀的个数×公称直径/(个×mm)
≤25	1×50	151~250	1×200
26~50	1×80	301~500	1×250
51~100	1×100	301~500	2×200
101~150	1×150	>500	2×250

呼吸阀的选用还和气候有关,在冬季会结冰的地区,要选用防水型呼吸阀;而在非冰冻地区可选用标准型呼吸阀。呼吸阀必须配备阻火器。选用呼吸阀时还应选用呼吸阀挡板。

(2) 呼吸阀的安装及注意事项

呼吸阀还可以和气封系统一块使用。常用的气封气有氮气、燃料气等。当罐内物料被泵抽出,或由于温度降低,罐内的气体冷凝收缩时,要补入气封气防止空气进入罐内。当向罐内送料或温度升高使罐内压力升高时,呼吸阀自动打开,将超压的气体排入大气。当罐内压力低于大气压,而气封系统又不能正常工作时,呼吸阀内的真空阀开启,空气进入罐内保证贮罐不受破坏。呼吸阀和气封系统一同使用时的配管见图5-108。

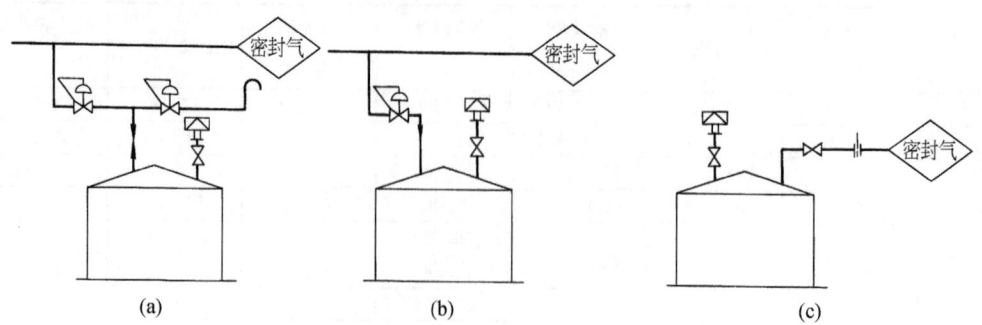

图 5-108 呼吸阀与气封系统的配管

---

❶ $t/℃=\frac{5}{9}(t/℉-32)$。

呼吸阀应安装在贮罐的顶部高点，最好是最高点，以便能顺利地提供通向呼吸阀最直接和最大的通道。通常对于立式罐，呼吸阀应尽量安装在罐顶中央顶板范围内，对于罐顶需设隔热层的贮罐，可安装在梯子平台附近。

当需要安装两个呼吸阀时，它们与罐顶的中心距离应相等。

若呼吸阀用在氮封罐上，则氮气供气管的接管位置一定要远离呼吸阀接口，并由罐顶部插入贮罐内约 200mm，这样氮气进罐后不直接排出，达到氮封的目的。

5.10.4 呼吸阀的参数表

下面我们把国内厂家的呼吸阀的参数表按不同类型分别列出，并把美国 ENARDO 公司的呼吸阀系列产品的参数表也附在后面，供设计人员选用。

(1) 标准型呼吸阀

适用于非冰冻地区。

① 该阀是安装在固定顶罐上的通风装置，起减少油品蒸发损耗，控制贮罐压力的作用，其阀盘为硬质铝合金。

② 该阀分 HXF-88A 型和 HXF-88B 型。

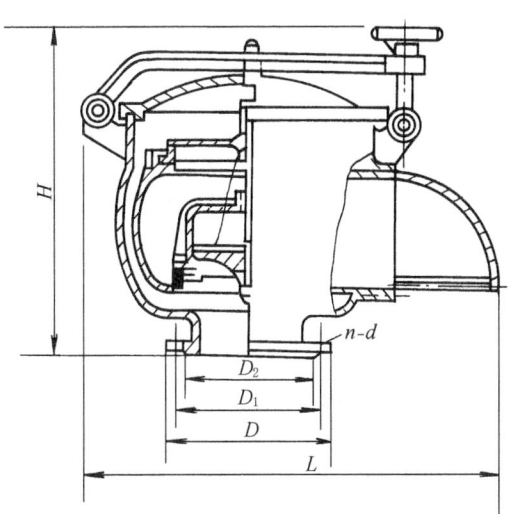

图 5-109　HXF-88 型呼吸阀

③ 该阀具有通风量大、耐腐蚀等特点，并有静电接地线，使阀与罐体保持等电位。

④ 操作压力：正压，B 级 980.7Pa（100mmH_2O），A 级 1765.2Pa（180mmH_2O），负压，294.2Pa（30mmH_2O）。

呼吸阀的结构见图 5-109，规格和尺寸见表 5-93 和表 5-94。

表 5-93　HXF-88 型呼吸阀的规格

型　号	名　称	规　格	材　质	单　位	质量/kg	生　产　厂
HXF-50	呼吸阀	DN50 HXF-88 型		组合件	台	35	高州机件厂
HXF-80	呼吸阀	DN80 HXF-88 型		组合件	台	55	东海石油机械厂
HXF-100	呼吸阀	DN100 HXF-88 型		组合件	台	60	东海石油机械厂
HXF-150	呼吸阀	DN150 HXF-88 型		组合件	台	100	东海石油机械厂
HXF-200	呼吸阀	DN200 HXF-88 型		组合件	台	120	东海石油机械厂
HXF-250	呼吸阀	DN250 HXF-88 型		组合件	台	180	东海石油机械厂
$B_1 \sim B_8$	呼吸阀	DN40～DN250		组合件			温州市四方化工机械厂

表 5-94　HXF-88 型呼吸阀结构尺寸

规　格	尺　寸/mm						
	H	L	D	D_1	D_2	n	d
DN50	270	330	ϕ140	ϕ110	ϕ90	4	14
DN80	440	490	ϕ185	ϕ150	ϕ125	4	18
DN100	450	490	ϕ205	ϕ170	ϕ145	4	18
DN150	550	610	ϕ260	ϕ225	ϕ200	8	18
DN200	570	700	ϕ315	ϕ280	ϕ255	8	18
DN250	660	900	ϕ370	ϕ335	ϕ310	12	18

(2) 防水型呼吸阀（或称全天候呼吸阀）

适用于寒冷地区。

① 该阀是安装在固定顶罐上的通风装置,起减少油品蒸发损耗,控制贮罐压力的作用。其阀盘结构为空气垫型膜式阀盘。

② 该阀具有通风量大,泄漏量小,耐腐蚀等特点,并有静电接地线,使该阀与罐体保持等电位。

③ 该阀具有防冻性能,适用于寒冷地区。

④ 操作压力:正压,353Pa(36mmH$_2$O),980.7Pa(100mmH$_2$O);负压,294.2Pa(30mmH$_2$O)。

呼吸阀的结构见图 5-110,规格和尺寸见表 5-95 和表 5-96。

表 5-95 QHXF-89 型呼吸阀的规格

型 号	名 称	规 格	材 质	单 位	质量/kg	生 产 厂
QHXF-50	全天候呼吸阀	DN50 QHXF-89 型	组合件	台	18	抚顺石油学院机械厂
QHXF-80	全天候呼吸阀	DN80 QHXF-89 型	组合件	台		东海石油机械厂
QHXF-100	全天候呼吸阀	DN100 QHXF-89 型	组合件	台	32	东海石油机械厂
QHXF-150	全天候呼吸阀	DN150 QHXF-89 型	组合件	台	49	东海石油机械厂
QHXF-200	全天候呼吸阀	DN200 QHXF-89 型	组合件	台	66	东海石油机械厂
QHXF-250	全天候呼吸阀	DN250 QHXF-89 型	组合件	台	90	东海石油机械厂

表 5-96 QHXF-89 型呼吸阀结构尺寸

规 格	尺 寸/mm								
	H	L	D	D_1	D_2	n		d	
						n_1	n_2	d_1	d_2
DN50	255	362	ϕ140	ϕ110	ϕ90	3	1	14	12
DN80	342	508	ϕ185	ϕ150	ϕ125	3	1	18	16
DN100	342	508	ϕ205	ϕ170	ϕ145	3	1	18	16
DN150	460	640	ϕ260	ϕ225	ϕ200	3	1	18	16
DN200	545	770	ϕ315	ϕ280	ϕ255	6	2	18	16
DN250	648	918	ϕ370	ϕ335	ϕ310	9	3	18	16

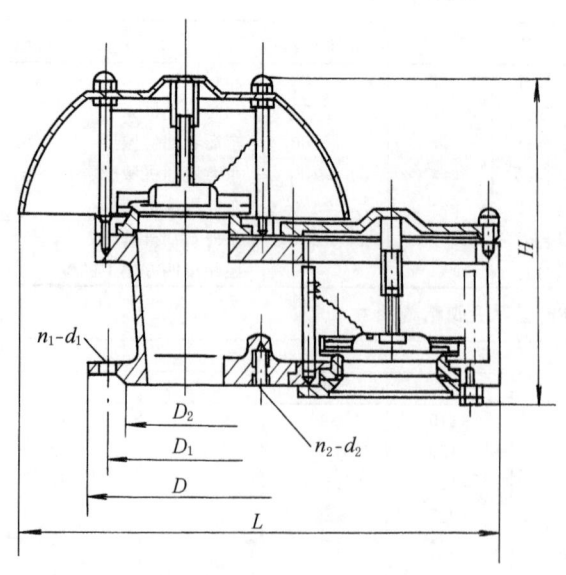 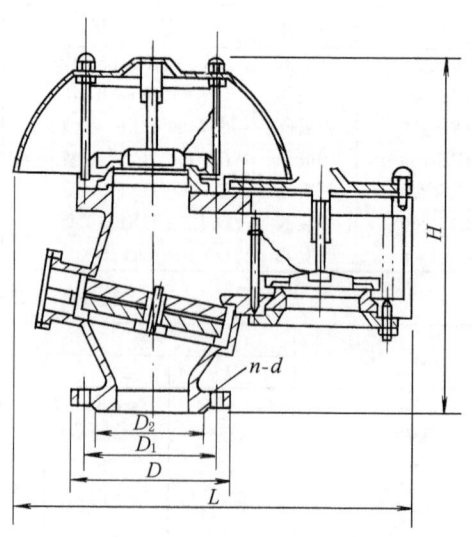

图 5-110 QHXF-89 型呼吸阀($PN=0.6$MPa)　　图 5-111 QZF-89 型呼吸阀

(3) 防冻型防火呼吸阀（或称全天候防火呼吸阀）

适用于寒冷地区并不需配置阻火器。

① 该阀是安装在固定顶罐上的通风装置，起减少油品蒸发损耗、控制贮罐压力及阻止外界火焰传入的作用。

② 该阀具有通风量大、泄漏量小和耐腐蚀等特点，并有静电接地线，使该阀与罐体保持等电位。

③ 该阀具有防冻性能，适用于寒冷地区。

④ 操作压力：正压，353Pa（36mmH$_2$O），980.7Pa（100mmH$_2$O）；负压，294.2Pa（30mmH$_2$O）。

呼吸阀的结构见图 5-111，规格和尺寸见表 5-97 和表 5-98。

表 5-97 QZF-89 型呼吸阀的规格

型号	名称	规格	材质	单位	质量/kg	生产厂
QZF-50	全天候防火呼吸阀	DN50 QZF-89 型	组合件	台	25	东海石油机械厂
QZF-80	全天候防火呼吸阀	DN80 QZF-89 型	组合件	台		东海石油机械厂
QZF-100	全天候防火呼吸阀	DN100 QZF-89 型	组合件	台	47	东海石油机械厂
QZF-150	全天候防火呼吸阀	DN150 QZF-89 型	组合件	台	71	东海石油机械厂
QZF-200	全天候防火呼吸阀	DN200 QZF-89 型	组合件	台	98	东海石油机械厂
QZF-250	全天候防火呼吸阀	DN250 QZF-89 型	组合件	台	130	东海石油机械厂
BF$_1$～BF$_2$	全天候防火呼吸阀	DN40～DN250	组合件	台		温州市四方化工机械厂

表 5-98 QZF-89 型呼吸阀结构尺寸

规格	尺寸/mm						
	H	L	D	D_1	D_2	n	d
DN50	360	362	ϕ140	ϕ110	ϕ90	4	14
DN80	445	513	ϕ185	ϕ150	ϕ125	4	18
DN100	445	513	ϕ205	ϕ170	ϕ145	4	18
DN150	610	640	ϕ260	ϕ225	ϕ200	4	18
DN200	700	770	ϕ315	ϕ280	ϕ255	8	18
DN250	828	918	ϕ370	ϕ335	ϕ310	12	18

(4) 呼吸人孔（XYXA$_{600}^{500}$型）

工作压力吸入－392.2Pa，呼出＋1961.2Pa，环境温度－30～60℃，主体材质有不锈钢、碳钢两种，生产厂为温州市四方化工机械厂。

(5) 真空泄压阀

① 该阀是安装在贮罐上的负压通风装置，可与呼吸阀配套使用，以用于增加贮罐空气吸入量以防贮罐抽瘪。也可单独使用。

② 该阀具有通风量大，泄漏量小，耐腐蚀等特点，并有静电接地线，使该阀与罐体保持等电位。

③ 该阀具有防冻性能，也适用于寒冷地区。

④ 操作压力 392.5Pa（－40mmH$_2$O）或按用户要求定。

真空泄压阀的结构见图 5-112、规格和尺寸见表 5-99 和表 5-100。

表 5-99　ZXF-89型真空泄压阀的规格

型　号	名　称	规　格	材　质	单　位	质量/kg	生　产　厂
ZXF-50	真空泄压阀	DN50 ZXF-89型	组合件	台	17	东海石油机械厂
ZXF-100	真空泄压阀	DN100 ZXF-89型	组合件	台	44	高州机件厂
ZXF-150	真空泄压阀	DN150 ZXF-89型	组合件	台	77	无锡市石化设备配件厂
ZXF-200	真空泄压阀	DN200 ZXF-89型	组合件	台	106	无锡市石化设备配件厂
ZXF-250	真空泄压阀	DN250 ZXF-89型	组合件	台	148	无锡市石化设备配件厂

表 5-100　ZXF-89型真空泄压阀的结构尺寸

规　格	尺　寸/mm						
	H	L	D	D_1	D_2	n	d
DN50	258	284	ϕ140	ϕ110	ϕ90	4	14
DN100	372	446	ϕ205	ϕ170	ϕ145	4	18
DN150	400	632	ϕ260	ϕ225	ϕ200	8	18
DN200	461	736	ϕ315	ϕ280	ϕ255	8	18
DN250	520	876	ϕ370	ϕ335	ϕ310	12	18

(6) 泄压阀

① 该阀是安装在贮罐上的正压通风装置，可与呼吸阀配套使用或用于增加贮罐正压通风量以防超压。也可用于氮封罐和安装在管道上以控制压力。

② 该阀具有防冻性能，也适用于寒冷地区。

③ 操作压力：+1863.3Pa（+190mmH$_2$O）（或按用户要求定）。

泄压阀的结构见图5-113，规格和尺寸见表5-101和表5-102。

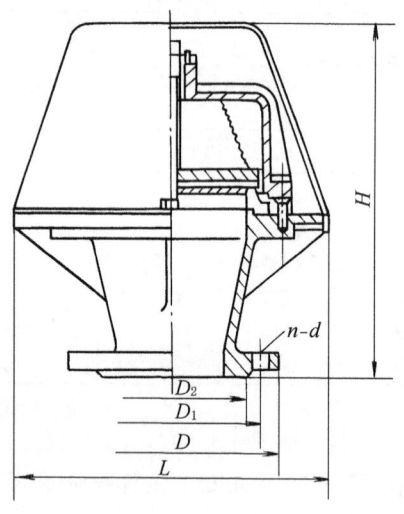

图 5-112　ZXF-89型真空泄压阀
(PN=0.6MPa)

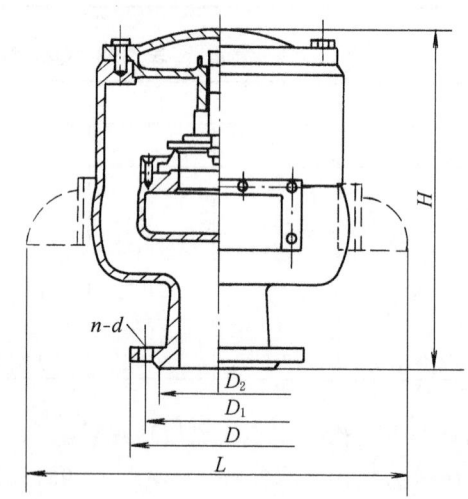

图 5-113　XYF-89型泄压阀
(PN=0.6MPa)

表 5-101　XYF-89型泄压阀的规格

型　号	名　称	规　格	材　质	单　位	质量/kg	生　产　厂
XYF-50	泄压阀	DN50 XYF-89型	组合件	台	17	东海石油机械厂
XYF-100	泄压阀	DN100 XYF-89型	组合件	台	24	高州机件厂
XYF-150	泄压阀	DN150 XYF-89型	组合件	台	39	无锡市石化设备配件厂
XYF-200	泄压阀	DN200 XYF-89型	组合件	台	52	无锡市石化设备配件厂
XYF-250	泄压阀	DN250 XYF-89型	组合件	台	73	无锡市石化设备配件厂

表 5-102　XYF-89 型泄压阀的结构尺寸

规　格	尺　寸/mm						
	H	L	D	D_1	D_2	n	d
DN50	266	242	ϕ140	ϕ110	ϕ90	4	14
DN100	296	332	ϕ205	ϕ170	ϕ145	4	18
DN150	390	372	ϕ260	ϕ225	ϕ200	8	18
DN200	468	452	ϕ315	ϕ280	ϕ255	8	18
DN250	544	532	ϕ370	ϕ335	ϕ310	12	18

附录系美国 ENARDO 公司和温州市四方化工机械厂的呼吸阀系列产品（部分），供选用。

附录

1　ENARDO 951 型放空减压阀

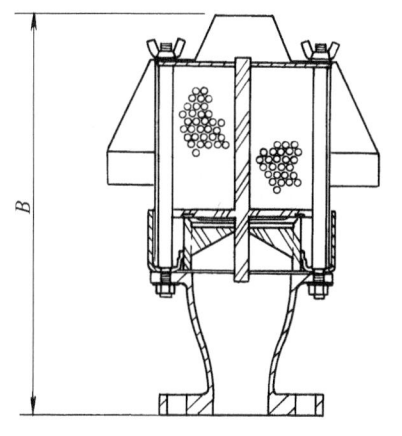
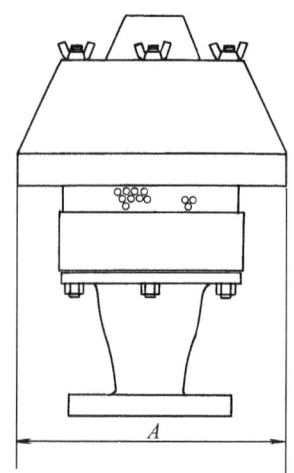

ENARDO 951（顶置）减压阀是一种先进的通大气装置。由于这一设计采用了最新的技术，该阀可以有效地防止过正压，阻止空气进入，减少产品损失，同时一些带有异味的和可能有害的气体也不会溢出。其他没有随阀门一起供应的部件包括：Enardo Saber Guide 阀门系统，先进的合成 PPS 密封圈和密封面。一并使用可使该阀的表现更加卓越。

型　号	进口尺寸	A 总宽度	B 总高度	铝材单位质量[①]	球墨铸铁单位质量[①]	S.S 单位质量[①]
951	2	10	14$\frac{3}{8}$	10	21	21
951	3	10	14$\frac{5}{8}$	12	26	26
951	4	14	19$\frac{3}{4}$	17	40	39
951	6	14	19$\frac{3}{4}$	21	51	50
951	8	23	27$\frac{1}{8}$	53	134	
951	10	23	27$\frac{1}{4}$	56	143	

① 标准压力下阀门以磅为单位的净重（常压 0.5oz/in^2，减压 0.5oz/in^2），不包括装运箱重。
注：表中所有尺寸均以英寸为单位。

ENARDO 减压阀主要技术参数

951— □ — □ □ □ — □□ — □□□

进口连接尺寸	阀体材料	垫衬和阀座圈材料	垫衬密封材料	压力设计值	选项
2～10英寸	1. 铝 2. 球墨铸铁 3. 复合玻纤 4. 不锈钢 5. 其他	1. 高级聚苯硫醚 2. 316不锈钢 3. 其他	1. FEP 特富龙 2. 丁腈橡胶 3. 氟橡胶 4. 其他	n，inH_2O z，oz/in^2 0.5～24oz/in^2 (0.5oz/in^2 增长) 1.0～41.5inH_2O (0.5inH_2O 增加)	0. 无选项 A. 特殊涂层 B. 不锈钢砝码 C. 其他砝码材料 D. 其他硬件 E. 其他密封垫材料 F. 其他 FRP 树脂 G. 蒸汽夹套或连动杆 H. 其他

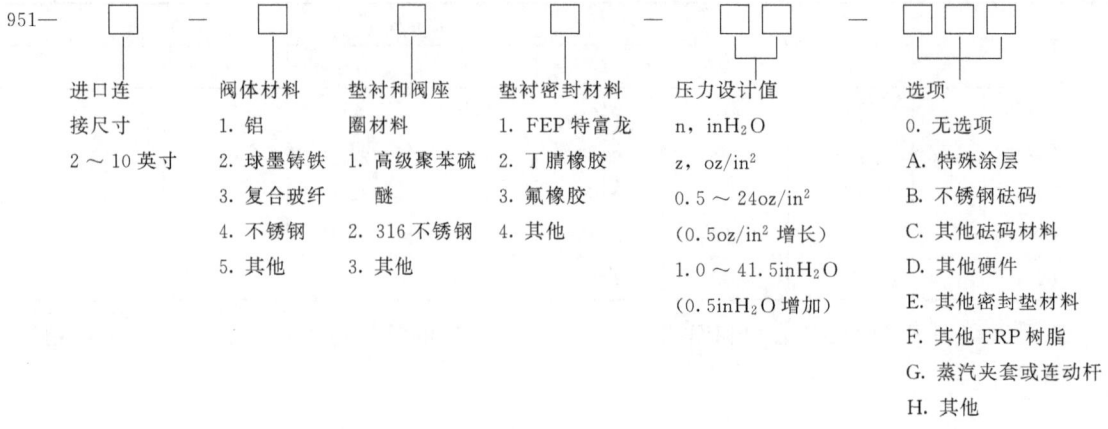

2 ENARDO 952 型管线末端真空减压阀

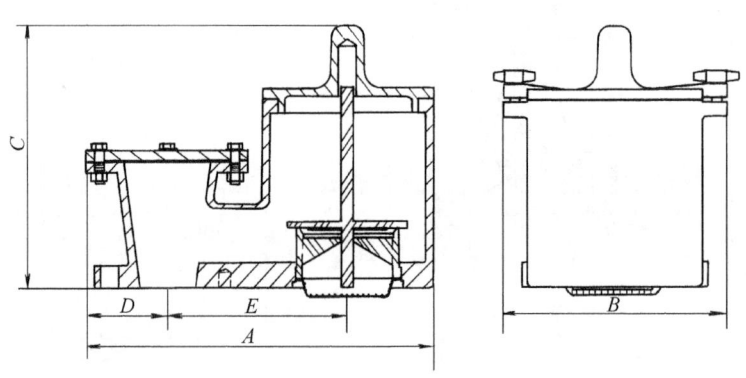

ENARDO 952（顶置）减压阀是一项先进的通大气装置。由于这一设计采用了最新的技术，该阀可以有效地防止过负压，阻止空气进入，减少产品损失，同时一些带有异味的和可能有害的气体也不会溢出，其他没有随阀门一起供应的部件包括：Enardo Sabde Guide 阀门系统，先进的合成 PPS 密封圈和 trim。一并使用该阀门将提供更好的服务。

型　号	进口尺寸	A 总长度	B 总宽度	C 总高度	D 至边	E	铝材 单位质量①	球墨铸铁 单位质量①	S.S 单位质量①
952	2	14¼	9⅛	10⅜	3⅜	7 7/16	17	48	52
952	3	14¾	9⅛	10⅜	3⅜	7 7/16	19	52	56
952	4	19⅛	11	13⅞	4⅞	9 13/16	39	98	104
952	6	20¼	11	13⅞	5½	10	43	112	119
952	8	33⅛	16⅛	20½	7 15/16	17⅛	107	286	
952	10	33¼	16⅛	20½	8	17⅛	116	308	

①标准压力下阀门以磅为单位的净重（常压 0.5oz/in^2，减压 0.5oz/in^2），不包括装运箱重。

注：表中所有尺寸均以英寸为单位。

ENARDO 减压阀主要技术参数

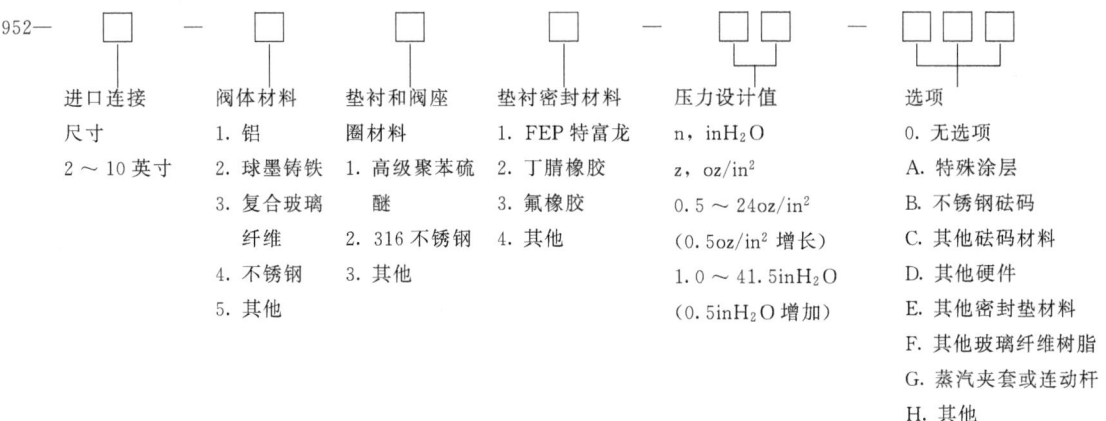

3 ENARDO 952/MVC 型汽液控制系统真空减压阀

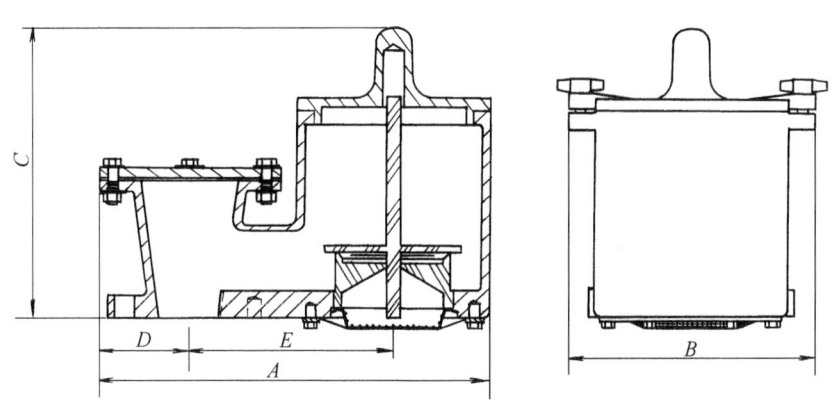

ENARDO 952/MVC 真空减压阀是为了满足 USCG 汽液控制系统中 CFR33 Part 154 的要求而专门设计的。这一设计中特殊部件包括有 30mm×30mm 不锈钢的入口防火层,特富龙内部密封垫和 316 不锈钢硬件。其他没有随阀门一起供应的部件包括：Enardo Saber Guide 阀门系统,一并使用将使该阀的表现更加卓越。

型 号	进口连接尺寸	A 总长度	B 总宽度	C 总高度	D 进口尺寸	E	球墨铸铁单位质量[①]
952/MVC	4	19 1/8	11	13 7/8	4 7/8	9 13/16	98
952/MVC	6	20 1/4	11	13 7/8	5 1/2	10	112
952/MVC	8	33 1/8	16 1/8	20 1/2	7 15/16	17 1/8	286
952/MVC	10	33 1/4	16 1/8	20 1/2	8	17 1/8	308

① 标准压力下阀门以磅为单位的净重（常压 0.5oz/in²,减压 0.5oz/in²）,不包括装运箱重。
注：表中所有尺寸均以英寸为单位。

ENARDO 减压阀主要技术参数

952/MVC— [ ] — [2] [2] [1] — [ ][ ] — [D][E][H]

- 进口连接尺寸：4～10英寸
- 材料：2. 球墨铸铁
- 垫衬和阀座圈材料：2. 316不锈钢
- 垫衬密封材料：1. FEP特富龙
- 压力件：n，inH_2O；z，oz/in^2；0.5～24oz/in^2（0.5oz/in^2 增长）；1.0～41.5inH_2O（0.5inH_2O 增加）
- 选项：
  - 0. 无选项
  - A. 特殊涂层
  - B. 不锈钢砝码
  - C. 其他砝码材料
  - D. 其他硬件
  - E. 其他垫片材料
  - F. 其他玻璃纤维树脂
  - G. 蒸汽夹套或连动杆
  - H. 其他

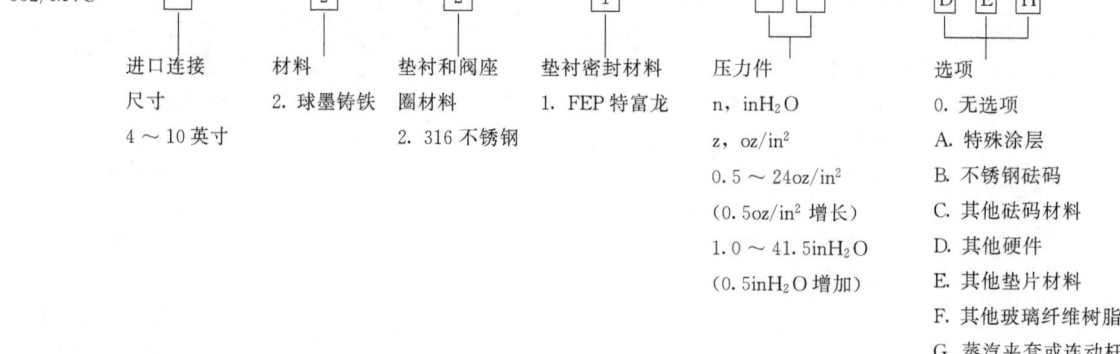

4 ENARDO 953 型真空减压阀（侧置）

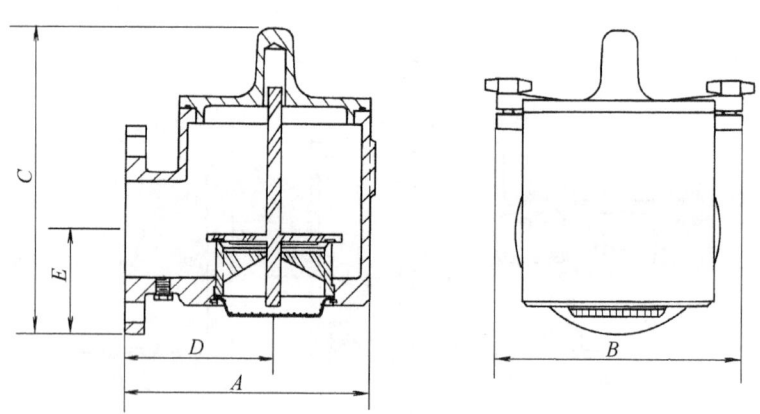

ENARDO 953（侧置）减压阀是一项先进的通大气装置。由于这一设计采用了最新的技术，该阀可以有效地防止过正压，阻止空气进入，减少产品损失，同时一些带有异味的和可能有害的气体也不会溢出。没有随阀门一起供应的部件包括：Enardo Saber Guide 阀门系统，先进的合成 PPS 密封圈和密封面，一并使用将使该阀的表现更加卓越。

型　号	进口连接尺寸	*A* 总长度	*B* 总宽度	*C* 总高度	*D*	*E* 至边	铝材单位质量①	球墨铸铁单位质量①	S.S 单位质量①
953	3	9	9⅛	10⅛	5½	3¾	13	41	44
953	4	9¼	9⅛	10⅛	5 11/16	4½	14	48	51
953	6	11⅜	11	13¼	6 11/16	5½	25	73	78
953	8	13¼	13¾	13¼	8⅝	6¾	33	82	91
953	10	18⅝	16⅛	19¾	10½	8	73	180	
953	12	20⅛	19	19¾	12	9½	85	211	

①标准压力下阀门以磅为单位的净重（常压 0.5oz/in^2，减压 0.5oz/in^2），不包括装运箱重。

注：表中所有尺寸均以英寸为单位。

ENARDO 减压阀主要技术参数

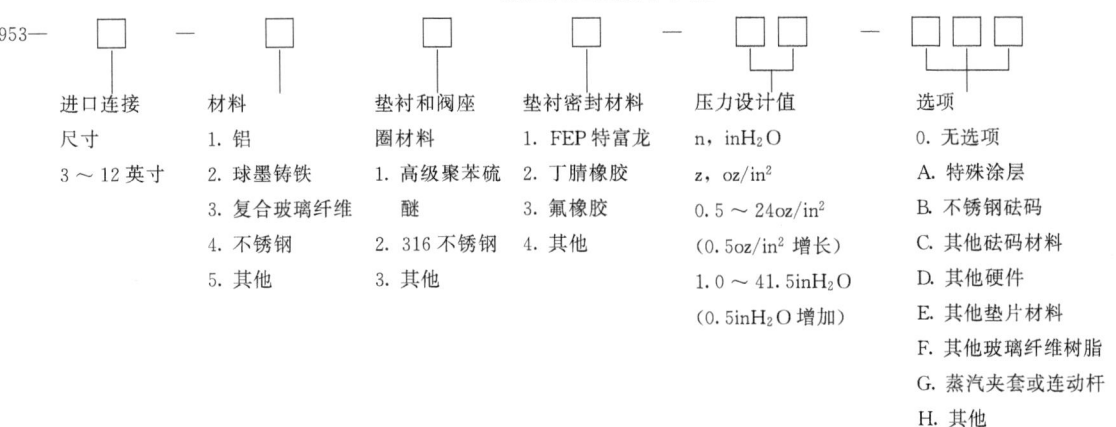

5 温州市四方化工机械厂的呼吸阀、阻火呼吸阀标准

型号标记

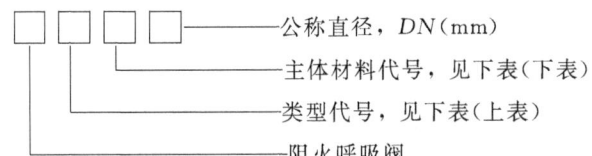

类 型	代 号	类 型	代 号
呼吸阀	B1（BL1）	阻火呼吸阀	BF1（BLF1）
带吸入接管呼吸阀	B2	带吸入接管阻火呼吸阀	BF2
带呼出接管呼吸阀	B3	带呼出接管阻火呼吸阀	BF3
带双接管呼吸阀	B4	带双接管阻火呼吸阀	BF4
呼出阀	B5	阻火呼吸阀	BF5
带接管呼出阀	B6	带接管阻火呼出阀	BF6
吸入阀	B7	阻火吸入阀	BF7
带接管吸入阀	B8	带接管阻火吸入阀	BF8

主体材料	代 号	主体材料	代 号
ZG 200-400	I	ZG 0Cr18Ni12Mo2Ti	IV
ZG 0Cr18Ni9	II	ZL 102	V
ZG 0Cr18Ni9Ti	III	HT 150	VI

呼吸阀、阻火呼吸阀

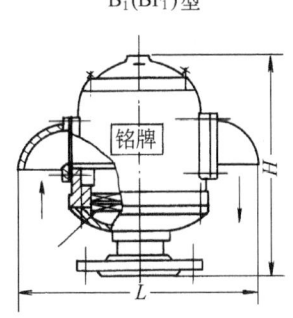

呼吸阀（阻火呼吸阀）

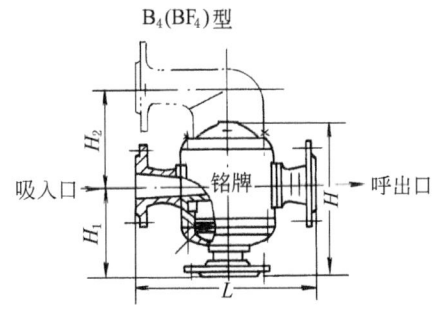

带双接管呼吸阀（带双接管阻火呼吸阀）

单位：mm

DN	40	50	80	100	150	200	250
H	310	310	410	485	585	680	835
L	275	275	397	450	640	835	1060
WT/kg	22	24	32	43.5	70	120	183

单位：mm

DN	40	50	80	100	150	200	250
H_2	175	220	250	280	345	420	480
H	310	310	410	485	585	680	835
H_1	178	178	220	265	295	320	405
L	325	325	397	435	584	715	860
WT/kg	23	25	33	44.5	74	124	185

$B_2(BF_2)$ 型

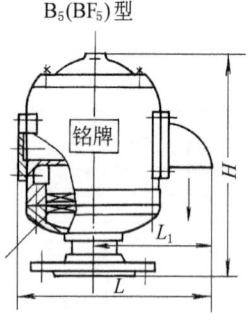

单位：mm

DN	40	50	80	100	150	200	250
H	310	310	410	485	585	680	835
H_1	178	178	220	265	295	320	405
L	300	300	397	448	612	775	960
L_1	162	162	198	218	292	358	430
WT/kg	22.5	24.5	32.5	44	72	122	184

$B_3(BF_3)$ 型

带吸入接管呼吸阀(带吸入接管阻火呼吸阀)　　　　　　　带呼出接管呼吸阀(带接管阻火呼吸阀)

$B_5(BF_5)$ 型

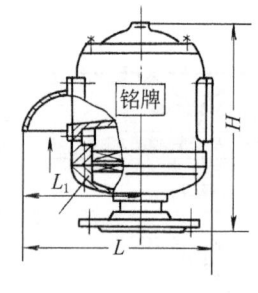

单位：mm

DN	40	50	80	100	150	200	250
H	310	310	410	485	585	680	885
L	240	240	330	367	540	700	880
L_1	138	138	200	225	320	418	530
WT/kg	22	23	30	41.5	68	118	179

$B_6(BF_6)$ 型

呼出阀(阻火呼出阀)　　　　　　　　　　　　　　　　　吸入阀(阻火吸入阀)

$B_7(BF_7)$ 型

单位：mm

DN	40	50	80	100	150	200	250
H	310	310	410	485	585	680	885
H_1	178	178	220	265	295	320	405
L	263	263	330	370	508	640	780
L_1	163	163	200	218	292	358	430
WT/kg	22.5	23.5	30.5	42	70	128	180

$B_8(BF_8)$ 型

带接管呼出阀(带接管阻火呼出阀)　　　　　　　　　　　带接管吸入阀(带接管阻火吸入阀)

BL_1 型

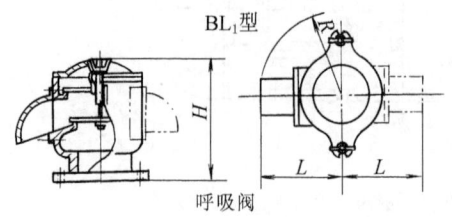

呼吸阀

BLF_1 型

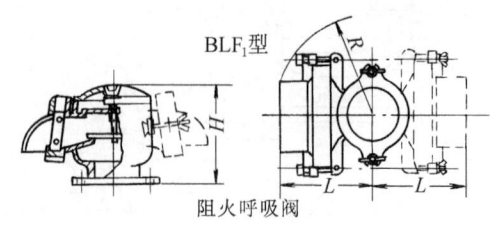

阻火呼吸阀

单位：mm

DN	L	H	R	WT/kg
40	162	185	166	20
50	162	185	166	22
80	203	200	210	29
100	235	240	244	39
150	330	460	343	63
200	425	560	444	108
250	535	740	557	165

单位：mm

DN	L	H	R	WT/kg
40	190	185	200	24
50	190	185	200	26
80	220	200	240	35
100	235	240	290	48
150	410	460	450	77
200	460	560	505	132
250	590	740	690	201

XYXA 500/600 呼吸人孔

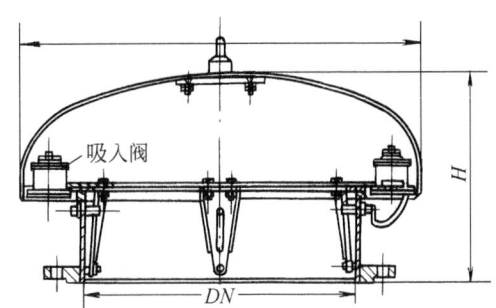

工作压力/Pa（G）	吸入 —392.2（—40mmH₂O）
	呼出 ＋1961.2（200mmH₂O）
适用温度/℃	—30～60
吸入面积/m²	0.043116

标记示例

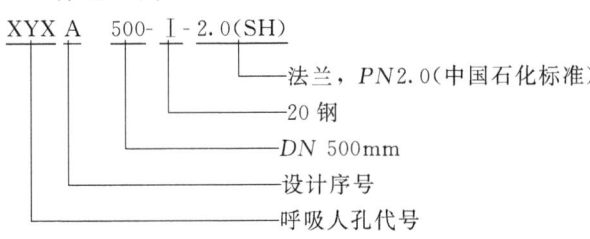

DN	φ	H
500	705	380
600	805	480

材　料	代号
钢 20 CS20	Ⅰ
0Cr19Ni9（304）	Ⅱ
00Cr19Ni11（304L）	Ⅲ
0Cr18Ni11Ti（321）	Ⅳ
0Cr17Ni12Mo2（316）	Ⅴ
00Cr17Ni14Mo2（316L）	Ⅵ

紧急放空人孔盖

PN 2.0 DN 500、DN 600

XY 500/600

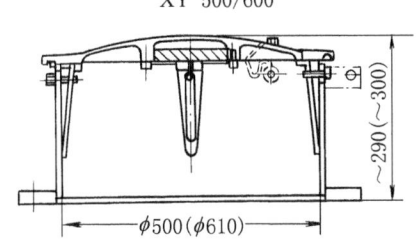
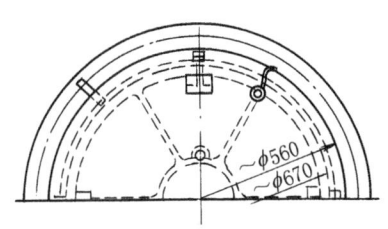

标记示例

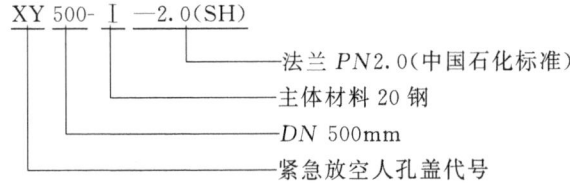

5.11 隔热及伴热设计

在石油化工企业内，从广义上讲所有的设备和管道都在加热或冷却的状态下工作；在这些工作过程中都要伴随能量转换，从节能的角度讲，做好隔热及伴热设计是保证工程的技术经济先进性的关键问题之一。

解决这类问题主要有两个方面的工作，首先根据需要保护的对象性质，选择适当的隔热及伴热类型；然后是通过严格的计算提出需要的隔热层厚度。按照设计专业的分工原则，工艺系统专业主要负责确定需要隔热及伴热的设备和管道，并将这些设备和管道的工作压力和温度向配管专业提出设计条件。隔热材料的选用和隔热层的厚度计算都是由配管专业来完成的。所以本节只介绍如何确定需要隔热的设备和管道，不介绍隔热层厚度的计算和隔热材料的选用的详细内容。但对于伴热的设计，就不仅需要工艺系统专业，既要选择所需伴热的设备和管道，而且还要完成伴热的设计计算。本节将详细介绍各种伴热保温的计算方法。

但为了适应还未划分工艺及工艺系统两个专业的设计单位的工作需要，我们也把隔热层厚度的计算图表，附加在本节供需要者选用。

5.11.1 隔热设计

设备、管道的隔热设计一般是指隔热、隔冷、防烫、防冻等的设计工作。

凡具有下述情况之一的设备、管道、管件、阀门必须采取隔热措施。

① 表面温度大于50℃以及外表面温度虽然低于50℃，而根据生产工艺需要采取隔热保温措施的设备和管道。

② 介质凝固点高于环境温度的设备和管道。

③ 表面温度超过60℃的不需要隔热的设备和管道，但需要操作员经常维护的部位应在下列范围内设置防烫伤隔热层：距离地面或工作平台的高度小于2.1m；靠近操作平台距离小于0.75m。

④ 需阻止、减少冷介质及冷载体在生产和输送过程中的冷损失。

⑤ 需阻止、减少冷介质及冷载体在生产和输送过程中的温度升高。

⑥ 需阻止低温设备及管道外表面凝露。

⑦ 因外界温度影响而产生冷凝液，从而腐蚀设备管道。

⑧ 设备和管道发出的噪声大于工程规定的允许噪声级时，需要用隔声材料包裹设备、管道来降低噪声。这时常采用隔热材料来达到目的。

凡属以下情况的设备和管道不应保温。

① 必须裸露的设备和管道。

② 工艺要求散热的设备和管道。

③ 恒温型疏水器前的管道。

④ 直接通大气的排凝放空管道。

5.11.2 伴热的选用

在隔热不能满足工艺物料的隔热保温要求时，一般采用伴热保温形式。伴热保温的形式有蒸汽伴热保温、热水伴热保温、导热油伴热保温和电热带伴热保温等。

蒸汽伴热保温常用饱和蒸汽作为热源介质，采用的蒸汽等级工艺介质需保持的温度而定，一般情况下蒸汽温度应高于被保温介质的温度。选择伴热用蒸汽温度时还要考虑工艺物料的特性，如介质是否容易结焦、是否容易聚合等。采用的蒸汽压力一般等于或低于1300kPa，常用350～1000kPa，最低200kPa。这股蒸汽热源在操作期间和开、停工时不应中断。

热水伴热保温常用于冬季气温虽然低于0℃以下，但不低于零下10℃的地区；而且被保温的介质需要的温度不太高，一般在90℃以下，或者要求介质局部也不能过热的场合。

导热油伴热保温常用于被伴热的介质温度较高（在140～355℃之间），用其他热介质伴热达不到保温的目的时采用。导热油一般采用石蜡烃、环烷烃和芳香烃等轻质油作为热载体，采用导热油伴热时，装置内必须设置相应的导热油加热系统。设备导热油伴热保温的计算方法与设备蒸汽伴热保温的计算方法相似，但各项给热系数应按导热油传热的情况计算。

电伴热保温常用于被伴热的介质温度不高（一般在30～120℃之间），防火防爆要求不高或远离蒸汽热源的设备、机泵、管道的场所。电伴热保温的热效率高，一般可达80%～90%，还可以对伴热温度进行调节，并具有施工简单、运行可靠、不需要经常维修等优点，但由于电热带烧断后不易发现，耗电量较大，一般不推荐采用。仅在远离蒸汽热源或没有蒸汽，而又必须伴热的管道才采用电伴热保温的方式。

5.11.3 蒸汽伴热保温计算

(1) 设备蒸汽伴热保温的设计要求

设备内介质是酸性或其他严重腐蚀性的物料时，如需伴热保温应采用外部伴热，对于其他物料，可以采用外部伴热或内部伴热。

(2) 管道蒸汽伴管件热保温的设计要求

物料管道一般采用外部伴热。所需伴热管的根数，由工艺系统专业按管道材料专业提出的伴热保温管道所需伴热管根数的要求来选取。

如果介质要求保温的温度比较高，而且要求各点受热均匀（相当于温度控制较严），采用蒸汽伴热管伴热不能满足工艺介质的保温要求时，应采用夹套伴热的形式。当输送的工艺物料的凝固点等于或大于150℃又需要保温均匀时，一般采用蒸汽夹套管保温。

(3) 设备蒸汽伴热保温的计算

设备伴热管管径的选择：设备的蒸汽的伴热管径的规格，通常采用 $DN15～25$ 管径的管道，特殊需要时也可采用再大一点的管道。

设备伴热管在隔热后的热损失计算：这部分计算的最终目的是求所需伴热管的长度。计算的思路和一般传热计算的思路一致。

首先计算保温隔热层表面到空气的给热系数 α_0，$W/(m^2 \cdot ℃)$。

$$\alpha_0 = \alpha_r + \alpha_k \tag{5-301}$$

式中 α_r——保温隔热层的辐射传热系数，$W/(m^2 \cdot ℃)$；

α_k——对流传热系数，$W/(m^2 \cdot ℃)$。

① 辐射传热系数 α_r 的计算

$$\alpha_r = \frac{C}{(t_s - t_a)\{[(t_s+273)/100]^4 - [(t_a+273)/100]^4\}} \tag{5-302}$$

式中 t_s——保温隔热层外表面温度，℃；

C——辐射系数，$W/(m^2 \cdot ℃^4)$；薄铁皮或油漆表面 $C=6.23W/(m^2 \cdot ℃^4)$，铝板表面 $C=0.33W/(m^2 \cdot ℃^4)$；

t_a——周围环境温度，℃（室外常年运行的取历年的年平均温度的平均值，季节性运行的取历年运行期日平均温度的平均值，或者根据工程标准选取；室内均取25℃或者根据工程标准选取）。

② 对流传热系数 α_k 的计算。在室内无风情况下：

$$\alpha_k = \frac{26.38}{(397+t_{cp})^{0.5} \times [(t_s-t_a)/D_1]^{1/4}} \tag{5-303}$$

$$t_{cp} = \frac{1}{2}(t_s + t_a) \tag{5-304}$$

式中 t_{cp}——保温隔热层的平均温度，℃；

D_1——保温隔热层外径，m；如果设备外形不是圆形，则 $D_1 = P/3.14$；

P——横截面的外周长，m。

在室外有风情况下：

若 $VD_1 < 0.8 \text{m}^2/\text{s}$，

则
$$\alpha_k = 4.04 V^{0.618}/D_1^{0.382} \tag{5-305}$$

若 $VD_1 > 0.8 \text{m}^2/\text{s}$，

则
$$\alpha_k = 4.24 V^{0.805}/D_1^{0.15} \tag{5-306}$$

式中 V——风速，m/s。

隔热保温采用冬季平均风速，隔冷保温采用夏季平均风速，或者根据工程标准选取。在工程设计中也可采用下述简便计算方法，确定隔热层外表面至周围空气的给热系数。

在室内时，$\alpha_0 = 9.76 + 0.07(t_s - t_a)$；一般取 $t_s - t_a = 15 \sim 20$℃；在室外时，$\alpha_0 = \alpha_0' + 6.97\sqrt{V}$。对于隔热或加热保护绝热结构，一般取 $\alpha_0' = 11.62 \text{W}/(\text{m}^2 \cdot ℃)$。

③ 热损失的传热系数 K 的计算

$$K = \frac{1}{\frac{1}{\alpha_0} + \frac{1}{\alpha_1} + \frac{\delta_2}{\lambda_2}} \tag{5-307}$$

式中 K——热损失的传热系数，$\text{W}/(\text{m}^2 \cdot ℃)$；

α_1——设备外壁至保温隔热层内侧空隙间空气的给热系数，$\text{W}/(\text{m}^2 \cdot ℃)$，一般工程计算中取 $\alpha_1 = 11.62 \sim 13.95 \text{W}/(\text{m}^2 \cdot ℃)$；

δ_2——保温隔热层厚度，m；

λ_2——保温隔热层热导率，$\text{W}/(\text{m} \cdot ℃)$。

④ 热损失的传热温差 Δt。保温设备内介质对外壁的传热一般忽略不计，这样设备外壁温度（t_w）与设备内工作温度（t）可看成一致。

$$\Delta t = t_w - t_a = t - t_a \tag{5-308}$$

式中 Δt——热损失的传热温差，℃；

t_w——保温设备的外壁温度，℃；

t——保温设备内的工作温度，℃。

⑤ 损失的热负荷 Q 的计算

$$Q = KF\Delta t \tag{5-309}$$

式中 Q——热损失的负荷，W；

F——设备的外表面积，m^2。

⑥ 伴热管的长度 L 计算。伴热管与伴热保温设备之间的传热系数（K_1）的计算

$$K_1 = \frac{1}{\frac{1}{\alpha_2} + \frac{1}{\alpha_3} + \frac{1}{\alpha_4} + \frac{\delta}{\lambda}} \tag{5-310}$$

式中 K_1——伴热管与伴热保温设备之间的传热系数，$\text{W}/(\text{m}^2 \cdot ℃)$；

α_2——伴热管内蒸汽冷凝给热系数,一般取 11622.50W/(m²·℃);

α_3——蒸汽伴热管至保温隔热层内空气给热系数,W/(m²·℃);

α_4——保温隔热层内空气至被加热设备的给热系数,W/(m²·℃);

δ——伴热管的管壁厚度,m;

λ——伴热管的热导率,W/(m·℃);

α_3 和 α_4 的经验数据见表 5-103 和表 5-104。

表 5-103 蒸汽伴热管至保温隔热层内空气给热系数 α_3

蒸汽温度 t /℃	伴热管的公称直径/mm				蒸汽温度 t /℃	伴热管的公称直径/mm			
	25	32	40	50		25	32	40	50
120	18.36	17.78	17.09	16.62	164	22.08	21.50	20.69	20.34
138	19.76	19.06	18.36	18.01	180	23.71	23.12	22.43	21.85
151	20.80	20.34	19.53	19.06					

表 5-104 保温隔热层内空气至被加热设备的给热系数 α_4

蒸汽温度 t/℃	138	151	164
给热系数 α_4/[W/(m²·℃)]	13.37	13.95	14.53

伴热管与保温设备之间的传热温差 Δt_1

$$\Delta t_1 = t_v - t_w = t_v - t \tag{5-311}$$

式中 t_w——$t_w = t$ 的理由同前的叙述;

t_v——伴热管内蒸汽的工作温度,℃。

伴热管表面积 F_1 的计算

$$F_1 = \frac{Q}{K_1 \Delta t_1} \tag{5-312}$$

伴热管长度(L)的计算

$$L = \frac{F_1}{2 \times 3.14 r} = \frac{F_1}{3.14 d} \tag{5-313}$$

式中 L——伴热管长度,m;

r——伴热管外半径,m;

d——伴热管外直径,m。

以上计算公式的适用范围是设备被伴热的外径(圆筒形)>1m。

例 5-33 设备伴热管计算举例。已知条件:保温设备直径 ϕ1400mm,高度约为 3000mm;设备中物料温度 160℃;按工程标准环境温度 -10℃;保温伴管直径 $d=25$mm,厚度 $\delta=3$mm;保温隔热层厚度 100mm;冬季平均风速 7m/s;饱和蒸汽温度 175℃,压力 900kPa。

解(1)热损失计算

① 热损失传热系数 K。保温隔热层表面至周围空气的给热系数 α_0 由下式计算得

$\alpha_0 = \alpha'_0 + 6.97\sqrt{W} = (11.62 + 6.97 \times \sqrt{7})$W/(m²·℃) = 30.06W/(m²·℃),α'_0 取 11.62W/(m²·℃)。

设备外壁至保温隔热层内侧空隙间空气的给热系数 α_1，取 $\alpha_1 = 11.62 \text{W}/(\text{m}^2 \cdot \text{℃})$。

保温隔热层的热导率 λ_2，$\lambda_2 = 0.0604 \text{W}/(\text{m} \cdot \text{℃})$。

热损失传热系数 K，由式（5-307）得

$$K = \cfrac{1}{\cfrac{1}{\alpha_0} + \cfrac{1}{\alpha_1} + \cfrac{\delta_2}{\lambda_2}} = \cfrac{1}{\cfrac{1}{30.06} + \cfrac{1}{11.62} + \cfrac{0.1}{0.0604}} \text{W}/(\text{m}^2 \cdot \text{℃})$$

$$= 0.56 \text{W}/(\text{m}^2 \cdot \text{℃})$$

② 设备的外表面积 F，$F = (3.14 \times 1.4 \times 3) \text{m}^2 = 13.19 \text{m}^2$。

③ 热损失的传热温差 Δt，由式（5-308）得

$$\Delta t = t_w - t_a = [160 - (-10)] \text{℃} = 170 \text{℃}$$

④ 热损失 Q，由式（5-309）得

$$Q = KF\Delta t = (0.56 \times 13.19 \times 170) \text{W} = 1255.69 \text{W}$$

(2) 伴管长度计算

① 传热面积 F_1

a. 伴热管与保温设备之间的传热系数 K_1。

蒸汽冷凝给热系数 α_2，取 $\alpha_2 = 11622.50 \text{W}/(\text{m}^2 \cdot \text{℃})$。

钢管热导率 $\lambda = 46.52 \text{W}/(\text{m} \cdot \text{℃})$。

伴热管至保温隔热层内空气给热系数 α_3，查表 5-102，$\alpha_3 = 22.08 \text{W}/(\text{m} \cdot \text{℃})$。

保温隔热层内空气至被加热设备的给热系数 α_4，查表 5-103，$\alpha_4 = 14.53 \text{W}/(\text{m}^2 \cdot \text{℃})$，伴管壁厚 $\delta = 3 \text{mm}$。

伴热管与保温设备之间的传热系数 K_1，由式（5-310）得

$$K_1 = \cfrac{1}{\cfrac{1}{\alpha_2} + \cfrac{\delta}{\lambda} + \cfrac{1}{\alpha_3} + \cfrac{1}{\alpha_4}} = \cfrac{1}{\cfrac{1}{11622.50} + \cfrac{0.003}{46.52} + \cfrac{1}{22.08} + \cfrac{1}{14.53}} \text{W}/(\text{m}^2 \cdot \text{℃})$$

$$= 8.75 \text{ W}/(\text{m}^2 \cdot \text{℃})$$

b. 伴热管与保温设备之间的传热温差 Δt_1。由式（5-311）得

$$\Delta t_1 = t_v - t_w = (175 - 160) \text{℃} = 15 \text{℃}$$

c. 传热面积 F_1。由式（5-312）得

$$F_1 = \frac{Q}{K_1 \Delta t_1} = \frac{1255.69}{8.75 \times 15} \text{m}^2 = 9.57 \text{m}^2$$

② 伴管长度 L。由式（5-313）得

$$L = \frac{F_1}{\pi d} = \frac{9.57}{3.14 \times 0.025} \text{m} = 121.91 \text{m}$$

表 5-105 就是提供选用保温层厚度的通用表。该表的使用方法是根据选用的保温材料对应的热导率值 λ 以及管内流体与周围空气温度之差 $(t_f - t_a)$ 的数值选中一行，再用管道的公称直径数值选一列交叉值就是确定了绝热层表面温度后的保温层厚度。如选用热导率 λ 值为 0.02kcal/

(h·m·℃)，而 $t_f - t_a$ 等于100℃时，公称直径为100mm的管道的保温层厚度是20mm。

表5-106是求已知保温层厚度后要确定保温材料共用多少体积（m³）和表面油漆工程量的表面积（m²）的表格，它是根据管道的公称直径和厚度来确定的。

表5-105 给定绝热层表面温度求保温层厚度（用于无风时）

绝热材料热导率 /[kcal/(h·m·℃)]	$t_f - t_a$ /℃	管路公称直径/mm																平壁
		≤25	40	50	65	80	100	125	150	200	250	300	350	400	450	500	600	700	800	
$\lambda=0.02$	50	20	20	20	20	20	20	20	20	20	20	20	20	20	20	20	20	20	20	20
	100	20	20	20	20	20	20	20	20	20	20	20	20	20	20	20	20	20	20	20
	150	20	20	20	20	20	20	20	20	30	30	30	30	30	30	30	30	30	30	30
	200	20	20	20	20	20	30	30	30	30	30	30	30	30	30	30	30	30	30	30
	250	20	20	20	30	30	30	30	30	30	30	30	30	30	30	30	30	30	30	30
	300	20	20	30	30	30	30	30	30	30	30	30	30	30	30	30	30	30	30	40
	350	20	30	30	30	30	30	30	30	30	30	30	30	30	30	30	30	30	30	40
	400	20	30	30	30	30	30	30	30	30	30	30	30	30	30	30	30	30	30	40
	450	30	30	30	30	30	30	40	40	40	40	40	40	40	40	40	40	40	40	50
	500	30	30	30	30	30	40	40	40	40	40	40	40	40	40	40	40	40	40	50
$\lambda=0.03$	50	20	20	20	20	20	20	20	20	20	20	20	20	20	20	20	20	20	20	20
	100	20	20	20	20	20	20	20	20	20	20	20	20	20	20	20	20	20	20	30
	150	30	30	30	30	30	30	40	40	40	40	40	40	40	40	40	40	40	40	40
	200	30	30	30	30	40	40	40	40	40	40	40	40	40	40	40	40	40	40	50
	250	30	30	30	40	40	40	40	40	40	40	40	40	40	40	40	40	40	40	50
	300	30	40	40	40	40	40	40	50	50	50	50	50	50	50	60	60	60	60	60
	350	30	40	40	40	40	40	50	50	50	50	50	50	50	50	60	60	60	60	60
	400	30	40	40	40	40	40	50	50	50	50	50	50	50	50	60	60	60	60	60
	450	40	40	40	50	50	50	50	50	50	50	60	60	60	60	60	60	60	60	70
	500	40	40	40	40	50	50	50	50	60	60	60	60	60	60	60	60	60	60	70
$\lambda=0.04$	50	20	20	20	20	20	20	20	20	20	20	20	20	20	20	20	20	20	20	20
	100	20	20	20	30	30	30	30	30	30	30	40	40	40	40	40	40	40	40	40
	150	30	40	40	40	40	40	40	50	50	50	50	50	50	50	50	60	60	60	60
	200	30	40	40	40	40	50	50	50	50	50	50	50	60	60	60	60	60	60	60
	250	40	40	40	40	50	50	50	50	50	50	60	60	60	60	60	60	60	60	70
	300	40	40	50	50	50	50	60	60	60	60	60	60	60	70	70	70	70	70	80
	350	40	40	50	50	50	60	60	60	60	60	60	60	70	70	70	70	70	70	80
	400	40	40	50	50	50	60	60	60	60	60	60	60	70	70	70	70	70	70	80
	450	50	50	50	60	60	60	60	70	70	70	70	80	80	80	80	80	80	80	90
	500	50	50	50	60	60	60	60	70	70	70	70	80	80	80	80	80	80	80	90
$\lambda=0.05$	50	20	20	20	20	20	20	20	20	20	20	20	20	20	20	20	20	20	20	20
	100	30	30	30	30	30	40	40	40	40	40	40	50	50	50	50	50	50	50	50
	150	40	40	50	50	50	50	50	60	60	60	60	60	60	60	70	70	70	70	70
	200	40	50	50	50	50	60	60	60	60	60	70	70	70	70	70	70	70	70	80
	250	40	50	50	50	50	60	60	60	60	70	70	70	70	70	70	70	70	80	80
	300	50	50	60	60	60	70	70	70	70	70	70	80	80	80	90	90	90	90	100
	350	50	50	60	60	60	70	70	70	70	70	80	80	80	80	90	90	90	90	100
	400	50	50	60	60	60	70	70	70	70	70	80	80	80	90	90	90	90	90	100
	450	60	60	60	70	70	70	80	80	80	90	90	90	90	90	90	90	100	100	110
	500	60	60	60	70	70	70	80	80	80	90	90	90	90	90	90	100	100	100	110
$\lambda=0.06$	50	20	20	20	20	20	20	20	20	20	20	20	20	20	20	20	20	20	20	20
	100	30	30	40	40	40	40	40	40	50	50	50	50	50	50	50	50	50	50	60
	150	50	50	50	50	60	60	60	60	70	70	70	70	70	70	80	80	80	80	90

续表

绝热材料热导率 /[kcal/(h·m·/℃)]	$t_f - t_a$ /℃	管路公称直径/mm																	平壁
		≤25	40	50	65	80	100	125	150	200	250	300	350	400	450	500	600	700	800	
$\lambda = 0.06$	200	50	50	60	60	60	60	70	70	70	70	70	70	80	80	80	80	80	80	90
	250	50	50	60	60	60	70	70	70	70	80	80	80	80	80	90	90	90	90	100
	300	60	60	70	70	70	80	80	80	90	90	90	100	100	100	100	100	100	100	120
	350	60	60	70	70	70	80	80	80	90	90	90	100	100	100	100	100	100	100	120
	400	60	60	70	70	70	80	80	80	90	90	90	100	100	100	100	100	100	100	120
	450	60	70	70	80	80	80	90	90	100	100	100	110	110	110	110	110	110	120	130
	500	60	70	70	80	80	80	90	90	100	100	100	110	110	110	110	110	110	120	130
$\lambda = 0.07$	50	20	20	20	20	20	20	20	20	20	20	20	20	20	20	20	20	20	20	30
	100	40	40	40	50	50	50	50	50	50	50	50	60	60	60	60	60	60	60	70
	150	50	60	60	60	60	70	70	70	80	80	80	80	80	80	90	90	90	90	100
	200	60	60	60	70	70	70	70	80	80	90	90	90	90	90	90	90	90	100	110
	250	60	60	60	70	70	70	80	80	90	90	90	90	90	100	100	100	100	100	110
	300	70	70	70	80	80	80	90	90	100	100	100	110	110	110	110	120	120	120	140
	350	70	70	70	80	80	80	90	90	100	100	100	110	110	110	110	120	120	120	140
	400	70	70	70	80	80	80	90	90	100	100	100	110	110	110	110	120	120	120	140
	450	70	80	80	90	90	100	110	110	110	120	120	120	120	130	130	130	130	130	150
	500	70	80	80	90	90	90	100	100	110	110	120	120	120	130	130	130	130	130	150
$\lambda = 0.08$	50	20	20	20	20	20	20	20	20	20	30	30	30	30	30	30	30	30	30	40
	100	40	50	50	50	50	50	50	60	60	60	60	60	60	60	60	70	70	70	70
	150	60	60	70	70	70	80	80	80	90	90	90	90	90	100	100	100	100	100	110
	200	60	70	70	70	80	80	80	90	90	90	90	100	100	100	100	110	110	110	120
	250	60	70	70	80	80	80	90	90	90	100	100	100	100	110	110	110	110	110	130
	300	70	80	80	90	90	100	100	110	110	120	120	120	120	130	130	130	130	140	150
	350	70	80	80	90	90	100	100	110	110	120	120	120	120	130	130	130	130	140	150
	400	70	80	80	90	90	100	100	110	110	120	120	120	120	130	130	130	130	140	150
	450	80	90	90	100	100	110	110	120	120	130	130	130	140	140	140	140	150	150	170
	500	80	90	90	100	100	110	110	120	120	130	130	130	140	140	140	150	150	150	180
$\lambda = 0.09$	50	20	20	20	30	30	30	30	30	30	30	30	40	40	40	40	40	40	40	40
	100	50	50	50	50	60	60	60	60	70	70	70	70	70	70	70	70	70	70	80
	150	60	70	70	80	80	80	90	90	90	100	100	100	110	110	110	110	110	110	130
	200	70	70	80	80	80	90	90	90	100	100	110	110	110	110	120	120	120	120	140
	250	70	70	80	80	90	90	90	100	100	110	110	110	110	120	120	120	120	120	140
	300	80	90	90	100	100	100	110	110	120	120	130	130	130	140	140	140	140	150	170
	350	80	90	90	100	100	100	110	110	120	120	130	130	130	140	140	140	140	150	170
	400	80	90	90	100	100	100	110	110	120	120	130	130	130	140	140	140	140	150	170
	450	90	100	100	110	110	120	120	120	130	140	140	150	150	150	160	160	160	170	200
	500	90	100	100	110	110	120	120	130	130	140	140	150	150	150	160	160	160	170	200
$\lambda = 0.10$	50	30	30	30	30	30	40	40	40	40	40	40	40	40	40	40	40	40	40	40
	100	50	50	60	60	60	60	60	70	70	70	70	70	80	80	80	80	80	80	90
	150	70	70	80	80	90	90	90	100	100	110	110	110	120	120	120	120	120	120	140
	200	70	80	80	90	90	100	100	110	110	120	120	120	130	130	130	130	130	130	150
	250	70	80	80	90	90	100	100	110	110	120	120	120	130	130	130	130	130	140	160
	300	80	90	100	110	110	110	120	120	130	140	140	140	150	150	150	160	160	160	190
	350	80	90	100	110	110	110	120	120	130	140	140	140	150	150	150	160	160	160	190
	400	80	90	100	110	110	110	120	120	130	140	140	140	150	150	150	160	160	160	190
	450	90	100	110	120	120	130	130	140	150	150	160	160	160	170	170	180	180	180	220
	500	90	100	110	120	120	130	130	140	150	150	160	160	160	170	170	180	180	180	220

表 5-106 公称直径小于或等于 1m 的管路，每 m 长绝热层的体积（m³）和绝热层的外表面积（m²）

项目		绝热层厚度 /mm																	
		0	10	20	30	40	50	60	70	80	90	100	110	120	130	140	150	160	170	180
管子外径 /mm	32		0.0013	0.0033	0.0058	0.0090	0.0129	0.0173	0.0224	0.0281										
		0.100	0.163	0.226	0.289	0.352	0.414	0.477	0.540	0.603										
	38		0.0015	0.0036	0.0064	0.0098	0.0138	0.0185	0.0237	0.0296	0.0362	0.0433								
		0.119	0.182	0.245	0.308	0.371	0.433	0.496	0.559	0.621	0.685	0.747								
	45		0.0017	0.0040	0.0070	0.0106	0.0148	0.0196	0.0251	0.0311	0.0379	0.0454								
		0.138	0.201	0.263	0.327	0.390	0.452	0.515	0.578	0.640	0.703	0.766								
	57		0.0021	0.0048	0.0082	0.0122	0.0168	0.0220	0.0279	0.0344	0.0415	0.0493	0.0577	0.0677	0.0763	0.0866				
		0.179	0.242	0.304	0.367	0.430	0.493	0.556	0.619	0.681	0.744	0.807	0.870	0.933	0.996	1.058				
	76		0.0027	0.0060	0.0100	0.0146	0.0198	0.0256	0.0321	0.0392	0.0469	0.0553	0.0642	0.0739	0.0841	0.0950	0.1064	0.1186		
		0.238	0.301	0.364	0.427	0.490	0.553	0.615	0.678	0.741	0.804	0.867	0.929	0.992	1.055	1.118	1.181	1.243		
	89		0.0031	0.0068	0.0112	0.0162	0.0218	0.0281	0.0350	0.0425	0.0506	0.0593	0.0687	0.0788	0.0894	0.1007	0.1126	0.1251		
		0.279	0.342	0.405	0.469	0.532	0.593	0.656	0.720	0.782	0.843	0.908	0.970	1.055	1.096	1.159	1.221	1.284		
	108		0.0037	0.0080	0.0130	0.0186	0.0248	0.0317	0.0391	0.0472	0.0560	0.0653	0.0753	0.0859	0.0972	0.1090	0.1215	0.1346	0.1484	0.1628
		0.339	0.402	0.464	0.527	0.590	0.652	0.715	0.780	0.840	0.905	0.967	1.030	1.093	1.155	1.218	1.281	1.343	1.407	1.470
	133		0.0050	0.0096	0.0154	0.0217	0.0287	0.0364	0.0446	0.0535	0.0630	0.0732	0.0839	0.0953	0.1074	0.1156	0.1333	0.1472	0.1617	0.1769
		0.417	0.480	0.543	0.606	0.668	0.732	0.795	0.860	0.923	0.985	1.046	1.108	1.171	1.234	1.297	1.360	1.422	1.484	1.548
	159		0.0053	0.0112	0.0178	0.0250	0.0328	0.0413	0.0502	0.0600	0.0704	0.0813	0.0929	0.1051	0.1186	0.1314	0.1455	0.1603	0.1703	0.1916
		0.499	0.562	0.625	0.687	0.750	0.813	0.876	0.939	1.002	1.064	1.127	1.190	1.253	1.316	1.378	1.441	1.504	1.567	1.630
	219		0.0072	0.0150	0.0235	0.0325	0.0422	0.0526	0.0635	0.0751	0.0837	0.1002	0.1136	0.1277	0.1425	0.1578	0.1738	0.1964	0.2076	0.2255
		0.688	0.750	0.813	0.876	0.940	1.001	1.064	1.128	1.190	1.252	1.325	1.378	1.440	1.502	1.566	1.630	1.693	1.756	1.819
	273		0.0089	0.0184	0.0285	0.0393	0.0507	0.0627	0.0754	0.0887	0.1026	0.1171	0.1323	0.1481	0.1645	0.1816	0.1992	0.2175	0.2365	0.2560
		0.857	0.920	0.983	1.046	1.108	1.171	1.234	1.297	1.360	1.422	1.485	1.548	1.611	1.674	1.736	1.799	1.862	1.925	1.988

项目 管子外径/mm	绝热层厚度/mm																		
	0	10	20	30	40	50	60	70	80	90	100	110	120	130	140	150	160	170	180
325		0.0105	0.0217	0.0334	0.0458	0.0589	0.0725	0.0868	0.1017	0.1173	0.1335	0.1502	0.1677	0.1857	0.2044	0.2237	0.2437	0.2642	0.2854
	1.020	1.083	1.146	1.209	1.271	1.334	1.397	1.461	1.523	1.586	1.648	1.711	1.773	1.837	1.900	1.963	2.025	2.089	2.151
377		0.0122	0.0249	0.0383	0.0524	0.0670	0.0823	0.0983	0.1148	0.1320	0.1498	0.1682	0.1873	0.2070	0.2273	0.2482	0.2698	0.2920	0.3148
	1.184	1.247	1.309	1.372	1.435	1.497	1.561	1.623	1.685	1.749	1.811	1.875	1.937	2.000	2.063	2.126	2.189	2.251	2.314
426		0.0137	0.0280	0.0430	0.0585	0.0747	0.0916	0.1090	0.1271	0.1458	0.1652	0.1851	0.2057	0.2270	0.2488	0.2713	0.2944	0.3184	0.3425
	1.338	1.400	1.463	1.526	1.591	1.653	1.715	1.777	1.840	1.903	1.966	2.028	2.091	2.154	2.217	2.280	2.342	2.405	2.468
476		0.0153	0.0311	0.0477	0.0648	0.0826	0.1011	0.1200	0.1397	0.1600	0.1809	0.2024	0.2246	0.2474	0.2708	0.2948	0.3195	0.3448	0.3708
	1.494	1.557	1.620	1.683	1.746	1.809	1.872	1.934	1.997	2.060	2.123	2.186	2.249	2.311	2.374	2.437	2.500	2.563	2.625
529		0.0169	0.0345	0.0527	0.0715	0.0909	0.1111	0.1317	0.1530	0.1749	0.1975	0.2207	0.2445	0.2694	0.2941	0.3198	0.3562	0.3731	0.4007
	1.661	1.724	1.786	1.850	1.912	1.976	2.038	2.101	2.163	2.225	2.289	2.352	2.414	2.477	2.540	2.603	2.666	2.728	2.791
630		0.0201	0.0398	0.0623	0.0843	0.1069	0.1302	0.1541	0.1768	0.2037	0.2295	0.2559	0.2830	0.3106	0.3389	0.3679	0.3974	0.4276	0.4584
	1.981	2.044	2.107	2.160	2.233	2.295	2.358	2.421	2.483	2.546	2.608	2.671	2.734	2.797	2.861	2.923	2.985	3.048	3.111
720		0.0229	0.0465	0.0707	0.0955	0.1209	0.1470	0.1736	0.2010	0.2289	0.2575	0.2867	0.3165	0.3470	0.3781	0.4098	0.4421	0.4751	0.5087
	2.261	2.324	2.386	2.449	2.512	2.575	2.637	2.700	2.763	2.826	2.888	2.950	3.014	3.077	3.139	3.202	3.266	3.328	3.391
820		0.0261	0.0528	0.0801	0.1080	0.1366	0.1654	0.1956	0.2261	0.2512	0.2889	0.3212	0.3542	0.3878	0.4220	0.4569	0.4924	0.5285	0.5652
	2.575	2.638	2.700	2.763	2.826	2.890	2.952	3.014	3.077	3.139	3.202	3.266	3.329	3.391	3.453	3.517	3.579	3.642	3.704
920		0.0292	0.0590	0.0895	0.1206	0.1523	0.1847	0.2176	0.2512	0.2854	0.3203	0.3558	0.3919	0.4294	0.4660	0.5040	0.5426	0.5818	0.6217
	2.889	2.952	3.014	3.077	3.140	3.203	3.266	3.328	3.391	3.454	3.517	3.580	3.642	3.705	3.768	3.830	3.893	3.956	4.020
1020		0.0323	0.0653	0.0989	0.1331	0.1680	0.2036	0.2396	0.2763	0.3137	0.3517	0.3903	0.4296	0.4694	0.5099	0.5511	0.5928	0.6352	0.6782
	3.023	3.266	3.328	3.390	3.454	3.516	3.579	3.642	3.705	3.768	3.830	3.894	3.956	4.019	4.082	4.144	4.208	4.270	4.333

注：表中上一格的数据为体积，下一格为表面积。

5.11.4 电伴热保温计算

(1) 电伴热的种类

① 恒功率电热带　恒功率电热带能较准确的维持管道或加热体的介质温度,适合用于埋在地下的管道及有腐蚀性气体的场合。

② 三相恒功率电热带　三相恒功率电热带适合用于长距离、大口径管道的加热和伴热保温。

③ 自限式电热带　自限式电热带的特点是能自动控制温度,使加热基本等于热平衡,适用于介质温度低于35℃的管道、阀门、泵体的防冬保温,以及维持仪表管道的工艺温度。

④ 挠性电热板　挠性电热板热效率高、质量轻、安装方便、适应性强、耐热耐寒性好,既能维持容器保持120℃的温度,又能在-30℃的低温下仍然保持挠性,能在户内、户外和工厂Ⅰ区、Ⅱ区的爆炸性气体场所使用。也适用于油罐和容器的伴热保温。

⑤ 高温电热带　高温电热带用于相对湿度<80%,无爆炸性危险场所的工业设备和实验室的罐体、管道的加热、保温,也可用于其他容器的加热,最高耐热温度大约是450℃,我们推荐使用范围是<350℃。

⑥ 船用电热带　船用电热带的结构与恒功率电热带、三相恒功率电热带相同,主要用于海洋船舶、海上石油钻井、平台或其他具有海洋性恶劣气候环境条件的爆炸性气体场合。

(2) 电伴热选用原则

选用电伴热产品的型号要按下列步骤进行。

① 根据管道正常工作温度及短期内的最高工作温度来选用电伴热产品的耐热等级,具体耐热等级按生产厂家的产品性能而定。

② 根据供电条件、电网负荷情况、电热带的使用长度,选择电压等级(是220V或380V)。

③ 根据不同管径或容器的单位耗热量来确定需要的电伴热产品的单位长度或单位面积上的功率(即 W/m 或 W/m²)。

④ 根据环境条件是否埋地或是否有腐蚀性气体存在等情况来确定所需电伴热产品的结构。

(3) 电伴热的计算方法

电伴热热损失 Q 的计算。

① 当被保温的管道和设备的外径≤1m 时

$$Q = \frac{t_w - t_a}{\left[\dfrac{0.5\pi}{\lambda_2}\ln\left(\dfrac{D_1}{D_0}\right)\right] + \dfrac{D_1}{\pi\alpha_0}} \tag{5-314}$$

式中　Q——电伴热热损失,W/m;

t_w——被保温管道、设备外壁温度,℃;

t_a——周围环境温度,℃;

λ_2——隔热层在平均温度下的热导率,W/(m·℃);

D_1——管道、设备的保温隔热层外径,m;

D_0——被保温管道、设备的外径,m;

α_0——保温隔热层表面至周围空气的给热系数,W/(m²·℃)。

② 当被保温设备为平壁及管道、圆筒型设备的外径>1m 时

表 5-107　某厂自控电伴热线技术性能

品　名	型　号	功率(10℃)/(W/m)	交流工作电压～/V 直	最高维持温度 /℃	最高承受温度 /℃	最低安装温度 /℃	最大使用长度 /m
低温薄型电热线	BDXW	5, 10, 15	6, 12, 24, 36, 48, 110, 220	60±5	105	−20	30
低温窄型电热线	DX$_Z$W	10, 15, 25, 35	6, 12, 24, 36, 48, 110, 220	65±5	105	−20	50
低温基本型电热线	DXW	15, 25, 35	6, 12, 24, 36, 48, 110, 220	70±5	105	−20	100
低温宽型电热线	DX$_K$W	25, 35, 45	6, 12, 24, 36, 48, 110, 220	70±5	105	−20	150
中温薄型电热线	BZXW	15, 25	6, 12, 24, 36, 48, 110, 220	90±5	135	−20	30
中温窄型电热线	ZX$_Z$W	25, 35, 45	6, 12, 24, 36, 48, 110, 220	90±5	135	−30	50
中温基本型电热线	ZXW	35, 45, 55	6, 12, 24, 36, 48, 110, 220	105±5	135	−30	100
中温宽型电热线	ZX$_K$W	35, 45, 60	6, 12, 24, 36, 48, 110, 220	105±5	135	−30	150
高温窄型电热线	GX$_Z$W	25, 35, 45, 55	6, 12, 24, 36, 48, 110, 220, 380	135±5	155	−30	100
高温基本型电热线	GXW	25, 35, 45, 55, 70	6, 12, 24, 36, 48, 110, 220, 380	135±5	155	−30	150
高温宽型电热线	GX$_K$W	35, 45, 55, 70	6, 12, 24, 36, 48, 110, 220, 380	135±5	155	−30	150
低温窄型组合线	ZHnDXW	n. (15, 25, 35)	110, 220, 380	70±5	105	−20	100
低温窄型组合线	ZHnDX$_Z$W	n. (10, 15, 25)	110, 220, 380	65±5	105	−20	50
中温基本型组合线	ZHnZXW	n. (35, 45, 60)	110, 220, 380	105±5	135	−20	100
中温窄型组合线	ZHnZX$_Z$W	n. (25, 35, 45, 55)	110, 220, 380	105±5	135	−20	50
高温基本型组合线	ZHnGXW	n. (35, 45, 55, 70)	110, 220, 380	135±5	155	−20	100
高温窄型组合线	ZHnGX$_Z$W	25, 35, 45, 55	110, 220, 380	135±5	155	−20	100
低温基本型中长线	DX$_K$W-J-J$_3$	25, 35, 45, 55	220～380	70±5	105	−20	350
中温宽型中长线	ZX$_K$W-J-J$_3$	35, 45, 55, 60	220～380	105±5	135	−20	350
高温宽型中长线	GX$_K$W-J-J$_3$	35, 45, 55, 70	220～380	135±5	155	−20	350
低温特长型	TnDXW	n. P	380～600	60±5	105	−20	2000
中温特长型	TnZXW	n. P	380～600	90±5	135	−20	2000
高温特长型	TnGXW	n. P	380～600	120±5	155	−20	2000
低温油井伴热电缆	DSWn-J	n. P	380～600	注：P：特长每条功率，单位为 kW/km，10℃，详情见说明书。	105	−10	2000
中温油井伴热电缆	ZSWn-J	n. P	380～600		135	−10	2000
高温油井伴热电缆	GSWn-J	n. P	380～600		155	−10	2000
低温抽油杆伴热电缆	DSWn-G	P	380～600		105	−10	2000
中温抽油杆伴热电缆	ZSWn-G	P	380～600		135	−10	2000
高温抽油杆伴热电缆	GSWn-G	P	380～600		155	−10	2000

注：生产厂是安徽省芜湖市科华新型材料应用有限公司。

$$Q = \frac{t_w - t_a}{\frac{\delta_2}{\lambda_2} + \frac{1}{\alpha_0}} \tag{5-315}$$

式中 Q——电伴热热损失，W/m^2；

δ_2——管道、设备的保温隔热层外径，m。

其余符号的说明同前所述。

例 5-34 电伴热计算举例。计算某设备电伴热热损失。

已知条件：设备内介质温度为 100℃；设备外形尺寸为 $\phi1200 \times 4000$；周围环境温度为 -5℃；风速为 10m/s；保温隔热层的厚度为 50mm。

解 （1）电伴热热损失计算

保温隔热层的平均温度为 $\{[100+(-5)]/2\}$℃ $= 47.5$℃。

保温隔热层的热导率 $\lambda_2 = 0.044 W/(m \cdot$℃$)$。

保温隔热层至周围空气的给热系数 α_0，由下式计算得

$$\alpha_0 = \alpha_0' + 6.97\sqrt{W} = (11.62 + 6.97 \times \sqrt{10}) W/(m^2 \cdot ℃) = 33.66 W/(m^2 \cdot ℃)$$

电伴热热损失，由式(5-315)得

$$Q = \frac{t_w - t_a}{\frac{\delta_2}{\lambda_2} + \frac{1}{\alpha_0}} = \frac{100-(-5)}{\frac{0.05}{0.044} + \frac{1}{33.66}} W/m^2$$

$$= 90.05 \quad W/m^2$$

总热损失

$$Q_{总} = FQ = (\pi d h + 2 \times \frac{\pi}{4}d^2)Q$$

$$= [(3.14 \times 1.2 \times 4 + 2 \times \frac{3.14}{4} \times 1.2^2) \times 90.05] W$$

$$= 1560.82 \quad W$$

（2）最小电热板功率 P_{min} 计算

传热效率 $\eta = 0.85 \sim 0.95$ 取 $\eta = 0.86$，

$$P_{min} = \frac{Q_{总}}{\eta} = \frac{1560.82}{0.86} W = 1814.91 \quad W$$

（3）选型

根据热损失量由电伴热产品规格中选择合适的电热板或电热带。电热板或电热带的额定功率应大于或等于热损失的量。如果单个电热板或电热带不能满足要求时，可选用多个并联。表 5-107 可供参考。

5.12 管道混合器的计算与选型

这里介绍的管道混合器主要是指静态混合器。

5.12.1 应用范围

静态混合器可应用于液-液、液-气、液-固、气-气的混合、乳化、中和、吸收、萃取、反应和强化传热等工艺过程，可在很宽的黏度范围（可高到 $10^6 mPa \cdot s$）内应用，可在不同的流型（层流、过渡流、湍流）状态下应用，可用于间歇操作，也可用于连续操作。下面先简单介绍不同应用情况的适用范围。

(1) 液-液混合

从层流至湍流,黏度在 10^6 mPa·s 的范围内的流体都能达到良好的混合。分散液滴最小直径可达到 $1\sim2\mu m$,且大小分布均匀。

(2) 液-气混合

静态混合器可以使液-气两相组分的相界面连续更新和充分接触,在一定条件下可代替鼓泡塔或筛板塔。

(3) 液-固混合

当少量固体颗粒或粉末(固体占液体体积的5%左右)和液体在湍流条件下混合,使用静态混合器,可强制固体颗粒或粉末充分分散,能达到使液体萃取或脱色的要求。

(4) 气-气混合

可用于冷、热气体的混合,不同气体组分的混合。

(5) 强化传热

由于静态混合器提供了很好的流体接触面,增大了流体的接触面积,即提高了给热系数,一般来说对气体的冷却或加热,如果使用静态混合器,气体的给热系数可提高8倍;对黏性液体的加热,给热系数可提高5倍;对有大量不凝性气体存在的气体冷凝时,给热系数可提高8.5倍;对高分子熔融体的换热可以减少管截面上熔融体的温度和黏度梯度。

5.12.2 静态混合器的类型

按照目前应用的行业标准《静态混合器》(JB/T 7660—95)的规定把静态混合器分为五类:SV型、SX型、SL型、SH型和SK型。

先用表格形式介绍这几种型号的静态混合器的结构。

型号	单元结构特点	型号	单元结构特点
SV	由一定规格的波纹板组装而成的圆柱体	SH	由双孔道单元组成,单元之间设有流体再分配室
SX	由交叉的横条按一定规律构成许多X形单元	SK	由单孔道左、右扭转的螺旋片组焊而成
SL	由交叉的横条按一定规律构成单X形单元		

几种型号静态混合器的结构简图见图5-114。

产品型号、规格表示方法

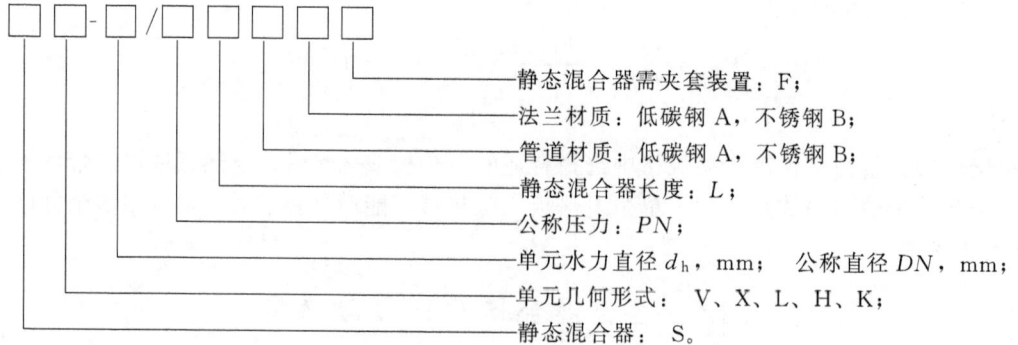

现在国营启东混合器厂又新研制出三个系列的产品投放市场。即JH型、JHF/1型和SQS型的静态混合器。

这些产品是针对一些特定对象而设计的,JH型主要配套用于纺丝机、单螺杆挤出机、注射成型机;JHF/1型主要适用于高黏度介质的热交换过程和聚合反应过程;SQS型主要适用于蒸汽和水直接混合将水加热,具有低噪声、无振动、热交换效率高等特点。详细材料和参数请看本节的最后部分。

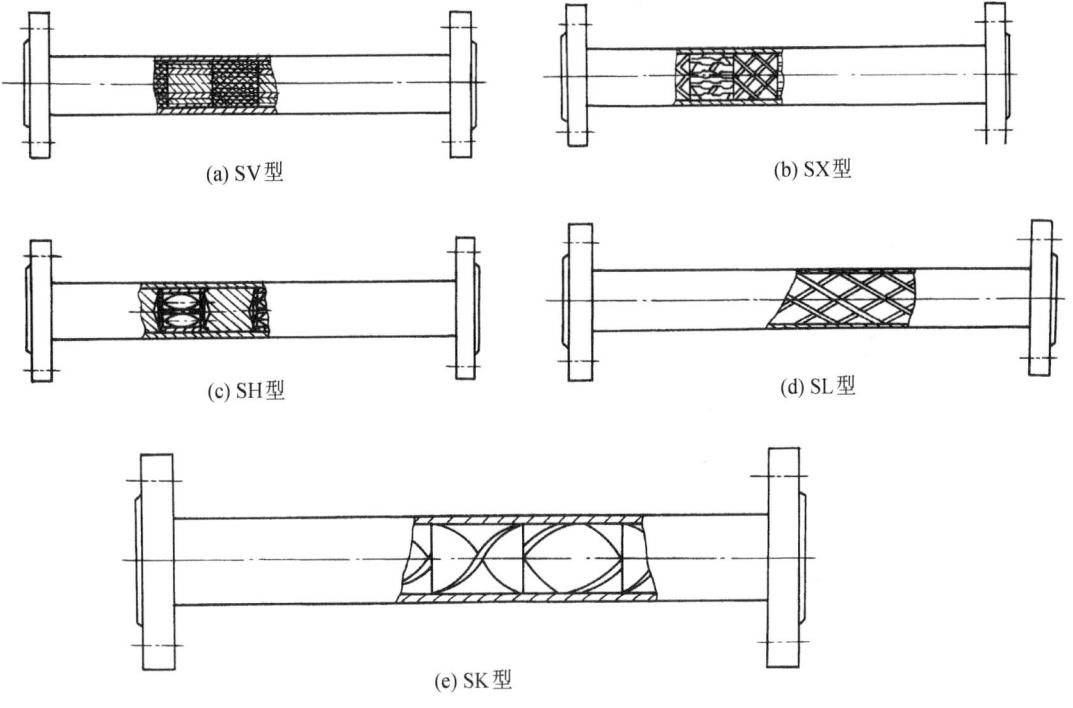

图 5-114 几种静态混合器的结构

各类静态混合器的适用范围

型号	产品适用范围
SV	适合于黏度≤10^2mPa·s 的液-液、液-气、气-气的混合、乳化、中和、吸收、萃取、反应和强化传热过程；d_h①≤3.5，适用于清洁介质；d_h≥5，介质可伴有少量非黏结性杂质
SX	适合于黏度≤10^4mPa·s 的中高黏度液-液混合、反应吸收过程或生产高聚物流体的混合，处理量大时效果更好
SL	适合于化工、石油、油脂等行业，黏度≤10^6mPa·s 或伴有高聚物流体的混合；同时进行传热、混合和传热反应的热交换器；黏性产品的热交换单元操作中
SH	适合于精细化工、塑料、合成纤维、矿冶等行业的混合、乳化、配色、注塑纺丝、传热等过程。特别适合于流量小、混合要求高的中、高黏度（≤10^4mPa·s）的清洁介质
SK	适合于化工、石油、炼油、精细化工、塑料挤出、环保、矿冶等行业的中、高黏度（≤10^6mPa·s）流体或液-固混合、反应、吸收、萃取、塑料配色、挤出、传热等过程。特别适合于小流量并伴有杂质的黏性介质

① d_h——单元水力直径，mm。

各类静态混合器性能比较

比较内容	SV 型	SX 型	SL 型	SH 型	SK 型	空管
强化倍数①	8.7~16.2	6.0~14.3	2.1~5.10	4.7~11.9	2.6~7.5	1
黏度范围/mPa·s	≤10^2	≤10^4	≤10^6	≤10^4	≤10^6	
适用介质	清洁流体	伴杂质的流体	伴杂质的流体	清洁流体	伴杂质的流体	
压力降倍数	$\Delta p_k/\Delta p_{空管}$＝7~8 倍					
层流压力降（Δp 倍数）	18.6~23.5②	11.6	1.85	8.14		1
完全湍流压力降（Δp 倍数）	2.43~4.47	11.1	2.07	8.66		1

① 比较条件是介质、长度（混合设备）、规格相同或相近，不考虑压力降的情况下，流速取 0.15~0.6m/s 时与空管比较的强化倍数。

② 18.6 倍是指 d_h≥5mm 时的 Δp，23.5 倍是指 d_h<5mm 时的 Δp。

5.12.3 静态混合器的技术参数及压力降计算

(1) 各种静态混合器的流速适用范围

静态混合器的选用步骤要根据流体的流速和黏度、混合的要求等指标来确定。按行业标准推荐的以上五种静态混合器的适用范围如下。

中、高黏度流体的混合、传热、比较慢的化学反应的情况下使用静态混合器，适合按层流条件操作，流速控制在 0.1~0.3m/s。

低、中黏度流体的混合、萃取、中和、传热、中速反应的情况下使用静态混合器，适合按过渡流或湍流条件操作，流体流速控制在 0.3~0.8m/s。

低黏度又比较难混合时的流体的混合、乳化、快速反应、预反应等过程的情况下使用静态混合器，适合按湍流条件操作，流体流速控制在 0.8~1.2m/s。

气-气、液-气的混合、萃取、吸收、强化传热过程的情况下使用静态混合器，适合按完全湍流条件操作，流体流速控制在 1.2~14m/s。

上述流体流速是指表观空管内径的计算流速。

液-固两相的混合、萃取过程选用静态混合器，适合按湍流条件操作，设计选型时，原则上取液体流速大于固体最大颗粒在液体中的沉降速度。固体颗粒在液体中的沉降速度用 Stokes 定律来计算。

$$V = d^2 g (\rho_1 \sqrt{\rho_2} - 1)/18/\sqrt{\mu} \tag{5-316}$$

式中 V——颗粒的沉降速度，m/s；

d——颗粒最大直径，m；

ρ_1，ρ_2——操作工况条件下的颗粒、液体的密度，kg/m³；

μ——操作工况条件下的液体动力黏度，mPa·s；

g——重力加速度，9.81m/s²。

(2) 静态混合器的长度与混合效果的关系

静态混合器的混合效果与它的长度有一定关系，混合流体的流型不同，长度对混合效果的影响也不同。对气-气混合过程，其混合比较容易，在完全湍流的情况下静态混合器的长度与管径的比 $L/D = 2 \sim 5$ 就行。

液-液、液-气、液-固混合过程要根据流型不同采用不同的长度与管径之比。在湍流条件下，混合效果与混合器长度无关。行业推荐的 $L/D = 7 \sim 10$，SK 型取 $L/D = 10 \sim 15$。

在过渡流条件下，行业推荐的 $L/D = 10 \sim 15$。

在层流条件下，混合效果与混合器长度有关，行业推荐的 $L/D = 10 \sim 30$。

对于既要混合均匀，又要很快分层的萃取过程，在控制流型情况下，行业推荐的 $L/D = 7 \sim 10$。

对于使用在萃取过程的静态混合器，如果连续相与分散相的体积百分比和黏度相差悬殊，混合效果与混合器的长度有关，一般取上述推荐长度的上限值。

乳化、传质、传热的过程使用的静态混合器，它的长度应根据工艺要求另行确定。

(3) 静态混合器的压力降计算

静态混合器使用在管路中，它所产生的压力降并不大。使用静态混合器的系统压力比较高时，可忽略静态混合器产生的压力降。如果使用静态混合器的系统压力比较低时，就要校核静态混合器的压力降。静态混合器的压力降计算方法因混合器的型号不同而不同。

① SV 型、SX 型、SL 型的压力降计算公式

$$\Delta p = f \frac{\rho_c}{2\varepsilon^2} u^2 \frac{L}{d_h} \tag{5-317}$$

$$Re = \frac{d_h \rho_c u}{\mu \varepsilon} \tag{5-318}$$

水力直径 d_h 定义为混合单元空隙体积的 4 倍与润湿表面积（混合单元和管壁面积）之比

$$d_h = 4\left(\frac{\pi}{4}D^2 L - \Delta A \delta\right) \Big/ (2\Delta A + \pi D L) \tag{5-319}$$

式中 Δp——单位长度静态混合器压力降，Pa；

f——摩擦系数；

ρ_c——工作条件下连续相流体密度，kg/m^3；

u——混合流体流速（以空管内径计），m/s；

ε——静态混合器空隙率，$\varepsilon = 1 - A\delta$；

d_h——水力直径，m；

Re——雷诺数；

μ——工作条件下连续相黏度，Pa·s；

L——静态混合器长度，m；

ΔA——混合单元总单位面积，m^2；

A——SV 型，每立方米体积中的混合单元单位面积，m^2/m^3；

δ——混合单元材料厚度，m，一般 $\delta = 0.0002$m；

D——管内径，m。

d_h/mm	2.3	3.5	5	7	15	20
$A/(m^2/m^3)$	700	475	350	260	125	90

摩擦系数 f 与雷诺数 Re_D 的关系式见表 5-108 和图 5-115。

② SH 型、SK 型压力降计算公式

$$\Delta p = f \frac{\rho_c}{2} u^2 L/D \tag{5-320}$$

$$Re_D = D\rho_c u/\mu \tag{5-321}$$

摩擦系数 f 与雷诺数 Re_D 的关系式见表 5-109 和图 5-115。关系式的压力降计算值允许偏差 ±30%，适用于液-液、液-气、液-固混合。

表 5-108 SV 型、SX 型、SL 型静态混合器 f 与 Re_D 关系式

混合器类型		SV-2.3/D	SV-3.5/D	SV-5~15/D	SX 型	SL 型
层流区	范围	$Re_D \leqslant 23$	$Re_D \leqslant 23$	$Re_D \leqslant 150$	$Re_D \leqslant 13$	$Re_D \leqslant 10$
	关系式	$f = 139/Re_\varepsilon$	$f = 139/Re_\varepsilon$	$f = 150/Re_\varepsilon$	$f = 235/Re_\varepsilon$	$f = 156/Re_\varepsilon$
过渡流区	范围	$23 < Re_D \leqslant 150$	$23 < Re_D \leqslant 150$	—	$13 < Re_D \leqslant 70$	$10 < Re_D \leqslant 100$
	关系式	$f = 23.1 Re_D^{-0.428}$	$f = 43.7 Re_D^{-0.631}$	—	$f = 74.7 Re_D^{-0.476}$	$f = 57.7 Re_D^{-0.568}$
湍流区	范围	$150 < Re_D \leqslant 2400$	$150 < Re_D \leqslant 2400$	$Re_D > 150$	$70 < Re_D \leqslant 2000$	$100 < Re_D \leqslant 3000$
	关系式	$f = 14.1 Re_D^{-0.329}$	$f = 10.3 Re_D^{-0.351}$	$f \approx 1.0$	$f = 22.3 Re_D^{-0.194}$	$f = 10.8 Re_D^{-0.205}$
完全湍流区	范围	$Re_D > 2400$	$Re_D > 2400$	—	$Re_D > 2000$	$Re_D > 3000$
	关系式	$f \approx 1.09$	$f \approx 0.702$	—	$f \approx 5.11$	$f \approx 2.10$

表 5-109　SH 型、SK 型静态混合器 f 与 Re_D 关系式

混合器类型		SH 型	SK 型
层流区	范围	$Re_D \leqslant 30$	$Re_D \leqslant 23$
	关系式	$f = 3500/Re_D$	$f = 430/Re_D$
过渡流区	范围	$30 < Re_D \leqslant 320$	$23 < Re_D \leqslant 300$
	关系式	$f = 646 Re_D^{-0.503}$	$f = 87.2 Re_D^{-0.491}$
湍流区	范围	$Re_D > 320$	$300 < Re_D \leqslant 11000$
	关系式	$f = 80.1 Re_D^{-0.141}$	$f = 17.0 Re_D^{-0.205}$
完全湍流区	范围	—	$Re_D > 11000$
	关系式	—	$f \approx 2.53$

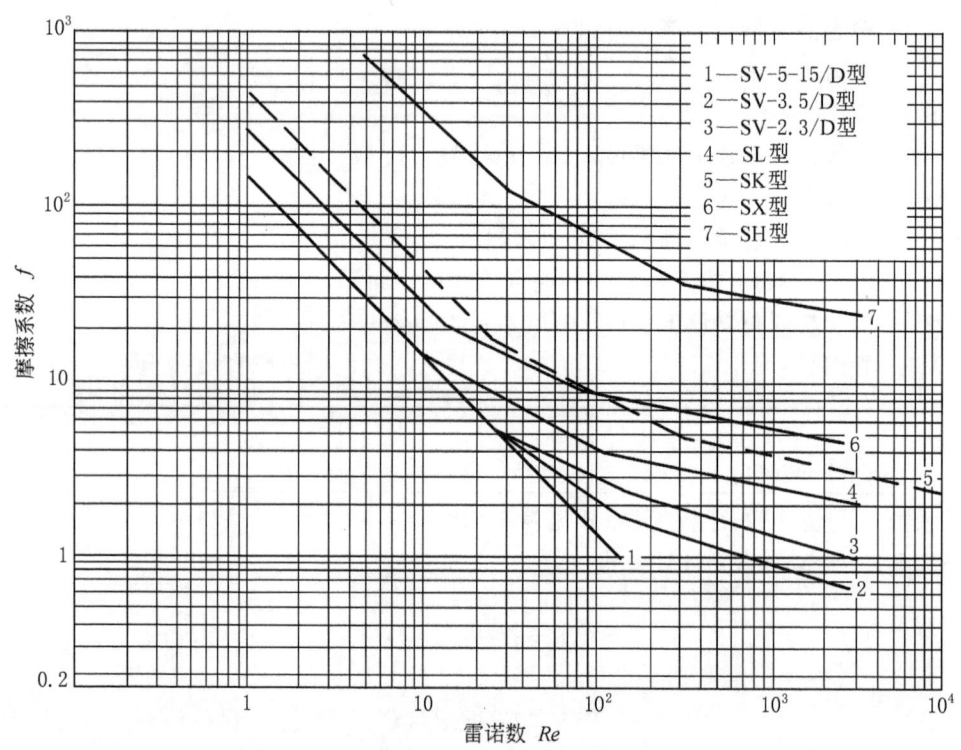

图 5-115　各种类型静态混合器摩擦系数 f 与雷诺数 Re 的关系

③ 气-气混合压力降计算公式　气-气混合一般均采用 SV 型静态混合器，其压力降与静态混合器长度和流速成正比，与混合单元水力直径成反比。对不同规格 SV 型静态混合器测试，关联成以下经验计算公式

$$\Delta p = 0.0502 (u \sqrt{\rho_c})^{1.5339} \frac{L}{d_h} \tag{5-322}$$

式中　Δp——单位长度静态混合器压力降，Pa；
　　　u——混合气工作条件下流速，m/s；
　　　ρ_c——工作条件下混合气密度，kg/m³；
　　　L——静态混合器长度，m；
　　　d_h——水力直径，mm。

5.12.4 主要静态混合器参数表

SV 型参数表

型 号	公称直径 DN /mm	水力直径 d_h /mm	空隙率 ε	混合器长度 L /mm	处理量 V /(m³/s)
SV-2.3/20	20	2.3	0.88	1000	0.5~1.2
SV-2.3/25	25	2.3	0.88	1000	0.9~1.8
SV-3.5/32	32	3.5	0.909	1000	1.4~2.8
SV-3.5/40	40	3.5	0.909	1000	2.2~4.4
SV-3.5/50	50	3.5	0.909	1000	3.5~7.0
SV-5/80	80	5	约1.0	1000	9.0~18.0
SV-5/100	100	5	约1.0	1000	14~28
SV-5~7/150	150	5~7	约1.0	1000	30~60
SV-5~15/200	200	5~15	约1.0	1000	56~110
SV-5~20/250	250	5~20	约1.0	1000	88~176
SV-7~30/300	300	7~30	约1.0	1000	120~250
SV-7~30/500	500	7~30	约1.0	1000	353~706
SV-7~50/1000	1000	7~50	约1.0	1000	1413~2826

SX 型参数表

型 号	公称直径 DN /mm	水力直径 d_h /mm	空隙率 ε	混合器长度 L /mm	处理量 V /(m³/s)
SX-12.5/50	50	12.5	约1.0	1000	3.5~7.0
SX-20/80	80	20	约1.0	1000	9.0~18
SX-25/100	100	25	约1.0	1000	14~28
SX-37.5/150	150	37.5	约1.0	1000	30~60
SX-50/200	200	50	约1.0	1000	56~110
SX-62.5/250	250	62.5	约1.0	1000	88~176
SX-75/300	300	75	约1.0	1000	125~250
SX-125/500	500	125	约1.0	1000	353~706
SX-250/1000	1000	250	约1.0	1000	1413~2826

SL 型参数表

型 号	公称直径 DN /mm	水力直径 d_h /mm	空隙率 ε	混合器长度 L /mm	处理量 V /(m³/s)
SL-12.5/25	25	12.5	0.937	1000	0.7~1.4
SL-25/50	50	25	0.937	1000	3.5~7.0
SL-40/80	80	40	约1.0	1000	9~18
SL-50/100	100	50	约1.0	1000	14~28
SL-75/150	150	75	约1.0	1000	30~60
SL-100/200	200	100	约1.0	1000	56~110
SL-125/250	250	125	约1.0	1000	88~176
SL-150/300	300	150	约1.0	1000	125~250
SL-250/500	500	250	约1.0	1000	357~706

SH 型参数表

型号	公称直径 DN /mm	水力直径 d_h /mm	空隙率 ε	混合器长度 L /mm	处理量 V /(m³/s)
SH-3/15	15	3	约 1.0	1000	0.1～0.2
SH-4.5/20	20	4.5	约 1.0	1000	0.2～0.4
SH-7/30	30	7	约 1.0	1000	0.5～1.1
SH-12/50	50	12	约 1.0	1000	1.6～3.2
SH-19/80	80	19	约 1.0	1000	4.0～8.0
SH-24/100	100	24	约 1.0	1000	6.5～13
SH-49/200	200	49	约 1.0	1000	26～52

SK 型参数表

型号	公称直径 DN /mm	水力直径 d_h /mm	空隙率 ε	混合器长度 L /mm	处理量 V /(m³/s)
SK-5/10	10	5	约 1.0	1000	0.1～0.3
SK-7.5/15	15	7.5	约 1.0	1000	0.3～0.6
SK-10/20	20	10	约 1.0	1000	0.6～1.2
SK-12.5/25	25	12.5	约 1.0	1000	0.9～1.8
SK-25/50	50	25	约 1.0	1000	3.5～7.0
SK-40/80	80	40	约 1.0	1000	9.0～18
SK-50/100	100	50	约 1.0	1000	14～24
SK-75/150	150	75	约 1.0	1000	30～60
SK-100/200	200	100	约 1.0	1000	56～110
SK-125/250	250	125	约 1.0	1000	88～176
SK-150/300	300	150	约 1.0	1000	120～250

5.12.5 静态混合器的安装

以上介绍的五大系列产品，是江苏国营启东混合器厂的系列数据，它们在安装时应尽可能靠近二股或多股流体的初始混合处。在不同的使用场合，这五大系列产品的安装形式也有一定差别。具体要求见下表。

静态混合器安装形式

型号	安装形式
SV	气-液相：垂直安装（并流）
	液-气相：水平或垂直（自上而下）安装
	气-气相：水平或垂直（气相密度差小，方向不限）安装
SX	液-液相：水平或垂直（自下而上）安装
SL	液-液相：水平或垂直（自上而下）安装
	液-固相：水平或垂直（自上而下）安装
SH	气-液相：两端法兰尺寸按产品公称直径放大一级来定，采用 SL 型安装形式
SK	气-液相：以可拆内件不固定的一端为进口端

注：1. 气-液相指气相物流是工作物流，而液相物流是被动物流。
  2. 液-气相指液相物流是工作物流，而气相物流是被动物流。

工程设计一般以单台或串联静态混合器来完成混合目的，如果以两台静态混合器并联操作时，配管设计时应保证流体分配均匀。

当使用小规格 SV 型时，如果介质中含有杂质，应在混合器前设置两个并联切换操作的过滤器，滤网规格一般选用 40～20 目的不锈钢滤网。

静态混合器上尽量不安装流量、温度、压力等指示仪表和检测点，特殊要求时在订货时出图说明。

需要在混合器外壳设置换热夹套管时，要在订货时说明。

对于 SH 系列产品，由于其加工精度高，维修困难，要求使用的介质清洁或能用溶剂清洗，否则就要求介质在高温下能熔化。

对于 SV 系列产品，若因流体不清洁而堵塞，可拆卸设备、用水（蒸汽）或溶剂倒置清洗，也可拆掉单元，取出堵物。

对于 SK 系列的活络单元产品，可将整个单元抽出清洗，但拉出时切忌敲击，以免单元变形。

5.12.6 选型步骤及例题

① 按照需要混合的几股流体的流量和黏度，参照静态混合器的适用范围表，先确定静态混合器的型号。

② 根据所选取的静态混合器型号的参数表，选择静态混合器的管径。

③ 根据 5.12.3 的内容，初选出静态混合器的 L/D 的取值。

④ 根据所选取的静态混合器型号的参数表，选择静态混合器的水力直径 d_h 的值。

⑤ 最后根据所选取的静态混合器型号的压力降计算公式，计算所选静态混合器的压力降，和已知条件比较能满足已知条件就好。否则再另选静态混合器的管径计算，直到合格为止。

⑥ 连接法兰的尺寸，可由设计人员根据工程统一规定管路支道的要求，选用国际国内的各种法兰标准制造，启东混合器厂可以按要求给混合器配上各种法兰。

例 5-35 SV 型用于液-液混合例题。

某炼油厂油品混合，原料油流量 111.4m³/h，密度 897.6kg/m³，100℃ 时黏度 28.3mPa·s，输送压力 1.86MPa，输送管径 200mm，工作温度 230℃；回炼油流量 32.95m³/h，100℃ 时黏度 5.35mPa·s，输送压力 1.86MPa，输送管径 100mm，工作温度 350℃。两股油品要求混合均匀，静态混合器压力降≤0.05MPa，需初选静态混合器规格、型号、长度和计算压力降。

解 ① 根据各类静态混合器的适用范围表，两股油品黏度＜10^2mPa·s，选用 SV 型较合适。

② 根据 SV 型参数表，当总体积流量为 144.35m³/h 时，选择静态混合器管径为 250mm。

$$流体流速 \ u = \frac{V_1 + V_2}{\frac{\pi}{4}D^2 \times 3600} = \frac{111.4 + 32.95}{0.785 \times 0.25^2 \times 3600} \text{m/s} = 0.817 \text{m/s}$$

③ 根据 5.12.3 的内容，初选长度 $L/D = 10$，$L = 10 \times 250\text{mm} = 2500\text{mm}$，设计压力为 2.5MPa。

查表 SV 型参数表，d_h 取 15mm（SV 型混合效果已列于各类静态混合器产品性能比较表中，因此 d_h 大小视压力降的大小进行调节）。

该静态混合器型号表示式为 SV-15/250-2.5-2500。

④ 压力降计算　按式（5-318）查表 SV 参数表得 $\varepsilon=1.0$

$$Re=d_h\rho_c u/(\mu\varepsilon)=\frac{0.015\times897.6\times0.817}{28.3\times10^{-3}\times1.0}=388.7$$

查表 5-108 和图 5-115 得 $Re>150$，$f=1.0$，$\varepsilon=1.0$
按式（5-317）

$$\Delta p=f\frac{\rho_c}{2\varepsilon^2}u^2\frac{L}{d_h}=\left(1.0\times\frac{897.6}{2\times1^2}\times0.817^2\times\frac{2.5}{0.015}\right)\text{Pa}$$
$$=49930\text{Pa}$$

结论：按题意要求，油品混合均匀对工艺有利，SV 型静态混合器混合效果比之其他类型为最高。计算以连续相黏度（100℃时）为基准，由于工作温度分别为 230℃ 和 350℃，因此计算压力降值与实际产生压力降应为负偏差，满足工艺要求。

例 5-36　SX 型液-液混合例题。

某化工生产装置需将胶液与防老剂混合。已知胶液流量 $V_1=34.68\text{m}^3/\text{h}$，密度 750kg/m^3，黏度 $350\text{mPa}\cdot\text{s}$，工作温度 80℃，输送压力 1.6MPa，输送管道内径 $DN200\text{mm}$；防老剂流量 $V_2=0.327\text{m}^3/\text{h}$，密度 780kg/m^3，黏度 $0.91\text{mPa}\cdot\text{s}$，工作温度 40℃，输送压力 1.8MPa，允许静态混合器压力降小于 0.05MPa。选择静态混合器规格、型号和长度并计算产生的压力降。

解　① 分散相防老剂流量很小，静态混合器规格按 $DN200\text{mm}$ 选择。

$$\text{流速 }u=\frac{V_1+V_2}{\frac{\pi}{4}D^2\times3600}=\frac{34.68+0.327}{0.785\times0.2^2\times3600}\text{m/s}=0.31\text{m/s}$$

② 连续相黏度 $350\text{mPa}\cdot\text{s}$，查各类静态混合器产品用途表选择 SX 型较为合适。

③ 根据 5.12.3 的内容，初选长度 $L/D=10$，$L=2000\text{mm}$，设计压力 2.5MPa，该静态混合器型号表示式为 SX-50/200-2.5-2000。

④ 压力降计算　查表 SX 型参数表得 $d_h=50\text{mm}$，$\varepsilon=1.0$。
按式（5-318）

$$Re_\varepsilon=d_h\rho_c u/(\mu\varepsilon)=\frac{0.05\times750\times0.31}{350\times10^{-3}\times1.0}=\frac{11.625}{0.35}=33.21$$

查表 5-107 或图 5-115 得

$$f=74.7Re_\varepsilon^{-0.476}=14.1$$

按式（5-317），$\varepsilon\approx1$。

$$\Delta p=f\frac{\rho_c}{2\varepsilon^2}u^2\frac{L}{d_h}=\left(14.1\times\frac{750}{2\times1^2}\times0.31^2\times\frac{2}{0.05}\right)\text{Pa}$$
$$=20325\text{Pa}$$

结论：由于混合体积比相差较大，初选长度压力降尚低，为增加混合效果，建议采用 $L/D=12.5$，$\Delta p<0.05\text{MPa}$。推荐选用 SX-50/200-2.5-2500。

例 5-37　SK 型用于油品碱洗例题。

某厂油品精制工艺,已知催焦汽油处理量 80m³/h,加碱液量 2m³/h,在工作温度为 40℃ 时,油品黏度 28.9mPa·s、密度 710kg/m³,酸度 0.6mgKOH/100mL,系统压力 1.6MPa。要求选用静态混合器碱洗后,油品无酸度,无水溶性碱及油碱分离容易,无乳化现象。

解 ① 查 5.12.3 的内容,萃取、中和工艺操作流速适宜于 0.3~0.8m/s 之间。总体积流量 82m³/h,初选静态混合器管径 200mm,流体速度 u 为

$$u = \frac{Q}{\frac{\pi}{4}D^2 3600} = \frac{82}{0.785 \times 0.2^2 \times 3600} \text{m/s} = 0.725 \text{m/s}$$

② 查各类静态混合器产品性能比较表和按 5.12.3 的内容要求,对既要混合均匀又要分离容易的过程,选择静态混合器的混合效果不能很高,选择 SK 型静态混合器较合适。长度取 $L/D=10$,型号规格为 SK-100/200-1.6-2000。

③ 压力降计算 按式(5-321)

$$Re_D = D\rho_c u/\mu = 0.2 \times 710 \times 0.725/(28.9 \times 10^{-3}) = 3562.3$$

查表 5-109 或图 5-115 得 $300 < Re_D < 11000$

$$f = 17 Re_D^{-0.205} = 3.18$$

按式(5-320)

$$\Delta p = f \frac{\rho_c}{2} u^2 \frac{L}{D} = \left(3.18 \times \frac{710}{2} \times 0.725^2 \times \frac{2}{0.2}\right) \text{Pa} = 5933.8 \text{Pa}$$

结论:SK 型混合器操作弹性较大,且能防止乳化,因此建议选用 SK-100/200-1.6-2000 一台。

例 5-38 SH 型用于混合例题。

聚氯乙烯融料混合,处理量 0.6m³/h,操作状态下黏度 1000mPa·s,密度 1380kg/m³,原系统管道内径 30mm,系统压力降 0.18MPa。选择静态混合器,使融料混合均匀,静态混合器允许压力降小于 0.3MPa。

解 ① 查各类产品性能比较表和按 5.12.3 的内容要求,较高黏度、小流量的混合选用 SH 型较合适,为与原工艺匹配,初选 SH-7/30-2.5-500,$L/D=16.6$。

② 压力降计算

$$\text{流速 } u = \frac{V}{\frac{\pi}{4}D^2 3600} = \frac{0.6}{0.785 \times 0.03^2 \times 3600} \text{m/s} = 0.236 \text{m/s}$$

按式(5-321)

$$Re_D = D\rho_c u/\mu = 0.03 \times 1380 \times 0.236/(1000 \times 10^{-3}) = 9.8$$

查表 5-109,$Re_D < 30$,$f = 3500/Re_D = 3500/9.8 = 357.1$

按式(5-320)

$$\Delta p = f \frac{\rho_c}{2} u^2 \frac{L}{D} = \left(357.1 \times \frac{1380}{2} \times 0.236^2 \times \frac{0.5}{0.03}\right) \text{Pa} = 228724 \text{Pa}$$

结论:初选 SH-7/30-2.5-500,符合工艺要求。

附录

1 JHF/I系列静态混合器

(1) 产品特性

JHF/I系列静态混合器，适用于高黏度介质的热交换过程和聚合反应过程，黏度大于3000cP（1cP=1mPa·s）的高黏度介质，传热膜系数仍能达到200～400W/(m²·℃)，比体积传热率也能达到10～20kW/(m²·℃)，与普通的列管式换热器相比提高到4～5倍，与板式换热器相比，用于高黏度介质时，JHF/I型传热膜系数是它的2倍左右。JHF/I型的这些优异性能非常适用于高黏度介质的加热、冷却、热量回收等过程。

JHF/I系列静态混合器整个换热器的每一横截面处温度分布均匀。JHF/I型不仅依靠流体从管壁到管中心双向的交叉流动，使物料、温度变得均匀，而且从内部进行均匀加热（或冷却），因此用作聚合反应时，基本上能消除由于温度分布不均造成的聚合不均匀，有利于提高聚合物质量，对减少能耗，提高转化率大有好处。

(2) 产品型号及主要参数

型号	JHF/I-1.4	JHF/I-3	JHF/I-6	JHF/I-14	生产厂
传热面积/m²	1.4	3	6	14	国营启东混合器厂
设备体积/m³	0.022	0.047	0.094	0.22	
高黏度介质接管	DN40, 50	DN50, 70	DN70, 80	DN80, 100	
冷却（或加热）介质接管	G3/4″	G1″	G1¼″	G1½″	
设备长度/m	2.6	3.3	4.3	5.6	
处理量/(kg/h)	180～1800	300～3000	470～4700	840～8400	
适用介质黏度/cP	$10^2 \sim 10^8$	$10^2 \sim 10^8$	$10^2 \sim 10^8$	$10^2 \sim 10^8$	

(3) 产品用途

JHF/I型静态混合器适用于以下高黏度介质的换热过程：食品工业中油脂的加热和冷却；合纤和塑料工业中熔融树脂的加热、冷却以及聚合物溶液的加热和冷却；日化工业中黏结剂的加热、冷却以及化妆品的加热和冷却；石油工业中熔融沥青、重油、原油、渣油的加热和冷却；炸药工业中乳化炸药的冷却。

JHF/I型静态混合器还适用作以下各种聚合反应器：用作聚苯乙烯的聚合反应；用于丙烯腈丁二烯苯乙烯共聚物的生产装置；用于苯乙烯丙烯腈共聚物的生产装置；用作聚酰胺6的聚合反应器。

2 JH型静态混合器

(1) 产品特性

单元是由若干片长度和宽度成一定比例的长方形片材两端呈180°角成形后的混合元件，相互交叉连接，再装入圆柱形通道内而成的，物料通过静态混合器时，不断地被分割、混合，从而达到掺混的目的，混合元件对流体的分割混合作用是以 $N=2\times 2^n$ 进行的，式中，N 为被流体分层的层数；n 为静态混合器中的元件数。

(2) 产品型号

型号	规格品种	配套设备	生产厂家
JH-1A	JH-1A-16	V$_c$-403 纺丝机	
	JH-1A-22D	V$_c$-404 纺丝机大弯管	
	JH-1A-1622X	V$_c$-404 纺丝机小弯管	
	JH-1A-22L	V$_c$-406 纺丝机	
JH-1B	JH-1B-20	SJ-20 单螺杆挤出机	
	JH-1B-30	SJ-30 单螺杆挤出机	
	JH-1B-45	SJ-45 单螺杆挤出机	
	JH-1B-65	SJ-65 单螺杆挤出机	
	JH-1B-90	SJ-90 单螺杆挤出机	
	JH-1B-120	SJ-120 单螺杆挤出机	
	JH-1B-150	SJ-150 单螺杆挤出机	
	JH-1B-200	SJ-200 单螺杆挤出机	国营启东混合器厂
JH-1C	JH-1C-60	SX-ZY-60 注塑成型机	
	JH-1C-125	SX-ZY-125 注塑成型机	
	JH-1C-250	SX-ZY-250 注塑成型机	
	JH-1C-350	SX-ZY-350 注塑成型机	
	JH-1C-500	SX-ZY-500 注塑成型机	
	JH-1C-1000	SX-ZY-1000 注塑成型机	
	JH-1C-2000	SX-ZY-2000 注塑成型机	
	JH-1C-3000	SX-ZY-3000 注塑成型机	
	JH-1C-4000	SX-ZY-4000 注塑成型机	
	JH-1C-6000	SX-ZY-6000 注塑成型机	
	JH-1C-8000	SX-ZY-8000 注塑成型机	

（3）产品用途

JH-1A 型是为了适用于国产熔纺设备专门设计成弯管式静态混合器，来取代原来熔纺挤出机与分配管之间的连接弯管。

JH-1B 型是配套使用于各种规格单螺杆塑料挤出机，适用于吹塑、薄膜、片材、型材、泡沫塑料及电线电缆、包覆层等塑料制品。

JH-1C 型配套使用于各种注射容量的塑料注射成型机。加工复杂形状的塑料制品等。

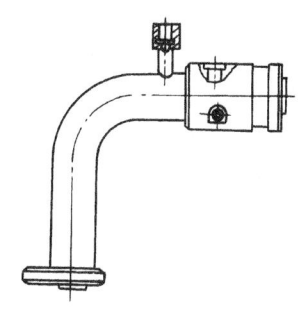
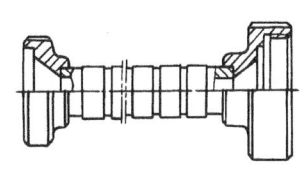
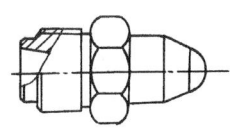

3 SQS 系列汽水混合器

（1）产品特性

SQS 系列汽水混合器是新型节能环保产品，它是利用蒸汽与水直接混合将水加热，具有低噪声、无振动、热交换效率高、节省能源等特点，被广泛地使用在生活、生产用热水及热水采暖和热力除氧等系统中，该加热器主要由喷管、壳体、网板、垫圈等部分组成。被加热水通过呈拉伐尔管状的喷管时，蒸汽从喷管外侧通过管壁上许多斜向小孔喷入水中，二者在高速流动中瞬时良好混合，以达到加热水的目的。

对于不同型号规格的加热器，在额定流量下，加热不同温度的热水所需蒸汽量可由下式计算：

$$D_0 = D_1 C_1 (T_2 - T_1) / i_0'' = D_1 (qT_2 - qT_1) / (i_0'' - C_2 T_2)$$

式中　D_1——额定流量，t/h；

　　　D_0——所需蒸汽量，t/h；

　　　T_2——加热后的水温，℃；

　　　i_0''——进入加热器在压力 p_0 下的饱和蒸汽热焓，kJ/kg；

　　　C_1——水在 t_1 温度下的比热容，kJ/(kg·℃)；

　　　C_2——水在 t_2 温度下的比热容，kJ/(kg·℃)；

　　　T_1——进入加热器水温，℃。

在额定进水流量及蒸汽压力为 0.4MPa 下，不同加热温差与蒸汽消耗量的关系见下表。

开式系统蒸汽消耗量　　　　　　　　　　　　　　　单位：t/h

SQS-		4	6	8	10	12	16	20	24	32	40	48
额定进水量/L		1.2	2.5	4.5	7.0	10	16	25	35	60	105	165
加热温差/℃	20	0.039	0.081	0.146	0.228	0.325	0.520	0.813	1.138	1.951	3.145	5.366
	40	0.081	0.188	0.303	0.471	0.672	1.076	1.681	2.353	4.034	7.057	11.092
	60	0.125	0.261	0.469	0.730	1.043	1.669	2.609	3.652	6.261	10.952	17.217
	80	0.173	0.360	0.649	1.009	1.441	2.306	3.603	5.045	8.649	15.135	23.784

循环系统蒸汽消耗量　　　　　　　　　　　　　　　单位：t/h

SQS-		4	6	8	10	12	16	20	24	32	40	48
额定进水量/L		1.2	2.5	4.5	7.0	10	16	25	35	60	105	165
加热温差/℃	75~95	0.054	0.112	0.201	0.312	0.446	0.714	1.116	1.562	2.678	4.678	7.366
	70~110	0.088	0.183	0.330	0.514	0.734	1.174	1.830	2.569	4.404	7.706	12.110
	70~130	0.137	0.286	0.454	0.800	1.143	1.829	2.857	4.000	6.857	12.000	18.807

（2）产品型号

型号		SQS-4	SQS-6	SQS-8	SQS-10	SQS-12	SQS-16	SQS-20	SQS-24	SQS-24	SQS-32	SQS-40	SQS-48	生产厂
安装尺寸	A	105			130			220			450			国营启东混合器厂
	B	105			130			170			300			
	L	240			360			660			1200			
水侧法兰尺寸	DN	30			50			100			200			
	DL	110			145			210			350			
	D	145			180			245			405			
	n×φ	4×18			4×18			8×18			12×22			
汽侧法兰尺寸	DN	40			65			125			250			
	DL	110			145			210			350			
	D	145			180			245			405			
	n×φ	4×18			4×18			8×18			12×22			

（3）产品用途

① 用于热水采暖系统中，作加热设备代替原板式换热器。

② 用于浴室加热热水，送入水箱，代替热水箱中原高噪声、强振动的蒸汽直接加热方式。

③ 用于除氧器预热软水。
④ 用于水-水换热。

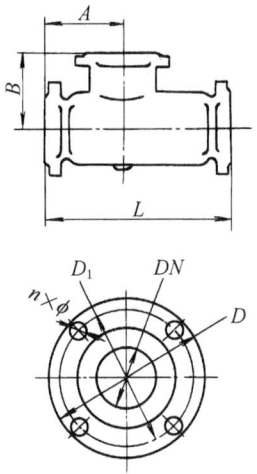

5.13 气封和液封的设计

5.13.1 气封的作用

在石油化工企业的罐区内，有不少贮存液体油品的常压或低压贮罐。这些贮罐在使用过程中，由于液体的正常流动、外界环境温度的变化等原因，都会引起罐内气体的膨胀或收缩，使液面不断的改变，气相压力也在改变，这种现象就称贮罐在"呼吸"。这种"呼吸"现象，可能导致污染环境的气体排放到大气中；也可能使罐内出现真空，导致空气吸入罐内，使不能接触空气的液体受污染变质；或者使常压罐受到破坏。为了避免以上情况的出现，在这类常压或低压贮罐上应该安装保护措施。

常见的保护措施有：安装呼吸阀和气封系统，它们的作用相类似，所以在设计时可以采用呼吸阀，也可以采用气封系统。贮存既不会污染环境，也不会被空气氧化的物料，采用呼吸阀比较好，可节省密封气的消耗量。反之要同时采用呼吸阀和气封系统。两种措施同时采用，可避免物料和空气接触，也可避免罐内挥发的气体污染环境。

这里的贮罐主要是指常压或低压的拱顶罐或固定顶罐；对内浮顶罐一般不用再加保护措施，如果罐内贮存的是剧毒物料时也应增加类似的保护措施。

5.13.2 气封的设计

(1) 气封用气的选择

常用的气封气有氮气、燃料气、天然气等，具体选用哪种气体由贮存物料的性质、气封气是否容易获得及其经济性来决定。

(2) 供气量的计算

气封气的需用量由两部分组成：一部分是由泵抽出液体需补充的气量，这个气量在数值上等于泵的最大输出流量。另一部分是由气温变化引起罐内气体冷凝所需补充的气量。第二部分气量的计算应按美国石油学会 API 标准 2000《常压和低压贮罐的放空》中的规定：容积≥$3180m^3$ 的贮罐，每平方米罐外壳和罐顶表面积，每小时需补充 $0.6m^3$ 的气封气；对容积<$3180m^3$ 的贮罐，每立方米容积，每小时需补入 $0.178m^3$ 的气封气。这种初估的计算方法的基准是，允许罐内气体每小时温度变化 37.8℃，是偏于保守的估算方法，完全可以满足工程

设计的精度要求。

气温变化时贮罐所需的气封气量计算

贮罐容积 /m³	气量 /(m³/h)	贮罐容积 /m³	气量 /(m³/h)	贮罐容积 /m³	气量 /(m³/h)
10	1.8	800	143	7000	1030
15	2.7	1000	178	8000	1140
50	9.0	1500	267	10000	1250
80	14.3	2000	356	15000	1630
100	17.8	3000	534	20000	2020
150	26.8	4000	684	25000	2300
300	53.5	5000	800	30000	2600
500	89	6000	920		

注：当贮罐容积与表中所列的不一致时，可用内插法求得所需气量，表中气量的单位是标准 m³/h。

(3) 气封系统的设计

一些有代表性的气封系统设计图例，见图 5-116。

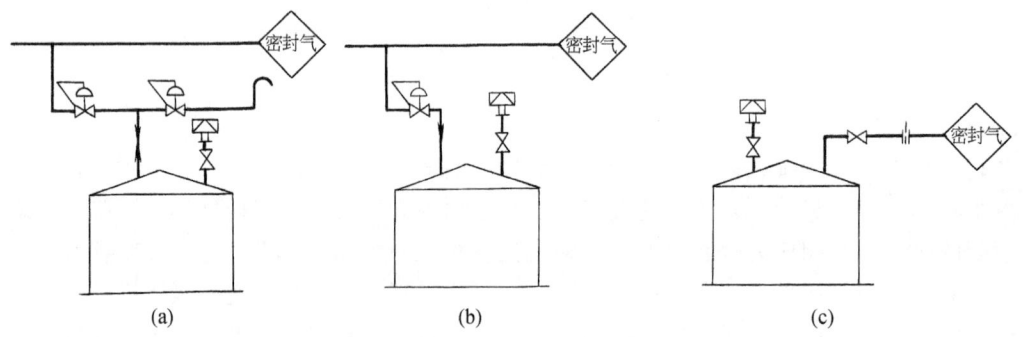

图 5-116 典型的气封设计

为防止呼吸阀和气封系统同时失灵而出现贮罐内超压或负压的情况，可采用液封和气封装置相结合的系统，该系统的设计示意见图 5-117。

气封系统和液封系统结合使用的好处如下

当呼吸阀失灵时，液封可起到呼出气体的作用。

当气封系统发生故障时，可通过液封泄压，减轻呼吸阀的负荷。

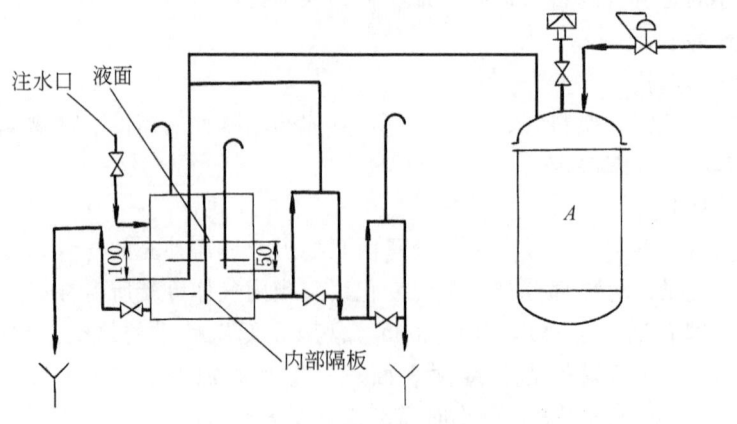

图 5-117 液封和气封结合设计

当气封系统和呼吸阀同时发生故障，贮罐内发生负压时，可通过液封吸入空气，保护贮罐不会变形损坏。

选用气封阀（也称自力式调节阀）时，因制造厂家不同，他们推荐的计算方法就不相同，只能根据已选定的产品的制造厂所提供的计算公式、尺寸系数，按所需工况进行气量和阀门的选型计算。没有通用的计算方法推荐给读者。

对同时使用呼吸阀和气封的常压罐，为防止空气吸入，使用的气封压力一般取 $0.0005\sim 0.001$ MPa（G），这是一个可靠的经验值。

5.13.3 液封的类型

液封系统也是常用来保持系统压力或设备内的液位稳定的方法。但液封仅适用于常压或很低的正压系统。

它的常用类型有以下几种。

(1) 液封罐型

采用液封罐液面高度通过插入管维持设备系统内一定压力，从而防止空气进入系统内或罐内物料外泄。为防止液封液倒灌入系统内，采用惰性气体通过液封向被控制的设备系统内充气，保持系统内压力恒定，见图5-118。惰性气体也可通过自控系统向系统内充气。液封液通常采用水或其他不与物料发生化学反应的液体。此种类型的液封在常压、很低压力的蒸馏塔和贮罐的放空系统中应用。

(2) U形管液封

它是利用U形管内充满液体，依靠U形管的液封高度阻止设备系统内物料排放时不带出气体，并维持系统内的一定压力。液封采用的介质通常是系统内的物料液体。此类液封装置应用较多。常用的U形管液封的设置情况，见图5-119。

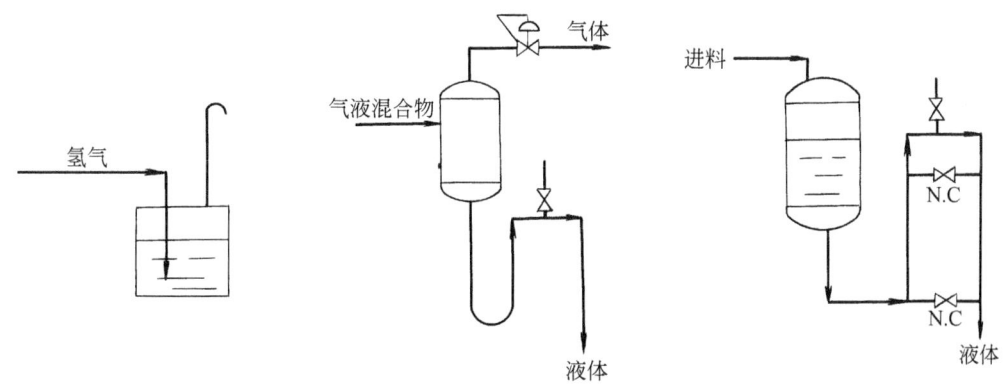

图5-118 气体放空管的液封罐　　图5-119 分离罐液封管　　图5-120 Π形管型液封

(3) Π形管型液封

它是采用Π形管的高度维持设备内一定液面，并阻止气体不随排出的液体带出系统。它是依靠Π形管的液封高度来实现的，这个高度的数值是由工艺要求确定的，见图5-120。此类型多用于设备内需要控制一定液面高度的地方，如乳化塔等。

(4) 自动排液器型

此种类型的液封装置常用于系统压力较高的气-液分离系统的排液使用，如压缩机的贮气罐、分离罐等设备自动排放凝析液。此类液封可采用调节阀控制，也可采用自动排液器，它是利用浮球在流体中受到的浮力原理而随液位改变沉浮，同时启动关闭喷嘴口，实现自动排液并阻止气体外漏。它广泛应用于各种压缩机的中间冷却器、气-液分离罐、气体贮罐内的凝析液的排放。图 5-121 所示是以调节阀控制液体排放的例子。

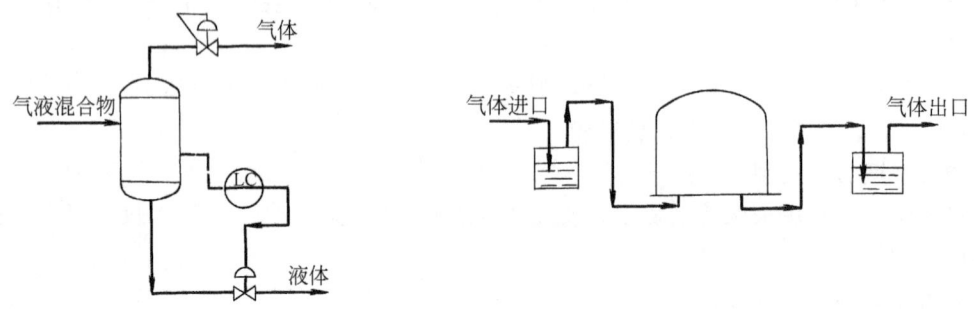

图 5-121 自动排液的液封控制　　　　图 5-122 气柜进出口水封槽

5.13.4 液封的设计

(1) 需要设置液封的地方

贮存易燃易爆液体或闪点低于、等于所在地的环境温度的可燃液体的设备，例如在贮罐的排液或排气管处设置液封，见图 5-122。

需要连续或间断排放液体，并使系统内气体不随液体带出或外漏的设备，排放液体的管口处，见图 5-120。

在需要保持一定较低压力的设备内，可在排出液体的出口管上安装液封系统来保持设备内的压力，见图 5-119。

需要维持一定液面高度的设备，在出口处可安装液封系统，见图 5-120。

其他工艺要求需设置液封的地方。

(2) 液封安装设计举例

① 常压及微压塔的尾气放空系统　在常、微压蒸馏塔内，如果系统内的物料不允许空气中的水分带入塔内，或物料与空气会形成爆炸性混合气体时，其尾气放空系统需设置液封装置，与空气隔断，见图 5-123。又为防止氮气压力突然降低，使液封的液体倒流入系统，液封管上部应维持一定高度和管道容量。此类情况也可设计为气封系统。

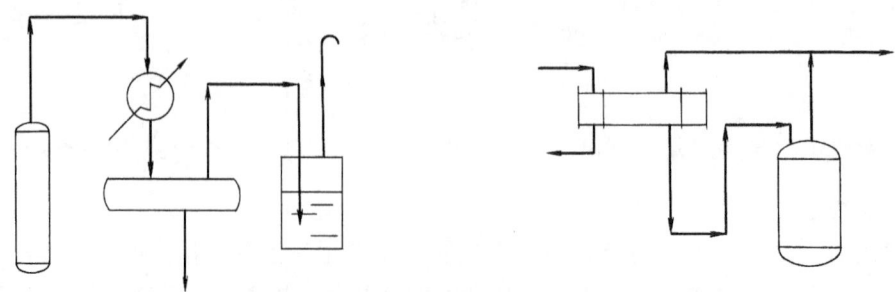

图 5-123 塔内尾气放空液封示意　　　　图 5-124 冷凝器排液液封管

② 冷凝器排液管　为提高冷凝效率，阻止气体随冷凝液排放而带出，一般在冷凝器排液管上设置 U 形管液封装置，冷凝液经 U 形管排到中间罐，见图 5-124。

③ 塔底排液管、塔顶回流管　常压操作的精馏塔、吸收塔、水洗塔的塔底物料排放，通

常采用位差为动力,为阻止塔内气体随液体排放而带出,一般采用U形管或液封罐型液封装置,可参考图5-120、图5-121的设计。

④ 气-液分离罐排液管 为了提高分离效率或液体倒入压缩机入口,需及时排除分离凝析出来的液体,保持一定的气-液分离空间;同时又要防止气体外漏,一般应设置U形管液封装置,如果分离罐内压力较高,采用U形管液封高度太大时,采用自动排液器作液封装置较合适,见图5-119或图5-121。

⑤ 乳化塔、反应器排液管 根据工艺要求需要维持设备内一定的液面高度,且排料时又不会使气体外漏,通常在排料管上安装Π形管液封装置。见图5-120,图中字母 N.C 表示正常状态下阀门应关闭。

⑥ 氢气放空管 氢气是易燃易爆气体,与空气混合后易形成爆炸性气体,为防止空气进入系统内,保证安全生产,应在氢气放空管系统设置液封,见图5-118。

⑦ 燃料气柜进出口 为使设备内保持一定压力,保证安全生产,在燃料气柜进出口应设置水封,见图5-122。

⑧ 防止两系统液体混合 当吸收塔为气相进料时,为防止因为前个系统压差波动,使塔内液体返冲到分离塔(或缓冲罐内),气体进料管应设置成Π形管,Π形管要有足够的高度,其高度应高于塔内液面1~2m,见图5-125。

⑨ 防止液体进压缩机 压缩机入口管前应设置分离罐,用于气液分离。在生产过程中压力和分离液的液面都可能发生波动,为防止在液面波动时液体被吸入压缩机内的危害出现,常将分离罐出口到压缩机入口的管道设计成Π形管,其高度根据可能出现的压差波动而定,一般设计成2m以上,见图5-126。

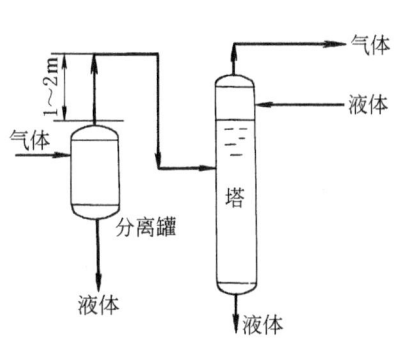

图5-125 防止两系统液混合的气体进料Π形管

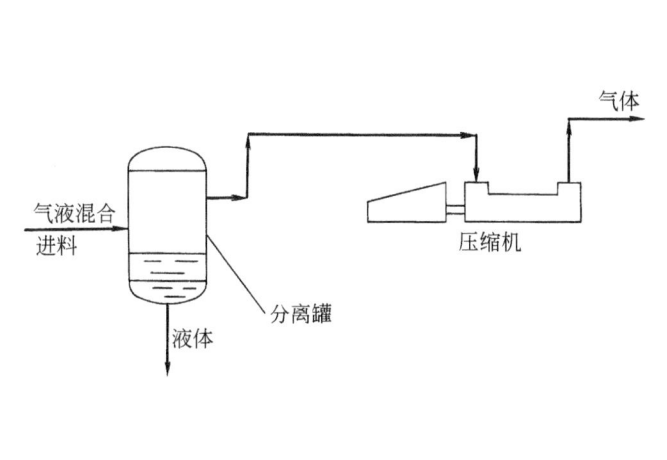

图5-126 防止液体进入压缩机的配管

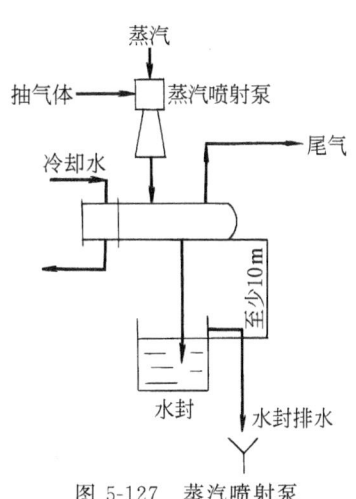

图5-127 蒸汽喷射泵用水封示意

⑩ 用蒸汽喷射泵抽真空时,排除冷凝液时需要设置液封,见图5-127。

(3) 液封设置的注意事项

a. 采用Π形管作液封时,为方便调节液位,可在Π形管上部设置1~2个旁通管并加设阀门。

b. U形管、Π形管作液封时，为防止管顶部积存气体，阻碍液体的流动，应在最高处设置放空阀或设置与系统相联系的平衡管道。

c. 一般在U形管的最低点设置放净阀，便于停车时排尽液体。在需要观察管内液体流动情况时，可在出料管上安装视镜。

d. 在设计U形管、Π形管的进出料管管径时，管内流速的取值应在0.1～0.3m/s之间，且最小管径不应小于20mm。

e. 采用U形管作液封时，一般液封高度都小于3m。如果罐内压力较高，要求液封压力大于3m时，应采用自动排液阀或控制阀。控制阀排出液体量根据容器内所需液面高度来确定。

（4）液封高度的确定

液封高度的确定是按能量平衡的原理来进行的。这里只介绍U形管的液封方案，其他形式的液封高度计算可参考这个方案。具体使用如下的公式

$$H=\frac{(p_1-p_2)\times 10.2}{r}-h \tag{5-323}$$

式中　H——最小液封高度，m；
　　　p_1——系统内压力，10^5Pa；
　　　p_2——受液罐内压力，10^5Pa；
　　　r——液体相对密度；
　　　h——管道压力降，m。

$$h=\lambda\frac{L}{d}\times\frac{u^2}{2g} \tag{5-324}$$

式中　λ——摩擦系数；
　　　L——U形管长度的一半，m；
　　　d——管道内径，m；
　　　u——液体流速，m/s；
　　　g——重力加速度，9.81m/s²。

一般来说管道阻力降都很小，可忽略不计。计算公式可简化为下式

$$H=(p_1-p_2)\times 10.2/r \tag{5-325}$$

为保证液封效果，最后设计采用的液封高度，在用以上公式计算的基础上再加0.3～0.5m的富余量较好。

5.14　管道过滤器和检流器的设计

一般来说过滤器分为两种，一种属于工艺设备，按设备位号编制，由工艺专业根据需要选用，并在设备表中体现出来。另一种是管道过滤器，由工艺系统专业选用，按特殊管件编号，本节只叙述管道过滤器的内容。

管道过滤器是安装在管道上，用来清除流体中固体杂质的管道附件，属于管件的一种。它能有效地防止杂物进入工艺设备、流量仪表与特殊管件（如压缩机、泵、喷嘴、疏水器等）内，造成这些设备不能正常工作，或者造成管件的破坏和堵塞。安装了管道过滤器就能起到稳定工艺生产过程、保证安全生产的作用。

工艺系统专业负责选用合适的类型和材料的管道过滤器，在管道及仪表流程图上表示并编号。同时要完成和过滤器有关的系统设计（如放净、放空、旁路、保温等）。必要时还需计算过滤器系统的压力损失，与材料专业共同完成过滤器规格书。

5.14.1 管道过滤器的分类

按功能分类，有以下两种。

(1) 永久性过滤器

表示过滤器和所保护的设备、管件同时投入使用，并连续运行。在石油化工装置中，主要生产流程上的泵都配有备用泵，每台泵入口都安装有管道过滤器，当泵切换使用时就可以清洗过滤器，这样的管道过滤器虽然不能在线清洗，但也属于永久性管道过滤器。

设计要求：网式永久性过滤器的有效面积不得小于安装管道横截面积的 3 倍。永久性过滤器本体材料应采用和所安装的管道一致的材料。

常用的永久性过滤器的结构形式可分为网式、线隙式、烧结式、磁滤式。最常用的还是网式过滤器。

(2) 临时性过滤器

这种过滤器仅用于开工试运转时，或停车较久后再开车时使用，投用一段时间后就拆除不用，它的结构形式较为简单。

设计要求：临时性过滤器的有效面积不得小于安装管道横截面积的 2 倍。安装临时性过滤器的位置应在流程图上表示清楚，同时标注 T.S（Temporary Strainer 的缩写）和特殊管件号。

使用临时性过滤器时它的过滤网材料一般选用 100 目/in 过滤网。

按结构分类，有以下几种。

(1) 网式过滤器

网式过滤器在石油化工装置中应用最广泛，可作为临时性过滤器，也可作为永久性过滤器。此种过滤器已有化工部标准 HGJ 532—91 可供设计人员查看。此类过滤器能安装在各种泵和工业炉燃料喷嘴之前。安装在泵前的过滤器用滤网的规格一般为 144～256 目/in，网孔数最大可达 400 目/in。网式过滤器可分为 SY 型、ST 型、SC 型、SD 型和其他型号，其外壳可以是铸铁、碳钢、低合金钢、不锈钢或其他材料，滤网可采用铜丝网或不锈钢丝网。特殊情况还可与制造厂商定材质。

选用时可参照行业标准《化工管道过滤器》（HGJ 21637—91）。不锈钢丝网结构参数见表 5-110。不锈钢丝网的技术特性见表 5-113；表 5-114 为一般金属丝网的技术特性。

表 5-110 不锈钢丝网结构参数

孔目数/(目/in)	可截粒径/μm	丝径/mm	开孔面积百分数	孔目数/(目/in)	可截粒径/μm	丝径/mm	开孔面积百分数
10	2032	0.508	64%	50	356	0.152	50%
20	955	0.315	57%	60	301	0.122	51%
30	614	0.234	53%	80	216	0.102	47%
40	442	0.193	49%	100	173	0.081	46%

注：表中所指丝网均为正方形编织网，网目是指每英寸长度上的孔（目）数。

网式管道过滤器的压力降近似值：公称直径 DN 与当量直管段长度 L 的关系见表 5-111。

(2) 线隙式过滤器

表 5-111　网式管道过滤器的压力降近似值

DN/mm	50	80	100	150	200	250	300	350	400	450
L/m	38～45	22～35	19～27	34～46	41～55	38～64	70～89	54～98	75～105	75～108

注：1. 表中数据仅用于网式管道过滤器。
　　2. 当采用 20 目/in 滤网时，L 取最小值。
　　3. 当采用 100 目/in 滤网时，L 取最大值。

线隙式过滤器的主要特点是过滤器可在过滤工作中清除机械杂质。特别适合于要求不间断地精细过滤油品的场合，不需另设备用过滤器。过滤器的结构较为复杂，制造精度要求较高。

线隙式过滤器一般用于过滤液压油系统及燃油系统中的颗粒杂质，多作为泵吸入口、回油管路、炉前燃油等过滤器使用。目前国内产品有一般的和压差超过允许值可发信号的两种。

(3) 烧结式过滤器

该型过滤器系用金属粉末（不锈钢、纯镍、纯铁）烧结成多孔材料作过滤元件，目前主要用于导热油的过滤，可将导热油在热运过程中生成的少量的但用一般网式过滤器过滤不掉的高聚物及焦炭（粒）过滤掉，以减少导热油在热传导过程中的热阻，提高传热效果。该型过滤器尚可应用于多种牌号的变压器油的过滤以及气体和液体的过滤、净化、分离等过程中，技术性能见表 5-112。

表 5-112　烧结式过滤器主要技术性能

项目 规格	技术性能			
	使用压力 /MPa	使用温度 /℃	流量 /(m³/h)	允许压差 /MPa
DL-8	0.6	300	8	≤0.25
DL-14	0.6	300	14	≤0.25

(4) 磁滤式过滤器

该型过滤器系选用高磁场强度的永磁材料和反铁磁材料组合而成。其外罩为不锈钢套管。特点是：吸附力强、可在线清洗。适用于对液压油箱、润滑油箱、齿轮油箱中的各种油液进行净化，可滤除 5μm 以下的铁磁性微粒。同时，可吸附混入油箱的各种大颗粒铁磁性有害颗粒。

(5) 纸质、化纤过滤器

纸质、化纤过滤器精度较高，可用于压力管路和回油管路中。有些系列回油滤油器还设有旁通阀、止回阀、液流扩散器、积污盅等装置，并配有永久磁铁，能滤除铁性颗粒。

线隙式过滤器，烧结式过滤器，磁滤式过滤器，纸质、化纤过滤器型号及特性可参见附录中制造厂有关资料。

5.14.2　管道过滤器订货需知

目前我国最有实力的过滤器制造厂是江苏的国营启东混合器厂，它生产制造了九个系列的过滤器，广泛运用于石油化工、化工、医药、农药、染料食品等行业。下面就以它的产品为例介绍过滤器的型号和使用参数等内容。

国营启东混合器厂的过滤器分为粗过滤器和细过滤器两大类。

表 5-113　不锈钢丝网的技术特性

孔目数/(目/in)	丝径/mm	可拦截的粒径/μm	有效面积/%	孔目数/(目/in)	丝径/mm	可拦截的粒径/μm	有效面积/%
10	0.508	2032	64	30	0.234	614	53
12	0.457	1660	61	32	0.234	560	50
14	0.376	1438	63	36	0.234	472	46
16	0.315	1273	65	38	0.213	455	46
18	0.315	1096	61	40	0.193	442	49
20	0.315	955	57	50	0.152	356	50
22	0.273	882	59	60	0.122	301	51
24	0.273	785	56	80	0.102	216	47
26	0.234	743	59	100	0.081	173	46
28	0.234	673	56	120	0.081	131	38

表 5-114　一般金属丝网的技术特性

孔目数/(目/in)	丝径/mm	可拦截的粒径/μm	有效面积/%	孔目数/(目/in)	丝径/mm	可拦截的粒径/μm	有效面积/%
10	0.559	1981	61	30	0.234	614	53
12	0.457	1660	61	32	0.213	581	54
14	0.376	1438	63	34	0.213	534	52
16	0.315	1273	65	36	0.213	493	50
18	0.315	1096	61	40	0.173	462	54
20	0.274	996	62	50	0.152	356	50
22	0.274	881	59	60	0.122	301	51
24	0.254	804	58	80	0.102	216	47
26	0.234	743	59	100	0.08	174	50
28	0.234	673	56	120	0.07	142	50

表 5-115　各型式过滤器的主要性能及推荐安装方式

型式	SY$_1$	ST$_1$	ST$_2$	ST$_3$	SC$_1$	SC$_2$	SD$_1$	SD$_2$
允许的安装方式及流向 水平	■	■	■	■	■	■	■	■
允许的安装方式及流向 垂直	■			■	■	■		
结构	简单	较简单	较简单	较复杂	简单	简单	较复杂	较复杂
体积	中	中	中	较小	小	小	大	大
质量	较重	中	中	中	轻	轻	重	重
过滤面积	中	中	中	小	小	较小	较大	大
流体阻力	中	中	中	大	大	较大	较小	小
滤筒装拆	方便	方便	方便	方便	较方便	较方便	方便	方便
滤筒清洗	方便	方便	方便	方便	方便	方便	方便	较不方便

粗过滤器有三种大型号，这三种型号是 SBY 型、SBL 型、SC 型，其中 SC 型是临时过滤器。

细过滤器又分为五种大型号，它们是：JGB 型、JGM 型、JGN 型、JGP 型和 JGO 型。这种过滤器属于工艺设备范畴。

上述每一个大型号内又根据过滤器的结构形式和连接方式分为很多小型号。我们把比较常用的一些过滤器的规格参数附在后面的表格里，以方便设计人员选用。

在订货时一般要填写以下列数据：①介质的流量、压力、温度；②介质的物理、化学特性；③要求过滤网的目数。

5.14.3 管道过滤器的安装

① 过滤器的安装应该按生产厂家提供的产品样本和安装说明中所示的流向及推荐的安装方法、安装要求等进行。

② 过滤器的上下游，可根据工艺要求设置压差计或压力表，用来判断过滤器的堵塞情况，容易堵塞的过滤器还需配置反吹清洗管道。

③ 配管时应考虑永久性过滤器和临时性过滤器的安装和拆卸的方便。

④ 间断操作的过滤器，要在过滤器前后设置切断阀，以便清洗过滤器。

⑤ 连续操作的永久性过滤器，需要设置并联的两套过滤器，用切断阀控制使用哪个过滤器。

表 5-115 示出一些过滤器的主要性能及推荐安装方式。

5.14.4 检流器的类型

检流器俗称"管道视镜"。主要用于监视工艺管道和公用工程管道内流体流动情况。

常用的检流器的类型有：直流式、摇板式、浮球式、叶轮式、灯笼式、框式等。

检流器的材质按工艺物料的性质而定。

不同类型的检流器的适用范围如下。

① 三通检流器 物料经冷凝器冷却后仍有少量不凝气时，需要把不凝气排除又不影响液体的流动，可安装三通式检流器。

② 浮球式、叶轮式、摇板式检流器 当管道内物料是满管流动时采用这几类检流器。

③ 直流式、摇板式、灯笼式检流器 当管道内物料不是满管流动时采用这几类检流器。

④ 灯笼式检流器 流体介质的压力较低时，如要在多个方向均能看到介质的流动情况，选用这种检流器。

⑤ 框式检流器 流体介质的压力较高时，为监视它的流动情况，选用这种检流器。

⑥ 直流式、灯笼式检流器 当流动介质中含有微量结晶或其他微粒，需监视其流动情况时，宜选用这几类检流器。

5.14.5 检流器的设置

现在石油化工装置的自控水平不断提高，流体流动的情况主要靠流量检测仪表来完成任务，所以在有流量检测仪表的管道上不需要安装检流器。除此而外，在下列情况时应该设置检流器。

在某些设备（如气液分离器、油水分离器等）的出口管道上，为观察液体的排放情况和油水的分离情况，就应设计安装检流器。

为对某些设备（如压缩机的段间冷却器和润滑油的供油管道等）的不间断排放的液体进行监视，比如为观察压缩机的段间冷却器的冷却水是否连续流动，要在回水管道上安装检流器。

为使有气体排除的液体能回收排除的气体，在这台设备的出口处安装既能排除气体又能监视液体流动情况的三通式检流器。

5.14.6 检流器的安装

① 由于检流器要用玻璃材料，所以它的使用温度的范围是有限制的，要按产品说明书的规定选用。

② 在寒冷的地区使用，要防止冻结流体，应选用带蒸汽夹套式的检流器。

③ 检流器一般来说都应安装在水平管道上（三通式和灯笼式除外），以利于对介质流动情况的观察。

④ 检测物料易黏附在玻璃上，难于观察物料流动情况时，不宜采用检流器。

⑤ 检流器是定型产品，都是按制造厂的产品说明书对压力、温度和允许使用的介质进行选用。检流器的壳体材料通常采用碳钢、不锈钢、铝、塑料等。

附录

一、粗过滤器系列

粗过滤器是除去液体中少量固体颗粒的小型设备，可保护压缩机、泵、仪表和其他设备的正常工作，当流体进入置有一定规格滤网的滤筒后，其杂质被阻挡，而清洁的滤液则由过滤器出口排出，当需要清洗时，只要将可拆卸的滤筒取出，处理后重新装入即可，因此，使用维护极为方便。

型号标注

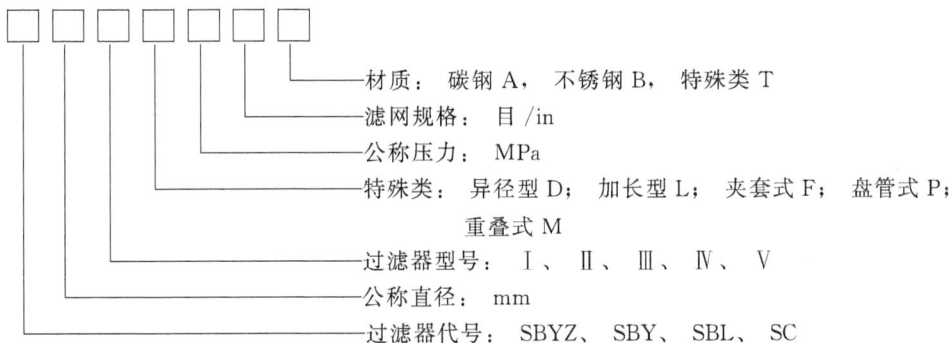

标注示例

举例：
- 选择公称直径40×32，2.5MPa，SBYZ型，碳钢材质，滤网为30目/in的异径法兰连接式过滤器。

  标注：SBYZ40×32ⅢD-2.5/30A。

- 选择公称直径200，2.5MPa，SBY型，不锈钢材质，滤网为60目/in的Y型过滤器。

  标注：SBY200Ⅱ-2.5/60B。

- 选择公称直径100，2.0MPa，SBL型，碳钢材质，滤网为30目/in的带夹套直通法兰连接式过滤器。

  标注：SBL100ⅠF-2.0/30A。

- 选择公称直径150，1.0MPa，不锈钢材质，滤网为100目/in的平底临时过滤器。

  标注：SC150Ⅲ-1.0/100B。

1. SBY 型过滤器

(1) SBYZ-Ⅰ型（$PN \leqslant 4.0\mathrm{MPa}$）　　单位：mm

公称直径 DN	结构尺寸 D_0	L	H	管塞 N
15	RC1/2″	120	160	ZG1/4″
20	RC3/4″	130	170	ZG1/4″
25	RC1″	140	175	ZG1/4″
32	RC1/2″	170	185	ZG1/4″
40	RC1/2″	190	195	ZG1/4″
50	RC1 1/2″	220	210	ZG1/4″

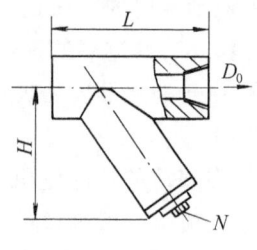

SBYZ-Ⅰ

(2) SBYZ-Ⅱ型（$PN \leqslant 4.0\mathrm{MPa}$）　　单位：mm

公称直径 DN	结构尺寸 D_0	L	H	管塞 N
15	21.8/18.5	120	170	ZG1/4″
20	27.4/25.5	130	180	ZG1/4″
25	34.2/32.5	140	185	ZG1/4″
32	42.9/38.5	170	210	ZG1/4″
40	48.8/48.5	190	220	ZG1/4″

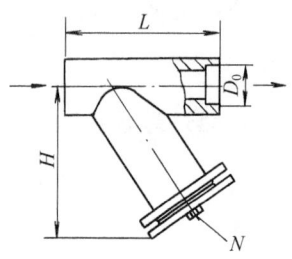

SBYZ-Ⅱ

(3) SBYZ-Ⅲ型　　单位：mm

公称直径 DN	结构尺寸 L	H	管塞 N
32	240	160	ZG3/8″
40	250	160	ZG3/8″
50	270	190	ZG3/8″
65	290	200	ZG3/8″
80	360	250	ZG3/8″
100	410	280	ZG3/8″
150	515	360	ZG3/8″
200	660	450	M20×1.5
250	870	670	M20×1.5

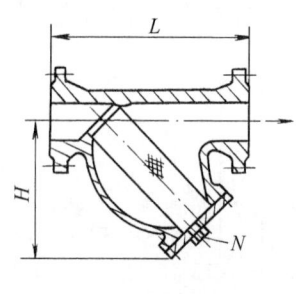

SBYZ-Ⅲ

(4) SBYZ-ⅢD 型　　单位：mm

公称直径 DN1×DN2	结构尺寸 L	H	管塞 N
40×32	250	160	ZG3/8″
50×40	270	190	ZG3/4″
80×50	318	250	ZG3/4″
80×65	360	250	ZG3/4″
100×65	410	280	ZG3/4″
100×80	410	280	ZG3/4″
150×100	515	360	ZG3/4″
200×100	660	450	M20×1.5
200×150	660	450	M20×1.5
250×200	870	670	M20×1.5

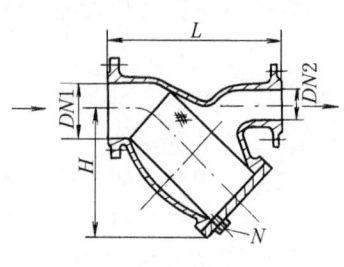

SBYZ-ⅢD

(5) SBYZ-ⅣD型（公称压力≤2.5MPa） 单位：mm

公称直径 DN1×DN2	结构尺寸		管塞 N
	L	H	
40×32	210	160	ZG3/8″
50×40	240	180	ZG3/4″
80×50	310	250	ZG3/4″
80×65	310	250	ZG3/4″
100×65	370	280	ZG3/4″
100×80	370	280	ZG3/4″
150×100	490	360	ZG3/4″
200×100	600	450	M20×1.5
200×150	600	450	M20×1.5
250×200	850	670	M20×1.5

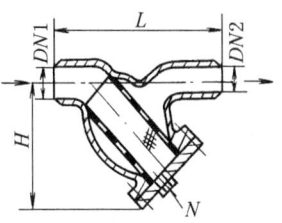

SBYZ-ⅣD型

(6) SBY-Ⅰ型（公称压力≤5.0MPa） 单位：mm

公称直径 DN	结构尺寸		管塞 N
	L	H	
15	260	180	ZG1/4″
20	270	190	ZG1/4″
25	270	190	ZG1/4″
32	280	230	ZG1/4″
40	280	230	ZG1/4″

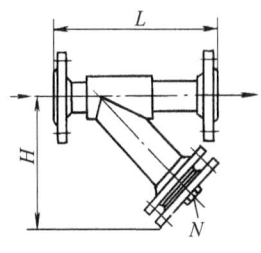

SBY-Ⅰ型

(7) SBY-Ⅱ型（公称压力≤5.0MPa） 单位：mm

公称直径 DN	结构尺寸		管塞 N
	L	H	
50	290	245	ZG3/8″
65	320	280	ZG3/8″
80	350	315	ZG3/8″
100	425	360	ZG3/8″
150	540	460	ZG3/4″
200	700	540	ZG3/4″
250	800	660	M20×1.5
300	950	750	M20×1.5
350	1050	845	M20×1.5
400	1250	920	M20×1.5

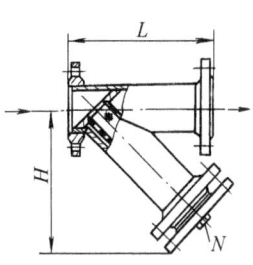

SBY-Ⅱ型

(8) SBY-Ⅲ型（PN≤5.0MPa） 单位：mm

公称直径 DN	结构尺寸		管塞 N
	L	H	
80	330	150	ZG3/8″
100	360	160	ZG3/8″
150	440	200	ZG3/4″
200	540	230	ZG3/4″
250	600	270	M20×1.5
300	680	300	M20×1.5
350	750	340	M20×1.5
400	850	380	M20×1.5

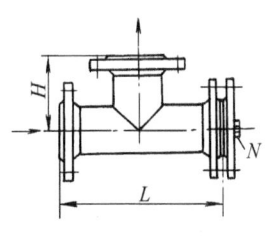

SBY-Ⅲ型

2. SBL 型过滤器

(1) 篮式重叠直通法兰加接式过滤器（SBL ⅠF 型、SBL ⅠM 型）

单位：mm

公称直径 DN	结构尺寸（PN≤5.0MPa）				管塞 N
	L	H	H_1	D_0	
25	180	260	160	φ76	ZG3/4″
32	200	270	160	φ76	ZG3/4″
40	260	300	170	φ108	ZG3/4″
50	260	300	170	φ108	ZG3/4″
65	330	360	210	φ133	ZG3/4″
80	340	400	250	φ159	ZG3/4″
100	400	470	300	φ219	ZG3/4″
125	480	550	360	φ273	ZG3/4″
150	500	630	420	φ273	ZG3/4″
200	560	780	530	φ325	ZG3/4″
250	660	930	640	φ426	M20×1.5
300	750	1200	840	φ478	M20×1.5

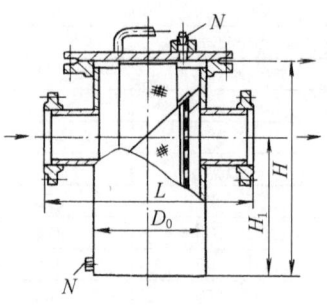

SBL ⅠM 型

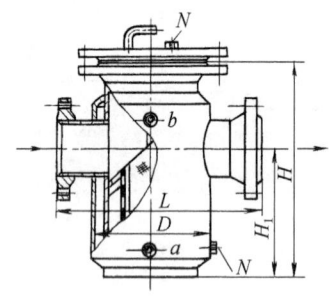

SBL ⅠF 型

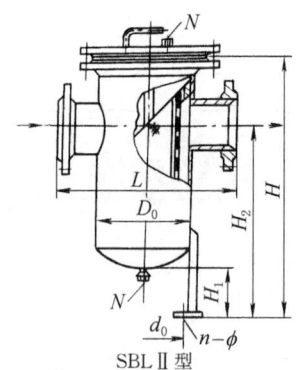

SBL Ⅱ型

(2) 篮式盘管直通法兰连接式过滤器（SBL Ⅱ型、SBL ⅡP 型）
（DN250~500，PN≤5.0MPa）

单位：mm

公称直径 DN	公称压力 PN	结构尺寸							夹套		管塞 N
		L	H	H_1	H_2	D_0	d_0	n-φ	蒸汽压力	a, b	
250	≤5.0MPa	660	1230	940	300	φ426	φ350	3-φ20	≤4.0MPa	DN15	ZG1″
300		750	1500	1140	300	φ478	φ400	3-φ20		DN15	
350		800	1680	1310	300	φ500	φ420	3-φ20		DN20	
400		840	1850	1450	300	φ550	φ450	3-φ20		DN20	
450		960	2050	1610	300	φ600	φ520	3-φ24		DN20	
500		1060	2210	1740	300	φ700	φ620	3-φ24		DN25	

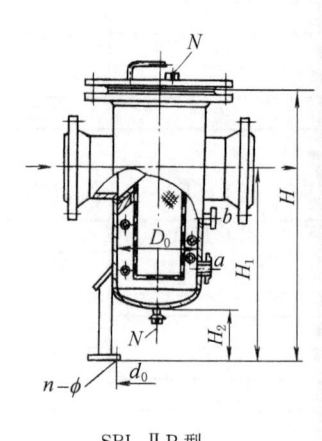

SBL ⅡP 型

(3) 篮式高低接管法兰连接式过滤器（SBL Ⅲ型）

($DN25 \sim 300$,$PN \leqslant 5.0 MPa$)

SBL Ⅲ型、SBL ⅢM型　　　　　　　　　　　　　　　单位：mm

公称直径 DN	公称压力 PN	结构尺寸					管塞 N
		L	H	H_1	H_2	D_0	
25	≤5.0MPa	180	280	110	180	φ76	ZG3/4英寸
32		200	285	110	180	φ76	
40		260	340	120	220	φ108	
50		260	340	120	220	φ108	
65		330	400	160	270	φ133	
80		340	460	180	320	φ159	
100		400	550	200	390	φ219	
125		480	630	260	450	φ273	
150		500	720	310	530	φ273	
200		560	900	390	670	φ325	
250		660	1070	480	800	φ426	M20×1.5
300		750	1360	640	1040	φ478	

(4) 篮式重叠高低接管法兰连接式过滤器（SBL ⅢM 型）（见上表）

($DN25 \sim 300$,$PN \leqslant 5.0 MPa$)

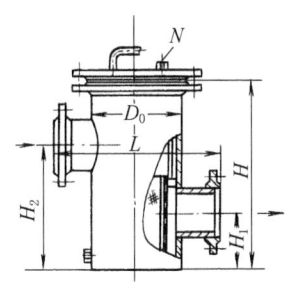

SBL Ⅲ型

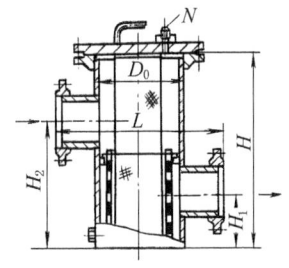

SBL ⅢM 型

(5) 篮式支承高低接管法兰连接式过滤器（SBL Ⅳ型）（$DN350 \sim 500$,$PN \leqslant 5.0 MPa$）

SBL Ⅳ型　　　　　　　　　　　　　　　单位：mm

公称直径 DN	公称压力 PN	结构尺寸							管塞 N
		L	H	H_1	H_2	H_3	D_0	d_0	$n-\phi$	
350	≤5.0MPa	800	1890	300	1070	1520	500	φ420	3-φ20	ZG1英寸
400		840	2000	300	1080	1600	550	φ430	3-φ20	
450		960	2320	300	1280	1880	600	φ520	3-φ24	
500		1080	2510	300	1390	2040	700	φ620	3-φ24	

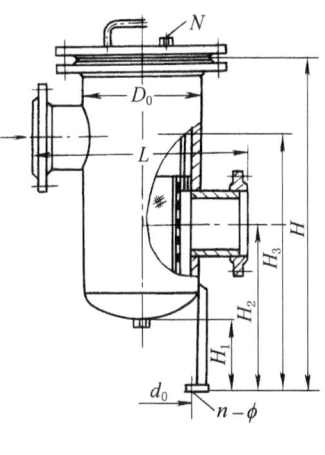

SBL Ⅳ型

3. SC型临时过滤器

(1) 锥形临时过滤器（SCⅠ、SCⅡ型）

见下页图，$DN25 \sim 600$，$PN \leqslant 2.5\text{MPa}$。

单位：mm

公称直径 DN	φ			L	h	t
	PN0.6	PN1.0	PN2.5			
25	62	70	70	26	90	2
32	72	80	80	34	100	2
40	84	90	90	41	120	2
50	94	105	105	55	130	2
65	114	125	125	77	140	2
80	132	142	142	92	150	2
100	152	162	162	113	160	2
125	182	192	192	143	190	2
150	206	218	218	172	210	2
200	262	272	282	242	240	2
250	316	326	340	302	270	3
300	370	382	395	363	300	3
350	420	438	454	425	340	6
400	470	492	510	479	365	6
500	575	590	616	600	430	6
600	676	690	726	714	490	6

(2) 平底临时过滤器（SCⅢ型）

见下页图，$DN25 \sim 600$，$PN \leqslant 2.5\text{MPa}$。

单位：mm

公称直径 DN	φ			L	h	t
	PN0.6	PN1.0	PN2.5			
25	62	70	70	46	90	2
32	72	80	80	61	100	2
40	84	90	90	66	120	2
50	94	105	105	81	130	2
65	114	125	125	91	140	2
80	132	142	142	111	150	2
100	152	162	162	141	160	2
125	182	192	192	172	190	2
150	206	218	218	202	210	2
200	262	272	282	262	240	2
250	316	326	340	322	270	3
300	370	382	395	362	300	3
350	420	438	454	404	340	6
400	470	492	510	464	365	6
500	575	590	616	564	430	6
600	676	690	726	684	490	6

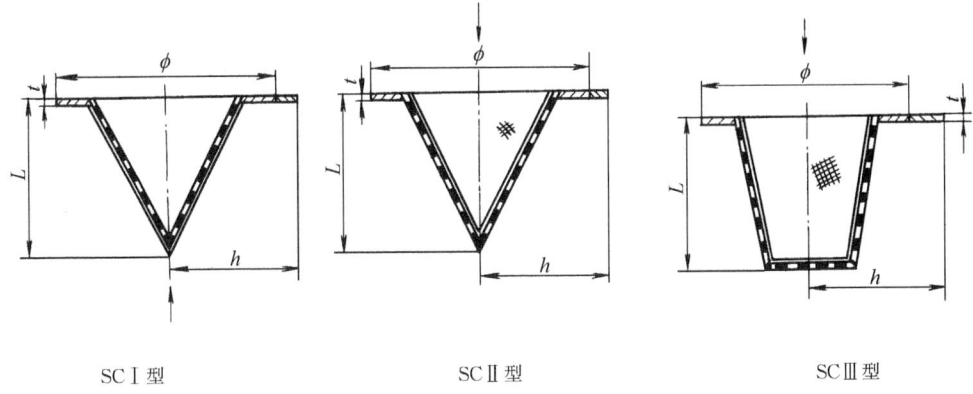

SC Ⅰ 型　　　　　SC Ⅱ 型　　　　　SC Ⅲ 型

二、订货须知

● 本厂生产的过滤器,其法兰公称压力为 0.6MPa、1.0MPa、1.6MPa、2.5MPa、4.0MPa 时,采用化工部 HGJ 标准;公称压力为 2.0MPa、5.0MPa、10MPa 时,采用中石化 SH 标准;锥管螺纹采用 GB 7306 标准,用户如采用 GB、JB、HG、SYJ 或 ANSI、JIS 等法兰标准,应在合同中注明。

● 粗过滤器的滤网材质如无特殊要求,均采用 1Cr18Ni9Ti,具体结构参数见附表一。

● 精细过滤器的进出口压差是验证滤件使用情况的一个重要手段,为方便用户,我们在精细过滤器上均安装压力表,如果需要远距离检测或警报系统,请在订货时提出。另外,对采用反冲洗系统的精细过滤器,我们也可以提供全自动反冲系统,但也需在订货时提出。

● 除本样本所列产品外,我厂可根据用户需要设计、制造符合特殊工艺要求的过滤器,为更好地符合您的要求,请正确填写附表五,即使是最微小的事情,我们仍将不遗余力地为您解决。

三、其他参考资料

1. 粗滤器选用原则

● 对于易燃、易爆、有毒的介质,以及小口径管道过滤器可选用承插焊连接、对焊连接的过滤器,经常需要检修更换的宜选用法兰连接的过滤器。

● 过滤器的本体材料应与相应的管道材料一致或相当,滤网无特殊要求时,均为不锈钢丝网。

● 固体杂质含量较多的、黏度较大的工作介质,选过滤面积较大的篮式过滤器为宜。

● 滤网目数的选择应考虑能满足工艺过程的需要或对泵、压缩机等流体输送机械起到保护作用的目的。

2. 粗过滤器压力降的计算

流体通过 SBYZ、SBY 型过滤器所产生的压力降,可近似地按当量直管段的压力降计算:

$$\Delta p = \lambda \frac{\rho}{2} \times w^2 \times \frac{L}{D}$$

$$\lambda = 64/Re$$

$$Re = \rho D w / \mu$$

符号说明

Δp——压力降，N/m^2；

ρ——流体密度，kg/m^3；

w——流体线速度，m/s；

Re——雷诺数，无量纲；

L——当量直管段长度，mm；

λ——摩擦系数，无量纲；

D——管道内径，mm；

DN——公称直径，mm；

μ——黏度，cP。

不锈钢丝网结构参数

目数/(目/in)	10	20	30	40	60	80	100
丝径/mm	0.5	0.315	0.224	0.18	0.125	0.112	0.06
可截粒径/μm	2032	955	614	442	301	216	173
开孔面积/%	64	58	54	48	44	41	44

公称直径 DN 与当量直管段长度关系　　单位：mm

DN	50	80	100	150	200
L	$38\times10^3 \sim 45\times10^3$	$22\times10^3 \sim 35\times10^3$	$19\times10^3 \sim 27\times10^3$	$34\times10^3 \sim 46\times10^3$	$41\times10^3 \sim 55\times10^3$
DN	250	300	350	400	450
L	$38\times10^3 \sim 64\times10^3$	$70\times10^3 \sim 89\times10^3$	$54\times10^3 \sim 98\times10^3$	$75\times10^3 \sim 105\times10^3$	$75\times10^3 \sim 108\times10^3$

注：当采用 20 目/in 滤网时，L 取最小值；当采用 100 目/in 滤网时，L 取最大值；如采用其余规格滤网时，L 值按插入法计算。

法兰的工作温度与工作压力的对应关系

公称压力 /MPa	法兰材料	工作温度/℃						
		100	150	200	250	300	350	400
		最高无冲击压力/MPa						
1.0	20	0.71	0.68	0.64	0.58	0.51	0.42	0.32
	1Cr18Ni9Ti	0.78	0.69	0.64	0.60	0.51	0.42	0.32
1.6	20	1.60	1.44	1.28	1.12	0.96	0.80	0.56
	1Cr18Ni9Ti	1.38	1.29	1.21	1.13	1.06	1.02	0.976
2.0	20	1.42	1.35	1.27	1.15	1.02	0.84	0.65
	1Cr18Ni9Ti	1.57	1.39	1.29	1.20	1.02	0.84	0.65
2.5	20	2.5	2.25	2.0	1.75	1.50	1.25	0.88
	1Cr18Ni9Ti	2.15	2.01	1.89	1.77	1.66	1.59	1.53
4.0	20	4.0	3.60	3.20	2.80	2.40	2.0	1.40
	1Cr18Ni9Ti	3.44	3.22	3.02	2.83	2.65	2.54	2.44
5.0	20	3.56	3.39	3.18	2.88	2.57	2.39	2.19
	1Cr18Ni9Ti	3.94	3.47	3.24	3.01	2.78	2.66	2.66
10.0	20	7.12	6.78	6.36	5.76	5.14	4.78	4.38
	1Cr18Ni9Ti	7.88	6.94	6.48	6.02	5.56	5.32	5.32

T形对焊连接式过滤器（SBY Ⅳ），$DN80\sim400$，$PN\leqslant10.0MPa$。

单位：mm

公称直径 DN	$D_1=D_2$		$L_2=L_3$	L_1					管塞 N
	Ⅰ	Ⅱ		PN2.0	PN2.5	PN4.0	PN5.0	PN10.0	
80	88.9	89	86	268	261	263	282	289	ZG3/8″
100	114.3	108	105	312	304	314	330	352	ZG3/8″
150	168.3	159	143	402	392	394	423	453	ZG3/4″
200	219.1	219	178	489	469	487	510	546	ZG3/4″
250	273	273	216	566	550	579	599	649	M20×1.5
300	323.9	325	254	656	632	670	691	732	M20×1.5
350	355.6	377	279	722	695	730	757	795	M20×1.5
400	406.4	426	305	776	764	808	815	866	M20×1.5

T形加长型对焊连接式过滤器（SBY ⅣL型），$DN50\sim300$，$PN\leqslant10.0MPa$。

单位：mm

公称直径 DN	$D_1=D_2$		$L_2=L_3$	L_1					管塞 N
	Ⅰ	Ⅱ		PN2.0	PN2.5	PN4.0	PN5.0	PN10.0	
50	60.3	57	64	263	252	252	272	278	ZG1/2″
65	76.1	76	76	326	313	313	335	342	ZG1/2″
80	88.9	89	86	358	351	353	372	379	ZG3/8″
100	114.3	108	105	412	404	414	430	452	ZG3/8″
150	168.3	159	143	522	512	514	543	573	ZG3/4″
200	219.1	219	178	669	649	667	690	726	ZG3/4″
250	273	273	216	816	800	829	849	899	M20×1.5
300	323.9	325	254	956	932	970	991	1032	M20×1.5

5.15 管道限流孔板和盲板的设计

5.15.1 限流孔板的应用

在石油化工装置中，限流孔板安装在管道中用于限制流体的流量或降低流体的压力。它主要应用于以下几个方面：物料需要降压，而且降压的精度要求不高时；在管道中阀门上、下游需要有较大压力降时，为减少流体对阀门的冲蚀，而且经孔板减压后不会产生汽化时，可在阀门上游串联孔板；需要连续流过小流量的地方，如泵的冲洗管道、热备用泵的旁路管道（低流量保护管道）、分析取样管等地；需要降低压力降以减少噪声或磨损的地点，如放空系统上。

5.15.2 限流孔板选型

5.15.2.1 限流孔板的分类

单孔板：在孔板上只开一个孔。

多孔板：在孔板上开了多个孔。

按所选用的板数又可分为单板和多板的孔板。

5.15.2.2 限流孔板选型要点

(1) 对于气体和蒸汽管道

孔板前后的压力变化如果太大，会产生噎塞流。限流孔板后的压力（p_2）不能小于板前压力（p_1）55%，即 $p_2\geqslant0.55p_1$，因此当 $p_2<0.55p_1$ 时，不能用单板，要选择多板，其板数要保证每个板的板后压力大于板前压力的55%。

(2) 对于液体管道

当液体要求的压降小于或等于 2.5MPa 时，选用单板孔板。

当液体要求的压降大于 2.5MPa 时，选择多板孔板，而且每块孔板的压降应该小于 2.5MPa。

5.15.2.3 孔数的确定

① 管道公称直径小于或等于 150mm 的管道，通常采用单孔孔板；大于 150mm 时，采用多孔孔板。

② 多孔孔板的孔径 d_0，一般选用 12.5mm、20mm、25mm、40mm。当需要多孔孔板时，先按单孔孔板求出孔径 d，然后按下式求得所选用的多孔孔板的孔数 N。

$$N = d^2 / d_0^2 \tag{5-326}$$

d 和 d_0 的单位都是 m。

5.15.3 限流孔板计算方法和实例

5.15.3.1 单板孔板

(1) 气体、蒸汽的单板孔板计算

$$W = 43.78 C d_0^2 p_1 \sqrt{\left(\frac{M}{ZT}\right)\left(\frac{k}{k-1}\right)\left[\left(\frac{p_2}{p_1}\right)^{\frac{2}{k}} - \left(\frac{p_2}{p_1}\right)^{\frac{k+1}{k}}\right]} \tag{5-327}$$

式中　W——流体的质量流量，kg/h；
　　　C——孔板流量系数，由 Re 和 d_0/D 值查图 5-128；
　　　d_0——孔板孔径，m；
　　　D——管道内径，m；
　　　p_1——孔板前压力，Pa；
　　　p_2——孔板后压力或临界限流压力，取其大者，Pa；
　　　M——相对分子质量；
　　　Z——压缩系数，根据流体对比压力（p_r）、对比温度（T_r）查气体压缩系数图求取；
　　　T——孔板前流体温度，K；
　　　k——绝热指数，$k = C_p/C_V$；
　　　C_p——流体定压热容，kJ/(kg·K)；
　　　C_V——流体定容热容，kJ/(kg·K)。

临界限流压力（p_c）的推荐值：饱和蒸汽，$p_c = 0.58 p_1$；过热蒸汽及多原子气体，$p_c = 0.55 p_1$。空气及双原子气体，$p_c = 0.53 p_1$。上述三式中 p_1 为孔板前的压力。

(2) 液体的单板孔板计算

$$Q = 128.45 C d_0^2 \sqrt{\frac{\Delta p}{\gamma}} \tag{5-328}$$

式中　Q——工作状态下体积流量，m³/h；
　　　C——孔板流量系数，由 Re 值和 d_0/D 查图 5-128 求取；
　　　d_0——孔板孔径，m；
　　　Δp——通过孔板的压降，Pa；
　　　γ——工作状态下的相对密度（与 4℃水的密度相比）。

5.15.3.2 多板孔板

① 气体、蒸汽的多板孔板,先计算出孔板总数及每块孔板前后的压力(见下图)。

以过热蒸汽为例:

$$p_1' = 0.55p_1, \quad p_2' = 0.55p_1', \cdots$$

$$p_2 = 0.55p_{n-1}', \quad p_2 = (0.55)^n p_1$$

$$n = \lg(p_2/p_1)/\lg 0.55 = -3.85\lg(p_2/p_1) \tag{5-329}$$

n 圆整为整数后重新分配各板前后压力,按下式求取某一板的板后压力。

$$p_m' = (p_2/p_1)^{1/n} p_{m-1}' \tag{5-330}$$

式中 n——总板数;

p_1——多板孔板第一块板板前压力,Pa;

p_2——多板孔板最后一块板板后压力,Pa;

p_m'——多板孔板中第 m 块板板后压力,Pa;

然后,根据每块孔板前后压力,计算出每块孔板孔径,计算方法同单板孔板。同样 n 圆整为整数后,重新分配各板前后压力。

② 液体的多板孔板,先计算孔板总数 n 及每块孔板前后的压力。

按下式计算出 n,然后圆整为整数,再按每块孔板上压降相等,以整数 n 来平均分配每板前后压力。

$$n = \frac{p_1 - p_2}{2.5 \times 10^6} \tag{5-331}$$

式中,n、p_1、p_2 定义同前。

计算每块孔板孔径,计算方法同单板孔板计算法。

5.15.3.3 气-液两相流

先分别按气-液流量用各自公式计算出 d_L 和 d_V,然后以下式求出两相流孔板孔径。

$$d = \sqrt{d_L^2 + d_V^2} \tag{5-332}$$

式中 d——两相流孔板孔径,m;

d_L——液相孔板孔径,m;

d_V——气相孔板孔径,m。

5.15.3.4 限流作用的孔板计算

按式(5-327)或式(5-328)或式(5-332)计算孔板的孔径 d_0,然后根据 d_0/D 值和 k 值由表 5-115 查临界流率压力比(γ_c),当每块孔板前后压力比 $p_2/p_1 \leqslant \gamma_c$ 时,可使流体流量限制在一定数值,说明计算出的 d_0 有效,否则需改变压降或调整管道的管径,再重新计算,直到满足要求为止。

5.15.3.5 计算实例

例 5-39 有一股尾气经孔板降压后去燃料气管网,气体组成如下:

组成	CH_4	H_2	N_2	Ar	NH_3
体积分数/%	6.09	63.38	29.08	1.43	0.02

气体流率3466kg/h，气体绝对压力10.3MPa，温度为57℃，降压前气体黏度为1.305×10^{-5}mPa·s，降压后气体绝对压力为2.0MPa，降压前管子内径$D=38.1$mm，计算限流孔板尺寸。

解 (1) 按式(5-329)计算所需孔板数

总板数 $\quad n=-3.85\lg(p_2/p_1)=-3.85\lg(2.0/10.3)$
$\qquad\qquad\qquad =2.74$

取 $\quad n=3$

再按式(5-330)计算

$$p'_m=(p_2/p_1)^{1/3}p'_{m-1}$$
$$p'_1=[(2.0/10.3)^{1/3}\times 10.3]\text{MPa}=5.96\text{MPa}$$
$$p'_2=[(2.0/10.3)^{1/3}\times 5.96]\text{MPa}=3.45\text{MPa}$$
$$p'_2=[(2.0/10.3)^{1/3}\times 3.45]\text{MPa}=2.00\text{MPa}$$

(2) 按式(5-327)计算第一块孔板

$$\text{孔径 }d_0^2=\frac{W}{43.78Cp_1\sqrt{\left(\dfrac{M}{ZT}\right)\left(\dfrac{k}{k-1}\right)\left[\left(\dfrac{p_2}{p_1}\right)^{2/k}-\left(\dfrac{p_2}{p_1}\right)^{\frac{k+1}{k}}\right]}}$$

已知：$p=10.3\times10^6$Pa，$W=3466$kg/h，$M=11.0$，$T=330$K，计算Z和k值。

组成	CH_4	H_2	N_2	Ar	NH_3
T_c/K	190.7	33.3	126.2	151	405.6
p_c/MPa	4.64	1.30	3.39	4.86	11.40
k	1.33	1.4	1.41	1.67	1.34

混合气体 $T_c=71.66$K，$p_c=2.16$MPa

取混合气体 $k=1.4$

对比温度 $T_r=330/71.66=4.6$

对比压力 $p_r=10.3/2.16=4.77$

根据 p_r、T_r 查气体压缩系数图得 $Z=1.08$

质量流速 $G=3466/(3600\times 0.785\times 0.0381^2)=844.9$kg/(m²·s)

黏度 $\mu=1.305\times10^{-5}$mPa·s，$D=0.0381$m

$$Re=\frac{DG}{\mu}=\frac{0.0381\times 844.9}{1.305\times 10^{-5}}=2.5\times 10^6$$

$$d_0^2=3466/43.78C\times 10.3\times 10^6\times\sqrt{\left(\frac{11}{1.08\times 330}\right)\times\left(\frac{1.4}{0.4}\right)\times\left[\left(\frac{5.96}{10.3}\right)^{\frac{2}{1.4}}-\left(\frac{5.96}{10.3}\right)^{\frac{2.4}{1.4}}\right]}$$
$$=9.256\times 10^{-5}/C$$

设 $C=0.60$，求得 $d_0=12.4$mm

取 $d_0=12.5$mm，$d_0/D=12.5/38.1=0.328$

由图5-128查得$C=0.601\approx 0.60$，这说明求得的$d_0=12.5$mm有效。

(3) 第二块板

对比压力 $p_r=5.96/2.16=2.76$

假定 T_r 不变，根据 P_r、T_r 查气体压缩系数图，查得 $Z=1.04$，$k=1.4$。

为简化计算，假定气体黏度不变，则 $Re=2.5\times 10^6$

将有关数据代入求取 d_0^2 的公式中得到

$$d_0^2 = 3466/43.78C \times 5.96 \times 10^6 \times \sqrt{\left(\frac{11}{1.04 \times 330}\right) \times \left(\frac{1.4}{0.4}\right) \times \left[\left(\frac{3.45}{5.96}\right)^{\frac{2}{1.4}} - \left(\frac{3.45}{5.96}\right)^{\frac{2.4}{1.4}}\right]}$$

$$= 1.557 \times 10^{-4}/C$$

设 $C=0.61$，得 $d_0=0.01598\text{m}$，取 $d_0=16\text{mm}$，$d_0/D=0.42$

查图 5-128，$Re=2.5 \times 10^6$，$d_0/D=0.42$

得 $C=0.61$，这说明取 $d_0=16\text{mm}$ 有效。

(4) 第三块板

对比压力 $p_r=3.45/2.16=1.597$

假设 T_r 不变，根据 p_r、T_r 查气体压缩系数图，得气体压缩系数 $Z=1.0$，取 $k=1.4$。

假定气体黏度不变，则 $Re=2.5 \times 10^6$

$$d_0^2 = 3466/43.78C \times 3.45 \times 10^6 \times \sqrt{\left(\frac{11}{1 \times 330}\right) \times \left(\frac{1.4}{0.4}\right) \times \left[\left(\frac{2.0}{3.45}\right)^{\frac{2}{1.4}} - \left(\frac{2.0}{3.45}\right)^{\frac{2.4}{1.4}}\right]}$$

求得 $d_0=2.61 \times 10^{-4}/C$

设 $C=0.63$，$d_0=0.02035\text{m}$

取 $d_0=20\text{mm}$，$d_0/D=0.525$

查图 5-128：$Re=2.5 \times 10^6$，$d_0/D=0.525$

得 $C=0.63$，这说明取 $d_0=20\text{mm}$ 有效。

例 5-40 已知某脱碳溶液，流量为 $1150\text{m}^3/\text{h}$，采用限流孔板降压，降压前绝对压力为 $p_1=2.06\text{MPa}$，降压后绝对压力为 $p_2=0.74\text{MPa}$，管道内径为 $D=509\text{mm}$，溶液温度 $t=110℃$，黏度为 $0.56 \times 10^{-3}\text{mPa·s}$，相对密度 $\gamma=1.24$，求此限流孔板孔径。

解 $\Delta p=(2.06-0.74)\text{MPa}=1.32\text{MPa}<2.5\text{MPa}$

因此选用单板限流孔板。

溶液质量流速 G 为

$$G = \frac{1150 \times 1240}{3600 \times 0.785 \times 0.509^2} \text{kg/(m}^2\cdot\text{s)} = 1947.7 \text{kg/(m}^2\cdot\text{s)}$$

$$Re = \frac{0.509 \times 1947.7}{0.56 \times 10^{-3}} = 1.77 \times 10^6$$

采用式（5-328）

$$Q = 128.45 C d_0^2 \sqrt{\frac{\Delta p}{\gamma}}$$

$$1150 = 128.45 C d_0^2 \times \sqrt{\frac{1.32 \times 10^6}{1.24}}$$

$$d_0^2 = 8.68 \times 10^{-3}/C$$

设 $C=0.595$，则 $d_0=0.12\text{m}$，$d_0/D=0.12/0.509=0.2358$

由图 5-128 查得 $C=0.595$，C 值选取合适，这说明 $d_0=0.12\text{m}$ 有效（单孔、单板）。

若选用多孔孔板，取孔径为 0.02m，则总孔数为 $N=(0.12)^2/(0.02)^2=36$ 个。

5.15.4 限流孔板设计附图和附表

① 限流孔板的流量系数 C 与 Re、d_0/D 的关系见图 5-128。

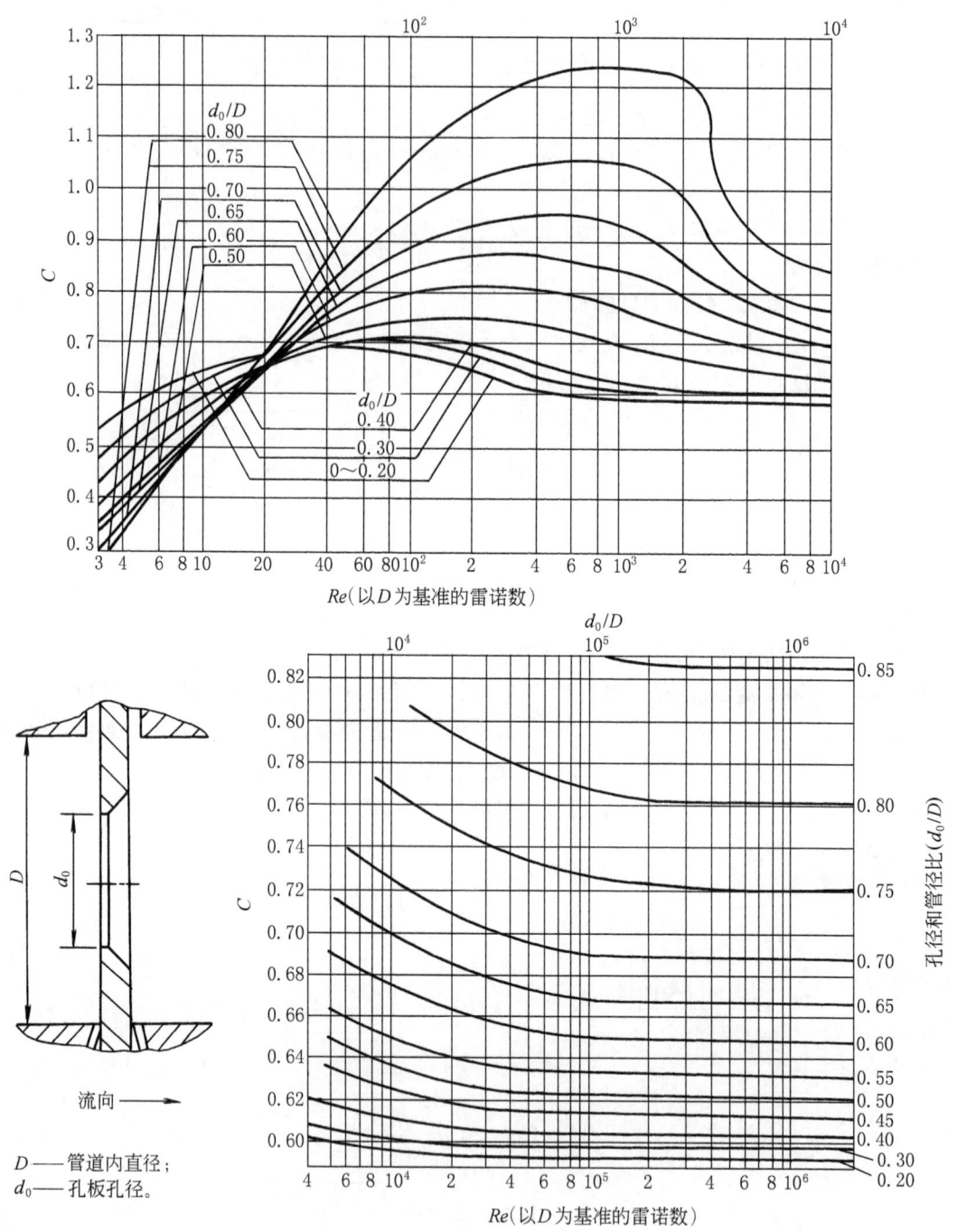

图 5-128 限流孔板 $C\text{-}Re\text{-}d_0/D$ 关系

② 临界流率压力比 γ_c 与流体绝热指数 k 及孔板孔径 d_0 和管道内径 D 的关系，见表 5-116。

5.15.5 盲板的设置

（1）盲板的作用和分类

在石油化工装置中常用盲板将生产介质的流动完全隔断，防止切断阀关闭不严发生泄漏或串料时发生事故。它可以用于处于生产过程中的管道上，也可以用于停车检修时。

表 5-116　γ_c-k-d_0/D 关系[①]

d_0/D[②] \ k	1.05	1.10	1.15	1.20	1.25	1.30	1.35	1.40	1.45	1.50
0.05	0.5954	0.5874	0.5744	0.5645	0.5549	0.5457	0.5369	0.5283	0.5200	0.5120
0.10	0.5954	0.5847	0.5744	0.5645	0.5549	0.5457	0.5369	0.5283	0.5200	0.5120
0.15	0.5954	0.5847	0.5744	0.5645	0.5550	0.5458	0.5369	0.5283	0.5201	0.5121
0.20	0.5956	0.5849	0.5746	0.5647	0.5551	0.5459	0.5370	0.5285	0.5202	0.5122
0.25	0.5958	0.5851	0.5748	0.5649	0.5554	0.5462	0.5373	0.5288	0.5205	0.5125
0.30	0.5963	0.5856	0.5753	0.5654	0.5559	0.5467	0.5378	0.5293	0.5210	0.5130
0.35	0.5971	0.5864	0.5762	0.5663	0.5567	0.5476	0.5387	0.5302	0.5219	0.5139
0.40	0.5983	0.5877	0.5774	0.5676	0.5580	0.5489	0.5400	0.5315	0.5232	0.5153
0.45	0.6001	0.5895	0.5793	0.5694	0.5600	0.5508	0.5420	0.5335	0.5252	0.5173
0.50	0.6027	0.5921	0.5819	0.5721	0.5627	0.5536	0.5448	0.5363	0.5281	0.5201
0.55	0.6062	0.5957	0.5856	0.5758	0.5664	0.5574	0.5486	0.5401	0.5320	0.5241
0.60	0.6111	0.6006	0.5906	0.5809	0.5715	0.5625	0.5538	0.5454	0.5373	0.5294
0.65	0.6175	0.6072	0.5973	0.5877	0.5784	0.5695	0.5609	0.5525	0.5445	0.5367
0.70	0.6262	0.6160	0.6062	0.5968	0.5877	0.5788	0.5703	0.5621	0.5541	0.5464

其中 $k=\dfrac{C_p}{C_V}$

d_0/D[②] \ k	1.55	1.60	1.65	1.70	1.75	1.80	1.85	1.90	1.95	2.00
0.05	0.5043	0.4968	0.4895	0.4825	0.4757	0.4690	0.4626	0.4564	0.4503	0.4444
0.10	0.5043	0.4968	0.4895	0.4825	0.4757	0.4691	0.4626	0.4564	0.4503	0.4445
0.15	0.5043	0.4968	0.4896	0.4825	0.4757	0.4691	0.4627	0.4565	0.4504	0.4445
0.20	0.5045	0.4970	0.4897	0.4827	0.4759	0.4693	0.4628	0.4566	0.4505	0.4447
0.25	0.5048	0.4973	0.4900	0.4830	0.4762	0.4696	0.4631	0.4569	0.4508	0.4450
0.30	0.5053	0.4978	0.4906	0.4835	0.4767	0.4701	0.4637	0.4575	0.4514	0.4455
0.35	0.5062	0.4987	0.4914	0.4844	0.4776	0.4710	0.4646	0.4584	0.4523	0.4464
0.40	0.5075	0.5001	0.4928	0.4858	0.4790	0.4724	0.4660	0.4598	0.4537	0.4479
0.45	0.5096	0.5021	0.4949	0.4879	0.4811	0.4745	0.4681	0.4619	0.4558	0.4500
0.50	0.5124	0.5050	0.4978	0.4908	0.4840	0.4774	0.4711	0.4648	0.4588	0.4530
0.55	0.5164	0.5090	0.5018	0.4948	0.4881	0.4815	0.4752	0.4690	0.4630	0.4571
0.60	0.5218	0.5144	0.5073	0.5004	0.4936	0.4871	0.4808	0.4746	0.4686	0.4628
0.65	0.5291	0.5218	0.5147	0.5078	0.5011	0.4946	0.4883	0.4822	0.4762	0.4704
0.70	0.5389	0.5317	0.5247	0.5178	0.5112	0.5048	0.4985	0.4924	0.4865	0.4807

① $p_2/p_1 \leqslant 0.63$ 管道大小不限，见 5.15.3.3 节的规定。p_2 为孔板前压力，Pa；p_1 为孔板后压力，Pa。
② $0.2 \leqslant d_0/D \leqslant 0.7$ 管道流体雷诺数不限。d_0 为孔板孔径，m；D 为管道内径，m。

从盲板的外观上看，可分为 8 字盲板、插入盲板（圆形盲板）和垫环（插入盲板和垫环互为盲通）。通常推荐使用 8 字盲板，但如果管径较大，8 字盲板拆卸很不方便，应安装使用插入盲板和垫环。

（2）需要设置盲板的部位

① 在开车准备阶段，当进行管道的强度试验或气密性试验时，与之连接的设备不能同时进行试验时，需在设备与管道的连接法兰处安装盲板。

② 在装置的界区处，各种规格的工艺物料管道和公用物料管道在第一个切断阀的阀后法兰处都应安装盲板。

③ 如果装置内有并联的几条生产线，从界区外来的各种工艺和公用物料的总管道要分为若干分管道进入每一条生产线，那么在每条分管道的第一个切断阀的阀后法兰处最好安装盲板。

④ 设备在切换使用或定期检查维修时，若该设备需要完全断开，应在设备的每个切断阀处安装盲板。

⑤ 如有与工艺设备相连的氮气、压缩空气管道，在与该设备相连的第一个切断阀的阀后法兰处要安装盲板。

⑥ 在设备或管道上的低点排净，都要集中排放到统一的收集系统内，应在切断阀后安装盲板。

⑦ 对有毒、会危害健康的、易燃易爆的物料的排气管、排液管、取样管，在阀后要安装盲板或丝堵。

⑧ 装置如果分期建设，在有联系的管道上的切断阀处应安装盲板。

⑨ 其他工艺要求安装盲板的部位。

以上说明部分的示意见图 5-129～图 5-132。

装置为多系列生产时，盲板设置见图 5-130。

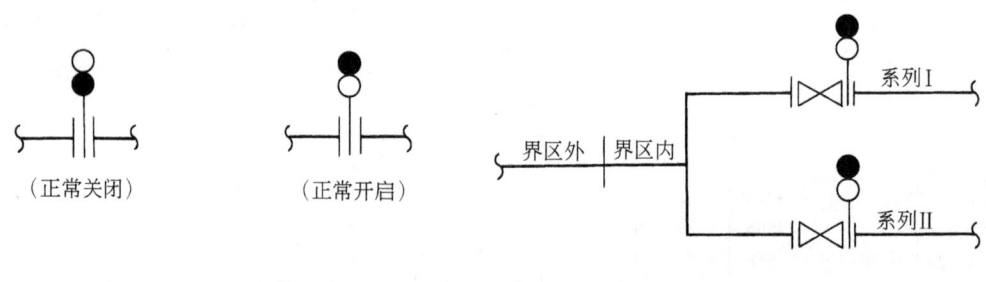

图 5-129　8 字盲板图形　　　　　图 5-130　装置为多系列

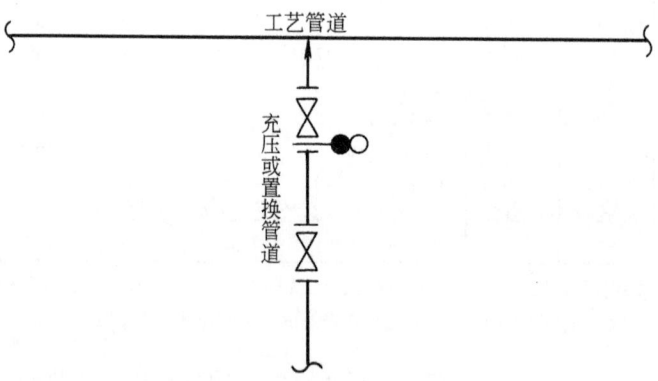

图 5-131　充压或置换管道

充压管道、置换管道的盲板设置，见图 5-131。

设备管道低点排净的盲板设置，见图 5-132。

装置分期建设时，盲板设置见图 5-133。

(3) 盲板设置注意事项

① 在满足工艺要求的前提下，要尽可能少设置盲板。

② 选用插入盲板时，为防止操作失误，在插入盲板旁应安装醒目的盲板牌，以提示操作员。

③ 在流程图上对所设置的盲板必须注明正常开启或正常关闭。

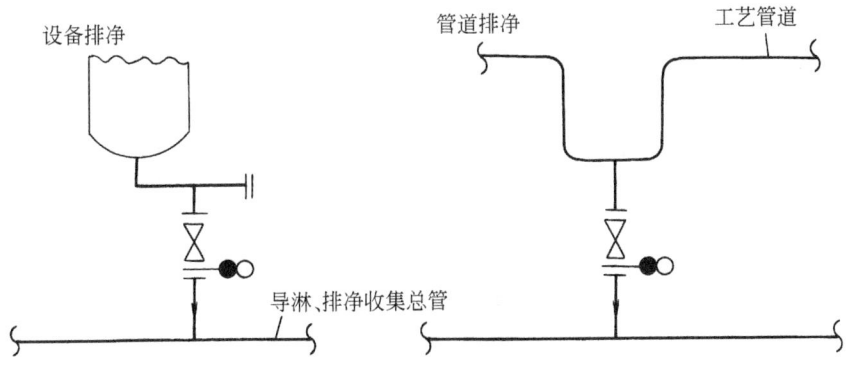

图 5-132　设备管道低点排净

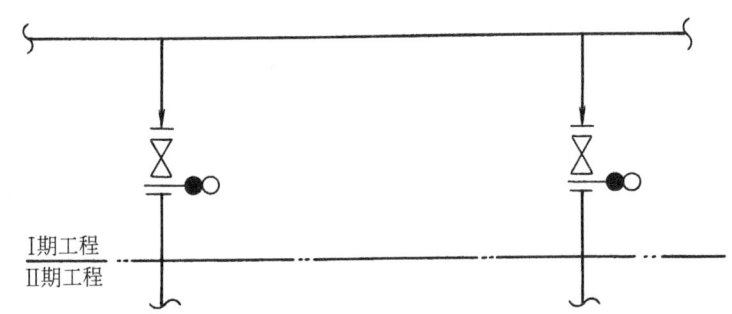

图 5-133　装置分期建设

④ 除去上节特别说明的部位外，盲板究竟应该安装在切断阀的上游还是下游，要从切断效果、安全和工艺要求综合考虑后确定。

5.16　贮罐的选型

在石油化工装置中需要使用贮罐来贮存原料、中间产品等物料，而贮罐有很多不同的型式。贮罐选用时要涉及贮存的目的和用途，要贮存的物料的性质，以及各种贮罐的应用范围。另外，在不同的应用情况下，每个贮罐上应该设置的管口又不相同，这一节的目的就是介绍在石油化工装置中使用的不同贮罐的工艺选型及设计的有关内容，不包括生产装置外的大型罐区的设计内容。

5.16.1　贮罐的分类及其用途

(1) 按容器的设计压力 p（表压）的大小分类

① 低压容器　$0.1 \leqslant p < 1.6$（单位 MPa，下同）。

② 中压容器　$1.6 \leqslant p < 10$。

③ 高压容器　$10 \leqslant p < 100$。

④ 超高压容器　$p \geqslant 100$。

(2) 按容器贮存介质的危害程度分类

参照国家标准 GB 5044 的规定，按其最高容许浓度，可分为四级。

① 极度危害（Ⅰ级）$< 0.1 mg/m^3$。

② 高度危害（Ⅱ级）$0.1 \sim < 1.0 mg/m^3$。

③ 中度危害（Ⅲ级）$1.0 \sim < 10 mg/m^3$。

④ 轻度危害（Ⅳ级）≥10mg/m³。

Ⅰ级和Ⅱ级毒物如氢氰酸、光气、氟化氢、碳酸氟、氯等，Ⅲ级毒物如二氧化硫、氨、一氧化碳、氯化烯、甲醇、氧化乙烯、硫化乙烯、二硫化碳、乙炔、硫化氢等，Ⅳ级毒物如氢氧化钠、四氟乙烯、丙酮等。

(3) 按压力容器的压力等级、介质的性质和危害程度以及设备的类型分类

将适合《压力容器安全技术监察规程》范围的容器分为以下三类。

① 一类压力容器　指低压容器，但规定为二类和三类压力容器的低压容器除外。

② 二类压力容器　指下列情况之一：中压容器，但规定为三类压力容器的中压容器除外；易燃介质或毒性程度为中度危害介质的低压反应容器和贮存容器；毒性程度为极度和高度危害介质的低压容器；搪玻璃压力容器。

③ 三类压力容器　指下列情况之一：高压容器；毒性程度为极度和高度危害介质的中压容器和 pV（p 为设计压力，V 表示容积）大于等于 $0.2\mathrm{MPa}\times\mathrm{m}^3$ 的低压容器；易燃介质或毒性程度为中度危害介质且 pV 大于等于 $10\mathrm{MPa}\times\mathrm{m}^3$ 的中压贮存容器。

(4) 按用途分类

① 回流罐　用于贮存各种精馏塔顶冷凝液，保持回流泵能连续稳定地吸入液体的贮罐。

② 原料罐　专门用于贮存本装置或本单元使用的工艺原料。

③ 中间罐　用于贮存产品和副产品，提供质量检验的必需时间，以保证送出产品合格；或当上游装置生产不正常时，为不影响下游装置的生产，用于贮存不合格产品用的贮罐。

④ 分水罐。提供含水液体足够的停留时间，使非极性液体与水能分层，一般水从罐底排出。

⑤ 产品罐　用于贮存产品和副产品，按规范规定贮存足够的时间。

⑥ 溶剂罐　专门用于贮存生产装置使用的溶剂。

⑦ 计量罐　专门用于需要计量液体流量的贮罐，罐体侧应安装指示体积的刻度表。

(5) 按贮罐的结构分类

① 卧式罐　贮罐筒体轴向和地面平行安装的罐叫卧式罐。卧式罐支座安装在筒体部分且垂直于筒体轴向。见图 5-134。

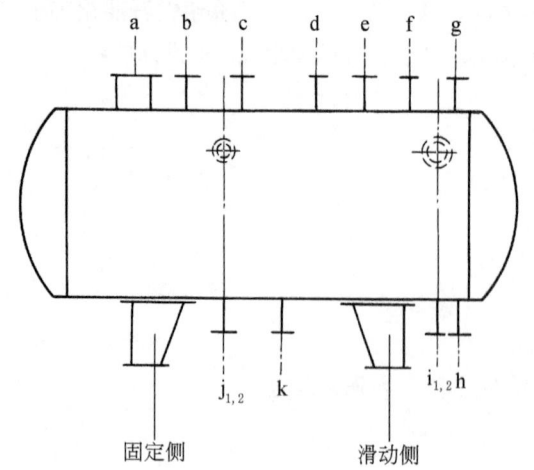

图 5-134　卧式罐结构示意

② 立式罐 贮罐筒体轴向垂直安装在地面上的罐叫立式罐。大型立式罐常用底座支承而不设支耳；小型立式罐需要支耳，设在筒体一侧；也可设支腿，直接焊在筒体上。见图 5-135。

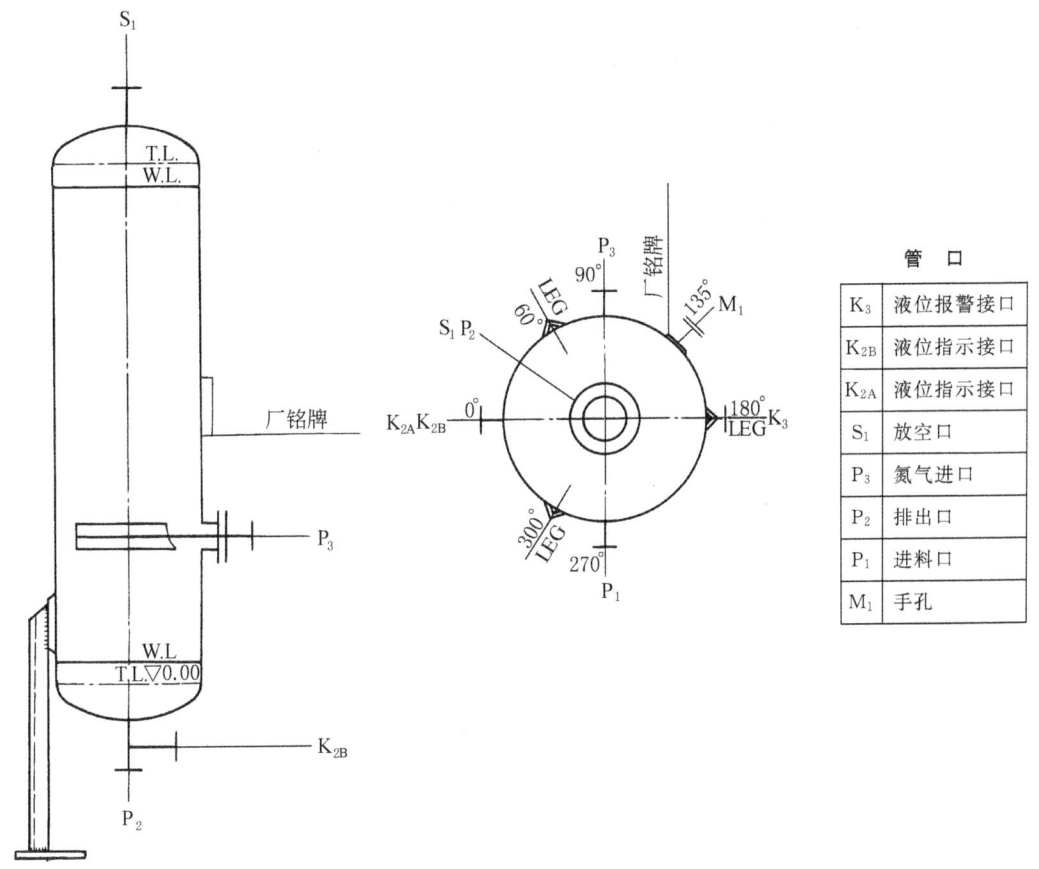

图 5-135 立式罐结构示意

③ 固定顶罐 是立式罐的一种，罐顶有圆形、抛物线形；罐顶与筒体多是焊接连接的；也可以是法兰连接的。

④ 浮顶罐 是立式罐的一种，罐顶是一个浮盘，用密封圈与筒体密封，浮盘随罐内液面的改变能上下移动，保持罐内压力趋于恒定（高液位时稍高于大气压）。可有效地防止液体气化外泄或吸入空气。

⑤ 内浮顶罐 是立式罐的一种，在浮盘的上方还有一个固定顶，能有效防止雨水渗入罐内。此罐内的浮盘也能随液面的改变上下移动，使罐内压力趋于恒定。它是最常用的浮顶罐。见图 5-136。

⑥ 球罐 是用很多瓜皮状的钢板焊接成的球状贮罐。制造比较困难、造价高，但能耐较高的压力，在同样直径下贮存体积最大。见图 5-137。

⑦ 乙烯低温贮罐 为较长时间较大量的贮存乙烯，可以选用乙烯低温贮罐。常用的乙烯低温贮罐为双层外拱顶形式，内罐顶是活动的吊顶，它悬挂在外罐顶部。这种结构形式是为了满足在 $-103℃$、$107kPa$ 的操作条件下贮存液态乙烯。

内罐一般为圆柱形吊顶式结构的金属罐，吊顶悬挂在外罐的顶部。外罐为拱顶结构的金属罐。内罐与外罐底之间的保冷材料用泡沫玻璃，内外罐之间的保冷材料用珠光砂，内罐吊顶与外罐顶之间的保冷材料是矿物棉。贮罐结构见图 5-138。

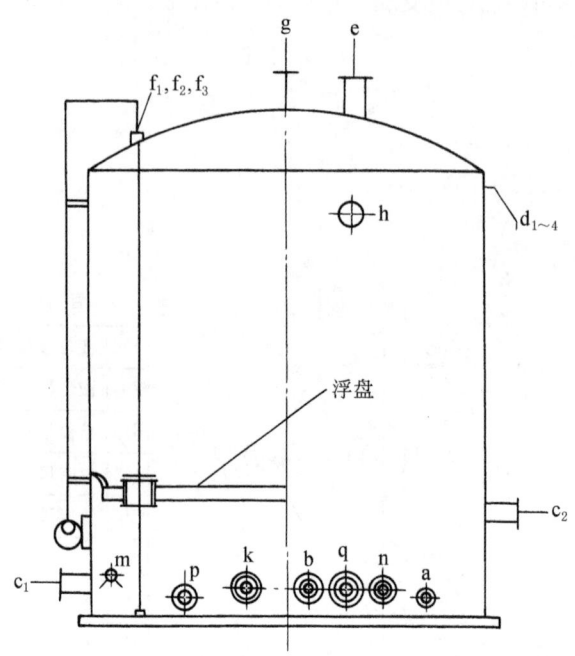

管 口			
a	放净口	h	消防口
b	物料进口	k	物料出口
c_1、c_2	带芯人孔	m	温度计口
$d_{1\sim 4}$	罐壁通气孔	n	回流口
e	顶部人孔	p	备用口
$f_1 \sim f_3$	钢带液位计口	q	物料出口
g	罐顶通气口		

注：内浮顶罐下部的开口，均应设在距罐底1200mm内。

图 5-136　内浮顶罐结构示意

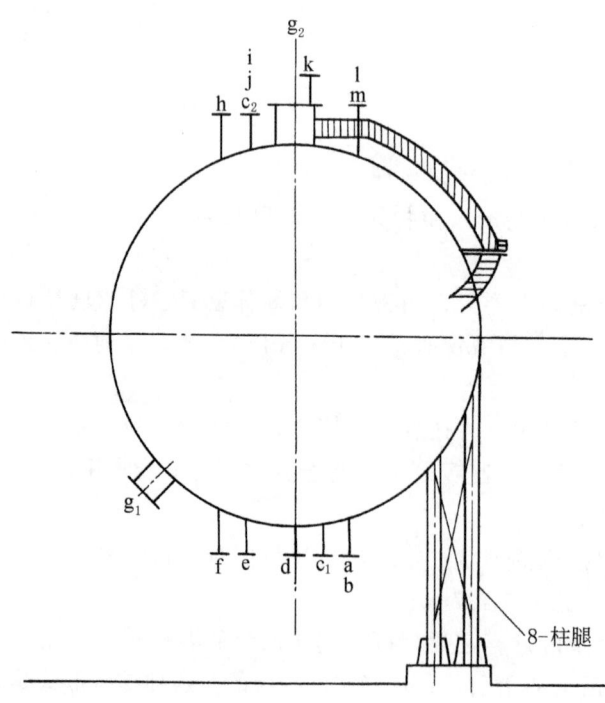

管 口			
a	低部抽出口	h	液位指示接口
b	温度计接口	i	压力控制接口
c_1、c_2	液位计接口	j	安全阀接口
d	排液口	k	放空口
e	进料口	l	放空口
f	公用工程接口	m	蒸气抽出口
g_1、g_2	人孔		

图 5-137　球罐结构示意

（6）不同贮罐的适用范围

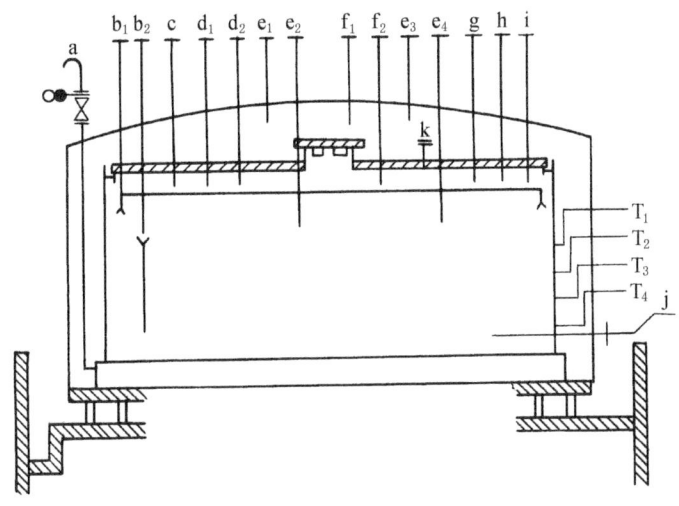

管 口

a	现场放空	$e_1 \sim e_4$	安全线	i	排火炬出口
b_1、b_2	进料口	f_1、f_2	测液位口	j	泵入口
c	备用	g	气相乙烯入口	k	人孔
d_1、d_2	测压口	h	液相乙烯入口	$T_1 \sim T_4$	测温点

图 5-138 乙烯低温罐结构示意

① 卧式罐 使用范围比较广，常用于回流罐、中间罐、产品罐，必要时也可用于分水罐。

② 立式罐 多用于计量罐、分水罐和汽-液或液-液分离罐，利于液体分水和分离液体。立式罐又可分为：平顶平底罐，平顶锥底罐，拱顶平底罐，拱顶锥底罐；这些罐的外形简图见本节附录1。锥底罐常用于计量罐，平顶罐常用于常压罐。拱顶罐常用于带压罐，见图 5-139。

③ 固定顶罐 常用作中间罐、原料罐和产品罐等需要贮存较多液体的情况，而且这些液体在常温下是不易挥发的。

④ 浮顶罐 由于浮顶暴露在大气中，会污染环境，也会使雨水渗入罐内，目前基本不用这种罐。

⑤ 内浮顶罐 常用作中间罐、产品罐等需要贮存液量较多的情况，而且这些液体在常温下会挥发出气体。用这种罐可以较好的保护环境。与固定顶罐相比，可减少蒸发损失85%～90%，只适用于常压罐，且使用温度受密封材料的限定，一般不超过80℃。公称容积100～30000 m^3，公称直径 DN 4500～44000mm。

⑥ 球罐 常用于贮存乙烯、丙烯等常温下饱和压力较高的产品。

5.16.2 名词解释

（1）切线长度
封头与封头直边间的连线称为切线，切线间的距离称为切线长度。

（2）长径比
容器的两个封头之间切线长度和容器直径的比例。

（3）装料系数
石油化工装置中盛装液体的容器都不允许充满液体，只能装到一个小于1.0的体积比值，这个比值就叫装料系数。

（4）停留时间

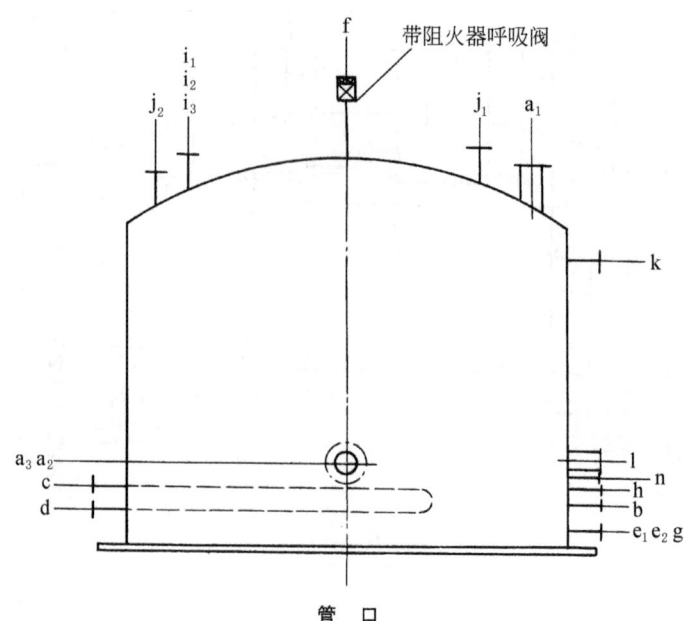

$a_1 \sim a_3$	人孔	f	放空口	k	氮封接口
b	进料孔	g	公用工程接口	l	空气泡沫接口
c	蒸汽进口	h	温度计接口	n	液体出口
d	蒸汽出口	$i_1 \sim i_3$	浮子液位计接口		
e_1、e_2	排液口	j_1、j_2	氮气接口		

图 5-139 拱顶罐结构示意

在操作压力下，从流体进入容器开始计时，到流体液面达到最大装料系数时所需的时间称为停留时间，常用单位是分或小时。

(5) 贮存天数

为保证连续、正常生产的需要，根据流体的流量，确定需要贮存的时间，称为贮存周期，常用天为单位。主要用于全厂罐区和中间罐区的贮罐。对回流罐、分水罐等常建在生产装置内的容器不用贮存周期，只用停留时间这个概念。

(6) 缓冲板

为防止高速流动及有腐蚀性的液体对罐体壁或内件的冲刷破坏，在罐内物料进口处安装的挡板称为缓冲板。

(7) 防涡流挡板

在液体流出口，为防止液体流动，引起涡流造成夹带杂物或减弱液体沉降分离的效果，而在出口处设立的挡板称为防涡流挡板。

(8) 插底管

液体在流动中也会产生静电，为防止静电的产生，把液体进入罐内的管口插入罐内，达到罐直径的一半以上，新鲜液体可以直接达到罐内原液体内，不会发生静电；这种管口称为插底管。

(9) 气体出口挡板

常用于需要除去气体夹带液体的贮罐内，在气相出口的下方安装出口挡板。

(10) 丝网分离器

常用于需要除去气体夹带液体的场合，适用于分离气体中直径大于 $10 \sim 30 \mu m$ 的液滴。

(11) 重力分离器

常用于需要分离液滴直径大于 200μm 的气液分离的场合。

5.16.3 贮罐选型的原则与步骤

(1) 选型前的工作

首先要研究介质性质，闪点是多少，在 50℃时的饱和蒸气压是否大于 1atm，是否有腐蚀性。

根据闪点可确定物料的防爆等级。

根据 50℃时的饱和蒸气压可确定物料的挥发性。从而选择使用带压罐或是常压罐。

贮存有腐蚀性的物料，罐体要使用防腐蚀的材料，如不锈钢或塑料制品。如何选择防腐材料，不是本规定的介绍重点。请参照有关规定。

若是选择回流罐，因为回流罐通常安装在二层平台上，不适合用立式罐，所以选择卧式罐，用卧式罐还可以使液面容易稳定。

(2) 确定介质流率

这是确定容器容积的主要参数，常用单位：m^3/h。

(3) 确定操作压力

取在正常工作过程中，可能出现的最大工作压力为该容器的操作压力。

(4) 确定操作温度

取在正常工作过程中，可能出现的最高工作温度为该容器的操作温度。

(5) 确定贮存周期

按照行业标准 SH/T3007—2007 规范的规定来选取大型贮罐的贮存周期。

5.16.4 贮罐容积的计算方法

(1) 回流罐、产品罐、中间罐的容积计算

① 停留时间的确定　对回流罐、分水罐或液-液分离罐等常建在生产装置内的容器，可根据介质流率的大小，取 5~10min 的停留时间。一般流率大停留时间取较小值，反之取大值；分水罐或液-液分离罐一般取 10~20min 以上为好。对于改造项目，如果操作熟练且自动控制系统可靠，也可把停留时间取得短些。

② 装料系数的确定　易挥发的物料，装料系数取 0.70~0.75 之间；不易挥发的物料，装料系数取 0.75~0.80；在石油化工装置内不论对哪种物料，装料系数最大不能大于 0.85。

③ 容积的计算

$$容器的容积 = 介质流率 \times 停留时间(贮存周期)/装料系数$$

应注意的是：单位要统一，介质流率用 m^3/h，那么停留时间及贮存周期都要用小时为单位；计算结果如果有小数位，按四舍五入原则圆整到整数，最好取到整十位数，例如计算结果是 $106.89m^3$，就圆整为 $106m^3$ 或者 $110m^3$。

(2) 内浮顶罐的容积计算

由于内浮顶罐的容积都比较大，而泵的吸入管口，一般最低也要和罐底留出 0.3m 左右的空隙，以保证不抽出罐底的污物，另外，内浮顶罐的最大贮存容积也受浮盘上升高度的限制。所以内浮顶罐的容积计算不能采用回流罐那样的计算方法。在内浮顶罐第一次填充液体时，最大填充量与计算容积相当；在正常工作状况下，进出罐内的液体量是小于计算容积的最大填充量的。

内浮顶罐的选用步骤如下。

① 确定要贮存的物料流量。

② 按贮存要求参考有关规范确定停留时间或贮存天数。

③ 内浮顶罐的计算容积＝物料流量×贮存天数×1.05。

(3) 贮槽（或塔釜）中液体最少停留时间

贮槽（或塔釜）中液体最少停留时间见下表。

操作条件	最少停留时间/min	操作条件	最少停留时间/min
液体由液面控制排放并且直接由压力向另一塔给料	2	液体由流量控制排放	3～5
液体由液面控制排放并且泵送。备用泵手动开启	3	液体流经热虹吸式重沸器而无液面控制器来维持贮槽中的液面	1
液体由液面控制排放，并且向一定距离外的设备或向仪表不是在同一个控制板上的设备给料	3 5～7		

5.16.5 贮罐内件的设置原则

(1) 缓冲板

以下两种情况下要安装缓冲板。

① 介质有腐蚀性及磨损性且 $\rho V^2 > 740$。

② 介质无腐蚀性及磨损性且 $\rho V^2 > 2355$，V 为流体线速度，m/s；ρ 为流体密度，kg/m^3。

(2) 防涡流挡板

在下列情况之一时，应设计防涡流挡板。

① 容器底部与泵直接相连的出口（以防止泵抽空）。

② 为防止因旋涡而将容器底部杂质带出，影响产品质量或沉积堵塞后面管道的液体出口。

③ 需进行沉降分离或液相分层的容器底部出口（用以稳定液面，提高分离或分层的效果）。

④ 为减少出口液体夹带气体的出口。

(3) 内部梯子

当人孔设在筒体侧面时，容器内壁宜设置梯子、把手。

(4) 气体出口挡板

为防止雾沫夹带，在罐内气体出口处应设计出口挡板。

5.16.6 常压罐的管口

(1) 常压罐顶部应设的管口

① 人孔、手孔 容器直径 300～1000mm 时，应设计一个手孔；容器直径 1000～2600mm 时，应设计一个人孔；容器直径≥2600mm，卧式容器筒体长度≥6000mm 时，应设计两个人孔。

② 进料口 对总容积大于 100m^3 的罐应设两个进料口。液体进料口应设计成插底管。用于气液分离的立式罐上的气液混合进料口应设计成切线进口。

③ 压力表口 常装一个可同时显示真空和正压的压力表。

④ 呼吸阀口。常压罐必须安装呼吸阀。贮存对环境有害的物料的呼吸阀口应该连接到高架的放空管上。

⑤ 液位计口 容器上安装的液位计有两种：现场液位计和控制室仪表用液位计。除浮顶罐液位计外，不论哪种液位计一般都有两个接口，立式罐常把它们的两个管口都接到罐的一侧筒体上；卧式罐可把这两个管口都接到一侧的封头上；也可以把气相管口接到罐顶部，另一管口接到罐底部，这样安装的好处是，可以先不知道液位计的安装尺寸，就可提出设备条件；而且使液位计的最低点在容器的零液位之下，能准确反映罐内全部液位情况。现场用液位计常用这类安装方法。浮顶罐的液位计一般只有一个接口，要按仪表专业的要求提设备设计条件。

⑥ 氮封口 贮存对环境有害的物料的贮罐应该安装氮封口。氮封口上应安装双阀组，以防可燃气体漏入氮气系统。

⑦ 备用口 一般设计一个备用口，以便临时性使用，备用口上应安装截止阀和盲板。

(2) 常压罐底部应设的管口

① 出料口 出料口一般只安装一个，径向长度比较大的卧式罐出料口安装在罐的底部中央。

② 排污口 排污口一般只安装一个，一般安装在罐的一侧，方便操作的地方。

常压罐应设管口的布置图见图 5-140。

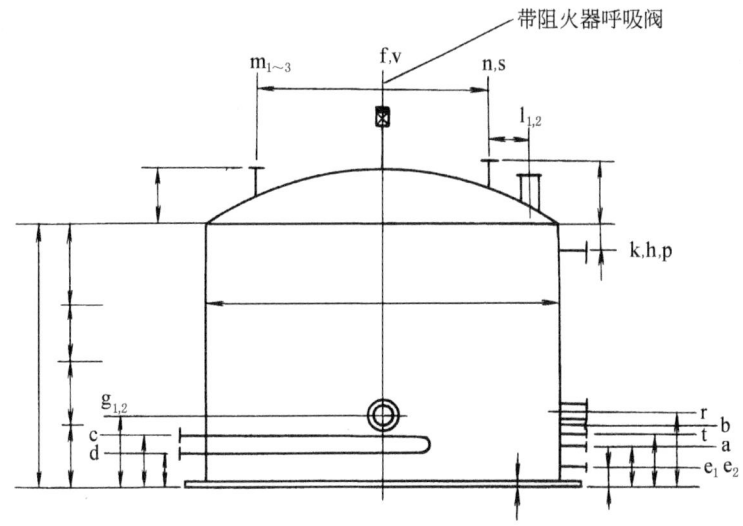

符号	公称尺寸	公称压力/MPa	用途	符号	公称尺寸	公称压力/MPa	用途
a	80	1.6	进料口	k	100	1.6	量油孔
b	100	1.6	出料口	$l_{1,2}$	250	1.6	透光孔
c	50	1.6	蒸汽进口	$m_{1\sim3}$	80	1.6	浮子液位计口
d	40	1.6	蒸汽冷凝液出口	n	80	1.6	氮封口
e_1, e_2	50	1.6	排污口	p/r	80/50	1.6	差压液位计口
f	150	1.6	放空口	s	25	1.6	压力真空计口
$g_{1,2}$	500		人孔	t	50	1.6	温度计口
h	80	1.6	消防口	v	200	1.6	呼吸阀口

图 5-140 常压罐管口条件

在容器的条件图上应有每个管口的定位尺寸。尺寸标注方式见图 5-140。

5.16.7 带压罐的管口

(1) 带压罐顶部应设的管口

① 入孔、手孔　300mm<容器直径<1000mm 时，应设计一个手孔。1000mm<容器直径<2600mm 时，应设计一个入孔。

容器直径≥2600mm，卧式容器筒体长度≥6000mm 时，应设计两个入孔。

② 进料口　总容积大于 $10mm^3$ 的罐应设两个进料口。液体进料口应设计成插底管。用于气液分离的立式罐上的气液混合进料口应设计成切线进口。

③ 放空口　放空口常用阀门和火炬系统相连接，一般不允许把气体直接排到大气里。

④ 压力表口　常装一个压力表。

⑤ 液位计口　容器上安装的液位计有两种，即现场液位计和控制室仪表用液位计。不论哪种液位计一般都有两个接口，立式罐常把它们的两个管口都接到罐的一侧筒体上；卧室罐可把这两个管口都接到一侧的封头上；也可以把气相管口接到罐顶部，另一个口接到罐底部，这样安全的好处是，在不知道液位计的安装尺寸的情况下，就可提出设备条件；而且使液位计的最低点在容器的零液位之下，能准确反应罐内全部液位情况。现场用液位计常用这类安装方法。

⑥ 安全阀口　根据贮存量的多少，经过认真计算可设计一个到两个安全阀口。安全阀的排放气，如果背压允许，应该接到火炬系统。

⑦ 氮封口　贮存对环境有害的物料的贮罐应该安装氮封口。氮封口上应安装双阀组，以防可燃气体漏入氮气系统。具体安装情况见图 5-141。

⑧ 备用口　一般设计一个备用口，以便临时性使用，备用口上应安装截止阀和盲板。

(2) 带压罐底部应设的管口

① 出料口 出料口一般只安装一个,径向长度比较大的卧式罐出料口安装在罐的底部中央。

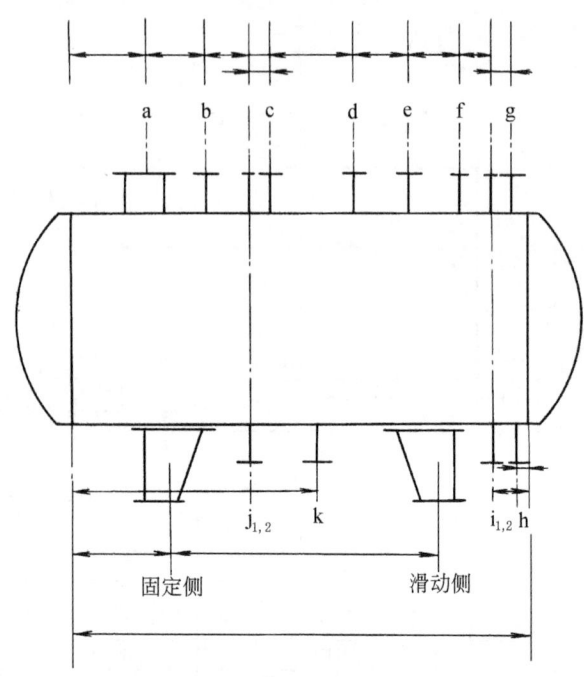

接 管 表

符号	公称尺寸	公称压力/MPa	用途	符号	公称尺寸	公称压力/MPa	用途
a	500		人孔	f	25	1.6	压力表口
b	50	1.6	进料口	g	50	1.6	备用口
c	50	1.6	放空口	h	50	1.6	排液口
d	40	1.6	安全阀口	$i_{1,2}$	50	1.6	液面计口
e	50	1.6	氮封口（存易燃易爆气体用）	$j_{1,2}$	50	1.6	液位控制器口
				k	50	1.6	物料出口

图 5-141 压力罐管口条件

② 排污口 排污口一般只安装一个,一般安装在罐的一侧,方便操作的地方。

带压罐应设管口的布置图,见图 5-141。

在容器的条件图上应有每个管口的定位尺寸。尺寸标注方式见图 5-141。

例 5-41 不同用途的罐选型。以乙烯及芳烃装置为例,贮罐选型示于下表。

物料	操作压力/MPa	操作温度/℃	公称容积/m³	用途	选型
乙烯	0.35	-110	50	回流罐	卧式罐
	1.8	-40	1000	中间罐	球罐
	1.8	-40	5000	产品罐	球罐或低温罐
丙烯	1.2	-20	1000	产品罐	球罐
轻柴油	常压	常温	1000	原料罐	拱顶罐
高压蒸汽及冷凝水	0.4	90	40	连续排污罐	立式带压罐
废碱	常压	常温	20	液固分离罐	卧式带压、带隔板罐
压缩机吸入口	0.6	30	15	气液分离罐	立式带压、带除沫板
苯	常压	常温	200	产品罐	内浮顶罐
甲苯	常压	常温	200	产品罐	内浮顶罐
混合二甲苯	常压	常温	200	产品罐	拱顶罐

例 5-42 贮罐容积计算。

回流罐容积计算。已知：物料流量 100m³/h，物料清洁无腐蚀，操作压力 0.4MPa（G），求：回流罐的容积。

解 因操作压力是 0.4MPa（G），要按带压罐设计，要选用带封头的罐。

因物料清洁不带水，取回流罐停留时间为 5min，回流罐的装料系数取 0.8。

回流罐的容积＝（100/60×5/0.8）m³＝（8.3/0.8）m³＝10.42m³。

故此回流罐的容积最后定为 12m³。

附录

1. 不同形式贮罐的适用范围

类型 型式	立 式								卧 式
	平底平盖贮罐	平底平顶贮罐	平底锥顶贮罐	90°无折边锥底平顶贮罐	90°无折边锥底平顶贮罐		椭圆封头贮罐		椭圆封头贮罐
					悬挂式支座	支腿	悬挂式支座	支腿	
示意图									
设计压力 /×10⁻²MPa	常　压			59			25　59　98　157　176　196　216　245　294　392		
公称容积 /m³　0.1									
0.2									
0.3									
0.5	0.1～1.5								
0.8									
1									
1.5		0.1～8		0.1～8	0.1～8	0.1～8	0.1～10		
2									
2.5									
3									
4							0.1～40		
5									
6									
8									0.5～100
10									
12									
16									
20									
25			10～80						
32									
40									
50									
63									
80									
100									

2.《钢制立式圆筒形固定顶贮罐系列》(HG 21502.1—92) 摘录

工作条件：负压，0.3kPa；正压，1.8kPa；温度，+150℃；公称容积，100~30000m^3；公称直径 DN5200~44000mm。

序号	标准序号	公称容积 /m^3	计算容积 /m^3	贮罐内径 ϕ/mm	罐壁高度 /mm	拱顶高度 /mm	总高 /mm
1	HG 21502.1—92 201~203	100	110	5200	5200	554	5754
2	HG 21502.1—92 204~206	200	220	6550	6550	700	7250
3	HG 21502.1—92 207~209	300	330	7500	7500	805	8350
4	HG 21502.1—92 210~212	400	440	8250	8250	887	9137
5	HG 21502.1—92 213~215	500	550	8920	8920	972	9892
6	HG 21502.1—92 216~218	600	660	9500	9315	1023	10338
7	HG 21502.1—92 219~221	700	770	10200	9425	1112	10537
8	HG 21502.1—92 222~224	800	880	10500	10165	1132	11297
9	HG 21502.1—92 225~227	1000	1100	11500	10650	1241	11891
10	HG 21502.1—92 228~230	1500	1645	13500	11500	1468	12968
11	HG 21502.1—92 231~233	2000	2220	15780	11370	1721	13091
12	HG 21502.1—92 234~236	3000	3300	18900	11760	2049	13809
13	HG 21502.1—92 237~239	5000	5500	23700	12530	2573	15103
14	HG 21502.1—92 240~242	10000	11000	31000	14580	3368	17948
15	HG 21502.1—92 243~245	20000	23500	42000	17000	4546	21546
16	HG 21502.1—92 246~248	30000	31300	44000	20600	4782	25388

3.《钢制立式圆筒形内浮顶贮罐系列》(HG 21502.2—92)

工作条件：压力，0kPa；温度，+80℃；公称容积，100～30000m³；公称直径，$DN4500$～44000mm。

序号	标准序号	公称容积/m³	计算容积/m³	贮罐内径ϕ/mm	罐壁高度/mm	拱顶高度/mm	总高/mm
1	HG 21502.1—92 101，102	100	110	5200	5200	554	5754
2	HG 21502.1—92 103，104	200	220	6550	6550	700	7250
3	HG 21502.1—92 105，106	300	320	7500	7500	805	8350
4	HG 21502.1—92 107，108	400	430	8250	8250	887	9137
5	HG 21502.1—92 109，110	500	530	8920	8920	972	9892
6	HG 21502.1—92 111，112	600	635	9500	9315	1023	10338
7	HG 21502.1—92 113，114	700	764	10200	9425	1112	10537
8	HG 21502.1—92 115，116	800	864	10500	10165	1132	11297
9	HG 21502.1—92 117，118	1000	1140	11500	10650	1241	11891
10	HG 21502.1—92 119，120	1500	1650	13500	11500	1468	12968
11	HG 21502.1—92 121，122	2000	2186	15780	11370	1721	13091
12	HG 21502.1—92 123，124	3000	3360	18900	11760	2049	13809
13	HG 21502.1—92 125，126	5000	5360	23700	12530	2573	15103
14	HG 21502.1—92 127，128	10000	10700	31000	14580	3368	17948
15	HG 21502.1—92 129，130	20000	22400	42000	17000	4546	21546
16	HG 21502.1—92 131，132	30000	31300	44000	22000	4788	26788

5.17 噪声控制的设计

5.17.1 噪声控制标准

工厂噪声控制是环境保护要求的重要内容，国家和有关行业对此均有相关标准公布，化工行业也有相关的标准发布。这些标准都是我们设计工作中必须严格遵守的。

根据国家标准《工业企业噪声控制设计规范》（GB/T 50087—2013）的内容，编成下面的表格提供工艺系统设计人员参考。

序号	地 点 类 别		噪声/dB（A）
1	生产车间及作业场所（工人每天连续接触噪声8h）		90
2	高噪声车间设置的值班室、休息室的室内背景噪声级别	无电话通信要求	75
		有电话通信要求	70
3	精密装配线、精密加工车间的工作地点和计算机房（正常工作）		70
4	车间所属办公室、实验室、设计室的室内背景噪声级别		70
5	集中控制室、电话总机室、消防值班室的室内背景噪声级别		60
6	厂部所属办公室、会议室、设计室、中心实验室、计量室的室内背景噪声级别		60
7	医务室、教室、哺乳室、托儿所、工人值班室的室内背景噪声级别		55

5.17.2 噪声控制设计原则

控制生产装置的噪声，首先应该对声源进行控制，就是要选择低噪声的工艺，选用低噪声的机组、设备和设施。如采用以上措施仍不能满足规范要求时，应在工程设计中采用消声、吸声、隔声、隔振及综合治理措施。

工艺系统专业在噪声控制设计中的主要作用是配合环境保护专业完成设计任务。工艺系统专业的工作不代替环境保护专业的任务和责任。工艺系统专业在噪声控制设计中的主要任务是完成整个装置中的管道系统的噪声控制和消声器设置的设计任务，并对其他有关专业提出噪声控制的要求。

在生产车间及岗位中噪声比较大的部位，已经采用以上措施仍不能使噪声达到国家有关标准要求，而且这些地点不需要操作者经常停留在附近，则可对巡回检查的操作人员配带护耳器，进行个人防护。

5.17.3 设计内容

5.17.3.1 消除管道噪声

在管道系统中可能产生噪声的部位主要是阀门的节流声、水锤声、机械振动声、流体的流速或流向突然改变引起的噪声。消除管道噪声的措施如下。

（1）选用低噪声阀门

常用的低噪声阀门有多级降压型和分散流道型。

多级降压型阀门的阀芯与阀座为多级配合，即在阀座内设计有直立串联的节流层，使每级的压降比减少，因此降低冲击噪声与气穴噪声。它适用于大压降的场合，可比一般控制阀降低20~25dB（A）的噪声。但由于这种阀门的导流能力小，仅为一般球形控制阀的1/3~1/4，若在低压降和大流量下，降噪声的效果不明显。

分散流道型阀门是由许多小孔或细长间隙构成的通道来代替一般阀门的大通道，从而降低阀门噪声。

（2）设置辅助控制阀

降低噪声大的调节阀的措施是，适当开启旁路阀可避免管道共振产生的噪声。如果噪声是由于调节阀前后的压差太大而引起的，可开启调节阀的前后保护阀来分散压力降，也可降低噪声。

（3）安装限流孔板

解决管道噪声的另一种方案是在适当的地方安装限流孔板，它可以降低阀门的节流压降，另外，孔板本身也有抗性消声的作用。安装限流孔板一般可降低噪声10~15dB（A）。限流孔板的孔径不能调节，当流体流量改变时它的消声效果也跟着改变。所以限流孔板应根据常用的负荷参数进行设计。

(4) 选用合适的消声器

在气体动力设备的进、出口和在气流管道的阀门上、下游安装合适的消声器是控制设备噪声和阀门噪声沿管道传播和辐射的有效措施。消声器主要分为阻性消声器、抗性消声器、阻抗复合消声器等，消声效果一般在 20～25dB。

在液体输送管道中，当液体压力大于 1MPa 时，可采用液体消声器，一般降噪声量为 20dB/0.5m。

(5) 控制流速

流体在阀门或管道内的流速越高，噪声也越高。所以对流速应加以限制，当然这个限定值不适用于气流输送管系。管内流速控制值见下表。

管道周围的声压级/dB	防止噪声的流速限制值/(m/s)	管道周围的声压级/dB	防止噪声的流速限制值/(m/s)
70	33	90	57
80	45		

(6) 选用合适的管道配管方案

在配管时应尽量避免 T 形连接，最好采用弯曲管道连接，管径大于 200mm 的管道更要注意。

管道的转弯半径应大于 5 倍直径。

对于泵的接管，其转向应与泵的叶片旋转方向相同。详见图 5-142。

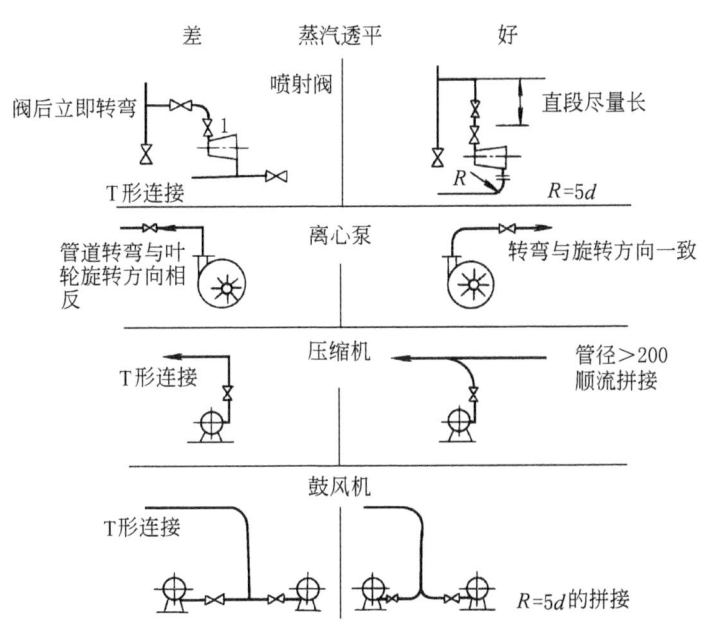

图 5-142 合理的管道连接

(7) 采用挠性连接

挠性接管可以隔绝噪声在管内的传递，可防止动力设备振动传递给管道，又可对管道中心线的偏移给以补偿。

挠性接管有定型产品，在有关手册中可查到，一般可降低噪声 10～15dB（A）。

(8) 管道隔声用弹性支吊架

采用弹性支吊架也可防止管道噪声从吊架、支座传递到墙壁、天花板、基础上，这类弹性支吊架已有定型产品，在有关手册中可查到。

(9) 使用吸声保温材料

一般的保温材料都具有吸声和隔声的作用。那么工艺上已经有保温要求的管道和阀门相当于也有吸声和隔声的措施。而对于本不需要保温，但会发出噪声的管道和阀门，可以在弯头或阀门处，设计成部分保温，可起到吸声和隔声的作用。这时采用的保温厚度应取 50～80mm。这个措施对控制低频噪声有利，但控制高频噪声会使吸声效果下降。

5.17.3.2　放空消声的措施

蒸汽、工艺气体放空，空气动力设备的放空，都会产生较大的噪声，最高可达到 140dB(A)，影响半径在 500m。排气放空噪声也称为喷注噪声，按喷口气流速度的不同可分为亚声速喷注和阻塞喷注两种。

放空消声最有效的办法是在排气口安装消声器。常用的型号有扩散缓冲型消声器和小孔型消声器。这些消声器已有系列产品生产，可按产品说明书选用。

放空系统消声器的安装注意事项如下。

① 消声器的排放气能力要和放空的气体量相等，不然消声器的选用规格太小，会降低消声效果。

② 如果排放系统中排气体的点很多，也不必每个放空点都设消声器。可以在每个放空点上设置限流孔板，而在管网中共用一个消声器。

③ 排放易燃易爆气体的系统，所选用的消声器要设计有相应的防爆措施。

④ 消声器的选用和设计要考虑到它的刚性和防腐蚀性。消声器支架的荷载要包括排气放空时的反冲力和管道位移。

⑤ 大型的蒸汽放空消声器要设计有疏水装置。

5.17.3.3　火炬消声

火炬也是石油化工企业中产生噪声的主要设置之一，它的噪声产生主要是由燃烧、熄灭烟气的蒸汽喷射运动，密封罐中的水运动、湿气的冷凝冲击等引起的。根据全厂的噪声水平的总体要求，火炬燃烧时的噪声干扰应控制在低于 80dB(A)，事故状态时它的噪声级不宜大于 100dB(A)。

火炬的消声措施如下：

① 火炬头的蒸汽喷射器采用多孔喷嘴，可降低喷射噪声。

② 在放空气的喷嘴处设置消声罩。

③ 采用多孔圆筒挡圈，设置在浸入管的外围，用来抑制液面波动而产生的噪声。

5.17.3.4　排气放空噪声的计算

前面已经介绍过排气放空噪声按气流速度可分为两种，对它们可进行定量的研究分析。下面就介绍有关的计算方法。

(1) 亚声速喷注噪声计算

亚声速喷注噪声，喷口处的驻点压力(或容器内压力)(p_s)小于临界压力，如式（5-333）所示。

$$p_s < p_0[(k+1)/2]^{k/(k-1)} \tag{5-333}$$

式中　p_s——驻点压力，Pa；

　　　p_0——环境压力，Pa；

　　　k——绝热指数，过热蒸汽和燃料气取 $k=1.33$，常见气体的绝热指数可查有关标准。

亚声速喷注噪声具有明显的指向性，在与喷射方向成 30°方位处噪声最强烈。呈现连续宽带状态，带宽约为 6 个倍频程。亚声速喷注噪声频谱是斯特劳哈尔数的函数。对于已经确定的管径（D）和排气速度（V），噪声的峰值频率（f）可用式（5-334）计算。

$$f = St(V/D) \tag{5-334}$$

式中　f——峰值频率，Hz；

　　　St——斯特劳哈尔数，$St=0.15\sim0.2$；

　　　V——排气速度，m/s；

　　　D——管径，mm。

分析式（5-334）可知，排气速度越高，管径越小，则噪声的峰值频率就越高。

亚声速喷注噪声的声功率可用赖塞尔八次方定律估算，见式（5-335）。

$$W = K_0 \frac{\rho^2 V^8 D^2}{\rho_0 C_0^5} \tag{5-335}$$

式中　W——喷注时辐射的总声功率，W；

　　　ρ——喷注介质密度，kg/m³；

　　　ρ_0——大气密度，kg/m³；

　　　C_0——环境声速，m/s；

　　　D——喷口直径，mm；

　　　K_0——常数，采用 SI 单位制时 $K_0=(0.3\sim1.8)\times10^{-4}$。

从式(5-335)可知，亚声速喷注速度减小一半，噪声可降低 24dB，声功率下降为原有的 4‰。

（2）阻塞喷注噪声

喷口处气流速度等于声速时为阻塞喷注，产生的噪声除一般的湍流噪声外，还有因喷口阻塞而在喷口外形成的冲击波，沿轴向形成一系列的冲击室，对声波起放大和反馈作用，所以阻塞喷注噪声分为两部分，即连续谱噪声和离散谱噪声。连续谱噪声与亚声速喷注相似，但峰值频率较高，离散谱噪声主要产生于气室压力等于0.2~0.4MPa 时。

（3）排气放空噪声计算

a. 亚声速喷注时，离喷口 1m 远处，侧向喷注湍流噪声的声压级由式（5-336）计算。

$$L_{90°} = 80 + 20\lg\frac{(R-1)^2}{R-0.5} + 20\lg D \tag{5-336}$$

式中　$L_{90°}$——喷口 1m 远处侧向喷注湍流噪声的声压级，dB；

　　　R——驻点压力比，$R=\dfrac{p_s}{p_0}$；

　　　p_s——喷口内的驻点压力或气室绝对压力，Pa；

　　　p_0——环境大气压，$p_0=9.8\times10^4$ Pa；

　　　D——喷口直径，mm。

b. 阻塞喷注时，已知排气量和排气管径，求 A 声级。距喷口 1m 远，与喷射方向成 45°时，A 声级计算经验式如式（5-337）所示。

$$L_A = 110 + 20\lg Q - 20\lg D \tag{5-337}$$

式中　L_A——与喷射方向成 45°时 A 声级，dB（A）；

　　　Q——排气流量，kg/h；

　　　D——排气管内径，mm。

5.17.4　设置隔声罩

（1）隔声罩的常用结构及降噪量

对于独立的强噪声设备或装置（包括装置上的阀门），可按操作、维修及通风冷却要求采用不同型式的隔声罩。

固定密封型结构的隔声罩，降噪量在30～40dB（A）。

活动密封型结构的隔声罩，降噪量在15～30dB（A）。

局部开敞型结构的隔声罩，降噪量在10～20dB（A）

带有通风散热消声结构的隔声罩，降噪量在15～25dB（A）。

（2）隔声罩的设计要点

① 隔声罩的设计必须以不影响生产和不妨碍操作为原则。

② 隔声罩内的吸声层表面用穿孔率≥18％的穿孔钢板护面或钢丝网护面，吸声材料用中粗无碱玻璃布袋装，其平均吸声系数≥0.5。

③ 隔声罩内部若安装发热设备，则必须进行通风换气，通风口必须配以消声器，其消声量以不降低隔声要求为准。

④ 隔声罩外形避免方形平行罩壁，以防止罩内因空气声驻波效应而使隔声量出现低谷。

⑤ 钢结构隔声罩为防止共振和吻合效应产生，应在罩壁钢板内侧涂刷阻尼材料，抑制钢面板振动。阻尼层厚度不小于钢板厚度的2～4倍，并且做到黏结紧密、牢固，结构上应尽量去掉不必要的金属面。

⑥ 隔声罩与噪声源设备不可有刚性接触，防止声桥形成而降低隔声效果。

⑦ 罩板各连接点要做好密封处理，工艺管线、电缆穿过罩壁时，必须加套管并做好密封处理。

⑧ 隔声罩安装时，罩内声源设备与隔声罩的罩壁落地部分应采取隔振措施，以提高隔声效果。

（3）消声器的分类

① 阻性消声器　阻性消声器利用声波在多孔性吸声材料中传播时，因摩擦作用将声能转化为热能而达到消声的目的，对中高频消声效果好。根据其几何形状可分为管式、蜂窝式、列管式、片式、折板式、迷宫式和声流式，消声量在20～30 dB（A）。

② 抗性消声器　抗性消声器以控制声抗大小来消声，即利用声波的反射、干涉及共振的原理，吸收或阻碍声能向外传播，适用于消除中低频噪声或窄带噪声。根据作用原理的不同可分为扩张式、共振式和干涉式等多种，消声量在15～25dB（A）。

③ 阻抗复合消声器　把阻性消声器和抗性消声器结合在一起构成阻抗复合消声器。该消声器既具有阻性特点——消除中高频噪声，又具有抗性特点——消除中低频及特殊频率的噪声。结构中既具有阻性材料又具有共振器、扩张室等声学滤波器。通常将抗性段放在气流入口端。消声量：低频段为10～15dB，中高频段为20～35dB，经A计权后平均消声量在25～30 dB（A）。

④ 微穿孔板消声器　微穿孔板消声器是一种新型的阻抗复合式消声器。利用微孔结构的阻性和抗性双重作用来降低噪声，消声量在20～25 dB（A）。

⑤ 小孔消声器　小孔消声器又称孔群消声器，是利用气体从小孔中高速喷射达到升频效应来消声。气体喷射时的压力比一般大于临界压力比1.89，消声量高达35～40 dB（A）。

（4）消声器的选用原则

① 消声器适用于降低空气动力机械，如风机、压缩机、内燃机的进、排气口，管道排气、放空所辐射的空气动力性噪声。

② 空气动力机械和排气放空管道除产生气流噪声外，同时产生固体传声，所以除采用消声器外，同时还应配合相应的隔声、隔振、阻尼减振等措施。

③ 进、排气口敞开的动力机械，均需在敞口处加装消声器。

④ 在设计或选用消声器时，应从经济和效果两方面平衡考虑，其消声量一般不超过50 dB（A）。

⑤ 设计和选用消声器时应控制气流速度，使再生噪声小于环境噪声。消声器（或管道）中气流速度推荐值如下。

    a. 鼓风机、压缩机、燃气轮机的进入排气消声器处流速应≤30m/s。

    b. 内燃机的进入排气消声器处流速应≤50m/s。

    c. 高压大流量排气放空消声器流速应控制在≤60m/s（管道中）。

⑥ 选用消声器时应核对其压力降，使消声器的阻力损失控制在工艺操作的许可范围内。

⑦ 消声器除满足降噪要求外，还需满足工程上对防潮、防火、耐油、耐腐蚀、耐高温高压的工艺要求。

⑧ 对尚无系列产品供应，并有一定要求的消声器，可作为特殊管件进行设计制造。在选用和设计消声器时推荐考虑以下几点。

    a. 选用阻性消声器时，应防止高频失效的影响。当管径＞400mm时，不可选用直管式消声器。

    b. 当噪声频谱特性呈现明显的低中频脉动时，选用扩张式消声器。

    c. 当噪声频谱呈现中低频特性但无脉动时，选用共振消声器。

    d. 高温高压排气放空噪声，选用小孔消声器。

    e. 大流量放空噪声，选用扩散缓冲型消声器。

    f. 具有火焰喷射和阻力降要求很小的放空噪声，采用微穿孔金属板消声器。

（5）排气消声器的性能数据

① KX-P型消声器系列　本系列消声器分中压、高压、超高压、亚临界四大类。见表5-117。

表5-117　KX-P型消声器系列性能数据

消声器类别	消声器型号	适用锅炉参数			消声器特性					质量/kg
		容量/(t/h)	压力/(kgf/cm²)	温度/℃	设计排放量/(t/h)	消声量/dB(A)	总高度L/mm	最大直径D/mm	接管直径×厚度$(d×h)$/mm×mm	
中压	ϕ2KXP（ZH）-10	35	39	450	10	36.4	1175	ϕ108	ϕ57×3	29
	ϕ2KXP（ZH）-10A	35			10	36.4	1079	ϕ260	ϕ57×3.5	37
	ϕ2KXP（ZH）-25	65 75			25	40.4	1604	ϕ219	ϕ57×3	64
	ϕ2KXP（ZH）-25A	65 75			25	40.4	1578	ϕ260	ϕ57×3.5	49
	ϕ2KXP（ZH）-40	130			40	36.7	1976	ϕ273	ϕ108×4.5	126
	ϕ2KXP（ZH）-40A	130			40	36.7	2040	ϕ260	ϕ108×4.5	86
	ϕ2KXP（ZH）-60	220			60	36.5	2394	ϕ273	ϕ108×4.5	142
高压	ϕ2KXP（G）-60A-Ⅱ	220	100	540	60	36.3	2284	ϕ516	ϕ133×10	194
	ϕ2KXP（G）-85A-Ⅱ	410			85	39	2644	ϕ516	ϕ133×10	217
	ϕ2KXP（G）-100A-Ⅱ	410			100	39.7	2848	ϕ516	ϕ133×10	232
超高压	ϕ2KXP（CH）-100A-Ⅱ	410	140	540	100	40.7	2831	ϕ516	ϕ133×16	242
	ϕ2KXP（CH）-200A-Ⅱ	670			2×100	—	—	—	—	—
亚临界	ϕ2KXP（Y）-150A-Ⅱ	1000	170	555	150	42.4	3492	ϕ516	ϕ133×16	288

注：1kgf/cm² = 98.0665kPa。

② GUP 型排气放空消声器系列 本系列分 6 种规格，外形呈圆筒状，见表 5-118。

表 5-118 GUP 型排气放空消声器性能数据

型号	配用排气管直径/mm	外形尺寸/mm			连接法兰尺寸/mm				质量/kg
		总长度	有效长度	外径	外径	螺孔中径	内径	螺孔数-螺孔直径	
GUP-1	38（1½英寸）	350	300	188	145	110	41	4-φ18	22
GUP-2	50（2英寸）	450	375	200	160	125	53	4-φ18	30
GUP-3	63（2½英寸）	550	450	215	180	145	67	4-φ18	37
GUP-4	76（3英寸）	600	500	228	195	160	80	4-φ18	45
GUP-5	100（4英寸）	650	550	254	215	180	100	8-φ18	55
GUP-6	127（5英寸）	750	600	280	245	210	131	8-φ18	76

③ ZK-V 型排气放空消声器系列 本系列消声器分 11 种规格，外形呈圆筒状，见表 5-119。

表 5-119 ZK-V 型排气放空消声器系列性能数据

型号	适用压力/(kgf/cm²)	适用流量/(t/h)	外形尺寸/mm		消声量/dB(A)	型号	适用压力/(kgf/cm²)	适用流量/(t/h)	外形尺寸/mm		消声量/dB(A)
			外径 D	有效长度 L					外径 D	有效长度 L	
1#	1~8	0.5~10	300	600	30~40	7#	42~99	5~70	700	1500	30~40
2#	1~8	11~100	900	2200	30~40	8#	100~130	10~50	700	1700	30~40
3#	9~25	1~20	500	1000	30~40	9#	100~130	51~150	1000	2500	30~40
4#	9~25	21~100	1000	2200	30~40	10#	131~141	50~200	1200	3000	30~40
5#	26~41	5~30	600	1200	30~40	11#	142~180	80~250	1300	3500	30~40
6#	26~41	31~100	1000	2300	30~40						

注：1kgf/cm² = 98.0665kPa。

④ B 型排气消声器系列 本系列消声器共分 3 种规格，见表 5-120。

表 5-120 B 型排气消声器性能数据

型号	外形尺寸/mm			接管尺寸/mm	消声频段/Hz	最大静态消声量/dB(A)	允许介质最高流速/(m/s)	允许介质最大压差/(kgf/cm²)	允许介质最高温度/℃	压力损失/mmH₂O
	直径	有效长度	安装长度							
B802	φ102	260	404	ZGφ12.7（即1/2英寸）ZGφ19（即3/4英寸）	125~16000	42	70	8	150~200	120
B811	φ300	916	1196	φ89×4.5 或法兰盘	125~16000	40	70	2	150~200	88
B812	φ258	692	958	φ57×4.5 或法兰盘	63~16000	43	70	1.5	150	42

⑤ PX 型排气放空消声器系列　本系列消声器共分 14 种规格，见表 5-121。

表 5-121　PX 型排气放空消声器系列性能数据

型号	入口管径 /mm	设计排量 /(t/h)	外形尺寸/mm 直径	外形尺寸/mm 长度	质量 /kg	配用设备及用途
PX-1	57	6	500	800	145	适用于 6t/h 以下的低压工业锅炉排汽及安全阀排汽
PX-2	108	10	600	1200	230	适用于 6~12t/h 的低压工业锅炉排汽及安全阀排汽
PX-3	108	20	600	1500	280	适用于 35t/h 中压锅炉点火排汽及低压锅炉的安全阀排汽
PX-4	133	30	700	1500	360	适用于 35~65t/h 中压锅炉点火排汽及低压锅炉的安全阀排汽
PX-5	133	45	800	1500	460	适用于 130t/h 中压锅炉或 220t/h 高压锅炉点火排汽及中压锅炉的安全阀排汽
PX-6	108	60	800	1800	580	130~220t/h 高压锅炉点火排汽，65t/h 中压锅炉安全阀排汽
PX-7	133	75	900	1800	650	230t/h 高压锅炉点火排汽，130t/h 中压锅炉安全阀排汽
PX-8	133	100	900	2100	700	400t/h 超高压锅炉点火排汽，220t/h 高压锅炉安全阀排汽
PX-9	133	130	1000	2100	820	400t/h 高压及超高压锅炉点火排汽，220t/h 高压锅炉安全阀排汽
PX-10	159	130	1100	2200	1050	670t/h 超高压锅炉点火排汽，400t/h 高压锅炉安全阀排汽
PX-11	219	230	1200	2200	1300	670t/h 超高压锅炉点火排汽，400t/h 高压、超高压锅炉安全阀排汽
PX-12	219	300	1300	2600	1700	400t/h、670t/h、1000t/h 高压、超高压锅炉点火排汽，安全阀排汽
PX-13	273	400	1400	2800	2200	1000t/h 超高压锅炉点火及安全阀排气，400t/h、670t/h 高压或超高压锅炉安全阀排汽
PX-14	325	550	1500	2900	2800	1000t/h 超高压锅炉安全阀排汽

⑥ CQ 扩散缓冲型放空消声器系列。见表 5-122。

⑦ CS 小孔型放空消声器系列。见表 5-123。

表 5-122　CQ 扩散缓冲型放空消声器系列性能数据

型号	放空量/(m³/h)	备注
CQ_{1A}	11000	消声量为 30dB(A)
CQ_{2A}	22000	
CQ_{3B}	32000	
CQ_{4B}	54000	
CQ_{5C}	108000	
CQ_{6D}	160000	
CQ_{7D}	220000	
CQ_{8D}	320000	

表 5-123　CS 型放空消声器系列性能数据

型号	放空量/(t/h)	备注
CS1-A	1	消声量为 35~40dB(A)
CS2-A	2.5	
CS3-A	5	
CS4-A	10	
CS5-A	15	
CS6-A	25	
CS7-A	50	

5.17.5 消声器选用实例

某化工厂生产工段的放空管共有 8 个点,规格为 $\phi 159 \times 4.5$,放空介质为热空气,温度 260℃,放空流量≤12000m³/h,放空压力为 0.47MPa,放空点离厂界围墙的水平距离 80m,围墙外有商店、居民住宅和交通干线。所在地区属于Ⅲ类,即工业区。需设计消声器降低放空噪声。

设计步骤如下。

① 用公式(5-337)估算距放空管 1m 远 45°方向处的噪声级。

已知:$Q=12000\text{m}^3/\text{h}$,$D=150\text{mm}$,$\rho=1.293\text{kg/m}^3$

所以 $L_{A1}=110+20\times\lg(12000\times1.293)-20\times\lg150$

$\qquad\qquad=(110+83.8-43.50)\text{dB(A)}$

$\qquad\qquad=149.8\text{dB(A)}$

② 选定噪声限制值。

据 GB 12348—2008 规定,工业区厂界噪声限制值:昼间 65dB(A),夜间 55dB(A)。

又据该标准中第 1.3 条规定,白天排气噪声峰值允许超标 10dB(A),夜间允许超标 15dB(A),所以选定噪声限制值为:白天 75dB(A),夜间 70dB(A)。

③ 设计目标值确定。

a. 噪声的距离衰减计算(ΔL)。已知放空管口与厂界水平距离为 80m,又由于放空管口安装在厂房顶,标高为 50m,经计算得放空管口与厂界的实际距离约 94m($\sqrt{80^2+50^2}=94$)。

距离衰减值为

$$\Delta L=20\lg\frac{r_2}{r_1}=20\times\lg\frac{94}{1}\text{dB(A)}=39.5\text{dB(A)}$$

b. 估算厂界外噪声级($L_{A界}$)

$$L_{A界}=(149.8-39.5)\text{dB(A)}=110.3\text{dB(A)}$$

c. 消声量的设计目标值确定($\Delta L_{消}$)

$$\Delta L_{消}=(110.3-75)\text{dB(A)}=35.3\text{dB(A)}$$

④ 消声器选型。据前面规定可知,该排气噪声属于阻塞喷注,放空口处驻点压力 $p_s>p_0[(k+1)/2]^{k/(k-1)}$。空气的 $k=1.4$,所以 $p_s>1.89$,其峰值频率极高。为此选用 CS 放空消声器,该消声器的消声量在 35~40dB(A),符合设计目标值 35.3dB(A)。

根据表 5-123 选定型号为 CS7-A(特)。

⑤ 型号中加(特)的有关说明。

a. 表 5-122 中 CS 型放空消声器适用于排气压力为 1MPa,而本例的排气压力为 0.47MPa,订货时应作特别说明。

b. 本例的排气压力为 0.47MPa,推力较小,为了减少排气阻力,确保正常排气,订货时要加以说明。

由于上述两项原因,故在原型号后加(特)字,以示区别。

5.18 人身防护系统的设计

在石油化工装置中都有发生事故状况的可能，为保障职工的安全和健康，应该选用必需的人身防护设施。

石油化工企业内的人身防护系统，应包括安全喷淋洗眼器、防护面罩、应急氧气呼吸系统、专用药剂、机械损伤保护等。对一般的石油化工装置而言，至少应选用防护面罩、应急氧气呼吸器等。在设计过程中，需要设置上述设施时，由工艺系统专业向安全专业提出有关条件，由安全专业负责选型并完成相应的综合材料表。而安全喷淋洗眼器的设计，是由工艺系统专业完成的，并绘制在公用物料管道及仪表流程图上，再向有关专业提出设计条件。因此我们只重点介绍有关安全喷淋洗眼器的设计内容。

5.18.1 应用范围

在石油化工企业内，凡是使用生产对人体有腐蚀或对人体的皮肤、眼睛有刺激或容易被皮肤吸收，而损害内部器官组织的有毒化学品的装置，都要设计有安全喷淋洗眼器。

5.18.2 安装位置

装置系统内安全喷淋洗眼器的安装位置应遵循以下原则。

一般性有毒、有腐蚀性的化学品的生产和使用区域内，包括装卸、贮存和分析取样点附近，安全喷淋洗眼器按 20~30m 距离安装一个。

在剧毒、强腐蚀及温度高于 70℃ 的化学品以及酸性、碱性物料的生产和使用区内，包括装卸、贮存和分析取样点附近，应设置安全喷淋洗眼器。具体位置是在上述范围内，离最可能使操作员受伤害的地点 3~5m 处。但不能小于 3m，而且要避开化学品喷射方向布置，以免事故发生时影响它的使用。

在化学分析室内需要频繁使用有毒、有腐蚀性的试剂，并有可能对人体发生损伤的岗位，要设计安装安全喷淋洗眼器。

电瓶充电室附近应设计安装安全喷淋洗眼器。

一般来说安全喷淋洗眼器应设计安装在通畅的过道旁，多层厂房内应布置在同一轴线上或靠近出口处。

5.18.3 设计要求

安全喷淋洗眼器属于特殊管件，在公用物料管道仪表流程图上采用的图形符号、类别代号及编号的方法，应参考化工行业标准《管道仪表流程图设计规定》（HG 20559—93）的内容。

(1) 安全喷淋洗眼器用水的设计条件

水质：冲洗用水必须用生活水，没有生活水的地方应使用过滤水。

水压：0.2~0.4MPa。

水温：以 10~35℃ 为宜。

水量：安全喷淋器最小水流量 114L/min（安装在实验室的安全喷淋器最小水流量 76L/min），安全喷淋洗眼器最小水量 12L/min（每用一次需要冲水洗 15min）。水量要求连续而充足地供应。

(2) 安全喷淋洗眼器的配管设计要求

安全喷淋洗眼器尽量与经常流动的给水管道相连接，而且连接管道要求尽可能短。

安全喷淋洗眼器的喷淋头的安装高度以 2.0~2.4m 为宜。

当给水的水质较差时，在安全喷淋洗眼器前安装一个过滤器，过滤网采用80目的为好。安全喷淋洗眼器的给水管道应采用镀锌钢管。

在寒冷地区选用安全喷淋洗眼器，要选用埋地式的，它的进水口与排水口的位置必须埋在冻土层以下200mm。这时还应选用电热式安全喷淋洗眼器。

(3) 安全喷淋洗眼器的电气设计要求

安全喷淋洗眼器处要安装标识灯，灯光为绿色。在防爆区内应选用防爆灯。在防爆区内选用电热式安全喷淋洗眼器，也应选用防爆型的。

(4) 安全喷淋洗眼器的自控设计要求

各个安全喷淋洗眼器应在控制室内设有指示灯。

(5) 其他要求

每星期至少试用两次。

安全喷淋洗眼器处要设立醒目的安全标志牌，标志牌的底色为绿色，字体为白色。

5.18.4 性能数据和产品图示

安全喷淋洗眼器的性能参数见表5-124。温州四方化工机械厂制造的事故喷淋洗眼器的几种类型见图5-143～图5-145。

表5-124 安全喷淋洗眼器性能参数

序号	型号	名称	功能	特点	安装要求 供水压力/MPa	供水流量/(L/s)	接口尺寸 管螺纹/英寸
1	AX-Ⅰ	事故洗眼冲洗器	喷淋、洗眼	内有滞留积水，不适用于结冰的地区，拉手柄开阀	0.2～0.4	1～2	1或1.25
2	AX-X-Ⅰ	事故洗眼器	洗眼		0.2～0.4	0.15～0.25	1或1.25
3	AX-Ⅱ	事故洗眼冲洗器	喷淋、洗眼	存水能自动排完，适用于任何地区，踩脚踏板开阀	0.2～0.4	1～2	1或1.25
4	AX-X-Ⅱ	事故洗眼器	洗眼		0.2～0.4	0.15～0.25	1或1.25
5	AX-L-Ⅰ	事故冲洗器	喷淋	有积水，拉手柄开阀	0.2～0.4	1～2	1或1.25
6	AX-L-Ⅱ	事故冲洗器	喷淋	不存水，踩脚踏板开阀	0.2～0.4	1～2	1或1.25
7	AX-Ⅰ-Y	事故洗眼冲洗器	喷淋、洗眼	同AX-Ⅰ，且能配洗眼药水	0.2～0.4	1～2	1或1.25
8	AX-X-ⅠY	事故洗眼器	洗眼	同AX-X-Ⅰ，且能配洗眼药水	0.2～0.4	0.15～0.25	1或1.25
9	AX-ⅡY	事故洗眼冲洗器	喷淋、洗眼	同AX-Ⅱ，且能配洗眼药水	0.2～0.4	1～2	1或1.25
10	AX-X-ⅡY	洗眼器	洗眼	同AX-X-Ⅱ，且能配洗眼药水	0.2～0.4	0.15～0.25	1或1.25
11	AX-Ⅲ	事故洗眼冲洗器	喷淋、洗眼	进水阀深埋，能排水及配眼药水	0.2～0.4	1～2	1或1.25
12	AX-X-J	简易洗眼器	洗眼	简易、轻巧、安装方便	0.2～0.4	0.15～0.25	1或1.25
13	AX-L-J	简易冲洗器	冲洗全身	简易、轻巧、安装方便	0.2～0.4	1～2	1或1.25

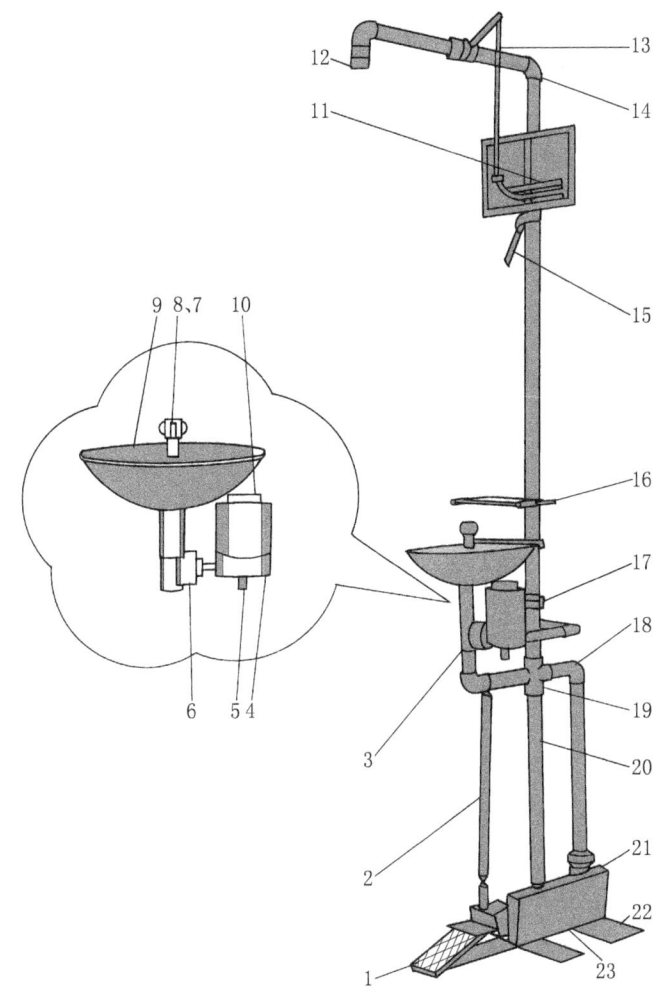

图 5-143 事故洗眼冲洗器结构示意

1—脚踏板；
2—踏板拉杆；
3—排水三通；
4—配药容器；
5—排水螺杆；
6—过滤器；
7—喷头盖；
8—洗眼喷头；
9—积水盘；
10—配药容器盖；
11—指示牌；
12—冲洗喷头；
13—球阀；
14—弯头；
15—冲洗手柄；
16—安全头靠；
17—三通与接头；
18—弯头；
19—四通；
20—进出水管；
21—进水总阀（1$\frac{1}{4}$英寸）；
22—安装底盘；
23—回拉踏板

(1) AX-Ⅰ型事故洗眼冲洗器

如图 5-144 所示，该产品管内留有积水，适宜冬天不结冰的地区使用，冲洗全身与洗眼的安全防护产品。

拉下上手柄，就可冲洗全身。推开洗眼喷头盖时，即可清洗眼睛与脸部。

(2) AX-X-Ⅰ型事故洗眼器

如图 5-145 所示，该产品管件内留有积水，适宜冬天不结冰地区使用。只要推开洗眼喷头盖，即可进行清洗眼睛与脸部。

(3) AX-Ⅱ型事故洗眼冲洗器

如图 5-146 所示，该产品管件内水能自动排完，不留积水，任何地区均可使用。

由特制球阀作为进水控制，首先踩踏脚踏板，打开进水开关。拉下上手柄，即可冲洗全身；推开洗眼喷头盖即可清洗眼睛与脸部。冲洗完毕，脚踩回位踏板，进水关闭。

(4) AX-X-Ⅱ型事故洗眼器

如图 5-147 所示，该产品管件内水能自动排完，不留积水，任何地区均可使用。

踩踏脚踏板，打开进水开关。推开洗眼喷头盖，即可进行清洗眼睛与脸部。冲洗完毕，脚踩回位踏板，进水关闭。

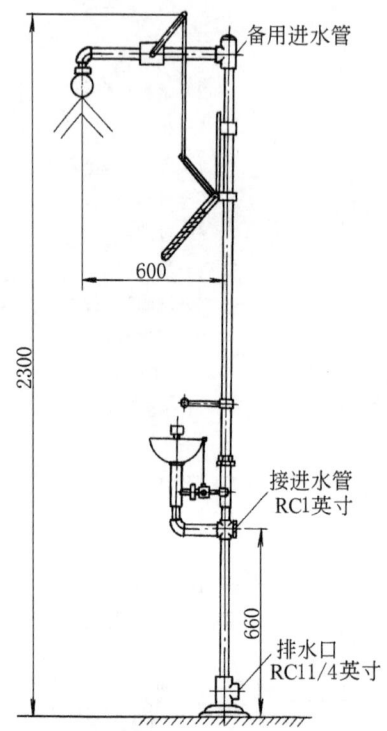

图 5-144　AX-Ⅰ型事故洗眼冲洗器

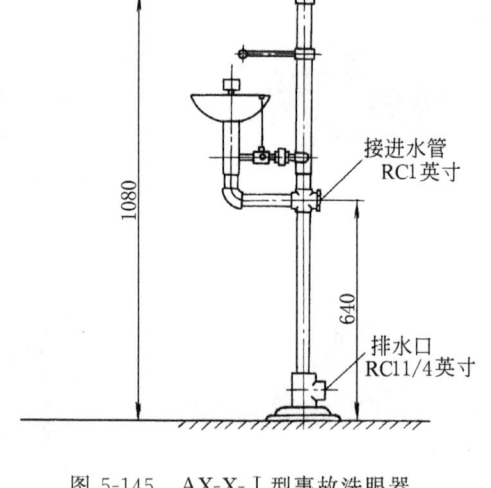

图 5-145　AX-X-Ⅰ型事故洗眼器

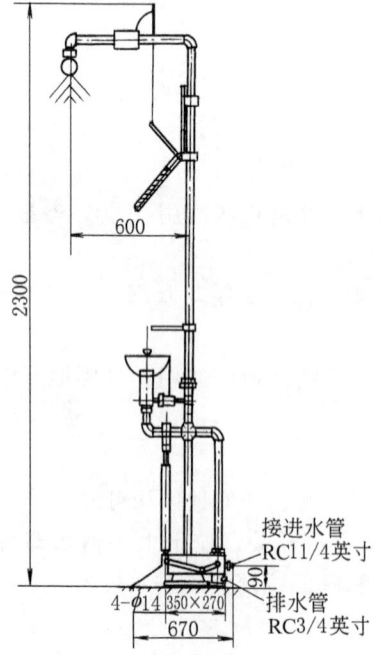

图 5-146　AX-Ⅱ型事故洗眼冲洗器

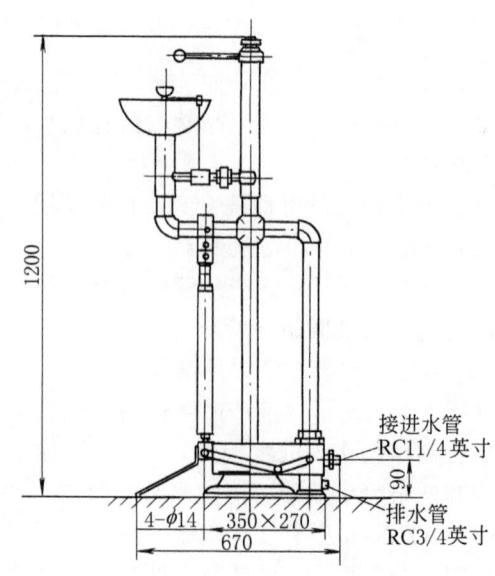

图 5-147　AX-X-Ⅱ型事故洗眼器

(5) AX-L-Ⅰ型事故冲洗器

如图 5-148 所示，该型产品使用后管件内留有积水，适宜冬天不结冰的任何地区使用。工作时，只要拉下上手柄，即可冲洗全身。

(6) AX-L-Ⅱ型事故冲洗器

如图 5-149 所示，该型产品使用后管件内积水能自动排完，不会冻结，任何地区均可使用。

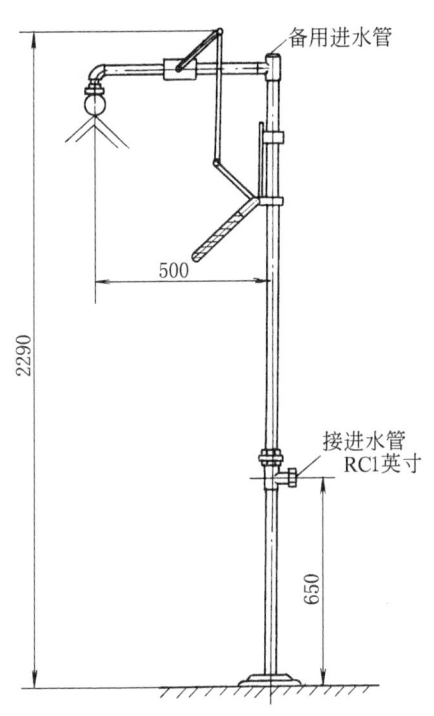

图 5-148 AX-L-Ⅰ型事故冲洗器　　　　图 5-149 AX-L-Ⅱ型事故冲洗器

踩踏脚踏板，打开进水开关。即可冲洗全身。冲洗完毕，脚踩回位踏板，进水关闭。

(7) AX-ⅠY型事故洗眼冲洗器

如图 5-150 所示，该型产品带有一个配药洗眼功能，其他功能、结构及特点均与 AX-Ⅰ型相同。

(8) AX-X-ⅠY型事故洗眼器

如图 5-151 所示，该型产品带有一个配药洗眼功能，其他功能、结构及特点均与 AX-X-Ⅰ型相同。

(9) AX-ⅡY型事故洗眼冲洗器

如图 5-152 所示，该型产品带有配药洗眼功能，其他功能、结构及特点均与 AX-Ⅱ型相同。

(10) AX-X-ⅡY型洗眼器

如图 5-153 所示，该型产品带有配药洗眼功能，其他功能、结构及特点均与 AX-X-Ⅱ型相同。

(11) AX-Ⅲ型事故洗眼冲洗器

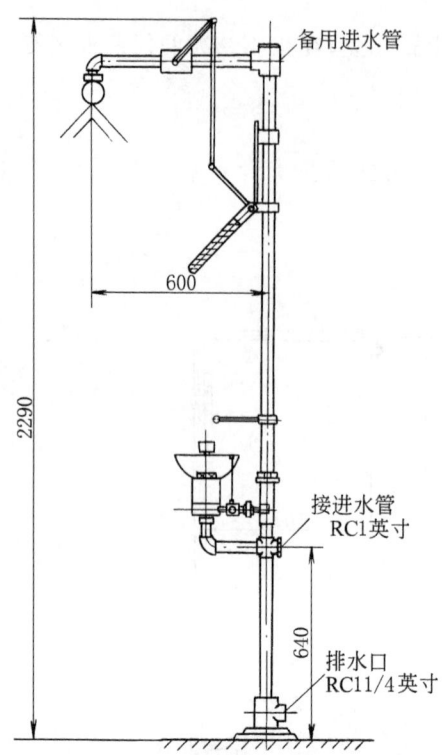

图 5-150 AX-ⅠY型事故洗眼冲洗器

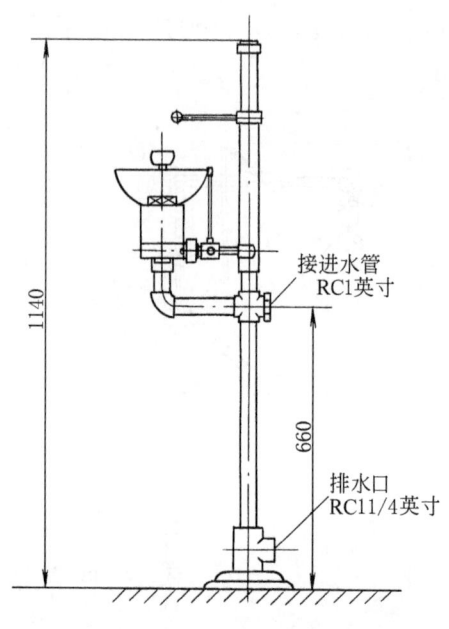

图 5-151 AX-X-ⅠY 型事故洗眼器

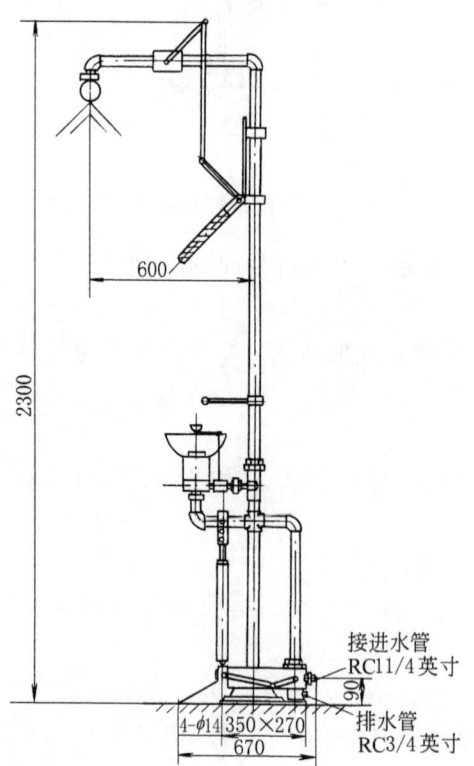

图 5-152 AX-ⅡY型事故洗眼冲洗器

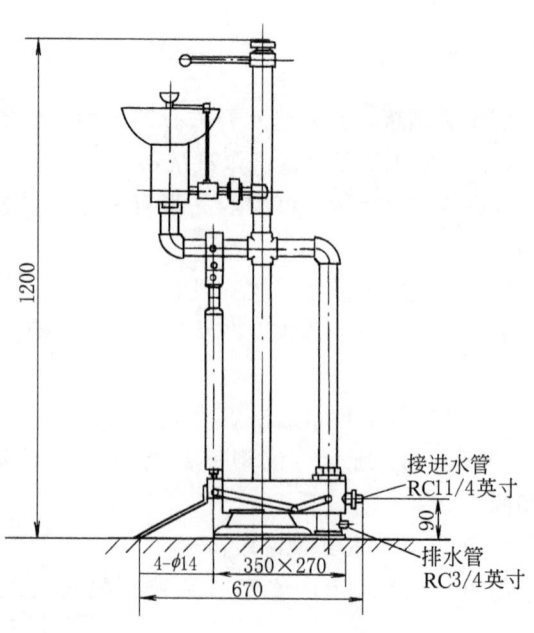

图 5-153 AX-X-ⅡY型洗眼器

如图 5-154 所示,该型产品的特点是进水控制阀埋在地下 65～120cm 处,管件内水能自行排完,不留积水,并有配药物功能,任何地区均可使用。

工作时,开启总阀,拉下上手柄,即可冲洗全身,推开洗眼喷头盖即可洗眼睛和脸部。

(12) AX-X-J 型简易洗眼器

如图 5-155 所示,其特点是简易、轻巧、安装方便,只需将进水口就地接入水源管路就可进行工作。推开洗眼器喷头盖即可清洗眼睛和脸部。

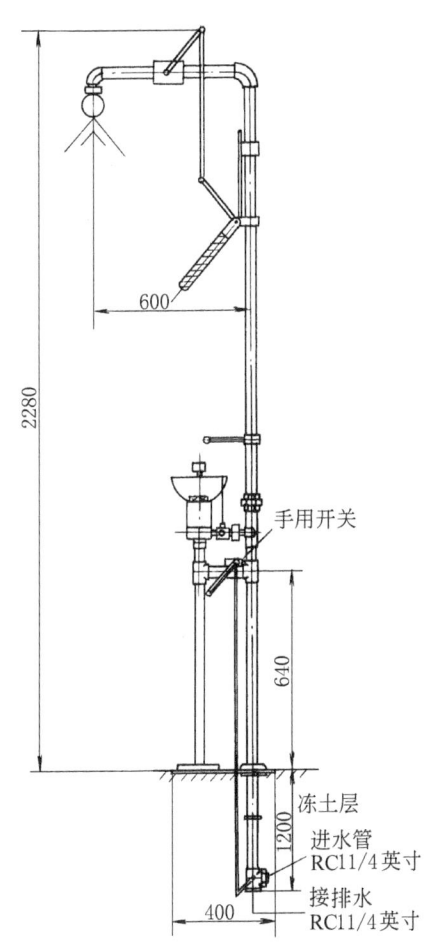
图 5-154 AX-Ⅲ型事故洗眼冲洗器

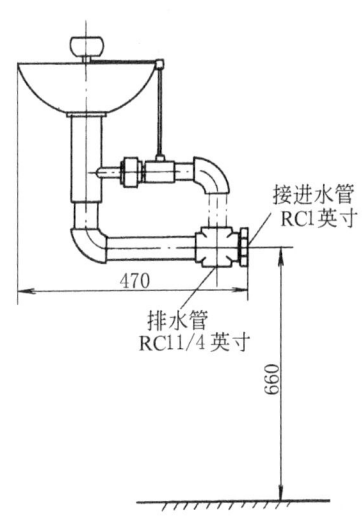
图 5-155 AX-X-J 型简易洗眼器

5.19 装置内辅助系统的设计

装置内辅助系统主要包括生产辅助系统和公用物料站两大部分,它们是一个石油化工装置中不可缺少的组成部分。

5.19.1 辅助系统的设计

石油化工装置的辅助系统应包括全部为生产过程服务的水、气(汽)、燃料气(油)等的系统,我们在这里主要介绍蒸汽及冷凝水系统、循环冷却水等六个不同的系统,如果设计者在完成设计任务时碰到其他系统也可参照这里介绍的原则处理。这些系统的设计要求有很多共同之处,我们先介绍这些共同的设计要求。

(1) 总管、干管、支管的设置

从公用物料系统到各个使用设备之间都要用管道来连接，由于用户很多，连接管道必然是错综复杂的。为了合理利用能量，需要合理设计管道分配系统，所以把管道分为总管、干管和支管。

支管——连接一台设备的公用物料管道。

干管——连接多根支管的公用物料管道。当装置内只有一根干管时，该干管也可称总管。

总管——连接多根干管的公用物料管道。

(2) 根部阀的设置

在总管与干管（或干管与干管）的连接处设置的阀门，称为根部阀。

设置根部阀的目的是，防止一台设备出故障要停工检修，造成整个装置被迫停工的后果。一般在连接多台设备的支管上，都应设置根部阀。

(3) 盲板的设置

一般在总管的根部阀的内法兰处要设置盲板，以便整个石油化工装置检修时可以完全切断公用物料系统。

(4) 自控仪表的设置

一般公用物料系统管道，在进装置总管的截断阀后的管道上要安装一些自控仪表，如压力表、温度计、流量计，流量计要设计成有流量指示和累计的功能，以便计量公用物料的消耗量，蒸汽管道还要根据工艺的要求，安装压力控制阀或减温减压器。

在设计有DCS系统的石油化工装置内，上述的压力表、温度计、流量计一般要引入计算机系统内。

(5) 公用物料系统流程图（UFD）和管道仪表流程图（PID）的设计原则

UFD应表示完整的生产过程，包括使用或生产公用物料的设备、公用物料干管及主要控制方案等。

使用或生产公用物料的设备，应标示出不同工况下需要或产生的公用物料量，填写设备位号及名称，有温度、压力变化处，标示出温度和压力。

在公用物料干管上要标示出各种不同压力、温度的公用物料主干管，正确标示公用物料经过的设备顺序和走向。

经过管道水力学计算后，在UFD和PID上要标示出管径。

按照管道等级规定和管道标志要求进行管道标注和绝热设计及标注。

经过安全分析后，进行安全阀、报警、联锁等安全设计。

在公用物料的PID中应标示所有的管道，包括总管、干管及支管。

在总管及干管上需要安装的仪表、调节阀、安全泄压阀、阀门、管件等都在该系统的PID上标示。

在支管上工艺生产操作需要安装的仪表、调节阀、阀门、管件等都应在工艺系统的PID上标示。而在支管上需要安装的根部阀、止回阀等应在公用物料系统的PID上标示，这样规定的目的是避免统计材料时造成重复浪费。

以上原则适用于各类公用物料系统。

5.19.2 蒸汽及冷凝水系统

蒸汽系统的PID设计应按高压、中压和低压系统分别设计。

蒸汽系统的PID仅表示使用或产生蒸汽的设备（包括备用设备）。设备以方块图表示，有特殊要求时，可用适当的图形表示。装置内的分析室、泡沫消防站、办公室等辅助设施需用蒸汽时，把该辅助设施名称写在方块图内按设备处理。

在蒸汽系统内部，应按照疏水器的设计原则，设置必需的疏水器。

高压、中压和低压蒸汽系统应分别采用稳压措施，但都不能采用经常排放一部分蒸汽的办法。

不同压力等级的蒸汽冷凝水要降级使用，先进入下一个压力等级的蒸汽冷凝水罐，使高压的蒸汽冷凝水减压气化排出低压蒸汽，这样可充分利用能量。回收二次蒸汽后的冷凝水，不能回收二次蒸汽的冷凝水根据其水质分别用泵送到脱氧罐或界区外使用。

5.19.3 冷冻盐水系统

常用的冷冻水包括氯化钙水溶液、丙二醇水溶液和乙二醇水溶液在内；氯化钙水溶液由于对碳钢管道有腐蚀而逐渐被淘汰。

冷冻盐水系统的设计应考虑节能措施，使能量得到合理利用，降低产品的能耗。冷冻盐水系统 PID 的设计应按不同温度等级的冷冻盐水分别编制。

冷冻盐水系统的 PID 仅表示使用冷冻盐水的设备（包括备用设备）。设备以方块图表示，有特殊要求时，可用适当的图形表示。装置内的分析室、泡沫消防站、办公室等辅助设施需用冷冻盐水时，把该辅助设施名称写在方块图内按设备处理。

5.19.4 循环水系统

循环水系统的 PID 仅表示使用循环水的设备（包括备用设备和成套机组）。设备以方块图表示，有特殊要求时，可用适当的图形表示。装置内的分析室、泡沫消防站、办公室等辅助设施需用循环水时，把该辅助设施名称写在方块图内按设备处理。

在寒冷地区要注意防冻问题，在上水和回水间要加平衡线及阀门，在装置临时停车检修期间，可不停循环水，也不会冻坏管道和设备。

5.19.5 仪表空气系统

仪表空气系统的 PID 仅表示使用仪表空气的设备和仪表用仪表空气阀门甩头。设备以方块图表示，有特殊要求时，可用适当的图形表示。仪表空气应在总管及干管上设置阀门甩头。

装置内的分析室、泡沫消防站、办公室等辅助设施需用仪表空气时，把该辅助设施名称写在方块图内按设备处理。

5.19.6 氮气、装置空气系统

氮气、装置用空气系统的 PID 仅表示使用氮气、装置空气的设备（包括备用设备）。设备以方块图表示，有特殊要求时，可用适当的图形表示。装置内的分析室、泡沫消防站、办公室等辅助设施需用氮气、装置用空气时，把该辅助设施名称写在方块图内按设备处理。

5.19.7 燃料气系统

在一个装置内只适合设置一个燃料气系统，该系统的压力应在 $0.2\sim0.5\text{MPa}$ 的范围内，如果有压力低于 0.2MPa 的燃料气，也可根据需要另设管网系统，但不得超过两个管网系统。

燃料气排放管网的集液低点应设计有密闭排凝设施，凝结液收集罐、分液罐和缓冲罐等设备和管网系统，应根据需要采取防冻措施。

为稳定生产需要而经常或定期排放的燃料气体，当其操作条件与燃料气系统相适应时，应排入燃料气系统，作为补充；当燃料气系统压力过低时可用液态烃气化后补充。

燃料气用户应考虑采用燃料油作为备用燃料。只能烧气的装置应有液化石油气的汽化器，

以汽化的液化石油气作为备用燃料。

液化石油气的汽化器的正常汽化量,可取燃料气总用量的5%~10%。

汽化热源可采用低压蒸汽,汽化器应设安全泄压阀。

当装置建在寒冷地区时,如果液化石油气在控制压力下的冷凝温度高于当地的月平均最低温度,应有防凝措施。

5.19.8 公用物料站的设计

在石油化工装置中为满足临时性的检修和清洗工作的要求应设置若干的公用物料站(也称软管站或公用工程站)。公用物料站不应用于正常的工艺生产过程中,只是作为清洗、置换、开车前的准备、事故处理及维修等阶段的公用物料补充的来源。

应根据不同工艺条件和要求以及物料性质,设置相应的公用物料站。

(1) 公用物料站的物料

公用物料站常用的物料有:蒸汽、压缩空气、水和氮气。公用物料站用的蒸汽、压缩空气、水和氮气管道不能和生产过程中使用的蒸汽、压缩空气、水和氮气共用一条支管,应在进入装置后与其分开,以避免当装置停车后公用物料站就不能工作。

在一个具体的装置中是否一定要设置以上四种公用物料,要根据装置的物料性质来决定,如果装置内的物料没有易燃易爆的,都是不可燃的物料,就可不设氮气的公用物料站;但如果公用物料不仅用于清洗和置换扫线,还要用于消防灭火,则装置内还要设置灭火蒸汽线。

(2) 公用物料站的位置

公用物料站的设置位置按覆盖面积约15m半径的区域来设计,使之能为整个装置服务。下面分几个特定的场所来介绍它们的公用物料站的设计原则,如果工艺有明确的设置场合的要求,应按工艺要求设置。

① 构筑物内的公用物料站 构筑物内的公用物料站应按覆盖面积约15m半径的区域来设计,一般把公用物料站设计在立柱的附近,以便于公用物料站的支撑固定和操作。

② 室内公用物料站 室内公用物料站也是按覆盖面积约15m半径的区域来设计,一般也是靠墙或立柱安装,便于公用物料站的支撑固定和操作。

③ 塔和立式反应器的公用物料站 塔和立式反应器的公用物料站,应设立在地面上和操作平台上靠近设备处。一般每隔两层平台设置一个公用物料站。塔顶平台上应该安装一个公用物料站。在塔上的公用物料系统站的连管不应影响人孔盖的开启和人在直爬梯上的行动。

④ 大型设备附近的公用物料站 这里指的大型设备包括工业炉、锅炉在内。在这些设备附近的地面上和操作平台上安装公用物料站,而且在主操作面的每一个方向上都应该安装公用物料站。

⑤ 罐区和装卸区的公用物料站 罐区的公用物料站应安装在罐区的围堰外,在围堰的四周靠近堰边的地点设置。公用物料站之间相隔15m安装一个。如果罐区较大,只在围堰外设置公用物料站,公用物料站距围堰内的罐超出15m时,也可在围堰内罐与罐之间设置公用物料站。

装卸区公用物料站应设置在装卸台附近的地面上,以不影响操作为准。液体槽车的装卸的公用物料站,应设置在操作平台上。

泵区的公用物料站就应安装在设备附近的地面上。

(3) 管道的排列次序

常用的四种公用物料：水、蒸汽、压缩空气和氮气，它们的排列次序应该是蒸汽、水、压缩空气和氮气。这样排列有利于施工和安全操作，而且每个公用物料站的介质排列次序应该完全一致，以免在紧急情况下因接错介质而扩大事故。

(4) 公用物料站的安装高度

公用物料站的管端快速接头的安装高度一般是 0.8~1.2m。

(5) 软管箱的设置

公用物料站可以设置软管箱，这样可以方便使用。软管箱一般设置在公用物料站的旁边，在它的侧面或背面，以方便操作为目的。

(6) 公用物料站的防冻措施

公用物料站中的蒸汽管道不论在什么地区都应保温。当装置建在寒冷地区时，水管道应该采用保温防冻措施，保温方法有两种：一种是水管和蒸汽管道一起保温，这样的方法保温效果显著；另一种方法是水管和蒸汽管道分别保温，在气温不太低的地区可以这样保温。在寒冷地区，公用物料站的水管的供水阀应该安装在阀门井中。

(7) 公用物料站管口的连接方式

公用物料站的各种物料管道的管口接头一定要方便操作，所以应采用快速接头，如果是连接橡胶管可采用宝塔形接头。阀门规格从 $DN15~50$ 不等，可根据装置特点而定。

(8) 公用物料站的系统压力

公用物料站的系统压力的选择，要兼顾安全和适用的原则，压力不能太高，否则可能伤人。常用的办法是公用物料站的蒸汽系统，从低压蒸汽管网上接；水从工业用水管网上接。

公用物料站的各种物料压力范围见下表。

水	0.2~0.4MPa	压缩空气	0.3~0.6MPa
蒸汽	0.2~0.4MPa	氮气	0.3~0.6MPa

5.20 取样系统的设计

在石油化工装置中为检测生产过程是否正常，产品是否合格，都需要按时在原料、中间产品和产品中采取样品供化验用，而所取样品的代表性是否可靠，对分析化验结果的正确性有很大影响。要保证样本的代表性，就需要正确设计一个取样系统。取样系统的设计是否正确对能否保证正常生产和产品质量有很大关系。

5.20.1 系统的分类

对取样系统最重要的要求是，一定要从有代表性的流动物流中取样，不能从流体的死角处取样。所以取样系统应该是和主物流流向一致的一个流动的封闭系统。

一个完整的取样系统应包括：直通阀、取样口的前后保护阀、取样阀及相应的管道。取样系统的阀门和管道应和流体的主管道取相同的设计条件。

在工艺系统专业完成的带控制点工艺流程图上，取样系统的画法，可以简单地用一个方框或字母代号表示；也可以按选用的具体取样系统，完整地画出来，具体怎么做可由工程项目具体规定。但如选用简便方法表示，就应该在图例符号的说明中有详尽说明并附上设计详图。

如果要取样的物料对人体和环境不会造成损害和污染,不论是对气相还是对液相取样,取样系统都可采用敞口取样器。敞口取样器的示意见图 5-156(a)和图 5-156(b)。

如果要取样的物料对人体和环境会造成损害和污染,不论是对气相还是对液相取样,取样系统必须采用密闭取样器系统。密闭取样器的示意见图 5-158 和图 5-159。

如果要取样的物料温度高于 60℃以上,不论是对气相还是对液相取样,取样系统必须采用带水冷却装置的取样器。带水冷却装置的取样器的示意见图 5-157 和图 5-158,图 5-157 仅适用于液体取样系统,而图 5-158 可适用于气体或液体取样系统。

根据以上原则,取样系统可以分为不同类型,在具体设计中究竟选用哪种取样器,主要从以下几个方面考虑。

① 需要安装取样器的管道中介质的操作温度,如果大于 60℃就要选用带水冷却装置的取样器;小于 60℃的介质就可以选用不带水冷却装置的取样器。

② 需要安装取样器的管道中介质的物料性质,如果介质是会污染环境的有毒、有害和易燃易爆的物料,就要选用密闭系统的取样器;如果介质不污染环境就可选用敞口取样器。对于毒性大的物料即便选用密闭取样器,在取样时工人也要戴好防毒面具,因为取出取样瓶前虽然关闭了前后阀,但是软管内仍有毒气存在,也能危害人体。

③ 根据需要安装取样器的管道的直径来选择安装方式,公称直径大于 80mm 的管道需要在安装取样器的管道上设计一个限流孔板,见图 5-156(b),使取样工作更方便、更安全。

5.20.2 各类取样系统的设计

(1) 介质对环境不污染时

① 介质温度小于 60℃的取样系统。见图 5-156。

② 介质温度大于 60℃的取样系统。见图 5-157。

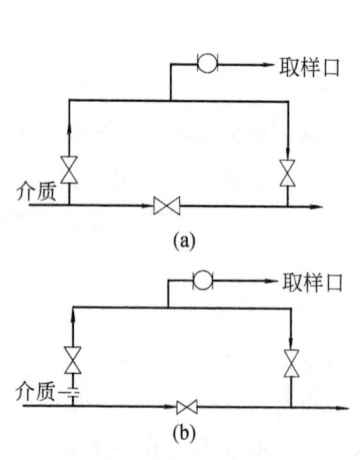

图 5-156 敞口取样器示意(一)

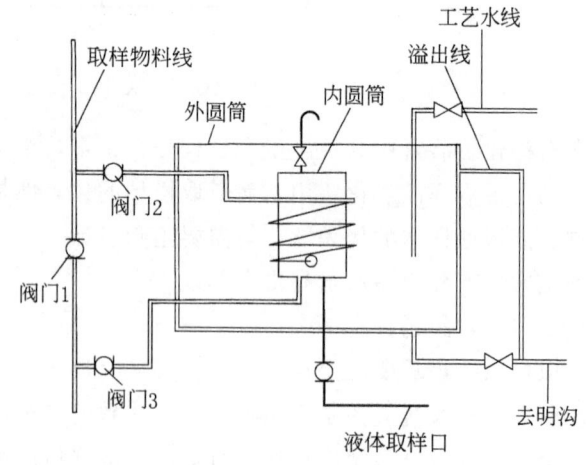

图 5-157 敞口取样器示意(二)

(2) 介质对环境有污染时

① 介质温度大于 60℃的取样系统。见图 5-158。

② 介质温度小于 60℃的取样系统。见图 5-159。

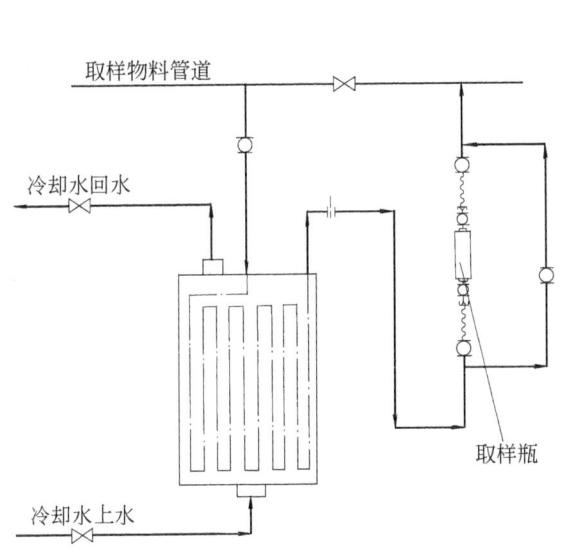
图 5-158 密闭取样器示意（一）

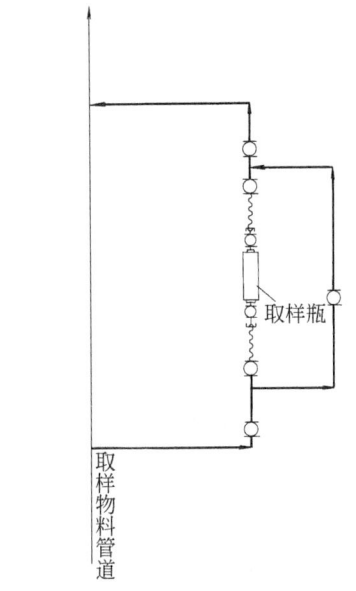
图 5-159 密闭取样器示意（二）

5.20.3 取样器的使用注意事项

在取样前先打开取样口的前后阀门，并关闭直通阀，让流体从取样口的循环管道中流动几分钟后再打开取样阀门取样。

对适合使用针头取样的物料，可以把取样阀改为针型取样器。

取样系统中的冷却器、软管和取样专用钢瓶都有专门的厂家生产，可按管件购买。常用取样冷却器的制造尺寸见表 5-125 和表 5-126。

以下介绍的几种气、液取样阀和取样冷却器，可供选用。

表 5-125 取样冷却器系列

项目型号	介质种类	设计温度/℃	设计压力/MPa	盘管材质	设备开口						金属总重/kg
					1	2	3	4	5	6	
A	油品	350	3.92	20	15	15	20	25	G1/2英寸		20
B	含硫油品	350	3.92	0Cr18Ni9Ti	15	15	20	25	G1/2英寸		20
C	油气	350	3.92	20	15	15	20	25	G1/2英寸		20
D	含硫油气、氢气	350	3.92	0Cr18Ni9Ti	15	11	20	25	G1/2英寸		20

表 5-126 取样冷却器

型号	材料		公称压力/MPa		传热面积/m²	管程截面积/m²	
	管程	壳程	管程	壳程		碳钢	不锈钢
8CG-10C	20	Z		1.0			
8CD-10C	20	K		1.0			
8CC-10C	20	C		1.0			
8S1C-10C	1Cr18Ni11Ti	Z		1.0			
8S1D-10C	1Cr18Ni11Ti	K	10.0	1.0	0.22	1.01	0.57
8S1C-10C	1Cr18Ni11Ti	C		1.0			
8S6G-10C	0Cr17Ni12Mo2	Z		2.0			
8S6D-10C	0Cr17Ni12Mo2	K		1.0			
8S6C-10C	0Cr17Ni12Mo2	C		2.0			

注：Z—灰铸铁；K—可锻铸铁；C—铸钢，代表制造厂家如温州四方化工机械厂。

（1）冲洗式液体取样阀

FLS型冲洗式液体取样阀，阀瓣紧靠被取样管的管壁。因此，液体入口处无死角。此外还有冲洗管口，可用水冲洗阀门内腔存液，可使取样准确、可靠。该阀以四种不锈钢和聚四氟乙烯制造。具有良好的耐腐蚀性能，可广泛应用于石油、化工、医药等生产装置的管道设备上。

图 5-160～图 5-163 为几种形式的冲洗式液体取样器。

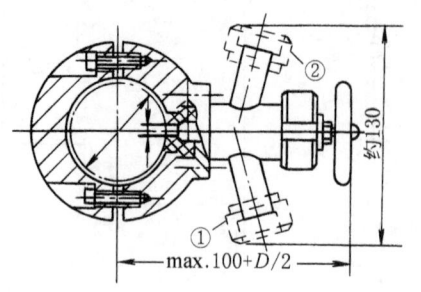

工作压力/MPa	≤0.6
工作温度/℃	≤180
适用介质	无固体颗粒的液体

图 5-160　FLS_1 型冲洗式（管卡型）液体取样阀
①为取样管口，DN 1/4 英寸；②为冲洗管口，DN 1/4 英寸

适用于被取样管径 $DN20\sim50$，安装时应在被取样管壁上钻 $\phi8$ 孔。

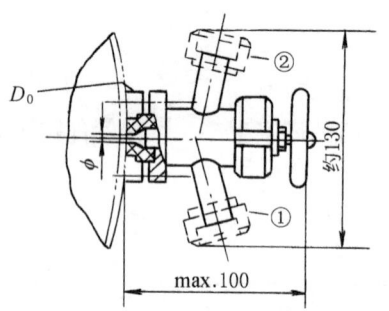

工作压力/MPa	≤0.6
工作温度/℃	≤180
适用介质	无固体颗粒的液体

图 5-161　FLS_2 型冲洗式（法兰型）液体取样阀
①为取样管口，DN 1/4 英寸；②为冲洗管口，DN 1/4 英寸

适用于被取样管径 $DN\geqslant100$，安装时应在被取样管壁上钻 $\phi8$ 孔。

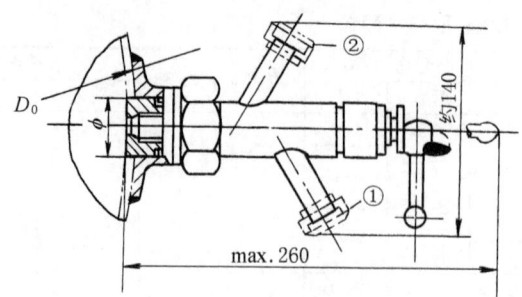

工作压力/MPa	≤1.6
工作温度/℃	≤180
适用介质	无固体颗粒的液体

图 5-162　FLS_3 型冲洗式（鞍座型）液体取样阀
①为取样管口，DN 1/4 英寸；②为冲洗管口，DN 1/4 英寸

适用于被取样管径 $DN\geqslant100$，安装时应在被取样管壁上钻 $\phi30$ 孔。

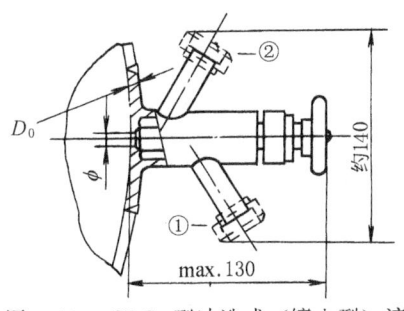

工作压力/MPa	≤1.6
工作温度/℃	≤180
适用介质	无固体颗粒的液体

注：D_0=被取样管壁厚，由客户提供。

图 5-163 FLS_4 型冲洗式（镶入型）液体取样阀

①为取样管口，DN 1/4 英寸；②为冲洗管口，DN 1/4 英寸

适用于被取样管径 DN≥200，安装时应在被取样管壁上钻 $\phi 81$ 孔。
选用 FLS 型取样阀时，应提供被取样管材质及外径×壁厚的数据。
型号标记举例：

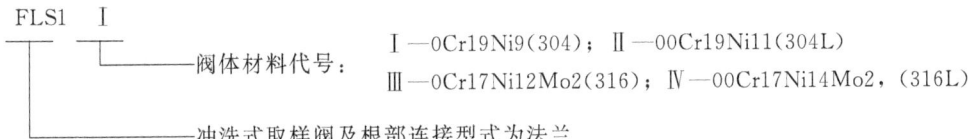

（2）气体分析取样阀
气体分析取样阀见图 5-164。

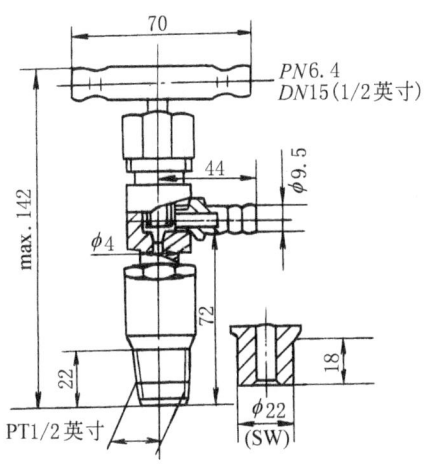

工作压力/MPa	≤6.4
工作温度/℃	≤200
适用介质	气体

图 5-164 NS 型气体分析取样阀

型号标记举例：

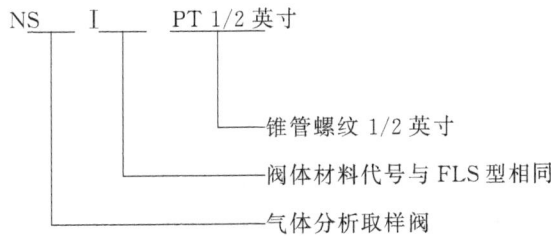

（3）取样冷却器

取样冷却器见图 5-165。

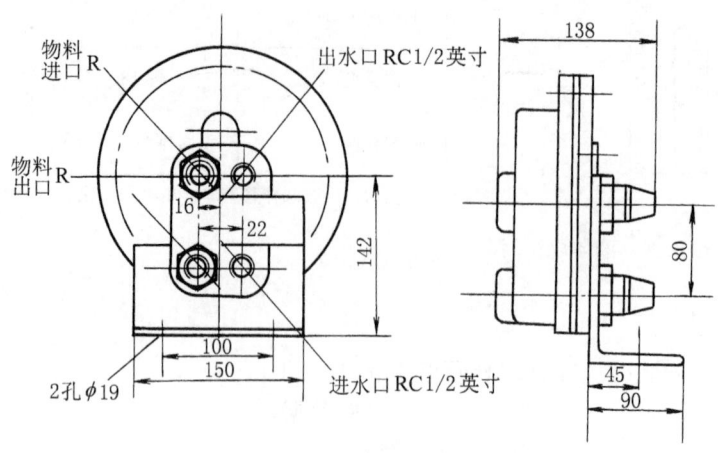

介质温度/℃	冷却水入口	≤32
	冷却水出口	≤40
	物料入口	≤520①
	物料出口	≤60②
工作压力/MPa	壳程	≤1.0
	管程	≤10.0

① 一般物料温度小于或等于350℃。

② 当物料凝固点较高时可为小于或等于90℃。

图 5-165 取样冷却器

建议采用图 5-166 所示的取样流程。

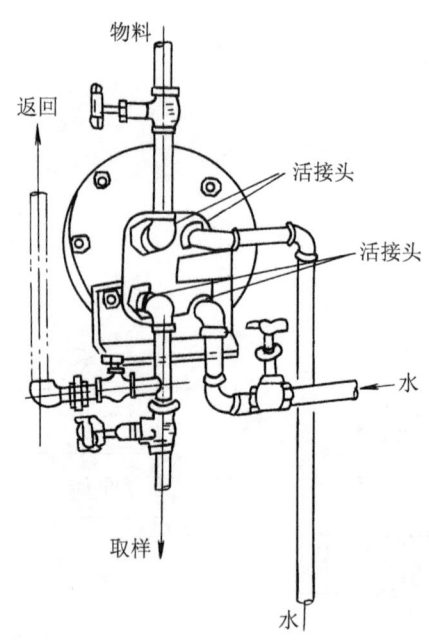

图 5-166 建议的取样流程

5.21 阀门选用设计

阀门是石油化工管道系统的重要组成部件，在生产过程中起着重要作用。本节所介绍的内容只涉及阀门的类型，不介绍阀门具体型号的内容。阀门的选用是工艺系统专业在完成管道及仪表流程图设计时的一个重要工作内容。正确地选用阀门需要综合考察流体的性质、装置生产、维修、安全的需要、生产的经济性和用户的特殊要求。本节内容主要介绍生产和安全的一般要求。本节所介绍的阀门不包含调节阀、安全阀、疏水器、减压阀等，主要叙述切断阀的选用，也包括限流孔板、盲板等与阀门有类似作用的管件的设置原则。

5.21.1 阀门的选用

阀门的选用原则是：根据操作介质的物性，操作状态下的工作条件，结合各种类型阀门的使用范围来进行综合分析后，再确定选用什么阀门。

(1) 物料状态和性质

对气体物料而言，要考虑是纯气体还是气液混合、气固混合物，该物料是否容易凝结成液体等。

对液体物料而言，要考虑是纯液体还是液体混合物，是否含有易挥发的组分，是否含有固体悬浮物，以及液体的黏度、凝固点和倾点。

对所有状态的物料而言，都要考虑是否有腐蚀性、毒性、对阀门结构材料是否有溶解性，物料是否易燃易爆等。这些性能不仅影响阀门材质，还会影响结构上的特殊要求，或者需要提高管道的等级。

(2) 操作状态

选用阀门时根据阀门的操作压力和操作温度，按本章设计压力和设计温度的确定方法确定该阀门所需的设计温度和设计压力。

另外还要考虑阀门的操作频率，如果是经常要打开和关闭的阀门，要选用耐磨的阀门结构，要求再高就应考虑用双阀。

如果要安装阀门的管道上允许压力降比较小，又不需要进行流量调节时，应选用压力降较小的阀型如闸阀和直通的球阀。

需要调节流量的管道上，应选用调节性能较好的阀型，如截止阀、蝶阀、柱塞阀。

在寒冷地区安装的阀门的阀体要选用铸钢材料，而不能选用铸铁材料。

(3) 各类阀门的功能

① 按阀门的功能分类　切断阀：能切断流体流动的阀门。几乎所有的阀门都能起到这个作用，但只用于切断而不需要调节流量的时候应选用闸阀、球阀等。要求迅速切断时应选用旋塞阀、球阀、蝶阀。

调节流量：截止阀、柱塞阀可满足一般的流量调节，针形阀可用于微量调节，在较大流量范围内进行稳定的调节，则以节流阀为好。

改变流向：利用两通或三通的球阀或旋塞阀，可以迅速改变流体流向，且用一个阀门就可以起到两个以上直通阀门的作用。

截断一个流向：防止流体倒流时采用止回阀。

② 按阀门的结构分类　闸阀：流体在闸阀内流动流向基本不变，闸阀全开时的阻力系数是所有阀门种类中最小的一种。而且它的口径和压力的适用范围很宽。闸阀在半开时，阀芯容易产生振动，所以它不适用于需要调节流量的场合，只适合于全开或全闭的情况。与同口径的截止阀相比，其安装尺寸较小，所以在石油化工装置中应用最多。

截止阀：流体在截止阀内要改变流动方向，因而阻力降较大。但它的密封性能可靠，也适合于调节流量，所以多用于需要调节流量的场合。截止阀与同口径的闸阀相比较，体积较大，因此截止阀的最大口径不超过 200mm。另外截止阀不适用于悬浮液。

除普通截止阀外还有 Y 形截止阀和角式截止阀，它们的压力降比较小一些。针形阀也是截止阀的一种，其阀芯为锥形，可用于小流量微调或取样阀。

旋塞阀、球阀、柱塞阀：这三种阀门虽然结构不同，但是功能是相似的，都是可以迅速开关的阀门。阀芯是横向开孔，流体直流通过，故压力降较小，适用于悬浮液或黏稠液体。阀芯又可以做成 L 形或 T 形通道成为三通或四通阀。外形比较规整，易做成夹套阀用于需保温的地点。而且它们比较容易制成气动阀或电动阀用于遥控。三者相比，旋塞阀的工作压力较低，而球阀和柱塞阀的工作压力较高。

蝶阀：采用圆盘式启闭件，圆盘状阀瓣固定于阀杆上，阀杆旋转 90°即可完成启闭作用，操作简便，可以调节流量，特别适用于大流量的调节。它的使用温度受密封材料的限制。

止回阀：这是专门用于防止流体反向流动的阀门，一般用于流体倒流会引起污染，压力、温度升高或机械损坏的管道上。止回阀按结构特点可分为升降式、旋启式、压紧式和底阀四种。

升降式止回阀的结构与截止阀相似，阀体和阀瓣与截止阀相同。按管道的安装位置分为两种型式，直通式升降止回阀和立式升降止回阀。

旋启式止回阀的阀瓣呈圆盘状，绕阀座通道的转轴做旋转运动。

旋启式止回阀的流动阻力比直通式升降止回阀小，适用于大口径的场合，但密封性能不如升降式，适用于低流速和流速不经常变动的场合，不适用于脉动流。根据阀瓣的数目多少，旋启式止回阀又分为以下三种：单瓣式、双瓣式和多瓣式。

旋启式止回阀可以安装在水平或垂直管道上，安装在垂直管道上时流体应自下而上流动。升降式和球式止回阀只适合于安装在水平管道上。

止回阀的密封性能较差，在要求严格禁止倒流的场合，不能只用止回阀还要采取其他措施。

隔膜阀和管夹阀：这两种阀门在使用时流体只与隔膜或软管接触而不接触阀体的其他部位，故特别适合用于腐蚀性的流体或黏稠液、悬浮液。但是使用的范围受隔膜或软管的材料限制。

5.21.2 阀门和阀门组的设置

前面一节叙述了单个阀门的选用原则，这一节主要叙述工艺系统专业在 PID 设计时常用化工单元设备及管道阀门和阀门组配置的一般要求。

(1) 界区处阀门设置

工艺物料和公用物料管道在装置界区处（通常在装置界区内侧）应设截断阀，下列几种情况例外：a. 排气系统，在界区处不能安装阀门，但为检修方便可在界区处设置一组法兰；b. 紧急排放槽设于边界外时的泄放管上，这种情况如必须设阀门时，亦需铅封开启（C.S.O）；c. 不会引起串料和事故的物料管；d. 不需计量的物料管。

边界处阀门设置见图 5-167 所示的几种方式。图 5-167 (a) 适用于一般物料的切断；当串料可能引起爆炸、着火等安全事故或重要产品质量事故的地方，为防止阀门内漏，采用图 5-167 中 (b)、(d)、(e) 加盲板的设置形式；图5-167 中 (c) 和 (e) 适于送料后需向上游或下游扫线的情况，阀 a 可兼作吹扫、排净、检查泄漏之用，也可将检测计量仪表装在串联的两个阀门之间。图 5-167 中 (e) 适用于压力变化可能较大之处，止回阀可起瞬间的切断作用。

(2) 根部阀的设置

一种介质需输送至多个用户时，为了便于检修或节能、防冻，除在设备附近装有切断阀外，在分支管上紧靠总管处加装一个切断阀叫根部阀。通常用于公用物料系统（如蒸汽、压缩空气、氮气等）。当一种工艺物料通向多个用户时（例如溶剂），需作同样设置。图 5-168 中所示阀门即为根部阀。在有节能防冻等要求时，根部阀与主管的距离应尽量小。

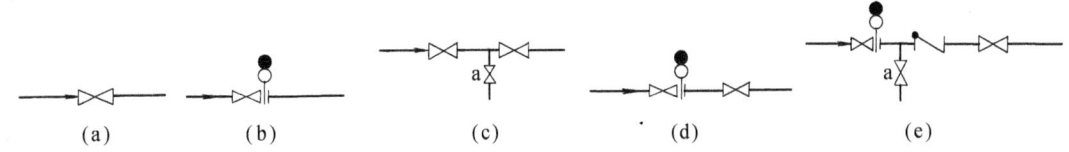

图 5-167 边界处阀门设置

化工装置内所有的公用物料管道分支管上都应装根部阀,以免由于个别阀门损坏引起装置或全厂停车。

蒸汽和架空的水管道,即使只通向一个装置或一台设备,当支管超过一定长度时也需加根部阀以减少死区,降低能耗,防止冻结。

两台以上互为备用的用汽设备应根据在生产中的重要程度确定是否分别设分支管根部阀。

公用物料分支管的根部阀由工艺系统专业设置。并将根部阀表示在公用物料 PI 图上。

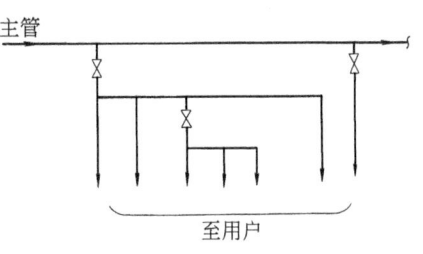

图 5-168 根部阀设置示意

(3) 双阀

液化石油气、其他可燃、有毒、贵重液体、有强腐蚀性(如浓酸、烧碱)和有特殊要求的(如有恶臭的介质等对环境造成严重污染的)介质的贮罐,在其底部通向其他设备的管道上,不论靠近其他设备处有无阀门,都应安装串联的两个阀(双阀),其中一个应紧贴贮罐接管口。当贮罐容量较大或距离较远时,此阀最好是遥控阀。为了减少阀门数量,在操作允许的情况下,按图 5-169 所示将数根管道合并接到一个管口上。

装有上述介质的容器的排净阀,也应是双阀,见图 5-169。

上述介质管道上的取样阀及排净阀应按操作频繁程度及其他条件来决定是否采用双阀。

在装置运行中需切断检修清扫或进行再生的设备,应设双阀,并在两阀之间设检查阀。设备从系统切断时,双阀关闭,检查阀打开。

也可采取其他措施代替双阀。备用的再沸器因阀门直径较大,且对压力降有严格要求,此时可装单阀(一般为明杆闸阀)并配以 8 字盲板,在再沸器一侧应设有各自的排净阀,见图 5-172。需切换再生的设备,由于再生温度往往比工作温度高出许多,此时若安装可转换方向的回转弯头,则既可安全切换,又可避免巨大的热应力。见图 5-170。

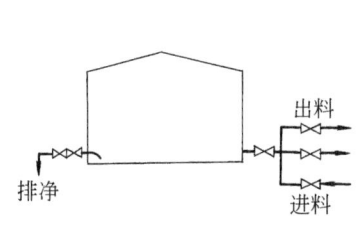

图 5-169 贮罐底部进出料共用阀门
的双阀设置及排净管双阀设置

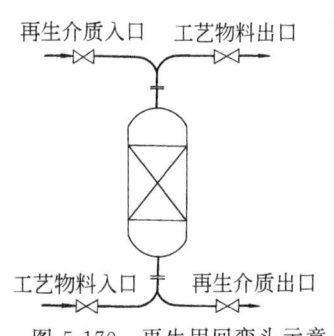

图 5-170 再生用回弯头示意

公用物料管道尽可能不与工艺物料管道固定连接，应通过软管站以快速接头方式连接。当操作需要直连时则应以双阀连接，中间设检查阀，检查阀在停止进料时打开，或加铅封开(C.S.O)。在压力可能有波动的场合再加止回阀，见图5-171。

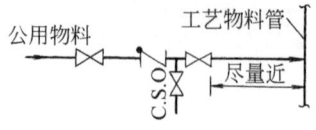

图 5-171 公用物料与工艺物料管道连接

若公用物料的压力计距此阀组较远，可在此双阀间设一压力计以便在使用时能就地监视该公用物料的压力。

这种连接方式也适用于氧气、氢气等辅助物料较频繁地向工艺系统输入的场合。

为避免液体物料对水系统的污染，在需经常加入水时，应将水管接至设备的气相空间，这种情况下亦可不设双阀。

化工工艺系统专业在设计高压废热锅炉及蒸汽系统时，可参照执行电力工业部《火力发电厂汽水管道设计技术规定》(DL/T 5054—96)的有关规定执行。

烃类和有毒、有害化学药剂等物料与其他工艺物料连接处的上游和放空、放净管上设置双阀，可参照表5-127。

表 5-127 应用双阀的温度和压力条件

介 质 名 称	工作温度/℃	工作压力/10^5Pa (G)
重烃类（灯油、润滑油、沥青等）	≥200	≥20
雷特蒸气压低于 1.05×10^5Pa，闪点低于37.8℃的烃类（粗汽油等）	≥180	≥20
雷特蒸气压高于 1.05×10^5Pa，低于 4.57×10^5Pa 的烃类（丁烷、轻质粗汽油等）	≥150	≥18
雷特蒸气压高于 4.57×10^5Pa 的烃类（丙烷等）	≥120	≥18
H_2、液化石油气	任意	任意
任何可燃气体	≥120	≥25
有毒气体及有害化学药剂	任意	≥3.5

(4) 公用物料站（公用工程站）

化工装置内的公用物料站可按覆盖面积约15m半径的区域来设置，装置区外的厂区公用站则按设计需要来设置。

各介质的切断阀规格自DN15至DN50视装置特点而定。

站上公用物料的阀门、接头的型号规格可有意地不一致，而各公用站介质排列的顺序要一致，这样可避免紧急情况下接错介质，扩大事故。

寒冷地区室外公用站的水管可按下述做法：a. 多层框架，按常规配管设置阀门，在底层地面附近截断并设快速接头，用水时从附近水阀门井内引出；若采用固定管道加排净阀的方式，则排净阀应设于阀门井内；b. 贮罐区或装卸站台等，可与给排水专业协商，适当调整阀门井位置，将供水阀门设在阀门井内；c. 与蒸汽管一起保温。

为适应维修时使用风动工具，可将公用站上压缩空气管的管径及切断阀适当加大，例如由DN25加大为DN50。

设备、管道与公用站相匹配的管接头对小型装置可与设备管道的排净放空口共用；对大型装置，可在设备上设专用的公用物料连接口（U.C）此连接口和放空阀应分别设在立式设备的下部和上部或卧式设备长度方向的两端。

(5) 塔

保持塔顶冷凝器内冷凝的蒸汽压力尽可能与塔顶压力相同，应把塔顶管道的压力降限至最小，除工艺控制的特殊需要外，塔顶至冷凝器的管道上不设置切断阀。

再沸器（包括中间再沸器）与塔体的连接管道，除工艺控制需要或需在装置运行中清理者外，均不设切断阀。

热虹吸式再沸器与塔体的连接管上需装阀门时，应采用与连接管直径相同的闸阀。在阀门与再沸器间设 8 字盲板，同时，再沸器应设各自的排净阀，见图 5-172。

一次通过式热虹吸式再沸器应在再沸器物料入口和塔底出料口之间加连通管并设置切断阀，见图 5-173，此阀的口径应至少比塔底出料管大 $\frac{1}{4}$ 英寸。

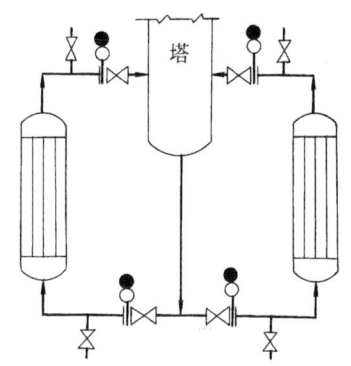

图 5-172　备用的热虹吸式再沸器工艺侧阀门设置

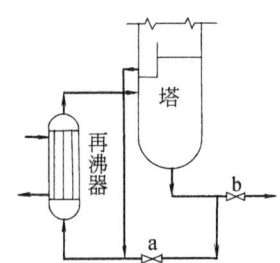

图 5-173　一次通过式再沸器阀门设置
a—连通阀；b—出料阀

强制循环的再沸器在再沸器至塔的管道上，靠近塔体处安装一个节流阀。此阀可用限流孔板代替。但在过量闪蒸不会降低由于强制循环而提高的效率对数平均温差的情况下可取消此节流阀。见图 5-174。

汽提塔侧线出料及蒸汽返回管道除因工艺控制需要外，不设置切断阀。

进料组成可能有变化的塔，应按设计变化幅度增设进料口，各进料口的切断阀应贴近塔体的进料管口。

由于减压会产生两相流的物料（液化气或饱和吸收液），进料切断阀亦应尽量接近塔的进料管口。

塔板数多、塔身过长而分为两段串联的塔顶部至另一塔底的气相管道上不设置切断阀。釜液因工艺控制需要而加的切断阀或控制阀应尽量接近受料塔的管口，见图 5-175。

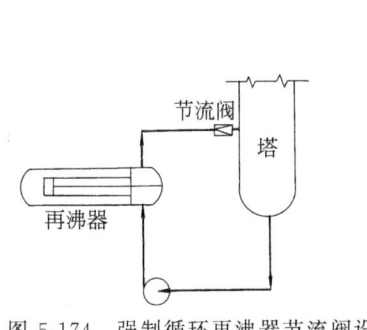

图 5-174　强制循环再沸器节流阀设置
（其他常规阀门略）

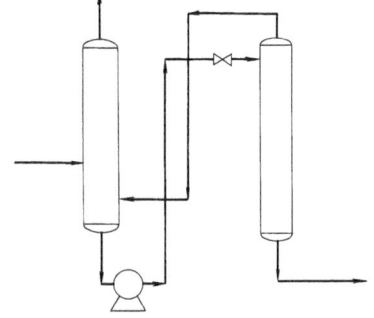

图 5-175　串联塔阀门设置示意

(6) 换热器

除了控制需要或在装置运行中需（可）切断的换热器，一般在工艺物料侧不加切断阀。

换热器两侧均为工艺流体，则按操作和控制的情况只在一侧装切断阀。

换热器因生产或维修需设置旁路时，则进出管道及旁路均设切断阀。通常下列情况需设旁路：a. 生产周期中某些过程不需传热，应切断换热器；b. 自动的或人工调节工艺温度；c. 因维修需临时切断换热器。

① 蒸汽加热设备　a. 加热蒸汽进口管应设调节性能较好的自动控制阀；b. 必须在适当位置设不凝气排放阀，此阀应位于设备上远离蒸汽进口一侧的最高处，如图 5-176 所示；c. 用蛇管加热的情况，采用疏水阀前的检查阀排除不凝气，不另设不凝气排除阀。

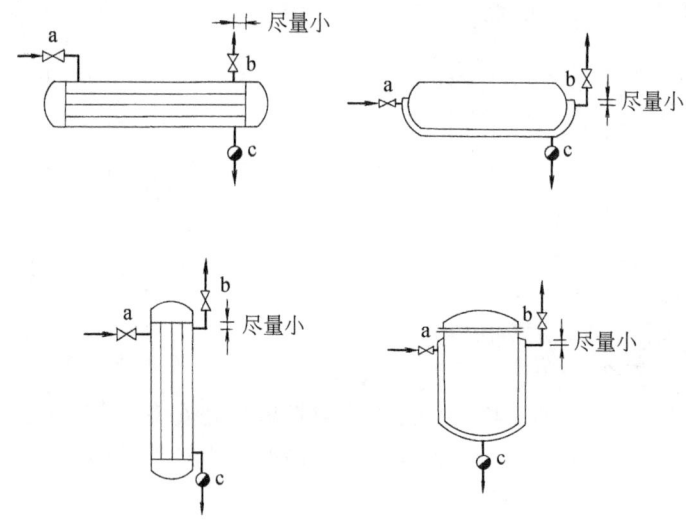

图 5-176　蒸汽加热设备不凝气排放阀设置
a—进气阀；b—不凝气，排放阀；c—疏水阀组

② 水冷却设备　a. 冷却水在运行中被加热并释放出溶解气，需在换热设备的适当位置设排气阀，此阀也用于开工时排出设备内气体，或停工排净时进气；b. 每台设备的进水口以及机泵的各冷却回路进口均应设备自的切断阀，当需要调节水量时，此阀应是自控阀或调节性能好的手动阀；c. 自流回水，出水口不设切断阀；d. 压力回水，出水口一般均应设切断阀，只有可同时停用的数台设备才可在出口共用一个切断阀；e. 通常在管道的低点设排净阀，当管道上排净阀不能排净设备内的水时，才在设备上加排净阀，多程列管式换热器及装有折流板的换热器采用在隔板上开泪孔的方式排液；f. 寒冷地区室外的水冷却器，若需在装置运行中停工检修，则应设防冻副线。

③ 空冷器　空冷器进出口管道上一般不设置切断阀，但进料是两相流的情况居多，所以要特别注意每组冷却管束的压力降分布，在设计中对进出口管道要采取对称布置。

工艺过程需要隔断操作或需在运行中维修的空冷器，应在其进出口设切断阀、排净阀和放空阀等。

(7) 容器

包括装置内容器及贮罐两大类。下列情况应装阀门。

① 有多个进口或出口需更替操作的，在管口外装阀门。

② 盛装易燃、有毒、有腐蚀性物料的容器出口的管口处装阀门，装置内容器一般装单阀，

中间或全厂罐区的贮罐装双阀。应在工程设计中针对特殊情况作出工程规定。

③ 最低点设排净阀，出料管位置应略高于排净阀。

④ 除体积小（不设检修用人孔）或可与系统一起置换的容器以外，均需在容器下部设公用物料接管（U.C）并装切断阀，并在容器顶部离公用物料管口较远的一端设放空阀。

⑤ 对需作惰性气体保护的容器和贮槽应设自力式调节阀或调节系统并串接止回阀，参见5.13"气封和液封的设计"一节。

⑥ 大型锥顶、拱顶常压贮罐在贮存易挥发物料时应装呼吸阀。在有条件或放空组分量超出环境保护和卫生标准的场所，采用低温冷凝系统代替呼吸阀。

(8) 压缩机

除了从大气中吸气的空压机不装进口阀外，所有的压缩机进出口需装切断阀。在装置运行中有可能检修的压缩机，还应在进出口内侧加8字盲板。并联的空压机应各有独立的吸风口。

所有压缩机出口阀前都应安装放空阀，压缩机的放空阀一定要安装在出口阀前。

① 压缩机进出口阀门间应有旁通管并设阀门

a. 往复式压缩机设置旁通管用以在启动时保持低负荷启动，在检修后的试车时可与系统切断不致憋压，同时亦用来保持进口处的正压，这在操作介质为易燃易爆气体时特别重要。

b. 多级往复式压缩机的旁通管可逐级连通，这样除节省能量外还可以在调试过程中调节各级负荷使之均衡运转。当工艺或安全有需要时，可再设一个终段与进口间的旁路。

c. 空压机只需在出口阀上游加一个带切断阀的直通大气的出口。

d. 离心式压缩机，旁路的通过能力应至少相当于压缩机喘振点的负荷。

② 压缩机的辅助系统

a. 辅助系统一般包括冷却水、润滑油、密封油、冲洗油、放空及排净等。

为充分利用冷却水，可按温度要求串联使用，冷却水先至后冷器再至汽缸夹套。

每一冷却水回路进口均应设各自的切断阀，并在出口采取措施：常压回水出水口要高出回水漏斗的上沿，压力回水装检流器等，以便观察水流情况。压力回水的冷却水出口必须设切断阀，以便停车检修。同一台设备的各出水口可合并后装一个切断阀。

b. 压缩机产品资料说明不随机配带润滑油、密封油及冲洗油系统时，应按资料要求配置管道、阀门。重要部位（例如轴承处的润滑）必须有独立的回路。

c. 压缩机各级间分离罐应设各自的排净阀。当所有的液体排向一根总管时，应核算压力降，确保总管处压力低于各级的压力，并在各段分离液体出口加止回阀。

d. 绝不允许液滴进入压缩机，否则，对往复式和离心式来说，会立即引起机械损坏；对螺杆式液环式压缩机损坏不显著但会影响密封油（液）的质量。所以，在压缩机进口一定要设置性能良好、能力足够的分离罐；配管设计要合理并避免将气体中凝液带入压缩机。设置管道放净阀，将管道中凝液、液滴排出；限制压缩机进出管道高于压缩机的垂直直管高度。

e. 压缩机需要置换时，可在吸入分离罐或并联压缩机的每台进出口加公用物料接管，出口应排至安全位置。

(9) 泵

泵按结构形式可分为多种类型，本规定从对配管及阀门设置的角度分为两大类：即叶片式（包括离心泵、轴流泵和旋涡泵）及容积式（包括往复式和回转式）。

① 进出口切断阀

a. 每台泵的进出口均应设切断阀。

b. 泵入口切断阀应与管道口径相同。当吸入管道比泵入口大两级时，可选用比管口大一级的阀门。此时必须验算各种条件下的有效净正吸入压头。

c. 泵出口切断阀应与管道大小相同。当输出管径比泵出口大两级或两级以上时，阀可较管径小一级。

② 止回阀

a. 容积式泵。容积式泵（如往复式泵）通常有内装的止回阀，因而不需要在管道上另设止回阀来防止流体倒流，工艺系统专业应对所选用的泵资料进行检查，如泵制造厂未提供内装止回阀则应加上此阀。

b. 叶片式泵。液体的倒流将导致发生下述各种情况时，在泵出口管道上应设止回阀：液体温度升高，比正常输送温度高 90℃ 以上；输出流体温度与压力综合情况超过泵壳体的设计条件；叶轮会由于倒转而损坏；工艺操作不能容许的各种变化。

c. 止回阀大小应与泵出口切断阀相同。

d. 并联的泵应在每台泵出口分别装止回阀。

③ 进出口连通阀

a. 离心泵通常不设此阀。

b. 容积式泵及旋涡泵因在启动或单台试车时不允许憋压，必须在泵的进出口阀门之间设连通阀，见图 5-177（a）。

c. 小型往复式计量泵可只设安全阀不设进出口连通阀。

④ 排气阀

a. 离心泵在启动前需注满液体，应设排气阀。大型的卧式离心泵在泵壳体上方设置排气阀，一般离心泵可在泵出口止回阀和泵之间略高于泵体的位置设此阀，较小的泵，可用止回阀和切断阀之间的排净阀作排气阀，立式离心泵（包括液下泵）需按产品资料所示结构决定是否设此阀，见图 5-177（b）所示。

b. 容积式泵不需设此阀。

⑤ 底阀　离心泵的吸入液位低于泵进口时，需在泵进口管底部设底阀（有时需加滤网）以便向泵体充装液体时不致泄漏。

⑥ 低流量保护设施　离心泵在流量较低的条件下操作时效率很低，甚至不能运转，需设低流量保护设施。

a. 泵有可能短期内在小于它的额定流量的 20% 的条件下操作，应装一个带限流孔板的旁路，不设阀门，该孔板的大小应按通过泵的流量至少保持在流量的 20%（应按泵的操作曲线确定）。当液体通过旁路孔板可能产生闪蒸时，旁路管道要返回泵的上游吸液设备，并使孔板贴近该设备，见图 5-177（c）。

b. 泵有可能长期处在额定流量的 40% 以下操作，应设一带有孔板式控制阀的旁路或手动阀门。

c. 泵长期在低流量下操作，旁路管道应返回泵的上游吸液设备。

d. 采用泵保护用自动再循环控制阀，使部分液体再循环流至泵的入口可保证泵的最小流量，维持泵稳定运转，较常规措施节省投资和维护费用。见图 5-180。

⑦ 泵的放空、排净　放空阀可参照 5.21.2（9）中④的规定合并设置。对于液化气或饱和吸收液，需在泵进口设排气线。当所释放的气体为易燃易爆或有毒害气体时，排气管道应就近与贮罐气相空间或火炬管道连通。真空系统泵的放空均应返回至上游吸液设备的气相空间，见

图5-177（d）。此管道也用于检修前排除泵内液化气。

从管道上的排净阀可以将泵内液体排净时，或所输送液体是无害（无毒、无腐蚀性、无污染）的，可不在泵体上设排净阀，反之，应按泵产品资料上所给排液孔大小配置排净阀。

⑧ 暖泵及防凝旁路　下列情况的泵应设暖泵及防凝旁路，见图5-177（e）。

a. 输送温度超过200℃。

b. 气温可能低于物料的倾点或凝点；防凝用旁路应采用蒸汽伴热或电伴热保温。

c. 可用在止回阀阀瓣上钻孔的方式取代此旁路。

⑨ 高压旁路　高扬程的泵的出口切断阀两侧压差较大，尺寸较大的阀门阀瓣单向受压太大不易开启，需在阀门前后设DN20的旁路，在阀门开启前先打开旁路使阀门两侧压力平衡。见图5-177（f）。

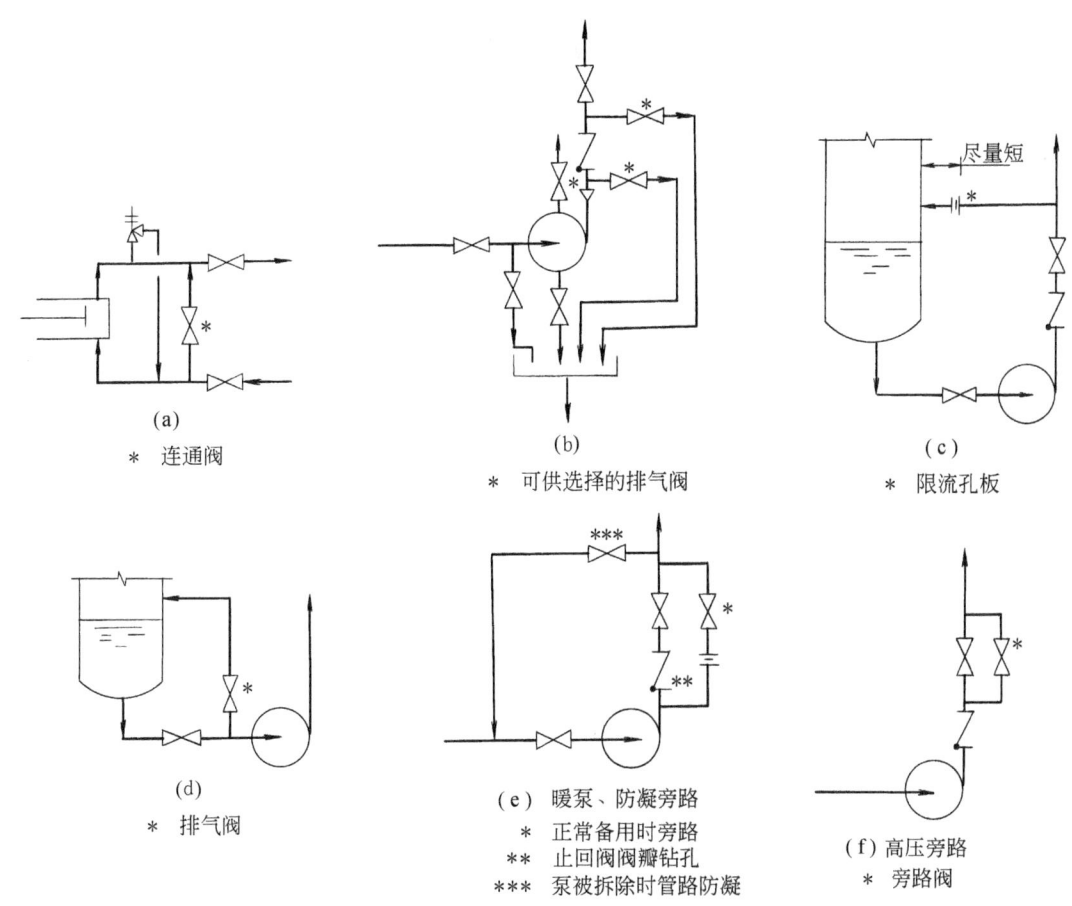

图 5-177　泵的各种阀门设置

⑩ 其他

a. 冷却水、冲洗液、密封液管道：一般情况下数个进口管可合用一个进口切断阀，但在重要的场合（例如高温或高速泵的轴承）应每一回路各设一进口阀，且出口应有分别观察冷却水等介质流动状况的措施，见压缩机的阀门设置规定。

b. 蒸汽往复泵的蒸汽管道在管道低点设疏水阀，在进口阀和乏汽出口外侧均应设排净阀。

c. 常规泵的保护措施见图 5-178；自动再循环控制阀（图 5-180）保护系统见图 5-179。

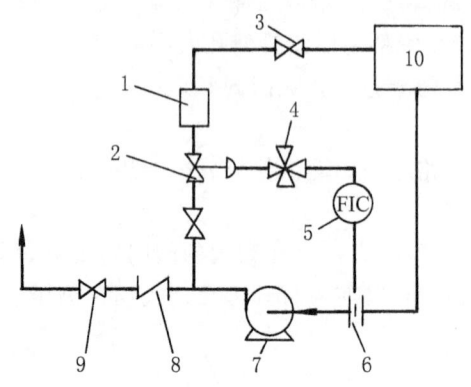
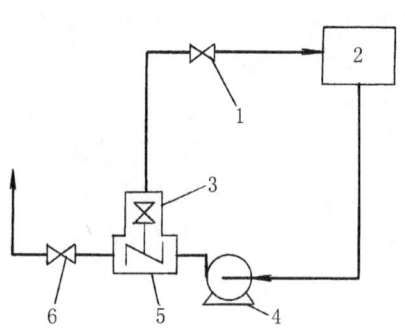

图 5-178 常规泵的保护措施
1—多级减压孔板；2—再循环控制阀；3—闸阀；
4—四通电磁阀；5—流量计；6—测量孔板；
7—泵；8—止回阀；9—闸阀或调节阀；10—水箱

图 5-179 自动再循环控制阀的保护系统
1—闸阀或遥控背压调节阀；2—水箱；
3—多级旁通元件；4—泵；5—自动再循环阀；
6—闸阀或调节阀

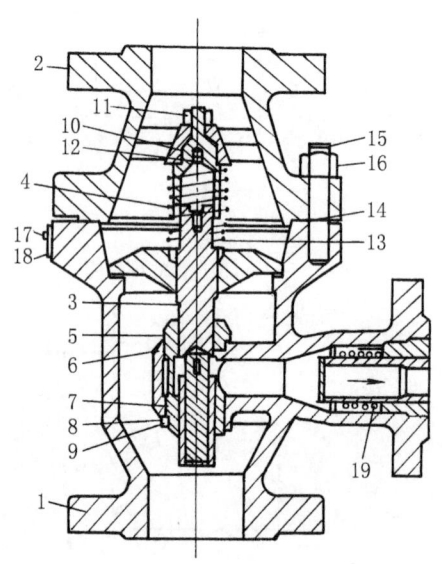

图 5-180 自动再循环控制阀
1—阀体；2—阀盖；3，4—阀瓣组合件；5~9—旁通套管；10~12—上导向套管；
13—弹簧；14—O 形圈；15—螺栓；16—螺母；17—螺钉；18—铭牌；19—背压调节器

5.22 气液分离器的计算与选用

5.22.1 气液分离器

气液分离器在石油化工装置中应用比较多，最常用的是空气压缩机的段间分离器，就是利用水和空气的密度不同，把压缩空气中的冷凝水分和干空气分离的设备。这里重点讨论从工艺系统专业的角度，如何设计气液分离器，如何确定它的分离要求，如何确定它的直径、高度和内部结构等问题。

气液分离器指炼油化工装置常用的液-气分离器,如塔顶馏出液罐、回流罐、反应产物高压或低压分离器、紧急放空罐、压缩机入口分液罐、燃料气分液罐、蒸汽分水器、压缩空气罐等均属于这类容器,为了加强气液分离的效果,有时在气液分离器中设置破雾网,如何设计破雾网也是我们介绍的内容。

气液分离的工作原理是利用被分离的气体和液体的密度不同,应用密度差来分离气体中的液滴,由于是利用密度差分离,所以液滴不能太细微,一般来讲,用于气液分离的液滴直径要>50μm,在100~600μm之间,而<50μm的细小液滴分离需采用聚结分离的方法,利用气液分离的方法是达不到目的的。

(1) 气液分离器的型式

气液分离器的外形和一般容器差不多,也分立式和卧式两种。但应用的范围不一样,它们的特点及适用范围分别叙述如下。

立式:气液分离空间大,有利于中间混合层连续分离,占地小,高位架设方便;但其液面稳定性不如卧式分离器。立式多用于分离液体量少,而且要求有较大的气液分离空间的场合,如反应产物气液分离罐、气体缓冲罐、压缩机入口分液罐等。

卧式:卧式容器中的液体运动方向与重力作用方向垂直,有利于沉降分离,液面稳定性好;但气液空间小,占地面积大,高位架设不方便,因此多用于分离液体量较多或液体量较多且液体中含有少量水分的气液分离过程,如回流罐等。

(2) 气液分离器工艺计算

工艺设计计算的主要目的,就是确定要分离气液相分别需要多大的分离体积。要确定所需要的分离体积,首先要确定为了分离气液相,所需要的停留时间。根据多年的实验经验,总结出要实现气液分离的最少停留时间的数值。

为了除去气体中的液滴,需要一定的停留时间;为了脱气(和防止产生泡沫),要限制液体的流速;当容器中需要液位时,则有必要保持一定的液体停留时间。一般是液体含量多,气体含量少的情况。

液体停留时间(指高低液位之间的停留时间)

名称	时间	名称	时间
回流	5min	分馏塔进料	8min(液位-流量串级)
产品去贮罐	非泵送 3min 泵送 8min	进料缓冲罐	如果直径≤1.2 m,30min 1.2m<直径≤1.8m,20min 直径>1.8m,15min
产品去其他单元	15min(有流量控制) 或8min(液位-流量串级)		

注1. 以上数据均指最低要求的时间值,情况特殊时可修正,处理量大、控制系统自动化程度高,则可取下限或适当降低停留时间。

2. 当一个容器有几种用途时,这个容器停留时间按上表给出的最大值考虑。

(3) 气液分离器气相空间设计原则

① 气体速度(气体多,液体少的情况) 为使通过容器的气体中所夹带的液滴得以沉降,必须确定气体在容器的气体空间临界速度。临界速度由式(5-338)确定。

$$u_c = 0.048 \sqrt{\frac{\rho_L - \rho_V}{\rho_V}} \tag{5-338}$$

式中 u_c——临界速度，m/s；

ρ_L——操作条件下的液体密度，kg/m³；

ρ_V——操作条件下的气体密度，kg/m³。

② 安全系数　允许有一定液沫夹带的容器，如油气分离器、燃料气分液罐、紧急放空罐等，容器中不装破沫网时，气体速度最高可取临界速度的170%。液沫夹带严格限制的容器，如压缩机入口分液罐等，不装破沫网时，气体速度可取80%临界速度；装破沫网时，可取100%~150%临界速度。有时为安全起见，重整气液分离罐带破沫网气速取80%临界速度，总之应从安全、投资、占地及工程经验综合考虑。

③ 气相空间　卧式容器的气体空间截面积是指高液面以上与液面垂直的弓形截面积，可由图5-181查出，立式容器的气体空间截面积指水平截面积。计算按式(5-339)、式(5-340)和式(5-341)。

$$S=\frac{V}{au_0} \tag{5-339}$$

$$D_i=1.129\sqrt{S} \tag{5-340}$$

$$u_0=(80\%\sim150\%)u_c \tag{5-341}$$

式中 S——容器截面积，m²；

V——操作条件下气体流率，m³/s；

a——结构系数，对于立式容器，此系数为1；对于卧式容器，则为高液面以上弓形面积与圆截面积之比；

u_0——允许气速，m/s；

D_i——容器内径，m（计算初值）；

U_c——临界速度，m/s。

④ 气相空间高度确定　卧式容器0.2~0.4倍直径，或不小于300mm。

立式容器 $H\geqslant1.5D_i$（计算初值）。

以上数据应视罐直径、造价以及所需分离的介质要求进行调整。

立式气液分离器结构尺寸

按气液相空间分别求出直径D，取大者并进行圆整，再给设备、仪表、配管专业提供相应的结构尺寸图。

为简化设计，提高效率将典型立式分离器结构示于图5-182。

图中，H为分离高度，指气相空间高度$H\geqslant1.5D_i$；X为进料口位置与液位相对关系，$X=X_1+\phi$，这里，ϕ是进料管嘴直径，X_1最小为400mm；或$X=X_2+0.2Y+\phi$，这里，X_2最小为200mm；Y由停留时间确定（最小300mm）；Z取其最小的，2ϕ或$0.4D$，这里D是罐的内径。

(4) 卧式气液分离器结构尺寸

a. 直径确定。卧式容器的气液空间必须设定高低液位距离罐顶和罐底的拱高距离，计算液体停留时间还必须设定罐的切线长度（图5-183）。

计算气体的截面速度：假设高液位距罐顶距离一般为罐直径的20%~40%，由图5-181求出弓形面积可计算出气体线速，再算出所需罐的直径D_1。

计算液体停留时间，根据一般情况，设低液位距罐底按20%罐直径为拱高高度，结合高液位距罐顶的拱高距算出液体空间横截面积，再假设罐的切线长度即假设L/D，求出按液体

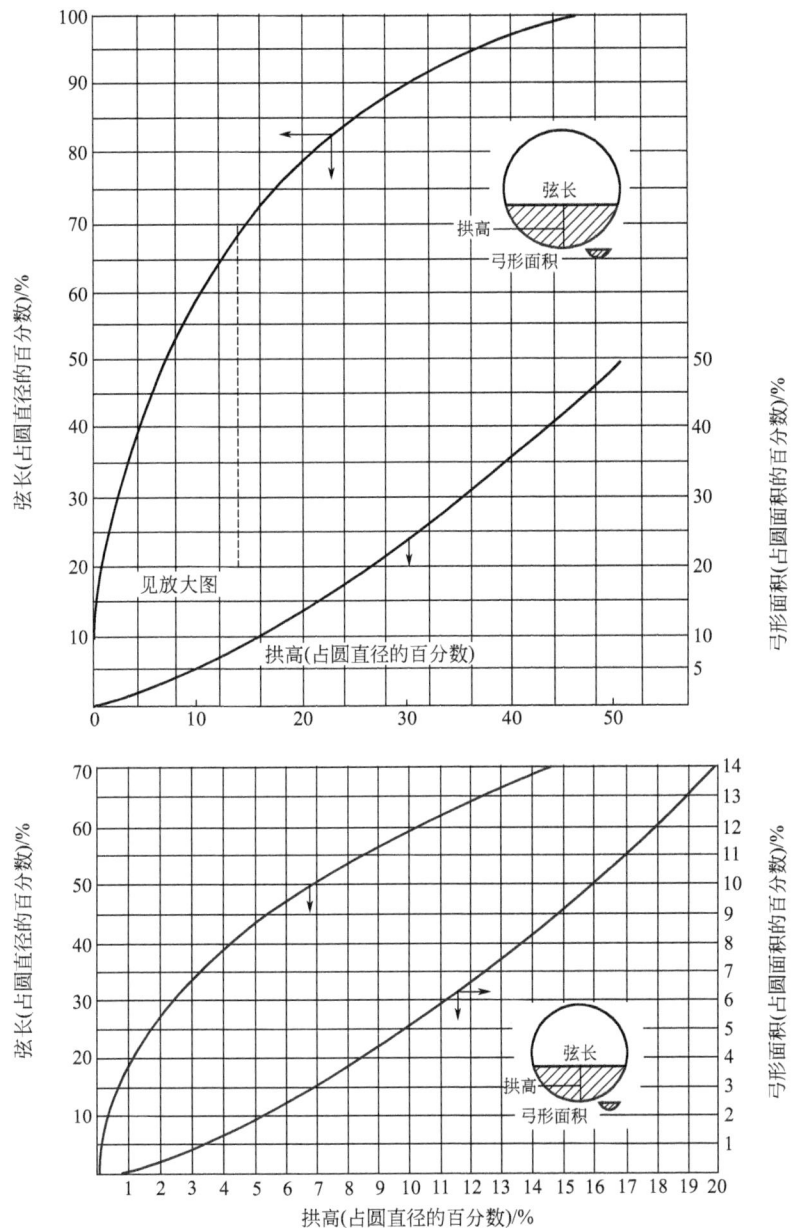

图 5-181 圆的弓形面积与拱高的关系

停留时间所需的罐直径 D_2，比较 D_1、D_2，取其大者并进行圆整到双百位的毫米数。如直径 2335mm 圆整到 2400mm，切线长度也圆整到整数。

b. 卧罐切线长与直径比(L/D)。一般在 2~5 之间。L/D 取决于容器操作条件、平面布置、操作、维修以及造价。通常常压-4.0MPa 操作的卧罐 L/D 在 3~4；压力>4.0MPa 则 L/D 在 4~5。

(5) 卧式气液分离器分水包确定原则

分水包的直径 d 按重液体(一般为水)的速度取 0.025m/s 来决定(或停留 5min)，即

$$d = 51\sqrt{Q}$$

式中　d——分水包直径，mm；
　　　Q——重液体（一般为水）的体积流量，m^3/s。

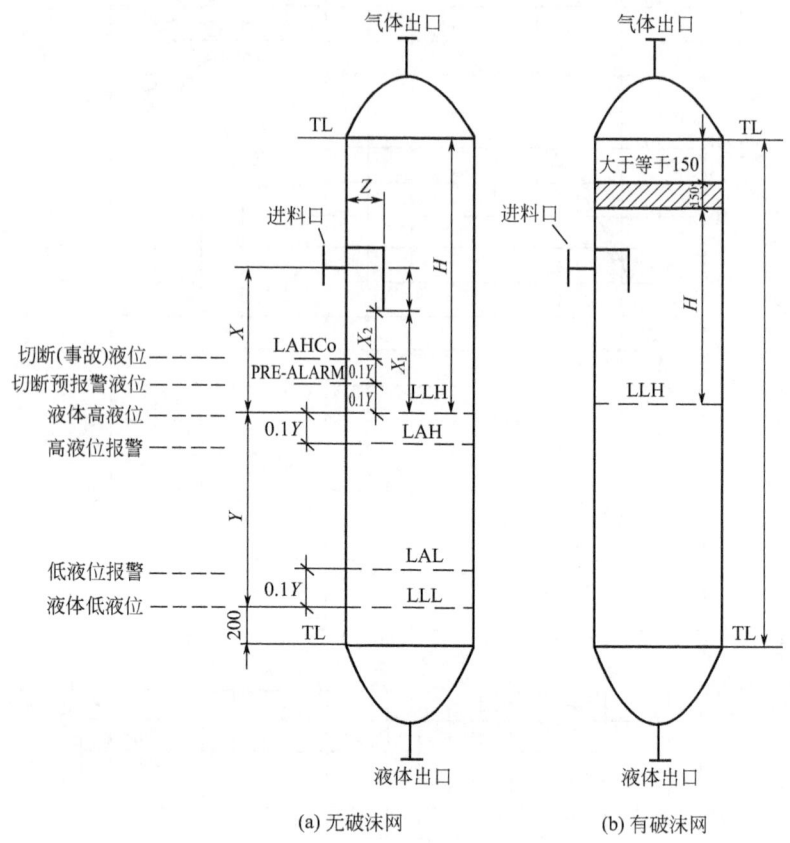

(a) 无破沫网　　　(b) 有破沫网

图 5-182　典型立式分离器结构

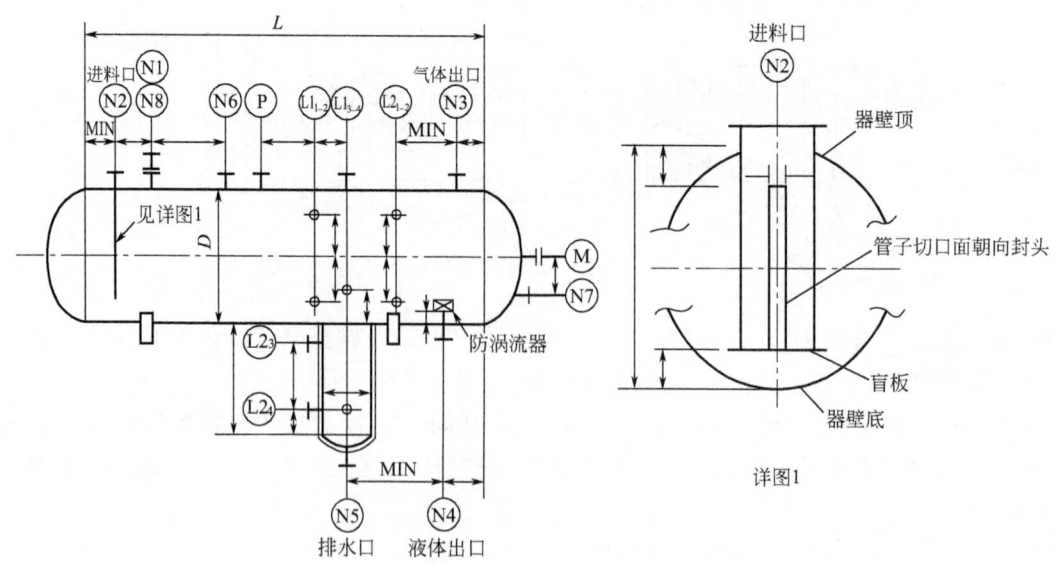

图 5-183　卧式气液分离器（N 代表物料管口，P 代表压力计口，L 代表液位计口）

一般情况下：回流罐直径为 1200～2400mm，分水包的直径至少为 400mm（个别情况允许 300mm）；回流罐直径＞2400mm，分水的直径至少为 600mm。

分水包长度为 $(1.5～3)d$，其长度要有利于仪表控制液位。

(6) 气液分离器其他设计

有关气液分离器的其他结构设计，比如：入口、出口挡板，液体出口防涡流挡板，破沫网及工艺和仪表管口等设计，可参考 5.16 节贮罐设计相关内容。

在下列情况之一时，应设计防涡流挡板：容器底部的出口，当用管线直接与泵的进口相连时；为防止因旋涡而将容器底部杂质带出，影响产品质量或沉积堵塞后面管道的液体出口；需进行沉降分离或液相分层的容器底部出口（用以稳定液面，提高分离或分层的效果）；为减少出口液体夹带气体的出口。

当人孔设在距离罐底 1.5m 以上高度时，容器内壁宜设置梯子、把手。

为防止雾沫夹带，在罐内气体出口处应设计出口挡板。

5.22.2 液液分离器

5.22.2.1 用途

液液分离可用来分离互不相溶的液体，主要有油水分离罐、洗涤沉降罐等。油水分离罐用于分离油品和水，如原油脱水罐等；洗涤沉降罐用于油品的酸洗、碱洗、水洗等过程。在回流罐下面的分水斗也是油水分离的一种液液分离器。

在液液分离的容器中，一般情况下，油品等轻相为连续相，水或酸碱等重相为分散相。根据液体在罐内呈层流状态或适宜的流速和自然沉降定律及沉降时间来计算罐的容积和结构尺寸。

5.22.2.2 分散相液滴沉降速度

(1) 最小液滴直径

液滴直径随混合强度、沉降条件下液体的物理性质、化学组成或化学特性等因素而变化。对于经过孔板或喷射混合器混合后（混合能为 0.035～0.07 MPa）的大多数常见沉降分离过程，可采用表 5-128 中的指导性数据（如有可能，设计时采用实验室或工厂的实际数据）。

表 5-128 最小液滴直径

液相相对密度 $d_{15.6}^{15.6}$	重相	最小液滴直径/μm
≤0.85	水或碱	127
＞0.85	水或碱	89

(2) 液滴沉降速度

① 假设液滴雷诺数　假设液滴的雷诺数，再根据雷诺数范围分别计算沉降速度，最后用计算的沉降速度，校核液滴雷诺数。

当 $Re<2$ 时，适用于斯托克斯定律，见式(5-342)。

$$u_d = 5.43 \times 10^5 \times \frac{d^2 \Delta \gamma}{\mu_c} \tag{5-342}$$

当 $2 \leqslant Re < 500$ 时，适用于中间定律，见式(5-343)。

$$u_d = 124.3 \times \frac{d^{1.14} \Delta \gamma^{0.71}}{\mu_c^{0.43} \gamma_c^{0.29}} \tag{5-343}$$

当 $Re \geqslant 500$ 时，适用于牛顿定律，见式(5-344)。

$$u_d = 5.45 \times \sqrt{\frac{d\Delta\gamma}{\gamma_c}} \quad (5\text{-}344)$$

式中　u_d——液滴沉降速度，m/s；
　　　d——液滴直径，m；
　　　$\Delta\gamma$——两相相对密度差；
　　　μ_c——操作温度下连续相黏度，cP；
　　　γ_c——操作温度下连续相对密度。

② 确定液滴的雷诺数　根据计算的液滴速度，按式(5-345)核算是否在假设范围内。

$$Re = \frac{d u_d \gamma_d}{\mu_c} \times 10^6 \quad (5\text{-}345)$$

式中　Re——液滴雷诺数，无量纲；
　　　d——液滴直径，m；
　　　u_d——液滴沉降速度，m/s；
　　　γ_d——操作温度下分散相(液滴)相对密度；
　　　μ_c——操作温度下连续相黏度，cP。

5.22.2.3　卧式沉降罐尺寸确定

(1) 经验数据

对于较轻的碳氢化合物，计算出来的液滴沉降速度可能会超过 0.0042m/s，但设计时建议最大沉降速度不大于 0.0042m/s（此时的液滴直径在 100μm 左右）。

在用 Allen's 和 Stock 公式计算油水分离工况时，介绍了如下情况（液滴沉降速度）。

表 5-129　$d = 400 \sim 500 \mu m$

物理性质		石油馏分	最大液相速度/(m/s)
相对密度	μ/cP		
0.70	0.5	石脑油	0.3
0.80	1.5	煤油	0.015
0.85	5.0	瓦斯油	0.003
0.90	10.0	减压瓦斯油	0.0015

表 5-130　$d = 1000 \mu m$

物理性质		石油馏分	最大液相速度/(m/s)
相对密度	μ/cP		
0.70	0.5	石脑油	0.8
0.80	1.5	煤油	0.04
0.85	5.0	瓦斯油	0.02
0.90	10.0	减压瓦斯油	0.005

由表 5-129 和表 5-130 可知，液滴直径越大其沉降速度也越大，同一直径液滴，相对密度大，黏度大液滴沉降速度越小。

(2) 液液沉降罐直径计算

对于液液沉降罐的设计，在计算液滴沉降速度后，还要计算罐内液体的停留时间，当液体在罐内停留时间大于液滴的沉降时间时，才能使液液分离达到预期效果。

① 非黏性液体　非黏性液体，取液体在罐内流速为 0.003~0.005 m/s，按式(5-346)计算罐的直径。

$$D = 1.129 K_d \sqrt{\frac{Q}{u_1}} \tag{5-346}$$

式中 D——容器直径，m；
K_d——安全系数，一般取 1.2；
Q——连续相流率，m^3/s；
u_1——连续相液体在罐内流速，m/s。

② 黏性液体 黏性液体（如原油等）按液体在罐内呈层流状态考虑，即液体的雷诺数<2320，按式（5-347）计算罐的直径。

$$D = \frac{K_d Q \gamma_1}{1.82 \mu_1} \times 10^3 \tag{5-347}$$

式中 D——容器直径，m；
K_d——安全系数，一般取 1.2；
Q——液体流率，m^3/s；
γ_1——操作温度下连续相液体相对密度；
μ_1——操作温度下连续相液体黏度，cP。

(3) 罐的长度计算。

① 非黏性液体 对于非黏性液体，按液体在罐内的停留时间计算罐的长度，液体停留时间一般规定为：回流罐为 5~10min；汽油水洗、碱洗为 25~40min；轻柴油水洗、碱洗 30~40min。按式（5-348）计算罐的长度。

$$L = K_1 \times \frac{76.4 Q t}{D^2} \tag{5-348}$$

式中 L——罐的长度，m；
K_1——安全系数，一般取 1.25；
Q——液体流率，m^3/s；
t——停留时间，min；
D——容器直径，m。

② 黏性液体 对于黏性液体，按式（5-349）计算罐的长度。

$$L = K_1 \times \frac{Q}{0.785 u_d D} \tag{5-349}$$

式中 K_1——安全系数，一般取 1.25；
Q——液体流率，m^3/s；
u_d——液滴沉降速度，m/s；
D——容器直径，m。

计算出直径和长度后，通常要满足长径比在 3~4 之间，否则应重新计算。

5.22.2.4 卧式液液分离器分水包确定原则

分水包的直径 d 按重液体（一般为水）的速度取 0.025m/s 来决定（或停留 5min），即

$$d = 51 \sqrt{Q}$$

式中 d——分水包直径，mm；
Q——重液体（一般为水）的体积流量，m^3/s。

一般情况下：回流罐直径为 1200~2400mm，分水包的直径至少为 400mm（个别情况允

许 300mm）；回流罐直径＞2400mm，分水的直径至少为 600mm。

分水包长度为 (1.5～3) d，其长度要有利于仪表控制液位。

5.22.2.5 立式沉降罐尺寸确定

(1) 立式沉降罐的直径计算

$$D = 1.13\sqrt{\frac{Q}{u_1}} \tag{5-350}$$

式中 Q——液体体积流率，m³/s；

u_1——液体在罐内的流速，m/s，一般取 0.002～0.005m/s（黏性液体取小值，非黏性液体取大值）。

(2) 立式沉降罐的高度计算

立式沉降罐高度示意见图 5-184，总高度按式（5-351）和式（5-352）计算。

$$H = H_0 + H_1' + H_2 + H_3 \tag{5-351}$$
$$H_1 = 60u_1 t \tag{5-352}$$

式中 H——罐的总高度，m；

H_0——罐顶空间高度，m，一般取 0.8m；

H_1——油层高度，m；

H_2——液层（水层）高度，m，一般取 0.4～0.5m；

H_3——垫水层高度，m，一般取 0.3m；

t——沉降分离所需要的时间，min。

立式容器一般取水层高度 0.7～0.8m（包括垫水层高 0.3m）。

5.22.2.6 计算示例

计算原油脱水罐尺寸，原始数据如下。

含水原油流率 100000kg/h，操作温度 120℃，操作温度下液体密度 800kg/m³，黏度 2.02cP，采用 4 个卧罐并联。

解 经过每个脱水罐的含水原油体积流率为：

$$Q = \frac{100000}{4 \times 3600 \times 800} \text{m}^3/\text{s} = 0.0087 \text{m}^3/\text{s}$$

取水滴直径 $d = 0.000127$m。

设水滴雷诺数 $Re < 2$，用式（5-342）

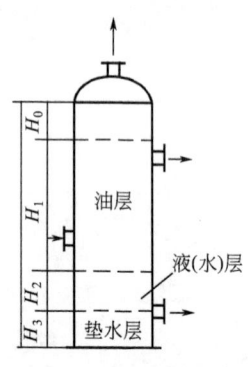

图 5-184 立式沉降罐高度示意

$$U_d = \left[5.43 \times 10^5 \times \frac{(0.000127)^2 \times (1-0.8)}{2.02} \right] \text{m/s} = 0.00087 \text{m/s}$$

按照式（5-345），求水滴雷诺数

$$Re = \frac{0.000127 \times 0.00087 \times 0.941}{2.02} \times 10^6 = 0.052 < 2$$

与假设相符。

按照式（5-347）求罐直径：

$$D = 660 \times \frac{0.0087 \times 0.8}{2.02} \text{m} = 2.28 \text{m}$$

根据卧式容器系列，取 2.4m。

按式（5-349）求罐长度：（k_1 取 1.25）

$$D=1.6\times\frac{0.0087}{0.00087\times2.4}\text{m}=6.67\text{m}$$

根据卧式容器系列，取 8m。

原油在罐内实际停留时间为：

$$t_1=\frac{8\times0.785\times(2.4)^2}{0.0087\times60}\text{min}=69\text{min}$$

水滴沉降所需时间为：

$$t_2=\frac{2.4}{0.00087\times60}\text{min}=46\text{min}$$

$t_1>t_2$，故卧罐尺寸满足要求。

5.23 火炬系统

5.23.1 概述

5.23.1.1 火炬的作用

火炬是用来处理石油化工厂、炼油厂、化工厂及其他工厂或装置无法收集和再加工的可燃有毒气体及蒸汽的特殊燃烧设施，是保证全厂安全生产、减少环境污染的一项重要措施。处理的方法是设法将可燃和可燃有毒气体转成不可燃的惰性气体，将有害、有臭、有毒物质转化成为无害、无臭、无毒物质然后排空。低发热值大于 7880kJ/m^3 的气体可以自行燃烧，热值介于 $4200\sim7880\text{ kJ/m}^3$ 的气体，在排入火炬系统前应进行热值调整以达到能够自行燃烧的目的。低发热值小于 4200kJ/m^3 的气体和燃烧过程中吸热的气体，当气体流量较大时，通常采用在火炬头处喷射高热值燃料气助燃的方法进行处理，用于助燃的燃料气低发热值应该不低于 11820kJ/m^3；当气体流量较小时，通常向排放气体中混入高热值气体以达到能够自行燃烧的目的，也可以采用热焚化炉进行处理。

火炬系统由火炬气排放管网和火炬装置（简称火炬）组成。一般来说，各生产装置和生产单元的火炬支干管汇入火炬气总管，通过总管将火炬气送到火炬。火炬有全厂公用和单个生产装置或贮运设施独用两种，火炬的主要作用如下。

① 安全输送和燃烧处理装置正常生产情况下排放出的易燃易爆气体，如生产中产生的部分废气可能直接排往火炬系统，催化剂、干燥剂再生排气，连通火炬气管网的切断阀和安全阀不严密而泄漏到火炬排放管网的气体物料。

② 处理装置试车、开车、停车时产出的易燃易爆气体。大型石油化工企业有多个工艺装置，乃至各个生产工序，其开、停车是陆续进行的。因此，在前一个装置或工序后，其生产出来的半成品物料，在后一道装置或工序中，往往有一部分甚至全部不能用掉。这些半成品物料的气体不便于贮存，而且绝大部分是易燃易爆的，为了保证试车、开车、停车的安全进行和减

少环境污染，一般都将这部分气体排放到火炬系统。

③ 作为装置紧急时的安全措施。工艺装置的事故，可能由停水、停电、停仪表空气、生产原料的突然中断、设备故障、着火和误操作等因素造成。当事故造成无法继续生产或者部分流程中断时，必须采取有效措施，一方面将整个流程或主要设备中的可燃气体紧急排放到火炬系统，另一方面通入不燃性气体，如氮气、蒸汽等，以保证人身和装置的安全，不使事故的影响程度继续扩大。

尽管人们对火炬烧掉可燃气体感到可惜，希望将这些气体加以利用，消灭火炬，但由于火炬气体排放量变化很大，从几乎为零到每小时上千吨，气体组成变化也很大，很难将这些气体全部回收利用。

5.23.1.2 火炬的分类和组成

火炬可分为高架火炬、地面火炬和坑式火炬。

高架火炬即采用竖立火炬筒体将燃烧器（也称为火炬头）高架于高空中，火炬气通过火炬筒体进入燃烧器，燃烧后的烟气直接进入空中，随气流扩散至远处。根据火炬筒体的支撑形式，高架火炬又分为自支撑式、拉线式、塔架支撑式，其中塔架支撑式火炬包括固定式筒体火炬和可拆卸式筒体火炬，见图 5-185。地面火炬又分为封闭式和开放式两种，见图 5-186 和图 5-187。

坑式火炬在地平面以下坑中燃烧，现在很少使用。

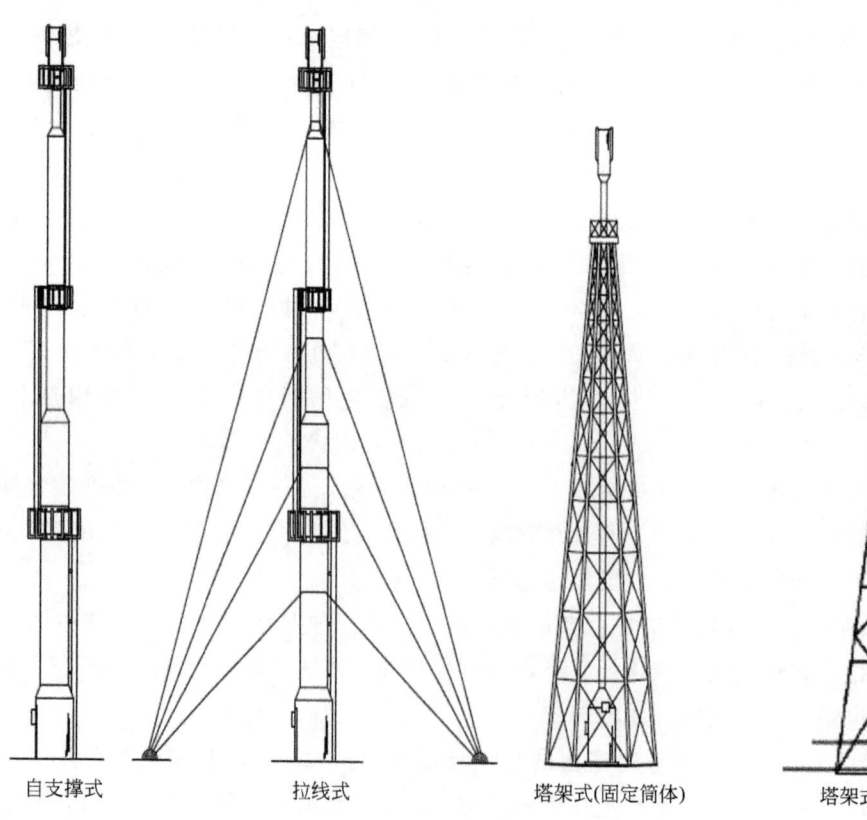

图 5-185　高架式火炬

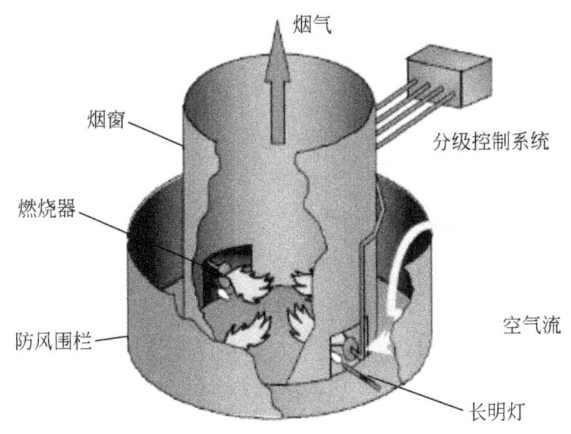

图 5-186 封闭式地面火炬

图 5-187 开放式地面火炬

(1) 高架火炬

主要包括如下部分：分液罐、水封罐、火炬管道、火炬筒体、火炬头、分子密封器或速度密封器、长明灯、监测长明灯的热电偶、点火器等。

系统的组成可随着所需要的特性而变化，相应类型的选择和组成与其应用也应视具体情况和技术要求而定。

(2) 地面火炬

主要包括如下部分：分液罐、水封罐、火炬管道、分级控制阀及防止回火装置、燃烧器、带有内衬耐火材料的钢制燃烧室（用于封闭式地面火炬）、长明灯及监测长明灯的热电偶、点火设施、金属防风围栏等。

5.23.1.3 火炬型式的选择

根据火炬系统的设计处理量、工厂所在地的地理条件以及环境保护要求等几个因素，决定采用何种形式的火炬。

石油化工厂通常都是采用高架火炬。高架火炬有利于燃烧产物的扩散，万一火炬灭火，可燃气体也可以得以扩散，地面上的可燃气体浓度不至于达到爆炸极限。由于高架火炬的造价比较低，因而采用比较普遍，但它们的主要缺点是发出光和噪声。

高架火炬的支撑结构中拉线式支撑是最廉价的，但其不便于火炬顶部设施的检修，筒体直径较小的火炬其附属管道和电缆的敷设比较困难。

塔架式支撑虽然造价较高，但其便于火炬顶部设施的检修，有利于其附属管道、电缆等的敷设。

自支撑火炬筒体本身就是火炬的支撑，这种结构限制火炬高度在 $75m$ 以下，要求地面上火炬筒体基坐大，而且风力使得结构震动，通过选用直径不同的管子逐渐变细火炬筒体。

当石油化工厂所在区域建设高架火炬受到严格限制而无法建设，且排放气体中不含有毒介质时，可以采用地面火炬。火炬气排放量低于 $100\ t/h$ 时可以选用封闭式地面火炬，排放量大于 $100 t/h$ 时应该选用开放式地面火炬。地面火炬采用多喷嘴型，燃烧比高架火炬容易控制，因而燃烧较完全，无烟操作需要蒸汽较少，发光、噪声也不像高架火炬那么引人注意，操作维修也比较简单。

但与高架火炬相比，随着处理气量的增加，地面火炬的造价增加幅度往往比高架火炬高得多，地面火炬不能用于有毒物质的焚烧，如气体中含有相当量的硫，则地面上的二氧化硫的浓度可能会超过空气污染控制规定的限值。由于地面火炬的造价比较高，处理能力有限或者两者兼而有之，它们常与高架火炬联合使用。这样设置使得经常性的小量排放由地面火炬处理，很少发生的大量排放才切换到高架火炬。图 5-188 示意了这种联合火炬系统。

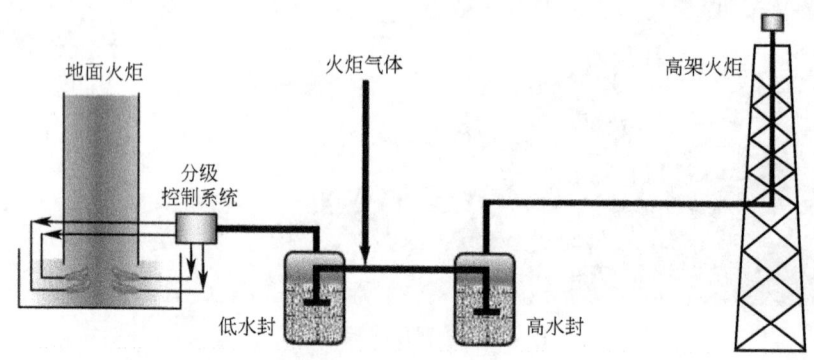

图 5-188　地面火炬与高架火炬联合火炬系统

5.23.1.4　火炬排放管网和火炬数目的确定

一个工厂可以设几个火炬气体排放管网，共用一个火炬；也可以设几个火炬气体排放管网分别供给各自的火炬。相邻的两个或几个工厂，在条件许可的情况下，可以共设一个火炬气体排放管网和一个火炬。对此，在工程设计中，一般应考虑下列因素，以便作出几个方案，通过技术经济比较后确定。

① 各个生产装置排放火炬气的化学和物理性质　火炬气的化学和物理性质，是确定工厂火炬排放管网系统应考虑的一个主要因素。

② 工厂总平面布置及竖向布置　总图布置比较集中的生产装置，原则上应尽量考虑共同设置一个火炬气体排放管网和一个火炬，以节约基建投资，减少操作和维护费用。

③ 在几个生产装置共用一个火炬气体排放管网和一个火炬时，各装置排出的火炬气不会

发生互相干扰,以保证工厂下列工况的生产。

 a. 全厂各装置正常生产。
 b. 某个生产装置开车或停车,其他装置维持正常生产。
 c. 某个生产装置发生事故,其他装置维持正常生产。
 d. 工厂大检修后,各个生产装置的陆续开车投产。
 ④ 火炬排放管网和火炬数目的确定要考虑火炬气的回收利用。
 ⑤ 火炬的个数确定还取决于单个火炬的燃烧能力和对整个火炬气排放系统安全运行的影响等因素。高架火炬的燃烧能力虽然可以根据需要燃烧的火炬气最大排放量来设计,但是随着火炬筒体直径的增加及高度的增加,有可能出现正常生产情况下火炬气体排放量过小时,火炬气不易被点燃,或者产生回火等危害,即选定的火炬头和筒体直径及火炬高度要适应火炬气排放量的波动范围。

5.23.1.5 设计基本原则

 火炬对生产装置的安全有着很大的影响,火炬是"明火",且会产生热辐射、噪声、光害和污染,其设置位置、高度及生产装置设备、操作人员的距离等都直接影响装置的安全。火炬本身是为了保障工厂在紧急事故时的安全而设置的,但若火炬的性能不可靠,在关键时刻熄了火,不但不能起到安全作用,反而将原来有可能是分散在各处小量排放的可燃气体集中在一起大量排放,成为一个大"祸源"。如果火炬系统没有设置有效的分液罐,可燃气夹带大量可燃液体,就会造成下"火雨"。如果设计不正确,火焰燃烧的强度热辐射不但会损伤设备,而且会烧伤操作人员,影响人身、设备安全。"浓烟滚滚"的火炬也是不合适的。

 综上所述,必须正确认识火炬系统的作用,遵循有关设计规范,进行科学的计算,谨慎地选择设备材质,并根据现场使用经验进行认真细致的设计。

 归纳起来,对火炬的要求主要有以下几点。

 ① 能稳定地燃烧,所设计的火炬在预定的最大气量和最小气量之间的任何气量下,在预计的气体成分变化范围内,在恶劣的气候条件中都能产生稳定的火焰。

 ② 火炬系统能阻挡或分离火炬气中直径大于 $600\mu m$ 的液滴,使之不被夹带到火焰中而造成"火雨"事故。

 ③ 要有可靠的长明灯或其他可靠的点燃装置,做到火炬气随来随烧而不致未经燃烧即排空。

 ④ 燃烧要完全,将易燃和有害物质尽可能转变为不燃和无害物质。完全燃烧时的火焰几乎不产生烟雾。

 ⑤ 噪声要小。有人提出"无烟、无光、无声火炬",实际上目前还很难做到,但可以使噪声尽量减小。

 ⑥ 要考虑火炬火焰所产生的热辐射对周围和地面上的设备和人员的影响,从而保证设备和人身安全。

 ⑦ 要考虑明火与其他装置的安全距离。

 ⑧ 如火炬不能彻底除去有害成分,还要考虑有害成分扩散后在周围地面,特别是下风向的聚集浓度应符合环境保护法的要求。

5.23.2 火炬气排放管网的设计

5.23.2.1 排放管网的组成

确定火炬气排放管网时,应考虑以下几个因素。

① 排放物料的化学性质　例如，混合后能够起化学反应的物料，有腐蚀和无腐蚀的物料，以及某气体燃料能对排入同一系统的其他物料发生的化学反应起催化作用时，均不要放在同一系统中，根据工厂是否有回收措施，决定是否将含对人体有害成分和不含对人体有害成分的物料排放到同一系统中去。

② 排放物料的物理性质　例如，常压气化温度在常温以上和常温以下的物料，含有和不含有粉尘的物料均不要排放到同一系统中。根据工厂的具体情况，经技术经济比较后，决定含有蒸汽和不含有蒸汽的气体物料，含有液滴和不含有液滴的气体物料是否排放到同一系统中。

③ 火炬气回收利用价值的大小和排放噪声的大小　拟回收利用和不回收利用的火炬气不要排放到同一系统。如果高压气体直接排放到低压火炬气管网噪声大时，可分级排放。

④ 安全阀和泄压阀出口的允许被压　同一个装置不同排放点或不同装置的允许排放被压有时差别很大，设计中应当通过经济比较，确定火炬系统排放管网的组成。

火炬系统的排放管网组成根据工厂的具体情况而定，一般单个装置比较简单，但有的装置如乙烯装置的排放管网或多个装置的总排放管网比较复杂。

以乙烯装置为例，排放系统根据物料状态不同，分别设置干系统火炬（DF）、湿火炬系统（WF）、热火炬系统（HF）和低温液态烃排放系统（LD）四种。

(1) 干火炬系统

干火炬系统用于排放温度低于4℃的干气体，设有一个干火炬分液罐，目的是将该系统中夹带的或冷凝的液体在干火炬分液罐中分离出来，并使之在低温液态烃蒸发器里汽化。

(2) 湿火炬系统

湿火炬系统用于排放温度高于4℃的湿气体，设有一个湿火炬分液罐，目的是将该系统中夹带的或冷凝的液体在湿火炬分液罐中分离出来。

(3) 热火炬系统

热火炬系统用于收集过热、压力较高的干气体，这些气体绕过湿火炬分液罐，直接进入火炬总管。

(4) 低温液态烃排放系统

该系统用于低温部分和制冷部分的冷液体排放。排放的液体在低温液态烃蒸发器内用蒸汽加热汽化后，返回干火炬分液罐。

5.23.2.2　设计条件的确定

由于生产装置在生产过程中排放的火炬量和组成是波动的，要求设计的火炬系统能够安全输送和处理各种生产工况下排放的火炬气，火炬气排放量变化可以从几乎为零即安全阀泄漏到紧急情况时的最大排放量，火炬气排放量和火炬气的组成、温度、压力、排放频率等是火炬系统设计的主要条件。

最大火炬负荷即设计排放量的确定是火炬系统设计的关键问题，对单个装置用火炬而言，装置正常生产、开车、停车及各种事故工况下排放量最大的可定为设计排放量；对多个装置公用火炬而言，设计确定排放量的确定比较复杂，首先分析各种事故工况如停水、停电、停仪表空气、停蒸汽、火灾等的影响范围，弄清楚各装置的排放工况，以便综合考虑确定设计排放量。

因此，多个装置公用火炬时各装置应尽可能详细提供火炬气排放条件，以便合理地确定火炬的设计规模、减少投资，为整个工厂装置的安全运行打下坚实的基础。

5.23.2.3　排放管网的工艺设计

(1) 排放管网正压的维持措施

虽然火炬系统中不允许排入具有爆炸可能性的油气与空气的混合气体，但空气可能由于系统中存在负压由管道和管件上的不严密处，或通过火炬头末端的敞口进入系统。因此火炬排放干管的始端、干管沿线每隔一定的距离应该设置补充防止系统负压的可燃气体或惰性气体的措施，如果排放管网上有火炬气回收设施则应补充燃料气，否则可以补充氮气等惰性气体，管网压力宜维持在 1~1.5kPa；在靠近火炬筒体处应该设置水封罐，以防止空气通过火炬头末端的敞口进入系统，并使系统管网内建立起必要的正压。但对于低温管道，补充的气体在最低温度时不应发生部分或全部冷凝。

水封罐的水封高度与排放气体的物性有关。通常情况下，若含有大量氢气、乙炔、环氧乙烷等燃烧速度异常高的可燃性气体，水封高度应大于等于 300mm；密度小于空气的可燃性气体，水封高度应大于等于 200mm；密度大于等于空气的可燃性气体，水封高度应大于等于 150mm。

（2）设计压力的确定

确定火炬系统管网设计压力时，不但要考虑排放气体的最高工作压力，还要考虑潜在的火炬回火爆炸压力。理论上烃类气体在密闭空间内发生爆炸产生的压力为气体操作压力（绝）的 7~8 倍，火炬发生爆炸通常是发生在排放结束时，即气体操作压力接近 0.1MPa，发生爆炸的区域为水封罐至火炬头部分。因此，水封罐及之后的火炬系统设计压力不应该低于 0.7MPa；水封罐之前的火炬系统设计压力应当满足系统最高工作压力的需求，并不低于 0.35MPa。另外还应考虑不小于 30kPa 的负压。

（3）管网压力降的计算

排放系统管网内气体的流动既不是等温过程也不是绝热过程，实际流动状态一般介于等温和绝热状态之间。由于火炬气的温度都远离深冷温度，为简化计算，通常国际上的标准都采用较保守的等温方程式计算管网的流动阻力。由于全厂可燃性气体排放系统管网内气体的流动均处在紊流区，该区的水力摩擦系数计算公式有很多，采用不同的公式计算结果有一定的差别，目前国外工程领域的水力计算软件中普遍使用柯氏公式（Colebrook），但由于其手工求解困难，因此手工计算时通常采用的是莫迪（Moody）公式，这两个公式都是紊流区的综合公式，莫迪公式可以看做是柯氏公式的近似公式。在 API 521 以及其他欧美工程公司的标准中，火炬气体排放管道水力计算普遍采用等温方程式和莫迪公式。据有关文献介绍，柯氏公式的准确性较高。

火炬管网压力降的计算是从火炬点开始的，反算排放系统管网各节点的排放背压，以校核各节点的背压是否低于允许背压。这种计算需要反复多次，直到各装置界区接点处或设备的安全阀出口处，检查计算得出的背压与装置接点处或设备安全阀出口处的最大允许背压（Maximum Allowable Back Pressure，简写成 MABP）的差额，计算背压应小于最好是接近最大允许背压，如果计算背压与 MABP 差额较大，就应调整管径，重新计算，直到计算背压接近 MABP。

火炬管网压力降计算公式为：

$$\frac{fL}{d} = \frac{1}{Ma^2}\left(\frac{p_1}{p_2}\right)^2\left[1-\left(\frac{p_2}{p_1}\right)^2\right] - \ln\left(\frac{p_1}{p_2}\right)^2 \tag{5-353}$$

式中 f——水力摩擦系数；

L——管道当量长度，m；

d——管道内径，m；

Ma——管道出口马赫数；

p_1——管道入口压力，kPa；

p_2——管道出口压力，kPa。

水力摩擦系数按式（5-354）计算：

$$f = 0.0055\left[1+\left(20000\frac{e}{d}+\frac{10^6}{Re}\right)^{\frac{1}{3}}\right] \tag{5-354}$$

式中　e——管道绝对粗糙度，m；

Re——雷诺数。

管道出口马赫数按式（5-355）计算：

$$Ma = 3.23\times 10^{-5}\frac{q_m}{p_2 d^2}\left(\frac{ZT}{kM}\right)^{0.5} \tag{5-355}$$

式中　q_m——气体质量流量，kg/h；

Z——气体压缩系数；

k——排放气体的绝热指数；

T——热力学温度，K；

M——气体相对分子质量。

如果管网处于高压状态，局部管网的流速可能达到声速，因此应采用式（5-356）校核流动是否处于临界状态。

$$p_{\text{critical}} = 3.23\times 10^{-5}\frac{q_m}{d^2}\left(\frac{ZT}{kM}\right)^{0.5} \tag{5-356}$$

式中　p_{critical}——管道出口的临界压力，kPa。

判断：$p_{\text{critical}} < p_2$ 亚声速流动状态；$p_{\text{critical}} \geqslant p_2$ 声速流动状态，此时管道出口的压力并不是 p_2 而是 p_{critical}，如果要满足出口压力 p_2 则需要加大管道直径。

5.23.2.4　排放管网的配管设计

(1) 管道材料的选择

管材的选择主要根据工厂各种生产事故下，管内可能达到的最不利参数（压力和温度等）对管材性能的影响来确定。化工和炼油厂火炬气管道的压力一般都低于 1.0MPa，火炬气最高温度一般不高于 300℃，因此，管材的选取主要决定于火炬气可能达到的最低温度。

通常建议采用的管材为：火炬气最低温度低于 −40℃ 时，用 "1Cr18Ni19Ti" 不锈钢，−40~−20℃ 之间时用 "16Mn" 钢，高于 −20℃ 时，用碳钢。如果不同材质的总管与总管相接或总管与支管相接，其接头处材质取两者材质高者，其高材质在上游至少要有 5m。

(2) 管道活动支架间跨距的确定

管道活动支架间的允许跨距，取决于管道本身的强度、刚度及径向稳定性。

(3) 热补偿措施的确定和计算

火炬气排放管网在正常情况下几乎是按常温常压运行，但由于其直径大，刚性大，即使是较小的位移，对管架和所连接的设备也将产生很大的推力。因此应对管网运行情况进行热、冷变形分析，合理确定 p 形补偿器的尺寸，火炬气排放管网的冷/热补偿应尽量避免使用套筒式或波纹管式补偿器。

在热补偿计算中，计算数据的选取应注意以下几点。

① 计算温度的选择

a. 管道计算温度的选择。一般火炬气排放管网的温度为 -40~300℃,管道的计算温度应以管网排放过程中可能出现的最高(或最低)温度为管道的计算温度。

b. 周围空气计算温度的选择。热补偿计算时,以历年最冷月平均温度作为计算温度(也可用采暖计算温度)。冷补偿计算时,以历年最高月平均温度作为计算温度。

② 计算压力的选择　理论上应取上述计算温度的运行工况下,管内可能达到的最高压力。在工程设计中,可近似地取各种运行工况下管道内可能达到的最高压力。

(4) 管道安装

火炬气排放管道的安装设计中,应注意以下几个问题。

① 管道坡度的确定　火炬气不同于一般气体物料,管网的存液直接影响管网的安全运行。火炬气主干管最好全部坡向火炬区内的分液罐或水封罐。如确实有困难时,可在主干管的适当位置设最低点,最低点处应设凝液收集罐和转送设施。装置内的排放设备或排放阀后的火炬支管坡度不小于5‰,装置的支干管或火炬主干管的坡度以不小于2‰为宜。

② 阀门的安装　为了保证工厂各种工况(如个别装置开、停车或发生事故,其他装置维持正常生产或进行检修)下的运行,宜在各装置排出火炬气的管道上设切断阀及盲板。如果厂区管网很大,跨越几个界区,而每个界区又由几个装置组成,界区有隔断要求时,也应设切断阀。所有阀门上都应设有阀门所处位置(即开、关或开的程度)的标志,阀门应当保持阀杆水平安装或选用火炬专用阀。

③ 吹扫系统的设置　在管网施工和检修完毕,投入运行前,应用吹扫气体赶走管网中的空气。火炬气排放管网停止运行准备检修前,同样要用吹扫气体将火炬气吹扫至火炬燃尽,直至符合动火或检修要求时,方可停止吹扫,进行检修。

④ 配管要求　在配管设计中,应注意以下几点。

a. 管道节点的处理。为了避免火炬气总管内的冷凝液进入支管影响装置火炬气体的正常排放,各生产装置出口支管与主管的连接应采用上接,当支管管径小于干管管径两级以上时可以平接。同时,为了减少接管处局部阻力,有利于各种工况排放时管网水力工况平衡,在支管与主管相接时,应尽量避免丁字接或对接,最好支管与主管中心线成30°~45°角斜插进。这样不仅可降低高速气流进入主管的冲击力,也可减小流动阻力。

b. 管道公称直径大于等于DN600时,不论是否保温均应设管托或垫板;管道公称直径大于等于DN800时,滑动管托或垫板应采用聚四氟乙烯摩擦副型;为防止管道有震动、跳动,应当在适当位置采取全径向限位措施。

c. 火炬气排放管网应当架空敷设。

⑤ 管道低点排液的收集和转送设施　当火炬气排放管网不可避免地出现低点时,则必须在管网的最低点设置凝液收集和转送设施,以排出可能产生凝液,在最低点积存。

(5) 管道的保温及防腐

① 管道保温　工厂的火炬气管网一般不进行保温,但出现下列几种情况时,可根据具体运行条件采用保温层保温或蒸汽伴热管保温。

a. 在管网输送过程中,由于热损失而有大量凝液析出时。

b. 冬季最冷月,液体的析出量影响管网正常运行时。

c. 管网中有最低点,但未设凝液收集和转送设施,而经保温后可以消除凝液的产生时。

设伴管保温时,应注意伴热可能引起火炬气温度升高,要防止由于温升而引起火炬气的化学反应的产生。

② 防腐 火炬气管网的防腐与一般管道一样,并无特殊要求。含硫化氢的火炬气,可考虑加厚管壁厚度并保温伴热(温度不应超过200℃),也可以选用抗硫化氢的材料。

5.23.3 火炬装置的工艺和系统设计及总图布置

5.23.3.1 火炬装置的工艺流程

(1) 高架火炬

为了保证设备及人身安全,火炬装置通常设在离生产装置或厂区有一定距离的地方,通过管道将火炬气输送至火炬进行燃烧处理。

各装置或设备来的火炬气汇总到一根或几根总管,通过总管将火炬气送到火炬筒体前的分液罐,分离凝液后进入水封罐,气体冲破水封进入火炬筒体,沿着火炬筒体上升到火炬头燃烧后放空。典型的高架火炬系统工艺流程如图 5-189 所示。

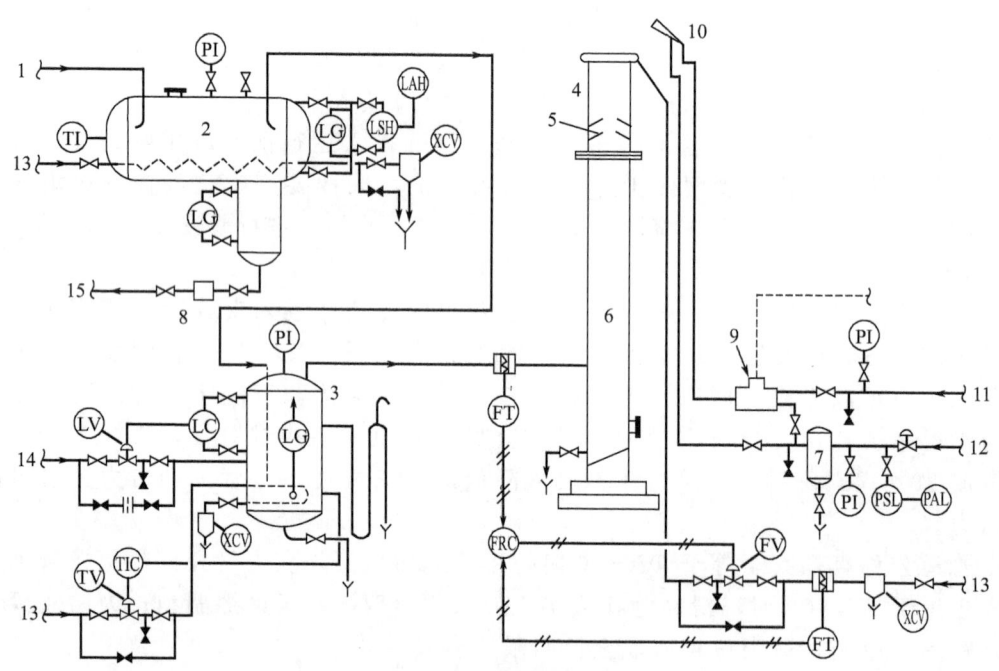

图 5-189 典型的高架火炬系统工艺流程
1—火炬气总管;2—分液罐;3—水封罐;4—火炬头;5—速度密封器;
6—火炬筒体;7—燃料气分液罐;8—凝液泵;9—点火器;10—长明灯;
11—净化空气;12—燃料气;13—水蒸气;14—水;15—凝结液

图 5-189 所示火炬系统的消烟是采用蒸汽喷入火焰的方式。喷入火焰的蒸汽及其带入的空气起到助燃作用,促进火炬气完全燃烧,从而达到消烟的目的。

该火炬的点火方式为燃料气和空气强制混合,电点火,密闭传焰点燃长明灯,长明灯再点燃火炬气。点火过程为:由厂区用管道输送来的点火用燃料气和压缩空气,经阀门调节混合到爆炸极限范围后,用电火花引爆发火,再经密闭传焰管点燃火炬顶部的长明灯,这样即可随时点燃从火炬头排出的火炬气。

火炬气经过较长的管道输送后会产生一些凝液，所以总管来的火炬气先进入分液罐，进行气液分离，当分液罐里的凝液达到一定液位时泵启动，把凝液打到凝液管道，送回装置重新利用或由全厂统一考虑其处理。

为了防止火炬管道回火和维持火炬系统正压，分液罐出来的火炬气进入密封罐（通常用水封，也称水封罐），火炬气冲破水封，排入火炬筒体，再沿着火炬筒体上升到火炬头进行燃烧，边燃烧边放空。

水封罐的液位由溢流管保持。流出的含油污水用管道输送排入含油污水系统，集中到污水处理厂处理；如果流出的水中含有过量的硫化氢，或是酸性气火炬的水封溢流水，应当密闭收集送到酸性水处理装置处理。在寒冷地区水封罐和密封水管道及排污管道等设备和管道还应有加热保温措施。

（2）地面火炬

地面火炬工艺流程与高架火炬工艺流程的差别在于水封罐之后部分。根据火炬的处理量和系统允许的背压值，地面火炬使用压力分级控制阀将燃烧器分成若干个不同压力等级的燃烧组，每一个分系统都是由分级管道、分级控制阀、爆破旁路、防回火吹扫系统、燃烧器、长明灯等组成的。

地面火炬的合理分级是地面火炬设计的关键。对单个燃烧器而言，在火炬气组成相对确定，且无助燃气体的情况下，依靠燃烧器自身的结构引射空气，能够在一定压力范围内实现无烟燃烧，该压力范围即为压力助燃性燃烧器的最佳压力操作范围。在火炬系统分级时，如各级操作压力范围取的太窄，可能使各级之间发生跳跃；如压力范围取的太宽，火炬气燃烧时可能冒黑烟。各分级管道前的压力越高，越利于燃烧，蒸汽助燃型燃烧器的设置数量越少，蒸汽消耗越少，运行费用越省，但排放总管管径相对较大，管道、管件及相应管架投资加大；分级数量越多，各分级管道的管径越小，相应分级控制阀及旁路爆破针阀或爆破片口径越小，但管道器材的使用数量会相应增加。因此，地面火炬的分级数量由多种因素决定的，只有对多种因素进行综合评估才能确定合理的分级数量。

由于地面火炬是由压力控制阀自动控制各分级管道的排放操作，因此各分级控制阀必须设置爆破旁路，使用爆破针阀或爆破片来防止仪表控制系统失灵时发生事故。分级控制阀旁路使用爆破针阀时，最大操作压力宜取排放总管最大允许排放背压的90%，分级控制阀旁路使用爆破片时，最大操作压力宜取排放总管最大允许排放背压的75%。

分级控制系统除应具有逐级开启分级控制阀外，还可以跨级开启分级控制阀。封闭式地面火炬将燃烧器设置在带有内衬耐火材料的钢制燃烧室内，开放式地面火炬将燃烧器设置在金属防风围栏内。

地面火炬需要设置凝结液排放系统，分级控制阀前后都要设置低点排凝液阀，排出的凝结液自流进入凝结液收集罐。

地面火炬通常采用喷射蒸汽、水或空气的方法消除燃烧烟雾。典型的地面火炬系统工艺流程如图 5-190 所示。

5.23.3.2 火炬装置的系统设计

（1）密封系统

为了防止空气进入火炬系统而产生回火或爆炸危险，火炬系统设有火炬气密封系统，包括水（液）封和气体密封。

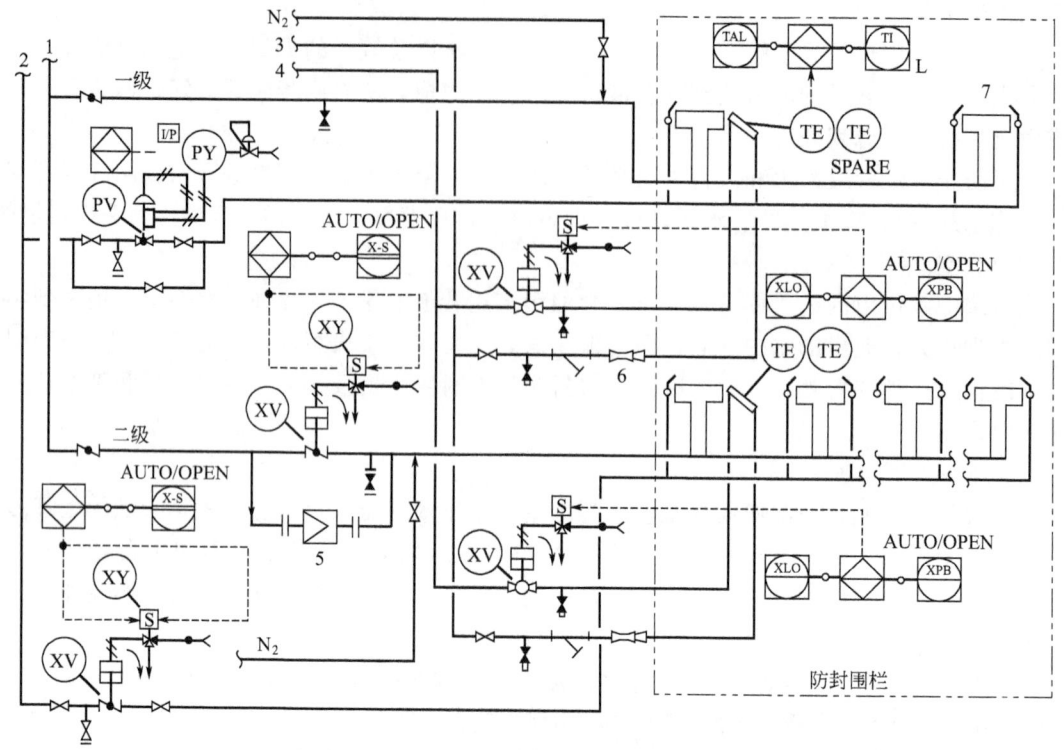

图 5-190 地面火炬的工艺流程

1—来自水封罐的火炬气；2—长明灯燃料气；3—点火器用燃料气；
4—点火嘴用燃料气；5—爆破针阀；6—点火器；7—燃烧器及长明灯

注：地面火炬的分液和水封与高架火炬相同，故本图中未标示分液和水封部分；另外本图中也没有标示出凝结液排放系统，本图是开放式地面流程的局部（只是其前两级）。封闭式地面火炬的流程与开放式地面火炬流程基相同。

① 水封 为了防止火炬总管系统产生真空，需要相对高的吹扫速度（火炬气比空气轻或未经冷却的热火炬气），因而要考虑设置水封。

下列情况下可不设水封：a. 排放设备背压允许值很低，以至于进气立管的入水深度小于 100mm；b. 火炬气温度很低以致于可能引起水封冻结。

如果火炬系统受某些因素限制不能设置水封，则在设计上必须采取其他措施，以防止空气如果火炬系统设有水封，则水封本身及其下游设备的最低设计压力可定为 1.0MPa，其上游设备的最低设计压力可定为 0.35MPa；如果火炬系统没有水封，则整个火炬系统的设计压力不应小于 1.0MPa。

水封系统设计时应该注意以下几点：a. 火炬气排放管道进入水封罐的立管在水封液面之上的长度应不小于 3m；b. 溢流 U 形管的水封高度应大于等于管内操作压力的 1.75 倍；c. 水封罐的溢流口处应设计有撇除水面上污油的功能。

② 气体密封 气体密封是用一定量的吹扫气体通过火炬，以防止无火炬气排放时空气进入火炬系统，保证操作安全。为减少密封气体的用量，应当使用速度密封器或分子密封器，密封器要设在接近火炬出口部位。钟罩式分子密封器易发生钟罩脱落事故和内部灰尘积累堵塞排水孔，折流板式分子密封器虽然不存在钟罩脱落问题，但内部灰尘积累堵塞排水孔同样经常发生，因而近年来分子密封器很少采用，通常采用速度密封器，图 5-191 表示了三种不同形式的气体密封器。

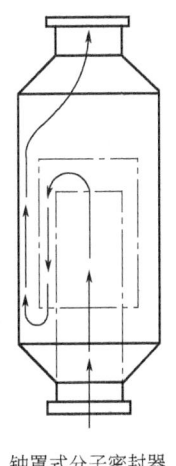 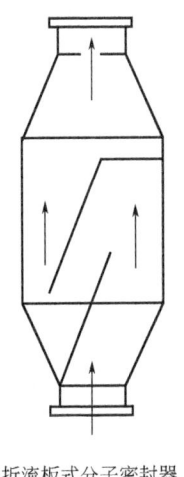 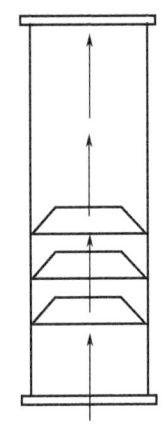

钟罩式分子密封器　　　　折流板式分子密封器　　　　速度密封器

图 5-191　气体密封器示意

（2）点火系统

点火系统一般由火源、引火和长明灯三部分组成，现分述如下。

① 火源　一般常用电火花，电火花的电源有升压变压器、电阻丝和压电陶瓷等三种。现在多采用电点火器产生电火花作火源。

② 引火方法　引火部件的作用是把火源引至火炬头，现在都采用密闭引火。

③ 长明灯　长明灯是设在火炬头处的一个经常被点燃着的小火种。它被上述引火部件所点燃，它的任务是及时点燃火炬筒体排放出的火炬气。

一般引火烧嘴和长明灯及监测热电偶、蒸汽喷射器都装配在火炬头上作为一个整体设备供应给用户。

国内近年来设计的火炬通常是采用高空点火系统，并配备一套地面密闭传焰点火系统作为高空点火系统的事故备用。地面密闭传焰点火系统的设计应注意以下几点。

① 点火用的燃料气宜采用组分不变的气体（最好用单一组分）。因为组分变化会引起爆炸范围的变化，从而增加控制燃料气和压缩空气的混合气体达到爆炸范围的困难。

② 在点火用燃料气和压缩空气混合前，必须分别进行过滤和气液分离，以便将其中可能含有的直径大于 $150\mu m$ 的液滴（包括水滴）和固体杂质清除掉。

③ 点燃室和传焰管的强度应能满足爆炸时管壁可能达到的温度和产生的气体压力。

5.23.3.3　火炬的总图布置

火炬布置原则如下。

① 根据高架火炬高度选择必要的防辐射热间距。

② 《石油化工企业防火设计规范》规定高架火炬与各装置的防火间距为 60～90m。

③ 火炬装置应避免布置在窝风地段，以利于排放物的扩散。

④ 两个火炬集中布置时，火炬的间距应使一个火炬燃烧最大气量时产生的热辐射满足另外一个火炬检修人员躲避所需的时间要求。

⑤ 在保证人身与生产安全的前提下，火炬装置宜靠近主要排放装置布置。

⑥ 火炬高度除满足热辐射强度要求外，还应符合现行有关环境保护标准的排放要求及防空标志和灯光保护的有关规定。

⑦ 地面火炬周围安全区域的确定与高架火炬完全相同。

5.23.4 火炬的燃烧特性

5.23.4.1 火炬头火焰的燃烧特性

(1) 燃烧速度

火焰是发生在明显的反应区中的一种自持快速化学反应，火焰有两种基本形式，散射火焰是燃料射流涌入空气着火产生的，而充气火焰是着火前燃料和空气预混产生的。燃烧速度或火焰速度是指焰尾移动至可燃性混合物表面并进入其中的速度。

(2) 火焰的稳定性

对火炬而言，一般焰尾是在火炬头顶部。然而气速低时，火炬头顶部发生空气返混。实验表明，如果有足够的燃烧气体流量能保持产生一个在地面上可见的火焰，一般不会有明显的返混空气进入火炬头内。气体流量较低时，有在火炬头内部和火炬筒体内燃烧的可能性，则会造成火炬筒体温度高，或火焰熄灭在火炬筒体内，接着形成爆炸性混合物，并且由长明灯引爆。

来自预混合器的充气火焰中，可能发生通常为"逆燃"的现象。这是由于可燃性混合物线速度比火焰速度低，使得火焰返回至混合物处。无论是充气火焰还是散射火焰，如果燃料流量增加到在各点都超出火焰速度，则火焰上升到燃烧器顶部，直到由于湍流混合和与空气稀释而在排气口上方的气流中达到新的稳定状态，这种现象叫"吹出"（火焰的消失叫"吹灭"）。

(3) 烟气

在大型石油化工厂和炼油厂中，排放到火炬系统的火炬气主要成分为各种烃类。烃类受热易分解析出炭黑，这是火炬黑烟的主要来源。若考查烃类燃烧的过程，便可发现以下两点。

① 不论是直链或是异构烃类，不论是饱和的烷烃或是不饱和的烯烃，亦不论是链烃或芳烃，其氧化过程往往要分两步进行，即氧原子先与氢原子结合，然后才有可能和碳原子结合。

② 气体燃烧形成火焰，火焰表面一层空气比较充分，即氧气比较充足，因而燃烧比较完全。火焰芯部氧气不足，燃烧不完全，但受到表面燃烧的热辐射温度升高，因而烃类分解析出炭黑。炭黑随着气流上升，其中一部分炭黑不能烧掉而形成烟雾。

5.23.4.2 无烟燃烧

在实现火炬的无烟燃烧时主要考虑以下几个主要因素：燃烧区域中氧气量及其分布情况；燃烧区域的温度；燃烧烃类的相对分子质量大小及其不饱和程度；同时还应考虑的因素有：噪声、热辐射、所采用的辅助动力、火炬气流量及燃烧的频率。

正确的设计火炬烧嘴，采用强制手段将足量的氧气比较均匀地分布到火焰的芯部使整个火焰成为燃烧区域，这样就可以使火炬实现无烟燃烧。强制手段因所采用的动力来源不同而不同。最常用的是用 $0.7\sim1.0$MPa 的蒸汽或空气。由于蒸汽本身也是一个消烟剂，所以也有采用喷水消烟的。

5.23.4.3 热辐射

火炬燃烧产生大量辐射热，热辐射强度对人体和设备的影响是火炬设计的关键因素。

(1) 厂外公共区域的允许热辐射强度

a. 厂外居民区、公共福利设施、村庄等公众人员活动的区域，允许热辐射强度应小于等于 $1.58kW/m^2$。

b. 树木及草地允许的热辐射强度应该不大于 $3.0kW/m^2$。

(2) 厂内的允许热辐射强度

a. 火炬附近无操作岗位或操作人员经常活动的场所,应考虑到在突然发生火炬气的最大排放量而出现最大热辐射强度时,火炬筒体周围地区的巡回检查和维修人员能撤离到安全地区(热辐射强度≤1.58kW/m²)。假定从开始承受最大辐射热强度后,在 5s 时间内意识到发生事故(即人体反应时间为 5s);立即快速朝安全地区(热辐射强度≤1.58kW/m²)跑去,此时人体承受的热辐射强度随跑开距离的增大而减弱。要求人员在人体能承受的允许累计总辐射热的时间内跑到安全地方,称这个时间为安全撤离时间。假定跑开的速度为 6m/s,则各种热辐射强度下的安全撤离时间,以及在安全撤离时间内可跑开的距离见表 5-131,因此,火炬附近无操作岗位或操作人员经常活动的场所,其允许的热辐射强度,应按能满足这个撤离时间(或撤离距离)的原则来确定。

表 5-131 各种热辐射强度下的安全撤离时间和距离

序号	热辐射强度/(kW/m²)	开始疼痛时间/s	安全撤离时间/s	可跑开距离/m
1	1.58	—	—	—
2	1.73	60	55	1100
3	2.33	40	35	700
4	2.9	30	25	500
5	4.73	16	11	220
6	6.31	8	3	60
7	6.94	7	2	40
8	9.46	6	1	20

按照安全撤离时间进行计算比较烦琐,为了简化设计,在瞬间最大排放量时,一般可以按照火炬筒体底部允许热辐射强度 6.31kW/m²(不需要设置躲避场所,但要核算逃跑时间)取值,热辐射强度超过 6.31kW/m² 时应当设置躲避场所,火炬筒体底部允许热辐射强度不应高于 9.46kW/m²。

b. 设备能够安全地承受比人体高得多的热辐射强度。在热辐射强度 1.58～3.20kW/m² 的区域可布置设备,如果在此区域布置的设备为低熔点材料(如铝、塑料)设备、热敏性介质设备等,需要考虑热辐射所造成的影响;在热辐射强度大于 3.20kW/m² 的区域布置设备时,需要对热辐射的影响做出安全评估。

c. 不仅要考虑火炬辐射热对地面人员安全的影响,也要考虑对高塔和构架上的操作人员安全的影响。在可能受到热辐射强度达到 4.73 kW/m² 区域的高塔和构架平台的梯子应设置在背离火炬一侧,以便在火炬气突然排放时操作人员可以迅速安全撤离。

d. 对周围空气温度要求比较严格的设备和构筑物(如循环冷却水塔),其允许热辐射强度原则上应小于当地正午的太阳总辐射强度。一般可按照允许热辐射强度 1.58kW/m² 考虑。

国内石油化工企业火炬设计中允许的热辐射强度应该遵循 SH 3009 的规定,API 521 等标准只能作为参考。

5.23.4.4 噪声

火炬燃烧时候的噪声有两个来源,即燃烧吼声与喷射噪声。火炬中的主要噪声源是湍动气流燃烧噪声,噪声几乎与燃烧烃量的平方成正比。

燃烧过程中所产生的单一声谱的燃烧吼声和与燃烧气混合的空气量呈线性函数关系,空气量增加,燃烧吼声也增大。在清静的环境中如果只有一个火炬,燃烧吼声的大小是可以估算的。在同时存在几个火炬或其他噪声源的情况下,由于相互干扰,总的声响大小的估算必须根据经验加以修正。

无烟火炬的另一个噪声源是由喷射蒸汽产生的。火焰底部喷嘴排放表压为 0.6～1.0MPa 的蒸汽，导致增加高频噪声（1000Hz 到 2000Hz）。由于燃烧带湍动更强烈，低频燃烧噪声（250Hz 到 500Hz）也增加。流体通过缩孔而产生喷射噪声，在流量不变的情况，喷射噪声与流体经过缩孔的压力降成正比（图 5-192）。由于这一原因，设计喷嘴时应尽量减少压力降，亦可采取分级降压办法，干蒸汽比湿蒸汽好，湿蒸汽中的水滴遇到火焰中的热气会产生撕裂声。

距火炬筒顶部 30m 处的噪声强度，可用式（5-357）计算。

$$L_{30} = L + 10\lg(0.5WU_s^2) \tag{5-357}$$

式中 L_{30}——离火炬头出口 30m 处的噪声强度，dB；
L——噪声强度，dB，可从图 5-190 查得；
W——火炬气排放量，kg/s；
U_s——声波在排放的火炬气中的传播速度，m/s，可按式（5-358）计算。

$$U_s = 91.2\left(\frac{KT}{M}\right)^{0.5} \tag{5-358}$$

式中 K——气体绝热指数；
M——排放气体平均相对分子质量；
T——操作条件下的气体温度，K。

当离火炬顶部距离超过 30m 时，其噪声强度可用式（5-359）计算。

$$L_P = L_{30} - 20\lg\left(\frac{R_P}{30}\right) \tag{5-359}$$

式中 R_P——P 点距噪声源的距离，m。

式（5-357）是基于声音球面传播，当计算距离远远超过火炬在地面以上高度时，计算结果应当加 3dB 以修正半球传播的影响。对于大于 305m 的距离，可以认为噪声被大气分子所吸收。

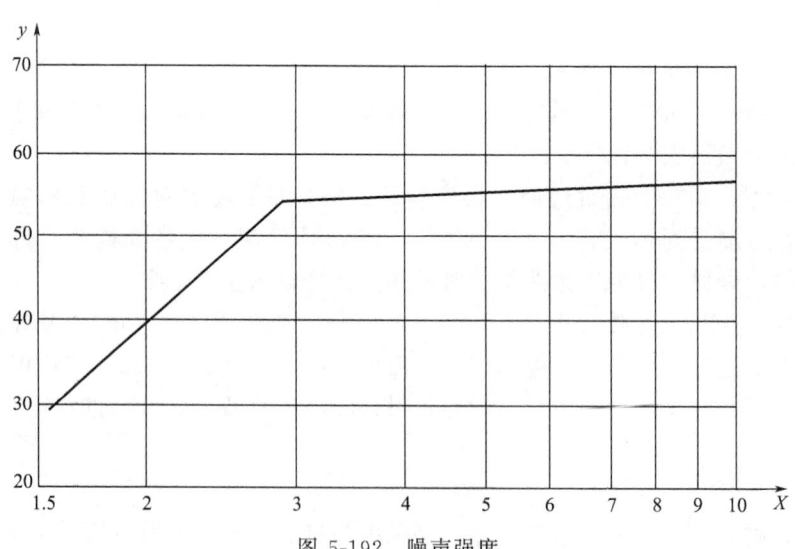

图 5-192 噪声强度

说明：X 为噪声源上下游绝对压力的比值，Y 为噪声强度（dB）。

5.23.5 火炬装置主要设备的设计

5.23.5.1 火炬头

(1) 火炬头设计的基本要求

火炬头实际上就是大型燃烧器，是火炬装置中的一个关键设备，火炬头一般由专业制造厂设计和制造，它的作用是将排放到火炬系统的火炬气烧掉，根据不同的要求，火炬头的种类很多，但对火炬头设计的基本要求如下。

① 能安全燃烧掉各种工况（指不同的流量、不同参数和不同组成的成分）的火炬气。

② 将火炬气完全燃烧，燃烧产物对周围环境的污染符合有关规定。

③ 在保证火炬气完全燃烧的前提下，要求能耗（蒸汽、电或水）低。

④ 结构简单，制造容易，选材得当，使用寿命长，质量轻，便于安装和维护检修。

⑤ 燃烧中产生的噪声和光害小。

(2) 高架火炬头的工艺计算

① 高架火炬头直径　火炬头燃烧火焰的稳定性与火炬头出口的火炬气流速有关，即与马赫数有关，马赫数是火炬头出口火炬气线速度与声波在火炬气中的传播速度之比。马赫数在 0.2 以下能稳定燃烧。没有火焰稳定器的火炬头马赫数超过 0.2 时，火焰的稳定性开始降低，马赫数达到 0.5 时，火焰有被吹灭的危险。有火焰稳定器的火炬头马赫数在 0.5 以下，火焰都具有一定的稳定性，甚至在更高的马赫数时仍可以稳定燃烧。

通常按照以下原则确定火炬头的直径。

a. 火炬气量按经常排放不平衡废气量考虑，马赫数取 0.03～0.1。

b. 火炬气量按开停工排放量考虑时，马赫数宜取 0.2 左右。

c. 火炬气量按偶然发生的特大事故排放量考虑时，马赫数取不大于 0.5。

d. 酸性气火炬头的出口马赫数不大于 0.25。

实际直径的选取，综合上述三种计算结果而定。这样，在正常排放量下，火炬是无烟燃烧的，而在遇到偶然发生的特大事故下，尽管不能无烟燃烧，但仍然能保证稳定燃烧。

火炬头出口有效截面积应按式 (5-360) 计算。

$$A = 3.047 \times 10^{-6} \times \frac{q_m}{\rho Ma} \sqrt{\frac{M}{kT}} \tag{5-360}$$

式中　A——火炬头出口有效截面积，m^2；

q_m——排放气体的质量流量，kg/h；

ρ——操作条件下的气体密度，kg/m^3；

Ma——火炬头出口马赫数；

M——排放气体的平均相对分子质量；

k——排放气体的绝热指数；

T——排放气体的温度，K。

② 消烟蒸汽量　为了促进火炬气与空气充分混合，并使燃烧过程中产生的游离碳起水煤气反应，减少黑烟，通常在火炬头处往火炬气中喷入蒸汽。无烟燃烧所需要的蒸汽量取决于无烟处理量及火炬气混合的组分。

消烟蒸汽量与烃类相对分子质量和烃类的不饱和程度有关，烃类相对分子质量越高，蒸汽与二氧化碳之比就越低，冒烟的倾向就越大，烃类的不饱和程度越高，无烟燃烧所需要的蒸汽量越大，表 5-132 给出了建议的无烟燃烧要求的蒸汽量。

表 5-132　建议的无烟燃烧要求的蒸汽量

火炬气	蒸汽需求量(蒸汽/碳氢气体)/(kg/kg)	火炬气	蒸汽需求量(蒸汽/碳氢气体)/(kg/kg)
烷烃		二烯烃	
乙烷	0.15	丙二烯	0.70
丙烷	0.25	丁二烯	0.90
丁烷	0.30	戊二烯	1.05
戊烷	0.35	炔	
己烷	0.38	乙炔	0.55
烯烃		芳香烃	
乙烯	0.40	苯	0.80
丙烯	0.50	甲苯	0.85
丁烯	0.58	二甲苯	0.90
戊烯	0.65		

对于烷烃可按式（5-361）计算消烟蒸汽量。

$$W_s = W_p \left(0.49 - \frac{10.8}{M} \right) \tag{5-361}$$

式中　W_s——消烟蒸汽量，kg/h；

W_p——烷烃气体质量流量，kg/h；

M——气体相对分子质量。

烯烃可按式（5-362）计算消烟蒸汽量。

$$W_s = W_o \left(0.79 - \frac{10.8}{M} \right) \tag{5-362}$$

式中　W_o——烯烃气体质量流量，kg/h。

通常石油化工厂排放的火炬气是多种碳氢化合物的混合气体，也可按式（5-363）计算消烟蒸汽量。

$$W_s = W \left(0.68 - \frac{10.8}{M} \right) \tag{5-363}$$

式中　W——火炬气质量流量，kg/h。

无烟处理的火炬气排放量一般按单个装置开、停工时排放量计算。全厂性火炬通常按设计处理量的 10%～20% 作为无烟燃烧量计算。

③ 吹扫气体用量　火炬头出口总要保持一个最小气量，以防止回火。由于火炬气量难以控制，一般往水封罐气相或火炬筒体中通入一定量的吹扫气体，主要用氮气或燃料气来保持防止回火所需要的最小气量。

通常要求吹扫气体的流量应能够保持离火炬筒体顶端 7.5m 处的氧含量在排放烷烃时不超过 6%（体积分数），而排放氢气时不超过 3%（体积分数）。高架火炬系统采用速度密封或分子密封可以大大减少吹扫气体的用量，吹扫气体的用量与火炬头直径及吹扫气体的相对分子质量有关，但不同的标准对吹扫速率规定的数值差别很大。API 521 指出，使用分子密封器时，吹扫速率为 0.003m/s 可以保持密封器下的含氧量不超过 6%；使用速度密封器时，吹扫速率为 0.012m/s 可以保持密封器下的含氧量不超过 4%。API 521 推荐的吹扫气体速率没有与火炬头直径及吹扫气体的相对分子质量相关联；国外某知名公司的设计标准中给出的吹扫气体速率与火炬头直径及吹扫气体的相对分子质量相关联，见图 5-193。

（3）火炬头的主要尺寸和材质的确定

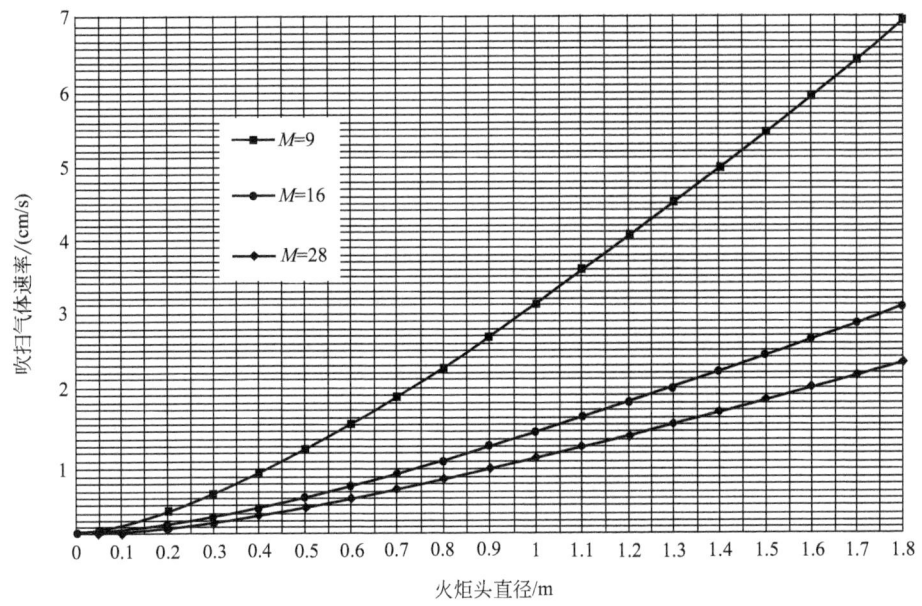

图 5-193 吹扫气体速率

注：资料中直径最大到 1.2m，图中直径超过 1.2m 部分为作者给出的外推值。

火炬头的净面积按式（5-360）计算，但在水平切面上的实际面积是包含了消烟蒸汽、中心蒸汽管等的面积的，因此火炬头制造商供货产品应保证净面积满足设计要求。火炬头长度主要由火焰热辐射的影响和火炬头结构本身的要求等因素来决定，一般取 3.5～5m。

火炬头处于比较苛刻的条件下操作，其检修周期随装置或工厂的检修周期而定（通常不设备用火炬），因而在设计中应慎重选择火炬头各有关部件之材质，使其寿命尽量长。

由于喷射大量蒸汽及空气，一般火焰的根部与火炬头有段小距离。气量大时，火焰发热量大，但这段距离也同时增大，由传热机理决定，总是向上方传热的比较多，所以火炬头承受热量也不大。在装置发生事故而大量排气时，由气体对流向火炬头传热，火炬头表面温度可达 700～900℃。火炬头位于高空，一般都有风，火焰受风的影响而偏斜，火炬头迎风面温度较低，背风面恰好受到火焰辐射热的照射，温度升高。由于风向经常变化，所以火炬头壳壁实际受交变热应力的作用，经过一段时间作用之后，极易产生裂纹。

对于处理一般腐蚀性不强的以烃类为主的火炬，根据经验，火炬头上部 3m 的材料以应该使用 ANSI 310SS 这类耐热材料，而下半部则可采用低碳奥氏体不锈钢。火炬头顶部的一些部件如长明灯烧嘴、点火烧嘴、热电偶保护套、蒸汽喷嘴等，其操作条件甚为恶劣，而材料用量不大，也要采用 ANSI 310SS，甚至更好的材料。

火炬头在制作中必须对焊接质量进行严格的检验。例如，焊缝处有裂纹，就会使火炬气漏出而产生小火焰，小火焰局部加热火炬头壳体将导致裂纹迅速扩大，加剧漏火，终将烧毁整个火炬头。

5.23.5.2 火炬筒体

(1) 对火炬筒体设计的基本要求

火炬筒体是高架火炬的重要组成之一，其作用是把火炬气送到高空的火炬头去燃烧。在确定了火炬系统的最大排放量（也有的称为设计排放量）之后，可根据此最大排放量，按有关规范来计算需要的火炬筒体尺寸。火炬筒体的设计原则是：①火炬筒体的设计压力不低 1.0MPa；

② 在最大处理量时，火炬火焰的热辐射不致影响到其周围机械设备的正常运转，也不得影响人员的操作；③ 在火炬意外灭火的情况下，地面上的废气浓度不应达到爆炸极限，化学毒害也不应超出安全范围。

（2）火炬筒体直径计算

火炬筒体直径按前面所述的公式（5-360）计算。

最后检查火炬系统总压力降与安全阀背压之间的关系，满足排放系统压力降的要求。

（3）按允许的热辐射强度确定火炬高度和火炬周围安全界限

以下采用简化法计算火炬高度和火炬周围的安全界限。

火炬气燃烧对地面上某点的热辐射强度，与火炬气燃烧释放的热量、火焰的几何尺寸及火焰距地面上的距离等因素有关。

① 火炬气燃烧释放的热量按式（5-364）计算。

$$Q_f = 2.78 \times 10^{-4} H_y q_m \tag{5-364}$$

式中 Q_f——火焰产生的热量，W；

H_y——排放气体的低发热值，J/kg；

q_m——排放气体的质量流量，kg/h。

② 热辐射率　热辐射率的理论值相当高，有时达 0.35～0.4，而现场实测的数据比理论值低得多，其原因如下：一般排放气体的燃烧不完全；游离碳的存在虽然提高了发光度和辐射率，但由于产生的烟雾遮住了火焰反而降低了热辐射率；热辐射率随距离增加而减少；向无烟火炬头喷入蒸气会使热辐射率大为减少；也有文献指出，热辐射率随火炬气体出口速度增加而减少。表 5-133 列出了 1960～1990 年国外火炬火焰热辐射研究中主要文献建议的热辐射率数值。

表 5-133　1960～1990 年火炬火焰热辐射研究中主要文献建议的热辐射率

文献作者及发表年代		热辐射率	说　明
Zabetakis and Burgess	1961	0.17	氢气，最大值
Zabetakis and Burgess	1961	0.38	乙烯，最大值
Zabetakis and Burgess	1961	0.16	甲烷，最大值
Zabetakis and Burgess	1961	0.30	丁烷，最大值
Zabetakis and Burgess	1961	0.23	天然气，最大值
Tan	1967	0.2	甲烷
Tan	1967	0.33	丙烷
Tan	1967	0.4	大相对分子质量碳氢化合物
Brzustowski et al.	1975	0.155	甲烷，气体出口速度=30.9m/s，静止空气中
Brzustowski et al.	1975	0.17	甲烷，气体出口速度=24.5m/s，静止空气中
Brzustowski et al.	1975	0.23	甲烷，气体出口速度=30.9m/s，侧向风 2m/s
Brzustowski et al.	1975	0.26	甲烷，气体出口速度=24.5m/s，侧向风 2m/s
Markstein	1975	0.204～0.246	丙烷，静止空气中
Markstein	1975	0.17～0.18	丙烷，静止空气中，气体出口速度是上述实验的 2 倍数量级
McMurray	1982	0.207～0.224	气体相对分子质量=41，蒸汽助燃，由 API 模型和 IMS 模型得到的计算值
Fumarola et al.	1983	0.3	甲烷和 LPG，流量=200000kg/h
Leite	1991	0.15	混合气体，空气助燃
Leite	1991	0.15	氢气

火炬火焰的热辐射率一直都无法准确确定。对于有包围面的气体，如裂解炉，我们可以相

当准确地估计其气体的组成、浓度和温度，而大型的明火火炬，其气体组成复杂，气体的温度和浓度也有很大差别。当火焰气体的浓度增加两倍时，虽然并不是成完全的直线增加倍数关系，二氧化碳和水的气体辐射率也会增加约两倍。表 5-132 列出的是有关文献推荐的热辐射率，其中大多数是理论估算值，也没有考虑随受热点距离的增加时，空气对辐射热的吸收等。

国外资料报道火炬在没有蒸汽消烟的情况下测得的热辐射率为 0.15。有些资料报道热辐射率 f 不超过 0.20。SH 3009 中规定热辐射率取 0.2。

③ 火焰的长度和倾斜角　火焰长度和倾斜角对火炬高度的影响较大。国外对火焰长度的研究主要集中在 20 世纪 60~90 年代。

1964 年 G. R. Kent 通过小直径管道在静止的空气中对火焰的长度进行实验，其结论是，从马赫数≥0.2 开始，火焰长度是固定的，并约等于气体出口直径的 118 倍。

1970 年 T. J. Honda 提出火焰长度为 $0.72 \times 10^3 md$（马赫数 $m=0 \sim 0.12$）。

1973 年 T. A. Brzustowski 和 E. C. Sommer 提出基于可燃性气体在侧向风中喷射混合和在空气中爆炸下限研究的火焰长度计算方法，该方法在 API RP 521 中称为精确计算法。

1974 年 R. Schwanecke 提出马赫数＜0.15 时火焰长度为 $2.43 \times 10^{-2} Q^{0.5}$（$Q$，MJ/kg），马赫数在 0.15~0.35 时火焰长度为 $7.7 \times 10^{-6} Q/d^2$，马赫数＞0.35 开始火焰长度是固定的，且等于气体出口直径的 120 倍。

API RP 521 的图解法，该方法是基于几组观测数据制作的火焰长度与气体低热值相关联的对数坐标图，配合侧向风与火焰变形近似关系图确定火焰中心点。这种方法自 1969 年 API RP 521 首次发表至今一直在使用，没有进行过修正，准确性无从判断。

美国气体处理器供货商联盟（GPSA）1987 年发布的工程数据手册是以排放气体在火炬头出口的压力降计算火炬的火焰长度，火焰长度为 $10d(\Delta p/1400)^{0.5}$（英制单位）。

据有关研究文献报道，实际观测的火焰长度与上述各种预测公式的计算值存在不同的差别，有的观测结果与计算值偏差很大。到目前没有哪一个计算方法可以准确预测火炬的火焰长度。

《石油化工企业燃料气系统和可燃性气体排放系统设计规范》（SH 3009—2001）采用的是 G. R. Kent 火焰长度预测方法，当马赫数＜0.2 时，火焰长度按式（5-365）计算，当马赫数≥0.2 时，火焰长度按式（5-366）计算。

$$L_f = 23d \ln Ma + 155d \tag{5-365}$$

$$L_f = 120d \tag{5-366}$$

式中　L_f——火焰长度，m；
　　　d——火炬头出口直径，m。

火焰倾斜角按式（5-367）计算。

$$\phi = \tan^{-1} \frac{\nu_w}{\nu_e} \tag{5-367}$$

式中　ϕ——火焰倾斜角，(°)；
　　　ν_w——火炬出口处风速，m/s；
　　　ν_e——排放气体出口速度，m/s。

火炬高度按式（5-368）计算。

$$h_s = \sqrt{\frac{\varepsilon Q_f}{4\pi K} - \left(X - \frac{L_f}{3}\sin\phi\right)^2} - \frac{L_f}{3}\cos\phi + h_t \tag{5-368}$$

式中 h_s——火炬高度，m；
　　ε——热辐射系数，取 0.2；
　　K——允许热辐射强度，kW/m^2；
　　X——最大受热点到火炬筒中心线的水平距离，m；
　　h_t——最大受热点到地面的垂直距离，m。

（4）根据燃烧产物中有害成分对大气的污染核算火炬高度

根据热辐射强度确定火炬高度后，要核算燃烧产物中有害成分在大气中的浓度，有害成分排放限值见 GB/T 3840《制定地方大气污染物标准的技术方法》。

5.23.5.3 分液罐

（1）卧式分液罐的尺寸计算

① 卧式分液罐的直径按式（5-369）通过试算确定，当满足 $D_{sk} \leqslant D_k$ 时，假定的 D_k 即为卧式分液罐的直径。

$$D_{sk} = 0.0115 \sqrt{\frac{(a-1) q_y T}{(b-1) pkU_c}} \tag{5-369}$$

卧式分液罐进出口距离按式（5-370）计算。

$$L_k = kD_k \tag{5-370}$$

液滴沉降速度按式（5-371）计算。

$$U_c = 1.15 \sqrt{\frac{gd_1(\rho_1 - \rho_v)}{\rho_v C}} \tag{5-371}$$

罐内液体截面积与罐总截面积比值 b 按式（5-372）计算。

$$b = 1.273 \times \frac{q_1}{kD_k^3} \tag{5-372}$$

罐内液面高度与罐直径比值 a 可按式（5-373）计算。

$$a = 1.8506b^5 - 4.6265b^4 + 4.7628b^3 - 2.5177b^2 + 1.4714b + 0.0297 \tag{5-373}$$

液滴在气体中的阻力系数 C 根据 $C(Re)^2$ 由图 5-194 查得，$C(Re)^2$ 按式（5-374）计算。

$$C(Re)^2 = \frac{1.307 \times 10^7 d_1^3 \rho_v (\rho_1 - \rho_v)}{\mu^2} \tag{5-374}$$

式中 D_k——假定的分液罐直径，m；
　　D_{sk}——试算的卧式分液罐直径，m；
　　L_k——气体入口至出口的距离，m；
　　U_c——液滴沉降速度，m/s；
　　q_v——入口气体流量（标准状态），m^3/h；
　　q_1——分液罐内贮存的凝结液量，m^3；
　　T——操作条件下的气体温度，K；
　　p——操作条件下的气体压力（绝），kPa；
　　k——系数，取 2.5～3；

g——重力加速度，取 9.81m/s^2；

d_1——液滴直径，m；

ρ_1——液滴的密度，kg/m^3；

ρ_v——气体的密度，$\rho_v = \dfrac{1000Mp}{RT}$（R 为气体常数），$\text{kg/m}^3$；

M——气体相对分子质量；

μ——气体的动力黏度，10^{-3}Pa·s。

② 卧式分液罐直径的核算　按式（5-369）计算出卧式分液罐的直径后，应当对其进行核算，国内现行的标准以及 API 521 等均没有提出核算的要求，其实这是一个严重的失误，工程实践中已经发生过并证明上述计算的缺陷。国外某公司的标准中就明确给出分液罐和水封罐内气体流速应小于或等于 7.8m/s 的规定。除此之外，卧式分液罐内最高液面之上气体流动的截面积（沿罐的径向）应大于或等于入口管道横截面积的 3 倍。

(2) 立式分液罐的直径计算

$$D_k = 0.0128 \sqrt{\dfrac{q_v T}{p U_c}} \qquad (5\text{-}375)$$

式中符号意义同前。

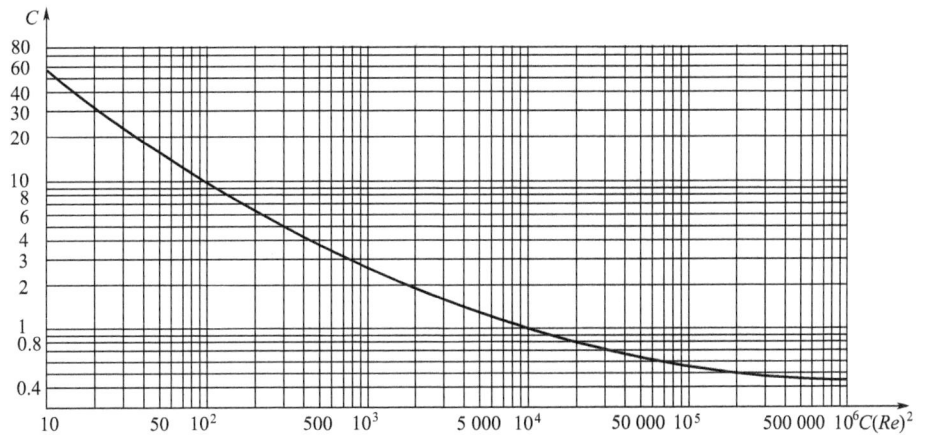

图 5-194　液滴在气体中的阻力系数

5.23.5.4　水封罐

(1) 卧式水封罐

① 卧式水封罐的尺寸可按式(5-376)试算确定，当满足 $D_{sw} \leqslant D_w$ 时，假定的 D_w 即为水封罐的直径；水封罐气体进出口距离按式（5-378）计算。

$$D_{sw} = 0.0115 \sqrt{\dfrac{(a-1)}{(b-1)} \dfrac{q_v T}{p k U_c}} \qquad (5\text{-}376)$$

罐内液体截面积与罐总截面积比值 b 按式（5-377）计算。

$$b = -1.2305 a^5 + 3.0761 a^4 - 3.8174 a^3 + 2.65 a^2 + 0.3294 a - 0.0038 \qquad (5\text{-}377)$$

$$L_w = k D_w \qquad (5\text{-}378)$$

式中　D_w——假定的水封罐直径，m；

D_{sw}——试算的水封罐直径，m；

L_w——气体入口至出口的距离，m；

a——罐内液面高度与罐直径比值（$a=h/D_w$）；

h——用于防止回火工况设置的水封液面高度，m；

q_v——入口气体流量（中间进两端出的卧式罐取总流量的一半，标态），m³/h。

② 按式（5-376）计算出卧式水封罐的直径后，应遵循上述提及的要求对其进行核算。

（2）立式水封罐

立式水封罐的直径按式（5-379）计算。

$$D_w = 0.0128 \sqrt{\frac{q_v T}{p U_c}} \tag{5-379}$$

（3）有效水封高度

水封罐的有效水封高度按式（5-380）计算，并满足如下要求。

① 能满足排放系统在正常生产条件下有效阻止火炬回火，并确保排放气体在事故排放时能冲破水封排入火炬。

② 含有大量氢气、乙炔、环氧乙烷等燃烧速度异常高的可燃性气体时，水封高度应大于等于300mm。

③ 密度小于空气的可燃性气体，水封高度应大于等于200mm。

④ 密度大于等于空气的可燃性气体，水封高度应大于等于150mm。

$$h_w \geqslant \frac{p_1}{g} - \frac{3.30826 \times (8361.4-H)}{gT_a} - \frac{ph\overline{M}}{RT} \tag{5-380}$$

式中 h_w——水封高度，m；

H——火炬头出口至地面的垂直距离，m；

h——火炬水封液面至火炬头出口的垂直距离，m；

p——火炬头出口处的压力（绝），kPa；

p_1——水封前管网需保持的压力（绝），kPa；

T——可燃性气体的操作温度，K；

T_a——环境日平均最低温度，K；

$\overline{M}$——可燃性气体的平均相对分子质量。

其他符号的意义及单位同前。

5.23.6 火炬气回收

（1）火炬气回收的工艺设计应该遵循的原则

① 火炬气回收系统不能破坏全厂安全放空系统的开放性，必须确保紧急事故排放的可燃气体随时都能进入火炬燃烧。

② 只回收正常生产排放的可燃性气体，紧急事故排放的可燃气体直接进入火炬燃烧。

③ 必须避免空气倒流进入火炬系统。

④ 根据火炬排放气体的特性确定是否回收，例如，酸性气、剧毒以及高惰性气体含量的可燃气体不应该回收。

⑤ 如果回收气体中含有高浓度的氢气则不宜作为燃料使用，可以用于提存氢气加以利用；如果回收气体的气体适于作为燃料使用，应当根据回收气体中硫含量的多少确定是否需要进行脱硫处理后进入燃料气系统。

⑥ 石油化工厂正常生产时装置排放的火炬气量波动范围很大，因此火炬气回收设施的回收能力应该按照一定时间内正常生产时装置排放可燃气体量的平均值确定。

⑦ 为满足火炬气回收系统所需的管网压力，最安全可靠的方法是使用水封阀组或提高火炬水封罐内的水封高度。设计上应当尽量避免使用切断阀的方法来提高回收所需的管网压力。

（2）火炬气回收工艺流程

火炬气回收工艺分为压缩机在线回收工艺和气柜压缩机组合回收工艺两种。

压缩机在线回收可燃气体工艺通常是由 1 台或多台压缩机、压缩机入口分液罐、压缩机负荷控制系统和压缩机紧急停车系统等组成，压缩机直接从火炬气总管上抽吸可燃性气体，经过压缩机升压后的气体应该视其组成送至装置或全厂燃料气系统。

压缩机在线回收可燃气体系统的接出点应当设置在所有装置下游的火炬气总管上。这种工艺的优点是投资少，其缺点是不能完全回收正常生产过程中装置排放的可燃气体，安全性较差。其典型的工艺流程见图 5-195。

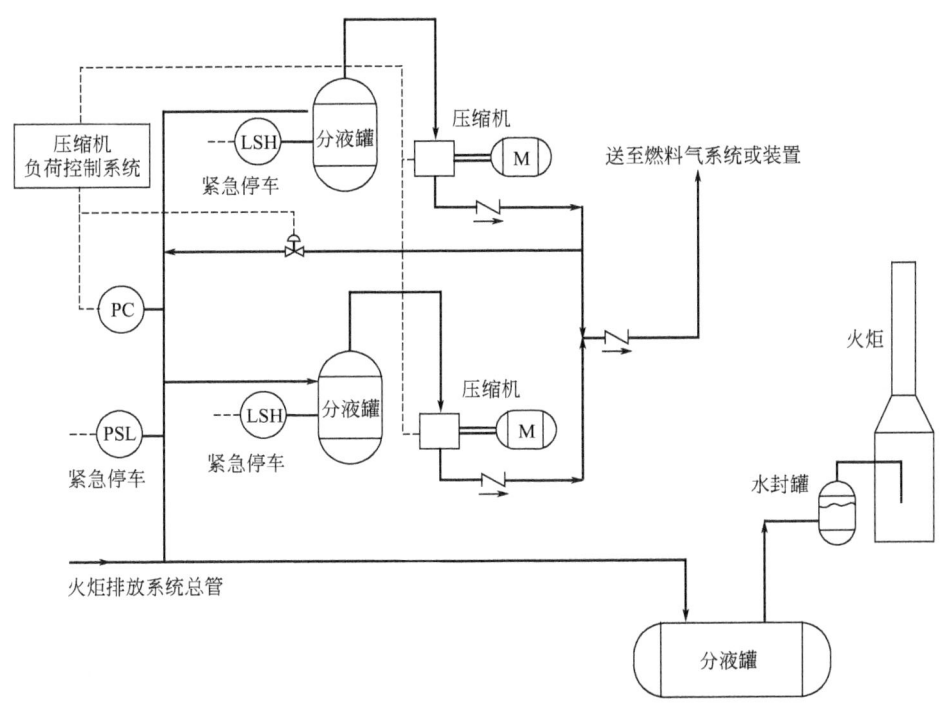

图 5-195　典型的压缩机在线回收可燃气体工艺流程

气柜压缩机组合回收可燃气体工艺系统，是由 1 台或多台气柜、压缩机、压缩机入口分液罐、压缩机负荷控制系统和压缩机紧急停车系统等组成的。压缩机从气柜中抽吸可燃性气体，经过压缩机升压后的气体应该视其组成送至装置或全厂燃料气系统。

气柜压缩机组合回收可燃气体工艺系统通常设置在火炬水封罐前，其检测是否发生事故排放的温度仪表和压力仪表应该设置在火炬气回收支线前的火炬气干管上，检测点距离支线的距离越远越好，但必须设在所有装置汇合点之后。

该回收工艺的优点是能够完全回收正常生产过程中装置排放的可燃气体，安全可靠；其缺点是投资较大。其典型的工艺流程见图 5-196。

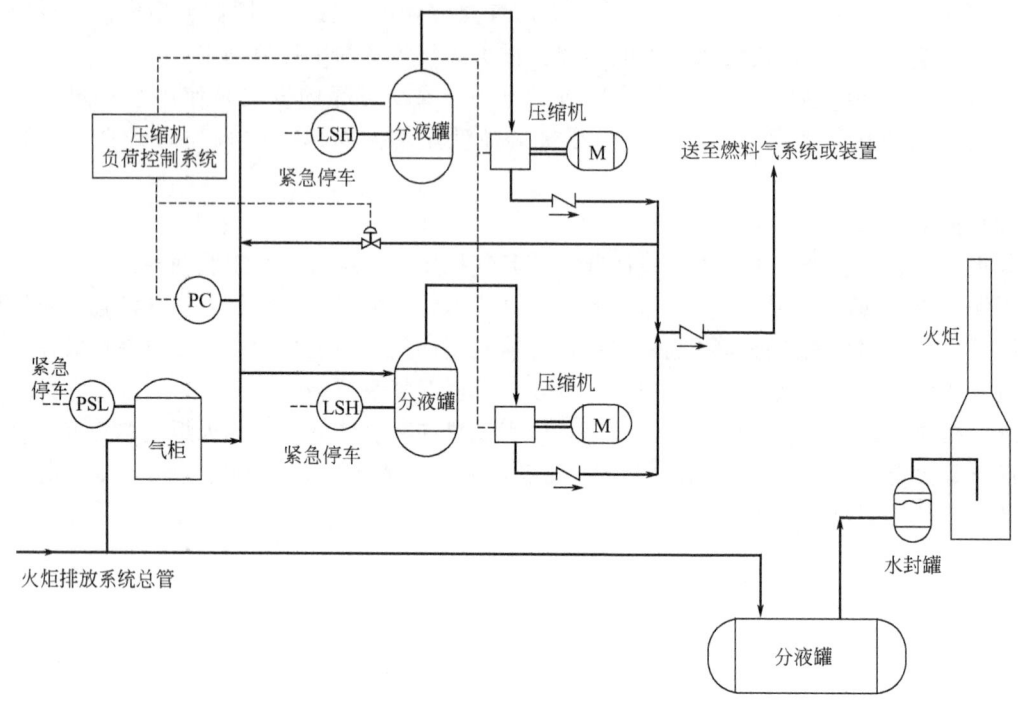

图 5-196 典型的气柜压缩机组合回收可燃气体工艺流程

5.23.7 火炬系统的本质安全

在设计上，对火炬系统的本质安全应当注意以下几点。

① 全厂可燃性气体排放系统管网应该维持一定的正压，其正压力不低于 1kPa。

② 全当可燃性气体排放温度大于 60℃时，水封罐之前的可燃性气体排放管道应按现行国家标准《压力容器 第 3 部分：设计》GB 150.3 进行抗外压设计，最大外压应大于或等于 30kPa。

③ 全厂可燃性气体排放系统管网热补偿应采用自然补偿，且补偿器宜水平安装。

④ 一个排放系统或多个排放系统同时共用两个或两个以上火炬时，每个火炬之间必须设置水封罐，且应保证水封罐内的水位满足防止回火的要求。

⑤ 虽然火炬正常燃烧时筒体内的操作压力很低，甚至有时还存在微负压，但火炬筒体设计必须要能够承受大于或等于 1000 kPa 的瞬时爆炸压力。

⑥ 水封罐内的有效水封水量应至少能够在可燃性气体排放管网出现负压时，满足水封罐入口立管 3m 充满水量，实际设计中是否是 3m 高的立管要根据排放气体的温度等参数进行负压核算，3m 高的立管是标准中规定的最小值。

⑦ 水封罐应设置 U 形溢流管且不得设切断阀门，U 形溢流管顶部设无阀门破真空接管，溢流管的水封高度应大于等于 1.75 倍水封罐内气相空间的最大操作压力（表），溢流管直径最小为 DN50。其高点处管道下部内表面应与要求的水封液面处于同一高程。

⑧ 水封罐溢流补水量应使用限流孔板限制，流量不大于 U 形溢流管自流能力的 50%。

⑨ 防止回火的吹扫气体供给量应使用限流孔板控制，不得采用阀门控制流量。

⑩ 气柜顶部的排气管应设水封装置或安装阻火器。

主要符号说明

A —— 管道截面积，m^2；
C, C_1, C_2, C_3 —— 系数；
D —— 输送管内直径，m；
d —— 移动吸嘴的内直径，m；
d_s —— 输送物料当量球径（同体积圆球直径），m；
f_k —— 比例常数；
Fr —— 以气体流速（u_f）输送为基准的弗鲁特数；
Fr_c —— 以 V_c 为基准的弗鲁特数；
Fr_t —— 以悬浮流速（V_t）为基准的弗鲁特数；
f_w —— 颗粒对管壁的滑动摩擦系数；
G —— 气体质量流速，$kg/(m^2 \cdot s)$；
g —— 重力加速度，$9.81 m/s^2$；
K_b —— 与曲率半径（R_0）有关的系数；
K_d —— 输送物料的特性系数；
K_e —— 系统漏气增加的系数；
K_L —— 输送物料的粒度系数；
l —— 软管长度，m；
L_0 —— 水平加速段长度，m；
L_1 —— 水平管长度，m；
L_2 —— 倾斜管长度，m；
L_3 —— 水平直管或垂直直管或倾斜直管恒速段长度，m；
L_b —— 弯管当量长度，m；
L_h —— 垂直直管长度，m；
L_{ho} —— 垂直直管加速段长度，m；
L_s —— 水平管道长度或垂直管道提升高度，m；
M —— 工作气体相对分子质量；
m —— 料-气质量输送比，简称输送比；
m, m_1 —— 参数；
N —— 风机功率，kW；
n_1, n_2 —— 校正系数；
n_b —— 弯管数量；
p_f —— 例题中引入的管道内平均压力，Pa；
p_1, p_2 —— 例题中引入的输送管入口和出口端的压力，Pa；
R —— 气体常数，$8.3143 kJ/(kmol \cdot K)$；
Re —— 雷诺数；
R_0 —— 弯管曲率半径，m；
u_1, u_2 —— 例题中引入的输送管入口和出口端的气体流速，m/s；
u_e —— 经济流速，m/s；
u_{ef} —— 输送管末端出口处气体流速，m/s；
u_f —— 气体流速，m/s；
u_h —— 噎塞流速，m/s；
V_0 —— 物料初始速度，m/s；
V_1 —— 弯管进口处物料流速，m/s；
V_4 —— 弯管出口处物料流速，m/s；
$V_起$ —— 物料在水平输送管中的起始流速，m/s；
V_c —— 参数，$V_c = u_f - CV_t$，m/s；
V_G —— 工作气体体积流量，m^3/s；
V_m —— 恒速段物料流速，m/s；
V_s —— 加速段物料流速，m/s；
V_t —— 悬浮流速，m/s；
V_{te} —— 实效悬浮流速，m/s；
W_1 —— 分流前物料的体积流量，m^3/h；
W_2 —— 分流后物料的体积流量，m^3/h；
W_G —— 气体质量流量，kg/h；
W_s —— 物料质量流量，kg/h；
α —— 倾斜直管与水平面的夹角，rad；
β —— 形状系数；
ν —— 工作气体的运动黏度，m^2/s；
Δp_d —— Y形分流圆管压力降，Pa；
Δp_e —— 肘形管压力降，Pa；
Δp_{ef} —— 排料压力降，Pa；
Δp_f —— 纯工作气体单相流动时的压力降，Pa；
Δp_{fp} —— 管件局部压力降，Pa；
Δp_{mb} —— 弯管段压力降，Pa；
Δp_{mt1} —— 例题中引入的水平直管压力降，Pa；

Δp_{mt2} —— 例题中引入的垂直直管压力降，Pa；
Δp_{mt} —— 直管段压力降，Pa；
Δp_{sa} —— 加速段压力降，Pa；
Δp_{sc} —— 恒速段压力降，Pa；
Δp_t —— 系统总压力降，Pa；
δ —— 料-气容积输送比；
ε —— 系数；
η —— 系数；
η_e —— 风机效率；
λ_h —— 与物料自重及悬浮有关的阻力系数；
λ_f —— 工作气体的摩擦阻力系数；
λ_s —— 物料运动时与管壁的摩擦阻力系数；
λ_{sa} —— 加速段阻力系数；
λ_{ss} —— 与物料颗粒间碰撞有关的阻力系数；
λ_z —— 物料运动阻力系数；
μ_f —— 工作气体的黏度，Pa·s；
ρ_1, ρ_2 —— 例题中引入的输送管入口和出口端的气体密度，kg/m³；
ρ_{ef} —— 输送管末端出口处的气体密度，kg/m³；
ρ_f —— 工作气体的密度，kg/m³；
ρ_s —— 输送物料的堆积密度，kg/m³；
ϕ —— 纯工作气体在肘形管中单相流动的阻力系数；
φ —— 系数；
φ_m —— 料-气最大速度比；
压力 —— 本规定除注明外，均为绝对压力。

第6章 自动控制

6.1 工业自动化仪表

6.1.1 概述

现代工业的一个重要特点是生产装置大型化，高度自动化。自动化是生产装置大规模工业生产安全操作、平稳运行、提高效率（高产、低耗）的基本条件和重要保证。现代化程度越高，这种依从关系越紧密。

工业自动化仪表技术内容包括生产工艺过程中各种工况信息的检测、转换、显示和控制。

6.1.1.1 自动化仪表的分类

自动化仪表可简单地分为检测仪表、显示仪表、控制仪表、执行器四大类，如图6-1所示。

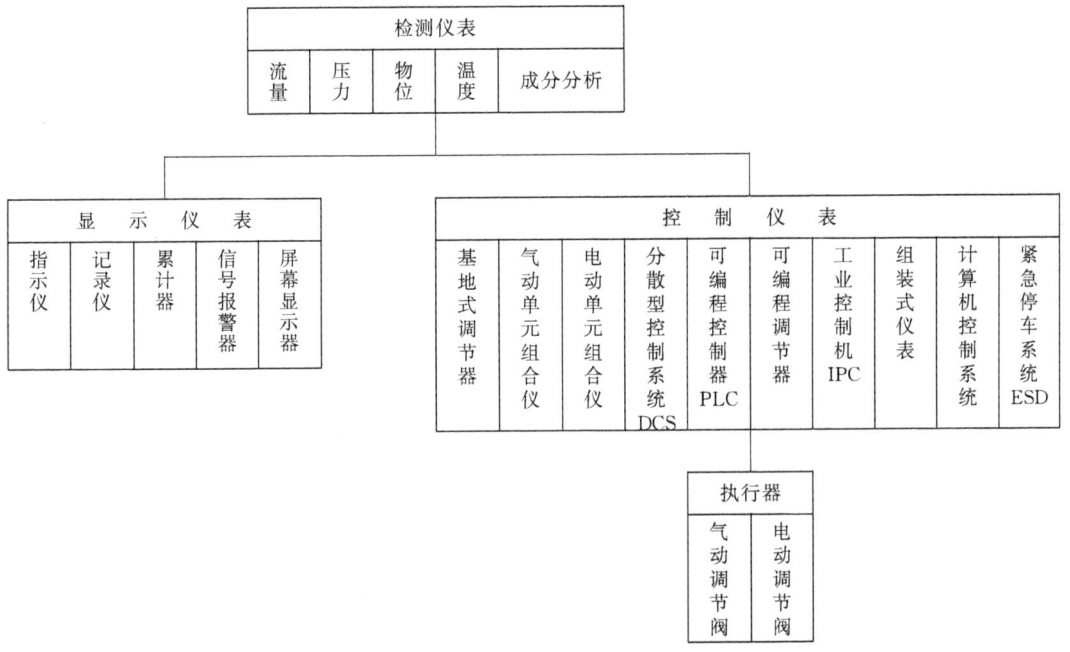

图 6-1 自动化仪表分类

6.1.1.2 工业自动化仪表主要品质要求

根据工业自动化仪表应用特点，对它的品质要求如下。

（1）精确度

测量值与实际值的差异程度，表示测量误差大小。

$$精确度 = \frac{测量值 - 实际值}{标尺上限 - 标尺下限} \times 100\% \tag{6-1}$$

（2）灵敏度

仪表稳态时输出变化对输入变化的比值。表示仪表对被测参数变化的灵敏程度。

$$\text{灵敏度} = \frac{\text{指针指示值变化}}{\text{被测参数变化}} \tag{6-2}$$

(3) 非线性误差

理论上具有线性特性的仪表，实际上输入输出特性曲线对理论线性特性的偏离程度。

$$\text{非线性误差} = \frac{\text{实际值与理论值的最大绝对误差值}}{\text{标尺上限} - \text{标尺下限}} \times 100\% \tag{6-3}$$

(4) 变差

仪表正向（上升）特性与反向（下降）特性差异程度。

$$\text{变差} = \frac{\text{正、反行程时指示值的最大绝对误差}}{\text{标尺上限} - \text{标尺下限}} \times 100\% \tag{6-4}$$

(5) 动态误差

由检测环节中存在的元件动惯量（时间常数）、测量传递滞后（纯滞后时间）带来的误差。

6.1.2　流量测量仪表

6.1.2.1　流量仪表的分类

流量测量与仪表可以按不同原则分类。

(1) 按测量对象分类

按测量对象可分为封闭管道流量计和敞开流道（明渠）流量计两大类。封闭管道的流体靠压力输送，而明渠是依据高位差自由排放。一般明渠流动为不满管状态，所以此两类流量计有不同的特性，本书主要介绍封闭管道流量计。但应指出，明渠流量计所依据的物理原理与封闭管道流量计有共同之处，随着重视环保及农业工程的发展，明渠流量计的种类亦迅速增加。

(2) 按测量原理分类

各种物理原理是流量测量的理论基础，流量测量原理可按物理学科分类。

① 力学原理　应用伯努利定理的差压式、浮子式；应用动量定理的可动管式、冲量式；应用牛顿第二定律的直接质量式；应用流体阻力原理的靶式；应用动量守恒原理的叶轮式；应用流体振动原理的涡街式、旋进式；应用动压原理的皮托管式、均速管式；应用分割流体体积原理的容积式等。

② 热学原理　应用热学原理的热分布式、热散效应式和冷却效应式等。

③ 声学原理　应用声学原理的超声式、声学式（冲击波式）等。

④ 电学原理　应用电学原理的电磁式、电容式、电感式和电阻式等。

⑤ 光学原理　应用光学原理的激光式和光电式等。

⑥ 原子物理原理　应用原子物理原理的核磁共振式和核辐射式等。

⑦ 其他　标记法等。

(3) 按测量方法和结构分类

这是目前最流行的分类方法，封闭管道流量计的分类见图 6-2，敞开流道流量计的分类见图 6-3。

封闭管道流量计可分为推理式流量计和容积式流量计两大类，然后再细分为各种类型。一般流量计由传感器、转换器和显示仪几部分组成。分类是以传感器的特征为依据。目前显示仪的主流产品是以微处理器为基础的智能式流量显示仪，它可以涵盖全部流量计（模拟信号和脉

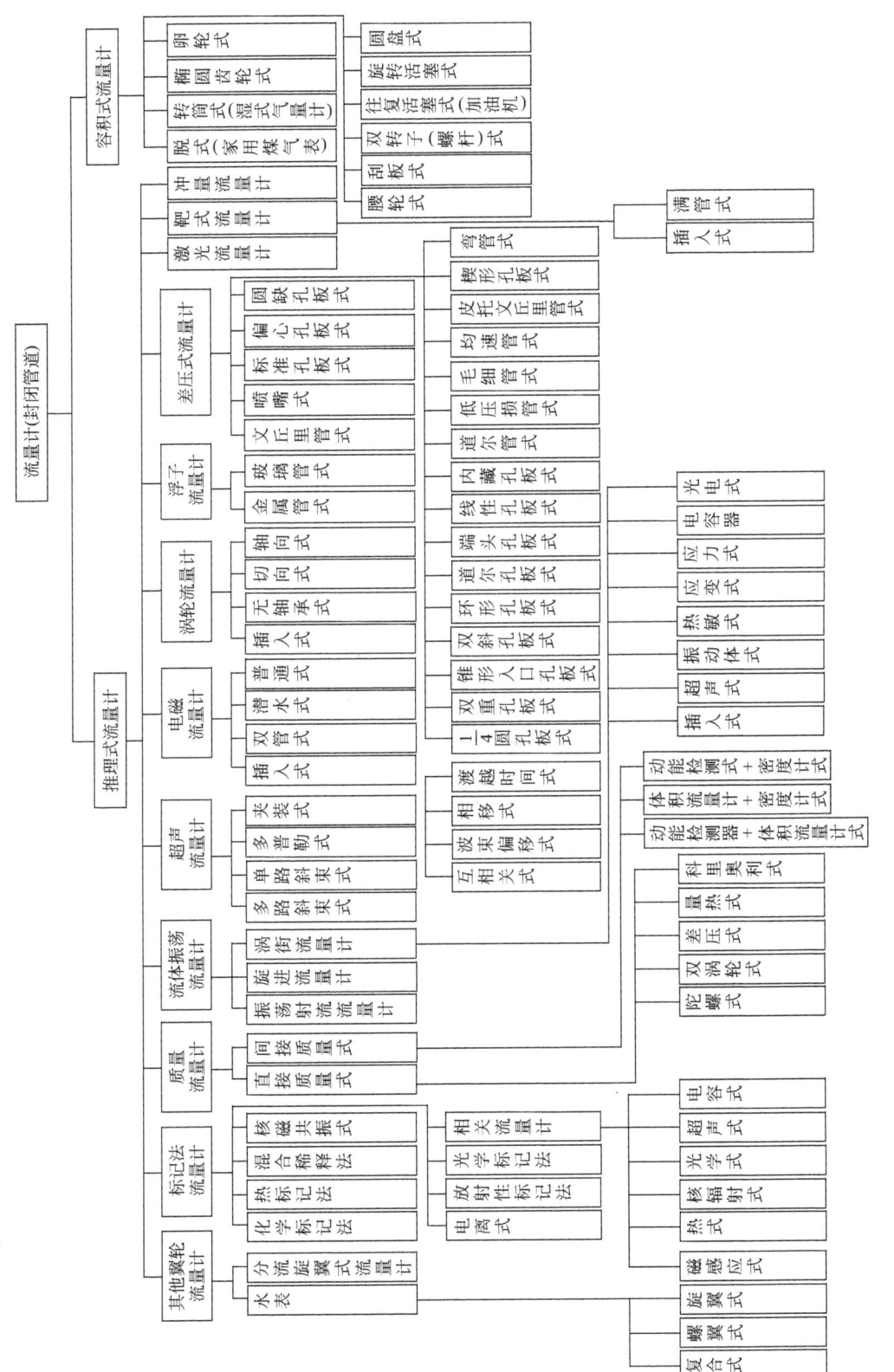

图6-2 封闭管道流量计分类

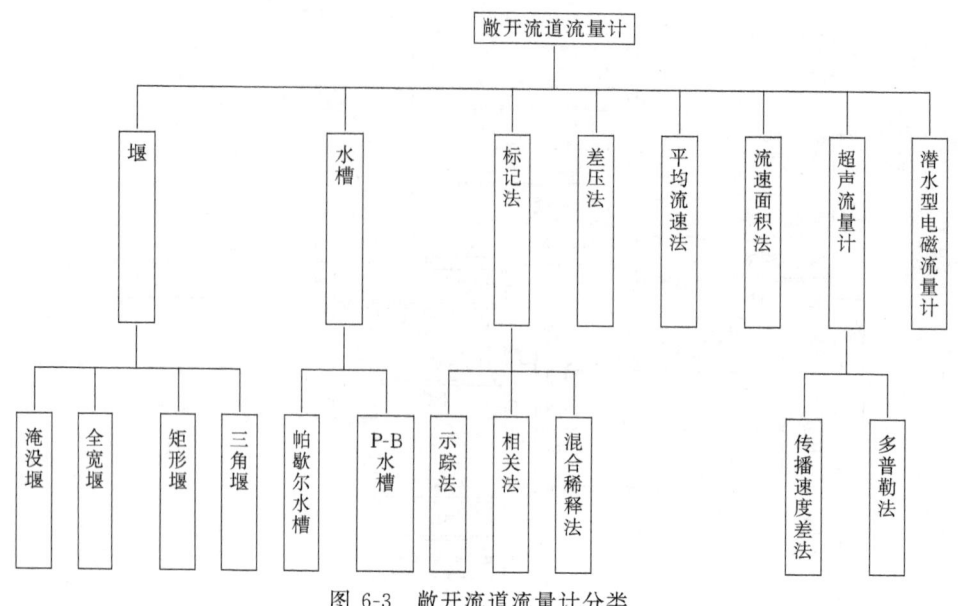

图 6-3 敞开流道流量计分类

冲信号），只要输出信号转换为标准信号即可与之接口。

(4) 按测量体积流量和质量流量分类

按流量计检测信号反映的是体积流量还是质量流量可分为体积流量计和质量流量计。

① 体积流量计　流量计检测件的输出信号反映体积流量，有以下几类：电磁流量计、涡轮流量计、涡街流量计、超声流量计、标记法流量计及容积式流量计。这些流量计的输出信号与管道中流体的平均流速或体积流量成一定关系，是反映真实体积流量的流量计，用这些流量计测量流体的质量流量必须配以密度变送器或配以压力、温度补偿，然后求体积流量和流体密度的乘积，即质量流量。

② 质量流量计　质量流量计可分为两大类：直接式质量流量计和间接式（亦称推导式）质量流量计。

a. 直接式质量流量计。流量计检测件的输出信号直接反映流体的质量流量，近年来国内外出现质量流量计和热式质量流量计，制造厂家已有数十家，产品销量亦急剧增加。直接式质量流量计代表性种类如下。

差压式质量流量计。利用孔板（或文丘里管）和定量泵组合起来的直接测量质量流量的仪表。

热式质量流量计。利用流体与热源（流体中外加热的物体或仪表测量管管壁外加热体）之间热量交换的关系测量流量的仪表。

双涡轮式质量流量计。在传感器内安装两个叶片角不同的叶轮，用弹簧把它们连接起来为一个整体，它与平均流速成比例转动，两个叶轮间旋转一个偏移角所需要的时间 t 与管道中流体的质量流量成正比，因此测出此时间 t 即可求得质量流量。

科里奥利质量流量计。利用流体在振动管中流动时，产生与质量流量成正比的科里奥利力原理制成的一种直接式质量流量计。

b. 间接式（推导式）质量流量计。间接式质量流量计的检测件输出信号并不直接反映质量流量的变化，而是通过检测件与密度计组合或者两种检测件的组合而求得质量流量。它有以下几种形式。

动能（ρq_V^2）检测件和密度计（ρ）的组合方式。差压式流量计的检测件是动能检测件，它们与密度计组合起来通过运算器计算即可求得质量流量。压力温度补偿式是此类流量计用得最广泛的一种类型，其计算式为 $q_m = \rho q_V$。

体积流量计和密度计的组合方式。体积流量计（q_V）和密度计（ρ）组合起来通过运算器计算即可求得质量流量，通过压力、温度补偿也是常用的方法。

动能检测件和体积流量计的组合方式。由差压式流量计检测件和任何一种体积流量计的组合可求得质量流量，其计算式为 $q_m = \rho q_V$。

6.1.2.2 流量仪表的选用

（1）选型步骤

各类流量仪表都有各自的特点，选型的目的就是选择最适宜的仪表。要正确地选择流量测量方法和仪表，必须熟悉仪表和被测对象两方面的情况。

首先要确认是否真正需要安装流量仪表，如果仅希望知道流体是否在管道中流动和大致的流量值，采用价格便宜的流量指示器即可。

确定必须安装流量仪表后，首先按照流体特点及应用范围初选流量测量方法和仪表（如表6-1所示）。剔除显然不合适的方法与仪表，余下几种方案再进行下一步深入的分析比较。分析主要按五个方面进行，即仪表性能、流体特性、安装条件、环境条件和经济因素等方面，各方面考虑因素如表6-2所示。

选型步骤大致为：①依据流体种类及五个方面因素初选可用仪表类型；②依据用户要求逐步淘汰，余下仪表类型排出次序；③按五个方面因素再次进行仔细评比，最后淘汰至一种仪表类型。

（2）按仪表性能

不同测量对象有各自的测量目的，仪表性能各因素选择有不同侧重点，例如商贸结算和贮运测量对准确度要求较高，而过程控制连续监测一般要求有良好的可靠性及重复性（精密度）。

应该针对使用目的确定准确度要求，如在较宽流量范围保持准确度，还是在某一特定范围即可？所选仪表的准确度能保持多久？是否易于周期校验？校验的方式及代价如何？这些因素都影响仪表的选择。

重复性是由仪表本身工作原理及制造质量决定的，它与仪表校验所用基准高低无关。应用时要求重复性好，如使用条件变化大，则虽然仪表重复性高亦不会达到目的。

范围度常是选型的一个重要指标，速度式流量计（涡轮、涡街、电磁、超声）的范围度比平方型（差压）大得多，但是目前差压式流量计亦在采取各种措施，如开发宽量程差压变送器或同时采用几台差压变送器切换来扩大范围度。要注意有些仪表范围度宽是尽量把上限流量提高，如液体流速为 7～10m/s，气体为 50～75m/s，实际上高流速意义不大，重要的是下限流速为多少、能否适应测量的要求。

压力损失关系到能量消耗，对大口径来说其意义较大，它可能大大增加泵功率消耗。选用价格较高而压损较小的仪表，从长期运行费用看更合算。表6-3示出常用流量计仪表性能参考数据。

表 6-1　流量测量方法和仪表初选

符号说明：
√ 在一定条件下适用
△ 通常适用
？ 不适用
× 不适用
输出特性：SR 平方根　L 线性

		流体特性和工艺过程条件													测量性能						安装条件	
		流体特性						工艺过程条件						精确度	最低雷诺数	范围度	压力损失	输出特性	总适用性	高精度	高量程	公称通径范围 /mm	传感器安装位置和流动方向	上游直管段长度要求
		液体					气体						蒸汽											
		清洁	含颗粒污脏	腐蚀性纤浆	黏性	非牛顿流体	液气混合	高温	低温	小流量	大流量	脉动流	小流量	大流量	腐蚀性	高温									
差压式	孔板	√①	√	△	√③	?	△	√	√	?	√	?	?	△	△	√	中	$2×10^4$	小	中~大	SR	?	×	50~1000	任意	短~长
	喷嘴	√	?	△	√	?	△	√	√	?	√	?	?	△	△	√	中	$1×10^4$	小	小~中	SR	?	×	50~500	任意	短~长
	文丘里管	√	△	△	√	?	△	√	√	?	√④	?	?	△	△	√	低	$7.5×10^4$	小	小	SR	×	×	50~1200(1400)	任意	很短~中
	弯管	√	△	△	√	?	×	√	√	?	√	×	?	△	△	√	低	$1×10^4$	小~中	小	SR	×	×	>50	任意	很短~短
	楔形管	√	√	△	√	?	×	√	√	?	√	?	?	△	△	√	中	$5×10^2$	中	中	SR	×	×	25~300	任意	短~中
	均速管	√	×	×	√	?	×	√	√	?	√	×	?	△	△	√	中~高	10^4	中	中	L	×	×	>25	任意	短~中
浮子式	玻璃锥管	√	×	×	×	?	×	×	×	√	×	×	×	×	△	×	中~高	10^4	中	大	L	×	×	1.5~100	垂直从下向上	无
	金属锥管	√	×	×	×	?	×	?	?	√	×	×	×	×	△	×	中~高	10^2	中	大~很大	L	?	×	10~150	垂直从下向上	无
容积式	椭圆齿轮	√	×	×	√	√	×	?	?	√	×	×	×	×	△	×	中~高	10^2	大	大~很大	L	√	×	6~250	水平①	无
	腰轮	√	×	×	√	√	×	?	?	√	×	×	×	×	×	×	中	10^3	大~中	小	L	√	×	15~500	水平或垂直	无
	刮板	√	×	×	√	?	×	?	?	√④	×	×	×	×	×	×	中	$2.5×10^2$	小~中	中	L	√	×	15~100	水平	无
	膜式	×	×	×	×	×	×	×	×	×	×	×	√⑤	√	×	×	中~高	10^4	中~大	无	L	?	×	10~500	任意	无
涡轮式		√	×	△	×	×	×	√	√	√	√	×	√	√	×	×	高	无限制	中~大	小~中	L	√	×	6~3000	任意	无~中
电磁式		√	△	△	√	√	△	?	?	×	×	×	×	×	×	×	中~高	$2×10^4$	大	无	L	√	×	50~300	任意	很短~中
旋涡式	涡街	√	△	△	×	×	×	√	√	×	√	×	√	√	△	√	中	$1×10^4$	中	小~中	L	?	×	50~150	任意	短~长
	旋进	×	×	×	×	×	×	×	×	×	×	×	√	√	×	√	中	$5×10^3$	中	中	L	?	×	>100(25)	任意	短~长
超声式	传播速度差法	√	×	×	×	×	×	√	√	×	×	×	×	×	×	×	低	$5×10^3$	小~中	无	L	×	×	>25	任意	短~长
	多普勒法	×	√	△	√	√	√	×	×	×	×	×	×	×	×	×	中	$2×10^3$	小	无	SR	?	×	15~200	任意	短~中
靶式		√	△	×	√	?	×	√	√	√	√	×	√	√	△	√	高	10^2	中	中~很大	L	△	×	4~30	任意	无
热式		×	×	×	×	×	×	×	×	×	×	×	√	√	×	×	低	无数据	中~大	小	L	×	×	6~150	水平或任意②	无
科氏力质量式		√	×	×	√	√	×	×	×	√	×	×	×	×⑤	×	×	高	无数据	②	②	L	×	×	>100	②	中~长

① 圆缺孔板。② 取决于测量头类型。③ 四分之一圆孔板、锥形入口孔板。④ 500mm 管径以下。⑤ 只适用高压气体。⑥ 250mm 管径以下。⑦ 取决于传感器结构。⑧ >200℃。

① 插入式涡轮、电磁、涡街。② 取决于传感器结构。

表 6-2　流量计选型考虑因素

仪表性能方面	精确度，重复性，线性度，范围度，压力损失，上、下限流量，信号输出特性，响应时间
流体特性方面	流体压力，温度，密度，黏度，润滑性，化学性质，磨损，腐蚀，结垢，脏污，气体压缩系数，等熵指数，比热容，电导率，声速，热导率，多相流，脉动流
安装条件方面	管道布置方向，流动方向，上下游管道长度，管道口径，维护空间，管道振动，接地，电、气源，附属设备（过滤，消气），防爆
环境条件方面	环境温度、湿度，安全性，电磁干扰，维护空间
经济因素方面	购置费，安装费，维修费，校验费，使用寿命，运行费（能耗），备品备件

表 6-3　常用流量计仪表性能参考数据

名称			精确度（基本误差）（%R 或 %FS）①	重复性误差	范围度	测量参量③	响应时间
差压式	孔板		±(1~2)FS	②	3:1	Q	②
	喷嘴		±(1~2)FS	②	3:1	Q	②
	文丘里管		±(1~2)FS	②	3:1	Q	②
	弯管		±5FS	②	3:1	Q	②
	楔形管		±(1.5~3)FS	②	3:1	Q	②
	均速管		±(2~5)FS	②	3:1	v_m	②
浮子式	玻璃锥管		±(1~4)FS	±(0.5~1)FS	(5~10):1	Q	无数据
	金属锥管		±(1~2.5)FS	±(0.5~1)FS	(5~10):1	Q	无数据
容积式	椭圆齿轮	液	±(0.2~0.5)R	±(0.05~0.2)R	10:1	T	<0.5s
	腰轮	气	±(1~2.5)R	±(0.05~0.2)R	10:1	T	<0.5s
	刮板			±(0.01~0.05)R	(10~20):1	T	>0.5s
	膜式		±(2~3)R	无数据	100:1	T	>0.5s
涡轮式		液	±(0.2~0.5)R	±(0.05~0.2)R	(5~10):1	Q	5~25ms
		气	±(1~1.5)R				
电磁式			±0.2R~±1.5FS	±0.1R~±0.2FS	(10~100):1	Q	>0.2s
旋涡式	涡街式	液	±R	±(0.1~1)R	(5~40):1	Q	>0.5s
		气	±2R				
	旋进式		±(1~2)R	±(0.25~0.5)R	(10~30):1	Q	无数据
超声式	传播速度差法		±1R~±5FS	±0.2R~±1FS	(10~300):1	Q	0.02~120s
	多普勒法		±5FS	±(0.5~1)FS	(5~15):1	Q	无数据
靶式			±(1~5)FS	无数据	3:1	Q	无数据
热式			±(1.5~2.5)FS	±(0.2~0.5)FS	10:1	Q	0.12~7s
科氏力质量式			±(0.2~0.5)R	±(0.1~0.25)R	(10~100):1	Q	0.1~3600s
插入式（涡轮,电磁,涡街）			±(2.5~5)FS	±(0.2~1)R	(10~40):1	v_p	④

① R——测量值，FS——流量上限值。② 取决于差压计。③ Q——流量，T——流过体积，v_m——平均流速，v_p——点流速。④ 取决于测量头类型。

（3）流体特性

初选品种是按照流体种类选定的，而流体特性对仪表应用有很大影响，如流体物性参数与流体流动特性（这部分在安装条件方面考虑）对测量精确度的影响，流体化学性质、脏污结垢等与使用可靠性的关系等。物性参数对仪表精确度的影响程度视仪表工作原理而异，目前最常用的几类流量计（差压，浮子，容积，涡轮，涡街，电磁，超声，热式等）影响流量计特性的主要物性参数为密度（包括气体压缩系数及湿度）、黏度、等熵指数、电导率、声速、比热容和热导率等，其中尤以密度和黏度的影响最为重要。

密度是影响流量计特性的最主要的参数，其数据准确度直接影响计量精度。如速度式流量计测量的是体积流量，但是物料平衡或能源计量皆需用质量流量计算，因此这些流量计除检测体积流量外，尚需检测流体的密度，只在密度为常数或变动不影响计量精度时才可不必检测。涡街流量计的优点是其检测信号不受物性的影响，但在使用时如果密度是变动的，同样会影响其计量精度，这是因为它需把体积流量换算为质量流量。差压式流量计在流量方程中差压和密度两个参数处于同等地位，有同样的作用，如果选用高精度差压计，而流体密度却确定得不准，则测量结果亦不会是高精度的。只有直接式质量流量计，如科氏质量流量计或热式质量流量计，它们的信号直接反映密度的变化，因此无需另外检测密度参数。

黏度对流量计特性影响有两种情况。其一为直接影响。两种精确度最佳的涡轮流量计和容积式流量计，它们的流量特性深受黏度的影响，现场需要采用在线黏度补偿。一般来说，涡轮流量计只适用于低黏度介质，而容积式流量计较适于高黏度介质。但是对某些测量对象，如原油（高黏度）大流量测量，希望采用涡轮流量计。其二为间接影响。黏度是判别流体性质的重要参数，牛顿流体或非牛顿流体就是视其黏度关系式不同而定。目前国内外已颁布的流量测量标准及规程都只适用于牛顿流体，这是一个重要的使用条件。黏度是影响管道内流速分布的重要参数，流速分布对流量计特性的影响是流量计使用时的主要问题之一。

各种类型流量计应用不同的物理原理构成，而各种物理原理皆有其特殊的物性参数需考虑。如临界流流量计的等熵指数，超声流量计的声速，电磁流量计的电导率，热式流量计的比热容、热导率等。

由于流体物性为压力、温度及介质组分的函数，使用时压力、温度的变化使密度发生改变，需进行压力、温度补偿（修正）。在某些场合，当流体组分亦发生变化时，就不能采用压力、温度补偿，而应采用密度补偿。现场压力、温度波动是不可避免的，由此引起的物性参数的变动是使用时产生附加误差的主要原因之一，在高精度测量时应特别注意。

流体的化学机械性质，如腐蚀、磨蚀、结垢等，对仪表长期可靠使用也有很大影响，它亦是选型的一个重要考虑因素。流量计的检测件可分为三种情况：可动部件、固定部件与无阻碍件。对上述情况而言，当然选取无阻碍件较好，但是选型还需综合其他情况决定。

（4）安装条件

各种类型流量计对安装要求差异很大。例如有些仪表（如差压式，涡街式）需要长的上游直管段，以保证检测件进口端为充分发展的管流，而另一些仪表（如容积式，浮子式）则无此要求或要求很低。流体流动特性主要决定于管道安装状况，而流体流动特性是影响流量特性的主要因素之一，故选型时应弄清所选仪表对流动特性的要求。

安装条件考虑的因素有仪表的安装方向、流动方向、上下游管道状况、阀门位置、防护性附属设备、非定常流（如脉动流）情况、振动、电气干扰和维护空间等。表 6-4 示出常用流量计安装条件的一般要求。

表 6-4 常用流量计的安装要求

符号说明： √可用 ×不可用 ? 有条件下可用		传感器安装方位和流动方向				测双向流	上游直管段长度要求范围/倍	下游直管段长度要求范围/倍	装过滤器		公称通径范围/mm
		水平	垂直由下向上	垂直由上向下	倾斜任意		(D,公称直径)		推荐安装	不需要	可能需要
差压式	孔板	√	√	√	√	√②	5～80	2～8	√		50～1000
	喷嘴	√	√	√	√	×	5～80	4	√		50～500
	文丘里管	√	√	√	√	×	5～30	4	√		50～1200(1400)
	弯管	√	√	√	√	√③	5～30	4	√		>50
	楔形管	√	√	√	√	×	5～30	4	√		25～300
	均速管	√	√	√	√	×	2～25	2～4		√	>25
浮子式	玻璃锥管	×	√	×	×	×	0	0		√	1.5～100
	金属锥管	×	√	×	×	×	0	0		√	10～150

续表

符号说明： √可用 ×不可用 ? 有条件下可用		传感器安装方位和流动方向				测双向流	上游直管段长度要求范围/倍	下游直管段长度要求范围/倍	装过滤器			公称通径范围/mm
		水平	垂直由下向上	垂直由上向下	倾斜任意		(D,公称直径)		推荐安装	不需要	可能需要	
容积式	椭圆齿轮	√	?	?	×	×	0	0	√			6~250
	腰轮	√	?	?	×	×	0	0	√			15~500
	刮板	√	×	×	×	×	0	0	√			15~100
	膜式	√	×	×	×	×	0	0			√	15~100
涡轮式		√	×	×	×	√	5~20	3~10			√	10~500
电磁式		√	√	√	√	√	0~10	0~5		√		6~3000
旋涡式	涡街式	√	√	√	√	×	1~40	5		√		50~300
	旋进式	√	√	√	√	×	3~5	1~3		√		50~150
超声式	传播速度差法	√	√	√	√	√	10~50	2~5		√		>100(25)
	多普勒法	√	√	√	√	√	10	5		√		>25
靶式		√	√	√	√	×	6~20	3~4.5		√		15~200
热式		√	√	√	√	×	无数据	无数据	√			4~30
科氏力质量式		√	√	√	√	×	0	0	√			6~150
插入式(涡轮,电磁,涡街)		√	①	①	①	①	10~80	5~10	①			>100

①取决于测量头类型。②双向孔板可用。③45°取压可用。

对于推理式流量计而言，上下游直管段长度的要求是保证测量准确度的重要条件，目前许多流量计要求的确切长度尚无可靠依据，在仪表选用时可根据权威性标准（如国际标准）或向制造厂咨询决定。

管道中非定常流（脉动流）对仪表特性有复杂的影响，至今全部流量计标准皆要求在稳定流中测量，因为校准流量计实验室的工作条件是稳定流，如果流量计工作于非定常流（非稳定流）条件下，即使能够使用，其仪表系数的偏离亦会使测量误差增大，因此在安装流量计时最好选择在远离脉动源管流较稳定之处。

管道振动对流量计的影响亦是不可忽视的因素，大部分流量计皆要求在无振动场所使用。但是现场绝对不振动较少，这就要视其影响采取一些措施，如管道加固支撑、加装减振器等，以降低其影响。

防备电磁干扰亦是安装中应予考虑的重要方面。

(5) 环境条件

流量仪表一般由检测件、转换器及显示仪组成，后两部分受环境条件影响较大，特别是目前转换器及显示仪大都配备微处理器等电子器件。环境条件的影响因素有环境温度、湿度、大气压、安全性、电气干扰等，表6-5列出了常用流量计环境条件的适应性。

表 6-5 环境影响适应性比较

符号说明： √可用 ×不可用		温度影响	电磁干扰、射频干扰影响	本质安全防爆适用	防爆型适用	防水型适用
差压式	孔板	中	最小~小	①	①	①
	喷嘴	中	最小~小	①	①	①
	文丘里管	中	最小~小	①	①	①
	弯管	中	最小~小	①	①	①
	楔形管	中	最小~小	①	①	①
	均速管	中	最小~小	①	①	①
浮子式	玻璃锥管	中	最小			√
	金属锥管	中	小~中	√	√	√

续表

符号说明： √可用 ×不可用		温度影响	电磁干扰、射频干扰影响	本质安全防爆适用	防爆型适用	防水型适用
容积式	椭圆齿轮	大	最小～中	√	√	√
	腰轮	大	最小～中	√	√	√
	刮板	大	最小～中	√	√	√
	膜式	大	最小～中	√	√	×
涡轮式		中	中	√	√	√
电磁式		最小	中	×①	√	√
旋涡式	涡街式	小	大	√	√	√
	旋进式	小	大	×①	×③	√
超声式	传播速度差法	中～大	大	×	√	√
	多普勒法	中～大	大	√	√	√
靶式		中	中	×	√	√
热式		大	小	√	√	√
科氏力质量式		最小	大	√	√	√
插入式(涡轮,电磁,涡街)		最小～中	中～大	②	√	√

①取决于差压计。②取决于测量头类型。③国外有产品。

环境温、湿度对机电一体化流量计的影响主要在电子部件及某些流量检测部分。如果有严重影响应考虑选用分离型，或者在现场安装场所采取防护性措施，如管道包装绝热层等。应用于爆炸性危险场所应按照安全要求选用防爆型仪表。

(6) 经济性

经济因素是仪表选型要着重考虑的问题之一。一般选表时经常未深入考虑各种费用，进行仔细的计算，如仅考虑仪表本身的购置费，其实全部费用应包括仪表购置费、附件费、安装费、运行费、维护费、校验费和备用件费等等。当然不是每种类型流量计都必须包括上述全部费用。表 6-6 列出了常用流量计经济相对费用的比较。

各种类型流量计安装费用可能差别很大，如有的流量计需安装旁路管以便维修，有的流量计可采用不断流取出型，无需安装旁路管，而旁路管加截止阀等的费用或许远超过仪表购置费。对于运行费用，特别是大口径的，由于压力损失产生的泵送能耗费可能是一笔大数目，甚至一年的能耗费就已超过仪表购置费，这时采用压损小、价格高的流量计反而合算。对于商贸结算和储运发放的仪表，其准确度至关重要。为了提高及维持准确度，在仪表校验费上需花费大笔资金，例如配备一套在线校验装置，其费用就很可观。

表 6-6 经济性相对费用比较

项目		仪表购置费用	安装费用	流量校验费用	运行费用	维护费用	备件及修理费用
差压式	孔板	低～中①	低～高	最低	中～高	低	最低
	喷嘴	中	中	中	中～高	中	低
	文丘里管	中①	高	最低～高	低～中	中	中
	弯管	低～中①	中	最低	低	低	最低
	楔形管	中	中	中	中	中	中
	均速管	低～中①	中	中～高	低	低	低
浮子式	玻璃锥管	最低	最低	低	低	最低	最低
	金属锥管	中	低～中	低	低	低	低

续表

项目		仪表购置费用	安装费用	流量校验费用	运行费用	维护费用	备件及修理费用
容积式	椭圆齿轮	中~高	中	高	高	高	最高
	腰轮	高	中	高	高	高	最高
	刮板	中	中	高	高	高	最高
	膜式	低	中	中	最低	低	低
涡轮式		中	中	高	中	高	高
电磁式		中~高	中	中	最低	中	中
旋涡式	涡街式	中	中	中	中	中	中
	旋进式	中	中	高	中	中	中
超声式	传播速度差法	高	最低~中	中	最低	中	低
	多普勒法	低~中	最低~中	低	最低	中	低
靶式		中	中	中	低	中	中
热式		中	中	高	低	高	中
科氏力质量式		最高	中~高	高	高	中	中
插入式(涡轮,电磁,涡街)		低	低	中	低	低~中	低~中

①取决于差压计费用。

6.1.3 压力测量仪表

6.1.3.1 压力测量仪表的分类

常见的压力测量仪表按测压原理可分为三类。

① 按重力与被测压力平衡方法,直接测量单位面积上所承受力的大小。例如液柱式压力计和活塞式压力计。

② 按弹性力与被测压力平衡方法,测量弹性元件受压后形变而产生的弹性力大小。例如弹簧管压力表、波纹管压力表、膜片压力表和膜盒压力表。

③ 利用某些物质与压力有关的物理特性,如受压时电阻变化、受压时电压变化等。例如半导体(压阻)压力传感器和压电式压力传感器。

表 6-7 列出了常见的三大类压力仪表的性能及用途。

6.1.3.2 压力测量仪表选择

在压力测量中,考虑的重点可较少地注意流体特性对测量的影响,而较多地考虑精度、测量范围和材质的选择。

(1) 几种测量仪表的比较

① 液柱式压力计 优点:简单可靠;精度高,灵敏度高;可采用不同密度的工作液;适合低压、低压差测量;价格便宜。

缺点:不便携带;没有超量程保护;介质冷凝会带来误差;被测介质与工作液需适当搭配。

② 弹性压力表

a. 弹簧管压力表。

优点:结构简单,价廉;有长期使用经验;量程范围大;精度高。

缺点:对冲击、振动敏感;正、反行程有滞回现象。

b. 膜片压力表。

优点:超载性能好;线性;适于测量绝压、差压;尺寸小,价格适中;可用于黏稠、浆料的测量。

缺点:抗震、抗冲击性能不好;维修困难;测量压力较低。

表 6-7 压力检测仪表分类性能及用途

类别	分类		测量范围	用途
			10^5 Pa — 10^3 — 10^2 — 10 0 10 10^2 10^3 10^4 1 10 10^2 10^3 10^4 10^5	
液柱式压力计	U形管压力计		——————	低微压测量。高精确度者可用作基准器
	单管压力计		————————	
	倾斜微压计		————	
	补偿微压计		————	
	自动液柱式压力计		———————	
弹性式压力表	弹簧管压力表	一般压力表	———————————	表压、负压、绝对压力测量,就地指示、报警、记录或发信,或将被测量远传,进行集中显示
		精密压力表	———————————	
		特殊压力表	———————————	
	膜片压力表		———————————	
	膜盒压力表		———————	
	波纹管压力表		—————————	
	钣簧压力计		———————————	
	压力记录仪		———————————	
	电接点压力表		———————————	
	远传压力表		———————————	
负荷式压力计	活塞式压力计	单活塞式压力计	———————————	精密测量基准器具
		双活塞式压力计	———————————	
	浮球式压力计		———————	
	钟罩式微压计		———————	
压力传感器	电阻式压力传感器	电位器式压力传感器	———————————	将被测压力转换成电信号,以监测、报警、控制及显示
		应变式压力传感器	———————————	
	电感式压力传感器	气隙式压力传感器	———————	
		差动变压器式压力传感器	———————————	
	电容式压力传感器		—————————————	
	压阻式压力传感器		—————————————	
	压电式压力传感器		———————————	
	振频式压力传感器	振弦式压力传感器	———————————	
		振筒式压力传感器	———————————	
	霍尔式压力传感器		———————————	
压力开关	位移式压力开关		———————————	位式控制或发信报警
	力平衡式压力开关		———————————	

c. 波纹管压力表。

优点:输出推力大;在低、中压范围内使用好;适于绝压、差压测量;价格适中。

缺点:需要环境温度补偿;不能用于高压测量;需要靠弹簧来精细调整其特性;对金属材料的选择有限制。

d. 化学密封装置。

优点：可防止测量元件堵塞；可避免腐蚀性介质与测量元件接触，可降低测量元件材质要求；可避免在测量元件内凝结气化。

缺点：增加费用；降低测量精度（填充工作液受环境温度影响而引起的附加误差）。

（2）压力仪表选择

① 量程选择　在测稳定压力时，一般压力表最大量程选择在接近或大于正常压力测量值的1.5倍。

在测脉动压力时，一般压力表最大量程选择在接近或大于正常压力测量值的2倍。

在测机泵出口压力时，一般压力表最大量程选择接近机泵出口最大压力值。

在测高压压力时，一般压力表最大量程选择应大于最大压力测量值的1.7倍。

为了保证压力测量精度，最小压力测量值应高于压力表测量量程的1/3处。

② 型式选择　就地指标压力表的选择。

a. 测压＞0.4MPa时，可选用弹簧管压力值。

b. 测压＜0.04MPa时，可选用波纹管或膜盒压力表。

c. 测黏稠、易结晶、腐蚀性、含固体颗粒的场合，可采用膜片压力表或附带化学密封装置。

d. 测蒸汽或高于60℃的介质时应选择不锈钢压力表或安装冷凝圈。

e. 脉动压力测量应附加阻尼器或耐震压力表。

f. 测含有粉尘气体时应设置除尘器。

g. 测含有液体的气体压力时应设置气液分离器。

h. 测某些化工介质应选用专用压力表；含氨介质压力测量采用氨用压力表；氧气压力测量采用氧气压力表；乙炔压力测量采用乙炔压力表；含硫介质压力测量采用抗硫压力表。

i. 高压压力表（＞10MPa）应有泄压安全设施。

j. 远距离压力传送仪表的选择：

需远距离测量或测量精度要求较高的场合，应选择压力传感器或压力变送器；在测量精度要求不高时，可选电阻或电感式、霍尔效应式远传压力表；气动基地式压力指示调节器适宜作就地压力指示调节；压力变送器、压力开关应根据安装场所防爆要求合理选择。

6.1.4　物位测量仪表

6.1.4.1　物位测量仪表分类（按测量方法分类）

（1）直接式液位测量仪表

①玻璃管式液位计；②玻璃板式液位计。这两种液位计又分反射式和透射式液位计。

（2）差压式液位测量仪表

①压力式液位计；②吹气法压力式液位计；③差压式液位（或界面）计。

（3）浮力式液位测量仪表

①浮球式；包括浮球、浮标式液位计；②浮筒式液位计；③磁性翻板式液位计。

（4）电气式液位测量仪表

①电接点式液位计；②磁致伸缩式液位计；③电容式液位计。

（5）超声波式液位测量仪表

（6）雷达液位计

（7）放射性液位计

（8）外测液位计

6.1.4.2　物位测量仪表的特征

（1）直接式液位测量仪表

直接测量，现场观察，多用于就地指示液位，或用来核准自动液位的零位和最高液位。

由于液位计各部与被测介质直接接触，其材质要适应介质要求及能承受操作状态的温度、压力。

(2) 差压式液位测量仪表

借助于压力和差压变送器来测量液面。

① 用吹气法测量液位，需要气源和吹气稳压装置，适宜于常压或开口容器，可测量有腐蚀介质，但测量范围有限，精度取决于变送器精度和稳压装置的性能。

② 差压变送器测液位（界面）在石化行业是使用较广的方法。有腐蚀、黏稠介质可采用法兰式（带毛细管）差压变送器来测量。

由于密度变化直接影响到测量结果，所以适用于密度比较稳定的过程。

(3) 浮力式液位测量仪表

① 浮标钢带（丝）式液位计 不论是机械传动带 4～20mA 输出的变送器，或是钢带密码光导转换器的，还是伺服型液位计，均适用测量范围较大、易燃、有毒介质。伺服型的液位计可进行多参数测量，如界面（油水界面）与多点温度元件相连接时，可测多点温度或平均温度，如选用多点密度浮标，可测多到 10 点的密度，精度也较高。

② 浮筒式液位计 测量范围有限，一般为 300～2000mm，适用于液面波动较小，密度稳定，洁净介质的液面和界面测量。高温、高黏介质密度变化较大，不宜采用。

③ 磁性翻板式液位计 测量精度不高，适宜于有腐蚀、有毒介质的就地指示，维护工作量较少。

(4) 电气式液位测量仪表

① 电接点式液位计 它结构简单，价格便宜，可用于高温、高压的工况。适用于小型锅炉汽包及除氧槽的液位测量。

② 磁致伸缩式液位计 这是一种新开发的液位计（变送器）。它由磁性浮子驱动，变送器精度高，分辨率高。4～20mA 标准信号，24V 直流二线制供电，适宜于洁净的介质精确测量。变送器也可做成耐腐蚀型的。

从结构上讲有两种，其中一种是杆式，浮球顺着杆上下移动，测量范围在 0～3m。当测量范围在 3～10m 时，采用缆式结构，这样运输安装均为方便。

③ 电容式液位计 电容式液位计适宜于有腐蚀、有毒、导电或非导电介质的液位测量。对黏稠及易结垢的介质，可选用带保护极的测量电极和带有主动补偿放大电路的电容液位计来测量，射频导纳式液位计也是基于这种应用发展起来的。

液位计探头对介质的介电常数非常敏感，操作的温度、压力的变化对介电常数干扰较大的介质是不宜用电容液位计的。

另外，不同形状的设备，选用不同结构的探头。如设备为圆柱形，可选用杆式测量电极；如设备为卧槽，应选用双层同轴式测量电极，其目的是尽量使电极电容值与液位的变化成线性关系。

(5) 超声波液位测量仪表

超声波液位计是用声波反射来测量液位的，是一种无接触式测量。但声波必须在空气中传播，所以真空设备是不能使用的。在测量中要求声速稳定，液面反射良好，如液面上有较多的泡沫、声阻大，反射弱，仪表就不能正常测量。如果有杂散的反射波（非液位），如容器内支架、入口物料反射回来的波等假信号，对测量也有极大影响。这可采用杂波抑制技术，来辨别真正的液位信号。

另外，探头使用一段时间后，弄脏或积灰影响到共振频率变化，目前采用脉冲频率自适应技术，在使用过程中间隔地测出探头的共振频率，不断修正主振荡器振荡频率，使探头能始终工作在共振状态，保证仪表正常工作。

超声液位计适用于液体和固体料位的测量。

(6) 雷达液位计

雷达液位计利用高频脉冲电磁波反射原理进行测量。可用于真空设备的测量，适用于恶劣的操作条件，几乎不受介质蒸汽和粉尘的影响。在有杂散反射波的情况下，可采用杂波分析处理系统来识别和处理杂散、虚假反射波，以获得正确的测量信息。可用于液体、固体的液位

（料位）的测量。

（7）放射性液位计

放射性液位计是真正的不接触测量各种容器中的液位和料位。能用于各种高温、高压、强腐蚀及黏度较高的工况测量。

用好这种仪表的关键是完全搞清其操作工况、介质、设备材质、壁厚及其他射线穿过的部件，绘出设备的剖面图供制造厂进行计算。

放射性液位计的特点是使用可靠，极少维护，在其他仪表测量比较困难时，可用它来测量。但必须对管理和操作进行专门培训。仪表由专人负责，保证操作和试用的安全性。

（8）外测液位计

测量原理 外测液位计是利用声纳测距原理——微振动分析技术从容器外感知液面位置，通过ELL（特殊的外测信号计算方法）精确计算出液位高度的测量仪表。它实现了真正的隔离测量。

仪表安装 外测液位计为智能化的现场变送器式仪表，仪表主机安装于被测容器附近，测量探头安装在容器外壁底部。

自动校准 外测液位计还有自动校准功能，能够自动修正由液体温度、成分以及容器内压力差别对液位测量精度的影响，实时自动校准，使仪表总能保持最高精度测量。

特点 安全、可靠、环保。仪表安装维护时不开孔、不用法兰、不停车，在线进行，快速方便，安装调试成本低；安装调试时不存在泄漏的隐患，绿色环保；仪表的测量探头和主机中无机械运动部件，严格密封与外界隔离，不磨损、腐蚀。

微振动分析技术 是强大的外测声纳信号处理技术，它的强大在于它是通过近万套外测液位计、数百种工况的工业现场数据经过二十余年积累，深入总结得出的智能化处理方法。这种先进的信号处理技术能克服声纳信号穿透容器壁时的大幅衰减和声纳信号在不同液体内声速改变导致液位测量不准的困难，仪表的学习特性可排除容器壁余振、多重回波、虚假回波的干扰，确保液面总能得到有效的跟踪和监测。

6.1.4.3 物位测量方法的选择

（1）测量要求

① 要根据测量范围、需要的精度及测量功能来选择。

② 测量仪表面对的环境，如石油化工的工业环境，有可燃（有毒）和爆炸危险气氛的存在，高的环境温度等。

③ 被测介质的物理化学性质和状态，如强酸、强碱、黏稠、易凝固结晶和气化等工况。

④ 操作条件的变化，如介质温度、压力、浓度的变化。有时还要考虑到从开车到参数达到正常生产时，气相和液相浓度和密度的变化。

⑤ 被测对象容器的结构、形状、尺寸、容器内的设备附件及各种进出料管口都要考虑，如塔、溶液槽、反应器、锅炉汽包、立罐、球罐等。

⑥ 其他要求，如环保及卫生等要求。

（2）测量方法的选择

① 工程仪表选型要有统一的考虑，要求尽可能地减少品种规格，减少备品备件，以利管理。

② 根据工艺专利商的具体要求。

③ 根据实际的工艺情况。

a. 考虑被测对象是属于哪一类设备。如槽、罐类，槽的容积较小，测量范围不会太大；

罐的容积较大，测量范围可能较大。

b. 要看介质的物化性质及洁净程度，首选常规的差压式变送器及浮筒式液位变送器，还要对接触介质部分的材质进行选择。

c. 对有些悬浮物、泡沫等介质可用单法兰式差压变送器。有些易析出、易结晶的用插入式双法兰式差压变送器。

d. 对高黏度介质的液位及高压设备的液位，由于设备无法开孔，可选用放射性液位计来测量。

e. 除了测量方法上和技术上问题外，还有仪表投资问题。

综上所述，液位测量方法的选择，技术上要可行，经济上要合理，管理上要方便。

6.1.5 温度测量仪表

6.1.5.1 温度仪表的分类

按温度仪表的测量方式通常可分为接触式和非接触式两大类。下面列出了常用工业温度计的分类。

一般说来，接触式温度计结构比较简单、可靠，测温精度也较高。但是由于温度检测元件与被测物体必须经过充分的热交换且达到平衡后才能测量，这样容易破坏被测物体的温度场，同时带来测温过程的延迟现象。

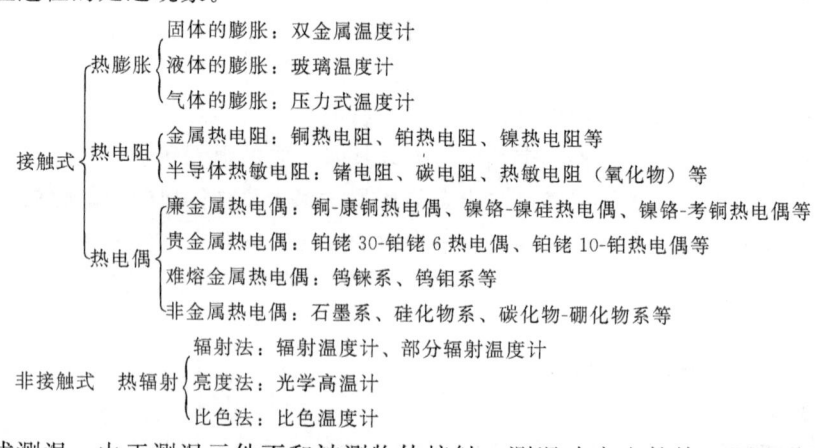

非接触式测温，由于测温元件不和被测物体接触，测温响应也较快，测温范围宽。但缺点是受外界因素影响造成的测量误差较大。

表 6-8 列出了接触式、非接触式两类测温方式特点的比较。

表 6-8 接触式与非接触式测温特点比较

测温方式	优　　点	缺　　点
接触式	简单、可靠、价廉，测量精确度较高，一般能够测得真实温度	由于检出元件热惯性的影响，响应时间较长，对热容量小的物体，难以实现精确测量。不适宜于直接对腐蚀性介质测温，不能用于极高温测量，难以测量运动体的温度
非接触式	原理上测温范围可以从超低温到极高温，不破坏被测温场，可以测量热容量小的运动温度，可以测量区域的温度分布，响应速度较快	测量误差较大，仪表示值一般仅代表表观温度。在辐射通道上介质吸收及反射光干扰将影响仪表示值。被测对象表面发射率变化影响仪表示值。结构较复杂，价格较昂贵

由于各类测温仪表结构原理不同，有不同的测温应用场合。各种测温仪表的测量范围见图 6-4。

6.1.5.2 温度测量方法选择

温度测量和流量、压力、液位测量一样，常常受到被测介质各种复杂性质及环境条件的约束，接触式测温方法尤其如此。温度测量涉及测温元件与被测对象之间的热量交换，因此传热好坏、热损失、热惯性以及温度场分布都会影响到测温结果。

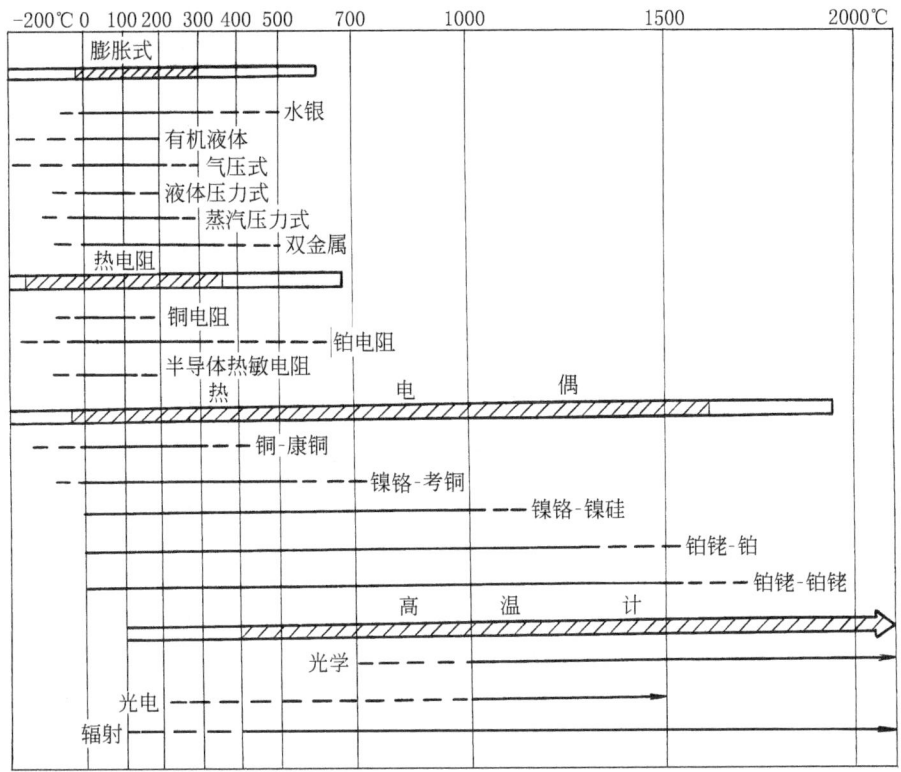

图 6-4 各种温度计的测温范围

但对温度测量,生产工艺及流体特性对测量方法的影响比流量、液位测量要小。温度测量方法在大部分场合中都是能工作的。因此,诸如价格、精度、响应时间、可维护性,甚至某些传统习惯都成为选择温度测量方法的考虑因素。

表 6-9 列出各种温度计的特点。根据温度计的特点及被测介质的条件,可以按下列温度计选用原则进行选择。

表 6-9 各种温度计的特点

型式	温度计种类	优 点	缺 点
接触式仪表	玻璃液体温度计	结构简单,使用方便,测量准确,价格低廉	测量上限和精度受玻璃质量的限制,易碎,不能记录与远传
	压力表式温度计	结构简单,不怕震动,具有防爆性,价格低廉	精度低,测温距离较远时,仪表的滞后性较大
	双金属温度	结构简单,机械强度大,价格低	精度低,量程和使用范围均有限
	热电阻	测温精度高,便于远距离、多点、集中测量和自动控制	不能测量高温,由于体积大,测点温度较困难
	热电偶	测温范围广,精度高,便于远距离、多点、集中测量和自动控制	需自由端补偿,在低温段测量精度较低
非接触式仪表	辐射式高温计	测温元件不破坏被测物体温度场,测温范围广	只能测高温,低温段测量不准,环境条件会影响测量准确度。对测量值修正后才能获得真实温度

(1) 各种温度测量方法的比较

① 玻璃温度计 优点:结构简单;使用方便;测量精度较高;价格低廉。

缺点:测量上限和精度受玻璃质量的限制;易碎;不能远传。

② 压力式测温系统（压力式温度计） 这是最早应用于生产过程温度测量的方法之一。压力式测温系统现在仍然是就地指示和控制温度中应用十分广泛的测量方法。带电接点的压力式测温系统作为电路接点开关，用于就地温度位式控制。

压力式测温系统适用于对铜或铜合金不起腐蚀作用的场合。

优点：结构简单，机械强度高，不怕震动；价格较低；不需要外部能源。

缺点：测温范围有限制，－80～＋400℃；热损性大，响应时间较慢；仪表密封系统（温包，毛细管，弹簧管）损坏难于修理，必须更换；测量精度受环境温度、温包安装位置影响较大；毛细管传送距离有限制。

③ 双金属温度计 双金属温度计也是用途十分广泛的就地温度计。

优点：结构简单，价格低；维护方便；比玻璃温度计坚固、耐震、耐冲击；示值连续。

缺点：测量精度较低。

④ 热电阻 热电阻测量精度高，可作标准仪器用。热电阻广泛用于生产过程各种介质的温度测量，输出信号可远传监视、控制用。

优点：测量精度高；再现性好，可保持多年稳定性、精确度；响应速度快；与热电偶测量相比，它不需要冷点温度补偿。

缺点：价格较热电偶贵；需外接电源；热惯性较大；避免使用在有机械振动的场合。

铠装热电阻是将温度检测元件、绝缘材料、导线三者封焊在一根金属管内，因此它的外径可以做得很小，具有良好的力学性能，不怕振动。同时具有响应快、时间常数小的优点。铠装热电阻除感温元件外，其他部分都可制成缆状结构，具有可挠性，可任意弯曲，适应各种复杂结构场合中的温度测量。

⑤ 热电偶 热电偶在工业测温中占了很大比重。生产过程远距离测温很大部分使用热电偶。

优点：体积小，方便地安装；信号可远传作指示、控制用；与压力式温度计相比响应速度快；测温范围宽；价格低；精度高；再现性好；校验容易。

缺点：热电势与温度之间呈非线性关系；精度比热电阻低；在同样条件下，热电偶接点容易老化。

⑥ 光学高温计 光学高温计结构较简单，轻巧便携，使用方便，作为一种简易仪表使用在金属冶炼、玻璃熔融、热处理等工艺过程中，实现非接触温度测量。主要缺点是测量靠人眼比较，容易引入主观误差。

⑦ 辐射温度计 辐射温度计包括采用热电堆为检测元件的全辐射温度计和采用光敏元件、热敏元件以及光电池为检测元件的部分辐射温度计。它常用来测量移动或转动的物体温度。也可用于热电偶不能安装测量场合中的温度测量。

全辐射温度计结构较简单、牢固且价低，不需外接电源，输入信号可远传指示记录。

优点：不需要与度测目标接触；适合高温测量；质量轻，便于携带；精度较高。

缺点：价格较高；靠人眼比较，有人为误差；被测物体的辐射率会影响测量结果。

⑧ 辐射高温计 辐射高温计主要用于热电偶无法测量的超高温场合。

优点：测量高温；响应速度快；非接触测温；价格适中。

缺点：非线性刻度；被测对象辐射率、辐射通道中间介质吸收率会对测量造成影响。

部分辐射温度计测量精度较高，稳定性也好，可测温下限较低。缺点是结构较复杂，同样辐射通道中间介质吸收也会影响测量示值。

⑨ 比色温度计　比色温度计按它的结构可分为单通道和双通道两种。单通道比色温度计精度高，但结构复杂，双通道比色温度计结构较简单但精度低。它主要应用于测量表面发射率低、测量精度要求较高的场合。

(2) 温度仪表的选择

① 就地温度仪表选择　在满足测量范围、工作压力、精确度要求下，应优先选用双金属温度计。

对-80℃以下低温，无法近距离观察，有振动以及对精确度要求不高的场合可以选择压力式温度计。

玻璃温度计由于易受机械损伤造成汞害，一般不推荐使用（除作为成套机械，要求测量精度不高的情况下使用外）。

② 温度检测元件的选择　热电偶适合一般场合，热电阻适合要求测量精度高、无振动场合。根据对测量响应速度的要求选择。

热电偶　600s，100s，20s。

热电阻　90～180s，30～90s，10～30s，<10s。

③ 根据环境条件选择温度计接线盒普通式——条件较好场所；防溅式——条件较好场所（防水式）；防爆式——易燃、易爆场所。

④ 特殊场合下的温度计选择　温度>870℃，氢含量大于5%的还原性气体、惰性气体及真空场所宜选用吹气热电偶或钨铼热电偶。

设备、管道外壁、转动物体表面温度测量可选择表面热电偶、热电阻或铠装热电偶、热电阻。

测量含坚固体颗粒场所可选耐磨热电偶。

⑤ 根据被测介质条件选择测温保护管　保护管选用表见表6-10。

表 6-10　保护管选用表

材　　质	最高使用温度/℃	适　用　场　合	备　注
H62 黄铜合金	350	无腐蚀性介质	有定型产品
10号钢、20号钢	450	中性及轻腐蚀性介质	有定型产品
1Cr18Ni9Ti 不锈钢	70	65%稀硫酸	
新2号钢	300	氯化氢、65%硝酸	
1Cr18Ni9Ti 不锈钢	800	无机酸、有机酸、碱、盐、尿素等	
2Cr13 不锈钢	800	耐高压，适用于高压蒸汽	有定型产品
GH39 不锈钢	800	耐高压，适用于高压蒸汽	
12CrMoV 不锈钢	800	耐高压	
Cr25Ti 不锈钢、Cr25Si2 不锈钢	1000	高温钢适用于硝酸、磷酸等腐蚀性介质及磨损较强的场合	有定型产品
GH39 不锈钢	1200	耐高温	有定型产品
28Cr 铁（高铬铸铁）	1100	耐腐蚀和耐机械磨损，用于硫铁矿焙烧炉	
耐高温工业陶瓷及氧化铝	1400～1800	耐高温，但气密性差，不耐压	有定型产品
莫来石刚玉及纯刚玉	1600	耐高温，气密性、耐温度聚变性好，并有一定防腐性	
蒙乃尔合金	200	氯氟酸	
Ni 镍	200	浓碱（纯碱、烧碱）	

续表

材 质	最高使用温度/℃	适 用 场 合	备 注
Ti 钛	150	湿氯气、浓硝酸	
Zr 锆、Nb 铌、Ta 钽	120	耐腐蚀性能超过钛、蒙乃尔、哈氏合金	
Pb 铅	常温	10%硝酸、80%硫酸、亚硫酸、磷酸	力学性能

6.1.6 过程分析仪表

6.1.6.1 过程分析仪表的分类

(1) 按使用目的分类

① 生产过程监控　此种分析仪主要用于测量设备或管道内的物料组分，保证生产过程的正常运行，提高产品质量和产量。

② 装置和人身安全检测　此种分析仪主要用于测量环境气体中的可燃气体或毒性气体浓度，当这种有害气体达到危险极限时报警，以便操作人员采取措施。

(2) 按工作原理分类

按工作原理可分为红外线分析仪、紫外线分析仪、工业色谱仪、工业质谱仪、磁导式分析仪、热导式分析仪、电化学式分析仪和光电式分析仪等。

6.1.6.2 过程分析仪表的样品预处理

安装在生产过程中的过程分析仪是否能使用好，往往并不取决于它本身，在很大程度上是由样品预处理系统设计的好坏决定的。

过程分析系统与其他工业测量系统的一个差别在于分析系统一般都需要一套完整的样品预处理系统，这也是过程分析仪设计、选用、运行和维护比较困难的一个主要原因。

样品预处理系统一般包括取样、输送、预处理和样品排放等。它的作用是让过程分析仪及时得到干净的、具有代表性的、符合过程分析仪要求的样品，把多余的和分析过的样品排掉，保证过程分析仪能连续、稳定地工作。由于过程分析仪品种、型号和结构不同，样品种类繁多，工况复杂，不可能有一个能适合各种要求和通用的样品预处理系统，应该根据工艺要求、样品的组分、流量、压力、温度、黏度、腐蚀性、物性和选用的过程分析仪等进行单独设计。样品预处理系统可能很复杂，也可能很简单。

(1) 样品预处理系统的功能

① 样品预处理系统应能使过程分析仪得到的样品与工艺管线（或设备）中的物料组分和含量一致，即取得的样品是代表工艺需要分析的样品。

② 样品预处理系统应能使过程分析仪得到的样品，与同一时间的工艺管线（或设备）中的物料相接近。换句话说，要分析的样品尽可能是当时正在工艺管线上流过的物料。

③ 样品预处理系统应能使过程分析仪连续、稳定地得到满足分析仪要求的样品。这就要求样品经过压力、温度和流量的调节，达到分析仪所需要的工作条件。在这之前样品预处理系统应将样品中的固体颗粒、液滴或易堵杂质、腐蚀性杂质和对测量有干扰的杂质除掉。

(2) 对样品预处理系统的要求

① 取样

a. 取样点应该离分析仪比较近，尽量减少传输滞后时间。

b. 取样点必须符合工艺要求，使取出的样品具有代表性。如果测量目的是产品质量，取样点应在产品管线上。如果测量目的是为了控制,取样点应选在响应最快的地方,例如精馏塔的灵敏板上。应该注意取样点不要在取出的样品还在反应过程之中,不要在低流速区、死角处和涡流处,以免取得的样品不是当时过程中的物料。

c. 取样点尽量选在清洁、干燥、温度、压力合适的地方,这样可以减少对预处理系统的要求。取样口开在工艺管线的侧面,可以减少气体样品中夹带液滴和固体杂质,或液体样品中带气泡和固体杂质。最好是把取样管插到工艺管线中心,使样品的杂质少,更具代表性。但不要因插入取样头而影响流体的流动。

d. 取样点尽量在安全、尘雾少、容易接近的地方,以便检修。

e. 如果样品容易凝结,应采用伴热保温措施,但要注意不能引起样品组分的变化。

f. 取样点不要选在容易产生相变的地方,例如节流件、减压阀下游,这种地方会使液相中产生气泡。取样点也不要选在旁路管上,因为,这是死区,它会使样品不能代表当时的物流组分。

② 样品输送 为了使过程分析仪能及时取得合适的样品,样品输送系统不能泄漏,以免样品组分变化。此外,输送滞后时间要小,不得超过60s。为了使时滞小,输送系统的容积应该尽量小,使流速在要求的流量和允许的压降下尽可能地高,应在1.5~3.5m/s之间。

根据取样点与过程分析仪的距离、样品本身的经济价值和危险性,以及样品是否能返回工艺过程而分为简单的单线输送系统、快速单线输送系统、简单回路输送系统和快速回路输送系统。

a. 简单的单线输送系统。当样品本身的经济价值比较低,且危险性很小或没有,如空气、氧气等,取样点与过程分析仪的距离较近,输送系统的滞后时间不会超过60s,又没有工艺过程的回流点时,可采用简单的单线系统,见图6-5。

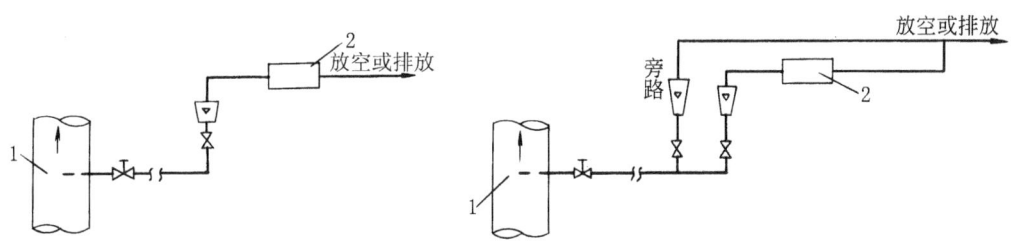

图6-5 简单的单线输送系统　　　　图6-6 快速单线输送系统
1—工艺管道;2—过程分析仪　　　　1—工艺管道;2—过程分析仪

如果样品有一定的危险性,但是没有工艺回流点,也可用这种系统,只是放空或排放必须用管子接到火炬、污水池或其他恰当的地方。

b. 快速单线输送系统。如果在过程分析仪允许通过的流量下,时间滞后超过60s,此时就要用快速单线输送系统。它是利用旁路管的较大流速使时间滞后小于60s,旁路接口就在分析器附近,见图6-6。

c. 简单的回路输送系统。如果过程有一定压差的回流点,从取样点取出的样品经过过程分析仪后能回到过程的回流点,则形成回路输送系统。这种系统可以不管样品的贵重程度、放空后的危险程度,不需要放空系统。如果过程分析仪器离取样点比较近,时间滞后小于60s,则可以采用简单的回路输送系统,见图6-7。

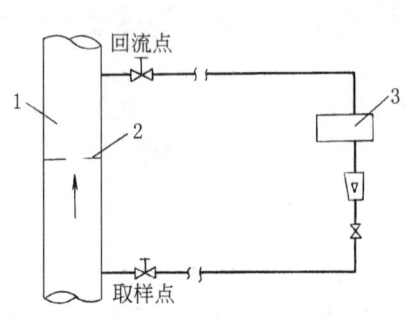 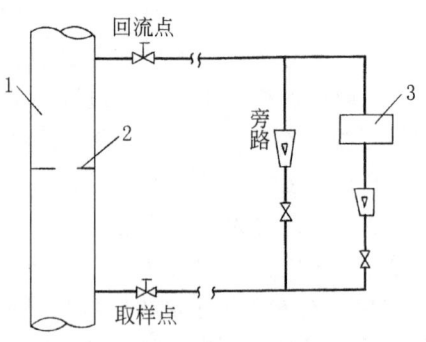

图 6-7　简单的回路输送系统　　　　　图 6-8　快速回路输送系统
1—工艺管道；2—节流件；3—过程分析仪　　1—工艺管道；2—节流件；3—过程分析仪

d. 快速回路输送系统。如果在过程分析仪允许通过的流量下，时间滞后大于60s，就要采用快速回路输送系统。此系统也是采用旁路的原理，利用旁路以较大流速流过物料，在旁路口有很小的滞后时间，而达到过程分析仪的输送滞后时间小于60s，见图6-8。

如果样品经济价值不高，也没有危险性，分析过的样品可以直接放空。

③ 样品排放　经过分析的样品，根据样品的经济价值、危险程度、是否有过程回流点等具体条件有不同的处理。对于经济价值低，没有危险性或者危险性很小的样品，最简单的做法是直接排放，不过放空管要有一定的高度。排放液要进下水道。有回流点的情况下则流进工艺回流点。如果是有经济价值的液体样品，分析回路比较多，又没有工艺回流点，为了回收数量较多的样品，应该采用样品回收系统。用一个具有足够容量的收集槽，把样品收集起来，当液位达到足够高度时用泵送回工艺装置，见图6-9。

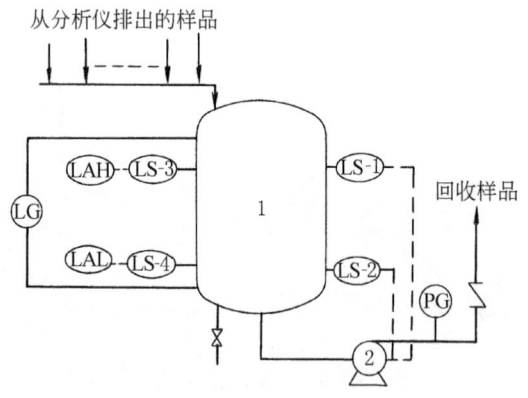

图 6-9　样品回收系统
1—收集槽；2—泵

④ 样品预处理　从工艺过程中取得的样品往往不能满足过程分析仪的工作条件的要求，所以要预处理。

为了减压、增压或恒定压力，降低温度或提高温度，需要减压阀、增压泵、压力调节器、冷却器、加热器等处理部件。为了排除冷凝水、气体中水分或雾沫，就要用疏水器、除湿器、雾沫分离器。为了稳定流量就需要流量控制器。为了除去样品中的固体粒子，就用过滤器或净分器等。

以上都是处理器部件。这些部件与输送系统一样，不能有泄漏，不能因吸附、扩散或化学反应而改变样品的组分。

6.1.6.3 过程分析仪的选用

过程分析仪按各种不同的测量原理进行工作,不但测量范围、精度等级、响应时间、价格不同,就是同种原理、同种测量范围的过程分析仪,也会由于样品的背景组分不同,而不一定能够适用。例如,用热导分析仪测量氢气浓度,在相同的氢浓度下,由于背景气体分别为氩气、空气或甲烷气,所用的分析仪是不一样的。应该根据以下原则来选择。

(1) 样品的参数

根据样品中待测组分的正常值、最高和最低值、背景成分及样品温度、压力、异相物等选择仪表类型、测量范围及预处理装置。例如测量样品中的氧含量,如果样品为气态,正常值是常量,可选用磁氧分析仪或氧化锆分析仪。如果样品为气态,正常值是微量,可以采用原电池式微量氧分析仪。如果背景组分中含过量氢,可以采用热化学式氧分析仪。对于同样的样品,由于不同类型的仪表具有不同的要求,预处理装置也有很大的差异。例如样品是烟道气,要测它的氧含量,如果用氧化锆氧分析仪,只要根据烟气温度选择合适的探头直接插入烟道内。如果选用磁氧式氧分析仪,就需要冷却器、过滤器、抽吸泵等一系列预处理装置,使问题变得复杂。

(2) 使用的目的

根据分析仪使用目的是过程检测、控制还是环境监视,而对分析仪的精度、响应时间、线性度等有不同的要求,选用的分析仪自然就不同了。例如,为了工厂安全而监测环境气体浓度是否达到爆炸极限,就要选用可燃气体报警器。如果是一个重要而危险的生产过程,反应停留时间很短,要求快速分析出试样的组分,那就要采用工业质谱仪。

6.1.7 控制室仪表

6.1.7.1 控制室仪表的分类

(1) 按信号分类

① 气动单元组合仪表 如 QDZ-Ⅲ系列仪表等,以 20～100kPa 的仪表空气来传递测量和控制信号。它有相应的控制室仪表,如气动指示仪、记录仪、指示调节器以及计算单元、给定单元、电/气转换器和辅助单元等。

② 电动单元组合仪表 如 DDZ-Ⅲ系列仪表等,以 4～20mA DC 电流来传递测量和控制信号。与气动单元组合仪表相似,亦有相应的控制室仪表。

(2) 按结构分类

① 基地式仪表 系将测量、控制和显示功能集于一体的仪表,如常见的电子式温度记录调节仪表等。

② 单元组合式仪表 系将仪表的功能分散到各自单元,根据需要组成测量和/或控制回路。测量单元通常将信号转换成标准的气压信号或电流信号,此类单元通称变送器。一个测量回路或控制回路,需要由许多单元组合而成。如 QDZ-Ⅲ系列和 DDZ-Ⅲ系列等。

③ 组装式仪表 系上海福克斯波罗公司 SPEC-200 系列产品。它是一种结构分离型的组件组装式电动仪表。控制室仪表由两大基本功能部分组成,即显示操作部分和机柜组件部分,可按工艺需要任意组合而成,系统由制造厂集成供货。

(3) 按功能分类

① 显示仪表 系指指示仪、记录仪、积算(或称累计)器、闪光报警器以及半模拟流程图盘等。

② 控制仪表　如位式控制器（二位式、三位式及时间比例式等）、比例积分（PI）控制器、比例积分微分（PID）控制器以及手操作器（HC）等。

③ 辅助仪表　如计算单元类仪表、转换单元类仪表、给定单元类仪表以及信号分配器、电源分配器、安全栅、限幅器和直流电源箱等。

(4) 按安装位置分类

① 盘装仪表　即安装在仪表盘正面供操作人员监视和操作的仪表。

② 架装仪表　通常指安装在仪表盘内和仪表机柜内的仪表。

6.1.7.2　控制室仪表的功能

控制室仪表主要用来集中监视和控制生产操作过程，确保工艺的技术要求和控制工艺过程的参数符合工艺的操作条件，从而达到安全运行，保证产品的质量。

对于连续工艺过程，工艺参数受外界因素而产生扰动时，控制仪表可发挥控制功能的作用，通过执行机构使其恢复到所设定的参数值上。对于批量生产过程，则可通过顺序和/或程序控制功能，按预先设定的顺序和/或程序进行控制，以确保每批产品质量稳定，并节省能耗。

生产过程的异常和生产环境的异常均可通过控制仪表进行监视、报警和紧急停车，以确保生产装置的设备和人身的安全。

6.1.7.3　对控制室仪表的要求

不同用途的控制室仪表，对其要求亦不尽相同。但共性的要求是可靠性高，再现性好，响应灵敏。对于计量用的记录仪表，则要有符合计量部门规定准确度的盘装仪表。

对于因联锁停车而可能引发相关联参数报警的报警点，则应考虑选用能区别第一故障原因的报警系统，以便迅速发现故障发生的原因。

6.1.7.4　控制室仪表选择

控制室仪表不断推陈出新，随着电子工业飞快的发展而不断更新。控制室仪表发展的趋势是小型化、数字化、智能化。目前国内气动控制室仪表几乎失去了市场，但对于有爆炸危险的生产过程，规模小，信号传输距离不远（100m以内），采用气动控制仪表既经济又安全，少维护，对环境要求低，更适合现场机组控制。

具有通信功能的数字化控制室仪表，在中、小化工厂及大型工厂的现场机组盘以及公用工程等辅助生产装置中，仍然发挥其应有的作用。

控制仪表选型并没有严格的规则，通常应考虑如下情况。

(1) 价格

国内新型仪表价格通常比老仪表要贵；引进技术或合资生产的仪表比国内自行设计的国产仪表贵；数字式仪表比模拟式仪表贵；电动仪表比气动仪表贵。选型时，资金成为重要考虑的因素。要考虑性能/价格比，考虑投资情况。

(2) 管理的需要

①通信功能　大中型企业往往要求实现现代化管理，或为今后实现现代化管理创造条件，故控制仪表选型应考虑具有通信功能，以实现联网化。

②维护管理　仪表选型时应统一规划，尽可能使全厂的仪表选型一致，使备品备件降到最低限度，以利于仪表的维护和管理。

(3) 工艺要求

仪表选型者应考虑生产过程的特点和工艺的要求,选型时应清楚每个仪表回路在生产过程中的作用,使所选的控制仪表能监视生产过程中的主要参数和环境状态;控制生产过程的工艺参数符合工艺的要求;能及时处理生产过程中发生的紧急故障,确保安全生产,避免发生意外的设备和人身事故,使控制室仪表发挥其应有的作用。

(4) 环境条件

控制室仪表的选型需要考虑环境条件,检测元件和/或执行器处在有爆炸危险的区域内时,应根据危险区划分的标准,考虑是否需选用安全栅,以确保测量和控制回路的安全。

此外,控制室仪表本身对环境条件亦有要求,如温度范围和湿度范围。除考虑选用适合环境条件的仪表外,若环境条件不能满足仪表的要求,则应改善环境以适应仪表的要求。

(5) 公用工程条件

在仪表选型时,应考虑现有的公用工程条件,如仪表气源和/或仪表电源。应适应所提供的气源、电源条件。

6.1.8 控制阀

6.1.8.1 控制阀的结构形式及分类

控制阀也称调节阀,由执行机构和阀门两部分组成。图 6-10 是气动薄膜控制阀的结构原理。控制阀种类繁多,按照其执行机构的动力源分类有气动控制阀、电动控制阀、液动控制阀和混合型控制阀四大类。气动控制阀按其执行机构形式又分薄膜式控制阀、活塞式控制阀和长行程控制阀。

电动控制阀的执行机构的运动方式分为直行程和角行程两类。

从图 6-10 看出,阀部分由阀体和阀的内件组成。按阀体结构形式分类分为单座阀、双座阀、角阀、三通阀、偏心旋转阀、蝶阀、球阀、快速切断阀、隔膜阀、阀体分离型阀、低噪声阀、波纹管密封阀、低温控制阀和旋塞阀。下面分别叙述几种主要阀型的特点和适用场合。

(1) 直通单座阀、直通双座阀、精小型控制阀

① 直通单座阀(包括小流量控制阀)

a. 直通单座控制阀。直通单座控制阀的结构如图 6-11 所示,阀体内只有一个阀芯和一个阀座。

单座阀的特点是泄漏量小,因为它是单阀芯结构,容易密闭,甚至可以完全切断,因此其结构上又分调节型和切断型,它们的区别在于阀芯形状不同,前者为柱塞形,后者为平板形。由于单座阀只有一个阀芯,流体对阀芯的推力不能像双座阀那样能互相平衡,因此不平衡力较大,尤其在高压差、大口径时,不平衡力更大,所以单座阀仅适用于低压差的场合,否则必须选用大推力的气动执行机构或配上阀门定位器。

b. 小流量控制阀。小流量控制阀适用于对微小的流量进行调节,如石油、化工等生产过程中需要加入少量添加剂的场合就应采用这种阀门。一般控制阀的流量系数最小为 0.08,而小流量控制阀的流量系数最小可达 $0.003 \sim 0.00044$。

小流量控制阀的结构如图 6-12 所示,它由阀盖、阀体、阀芯、填料和压盖螺母等零件组成。小流量阀的公称通径 DN 为 (3/4) 英寸,流量特性有等百分比和线性。

② 直通双座控制阀 直通双座控制阀的结构如图 6-13 所示,阀内有两个阀芯和两个阀座,阀杆做上下移动来改变阀芯与阀座的位置。从图中可以看出,流体从左侧进入,通过上、下阀芯后再汇合一起,由右侧流出。

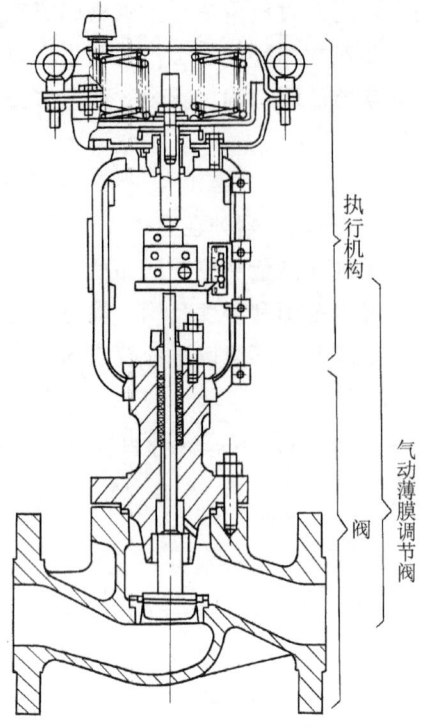
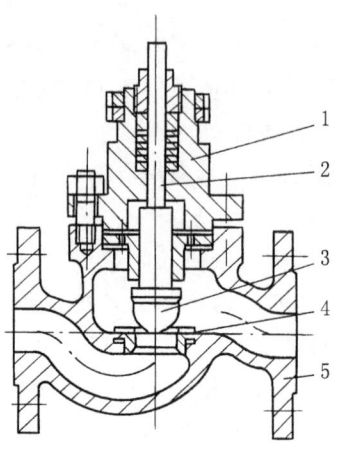

图 6-10 气动薄膜控制阀

图 6-11 直通单座控制阀结构
1—阀盖；2—阀杆；3—阀芯；4—阀座；5—阀体

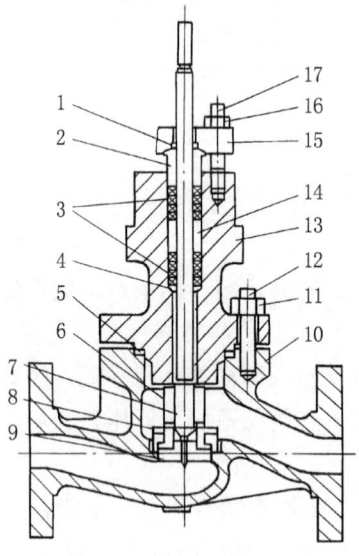
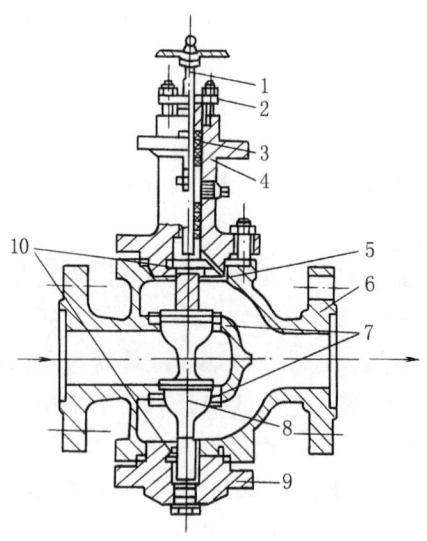

图 6-12 小流量控制阀结构
1—密封片；2—填料环；3—填料；4—填料座；5—垫片；6—导向套；7—阀芯；8—阀座圈；9—阀座环；10—阀体；11—螺母；12—螺栓；13—压盖；14—套环；15—填料法兰；16—螺母；17—填料双头螺栓

图 6-13 直通双座控制阀结构
1—阀杆；2—压板；3—填料；4—上阀盖；5—圆柱销钉；6—阀体；7—阀座；8—阀芯；9—下阀盖；10—衬套

双座阀有正装和反装两种。正装时，阀芯向下位移，阀芯与阀座间的流通面积减少；反装时，阀芯向下位移，阀芯与阀座间的流通面积增大。正装和反装时，阀芯位移与流通面积关系可用图 6-14 来表示。

由于双座阀有两个阀芯和阀座，采用双导向结构，正装可以方便地改成反装，只要把阀芯倒装，阀杆与阀芯的下端连接，上、下阀座互换位置之后就可改变安装方式，如图 6-15 所示。

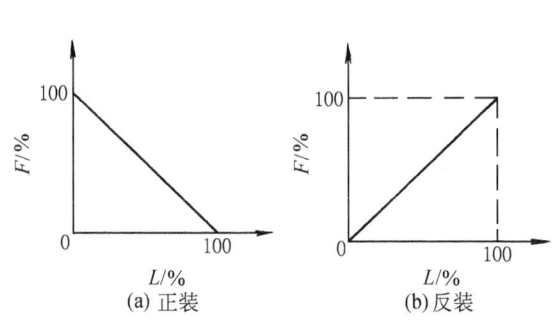

图 6-14　阀芯位移与流通面积的关系

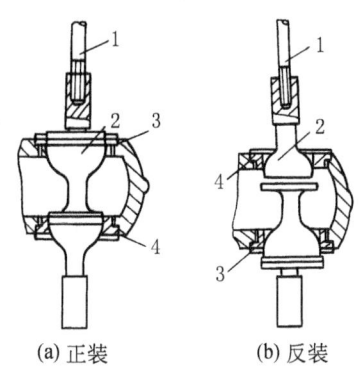

图 6-15　阀芯与阀杆的连接
1—阀杆；2—阀芯；3—上阀座；4—下阀座

双座阀有上、下两个阀芯，流体作用在上、下阀芯上的推力的方向相反而大小接近相等，所以双座阀的不平衡力很小，允许压差较大。双座阀的流通能力比同口径的单座阀大。

但是，受加工限制，上、下两个阀芯不易保证同时关闭，所以关闭时泄漏量较大，尤其是使用于高温、低温的场合时，因材料的热膨胀不同，更易引起较严重泄漏。此外，阀体流路较复杂，不适用于高黏度和含纤维介质的调节。由于受流路变化影响，执行器作用力正反方向变化，所以调节精度不高，在压差允许条件下尽量不选用双座阀。

③ 精小型控制阀　精小型控制阀是新一代控制阀，其特点是体积小，质量轻，采用多弹簧执行机构，额定流量系数增大 1/3（见表 6-11），体积缩小 1/3，质量减轻 1/3，可调范围扩大到 50∶1。

表 6-11　额定流量系数对比

DN/mm	20	20	20	20	25	32	40	50	65	80	100	125	150	200	250	300
d_g/mm	10	12	15	20	26	32	40	50	66	80	100	125	150	200	250	300
传统单座阀 C	1.2	2.0	3.2	5	8	12	20	32	50	80	120	200	280	450	700	1000
精小型单座阀直线 C	1.8	2.8	4.4	6.9	11	17.6	27.5	44	69	110	176	275	440	690	1000	1600
精小型单座阀等百分比 C	1.6	2.4	4.0	6.3	10	16	25	40	63	100	160	250	400	630	900	1440

目前国内精小型控制阀主要品种有单座和套筒式。其主要技术指标如下。

公称压力 PN：0.6MPa；1.6MPa；4.0MPa；6.4MPa。

公称通径 DN：20～200mm。

流量特性：直线，等百分比。

信号范围：20～100kPa。

弹簧范围：20～100kPa；40～200kPa。

温度范围：－20～200℃；－40～200℃；－40～450℃。

(2) 角形控制阀

角形控制阀的结构如图 6-16 所示，除阀体为直角形之外，其他结构与直通单座控制阀相似。但是角形控制阀的阀芯为单导向结构，只能正装不能反装，气开式必须采用反作用执行机构来实现。

这种阀的流路简单，阻力小，阀体内侧流线型通路有助于防止固体在内壁堆积，特别适用于高黏度、含有悬浮物和颗粒状物质流体的调节。有时由于现场条件的限制，要求两个管道成直角场合时，就可采用角形控制阀。

从控制阀性能出发，角形控制阀一般用于底进侧出。但是当底进时，阀芯密封面易受损伤，而侧进时，阀座易受损伤。因此，在高压差场合时，可采用侧进底出以改善对阀芯的损伤，同时也有利于介质的流动，避免结焦、堵塞。但在侧进底出时应避免在小开度使用，因为在这种状况下容易发生振荡。为了避免这种现象的发生，应选用刚度较大的执行机构或配用阀门定位器。

(3) 高压控制阀

高压控制阀是专为高压系统使用的一种特殊阀门，最大公称压力 PN 为 32MPa，广泛用于化肥和石油、化工生产中，它的结构可分为单级阀芯和多级阀芯两种。

① 单级阀芯的高压控制阀　单级阀芯的高压控制阀的结构又可分为两种，如图 6-17 所示。这种阀为锻造结构，采用直角连接，填料箱与阀体连成整体，阀座与下阀体分开，便于更换。

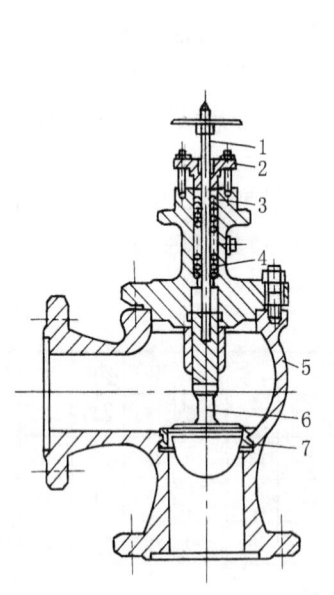

图 6-16　角形控制阀结构
1—阀杆；2—压板；3—填料；4—上阀盖；5—阀体；6—阀芯；7—阀座

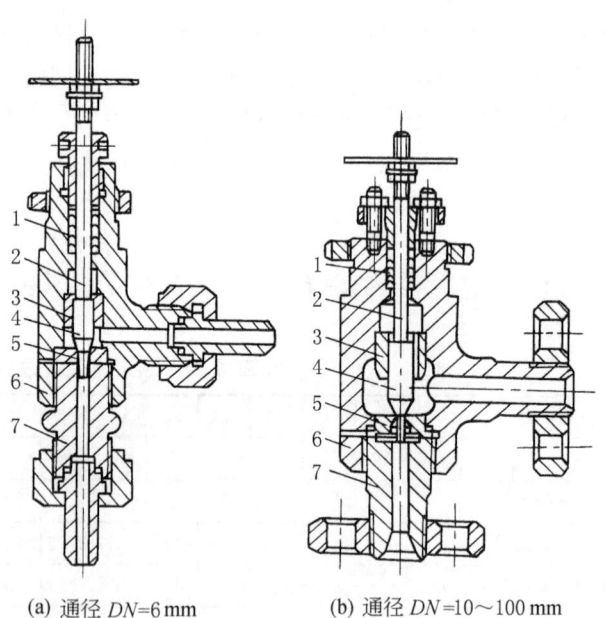

(a) 通径 $DN=6mm$　　(b) 通径 $DN=10\sim100\,mm$

图 6-17　单级阀芯的高压控制阀
1—填料；2—阀杆；3—衬套；4—阀芯；5—阀座；6—阀体；7—接头

高压控制阀为单导向结构，气开式必须采用反作用执行机构来实现。此外，在使用时，因压差大，阀芯为单座阀，介质对阀芯的不平衡力较大，所以应选用刚度较大的执行机构，一般都要安装阀门定位器。

由于介质对单座控制阀阀芯的不平衡力较大,近年来国内外又推出柱塞平衡式和套筒平衡式如图 6-18、图 6-19 所示。

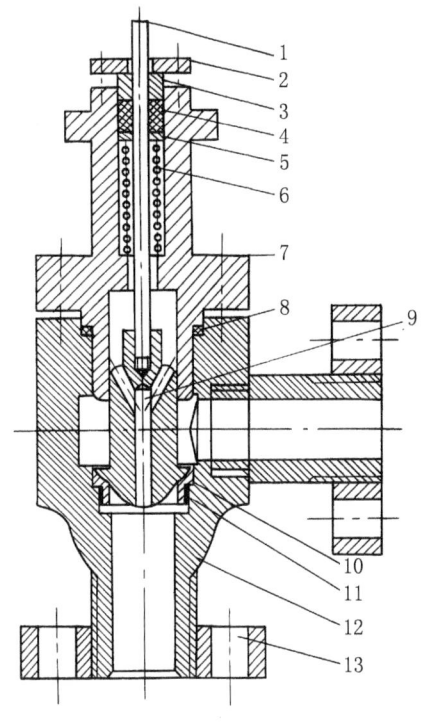

图 6-18 柱塞平衡式(DN50)高压控制阀
1—阀杆;2—压板;3—填料压盖;4—填料;
5—填料垫;6—填料弹簧;7—上阀盖;
8—密封垫;9—阀芯;10—阀座;11—
密封垫;12—阀体;13—法兰

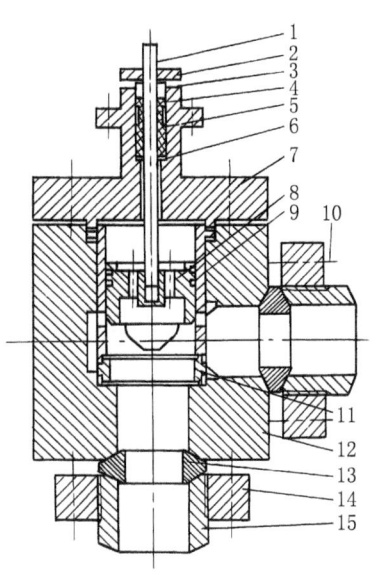

图 6-19 套筒平衡式(DN65、DN80、DN100、DN125)高压控制阀
1—阀杆;2—压板;3—填料压盖;4—填料;
5—填料套;6—填料垫;7—上阀盖;8—阀塞;
9—O 形密封圈;10—双头螺栓;11—下套
筒;12—阀体;13—透镜垫;14—螺纹
法兰;15—短节

柱塞平衡式和套筒平衡型阀在阀芯内部提供平衡孔腔,流体产生的力被相互消除。所以,在不需要大推力的执行机构条件下用于高压差场合。

② 多级阀芯的高压控制阀 单级阀芯的高压控制阀,为了防止高压差的汽蚀现象而损伤阀芯、阀座,所以阀芯、阀座采用较好的材料,但是这种结构的高压阀使用寿命较短,为了解决高压差条件下的阀芯、阀座使用寿命,根据多级降压的原理,使每级阀芯上分担一部分压差,以改善高压差对阀芯、阀座的冲刷和汽蚀作用。通常,不锈钢的阀芯、阀座能承受 120m/s 流速的纯净水的冲刷,也即阀芯两端的最大压差为 7.0~8.0MPa,因此选取每级压降为 8.0MPa。

公称通径 DN 为 15~25mm,最大压差 Δp 为 32MPa 时,可以采用四级阀芯;公称通径为 DN 40~100mm,最大压差为 16MPa 时,可以采用二级阀芯。

这种多级阀芯的高压控制阀,如图 6-20 所示,它由四级阀芯组成,把四个阀芯串在一起,不是采用几个阀,而是在一个阀上来实现。

阀芯、阀座采用套筒形式,流量特性由套筒侧面的窗口形状来实现,在结构上把密封面和节流孔分开,关闭时依靠第一级阀芯和阀座面紧密接触。与普通单座阀一样,流体由底部进入阀体,经过多级逐步降压,在阀体内汇流后由侧面出口流出。为减少高压差下的不平衡力,采用了平衡型阀芯结构。为缩小体积,便于加工,阀体上没有法兰,但留有螺栓孔,管道法兰直接通过螺栓连接在阀体上。

多级阀芯控制阀泄漏量通常是Ⅳ级，泄漏量Ⅴ级也能达到，当阀芯与阀座之间的密封面是软密封时，泄漏量也可达到Ⅵ级。

(4) 三通控制阀

① 作用方式和结构　三通控制阀有三个出入口与管道相连，按作用方式可分为合流和分流两种。

合流是两种流体通过阀时混合产生第三种流体，或者两种不同温度的流体通过阀时混合成温度介于前两者之间的第三种流体，这种阀有两个进口和一个出口。

分流是把一种流体通过阀后分成两路，阀在关闭一个出口的同时就打开另一个出口，这种阀有一个入口和两个出口。

合流阀和分流阀的示意图和结构图分别如图 6-21 和图 6-22 所示。从图 6-21 中可知，三通控制阀是由直通单、双座控制阀改型而成，在原来下阀盖处改为接管，即形成三通。三通阀的阀芯结构采用圆筒薄壁窗口形，并采用阀芯侧面导向，而不同于柱塞形阀芯的衬套导向，这样可使阀芯导向方便，结构简单，流通能力不致降低。合流阀和分流阀的阀芯形状不一样，合流阀的阀芯位于阀座内部，分流阀的阀芯位于阀座外部，这样设计的阀芯，可使流体的流动方向将阀芯处于流开状态，阀能稳定操作，所以，合流阀必须用于合

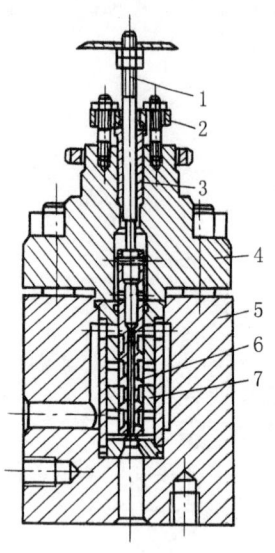

图 6-20　多级阀芯高压控制阀结构
1—阀杆；2—压板；3—填料；
4—上阀盖；5—阀体；
6—阀芯；7—套筒

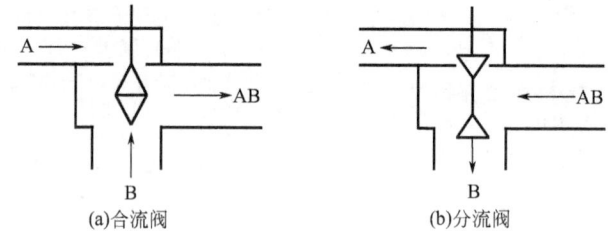

(a) 合流阀　　　　　(b) 分流阀

图 6-21　三通控制阀示意

流的场合，分流阀必须用于分流的场合，但当公称通径 $DN<80mm$ 时，由于不平衡力较小，合流阀也可以用于分流的场合。三通阀的阀芯不能像双座阀那样反装使用，因此，三通阀气关、气开的选择必须采用正、反作用执行机构来实现。

② 应用　三通控制阀可以省掉一个二通阀和一个三通接管，因此得到广泛应用，常用于热交换器的旁通调节，也可用于简单的配比调节。

旁通调节是调节热交换器的旁通量来控制其出口流体的温度，如图 6-23 所示，三通阀装在旁通的入口为分流，三通阀装在旁通的出口为合流。

合流控制阀流通能力较分流阀大，调节灵敏，但应注意温差对阀的影响。

三通阀通常在常温下工作，当三通阀使用于高温或高温差时，由于高温流体通过，引起管子膨胀，三通阀不能适应这种膨胀，产生较大应力而变形，造成连接处的损坏和泄漏，尤其在高温差时影响更为严重，一般要求三通阀的温差小于150℃。当温差过大时可采用两个二通阀来代替一个三通阀，如图 6-24 所示（假定调节器为反作用，当出口温度升高，调节器输出减少；A阀关小，B阀开大，冷介质温度升高，故温度降低）。

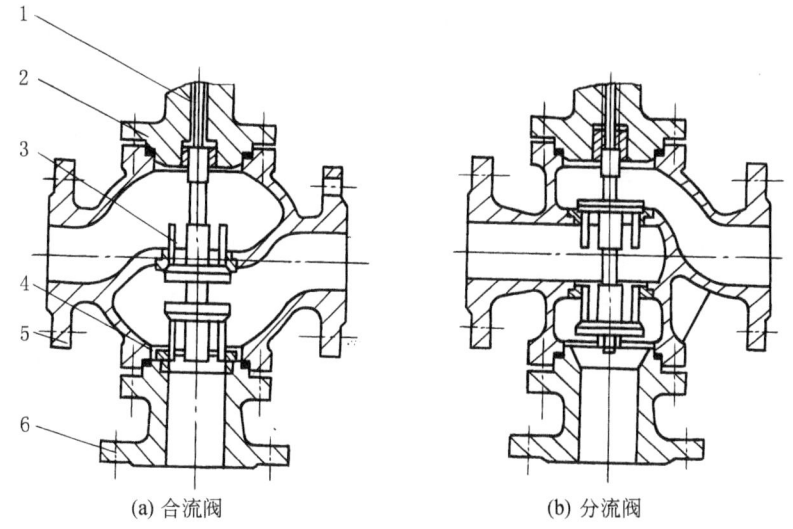

(a) 合流阀　　　　　　　　　(b) 分流阀

图 6-22　三通控制阀结构
1—阀杆；2—阀盖；3—阀芯；4—阀座；5—阀体；6—连接管

三通控制阀的泄漏量为Ⅲ级。

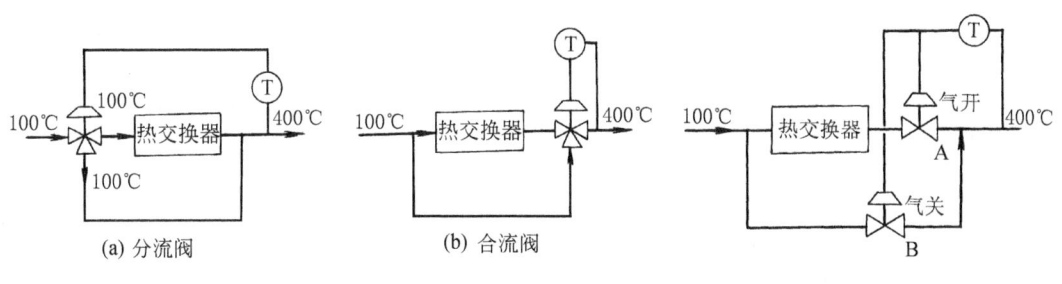

(a) 分流阀　　　　(b) 合流阀

图 6-23　三通阀的旁路调节　　　　图 6-24　两个二通阀的旁路调节

(5) 偏心旋转控制阀

① 工作原理和结构　偏心旋转控制阀的阀芯结构形式如图 6-25 所示，它不同于直通单双座的柱塞阀、蝶阀和球阀，它是在一个直通阀体内装有一个球面阀芯，阀芯连在柔臂上与轮壳相接，如图 6-26 所示。

轮壳与转轴键滑配，球面阀芯的中心线与轮轴中心偏离，转轴带动阀芯偏心旋转，其运动轨迹是凸轮状的，这种阀的阀芯从全开到全关的偏转角度为 50°。由于阀芯作凸轮状的偏心旋转，阀芯从前下方进入阀座，依靠柔臂的弹性变形，即挠曲变形，使阀芯球形表面与阀座密封圈紧密接触，达到可靠的密封。由此可知，偏心旋转控制阀的阀芯既起到旋转作用，又起到挠曲作用。

工作时，转轴的运动是由气动执行机构来驱动的，通过一根连杆，将转轴与执行机构的推杆连在一起，组成类似的曲柄连杆机构。

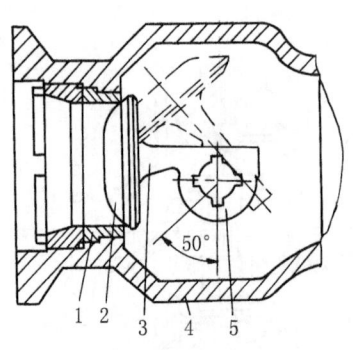 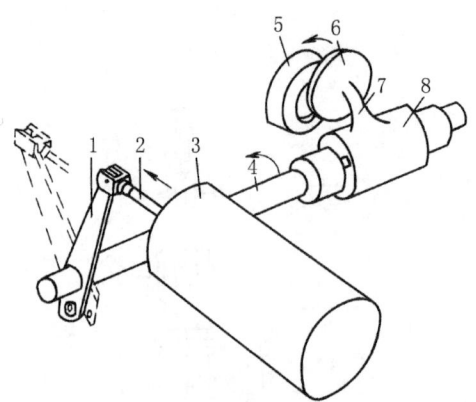

图 6-25　偏心旋转控制阀的阀芯结构
1—阀座；2—阀芯；3—柔臂；
4—阀体；5—轮壳

图 6-26　偏心旋转控制阀的动作示意
1—连杆；2—推杆；3—执行机构；4—转轴；
5—阀座；6—阀芯；7—柔臂；8—轮壳

② 特点

a. 密封性好。阀芯球面的偏心运动减少了所需的操作力矩，并且操作稳定。这种阀在施加较小的力时，可以获得严密密封的效果。

b. 流通能力较大。流体通过时，在阀体内部压力变化较小，其流通能力比同口径的直通双座阀还要大。

c. 流量特性得到改善。动态稳定性高，阀效应不明显，它介于直线流量特性和等百分比流量特性之间，接近于修正抛物线特性，见图 6-27。

在流开（流体流动方向有打开阀门的趋势）和流关（流体流动方向有关闭阀门的趋势）安装时，流量特性不改变，见图 6-28。

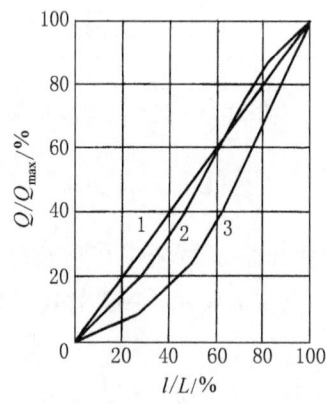 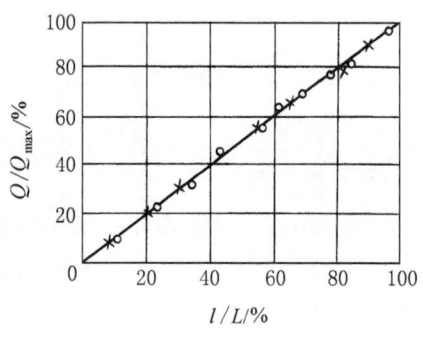

图 6-27　流量特性曲线
1—直线流量特性；2—偏心旋转阀流量特性；3—等百分比流量特性

图 6-28　阀的流向曲线
× 表示流开；○ 表示流关

d. 它的阀盖和阀体是整体铸造，一般工作温度为 $-40 \sim +250$℃（高温型可达 +450℃）。

e. 可调比可达 100∶1（全腔型）、60∶1（60% 缩腔型）、40∶1（40% 缩腔型）。

f. 体积小，质量轻，通用性好。同一规格的阀门，要改变流通能力时，只需换一个相应的阀座，不用换阀芯，阀体内部很容易衬各种衬里，以适应在压力、温度、压差等限制情况下使用，或者能在有腐蚀与侵蚀性的介质中使用。当在黏性液体和发泡介质中要求严密关闭时，可以换成聚四氟乙烯软阀座。

(6) 蝶阀

蝶阀用来调节液体、气体、蒸汽的流量，由于这种阀具有自己的清洗作用，因此可广泛使用于有悬浮颗粒物和浓浊浆状的流体，它特别适用于大口径、大流量、低压差的场合。

蝶阀按作用形式可分为调节型、调节切断型、切断型三种。按使用要求可分为常温蝶阀（-20～450℃）、高温蝶阀（>450℃、>600～850℃）、低温蝶阀（-40～-200℃）、高压蝶阀（PN32MPa）和防腐型蝶阀。

① 常温蝶阀　常温蝶阀与薄膜执行机构组合后的外形如图6-29所示，它主要由阀体、阀板、曲柄、轴、轴承座等零部件组成。

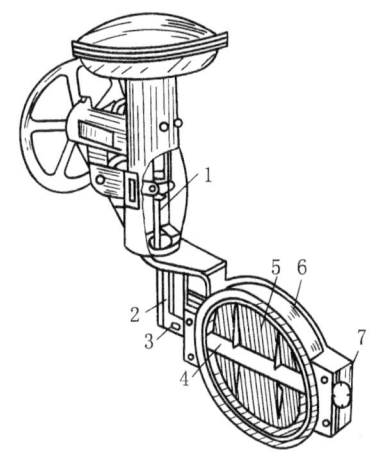
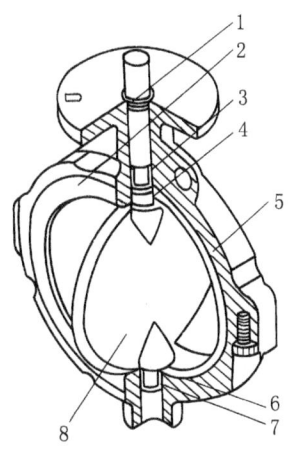

图 6-29　常温蝶阀与薄膜执行机构组合外形
1—推杆；2—连杆；3—曲柄；4—轴；
5—阀板；6—阀体；7—轴承座

图 6-30　防腐性蝶阀结构
1—O形环；2—橡胶座环；3—阀棒导衬；4，7—保护圈；5—主体；6—阀体衬里；8—一套圆盘阀杆

当薄膜执行机构或活塞执行机构接受信号压力后，推杆就向下移动，与推杆相连接的连杆也跟着向下移动，促使曲柄绕着蝶阀旋转。如配长行程执行机构，就应通过外接杆将输出臂的旋转运动传到蝶阀的曲柄。由于曲柄通过平键与轴连接，轴与阀板用销子固定，从而带动阀板在阀体内旋转，使管道流通面积变化，达到调节介质的流量的目的。

蝶阀按动作方式可分为气开式和气关式两种。

把气开式改装成气关式时，只要将蝶阀的轴旋转70°，再与曲柄上另一键槽用键固定即可实现。因此，蝶阀所配用的执行机构均选用正作用式，同时在执行机构上都带有手轮机构，这样当信号压力或执行机构发生故障时，可迅速转动手轮进行手操。

蝶阀的流量特性在转角70°前与等百分比特性相似，但在70°后转矩加大，工作不稳定，所以蝶阀常在70°转角范围内使用。

② 高温蝶阀　高温蝶阀可用作烟道系统放散阀、除氧器蒸汽压力控制阀、热风系统主管道控制阀等。根据钢铁冶炼的被调介质（不包括烟气）温度一般不超过600～850℃，高温蝶阀的温度范围定为>450～600℃和>600～850℃两挡。它与常温蝶阀的区别，在于阀体结构和

材料不一样。同时850℃和600℃的高温蝶阀也不一样。

③ 低温蝶阀　低温蝶阀是常温蝶阀的一种变型产品，它与低温控制阀一样，在执行机构与阀体之间增加一个长颈即可。

④ 高压蝶阀　高压蝶阀与常温蝶阀的不同之处是阀体采用锻钢，而不用铸钢。同时，为了减小流体对阀板产生的不平衡力矩的影响，应采用低转矩阀板。

⑤ 防腐型夹钳蝶阀　蝶阀的结构如图6-30所示。阀盘（阀板）部分是可熔性聚四氟乙烯包裹在阀板上，板的上下部分有保护圈，使阀杆部分与流体介质隔绝。阀杆有O形环可以隔断外围的空气。阀板和阀座之间是过盈配合。主体阀板两侧有外橡胶夹持，所以保证了阀与板之间良好密封。

防腐型夹钳蝶阀由蝶阀座和蝶板两部分组成，蝶阀座的材料是聚四氟乙烯，蝶板的材料是可熔性聚四氟乙烯。

聚四氟乙烯衬里的蝶阀公称口径为50～800mm，最大使用压力2.5MPa（推荐使用1.6MPa），温度-40～200℃，适用介质为任何浓度的酸、碱、氯、硫化氢和强氧化剂等，驱动方式为手动、气动和电动。

⑥ 低转矩阀板　阀板是蝶阀的关键零部件，它直接影响蝶阀的性能。蝶阀在工作过程中，流体对阀板会产生一个不平衡力矩，见图6-31。

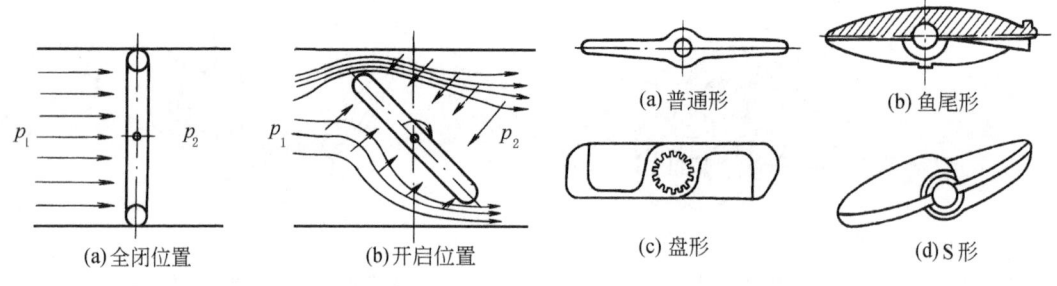

图6-31　蝶阀不平衡力矩的简图　　　　图6-32　阀板形式

当阀板处于全闭位置时，流体对阀板的作用力，由于阀板上面部分的作用力与阀板下面部分的作用力相等，因此作用在阀板上的合力矩相等，即不平衡力矩为零。当阀板从全闭位置开始开启后，由于阀板上面部分流阻大，流体不易通过，而阀板下面部分流阻小，流体容易通过，因此沿着阀板上的压力分布自上而下逐渐减少，流体对阀板的作用力大小如图6-31（b）箭头所示，这样作用在阀板上的合力矩不相等，形成一个使阀板趋向关闭的力矩，这个力矩就叫做不平衡力矩。当阀的口径和压差一定时，不平衡力矩与阀板的转矩系数有关，阀板的转矩系数越小，则不平衡力矩越小，这样，采用同一个执行机构就可提高蝶阀的允许压差。

阀板的转矩系数决定于阀板形式。过去的蝶阀都采用普通形阀板，如图6-32（a）所示，但这种阀板的转矩系数大，使用压差较低。近几年来，随着生产的发展，要求蝶阀能承受较大的压差，因此，对阀板形式进行了研究和改进，阀板形式出现鱼尾形、盘形和S形，分别如图6-32（b）、（c）、（d）所示。

这些低转矩阀板是利用改善流路原理来改进阀板结构形式，它可减小压差在阀板上的矩，同时转矩的变化也有明显改善。从图6-33中可知，鱼尾形阀板的转矩是普通形阀板的2/3，盘形阀板的转矩是普通阀板的1/4，S形阀板的转矩是普通形阀板的1/3。可见，盘形阀板的转矩系数显著减小,但这种阀板也有缺点,即流通能力小,加工工艺复杂。

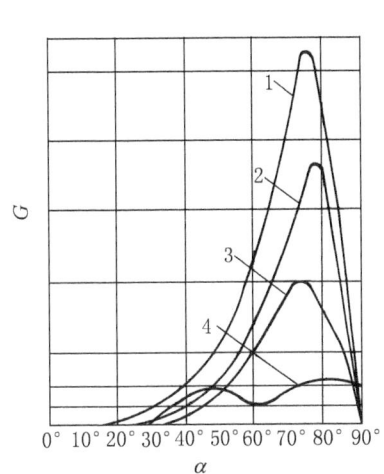

图 6-33 阀板的转矩曲线
1—普通形;2—鱼尾形;3—S形;4—盘形

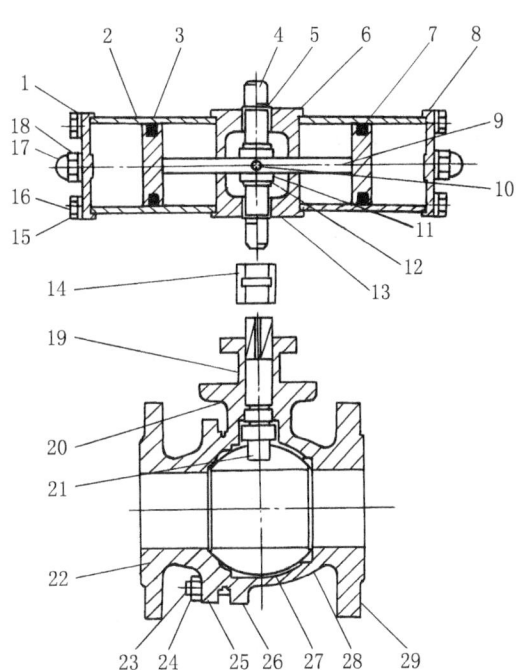

图 6-34 气动球阀构造
1—气缸盖;2—气缸;3—O形圈;4—转动轴;5—挡圈;6—气缸接体;7—活塞;8,26—垫片;9—连杆;10—滑动销;11—拨叉;12—滑块;13—衬套;14—连接套;15—弹垫;16—螺栓;17—调节螺母;18,25—垫圈;19—填料压盖;20—填料;21—阀杆;22—阀盖;23—螺柱;24—螺母;27—球体;28—阀座;29—阀体

蝶阀特点如下:

质量轻,结构紧凑,占空间位置小;流阻较小,在相同压差时,其流量约为同口径单、双座阀的1.5倍以上;易于制造大口径的阀门,根据需要可以制成口径达2m以上的蝶阀;与同口径的其他调节阀相比,造价要低;使用寿命长,维修工作量少;普通蝶阀的缺点是泄漏量较大。

(7) 球阀

球阀按阀芯形式可分O形球阀和V形球阀两种。

① O形球阀　气动O形球阀由气动活塞执行机构和球阀两部分组成,见图6-34。

气动活塞执行机构是以0.4～0.6MPa压缩空气为动力推动气缸内活塞,从而使它与相连的连杆作直线运动,通过拨叉和滑块带动转轴旋转90°。转轴的输出力矩,通过连接套使球阀阀杆旋转,从而带动球体转动90°,实现球阀开关动作。

气动活塞式执行机构分为无弹簧式(双气控)和弹簧复位型(单气控)活塞执行机构。

O形球阀的特点是:

开关操作迅速、容易;带有二次防火密封结构的全密封型,密封方式采用具有双线密封阀座的双密封结构;流阻小,球阀开孔尺寸与管径相同,适用于黏性流体、浆料等使用场合;阀体对称,能很好地承受来自管道的温度应力;介质流向可以任意,流量特性为快开特性;流量调节范围大,气缸活塞执行机构可调比可达到100:1;对全电子式执行机构而言,组合可调比可达 300∶1 到 500∶1。

O 形球阀常常用于二位式开关控制，如紧急切断、顺序控制等场合。选用阀门的口径通常与工艺管道的直径相同。

② V 形球阀　V 形球阀是在 O 形球阀的基础上发展起来的，球体开有一个 V 形口，其结构如图 6-35 所示。随着球阀的旋转改变开口面积始终保持一个三角形状，如图 6-36 所示，以调节流量。V 形切口转入阀体内，可使球体和阀体上的密封圈紧密接触，达到良好关闭。

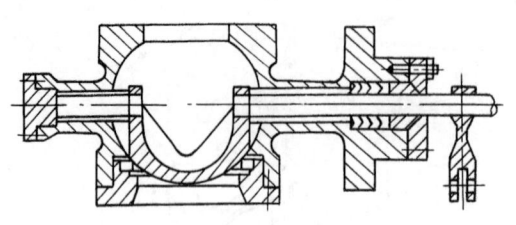 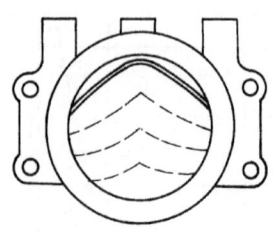

图 6-35　V 形球阀结构　　　　　图 6-36　V 形球阀在各位置示意

V 形球阀的特点是：

流通能力大，相当于同口径双座阀的 2～2.5 倍；具有最大的流量调节范围，可调比为 200∶1 至 300∶1；阀座采用软质材料，密封性可靠；流量特性近似于等百分比特性；转角为 0°～90°；V 形口与阀座之间具有剪切作用，因此特别适用于纤维、纸浆、含有颗粒等黏性介质的调节和切断。

目前国内生产的气动、电动球阀口径可达 DN400mm，压力可达 6.4MPa，温度可达 $-40\sim450℃$。

(8) 快速切断阀

快速切断阀可以用于生产过程中自动快速排放和紧急切断的操作要求，适用于生产过程和设备的安全保护系统和一般的两位控制和开关操作场合。

我国已生产的快速切断阀由气动多弹簧活塞执行机构和低流阻、双重密封结构切断阀组成。执行机构动作速度快，推力大，有自复位功能，带手操机构，阀体流路通畅，流量系数大，阀杆、阀座有弹性和刚性串级双座密封。

它的主要技术参数及性能如下：

公称压力：1.6～6.4MPa；　　　　泄漏量：硬密封是 1×10^{-7} 阀额定容量；

公称通径：25～200mm；　　　　软密封：Ⅵ级。

全行程时间：1～2s。

(9) 隔膜阀

隔膜阀主要有堰式结构，也有直通式结构，如图 6-37 所示。两种都适用于浆料和黏稠流体的调节和切断。

隔膜阀特点如下：

① 采用耐腐蚀衬里的阀体和耐腐蚀的隔膜，可以避免金属阀体的腐蚀，适用于强酸、强碱、强腐蚀性介质的调节和切断；② 阀体流路近似流线型流动，具有自清洗作用，所以流路阻力较小，流通能力比同口径单座、双座阀大；③ 流量特性近似快开特性，即在 60% 行程前近似线性，60% 行程后流量不再增加，但可以利用阀门定位器的反馈凸轮来改善特性；④ 因受隔

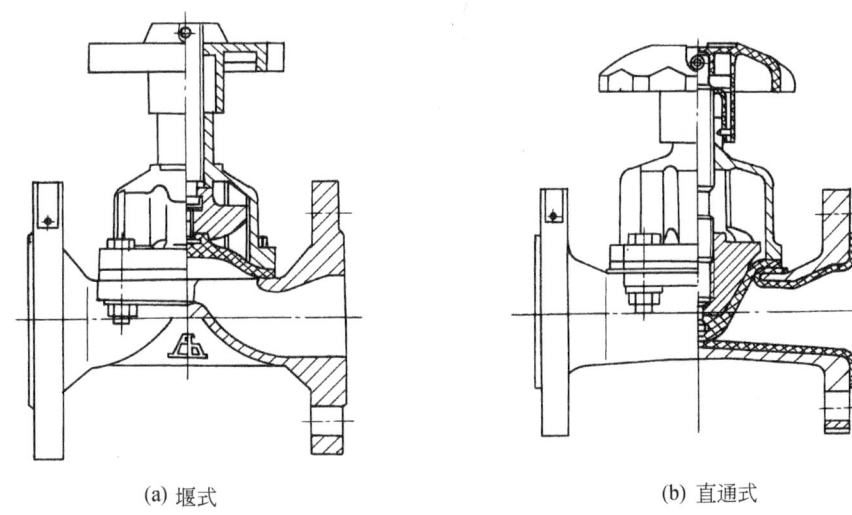

(a) 堰式　　　　　　　　　　(b) 直通式

图 6-37　隔膜阀结构

膜衬里的限制，耐压、耐温性能较差，一般工作压力小于 1.0MPa；⑤密封性好，因不用填料，所以避免了泄漏。

常用的衬里和隔膜材料如表 6-12 和表 6-13 所示。

表 6-12　衬里材料耐腐蚀表

衬里材质	代号	适用温度/℃	适 用 介 质
聚四氟乙烯和乙烯共聚物	ETFE	≤100	除熔融碱金属（如锂、钠、钾）、三氟化氯和元素氟之外的所有强酸（包括王水、氢氟酸）、强碱（包括沸腾的苛性钠溶液）、盐类、强氧化剂、还原剂、有机溶剂以及其他类似的强腐蚀性流体
聚全氟乙丙烯	FEP	≤120	除熔融碱金属（如锂、钠、钾）、三氟化氯和元素氟之外的所有强酸（包括王水、氢氟酸）、强碱（包括沸腾的苛性钠溶液）、盐类、强氧化剂、还原剂、有机溶剂以及其他类似的强腐蚀性流体
可溶性聚四氟乙烯	PFA	≤150	除熔融碱金属（如锂、钠、钾）、三氟化氯和元素氟之外的所有强酸（包括王水、氢氟酸）、强碱（包括沸腾的苛性钠溶液）、盐类、强氧化剂、还原剂、有机溶剂以及其他类似的强腐蚀性流体
硬橡胶	NR	−10～85	除强氧化剂（如硝酸、铬酸、浓硫酸及过氧化氢和有机溶剂等）外的氢氯酸、氟硅酸、蚁酸、盐酸、30%硫酸、50%氢氟酸、80%磷酸、碱盐类、镀金属溶液、氢氧化钠、氢氧化钾、中性盐水溶液、10%次氯酸钠、湿氯气、氨水、大部分醇类、有机酸和醛类等
丁基胶	11R	−10～120	抗腐蚀，耐磨耗。能耐绝大多数的有机酸、碱和氢氧化合物、无机盐及无机酸、元素气体、醇类、醛类、醚类、酮类、酯类等
氯丁胶	CR	−10～120	动物油、植物油和无机润滑油及 pH 值变化范围很大的腐蚀性泥浆。抗磨性好
耐酸搪瓷		≤100	除氢氟酸、浓磷酸、强碱外

表 6-13　隔膜材料耐腐蚀表

隔膜材质（代号）	适用温度/℃	适 用 介 质
丁基胶（B级）	−40～100	良好的耐酸碱性，85%硫酸、盐酸、氢氟酸、苛性碱和多种酯类
天然胶（Q级）	−50～100	用于净化水、无机盐和稀无机酸

(10) 阀体分离型阀

分离型阀是把阀体分隔成两部分，用法兰连接起来，其结构如图 6-38 所示。该阀便于拆卸，以便进行内部清洗和更换内部衬里。衬里材料见表 6-12。阀体内流道呈流线型或 S 形。阀内无凹槽和凸出部分，因而阻力小，减少了有存积沉淀物的可能性。适用于高黏度和含悬浮物流体的调节。

在安装阀杆时，不能有过大的应力加于衬里，阀杆材料必须与被控流体相兼容，通常用不锈钢或钛、钽、哈氏合金 B 或哈氏合金 C 制成。用钽衬里（0.381～0.762mm）的阀已成功地用于 5.5MPa 表压的硝酸中。

分离型控制阀可与轴线成 90°角的位置安装。其他结构上的问题与单座阀相同。

(11) 低噪声阀

控制阀产生的噪声必须符合国家要求，也就是每个工作日接触噪声 8h，允许噪声为 85dB（A）；每个工作日接触噪声小于 1h，噪声最大不超过 115dB（A）。

控制阀的噪声主要来源有三方面。

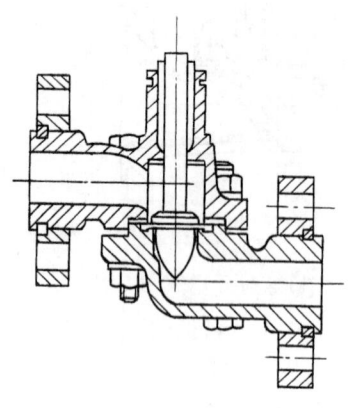

图 6-38　阀体分离控制阀结构图

① 机械振动　机械噪声是因为阀内湍流流体对阀的内件冲击，造成与其相邻表面之间的振动而产生的噪声。这种振动具有声频特性。如果振动频率接近阀芯阀杆的自然频率，会因谐振而使部件疲劳损坏。不过这种机械振动噪声不是经常发生的，特别是使用了上导向和笼式导向装置后，其谐振条件受到限制。解决这种噪声问题的方法有：减小导向的间隙，加大阀杆尺寸，改变阀杆的质量，甚至改变流向等，用这些方法改变部件的自然频率。

现在尚无可靠的方法来预估这种由机械振动引起的噪声。

② 空气动力学噪声　空气动力学噪声是流体流经阀的节流处的流动机械能转换成声能的直接结果。这种转换的比值称为声学效率。它与阀的压力比和阀的设计有关。

降低阀的空气动力学噪声的方法，一是声源处理，防止噪声的产生；二是流路处理，如管路的隔声或增加管壁厚度等。

③ 水力学噪声　流体流经阀和管路时产生的噪声，包括流动噪声、空化噪声和闪蒸噪声。在这三种噪声中，空化噪声是最严重的，它可导致阀或管路的多处损坏。流动噪声一般比较轻微，不构成噪声问题。闪蒸噪声一般也很轻，目前也无正式的计算方法。总之，水力学噪声不构成噪声问题。

噪声控制可采用两种途径，或者同时采用。

① 声源处理　声源处声功率的防止和降低（低噪声阀）。

② 声路处理　降低从声源到收听处之间噪声的传播。

低噪声阀与一般阀的不同之处主要是在阀芯上进行改进。现在介绍四种阀芯的低噪声阀。

① 多孔式套筒型的低噪声阀　套筒型控制阀由于采用平衡式阀芯，改善了阀芯与阀座的导向结构，因此是一种噪声很低的阀门，它的噪声比直通双座控制阀低 10dB 以上，如采用多孔式阀芯和多孔式套筒，还可进一步降低噪声。如图 6-39 所示，它是利用小孔将压能分散地转换成动能，并在相互冲击中消耗，这种低噪声阀芯与一般阀芯可以互换。图 6-40 所示表示了三种多孔式套筒型低噪声阀的噪声试验曲线。

② 多阶梯阀芯的低噪声阀　它的结构如图 6-41 所示，这种低噪声阀是根据有摩擦的绝热流动原理工作的。在阀体中装上多阶梯形阀芯后，它能产生最大的摩擦和压力损失，阀芯的流

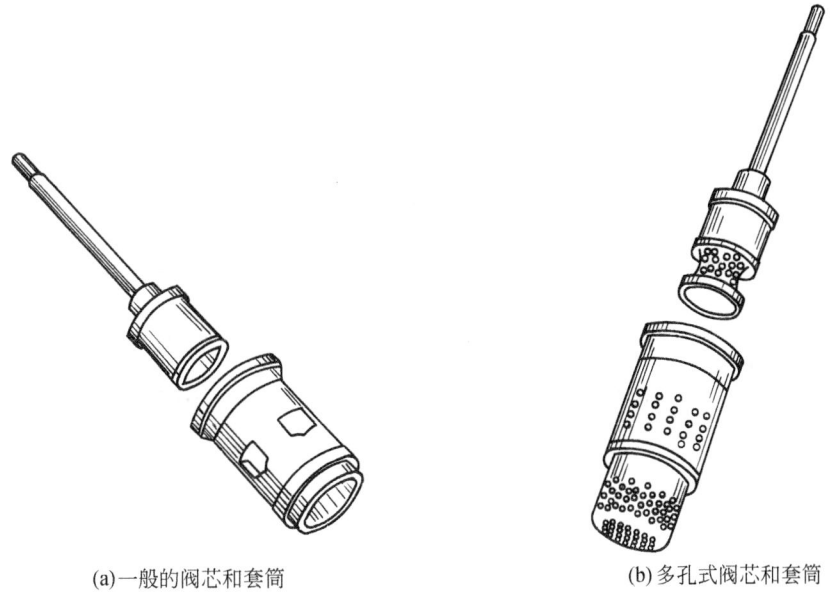

(a) 一般的阀芯和套筒　　　　(b) 多孔式阀芯和套筒

图 6-39　套筒型阀的阀芯和套筒

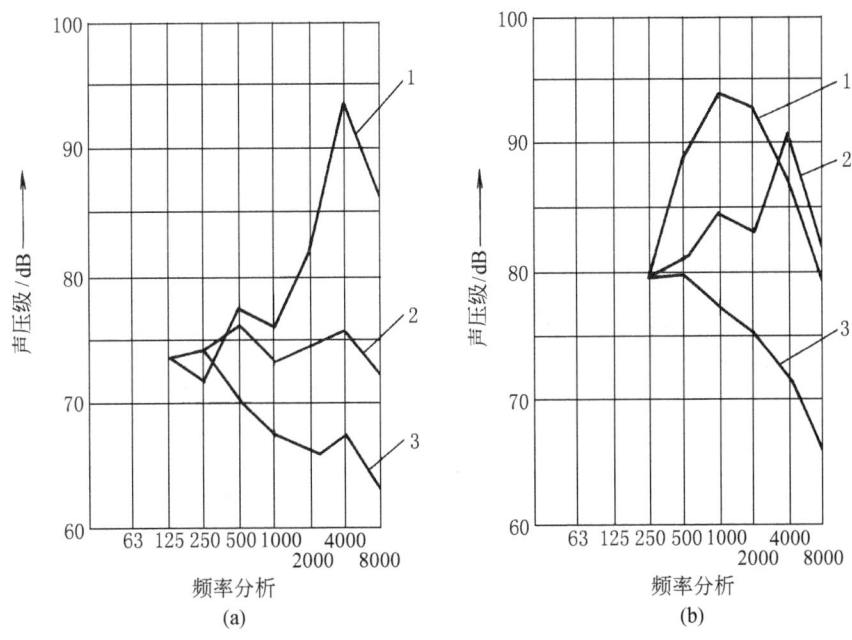

图 6-40　噪声试验曲线

通面积向着下游截面逐渐增加，以保持流速减小，这样使阀门的噪声减小到人们所能忍受的程度，并能减低由于高速和振动而造成的疲劳和腐蚀。

③ 多级阀芯的低噪声阀　它的结构如图 6-42 所示，这种低噪声阀也是根据有摩擦的绝热

流动原理工作的,由于在阀芯的每一级中部都有导向,所以不会发生振动。它用于调节高压流体,不会产生普通阀门中发生的腐蚀、振动或空化现象,因此是一种高压低噪声阀。

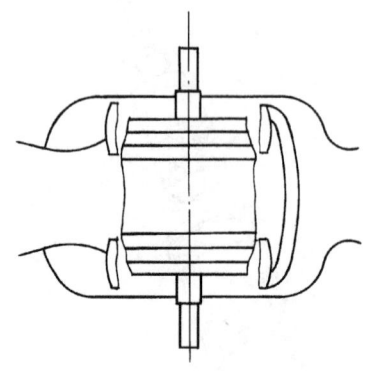

图 6-41 多阶梯形阀芯的低噪声阀

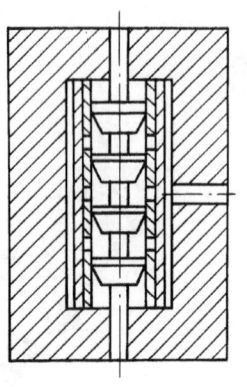

图 6-42 多级阀芯的低噪声阀

④ 阶梯式和迷宫式低噪声防气蚀阀 它的结构如图 6-43 所示,在结构形式上采用多重同心沟槽的圆盘。在剖面上,这些槽看起来好似 V 形齿,相邻圆盘上的这些齿相互紧密咬合。在横断面上的槽和中间网眼之间的空隙是可以改变的,以适应不同要求,它使用在压力比较大的场合,可以得到超过 20dB 的噪声衰减。

用声路处理的方法控制噪声,一般在阀后加装有带小孔的扩散器(图 6-44),或在阀后 1m 长管道上覆盖隔声材料。

（12）波纹管密封控制阀

波纹管密封控制阀的结构如图 6-45 所示,它也是直通单、双座控制阀的变形产品。

波纹管密封控制阀适用于有毒、易挥发及稀有贵重介质的调节,可以避免介质外漏引起环境污染、影响人们健康和爆炸等事故,也可用在真空的场合。

这种阀结构与直通单、双座阀的不同之处是采用波纹管密封型的上阀盖,它由阀杆、波纹管上座、波纹管、波纹管下座等零件组成。波纹管上端通过波纹管上座与阀杆相焊接,波纹管下端与波纹管下座相焊接,并由上阀盖的下法兰和阀体的上法兰将波纹管下座夹紧连接,这样就可使阀杆阀芯在波纹管下座内自由移动。

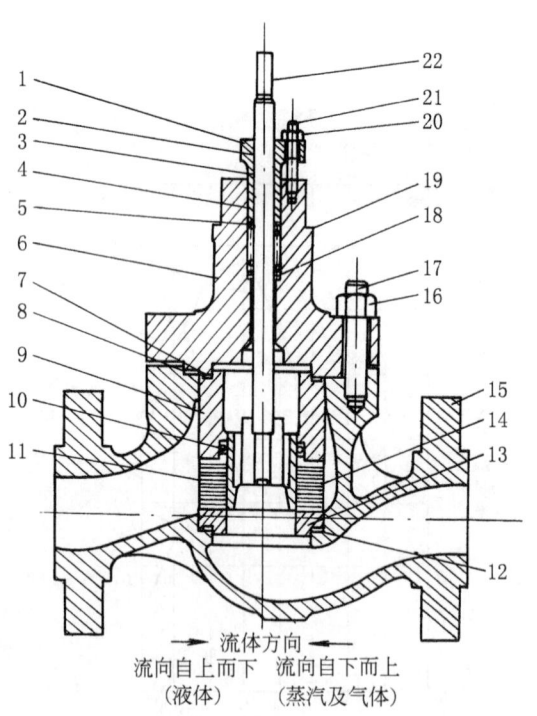

图 6-43 阶梯式和迷宫式低噪声防气蚀阀
1—填料压板;2—防尘环;3—填料压盖;4—聚四氟乙烯 V 形填料;5—TV 座;6—阀盖;7—P/B 垫圈;8—阀盖垫圈;9—平衡缸;10—平衡密封;11—阀芯;12—阀座垫圈;13—阀座;14—芯片组合;15—阀体;16,20—螺母;17—阀体螺栓;18—填料座;19—填料弹簧;21—压板螺栓;22—阀杆

为了防止阀芯转动而扭坏波纹管，因此在波纹管下座的上面开有方形孔，与阀杆下端的方形孔相配。同时为了安全可靠起见，在波纹管上端仍采用聚四氟乙烯填料密封。

在波纹管密封型上阀盖的外壁上还开有螺纹孔，可连接压力表。

波纹管的材料有黄铜、铍青铜、不锈钢等。黄铜和铍青铜耐压较低，不锈钢耐压较高，也可耐腐蚀性介质。由于波纹管成型加工的限制，对于行程长的控制阀，需用几个波纹管焊接相串。

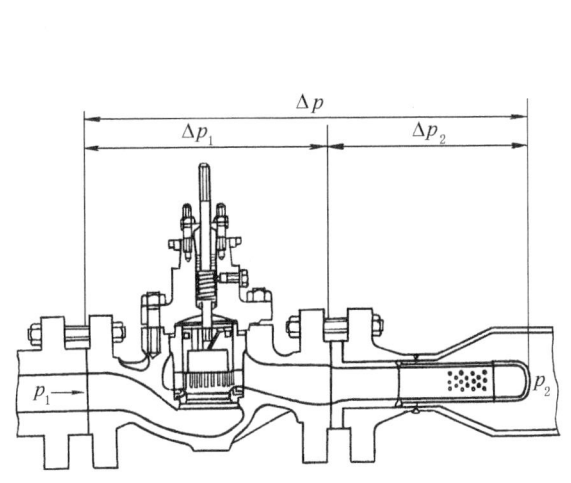

图 6-44 阀和扩散器组件

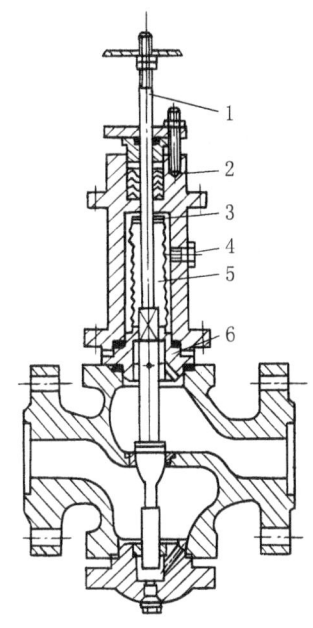

图 6-45 波纹管密封控制阀结构
1—阀杆；2—填料；3—波纹管上座；
4—螺纹孔；5—波纹管；6—波纹管下座

(13) 低温控制阀

低温控制阀的结构如图 6-46 所示，它是直通单、双座控制阀的变形产品。低温控制阀与常温控制阀的不同之处如下。

① 采用长颈型的上阀盖，以保护填料处在较高温度，阀在 $-60 \sim -250$℃ 的低温下正常工作。散（吸）热片上下方设有两个螺孔。上方一个螺孔供防冻用，在填料外部发生霜冻结冰现象时，可能通入蒸汽，使填料加热消除霜冻。下方一个螺孔供安装管路，即用清洁气体排除管路中废气。

② 低温控制阀的接管法兰采用凸凹形密封面，密封面上刻有同心圆形密封沟，密封垫采用浸蜡石棉橡胶板，有较好的密封效果。

(14) 旋塞阀

旋塞阀在严密切断和高流通能力方面是有名的。其流通口可以是圆的、长方形的或赋予流量特性的形状。阀芯可以是整个的圆柱体、对开的或者是圆锥形的。为了密封一个锥形的阀芯，金属对金属的接合面，阀芯必须用机械的方法装入圆锥体中，其夹角通常为 9°。金属接合面的阀门通常需要一些摩擦的阀芯覆盖层，或者需要一个黏性的润滑密封剂来严密地密封，并维持一个适当的操作转矩。许多用于腐蚀性流体的旋塞阀使用聚四氟乙烯阀体衬里或阀座环式密封，放置于阀芯的周围或阀体的内壁上。

由于旋塞阀体积小，质量轻，与阀门定位器配套使用可实现比例控制，具有可靠的动作特性，阀体流道通畅，流阻小，流量系数大，可适用于一般流体介质和工艺条件的过程控制系统。通过对阀结构材料的选择和节流表面处理，可适用于含颗粒、粉尘、浆料介质流体的控制和调节。

6.1.8.2 控制阀选择原则

(1) 选择控制阀体的结构形式（角形、双座、蝶阀等）

在满足使用要求的前提下，适合的控制阀可能有几种，应综合经济效益来考虑：①使用寿命；②结构简单，维护方便；③产品价格合适。

(2) 选择控制阀体的材料（铸钢、不锈钢或衬里）

选择材料时，主要考虑材料强度、硬度、耐腐蚀和耐高温、低温的特性。首先应满足安全可靠，还要考虑使用的性能、使用寿命和经济性。寒冷地区和蒸汽介质尽量不用铸铁阀体。

(3) 选择控制阀与工艺管道连接形式（螺纹、法兰、压力等级）

(4) 选择控制阀阀芯（直线、等百分比、快开）及其材料（304、316、17-PH 或喷镀钨铬钴合金）

定量地选择阀芯的形式有很多困难。在设计中，通常按照国内外工程公司设计经验来确定。通常，液位调节系统采用线性流量特性；温度、压力和流量调节系统则采用等百分比特性；需要快速切断系统则用盘形阀芯，即快开特性。

阀芯材料选择，根据需要来决定。

(5) 流量动作（流开、流闭）

一般控制阀对流向的要求可分为三种情况：①对流向没有要求，如球阀、普通蝶阀；②规定了某一定向，一般不得改变，如三通阀、文丘里角阀、双密封带平衡孔的套筒阀；③根据工艺条件，有流向的选择问题，这类阀主要为单向阀、单密

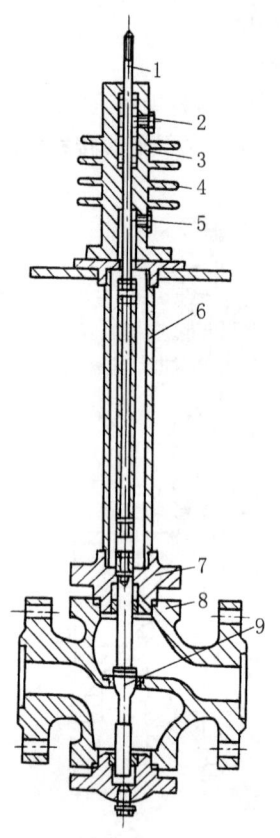

图 6-46 低温控制阀结构
1—阀杆；2—上方螺孔；3—填料；
4—散（吸）热片；5—下方螺孔；6—长颈；
7—上阀盖；8—阀体；9—阀芯

封控制阀，如单座阀、角形阀、高压阀、无平衡孔的单密封套筒阀等。

具体选择如下。

a. 高压阀，$d_g \leqslant 20$ 时，选流闭型；$d_g > 20$，因稳定性问题，根据具体情况来决定。

b. 角形阀，对高黏度、悬浮液、含固体颗粒的介质，要求自洁性好，选流闭型；仅为角形时，可选流开型。

c. 单座阀，通常选流开型。

d. 小流量阀，通常选流开型，当冲刷严重时，可选流闭型。

e. 单密封套筒阀，通常选流开型，有自洁要求，可选流闭型。

f. 两位型控制阀选用流闭型。

(6) 所需执行器

从可靠性和防爆性考虑，通常选用气动执行器。当缺乏压缩空气时，可选用电动执行器。

(7) 仪表空气有或无（如果无仪表空气采用电动执行器）

(8) 填料材质（TFE、石棉、石墨）

(9) 所需附件（定位器、手轮）

(10) 仪表信号（0.02～0.1MPa，4～20mA DC）

6.1.9 变送器

变送器直接与生产过程相连，是检测和控制系统的重要组成部分，见图6-47。

变送器是将生产过程的物理参数（如流量、压力、温度、液位、距离等）转换成统一电信号（电动变送器）或统一的气信号（气动变送器），送给接收器显示的仪表设备。

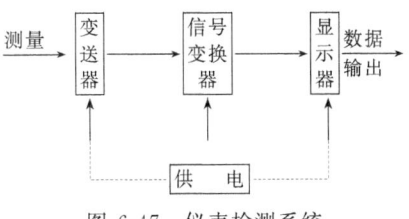

图6-47 仪表检测系统

当检测点离接收设备较远时，应借助媒体（机械、气、电、液等）进行信号传递。

变送器的种类繁多，就检测原理而言，有电感式、电容式、电阻式、压电式、电位式、光电式、振弦式等。

(1) 电容式变送器

电容式变送器是利用检测电容的方法测量压力或差压的一种仪表，其精确度、灵敏度及频率响应都很好，虽然存在着分布电容和非线性影响，但目前应用得很广泛。

电容式变送器通常采用改变极板间的距离，或者改变两极间电介质来改变电容，经变换电路拾取其电容变化量，并转换成电流、电压或频率信号输出，其结构如图6-48所示。

电容式变送器分为单端和差动型两种形式，目前多用差动型，见图6-49。

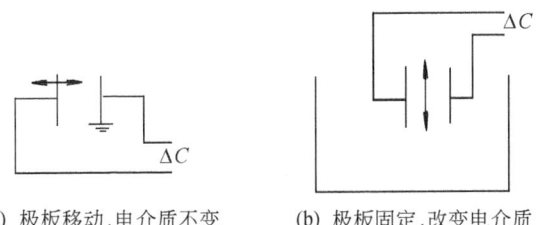

(a) 极板移动，电介质不变　　(b) 极板固定，改变电介质

图6-48 电容检测原理

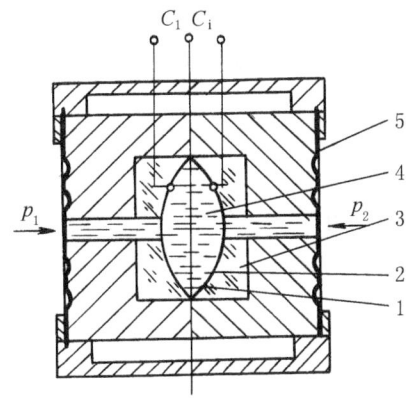

图6-49 差动型电容检测元件
1—动极膜片；2—定极（金属镀层）；3—绝缘体；4—硅油；5—隔离膜片

差压 p_1-p_2 通过硅油推动极板，改变动极与定极间的距离，定、动极板组成的电容 C_1、C_2 发生改变。$p=p_1-p_2$，差压作用在膜片上的力与 C_1 和 C_2 的关系为

$$p = \frac{C_1 - C_2}{C_1 + C_2} \tag{6-5}$$

C_1 和 C_2 组成交流电桥两个臂，对角线作为输出，如图 6-50 所示。

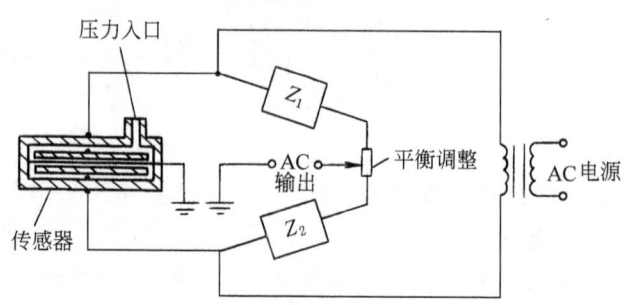

图 6-50　电容压力变送器测量桥路简图

膜片的位移为 0.1mm。静止时，检测膜片和两静膜片之间的电容都为 150pF，桥臂电压为 $30V_{P-P}$，频率为 32kHz。

（2）电感式变送器

电感式变送器是基于被测量（如压力、差压）改变线圈的电感量，从而达到检测的目的。电感式变送器分为磁阻式、差动变压器式及涡流式，其中磁阻式应用比较广，见图 6-51。

现以磁阻式为例加以说明，被测物理量（压力或差压信号）进入容室 5，使得在两个电感组件中的膜片 1 变形，靠向一边，从而改变了电感组件与膜片 1 间的空气间隙，导致两个电感组件的电感量一个增 ΔL，另一个减 ΔL，成推挽形式，于是桥臂输出一个与被测压力或差压成比例的交流电压信号。

磁阻变送器常用膜盒、膜片、波纹管、弹簧管等作为敏感元件，变送器的电感桥臂用高导磁的铁磁物质做成，具有很高的灵敏度。

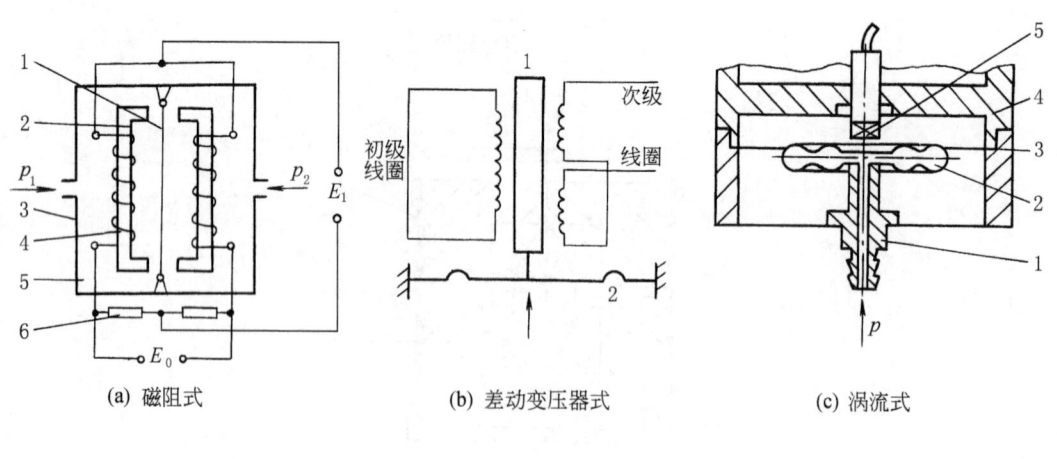

(a) 磁阻式　　　　　　　　(b) 差动变压器式　　　　　　　(c) 涡流式

1—膜片；2—磁芯；3—外壳；　　　　1—铁芯；2—膜片　　　　　1—接头；2—膜盒；3—底座；
4—线圈；5—容室；6—桥臂　　　　　　　　　　　　　　　　　4—壳体；5—激励线圈

图 6-51　电感式检测器简图

（3）压阻式变送器

压阻式变送器有时称做固态或扩散硅型变送器。现以扩散硅压力变送器为例说明如下。

扩散型压力变送器是利用固体的压阻效应做成，见图 6-52。

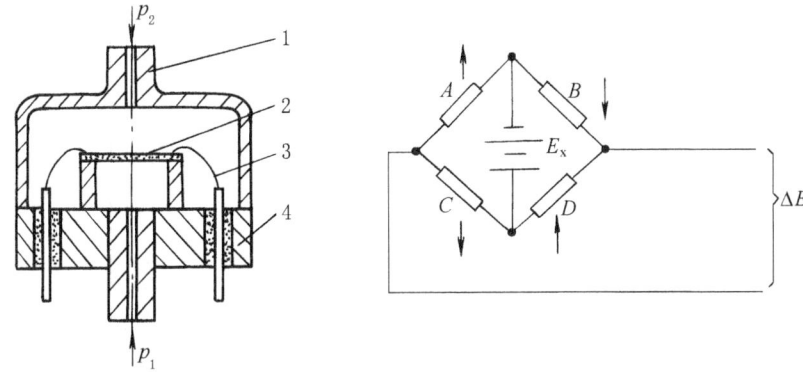

图 6-52 压差式压阻压力变送器结构　　图 6-53 检测桥臂简图
1—外壳；2—硅杯；3—引线；4—基座

硅杯底部为检测膜片，在膜片上用半导体技术扩散了四个电阻，构成一个惠斯通电桥。当压力信号作用在硅杯的膜片上时，膜片变形产生应力，使惠斯通电桥上电阻的阻值发生变化，于是桥路对角线输出一个与被测值成一定关系的电压信号。为了提高电桥的灵敏度，采用电桥的四个电阻阻值在受力时都发生变化，并且使相邻两臂上的阻值变化相反，见图 6-53。

为了提高精度，增加线性，减少温度误差，要求电源 E_x 精度要高，并且要求桥臂电阻阻值、温度系数及电阻的变化量尽量相同。

扩散硅压力变送器因硅为半导体材料易受温度影响，为了减少由于环境温度影响引起的误差，可采用半导体材料的深度掺杂法、安装应变电阻或负电阻温度系数的热敏电阻等方法，或是采用通常的桥路补偿法，可以弥补由于环境温度变化产生的误差，用以保证测量精度。

（4）压电式变送器

压电式变送器是基于某些特殊压电材料的压电效应，即压电材料受到机械应力作用时，使物质内部的静电荷 Q 发生改变或电压（电势）E 发生改变。另外，也可以用力使附有敏感元件的晶体发生弯曲而输出信号，见图 6-54。

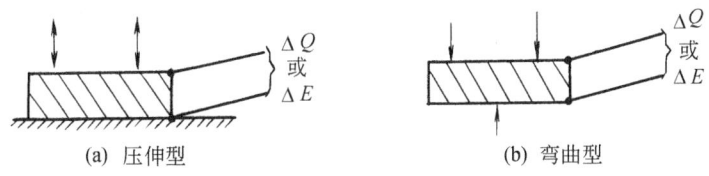

(a) 压伸型　　　　　　　　(b) 弯曲型

图 6-54 压电式变送器原理

压电材料分为天然单晶体石英和压电陶瓷多晶体，如钛酸钡等。为了增加灵敏度，压电片一般不止一片，而是多片黏结成并联或串联形式。

（5）电位变送器

电位变送器的检测原理是基于可动触点在电阻器上的位置，不同的位置有不同的电势，电阻的比率反映电势的比率，见图 6-55。

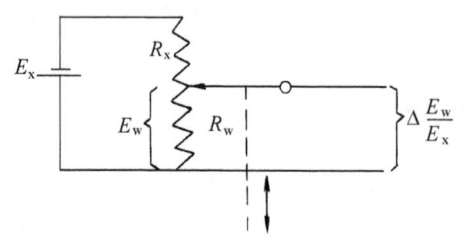

设总电阻为 R_x，E_w 对应的电阻为 R_w，则电势 E_w 为

$$E_w = \frac{E_x}{R_x} R_w \tag{6-6}$$

$$\frac{E_w}{E_x} = \frac{R_w}{R_x} \tag{6-7}$$

电阻的比率值反映出电势的比值。

图 6-55 电位变送器简图

(6) 振频式变送器

振频式变送器是根据谐波元件——圆筒、膜片钢弦等在外力作用下，改变其固有谐振频率。力与频率成一定比例关系。

根据谐波元件不同，可分为振弦式、振筒式和振动膜片式，此类变送器结构简单，工作可靠，精度高，寿命长。

起初，振弦式变送器用在航空、航海上，后来由于克服了温度影响，才逐渐应用于工业领域里。

结构原理比较简单，检测部分为一极细的金属丝，被置于永久磁场内，弦的一端固定在敏感元件上，另一端固定在铰链上，在磁场内设有励磁绕组，是激励、起振不可缺少的部件。由于振弦丝是将被检测的力转换成频率变化，是关键部件，要求弦丝材料抗拉强度高、弹性模量高、磁性好、导电性好、线胀系数小。振弦可用钨丝、钼丝、铍青铜丝等材料制成，通常钨丝用得比较普遍。

当有电流通过励磁绕阻时，永久磁场的磁场强度急剧增加，将钨丝吸向一边。

当励磁绕阻的励磁电流断开时，钨丝在磁场内进行振荡，在振弦内产生的感应电流相应于弦的振荡，此时振弦的振动频率为其固有频率，取决于钨丝的尺寸、弦的张紧程度。弦的张紧与被测力有关。

由于磁场中弦的振荡为阻尼振荡，需要外加能量以维持等幅振荡。如果在振弦内通入交变电流，根据左手定则，则会使振弦在磁场内维持等幅振荡。维持等幅振荡的电流及频率与被测力成一定比例关系。如图 6-56 所示。

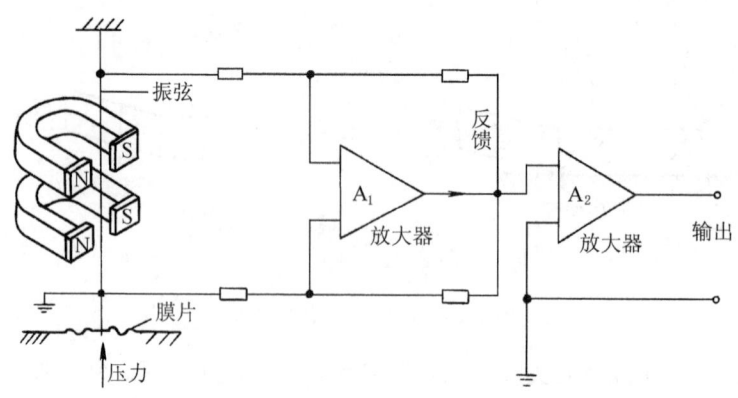

图 6-56 振弦式压力变送器原理

另外，D/P harp EJA 硅振荡式变送器也很有特点，它技术先进，稳定可靠，两年的漂移不超过 ±0.1%，接液部采用哈氏合金 C-276、钽材、不锈钢等材质，可以测有严重腐蚀

的介质。

使用微处理器技术和采用通信协议方式，使得 D/P harp 变送器不用 A/D 转换器，缩小体积，减少干扰，用户可以很方便地向现场总线（Fieldbus）靠近。

硅振荡式检测元件是利用单晶硅提供一个三维半导体微机械技术，核心是两个 H 形振荡器，其固有振荡频率为 90kHz，构成两个电桥，如图 6-57 所示。当压力作用在检测元件时，中心电桥受到拉伸，外电桥受到压缩，使固有振荡频率发生改变，即一个增加，另一个减少，微处理器计算出频率变化，这个变化频率与输入压力成线性关系。

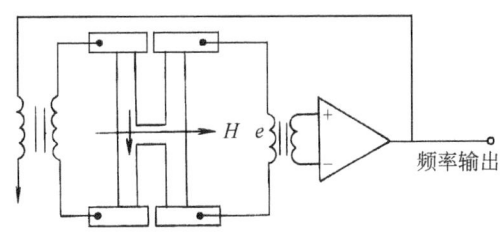

图 6-57 单晶硅振荡器原理

压力检测元件的精度为 0.003%，之所以采取 90kHz 振荡频率，一则高于任何机械振荡频率，另外，也减少电磁波的干扰，使其稳定可靠。

(7) 智能变送器

短短的几十年间，世界各大公司都先后推出了具有各自特色的智能式变送器，这是对现场仪表的一次深刻变革，它为工业化仪表的应用向高层次的发展（现场总线）奠定了基础。

传感器技术、计算机技术和数字通信技术的飞速发展，使得智能变送器的技术指标、电气性能远远高于普通式变送器。PROM 中存储半导体传感器的宽范围的输入输出特性，使得变送器的量程比非常大，精度高，重复性好。

智能变送器应该具备如下特点。

① 精度高　智能变送器应有较高的精度。利用内装的微处理器，能够随时测量出静压、温度变化对检测元件的影响，通过数据处理，对非线性进行校正，对滞后及复现性进行补偿，使得输出信号更精确。

一般情况下，精度为最大量程的 ±0.1%（模拟信号），数字信号可达 ±0.075%。

② 功能强　智能变送器应具有多种复杂的运算功能，利用内装的微处理器和存储器，可以执行开方、温度压力补偿及各种复杂运算。

③ 测量范围宽　普通变送器的量程比最大为 10∶1，而智能变送器可达 40∶1 或 60∶1，迁移量可达 1900% 和 -2000%，减少变送器的规格，增强通用性和互换性，给用户带来很多方便。

④ 通信功能　智能式变送器可以用一手操器进行操作，既可在现场，将手持式操作器插到变送器相应插孔，也可在控制室将手持操作器接到变送器的信号线上，进行零点及量程的调校及变更。

有的变送器具有模拟量和数字量两种输出方式（如 HART 协议），为实现现场总线通信奠定了基础。

⑤ 具有完善的自诊断功能　通过通信器可查出变送器自诊断的故障结果信息。

智能化仪表建立在微电子技术发展的基础上，超大规模集成电路的嵌入，将 CPU、存储器、A/D 转换、输入/输出等功能集成在一块芯片上，甚至将 PID 控制组件也放在变送器中。由于现场总线的出现，变送器与控制系统之间的数字通信将代替以往的模拟传递，大大提高了精度和可靠性，避免了模拟信号在传输过程中的衰减，长期难以解决的干扰问题得到解决。数字通信节省了大量电缆、安装材料和安装费用。

6.2 自动控制系统的设计

6.2.1 简单控制系统

简单控制系统是生产过程中最常见、应用最广泛、数量最多的控制系统。它是由被控对象、测量变送单元、调节器和执行器组成的单回路控制系统。简单控制系统结构简单，投资少，易于调整和投运，能满足一般生产过程的控制要求，因而应用广泛。它尤其适用于被控对象纯滞后和时间常数较小，负荷和干扰变化比较平缓或者对被控变量要求不太高的场合。按被控制的工艺变量来划分，最常见的是温度、压力、流量、液位和成分五种控制系统。

在自控设计过程中，首先应分析生产过程中各个变量的性质及其相互关系，分析被控对象的特性；然后根据工艺的要求，选择被控变量、操纵变量，合理选择控制系统中的测量变送单元、调节器和执行器，建立一个较为合理的控制系统。对有多个控制系统的生产过程，还要考虑各个系统间的相互关联和相互影响，并按可能使每个控制系统对其他控制系统的影响为最小的原则来建立各个控制回路。

6.2.1.1 流量控制系统

在流量控制系统中，被控变量和操纵变量均是流量，所以对象的静态放大系数为 1。流量对象的时间常数很小，一般仅为几秒，对象的纯滞后时间也很小，调节过程中被控变量的振荡周期也很短。因为流量控制一般都与工艺的物料平衡有关，大多数情况下不允许有余差，因而总是选用比例积分调节器。由于对象时间常数小，反应灵敏，调节器不必有微分作用。流量记录曲线上经常出现图 6-58 所示的微小脉动，这是流体湍流流动以及泵的振动所产生的流量噪声引起的，流量噪声也使得调节器不宜有微分作用。

大部分的流量检测都采用孔板和差压流量计，如果不设开方器时，它们呈现出图 6-59 所示的明显的非线性。一般单回路的流量控制系统也可以不使用开方器；但在串级控制系统中，有时流量副回路的非线性会带来十分不利的影响，此时宜设置开方器。在不设开方器的流量控制系统中，可以选用直线流量特性的调节阀，以补偿差压式流量计的非线性。

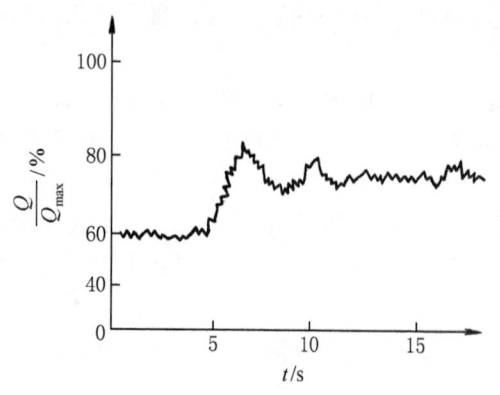

图 6-58 流量控制系统中的噪声

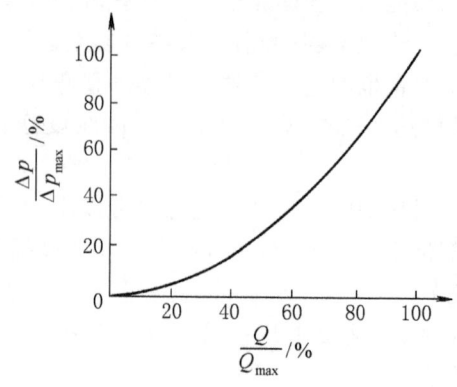

图 6-59 差压式流量计的非线性

6.2.1.2 液位控制系统

一个设备或贮罐的液位，表征了它的流入量和流出量之差的累积，在化工生产中，由于生产的连续性，所以液位控制是为物料平衡服务的，液位控制应完成如下三项任务。

① 保持设备或贮罐内的滞留量是在规定的高限和低限之内，使它们具有一定的缓冲能力。

② 在每一种滞留量下，在绝大部分时间内保持入口流量和出口流量之间的平衡。

③ 通过容积的缓冲来保持前后工序负荷的平衡，在需要改变流量时，希望能逐步地、平滑地调整流量。

从工艺流程上看，液位控制分成循流向和逆流向两种。所谓循流向就是由液位去控制排出量，这是比较传统的做法。逆流向就是由液位去控制进入量，这种做法的好处是能缩小贮罐的容积，液位对象的时间常数与容器的容积成正比，与流量成反比，一般为数分钟以上。

由于液体进入容器时的飞溅和扰动，液位测量与流量测量相似，也是有噪声的，在实践中，大多数情况下精确地控制液位是没有必要的，因而可以选用比例调节器。对有相变过程的设备，如再沸器、锅炉汽包、氨蒸发器等，它们的液位控制比较复杂，因为它们不仅与物料平衡有关，而且与传热有关。在这些设备中，液位常常以满量程的百分之几的幅度急剧波动，所以要实现良好的液位控制还需设计复杂控制系统。

6.2.1.3 压力控制系统

(1) 气体压力

气体压力与液位相似，它是系统内进出物料不平衡程度的度量，因而气体的压力控制不是改变流入量就是改变流出量。气体压力对象基本上是单容的，具有自衡能力，它的时间常数也与容积成正比，与流量成反比，一般为几秒至几分钟。除了系统附近有脉动的压力源，如往复式压缩机等，一般气体压力的测量是没有噪声的，通常选用比例积分调节器，积分时间可以放得比流量控制时大。

(2) 液体压力

由于液体的不可压缩性，因而液体的压力控制与流量控制非常相似，液体压力对象的时间常数仅为几秒，测量时也有明显的噪声，一般选用比例积分调节器来进行控制。当同一根工艺管线上既要控制压力又要控制流量时，两个控制系统会互相影响。

(3) 蒸汽压力

常见的锅炉汽包压力控制，精馏塔、蒸发器压力控制，其实质上是传热的控制，系统蒸汽的压力就表征了热平衡的状况。所以在这类控制系统中它的特性在某些方面与温度控制有相仿之处。

6.2.1.4 温度控制系统

温度控制实质上是一个传热的控制问题。温度对象常常是多容的，时间常数与对象的热容与热阻的乘积成正比，它可以从几分钟到几十分钟。换热器传热面的结垢会引起热阻增大，因而对象时间常数还具有时变的特性；而且由于不均匀性，往往对象具有分布参数的性质。为了改善温度控制系统的品质，测量元件应选用时间常数小的元件，并尽量安装在测量纯滞后小的地方。调节器可以选用比例积分微分调节器，积分时间可置于几分钟，微分时间相对短一些。由于温度控制对象的非线性，随着负荷增加放大系数下降，所以一般温度控制系统宜选用等百分比流量特性的调节阀。

6.2.1.5 成分控制系统

在生产现场中,出问题最多的往往是成分控制系统。成分控制系统的对象也是多容的,且时间常数大,纯滞后时间大;有的如 pH 控制对象,则具有明显的非线性。造成成分控制系统工作不良的原因,还有分析器本身结构比较复杂,取样系统和样品预处理部分工作不良,纯滞后过大等。

成分控制系统通常选用比例积分微分调节器。由于成分控制系统的惯性较大,系统可靠性不高,所以调节器的比例度一般均放得较大。对 pH 控制最好能使用非线性调节器;对纯滞后特别大的成分控制系统可以考虑采用采样控制。当选不到合适的成分分析器时,也可以采用间接的被控变量如温度、温差等来代替。

综上所述,把以上五类控制系统的特点以及常用的调节器类型、调节阀合适的流量特性等内容列于表 6-14。

表 6-14 各类常见控制系统的特点

特 点	流量和液体压力	气体压力	液 位	温度和蒸汽压力	成 分
纯滞后	没有	没有	大部分没有①	随流量而变	固定不变
容量	多容、时间常数小	单容	单容或双容	多容	多容
振荡周期	几秒	几秒~几分	几十秒~几分	几分~几十分	几分~几十分
对象增益	线性,非线性	线性	线性	非线性	线性,非线性
测量噪声	有	没有	有	没有	有时有
选用调节器	PI(快积分)	PI 或 P	P 或 PI	PID	PID
选用调节阀	直线,等百分比②	直线	直线	等百分比	等百分比

① 当进料量改变时,精馏塔塔釜的液位需经逐板传递才能开始改变,有较大的纯滞后。
② 用差压法测流量时,流量对象增益为非线性,可选用直线特性的调节阀。

6.2.2 复杂控制系统

只有一个被控变量的单回路简单控制系统解决了石油化工厂大部分的控制问题,但是它们有一定的局限性。这些局限性主要表现在它们只能完成定值控制,功能单一;对纯滞后较大,时间常数较大,干扰多而剧烈的对象,控制质量较差;对各个过程变量内部存在相关的过程,控制系统相互之间会出现干扰等等。因此在简单控制系统的基础上,又发展了众多的复杂控制系统,它们的名称、特点和使用场合如下。

(1) 串级控制系统

它的特点是两个调节器相串联,主调节器的输出作为副调节器的给定,适用于时间常数及纯滞后较大的对象,如加热炉的温度控制等。

(2) 比值控制系统

它可以控制两个或两个以上的物料流量保持一定的比值关系。

(3) 均匀控制

它可以控制两个有关的变量,例如精馏塔塔釜的液位和塔底出料流量,使它们都呈缓慢的变化,以缓和供求的矛盾并使后续设备的操作较为平稳。

(4) 分程控制

由一个调节器去控制两个或两个以上的调节阀,可应用于一个被控变量需要两个以上的操纵变量来分阶段进行控制或者操纵变量需要大幅度改变的场合。

(5) 采用模拟计算单元的控制系统

调节器的给定值由模拟计算单元给出,它可以是根据工艺工况的变化随时计算出来的值。

它可能因为被控变量不能直接测量,只能通过间接计算求得。

(6) 自动选择性控制系统

调节器的测量值可以根据工艺的要求自动选择一个最高值、最低值或者可靠值,也可以根据工艺的工况来自动选择预先设计好的几种控制系统的结构和组成。

(7) 前馈控制系统

调节器根据干扰的大小,不等被控变量发生变化,直接进行校正控制。它常与反馈控制结合在一起使用,以消除某几个影响最大的干扰。

(8) 非线性控制系统

当被控对象非线性较为严重时可以采用非线性控制,以起部分补偿作用。或者在某些场合采用非线性控制,以求得被控变量更加平稳。

(9) 采样控制系统

调节器的输出是断续的,即调节一段时间再保持一段时间等等看。它适用于纯滞后特别大的对象,以防止控制作用超调。

(10) 模糊控制系统

它适用于被控对象特性复杂,较难控制的场合,它能模拟人的操作方式进行判断、推理和调节。

(11) 解耦控制系统

利用解耦装置使调节器的输出能抵消对象内部存在的相关作用,以保证控制品质。它适合于控制系统有几个严重相关的被控变量时采用。

复杂控制系统决非仅仅上面提到的 11 种,此外还有预测控制系统、多输出控制系统、自适应控制系统、极值控制系统、最优时间控制系统等等。应当引起重视的是这些复杂控制系统都是为了解决某个特殊矛盾而产生并发展的,它们均有各自适用的场合,不宜随便乱用。能用单回路简单控制系统解决的问题,就不应设计复杂控制系统;复杂控制系统如果使用不当,不仅增加投资,不能奏效,有时反而会带来不必要的麻烦。

6.2.2.1 串级控制系统

图 6-60 为串级控制系统的方框图,该系统有两个调节器,调节器 1 为主调节器,调节器 2 为副调节器,主调节器的输出作为副调节器的给定;系统有两个测量变送单元,一个测量主被控变量,另一个测量副被控变量。串级控制系统的目的主要在于控制主被控变量稳定。现以图 6-61 所示的管式加热炉出口温度串级控制系统为例来说明串级控制系统的工作过程。

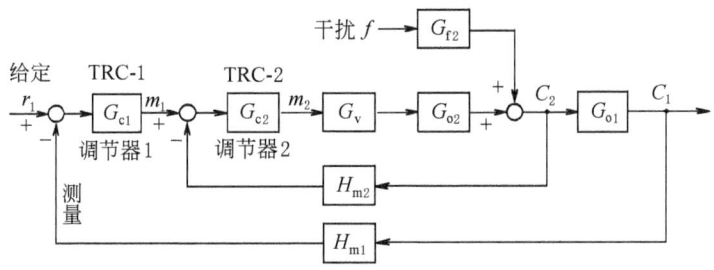

图 6-60 串级控制系统的方框图

管式加热炉是炼油生产过程中的重要设备,其作用是把原油加热至一定的温度,然后送去分馏,得到各种不同规格的产品。为了保证分馏部分生产正常,延长炉管寿命,要对出口温度

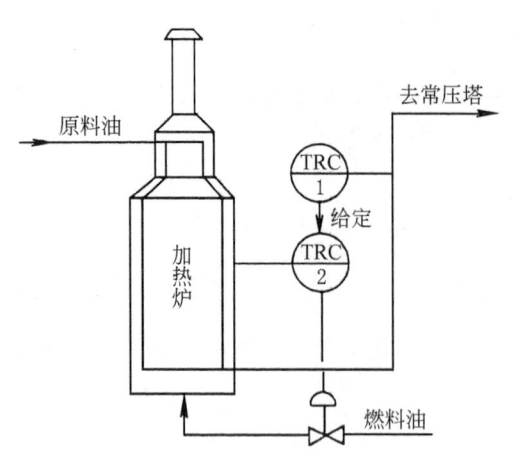

图 6-61 管式加热炉出口温度串级控制系统

加以控制,一般只允许波动±(1~2)℃,为此采用了加热炉出口温度与炉膛温度串级控制系统。在外界干扰的作用下,系统的热平衡遭到破坏,加热炉出口温度发生变化,此时串级控制系统中的主、副调节器便开始了它们的工作过程。根据干扰施加点位置的不同,可分为下列三种情况。

(1) 干扰作用于副回路

当燃料油压力、流量、组分等发生变化时,炉膛温度也会相应发生变化,此时炉膛温度的副调节器 TRC-2 立即进行调节。如干扰较小,经副回路调节以后,炉膛温度基本保持不变,这样就不会影响加热炉的出口温度。当干扰很大时,还会影响到主被控变量——加热炉的出口温度,这时主调节器 TRC-1 的输出开始发生变化,对副调节器 TRC-2 来说,它将接受给定值与测量值两方面的变化,从而使输入偏差增加,校正作用加强,加速了调节过程。

(2) 干扰作用于主回路

当原料油的入口流量和温度发生变化时,炉膛温度尚未发生变化,但加热炉出口温度先行改变。此时主调节器 TRC-1 根据加热炉出口温度的变化去改变副调节器 TRC-2 的给定值,副调节器接到指令后,很快产生校正作用,改变燃料油调开阀的开度,使加热炉出口温度返回给定值。在控制系统中由于多了一个副回路,调节和反馈的通道都缩短了,因而能使被控变量的超调量减小,调节过程缩短。

(3) 干扰同时作用于主、副回路

当多个干扰同时作用于主、副回路时,如它们使得主被控变量与副被控变量往同一方向变化,则副调节器的输入偏差将显著增加,因而它的输出也将发生较大的变化,以迅速克服干扰。如果主被控变量与副被控变量分别往相反方向变化,则副调节器输入的偏差将缩小,它的输出只要有较小的变化即能克服干扰。

综上所述,在串级控制系统中,由于主、副两个调节器串联在一起,再加上一个闭合的副回路,因而不仅能迅速克服作用于副回路的干扰,而且对作用于主回路的干扰也有加快调节的进程。在调节过程中,副回路具有先调、快调、粗调的特点;主回路则刚好相反,具有后调、慢调、细调的特点。主、副回路互相配合,与单回路简单控制系统相比,大大改善了调节过程的品质。

6.2.2.2 比值控制系统

(1) 单闭环比值控制系统

最简单的比值控制系统是单闭环比值控制系统,它的控制方案及方框图如图 6-62 所示。从图上可以看出,Q_1 是主动量,它本身没有反馈控制,因而是可变的。Q_2 是从动量,它随 Q_1 而变,在稳态时能保持 $Q_2 = KQ_1$。因为只有 Q_2 的流量回路形成了闭环,所以叫做单闭环比值控制系统。单闭环比值控制系统适用于 Q_1 比较稳定的场合,例如 Q_1 是计量泵的输出流量,它能保持恒定不变。当 Q_1 本身波动比较频繁,变化幅度较大时,虽然经过调节 Q_2 将力图保持等于 KQ_1,但由于调节有一个过程,实际上 Q_2 无论是从累计量还是瞬时量来看都很难

严格保持等于 KQ_1,同时负荷经常波动也对下一道工序带来不利的影响。因而在此基础上发展了双闭环比值控制系统。

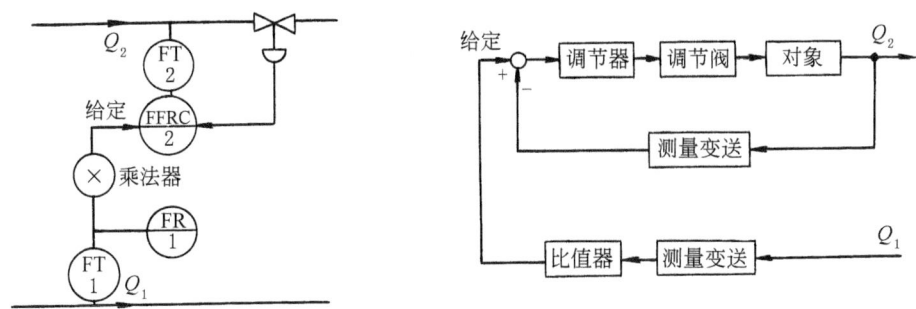

图 6-62 单闭环比值控制系统及其方框图

(2) 双闭环比值控制系统

在单闭环比值控制系统的基础上,对 Q_1 主动量又增加了一个闭环控制回路,这样就构成了双闭环比值控制系统。它的控制方案及方框图如图 6-63 所示。这类控制系统的特点是在保持比值控制的前提下,主动量和从动量两个流量均构成了闭合回路,这样它能克服自身流量的干扰,使主、从流量都比较平稳,并使得工艺系统总的负荷也较稳定,而且由于 Q_1 比较平稳,所以无论从累计量还是从瞬时量来看,比值控制的效果都比单闭环控制系统要好。因而在大多数情况下,都采用双闭环比值控制系统。

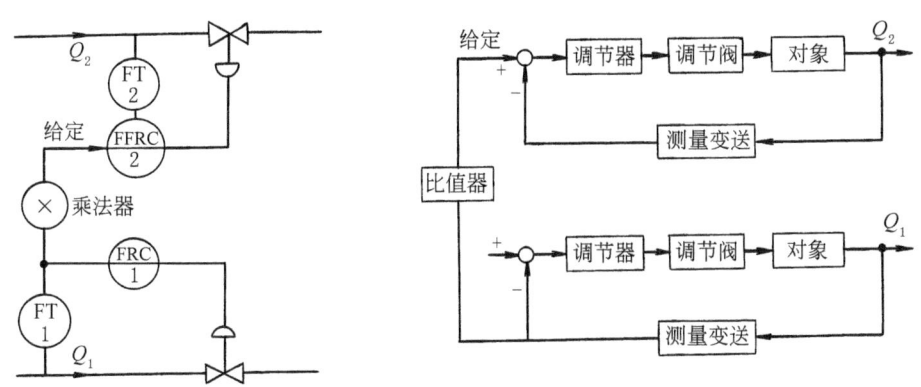

图 6-63 双闭环比值控制系统及其方框图

(3) 串级比值控制系统

有时在生产过程中,虽然采用了比值控制,但两种物料质量流量的比值会受到介质温度、压力、组分变化的影响,难以精确控制在期望值上。此时可以引入代表工艺过程配比质量指标的第三参数来进行比值自动设定,从而构成了串级比值控制系统。如硝酸生产中的氨氧化过程,有的厂采用了氧化炉温度与氨空比的串级控制系统。氨在铂催化剂的催化下氧化生成一氧化氮,如反应温度过低,则氧化率低,物料损失;若反应温度过高,则由于一氧化氮分解,收率也要下降，而且铂丝催化剂网在高温下损失太大。所以综合考虑，一般常压法氧化以控制在800℃最为经济。而只需改变氨气与空气的流量比值，使氨气在混合气体中占11.5％时，就能保持合适的反应温度，并得到98％的高氧化率，所以如图6-64所示，设计一个氧化炉温度与氨空比的串级控制系统，就能满足上述工艺的要求。图中氧化炉温度调节器是主调节器，氨气流量和空气流量的比值控制构成副回路，当反应温度有偏离时，改变氨气流量，即改变氨空比，使温度恢复正常。

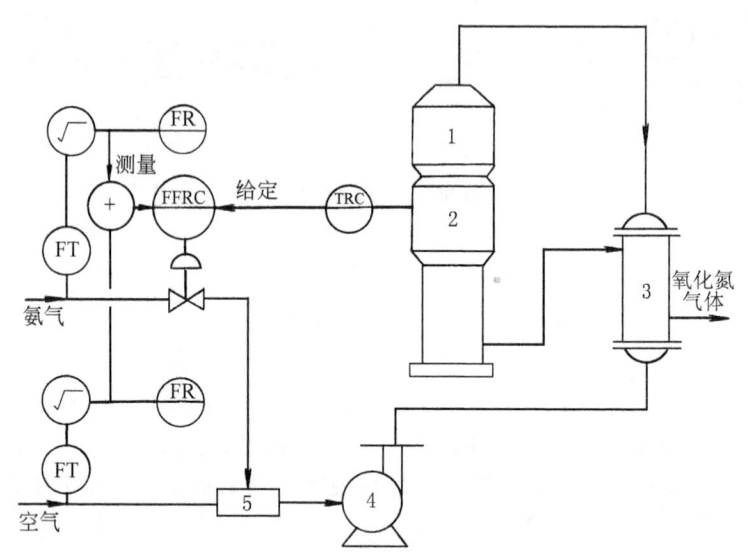

图6-64 氧化炉温度氨空比串级控制系统
1—过滤器；2—氧化炉；3—预热器；4—鼓风机；5—混合器

（4）带逻辑提量的比值控制系统

图6-63所示的双闭环比值控制系统还常用于锅炉燃烧系统，以保持空气流量与燃料流量恰当的比值。但在这样的系统中，一旦风机失灵或调节空气流量的挡板卡死，空气流量就不能随燃料流量变化，过量的燃料就会积聚而发生冒烟，这除了会造成燃料损失外还可能导致爆炸。为了防止此类事故发生，同时从节能角度考虑，现在大型锅炉的燃料控制一般设有带逻辑提量的比值控制系统，它的控制系统如图6-65所示。

上述控制系统在正常工况下，相当于一个蒸气压力与燃料气流量或空气流量的串级控制系统，以及另一个燃料气流量与空气流量的比值控制系统。此比值控制系统与常见的比值控制系统不同之处是把乘法器放在空气流量测量变送单元FT-3之后；而不是放在给定部分。如设蒸气压力调节器PRC-1为反作用，当蒸汽用量增加时，蒸汽总管压力下降，PRC-1输出增加，它欲指挥燃料流量调节器FRC-2开大调节阀FCV-2，但因FRC-2的给定在低选器之后，它不能增加，所以燃料流量不变。只有当PRC-1的输出通过高选器，指挥空气流量调节器FRC-3把空气调节挡板FCV-3开大以后，并待增大的空气流量信息经FT-3反馈到低选器以后，燃料流量调节器的给定才开始发生变化，使燃料气流量调节阀FCV-2开大。当蒸汽用量减少，蒸汽总管压力上升时，压力调节器PRC-1的输出减少，它先通过低选器使燃料气流量调节阀FCV-2关小，待减少的燃料气流量信息经FT-2反馈到高选器以后，才能使空气流量调节器的

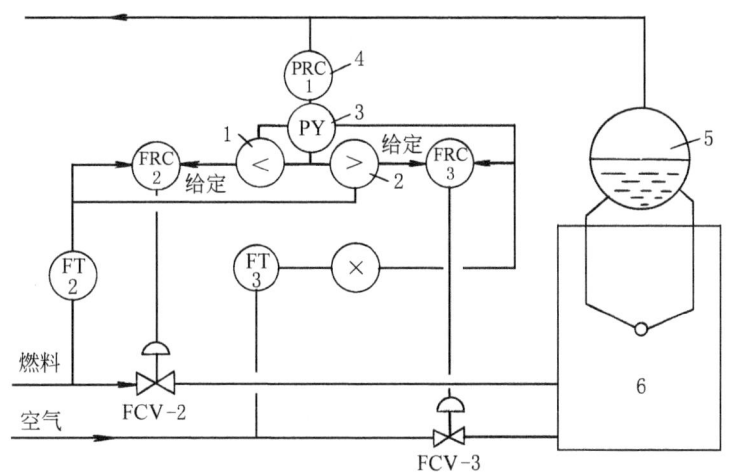

图 6-65 带逻辑提量的串级比值控制系统
1—低选器；2—高选器；3—适配器；4—反作用调节器；5—汽包；6—蒸汽锅炉

给定发生变化，使空气调节挡板 FCV-3 关小。综上所述，上述带逻辑提量的串级比值控制系统实现了按蒸汽负荷的要求先加空气量后加燃料气量，或者先减燃料气量后减空气量的逻辑关系；在正常情况下，它能保持空气流量与燃料气流量成一定比例；在事故情况下，当空气流量中断时，能使燃料气流量也相应的切断，从而实现保证燃烧完全和确保安全的工艺要求。

6.2.2.3 均匀控制系统

随着石油化工生产的发展，很多产品生产的工艺流程十分复杂，设备数量很多。以乙烯装置为例，它的工艺部分包括乙烯、裂解汽油加氢、丁二烯抽提等单元，共有设备 700 多台。而且随着生产过程的强化，各个部分紧密相关。为了减少设备投资和装置占地面积，势必要尽可能地减少中间贮罐的数量和容积，往往前一个设备的出料直接就是后一个设备的进料。如图 6-66 所示，乙烯装置脱丙烷塔的出料直接作为脱丁烷塔的进料。对脱丙烷塔来说，它要求防止塔被抽空或满塔，而对脱丁烷塔来说，为了操作稳定，它希望进料量稳定。所以脱丙烷塔的塔釜液位控制 LIC-1，除了保证本塔的液位在一定的控制范围以内，还要兼顾到脱丁烷塔的进

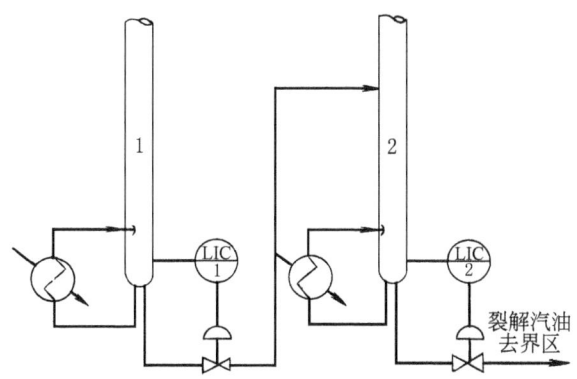

图 6-66 脱丙烷塔的出料直接作为脱丁烷塔的进料
1—脱丙烷塔；2—脱丁烷塔

料流量，应使它不会有太大的波动，这就是采用均匀控制的目的。

从上面的分析可以知道，均匀控制要完成的任务就是保持塔釜的液位或者容器的压力在一定的控制范围以内，同时又要兼顾到它所操纵的流量，让它逐步地、平滑地变化，不至于影响下一个设备的操作。显然均匀控制既不是要严格保持液位在某一个给定值上，也不是严格控制流量在另一个给定值上，而是要兼顾液位和流量的矛盾，让它们都在各自要求的控制范围内变化。对这个控制范围，不同的工艺过程要求不一样。有的严、有的宽。根据不同的要求可以设计不同复杂程度的均匀控制系统。

(1) 简单均匀控制系统

图 6-66 中脱丙烷塔塔釜的液位控制系统是简单均匀控制系统。从外表上看，它与单纯液位控制系统没有任何差别，但根据它们完成的任务不同，主要的差别在于液位测量变送器量程的确定，以及调节器的选择与参数整定上。均匀控制用的液位测量变送器的测量量程可选得适当大一些，调节器可以选用比例式的。调节器参数整定时，先把比例度放在一个较小的数值，再逐步由小到大，只要在工艺负荷波动的范围内，液位不超出要求的控制范围即可，比例度一般大于 100%。若选用比例积分调节器，积分时间可放长一些，一般为 10min 以上，比例度也可以按照上述方法，由小到大逐步来进行试验。一般这样就能满足基本均匀控制的要求。单纯的液位控制系统，从精确控制液位平稳的要求出发，液位测量变送器的量程不应太大，以使测量值有较高的灵敏度，调节器应选用比例积分的，比例度设置较小。

(2) 串级均匀控制系统

图 6-67 表示了乙烯精馏塔回流罐液位与塔顶回流量的串级均匀控制系统，它实际上就是一个一般的串级控制系统，图中 LIC 为回流罐液位控制，作主调节器用，FIC 是回流量控制，构成副回路。由于回流罐容积比较小，所以不允许液位有较大的波动，若采用简单的均匀控制系统，要保持液位在规定的控制范围以内，回流量就会有较大幅度的波动，不符合工艺上恒定回流比的要求。因而在这类控制要求较高的精馏塔中，回流罐液位可与塔顶回流量组成串级均匀控制系统。

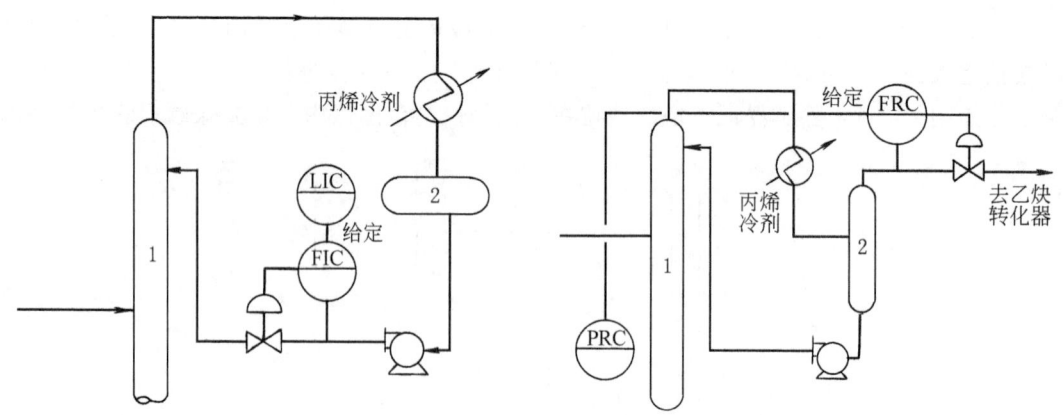

图 6-67 乙烯精馏塔回流罐液位串级均匀控制系统　　图 6-68 脱乙烷塔塔釜压力串级均匀控制系统
1—乙烯精馏塔；2—回流罐　　　　　　　　　　　1—脱乙烷塔；2—回流罐

压力与液位相同，也是衡量进出物料不平衡程度的工艺变量，有时用压力作主被控变量，构成串级均匀控制系统。图 6-68 表示了乙烯装置脱乙烷塔塔釜压力串级均匀控制系统，它根据塔釜压力的高低，改变去乙炔转化器的塔顶气体流量调节器 FRC 的给定值，这个系统能使脱乙烷塔的塔釜压力以及去乙炔转化器的气体流量均比较稳定。

(3) 双冲量均匀控制系统

双冲量均匀控制是以液位和流量两个信号之差作为被控变量构成的简单控制系统。图 6-69 表示了一个双冲量的均匀控制系统，它能较好地完成均匀控制的任务。图中有一个加法器，加法器的输出等于液位测量信号减去流量测量信号，再加上一个固定偏置信号 C，把加法器的输出送到流量调节器，作为流量控制的测量值。调节可调偏置 C，使稳态时的液位 L 和流量 F 都为工艺要求的值。假定在某一时刻，进料量的扰动使液位升高，则加法器输出也增加，调节器接受这个偏差信号去调节，开大

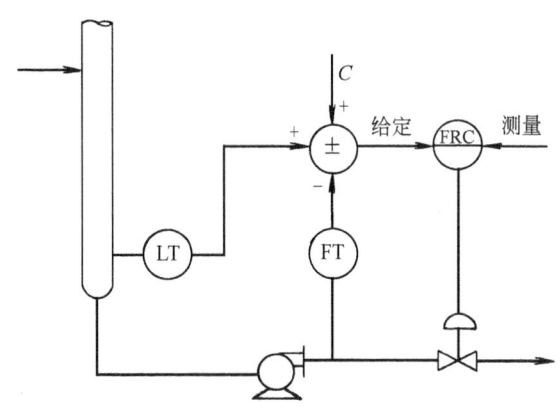

图 6-69 双冲量均匀控制系统

调节阀，增加出塔流量。待流量增加以后，加法器的输出立即下降，调节器的输入偏差信号减少，使得调节阀不会开得过大，以致引起流量改变过大。当液位和流量两个测量信号之差接近原来的数值时，加法器的输出重新恢复到与调节器的给定值相接近，系统逐渐趋于稳定。显然液位在达到新的稳态时，它将比原有的液位有所升高，而相应的流量在新的稳态时，也将比原来有所增加，从而系统达到均匀控制的目的。

双冲量均匀控制系统，结构上就是一个以液位与流量之差来作为被控变量的简单控制系统，调节器可以选用比例积分调节器，它的参数整定与前述简单均匀控制系统相似，积分时间放长一些，比例度可比简单均匀控制时为小。由于双冲量均匀控制系统结构较为简单，仅比简单控制系统多用一个加法器，从系统结构上看，加法器相当于一个比例度为 100% 的液位调节器，因而此系统又具有液位-流量串级控制系统的品质，总结起来它具有简单、实用的优点。

6.2.2.4 分程控制系统

在简单控制系统中，一个调节器的输出只带动一个调节阀。而在分程控制系统中，一个调节器的输出去带动两个或两个以上的调节阀工作，每个调节阀仅在调节器输出的某段信号范围内动作。分程控制在石油化工生产中主要应用在下列场合。

(1) 能适应工艺要求，采用两种或多种手段、介质来进行控制

工艺上有时要求一个被控变量采用两种或两种以上的介质来进行控制，反应器的温度控制。当反应器配置好物料以后，开始时需要对反应器加热，以启动反应过程。反应启动后，因为化学反应放出大量热量，为了能使反应持续、稳定地进行下去，就必须把反应热取走。在这种场合，若要反应器的启动和正常生产都能自动操作，就必须采用分程控制。图 6-70 所示的就是一个反应器温度串级、分程控制系统。在反应启动前，夹套内灌满冷却水，然后启动循环泵，由于反应器内的温度低于要求的反应温度，所以调节器指挥蒸汽阀 A 打开，循环水经蒸汽加热以后，变成热水加热反应器。反应开始后，随着反应热的逐步放出，将逐步关上蒸汽阀 A，当反应充分进行后，就把蒸汽阀 A 全关，打开冷却水阀 B，把反应热取走。这样在反应器的启动过程直至稳定操作，能基本上保持反应器内的温度不变，实现了工艺过程自动控制的要求。TIC-2 夹套温度控制的副回路能减少反应器的时间常数，使 TRC-1 反应器温度控制的调

节品质得到改善。

(2) 满足工艺生产不同负荷和开、停车过程对自控的要求

如在以天然气为原料生产合成氨的大型氨厂中,关键设备一段炉有 200 多个烧嘴,正常生产时每小时消耗燃料气量约 20000m³;但在炉子点火和保温时,只有个别烧嘴点燃,天然气用量大大减少。为了使烧嘴前的燃料气压力在正常生产以及点火、保温时均能保持恒定,燃料气压力控制系统可以设大、小两个调节阀,由分程控制来进行调节。图 6-71 表示了去一段炉烧嘴燃料气压力分程控制系统,图中大阀 A 口径 250mm,小阀 B 口径 25mm。

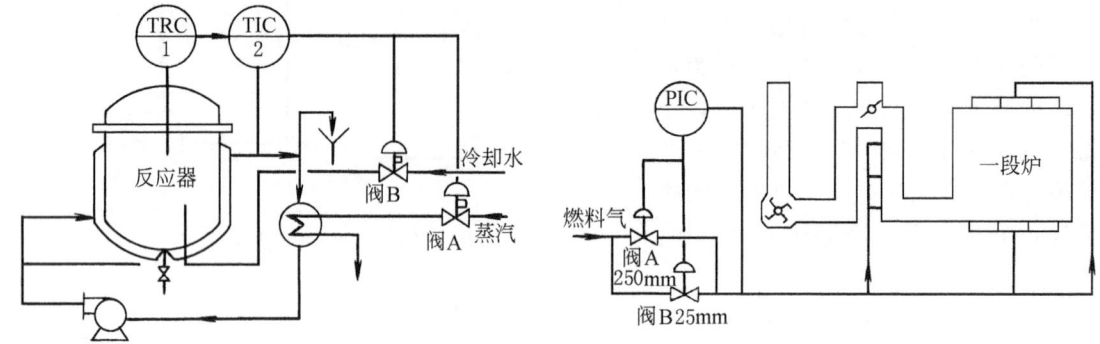

图 6-70 反应器温度与夹套温度串级/分程控制系统

图 6-71 去一段炉烧嘴燃料气压力分程控制系统

(3) 扩大调节阀的可调比

在生产实践中,如废水中和过程的 pH 控制,由于废水不仅酸碱度变化,而且流量大幅度变化,因而要求控制中和液的调节阀有很大的可调比,才能适应各种情况。有时要求调节阀在很小的开度下工作,此时已接近调节阀可调范围的极限,调节品质变坏;但如把调节阀换小,则在别的情况下,又嫌调节阀太小,满足不了工艺的要求。在这种场合下,就可以采用分程控制,把两个不同口径的调节阀并联起来使用,扩大调节阀的可调比。假设一个分程控制系统采用了两个单座调节阀作为执行器,大阀 A 口径 100mm,流通能力 $C_A=120$;小阀 B 口径 25mm,流通能力 $C_B=8$。若两阀的可调比 R 均为 30,则按 R 可算出阀 A、阀 B 所能控制的最小流通能力 C_{min}

$$C_{Amin}=\frac{120}{30}=4 \tag{6-8}$$

$$C_{Bmin}=\frac{8}{30}=0.27 \tag{6-9}$$

这样由阀 A、阀 B 作为分程控制系统的执行器后,它们总的流通能力范围改为 0.27~128,所以分程控制时的可调比为

$$R_\text{分}=\frac{128}{0.27}=474 \tag{6-10}$$

这样与单个调节阀相比,分程控制后的可调比为原来的 15.8 倍。

6.2.2.5 采用计算单元的控制系统

在石油化工生产过程中,有时采用变送单元直接测出的信号作为被控变量,还不能满足工艺生产的要求。如以重油气化制氢生产合成氨的工艺过程,对氧油比需要精确控制,这样就不

能直接用测量氧气流量的差压变送器的输出信号来进行调节，还要对氧气流量的测量信号进行温度、压力校正。再如对大口径管道的蒸汽、天然气等流量的计量，对节能和成本核算都有重要意义。为了提高计量精度也需要进行温度、压力校正。还有些工艺过程的生产控制指标无法直接用仪表来测量，例如精馏塔的内回流量、精馏塔进料的热焓、向精馏塔塔釜的供热等等，它们也需要通过间接计算来得到。解决这些问题，可以采用由模拟仪表中的计算单元来进行运算，进而组成控制系统。当然这样的控制系统用的仪表数量要多一些，系统自然也复杂一些。但随着微处理器技术的发展，在 DCS 系统和智能型数字调节器中已有各类运算功能模块，用户在组态时可以随意调用，很方便就可按要求构成具有各类算式的控制系统。

6.2.2.6 自动选择性控制系统

在石油化工生产中，自动控制系统的主要任务之一就是要保证生产安全、平稳地进行。但在生产过程中，不可避免地会出现不正常的工况以及其他特殊的情况。这样，原先设计的控制系统往往适应不了，过去通常采用报警后由人工去处理或自动联锁停车的对策。但随着装置的大型化，一次开停车过程要耗费大量的原料、燃料，并排放大量不合格产品，这显然是很不经济的；若出现不正常工况后全部转由人工处理，则可能造成操作人员的过分忙乱和紧张。所以必须考虑在不正常的工况下，由别的调节器按照适合当时特殊情况的另外一套规律来进行控制。此外有一些工艺变量的控制，受到多种条件的约束和限制，因而也必须根据不同的情况来分别对待。在这样的指导思想下就发展出了自动选择性控制系统。选择性控制系统的基本设计思想就是把在某些特殊场合下工艺过程操作所要求的控制逻辑关系叠加到正常的自动控制中去，它也被叫做超驰控制系统或者取代控制系统。由于选择性控制系统在生产操作中起了软限保护的作用，所以应用相当广泛。

选择性控制系统大体上可以分为如下两类。

（1）选择器在变送器和调节器之间，对被控变量进行选择

此类选择性控制系统一般比较简单，其特点是几个测量变送器合用一个调节器，它们中常见的有这两种。

① 选择最高或最低测量值　图 6-72 所示的固定床反应器，在长期使用过程中催化剂活性会逐渐下降，这样反应器内的最高温度即热点温度的位置会逐渐下移。为了防止反应器内温度过高烧坏催化剂，必须根据热点的温度来控制冷却剂量。因而在催化剂层的不同部位都设有温度检测器，它们的输出信号经高选器后作为调节器的测量值去进行温度控制，从而保证了催化剂的安全使用和正常生产。

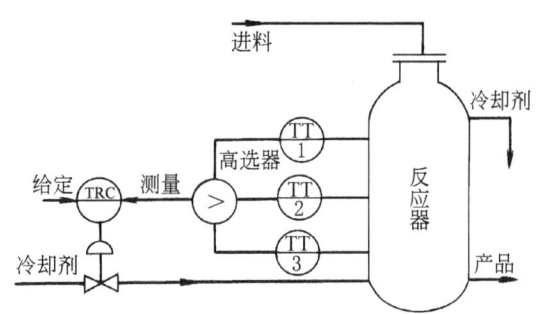

图 6-72　选择反应器热点温度的控制系统

图 6-73 是某装置设计中采用的用于两个反应器负荷平衡控制的阀位开度选择性控制系统。工艺流程上采用了两个反应器并联操作，为了保证气体负荷的平均分配和节能，总是希望去两个反应器的流量完全相等，并且尽可能接近上限，为此就要通过反应器前各自管路上的调节阀来进行调节。为了达到这个目的就要使系统阻力大的反应器的管路上调节阀处于接近全开的状态，相应系统阻力小的反应器的管路上调节阀开度小一些，这样能使两个反应器通过更多的同量气体，得到较高的产率。由于调节阀开度已接近全开就能减少能耗，但又留有一些调节的余地。因而按此意图设计了如图 6-73 所示的阀位开度选择性串级控制系统。

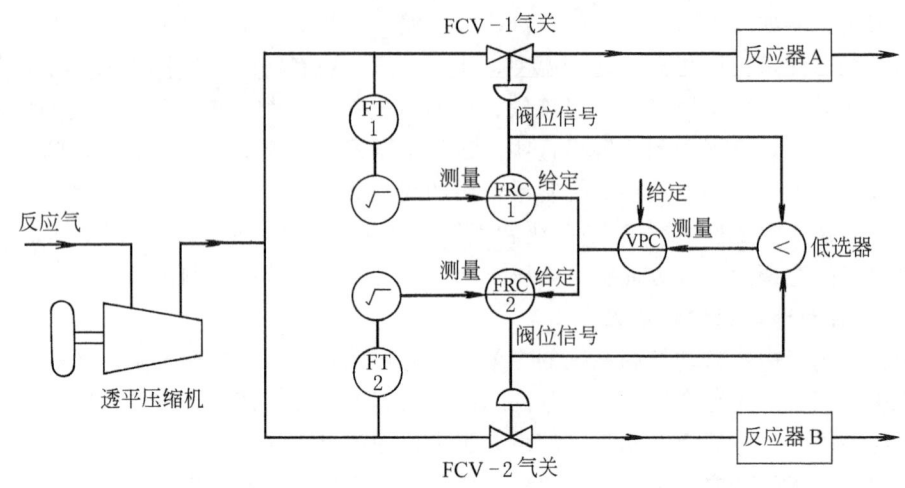

图 6-73 用于两个反应器负荷平衡控制的阀位开度选择性串级控制系统

图中根据工艺生产安全的要求,调节阀 FCV-1、FCV-2 均选用气关阀。它们的阀位信号经过低选器选择阀位开度大的信号送到阀位调节器 VPC,在 VPC 调节器内与给定值相比较后输出一个信号作为流量调节器 FRC-1、FRC-2 的给定。假若 VPC 调节器的给定值设为 25kPa,则它将自动改变其输出,使得 FRC-1 和 FRC-2 流量调节器也改变它们的输出,最终要使得调节阀 FCV-1、FCV-2 中开度较大的一个调节阀的阀位刚好相应于 25kPa 的信号值。采用阀位调节器 VPC 的作用在于始终让调节阀的开度接近最大,以得到较高的产率和降低能耗;而把两个调节阀的阀位信号经低选器选择以后作为阀位调节器 VPC 的测量值,则是为了始终选择系统阻力降大的调节阀的阀位,即开度大的调节阀的阀位作为流量负荷均分的标准,这种方法能保证去反应器 A 和去反应器 B 的气体流量完全相等。反过来倘若设想以阀位开度小的信号作为流量负荷均分的标准,当此阀接近全开时,另一阀可能早已全开到头了,因而不能保证两个系统流量负荷的均分。

② 选择可靠测量值　在生产过程中特别重要的检测控制点,为了绝对安全、可靠,往往在同一个检测点安装多台变送器,从中选出可靠值去进行操作控制。此可靠值应从工艺机理去分析,它可以是最高值,也可以是最低值,有时对某些成分分析仪表来说,测量值也可以选用中间值作为可靠值。图 6-74 表示了高压聚乙烯装置管式反应器中采用的压力选择性控制系统。由于正常生产时管式聚合反应器的操作压力一般都在 100MPa 以上,为了保证压力控制绝对可靠,所以用高选器选择三个压力变送器输出中的高值作为压力调节器的测量值,以保证反应器操作时的安全。

(2) 选择器在调节器和调节阀之间的可变结构式选择性控制系统

① 选择不同调节器输出的选择性控制系统　这种选择性控制系统,可以按工艺约束条件的要求,选择两个不同调节器的输出到同一个调节阀上去,以实现软限保护。这类选择性控制系统有两个调节器,其中在工艺异常情况下起取代作用的调节器也可以是位式的。图 6-75 表示了一个乙烯装置中采用的塔釜压力与冷剂液位选择性控制系统。图中乙烯精馏塔塔釜的压力通过调节进冷凝器的冷剂——液态丙烯的流量来进行控制,压力升高时就增大调节阀 PCV 的开度。但当冷凝器里冷剂液位过高时,LC 位式调节器就动作,切断 PRC 调节器的输出,使调

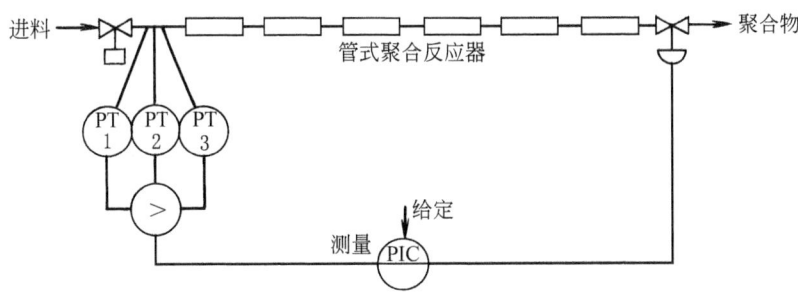

图 6-74 管式聚合反应器压力选择性控制系统

节阀 PCV 处于全关；直到冷剂液位恢复正常，接点才重新闭合，恢复 PRC 的控制作用。这样的选择性控制系统能防止冷剂液位过高时冷剂跑到丙烯压缩机里产生事故。现场投运时应使 LC 调节器有一定的死区，这样可避免振荡。

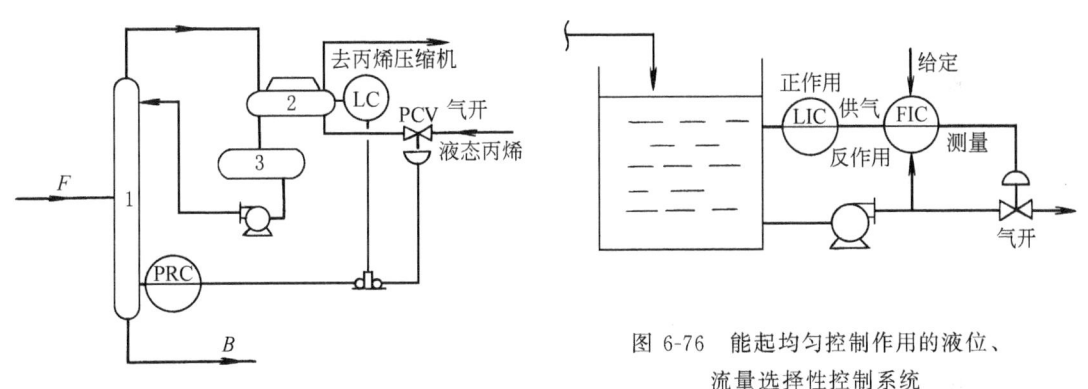

图 6-75 塔釜压力与冷剂液位选择性控制系统
1—乙烯精馏塔；2—冷凝器；3—回流罐

图 6-76 能起均匀控制作用的液位、流量选择性控制系统

选择不同调节器输出的选择性控制系统，还可以用来解决均匀控制的问题。图 6-76 所示的系统即为能起均匀控制作用的液位、流量选择性控制系统。只要贮槽内的液体在某一个液位以上，此时流量调节器的控制作用便维持一个恒定的排出量，如果液位低于这个值，则液位调节器取代流量调节器，限制泵排出的流量，以防止液位进一步下降。其中，液位调节器为比例式的，而流量调节器则为比例积分调节器。液位调节器 LIC 的输出直接作为流量调节器 FIC 的供气，这样可以省去一个低选器。当贮槽内的液位远高于给定的某一液位以上时，LIC 因为有较大的输入偏差，所以它的输出接近于气源的压力，此时流量调节器按常规控制排出贮罐的流量在给定值。当液位下降至给定值附近或给定值以下时，LIC 的输出显著下降，使 FIC 的供气压力下降，因而必然影响到流量调节器，使它的输出也下降，这样就会关小调节阀。在流量调节器 FIC 的供气压力显著下降以后，它仅仅能中断供气的压力，因而实质上变成由液位调节器 LIC 来控制调节阀，因为供气压力受到限制，故流量调节器 FIC 不可能出现积分饱和的现象，而且 LIC 与 FIC 之间是平滑切换的。显然在图中 LIC 应为正作用，FIC 应为反作用，调节阀应为气开式。

图 6-77 所示的是合成氨装置中辅助锅炉汽包压力与燃料气压力的选择性控制系统。压力

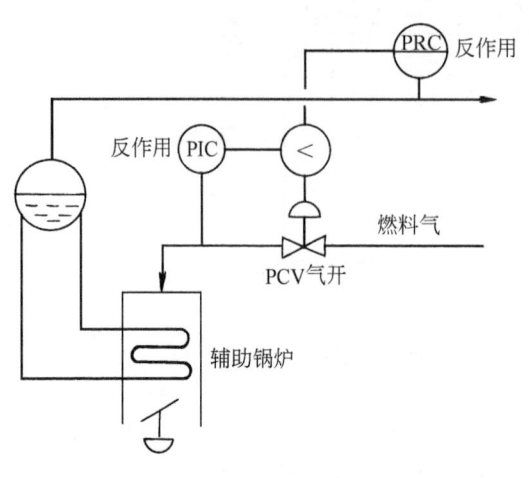

图 6-77 汽包压力与燃料气压力选择性控制系统

调节器 PRC 根据汽包的压力来调节燃料气流量，如果汽包压力偏低则开大燃料气调节阀 PCV，但 PCV 开度太大时，由于烧嘴前燃料气压力过高，导致烧嘴中气体速度过大，有可能产生脱火现象。为了避免因烧嘴脱火而造成停车，所以设计了这个选择性控制系统。调节阀 PCV 阀后压力过高时，由于调节器 PIC 是反作用的，所以它的输出下降，将被低选器选上，把 PCV 阀关上一些，这样就避免了脱火现象所造成的停车，起到了软限保护作用。

② 选择不同操作变量的选择性控制系统 这种选择性控制系统，在达到某一个约束条件以后，能按预先设计的逻辑，把调节器的输出从一个调节阀转移到另外一个调节阀上去。因而这类选择性控制系统与前不同，它有两个调节阀。图 6-78 表示了一个燃烧弛放气和燃料气两种燃料的蒸汽锅炉的燃烧控制系统，它要求优先使用弛放气，但弛放气有一定的限量 F_{max}，超过此限量时，即使把弛放气调节阀再打开，因受其他条件约束，弛放气流量已不可能再增加。此时为了满足蒸汽负荷的要求，再把燃料气调节阀打开，补充燃烧一部分燃料气，以保持汽包压力稳定。图中汽包压力控制 PRC 与弛放气、燃料气流量控制 FRC-3、FRC-4 组成串级控制系统。当 PRC 调节器的输出小于 F_{max} 值时，它被低选器选上作为弛放气流量调节器 FRC-3 的给定值，此时减法器的两个输入均为 PRC 的输出，所以在减法器内相减后的输出信号，即燃料气流量调节器 FRC-4 的给定值为零，燃料气调节阀 FCV-4 全关。当由于蒸汽用量增加，汽包压力下降，PRC 调节器的输出大于 F_{max} 值以后，此时低选器将选上 F_{max} 值，所以弛放气流量仍然保持在工艺允许的最大值 F_{max}；而燃料气流量调节器的给定值为减法器的输出，即 PRC 调节器的输出减去 F_{max} 以后的值，此时燃料气调节阀 FCV-4 开始打开，锅炉不足部分的热负荷将由燃料气补足。为了系统投运方便和改善调节品质，在测量流量的变送器后均设置了开方器。这个选择性控制系统实现了先烧弛放气，不足的热负荷再由燃料气补上的工艺要求。

这种选择不同操作变量的选择性控制系统还可以用在精馏塔的压力控制中，图 6-79 表示了一个精馏塔压力的选择性控制系统。正常生产时，精馏塔塔顶的全部蒸气几乎都是可凝的，因而塔压很低。塔压调节器 PIC 的输出将小于回流罐液位调节器的输出，它经过低选器被选上去控制回流液调节阀 LCV，此时通过调节有一定过冷度的回流量来保持塔压不变；还因为低选器选上 PIC 的输出，所以减法器的两个输入信号相等，它的输出为零，使得放空调节阀 PCV 全关。但当少量不凝性气体逐渐积累时，塔压慢慢升高，因而 PIC 调节器的输出增加，LCV 阀开大。但当回流量增加较多，回流罐液位较低时，LC 调节器的输出减少，低选器将选上 LC 的输出，使 LCV 阀的开度不会继续加大，回流罐不至于被抽空。为了使塔压能恢复正常，在减法器中把 PIC 的输出减去 LC 的输出，其差值去控制放空调节阀 PCV，使得它有一定的开度，把积聚的不凝性气体排放掉。待塔压恢复正常以后，系统又将重新转到由 PIC 调节器来控制 LCV 阀，同时放空阀 PCV 又将保持全关。

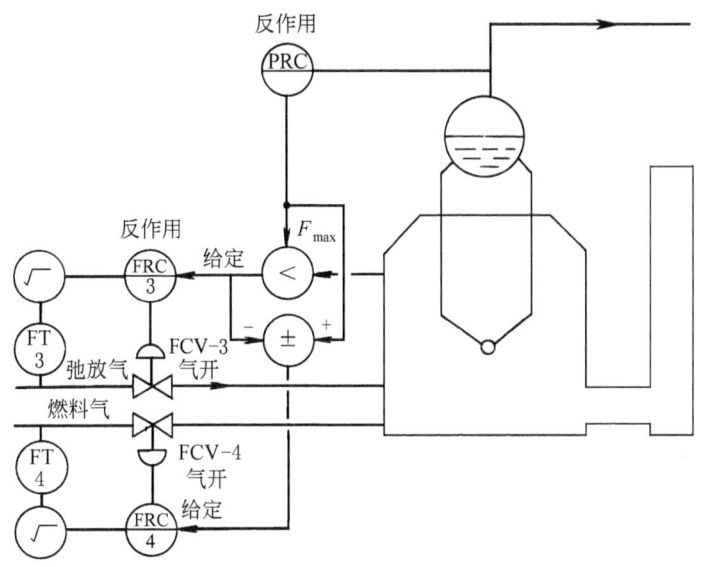

图 6-78 汽包压力与弛放气、燃料气流量选择性控制系统

6.2.2.7 前馈控制系统

(1) 概述

前面所提到的各类控制系统中,调节器都是按给定值与测量值之差,即按偏差来进行工作的,这就是根据反馈原理工作的控制系统。但是在一些纯滞后时间长、时间常数大、干扰幅度大的对象中,反馈控制的品质往往不能令人满意,究其原因,主要还是为反馈控制本身的特点所决定。其特点如下。

① 反馈控制的性质本身意味着必须存在被控变量的偏差方能进行控制,因而是不完善的。

② 调节器必须等待被控变量偏离给定值   图 6-79 精馏塔压力、回流罐液位选择性控制系统
后才开始改变输出,对纯滞后时间长、时间常数大的对象,它的校正作用起步较晚,并且对应一定幅值的干扰,它不能立即提供一个精确的输出,只是在正确的方向上进行试探,以求得被控变量的测量值与给定值相一致,这种尝试的方法就导致了被控变量的振荡。

③ 如果干扰的频率稍高,这种尝试的方法由于来回反复试探,必然使系统很难稳定。

有一个解决问题的方法,它就是前馈控制。可以把影响被控变量的主要干扰因素测量出来,用前馈控制模型算出应施加的校正值的大小,使得在干扰一出现,刚开始影响被控变量时就起校正作用。所以前馈控制是按照扰动量进行校正的一种控制方式。从理论上讲,似乎前馈控制可以做得十分精确完美,但实际上却不可能。这是因为一个被控对象有许多干扰因素,首先不能对每一个干扰都考虑采用前馈控制;其次有许多干扰如热交换器热阻的变化、反应器催化剂活性的下降,它们很难测出;还有前馈控制模型难免有误差,这样在干扰作用后被控变量

就回不到给定值。所以在实际应用中，常常把前馈控制与反馈控制结合起来，取长补短，以收到实效。

总结起来，前馈控制适用的场合为：①对象的纯滞后时间特别大，时间常数特别大或者特别小，采用反馈控制难以得到满意的调节品质时；②干扰的幅度大，频率高，虽然可以测出，但受工艺条件的约束，例如工艺生产的负荷；③某些相对分子质量、黏度、组分等工艺变量，往往找不到合适的检测仪表来构成闭合的反馈控制系统，此时只能采取对主要干扰加以前馈控制的方法，来减少或消除干扰对它们的影响。

(2) 前馈控制模型

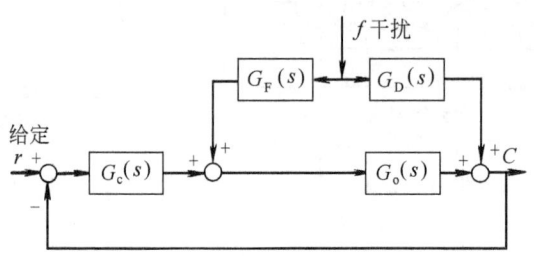

图 6-80　一个前馈-反馈控制系统的方框图

① 静态前馈控制模型　图 6-80 表示了一个干扰为 f 的前馈-反馈控制系统的方框图。按不变性原理，为了使被控变量 C 不受干扰 f 的影响，前馈控制模型 G_F 应符合下式

$$G_F(s) = -\frac{G_D(s)}{G_o(s)} \tag{6-11}$$

式中　$G_F(s)$——前馈控制模型的传递函数；
　　　$G_D(s)$——干扰通道的传递函数；
　　　$G_o(s)$——广义对象的传递函数。

如果只考虑静态前馈，那么式 (6-11) 中的各传递函数项只需考虑它的静态放大系数，因而式 (6-11) 可以改写成

$$K_F = -\frac{K_D}{K_o} \tag{6-12}$$

式中　K_F——前馈控制模型的放大系数；
　　　K_D——干扰通道的放大系数；
　　　K_o——广义对象的放大系数。

从式 (6-12) 可见，采用静态前馈控制模型构成控制系统较为简单，只需要测出干扰 f 的大小，并经乘法器乘上由式 (6-12) 算出的 K_F 的绝对值，如需要时再经加法器反向，最终叠加到调节器的输出信号上即可。所以一般设计前馈控制系统时，首先应该考虑采用静态前馈。

图 6-81 所示的热交换器前馈控制是最容易理解前馈控制系统工作过程的一个例子。进口温度为 T_1 的某种物料，经热交换器后被加热到所要求的温度 T_2，设主要的干扰来自进料温度和进料流量的波动，蒸汽流量被作为控制手段。根据传热的机理可以得到

$$F_s H_s = F_L c_p (T_2 - T_1) \tag{6-13}$$

式中　F_s——蒸汽流量；
　　　H_s——蒸汽的蒸发潜热；

F_L——被加热的液体的流量;

c_p——被加热的液体的比热容;

T_1, T_2——被加热的液体进出热交换器的温度。

从上式可以求出当 F_L、T_1 变化时蒸汽流量 F_s 应有的设定值

$$F_s = F_L \frac{c_p}{H_s}(T_2 - T_1) \tag{6-14}$$

令

$$K = \frac{c_p}{H_s} \tag{6-15}$$

则有

$$F_s = F_L K (T_2 - T_1) \tag{6-16}$$

如果仅仅考虑静态前馈,就可以设计成图 6-81 所示的前馈控制系统。当主要干扰进料流量 F_L 发生变化时,蒸汽流量 F_s 也会作出相应的变化,此时热交换器出口温度 T_2 的变化将如图 6-82 所示。如果静态前馈控制模型足够准确,则在 F_L 变化稳定后,热交换器出口温度 T_2 必然与原先的设定值相符。在 F_L 变化过程中,出口温度 T_2 与设定值之间存在一个动态偏差,这是因为传热需要时间,液体从进入热交换器到流出热交换器所需的时间,比传热过程所需要的时间短得多。因而干扰比较频繁,而控制精度又要求较高的场合,可以按动态前馈控制模型来设计前馈控制系统,这样有利于消除动态偏差。

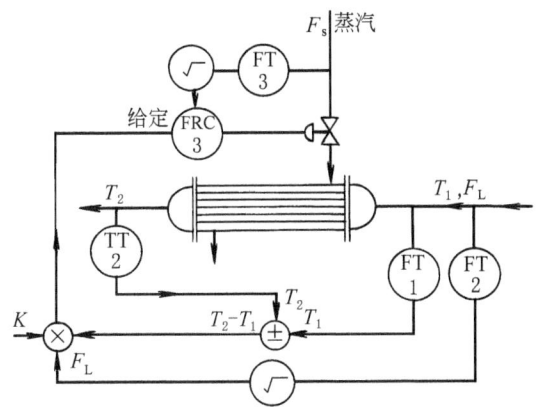

图 6-81 一个典型的热交换器前馈控制系统

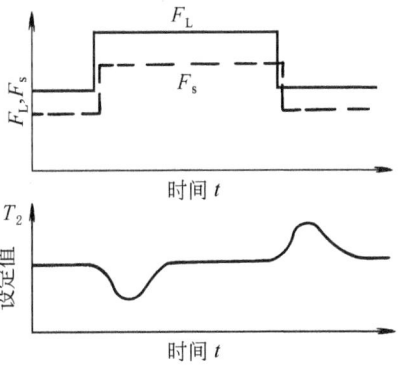

图 6-82 采用静态前馈时被控变量的变化曲线

② 动态前馈控制模型 一般工业控制对象均可近似地用一阶加纯滞后环节来表示。设

$$G_D(s) = \frac{K_D}{T_D s + 1} e^{-\tau_D s} \tag{6-17}$$

$$G_o(s) = \frac{K_o}{T_o s + 1} e^{-\tau_o s} \tag{6-18}$$

将上两式代入式(6-11)后可得

$$G_F(s) = -\frac{K_D}{K_o} \times \frac{T_o s + 1}{T_D s + 1} e^{(\tau_o - \tau_D)s} \tag{6-19}$$

如果两个纯滞后时间 τ_o 与 τ_D 相近,并且由式(6-12) $K_F = -\frac{K_D}{K_o}$,则上式可简化为

$$G_F(s) = K_F \frac{T_o s + 1}{T_D s + 1} \tag{6-20}$$

式(6-20)表示了不考虑纯滞后时间不同时的一阶超前/一阶滞后动态前馈控制模型,它已在实践中得到使用。若需要用模拟仪表中的计算单元来构成此模型,则还需要将式(6-20)进行整理。令

$$A = \frac{T_o}{T_D} - 1 \tag{6-21}$$

则

$$G_F(s) = K_F \left(A + 1 - \frac{A}{T_D s + 1} \right) \tag{6-22}$$

因而可以用两个乘法器、一个加法器、一个一阶惯性环节来构成动态前馈控制模型,具体的做法表示在图 6-83 中。从图中可见,此动态前馈控制模型已较为复杂,而从效果上看仅仅能减少调节过程中的动态偏差而已,因而在干扰通道的时间常数与调节通道的时间常数差不多时,则应尽可能采用静态前馈控制。

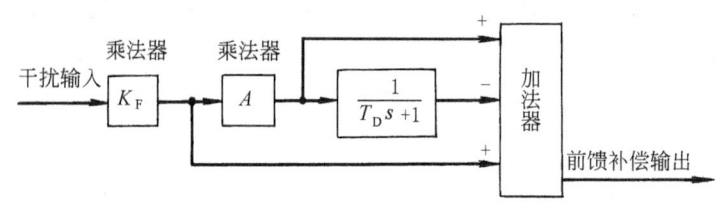

图 6-83 动态前馈控制模型的构成

在智能型数字调节器和 DCS 系统中有超前/滞后功能模块,它能直接完成式(6-20)的运算,因而只要在软件组态时直接调用,即可方便地解决动态前馈的问题。

(3) 前馈-反馈控制

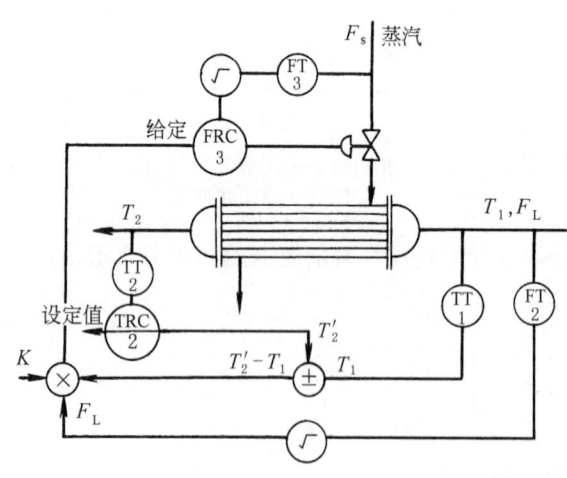

图 6-84 热交换器的前馈-反馈控制系统

在图 6-81 所示的热交换器前馈控制系统中,当蒸汽的压力发生波动,使蒸汽热焓发生变化或热交换器的热阻或热损失发生改变时,热交换器出口物料的温度与设定值就会不相符合,这些是无法用前馈控制来解决的,因而应该引入反馈控制,由反馈控制来解决那些不在前馈控制回路内的干扰。具体的前馈-反馈控制系统表示在图 6-84 中。当热交换器出口物料的温度 T_2 与设定值有偏差时,温度调节器 TRC-2 将改变其输出 T_2',然后根据前馈控制模型来改变蒸汽流量 F_s,使热交换器出口物料温度 T_2 与设定值相符。在这个前馈-反馈控制系统中,主要的干扰由前馈控制加以克服,余下的工作才由反馈控制来完成。反馈调节器 TRC-2 控制方式的选择与简单控制系统相似,为了消除出口温度的余差,它应该具有积分作用。

前馈-反馈控制与单纯的前馈控制相比,具有如下的优点。

① 通过反馈控制可以保证被控变量的控制精度,即保证被控变量稳定后的值,它能克服没有包括在前馈控制回路内的诸扰动的影响。

② 引入反馈控制以后,降低了对前馈控制模型精度的要求,使得前馈控制模型便于简化,有利于它的实施。

③ 反馈控制回路的存在,提高了前馈控制模型的适应性。

在工程设计中,总是把前馈-反馈控制结合在一起使用。当然在设计时还得考虑必要性的问题。一般说来,只能在需要的部位有限地使用。

6.2.2.8 非线性控制系统

具有非线性特性的对象和控制环节在石油化工过程及其控制系统中经常出现,常用的位式控制系统就是一个非线性控制系统。在前面几节,都把石油化工对象作为线性对象来处理,这种处理方法是基于对象的非线性特性不是很严重,而控制系统又工作在它的稳态工作点附近的小区段内,因而可以近似地认为,在这个小区段内对象特性是线性的。另外对象在整个工作范围内的非线性,还可以通过选择合适的调节阀流量特性等方法来设法加以补偿,使回路的总增益基本保持不变。实践已证明,这种处理方法在大多数场合尚能得到较为满意的结果。但有些工艺对象如pH对象,它具有严重的非线性特性,如果继续用常规的比例积分微分调节器来进行控制,就较难把pH值控制在6~8的范围内,这时可以考虑采用非线性调节器,它能较好地解决这类控制问题。另外有一些控制系统,如贮罐的液位控制,对象特性本身是线性或近似线性的,但是如果人为地、有意识地在控制系统中引入非线性环节,则更能满足某些工艺的特殊要求,得到更为理想的控制效果。例如在脉动流量的控制中,如采用非线性调节器,由于它在小偏差范围内的低增益,就能吸收流量测量中的噪声和脉动,使调节阀的动作更为平稳。在间歇生产过程中,如采用非线性调节器,则在开车过程中,测量值逐渐接近给定值后偏差缩小,非线性调节器的不灵敏区将起作用,这样就能防止被控变量的超调。

6.2.2.9 采样控制系统

(1)采样控制的概念

前几节所述的控制系统均是连续控制系统,其特点是在时间域上调节器连续地接收测量信号,并连续地给出校正信号。与这类连续控制系统不同的还有一类离散控制系统,其测量和控制作用通过采样开关每隔一段时间进行一次,这种断续的控制方法就称为采样控制。由于采样控制中调节器的输出是断续的,为了在采样开关断开以后,调节阀仍能继续保持它在采样时刻的位置不变,因而在采样控制系统中必须设有零阶保持器,以保持调节器的输出不变。因此采样控制的特点是通过采样开关和零阶保持器,每隔一个采样周期进行一次测量和一次调节,采样控制系统的方框图如图6-85所示。

采样控制的应用也分为两类。一类是来自工艺过程的被控变量的测量信息,它本身是断续的,如在线色谱仪输出的分析测量数据,或用计算机进行控制时,计算机输入的被控变量信息等,根据这类离散的输入信息构成的控制系统必然是采样控制系统。另一类是人为地把采样控制引入到具有特大纯滞后的工艺对象上去,以期得到较好的控制效果。因为一个具有纯滞后时间为τ的被控对象,任何校正作用至少要经过时间τ以后才能反映出来。常规的比例积分微分调节器是根据偏差来进行控制的,如果τ甚大,则长时间反馈回来的信号无变化,因而调节器对偏差的校正作用因得不到反馈信息而必然过头,积分作用将使过程产生严重的超调和振荡;另外当调节器改变它的输出而看不出效果时,继续改变它的输出就没有任何实际意义。因而在这种纯滞后特别大的场合采用采样控制,从控制策略上来理解,就是"调一下,等等看"的思想与做法。

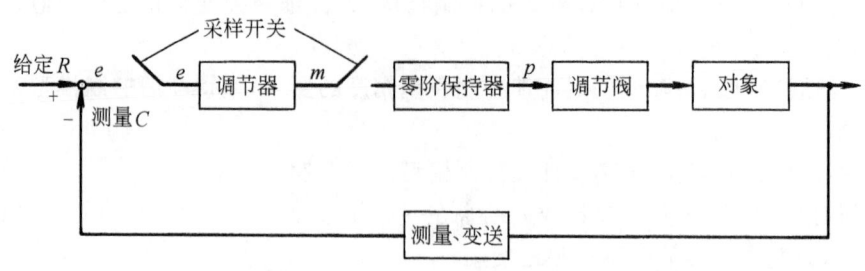

图 6-85 采样控制系统的方框图

(2) 采样控制的原理和工作过程

① 用采样调节器进行采样控制　设采样调节器的采样周期为 T，采样开关接通的时间为 Δt，则零阶保持器保持的时间为 $T-\Delta t$。如果采样调节器的控制作用为比例积分，显然采样调节器只有在 Δt 的时间内才起比例积分控制作用，在第 n 个采样周期时采样调节器的输出为

$$p_n = K_c \left(e_n + \frac{\Delta t}{T_i} \sum_{i=0}^{n} e_i \right) \tag{6-23}$$

因而

$$\Delta p_n = p_n - p_{n-1} = K_c \left(\Delta e_n + \frac{\Delta t}{T_i} e_n \right) \tag{6-24}$$

式中　p_n——第 n 次采样时采样调节器的输出；

Δp_n——第 n 次采样时采样调节器输出的增量；

e_n——第 n 次采样时的偏差值；

Δe_n——第 n 次采样时的偏差与第 $n-1$ 次采样时的偏差之差；

K_c——放大倍数；

T_i——积分时间；

i——采样序号。

在恒定的偏差 e 下，采样调节器的输出特性如图 6-86 所示。从图上可见，在同样的 K_c、T_i 和采样周期 T 下，采样时间 Δt 越长，积分作用越强，$\Delta t = T$ 时，采样调节器的输出特性就与起连续控制作用的基型比例积分调节器的输出特性一致。

② 用计算机进行直接数字控制　直接数字控制（DDC）就是用工业控制用的电子计算机代替常规的调节器，实现对工艺过程的闭环控制。因为一台计算机至少要控制十几个或几十个回路，所以对每个回路来讲，计算机是按一定的周期和顺序来进行检测和调节的，计算机也就相当于是各个回路所共有的采样调节器。在实行 DDC 控制时，虽然每次采样时间 Δt 很短，但它的控制作用的输出却完全是模仿常规的比例积分微分调节器，因而计算机在计算输出时算式中采用的时间间隔取的是采样周期 T 而不是采样时间 Δt。实行 DDC 控制时，其输出一般有两种算式，一种是位置算式，另一种是增量算式。输出的位置算式和增量算式表示如下

$$p_n = K_c \left[e_n + \frac{T}{T_i} \sum_{i=0}^{n} e_i + \frac{T_d}{T} (e_n - e_{n-1}) \right] \tag{6-25}$$

$$\Delta p_n = K_c \left[\Delta e_n + \frac{T}{T_i} e_n + \frac{T_d}{T} (\Delta e_n - \Delta e_{n-1}) \right] \tag{6-26}$$

位置算式是计算调节阀开度的绝对值，是依据给定值与被控变量的偏差来进行运算的，因此

它的控制方式与常规调节器相似,但一旦计算机有故障时,就可能计算机没有输出,因而对生产过程影响较大。增量算式是计算出调节阀开度在原来基础上的改变量,因而一旦计算机有故障,调节阀就将停留在它原来输出的基础上,对生产过程的影响较小。采用DDC控制时,比例积分控制作用的输出特性如图6-87所示,从图上可以看出,当采样周期T较短时,DDC输出与连续比例积分调节器的输出十分接近。

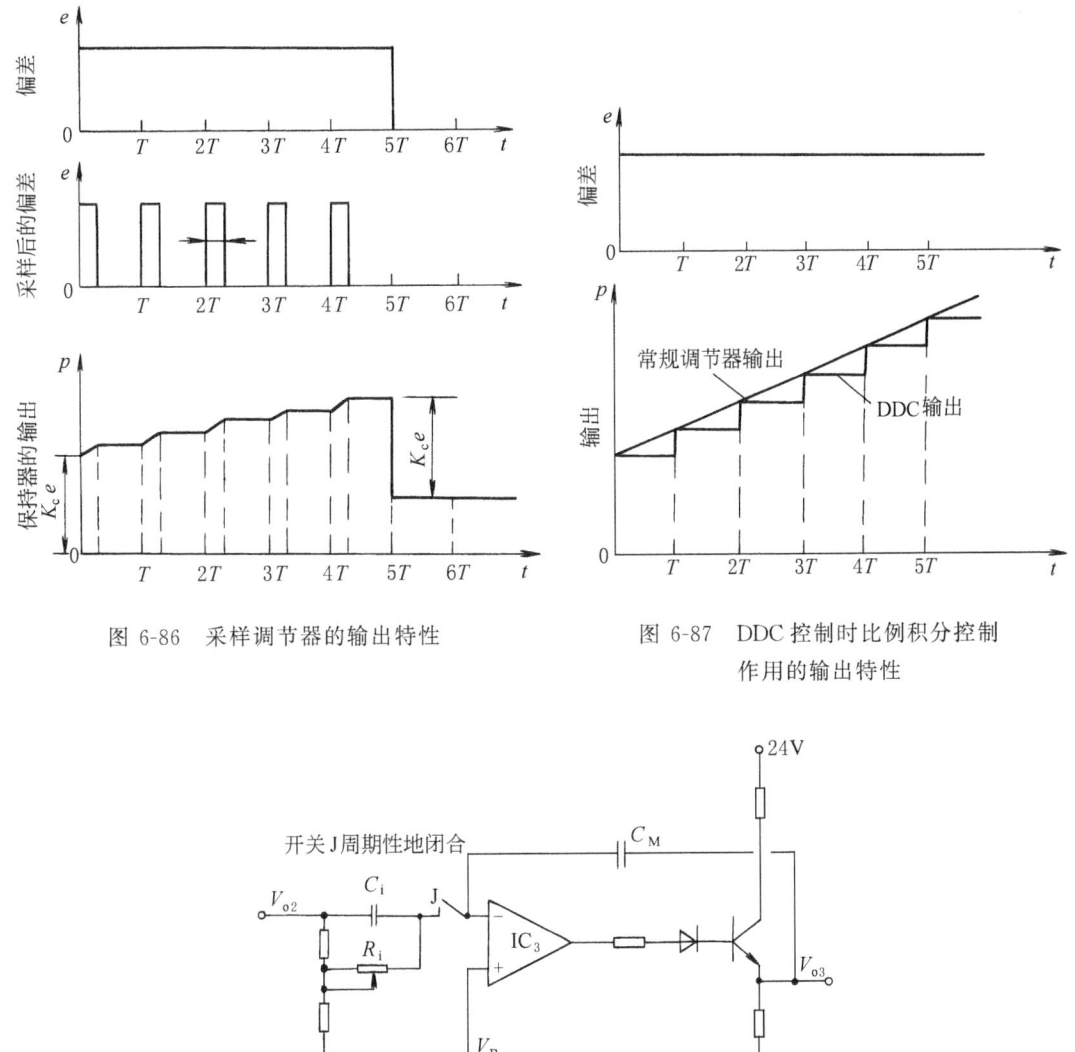

图6-86　采样调节器的输出特性

图6-87　DDC控制时比例积分控制作用的输出特性

图6-88　采样调节器中的比例积分运算电路兼作零阶保持器

(3) 采样调节器的结构

从前面采样控制的概念可知,在常规调节器的基础上增加采样开关和零阶保持器,它就变成了采样调节器。具体来说,对于Ⅲ型电动仪表(仪表线路见图6-88)只需在比例积分运算电路IC_3的输入端加一个自动采样开关J,IC_3由于电容C_M的保持特性可以兼作零阶保持器,这样就成为采样调节器了。当采样开关J闭合时,进行正常的比例积分运算;当采样开关J断开以后,则变成浮空输入的保持电路,此时输出电压V_{o3}等于反馈电容C_M上的电压,而电容

C_M 上的电压则与采样开关 J 断开那一瞬间的输出电压相等。由于电容 C_M 的保持特性,所以即使采样开关 J 已断开,但输出电压 V_{o3} 仍保持不变,实现了零阶保持。

6.2.2.10 模糊控制系统

随着现代科学技术的发展,各个科学技术领域和生产部门、管理部门都迫切要求数字化、定量化,以便更精确地描述、反映不同的事物和处置各类问题。电子计算机应用的发展在很大程度上解决了这个矛盾。但计算机应用深化后不久,它就面临了一系列不能用经典数学来解决的复杂问题,如多变量非线性系统、人工智能、图像识别、机车自动驾驶、交通管理、天气预报等等。在一个复杂的大系统中,随着复杂性增加到了一定的限度,人们再也不能用经典的数学处理方法得到有意义的符合实际的结果。人们无法回避复杂事物中模糊性的存在及其重要性了。

在自动控制系统中,由于被控对象的复杂性,往往在控制过程中出现很多无法精确度量的模糊量,针对这些场合,虽有自适应控制等方法,但由于对象的非线性、时变、不确定性,无法建立对象精确的数学模型,再加上环境的干扰等,这些系统的控制效果并不理想。而这些复杂的系统若由有经验的人进行模糊的推理、判断和调节却能控制得较好,于是就提出了如何使自动控制系统的工作能模拟人的操作方式,这就导致了模糊控制理论的诞生。

一个有经验的控制工作者可以把熟练的操作人员的操作方法用一组语言定性地表达出来,这就是模糊算法,而按此模糊算法对生产过程进行控制就是模糊控制。模糊控制与传统控制相比有以下特点。

① 适用于不易获得精确数学模型的对象,只要能获取操作人员成功的知识、经验和操作数据。

② 模糊控制器的控制规律只用语言变量来表达,避开了传递函数、状态方程等。

③ 系统的适应性强,适用于滞后、高阶、非线性、时变的对象。

④ 系统设计时可以协调各方面的要求,被控变量可以不是唯一的。

设计模糊控制系统的核心是设计模糊控制器。设计模糊控制器时一般会碰到和处理如下问题。

(1) 定义描述输入、输出的语言变量

一般对于单输入单输出控制系统可选用偏差 E 和偏差变化率 E_c 作为系统输入量,事先定义描述输入量偏差、偏差变化率和输出量的语言变量,如负大、负中、负小、零、正小、正中、正大(NB、NM、NS、Z、PS、PM、PB)等。

(2) 探索控制策略

控制策略常常是根据有经验的操作人员的经验,依据上述两个输入量 E、E_c 的变化,考虑到既保证快速响应又有较好的稳定性时应有的输出变化。它们可以以 IF-THEN 的语句表达。如:

IF $E=NB$ AND $E_c=NB$ THEN $C=PB$

$$\vdots$$

IF $E=PB$ AND $E_c=PB$ THEN $C=NB$

(3) 确定模糊控制器的算法

根据控制策略可以求出输入输出间的模糊关系 R,将模糊关系 R 存入计算机,然后在实时控制时按如下步骤进行。

① 计算采样时刻的偏差和偏差变化率。

② 把偏差和偏差变化率模糊化。

③ 按控制需要的模糊关系 R 进行模糊决策。
④ 对模糊决策的输出值进行判断后输出。

基本模糊控制器的结构框图如图 6-89 所示。

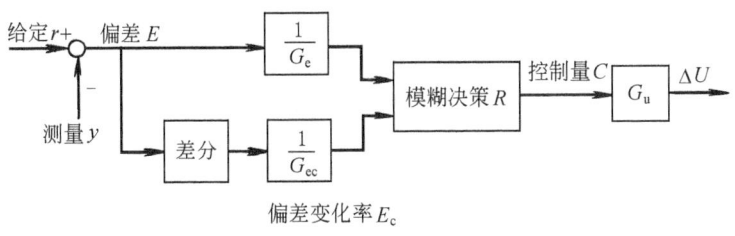

图 6-89　典型的模糊控制器

$\frac{1}{G_e}$—偏差比例因子；$\frac{1}{G_{ec}}$—偏差变化率比例因子；G_u—输出比例因子

6.2.2.11　控制系统的相关及解耦

以上为了简化对问题的分析，所讨论的控制系统大多从单一被控变量和单一操纵变量的角度出发，很少考虑多变量过程相互之间的影响。但是任何一个生产装置或工艺过程，很少只有一个控制系统。任何过程，只要它的控制系统在两个或两个以上，控制回路之间就产生了相互关联，当然关联的程度有轻有重。当一个工艺过程有两个被控变量和两个操纵变量时，它们相互配对并组成简单控制系统的方案就有两种。在某些场合下，从工艺机理上很快就能找出配对的做法，答案是明确的，配对以后，好像两个控制回路的工作是独立的一样；此时若要反过来配对就会觉得明显的不合理。在另一些场合下，好像两种配对都可以，都能得到差不多的结果，实质上此时两个回路的相关已达到一定程度，以后很可能两个回路工作时互相影响。还有可能因为两个回路之间的密切相关，使得打算改变某一被控变量时，会引起其他量的变化，反而得到与原来愿望相反的效果，这时两个控制回路密切相关，互相影响，无法控制。

在较为复杂的工艺过程中，操纵变量与被控变量的配对是比较复杂并且不容易确定的。例如，精馏塔顶馏出物的组分可以由回流量或者由馏出量来控制；同样塔底出料的组分也可以由塔底出料量或者进再沸器的蒸汽量来控制，答案有时是不太明确的，利用在自动控制领域中近期出现的一些新方法，例如，定量计算每个被控变量对每个操纵变量的相对增益，即可帮助自控人员去组成合理的控制系统，估计各个控制系统之间相关的性质和相关的程度，并作出为了保证控制质量是否有必要采取解耦措施等的判断，进而按需要着手进行控制系统的解耦设计。

6.3　先进过程控制

6.3.1　概述

近年来，能源和原材料价格持续上涨，随着人们对产品数量需求的增加及对产品质量要求的提高，石化产品市场竞争日趋激烈，节约能源、保护环境越来越引起人们的关注。利用先进控制技术提高装置操作、控制、管理水平，追求更大的经济效益，已成为石化企业迫切需要解决的问题。

目前，国内外石化企业正在大规模地进行生产装置的改造或控制系统更新，DCS 已逐步取代常规控制仪表，同时自动化技术和计算机技术的飞速发展，为石化生产过程控制技术的发展提供了良好的基础。以多变量预估控制为代表的先进控制技术、以在线实时优化为核心的过程优化技术、以信息管理和工业控制集成为中心的 CIMS 技术成为这一发展趋势的三大热点问题。国内外许多著名的过程控制软件公司、大学、研究、设计、工厂等共同推出先进过程控制软件，成功地用于生产装置，并获得了显著的经济效益。

石油化工是支柱产业之一，在国民经济中占有重要地位。随着 DCS 的广泛应用，石化行业的生产过程控制水平有了很大的提高。但是，多数 DCS 仍然使用常规的控制方法（PID），没有充分发挥其功能，基于模型计算的先进控制与优化生产远未实现，生产的某些经济技术指标及产品质量指标同国外先进水平相比还存在差距。为此，石化企业从战略高度将先进过程控制与在线实时优化作为挖潜增效、消除生产"瓶颈"的重要手段之一。

由图 6-90 可以看到，先进过程控制（Advanced Process Control，APC）技术处于金字塔结构的第三层，可以在 DCS 系统常规控制技术的基础上，投入小量的资金及人力，产生较好的收益，所以先进过程控制技术在世界范围内得到了广泛的应用，取得了令人满意的结果。由图 6-91 不难看出先进调节控制与先进控制的产出与投入比是最高的。

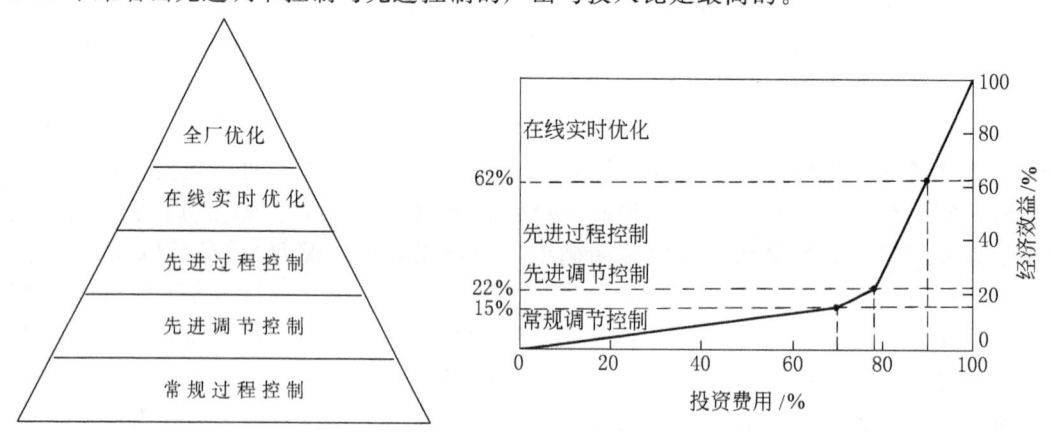

图 6-90　先进过程控制　　　　　图 6-91　先进过程控制的经济效益

事实上，国际上一些著名的过程控制公司（如 Setpoint，DMC，ADERSA，Aspen，HHS 等）的先进控制软件的核心是模型预测控制方法。这些多变量约束控制软件包在几千个工业现场取得了成功的应用，获得了巨大的经济效益。这一切也极大地刺激了先进过程控制与优化的应用和发展。

由于其巨大的经济效益，这些多变量约束控制软件包的价格就非常之高，例如 IDCOM-M 每套要 70 多万美元，而且外商对这些软件仅出售使用权，而不出卖其核心技术。加之国外的这些高科技公司之间竞争十分激烈，在 1996 年 1 月，著名的 Setpoint 公司和 DMC 公司先后被 AspenTech 公司收购，推出了 DMCplus 控制软件包和 RT-OPT 优化软件包，价格更加昂贵，垄断局面已将形成。因此，应及早开发我国自己的相应商品化工程软件，进行推广应用，努力赶上世界先进水平。

从 20 世纪 40 年代开始形成的控制论被称为"20 世纪上半叶三大伟绩之一"，在人类社会的各个方面有着深远的影响。控制理论与其他任何学科一样，源于社会实践和科学实践，是源于生产过程的要求而发展起来的。在自动化的发展中，有两个明显的特点：第一，任务的需要，理论的开拓与技术手段的进展三者相互推动，相互促进，显示了一幅交错复杂，轮廓分明的画卷，清晰的同步性；第二，自动化技术是一门综合性的技术，控制论更是一门广义的学科，在自动化的各个领域，移植和借鉴起了交流汇合的作用。

自动化技术的前驱，可以追溯到我国古代指南车的出现。至于工业上的应用，一般以瓦特的蒸汽机调速器作为正式起点。工业自动化的萌芽是与工业革命同时开始的。这时候的自动化装置是机械式的，而且是自力型的。随着电动、液动和气动这些动力源的应用，电动、液动和气动的控制装置开创了新的控制手段。

蒸汽机的出现，促进反馈控制技术的发展，使控制理论真正走上了系统研究之路。控制理论经过百余年的发展，大致经历了以下三个阶段：经典控制理论；现代控制理论；大系统理论。

为了解决蒸汽机的离心调速器的控制精度和系统稳定性之间的矛盾，Maxwell 在 1868 年提出了用基本系统的微分方程模型分析反馈系统的数学方法。1877 年，Vyshnegradskii 阐述了调节器的数学理论。在 1895 年，Roth 和 Huriwiz 分别提出了基于特征根和行列式的稳定性代数判别方法。这一时期讨论的主要问题是稳定性，主要的数学方法是微分方程解析方法。这时候的系统（包括过程控制系统）是简单控制系统。仪表是基地式的，大尺寸的，适合当时的需要。到第二次世界大战前后，控制理论有了很大发展。电信事业的发展导致了 Nyquist（1932）频率域分析技术和稳定判据的产生。Bode（1945）的进一步研究开发了易于实际应用的 Bode 图。1948 年，Evans 提出了一种易于工程应用的求解闭环特征方程根的简单图解方法——根轨迹分析方法。至此，自动控制技术开始形成一套完整的，以传递函数为基础，在频率域对 SISO 控制系统进行分析与设计的理论，这就是今天所谓的古典控制理论，古典控制理论最辉煌的成果之一要首推 PID 控制规律。PID 控制原理简单，易于实现，对无时间延迟的单回路控制系统极为有效，直到目前为止，在工业过程控制中有 90% 的系统还使用 PID 控制规律。经典控制理论的最主要的特点是：线性定常对象，单输入单输出，完成镇定任务。即便是对这些极简单对象的描述及控制任务，理论上也尚不完整，从而促使现代控制理论的发展：对经典控制理论精确化，数学化及理论化。

20 世纪 60 年代，现代控制理论迅猛发展，这是以状态空间方法为基础，以极小值原理和动态规划方法等最优控制理论为特征的，而以采用 Kalman 滤波器的随机干扰下前线性二次型系统（LQG）宣告了时域方法的完成。现代控制理论在航天、航空、制导等领域取得了辉煌的成果。现代控制理论中首先得到透彻研究的是多输入多输出系统，其中特别重要的是对描述控制系统本质的基本理论的建立，如可控性、可观性、实现理论、典范型、分解理论等，使控制由一类工程设计方法提高成为一门新的科学。为了扩大现代控制理论的适用范围，相继产生和发展了系统辨识与估计、随机控制、自适应控制以及鲁棒控制等各种理论分支，使控制理论的内容愈来愈丰富。现代控制理论虽然在航天、航空、制导等领域取得了辉煌的成果，但对复杂的工业过程却显得无能为力。

从 20 世纪 70 年代开始，为了解决大规模复杂系统的优化与控制问题，现代控制理论和系统理论相结合，逐步发展形成了大系统理论。其核心思想是系统的分解和协调，多级递阶优化与控制正是应用大系统理论的典范。对含有大量不确定性和难于建模的复杂系统，模糊控制和智能控制应运而生，它们在许多领域都得到了应用。另外，模型预测控制作为一种多变量约束控制方法，以其优良的控制性能广受过程控制界的青睐，以预测控制技术为核心的多变量约束控制软件包，在应用中所获得的经济效益备受世人瞩目。预测控制技术已成为当前过程控制理论研究和应用的热点。

6.3.2 先进过程控制及预测控制的基本原理

控制和优化是正常生产和取得经济效益的重要保证。控制采用的是动态的回路级模型，优化采用的是稳态的单元级或流程级模型。优化和控制之间是给定和指导的关系，也就是说，稳态优化得到的最优操作条件作为给定值送到下面的控制层。

控制包括了基本调节控制、先进过程控制、约束控制等不同的控制方案。

基本调节控制构成了整个过程生产自动化的基础。其主要功能是采用 PID 常规调节器，使生产过程的某些工艺参数稳定在设定值附近，实现安全生产和平稳操作。

先进过程控制的主要作用是提供比基本调节控制更好的控制效果，并且能够适应复杂动态特性、时间滞后、多变量、有不可测变量、变量受约束等情况，在操作条件变化时仍有较好的控制性能。采用先进过程控制可充分发挥装置的潜力，使生产操作更方便可靠。基于模型的控制策略是先进过程控制的主要技术手段，也是先进过程控制区别于常规控制的一个主要特点，模型预测控制技术是先进过程控制技术中的代表。

约束控制的主要作用是根据系统操作状态变化，进行边界条件转化，以求得最优操作工况。

控制的基本目标就是保持稳定生产。实现自动化的经济效益是难以定量估计的。它们蕴含于工艺过程的稳定操作所带来的效益之中。

控制着眼的是局部范围的回路控制，在线优化是自动化系统取得最佳经济效益的关键所在。在线优化层在控制、决策两个环节中起着承上启下的关键作用。它通过采集现场数据，对过程操作状况作出在线评价和分析，不断更新模型参数，不断修正约束条件，根据原料、产品、辅助设备费用等信息寻求过程的最佳操作条件并付诸实施，使生产过程始终处于最优工况附近。

大工业过程递阶控制的四层结构：Level 3，生产的时空调度；Level 2，在保证产品质量和产量前提下，费用最小的优化求解；Level 1，过程的动态多变量控制，其他先进过程控制；Level 0，DCS、PID 控制等。

应该指出经济效益并非主要来自动态多变量控制及先进过程控制层，而主要是来自优化层。由第 0 层和第 1 层控制所能获得的直接经济效益实际上是不明显的，第 2 层的优化却能明显地提高经济效益。因为好的过程控制只是能减少被控变量与设定值之间的偏差，即减小生产过程的波动，提高装置操作稳定性，而真正的经济效益来自于把被控变量的设定值推向约束边界，这一点正是由优化层来完成的。但是，这并不意味着前两层的控制不重要。事实上，若想在第 2 层实现满意的优化，其必要条件是第 0 层和第 1 层必须有很好的控制效果。如果第 1 层的动态控制质量很差，实际值对设定值的偏差很大，为安全起见，工作点就不得不设置得偏离约束边界较远，这样第 2 层的优化性能指标就难以提高。相反，如果第 1 层实现严格的动态控制，控制偏差很小，则在第 2 层优化时便可将工作点设置得临近其约束边界。在保证安全控制的同时，经济效益就可进一步提高。这种控制问题的分层方法为先进过程控制的应用提供了一个基本框架。

所谓预测控制是指通过在未来时段（预测时域）上优化过程输出来计算最佳输入序列的一类算法。预测控制通常建立在下述基本特征的基础上。

(1) 预测模型

预测控制是一种基于模型的控制算法，这一模型称为预测模型。预测模型的功能就是能根据对象的历史信息和未来输入预测其未来输出。只要是具有预测功能的信息集合，不论其有什么样的表现形式，均可作为预测模型。因此，状态方程、传递函数这类传统的模型都可以作为预测模型。对于线性稳定对象，甚至阶跃响应、脉冲响应这类非参数模型，也可直接作为预测模型使用。此外，非线性系统、分布参数系统的模型，只要具备上述功能，也可在对这类系统进行预测控制时作为预测模型使用。因此，预测控制打破了传统控制中对模型结构的严格要求，更着眼于在信息的基础上根据功能要求按最方便的途径建立模型。

预测模型具有展示系统未来动态行为的功能。这样，就可以利用预测模型来预测未来时刻被控对象的输出变化及被控变量与其给定值的偏差，作为确定控制作用的依据，使之适应动态系统所具有的存储性和因果性，得到比常规控制更好的控制效果。

(2) 滚动优化

预测控制的最主要特征是在线优化。预测控制这种优化控制算法是通过某一性能指标的最优来确定未来的控制作用的。这一性能指标涉及系统未来的行为，例如，通常可取对象输出在未来的采样点上跟踪某一期望轨迹的方差最小；要求控制能量为最小同时保持输出在某一给定范围内等等。性能指标中涉及的系统未来的行为，是根据预测模型由未来的控制策略决定的，但是，预测控制中的优化与通常的离散最优控制算法有很大的差别。这主要表现在预测控制中的优化不是采用一个不变的全局优化目标，而是采用滚动式的有限时段的优化策略。在每一采样时刻，优化性能指标只涉及从该时刻到未来有限的时间，而到下一采样时刻，这一优化时段同时向前推移。因此，预测控制在每一时刻有一个相对于该时刻的优化性能指标。不同时刻优化性能指标的相对形式是相同的，但其绝对形式，即所包含的时间区域，则是不同的。因此，在预测控制中，优化不是一次离线进行，而是反复在线进行的，这就是滚动优化的含义，也是预测控制区别于传统最优控制的根本点。这种有限时段优化目标的局限性是在理想情况下只能得到全局的次优解，但优化的滚动实施却能顾及由于模型失配、时变、干扰等引起的不确定性，及时进行弥补，始终把新的优化建立在实际的基础上，使控制保持实际上的最优。对于实际的复杂工业过程来说，模型失配、时变、干扰等引起的不确定性是不可避免的，因此建立在有限时段上的滚动优化策略更加有效。

(3) 反馈校正

预测控制算法在进行滚动优化时，优化的基点应与系统实际一致。作为基础的预测模型，只是对象动态特性的粗略描述，由于实际系统中存在的非线性、时变、模型失配、干扰等因素，不变模型的预测不可能和实际情况完全相符，这就需要用附加的预测手段补充模型预测的不足，或者对基础模型进行在线修正。滚动优化只有建立在反馈校正的基础上，才能体现出其优越性。因此，预测控制算法在通过优化确定了一系列未来的控制作用后，为了防止模型失配或环境干扰引起控制对理想状态的偏离，不是把这些控制作用逐一全部实施，而是实现本时刻的控制作用。到下一采样时刻，则首先检测对象的实际输出，并利用这一实时信息对基于模型的预测进行修正，然后再进行新的优化。

反馈校正的形式可以在保持预测模型不变的基础上，对未来的误差作出预测并加以补偿，也可以根据在线辨识的原理直接修改预测模型。不论取何种校正形式，预测控制都把优化建立在系统实际的基础上，并力求在优化时对系统未来的动态行为作出较准确的预测。因此，预测控制中的优化不仅基于模型，而且利用了反馈信息，构成了闭环优化。

预测控制具有上述的三个基本特征：预测模型、滚动优化和反馈校正，使得它在复杂的工业环境中得以应用。对于复杂的工业对象，由于辨识其最小化模型要花费很大的代价，给基于传递函数或状态方程的控制算法带来困难。预测控制模型结构具有不唯一性，它可以根据对象的特点和控制的要求，以最简易的方式集结信息建立预测模型。在许多场合下，只需测定对象的阶跃或脉冲响应，便可直接得到预测模型，而不必进一步导出其传递函数或状态方程，这对其应用无疑是有吸引力的。预测控制汲取了优化控制的思想，利用滚动的有限时段优化取代了一成不变的全局优化。由于实际上不可避免地存在着模型误差和环境干扰，这种建立在实际反馈信息基础上的反复优化，能不断顾及不确定性的影响并及时加以校正，要比只依靠模型的一次优化更能适应实际过程，有更强的鲁棒性。所以，预测控制是针对传统最优控制在工业过程中的不适用性而进行修正的一种新型优化控制算法，它更加贴近复杂系统控制的实际要求，这是预测控制在复杂系统领域中受到重视和应用的根本原因。

6.3.3 主要先进控制工具软件包

6.3.3.1 DMC 动态矩阵控制器

美国 DMC 公司成立于 1981 年，总部设在美国德克萨斯州的休斯敦。DMC 公司的技术已在炼油、石化和化工等领域的 570 多个工程项目中得到了应用，取得了显著的经济效益。

DMC 动态矩阵控制和 DMO 在线实时优化技术是 DMC 公司的主要产品。

DMC 控制软件包的主要特征是：

- 具有完善的多变量动态过程模型辨识软件；
- 能有效地处理大规模复杂控制问题；
- 能容易地处理大纯滞后及大的时间常数过程；
- 应用线性规划原理来实现经济性能指标的最优化；
- 能处理动态响应区间内被控变量和操作变量的约束条件；
- 具有动态加权和在线整定功能。

DMC 控制软件包中的 DMI 动态矩阵辨识软件可用于高达 60 个独立变量、120 个应变量的复杂相关多变量系统。与传统辨识方法不同，DMI 的特点是能在工业生产环境下进行现场装置试验。在动态特性测试期间，过程不需要处于稳态。操作人员可调节任何操作变量以使生产产品符合规格。

DMI 不是人为地规定过程动态模型，例如一阶系统加纯滞后、二阶系统加纯滞后，采用线性微分方程一般形式（即一组数值系数）来逼近实际生产装置数据，可以辨识出任何不寻常动态特性。DMI 软件可剔除诸如分析仪表失灵所引起的不完整数据，并把分段有效的数据有机地组合在一起综合辨识多变量动态模型。

DMC 控制软件包中的 DMC 控制器是有效的先进过程控制软件之一。它主要由预测模块、线性规划（约束处理和经济性能指标优化）模块以及最优控制作用计算模块组成。DMC 还具有动态加权及在线整定功能。动态矩阵控制器内部结构如图 6-92 所示。

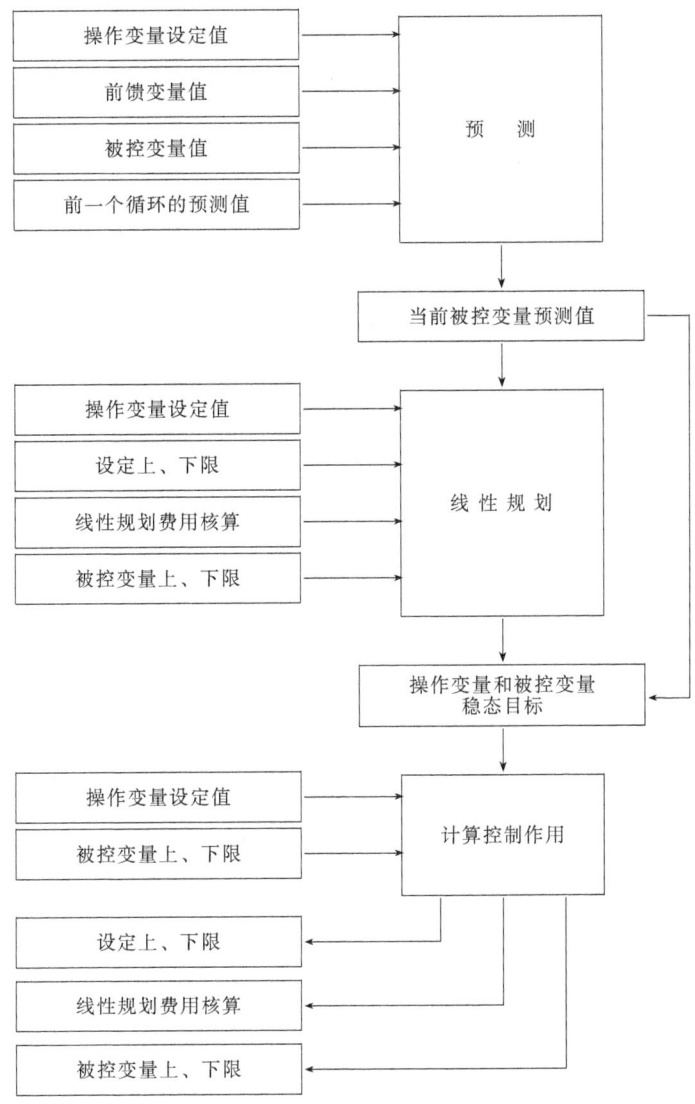

图 6-92 DMC 动态矩阵控制器内部结构

线性规划程序使用稳态预测和操作变量费用核算来求解约束条件下经济性能指标最优解。线性规划能在每个控制周期里给出最优稳态解,并作为操作变量和应变量稳态值。线性规划能确保生产过程连续不断地朝着最优目标函数值方向运行。线性规划的目标函数取决于当前产品价格以及原料和辅助设备费用,并且可不断修正。

约束条件可以作为具有上、下限的应变量引入控制器中。线性规划允许控制器处理操作变量多于被控变量或被控变量多于操作变量的工况。线性规划能确保在满足约束条件下装置操作最佳。

DMC 控制器一般计算 8 到 14 个未来控制作用。DMC 控制器能显著地提高大纯滞后、大的时间常数过程、积分过程以及具有不寻常动态特性的过程的控制品质。

DMC 控制器主要有两种整定参数:操作变量的控制作用抑制系数以及应变量等重要性误差衡量系数。每个操作变量都有一个控制作用抑制系数,其功能是对操作变量控制作用进行抑制。增大控制作用抑制系数将减小控制作用,被控变量预测值与其设定值之间的误差也将相应增加。因而控制作用抑制系数本质上反映了控制作用大小与被控变量误差之间的一种折中。每个被控变量对应于一个等重要性误差衡量系数,该系数是衡量各被控变量相对重要性的一种工具。等重要性误差衡量系数越小表明控制器越重视该被控变量。

DMC 软件具有动态加权功能,即通过自动地改变应变量等重要性误差衡量系数来达到使控制器在应变量接近其约束或设定值时控制更加谨慎的目的。DMC 还具有在线整定功能。

DMC 的控制周期主要取决于过程动态特性,对于快速系统,控制周期为 1min 或小于 1min。对于慢速过程,控制周期可在 2~10min 之间。DMC 控制器在线投运率可达 95%。

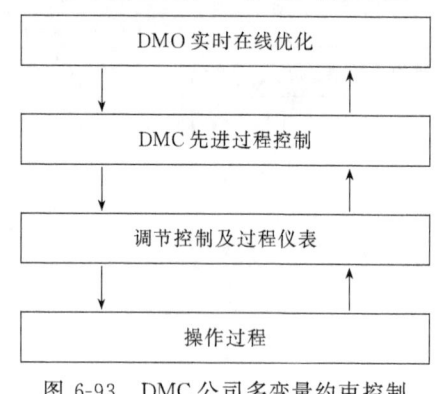

图 6-93 DMC 公司多变量约束控制技术和实时在线优化系统

实现装置收益最大的关键是使过程时刻处于最优约束操作。如图 6-93 所示的在线闭环实时优化与多变量约束控制是使工况处于最优状态和平稳操作的根本保证。

DMO 实时在线优化系统基于过程稳态精确模型,具有随工况不断更新模型参数、不断修正约束条件以及根据原料、产品、辅助设备费用等信息在线求得使整个过程最优的设定值,并直接实施最优设定值于控制系统等特点。DMC 控制器通过减少过程干扰影响,在最优约束条件下给出连续平稳操作来实现经济性能最优化。DMC 控制器能使过程可靠地运行在系统真实的约束条件下,而不是像 PID 控制器那样留有很大的余地。DMC 控制器已在许多苛刻约束条件下平稳操作运行,提高了过程操作的稳定性,大大减少过程监控及操作人员的干预。

工程应用实践表明,DMC 和 DMO 具有投资少、见效快等特点。在原有基础上通常再能增加 3%~6% 的经济效益。

炼油生产过程实施 DMC 高级过程控制和 DMO 优化所产生的经济效益见表 6-15。

表 6-15 应用 DMC、DMO 控制软件的经济效益

炼油装置	进料量 /(bbl❶/d)	增加的收益 /(万美元/年)	炼油装置	进料量 /(bbl/d)	增加的收益 /(万美元/年)
原油蒸馏	150000	225~450	烷基化	30000	135~315
催化裂化	70000	420~1050	延迟焦化	40000	144~480
重 整	50000	150~450	轻组分气体工厂	40000	120~240
加氢裂化	50000	225~450	同分异构化	30000	67.5~135

在 1996 年 1 月,Setpoint 公司和 DMC 公司先后被 AspenTech 公司收购,使得 AspenTech 公司在过程信息管理(Process Information Managment,简称为 PIM)、先进控制和优化技术方面跃为世界领先地位。AspenTech 公司结合 DMC 公司的 DMC 多变量控制技术和 Setpoint 公司的 SMCA(Setpoint Multivariable Control Architecture)技术推出了 DMCplus 控制软件包。

DMCplus 控制软件包内核与 DMC 一样,其控制系统结构如图 6-94 所示。

它可以处理大规模工业对象,准确地辨识过程对象模型,并控制对象到最优操作点上,从而获得最大的产量、最大的转化率以及最小的能耗。

---

❶ 1bbl=159L。

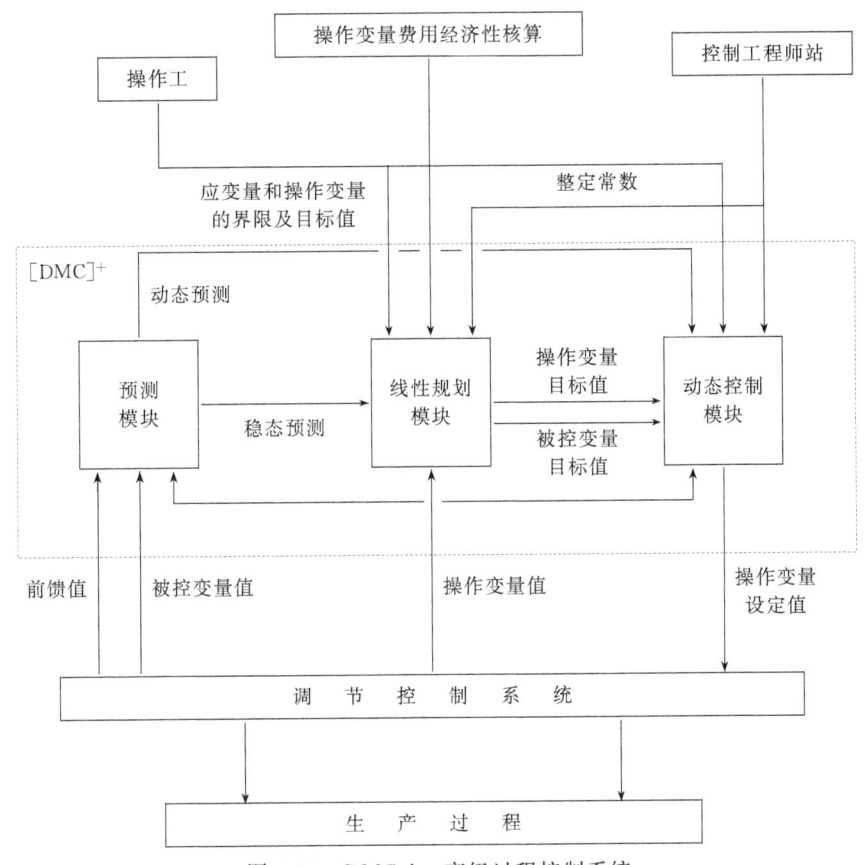

图 6-94 DMCplus 高级过程控制系统

DMCplus 控制软件包的主要特点是：过程模型辨识；处理约束；经济指标优化；能处理大型控制问题。

AspenTech 公司位于美国德克萨斯州的休斯敦。DMCplus 控制器是多变量约束控制器，可以应用于石油、石化、化工过程中的所有连续过程。

DMCplus 控制软件包可以让控制工程师用比较直观的方法构造复杂的多变量控制器。该技术也比经典的 PID 控制理论易懂，使得工程师能很容易地理解工业控制问题，并把该软件用于实际的生产。

DMCplus 控制软件包可以用比较简单的步骤来构造控制器。工程师对工艺过程和其约束情况的理解，正确选择操作变量（MV's）、干扰变量（DV's）以及被控变量（CV's）是非常重要的。

DMCplus 控制器通过减少过程干扰的影响而获得平稳操作以及使对象始终工作在最佳工作点来获得最大的经济效益。

6.3.3.2 IDCOM-M 控制器

Setpoint 公司于 1977 年成立，它是在过程控制领域研究先进控制信息系统的最早的独立公司之一，其总部设在美国德克萨斯州的休斯敦。IDCOM-M 控制器是 Setpoint 公司的主要产品。

IDCOM-M 控制器是一个多变量、多目标、基于模型的预测控制器。在 IDCOM-M 控制器中，有三种过程变量。

操作变量（MV's）。操作变量一般是 DCS 级的设定值，也可以是 IDCOM-M 控制器下一层的先进控制策略的设定值。

被控变量（CV's）。被控变量一般是过程可测变量，如温度、压力、液位等，也可以是一些间接变量，如塔内回流量等。

干扰变量（DV's）。干扰变量是一些可测的，对系统输出有影响的，但不能控制的变量。这些变量是作为前馈输入的。

IDCOM-M 使用离散脉冲响应模型，或者一阶、二阶加纯滞后的传递函数。IDCOM-M 能够处理纯积分响应，是通过描述输出对时间的一阶导数的响应来实现的。

被控变量的控制要求有设定值和区域限制两种类型，这两种类型是不相容的，一个 CV 要么有设定值要求，要么有区域限制要求。区域限制还分为"硬"区间限制和"软"区间限制。每一个 CV 还有很多与闭环系统稳定性和品质有关的整定参数，这些整定参数以及设定值和区域要求，都可以在线调整。

操作变量的控制要求有三种，第一种是 MV 的位置约束和变化速率（Rate-of-change，简称 ROC）约束，这是 MV 的"硬"约束，控制器必须严格遵守而不能违背。ROC 约束的优先级比位置约束的优先级高。第二种是 MV 的理想静态值（Ideal Resting Values，IRV）。只有在系统有多余的自由度时才考虑 MV 的 IRV 要求。第三种是 MV 的线性经济函数（Linear Economic Function，简称为 LEF），这与 IRV 相似，只有在系统有多余的自由度时才考虑。

IDCOM-M 控制器能够处理受约束的多变量控制问题。IDCOM-M 的约束类型分为"硬"约束和"软"约束两种，其中约束又分为不同的优先级。

IDCOM-M 采用分层方法来处理控制要求与经济指标之间的关系。IDCOM-M 控制器使用两个独立的目标函数，第一个目标函数是针对输出变量控制要求的，第二个目标函数是针对输入变量控制要求的。

IDCOM-M 控制器首先考虑第一个目标函数，即先控制每一个 CV 到它的设定值或在它的区间限制内。它受到输入"硬"约束和输出"硬"约束的限制，系统输出要求尽量接近期望值，期望值来自参考轨迹，参考轨迹是从当前检测值到设定值之间的一阶光滑曲线。参考轨迹的时间常数决定系统闭环响应时间。

如果满足第一个目标函数的解非唯一，那么系统还有多余的自由度，则可以再考虑第二目标函数。求解第二个目标函数时要引入等式约束，以保证第一个目标函数的优化结果不受影响。第二个目标函数的求解就可以输入值接近 IRV，或使 LEF 最大或最小，以取得更大的经济效益。

IDCOM-M 控制器的控制流程如图 6-95 所示。

IDCOM-M 易于在线组态，不需编程。还有功能强大的仿真软件包，可以用来测试、整定和培训。

IDCOM-M 还具有另外的一些特点。

① 可控性监测　可控性监测器检查并防止病态系统的产生，这是 IDCOM-M 控制器的一个非常重要的功能。

② 在线增益调整　IDCOM-M 控制器允许在线调整过程模型的稳态增益。这个功能对过程增益变化很大的对象是很重要的，这时可以通过专用的算法连续调整。

③ 处理多个 MV 线性组合的"硬"约束处理零增益等特殊动态过程 IDCOM-M 控制器在石油、化工、电

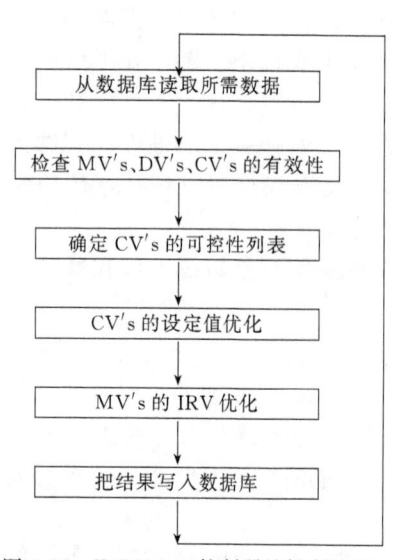

图 6-95　IDCOM-M 控制器的控制流程

力等广大领域取得了许多成功的应用,获得了经济效益,使得 IDCOM-M 控制器成为世界上著名的预测控制软件之一。

随着科学技术的发展,现代工业的规模越来越大型化、复杂化,人们对工业过程的总体性能要求也越来越高,使得过程控制面临越来越严峻的挑战。不同的工业过程虽然都具有其本身的特殊性,但一般来说都有以下特点。

① 多变量和强耦合　现代工业生产的规模越大、越复杂,考虑的控制对象也越大、越复杂,往往有众多的回路和过程变量,而且过程变量之间相互关联很严重,一个变量的变化常常引起其他多个变量发生变化,这就给控制带来了很大的难度。

② 多目标　现在人们对生产过程的要求越来越高,已不再只是对过程平稳的要求,而要实现大规模工业生产安全、高效、优质、低耗的要求。这就要求控制器能够处理多目标的问题。

③ 非线性严重　严格地说,所有的工业过程都存在着非线性,只是程度不同而已。虽然一般过程都在稳态操作点附近变化,可以作线性化处理,但随着对控制品质要求的提高,需要进一步考虑非线性的影响。

④ 存在各种约束　由于设备的限制,实际工业过程都存在各种各样的约束,而过程的最佳操作点往往在约束的边界上。为了取得更好的经济效益,要求控制器把系统推向约束边界而又不违背约束条件。

⑤ 机理复杂　由于人类的认识水平有限,很多工业过程内部发生的物理变化和化学变化使人们无法确切了解过程的本质特性。这样,就给建模带来了困难。

⑥ 干扰复杂　一般工业对象都受到各种各样的干扰,大多数既无法测量,又无法消除。

对于这样的复杂工业过程,预测控制技术却显现出良好的控制性能,它在石油、化工、电力等领域得到了广泛的应用,取得了明显的经济效益。预测控制的成功在于满足了许多实际的需要:能处理约束;采用易于获得的输入、输出模型;可补偿可测干扰;标准实施;对操作者透明。

在控制系统的硬件方面,由于计算机技术的迅猛发展,分散型控制系统(DCS)成为大型工业过程自动控制的先进工具,特别在炼油、石化、电力等生产过程中,DCS 已被普遍采用,取得了一定的效果。使得系统的底层控制更加安全可靠,在 DCS 的基础上实现高级过程控制与优化成为可能。很多控制理论研究的新成果,如多变量解耦、多变量约束预测控制、推断控制和推断估计、人工神经网络控制、模糊控制以及各种智能控制等在工业生产过程中也取得了成功的应用,单元级优化也开始实现,从而使计算机控制的应用更上一层楼,取得比 DCS 更明显的经济效益。

先进过程控制和优化所带来的经济效益是非常大的。这些年来,采用高可靠、智能化仪表和集散控制系统(DCS),开发先进过程控制策略,在各个层次上实现优化,推行管理信息系统(MIS),进而组织计算机集成的管理与控制一体化,已成为发达国家过程工业自动化和计算机应用的标准发展模式。

近十多年来,国内外过程控制界针对过程工业的特点,利用预测控制技术开发出一些实用、有效的控制策略和方法。从事实时控制与优化的软件公司,开发出适用于多变量高级控制和实时在线优化的工程软件,在大型石化、化工、炼油、钢铁等企业应用成功,经济效益显著,其投资回收率在 0.5~2 年。

6.3.4 先进过程控制应用举例——聚丙烯先进过程控制

实现聚丙烯先进过程控制的目的是提高生产装置的稳定性、减少在牌号切换过程中的不合格产品，缩短产品牌号切换时间、增加优级品的产量、降低丙烯单耗。APC软件设计应有鲁棒性、模块化和兼容性，基于反应器的动力学原理，从而改善产品质量；前馈控制用来预测必要的变化，减少反馈时间滞后；约束控制将在不影响过程安全性的前提下，容许卡边操作，从而提高经济效益。

液、气相结合的本体法聚合工艺，以单体丙烯、乙烯为原料，氢气作聚合物熔融指数（MFR）调节剂，采用高效催化剂，可以生产均聚物、无规共聚物和嵌段共聚物，共29种牌号的产品。由于聚合反应机理复杂，对关系到产品质量的熔融指数、浆液浓度、反应器产率等重要工艺参数目前不能进行在线测量，在一定程度上影响了生产的稳定和产品质量的提高。在DCS系统基础上实施先进过程控制，是保证生产装置安全稳定长期优质运行，提高聚丙烯产品的产量、质量，降低物耗、能耗，提高经济效益的重要手段之一。

经过现场实地考查，并分析采集的工艺过程实时数据表明，聚丙烯的主要生产瓶颈和制约因素如下：① 聚合反应器稳定性不够；② 反应器产品质量指标难以严格控制〔如熔融指数（MFR）、乙烯百分含量等〕；③ 在产品牌号切换过程中产品的优级品率难以控制；

采用先进过程控制，为了消除瓶颈，提高经济效益，从以下几个方面着手。

① 增加产率主要是通过减少主要控制参数的波动，并合理地设定控制器的目标值，使其接近生产操作设定值。

② 高效率地利用原材料（单体、催化剂等），控制主要反应物的操作条件在其特定的设计水平，并尽量缩短不同产品牌号产品切换过程所需时间。

③ 改善控制性能，减小波动，监视那些常规控制和计算无法测知的计算变量的波动（如浆液浓度），减少物流堵塞的次数以减少非计划停车。

④ 通过严格控制MFR的范围来实现各个聚合反应器的MFR预估，实现生产各种聚丙烯产品的操作指导。

6.3.4.1 APC推理计算

APC推理计算（APC Inferential Calculation）是APC技术的基础。每个计算都试图"推导"出一个变量的值，如聚丙烯产率、固体浓度等。这些推导出的变量既是重要的质量指标信息，也是APC的过程控制变量。推理计算过程是建立反应器数学模型的过程，建模将直接关系到APC技术能否较好地发挥作用。

推理计算的机理主要是反应过程中的质量平衡和能量平衡，还包括动量平衡，但动量平衡难以计量和计算，无法提供有价值的过程信息。计算模型大部分采用"一阶模型"。

首先就质量计算与质量平衡的技术进行讨论。大多数的化工工艺过程的流量测量通常是以体积流量单位计量的。从化学反应的角度来看，质量流量能够更真实地反应各种物流的量，而体积流量要受如流体密度、流体的压缩系数、流体黏度、温度、压力等因素的影响。因此，首先计算出各物流的质量流量，为APC计算提供准确的过程数据。

利用质量平衡的算法来建立过程的模型。基本算式为

$$注入质量 = 流出质量$$

各组分的总质量平衡算式为

$$\frac{dM}{dt} = M_i - M_o + 生成的 M$$

式中　M——反应器中各反应物的质量；
　　　M_i——注入质量；
　　　M_o——流出质量。

以丙烯单体组分为例，其质量平衡算式可表示为

$$\frac{d[C_3]}{dt} = F_i^*[C_3]' - F_o^*[C_3] - 转化率$$

式中　$[C_3]'$——进料丙烯的浓度，%（质量分数）；
　　　$[C_3]$——反应器中的丙烯浓度，%（质量分数）；
　　　F_i——注入反应器的丙烯质量流量，kg/h；
　　　F_o——流出反应器的丙烯质量流量，kg/h；
　　　转化率——聚合物转化率，kg/h。

从以上的算式看出，质量平衡计算关键在于进出反应器的各种物料的质量流量都要准确。能量平衡的算式与质量平衡相似，基本算式为

$$注入能量 = 撤走能量$$

由上式可细化为下式

$$\Delta(系统能量) = \Delta U + \Delta E_k + \Delta E_p = \pm Q \pm W$$

式中　ΔU——内部能量（Internal Energy）；
　　　ΔE_k——动能（Kinetic Energy）；
　　　ΔE_p——潜能（Potential Energy）；
　　　Q——注入（或撤出）系统的热能；
　　　W——注入（或撤出）系统的功。

从上面的算式看出，能量平衡计算比质量平衡计算更加复杂，能量源是难以考虑周全，且难以计量的。通常情况下，忽略动能和潜能的变化，并假设系统的内能可以用热焓（enthalpy）来表示。热焓不能直接测量到，是介质状态（固、气液）、温度、压力及介质分子结构的函数。

运用能量平衡计算时，计算要按一定的逻辑顺序进行。因为有些能量是可通过实地采集的过程数据或经验公式直接求得的，而有些能量计算必须基于其他能量的计算结果。

通过反应釜内外质量平衡和能量平衡计算，建立聚合过程的数学模型，并通过采集常规的过程数据，计算出重要的过程参数。聚丙烯 APC 软件系统主要计算和控制的质量指标包括：反应器质量流量；反应器传热系数；聚合产率；反应器固体浓度；催化剂活性；反应器组分浓度；丙烯、丙烷、氢气、乙烯浓度；质量计算修正热量计算。

6.3.4.2　中介调节控制

在 APC 技术中，最终的目的是稳定生产操作，获取经济效益。APC 计算与控制中用到了很多工具软件包。这些工具软件为 APC 技术的工程化、实用化发展起到了很大的作用。聚丙烯 APC 用到的主要工具软件包括：过程信号确认（Process Signal Validation）、分析仪预估器

（Analyzer Predictor）、约束控制器、约束监视器、启动/监视器、RPID 控制器、压力补偿温度计算、数字积分技术、多用途滤波器程序等。我们谨以过程信号确认及鲁棒 PID 控制器两个工具软件为例进行简要介绍。

（1）过程信号确认

APC 技术对过程数据的要求很高。过程数据可靠性不高，或常规坏值检测软件工作不良，则 APC 模型计算和 APC 控制采样值偏离实际的工艺过程，导致错误的控制动作，不利于 APC 的工业化应用。为了解决这个问题，必须设法对过程数据进行测试，若采样值不可靠，要用前一次好的采样值作为新的扫描周期的采样值，使 APC 计算和控制正常、正确地进行。

过程信号确认工具软件包就是为此目的而设计的。主要功能如下：

① 一般情况下，被确认点的 PV 值输入将直接通过传至输出值（OPEU 值），如果 PV 值是一个坏值，比如超高、超低、变化率超限或冻结，则输出值（OPEU）将保持最后一个好值，此点的 PV 值状态设为 UNCERTAIN；同时，送到操作站一个信息，并发出一个报警信号。PV 输入可以是过程变量，可以是手动输入值。PV 输入值首先要经过一阶滤波。下游的 APC 过程点均要采集数据有效化确认点的输出值（OPEU）作为 PV 输入。

② 当 PV 值测试中发现问题后，又返回正常值，PV 值状态要等待一定时间后才能返回 NORMAL。下游用到该确认点输出值（OPEU）作为计算或控制输入的点都要作初始化处理。实现过程的无扰动切换。

③ 在过程数据值更新后，强制令过程点进行测试。考虑到分析仪表的数据或手动输入的数据，这些数据更新周期长，若频繁对其 PV 值进行测试，将会浪费系统资源。只需在数据变化时再测试其合理性、可靠性。

④ 确认控制动作。软件可以检查控制器的 PV 值是否严格跟踪它的 SP 值。若跟踪特性很好，用控制器的设定值，作为比值控制系统的输入。SP 值更为平稳、波动小；当 PV 值变化幅度很大，超出一定范围，或 PV 值为手动状态，这些情况下，PV 值不能跟踪 SP 值，SP 值也不能代表真实 PV 值的变化，此时，软件仍会用控制器的 PV 值作为比值控制器的输入；同时，系统发出一个"设定值故障"的信息。

⑤ 低值切除功能（Low Cutoff），PV 值低于某个范围时，认为其为零。

以上介绍的功能都是可选的。用户若认为其中某些功能不适用，可以通过一些组态参数将相应的确认功能屏蔽掉，还可以利用 ONOFF 这个参数根据需要随时屏蔽掉所有的测试确认功能。

APC 计算及控制要用到大量的过程变量数据（如釜内温度、压力、原料进量等）、计算程序计算出的数据（如氢气浓度、乙烯浓度等）以及工业色谱的分析数据。这些数据的可靠性将直接影响到 APC 计算的准确性，若现场仪表产生故障，其值严重偏离实际值，则计算结果也必然会有偏差。为了克服这个问题，要利用该数据有效化确认工具包对 APC 计算的过程数据值及计算结果值加以高限、低限、冻结、变化率超高等多项数据有效化检查。若发现该 PV 值为坏值，则下游计算将不用该 PV 值，而是利用上次的"好值"作为新一轮的计算 PV 值，以保证计算结果的可靠性和稳定性。

（2）RPID 参数整定软件

在大中型生产装置上大部分采用 DCS 进行控制。DCS 控制系统中使用的是数字 PID 调节器，PID 参数整定是非常重要的。正确地整定调节器参数，不仅能使控制系统静态特性好，而且稳定性好。PID 参数整定方法很多，如理论计算法（如率特性法、根轨迹法、最优化法）及工程整定法（如稳定边界法、反应曲线法等）。而 RPID 参数整定是新兴发展起来的控制器整定技术，它将工业过程对象的不确定度融入常规的以模型为基础的 PID 整定技术。RPID 技术可以方便地得到适应对象一定范围的过程动态变化的 PID 参数。目前，该技术已在某些生产装置上得到应用，投运后系统运行效果良好，经济效益显著。

在控制系统中常用的 PID 整定参数有三个，K、τ_1 和 τ_2，一般根据工艺过程变化或常规 PID 参数整定技术来确定这三个参数，操作员必须随时监视控制系统的运行情况，当物料变化、设备故障或其他原因引起系统过程动态变化时，通常，原有的 PID 参数无法得到非常理想的控制品质。而 RPID 参数整定技术则可以在过程模型的一定动态变化范围内提供良好的控制器，无需再对 PID 控制器参数进行再整定。

RPID（Robust PID）是一种控制器设计整定软件包，用以计算优化的 PID 控制器调整参数（P，T_i，T_d，T_c）。RPID 控制器可以在 DCS 系统上实现。RPID 设计软件包是基于最大-最小原理设计的。它的主要思路是寻找一组合理的 PID 参数，使控制器的控制性能对模型的不确定性不敏感，并且在模型的一定动态范围内保证控制器有良好的控制性能。标准 PID 调节回路的过程动态传递函数如图 6-96 所示。

在自控制理论中，对控制性能的判据有很多，比如：ISE=$\int |e| dt$=Min；积分方差（Integral Squared Error）；ITSE=$\int |e| t dt$=Min；积分时间方差（Integral Time Squared Error）；IAE=$\int |e| dt$=Min；积分平均偏差（Integral Average Error）；ITAE=$\int |e| t dt$=Min；积分时间平均偏差（Integral Time Average Error）。

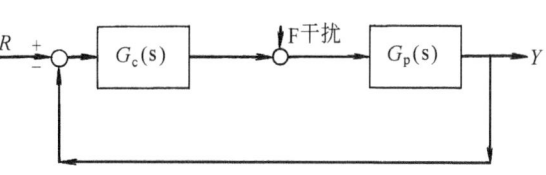

图 6-96　PID 传送函数

RPID 采用 ISE（积分方差 Integal Squared Error）判据作为判断控制器性能好坏的依据。具体来讲，对于某个 PID 控制器而言，能够找到最坏的控制性能，即最坏的工艺过程为：

MAX　ISE（K_c，T_i，T_d，K，T，ξ）
K，T，ξ

其中 ISE（K_c，T_i，T_d，K，T，ξ）为积分方差判据，e 为 PV 值与 SP 值偏差。K_c、T_i、T_d 为 PID 调节器调整参数，K_c 为比例增益，T_i 为积分时间，T_d 为微分时间；K、T、ξ 为工艺过程模型参数，K 为过程增益，T 为过程时间常数，ξ 为纯滞后时间。

RPID 设计软件包试图在最坏的工艺情况下寻找最佳的控制性能，即

MIN　MAX　ISE（K_c，T_i，T_d，K，T，ξ）
K_c，T_i，T_d，K，T，ξ

RPID 控制器的传递函数为

$$G_c = K_c \left[1 + \frac{1}{T_1 S} + T_2 S \right] \frac{1}{\tau_c S + 1}$$

式中，T_1 为控制器的积分时间，T_2 为控制器的微分时间，τ_c 为后滤波器常数。后滤波器主要是对控制器的 OP 值输出作滤波处理，防止控制动作过大，给控制系统引入大的振荡，滤波器主要是采用一阶惯性滤波。

RPID 调节器具有很强的实用性，改善控制器的动态性能。RPID 设计软件包与其他基本

于模型的参数整定技术相比，有其独到的设计构思。但 RPID 不是万能的，也不是对所有的控制器都有效，需要在实践中不断完善、改进。

RPID 设计软件包用以离线计算优化的控制器参数，它可以安装在 Apple Macintosh 微机或者普通的 PC 机上。RPID 设计软件包本身不是控制器，也不是想象的在线参数整定软件；RPID 控制器必须在 DCS 系统上来实现，由于 RPID 控制器有一个后滤波器时间常数 T_c，所以常规的调节控制点必须经过一定的修改，把 T_c 包括进来，实现 OP 值的滤波作用。

RPID 设计软件包括：
- 3.5″软盘（在 PC 机或 APPLE MACINTOSH 微机上安装 RPID 设计软件）；
- DUNGO；
- 一张 BERNOULLI CARTRIDGE。其中包括以下 3 个软件：
  ◇ RPID.CL：用户数据段（Custom Data Segments），可以把 T_c 常数包括到 PID 控制器中；
  ◇ RPID.AO：它是一个 CL 语言块，可以实现后滤波器功能；
  ◇ RPID.EB：快速起动工具。

常规 PID 参数整定技术假设过程模型（如一阶惯性加纯滞后模型）是固定不变的。在某个特定的条件下，某段特定的时间内其控制性能还是很令人满意的。工业生产装置中由于原料经常变化（原料性质及处理量等），产品的牌号及产量也在变化，以及环境条件的变化，这些均会导致工艺过程模型发生变化，往往常规参数整定技术整定出的控制器参数不能满足变化了的生产条件的要求，而导致控制品质不好，甚至出现振荡或发散现象，只能重新整定控制器参数。

RPID 设计软件包基于动态过程有不确定度这一出发点，运用鲁棒控制理论而设计出参数整定工具软件包。

RPID 能作为预估控制器，但它本身不是多变量预估控制器，它也无法实现在线自寻优等优化控制算法。

RPID 设计软件包使用主要有三个步骤，过程模型识别、RPID 计算、RPID 控制器在 DCS 系统上实现。

① 过程模型识别　用统计模型的方法进行过程模型识别。这里只简单介绍阶跃测试法。这是目前应用最广泛和最成熟的方法。该法的实施最简单，在系统开环时，将控制器置于手动，阶跃改变控制器手动输出，记录测量变送器的输出，可得到一条阶跃响应曲线，经简单处理，就可得该过程的模型参数。做阶跃测试前，特别要注意选择合适的阶跃幅度及量程、精度合适的变送器，否则其响应曲线可能被噪声或扰动信号所淹没。为了使阶跃试验成功，首先生产过程必须稳定，在测试期间过程不应该受其他干扰或受其他变量控制。若测试结果不正常，要重新做；对于一些重要的工艺参数，若生产不允许做阶跃测试，还可以利用其历史数据，特别是在工艺过程改变，如开、停车时，产品牌号更换时的过程历史数据来建立过程的数学模型，因为这些过程恰好是一个阶跃过程。

可以将高阶对象近似拟合成一阶带纯滞后对象，大多数工业过程模型用下面的方法来建立过程的模型，见图 6-97。

图中，A 为阶跃幅值，B 点为多阶对象阶跃响应曲线的第一个拐点。模型过程增益 K 值计算：$K = Y(\infty)/A$。

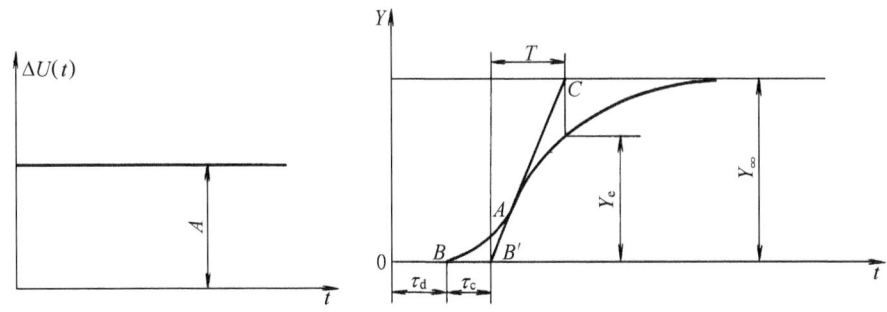

图 6-97 阶跃响应曲线

纯滞后时间常数的获取：在曲线拐点处作一切线，交时间 t 轴于 B'。图中，B' 点与阶跃测试起始点的时间间隔为纯滞后时间常数 τ，既 $\tau=\tau_d+\tau_c$。

模型时间常数 T 获取：在曲线拐点处作切线，交 t 轴于 C，交新稳态值的水平线于 A，从 A 作垂线交于时间轴 D 点，$B'D$ 时间间隔即为时间常数 T。这样，可以辨识出过程的一阶带纯滞后模型：

$$G(S)=\frac{K}{(T^*S+1)}e^{-\tau s}$$

② 计算　首先将模型识别出的模型参数 K、T、τ 填入相应栏中，然后填入模型的不确定度（％）。这主要是基于工程技术人员对现场情况的估计。设不确定度为 20％，则 RPID 设计的动态范围如下：

$$K-0.20K \leqslant K \leqslant K+0.20K$$

$$\tau-0.20\tau \leqslant \tau \leqslant \tau+0.20\tau$$

$$T-0.20T \leqslant T \leqslant T+0.20T$$

经过实践，一般不确定度最好设在 20％～40％范围内。

还要填入闭环时间常数与开环时间常数的比值。

最后，点中 Design Button，则 PID 参数值及后滤波器常数值，K_c、T_1、T_2、T_c 都会计算出来。K_c 值为一个范围。它调节闭环响应的快速性，若 K_c 值小，则响应速度慢，超调小；K_c 值大，则响应速度快，可能有超调。

计算之后，就可以在 DCS 系统上用这些计算参数生成 RPID 控制器。

③ RPID 控制器在 DCS 系统上安装步骤　RPID 控制器可以在 DCS 系统上实现。这里仅介绍在 TDC×3000 系统上的主要安装步骤与注意事项。

a. 从 Cartridge 上安装 CDS："RPID. CL"，
　　　ex：CL NET＞RPID＞RPID-UL。

b. 从 Cartridge 上安装目标代码 "RPID. AO" 到 HM 系统目录下。

c. 在 AM 中组态一个 Regular 点，具有 PID 控制功能，并在组态项中组捆绑 1 个 CL 语言块和 1 个 CDS 段，并将相应 CDS 名组入；PID 算法为 Ideal，计算公式为 CTLEQN＝EQA。

d. 将 RPID 离线设计软件包计算出的 PID 参数及后滤波器常数写到该 Regular 点的相应组态项中。

e. 保存、编译并下装。

f. 将目标代码"RPID.AO"连接（LINK）到该 Regular 点上；
　　　　ex：LK RPID T210C1。

g. 激活（ACTIVATE）此点，则此点即为一个 Robust PID 控制器。

④ 鲁棒 PID 使用的局限性　RPID 在参数整定方面确实具有优越性，具有其独到的构思，但它并不能解决所有的控制问题。RPID 是一种简单的带后滤波器的 PID 控制器，它能够在一定动态范围内保证控制器的控制品质得到改善，但不能保证对所有动态范围都能进行有效地控制。如果对于某个动态过程，在常规 PID 调节中无法找到适合的控制器调节参数来保证其控制性能满足要求，那么，RPID 软件包也不会在相应的动态范围内找到适合的控制器调节参数。

在 RPID 实施时要特别注意在过程动态变化影响过大的系统中不适用，在过程增益变化较大、不同的程序中用不同的过程增益这种条件也不适用。虽然鲁棒 PID 能作为预估控制器，但它本身不是多变量预估控制器。

RPID 调节器过程模型不经常变化，或者变化甚小，其作用还不能完全体现出来，因为从控制原理出发，RPID 还没有摆脱常规 PID 调节的范畴。

还有一点，RPID 控制器的后滤波器的使用也要慎重。不能对所有的控制过程都加入滤波器，也不是滤波器常数越大越好；要根据不同的过程确定不同的滤波器常数。

对 RPID 的局限性的问题有待深入探讨和研究，并在今后进一步完善和改进。

⑤ 结论

a. 鲁棒控制理论与经典参数整定方法（内模法）相结合：保持了以模型为基础的经典 PID 调节器参数整定方法（内模法）的优点，可以通过简单地一阶加纯滞后模型或二阶加纯滞后模型等典型的传递函数来计算最佳的 PID 调节参数，而不需要对过程的复杂模型进行辨识、分析，实施比较简单；并且有鲁棒控制理论作为指导，保证控制器在一定的动态范围内可控。

b. 控制系统的鲁棒性：能够在很宽的范围内工作，甚至在过程增益改变 4～5 倍的情况下工作，对识别的过程模型的精度要求不高。

c. 应用的灵活性：一旦完成阶跃试验后，参数整定工作只需花费很少的时间，而且 RPID 在 DCS 系统上实现也很简单，不需再添置任何硬件设备。

d. 良好的控制性能：同内模控制（IMC）相比，其整体控制性能更佳。

e. 控制与鲁棒的辨证性：若 RPID 控制器的控制性能增强，那么，控制器的鲁棒性则下降。

f. 安全性：RPID 控制器调节的 OP 值输出送到常规 PID 调节器的 OP 值，实现串级控制，再由常规控制器来控制现场仪表，保证各操纵变量严格处于其允许的安全范围内，这样可以保证一旦 RPID 控制器不能满足要求，可迅速切换到常规 PID 调节器。

在 APC 控制软件投运之前，将重要的控制回路用 RPID 参数整定软件包进行 PID 参数整定，并加入后滤波器功能，改善常规控制的控制品质，为投运更为复杂的控制系统打下了基础。

（3）鲁棒多变量预估控制技术 RMPCT

RMPCT（Robust Multivariable Predictive Control Technology），即鲁棒多变量预估控制技术为变量之间有严重交互影响的过程提供控制和优化。控制器拥有一个过程的动态模型，用它来预估过程的未来动向并确定控制器的输出，从而使过程的所有变量都能保持在给定点上或约束范围之内。"鲁棒性"是 RMPCT 软件的独特能力，它能很好地对有严重交互影响的过程加以控制，甚至在过程模型有很大误差时也能适用。

RMPCT 有不同的版本，以供各种不同的平台使用。

AM 版：驻留在 TDC3000 的 AM 节点（应用模件）中的在线控制器。

AXM 版：驻留在 TDC3000 的 AXM 节点的 UNIX 操作系统上的在线控制器。

VAX 版：驻留在 DCE VAX 计算机的 VMS 操作系统上的在线控制器。可支持众多的过程 I/O 平台。

开放版：驻在 Window NT 或 UNIX 处理器中的在线控制器。

尽管版本不一，但 RMPCT 的功能和内容都是相同的。

RMPCT 的输入和输出变量主要包括如下几种。

受控变量（CVs）：这些变量是指控制器试图去保持在操作员规定的设定点或范围之内。控制器的首要工作就是将 CVs 保持在规定的约束之内。

操纵变量（MVs）：这些变量是控制器拥有的调整手段，以便使 CVs 保持在约束之内和进行优化操作。同时，任何 MVs 都不至于超出它们自己的约束范围。

干扰变量（DVs）：这些变量是指虽可测但不由控制器所控制（它们可来自上游的过程），但却影响 CVs 值的变量，通过预估 DVs 对未来的影响，控制器可以采取行动以防止 CV 超出约束范围。DV 为控制器提供前馈信息。

RMPCT 利用模型来预估过程的行为。过程的总体模型是由众多子过程模型（每一个子模型描述一个自变量 MV 和 DV，对一个 CV 的影响）构成的一个矩阵。这些都是动态模型，即它们描述在一定的时间内，自变量是如何影响 CV 的。许多子模型也许会是零，这表示此自变量对某个 CV 没有影响。

实现 RMPCT 控制器的基本方法：

● 确定过程的 MVs，DVs，CVs；

● 使 MVs 和 CVs 间的回路呈开环状态，然后给 MV 加上一个输入信号（最简单的测试信号便是操作员所给的阶跃）。如有可能也可在 DV 上施加输入信号，否则必须等待 DV 有明显变化时加以收集数据；

● 记录测试过程中的 MV、DV 和 CV 的信号。变量值的采样时间大致要与控制器的期望的执行间隔时间一致。数据收集在一个或多个文件中；

● 用开环测试得到的数据识别过程模型；

● 用识别出的模型建立控制器。其结果是两个文件，它们定义了此 AM 版本的控制器。控制器被初次激活便会读取这两个文件，从而定义控制器的操作；

● 在仿真环境下使控制器运行，以证实它的功能和预期相符；

● 控制器在线安装并运行。

RMPCT 软件由以下基本部分组成。

● 数据采集器：采集指定的 CV、MV 和 DV 值并将它们储存在一个文件中。它在 TDC3000 的 AM 中执行。

● 模型识别器：利用数据采集器产生的文件（或者其他格式的数据）来识别过程模型。在

PC 机上执行。
- 控制器建立器：利用过程模型来建立控制器。在 PC 机上执行。
- 仿真设施：根据指定的仿真方案在仿真过程上运行控制器。在 PC 机上执行。
- 在线控制器：控制一个真实过程或仿真过程。在 TDC3000 的 AM 中执行。包括 TDC3000 能成操作站上的操作员界面。
- 在线过程仿真器：利用以传递函数方式表示的子模型来模拟一个真实过程。此仿真模型可以挂在控制器上并把它当做真实过程。不管被控制的是一个真实过程或仿真过程，操作员使用是同一个界面。

RMPCT 的基本结构如图 6-98。

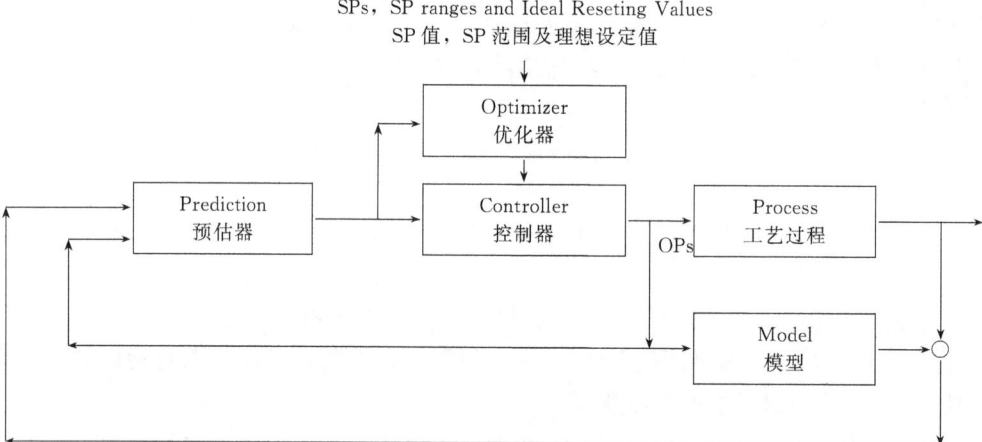

图 6-98　RMPCT 软件基本结构

RMPCT 控制器的典型应用类型包括诸如以下各种过程的控制。
- 整个过程装置，如一个蒸馏装置或一个催化裂化装置。
- 单元操作，如反应器和与其有关的设备。
- 复杂的组合设备，如造纸机械。
- 任何变量之间互相有关或有交互影响的系统。

过程中必须保持在某一值上或处于某一范围之内的变量是受控变量或 CV。为了保持 CV 在适当的位置上，控制器调整操纵变量或 MV 值。在一个单输入/单输出的控制器中，一个 CV 通常作为控制器的输入，而一个 MV 则作为控制器的输出。对 RMPCT 而言，多个 CV 和 MV，并不是特定的 MV 对应特定的 CV，而是控制器将所有的变量看作一个系统，考虑所有的 MVs 对 CVs 的影响。通常 MV 的数量和 CV 的数量是不相等的；MV 的数量可以多于或少于 CV 的数量。

6.3.4.3　系统构成

(1) APC 系统硬件

APC 软件是基于 DCS 系统开发的，APC 模型计算软件也可在上位机系统。扬子石化聚丙烯装置采用 Honeywell 公司的 TDC3000X 系统作为 APC 软件系统的硬件平台。

① 带 X 窗口应用模件（AXM）　先进过程控制（APC）的计算软件驻留在 TDC3000X 系统的带 X 窗口应用模件 AXM 节点上（Application Module X）。AXM 具有双 CPU 的结构，

它将应用模件 AM 与 HP 700 系列 CPU 板的工作站组合在一起,提供给用户更加开放的环境来开发执行先进过程控制应用软件。HP 工作站称为 AXM 节点的"X 侧",X 侧的操作系统为 HP-UNIX。AM 是 LCN 网上的节点,能够与 LCN 上的节点进行通信,AM 能够读写节点的信息。AXM 节点的 X 侧为用户开发高级应用软件提供了更为强大的编程功能、通信功能及运算功能。X 侧可以与工厂上层网络构成全厂管理信息系统(MIS)。在市场上广泛应用的高级语言,如 FORTRAN、C、C++都可作为用户开发 APC 系统的软件平台,提高了其扩展性及可维护性,HP-UNIX 侧还可以外接 CD-ROM 驱动器及其他高速储存设备,为硬件扩展提供了广阔的空间。图 6-99 为 AXM 系统硬件、软件构成框图。

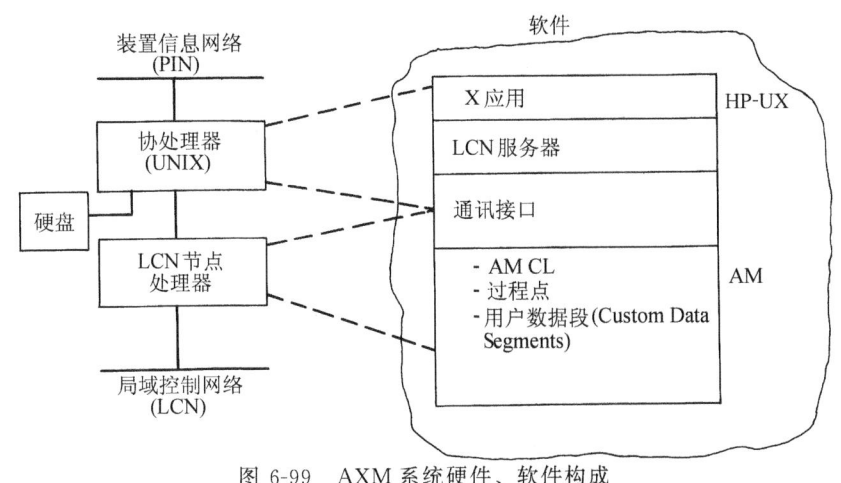

图 6-99 AXM 系统硬件、软件构成

AM 与 X 侧的数据通信是通过 OpenDDA 软件来完成(Open Data Definition and Access)的。用户可通过 OpenDDA 访问 LCN 侧的过程数据,也可以将 X 侧的计算控制的结果下送至 LCN 侧。

AXM 是 TDC3000X 系统中级别最高的上位机,是 APC 软件系统得以实现的方便与可靠的硬件和软件平台。

② 带 X 窗口万能操作站(UXS) UXS 万能操作站提供了两个界面:TDC3000 系统的人机界面,访问 X WINDOWS 和开放系统的人机界面。

UXS 具备 US 的全部功能,还赋予访问 X WINDOWS 和开放系统的人机界面功能。主要特点如下。

- 具有双操作系统:LCN 侧为 US 自身的操作系统,X 侧为 UNIX 操作系统。
- 具有强大的窗口功能,在单一显示器上可显示,管理多个画面。
- 单一的 LCN 窗口。
- 其 X 侧实际为一台 HP 工作站,或作为服务器(Server)。这样我们可以通过连接 LAN 网(如 Ethernet 网)与其他非 TDC 计算系统进行数据通信。
- 多窗口功能:我们可以在访问 TDC3000 系统资源的同时,访问多个非 TDC 计算机系统,也可以同时访问多个流程图画面。
- 安全返回功能:当 UNIX 侧运行失败,UXS 可以确保 LCN 侧正常工作,LCN 侧窗口功能不丢失。
- 系统安全措施,X 侧与 US 是安全独立的,即 TDC 系统与上层的开放系统是相互隔离的，不存在任何依存关系，并且对访问 X 侧窗口规定了访问权限，用不同的口令字（Password）及登录名（Login Name）来管理不同的用户。

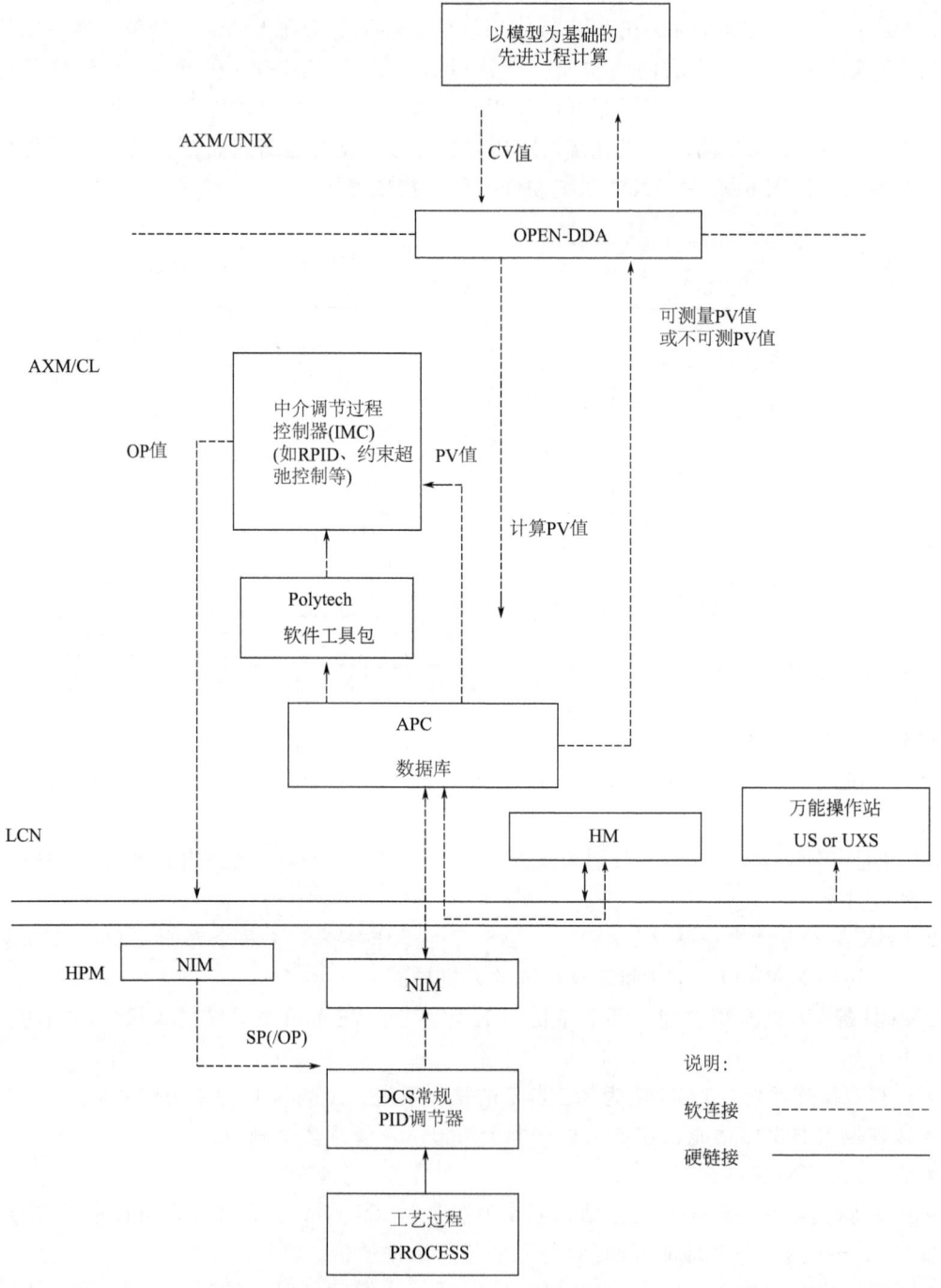

图 6-100　YZPC PP/APC 软件系统构成框图

UXS 在 UNIX 侧的主要功能如下。
- UNIX 操作系统管理（管理员）。
- 远程访问 LAN 网上的具有 X WINDOWS 协议（TCP/IP 协议）的计算机系统。

● 窗口管理功能。

Honeywell 公司在 X 侧开发了一些应用软件，为用户更好地享用、分析、整理 TDC 系统的资源提供了良好的系统工具软件。

● PCDE 软件：网络动态数据交换软件。它可以装在 PC 机上通过 Microsoft EXCEL 电子表格将 LCN 侧的工艺过程数据读出。

● Reflection X 软件提供 TCP/IP 协议支持和 X 窗口协议支持。TDC3000 系统传输图形的工业标准（可在 UNIX 环境下运行），其下层为支持 TCP/IP 协议软件，上层为支持 X 窗口协议，它可以将 LCN 侧系统的实时动态画面传输到上层网络的用户平台（如用户工作站）上。

● Multi Schematics 软件可以在 PC 机上用 X 仿真终端显示流程图画面。

● TPH&TPD 软件（TotalPlant History & TotalPlant Desktop）：TPH 软件是大容量的实时数据库系统，它可以通过同步处理与 DCS 系统上所有类型的点进行存取操作，使用户访问过程数据的界面更加友好。它主要由数据采集器、数据管理器和应用层三部分构成。TPD 软件是利用 TPH 数据库的资源而开发的，它可以在任何安装有 Windows NT、网卡及 TPD 软件的 PC 机、工作站上通过通信方式访问 TPH 资源。

总之，UXS 不仅为 TDC3000 系统提供了人机界面，同时也为在 X 侧开发应用先进过程控制系统提供了良好的人机界面。

③ 开放数据定义及访问（OpenDDA） OpenDDA（Open Data Definition and Access），即开放数据定义及访问。它是 Honeywell 公司开发的数据通信软件，其主要设计思路是用户不必直接访问复杂的数据地址，也不必关心 AXM 的具体硬件结构。通过 OpenDDA 的使用，用户在将来改变数据访问内容时，不必考虑任何目标地址的变动。

OpenDDA 接口软件在 AXM 侧运行，它允许程序以 FORTRAN、C 或 C++ 等高级语言形式访问 LCN 侧的过程数据。在 AXM 实时访问过程数据时，用户可定义对原始数据的测试模式，对过程数据进行初始滤波及平滑处理。从运算速度来看，单个的 OpenDDA 应用大约 350 参数/s。多个 OpenDDA 应用大约 1000 参数/s。AXM 版本的动态矩阵控制（DMC）软件（Dynamic Matrix Control）比 VAX 版本的 DMC 软件运行速度要高 3 倍。

(2) APC 系统软件

APC 系统软件主要由 HPM 层、AM 层和 AXM 层三个层次构成，见图 6-100。

① HPM 层 HPM 是高性能现场控制站，独立完成过程数据采集和控制，是最终用于控制的直接作用对象。在 AXM 中，经过先进过程计算和先进过程控制计算出的过程参数（如不可测的 PV 值、先进过程计算的结果或先进过程控制的 OP 值等），可以通过远程串级（Remote Cascade），作为 HPM 中常规控制器的设定值。从而优化常规过程控制的指标。

② AM 层 AM 中驻留有 TDC3000X 系统开发的先进过程控制软件开发工具软件包，提供了常规控制和计算无法实现的功能，使先进计算和控制的开发过程简单化、工程化。

由图 6-100 可以看出，先进过程控制的数据库系统是建立在 AM 上的。先进过程计算的计算结果将由 OpenDDA 通信传递过来，保存到 AM 中建立的 AM/NUMERICS 点中，以便流程图画面或用户直接调用；APC 计算和控制要用到的 HPM 过程点变量，要在 AM 中经过数据有效化确认，再为计算和控制所用。先进控制工具中如鲁棒性 PID 控制器、约束超驰控制器等复杂控制器都是建立在 AM/REGULATORY 点中，通过捆绑特定的 CL/AM 程序块及用户数据段或用户枚举量（Customer Data Segment and Custom Enumerations）而构成的。由于 AM 是 LCN 的节点，可以建立相应先进过程计算及控制点的历史组操作组或自由格式报表等，对其进行管理利用。

③ AXM 层　AXM 的 X 窗口实际为一台 HP 工作站，操作系统为 UNIX。APC 模型计算软件是在 UNIX FORTRAN/9000 语言环境下编写而成，它驻留在 AXM 的 X 侧硬盘上。FORTRAN 语言的计算功能是世界范围内公认的用于科学计算最理想的高级语言，APC 软件用 FORTRAN 语言编写是非常理想的。APC 计算软件的构思和编写思想基于 Honeywell 公司 Polytech 软件工具包的设计思路，其重点是利用聚合物生产过程的质量平衡和能量平衡为理论基础，通过模型技术来完成。

（3）APC 人机界面

该 PP/APC 系统的人机界面比较丰富，操作人员和维护人员可以通过以下四种方式访问 PP/APC 计算软件的计算结果。

① 流程图画面　以扬子聚丙烯装置先进过程控制 DCS 画面为例，如图 6-101 所示。

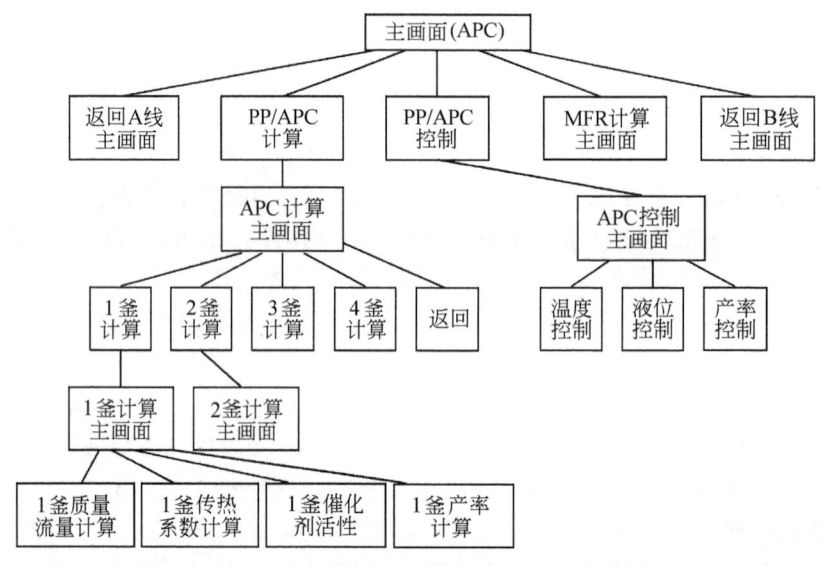

图 6-101　DCS 画面结构

主画面可以通过调出 APC 画面，也可以按操作键盘上方右上角的 APC 键来调出。每层画面之间都有自动返回的 target（红色的 MENU），操作人员可以点中该 target 来进行画面间的切换，当然也可以直接输入画面的名字来调出。计算画面中左边一般为从 TDC 输入过程点的 PV 值，或者是输入常数值，右边为 APC 计算结果变量，当然这些变量都是经过数据有效化确认的。画面中有很多 target，用户可点中这些部分直接进入某个计算变量或输入变量的细目画面。

② 操作组　将相关的计算结果变量汇总起来，操作人员或维护人员可进行比较分析。

③ 历史组　计算结果中对生产操作非常重要、有一定指导意义的计算变量，可组态为历史组，操作人员和维护人员可通过历史组调出这些变量在过去一段时间内的历史趋势数据和曲线，最多可调出前一周的数据，供工艺工程师进行分析考核，并指导生产操作。

④ 直接调用重要计算变量的细目画面（detail）。

6.3.4.4 APC 技术在聚丙烯装置上应用的主要步骤

APC 技术在聚丙烯装置上的投运可分以下主要步骤：
① 考察生产过程瓶颈及现场调查；
② 确定先进过程控制专利技术；
③ 功能设计；
④ 详细设计；
⑤ 编制应用软件；
⑥ 现场硬件系统改造；
⑦ DCS 数据库系统及人机界面设计组态；
⑧ 应用软件系统现场下装调试；
⑨ 工业化运行；
⑩ 系统验收测试；
⑪ 系统维护。

6.4 原油蒸馏过程建模与在线优化控制

原油蒸馏过程是大型炼油厂首要生产环节，该过程直接处理原油，将其分割成各种不同的馏分，这些馏分将成为直接产品或为后续加工装置的进料。因此该装置的安全、稳定、高效地运行，不仅可以创造直接经济效益，而且还有益于后续装置的稳定运行，进而提高整个企业的经济效益。同时，原油蒸馏过程的在线优化位于连续过程 CIMS 体系结构中的监控层，其上是计划调度层与经营决策层，其下是分散控制系统。作为中间环节，监控层担负着"承上启下"的作用，它将决策、调度信息转化为生产过程信息，以使装置按照某种经济指标要求运行在最优生产工况下。装置在线优化的实现是整个 CIMS 工程的关键环节之一。

这里基于虚拟组分的概念，建立内置于模型的原油物性数据库，采用 BP-SR 混合算法，对 MESH 方程进行分割迭代计算，综合应用数据处理技术和模型在线校正技术，实现原油蒸馏过程的严格机理模型的在线运行，建立以经济效益为目标的原油蒸馏过程在线优化多变量智能控制系统，开发了基于人工神经网络技术用于原油常压蒸馏塔质量估计的软测量仪表。

6.4.1 原油蒸馏过程工艺简述

该装置年处理量 2500 万吨，为燃料型炼油厂、加工原油近 20 余种，原油性质变化较大。原油从油品罐区经换热网络进入电脱盐、脱水装置，再经换热后进入初馏塔。初馏塔底拔头油经换热后分四路流量控制进入常压炉加热，然后进入常压塔。根据生产需要，常压塔有四种生产方案，即汽柴油方案、航煤方案、重整料方案和溶剂油方案。以航煤方案为例，常顶产品分别为常顶瓦斯和直馏汽油；由 34 层、22 层和 12 层抽出的馏分经汽提得到航空煤油、轻柴油和重柴油；常四线馏分油、常压重油与减压馏分油混合作为催化裂化原料。其中，常压塔底及一线汽提塔底有汽提蒸汽吹入。全塔取热系统共有四个，分别为塔顶二级冷凝冷却系统（热量无法回收）、常顶循环回流、一中循环回流和二中循环回流，其中循环回流取热用于预热原油进料。

图 6-102 给出了某厂常压蒸馏塔工艺流程。

装置的控制系统采用美国 Honeywell 公司的 TDC3000 分散控制系统，以塔顶温度和塔顶回流量串级控制系统控制塔顶温度，以液位定值控制系统及馏出温度定值控制系统分别控制侧线馏出油品的产量和质量，以中段循环回流流量控制系统调节全塔热量分布。

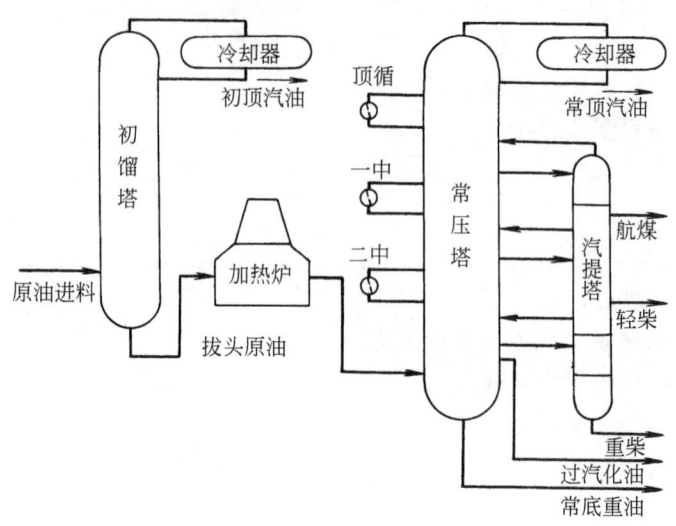

图 6-102 常压蒸馏系统流程

6.4.2 严格在线过程模型

原油蒸馏过程极为复杂，因此建模是较困难的，这是因为：①原油是一种复杂混合物，各窄馏分之间的热物理性质相差很大，且计算复杂；②蒸馏装置是由相互关联的多个简单塔构成的复合塔，且物料能量之间的耦合关系十分严重；③汽提蒸汽的引入导致了塔内气液相的非理想性，增加了物性计算和仿真计算的难度；④模型是一组高维非线性方程，需要一种稳定的、有效的计算机求解算法；⑤在市场经济制约下，装置生产方案切换频繁，使得过程呈现出更大的非线性特性，对模型的适应性提出了更高的要求。

通过列写带有汽提塔的改进的 MESH 方程组，使用 BP-SR 混合算法，建立原油常压塔的严格数学模型，并应用原油物性数据计算、数据协调和塔板温度校正等技术，实现了严格机理模型的在线计算，为装置的在线优化奠定了良好的基础。

（1）过程稳态模型的建立

为建立常压蒸馏塔的严格机理模型，这里依据生产工艺提出如下简化假设：①每块板上的气液相充分混合；②忽略塔板液相滞留量；③忽略热量损失及塔板热容；④气液相离开塔板时处于气液相平衡状态。针对塔板模型，如图 6-103 所示，列写全塔物料平衡（包括组分物料平衡）、相平衡方程、摩尔分率加和方程及全塔能量平衡方程，即通常所称的 MESH 方程。

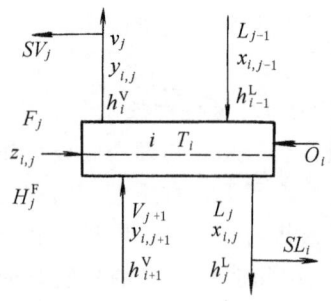

图 6-103 塔板模型

M 方程

$$V_1 - V_0 - (L_1 + SL_1) - W = 0$$

$$L_{j-1} - L_j - SL_j - V_j - SV_j + V_{j+1} + F_j = 0$$

$$L_{i,j-1}x_{i,j-1} - (L_{i,j} + SL_{i,j})x_{i,j} - (V_{i,j} + SV_{i,j})y_{i,j} + V_{i,j+1}x_{i,j+1} + F_j z_{i,j} = 0$$

$$(j = 1, \cdots, N)$$

E 方程

$$y_{i,j} = k_{i,j} x_{i,j}$$

S 方程

$$\sum_i x_{i,j} = 1 \quad \sum_i y_{i,j} = 1 \quad (i = 1, \cdots, C)$$

H 方程

$$V_1h_1^V - V_0h_0^V - (L_0+SL_0)h_0^L - Wh_w + Q_0 = 0$$
$$L_{j-1}h_{j-1}^L - (L_j+SL_j)h_j^L - (V_j+SV_j)h_j^V + V_{j+1}h_{j+1}^V + F_jh_j^F + Q_j = 0$$
$$(j=1,\cdots,N)$$

考虑到常压蒸馏塔的工艺特点,在模型建立过程中要处理好以下几方面的问题:常压塔的中段循环回流系统、汽提塔与主塔的相互关联以及汽提蒸馏的处理等。

(2) 模型的求解算法

上述方程组是一组高维非线性方程组,对于有 54 个虚拟组分、24 块理论塔板的常压蒸馏塔而言,方程数目达到 2688 个。因此寻找一个稳定的、高效的求解算法将成为一个关键问题。传统的泡点法(BP 法)是按方程类型分解进行精馏计算。在该方程中,主要迭代变量是塔板温度及气相负荷流量。温度由 SE 方程联立计算,气相负荷流量由 MH 方程求解。但是 BP 法仅对计算沸点范围相对较窄的物系有效。针对宽沸点物系时,该方法可能导致失败。下面根据常压塔生产工艺的特点,采用了 BP-SR 混合算法,较好地解决了模型的求解问题。具体步骤如下。

① 给定初值 t_j、L_j(由物料平衡计算 V_{j+1})。
② 计算组分物料平衡求得 $x_{i,j}$ 并进行圆整。
③ 采用 BP 算法计算主塔蒸馏段泡点温度 t_j。
④ 计算气液相焓值。
⑤ 采用 SR 法计算主塔汽提段及汽提塔气液相负荷 V_j 和 L_{j-1},并计算主塔汽提段及汽提塔温度 t_j。
⑥ 由能量平衡方程计算 L_1、L_2,并由递推关系计算主塔精馏段 L_j 和 V_{j+1}。
⑦ 满足收敛判据则输出数据,否则转至 2,迭代计算。

(3) 严格在线模型的实现

① 原油物性实时计算　由于常压蒸馏塔直接处理原油进料,原油性质的变化将影响模型计算的精度。因此,严格在线模型必须针对变化的原油合理划分虚拟组分并精确计算物性数据(包括相对分子质量、相对密度、API 比重指数、临界温度、临界压力、偏心因子数、热焓、气液平衡常数等)。虚拟组分的划分是借助于实沸点蒸馏数据来完成的。对于单一品种原油,完整的原油评价中应包括全馏程 10℃ 馏分的实沸点蒸馏数据。但是,就现有条件,炼油厂所能提供的原油实测实沸点蒸馏数据的范围限制在 60~500℃,根据原油种类不同,馏出馏分仅占原油总量的 40%~70%。对于 >500℃ 石油馏分,该数据无法给出详细描述。为此,必须建立全馏程实沸点曲线的数学模型,以三次样条技术建立 60~500℃ 实沸点蒸馏曲线插值模型,并在此基础上对曲线的前后两端分别按线性、指数关系进行数据处理,将其扩展至全馏程 30~850℃。

② 操作数据预处理　严格在线模型需要实时获取过程的操作数据来仿真过程的稳态特性,近年来 DCS 在炼油厂中的广泛应用,为实时数据采集提供了必要条件。然而,由于受仪表精度、测量环境以及过程非稳态等因素的影响,现场采集的数据不可避免地带有一定的误差,使得测量数据不能真实地反映操作的实际情况。因此,模型不能直接应用这些数据进行计算,否则会导致较大的误差甚至错误的计算结果。针对这种情况,在进行模型计算之前,必须删除错误数据,并科学地校正某些数据以降低其误差,从而提供对当前操作工况的准确估计。具体技术包括数据的均值化处理,过程稳定性的判断,数据有效性的判别以及基于物料、能量平衡的数据协调。其中,后者可以描述为如下的问题,即寻求一组过程变量的校正值,使得在满足

物料平衡约束条件的基础上，校正值向量与测量值向量之间的某种范数最小，其数学表达式为

$$\min (y-\hat{x})^T Q^{-1}(y-\hat{x})$$
$$s \cdot t \quad y=x+e$$
$$F(\hat{x},\hat{u})=0$$

式中　$x,\hat{x}$——过程测量变量的真值与校正值；
　　　$\hat{u}$——过程未测量变量的估计值；
　　　y——过程测量变量的测量值；
　　　Q——测量误差的方差阵；
　　　F——物料能量平衡方程。

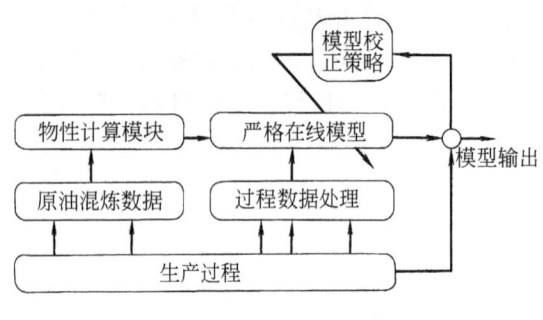

图 6-104　严格在线模型结构

基于数据处理技术和模型校正技术，将原油物性数据库内置于严格在线模型，其结构如图 6-104 所示。该模型对大范围工况变化，如在不同生产方案下，不同混炼原油和进料负荷条件下，具有较强的适应性。

6.4.3　过程稳态优化模型

(1) 常压蒸馏过程优化问题的描述

原油产品的质量指标不同于化工精馏过程中的组分浓度，一般采用馏分油的 ASTM 蒸馏特性或其他性质来描述，如汽油的干点、航煤的相对密度以及柴油的 90% 点或凝固点等。这些质量指标通常也是常压蒸馏塔操作的控制指标。同 "过精馏" 普遍存在于化工精馏过程中相类似，为了保证产品质量，常压蒸馏塔的操作也往往偏于保守，因此必须进行优化操作，实现质量卡边生产，以提高轻油收率，企业才能获得最大的经济效益。

常压蒸馏塔的优化问题可以描述为根据蒸馏塔工艺机理（稳态数学模型），在一定的质量和设备负荷等约束下，建立优化模型，求解并给出优化工况的关键操作变量（决策变量）的设定值（如塔温、抽出流量等），为现场操作人员提供指导或进行闭环优化控制。其一般的数学表达式如下

$$\max F(x)$$
$$s \cdot t \quad h(x)=0$$
$$c(x)=0$$
$$g(x) \geqslant 0$$

其中，F 是与经济指标相关联的目标函数等式约束，h 是表示过程物料和能量平衡关系的稳态数学模型；等式约束 c 和不等式约束 g 则表示设备负荷、操作安全或产品质量等约束。该问题是一个典型的有约束非线性优化问题。

(2) 过程优化模型的建立

归纳起来，过程优化问题需要处理决策变量的选取、确定目标函数、建立约束条件、选择优化算法等问题。

① 决策变量的选择　根据生产工艺要求，原油蒸馏过程操作的特点、产品质量及收率主要是由各侧线产品抽出量及塔内气液相负荷比决定的，而后者又由全塔热平衡所确定。全塔供热仅依靠进料，当进料状态已知时，影响全塔热平衡的主要因素为中段循环回流取热负荷。因

此，原油蒸馏过程的优化决策变量包括各侧线产品抽出流量、中段循环回流取热负荷及进料温度。

② 目标函数的确定　目标函数通常是与生产成本、产品质量和市场信息等变化量有关的经济指标。在实际生产过程中，可以选择综合效益函数，如下所示

$$\max \quad f_c = \sum P_i c_{Pi} - \sum F_i c_{Fi} - \sum Q_i c_{Qi}$$

式中　P_i, c_{Pi}——侧线产品 i 的产量及价格因子；

F_i, c_{Fi}——第 i 股进料的流量及价格因子；

Q_i, c_{Qi}——第 i 处能量消耗及价格因子。

式中第一项为产值，第二项为进料成本；第三项为能耗。该函数综合考虑了利润、成本及节能等各项指标，能够比较全面地反映装置的生产状况。

③ 约束条件的建立　常压蒸馏塔在实际运行过程中受到许多约束条件的限制，如生产能力、设备负荷及产品质量要求等，同时还受到过程自身运行规律的限制，如物料能量平衡及热力学要求等。这些限制构成了优化问题的约束条件。具体体现为侧线产品干点、凝固点的限制，过程数学模型的限制及塔板水力学模型的限制。

④ 优化算法的选择　由目标函数、模型方程和产品质量约束构成了复杂的优化数学模型，其决策变量和约束变量之间存在着隐式的强非线性关系，使得求解上述问题时存在困难。本节根据工艺机理，以变量轮换法为基准，构造了一种直接搜索算法来逐次逼近上述问题的最优点。

(3) 在线优化系统

过程在线优化系统的目标可以概述为不断地对过程操作状况进行评估，在相关约束下根据某种经济指标，确定装置操作条件，以保证过程始终处于最优生产工况，以获得装置生产的最大利润。

① 在线优化系统结构　在线优化系统的一个重要特点是它使用过程实时操作数据替代离线操作优化中由人工输入的模型计算所需数据，整个优化过程由数据采集到优化设定值的实现完全是自动的、闭环的。为此，在线优化系统必须考虑到市场经济条件的变化，将过程模型、最优化技术与先进控制技术综合起来。其通常的结构分为以下四层。

a. 生产计划调度层：为优化系统提供市场经济信息、装置生产方案及产品质量要求等。

b. 在线优化层：接受计划调度层提供的市场经济信息及生产调度指令，并由过程监控系统获得过程操作信息，确定过程优化操作点并直接装到过程控制器执行。

c. 先进控制层：在常规控制的基础上，应用多变量控制技术协调多个控制回路，保证过程在给定操作点平稳运行。

d. 常规控制层：即为 PID 控制器，由 DCS 实现。

针对某炼油厂原油蒸馏过程，其在线优化系统结构如图 6-105 所示。该系统以基于过程稳态严格在线机理模型的优化器为核心，以多变量控制技术为手段，实现了原油蒸馏过程的在线优化闭环控制。

图中过程优化器是在线优化系统的核心，它在一定的经济指标函数和约束条件下给出装置的关键操作变量优化设定值。根据常压蒸馏过程的特点，过程优化器分为轻油收率优化器、中段循环回流取热优化器、常压加热炉出口温度优化器三个子优化器。

② 在线优化策略　在线优化策略如图 6-106 所示。根据设定的优化周期，系统由 DCS 时钟自动启动，开始执行在线优化程序。同时考虑到过程发生变化，优化系统对操作人员的指导

作用，系统的启动亦可以由操作人员通过DCS操作站执行触发命令启动优化程序。

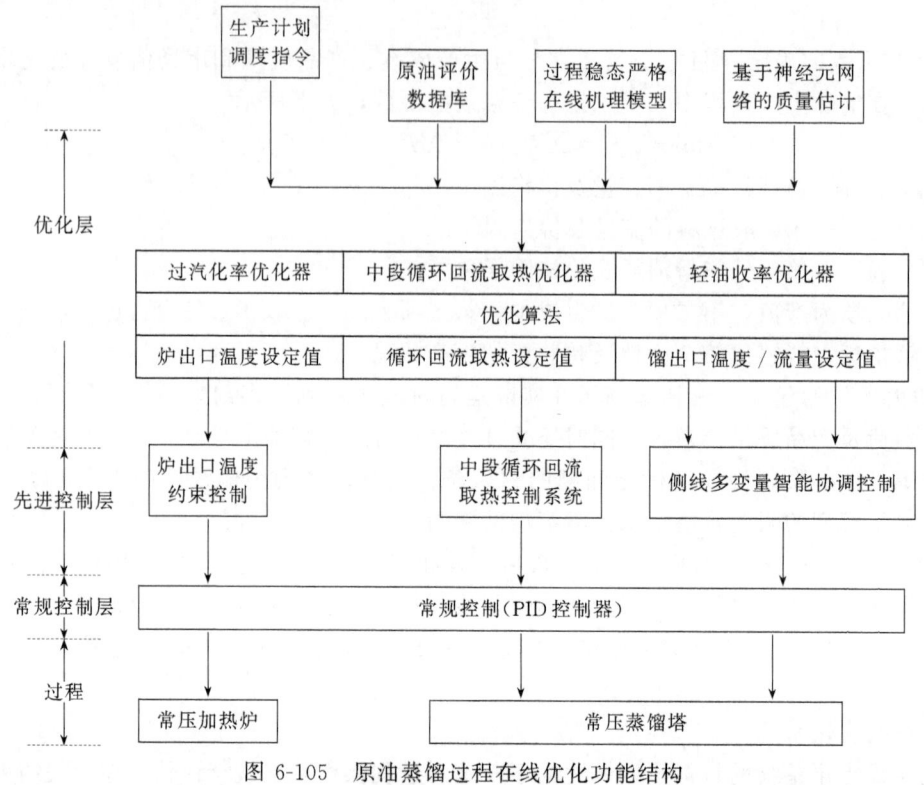

图 6-105　原油蒸馏过程在线优化功能结构

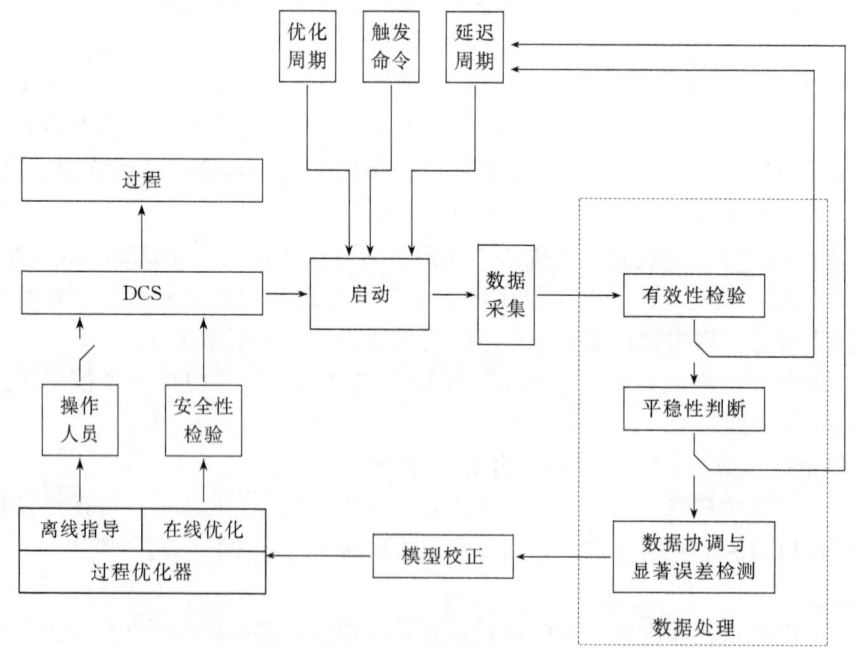

图 6-106　在线优化策略

过程数据的有效性检验、平稳性判别、数据协调及显著误差检测构成了在线优化系统的数据处理模块。经过处理的数据为满足物料平衡约束的稳态数据，它真实地反映了当前的操作状况，是模型计算及优化计算的基础。

过程优化器在上述稳态操作点上,以过程严格机理模型为等式约束,以产品质量约束及设备负荷为不等式约束,给出使装置生产获得最大经济效益的过程优化操作值。

(4) 应用实例

① 加热炉出口温度优化　某炼油厂为沿海炼油厂,加工原油20余种,且大部分为进口原油,使得常压蒸馏塔进料性质变化较大。同时根据市场需求情况,加工方案切换频繁。为了稳定装置操作,在不同的原油进料和加工方案下,加热炉出口温度被固定在360℃,使得在炼制某些原油时过汽化率高达5%～6%,不利于降低能耗,提高轻油收率。本节以混炼原油虚拟组分物性计算为基础,按照油品平衡汽化理论,并结合实际过汽化油量的测量值,确定炉出口温度的优化设定值,通过炉支路出口温度约束控制实现了炉出口温度的在线优化,将过汽化率控制在2%～4%的范围内。

在线优化策略如图6-107所示,该塔常四线采用集油箱液位控制的全馏出流程,常四线馏分油与常压重油、减压馏分油混合作为催化裂化的原料。根据工艺流程,图中过汽化率计算器对常四线流量测量值进行数据处理并计算得到过汽化率。炉出口温度优化器根据过汽化率计算值确定合理的原油汽化率,按照下式迭代计算炉出口温度优化值

$$F(e) = \sum \left[\frac{z_i(k_i-1)}{(1-e-ek_i)} \right] = 0$$

式中　e——原油汽化率;
　　　z_i——进料虚拟组分组成;
　　　k_i——组分气液平衡常数,$k_i = f(T_f)$;
　　　T_f——炉出口温度。

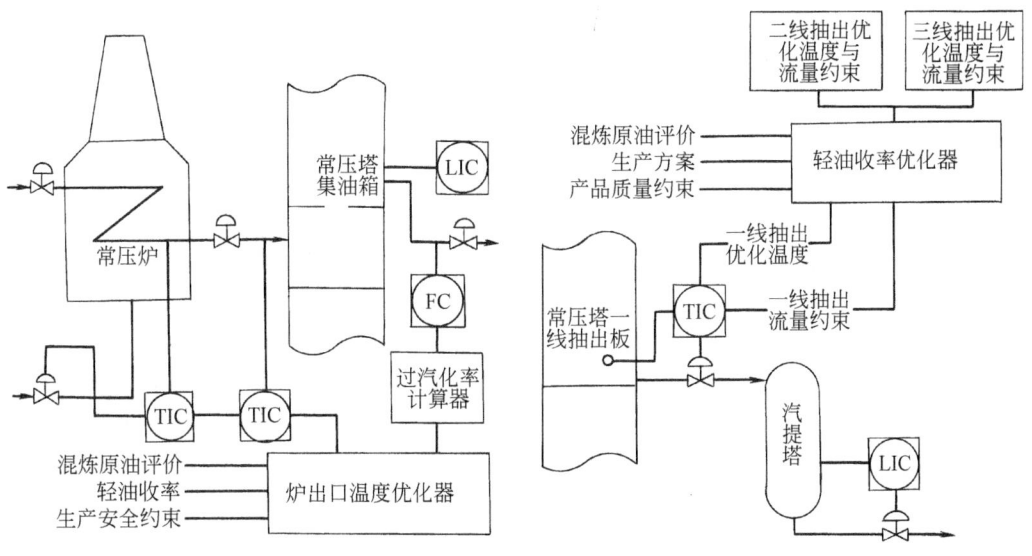

图 6-107　炉出口温度在线优化策略　　　图 6-108　轻油收率在线优化策略

在线优化动态实施过程中,考虑了炉出口温度的保持、优化和限幅三种情况。同时为了消除由于轻油拔出不足而对过汽化率计算带来的误差,在炉出口温度优化器中增加了轻油收率约束,避免错误地调整炉出口温度设定值而影响全塔轻油收率或产品质量。

② 轻油收率优化　由于加工方案和混炼原油变化频繁,该厂常压蒸馏塔的操作一直凭借

操作人员的生产经验，操作存在着较大的优化潜力。本节根据生产工艺要求，提出了常压蒸馏塔轻油收率在线优化策略，如图 6-108 所示。

轻油收率优化器选取常一线干点和常三线 90% 点作为产品质量约束，由生产方案确定上述质量约束的具体控制指标，并得到相应各侧线产品的切割点，作为实际的优化约束条件。同时，由混炼原油评价计算虚拟组分的特性数据并求解常压蒸馏塔数学模型，为优化提供物料和能量平衡约束条件。

6.4.4 原油常压塔侧线产品质量多变量智能控制

原油常压蒸馏塔主要有三个侧线产品的质量需要控制，即常一、常二、常三线。按常压塔原设计要求，通过控制侧线产品的抽出温度达到控制产品质量的目的，控制量是各侧线产品的抽出流量。在生产中影响侧线产品抽出温度的因素很多，如常顶温度、常顶压力、加热炉出口温度、上游侧线抽出流量、全塔能量分布状况、物料平衡状况、原油性质、生产方案等。采用常规的单回路 PID 控制或多变量解耦 PID 控制均难以达到长期稳定的运行效果，一旦有较大波动就会逐渐引起系统的不稳定。下面介绍借鉴模型预测控制方法中的一些思想，以及熟练操作工操作复杂生产过程的行为方式，实现了一种实用的多变量智能控制方法。

（1）控制方案

控制目标是在保证产品质量的前提下，使全塔平稳运行，将侧线温度控制在设定值附近，同时作为控制变量的侧线抽出量在一定约束范围内。

结合现场操作工的经验和对 DCS 历史数据的分析结果，以常压塔现有控制方案为基础，提出了常压塔侧线产品控制方案，如图 6-109 所示。

被控制变量：常顶温度、常一线气相温度、常三线气相温度。

控制变量：常顶冷回流流量、常一线抽出量、常三线抽出量。

可测扰动变量：加热炉出口温度、塔顶压力。

控制方案说明如下：

① 常顶温度决定了整个常压塔的能量平衡，是几个侧线间接产品质量控制系统的主要干扰，如果常顶温度波动较大，势必会影响全塔的正常运行。过去采用常顶温度及常顶冷回流 PID 串级控制，常顶温度波动较大，因此决定采用常顶温度及常顶冷回流智能串级控制，以保证常顶温度的平稳。

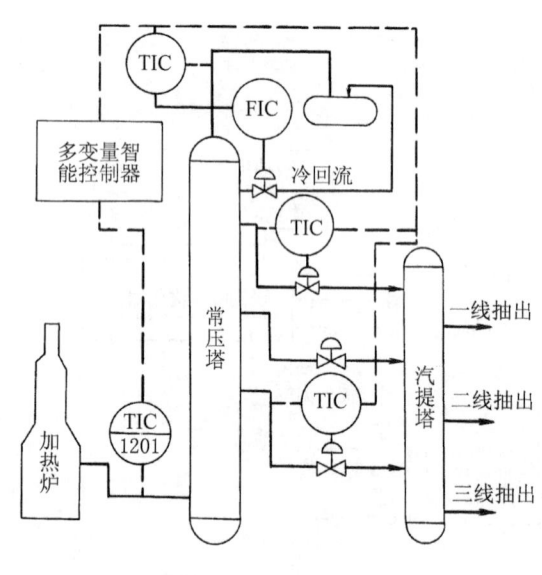

图 6-109 常压塔控制方案

② 常一线的温度由于液相温度不如气相温度灵敏，因此选择气相温度作为被控制量。常一线温度的波动主要受常顶温度的影响，因此在常一线智能控制器中引入常顶温度作为前馈。

③ 常三线温度主要受加热炉出口温度、常一线抽出量和常二线抽出量的影响。在常三线智能控制器中引入加热炉出口温度作为前馈，以尽早消除炉出口温度对常三线温度的影响。为了克服常一线、常三线之间的耦合，在侧线控制器的输出加入不完全解耦环节，以消除上面侧线抽出量变化对下面侧线温度的影响。

（2）控制系统结构

多变量智能控制系统的结构采用分层递阶方式，控制系统分为协调层、执行层和控制层三层，如图 6-110 所示。协调层由多变量智能协调控制器构成，负责协调执行层中各个智能控制器的执行。执行层由各回路智能控制器组成。控制层由常规 PID 控制器组成。

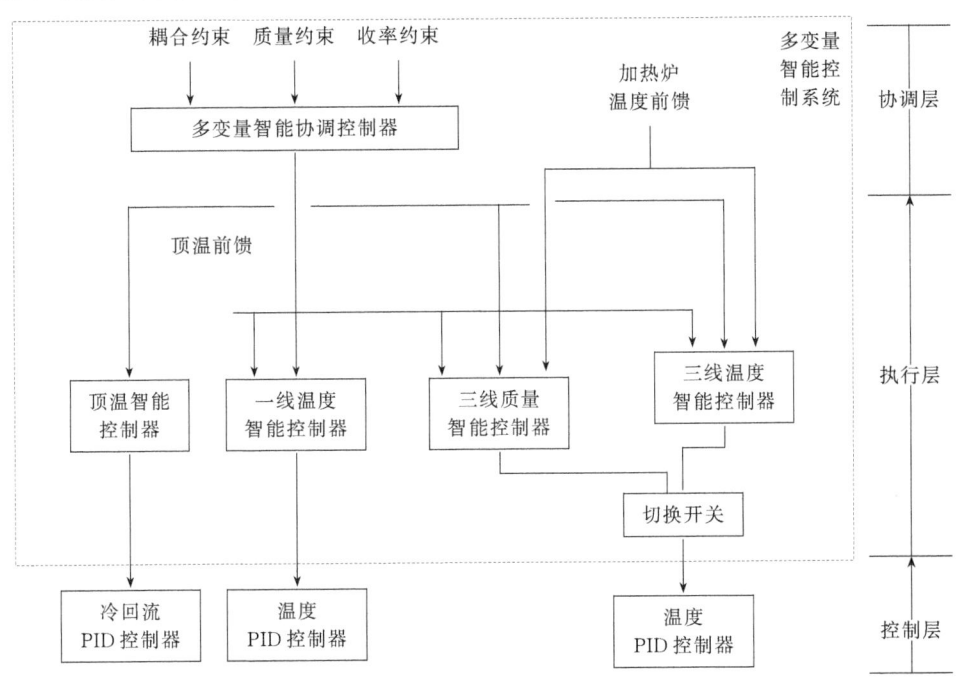

图 6-110　常压塔多变量智能控制系统结构

常三线是决定常压塔轻油收率的重要侧线，因此既要确保常三线的质量平稳性，又要保证常三线抽出量的平稳性。常三线的控制系统采用了两种互为后备的控制方案：基于神经网络 90% 点质量软测量的直接质量控制方案和基于常三线温度的间接质量优化控制方案（优化设定值由常压塔轻油收率优化器给出）。

（3）控制系统原理

常压塔多变量智能控制系统结构如图 6-111 所示，分为协调层和执行层两层。

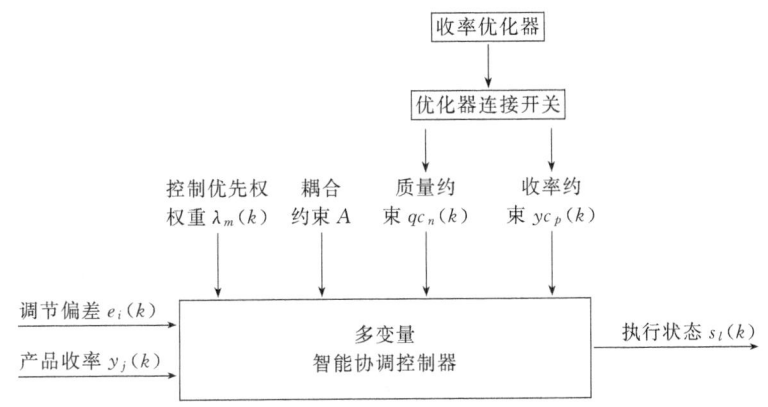

图 6-111　多变量智能协调控制器的基本结构

协调层由多变量智能协调控制器构成。其主要思想是借鉴现场操作工的经验，从全局上协调智能控制层中各个控制器的调节行为，使得在每个控制周期内各个控制器都向着有利于多变量全局控制的方向进行调节。

多变量智能协调控制器的输入为：当前各控制器回路的调节偏差 $e_i(k)$，$i=1\sim3$，当前侧线产品收率 $y_j(k)$，$j=1\sim2$。输出为：执行层中智能控制器的执行状态（静止状态、抑制状态、控制状态）$s_l(k)$，$l=1\sim3$。控制器的可调参数为：各执行层中各智能控制器的控制优先权权重 $\lambda_m(k)$，$m=1\sim3$，回路间耦合约束 $A_{3\times3}$，产品质量约束 $qc_n(k)$ 和产品收率约束 $yc_p(k)$，$p=1\sim2$。

多变量智能协调控制器的计算步骤如下。

① 根据各控制回路控制优先权权重和当前各控制器回路的调节偏差计算当前控制系统的综合指标 $J(k)$（越小越好）

$$J(k)=f[\lambda_m(k),e_i(k)] \quad m=1\sim3, i=1\sim3$$

② 由当前各控制器回路的调节偏差、各控制回路控制优先权权重、产品质量约束和回路间耦合约束，估算未来各控制器 $q(q=1\sim3)$ 进行调节时对应控制系统的综合指标 $J_q(k+1/k)$

$$J_q(k+1/k)=g[\lambda_m(k),e_i(k),qc_n(k),A]$$

$$m=1\sim3, i=1\sim3, n=1\sim2, q=1\sim3$$

③ 判断各种约束条件，若控制器已处于约束条件边界，设置其状态为静止状态。

④ 选取具有最小预测综合指标的控制器，设置其状态为控制状态。对于预测综合指标大于当前控制系统综合指标的控制器，设置其状态为静止状态。

⑤ 将其他控制器设为抑制状态。

⑥ 重复①~⑤步。

多变量智能控制系统的执行层由顶温智能控制器、常一线智能控制和常三线智能控制器组成。

智能控制的主要思想是开闭环结合、多模态控制。这两个思想提出的目的就是在不增加过多计算量的前提下克服 PID 算法的不足。智能控制的一个特点就是可以将一个复杂的控制过程通过控制区域的划分变成许多相对简单的子过程，对这些子过程选用相应的较简单的控制器。智能控制器的结构如图 6-112 所示，分为三个部分：动态控制区域划分、控制器选择和模态控制器组部分。其中 sp 为控制器设定值，e 为设定值与测量值之间的偏差，M 为控制器模态，u 为控制器输出。

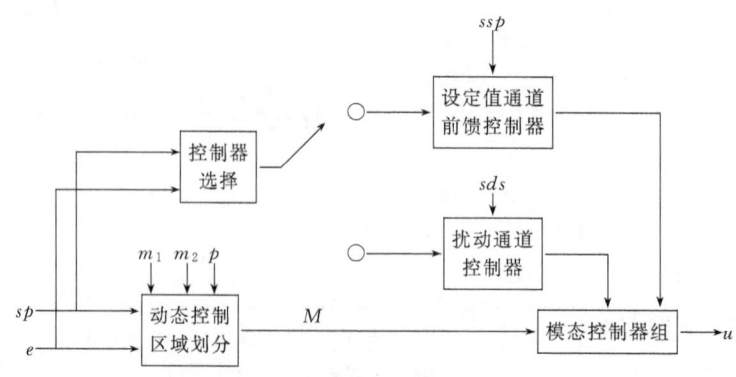

图 6-112　智能控制器的结构

动态控制区域划分是根据过程扰动幅度估计值进行的，使得智能控制器能够适应各种幅度的设定值变化和扰动变化。

在智能控制算法中，过渡过程的开始时刻和结束时刻很容易确定。当控制模式为保持模式时，认为过滤过程结束；当控制模式为其他形式时，认为过滤过程正在进行。图 6-112 中 m_1、m_2、p 为控制区域划分的阈值。动态控制区域划分的结果是求出当前的控制模态 M，据此选择相应的控制器计算控制输出。

智能控制器在功能上又分为两个子控制器：设定值通道前馈控制器和扰动通道控制器。由智能控制器的控制器选择部分根据实际情况确定哪一个子控制器起作用。设定值通道前馈控制器用于完成设定值 sp 的跟踪，如图 6-112 所示，其中可调参数 ssp 为设定值跟踪速度，决定了被控制量跟踪设定值的快慢。扰动通道控制器用于消除未知扰动对被控制量的影响，其中可调参数 sds 为调节速度，决定了控制消除未知扰动的快慢。调节参数 ssp 和 sds 相互对立，互不干扰，可分别进行整定，大大降低了参数整定的难度，使得对智能控制器的维护较容易。

智能控制中的每一个子控制器分别由一组模态控制器组成，模态控制器组根据 M 值选择相应的控制器计算控制输出。智能控制是一种多模态控制，这一特点使得智能控制可以把许多不同的控制算法如开关控制、前馈控制、PID 控制、内模控制等包括进去，形成一个有机整体，即模态控制器组。总的来说，智能控制模态可分为三种：加速模态、抑制模态和保持模态。

a. 加速模态。当误差本身很大，或者误差较大且有增加趋势时，一般采用设定值前馈控制、大比例增益控制、开关控制或比例＋微分控制。

b. 抑制模态。当误差较大但有下降趋势时，一般采用小比例或小比例＋小微分控制。

c. 保持模态。当误差较小时，一般采用小积分＋保持控制、小比例＋小积分＋保持控制或保持控制，积分用于消除稳态余差。

多模态控制方法的好处不仅在于可以灵活地采用各种控制算法，还在于可以根据模态值 M 的时序关系 M，动态地调整控制器的结构和参数，进一步提高控制器的性能。

作为多变量智能协调控制器的下层，智能控制器具有三种执行状态：静止状态、抑制状态、控制状态。在静止状态下，智能控制器使底层 PID 控制器保持当前输出；在抑制状态下，智能控制器降低其输出变化速度；在控制状态下，智能控制器进行正常的操作。

多变量智能控制方法可以进一步利用现有 DCS 的功能，提高 DCS 的应用水平。同时还能充分利用操作工的丰富经验，不需要事先获得准确的过程对象模型，参数调整简便直观，使控制系统投运过程安全可靠。与操作工手动操作相比，常压塔多变量智能控制系统投运后，侧线温度的平稳性显著提高，波动范围明显减小。实际运行结果表明，控制系统可以长期稳定运行，大大提高了侧线温度的控制精度，能够克服加热炉出口温度和原油性质变化的扰动，从而能够实现侧线产品质量的卡边控制，为企业带来可观的经济效益。

6.4.5 原油常压塔质量估计中的软测量仪表

原油常压蒸馏塔制约其质量控制水平的一个重大障碍在于检测产品质量的硬仪表精度差、时滞大，无法提供闭环控制所需要的反馈信号。本节以人工神经网络为基础，构造常压塔质量软测量仪表，较好地解决了这一问题。

(1) 质量软测量的原理

质量软测量的实施可以通过三条途径来进行：①机理法，即通过建立严格的机理模型来反映常压塔内的蒸馏过程和油品按组分沿塔板的分割，进而计算出各侧线馏出油品的干点或 90% 点；②统计法，即在收集大量过程参数与质量分析数据的基础上，运用统计方法建立它们之间的数学关系，从而可以由过程参数算出对应的干点或 90% 点，人工神经元网络方法也属于统计方法；③机理统计结合法，即借助机理模型确定统计模型的结构或提供间接输入变量，之后由统计方法确定模型的具体参数。

由于常压塔侧线产品质量与各过程变量之间存在着严重的非线性对应关系，很难用一般的数学模型来描述，因此考虑利用人工神经网络这一具有强大非线性映射能力、学习能力和联想记忆能力的数学手段来解决该问题。

人工神经网络中的多层前向网络较多地应用于化工过程中的数学处理和模型建立等领域。其结构特点是：在输入层与输出层之间有若干层（一层或多层）神经元——隐层单元，这些隐层单元与外界无直接联系，但其状态的改变则能影响输入与输出之间的关系。

多层神经网络层与层之间的各个神经元由键连接，键的强弱（一般称之为网络权值）决定了各种神经元之间的连接强度，并进而决定了网络的性能。因此为了使人工神经网络能够适应某一具体的应用环境，具有人们期望的某种特定功能，就需要预先对网络进行训练（或称学习），即通过调整网络的权值，使之能够正确反映期望的输入输出关系，从而精确地跟踪期望的输出值。

目前应用较广的反向传播算法（Back Propagation Algorithm，又称 BP 算法）是一种建立在梯度下降法基础上的有导师学习算法。当信息输入时，输入信号从输入层经隐层传向输出层。如果输出层得不到期望的输出则反向传输，将误差信号沿原来的连接通路返回，去修改各神经元之间的连接权值，使误差减小，如此反复，最终使误差信号达到最小。

此外，人工神经网络理论已证明，含有两个隐含层的多层前向网络可以按任意精度近似任意连续函数，含有一个隐含层的多层前向网络也可以拟合一大批非线性函数，所以此处的常压塔侧线产品质量（常一线干点、常三线 90％馏程点）在线软测量仪表采用了三层（即只含有一个隐含层）的网络结构。

(2) 人工神经网络学习算法

① 遗传 BP 算法　鉴于传统的 BP 算法收敛速度较慢，易陷入局部极小点，不适于处理常压塔这样的强非线性工业对象的数据样本，将遗传算法引入人工神经网络的学习训练过程，研究开发了遗传 BP 算法。遗传算法是根据达尔文的自然界生物进化思想，将其灵活运用到优化运算领域而产生的一种全局寻优算法。

遗传算法的主要优点表现为：在可行解空间同时由多个起始点开始搜索，搜索效率高；本质上属于随机寻优过程，不存在局部收敛问题；不要求准则函数可导，可用于求解非连续函数优化问题。

因此将遗传算法直接与 BP 算法相集成，以前者的全局寻优能力防止陷入局部极小点，同时依据后者的梯度下降搜索法保证在有限次搜索后快速找到全局最优解。这种新型的复合算法命名为遗传 BP 算法，将其应用到常压塔软测量模型的建立中，取得了良好效果。

② 网络优化策略　根据机理分析的结果和实际运行的经验，选定了人工神经网络的输入变量，也即确定了人工神经网络输入层节点的数目。人工神经网络隐含层节点数目的确定，即网络结构优化问题，长期以来没有得到解决，全凭经验而定，这对网络的训练时间和训练速度，网络的适应性能力都会造成不利的影响。特别是当用人工神经网络来构造工业过程中的在线软测量仪表时，这种危害尤为明显，为此，专门进行了网络结构优化工作。

其基本思想是：在训练人工神经网络时，除通常给出的反映网络学习精度的指标外，同时引入反映网络结构复杂度的指标，以两者的复合指标来同时指导网络的训练和优化过程。其具体实现过程是以网络剪枝法为基础，以遗传算法为手段，在数学上直接求解一个带约束的非连续函数的极值而完成。这一工作称为网络的优化策略。网络优化策略与学习算法结合，使学习训练与网络结构优化同时完成。

(3) 常一线干点、常三线 90％点的软测量仪表结构

① 机理与神经网络结合 借助机理分析,从各种参与混炼的原油的实沸点蒸馏曲线出发,经计算后得出混合后油品的综合收率,将其作为一个独立的输入变量引入人工神经网络,以克服原油品种多变带来的困难。

同时,引入常三线处油气分压与气液相平衡比的计算。把从二线抽出处下一块塔盘开始至三线抽出处塔盘为止作为一块理论塔板,对其进行油气分压与气液相平衡比的计算,将油气分压的气液相比作为网络的一个输入。

② 依据不同生产方案间工况的差异程度,划分不同的模型适用区域。当生产方案变化时,软测量仪表自动切换采用不同的模型,这样就可以始终适用于不同的工况。

③ 开发了软测量仪表的在线学习校正功能,在软测量仪表中另外独立加入一个校正模块,负责监视软测量仪表的输出、反馈回来的化验值和生产运行的工况。软测量仪表的输出(估计值)和反馈回来的化验值之间出现较大差异时,记录该差异及对应段内的生产工况;当这种差异连续数次产生且对应的生产工况始终处于稳定运行状态时,通过计算偏差而给出一个校正量,将它叠加到软测量仪表的输出节点上,同时记录发生偏差时的样本,以便积累到一定数量后,为网络的重新训练增加新样本。

图 6-113 列出了常一线干点、常三线 90％点的产品质量软测量仪表的结构框图。

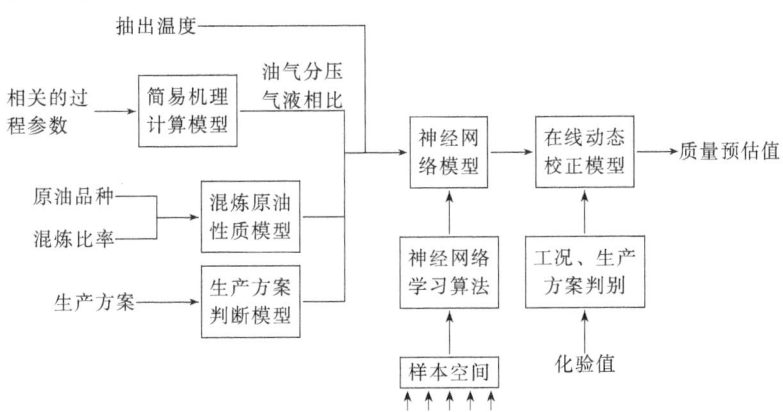

图 6-113 常一线干点、常三线 90％点的产品质量软测量仪表结构框图

(4) 软测量仪表的具体实现

首先,通过对常压塔机理分析,从工艺出发分析造成质量波动的主要因素,作为人工神经网络的初步输入变量,然后根据网络优化策略对这些变量进行筛选,同时确定网络的最优结构,最后以经过筛选后留下的主要变量作为人工神经网络的输入,侧线产品质量作为网络的输出,按上述结构框图,来构造软测量仪表。

接着,从采集到的大量样本数据中选择具有代表性的、能够基本覆盖正常运行工况的适当数量的数据,来作为学习样本训练网络,一旦训练完毕,则只要输入可实时采集的过程参数值,网络就可立即给出相应的质量值,从而实现产品质量在线测量的目标。

中美合资无锡梅思安安全设备有限公司生产安全仪表简介

名　　称	产　品　简　介	主要技术指标
500 气体检测系统	催化燃烧式可燃性气体、毒性气体报警控制器 优良的稳定性、可靠性与抗干扰性	测量范围:1～100％ LEL　测量精度:±5％F·S 4～20mA 输出,防爆等级 ExdII CT 6 电源报警可调

续表

名称	产品简介	主要技术指标
9020 气体检测系统	可与各种气体探测器或变送器任意配置组合使用。每个控制单元都具有一个 RS-485 接口	零点量程漂移:≤±0.5%F·S ±1个字 4~20mA 输出,三级可调报警,重复性:±1%F·S。
Uluma Plus 数字网络气体检测系统	数字网络系统中的各功能部件置于网络的任意位置。每一个功能部件都有自己的代码,具备与网络上任意其他部件通信的功能。系统适用任何连接方式,可采用总线布局、自由布局。通信电缆长度可达 2600m,通过转发器和路由器可增加系统的总长度	通信速度:78Kilob:fs/s 网络功能:自由拓扑结构 网络极性:不敏感性
SA-LEL/SA-CO$_2$ 可燃气/CO$_2$ 气体变送器	双盒式结构,可杜绝渗漏现象 抗电磁干扰	测量范围:0~100%LEL;0~100%体积 CO$_2$ 精度:±5%F·S,量程漂移:≤±2%F·S/月 零点漂移:≤±1%F·S/月,防爆等级:ExdII CT 5 4~20mA 输出
DF-9500 毒气变送器	寿命长达 2 年的电化学原理探测器,选择性强,稳定性好。LCD 现场显示气体浓度	测量精度:≤±2%F·S,零点量程漂移:≤±2%F·S 防爆等级:EExia II CT6,经(BUS)认证。
DF-7100/7010 可燃气变送器	DF-7100 标准 0~100%LEL 检测 DF-7010 低浓度 0~10%LEL 可燃气变送器	DF7100;防护等级:IP54 质量:1.48kg,4~20mA 输出
CD10 红外可燃气变送器	CD10 基于红外吸收原理,采用最先进的模拟及微处理器技术,固态传感器提高了变送器对环境空气中气体浓度连续测量的可靠性、稳定性及精度	0~100%LEL(0~5%体积分数)甲烷,其他气体可查询 长期稳定:≤±5%F·S,4~20mA 输出 不锈钢外壳,防护等级:IP66
MSA3600 红外气体检测仪	红外光-声吸收型。仪表直接显示读数,4~20mA 输出,可与 PLC/DCS 连接	稳定性:短期±1%;长期±5%18 个月 噪声:±5%F·S,采样管最大长度 30m (100t)
Responder 袖珍式氧气或毒气检测仪	可分别检测空气中的 CO、H$_2$S、O$_2$,其中测氧表配接 3m 电缆(可选件)后可实现远距离检测	CO:(0~999)×10^{-6},O$_2$:0~100% H$_2$S:(0~500)×10^{-6},重 200g
MSA MICROGARD™ 袖珍式可燃气体和氧气检测仪	采用先进的表面安装技术及操作方便的薄膜开关,有扩散式和泵吸式两种结构,具有阻燃和抗静电、射频干扰的性能	范围:0~100%LEL,1.0~25%(O$_2$) 精度:±3%F·S(LEL),±0.3%(O$_2$)
Ultima 气体监测系统	智能型可燃性气体 0~100%LEL 检测,超过 100%LEL 时仍可锁定读数;可现场显示;数据储存;遥控标定。配用继电器单元时,可为各级报警提供互相独立的继电输出。探测器即将到达使用寿命时有"更换探测器"显示	可燃气:0~100%LEL;O$_2$:0~25%(体积分数) 毒气:可测各类毒气(详情查询) 零漂:<5%/年;量程漂移:<10%/年;质量:2.04kg 重复性:±1%F·S 或 2×10^{-6};线性±2%F·S或 2×10^{-6}

第7章 工艺安全

7.1 概 述

石化工程项目的工艺安全设计应依据国家安全生产有关法律法规和标准规范的要求，积极吸收国外安全设计先进理念，从设计源头上消除或削减危险源，提高本质安全设计质量，遵循合理降低风险原则，优化设计方案，采用适宜可靠的安全对策措施，将建设项目生命周期内的风险尽可能降到合理可行的最低程度。

7.1.1 术语与定义

事故（Accident）：造成死亡、职业病、伤害、财产损失或环境破坏的意外事件。

事件（Incident）：导致或可能导致事故的情况。与事故的区别在于，事故是已经发生了，而事件是没有发生的事故，如：未遂事故。

危险源（Hazard）：可能导致损害或疾病、财产损失、工作环境或这些情况组合的根源或状态。

事故频率（Frequency）：在一定时间内发生的事故次数。

事故后果（Consequence）：由意外事件导致危险因素释放而产生的恶劣影响。

风险（Risk）：发生特定危险情况发生的可能性和后果的组合。

可容许风险（Tolerable Risk）：根据法律义务和方针，已降至可接受程度的风险。

剩余风险（Residual Risk）：在实施防护措施后还存在的风险。

风险降低（Risk Reduction）：减少风险的消极后果或降低其发生概率，也可二者兼有。

风险减缓（Mitigation）：对某一特定事件的消极后果进行限制。

安全（Safety）：免除了不可接受的损害风险的状态。

本质安全（Inherent Safety）：指采用无危险性物料和工艺条件来消除危险，而不是依靠控制系统、联锁、报警和工作程序来终止初始事件。

防护措施（Protective Measures）：降低风险的方法，主要包括本质安全设计、防护装置、个人防护用品、使用和安装信息及培训等。

ALARP（As Low As Reasonably Practicable）：将风险控制在最低合理可行的范围内。

化学品安全数据表（MSDS）：Material Safety Data Sheets。

过程危险源分析（PHA）：Process Hazard Analysis。

过程安全管理（PSM）：Process Safety Management。

7.1.2 设计单位的主要安全职责

设计单位应当在其资质规定的范围内承担相应的安全设计，并对其安全设计质量负责。

承担工程设计的设计经理（负责人）、安全设计和校审人员、各设计专业主要负责人应当由取得相应执业资格的人员担任。需要注册执业的岗位应安排注册执业人员履行其职责。

设计采用的涉及生命安全、危险性较大的特种设备，以及危险物品的容器、运输工具，必须按照国家有关规定，由专业单位生产，并经取得专业资质的检测、检验机构检测、检验合格，取得安全使用证或者安全标志，方可投入使用。设计单位不得推荐违反上述规定的设施、材料和设备。

设计单位应严格执行国家对严重危及生产安全的工艺、设备实行淘汰的制度。在设计中不得采用国家明令淘汰、禁止使用的危及生产安全的工艺、设备。

设计单位应当考虑施工安全操作和防护的需要，对涉及施工安全的重点部位和环节在设计文件中注明，并对防范生产安全事故提出指导意见。采用新结构、新材料、新工艺的建设工程和特殊结构的建设工程，设计单位应当在设计中提出保障施工作业人员安全和预防生产安全事故的措施建议。

7.1.3 安全设计基本程序

① 安全设计策划　工艺安全工程师应根据项目性质、规模、合同要求和设计阶段，在项目开展初期对项目安全设计进行策划，其主要内容包括：根据合同确认的项目设计范围；确定安全设计依据，包括法律法规、标准规范等；业主对项目安全设计的要求；项目安全设计需要开展的主要工作和时间安排，包括危险源分析、安全设计审查活动等。

② 过程危险源分析。

③ 项目安全对策措施设计。

④ 项目安全设计审查。

7.2　工艺物料危险性分析

7.2.1 危险化学品数据

工艺工程师应了解工艺过程中所有物料的危险特性和相关信息，以便采取安全可靠的方式方法进行加工生产和贮存。工艺物料包括原料、中间产品、最终产品、各种添加剂、催化剂等，其危险特性和相关信息主要来自化学品安全数据表（MSDS）。

(1) 危险化学品安全数据表（MSDS）包含的基本信息

① 化学产品和供应商情况；

② 危险性识别；

③ 急救措施；

④ 事故泄漏处理；

⑤ 处置与贮存；

⑥ 暴露控制与个人防护；

⑦ 物理化学性质；

⑧ 稳定性和反应活性；

⑨ 毒理学信息；

⑩ 生态学信息；

⑪ 处理方法；

⑫ 运输信息；

⑬ 法则规定；

⑭ 其他。

(2) 国家规定的十大类危险化学品

① 爆炸品；

② 压缩气体、液化气体；

③ 易燃液体；

④ 易燃固体；
⑤ 氧化剂及氧化过氧化物；
⑥ 毒害品；
⑦ 腐蚀品；
⑧ 放射物品；
⑨ 自燃固体；
⑩ 其他。

(3) 危险化学品的主要特征

① 活性物质——不稳定物质，因存在易于释放的能源。因本身不稳定，或两种混合后爆炸。如聚合中的引发剂、催化剂、乙炔、环氧乙烷、乙烯、一氧化氮等均属分解性爆炸。

② 化合物分解时放出的最大分解热越大，危险性大；燃烧热与最大分解热之间的差值大，一般危险性较小。

7.2.2 火灾危险性分析

(1) 可燃气体火灾危险性分类

国家标准《石油化工企业设计防火规范》(GB 50160) 第 3.0.1 条规定了可燃气体的火灾危险性分类（参见表 7-1），其举例说明详见该条文说明（表 1）。

表 7-1 可燃气体的火灾危险性分类

类别	可燃气体与空气混合物的爆炸下限
甲	<10%（体积分数）
乙	≥10%（体积分数）

(2) 液化烃、可燃液体火灾危险性分类

国家标准《石油化工企业设计防火规范》(GB 50160) 表 7-2 规定了液化烃和可燃液体的火灾危险性分类（参见表 7-2），其举例说明详见该条文说明（表 2）。

表 7-2 液化烃、可燃液体的火灾危险性分类

名称	类别		特征
液化烃	甲	A	15℃时的蒸气压力>0.1MPa 的烃类液体及其他类似的液体
		B	甲 A 类以外，闪点<28℃
可燃液体	乙	A	闪点≥28℃至≤45℃
		B	闪点>45℃至<60℃
	丙	A	闪点≥60℃至≤120℃
		B	闪点>120℃

(3) 固体火灾危险性分类

国家标准《石油化工企业设计防火规范》(GB 50160) 第 3.0.3 条规定了石化装置生产和贮存的固体火灾危险性分类，其他各类仓库、贮存单元的火灾危险性分类举例详见国家标准《建筑设计防火规范》(GB50016) 第 3.1.3 款的条文说明。

(4) 工艺装置火灾危险性分类

《石油化工企业设计防火规范》(GB 50160) 第 4.2.12 款的条文说明中举例说明了石油化工工艺装置的火灾危险性分类。

① 表 5.1 工艺装置或装置内单元的火灾危险性分类举例（炼油部分）；

② 表 5.2 工艺装置或装置内单元的火灾危险性分类举例（石油化工部分）；

③ 表 5.3 工艺装置或装置内单元的火灾危险性分类举例（石油化纤部分）。

其他生产单元、各类厂房、建筑物的火灾危险性分类见国家标准《建筑设计防火规范》（GB 50016）第 3.1.1 条款的条文说明。

7.2.3 爆炸危险区划分

石油化工工艺装置区内的电力装置（包括电气设备和仪表）的防爆等级要求应按照工作环境是否属于爆炸性气体环境确定。国家标准《爆炸和火灾危险环境电力装置设计规范》（GB 50058）对此有非常明确的要求。

（1）爆炸性气体混合物环境

爆炸性气体混合物环境是指可能出现下列环境之一的情况：在大气条件下，易燃气体、易燃液体的蒸气或薄雾等易燃物质与空气混合形成爆炸性气体混合物；闪点低于或等于环境温度的易燃液体的蒸气或薄雾等易燃物质与空气混合形成爆炸性气体混合物；在物料操作温度高于可燃液体闪点的情况下，可燃液体有可能泄漏时，其蒸气与空气混合形成爆炸性气体混合物。

（2）产生爆炸的条件

在爆炸性气体环境中产生爆炸必须同时存在下列条件：存在易燃气体、易燃液体的蒸气或薄雾，其浓度在爆炸极限以内；存在足以点燃爆炸性气体混合物的火花、电弧或高温。

（3）爆炸性气体环境的分区

根据爆炸性气体混合物出现的频率程度和持续时间进行分区。

0 区：连续出现或长期出现爆炸性气体混合物的环境。

1 区：在正常运行时可能出现爆炸性气体混合物的环境。

2 区：在正常运行时不可能出现爆炸性气体混合物的环境，或即使出现也仅是短时存在的爆炸性气体混合物的环境。

（4）爆炸危险区域的划分

爆炸危险区域的划分应按释放源级别和通风条件确定。

① 首先按照下列释放源的级别划分区域　存在连续级释放源的区域可划分为 0 区；存在第一级释放源的区域可划分为 1 区；存在第二级释放源的区域可划分为 2 区。

② 再根据通风条件进行调整　当通风良好时，应降低爆炸危险区域等级；当通风不良时，应提高爆炸危险区域等级；当局部机械通风可有效降低爆炸性气体混合物浓度时，可采用局部机械通风降低爆炸危险区域等级；在障碍物、凹坑和死角处，应局部提高爆炸危险区域等级。

（5）释放源的分级

释放源应按易燃物质的释放频率程度和持续时间长短分级。

连续级释放源——预计长期释放或短时频繁释放。

第一级释放源——预计正常运行时周期或偶尔释放。

第二级释放源——预计正常运行时不会释放，即使释放也仅是偶尔短时释放。

7.2.4 职业性接触毒物分级及接触限值

（1）职业性接触毒物分级

职业性接触毒物是指工人在生产操作时可经呼吸、皮肤或口等途径接触进入人体而对健康产生危害的物质。

职业性接触毒物危害程度分级主要依据国家标准《职业性接触毒物危害程度分级》，以急性毒性、急性中毒发病状况、慢性中毒患病状况、慢性中毒后果、致癌性和最高允许浓度等六项指标为基础，具体分析依据详见表 7-3。

表 7-3 职业性接触毒物危害程度分级依据

分项指标		极度危害	高度危害	中度危害	轻度危害	轻微危害	权重系数
积分值		4	3	2	1	0	
急性吸入 LC_{50}	气体[a] (cm^3/m^3)	<100	≥100~<500	≥500~<2500	≥2500~<20000	≥20000	5
	蒸气 (mg/m^3)	<500	≥500~<2000	≥2000~<10000	≥10000~<20000	≥20000	
	粉尘和烟雾 (mg/m^3)	<50	≥50~<500	≥500~<1000	≥1000~<5000	≥5000	
急性经口 LD_{50} (mg/kg)		<5	≥5~<50	≥50~<300	≥300~<2000	≥2000	
急性经皮 LD_{50} (mg/kg)		<50	≥50~<200	≥200~<1000	≥1000~<2000	≥2000	1

职业性接触毒物危害程度分级举例如下。

Ⅰ级（极度危害），如汞及其化合物、苯、氯乙烯等；Ⅱ级（高度危害），如氯、丙烯腈、硫化氢等；Ⅲ级（中度危害），如苯乙烯、甲苯、二甲苯、苯酚等；Ⅳ级（轻度危害），如丙酮、氢氧化钠、氨等。

（2）职业接触限值

职业接触限值（OEL，Occupational Exposure Limit）是指劳动者在职业活动过程中长期反复接触对机体不引起急性或慢性有害健康影响的容许接触水平，化学因素的职业接触限值可分为下列三类。

时间加权平均容许浓度（PC-TWA，Permissible Concentration Time Weighted Average）——指以时间为权数规定的 8h 工作日的平均容许接触水平。

最高容许浓度（MAC，Maximum Allowable Concentration）——指在一个工作日内，任何时间均不应超过的有毒化学物质的浓度。

短时间接触容许浓度（PC-STEL，Permissible Concentration-Short Term Exposure Limit）——指在一个工作日内，任何一次接触不得超过的 15min 时间加权平均的容许接触水平。

（3）化学因素接触限值

国家标准《工作场所有害因素职业接触限值第 1 部分：化学有限因素》（GBZ 2.2-2007 给出了下列不同场所的化学因素接触限值要求。

表 1 工作场所空气中有毒物质容许浓度。

表 2 工作场所空气中粉尘容许浓度。

表 3 工作场所空气中生物因素容许浓度。

表 4 化学物质超限倍数与 PC-TWA 的关系。

（4）物理因素接触限值

国家标准《工作场所有害因素职业接触限值第 2 部分：物理因素》（GBZ 2.2—2007）给出了下列不同场所和不同物理因素的职业接触限值要求。

表 1 工作场所超高频辐射职业接触限值。

表 2 工作场所高频电磁场职业接触限值。

表 3 工作场所工频电场职业接触限值。

表 4 眼直射激光束的职业接触限值。

表 5 激光照射皮肤的职业接触限值。
表 6 工作场所微波职业接触限值。
表 7 工作场所紫外辐射职业接触限值。
表 8 工作场所不同体力劳动强度 WBGT 限值（C）。
表 9 工作场所噪声职业接触限值。
表 10 工作场所脉冲噪声职业接触限值。
表 11 工作场所手传振动职业接触限值。
表 13 体力劳动强度分级表。

7.3 工艺过程风险评估

7.3.1 主要的危险化工工艺

（1）八种主要的危险化工反应
① 存在本质不稳定反应；
② 放热化学反应；
③ 易燃物料在高温高压下反应；
④ 在爆炸极限范围内或者接近爆炸极限的反应；
⑤ 可能形成粉尘或尘雾的反应；
⑥ 存在高毒物质；
⑦ 系统中存在高能量积蓄；
⑧ 易燃物料在冷冻状态下。

（2）重点监管的危险化工工艺

国家安全监管总局公布的《首批重点监管的危险化工工艺目录》安监总管三〔2009〕116 号规定了下列 15 种需要重点监管的危险化工工艺：
① 光气及光气化工艺；
② 电解工艺（氯碱）；
③ 氯化工艺；
④ 硝化工艺；
⑤ 合成氨工艺；
⑥ 裂解（裂化）工艺；
⑦ 氟化工艺；
⑧ 加氢工艺；
⑨ 重氮化工艺；
⑩ 氧化工艺；
⑪ 过氧化工艺；
⑫ 氨基化工艺；
⑬ 磺化工艺；
⑭ 聚合工艺；
⑮ 烷基化工艺。

7.3.2 过程危险源分析

（1）过程危险源分析概念

过程危险源分析（PHA，Process Hazard Analysis）是辨识过程危险源并对其产生的原因及其后果进行评估的一种或多种分析技术的应用过程。其实质是要求相关人员对在危险化学品生产、使用、贮存、转移等过程中可能存在的各种危险源进行辨识，分析风险发生的可能性和后果严重程度，并判断所采取的保护措施的充分性，以评估最终风险是否在可接受范围内、是否需要采取其他防护措施。其根本目的是辨识并分析风险、以采取必要措施使风险水平合理尽可能地低。

（2）过程安全管理（PSM，Process Safety Management）

在美国标准 OSHA 29 CFR Part 1910.119 "Process Safety Management of Highly Hazardous Chemicals"（高危化学品处理过程的安全管理）中提出，过程安全管理（PSM）有 14 个管理要素，其中过程危险源分析（PHA）是需要重点控制的环节之一，如图 7-1 所示。

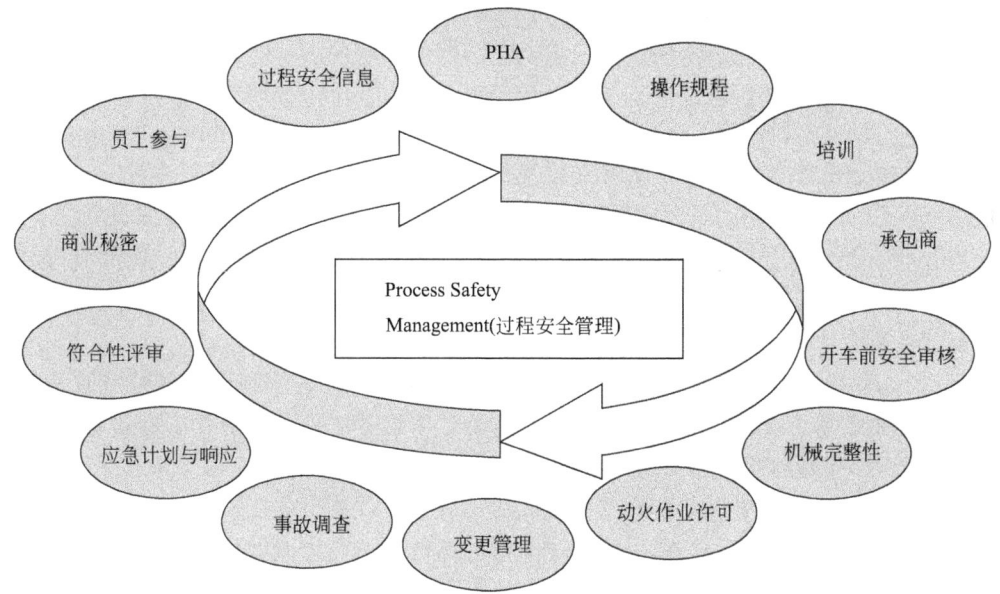

图 7-1　过程安全管理要素（美国 OSHA）

（3）过程危险源分析的基本步骤

① 规定过程危险源分析的依据、对象、范围和目标；

② 收集过程危险源分析所需的数据和相关信息；

③ 辨识过程危险源；

④ 确定风险并进行风险评价；

⑤ 提出风险控制措施建议；

⑥ 形成分析结果文件；

⑦ 风险控制的跟踪和再评价。

（4）过程危险源分析常用方法和选择

① 过程危险源分析的常用方法　预先危险源分析（PrHA）；故障假设分析（What-if）；安全检查表分析（Checklist）；故障假设/安全检查表分析（What-if/Checklist）；危险与可操作性研究（HAZOP）；故障类型和影响分析（FMEA）；故障树分析（FTA）；事件数分析（ETA）。

② 在选择 PHA 方法时应考虑的因素　建设项目的规模和复杂程度；已进行的项目初步危

险性分析的结果；已进行的项目设立安全评价和环境影响评价的结果；新技术采用的深度；设计所处的阶段；法律法规的要求；合同或业主要求；其他。

③ 时在不同阶段建议采用的方法　在设计前期、资料较少时，推荐采用 PrHA、What-if、Checklist；在详细设计或设计后期，推荐采用 What if/Checklist、HAZOP、FMEA；工艺技术成熟、安全操作经验丰富的装置或设施，推荐采用 Checklist、What-if；新工艺或工艺流程复杂的装置或设施，推荐采用 HAZOP 的分析方法；单台设备推荐采用 FMEA 的分析方法；对复杂事故或事件的原因分析或概率分析，推荐采用 FTA 或 ETA 等分析方法。

7.3.3　传统的危险源分析方法

(1) 故障假设分析（What-if）

故障假设分析是针对过程和操作的每一步骤系统地提出故障假设，根据事先设计好的基本"问题"，针对工艺过程和操作步骤提出各种故障假设问题，"如果……，将会……"，在分析小组成员中开展启发性的讨论并回答问题，以求辨识潜在危险源、评估工艺过程异常、设备功能故障或操作程序错误对整个系统或生产过程的影响。它主要用于从原料到产品的相对比较简单的过程。故障假设分析是将有丰富工艺经验和操作经验的人员组成分析小组，以会议的形式开展，该方法的核心是基本问题的假设应由有经验的专家事先设计。

通常情况下，按照原料、介质等的工艺流程走向针对目标工艺单元提出假设问题，进行故障假设分析。故障假设分析还可用于设计和操作的其他各个方面（如物料、外部和环境影响、主工艺流程、公用工程系统、管道和设备、采暖通风、建构筑物设计、应急响应、操作规程、管理规程、安全保卫等）。

在分析时，除要求收集工程设计资料（总平面布置图、工艺流程图、管道和仪表流程图、工艺流程和控制说明、爆炸危险区划分图、消防设计图纸等）外，还应结合建设单位已有或将采用的操作规程、作业程序或作业指导书资料。

故障假设相关问题内容举例如下。

- 如果公用工程系统失效会怎样？如：电力、蒸汽、氮气、水等停止供应。
- 如果设备设施等失效了会怎样？如：控制阀门、泵、搅拌器、压缩机、换热器等故障。
- 如果在线分析或取样系统故障会怎样？
- 如果某个联锁系统出现故障会怎样？
- 如果操作人员误操作或操作不当会怎样？
- 如果某压缩机润滑油系统失效会怎样？
- 如果遇到了极端天气会怎样？如：极端低温、极端高温、大暴雪、地震、台风、洪水、闪电。
- 如果温度、压力、速度、或者组分偏离原设计正常工况的极限时会发生什么？
- 如果系统出现堵塞、结焦、结块等情况会怎样？

以上这些范例应以问题清单的形式提出。在分析前，应制订一个基本的问题清单，并在分析过程中不断予以补充和完善。

(2) 安全检查表分析（Checklist）

安全检查表分析是根据实践经验、标准规范和事故调查报告等设计一系列拟检查项目，将分析对象，例如周边环境、总平面布置、工艺、自控、设备、操作、安全设施、应急系统等以检查项目的形式列出，逐一进行审查和评价的方法。

安全检查表分析方法是辨识潜在危险源、核实法规符合性的一个较为有效的工具。安全检查表从20世纪30年代采用至今，仍然是安全系统工程中最基础、应用最广泛的一种定性风险分析方法。

安全检查表分析方法既可快速识别成熟工艺流程或装置的潜在危险源，也可用于新开发的工艺过程（装置），在其早期快速识别重大危险源，还可以对已经运行多年的在役装置进行安全检查。

安全检查表分析方法是基于经验的方法。分析人员应当从有关渠道（如内部标准、规范、行业指南等）选择合适的安全检查表（例：已有的石油化工安全检查表等），如果无法获得相关的安全检查表，分析人员必须运用自己的经验和可靠的参考资料编制合适的安全检查表。

安全检查表分析可应用于设计的各个阶段，但应对设计的装置有成熟的经验，了解有关的法规、标准规范和规定，事先编制合适的安全检查表。

(3) 故障树分析（FTA，Fault Tree Analysis）

故障树分析是一种采用逻辑符号进行演绎的系统安全分析方法。它从特定事故（顶上事件）开始，像延伸的树枝一样，层层列出可能导致事故的序列事件（故障）及其发生的概率，然后通过概率计算找出事故的基本原因，即故障树的底部事件。该方法主要用于重大灾难性的事故分析，如火灾、爆炸、毒气泄漏等；也特别适用于评价两种可供选择的安全设施对减轻事件出现可能性的效果；该方法既可以用作定性分析也可用作定量分析。

事故树分析图可利用建立事故发展过程的图形模型，从已发生或设想的事故后果（即顶上事件），用逻辑推导方式发现事故的原因或原因组合。是从结果到原因找出与事故有关的各因素之间因果关系的图形分析法，各因果关系用不同的逻辑门连接起来。

(4) 事件树分析（ETA，Event Tree Analysis）

每个初始事件都有可能发展成为灾难性后果，但不一定是必然后果。在初始事件发展的若干阶段或环节中，每个阶段都存在成功或失败的概率，按照各阶段的失败概率进行依次计算，就可得出最后灾难性后果的发生概率。事件树分析是一种归纳分析法，可了解系统发生的所有事故的起因、发展和结果，最初用于可靠性分析。

(5) 人的因素分析（Human Factor）

通过长期的事故分析，发现人的失误是构成事故的重要原因。为了防止失误，首先应从操作岗位的设计做起，国际标准组织曾发布设计操纵系统时的人机工程原则。

(6) 火灾爆炸危险指数评价法（F&E Index-Fire & Explosion Index）

DOW公司开发的这个方法主要是用于计算实际最大可能的财产损失，主要步骤如下。

确定工艺单元的物质系数（MF）、一般操作危险系数（F1）、特殊操作危险系数（F2）、工艺危险系数（F3）及火灾爆炸危险指数（F&E）。

确定各单元的安全措施修正系统，如工艺控制系数（C1）、危险物质隔离系数（C2）、防火设施系数（C3）等。

将经过安全修正后的实际火灾爆炸危险指数（F&E）与火灾爆炸危险指数危险程度表进行对比，如果实际计算的火灾爆炸危险指数处于中等危险程度以下，说明采取的可靠安全措施已将装置固有的危险程度降低到可接受的范围内；如果实际计算结果高于中等危险程度，则应进行分析研究，并考虑采取其他安全措施，确保将装置固有的危险程度降低到可接受的控制范围内。

(7) 蒙德（Mond）火灾爆炸毒性指数法

DOW公司开发的火灾爆炸危险指数法类似，主要步骤如下。

确定评价指数,包括物质指数(B)、特殊物质危险指数(M)、一般工艺危险指数(P)、特殊工艺危险指数(S)、数量危险指数(Q)、布置危险指数(L)、毒性危险指数(T)等。

确定评价指标,包括火灾负荷(F)、爆炸指标(E/A)、毒性危险指标(U/C)和单元危险性评价指标(R)。

安全补偿及系数(K)的确定,包括压力容器补偿、工艺管线、安全管理、防火管理、物质隔离、消防设施等。

进行安全补偿后的结果计算,确定装置单元的危险级别。

(8) 事故隐患评估方法

由于事故隐患是由危险因素和管理缺陷造成的,对事故隐患的评估已转化为对危险因素的评估,格雷厄姆法是较简单实用的方法,其危险性计算公式如下:危险性=发生事故的可能性(L)×人员出现在危险情况的时间(E)×事故发生后的危害程度(C)。

对比危险程度表可确定事故隐患的危险程度是否可以接受。

7.3.4 各设计阶段过程危险源分析

(1) 前期设计阶段过程危险源分析

① 物料危险性分析　根据危险化学物质安全数据表(MSDS)及有关数据资料,对工艺过程所有物料(既包括原料、中间体、副产品、最终产品,也包括催化剂、溶剂、杂质、排放物等)的危险性进行分析:

定性或定量确定物料的危险特性和危险程度;危险物料的过程存量和总量;物料与物料之间的相容性;物料与设备材料之间的相容性;危险源的检测方法;危险物料的使用、加工、贮存、转移过程的技术要求以及存在的危险性;对需要进行定量分析的危险源提出定量分析的要求。

② 对来自于加工和处理过程潜在的危险源分析　根据工艺流程图、单元设备布置图、危险化学品基础安全数据以及物料危险源分析的结果等对加工和处理过程的危险源进行分析:联系物料的加工和处理的过程,辨识设备发生火灾、爆炸、毒气泄漏等危险和危害的可能性及严重程度(定性和定量分析);辨识不同设备之间发生事故的相互影响;辨识各独立装置之间发生事故的相互影响;辨识一种类型的危险源与另一种类型危险源之间的相互影响;辨识装置与周边环境之间的相互影响。

③ 建设项目的可行性进行分析　根据总平面布置方案图、周边设施区域图、建设项目内在危险源分析的结果以及搜集、调查和整理建设项目的外部情况,对建设项目的可行性进行分析,并提出项目决策的建议。

(2) 基础工程设计过程危险源分析

① 各设计专业过程危险源分析　设计各相关专业应在前期工作过程危险源分析和《建设项目设立安全评价报告》的基础上,对照采用的法规、标准、规范和规定对本专业的基础工程设计进行过程危险源分析。专业过程危险源分析与各专业安全设计审查同时进行。

分析的内容包括:

前期工作过程危险源分析对本专业提出的问题和建议是否已经回答并采取了措施,新措施安全性是否已经评价;基础工程设计系统危险源分析对本专业提出的问题和建议是否已经回答并采取了措施,新措施安全性是否已经评价;《建设项目设立安全评价报告》对本专业提出的问题和建议是否已经回答并采取了措施,新措施安全性是否已经评价;本专业特殊分析的要求。

② 系统过程危险源分析　系统过程危险源分析是指采用 HAZOP 等分析方法，对选定的某个设计装置（单元）进行多专业的、系统的、详细的审查，对工厂各部分之间的影响进行评价并提出采取进一步措施的建议。

系统过程危险源分析一般应由具有不同专业背景的人员组成的小组在组长的主持下实施。

系统过程危险源分析应经过周密的策划，明确分析的目的、对象和范围；做好充分的信息和资料的准备；选择合适的分析方法；确定分析小组成员的构成；制订可行的执行计划。

系统过程危险源分析的程序决定于采用的分析方法。

③ 系统过程危险源分析应注意的问题　审查组应在方法的引导下确保审查对象的全覆盖，使所有潜在的不可接受的危险源尽可能得到辨识；在分析时应注意危险源对全系统的影响，对其他单元的影响；有些装置从过程本身来看似乎没有直接的联系，但是从布置来看却相互毗邻，在分析时应高度关注它们之间的相互影响；应注意对设计中已采用的安全设施，特别是相互关联的一次响应、二次响应甚至多次响应的设施的识别和评价。

在对每一部分进行分析时应考虑装置的操作方式，例如：正常操作；减量操作；正常开车；正常停车；紧急停车；试车；特殊操作方式。

(3) 详细工程设计过程危险源分析

详细工程设计过程危险源分析的重点如下：基础工程设计过程危险源分析对详细工程设计的建议；基础工程设计过程危险源分析的遗留问题；因设计方案调整、成套设备厂家文件的确定等各种原因而导致的设计变更；业主或相关监督管理机构要求对项目的某部分或全部实施的 HAZOP 分析。

过程危险源分析按照设计阶段一般分为：前期工作过程危险源分析、基础工程设计过程危险源分析以及详细工程设计过程危险源分析。在各设计阶段过程危险源分析的目的、侧重点、结果都有所区别，同时由于在各设计阶段开展过程危险源分析的输入资料深度的不同，因此也需采用相宜的过程危险源分析方法。

7.3.5　工艺过程危险分析（PHA，Process Hazard Analysis）

工艺过程危险分析（PHA）是进行安全设计的必要手段，即通过专家小组讨论的形式，识别工艺危险、操作问题及其潜在的后果，分析工艺设计中可能出现的安全、健康、环境等问题，并对这些问题进行控制管理，决定是否通过改变工艺设计或对这些风险进行适当的管理，来减轻后果、降低风险。

有多种 PHA 方法，工艺包阶段的 PHA 宜在 PID 完成后进行，可采用故障假设/检查表方式，发现潜在的问题，进行本质安全设计。

(1) 主要术语

工艺过程危险分析 PHA（Process Hazard Analysis）——即组织专家小组进行事故假设讨论，检查工艺过程中安全保护设施是否能够防范所有可能发生的事故。

危险因素（Hazard）——可能导致人身伤害、疾病、财产损失、工作环境破坏等或这些情况组合的根源或状态；工艺过程包含许多不同类型的危险因素，例如物料性质，如易燃易爆、腐蚀性、毒性等；操作条件，如高温、高压、机械伤害、电器危险、高处作业等；在工艺安全领域主要指当工艺物料直接或间接的产生泄漏时，导致的火灾、爆炸以及毒性物质的释放等。

原因（Cause）——导致危险因素释放的事件叫原因，原因可能是设备故障、人员误操作或外部事件（例如洪水、雷电等）。

后果（Consequence）——由意外事件导致危险因素释放而产生的恶劣影响。后果有不同类型和不同的严重程度之分，不同类型分别指对人、环境、财产、企业声誉等的影响；严重程度是对影响程度的量化，例如：一人死亡与多人死亡、财产损失数量。

安全措施（Safeguard）——指已设计的安全设施以及安全管理措施，用来避免或减轻意外事件产生的后果，安全设施包括：针对事故工况的特殊设计、安全泄压系统、安全联锁系统、应急行为指令等，例如：泄压设施、联锁系统、安全操作规程等。

（2）PHA 审查的主要文件

工艺文件，包括工艺流程图、设备表；安全联锁关系图/表；化学反应物料表以及工艺过程涉及的化学品物理化学性质和毒性数（MSDS）危险化学品排放表；现场环境信息，如运输设计、总图。

（3）参加 PHA 审查的主要人员

PHA 审查一般采取小组讨论形式，主要成员有：安全工程师；环境工程师；工艺工程师；操作人员代表；技术专家（总图、仪表等）；专利商代表；记录员。

（4）安全审查标准

进行 PHA 审查之前，应编制和确认安全设计标准及风险接受标准，使之符合项目的要求，并作为审查的依据，一旦确定就应严格执行。

（5）PHA 审查过程

PHA 审查包括下列三个部分。

① 风险辨识　针对 PFD 或 PID，按照故障假设清单中的引发事件，引导小组成员进行事故假设工况的讨论，分析事故工况导致的后果，并对该假设工况进行风险分类。故障假设分析用来帮助工艺设计人员，确定系统可能出现的最恶劣情况（例如：超温、超压、飞温、聚合、结焦、结冻等），并据此判断当前设计条件是否满足极限操作工况（包括故障工况），并以此为依据检查/修改相应的安全措施。

② 风险等级划分　根据假设工况发生的频率及后果的严重程度，明确风险的紧迫性，降低风险的优先性和必要性。

③ 安全措施修正　对于不可接受的风险需要修改设计。

（6）PHA 关闭报告

在 PHA 分析报告的基础上增加一列完成情况的列表。如果安全措施暂不能落实，风险仍然存在，应在 PHA 报告中进行说明。工艺包提供方有义务明确存在的安全问题。

7.3.6　危险与可操作性研究（HAZOP，Hazard And Operability Study）

HAZOP 审查的目的是检查和确认当前设计是否存在安全和可操作性问题；已有安全措施是否充分；不以修改设计方案为目的，提出的建议措施应是对原设计的补充与完善。应在基础设计完成之后或在详细设计开始之前进行。

如果分析对象是成熟工艺或中低度风险的工艺装置，也可以采用故障假设/检查表方式。

（1）主要术语

HAZOP：危险和可操作性审查（HAZOP，Hazard And Operability Study）。

节点（Node）：为方便审查，将分析对象划分为相对独立的小单元。

引导词（GuideWord）：描述工艺参数改变的简单词语，用于识别工艺过程的危险。

参数（Parameter）：与工艺过程有关的物理、化学特性，如温度、压力、相态、流量等。

偏差（Deviation）：使用引导词系统地对节点的工艺参数进行分析，发现的一系列偏离工艺指标的情况。

(2) HAZOP审查所需资料

有设备、安全阀、仪表、管线编号的工艺仪表流程图（P&ID）；所用物料的化学品安全特性数据表（MSDS）；工艺描述与化学反应原理；平面布置图；工艺流程图（PFD）（包括工艺条件、物料及能量平衡）；因果关系表；紧急停车方案；泄压系统方案［包括安全阀（PSV）/爆破片（RD）位置、拟定卸压条件等］；控制方案和安全仪表系统说明；设备规格（如材质、设计温度/压力、大小/能力）；评价机构及政府部门安全要求（如《安全预评价》和《职业卫生预评价》提出的建议措施）；其他安全审查关闭报告；类似工艺的有关工艺安全方面的事故报告；其他相关的设计文件。

(3) 审查小组成员组成

安全工程师；工艺工程师；仪表工程师；操作人员代表；技术专家（总图、仪表、机泵、机械、电气等）；专利商代表；记录员。

(4) HAZOP审查

为集中讨论问题，将PID划分为相对独立的若干节点，每一个节点都要在HAZOP记录表上列出，在工艺流程图上用不同颜色标记清楚。

小组成员根据《引导词/参数一览表》，将引导词和工艺参数进行组合，形成工艺参数的偏差，针对每个节点进行偏差假设工况的讨论。

小组成员先识别造成偏差的原因，在不考虑现有防范措施的前提下，讨论每种原因可能造成的后果及风险等级。

结合设计文件中的安全措施，分析安全措施的作用。判断已有安全措施是否能将风险降低到可接受的程度。

如果降低后的风险可以接受，小组进行下一个节点的讨论。

如果降低后的风险不可接受，那么说明设计采取的防范措施不够或不适当，小组成员应明确指出设计存在问题，并指定专人负责解决这一问题。

记录员对讨论过程进行记录。

(5) 审查报告

审查完成后，要对存在的问题进行关闭，关闭报告应归档。包括审查报告、工作表、注明节点及修改标志的PID图纸。

(6) 审查关闭报告

在HAZOP审查报告的基础上增加一列完成情况列表。如果安全措施暂不能落实，风险仍然存在，应在报告中进行说明。设计承包商有义务明确存在的安全问题。

引导词/参数一览表

参数 \ 引导词	无	较多/高	较少/高	像……一样	部分	相反	除此以外
流量	√	√	√	√	√	√	√
压力		√	√				√
温度		√	√				
组成					√		√
液位	√	√	√			√	
相态(气相)	√	√	√				√

注：此表可根据实际项目情况进行增加与删减。

7.3.7 量化风险评估（QRA，Quantitative Risk Assessment）

量化风险评估（QRA）是利用计算机软件建立的事故统计数据库，将常见的易燃易爆和毒物的泄漏事故建成事故模型，从而进行事故风险发生频率和后果严重程度的计算，使风险分析结果更客观更准确。QRA 的主要步骤如下。

(1) 风险识别

准确全面地识别危险源是 QRA 的重要前提和基础，没有被识别的风险就不可能进行分析，不准确的后果和频率估算可能会互相抵消影响，但不全面的危险性识别会导致分析结果的不完整和不准确。危险性识别的主要原则是要识别所有潜在的危险，包括发生频率高但后果不严重的经常性事故，也包括发生频率低但后果严重的恶性事故，如贮罐破裂。应根据可能发生的事故频率和可能产生的事故后果对工艺工程进行危险性分析。因为不可能对所有工艺设备和管道均进行模拟计算，只能考虑最不利的重大事故后果，一般考虑的事故是主要的反应器或最大容量的危险物料贮罐设备泄漏或破裂。如果设计的安全措施能满足重大事故，则管道泄漏等各类中小事故就可不必考虑。

(2) 事故条件假设和选取事故情景

当存在多种事故，应遵循"最大危险原则"，即按照最不利的严重事故考虑，即一般只考虑设备灾难性事故，而不考虑一般的管道泄漏等小事故。

有些工艺物料由于失控制反应或化学性、热力性自分解具有潜在的风险，与这些物料相关的事件有可能产生爆炸、火灾或毒物泄漏事故。

(3) 事故频率分析与计算

事故频率反映了事故发生的可能性，频率（Frequency）是指单位时间内某事件可能发生的次数，时间单位一般为一年。

(4) 事故后果分析与计算

事故后果分析是对事件发展后果的分析，每个初始事件都有可能导致灾难性后果，但不一定是必然后果。在发展的各阶段中，每个阶段都有成功或失败的可能性，根据每个分支事件发生的成功或失败率，就可计算出最终事件的发生频率或概率。

后果分析的目的是估算和评价发生火灾爆炸事故后对人员伤害和/或设备破坏程度。应考虑项目中已经采取的被动和主动减缓措施，被动减缓措施包括设备布置、安全间距、设备设计等，主动减缓措施包括自动探测、紧急切断阀、自动停车、自动水喷淋系统等。

(5) 风险分析与计算

通过详细的定量或定性分析，可估算特定潜在事故的可能性和后果，然后用可接受的标准进行对比分析，以确定需要采取的对策措施。

事故风险主要包括人员伤亡、环境损坏、经济损失以及公司名誉损失等四方面。石化企业的 QRA 考虑的风险主要是瞬间发生事故产生的影响，如火灾、爆炸和暴露于有毒环境的短期影响。QRA 分析的风险一般可分为几种类型，如个人与社会风险，人员伤亡与财产损失风险等。量化风险的计算是指事故频率与事故后果损失程度的乘积。不同的事故后果有不同的损失程度的标准，最常用的是两种：一是经济损失的资金数量，二是死亡人数。死亡人数是最直观的风险数据。

(6) 风险评估的结论和建议

量化风险评估的作用不是单纯进行事故分析，而是要鉴别这些最可能带来风险的潜在事故，从而采取有效的安全措施来消除事故隐患，以达到用最低的费用来获取最大程度的安全性改进。通过对 LPG 加气站进行的事故频率、事故后果和风险分析及计算，可以初步得出结论和建议。

7.4　安全设计依据及基本原则

7.4.1　安全设计依据

法律法规和国家及行业标准规范；当地法规及政府要求；危险源辨识及风险评估报告；安全评价报告和政府审批意见；业主对风险的管理要求。

7.4.2　国家法律法规体系

满足国家法律法规及标准规范要求是安全设计的最低要求。设计人员应识别和获得适用相关法规、标准、规范、规定的要求，并及时更新和严格执行。

法是国家按照统治阶级的利益和意志制定或者认可，并由国家强制力保证其实施的行为规范的总和。法的最本质属性是统治阶级的意志。狭义的法是指具体的法律规范，包括宪法、法令、法律、行政法规、地方性法规、行政规章、判例、习惯法等各种成文法和不成文法。法的层级不同，其法律地位和效力也不同。上位法是指法律地位和效力高于其他相关法的立法。不同的安全立法对同一类或者同一个安全行为做出不同的法律规定的，以上位法的规定为准。上位法没有规定的，可以适用下位法。在同一层级的安全法律对同一类问题的法律适用上，特殊法优于普通法，因为特殊法是适用于某些安全领域的特殊性、独立性的法律规范。

法律地位和法律效力的层级划分如下。

① 宪法　宪法是国家的根本法，具有最高的法律地位和法律效力。

② 法律　法律是安全法律体系中的上位法，居于整个体系的最高层级。在我国，只有全国人民代表大会及其常务委员会才有权制定和修订法律。其地位和效力仅次于宪法，在中华人民共和国领域内具有约束力。

③ 行政法规　行政法规是国家行政机关制定的规范性文件的总称，专指最高国家行政机关，即国务院制定的规范性文件，名称通常是条例、规定、办法、决定等，在中华人民共和国领域内具有约束力。安全行政法规的法律地位和效力低于有关法律，高于地方性法规和地方政府的规章。

④ 地方性法规　地方性法规是地方国家权力机关依照法定职权和程序制定和颁布的、施行于本行政区域的规范性文件，是由省、自治区、直辖市的人民代表大会及其常务委员会制定的，在本行政区域范围内具有约束力。

⑤ 行政规章　行政规章是国家行政机关依照行政职权所制定、发布的针对某一类事件、行为或者人员的行政管理的规范性文件，包括部门规章和地方政府规章。部门规章是指国务院的部、委员会和直属机构依照法律、行政法规或者国务院的授权制定的在全国范围内实施行政管理的规范性文件，其法律地位和效力低于法律、行政法规，但高于地方政府规章。

7.4.3　国家标准规范及强制性条文

国家没有技术法规的正式用语，且未将其纳入法律体系的范畴，但是国家制定的许多安全立法是将安全标准作为必须执行的技术规范而载入法律的，安全标准法律化是我国安全立法的主要趋势。安全标准规范一旦成为必须执行的技术规范，就具有了法律上的地位和效力。执行安全标准规范是法定义务，违反法定安全标准的要求，同样要承担法律责任。

国家标准规范分为国家标准和行业标准，对安全管理均具有约束力。国家标准是国家标准化行政主管部门制定的在全国范围内适用的安全技术规范。行业标准是国务院有关部门和直属机构制定的行业领域内适用的安全技术规范。行业标准对同一安全事项的技术要求，可以高于国家标准，但不得与其相抵触。

标准规范中的强制性条文是直接涉及人民生命财产安全、人身健康、环境保护、能源资源节约和其他公共利益的条文，必须严格执行。强制性标准可分为全文强制和条文强制两种形式，当标准的全部技术内容需要强制时，为全文强制形式；当标准中部分技术内容需要强制时，为条文强制形式。强制性内容的范围如下。

有关国家安全的技术要求；保障人体健康和人身、财产安全的要求；产品及产品生产、贮运和使用中的安全、卫生、环境保护、电磁兼容等技术要求；工程建设的质量、安全、卫生、环境保护要求及国家需要控制的工程建设的其他要求；保护动植物生命安全和健康的要求；国家需要控制的重要产品的技术要求。

7.4.4 国家标准规范实施要点

（1）确定标准的适用范围

正确选择适用的标准规范是严格执行国家标准规范的前提条件。国家规范一般在第1章总则的第1.0.2条说明本规范的适用范围，在第1.0.3条说明本规范的不适用范围，大家应认真研究各规范的1.0.2条及相关的条文说明，根据本项目的性质、特点及范围选用适当的规范。由于各规范自成体系，各条款是基于其适用范围编制的，不可断章取义的套用某项条款。

（2）安全标准的特点

直接关系到人的生命和财产，是以保障社会广大人民群众的生命和财产安全为目的，具有很强的政策性、法规性和强制性。

具有很强的技术性，以当前技术经济的发展水平为基础，没有安全技术作为支持，就无法实现标准的可操作性。

是多年生产操作和各类事故教训的经验积累。在重大事故之后往往伴随很多新标准的发布和旧标准的更新，说明了对风险事故认识的提高，也证明了标准是事故教训的总结。

取决于对火灾事故的认知程度和可承受风险的能力。由于火灾爆炸事故的发生具有一定的偶然性和不可预见性，且安全设施的设置受到投资方经济费用的限制，因此，国家或地方的安全标准只能考虑公共安全的基本利益，是对工程项目避免风险的最低要求。

（3）安全标准与风险控制

国外对风险控制的一个重要环节是进行ALARP审查，其审查目的是要将风险降低到尽可能低的合理水平。但这是一个非常模糊的要求，风险降低到什么程度才是尽可能的低？合理的标准是什么？实际上，对风险的管理只能是控制或者降低，不可能将风险完全消除为零。风险管理的决策基于技术经济合理的原则，针对最主要的风险采取几种相应的安全措施方案进行优化对比。有的风险后果很严重，但发生频率很低，如果采取的措施投资很高，就应慎重采纳。有的安全措施投资不高，但对降低高频率风险很有效，就可积极采用。不能认为采用的安全措施越多，投资越高，项目的风险越小。因此，风险管理的最主要目的是使项目的安全性、风险性和经济性达到合理的平衡。合理化降低风险（ALARP）审查就是根据风险控制方案的费用与实际降低的风险进行比选，其目的就是要证明降低风险设施投资的合理性。对于中国项目来说，控制风险的主要标准是国家的法律法规和标准规范，因为国家的标准规范是按照中国的基本经济状况和技术条件制定的，是保证安全的最低要求。如果业主对风险的管理有更高的标准和要求，且费用在业主可以承受的范围内时，也可以认为是合理的。

风险管理是对过程危险源控制的更高层、更系统、更全面的管理，是全方位全过程的系统工程，覆盖了生产装置设计、施工、运行和报废拆除的全生命周期。相对而言，安全标准是针对某个系统或某个方面的基本要求和规定，是限定在一定的时间和空间的适用范围内。认为只要遵守了国家的安全标准就保证了项目的安全和避免了风险，这是不全面的。

风险管理体系包括危险识别、事故频率和后果分析、风险评估及确定控制措施和对策等几大部分，制定安全设计标准是其中的一项重要环节和有力手段。对于装置的全生命周期，国外更重视对设计前期阶段的安全标准制定，因为正是在这个阶段决定了装置的本质安全性，对后期的装置生产风险控制起着至关重要的作用。吸取事故教训应进行系统的风险分析和对策研究，不仅仅是依靠几个安全标准，因为很多因素是相互影响的。不能期望国家标准可针对各种事故给出具体的规定，也不能期望满足国家标准就可将事故风险化解为零。因为标准的编制考虑到应用范围的广泛性和普遍性，不可能完全针对某个项目的具体情况和特殊性。国外风险管理的一个重要环节就是设计的安全审查，如HAZOP审查，开展量化风险分析（QRA）等，就是要根据具体情况分析采取有针对性的措施。

7.4.5 安全设计基本原则

在中国境内建设的工程项目，必须满足中国国家的HSE法律法规及标准规范，在海外建设的项目必须满足项目所在地的国家和地方对建设项目的HSE法律法规及标准规范。

项目建设工程必须严格执行国家和地方的安全、环保、消防、卫生等方面的项目审批程序，按照有关HSE法规文件编制HSE报批文件，接受有关政府部门的审查，并按照审查意见落实整改。

项目的设计、采购与施工必须按照国家、行业和地方的有关法规和标准进行管理，同时也应满足业主要求的HSE管理标准和要求。

工程项目采用的有关HSE设备、装置、材料等必须满足国家认证和检验等方面监督管理要求。

采取的安全对策措施应在经济、技术、时间上具有可行性和可操作性。当安全技术措施与经济效益发生矛盾时，要统筹兼顾、综合平衡，在优先考虑化工安全技术措施要求的同时，避免采取不必要的过高标准所造成的工程建设投资和操作运行费用的增加。

7.5 工艺过程风险控制措施

7.5.1 安全对策措施与风险控制

安全对策措施是风险控制的主要手段，也是安全设计的重要组成部分。安全对策措施的制定应该在过程危险源分析的基础上，将国家法律法规和标准规范作为可容许风险的基本准绳，对已辨识的危险源采取有针对性的对策和防护措施，遵照ALARP原则尽量降低剩余风险，以满足安全设计的方针和目标要求，并通过安全设计的审查检查确认制定的安全对策措施是否合理和足够。同时，通过变更控制来保证安全对策措施的有效实施。

安全对策措施对风险的降低或减缓主要体现在以下两个方面。

① 减少事故发生频率　如：设置安全联锁、紧急停车或安全仪表控制系统；合理选用设备、管道材料；安装安全阀/爆破膜/可燃气体探测器等；采用防爆电气仪表/防雷/防静电等电气安全防护；制订安全生产管理制度等。

② 降低事故后果　如：设置防火墙、防爆墙，采用抗爆建筑物等；设置火灾报警系统及消防灭火设施；设置避难/逃生设施；编制应急预案，制订应急措施等。

7.5.2 安全对策措施特性及选用原则

(1) 安全对策措施特性

① 本质控制特性（消除或降低危险）　按照本质安全设计原则，从根本上消除危险；将事故频率或后果降为最低。

② 外在控制特性（附加控制）　采取措施，降低事故发生频率（预防性）；减轻事件后果的严重程度（减灾性）；外在措施可以是被动的，也可以是主动的。

③ 程序控制特性（管理控制）　制订操作规程、安全管理制度；紧急响应、应急预案与演练。

(2) 安全对策措施设计原则

① 事故预防优先原则　采取本质安全设计消除或削减危险；采取预防事故的设施，防止因装置失灵和操作失误导致事故，如探测报警设施、设备安全防护设施、安全警示标志等。

② 可靠性优先原则　采用被动性安全技术措施，不需启动任何主动动作的元件或功能来消除或降低风险，如防火堤、防爆墙、较高等级的设备管道；采取主动性安全技术措施，能自动启动预防事故发生或减轻事故后果的功能，如安全仪表系统（SIS）、泄压装置；采取程序性管理措施，预防事故的发生，如操作程序等。

③ 针对性、可操作性和经济合理性原则　根据项目特点和对风险评价，采取有针对性的安全对策措施；安全对策措施应在经济、技术、时间上具有可行性和可操作性；安全技术措施与经济效益要统筹兼顾、综合平衡。

7.5.3 安全设施定义与分类

(1) 安全设施定义

指在生产经营活动中将危险因素、有害因素控制在安全范围内以及预防、减少、消除危害所配备的装置（设备）和采取的措施。

(2) 安全设施分类

安全设施根据其作用可分为预防、控制和减少与消除事故影响三类，共13项。

预防事故：①检测、报警设施；②设备安全防护设施；③防爆设施；④作业场所防护设施；⑤安全警示标志。

控制事故：⑥泄压和止逆设施；⑦紧急处理设施。

减少与消除事故影响：⑧防止火灾蔓延设施；⑨灭火设施；⑩紧急个体处置设施；⑪应急救援设施；⑫逃生避难设施；⑬劳动防护用品和装备。

7.5.4 工艺本质安全设计

(1) 实现本质安全的主要途径

本质安全（Inherent Safety）是指采用无危险性物料和工艺条件来消除危险，而不是依靠控制系统、联锁、报警和工作程序来终止初始事件。实现本质安全的主要途径如下。

最小化（Minimize）——最大限度地减小系统中危险物质或能量的数量。如：减少中间贮存环节；限制换热器流体温度防止过热，而不是依赖温度联锁装置；强化反应，以降低反应器容量。

替代（Substitute）——用危险性较小的物料代替，或用危险性较小的化学过程代替危险的化学过程。如：使用不燃或不易燃的物料、低毒性的溶剂；采用低危险的反应工艺替代；但应注意替代也可能引入新的危险源和风险。

缓解（Moderate）——在危险性较小的状态或条件下（例如低温和低压）处理物料，以削减过程危险源。如稀释；缓解苛刻的过程条件；用冷冻液体的形式贮存氨、氯气和LPG，在低于其沸点以下的压力而不是在大气压力下贮存。

简化（Simplify）——简化操作的复杂性。消除不必要的复杂操作，使装置操作更简单，更人性化，以减少人为失误和错误操作。

(2) 工艺本质安全设计原则

工艺设计应根据工艺危险物料的化学品安全数据表（MSDS）和下述原则划分工艺物料的火灾危险性、毒性、腐蚀性等危险特性。

① 当物料同时具有毒性及火灾危险性时，应按照毒性危害程度和火灾危险性的划分原则分别定级。

② 当物料为混合物时，应按照有毒化学品的组成比例及急性毒性指标（LD_{50}、LC_{50}），采用加权平均法，获得混合物的急性毒性（LD_{50}、LC_{50}），按照毒性危害级别最高者，确定混合物的毒性危害级别。

③ 毒性危害程度应根据《高毒物品目录》和GB 5044等有关国家标准确定。

④ 腐蚀性液体系指与皮肤接触在4h内出现坏死现象，或者55℃时对20钢的腐蚀率大于6.25mm/a的液体。

⑤ 根据国家标准GB 50160和GB 50016确定物料的火灾危险性类别。可燃物料一般指国家标准GB 50160和GB 50016定义的甲、乙类可燃气体，液化烃和甲、乙类可燃液体以及工作温度高于闪点的流体。

⑥ 高硫原油是指总硫含量大于或等于1.0%（质量分数）的原油，包括高硫低酸值原油（酸值小于等于0.5mgKOH/g）和高硫高酸值原油（酸值大于0.5mgKOH/g）。

工艺专利商应根据本专利技术和类似装置的工程实践，总结经验教训，优化工艺技术，努力提高工艺过程的本质安全性。

工艺设计应遵循本质安全设计原则，可采用削减危险物料的储量、缓解工艺反应强度、用无危险或低危险的物料替代高危险物料、简化工艺操作过程等多种手段，从工艺设计源头上消除或削减危险源，实现从本质上防止事故的发生。

鼓励采用先进可靠的工艺技术，充分考虑节能降耗要求，努力提高工艺过程的安全、节能与环保性能，对换热器等设备进行优化设计，提高换热效率，满足能效要求，不得选用不符合安全性能要求和能效指标的特种设备。

工艺专利商应对工艺过程进行工艺危险性分析（PHA），根据识别发现的危险因素采取有针对性的安全防范措施，优先采用预防性安全措施，尽可能降低事故发生概率。

工艺设计应遵循合理降低风险原则（ALARP），在技术可行和经济合理的前提下，采用成熟可靠的安全对策措施，将本项目生命周期内的风险降低到合理可行的水平。

7.5.5 安全仪表系统与可燃有毒气体检测系统设计

(1) 安全仪表系统（SIS）

安全仪表系统（SIS）是用于实现一个或几个安全功能的仪表系统，其系统应能满足工艺过程的安全仪表功能、安全完整性等级（SIL）和安全生命周期等要求。

安全仪表系统（SIS）宜独立于基本过程控制系统，独立完成安全保护功能。当过程超出安全设定条件时，安全仪表系统动作，使过程转入预定安全状态。为实现要求的安全仪表功能，可采用一个安全仪表系统或几个安全仪表系统和/或其他的保护设施组合，以将风险降到可允许水平。

为了预防、控制或减少来自过程及相关设备的特定危险，应按照独立性、完整性、可靠性及可用性的原则进行安全保护层的设计，对安全仪表系统（SIS）、其他安全相关系统或外部风险降低设施进行安全功能分配，并提出相应的安全仪表功能要求。

安全完整性（SIL）是指在规定的状态和规定的时间周期内，成功完成安全仪表功能的平均概率。SIL等级越高，安全仪表系统实现安全功能越强。项目可根据工艺专利商建议、控制联锁重要程度、国家或行业标准、风险特性和降低要求等因素进行SIL等级评估。

控制系统应保证在动力源发生异常或中断时也不会发生危险，并保证在系统发生故障或损坏时也不会造成危害。系统内的关键元器件和控制阀门等均应符合产品标准规定的可靠性指标。

安全泄放装置用于防止管道系统发生超压事故，控制仪表和事故联锁装置不能代替安全泄放装置作为系统的保护设施。

工艺过程控制仪表的显示应在安全、清晰、迅速的原则下，根据工艺流程、重要程度和使用频率，设置在人员易于看到和听到的范围内。信号及显示应与信息特性相适应。

（2）可燃气体和有毒气体检测系统

应按照《石油化工可燃气体和有毒气体检测报警设计规范》（GB 50493）和《工作场所有毒气体检测报警装置设置规范》（GBZ/T 223）等国家及行业相关标准设置可燃气体及有毒气体检测系统。

在生产或使用可燃气体及有毒气体的工艺装置和贮运设施的区域内，应按照下列要求设置可燃气体检测器和有毒气体检测器。

① 当发生气体泄漏时，可燃气体可能达到25％爆炸下限，但有毒气体不能达到最高容许浓度时，应设置可燃气体检测器。

② 当发生气体泄漏时，有毒气体可能达到最高容许浓度，但可燃气体浓度不能达到25％爆炸下限时，应设置有毒气体检测器。

③ 当发生气体泄漏时，可燃气体可能达到25％爆炸下限，有毒气体也可能达到最高容许浓度时，应分别设置可燃气体和有毒气体检测器。

④ 同一种气体，既属可燃气体又属有毒气体时，应只设置有毒气体检测器。

可燃气体和有毒气体的检测系统应采用两级报警。同一区域内的有毒气体、可燃气体检测器同时报警时，应遵循下列原则。

①同一级别的报警中，有毒气体的报警优先。②二级报警优先于一级报警。

可燃气体报警设定值要求如下。

①一级报警设定值小于或等于25％爆炸下限；②二级报警设定值小于或等于50％爆炸下限。

在生产使用或产生硫化氢、苯、氨、一氧化碳等有毒气体的工艺装置和贮运设施的区域内，以及贮存、运输这些有毒气体、有毒液体的贮运设施，应设置有毒气体检测器和报警系统。

有毒气体的检测系统应采用两级报警，报警设定值要求如下。

① 第一级报警设定值宜小于或等于100％最高容许浓度（MAC）/短时间接触容许浓度（PC-STEL）；当试验用标准气调制困难时，报警设定值可为200％最高容许浓度（MAC）/短时间接触容许浓度（PC-STEL）以下。当现有检测器的测量范围不能满足测量要求时，有毒气体的测量范围可为0～30％直接致害浓度（IDLH）。

② 第二级报警设定值不得超过 10% 直接致害浓度值（IDLH）。

注：a. 最高容许浓度（MAC）：指工作地点在一个工作日内，任何时间均不应超过的有毒化学物质的浓度。

b. 短时间接触容许浓度（PC-STEL）：指一个工作日内，任何一次接触不得超过的 15min 时间加权平均的容许接触浓度。

c. 直接致害浓度（IDLH）：指环境中空气污染物浓度达到某种危险水平，如可致命或永久损害健康，或使人立即丧失逃生能力。

7.5.6 安全泄放装置及系统

(1) 安全泄放装置

安全泄放装置包括安全阀及爆破片装置。

安全泄放装置应能够防止系统或其中的任一部分发生超压事故。

在非正常条件下，可能超压的下列设备应设安全阀。

① 顶部最高操作压力大于等于 0.1MPa 的压力容器。

② 顶部最高操作压力大于 0.03MPa 的蒸馏塔、蒸发塔和汽提塔（汽提塔顶蒸汽通入另一蒸馏塔者除外）。

③ 往复式压缩机各段出口或电动往复泵、齿轮泵、螺杆泵等容积式泵的出口（设备本身已有安全阀者除外）。

④ 凡与鼓风机、离心式压缩机、离心泵或蒸汽往复泵出口连接的设备不能承受其最高压力时，鼓风机、离心式压缩机、离心泵或蒸汽往复泵的出口。

⑤ 可燃气体或液体受热膨胀，可能超过设计压力的设备。

⑥ 顶部最高操作压力为 0.03~0.1MPa 的设备应根据工艺要求设置。

单个安全阀的开启压力（定压），不应大于设备的设计压力。当一台设备安装多个安全阀时，其中一个安全阀的开启压力（定压）不应大于设备的设计压力；其他安全阀的开启压力可以提高，但不应大于设备设计压力的 1.05 倍。

可燃气体、可燃液体设备的安全阀出口连接应符合下列规定。

① 可燃液体设备的安全阀出口泄放管应接入贮罐或其他容器，泵的安全阀出口泄放管宜接至泵的入口管道、塔或其他容器。

② 可燃气体设备的安全阀出口泄放管应接至火炬系统或其他安全泄放设施。

③ 泄放后可能立即燃烧的可燃气体或可燃液体应经冷却后接至放空设施。

④ 泄放可能携带液滴的可燃气体应经分液罐后接至火炬系统。

两端阀门关闭且因外界影响可能造成介质压力升高的液化烃、甲 B、乙 A 类液体管道应采取泄压安全措施。

对易燃介质或毒性程度为极度、高度或中度危害介质的压力容器，应在安全阀或爆破片的排出口装设导管，将排放介质引至安全地点，并进行妥善处理，不得直接排入大气。

安全阀、爆破片的排放能力必须大于或等于压力容器的安全泄放量。对于充装处于饱和状态或过热状态的气液混合介质的压力容器，设计爆破片装置应计算泄放口径，确保不产生空间爆炸。

有突然超压或发生瞬时分解爆炸危险物料的反应设备，如设安全阀不能满足要求时，应装爆破片或爆破片和导爆管，导爆管口必须朝向无火源的安全方向；必要时应采取防止二次爆炸、火灾的措施。

换热器管程、壳程如果没有其他保护措施均应设安全阀保护。

压力容器上应当根据设计要求装设超压泄放装置,当压力源来自压力容器外部,并且得到可靠控制时,超压泄放装置可以不直接安装在压力容器上。

安全泄放装置的进、出口侧一般不允许安装切断阀。因检测、维修和更换需要安装的切断阀应符合下列要求。

①切断阀进出口的公称通径不得小于安全阀进出口法兰的公称通径;②在全开或关闭位置切断阀应能被锁定或铅封。

阻火器设置应符合 GB/T 20801.6、GB 56160、TSG D0001 等国家规范的有关规定。

(2) 安全泄放设施及系统

甲、乙、丙类火灾危险性的设备应有事故紧急排放设施,并应符合下列规定:① 对液化烃或可燃液体设备,应能将设备内的液化烃或可燃液体排放至安全地点,剩余的液化烃应排入火炬。②对可燃气体设备,应能将设备内的可燃气体排入火炬或安全放空系统。含有毒、有害物质设备的安全阀泄放不得直接排入大气环境。

氮封贮罐排气应引到安全位置后排至大气,氨的安全阀排放气应经处理后放空。

常减压蒸馏装置的初馏塔顶、常压塔顶、减压塔顶的不凝气不应直接排入大气。

严禁将混合后可能发生化学反应并形成爆炸性混合气体的几种气体混合排放。

液体、低热值可燃气体、含氧气或卤素及其化合物的可燃气体、毒性为极度和高度危害的可燃气体、惰性气体、酸性气体及其他腐蚀性气体不得排入全厂性火炬系统,应设独立的排放系统或处理排放系统。

可燃气体放空管道内的凝结液应密闭回收,不得随地排放。

装置的主要泄压排放设备应采用适当的措施,以降低事故工况下可燃气体瞬间排放负荷。

(3) 安全泄放装置的维修及检验

所有连续操作压力容器的安全阀均应考虑能够定期检验维修的措施,连续操作的设备上的安全阀前后均应设切断阀,并应为锁开阀。关键设备应设置备用安全阀,备用安全阀的阀前切断阀应设置为锁关阀。安全阀切断阀后的排放管道与装置内放空系统总管的管道之间不得再设置切断阀。

共用同一个安全阀的设备相连接管道上一般不设阀门,当设置阀门时应为锁开。

处理有毒有害物料设备的安全阀均应设有副线,以便设备吹扫使用。

有可能被物料堵塞或腐蚀的安全阀,在安全阀前应设爆破片或在其出入口管道上采取吹扫、加热或保温等防堵措施。

安全阀定期检验应满足国家标准《压力容器定期检验规则》(TSG R7001)、《安全阀安全技术监察规程》(TSG ZF001)等相关规定要求。

7.5.7 紧急切断阀 (EBV)

紧急切断阀是安装在贮罐或管道上,应急情况下可手动或自动快速关闭的阀门,其最高工作压力应为设备的设计压力。

当用于液化气体的紧急切断阀靠液压或气压关闭时,其紧急切断时间是由执行件开始动作至液流闭止所经历的时间。$DN \leqslant 50$ 的紧急切断阀完全关闭时间为 $\leqslant 5s$,$DN65 \sim 350$ 时为 $\leqslant 10s$。紧急切断阀的其他技术和性能应满足 GB/T 22653 的要求。

因物料爆聚、分解造成超温、超压,可能引起火灾、爆炸的反应设备应设报警信号和泄压排放设施,以及自动或手动遥控的紧急切断进料设施。

全压力式液化烃贮罐应采用有防冻措施的二次脱水系统，贮罐根部应设紧急切断阀。

液化烃设备抽出管道应在靠近设备根部设置切断阀。容积超过 $50m^3$ 的液化烃设备与其抽出泵的间距小于 15m 时，该切断阀应为带手动功能的遥控阀，遥控阀就地操作按钮距抽出泵的间距不应小于 15m。

可燃液化气、可燃压缩气贮运和装卸设施、重要的气相或液相管道应设置紧急切断装置。

进出装置的可燃、有毒物料管道应在界区边界处设置切断阀，并在装置侧设"8"字盲板，以防止发生事故时相互影响。

有毒物料管道上应采用自动或遥控的紧急切断、过流量阀、附加的切断阀、限流孔板或自动关闭压力源等方法，限制发生泄漏事故时流体泄漏的数量和速度。

紧急切断阀应保证在易熔元件自动切断装置温度达到 (75 ± 5)℃时自动关闭。

紧急切断阀体材质应与介质相容，并满足介质的工况环境；液氨用紧急切断阀材料不允许用铜材。

7.5.8 设备和管道材料的选用

在规定的使用年限内，工艺过程采用的设备、管道和所有相关部件以及材料必须满足工艺操作条件，并能承受在规定条件下可能出现的物理、化学和生物作用，特别是满足防腐蚀、耐磨损、抗疲劳、抗老化和防御失效的要求。对可能影响安全操作或控制的设施应符合产品标准规定的可靠性指标。

设备和管道材料的选用应以装置正常操作条件下原（料）油中的含硫量和酸值为依据，并应充分考虑苛刻条件下可能达到的最大含硫量、最高酸值以及可能达到的最大硫含量和最高酸值组合时对设备和管道造成的腐蚀。临氢设备应充分考虑氢脆。

压力容器的分类和致密性及密封性技术要求应根据压力容器中使用或贮存的化学介质（包括原料、成品、半成品、中间体、反应体、反应副产物和杂质等）的毒性危害和爆炸危险程度的分类确定，具体规定见标准 HG 20660 和 GB 5044。

压力容器设计应综合考虑所有相关因素、失效模式和足够的安全裕量，以保证压力容器具有足够的强度、刚度、稳定性和抗腐蚀性，确保压力容器在设计使用年限内的安全。

盛装液化石油气、极毒、高毒以及强渗透性中度危害介质的压力容器，其管法兰应执行 HG 20592～HG 20635 标准，至少应用高颈对焊法兰、带加强环的金属缠绕垫片和专用级高强度螺栓组合。

设计时应根据特定使用条件和介质，选择适当的管道组成件材料，使其具有足够的强度、塑性和韧性，并应满足下列基本要求。

① 材料在最低使用温度下具备足够的抗脆断能力，由于特殊原因必须使用金属材料的延伸率低于 14% 时，应采取必要的安全防护措施。

② 当几种不同的材料组合使用时，应考虑可能产生的不利影响。

③ 在预期的生命周期内，材料在使用条件下具有足够的稳定性，包括物理性能、化学性能、力学性能、耐腐蚀性能、抗疲劳性能、耐磨性能及应力腐蚀破裂的敏感性等。

设备和管道材料的选用应考虑在可能发生火灾和灭火条件下的材料适用性，以及由此带来的材料性能变化和次生灾害。

高温条件下长期使用的材料，应考虑因组织或者性能变化对材料使用可靠性的影响。确定最低设计温度时，应考虑流体节流效应及环境温度的影响。

压力容器受压元件设计寿命应根据容器在装置中所处的重要性、容器大小、费用高低和腐蚀严重程度确定，并根据具体设计使用寿命确定选择压力容器的材料。

在选用设备材料时，应根据介质的状态、流速以及是否处于相变部位等因素，对设备局部部位的材料和结构设计进行特殊处理，采取必要的措施，以防止局部发生严重腐蚀。

加工高硫高酸原油装置主要管道选材应充分考虑介质流速与温度的组合对腐蚀速率的影响。

对有应力腐蚀趋向的贮存容器应当注明腐蚀介质的限定含量。

铸铁不得用于盛装极毒、高毒或者中度危害介质，以及压力大于或者等于0.15MPa的易爆介质压力容器的受压元件。

7.5.9 应急措施设计

紧急疏散通道，包括疏散大门、道路、疏散标识和风向标等；事故池，包括雨水监控池、存液池等；应急事故电源及照明，包括柴油发电机组、UPS、应急照明等；应急广播和指挥系统；防止泄漏的可燃液体和受污染的消防水排出厂外的措施。火灾事故状态下，受污染的消防水应有效收集和排放。

防火堤内的有效容积不应小于罐组内1个最大贮罐的容积，当不能满足此要求时，应设置事故存液池贮存剩余部分。

液化烃全冷冻式单防罐罐组的防火堤内的有效容积不应小于一个最大贮罐的容积。

接纳消防废水的排水系统应按最大消防水量校核排水系统能力，并应设有防止受污染的消防水排出厂外的措施。

装置及贮罐区内的排水设计应考虑消防水排放及能力，以及足够的回收处理设施。

贮罐防火堤的排雨水口应设置隔断设施，以防止事故溢流出的物料和被污染的雨水排入清洁雨水系统。

装置内贮罐的容量应能满足开停工时贮量的要求，以及运行及维护期间能够容纳系统中物料的贮量要求，防止停工排料时物料溢出。

7.5.10 抗爆建筑物设计

（1）建筑物抗爆保护的作用

采用抗爆保护建筑物的目的是保护人员和关键设备仪表，以抵抗装置发生的事故爆炸，并允许在发生爆炸后工厂设施仍可继续运转。抗爆保护建筑物的主要作用如下：

保护人员——保护有人建筑物内的人员安全。一旦装置区发生爆炸事故时保护建筑物不会倒塌，并防止爆炸产生的大量碎片对建筑物内人员的伤害，保护人员可以继续安全操作或逃生。

保护关键设备及仪表——建筑物内平时无人操作，但放置重要的控制仪表及仪器设备等，在发生爆炸事故后仍可正常操作和/或紧急停车，以防止因系统中断造成二次事故或扩大事故后果。

（2）爆炸风险分析与评估

对建筑物的爆炸保护要求应基于对建筑物周围存在的潜在爆炸危险的装置或设施的爆炸事故分析与评估，这包括识别可能引发爆炸事故的事件、可能爆炸的物料性质和泄漏物料量、建筑物与可能发生爆炸设备之间的距离等因素，然后采用量化风险分析计算软件进行爆炸后果模型的计算。通过对计算结果的分析，最终确定建筑物的抗爆设计参数，如：爆炸波压力和爆炸波持续时间等。

当受条件限制不能进行爆炸风险的详细分析计算时，可参照国外标准进行下列分析评估。

该建筑物是否需要进行抗爆保护？

是否存在形成爆炸危险的条件如下。

① 物料形成的气体是闪点大于38℃的易燃易爆气体；② 该易燃易爆气体的可能释放量至少是0.5t；③ 该装置的操作设备区大于500m^2。

装置区作为的障碍物密度情况，因为爆炸超压的形成主要是因为部分蒸气云扩散受到了限制，障碍物的密度对爆炸超压有重大影响，密度高会增加爆炸超压值。

该建筑物与可能发生爆炸的区域间距是多少？

(3) 建筑物的安全防护与抗爆设计

将可能受到爆炸事故影响的建筑物布置在远离爆炸源的安全场所，尽可能增加从可能爆炸区到控制室等有人建筑物的间距，以缓冲蒸气云爆炸的影响，这是最根本和最可靠的防护措施。

当平面布置不能满足到潜在爆炸区足够远的安全要求时，根据建筑物到潜在爆炸区的不同距离可将建筑物分为不同抗爆级别，距离越近抗爆等级越高。例如参照国外标准，距离潜在爆炸区为30～60m时建筑物为抗爆1级，60～120m建筑物为抗爆2级，120～215m建筑物可为抗爆3级，超过215m时可按普通建筑物考虑。

在控制室周围要尽可能保持空旷，因为即使在周围布置的是非碳氢化合物的设备，可燃蒸气云漂移到这些区域也有可能形成爆炸中心。

对潜在爆炸区范围215m以外的普通建筑物的玻璃可考虑采用加膜或专门的防爆玻璃，以防止玻璃碎片的危险，并采取缩小开窗面积等措施将对人员的伤害风险降到最低。

由于国内外没有统一的可接受风险标准，在根据爆炸风险评估计算结果选择建筑物抗爆设计参数时，不仅要考虑可能受到的最大爆炸波冲级，也要考虑该事故的发生频率，对发生频率很低的极端恶性爆炸事故不应作为设计条件。

抗爆建筑物最好是单层建筑物。建筑物应尽量减少开孔数量和面积，如通风口、排气孔、新风进口等，对必须设置的孔口应尽量防止直接对着有人操作或关键设备的房间，最好采用防爆阀或爆炸衰减器等措施防止冲击波和碎片进入室内，建筑物一般不允许有窗户。

人员座位远离玻璃窗户和重型物体，如文件柜；采用轻型灯具，设置双层入口门，安装固定式装饰板。

建筑物外部的所有非结构性设施应牢固可靠地固定，如建筑物的空调设备最好是放在地上而不是屋顶上，防止发生爆炸时脱开，成为造成伤害的运动物体。

建筑物有人工作的区域局部加固，可设置避难间和可靠的报警系统，使人员在预定的时间内可以进入避难间。

第 8 章 计算机辅助设计

8.1 概　　述

自 1946 年第一台计算机诞生至今短短 60 多年的时间里，信息技术得到了迅猛的发展，如今信息技术已成为工程设计人员最有力的工具。信息技术对人们生活、学习和工作的影响无处不在，具体到工程设计领域，信息技术主要从以下几方面提高了人们的工作效率。

信息技术方便了信息和数据的获取。在进行工程设计时，工艺人员需要知道工艺介质的物性，设备人员想了解各种新型的设备，而概算人员希望掌握实时的价格信息，以前要得到这些信息，通常需要通过查阅文献、技术交流和市场调查等方式获取，而现在通过互联网可以很方便地在 NIST（美国国家标准技术研究院）等网站查询到纯物质的各种热力学性质，在设备厂商的网站下载最新的产品样本，在电子商务网站获得商品的价格，另外互联网上还有许多收费的网站，能提供更全面、更准确的信息。

信息技术简化了大量的设计工作。计算机软件是为了满足人们的各种需求而开发的，而专业软件更是人类知识和经验的结晶。比如流程模拟软件 Aspen Plus 内置了 1773 种有机物、2450 种无机物、3314 种固体物、900 种水溶电解质的物性，同时提供了几十种用于计算物性和热力学性质的模型，可以胜任大部分工艺过程的模拟；塔器计算软件 FRI 是由美国精馏研究公司开发的，他们拥有世界一流的实验装备，他们不仅向会员提供各种手册、专题报告、进展报告等资料，而且在实验数据的基础上开发了筛板塔、泡罩塔、填料塔等水力学计算程序。这些软件的应用使设计人员摆脱了烦琐的公式查询和计算过程，大大减少了设计人员的工作量，而且缩短了设计人员的学习过程，减少了不同设计人员之间设计结果的差异。

信息技术提高了设计准确性。借助计算机强大的计算能力，工程上的严格计算成为可能。以前常使用工程图表进行简捷计算，例如在进行精馏塔设计时，常使用 Gilliland 关联图计算所需塔板数，计算中要引入恒摩尔流假设和使用平均相对挥发度，精度较差；严格的逐板计算法不仅能够计算精馏塔的分离精度，而且可以确定每层塔板的温度和组成，为判断灵敏板的位置提供依据，但是严格的逐板计算法需要求解物料平衡、相平衡、焓平衡方程组（MESH），其中又涉及多组热力学和物性关联式，属于高度非线性的方程组，计算量非常大，没有计算机的帮助是无法完成的。Ansys 软件是一种通用的有限元分析软件，它将求解域模拟为许多称之为有限元的互连子域，对每一单元假定一个合适的近似解，然后推导求解这个域总的满足条件，从而得到实际问题的解。通过 Ansys 软件可以对设备整体及部件的应力场、温度场进行分析，以得到更优化、更安全的设计。PDS 3D 是一种三维设计软件，设计人员可以用这类软件搭建实际工厂的三维模型，其中包括设备模型、结构模型、配管模型、仪表模型，有模型生成材料清单就不会有遗漏，避免了浪费；按模型生成的单线图施工就不会发生碰撞，减少了现场变更；同时三维模型也是用户、专利商、设计方共同对设计进行优化的平台。

数据复用提高了效率。每个工程项目都有自身的要求，即使同一类装置也会有差异。纸质资料只能提供既有的内容，无法编辑修改，新项目要复用旧项目的纸质资料非常困难，通常都要重新绘制，既费时又费力。与纸质资料相比，电子数据或者电子文件具有无损性、可编辑性、灵活性、易存储性、易传递性等特点，这使得电子文件能够以极低的成本被反复利用。例如用 ACAD 软件绘制的图纸，要修改图框和项目名称，只需打开被引用外部图框文件，用软件修改一下即可，不必像纸质资料那样逐一手工修改和绘制。设计资料的复用大大缩短了设计周期，减少了人工时。通过数据传递，不同专业之间的数据也可以复用。例如智能 3D 设计系统可以读取智能 2D 设计系统中的 PID 图，自动获取管道对象上的管径、温度、压力等工艺设计数据，使设计人员从烦琐的数据输入工作中解放出来，不仅提高了工作效率，而且避免了输入过程产生的错误。

信息技术改变了传统的工作方式。新的工具必定带来新的工作方式。许多国际化工程公司在世界各地都设有业务部门，通过设计软件的协同设计功能，这些工程公司可以把各地的资源整合起来。例如在人工费用较低的地区进行耗费人工时较高的详细设计，而在异地的专家则可以应用远程会议系统或者模型浏览工具对设计结果进行审查；对于大型工程项目，可以分解为多个单元在不同的业务部门同时执行，而设计环境则由协同设计软件统一管理，这样既提高了工程实施速度，又确保了不同业务部门设计结果的一致性。随着软件应用的深化，工作流管理软件、文档管理软件在项目中的应用会日益增加。这些软件对设计工作的过程进行管理，设计人员必须进入该系统对数据或文档进行创建、校核、审核和电子签署后，它们才能发布给下游用户。随着平板电脑、触摸屏、电子签署技术日益完善，人机交互界面越来越友好，在工程设计全过程中实现无纸化办公将成为可能。

信息技术同样改变了人们的学习模式。人们所具有的知识主要来源于生活和工作，而信息技术极大地扩展了人们获取知识的领域，使我们不再局限于日常的生活和工作。例如，通过即时通信软件，我们可以与异国的同行进行交流；通过论坛，我们可以向陌生人进行咨询；通过电子邮件，我们可以将软件或产品使用过程中出现的问题及时反映给技术支持人员。另外许多技术类网站都设有知识库，可以随时对感兴趣的问题进行查询。信息技术使我们的学习更加主动、更加宽广、更加高效。

如今计算机技术已深入应用于工程设计过程的每个环节，从概念设计、基础设计到详细设计的各个阶段；从工艺、设备、仪表、配管、土建、概算、采购、施工、计划等各个专业；都有相应的软件为其工作提供支持。由于篇幅所限，在此将对化工设计过程中最基础的、最具代表性的计算机辅助设计系统——流程模拟软件及其共性的内容进行简单介绍，如要更加详细了解其中的内容，请阅览有关教材及软件的参考手册。

8.2 流程模拟

要进行化工装置的设计，首先要了解每个单元操作、反应系统、整个装置在给定设计参数、操作条件下的行为，计算机模拟则是了解其行为的重要方法。模拟是为一个系统设计可操作性模型的过程，可以利用该模型进行实验以便了解真实系统的行为或者为了这个系统的开发和操作对不同方案进行评价。

化工系统的模拟需要一些特定领域的知识，如纯组分和混合物物性的计算，各种反应器和单元操作的模型，以及求解大型代数和微分方程组的数值计算方法等。但是由于上述模型都有一定的局限性，因此模拟的计算结果只是对现实对象在一定程度上的近似，并不能完全代表现实情况，设计人员必须对模拟软件的结果的可靠性进行验证，并用实验数据和已有装置的运行数据进行调优。

化工系统模拟的对象涉及化工过程的各个领域，从大体上可分为三个层次：以产品设计为核心的分子模拟，以"三传一反"和流程模拟为核心的传统化工过程模拟，以企业经营管理为中心的管理业务过程的模拟。流程模拟是一种采用数学方法来描述过程的静态/动态特性，通过计算机进行物料平衡、能量平衡、化学平衡、压力平衡等计算，对生产过程进行模拟的过程。

流程模拟与设计和操作有着密切的关系。在设计过程中，流程模拟的主要目标是系统地研究各种可能的方案，然后确定最优设计，以此为基础进行设备、管道以及控制系统的设计；另外动态模拟与稳态模拟相结合有助于了解工艺过程的动态性能，并协助完成全厂的控制方案。在操作过程中，流程模拟的要求更高，因为它必须能在各种扰动存在的情况下及时、准确反映现有装置的工艺参数；通过计算数据与实际数据的比较，可以对装置的运行情况进行监控，判断设备性能，指导设备维护、操作优化、装置脱瓶颈等工作。

8.2.1 流程模拟软件发展历史

流程模拟软件的开发始于 20 世纪 50 年代末期，这主要得益于 50 年代中期问世的内置浮点架构的 IBM704 计算机和高级编程语言 FORTRAN。1958 年美国 Kellogg 公司开发了第一个可实用的流程模拟工具——Flexible Flowsheet，用于合成氨装置的模拟。该软件的计算过程与人工计算过程很相似，按顺序计算单元操作，然后根据物流方向计算下一个单元操作，这个软件还是比较初级的，甚至没有考虑不同模型计算的一致性。

1967 年，由美国 Purdue 大学开发的 PACER（Process Assembly Case Evaluator Routine）开始在大学化工系使用，并出版了第一本关于流程模拟的书籍《化工厂模拟-稳态过程分析》(Chemical Plant Simulation - An Introduction to Computer-Aided Steady-State Process Analysis)。PACER 主要是模块执行程序，用于流程的物料和能量计算，允许有循环物流。虽然 PACER 的单元操作模型较少，而且缺少物性估算包，但是 PACER 具有开放的结构，用户可以添加单元操作和物性计算模型。1968 年，美国 Houston 大学开发了化工模拟系统 Chess (Chemical Engineering Simulation System)，该系统采用序贯模块法，并带有较多的单元操作模型库和物性估算包，易用性有所提高，但是它仍缺少严格的、多级、多组分的精馏塔模型。

FLOWTRAN 在流程模拟软件发展史上具有里程碑的意义，它孕育于 1961 年的美国 Monsanto 公司。像许多大型化工公司一样，Monsanto 公司设有应用数学部门进行设计和模拟领域的通用模型程序的开发。1965 年，Monsanto 公司推出 FLOWTRAN，到 1970 年已有 60 多家公司通过网络使用了 FLOWTRAN。后来 Monsanto 公司将软件使用权授予了美国部分大学，极大地推进了流程模拟技术的应用和发展。

在 FLOWTRAN 中单元操作模型称为"模块"，其中包括 5 个闪蒸模块、5 个精馏模块、2 个吸收-解吸-萃取模块、8 个换热器模块、3 个反应模块、2 个泵/压缩机模块、5 个物流合并/分流模块、4 个控制模块、1 个循环收敛模块、16 个设备费用模块、4 个财务分析模块和 6 个报告模块。通过控制模块，FLOWTRAN 可以进行设计计算。有两个闪蒸模块可进行气液液闪蒸计算，但是在设计和模拟应用上，FLOWTRAN 只限定于气液两相体系。

FLOWTRAN 的组分库有 180 个组分，并提供混合物物性模型，计算密度、焓和 K 值等。对于非理想气相使用 RK 状态方程法，对于非理想液相可使用 Scatchard-Hildebrand、van Laar、Wilson 或者 NRTL 方程。van Laar、Wilson 和 NRTL 法所需的二元交互作用参数需手工输入，FLOWTRAN 中的 VLE 程序可以从气液相平衡实验数据中回归这些参数。对于组分库未包含的组分，用户可以在用户文件中加入这些组分的常数。如果缺少常数，也可以用 PROPTY 程序估算。

通过对序贯模块法和联立方程两种算法的对比，FLOWTRAN 选择了序贯模块法，因为当时对该方法理解得更透彻，而且在一些计算实例上更有效率。FLOWTRAN 具有可变的内部结构，用户输入的组分、物性方法、模块中既可以输入数据，也可以输入指令。另外 FLOWTRAN 也允许嵌入 FORTRAN 语句和添加用户自定义的单元操作子程序。

与 FLOWTRAN 同期开发的流程模拟软件还有：美国 Simulation Sciences 的 Process、美国 ChemShare 公司的 DESIGN 2000、英国帝国化学公司 ICI 的 FLOWPACK、日本千代田公司的 CAPES（Computer Aided Process Engineering System）。这些系统已具有现代流程模拟软件的最主要的功能：较完善的组分数据库、多种热力学方法、较丰富的单元操作模块、较成熟的算法、用户自定义模块。但是这些系统仍有许多不足，如 ⅰ．只能处理石油化工流程等有限的过程类型；ⅱ．只能处理气液两相体系，对含有固体的物流无法处理，也不能处理固体颗粒大小分布的问题；ⅲ．缺乏重要的固体物料单元操作模型（如旋风分离器、离心机、过滤机、粉碎机等）；ⅳ．组分库只有有机化合物，缺乏重要的无机化合物，且温度和压力范围不够宽；ⅴ．只能处理不太大的流程，因为组分数目及物流流股数目有固定限制。

20 世纪 70 年代出现能源危机后，为了能对煤制合成油工艺路线进行快速评估，1976 年美国能源部联合多家企业和大学，委托美国麻省理工学院进行新一代流程模拟系统的开发，项目名为 ASPEN（Advanced System for Process Engineering）。ASPEN 用 FORTRAN 语言编写，大约有 15 万行语句，并使用了 FLOWTRAN 的许多代码。ASPEN 在组分种类、热力学方法、收敛算法、输入文件、体系结构等诸多方面进行了改进，使其应用扩展到了含固体的领域，运行速度和求解规模都有很大的提高，并能运行于多种硬件平台。ASPEN 项目于 1981 年结束，并将源代码提供给了美国能源部、参与项目的生产企业以及两个软件公司 Simulation Sciences 和 ChemShare。ASPWN 项目的部分参与者于 1981 年创建了 Aspen Tech 公司，并于 1985 年推出商业版 ASPEN 软件-ASPEN PLUS。

20 世纪 80 年代，Simulation Sciences 公司推出 Process 软件的升级版 PRO/II，ChemShare 公司推出 DESIGN 的升级版 DESIGN II。同时出现了成熟的、基于方程的流程模拟软件，如英国帝国理工学院开发的 SPEEDUP（动态模拟）、美国 Carnegie Mellon 大学开发的 ASCEND-II，英国剑桥大学开发的 QUASILIN。

早期流程模拟软件的输入采用读卡机或输入文件，用户使用特定的语句将流程模拟所需的组分、热力学方法、操作单元模块和物流连接关系等信息写入文件中，再用流程模拟程序读取和执行。这种输入过程不直观，容易发生错误。成立于 1976 年的加拿大 Hyprotech 公司于 1980 年推出了首个交互式流程模拟程序 HYSIM，改变了流程模拟软件的操作方式，用户可以采用绘制流程图这种最直观的方式搭建要模拟的流程。

1982 年美国 IBM 公司成功开发了第一台 PC，并公开了大部分资料，这极大地促进了个人电脑的发展。随着个人电脑的普及和运算能力的提高，软件厂商开始将运行于大型机、小型机的流程模拟软件移植到 PC 平台上。1984 年 Hyprotech 公司推出了 PC 版 HYSIM。1988 年 Hyprotech 公司又用 C 语言重新编写了 HYSIM。

20 世纪 90 年代，主要的流程模拟软件，如 Aspen Plus、PRO/II、Design II、ChemCAD 等都完成了向 Windows 平台的移植，极大地方便了用户使用。1995 年 Hyprotech 公司用 32 位 C++语言开发了 Windows 环境下集稳态和动态为一体的流程模拟系统，并将其命名为 Hysys（Hyprotech System）。1998 年英国 PSE 公司（Process System Enterprise Limited）发布了最新的流程模拟软件 gPROMS（general PROcess Modeling System），gPROMS 是

Speedup 的后续产品,它可以在一个环境中实现稳态模拟、动态模拟、连续过程模拟、间歇过程模拟、参数回归、从微观过程到整个装置流程等不同尺度的模拟。

进入 21 世纪,流程模拟软件经过近 50 年的发展,软件已趋于完善,产品线也日渐丰富,涌现出了许多优秀的产品,但是这些软件之间缺少有效的接口。一种软件的单元操作模型和热力学方法,很难被其他的模拟软件调用,另外如果用户开发用户自定义模块,为了在不同流程模拟软件上使用,需要编写多种版本。为了消除不同流程模拟软件之间的隔阂,实现优势互补;进一步扩展流程模拟软件的功能,实现与计算流体软件等专用软件的集成;降低用户的开发难度,欧盟发起了 CAPE-OPEN 项目(Computer-Aided Process Engineering Open Simulation Environment,计算机辅助过程工程开放模拟环境)。CAPE-OPEN 项目旨在开发一个过程模拟组件标准规范,符合规范的过程模拟组件可以在支持 CAPE-OPEN 的模拟环境中使用,当前主流的流程模拟软件 AspenHYSYS、Aspen Plus 和 PRO/Ⅱ 都支持 CAPE-OPEN。

8.2.2 主要流程模拟软件介绍

8.2.2.1 Aspen Plus

Aspen Plus 是美国 Aspen Tech 公司的流程模拟软件,该软件由美国麻省理工学院(MIT)组织开发并于 1981 年完成,经过 30 多年的不断改进和完善,已成为公认的标准大型流程模拟软件。Aspen Plus 的物性库庞大,热力学方法全面,不仅可用于普通热力学体系,也可以用于石油组分体系、电解质体系、聚合物体系、含固体的系统等,应用领域包括炼油、石化、化工、制药、电力、冶金等各种过程行业。Aspen Plus 是稳态流程模拟软件,其基本算法为序贯模块法,初步收敛后也可切换到 EO 算法(Equation Oriented,基于方程的算法),利用 EO 算法收敛速度快的特点,可对流程进行更全面的研究。

8.2.2.2 PRO/Ⅱ

PRO/Ⅱ 是一个历史悠久、通用性流程模拟软件,由美国 SimSci-Esscor 公司开发,现为 INVENSYS 公司的子公司。PRO/Ⅱ 软件是稳态流程模拟软件,采用序贯模块法,其界面简洁、模型可靠、算法稳定,为从炼油到化工等各种过程行业提供了全面、有效和易于使用的解决方案。

8.2.2.3 Aspen HYSYS

HYSYS 原是加拿大 Hyprotech 公司产品,2002 年美国 AspenTech 公司将 Hyprotech 公司收购,HYSYS 成为 Aspen Tech 公司旗下的产品,2004 年美国 Honeywell 公司也获得了 HYSYS 的所有权,在此基础上推出了自己的流程模拟软件——UniSim。HYSYS 软件操作界面友好,结构灵活,同时支持稳态模拟和动态模拟,非常适于工艺人员使用。

8.2.2.4 gPROMS

gPROMS 是英国 PSE 公司(Process System Enterprise Ltd.)开发的通用工艺过程模拟系统。PSE 公司立足于英国帝国理工学院,该学院曾开发出基于联立方程法的流程模拟软件 SpeedUp,后来被 Aspen Tech 公司收购,改名为 ACM(Aspen Custom Modeler),1992 年 SpeedUp 的研究人员又开发出了算法更强大、适用范围更广的 gPROMS。

gPROMS 是一种面向方程的过程模拟软件。它对对象的描述主要分为两个层次:模型层和物理操作层。"模型层"描述了系统的物理和化学行为,是对象的一个通用机理模型;"物理操作层"则描述了附加在系统外部行为以及扰动。另外,还有一个模型实体"过程块",它由具体实例模型数据以及外部操作组成,表述一个模型的具体实例。

8.2.2.5 ChemCAD

ChemCAD系列软件是美国Chemstations公司开发的化工流程模拟软件。用它可以在计算机上建立与现场装置吻合的数据模型,并通过装置的稳态模型或动态模型,为工艺开发、工程设计、优化操作和技术改造提供理论指导。

ChemCAD系列软件可用于：蒸馏/萃取模拟、各种反应模拟、电解质体系的模拟、设备设计、换热器网络优化、环境影响计算、安全性能分析、投资费用估算、火炬总管系统和公用工程网络计算等。

8.2.2.6 VMGSim

加拿大VMG集团（Virtual Materials Group），其总部位于加拿大卡尔加里市,该公司主要致力于开发质优价廉的用于流程工业的软件。多年来,VMG为从事烃加工行业、化学工业及石油化学工业的客户提供了大量的经过验证、非常准确的热力学性质预测包。VMG的热力学模型是基于大量的试验数据开发而成的,其热力学数据库中纯组分数高达5600个,并且由VMG技术支持队伍做开发支持。VMG的核心人员是HYSIM/HYSYS的原始开发人员,VMG还与美国国家标准与技术研究院的热力学研究中心有着密切的工作联系。

8.2.2.7 Design Ⅱ

Design Ⅱ是美国WinSim Inc.公司开发的流程模拟软件。它有强大的图形用户界面,可以将计算结果传递给Excel；含有50多个热力学方法、880多个组分的数据库,一次可模拟多达9999个单元模块和物流的流程,包括了所有主要的单元操作,其应用领域有炼油、石化、化工、气体加工、管道、制冷、工程建设和咨询等。

8.2.2.8 ProMax

ProMax（原TSWEET和PROSIM）是一个强大而灵活的流程模拟软件,由美国布莱恩研究与工程公司（BR&E）开发。在世界范围内广泛地应用于天然气加工处理、石油炼制等石油化工行业中。ProMax采用C++面向对象的语言设计,使其能够与Microsoft Visio、Excel和Word等常用软件很好地结合,大大扩展了其前身TSWEET和PROSIM的能力。

ProMax软件主要应用领域和功能包括：天然气处理、气体/液体脱硫、甘醇法脱水/水合物预测、硫黄回收与尾气净化、碱法处理酸气、酸性水处理、石油炼制、化学过程与反应器模拟、换热器的设计与核算、各种塔板的水力学计算、容器计算和管网系统计算等。

8.2.2.9 Aspen HYSYS Petroleum Refining

Aspen HYSYS Petroleum Refining（以前称为Aspen RefSys）是Aspen Tech公司出品的炼油装置专用流程模拟系统,它以HYSYS软件为平台,融合了世界领先的炼油反应器机理模型,如Asper Tech催化裂化、重整、加氢裂化和加氢精制反应模型。通过对炼油厂全厂的模拟,可以发现潜在的经济效益,也可以协助建立准确的炼厂的线性规划模型,使计划调度系统的优化结果更准确。

Petroleum Refining炼油专用功能包括原油化验数据的管理、产品和原料的调合模拟、炼油专用原油蒸馏塔模拟、炼油专用物性动态更新等。

Petroleum Refining融合了Spiral软件公司的原油数据库,用户可以检索库中的几百种原油,还可以建立自己的原油库；Petroleum Refining能模拟和预测100多种炼油专用物性。

Petroleum Refining能完整模拟炼油厂的生产流程,并为线性规划系统（PIMS）提供产率矢量,便于生产计划、调度的优化。

Petroleum Refining的反应器都是严格的模型,包括：催化裂化模型——可以模拟多家专利商催化裂化反应器，催化重整反应模型——可以模拟连续重整和半再生式重整装置、加氢裂化和加氢精制模型——可以模拟多家专利商的反应器及各类反应。

8.2.2.10 Petro-SIM

Petro-SIM 是英国 KBC Advanced Technology 公司出品的炼油装置专用流程模拟系统。KBC 是一家业内领先的独立咨询与服务集团，帮助全球炼油、石化、过程行业的业主与经营者改进业绩与提高资产价值。1999 年 KBC 公司与 Hyprotech 公司联合开发了炼油装置模拟软件 HYSYS Refinery，在 Aspen Tech 公司收购了 Hyprotech 公司之后，2004 年 KBC 公司从 Aspen Tech 公司获得了 HYSYS Refinery 软件的源代码，并在此基础上开发了 Petro-SIM。

Petro-SIM 软件是把图形化的流程模拟器和先进的 KBC/Profimatics 炼油装置模型结合起来的、基于界面的先进模拟工具。Petro-SIM 可以根据实验室数据或者利用有 400 多种国际油品的商业原油数据库来建立自己的化验数据库。另外它可以进行单元优化、清洁燃料研究、实时优化、故障排除研究和操作过程监视等。它还提供了最完整的一套反应模型，可以用来模拟一个装置或者进行炼厂全厂的模拟。Petro-SIM 包含多种炼厂专用单元操作模型：FCC-SIM 用于流化床反应器模拟；REF-SIM 用于重整装置模拟；HCR-SIM 用于加氢裂化装置模拟；DC-SIM 用于延迟焦化装置模拟；VIS-SIM 用于减粘裂化装置模拟；NHTR-SIM、DHTR-SIM、VGOHTR-SIM、RHDS-SIM 分别用于石脑油加氢装置模拟、柴油加氢装置模拟、减压柴油加氢装置模拟和渣油加氢脱硫装置模拟。

8.3 稳态流程模拟

8.3.1 稳态流程模拟系统的构成

化工过程流程模拟系统通常包括用户界面、物性数据系统、单元操作模块、流程分析模块、设备估算模块和模拟与求解模块。

用户界面用于配置流程模拟环境、定义流程拓扑结构、输入模拟条件、运行调试和查看运算结果等。优秀的用户界面提供输入数据检查功能，提示用户输入必需的数据和设计规定，指导用户完成流程模拟。

物性数据系统包括存储基础数据的物性数据库、计算各种物性的模型和方法、参数估算系统和实验数据处理系统等。物性数据系统决定着流程模拟适用范围和结果的可靠性，因此物性数据库所含数据的数量和质量、物性模型和方法是否齐全是评价流程模拟系统的重要标准。

单元操作模块包括化工过程常用的反应、换热、压缩、闪蒸、精馏或吸收等单元操作。每种模块都有各自的模型，根据输入物流和设计规定，在物料平衡、能量平衡、相平衡和化学反应等约束下，调用物性计算方法，计算输出物流的各种性质。

模拟与求解模块根据流程的拓扑结构或者用户指定顺序，依次求解单元操作模块，一个模块的输出通过物流作为下一模块的输入，直至所有的切割物流收敛。

设备估算模块利用流程模拟的结果设计或估算设备的结构尺寸，如换热器的换热面积、换热管长度和根数、壳体直径；精馏塔的塔径、开孔率等。

流程分析模块包括工况分析、优化计算等，可以帮助用户优化工艺条件和结构参数。

8.3.2 物性数据库和物性计算

8.3.2.1 物性数据库

纯组分数据和各种交互作用参数等数据是流程模拟中物流热力学性质和传递性质计算的基础。流程模拟软件公司通常会通过收集公开文献、购买商业数据库和与科研单位合作等方式，获取这些数据,并以物性数据库的形式提供给了用户。Aspen Plus 自带丰富的物性数据库,从而极大地方便了流程模拟程序的用户。

以下是 Aspen Plus V7.3 自带的物性数据库。随着人们认识的深入,物性数据库也在不断发展和完善,因此不同版本的软件,其物性数据库名称及组分数会有一定的变化,但通常物性数据库都是向上兼容的。

(1) PURE25——纯组分数据库

纯组分物性数据库包含了 2092 种纯组分(以有机物为主)的物性参数,是纯组分参数的主要来源。PURE11、PURE12、PURE13、PURE20、PURE22 和 PURE24 分别是 11.1 版、12.1 版、2004.1 版、2006.5 版、V7.1 版和 V7.2 版的纯组分数据库。纯组分数据库中的参数可以分为以下几类。

① 通用参数,如临界温度、临界压力。
② 转变温度,如沸点、三相点。
③ 参照态性质,如生成焓和生成 Gibbs 自由能。
④ 与温度相关的热力学性质关联式的系数,如液体蒸气压关联式的系数。
⑤ 与温度相关的传递性质关联式的系数,如液体黏度。
⑥ 安全性质,如闪点和可燃上下限。
⑦ 用于 UNIFAC 热力学模型的官能团信息。
⑧ 用于 RKS 和 PR 状态方程的参数信息。
⑨ 与油品相关的性质,如 API 重度、辛烷值、芳烃含量、氢含量、硫含量。
⑩ 其他模型参数,如 Rackett 和 UNIQUAC 参数。

(2) NIST-TRC——美国国家标准与技术研究院热力学研究中心物性数据库

NIST-TRC 物性数据库中的组分数多达 24033 种(以有机物为主),涵盖了纯组分数据库中的组分,该数据库中所用的物性参数和实验数据由热力学研究中心(TRC)收集和校验。目前该数据库位于 Aspen Properties Enterprise Database,用户可以运行 Aspen Properties Database Selector 程序,在 Aspen Properties Enterprise Database 和 Legacy Properties Databanks 之间进行切换。

(3) AQUEOUS——水溶液数据库

水溶液数据库包含 1676 种离子化合物的参数,用于电解质溶液的计算。关键参数有水合热、无限稀释状态下的生成 Gibbs 自由能以及无限稀释状态下的水溶液比热容。

(4) Biodiesel——生物柴油数据库

生物柴油数据库包含 461 种通常在生物柴油生产过程中存在的有机组分,如大量的甘油三酯类、双甘油酯类和单甘油酯类化合物。

(5) COMBUST——燃烧数据库

燃烧数据库是一个用于高温气体计算的专用数据库,它包含通常在燃烧时存在的 59 个组分的参数和自由基。

(6) ELECPURE——纯电解质数据库

纯电解质数据库包含 17 种通常在胺吸收过程中存在的组分,共有 28 种参数。

(7) ETHYLENE——乙烯数据库

乙烯数据库包含 85 种通常在乙烯分离和精制过程中存在的组分,包括 SRK 方程所使用的交互作用参数、偏心因子、临界压力和临界温度。

(8) INORGANIC——无机数据库

无机数据库包括大约 2477 个组分（以无机物为主）的热化学数据，主要数据有焓、熵、Gibbs 自由能和比热容关联式系数。每个组分都有若干种固相、一个液相和理想气相的数据。一组数据可以在一定的温度范围内用于计算某一相的焓、熵、Gibbs 自由能和比热容。无机数据库可用于固体、火法冶金和电解质模拟。

(9) NRTL-SAC 数据库

NRTL-SAC 数据库包含 100 多种溶剂的用于 NRTL-SAC 热力学模型的 XYZE 参数。

(10) PC-SAFT 数据库

PC-SAFT 数据库包括用于 PC-SAFT 模型的纯组分参数和交互作用参数，这些参数来自于文献，包括许多常规组分、极性组分和缔合组分。

(11) POLYMER——聚合物数据库

聚合物数据库包含聚合物的纯组分参数，用于聚合物的模拟。

(12) SEGMENT——链段数据库

链段数据库包含聚合物链段的物性参数，用于聚合物的模拟。

(13) SOLIDS——固体数据库

固体数据库包含 3312 个固体组分的参数，该数据库用于固体和电解质应用。虽然该数据库在很大程度上被无机数据库取代了，但是它对于电解质模拟仍是必需的。

(14) 交互作用参数数据库

Aspen 物性系统为 WILSON、NRTL 和 UNIQUAC 等活度系数模型、部分状态方程和 Henry 模型提供一组内置的交互作用参数数据库。系统会根据选用的热力学方法自动选取内置的参数。

(15) USERDATABANK1，USERDATABANK2-用户自定义数据库

用户自定义数据库允许用户创建自己的物性数据库。

8.3.2.2 参数的估算

Aspen Plus 的物性数据库包含了大量的纯组分数据和混合物的交互作用参数，然而在实际应用中经常会遇到数据库中没有的组分或者已有的组分缺少所需的数据。对于缺失的数据，用户最好是采用查阅文献、做实验或购买商业数据等方式来获取。如果上述条件不具备，也可以采用 Aspen Plus 中的估算或回归功能对缺失的数据进行估算。

(1) 利用实验数据回归参数

可以用实验数据回归缺失的参数，如利用蒸气压和温度实验数据可以回归液体蒸汽关联式的系数，用无限稀释活度系数估算二元交互作用参数。主要步骤包括：

① 选取 Properties | Estimation 目录，在 Setup 页面中选择要估算的参数类型；

② 在相应的页面中选择要回归的组分及参数，并选择 DATA 估算方法；

③ 选取 Properties | Data 目录，创建并输入与要估算的参数相对应的实验数据；

④ 选取 Setup | Specifications 目录，在 Global 页面中将运行类型改为 Property Estimation；

⑤ 运行程序，可以得到估算的参数，并将其写入参数输入页面。

(2) 利用分子结构和标准沸点估算参数

可以利用分子结构和标准沸点 TB 估算 Aspen Plus 物性数据库缺失化合物的物性参数，如果有实验数据，也可以同时采用回归估算，然后加权计算相应的物性参数，从而提高参数的

准确度。主要步骤包括：

① 选取 Components | Specifications 目录，在 Selection 页面中创建要估算的组分；

② 选取 Properties | Molecular Structure 目录，在新建组分的 Structure 页面中绘制/导入组分的分子结构，然后点击 Calculate Bonds 命令按钮；

③ 选取 Properties | Parameters | Pure Component 目录，创建与温度无关型参数，输入分子量和标准沸点；

④ 选取 Properties | Estimation | Input 目录，在 Setup 页面中选择 Estimate all missing parameters；

⑤ 选取 Setup | Specifications 目录，在 Global 页面中将运行类型改为 Property Estimation；

⑥ 运行程序，可以得到估算的参数，并将其写入参数输入页面。

(3) NIST ThermoData Engine（TDE）参数估算

在 Tools 菜单中选取 NIST ThermoData Engine（TDE）命令可以运行美国国家标准与技术研究院的热力学数据引擎进行参数估算。NIST TDE 主要有以下功能：

① 选择数据库已有的组分或者分子结构已知，NIST TDE 将估算其他各类参数；

② 选择用户自定义组分或者分子结构未知，NIST TDE 将提示用户输入必要的信息进行其他参数估算；

③ 如果选择的组分存在相关的实验数据，NIST TDE 会显示这些实验数据，并根据实验数据重新回归参数；

④ 如果选择的混合物存在相关的实验数据，NIST TDE 会显示这些实验数据，用户可以选择并保存实验数据，并进行回归；

⑤ NIST TDE 生成的估算值不会自动替代已有的参数，保存后选定的参数会保存在特定目录下。

(4) Aspen 可以估算的参数及方法

以下是 Aspen Plus 可以估算的参数类型、具体方法和所需信息（表 8-1～表 8-3）。

① 与温度无关的参数。

表 8-1 Aspen Plus 可以估算的与温度无关的参数

描述	参数	方法	估算方法所需信息
分子量	MW	FORMULA	分子结构
标准沸点	TB	JOBACK	分子结构
		OGATA-TSUCHIDA	分子结构
		GANI	分子结构
		MANI	TC，PC，蒸气压数据
临界温度	TC	JOBACK	分子结构，TB
		LYDERSEN	分子结构，TB
		FEDORS	分子结构
		AMBROSE	分子结构，TB
		SIMPLE	MW，TB
		GANI	分子结构
		MANI	蒸气压数据
临界压力	PC	JOBACK	分子结构
		LYDERSEN	分子结构，MW
		AMBROSE	分子结构，MW
		GANI	分子结构

描述	参数	方法	估算方法所需信息
临界体积	VC	JOBACK	分子结构
		LYDERSEN	分子结构
		AMBROSE	分子结构
		RIEDEL	TB, TC, PC
		FEDORS	分子结构
		GANI	分子结构
临界压缩因子	ZC	DEFINITION	TC, PC, VC
标准生成热	DHFORM	BENSON	分子结构
		JOBACK	分子结构
		BENSONR8	分子结构
		GANI	分子结构
标准生成自由能	DGFORM	JOBACK	分子结构
		BENSON	分子结构
		GANI	分子结构
偏心因子	OMEGA	DEFINITION	TC, PC, PL
		LEE-KESLER	TB, TC, PC
溶解度参数	DELTA	DEFINITION	TB, TC, PC, DHVL, VL
UNIQUAC 官能团体积参数	UNIQUAC R	BONDI	分子结构
UNIQUAC 官能团面积参数	UNIQUAC Q	BONDI	分子结构
Parachor	PARC	PARACHOR	分子结构
固体生成焓	DHSFRM	MOSTAFA	分子结构
固体生成自由能	DGSFRM	MOSTAFA	分子结构
Helgeson 模型无限稀释生成自由能	DGAQHG	AQU-DATA	DGAQFM
		THERMO	DGAQFM, S025C
		AQU-EST1	DGAQFM
		AQU-EST2	S025C
Helgeson 模型无限稀释生成焓	DHAQHG	AQU-DATA	DGAQFM
		THERMO	DGAQFM, S025C
		AQU-EST1	DGAQFM
		AQU-EST2	S025C
Helgeson 模型标准熵	S25HG	AQU-DATA	S025C
		THERMO	DGAQFM, DHAQFM
		AQU-EST1	DGAQFM
		AQU-EST2	DHAQFM
Helgeson OMEGA 比热容系数	OMEGHG	HELGESON	S25HG, CHARGE

② 与温度相关的参数。

表 8-2 Aspen Plus 可以估算的与温度相关的参数

描述	参数	方法	估算方法所需信息
理想气体比热容	CPIG	DATA	理想气体比热容数据
		BENSON	分子结构
		JOBACK	分子结构
		BENSONR8	分子结构
蒸气压	PL	DATA	蒸气压数据
		RIEDEL	TB, TC, PC
		LI-MA	分子结构, TB
		MANI	TC, PC, 蒸气压数据

续表

描述	参数	方法	估算方法所需信息
气化焓	DHVL	DATA	气化热数据
		DEFINITION	TC, PC, PL
		VETERE	MW, TB
		GANI	分子结构
		DUCROS	分子结构
		LI-MA	分子结构, TB
液体摩尔体积	VL	DATA	液体摩尔体积数据
		GUNN-YAMADA	TC, PC, OMEGA
		LEBAS	分子结构
液体黏度	MUL	DATA	液体黏度数据
		ORRICK-ERBAR	分子结构, MW, VL, TC, PC
		LETSOU-STIEL	MW, TC, PC, OMEGA
气体黏度	MUV	DATA	气体黏度数据
		REICHENBERG	分子结构, MW, TC, PC
液体热导率	KL	DATA	液体热导率数据
		SATO-RIEDEL	MW, TB, TC
气体导入系数	KV	DATA	气体热导率数据
表面张力	SIGMA	DATA	表面张力数据
		BROCK-BIRD	TB, TC, PC
		MCLEOD-SUGDEN	TB, TC, PC, VL, PARC
固体比热容	CPS	DATA	固体比热容数据
		MOSTAFA	分子结构
Helgeson C 比热容系数	CHGPAR	HG-AQU	OMEGHG, CPAQ0
		HG-CRIS	OMEGHG, S25HG, CHARGE, IONTYP
		HG-EST	OMEGHG, S25HG
液体比热容	CPL	DATA	液体比热容数据
		RUZICKA	分子结构

③ 交互作用参数。

表 8-3 Aspen Plus 可以估算的交互作用参数

描述	参数	方法	估算方法所需信息
Wilson 参数	WILSON/2 [WILSON/1]	DATA	无限稀释活动系数数据
		UNIFAC	分子结构
		UNIF-LL	分子结构
		UNIF-LBY	分子结构
		UNIF-DMD	分子结构
NRTL 参数	NRTL/2 [NRTL/1]	DATA	无限稀释活动系数数据
		UNIFAC	分子结构
		UNIF-LL	分子结构
		UNIF-LBY	分子结构
		UNIF-DMD	分子结构
UNIQUAC 参数	UNIQ/2 [UNIQ/1]	DATA	无限稀释活动系数数据
		UNIFAC	分子结构, GMUQR, GMUQQ
		UNIF-LL	分子结构, GMUQR, GMUQQ
		UNIF-LBY	分子结构, GMUQR, GMUQQ
		UNIF-DMD	分子结构, GMUQR, GMUQQ

续表

描述	参数	方法	估算方法所需信息
SRK，SRKKD 参数	SRKKIJ/1 [SRKKIJ/2]	DATA	数据
		UNIFAC	分子结构
		UNIF-LL	分子结构
		UNIF-LBY	分子结构
		UNIF-DMD	分子结构
		ASPEN	V_c，体系中只含轻气体和烃

8.3.2.3 物性方法集

Aspen Plus 的物性方法集是各类计算体系热力学性质和物理性质的方法的集合。每一类热力学性质和物理性质会有多种计算方法，不同计算方法的组合形成了丰富的物性方法集，适用于不同的物性体系和条件。例如 NRTL 物性方法集使用理想气体方程计算气体的性质，使用 NRTL 法计算液相活度系数，适用于压力不高的极性体系；NRTL-RK 物性方法集则使用 RK 方程计算气体的性质，适用于压力较高的极性体系。

(1) 选择物性方法集

选取 Properties | Specifications 页面，可以为流程模拟全局或分区选择物性方法集。用户在 Base Method 下拉菜单中选择所需的物性方法集，Process Type 下拉菜单相当于过滤器。当选择 GASPROC 工艺类型时，Base Method 下拉菜单中的可选项只显示系统推荐用于气体处理过程的物性方法集，方便用户进行选择。Petroleum calculation options 供用户设定用于炼油模拟游离水和油品中水的溶解度的计算方法。Electrolyte calculation options 供用户设定用于电解质模拟的化学反应集及是否显示溶液中的离子组分。

选中 Modify property method 选项，用户可以在基础方法集的基础上自定义物性方法集，如改变方法集中的状态方程模型、液体混合物焓值计算模型和液体混合物摩尔体积计算模型。大多数物性模型都支持选用多组参数，比如在低压体系中使用第一组参数进行计算，在高压体系中使用第二组参数计算，Data Set 用于设定默认的参数组。在此页面的 Data Set 增加数据组编号后，相应的状态方程或活度模型的交互作用参数会增加一组，用户可在新增参数组中输入参数。在 Properties | Property Methods 目录中，选择相应的计算方法集，可以对更多的物性计算方法进行修改。

点击 Property Method Selection Assistant 命令按钮，Aspen Plus 会指导用户根据组分类型和应用领域选择适用的物性方法集。

(2) 物性方法集的选择

物性方法集的选择是流程模拟中的重要工作，因为其对模拟数据的准确性有重大影响。选择正确的物性方法集要考虑以下四个因素：

① 需要关注的物性。

用户应根据需要关注的物性和结果选择物性方法集。对于精馏、汽提或蒸发等单元操作的模拟，选择物性模型的时候要重点考虑气液相平衡；对于溶剂萃取和萃取精馏等单元操作，还要考虑液液相平衡；而冶金和采矿等领域需要考虑固相平衡。

纯组分和混合物的焓也应予以重点考虑，因为焓及比热容对换热器、冷凝器、精馏塔和反应器的模拟很重要。另外，有些工艺计算要用到传递属性，如进行设备尺寸计算时需要密度、黏度、pH 值和热导率等物性。

② 混合物的组成。

由于混合物的组分间存在相互作用力，因此混合物的组成对热力学性质和传递性质都有很大影响。例如含极性组分的体系，由于分子之间的强烈作用，通常要采用基于活度系数法的物性方法集。

③ 压力和温度范围。

压力和温度的范围对选择相平衡计算的方法非常关键，当压力过高或温度超过组分的临界温度时，基于拉乌尔定律或活度系数的计算方法就会变得不准确。亨利定律可用于常压或接近常压下的难溶气体，但不宜用于液相溶质浓度超过 5% 的系统。通常状态方程法更适用于较宽的压力和温度范围的气液相平衡计算。

④ 参数的可用性。

如果没有足够的纯组分数据或交互作用参数，则无法准确计算纯组分或混合物的物性，因此要首先选择有可靠参数支持的物性方法集，否则只能采用基于估算参数的物性方法集。

为指导用户选择恰当的物性方法集，Aspen Plus 为不同过程推荐了物性方法集。

表 8-4　Aspen Plus 推荐的物性方法集

过程	体　系	推荐的物性方法集
石油和气体加工	储运系统	PR BM, RKS BM
	平台分离系统	PR BM, RKS BM
	油气管道运输系统	PR BM, RKS BM
炼油	低压：常压塔、减压塔（最多几个大气压）	BK10, CHAO SEA, GRAYSON
	中压：焦化主分馏塔、催化裂化主分馏塔（最多几十个大气压）	CHAO SEA, GRAYSON, PENG ROB, RK SOAVE
	富氢系统：重整装置、加氢精制	GRAYSON, PENG ROB, RK SOAVE
	润滑油装置、脱沥青装置	PENG ROB, RK SOAVE
气体加工	烃分离：脱甲烷塔、C3 分离塔	PR BM, RKS BM, PENG-ROB, RK-SOAVE
	低温气体处理：空气分离	PR BM, RKS BM, PENG-ROB, RK-SOAVE
	用乙二醇进行气体脱水	PRWS, RKSWS, PRMHV2, RKSMHV2, PSRK, SR POLAR
	用甲醇或 NMP 进行酸性气体吸收	PRWS, RKSWS, PRMHV2, RKSMHV2, PSRK, SR POLAR
	水、氨水、胺、胺+甲醇、碱、石灰或热碳酸盐进行酸性气体吸收	ELECNRTL
	克劳斯脱硫	PRWS, RKSWS, PRMHV2, RKSMHV2, PSRK, SR POLAR
石油化工	乙烯装置初馏塔	CHAO SEA, GRAYSON
	乙烯装置轻烃分离塔、急冷塔	PENG ROB, RK SOAVE
	芳烃抽提：BTX 抽提	WILSON, NRTL, UNIQUAC 及它们的衍生方法
	取代烃：VCM、丙烯腈装置	PENG ROB, RK SOAVE
	醚生产：MTBE、ETBE、TAME	WILSON, NRTL, UNIQUAC 及它们的衍生方法
	乙苯、苯乙烯装置	PENG ROB, RK SOAVE 或者 WILSON, NRTL, UNIQUAC 及它们的衍生方法
	对苯二甲酸	WILSON, NRTL, UNIQUAC 及它们的衍生方法（在醋酸部分用能模拟二聚反应的方法）

续表

过程	体 系	推荐的物性方法集
化学	共沸分离:醇分离	WILSON, NRTL, UNIQUAC 及它们的衍生方法
	羧酸:醋酸装置	WILS HOC, NRTL HOC, UNIQ HOC
	苯酚装置	WILSON, NRTL, UNIQUAC 及它们的衍生方法
	液体反应:酯化反应	WILSON, NRTL, UNIQUAC 及它们的衍生方法
	合成氨装置	PENG ROB, RK SOAVE
	含氟化合物	WILS HF
	无机化学:碱、酸	ELECNRTL
	氢氟酸	ENRTL HF
煤加工	减小颗粒大小:粉碎、研磨	SOLIDS
	分离和清洁:过滤、旋风分离、筛分、洗涤	SOLIDS
	燃烧	PR BM, RKS BM(带燃烧数据库)
	液体反应:酯化反应	WILSON, NRTL, UNIQUAC 及它们的衍生方法
	煤气化	PR BM, RKS BM
	煤液化	PR BM, RKS BM, BWR LS
发电	燃烧:煤、石油	PR BM, RKS BM(带燃烧数据库)
	蒸汽循环:压缩、透平	STEAMNBS, STEAM TA
合成燃料	合成气	PR BM, RKS BM
环境	溶剂回收	WILSON, NRTL, UNIQUAC 及它们的衍生方法
	(取代)烃汽提	WILSON, NRTL, UNIQUAC 及它们的衍生方法
	酸:汽提、中和	ELECNRTL
矿物和冶金物的加工	机械加工:压碎、碾碎、筛分、洗涤	SOLIDS
	湿法冶金:矿物沥取	ELECNRTL
	热冶金:熔炉、转炉	SOLIDS

表 8-4 列出了适用于不同过程的物性方法集的大类,用户可参照图 8-1～图 8-3 选择更具体的物性方法集。

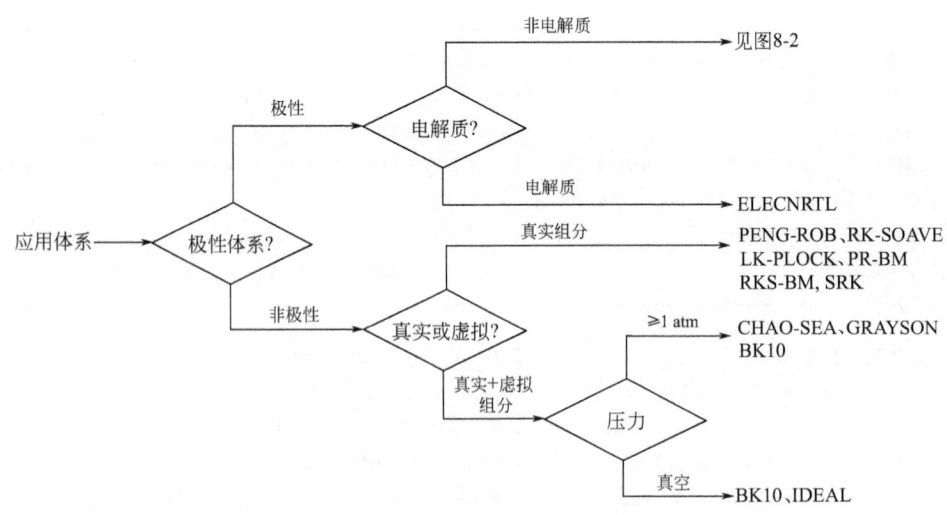

图 8-1 物性方法集选择

(3) 物性计算路线

热力学计算在流程模拟计算中占据着重要的地位,主要是计算量大,而且也是传递性质等其他物性计算的基础,因此物性计算集通常以其中主要的热力学模型命名,同时包含许多推荐

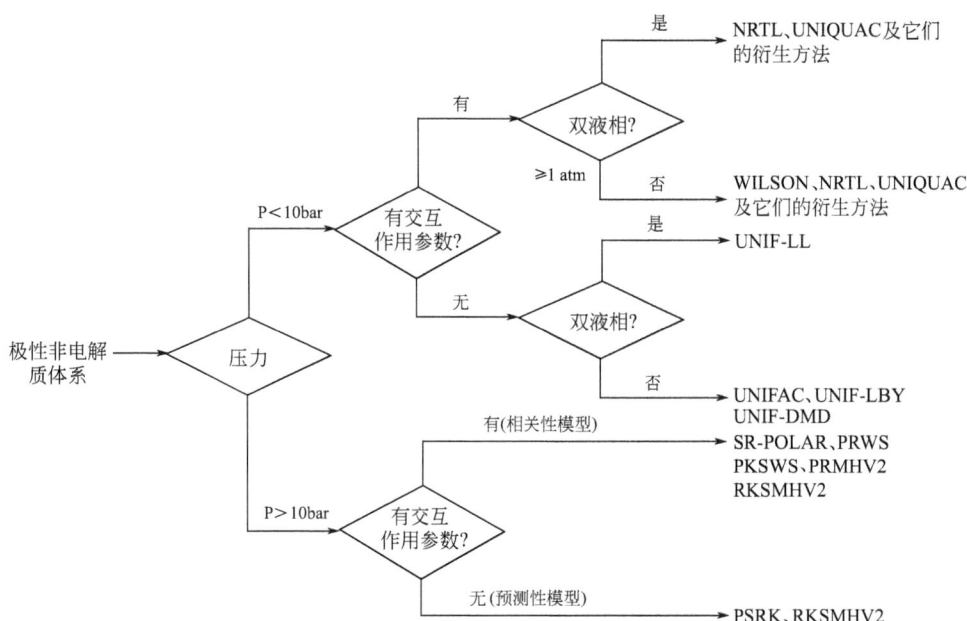

图 8-2 极性非电解质体系物性方法集选择

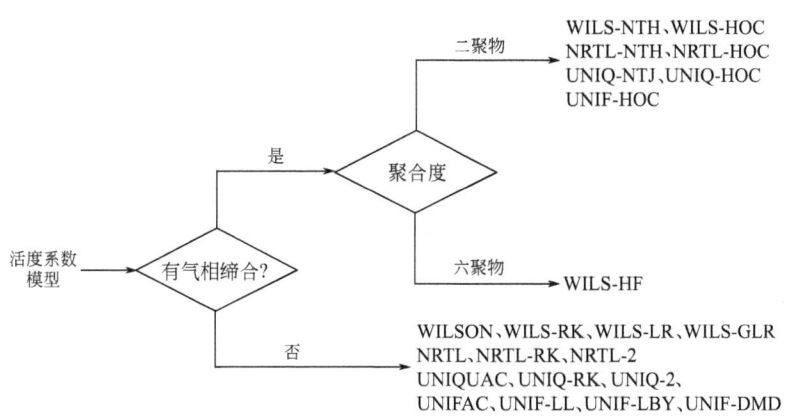

图 8-3 活度系数模型选择

用于相应体系的其他物性计算方法。用户为了定制物性方法集或者物性具体的计算方法，必须要了解物性计算路线。

在此以液体混合物焓值计算为例，介绍物性计算路线。

① 液体混合物焓值的计算方法。

在 Aspen Plus，液体混合物焓值（HLMX）有 4 种方法。

方法 1　HLMX 直接由经验模型计算得出，HLMX 是温度 T、压力 p、液体组成和另一些参数的函数。

$$HLMX = f^l(T, p, x_i, parameters) \tag{8-1}$$

式中，x_i 为液相中组分 i 的摩尔分率；parameters 为经验模型中的参数。

方法 2　HLMX 由理想液体混合物焓值和超额焓计算得出。

$$HLMX = \sum x_i HL_i + HLXS \tag{8-2}$$

式中，x_i 为液相中组分 i 的摩尔分率；HL_i 为纯组分 i 的焓值；$HLMX$ 为超额焓。

方法 3　$HLMX$ 由理想气体混合物焓值和液体混合物偏离焓计算得出。

$$HLMX = HIGMX + DHLMX \tag{8-3}$$

式中，$HIGMX$ 为理想气体混合物焓值；$DHLMX$ 为研究态体系相对于相同温度下、处于理想状态的参考态的偏离值。

方法 4　$HLMX$ 直接由电解质模型计算得出。

$$HLMX = f(x^\mathrm{T}) \tag{8-4}$$

式中，x^T 为液相中各离子的摩尔分率。

② 方法 3 计算液体混合物焓值的原理。

由于焓是热力学状态函数，所以可以采用以下热力学路径计算纯物质或混合物的焓值。

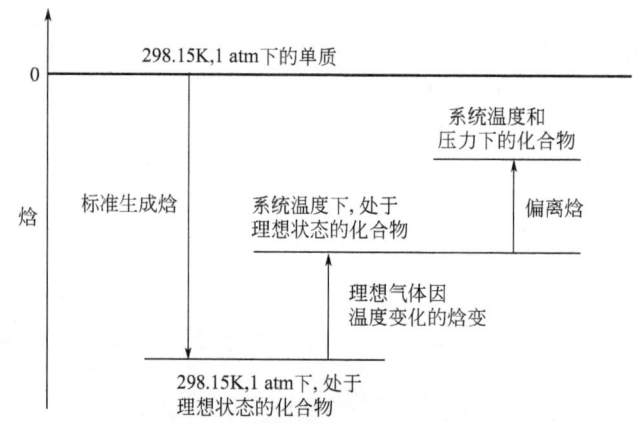

图 8-4　用于液体焓值计算的热力学路径

假定在 298.15 K、1 atm 时，稳定单质的焓值为 0，那么在温度为 T、压力为 p 条件下的气体、液体或固体的焓值由以下三部分组成：标准生成焓、理想气体因温度变化的焓变和偏离焓（图 8-4）。

a. 标准生成焓　在 298.15 K、1 atm 时，处于参考态的稳定单质生成温度为 298.15 K、处于理想气体状态的化合物而产生的焓变，在 Aspen Plus 中用 $DHFORM$ 表示；

b. 理想气体因温度变化的焓变　理想气体状态的化合物从 298.15 K 变化到体系温度 T 而引起的焓变，用化合物比热容对温度的积分求得，即 $\int C_P^{IG} \mathrm{d}T$。

c. 偏离焓　温度为 T 的理想气体状态的化合物从 1 atm 变化到体系压力和状态而引起的焓变，又称偏离焓，在 Aspen Plus 中用 DHV、DHL 和 DHS 分别表示纯物质气体、液体和固体的偏离焓。

以上计算焓值的方法也适用于混合物，液体混合物焓值的计算公式可表示为

$$HLMX = \sum x_i (DHFORM_i + \int C_{P,i}^{IG} \mathrm{d}T) + DHLMX \tag{8-5}$$

$$HIGMX = \sum x_i (DHFORM_i + \int C_{P,i}^{IG} \mathrm{d}T) = \sum x_i H_i^{*,IG} \tag{8-6}$$

式中，x_i 为液相中组分 i 的摩尔分率；$H_i^{*,IG}$ 为组分 i 在温度 T 时，理想状态下的焓值；$\int C_{P,i}^{IG} \mathrm{d}T$ 为组分 i 的理想气体因温度变化的焓变；$HIGMX$ 为气体混合物在温度 T 时，理想状态下的焓值；$DHFORM_i$ 为组分 i 的标准生成焓；$DHLMX$ 为混合物的偏离焓。

③ 计算液体混合物偏离焓的原理。

在 Aspen Plus 中混合物的偏离焓的计算方法有 6 种，有的是经验模型，有的适用于既有

超临界组分又有非超临界组分的体系，有的适用于聚合物，有的适用于电解质体系。现对方法 2 进行简单介绍。

根据热力学定义，实际液体混合物焓值等于理想液体混合物焓值加超额焓，即
$$H = H^{id} + H^{E} \tag{8-7}$$
式中，H 为真实液态混合物焓值；H^{id} 为理想液体混合物焓值；H^{E} 为超额焓。

理想溶液的混合焓为 0，所以
$$H^{id} = \sum x_i H_i^{*,l} = \sum x_i \left[H_i^{*,IG} + (H_i^{*,l} - H_i^{*,IG}) \right] = \sum x_i H_i^{*,IG} + \sum x_i (H_i^{*,l} - H_i^{*,IG}) \tag{8-8}$$

式中，x_i 为液相中组分 i 的摩尔分率；H^{id} 为理想液体混合物焓值；$H_i^{*,l}$ 为液体纯组分 i 在温度 T，压力 p 时的焓值；$H_i^{*,IG}$ 为组分 i 在温度 T 时，理想状态下的焓值。

上式中 $(H_i^{*,l} - H_i^{*,IG})$ 是纯组分液态与理想态的偏离焓，表示为 DHL。将 H 表示为 $HLMX$，H^E 表示为 $HLXS$，合并以上各式得
$$HLMX = HIGMX + \sum x_i DHL + HLXS \tag{8-9}$$

对比式 (8-9) 与式 (8-3) 可得
$$DHLMX = \sum x_i DHL + HLXS \tag{8-10}$$

上式就是计算液体混合物偏离焓 $DHLMX$ 的方法 2 的原理，即通过纯组分的偏离焓 DHL 和液体混合物超额焓 $HLXS$ 计算混合物的偏离焓。

④ 液体混合物焓值计算路线。

液体混合物焓值的计算方法 3 用理想气体混合物的焓值和混合物偏离焓计算；液体混合物偏离焓也有多种计算方法，其中方法 2 用纯组分的偏离焓和液体混合物超额焓计算；热力学性质和也有多种计算方法。显然液体混合物焓值可以通过不同的路线求得。

由于方法的多样性，热力学性质通常会有多条计算路线，在 Aspen Plus 中用不同的 Route ID 区分。选取 Properties | Property Methods 目录下任一物性方法集，在物性 HLMX 对应的 Route ID 中选取 HLMX08，点击命令按钮 View，可以看到物性计算路线 HLMX08 用于计算液体混合物焓值的具体路线（图 8-5）。

物性计算路线将物性计算所涉及的方法和模型有机地组织了起来，提高了系统的灵活性，用户也可以自定义物性计算路线，具体操作步骤及 Aspen Plus 所提供的模型和方法可参见 Aspen Plus 有关手册。

8.3.2.4 石油馏分物性估算

石油馏分气液相平衡和石油精馏的计算都是采用虚拟组分的处理方法，即将石油馏分切割成有限数目的窄馏分，每一个窄馏分都视为一个纯组分，称为"虚拟组分"；选择适合各石油馏分的系列关联式计算虚拟组分的物理性质（平均沸点、特性因数、相对密度等），从而将复杂的石油体系转化为一个由多个虚拟组分构成的混合物体系。

Aspen Plus 中的化验数据分析（Assay Data Analysis，ADA）和虚拟组分系统（Pseudocomponent System，PCS），可利用已有的油品性质数据将油品及其馏分进行虚拟组分处理，并按指定的物性方法进行热力学性质参数估算。Aspen Plus 对于石油油品的模拟计算方法有两种：通过油品蒸馏曲线生成油品虚拟组分和用户逐一定义虚拟组分。

(1) 通过油品蒸馏曲线生成油品虚拟组分

对于要分析的油品，Aspen Plus 需要至少四个点组成的蒸馏曲线（Dist Curve）和密度或者 API 重度数据。用户可以输入更多的物性数据，如轻端分析数据、重度曲线、分子量曲线

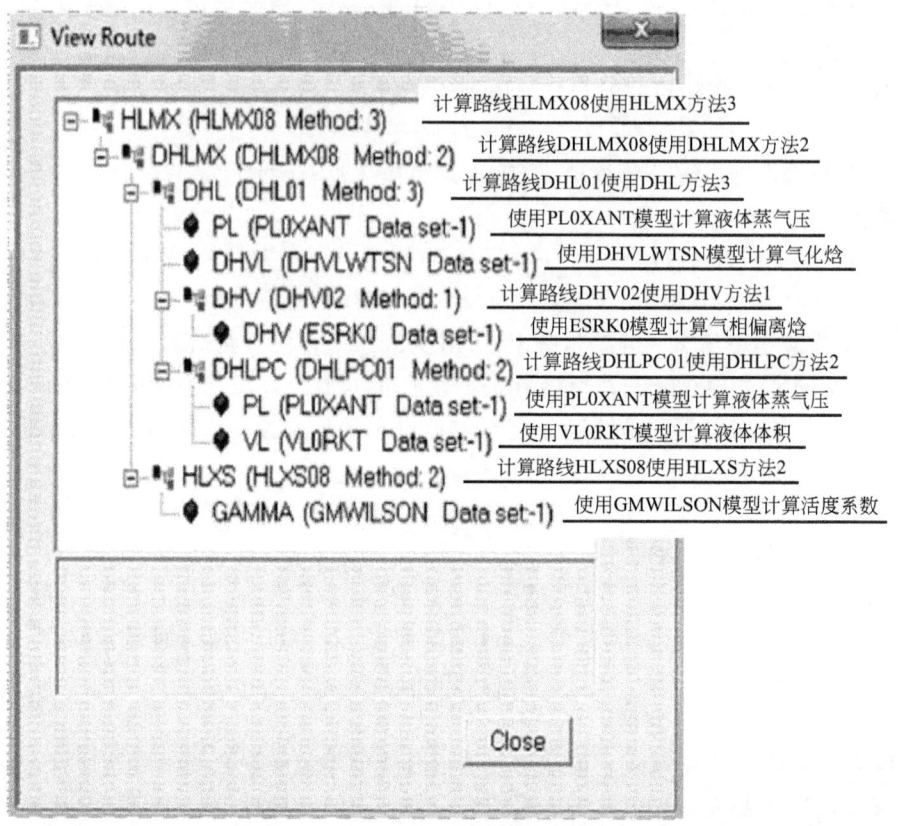

图 8-5 液体混合物焓值的计算路线

或硫含量曲线、辛烷值曲线等附加性质曲线，以便系统利用这些数据更准确地计算油品的性质。

Aspen Plus 系统确定虚拟组成的步骤如下：
① 将蒸馏数据转换为 760mmHg 下 TBP 数据并进行拟合；
② 把蒸馏曲线切割为一定数量的馏分；
③ 计算每一馏分的平均摩尔、质量、标准体积分数；
④ 处理轻端组分；
⑤ 计算虚拟组分的性质。

（2）石油馏分的混合

当流程中含有多股性质不同的油品进料时，有两种处理方法：ⅰ．以混合进料的数据为基础生成单一虚拟组分集，每一项物性均由各股油品同一馏分的物性加权平均得到；ⅱ．对每一股油品建立一个虚拟组分集，各股油品进行单独处理。第二种处理方法存在多组虚拟组分集，馏分数量比第一种多，导致计算量增大。

（3）石油馏分的应用过程

在 Aspen Plus 中创建和应用石油馏分主要包括以下步骤：
① 选取 Setup | Specifications | Global 页面，将运行类型改为 Assay Data Analysis；
② 选取 Components | Specifications | Selection 页面，输入体系中的轻端组分，并创建石油组分 OIL-1，其类型为 Assay；
③ 选取 Components | Assay/Blend | OIL-1 | Basic Data | Dist Curve 页面，输入平均密

度或 API 重度；选择蒸馏曲线类型，输入蒸馏曲线；

④ 选取 Components│Assay/Blend│OIL-1│Basic Data│Light Ends 页面，输入轻端组分组成；

⑤ 选取 Components│Assay/Blend│OIL-1│Basic Data│Gravity/UOPK 页面，输入密度或 API 重度曲线，如果其他物性曲线，可以在 Property Curves 页面中输入；

⑥ 同理创建石油组分 OIL-2；

⑦ 选取 Components│Specifications│Selection 页面，创建石油混合物组分 MIXOIL，其类型为 BLEND；

⑧ 选取 Components│Assay/Blend│MIXOIL│Mixture│Specifications 页面，选择要混合的原油组分，并设定比例；

⑨ 点击▼命令按钮，运行流程模拟。选取相应 Results 页面，查看生成的虚拟组分。

8.3.3 参数回归

Aspen Plus 中的 Data Regression 功能是利用实验数据对热力学模型中的各类参数进行估算的，如纯物质液体蒸气压计算公式的系数、状态方程法所用参数的计算公式中的系数、二元混合物的交互作用参数、电解质热力学模型中的系数等。Aspen Plus 中的 Data Regression 功能非常强大，用户可以用更接近于实际应用的实验数据回归模型计算中所需的参数，扩展了流程模拟的应用范围。Aspen Plus 中的 Data Regression 功能有以下特点。

① 能使用各类实验数据进行参数回归，如气液相平衡数据、液液相平衡数据、比热容等物性实验数据。

② 能同时使用多组实验数据对参数进行回归，并为不同实验数据组设定权重。

③ 能对气液相平衡数据进行一致性校验，验证数据的质量。

④ 能够对热力学模型中的绝大部分参数进行回归，可以只回归一个参数，也可以同时回归多个参数。

⑤ 计算结束后，系统会用回归得到的参数更新当期流程模拟的设定参数。

数据回归的步骤如下。

① 新建流程模拟文件，在新建对话框中选择运行类型为 Data Regression 或选择已有的流程模拟文件，将运行类型改为 Data Regression；

② 选择组分、物性方法和交互作用参数；

③ 选取 Properties│Data 目录，创建实验数据组，输入实验数据。实验数据可以是纯组分实验数据，如比热容、各类焓、热导率、黏度、液体蒸气压、密度等数据；也可以是混合物实验数据，如气液相平衡数据、液液相平衡数据、气液液相平衡数据、混合物比热容、各类焓、混合物热导率、混合物黏度、混合物密度、混合物摩尔体积、过剩热力学函数、pH 值等。也可以运行 NIST ThermoData Engine，选择系统提供的实验数据，并将其下载到实验数据组；

④ 选取 Properties│Regression 目录，创建数据回归任务，在 Setup 页面中选择物性方法并选择实验数据集；在 Parameters 页面中选择要回归的参数，相关的组分。可以回归关联式中的一个或多个参数，但是要回归的参数必须和实验数据的类型相匹配；

⑤ 运行 Data Regression，查看结果中的残差，如残差过大可以调整要回归的参数或者同时回归的参数个数；

⑥ 用回归后的参数更新当前流程模拟的设定参数。将流程模拟的运行模式从 Data Regression 切换到原模式，可以在原流程模拟中使用回归的参数。

8.3.4 单元操作模块

(1) 混合器、分流器、子物流分流器

混合器用于将多股进料绝热混合为一股出料。流股可以为物料、能量或者功，但是不同类型的流股不能混合。出料进行闪蒸计算，以确定平衡组成。水作为特殊组分可按以下方式处理：ⅰ. 保留在混合物中；ⅱ 作为不溶解的倾析水，或者；ⅲ. 按气液液相平衡计算。

分流器将进料分为组成和状态相同的多股出料。子物流分流器有多股进料和多股出料，分离规定为子物流的组分的回收率或者出料的流量。

(2) 闪蒸器

闪蒸器是流程模拟中的一个重要设备，通常包括以下类型。

① 气液两相闪蒸，水可按倾析水处理。

② 气液液三相闪蒸。

闪蒸罐可以模拟多种简单的相平衡设备，如蒸发器、倾析器。另外闪蒸器也常用于热力学模型计算的检查。

(3) 换热器

流程模拟软件中的换热器通常有三种类型。

① 物流能量变化　简单的换热器可用于模拟只有物流的温度、压力发生变化的操作，如加热器、冷却器、阀、泵、压缩机等，但不能进行换热器的尺寸计算。

② 管壳式换热器　该模块可模拟冷热流体并流或逆流换热的管壳式换热器。简单的换热负荷和面积的计算，需要给定总传热系数；对校核计算，必须给定换热器结构信息。

③ 多股流换热器　多股流换热器又称为 LNG 换热器，是用于模拟具有多股热物流和多股冷物流的换热器。典型的多股流换热器是乙烯裂解装置中的冷箱。

(4) 简捷精馏塔

简捷精馏塔用于精馏塔的初步设计以确定满足指定分离要求所需的级数。简捷精馏塔的计算基于经典的 Fenske-Gilliland-Underwood 法，并经过改进可用于全凝或部分冷凝的精馏塔。由于简捷精馏塔容易收敛，建议在流程模拟的初期使用该模型。

(5) 严格精馏塔

严格精馏塔可能是流程模拟中最复杂的模块。严格精馏塔可分为两类：基于平衡级的模型和基于速率的模型。

平衡级模型的应用最为普遍，它由四组方程构成，即各级的质量平衡方程、相平衡方程、组成归一化方程和焓平衡方程，也称为 MESH 方程（Mass、Equilibrium、Summation、Enthalpy）。真实的塔板不可能达到平衡状态，因此引入了板效率概念以表征真实塔板与理想塔板的差异，但是这种方法的偏差较大。

基于速率的模型或非平衡级模型克服了板效率方法的不足，但是该方法需要许多参数，而且很依赖塔内件的型式，因此不太适用于设计初期塔板或填料型式未知的情况。在装置操作过程中，或者最终方案确定后，可使用基于速率的模型。

① 通用分离塔　该模型可以模拟所有类型的多级气液分离过程，如精馏、吸收、汽提、萃取等。Aspen Plus 中的 RadFrac 模型就是功能强大的通用分离塔模型，它有以下特点。

a. 能处理各种类型的混合物，理想体系、非理想体系、共沸体系。

b. 有多种算法，适用于各种场合：

ⅰ．窄沸程和宽沸程的理想及轻度非理想体系；ⅱ．高度非理想性体系，如萃取精馏、共沸精馏；ⅲ．三相精馏；ⅳ．电解质精馏。

c. 能模拟反应精馏，反应类型可以是化学平衡模型，也可以是动力学模型。

d. 支持多种类型塔板、填料的水力学计算，如筛板、浮阀、散堆填料和规整填料。

② 多塔精馏　多塔模型用于模拟多个多级精馏装置相互连接的系统，如热集成精馏塔、空气分离系统、吸收塔/汽提塔的组合、带溶剂回收的萃取精馏塔、分馏塔/急冷塔组合。相对于用多个精馏塔搭建的系统，采用多塔精馏可以简化流程、更易收敛。

③ 分馏塔　分馏塔用于模拟由一个主塔和任意数目的中段回流和侧线汽提塔组成的系统，如预分离塔、常压塔、催化裂化主分馏塔等。

④ 间歇精馏　有些流程模拟软件带有间歇精馏模型，它可以独立运行，也可以与连续过程相结合。间歇精馏模型是在变化的回流、变化的塔压、程序控制出料和加热等复杂条件下，求解 MESH 方程。通过间歇精馏模型可以研究耗时最短的间歇精馏策略。

(6) 萃取

液液萃取模块模拟多级逆流萃取设备。它可以模拟多股进料、侧线出料、带加热器/冷凝器的萃取塔。由于萃取过程非理想性强，对热力学数据要求较高，因此在热力学数据不准确的情况下，可以在全流程中用黑箱模拟该设备，同时用独立的严格模型对该设备进行分析和设计。

(7) 反应器

反应器是物料发生转换的场所，对整个流程模拟的物料平衡有较大影响，因此模拟的结果必须要准确。

① 化学计量反应器和收率反应器　这两种单元模块都适用于反应动力学未知或不重要的场合，化学计量反应器用于化学计量系数和反应程度已知的情况下，收率反应器则用于收率分布已知的反应器。化学计量反应器基于化学反应方程，因此反应前后原子数是守恒的。收率反应器指定的是产物中各组分的分布，总质量守恒，但是原子数不一定守恒。

② 平衡反应器和 Gibbs 自由能最小反应器　这两种反应器都可以用于化学平衡和相平衡同时发生的反应器的模拟。平衡反应器可以模拟化学计量系数已知且部分或全部反应达到平衡的反应器。Gibbs 自由能最小反应器通过系统 Gibbs 自由能最小去计算平衡，不要求规定反应的化学计量系数。可以模拟均相化学平衡、带有相平衡的化学平衡。

③ 动力学模型　动力学模型需要设备结构信息，从而将反应器的设计与其处理能力相关联。动力学模型的反应速率的计算可采用指数函数、用于催化过程的 Langmuir-Hinshelwood-Hougen-Waston 关联式或者用户自定义的关联式。有两种理想反应器模型：柱塞流反应器 (PFR, Plug Flow Reactor) 和连续搅拌釜反应器 (CSTR, Continuous Stirred Tank Reactor)。

④ 间歇反应器　间歇反应器模拟已知反应动力学的间歇或半间歇反应器。反应器可以有多股连续进料和间歇进料，一股出料，放空是可选的。间歇反应器中的反应会持续进行，直至满足规定的停止判据。根据进料时间、反应时间、准备时间（卸料、排放、清理等时间）可以确定反应循环周期。为了便于和下游的连续单元模块相连，间歇反应器出料流量等于反应器中物料总量除以反应循环周期。

(8) 压力变送

压力变送模块计算流体压力改变时状态参数和热力学函数的变化及其与外界交换的功。

① 泵/水力透平　泵模块用于模拟处理液体的泵。如果已知输入功率或者求解所需功率，可以使用泵模块；如果只是压力改变，可以使用简单换热器、闪蒸罐等单元模块。另外泵单元模块也可以模拟水力透平。

② 压缩机/透平机　压缩机模块可以模拟多变过程压缩机、等熵过程压缩机、正位移压缩机、等熵透平机等。多级压缩机带有级间冷却器。多变压缩机用 GPSA 或 ASME 方法模拟，等熵压缩机可以用 GPSA 方法、ASME 方法或基于 Mollier 的方法模拟，透平机用基于 Mollier 的方法模拟。

③ 阀门　阀门模块用于模拟流体有显著绝热压降的过程。有的软件还可以计算控制阀的流通系数或者根据给定阀门的流通系数计算阀门出口压力。

(9) 压降模块

压降模块用于模拟管道水力学过程，如管道压降或管网压降。管道水力学过程可分为：单相流或多相流、可压缩流体或非可压缩流体、绝热过程或与外界有热交换的过程等。一般流程模拟软件都可进行上述类型的管道水力学计算，对于比较复杂的管网，如水和蒸汽管网、油气开采过程中的传输管道，专用水力学计算软件的结果更准确。

8.3.5　切割物流和收敛方法

8.3.5.1　切割物流

流程中的模块都是通过物流联系起来的，前一个模块求解得到的出口物流信息，可以作为后一模块所需的进口物流数据，使用这种求解整个流程模拟方法称为序贯模块法（Sequential modular approach）。最容易求解的流程是顺序流程，可以依次求解各个模块，方程组维数相对较小，而且不需要迭代。然而大多数工艺流程都有循环，高度集成的流程更是如此。

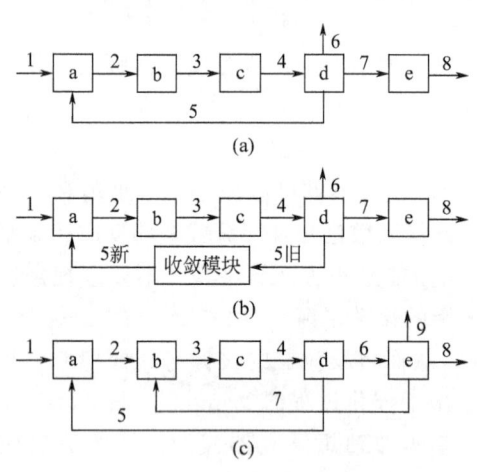

图 8-6　计算顺序和切割物流

图 8-6（a）显示了一个带有简单回路的流程。所有物流中，只有物流 1 是已知的。如果从模块 a 开始计算，需要对切割物流 5 进行初始化，然后可以顺序求解模块 b、c 和 d。完成 a—b—c—d 顺序后，得到一个物流 5 的新值，收敛模块会用这个新值更新物流 5 的数据，然后重新开始 a—b—c—d 顺序的计算。这个迭代过程将不断持续下去，直到物流 5 的两次计算值之间的差异小于允许值，此时该回路达到收敛。一个回路计算完毕后，会进行下一个模块的计算，即模块 e 的计算。

图 8-6（a）中计算过程可以描述为：回路 1 [收敛模块（切割物流 5—a—b—c—d）]—e。显然切割回路的选择不是唯一的，物流 2、3 或者 4 也可以作为切割物流，而且生成的也是简单模块序列。如果有些模块对进料物流的初值比较敏感，可以选择这类物流作为切割物流，人为设定初值。

图 8-6（c）显示了一个稍微复杂一些的流程。模块 e 多了一股返回模块 b 的物流，从而增加了一个新回路 b—c—d—e，该回路与前一个回路 a—b—c—d 是嵌套在一起的。如果用物流 7 作为新的切割物流，那么可以用单一的计算顺序计算流程模拟：回路 1 [收敛模块（切割物流 5，7）—a—b—c—d—e]。其他切割物流的组合，如 (2, 6) 或 (2, 7) 也是可行的，但

是以上切割物流的选择需要同时收敛两股物流。

如果选择物流 3 或 4，流程中的两个回路会被同时消除，从而形成一个单一的计算顺序：回路 1 [收敛模块（切割物流 4）—d—e—a—b—c]，这是因为物流 3 或 4 是两个回路的公共物流。

上述分析表明，通过切割物流的方式，可以把带回路的结构转变为顺序计算过程，切割物流则变为收敛模块的输入和输出。流程中存在最小切割物流数，然而切割物流的选择和计算顺序却不是唯一的。

目前的流程模拟软件都能自动设定计算顺序，但是该顺序不一定是最优的，必要时用户应查看自动生成的计算顺序，并进行人为调整。

8.3.5.2 收敛方法

在数学上，收敛计算可表示为迭代变量差值的最小化。

$$R(X) = X - X^* \tag{8-11}$$

其中，X 为每次迭代的初值，X^* 是经过顺序计算后得到的新值。显然 X^* 是与 X 有关的，可表示为

$$X^* = F(X) \tag{8-12}$$

收敛模块是流程的虚拟模块，主要功能是判断迭代变量差值是否小于允许值，如果小于，则迭代过程结束，否则根据收敛算法产生新的迭代初值。迭代初值的产生有以下方法（图 8-7）。

(1) 直接迭代法（Direct Substitution）

新的迭代初值直接采用上次计算的结果，即

$$X^{k+1} = F(X^k) \tag{8-13}$$

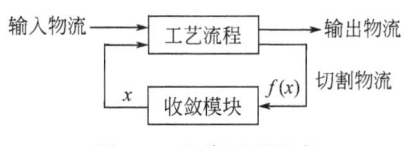

图 8-7 迭代过程示意

直接迭代法收敛比较稳定，但收敛速度很慢，为了加速收敛，可采用加权的迭代公式，新的迭代初值是上次迭代初值和上次计算结果的加权值，即

$$X^{k+1} = qX^k + (1-q)F(X^k) \tag{8-14}$$

q 称为阻尼因子，可以调节收敛特性。$q=0$，式 (8-14) 变为直接迭代法；$0<q<1$，带阻尼的直接迭代，可以改善稳定性；$q<0$，外推迭代加速收敛，但稳定性下降；$q \geqslant 1$ 没有意义。

(2) 韦格斯坦法（Wegstein Method）

Wegstein 于 1958 年提出以下迭代公式。

$$X_j^{k+1} = q_j X_j^k + (1-q_j) F_j(X^k) \tag{8-15}$$

$$q_j = \frac{s_j}{s_j - 1} \tag{8-16}$$

$$s_j = \frac{f_j(X^k) - f_j(X^{k-1})}{X_j^k - X_j^{k-1}} \tag{8-17}$$

Wegstein 公式忽略了变量之间交互作用的情况，计算过程中会出现发散的现象。为此将 q_j 限制在一定范围内，通常为 $-5<q_j<0$，如超过该范围，则令 $q_j=0$。

(3) 牛顿-拉普森法（Newton-Raphson Method）

迭代收敛时，迭代变量初值与计算值的差值为 0，即

$$R(X) = 0 \tag{8-18}$$

在 X^k 点做 Taylor 展开为

$$R(X^k) + J(X^k)(X^{k+1} - X^k) = 0 \tag{8-19}$$

其中 $J(X^k)$ 为 $R(X)$ 在 X^k 点的一阶偏导数行列式，即 Jacobi 矩阵。由上式可得

Newton-Raphson 迭代公式。

$$X^{k+1} = X^k - [J(X^k)]^{-1} R(X^k) \qquad (8-20)$$

其中 $[J(X^k)]^{-1}$ 是 Jacobi 矩阵的逆矩阵。

Newton-Raphson 法收敛速度快，但是对初值要求较高，而且方程维数较高时，Jacobi 矩阵的计算和求逆的工作量很大。

(4) 割线法

割线法使用前两次的迭代值计算 Jacobi 矩阵的线性近似值。这种方法主要用于单变量问题的求解。

$$X^{k+1} = X^k - \frac{X^k - X^{k-1}}{R(X^k) - R(X^{k-1})} R(X^k) \qquad (8-21)$$

(5) 布洛伊顿法 (Broyden Method)

由于多维非线性方程组的 Jacobi 矩阵的计算和求逆的工作量很大，布洛伊顿法采用拟牛顿矩阵近似 Jacobi 矩阵的逆矩阵，并提出以下迭代公式。

$$X^{k+1} = X^k + t^k H^k R(X^k) \qquad (8-22)$$

式中，t 为阻尼因子；H 为拟牛顿矩阵。

开始计算时，$t=1$，H 为单位矩阵。之后 H 由下式更新。

$$H^{k+1} = H^k - \frac{(t^k P^k + H^k Y^k)(P^k)^T H^k}{(P^k)^T H^k Y^k} \qquad (8-23)$$

$$Y^k = R(X^{k-1}) - R(X^k) \qquad (8-24)$$

$$P^k = X^{k-1} - X^k \qquad (8-25)$$

8.3.6 流程选项

8.3.6.1 设计规定

设计规定 (Design Spec) 通过改变操纵变量，使目标函数与设定值足够接近。操纵变量可以是一个模块输入变量、物流输入变量或其他可改变的变量，目标函数是一个或多个流程模拟变量构成的有效 Fortran 数学表达式或 Fortran 程序中的变量。用户还需输入设定值和容差，系统不断改变操纵变量，直到目标函数与设定值差的绝对值小于容差。

设计规定会在操纵变量所在的模块和目标函数涉及的模块间新建一个收敛回路，该回路会与已有的回路相互作用，可能影响计算策略。用户应关注设计规定回路的收敛特性，确保操纵变量对指定变量的影响是灵敏、连续、单调的。

定义设计规定一般包括 5 个步骤：

① 创建设计规定；

② 创建设计规定中使用的流程模拟变量；

③ 输入目标函数表达式或者 Fortran 程序变量；

④ 选择操纵变量，并指定该操纵变量的上下限；

⑤ 如需要，编写 Fortran 程序。

8.3.6.2 计算器

计算器 (Calculator) 可以读入流程模拟变量，然后将用 Excel 或者 Fortran 程序计算的结果赋值给在运行时可改变的流程模拟变量，从而控制流程模的运行。在计算器中使用 Fortran 语句，还可以实现以下功能。

① 将信息写到控制面板上；

② 从文件中读取输入数据；
③ 把结果写到 Aspen Plus 报告文件或其他外部文件中；
④ 调用外部子程序；
⑤ 编写用户自己的模型。

定义计算器模块一般包括以下 4 个步骤。
① 创建计算器模块；
② 创建输入变量和输出变量；
③ 编写 Fortran 语句；
④ 指定计算器模块的执行顺序。

在计算器中使用 Fortran 语句时，应遵守以下规则。
① 通常用以字母 A～H 或 O～Z 开头的变量作为双精度实型变量，用以字母 I～N 开头的变量作为整型变量；
② 变量的名字不要以 IZ 或 ZZ 开头；
③ 不要使用 USE、INCLUDE 或者 CALCXL 等 Fortran 关键字或保留名作为变量名；
④ 程序中，在第一个位置输入字母 C、第二个位置输入空格，表示注释行；行标号使用第三、第四和第五个位置；第六个位置输入非空格字符，表示该行是上一行的延续；从第七个位置之后输入内容是执行语句行；
⑤ 变量类型声明语句只能在 Fortran Declarations 对话框中输入。

8.3.6.3 传递模块

传递模块（Transfer）主要用于物流或模块间信息的传递。传递模块可以将整个物流的信息、物流的组分流量和总流量信息、子物流信息或者物流/模块中个别参数复制到给另一物流或者模块的相应位置。传递单个参数时，属性名可以不同，但是单位必须相同。

定义传递模块主要包括以下 4 个步骤。
① 创建传递模块；
② 在 From 页面中指定要传递的信息；
③ 在 To 页面中指定要接受信息的流程模拟变量；
④ 指定传递模块的执行顺序。

传递模块一般用于物流的复制，另外也常用于模块间热负荷和功率等信息的传递，可以消除模拟计算中的回路，缩短收敛时间。

在图 8-8（a）中，热物流和冷物流在同一换热器中交叉形成回路。流程模拟时可以选择物流 2 或 3 作为切割物流，但是也可以通过热负荷信息的传递来消除回路。通常换热器的作用是使某一物流达到规定温度，假定在图 8-8（a）中，物流 2 的温度是换热器的设计规定，物流 4 的温度则取决于物流 1 到物流 2 的热量变化。可以将模块 HX 用一个加热器 HX1 和一个冷却器 HX2 替代，然后用热负荷信息将两个模块连接起来，计算时可以先计算 HX1，在得到热负荷信息后，再计算 HX2 的出口温度，从而消除了回路。

8.3.6.4 热量和物料平衡模块

平衡模块（Balance）主要用来计算由一个或多个单元操作模块所构成的系统的物料平衡和能量平衡，并自动更新系统的进料物流和出料物流。例如平衡模块可以替代计算器模块计算系统补充进料的流量，可以替代设计规定模块计算进料的流量和其他条件。

定义平衡模块主要包括以下 5 个步骤。

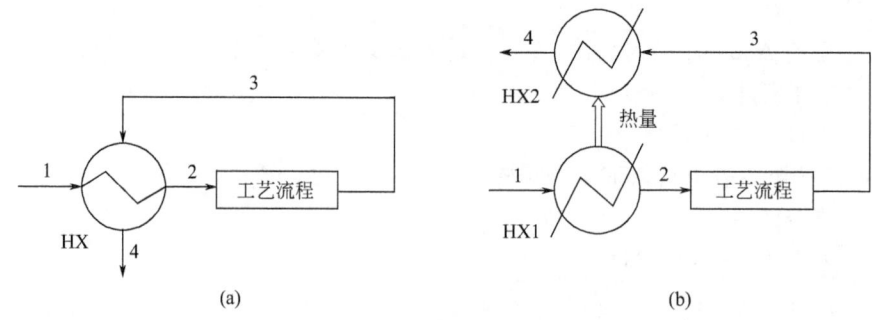

图 8-8 利用信息传递消除循环回路

① 创建平衡模块；
② 在 Mass Balance 或 Energy Balance 页面中定义要衡算的系统；
③ 如果要计算的变量超过方程数，用户需在 Equations 页面中添加方程；
④ 在 Calculate 页面中指定要计算的流程模拟变量；
⑤ 指定传递模块的执行顺序。

8.3.7 模型分析

8.3.7.1 灵敏度分析

灵敏度分析（Sensitivity）用于改变一个或多个流程模拟变量，并列表给出其他流程模拟变量或变量表达式值所受的影响。用户改变的流程变量称作操纵变量，它必须是流程的输入参数，在模拟中计算出的变量不能作为操纵变量，用户可以用灵敏度分析做简单的过程优化。

定义灵敏度分析模块主要包括以下 5 个步骤。

① 创建灵敏度分析；
② 创建需要研究的流程模拟变量；
③ 创建操纵变量；
④ 定义要进行列表的变量；
⑤ 输入可选的 Fortran 语句。

8.3.7.2 参数优化

优化模块（Optimization）及约束条件模块（Constraint）用于流程模拟参数的优化。在约束条件模块的限制下，优化模块调整操纵变量（进料条件、模块参数或其他输入变量）使目标函数值最大或最小。目标函数可以是一个或多个流程模拟变量的表达式，约束条件模块定义了优化问题的约束条件，约束条件可以是等式约束，也可以是不等式约束。

定义优化问题主要包括以下几个步骤。

① 创建优化问题的约束条件；
② 创建优化问题；
③ 创建目标函数中所用的流程模拟变量；
④ 定义目标函数，添加与优化问题有关的约束；
⑤定义操纵变量，并设定调整的范围；
⑥ 输入可选的 Fortran 语句。

优化模块既要最优化目标函数，又要满足各类约束条件，收敛比较困难。用户可以采用以下措施来提高收敛的成功率。

① 先使用灵敏度分析模块研究在特定范围内目标函数随操纵变量变化的趋势，确保目标

函数的曲线不是平的。确保目标函数和约束条件在该范围是连续的;

② 将约束条件尽可能线性化;

③ 修改优化收敛模块的参数,如步长、迭代次数等;

④ 如果偏差在计算初期减小,然后变得平缓,那么计算过程中的导数会对步长比较敏感。可从以下方面进行改进:

 a. 提高优化收敛模块内部模块或收敛回路的容差,内部的容差应该为优化模块的平方,如优化模块的容差为 10^{-3},那么内部容差应为 10^{-6};

 b. 检查操纵变量是否处于上下限;

 c. 取消 Results from Previous Convergence Pass 选项。

8.3.7.3 数据拟合

数据拟合(Data Fit)模块用于将 Aspen Plus 流程模拟与实际装置或实验数据进行拟合。参数回归的原理是通过优化热力学模型或物性关联式所用的参数,使其计算结果与实验值的残差平方和最小,而数据拟合则优化流程模拟中的各类参数,包括优化热力学模型或物性关联式所用的参数、温度和压力等操作参数、进料板位置等设备结构参数,通过调整上述参数,使流程模拟的输入/结果与装置测量数据或实验数据的残差平方和最小。

用于数据拟合的数据可以分为两类——点数据和分布数据。点数据包括稳态操作数据、实验数据、间歇反应器的初始进料和最终产品、柱塞流反应器的进料和出料;分布数据包括随时间变化的间歇反应器数据和沿长度变化的柱塞流反应器数据。

由于仪表精度和工作条件等因素,实际装置的测量值都有一定的误差,但是由于测量值与操作条件相关,因此无法通过简单的加和平均消除误差。Aspen Plus 数据拟合模块会在计算过程中调整输入参数,最终使输入参数的调整值与输入参数的测量值的残差平方和和输出参数的计算值与输出参数的测量值的残差的平方和最小,从而达到了测量数据校正的目的。

例如一个精馏系统,测量得到的系统输入为进料组成、进料温度和出料进料比,测量得到的系统输出为塔顶流量、塔顶温度、塔底流量和塔底温度,要拟合的参数是塔板效率。测量数据有多组,在拟合过程中,每组测量数据中的输入数据会被调整,流程的输出数据也会跟着变化,以寻找最优解,塔板效率则会在全局进行优化。拟合过程收敛后,会得到与各组测量数据对应的校正数据和最可能的塔板效率。

数据拟合的步骤如下。

① 新建流程模拟文件,创建要进行数据拟合的流程并使之收敛;

② 选取 Model Analysis Tools | Data Fit | Data Set 目录,创建数据组,输入实验数据或操作数据。在输入数据前,先在 Define 页面中创建对应的流程模拟变量,在 Data 页面中输入数据并指定数据类型;

③ 选取 Model Analysis Tools | Data Fit | Regression 页面,在 Specification 页面中选择数据组,在 Vary 页面中选择要拟合的一个或多个参数;

④ 运行流程模拟,在 Result 页面中可以查看运行结果。Manipulated Variables 页面中列出了拟合的参数,Fitted Data 页面中列出了测量数据和校正数据及相应的标准差。

8.3.7.4 压力泄放

压力泄放(Pressure Relief)模块模拟在火灾等紧急情况下容器的泄放过程或者进行安全阀的核算。压力泄放模块是一个独立的模块,它通过引用物流来获取所需物性。压力泄放模块采用 DIERS(Design Institute for Emergency Relief System)模型进行喷嘴计算,可以计算在给定条件下流体通过喷嘴的流量。

压力泄放模块能完成以下功能。

① 稳态模拟可以核算在给定泄放组成、压力、温度等条件下,泄压装置的额定排放量以

及进口管线和出口管线的压降。

② 动态模拟可以模拟设备在火灾或外部热量输入情况下的泄放过程。

③ 泄放的物料可以是气相、液相或者气液两相。

8.3.8 功能扩展

8.3.8.1 Fortran 用户接口

通过 Aspen Plus 提供的 Fortran 用户接口,用户可以添加自定义的单元操作模型、物性计算模型等模型,扩展 Aspen Plus 的功能。与其他用户扩展接口相比,Fortran 用户接口提供的功能比较全面,用它可以开发以下类型的用户自定义模型(表 8-5)。

表 8-5 用户自定义模型的类型

用户自定义模型类型	用途
单元操作模型	用户自定义的单元操作
动力学模型	柱塞流反应器、间歇式反应器、全混式反应器的用户自定义动力学模型 反应精馏的用户自定义动力学模型 压力泄放单元的用户自定义动力学模型
物性计算模型	用户自定义纯组分和混合物物性模型 用户自定义活度系数模型 用户自定义状态方程模型 用户自定义液液平衡常数
特殊物性模型	系统没有的特殊物性的计算
已有单元操作模型的用户定制	用户自定义反应器传热 用户自定义塔板水力学计算 用户自定义 LMTD 校正的计算 用户自定义压降计算 萃取塔中用户自定义液液平衡常数计算
报告的用户定制	用户自定义物流报告 用户自定义模块报告

Aspen Plus 的 Fortran 接口主要包含以下内容。

(1) 主子程序及参数

用户自定义模型是由 Fortran 子程序构成的,主子程序是 Aspen Plus 调用用户自定义模型的入口,主子程序还可以调用其他子程序。用户自定义单元操作模块的主子程序名一般可以由用户指定,但不得超过六个字符;而用户自定义物性计算模型是由相应的物性监控器直接调用的,必须使用规定的主子程序名。

主子程序通过参数与 Aspen Plus 交换数据,输入变量从 Aspen Plus 中接收数据,输出变量则返回计算结果,主子程序必须按规定调用参数。以下是用户自定义单元操作模块 User2 的主子程序名和参数:

SUBROUTINE subrname (NMATI, SIN, NINFI, SINFI, NMATO, SOUT,
　　　　　　　　　　NINFO, SINFO, IDSMI, IDSII, IDSMO, IDSIO,
　　　　　　　　　　NTOT, NSUBS, IDXSUB, ITYPE, NINT, INT,
　　　　　　　　　　NREAL, REAL, IDS, NPO, NBOPST, NIWORK,
　　　　　　　　　　IWORK, NWORK, WORK, NSIZE, SIZE, INTSIZ, LD)

其中各参数的说明如下(表 8-6)。

表 8-6 User2 用户自定义单元操作模块的参数说明

名称	类型	描述	名称	类型	描述
NMATI	I	进口物流数	SIN	I/O	进口物流数组
NINFI	I	进口信息流数	SINFI	I/O	进口信息流数组
NMATO	I	出口物流数	SOUT	O	出口物流数组
NINFO	I	出口信息流数	SINFO	O	出口信息流数组
IDSMI	I	进口物流编号	IDSII	I	进口信息流编号
IDSMO	I	出口物流编号	IDSIO	I	出口信息流编号
NTOT	I	物流长度	NSUBS	I	子物流数量
IDXSUB	I	子物流位置	ITYPE	I	子物流类型数组
NINT	I	用户输入的整型变量数	INT	I/O	整型变量数组
NREAL	I	用户输入的实型变量数	REAL	I/O	实型变量数组
IDS	I	模块编号	NPO	I	属性集数
NBOPST	I	属性集数组	NIWORK	I	整型工作向量长度
IWORK	W	整型工作向量	NWORK	I	实型工作向量长度
WORK	W	实型工作向量	NSIZE	I	结果向量长度
SIZE	O	实型的估算结果	INTSIZ	O	整型的估算结果
LD	I	物流类型描述存储区位置			

注：I 为输入变量、O 为输出变量、W 为工作向量。

(2) 公共区

除使用主子程序的参数外，Aspen Plus 和用户自定义模型还通过 Fortran 公共区交互数据，以下是 Fortran 公共区及其功能（表 8-7）。

表 8-7 Fortran 公共区

公共区名	描述
DMS_ERROUT	保存错误信息
DMS_FLSCOM	保存底层闪蒸程序的错误
DMS_NCOMP	保存与组分有关的信息
DMS_PLEX	模拟主存储区
PPUTL_PPGLOB	物性子程序所用的物性全局公共区，如参考压力等
DMS_RGLOB	保存实型全局规定，如温度上下限等
DMS_RPTGLB	报告生成器的全局变量
DMS_STWKWK	物流闪蒸工作区
SHS_STWORK	保存物流闪蒸工作区的索引和长度
PPEXEC_USER	保存运行时的控制符

注：除 DMS_PLEX 公共区外，用户自定义模型不得更改公共区的数据。

(3) 调用 Aspen Plus 子程序

在用户自定义模型中可以调用 Aspen Plus 已有的子程序或工具，实现特定的功能。主要的子程序和工具如下。

① 闪蒸工具 可调用 Aspen Plus 中的闪蒸子程序完成各类闪蒸操作，返回计算结果。

② 物性计算程序 使用 Aspen Plus 监视器程序完成各类热力学性质和传递性质计算。

③ 其他工具 调用 Aspen Plus 工具子程序完成物流向量压缩、提交错误、输出到控制面板、获取组分序号等信息。

(4) 程序示例

以下是将进料分为水相和不含水相的出料的 USER2 用户自定义模块，并保存为 usrus2.f。

C   USER2 子程序

```fortran
C     主子程序为 USRUS2
      SUBROUTINE USRUS2 (NMATI, SIN, NINFI, SINFI, NMATO,
     2                   SOUT, NINFO, SINFO, IDSMI, IDSII,
     3                   IDSMO, IDSIO, NTOT, NSUBS, IDXSUB,
     4                   ITYPE, NINT, INT, NREAL, REAL,
     5                   IDS, NPO, NBOPST, NIWORK, IWORK,
     6                   NWORK, WORK, NSIZE, SIZE, INTSIZ,
     7                   LD     )
C
      IMPLICIT NONE
C
C     声明变量
C
      INTEGER NMATI, NINFI, NMATO, NINFO, NTOT,
     +        NSUBS, NINT, NPO, NIWORK, NWORK,
     +        NSIZE
C     引用"ppexec_user.cmn"公共区
#include "ppexec_user.cmn"



      EQUIVALENCE (RMISS, USER_RUMISS)
      EQUIVALENCE (IMISS, USER_IUMISS)


C     引用"dms_ncomp.cmn"公共区
#include "dms_ncomp.cmn"
C
C     声明变量
      INTEGER IDSMI (2, NMATI),        IDSII (2, NINFI),
     +        IDSMO (2, NMATO),        IDSIO (2, NINFO),
     +        IDXSUB (NSUBS), ITYPE (NSUBS), INT (NINT),
     +        IDS (2, 3), NBOPST (6, NPO),
     +        IWORK (NIWORK), INTSIZ (NSIZE), NREAL, LD,    I
      INTEGER KH2O
      REAL*8 SIN (NTOT, NMATI),        SINFI (NINFI),
     +       SOUT (NTOT, NMATO),  SINFO (NINFO),
     +       WORK (NWORK),    SIZE (NSIZE)
      INTEGER IMIS, DMS_KFORMC
      REAL*8 REAL (NREAL), RMISS, WATER
C
C     编写执行代码
```

```
C      将进料 1 的数据复制到出料 1
       DO 100 I=1, NTOT
          SOUT(I, 1)=SIN(I, 1)
100    CONTINUE
C
C      初始化出料 2
C      NCOMP_NCC 是自"dms_ncomp.cmn"公共区获得的组分数
C      RMISS 表示实型整型缺失
       DO 200 I=1, NCOMP_NCC+1
          SOUT(I, 2)=0D0

200    CONTINUE
C
       DO 300 I=NCOMP_NCC+2, NCOMP_NCC+9
          SOUT(I, 2)=RMISS
300    CONTINUE
C
C      利用 Aspen Plus 工具子程序 DMS_KFORMC 确定组分'H2O'的位置
C
       KH2O=DMS_KFORMC('H2O')
       IF( KH2O.EQ. 0 ) GO TO 999
C
C      将组分'H2O'放在出料 2 中
C
       WATER=SIN(KH2O, 1)
       SOUT(KH2O, 1)=0D0
       SOUT(NCOMP_NCC+1, 1)=SIN(NCOMP_NCC+1, 1) — WATER
       SOUT(KH2O, 2)=WATER
       SOUT(NCOMP_NCC+1, 2)=WATER
C
999    RETURN
       END
```

(5) 用户自定义模型的使用

必须将源程序编译和连接,生成 dll 文件后,Aspen Plus 才能使用用户自定义模型。生成 dll 文件,并在 Aspen Plus 中使用的主要过程如下:

① 根据 Aspen Plus 版本,安装相应的 Fortran 程序编译器 Intel Fortran Compiler 和连接器 Visual C++,对系统进行配置,确保编译和连接功能正常;

② 开发用户子程序,程序的文件名由用户确定,但后缀名必须为 .f。对于主子程序,如果是物性或者 ADA/PCS 用户自定义模型必须使用规定名;

③ 运行 Aspen Plus Simulation Engine 程序,进入 Simulation Engine 窗口;

④ 使用 aspcomp usrus2.f 命令编译用户子程序，生成 usrus2.obj 文件；

⑤ 使用 asplink usrus2 命令生成动态连接库文件 usrus2.dll；

⑥ 创建动态连接选项文件（Dynamic Linking Options，DLOPT），在其中指定 usrus2.dll 的路径，并命名为 usrdll.dlopt；

⑦ 运行 Aspen Plus，选取 Run＞Settings 菜单命令，在 Linker 中输入 usrdll.dlopt 的完整路径；

⑧ 在 Aspen Plus 的流程图上，放置一个 User2 用户自定义模块，双击打开该模块，在 Subroutines 页面的 Model 中输入 USRUS2；

⑨ 连接进出口物流，运行程序。收敛后查看出口物料组成，确认用户自定义模型是否运行正常。

8.3.8.2 ACM 自定义模块

Aspen Custom Modeler 软件缩写为 ACM，是一种通用建模和求解系统，它和 Aspen Plus Dynamics、Aspen Adsorption、Aspen Chromatography 等软件都属于 Aspen Modeler 系列产品，这些软件采用积分-偏微分代数方程组描述模拟问题，通过方程求解器求解。

ACM 提供了液体活度、比热容、密度、热导率、闪蒸、蒸气压等多种热力学计算子程序和液体物性、气体物性、气液闪蒸、三相闪蒸等子模型，借助对象的建模语言，用户可以利用子程序和子模型方便创建自己的单元操作模型，进行研究。编译后，ACM 模型可以在 Aspen Plus 和 Aspen Hysys 等其他流程模拟软件中使用。ACM 本身可用于动态模拟、静态模拟、参数估算和优化。在此简单介绍使用 ACM 创建 ACM 自定义模块的步骤。

(1) 模型的描述

ACM 是一个通用建模系统，不同的模型差异会很大，但整体结构相似，都由以下基本部分组成。

① 变量声明。

变量声明语句定义了模型中使用的变量。

'将 FeedTemp 声明为实型变量

FeedTemp AS RealVariable；

'将 FeedTemp 声明为 Temperature 型变量，并指明其为固定类型（Fixed）

TFeed AS Temperature (Fixed)；

'将 FeedTemp 声明为 Temperature 型变量，并指定变量默认值和下限

TFeed AS Temperature (Value：373.0，Lower：273.0)；

'将 FeedTemp 声明为 Temperature 型变量，并指定变量默认值和输入/输出类型

TFeed AS OUTPUT Temperature (373.0)；

'将 FlowIn 声明为 Flow_mol 型数组变量

FlowIn ([1：NComps]) AS Flow_mol；

② 端口声明。

端口声明定义了通过物流输入或输出模块的变量和参数。在流程图上，不同模块的端口可以通过物流连接，在模型中可以用 CONNECT 和 LINK 关键字连接。

'首先定义物料端口类型（Material），其中包括液相摩尔流量 Flow、摩尔组成 x (ComponentList) 和温度

PORT Material

Flow AS Flow_Mol_Liq；

x (ComponentList) AS Molefraction；

    T as Temperature;
  END
'将 Input1 声明为输入物料端口，将 Output1 声明为输出物料端口
  Input1 AS INPUT Material;
  Output1 AS OUTPUT Material;
  ③ 编写模型中的方程。
  方程定义了模型中参数和变量之间的关系。
  '物料平衡方程：进料等于出料
  MaterialBalance: FlowIn = FlowOut;
  'FlowIn 和 FlowOut 是数组变量，数组可以整体赋值，也可以部分赋值
  FlowIn = FlowOut;
  FlowIn ([1: 3]) = FlowOut ([1: 3]);
  '归一化方程
  SIGMA (x (ComponentList)) = 1.0;
  (2) 创建 ACM 模型的主要步骤
  ACM 是一个完整的模拟和模型开发系统，功能非常丰富，在此只简单介绍创建一个用于 Aspen Plus 的 ACM 模型的步骤。
  ① 新建 ACM 文件；
  ② 在 Simulation＞Custom Modeling＞Models 目录中新建模型；
  ③ 编写模型，完成后选取 Build＞Compile 菜单命令编译该模型；
  ④ 在 Simulation＞Component Lists 目录中添加新的组分，根据模型的需要，可以只添加组分名，或者从 Aspen Properties 文件中获取组分名及物性；
  ⑤ 将编写的模型放置到流程图上；
  ⑥ 如果需要连接物流，在 Simulation＞Custom Modeling＞Stream Types 目录中选择 Connection，放置到流程图上并与相应的端口相连；
  ⑦ 双击物流或模型，指定固定变量及数值，确保模型的自由度为 0，运行 View＞Specification Status 菜单命令查看设计规定的状态是否正确；
  ⑧ 选择 Run＞Run 菜单命令运行模型，双击物流或模型查看输出结果；
  ⑨ 继续调试模型，直到输出结果正确；
  ⑩ 模型调试完毕后，在 Simulation＞Custom Modeling＞Models 目录中选择调试好的模型，点击鼠标右键，选择 Export to MSI…命令（要运行该命令，应先安装和配置好 Microsoft C++ 编译程序）；
  ⑪ 从资源管理器中运行生成的 msi 程序，按提示完成安装；
  ⑫ 运行 Aspen Plus 程序，选取 Library＞Reference 命令，打开 Library References 对话框，选择 ACM Models 后关闭对话框；
  ⑬ 在 Aspen Plus 模块工具栏上会出现 ACM Models 页面，可以从中选取用户 ACM 模块。

8.3.8.3 Excel 用户模块

使用 Fortran 用户接口和 Aspen Custom Modeler 自定义用户模块需要使用安装 Fortran 程序、Microsoft C++ 编译程序，还需要用户掌握 Fortran 编程语言和 Aspen Custom Modeler 软件，过程复杂。为此 Aspen Plus 向用户提供了 Excel 用户模块的接口，方便用户使用 Excel

开发简单的单元操作模块。在此以气体膜分离为例对 Excel 用户模块的使用方法做简单介绍。

① 运行 Aspen Plus，添加必要的组分、选择热力学方法。

② 选择模型库中的 User Models｜User2｜Filter 图例，放置到流程图中，命名为 MEM。

③ 连接一个进料物流，两个出料物流，将进料命名为 FEED，将第一个出料命名为 RETENTAT，第二个出料命名为 PERMEATE。

④ 打开 MEM 模块，在 Subroutines 页面的 Excel file name 输入框中输入 Excel 模块的文件名 MEMCALC. XLS。

⑤ 在 User Arrays 页面中输入整型变量个数、实型变量个数、字符变量个数和相应的数值；

⑥ 在 Stream Flash 页面中选择物流的闪蒸类型为 Temperature & pressure。

⑦ 打开 Aspen Plus 提供的 MEMCALC. XLS 文件，以此为基础创建用户的 Excel 模块。

⑧ MEMCALC. XLS 包含四个页面：Aspen_IntParms 用于接收在流程模拟运行时，来自 User Arrays 页面的整型变量；Aspen_RealParms 用于接收在流程模拟运行时，来自 User Arrays 页面的实型变量；Aspen_Input 用于接收在流程模拟运行时，来自进料的各组分摩尔流量、总流量和温度等其他 8 个数据；Aspen_Output 用于保存在流程模拟运行时，将向出料输出的数据，包括各组分摩尔流量、总流量和温度等其他 8 个数据。第二列对应第一股出料、第三列对应第二股出料，以此类推。

⑨ Excel 模块的计算有两种实现方式：对于简单的计算，可以通过 Aspen_Output 页面单元格的计算公式实现；对于复杂的计算，可以用 VBA 编写计算程序，最后将计算结果赋值给 Aspen_Output 页面中的相应单元格。Aspen Plus 提供的 Excel 模板已内置了 ahGetValue、ahNumParams 等多个 VBA 函数，方便用户编写 Excel 模块的计算方法。

⑩ 运行流程模拟，流程收敛后，可以在 Results 或者 Stream Results 页面中查看计算结果；也可以打开 Excel 文件，查看保存在 Excel 中的计算结果。

8.3.8.4 外部程序对 Aspen Plus 的访问

Aspen Plus 也支持 ActiveX Automation Server，因此用户可以 ActiveX 技术访问流程模拟程序。ActiveX 技术也称为 OLE Automation（Object Linking and Embedding Automation，对象链接和嵌入自动化），它是一种二进制的代码共享技术，软件提供者将软件的部分功能以对象及其方法和属性的形式提供给用户，用户可以使用 Visual Basic 和 Excel VBA 等支持 ActiveX 的编程工具在无需源代码的情况下调用这些功能，从而扩展了流程模拟程序的功能。

通过 Aspen Plus 的 ActiveX 接口，用户可以通过外部程序更改流程模拟的部分输入信息、运行程序并读取运行结果。

(1) 主要对象及其方法和属性介绍

① HappLS 和 HappIP 对象类型　外部程序通过创建主对象 HappLS 或 HappIP 获得对 Aspen Plus 程序的控制，如打开流程模拟程序、显示或隐藏流程模拟界面和保存流程模拟程序。HappLS 和 HappIP 对象提供的主要方法和属性如下（表 8-8）。

② IHNode 对象类型　Aspen Plus 通过 IHNode 对流程模拟文件中的数据进行访问。在 Aspen Plus 中数据是按节点组织的，在 Aspen Plus 中运行 Tools＞Variable Explorer…命令，可以看到流程模拟中所用的变量节点及路径，比如第一个模块是的设定压力的节点路径为 "Tree. Data. Blocks. B1. Input. PRES"，则该节点对应的 IHNode 对象为：

＜IHNode 类对象＞＝＜HappIP 类对象＞. Tree. Data. Blocks. B1. Input. PRES。

IHNode 对象提供的主要方法和属性如下（表 8-9）。

表 8-8　HappLS 和 HappIP 对象的部分方法和属性

名称	方法/属性	变量类型	描述
Activate	方法	—	使程序处于活动状态
Engine	属性	IHAPEngine	到流程模拟引擎对象的指针
Export	方法	—	将当前文件导出为其他格式
Reinit	方法	—	重新初始化当前流程模拟
Run2	方法	—	运行流程模拟
Save	方法	—	保存当前文件
SaveAs	方法	—	将当前文件另存为
Tree	属性	IHNode	到流程模拟数据根节点的指针
Visible	属性	Boolean	显示或隐藏流程模拟界面

表 8-9　IHNode 对象的部分方法和属性

名称	方法/属性	变量类型	描述
AttributeType	属性	Integer	变量类型
AttributeValue	属性	Integer	变量值
Clear	方法	—	清除节点的数据
Delete	方法	—	删除节点
Dimension	属性	Long	数组长度
Elements	属性	IHNodeCol	当前节点所包含的子节点集合
Remove	方法	—	删除所有的节点

③ IHAPEngine 对象类型　IHAPEngine 对象类型提供了更多控制流程模拟运行的方法（表 8-10）。

表 8-10　IHAPEngine 对象的部分方法和属性

名称	方法/属性	变量类型	描述
AddStopPoint	方法	—	增加断点
ClearStopPoint	方法	—	清除所有断点
DeleteStopPoint	方法	—	删除断点
MoveTo	方法	—	运行到指定位置
Reinit	方法	—	重新初始化当前流程模拟
Run2	方法	—	运行流程模拟
Stop	方法	—	终止流程模拟的运行

(2) 程序示例

以下是从流程模拟程序（pfdtut.bkp）第 6 个单元操作模块（RadFrac 模块）中读取塔板数及蒸发率的程序示例。

```
Sub GetScalarValuesExample()
'变量定义
Dim ihAPSim As IHapp
Dim ihColumn As IHNode
Dim nStages As Long
Dim buratio As Double
'错误捕捉
On Error GoTo ErrorHandler
'打开流程模拟程序 c:\pfdtut.bkp，并创建 IHapp 对象
AspenPlus=GetObject("c:\pfdtut.bkp")
```

```
ihAPsim=AspenPlus.Application
'显示流程模拟程序界面
ihAPSim.Visible=True
'访问第6个单元操作模块,并创建IHNode对象
Set ihColumn=ihAPsim.Tree.Data.Blocks.B6
'获得塔板数
nStages=ihColumn.Input.Elements("NSTAGE").Value
'获得蒸发率
buratio=ihColumn.Output.Elements("BU_RATIO").Value
'显示
MsgBox ("Number of Stages is:" & nStages & Chr(13) _
& "Boilup Ratio is:" & buratio,"GetScalarValuesExample")
Exit Sub
ErrorHandler:
MsgBox ("GetScalarValuesExample raised error"& Err.Description)
End Sub
```

8.3.8.5 Aspen Simulation Workbook

Aspen Simulation Workbook 是一个在 Excel 中使用 Aspen Tech 公司流程模拟软件的工具。Aspenn Simulation Workbook 在 Excel 中作为一个加载项,具有独自的菜单按钮,可以链接已有的流程模拟程序、访问流程模拟中的数据、运行流程模拟程序、返回计算结果,还可以与实际的装置操作数据进行关联。

流程模拟的用户通常可以分为两类:开发人员和最终用户。相对来说开发人员对流程模拟的原理和系统都比较熟悉,而最终用户更关注实际效果,对具体原理并不关心。Aspen Simulation Workbook 作为流程模拟开发人员和最终用户之间的桥梁,降低最终用户运用流程模拟软件的难度,避免对流程模拟软件未经授权的更改。另外,因为可以在 Excel 中读取数据和进行工况分析,Aspen Simulation Workbook 也方便了设计人员或开发人员优化流程模拟和与第三方软件交换数据。

Aspen Simulation Workbook 支持 Aspen Plus、Aspen Hysys 流程模拟软件以及基于这些软件的 Aspen Polymer Plus 和 Aspen Hysys Refining 软件;支持 Aspen Modeler 家族软件,如 Custom Modeler、Aspen Plus Dynamics, Aspen Chromatography, Aspen Adsorption,和 Aspen Model Runner;支持稳态和动态模拟;支持采用序贯模块算法的 Aspen Plus 流程模拟,也间接支持采用联立方程算法的 Aspen Plus 流程模拟。Aspen Simulation Workbook 还支持远程调用流程模拟软件。在此主要介绍 Aspen Simulation Workbook 在 Aspen Plus 稳态流程模拟的介绍。

Aspen Simulation Workbook 主要使用步骤如下。

① 确保在 Excel 中选中了 Aspen Simulation Workbook 加载项。

② 在 Excel 的 Aspen 菜单组中点击 Enable 按钮,激活 Aspen 菜单组其他命令。

③ 在 Excel 的 Aspen 菜单组中点击 Organizers 按钮,运行 Aspen Simulation Workbook Organizers。

④ 在 Aspen Simulation Workbook Organizers 对话框中点击 Configuration>Simulatons 命令,然后添加已收敛的流程模拟文件。为了避免链接的流程模拟文件受路径的限制,可以点

击 Import/Embeded Case 命令将模拟文件嵌入到 Excel 中。

⑤ 返回 Excel，在 Aspen 菜单组的下拉菜单中选择刚添加的流程模拟文件，然后点击 Activation。

⑥ 返回 Aspen Simulation Workbook Organizers 对话框，点击 Variable Access>Model Variables 命令，然后添加要访问的输入和输出变量。可以先打开流程模拟文件，复制要访问的变量，然在 Model Variables 列表中使用 Paste Variables from Clipboard；也可以通过 Add Variables using Browser 命令进行添加。

⑦ 在 Model Variables 列表中选中要放置在 Excel 的 Worksheet 中的变量，点击鼠标右键，选择 Create Table 命令。用户定义要显示的属性及格式后，选择的变量会被放置在 Worksheet 中的指定位置。

⑧ 返回 Excel，可以修改输入变量的值，然后在 Aspen 菜单组中点击运行按钮，运行结束后，输出变量会发生相应改变。

⑨ 在 Aspen Simulation Workbook 中也可以进行工况分析。在 Model Variables 列表，点击鼠标右键，选择 Create Scenario Table 命令，然后定义输入变量和输出变量以及工况数，变量会被放置到指定位置。修改要分析工况的输入数据，并在 Active 列中用"＊"标示要求系统进行分析工况。然后在 Aspen 菜单组中点击运行按钮，运行结束后，输出变量会发生相应改变。

8.3.9 稳态模拟示例

8.3.9.1 工艺描述

图 8-9 是一个天然气脱凝液的流程。由甲烷、乙烷、丙烷、丁烷及少量氮气等轻组分组成的进料 1 和进料 2 混合后，进入进料分离罐，进料中的凝液送入下游脱丙烷塔，气体则进入进出料换热器与被丙烯冷剂冷却的产品气体换热，然后进入急冷器用丙烯冷剂进一步冷却。充分冷却的气体进入低温分离罐，凝液送入下游脱丙烷塔，低温气体则进入进出料换热器预冷进料气体，回收冷量后作为产品气送出装置。

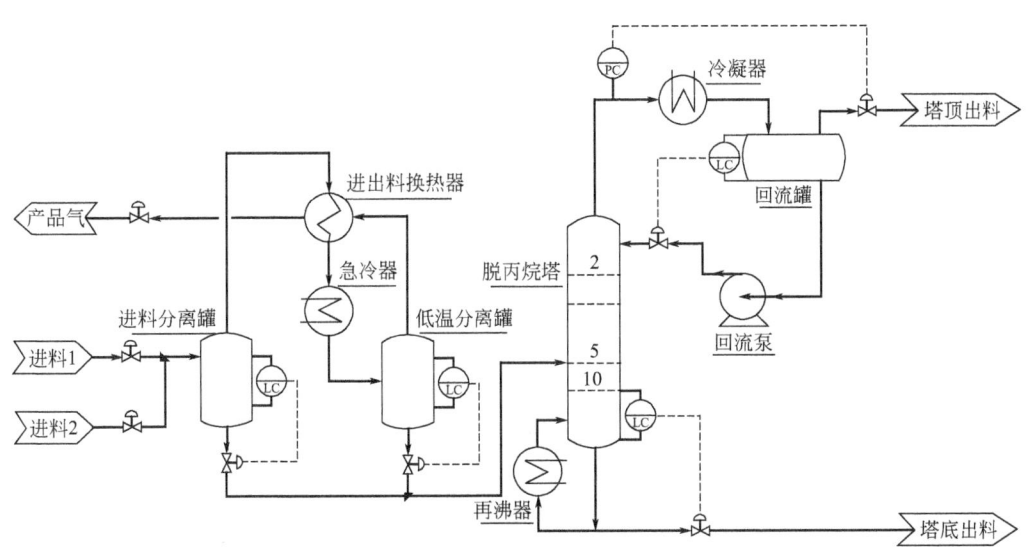

图 8-9 天然气脱凝液流程

从进料分离罐和低温分离罐分离出的液体进入下游的脱丙烷塔。脱丙烷塔有 10 块塔板，第 5 块板为进料板。脱丙烷塔塔顶气体进入冷凝器，由丙烯冷剂冷凝。冷凝后的气液混合物进入回流罐进行气液分离，液体全部作为回流，由回流泵送回脱丙烷塔第 1 块塔板，以乙烷、丙烷为主的气体作为塔顶出料送出装置。塔底再沸器用蒸汽加热，正丁烷和异丁烷作为塔底出料送出装置。

8.3.9.2 设计数据

（1）进料组成

见表 8-11。

表 8-11 进料组成及工艺条件

组成	进料 1（摩尔分数）	进料 2（摩尔分数）
N_2	0.010	0.020
CO_2	0.010	0.000
甲烷	0.600	0.620
乙烷	0.200	0.180
丙烷	0.100	0.110
异丁烷	0.040	0.040
正丁烷	0.040	0.030
总流量/（kmol/h）	300	200
温度/℃	20	20
压力/kPa	4000	4000

（2）工艺要求

① 产品气在 5500kPa 表压下，露点不高于 -12℃；

② 脱丙烷塔的操作压力为 1300kPa，整塔压降为 35kPa，进料板为第 5 块塔板。塔底液体产品中的丙烷的摩尔分率不高于 0.02，塔顶气体产品中的丁烷的摩尔分率不高于 0.02。

（3）设备设计参数

① 进料气体-出料气体换热器的热侧流体进口温度与冷侧流体出口温度的差值不小于 5℃；

② 换热器冷侧和热侧的阻力降均为 70kPa。

8.3.9.3 基础数据收集

从进料组成可以看出，本流程所涉及的组分均为常规组分，而且以分离为主，没有反应，不必考虑反应等其他数据，流程模拟所需的基础数据可以在 Aspen Plus 物性库中找到。

8.3.9.4 纯组分性质的分析

在 Aspen Plus 中选择所需的组分，选取 Tools>Retrieve Parameter Result 菜单命令从物性数据库读取纯组分的数据。

对于纯组分的非温度相关参数，可以查阅相关文献进行检验；对于纯组分的温度相关参数，可以先绘制图表，再用模拟所需温度区间的实验数据进行检验。利用 NIST ThermoData Engine 也可以查到纯物质的一些实验数据（图 8-10）。

8.3.9.5 混合物热力学数据的分析

本流程所涉及的组分为非极性或弱极性物质，操作压力范围为 1300～5500kPa，操作温度范围为 -20～100℃常规组分，可以采用适用于气体分离且压力范围较宽的状态方程法进行热力学计算，如 PR、SRK 或基于二者的热力学方法。

多元混合物的热力学计算通常基于二元交互作用参数，因此要确保混合物热力学计算的准确性，必须对二元交互作用参数进行校验。利用相近压力、温度范围内的二元相平衡实验数据与采用二元交互作用参数计算的数据进行对比是最简单可靠的方法。本流程涉及 7 个组分，二元混合物共有 21 对，再考虑不同的压力、温度条件，组合会更多，因此校验工作量比较大，

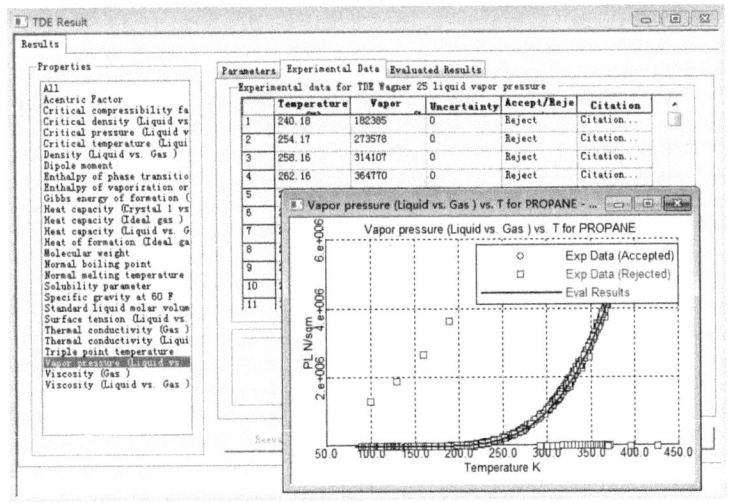

图 8-10　TDE 中的丙烷蒸气压实验数据

需要进行优化。

本流程主要有两类分离过程：一类是在进料分离器和低温分离器中，压力（G）在 4000kPa 左右，轻关键组分是甲烷、乙烷，重关键组分是丙烷、丁烷；另一类是在脱丙烷塔中，压力（G）在 1300kPa 左右，轻关键组分是丙烷，重关键组分是异丁烷。在此重点对乙烷-丙烷、丙烷-异丁烷的二元作用参数进行分析。

自 NIST ThermoData Engine 提供的实验数据库中查询乙烷-丙烷体系和丙烷-异丁烷体系的等温 Pxy 实验数据，选取一组 30℃时乙烷-丙烷气液相平衡数据和一组 93.35℃时丙烷-异丁烷气液相平衡数据。分别选用 PR、SRK 和 PSRK 状态方程法及其默认交互作用参数计算对应液相组成和温度的气液相平衡数据，然后与实验数据进行对比（表 8-12，表 8-13）。

表 8-12　30℃时乙烷-丙烷体系 P_{xy} 气液相平衡数据对比

液相乙烷摩尔分率	气相乙烷摩尔分率						
	实验值	PR 计算值	偏差/%	SRK 计算值	偏差/%	PSRK 计算值	偏差/%
0.0245	0.0689	0.0677	−1.79%	0.0681	−1.21%	0.0687	−0.29%
0.0538	0.1409	0.1400	−0.67%	0.1407	−0.14%	0.1419	0.72%
0.1244	0.2890	0.2841	−1.69%	0.2853	−1.28%	0.2873	−0.59%
0.1748	0.3848	0.3675	−4.50%	0.3688	−4.16%	0.3711	−3.57%
0.3217	0.5602	0.5508	−1.67%	0.5520	−1.47%	0.5543	−1.05%
0.4392	0.6641	0.6571	−1.05%	0.6580	−0.92%	0.6600	−0.61%
0.618	0.7837	0.7809	−0.35%	0.7813	−0.30%	0.7828	−0.11%
0.7085	0.8332	0.8335	0.03%	0.8337	0.06%	0.8348	0.19%
0.8074	0.8881	0.8871	−0.11%	0.8871	−0.11%	0.8879	−0.02%
0.9124	0.9459	0.9442	−0.18%	0.9441	−0.19%	0.9445	−0.15%
0.9374	0.9597	0.9587	−0.11%	0.9586	−0.12%	0.9589	−0.09%
0.9527	0.9686	0.9680	−0.06%	0.9678	−0.08%	0.9680	−0.06%
0.9759	0.9838	0.9831	−0.07%	0.9827	−0.11%	0.9830	−0.07%
0.9908	0.9935	0.9934	−0.02%	0.9931	−0.05%	0.9933	−0.02%
0.99476	0.9962	0.9962	0.00%	0.9960	−0.02%	0.9962	0.00%
1	1	1	0.00%	1	0.00%	1	0.00%

表 8-13 93.35℃时丙烷-异丁烷体系 P_{xy} 气液相平衡数据对比

液相丙烷摩尔分率	气相丙烷摩尔分率							
	实验值	PR 计算值	偏差/%	SRK 计算值	偏差/%	PSRK 计算值	偏差/%
0.0039	0.0065	0.0061	−5.91%	0.0062	−4.70%	0.0063	−2.68%
0.0485	0.0776	0.0739	−4.78%	0.0747	−3.79%	0.0760	−2.00%
0.147	0.21	0.2108	0.39%	0.2120	0.98%	0.2149	2.35%
0.294	0.389	0.3881	−0.22%	0.3886	−0.11%	0.3917	0.70%
0.366	0.467	0.4654	−0.35%	0.4651	−0.40%	0.4680	0.21%
0.465	0.569	0.5632	−1.01%	0.5621	−1.21%	0.5643	−0.83%
0.515	0.611	0.6095	−0.25%	0.6080	−0.49%	0.6097	−0.21%
0.699	0.763	0.7654	0.32%	0.7633	0.04%	0.7638	0.11%
0.804	0.853	0.8475	−0.65%	0.8457	−0.86%	0.8457	−0.85%
0.9369	0.952	0.9494	−0.27%	0.9486	−0.36%	0.9487	−0.35%
0.9714	0.9775	0.9768	−0.07%	0.9762	−0.13%	0.9764	−0.11%
1	1	1	0.00%	1	0.00%	1	0.00%

对于乙烷-丙烷、丙烷-异丁烷体系，三种状态方程法的气液相平衡计算误差都不大，大部分数据的相对误差在1%以下，只有个别数据，如在丙烷-异丁烷体系中，当液相中丙烷摩尔分率为0.0039时，PR 计算值的相对误差为−5.91%，SRK 计算值的相对误差为−4.70%，PSRK 计算值的相对误差为−2.68%。比较而言，PSRK 状态方程法的准确性更高些，为此本模拟选用 PSRK 热力学方法。

8.3.9.6 创建流程模拟文件

① 运行 Aspen Plus User Interface，新建或打开已有流程模拟文件。在新建流程模拟文件时，可选用 Gas processing with Metric Units。

② 选取 Setup | Units-Sets 目录，新建一个计量单位集（Units Set），将其设置为全局计量单位集（global units-set）。新建计量单位集以 MET 计量单位集为模版，将其中的温度单位改为℃，压力（G）单位改为 kPa，功率单位改为 kW。

③ 选取 Setup | Report Options | Streams 页面，选中 Mole 分率。如有需要，可选择其他流量单位或分率单位，或点击 Property Sets 命令按钮，加入属性集（Property Set）。

④ 选取 Components | Specifications 页面，加入 N2、CO2、Methane、Ethane、Propane、Isobutane 和 N-Butane 组分。

⑤ 选取 Properties | Specifications | Global 页面，在 Base Method 下拉菜单中选择 PSRK 热力学方法。

⑥ 选取 Properties | Parameters | Binary Interaction 目录，点击相应的交互作用参数（以红色标识），让系统从数据库中读取交互作用参数。

8.3.9.7 创建流程

在流程图上放置以下模块和物流（表 8-14，表 8-15）。

表 8-14 单元操作模块列表

名称	模块类型	规定	说明
MIX-100	Mixer	默认	模拟两股进料的混合
INTETSEP	Flash2	Pressure: 0 Heat duty: 0	模拟进料气液分离罐

续表

名称	模块类型	规定	说明
GASGAS	HeatX	Calculation=Shortcut Hot inlet-cold outlet temperature differenc: 5 C Pressure Drop 页面 　　Hot side Outlet pressure: −70 kPa 　　Cold side Outlet pressure: −70 kPa	模拟冷热流体换热
CHILLER	Heater	Temperature: −30 C Pressure: −70 kPa	模拟急冷器
LTS	Flash2	Pressure: 0 Heat duty: 0	模拟低温物流的气液分离
MIX-101	Mixer	默认	模拟进料分离罐液体出料与低温分离罐液体出料的混合
DEPRO-PAN	RadFrac	Configuration 页面 　　Calculation type: Equilibrium 　　Number of stages: 12 　　Condenser: Partial-Vapor 　　Bottoms rate: 100 kmol/h 　　Reflux ratio (mole): 1 Streams 页面 　　Feed streams: TOWFEED @ Stage 6 Pressure 页面 　　Stage 1/Condenser: 1300 kPag 　　Stage 2 pressure: 1300 kPag 　　Column pressure drop: 35 kPa	模拟 C_3 和 C_4 组分的分离

注：1. 在此用 RadFrac 模块模拟包括精馏塔、冷凝器、回流罐、回流泵和再沸器等组成的整个精馏塔系统，与分别模拟相比，这种方式容易收敛。

2. 稳态模拟先不考虑控制阀。

表 8-15　物流列表

名称	起点	终点	说明
FEED1	进入装置	MIX-100	进料 1
FEED2	进入装置	MIX-100	进料 2
MIXOUT	MIX-100	INLETSEP	混合进料
SEPVAP	INLETSEP 气相出口	GASGAS 热侧进料	进料分离罐气相出料
COOLGAS	GASGAS 热侧出料	CHILLER 进料	被冷却的气体
COLDGAS	CHILLER 出口	LTS	低温气体
LTSVAP	LTS 气相出口	GASGAS 冷侧进料	LTS 气相出料
SALEGAS	GASGAS 冷侧出料	离开装置	产品气体
SEPLIQ	INLETSEP 液相出口	MIX-101	进料分离罐液相出料
LTSLIQ	LTS 液相出口	MIX-102	低温分离罐液相出料
TOWFEED	MIX-101	DEPROPAN	混合液相进入脱丙烷塔第 5 块塔板
OVHD	DEPROPAN 塔顶气相出口	离开装置	气相轻烃
LIQPROD	DEPROPAN 塔底液相出口	离开装置	C_4 液体

放置模块并连接物流的流程图如图 8-11 所示。

8.3.9.8　运行流程模拟

根据表 8-11 输入进料 FEED1 和 FEED2 的组成和条件。点击 Next 命令按钮（ N→ ），完成未输入的模拟条件或设计规定，直到 Start 命令按钮（ ▶ ）高亮。点击 Run Control Panel

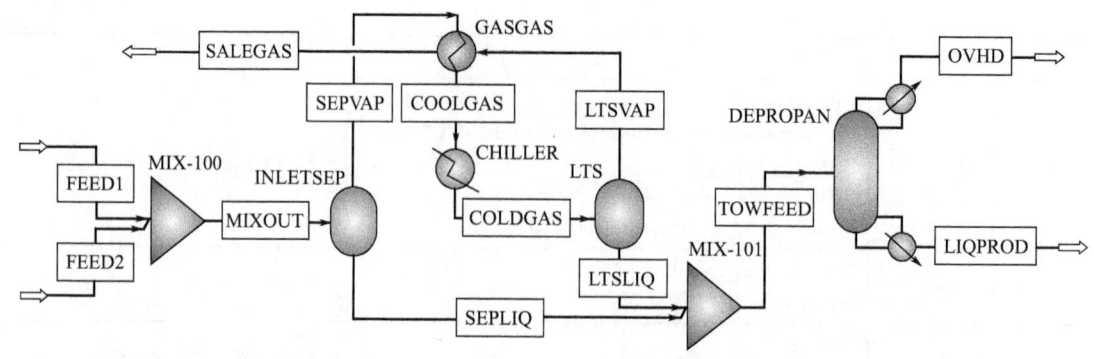

图 8-11　Aspen Plus 中的流程图（模块及物流名称说明见表 8-14 和 8-15）

命令按钮（　　）打开运行控制面板。选取 Run＞Step 菜单命令，单步运行流程模拟。Aspen Plus 会首先分析流程，确定切割物流和计算步骤，然后计算第一个模块（图 8-12）。

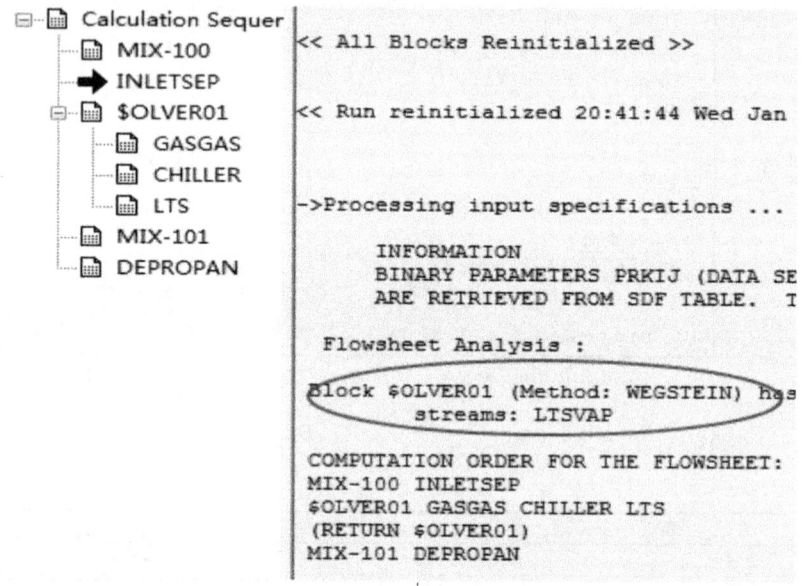

图 8-12　计算顺序和收敛模块

在计算顺序列表中，可以看到由系统自动确定的收敛模块 ＄OLVER01，切割物流是 LTSVAP，收敛模块 ＄OLVER01 包括设备 GASGAS、CHILLER 和 LTS。如果系统设定的计算顺序不合理，用户可以自行定义切割物流和计算顺序。

点击 Start 命令按钮完成计算，计算收敛后，可以在 Result Summary 页面及各模块的 Result 页面中查看计算结果。

8.3.9.9　设置产品物流露点温度的设计规定

本流程需要对急冷器出口温度进行控制，以确保产品气体在 5500kPa 时的露点温度不高于 $-12℃$，急冷器出口温度的确定可以通过设计规定实现。为了计算产品气体在 5500kPa 时的露点，可以在产品气体之后增加一个 Heater 模块，输入以下参数（表 8-16）。

表 8-16　用于露点计算的模块

名称	模块类型	规定	进口物流	出口物流	说明
CALCDEW	Heater	Vapor fraction: 1 Pressure: 5500 kPa	SaleGas	PipeGas	用于计算 5500kPa 表压下气体的露点

在 Flowsheeting Options | Design Spec 目录中创建设计规定，命名为 TDEWSP。选取 Flowsheeting Options | Design Spec | TDEWSP 目录，在 Define 页面中创建 TDEW 变量，定义为物流 PIPEGAS 的 Temperature，即产品气体 SaleGas 在 5500kPa 时的露点温度。在 Spec 页面中定义 Spec：TDEW、Target：－12、Tolerance：0.01。在 Vary 页面中定义 Chiller 模块的设定温度 Temp 为操纵变量。运行流程模拟，在 TDEWSP 设计规定的 Results 页面可以看到操纵变量，即 Chiller 出口温度为－15.42℃。

8.3.9.10 设置精馏塔的设计规定

精馏塔 DEPROPAN 的分离要求为塔顶气体出料中丁烷摩尔分率不高于 0.02，塔底液体出料中丙烷含量不高于 0.02，为此在 Flowsheeting Options | Design Spec 目录中创建以下两个设计规定：

(1) C4CON 设计规定

① 在 C4CON 设计规定的 Define 页面中定义变量 IC4CON 和 NC4CON，IC4CON 为物流 OVHD 中异丁烷的摩尔分率，NC4CON 为 OVHD 中正丁烷的摩尔分率；

② 在 C4CON 设计规定的 Spec 页面中定义 Spec：IC4CON＋NC4CON、Target：0.02、Tolerance：0.0001。在 Vary 页面中定义 DEPROPAN 模块的规定摩尔回流比 MOLE-RR 为操纵变量。

(2) C3CON 设计规定

① 在 C3CON 设计规定的 Define 页面中定义变量 PROCON 为物流 LIQPROD 中丙烷的摩尔分率；

② 在 C3CON 设计规定的 Spec 页面中定义 Spec：PROCON、Target：0.02、Tolerance：0.0001。在 Vary 页面中定义 DEPROPAN 模块的规定塔底摩尔流量 MOLE-B 为操纵变量。

运行流程模拟，在设计规定的 Results 页面检查目标变量和操纵变量的计算结果。

8.3.9.11 利用灵敏度工具优化进料板位置

利用灵敏度工具可以优化进料板位置等设计或操作参数。通常应该选择气液组成与进料相近的塔板作为进料板，以减少物料返混。利用流程模拟软件，也可以根据再沸器和冷凝器的热负荷，确定最优进料板位置。

① 在 Model Analysis Tools | Sensitivity 目录中创建灵敏度分析，命名为 FEEDTRAY。

② 在 FEEDTRAY 灵敏度分析的 Define 页面中定义变量 CONDDUTY 和 REBDUTY，CONDDUTY 为 DEPROPAN 模块第 1 块板的热负荷，即冷凝器负荷，REBDUTY 为 DEPROPAN 模块第 12 块板的热负荷，即再沸器负荷。

③ 在 FEEDTRAY 灵敏度分析的 Vary 页面中定义 DEPROPAN 模块的进料板位置 FEED-STAGE 为操纵变量。在 List of values 中输入 3、4、5、6 和 7。

④ 在 FEEDTRAY 灵敏度分析的 Tabulate 页面中指定第 1 列为 CONDDUTY，第 2 列为 REBDUTY。

运行流程模拟，在设计规定的 Results 页面检查目标变量和操纵变量的计算结果（图 8-13）。

根据灵敏度分析的计算结果，可以看出当进料板位置为 4 时，冷凝器和再沸器的热负荷最小，是最优的进料板位置。

8.3.9.12 结果分析

(1) 物流报告

物流报告是流程模拟的基本输出文件，汇总了装置物流和能量流信息。报告的格式取决于过程类型和详细程度。通常包括以下信息：温度、压力、气化分率、总流量、各组分流量、摩尔分数、摩尔组成、重量组成、焓、比容等。模拟完成后，要对物流报告进行仔细的检查，查看设计规定、各类数据是否合理。

Row/Case Status		VARY 1 DEPROPA TOWFEED FEEDS STAGE	CONDDUT	REBDUTY
		KW	KW	KW
1	OK	3	-712.19454	1175.46382
2	OK	4	-639.47178	1102.48073
3	OK	5	-640.15324	1103.58626
4	Warnin	6	-742.70088	1206.50254
5	Warnin	7	-771.31819	1243.07611

图 8-13 灵敏度分析的计算结果

（2）单元操作模块报告

单元操作模块报告通常包括该模块的物料和能量平衡，输入和输出物流等信息。换热器等热交换的模块可以生成热焓曲线，精馏塔可以生成塔板气液负荷数据，这些信息是下游软件计算换热器和塔器尺寸的输入条件。

（3）内部分布图

复杂设备的内部分布图对理解单元操作如何工作非常有用。例如可以将精馏塔逐板的压力、温度、组成、气液负荷绘制成分布图。通过分析分布图，可以判断塔板的压力设置是否合理、可以对塔板数进行优化、也可以根据温度、组成判断进料位置是否合理。

8.3.9.13 流程模拟过程中应注意的事项

以上是进行流程模拟的基本步骤，通常在流程模拟时应注意以下几点。

① 检查流程的总进料和出料，避免出现物料累积的问题。

② 检查热力学模型和物性模型的准确性。可以用实验数据或者工业数据对数据进行校验，如有必要，可为单个模块指定热力学方法。

③ 检查反应器的设置，如反应方程、计量系数和转化率等。

④ 将大流程分解为多个小流程，避免出现大回路。

⑤ 检查软件自动指定的切割物流，检查计算顺序、回路与回路之间的相互影响以及设计规定对回路的影响。如有必要，可自行定义计算顺序。

⑥ 通过信息传递减少回路的数量。

⑦ 刚开始模拟时尽量采用简单的规定，避免在早期就使用设计规定。

⑧ 精馏塔通常是模拟的难点。开始模拟时一般指定产品流量和回流流量。检查精馏塔的各级模拟数据，如温度、组成和气液负荷。在回路收敛后，可考虑更复杂的规定。

⑨ 对于很难收敛的模块，可以先将其拿出整个流程，单独研究。

⑩ 检查切割物流中的关键组分的收敛。分析收敛算法的数学特性，在没有找到收敛问题原因之前最好不要增加迭代次数。建议采用单步执行方式寻找问题的原因。

Aspen Plus 的 Help＞Troubleshooting 命令系统介绍了流程模拟过程中可能出现的问题和应对措施，用户可以参考。

8.4 动态流程模拟

动态模拟相对于稳态模拟而言，稳态模拟仅考虑进出单元操作的质量和能量的变化，它得到的是装置在稳定运行情况下的操作参数，数值与时间无关；而动态模拟中，除考虑进出单元操作的质量和能量的变化外，还考虑到装置内部物料和能量的累积，各操作参数的变化均是时间的函数，因而能够更好地反映装置在实际操作过程中的变化规律。

目前动态模拟技术主要应用于以下几个方面。

① 事故工况安全排放过程研究与排放量的确定。
② 开车、停车和负荷变化等过渡过程的分析。
③ 控制方案的分析和设计。
④ 操作过程的优化，如优化产品牌号之间的切换过程。
⑤ 间歇工艺的设计。
⑥ 本质上为连续动态过程的设计，如变压吸附。
⑦ 用非稳态数据进行拟合，如使用信息量比稳态实验数据大的动态实验数据拟合参数或者用装置过渡过程数据拟合参数。
⑧ 安全分析，如确定压缩机跳车的峰值压力。
⑨ 库存核算和装置数据校正。
⑩ 在线或离线参数估算，用于确定污垢系数或催化剂活性等关键操作参数。
⑪ 在线软测量。
⑫ 操作工培训。

动态模型有很多种型式，如控制领域常用的传递函数模型、用于操作工培训的模拟器和基于准确物性方法的动态模型。许多稳态模拟中的假设，如物料从高压的上游流到低压的下游，在动态模拟中就不一定适用了，因为在过渡时，下游的压力可能会高于上游的压力，从而导致物料倒流。因此在进行动态流程模拟时，需要考虑以下因素。

① 物料传输　物料不再简单地从一个模块流入下一个模块，需要考虑管线的阻力降。阻力降与物料传输方向和流型都有关系。

② 物料倒流　需要考虑物料倒流的情况，设备中的物料组成和物性也会因物料倒流而变化。

③ 设备尺寸　物料会在设备中累积，设备的几何尺寸对动态模拟有较大的影响，如精馏塔的塔板尺寸、堰高、塔板形式都对塔的动态响应有影响，因此通常需要在塔设计规格确定后，才能进行塔的动态模拟。

④ 工艺控制和控制设备　稳态模拟假定工艺变量（如液位、温度和压力）可以轻易地控制在所需值，但是实际上这些工艺变量受各种干扰因素影响，总是处于变化的趋势，是通过控制阀和控制器等控制设备将控制在设定点的，在动态模拟时也需要考虑这些控制设备。

⑤ 相态消失　在过渡过程中，稳态模拟中考虑的相态可能消失或者出现稳态模拟没有考虑的相态。如正常时处于在气液两相的容器，在过渡过程中，有可能因压力过高或过低变为单相。动态模拟必须足够鲁棒性，以应对过渡过程急剧变化的情况。

⑥ 相平衡　稳态模拟假定相平衡所需时间很短，但在动态模拟时，过渡过程中系统远离相平衡状态，可能需要采用基于速率的传质模型。

要满足上述要求，动态模拟不仅要考虑时间的影响，也要考虑空间的影响。例如，Fishcer-Tropsh 合成浆态床反应器的尺寸受控于反应物和产物在催化剂孔道内的微观扩散，为了优化反应器的设计，必须从宏观和微观两个尺度上对反应器系统进行模拟，计算量非常大。

随着模拟技术的发展，出现了基于方程的模拟工具。这些工具将模型的描述和模型的求解分离开来，软件公司提供模型语言和方程求解器，工程人员则用模型语言描述模型中各种变量的关系，再用方程求解器求解。使用模型语言可以方便地建立不考虑空间因素的集总参数模型或者考虑空间因素的分布参数模型。然而对于这类偏微分代数方程组尚没有可靠的算法，收敛很困难。

目前市场已有 Aspen Plus Dynamics、Aspen Hysys、Aspen Custom Modeler、Dynsim、

ChemCAD 和 gPROMS 等许多动态流程模拟软件，在此仍以天然气脱凝液流程为例简单介绍用 Aspen Plus Dynamics 进行动态模拟的过程，更具体的内容以及其他动态模拟软件的使用可参见相关手册。

8.4.1 动态流程模拟的类型

用 Aspen Plus 完成稳态模拟计算后，添加动态模拟所需的参数后，可以生成动态流程模拟程序 Aspen Plus Dynamics 的输入文件，然后用 Aspen Plus Dynamics 打开进行动态模拟和分析。在生成动态流程模拟输入文件时，需要考虑动态流程模拟的类型。

Aspen Plus Dynamics 中的动态流程模拟可以分为两类：压力驱动的动态模拟和流量驱动的流程模拟（图 8-14）。在压力驱动的动态模拟中，物料的流量和流向与上下游设备的压力和管道元件的流体力学特性有关。比如，在上下游压差固定的情况下，特定流体通过阀门的流量由阀门的开度确定；阀门开度固定的情况下，流量由上下游压力确定；如果上下游压差的正负号发生变化，则会出现逆流。在流量驱动的动态模拟中，物料的流量与上下游压差和管道元件特性无关，也不考虑逆流。

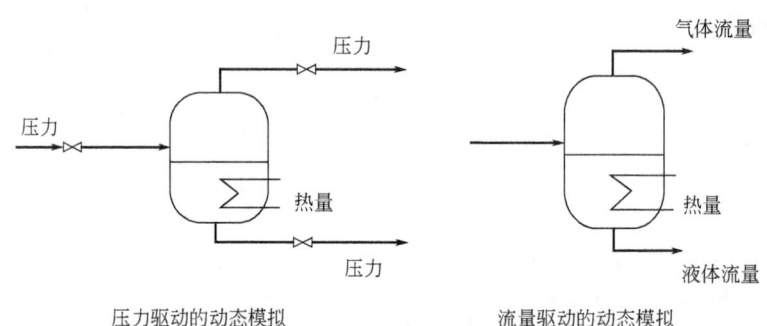

压力驱动的动态模拟　　　　流量驱动的动态模拟

图 8-14　两种类型的动态模拟

在压力驱动的动态模拟中，进入或离开流程的物流都需要指定压力，连通的流路上至少有一个控制阀，流量的调节通过控制器控制阀门的开度实现。在流量驱动的动态模拟中，控制器直接控制流量。流量驱动的动态模拟假定了流量控制器非常完美，能在极短的时间内控制住流量，它很适合于纯液体系统的模拟，因为液体的压力/流量动态响应非常迅速。

在此介绍压力驱动的动态模拟的步骤。

8.4.2 在 Aspen Plus 中清理不适用的模块

有些稳态流程模拟中需要的模块不再适用于动态流程模拟，可予以删除。原稳态流程模拟为了确定某些操作条件，使用了设计规定，例如为了确保 SaleGas 在 5500 kPa 下的露点温度为 -12℃，在流程模拟中添加了模块 CALCDEW 和设计规定 TDEWSP。记录设计规定 TDEWSP 的计算结果（Chiller 出口温度为 -15.42℃），删除加热器 CALCDEW、设计规定 TDEWSP 和相应的物流。在 Chiller 的 Specification 页面中，设定 Temperature 为 -15.42℃。

8.4.3 在 Aspen Plus 中完善稳态流程模拟

稳态流程模拟对实际过程有很大的简化，比如在稳态模拟时通常会省略控制阀、缓冲罐、泵、不重要的压缩机等。为了进行压力驱动的动态模拟，应根据需要补充缺省的模块，并在流程中建立压力/流量关系。

在下述位置添加控制阀并输入相应的参数（表 8-17）。

8.4.4 在 Aspen Plus 中估算塔器尺寸

在进行动态模拟时，必须确定塔器及相关设备的尺寸，如果模拟实际的流程，最好使用设备制造商提供的数据。在稳态模拟中，塔板的压降是人为指定的，在动态模拟中，必须输入塔板的结构参数，由程序计算压降。在 Aspen Plus 中估算及设定塔器 DEPROPAN 相关结构尺寸的步骤如下。

表 8-17 阀门列表

阀门位置	编号	入口物流	出口物流	设定压降
FEED1 进料与 MX-100 之间	F1VAL	FEED1	F1IN	50 kPa
FEED2 进料与 MX-100 之间	F2VAL	FEED2	F2IN	50 kPa
INLETSEP 模块液相出料	SEPVAL	SEPLIQ	SEPEXIT	出口表压 1300kPa
LTS 模块液相出料	LTSVAL	LTSLIQ	LTSEXIT	出口表压 1300kPa
SALEGAS 下游	SALEVAL	SALEGAS	EXITGAS	50 kPa
OVHD 下游	VAPVAL	OVHD	VAPEXIT	50 kPa
LIQPROD 下游	LIQVAL	LIQPROD	LIQEXIT	50 kPa

注：阀门 SEPVAL 与 LTSVAP 的出口压力取下游进料板处的压力，以确保流程模拟中压力的一致性。

① 选取 Blocks｜DEPROPAN｜Tray Sizing 目录，创建一个塔器估算。

② 在新建的塔器估算的 Specifications 页面中，塔段的 Starting stage 设为 2，塔段的 Ending stage 设为 11。塔板类型选 Glitsch Ballast。其他设置保持不变。运行流程模拟。

③ 在塔器估算的 Results 页面中，查看估算结果，塔径为 0.935m。

④ 选取 Blocks｜DEPROPAN｜Tray Rating 目录，创建一个塔器核算。

⑤ 在新建的塔器核算的 Specs 页面中，塔段的 Starting stage 设为 2，塔段的 Ending stage 设为 11。塔板类型选 Glitsch Ballast。塔径输入 0.935m。

⑥ 在新建的塔器核算的 Design/Pdrop 页面中选中 Update section pressure profile。

⑦ 在新建的塔器核算的 Layout 页面中，选择阀的类型为 V-1。运行流程模拟。

⑧ 在新建的塔器核算的 Results 页面中，查看核算结果。

8.4.5 在 Aspen Plus 中输入动态模拟所需参数

动态模拟要考虑物料在设备中的累积，因此需要设备结构参数。

① 选取 Setup｜Specifications 页面，在 Global 页面中将 Input Mode 设为 Dynamic；也可以在 Aspen Plus 开启 Dynamic 工具栏，点击其中的 Dynamic 命令按钮（ ）。

② 选取 Blocks｜INLETSEP｜Dynamic 页面，在 Vessel 页面中设定 Vessel 为 Vertical，长为 2m，直径为 0.8m。

③ 选取 Blocks｜LTS｜Dynamic 页面，在 Vessel 页面中设定 Vessel 为 Vertical，长为 1m，直径为 0.5m。

④ 选取 Blocks｜DEPROPAN｜Dynamic 页面，在 Reflux Drum 页面中设定 Vessel 为 Vertical，长为 2m，直径为 1m；在 Sump 页面中设定高为 2m，直径为 0.935m。在 Hydraulics 页面中输入 Stage1 为 2，Stage2 为 11，Diameter 为 0.935m；在 Controllers 页面中，选中 Pressure、Vent vapor flow rate、Reflux drum level、Reflux flow rate 和 Sump level controller 等控制器。

⑤ 其他设备采用默认值。

8.4.6 在 Aspen Plus 中运行压力检查器

运行处于 Dynamic 输入状态时的稳态流程模拟程序，收敛后，点击 Dynamic 工具栏上的 Pressure Checker（ ）命令按钮，对压力一致性、压力/流量关系等内容进行检查，根据提示信息进行修改。

8.4.7 在 Aspen Plus 中导出动态流程模拟文件

当压力检查通过后，可以在 Aspen Plus 中点击 Send to Aspen Plus Dynamics（Pressure driven）（ ）命令按钮，输出动态流程模拟文件并运行 Aspen Plus Dynamics 程序。也可以选取 File＞Export 菜单命令导出动态流程模拟文件。

8.4.8 Aspen Plus Dynamics 中的流程

在 Aspen Plus Dynamics 中运行的流程如图 8-15 所示。

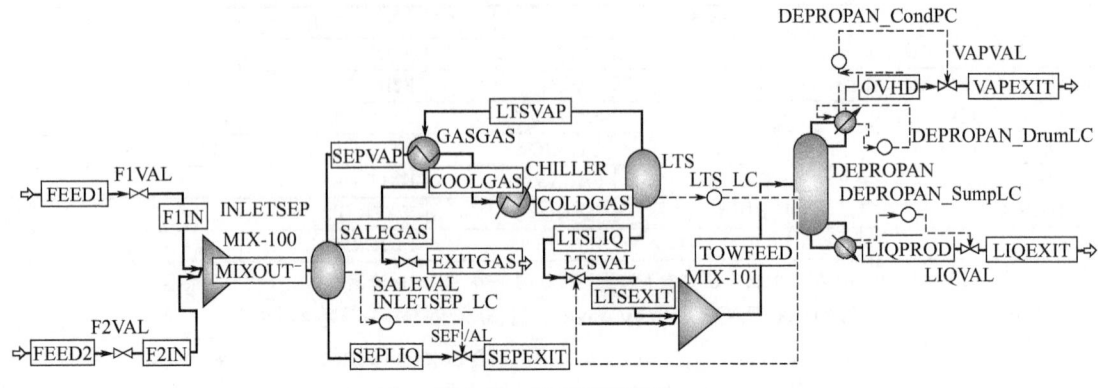

图 8-15 动态模拟流程

导入 Aspen Plus Dynamics 的流程与稳态流程相比，增加了以下内容。

（1）控制系统

表 8-18 控制器列表

控制器	INLETSEP_LC	LTS_LC	DEPROPAN_DrumLC	DEPROPAN_SumpLC	DEPROPAN_CondPC
功能	控制 INLETSEP 液位	控制 LTS 液位	控制 DEPRONPAN 回流罐液位	控制 DEPRONPAN 塔底液位	控制 DEPRONPAN 塔压力
工艺参数	INLETSEP 液位	LTS 液位	DEPRONPAN 回流罐液位	DEPRONPAN 塔底液位	DEPRONPAN 塔顶压力
操纵变量	液相出料阀门开度	液相出料阀门开度	回流阀门开度	塔底出料阀门开度	气体馏出物流阀门开度
作用方式	Direct	Direct	Direct	Direct	Direct
比例增益	10	10	10	10	20
积分时间常数/min	60	60	60	60	12

上述控制系统（表 8-18）是 Aspen Plus Dynamics 根据用户在稳态模拟中选择的控制器自动创建的，各类控制器的工艺参数和操纵变量的选择原则如下（表 8-19，表 8-20）。

① RadFrac 模块的压力和液位控制。

表 8-19 RadFrac 模块的控制器设定原则

类型	适用的情况	测量变量	操纵变量
压力	存在气体馏出物时	第一块板压力	默认：气体馏出物流的控制阀开度
			可选：冷凝器负荷、冷却介质温度或冷却介质流量
压力	没有气体馏出物时	第一块板压力	冷凝器负荷、冷却介质温度或冷却介质流量
液位	如果有回流罐和液体馏出物	回流罐液位	默认：液体馏出物流的控制阀开度
			可选：液体回流质量流量（如无第二液相馏出物）
液位	如果有回流罐和液体馏出物（双液相中的一相）	回流罐界面	默认：第二液相馏出物流的控制阀开度
			可选：液体回流质量流量
液位	—	塔底液位	塔底出料的控制阀开度
液位	如果有第二液相塔底出料	塔底界面	第二液相塔底出料的控制阀开度
液位	倾析器	第 i 级倾析器液位	第 i 级倾析器第一液相采出物流的控制阀开度
液位	倾析器	第 i 级倾析器界面	第 i 级倾析器第二液相采出物流的控制阀开度

② Flash2 模块的压力和液位控制。

表 8-20 Flash2 模块的控制器设定原则

类型	适用的情况	测量变量	操纵变量
压力	—	压力	气相出料的控制阀开度
液位	—	液位	液相出料的控制阀开度

注：如流程中缺少必要的控制阀，则系统不会创建相应的控制回路。

（2）控制阀的最大流量系数

选中阀门 F1VAL，点击鼠标右键，在快捷菜单中选取 Forms＞Configure 命令，打开 Configure Table 对话框。从对话框中可以看到，系统根据稳态模拟的工艺参数估算了控制阀的最大流量系数 C0max，同时可以看到变量最大流量系数 C0max 和阀门开度 pos 的类型为 Fixed，即为设定值，而其他变量的类型为 Free，表明这些变量是在流程模拟过程中计算出来的（图 8-16）。

	Description	Value	Units	Spec
TearStream	Stream tearing option	No		
ComponentList		Type1		
ValidPhases	Valid phases	Vapor-Liquid		
PresFlowCalcB	Basis for pressure/flow calculati	Default		
PDriven	Model is pressure driven	True		
FeedFlash	Forces a feed flash	Yes		
ValveAction	Valve action (Direct=air to open,	Direct		
checkValve	Valve is a check valve	False		
presmode	Pressure option	Simple		
presspec	Pressure specification	P-OUT		
Char_eqn	Valve characteristic	NONE		
vchoke	Check for choked flow	True		
cavind	Calculate cavitation index	False		
valgeo	Use valve geometry data	False		
C0	Flow coefficient	2026.32	m1.5 kg0.5/	Free
C0max	Maximum flow coefficient	4052.64	m1.5 kg0.5/	Fixed
pos	Specified valve position	50.0	%	Fixed
F	Calculated molar flow rate	683.991	kmol/hr	Free

图 8-16 控制阀设置表

8.4.9 运行动态流程模拟

① 选取 Tools＞Take Snapshot 菜单命令，保存当前的状态，命名为 T0。
② 选取 Run＞Run Options 菜单命令，将 Time Units 改为 Seconds。
③ 选取 Tools＞New＞New Form 菜单命令，创建 Plot，命名为 P_LTS。
④ 在 P_LTS 中点击鼠标右键，在快捷菜单中选取 Properties 命令，在 Variable 页面中插入 BLOCKS（"LTS"）.P。
⑤ 选取 Tools＞New＞New Form 菜单命令，创建 Plot，命名为 P_DePropane。
⑥ 在 P_DePropane 中点击鼠标右键，在快捷菜单中选取 Properties 命令，在 Variable 页面中插入 BLOCKS（"DEPROPAN"）.Stage（1）.P。

运行流程模拟，在 1s 左右将阀门 F1VAL 的开度从 50% 调整到 10%，在 4s 左右将阀门开度从 10% 调整到 90%，观察低温分离罐 LTS 和脱丙烷塔 DEPROPAN 压力的动态响应。

8.4.10 控制方案的完善

图 8-17 可以看出，当进料的流量发生变化时，低温分离罐 LTS 的压力变化后，稳定在新的数值，并不会恢复到原来的数值，而脱丙烷塔 DEPROPAN 的压力波动后，依然会恢复到原设定值。分析流程可以发现低温分离罐 LTS 的气相出料 LTSVAP 及其下游物料 SALEGAS 和 EXITGAS 上只有一个固定开度的控制阀，并无针对 LTS 压力的控制措施。为了在操作中

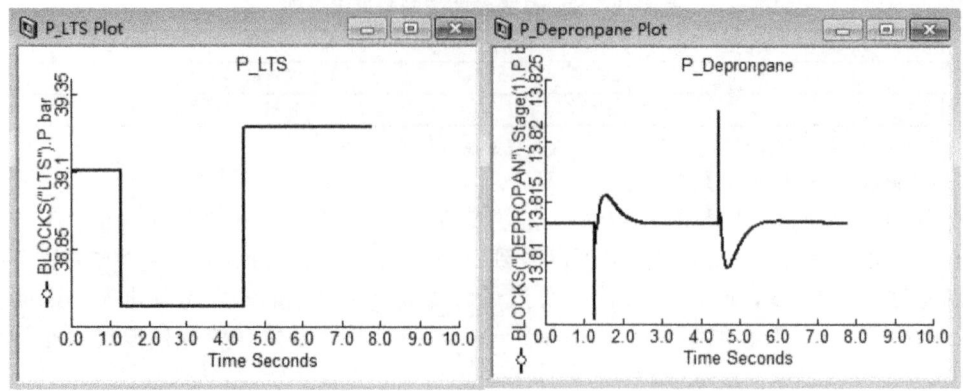

图 8-17 低温分离罐和脱丙烷塔压力动态响应曲线

保持低温分离罐 LTS 的稳定,需要增加 LTS 压力控制回路。

(1) 增加 LTS 压力控制回路

① 在流程图上的低温分离罐 LTS 附近放置控制器 PIDIncr,并将其命名为 LTS_CondPC。

② 选择 ControlSignal 连接线,将低温分离罐 LTS 的变量 BLOCKS("LTS").P 连接到 LTS_CondPC 的变量 LTS_CondPC.PV,将 LTS_CondPC 的变量 LTS_CondPC.OP 连接到控制阀 SALEVAL。保留默认参数设置。

(2) 增加进料流量控制回路

① 在流程图上的 F1VAL 附近放置控制器 PIDIncr,并将其命名为 F1VAL_CondFC。

② 选择 ControlSignal 连接线,将物流 FEED1 的变量 STREAMS("FEED1").Fm 连接到 F1VAL_CondFC 的变量 F1VAL_CondFC.PV,将 F1VAL_CondFC 的变量 F1VAL_CondFC.OP 连接到控制阀 FEED1VAL。控制器的作用方式为反作用,保留其他默认参数设置。

③ 在流程图上的 F2VAL 附近放置控制器 PIDIncr,并将其命名为 FEED2_CondFC。

④ 选择 ControlSignal 连接线,将物流 FEED2 的变量 STREAMS("FEED2").Fm 连接到 F2VAL_CondFC 的变量 F2VAL_CondFC.PV,将 F2VAL_CondFC 的变量 F2VAL_CondFC.OP 连接到控制阀 FEED2VAL。控制器的作用方式为反作用,保留其他默认参数设置。

(3) 运行动态流程模拟

增加 LTS 压力控制回路和进料流量控制回路后,流程如图 8-18 所示。

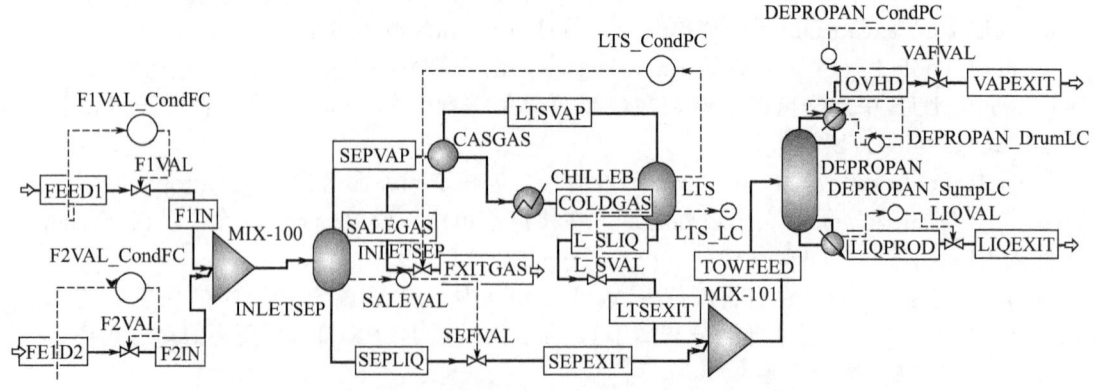

图 8-18 完善控制方案后的动态模拟流程

① 点击 Re-start simulation 命令按钮( ) 重置动态流程模拟。

② 双击 F1VAL_CondFC 控制器,打开 F1VAL_CondFC 控制器的控制面板,控制模式

为自动。点击 Plot 命令按钮（⊞），打开 F1VAL_CondFC 控制器的图形记录板。

③ 双击 LTS_CondPC 控制器，打开 LTS_CondPC 控制器的控制面板，控制模式为自动。点击 Plot 命令按钮（⊞），打开 LTS_CondPC 控制器的图形记录板。

④ 在 F1VAL_CondFC 控制器的控制面板的设定值中输入 5000，在 LTS_CondPC 控制器的控制面板的设定值中输入 39.1。

⑤ 点击 Run the simulation 命令按钮（▶）运行动态流程模拟。

⑥ 当流量和压力稳定后，将流量的设定值改为 2000；30s 左右，再将流量的设定值改为 8000。记录流量和压力的随时间的变化趋势。

图 8-19 显示了当进料 FEED1 的流量变化后，低温分离罐 LTS 压力的动态响应。当流量减小到 2000kg/h 时，LTS 的压力出现急剧的下降，之后开始回升，逐渐向设定值靠近；当流量增加到 8000kg/h 时，LTS 的压力出现急剧的上升，之后开始下降，也逐渐向设定值靠近，这说明新增的压力控制器可以对 LTS 的压力进行控制。

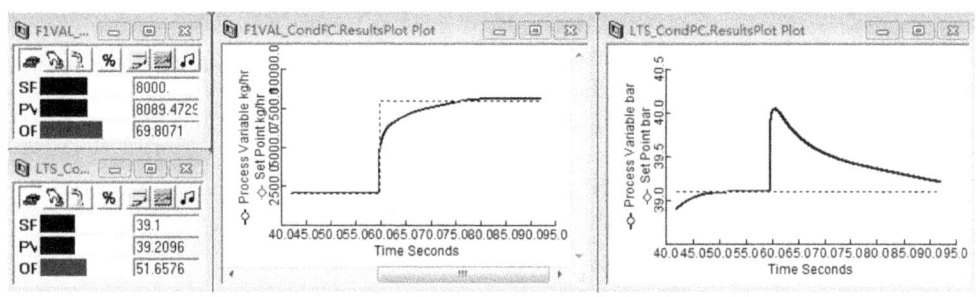

图 8-19 低温分离罐压力的动态响应曲线

8.4.11 控制器参数的整定

从图 8-19 可以看出，在增加了压力控制器后，虽然低温分离罐 LTS 的压力得到了控制，但是响应速度较慢，需要较长时间压力才能恢复到设定值。

PID 控制器有三个可调参数：比例增益、积分时间常数和微分时间常数，这些参数定义了控制器的比例（P）、积分（I）和微分（D）特性。当比例增益趋向于零时，控制器的输出不受偏差影响，相当于控制系统开路；当比例增益很大时，只要有一个很小的偏差出现，就会使控制器输出发生很大的变化，被控变量发生振荡。由此可知，比例增益由小到大变化，系统将由稳定向振荡发展，系统的稳定性在变差，但稳定后的偏差（余差）变小。积分部分输出是对偏差的积分，即将偏差按时间进行累积，偏差存在输出就增大，直至偏差消除为止。当积分时间常数趋向于无穷大时，积分作用消除，控制器变为纯比例控制器；当积分时间常数很小时，积分作用强烈，消除余差的能力强。微分部分有"超前"调整作用，微分时间常数调整得当，可使过渡过程缩短，增加系统稳定性，减少动态偏差；如果微分作用过大，系统变得非常敏感，控制系统的控制质量将变差，甚至变成不稳定。

控制器的整定是对于一个已经设计并安装就绪的控制系统，通过控制器参数的调整，使得系统的过渡过程达到最为满意的质量指标要求。一个控制系统的质量取决于对象特性、控制方案、干扰的形式和大小，以及控制器参数的整定等各种因素。一旦系统按所设计的方案安装就绪，对象特性与干扰位置等基本上都已固定下来，这时系统的质量主要就取决于控制器参数的整定了。进行整定通常需要系统的动态响应曲线，获得真实系统的动态响应曲线并非易事，借助动态模拟可以方便地获得动态响应曲线，对控制器进行虚拟整定。

在生成动态流程模拟输入文件时，系统自动添加的控制器的参数均为默认值，对于液位控制器，默认的比例增益为 10，积分时间常数为 60minutes，对于压力控制器，默认的比例增益为 20，积分时间常数为 12minutes。Aspen Plus Dynamics 具有控制器参数整定功能，可以对这些参数进行优化，具体步骤如下。

① 在 F1VAL_CondFC 控制器的控制面板的设定值中输入 5000，在 LTS_CondPC 控制器的控制面板的设定值中输入 39.1；

② 点击 Run the simulation 命令按钮（▶）运行动态流程模拟。

③ 当系统稳定后，在 F1VAL_CondFC 控制器面板中点击 Tune 命令按钮（⚙），打开 Tune 对话框，在 Test 页面中，测试方法设定为 Open Loop，点击 Start test 命令按钮，系统会将控制器设置为手动模式，输出阶跃信号，测试系统的动态响应。

④ 当系统稳定后，点击 Finish test 命令按钮。

⑤ 选取 Tuning parameters 页面，保留缺省设置，点击 Calculate。命令按钮，得到比例增益为 0.71，积分时间常数为 1.2。

⑥ 按以上步骤，获得 LTS_CondPC 控制器的比例增益为 16.8，积分时间常数为 1.4。

⑦ 点击 Re-start simulation 命令按钮（◀）重置动态流程模拟。

⑧ 在 F1VAL_CondFC 控制器面板中点击 Configure 命令按钮（⚙），打开 Configure 对话框，输入比例增益 0.71，积分时间常数 1.2，然后点击 Initialize Values 命令按钮。

⑨ 在 LTS_CondPC 控制器面板中点击 Configure 命令按钮（⚙），打开 Configure 对话框，输入比例增益 16.8，积分时间常数 1.4，然后点击 Initialize Values 命令按钮。

⑩ 在 F1VAL_CondFC 控制器的控制面板的设定值中输入 5000，在 LTS_CondPC 控制器的控制面板的设定值中输入 39.1。

⑪ 点击 Run the simulation 命令按钮（▶）运行动态流程模拟。

⑫ 当流量和压力稳定后，将流量的设定值改为 2000；当流量和压力稳定后，再将流量的设定值改为 8000。记录流量和压力的随时间的变化趋势（图 8-20）。

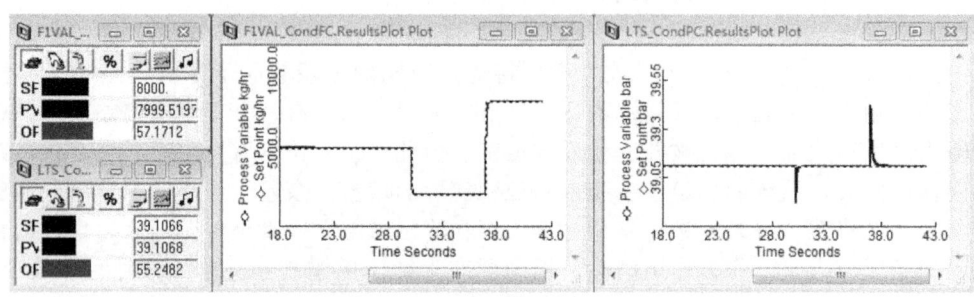

图 8-20 参数整定后的低温分离罐压力的动态响应曲线

对比控制器参数未整定前的动态响应曲线可知，当流量的设定值发生变化后，进料 FEED1 的流量迅速调整到了设定值，LTS 的压力波动后也能迅速地恢复到设定值。这说明参数整定后，控制器的性能有较大的改善，整个系统更容易控制。

第 9 章 贮罐工艺设计

9.1 贮罐分类

9.1.1 概述

本章所述为化工、石油、石油化工等工艺生产过程中的物料（燃料、原料、中间产品及最终产品）贮存容器。

与其他部门比较，石油、石油化工用贮罐有两个特点：一是相当大一部分物料是可燃、易燃、有毒的；二是容量大。这是由它们的产业特性所决定的，也是这些工业部门大型化发展的结果，如球罐的容积可达数万立方米，油罐的容积可达数十万立方米。目前国内最大油罐的容积为 10 万立方米，日本的地中罐容积已超过 30 万立方米。鉴于石油化工贮罐的重要性及安全性已愈来愈引起重视，因此在本章专门论述。

9.1.2 分类

石油、石油化工贮罐可从不同角度分类如下。

(1) 按结构可分为 4 类

a. 敞式贮罐。又可细分为圆筒型罐及矩型罐。

b. 平底立式圆筒罐。按其顶盖又可细分为锥顶、拱顶、伞形顶以及体积可变的套顶罐（通常称气柜）及浮顶罐。

c. 具有成型顶盖（封头）的圆筒形贮罐。通常又分为立式及卧式两种。

d. 球形罐。又可细分为圆球罐（通常称球罐）和类球罐（椭球罐、水滴形罐）。

平底立式圆筒形贮罐大量用于常压（气相压力一般不超过 2000mmH$_2$O）物料的贮存；具有成型顶盖的圆筒形贮罐广泛用于各种有压物料的贮存；球罐主要用于压力较大，物料量大的贮存。

表 9-1 各类常压容器适用压力范围

容器类别	设计压力 p_D
圆筒形容器	$-0.02\text{MPa} < p_D < 0.1\text{MPa}$
立式圆筒形贮罐	$-500\text{Pa} \leq p_D \leq 2000\text{Pa}$
矩形容器	连通大气

(2) 按压力可分为三类

a. 真空罐。通常操作压力在真空度大于 200mmH$_2$O 的贮罐称为真空罐。

b. 常压罐。对于"常压"，并无统一的定义，各种标准规范确定了自己的含义，在《钢制焊接常压容器》NB/T47003.1—2009 中的含义见表 9-1。

在《炼油厂钢制常压容器设计技术规定》SHJ1072—86 中其"常压"的含义为：压力低于 $100/(DN+10)^2 \text{kgf/cm}^2$（$DN$——容器公称直径，m）或真空度低于 200mmH$_2$O。

c. 压力罐。我国《压力容器安全技术监察规程》中，对压力容器的压力等级分类也适用于石油化工压力贮罐的压力等级分类，即

低压　　　　　$0.1\text{MPa} \leqslant p < 1.6\text{MPa}$
中压　　　　　$1.6\text{MPa} \leqslant p < 10\text{MPa}$
高压　　　　　$10\text{MPa} \leqslant p < 100\text{MPa}$

(3) 按与地面的关系分为以下三类

地面罐、地中罐、地下罐。地面罐造价低；地中罐、地下罐安全性好。

9.2　常用各种贮罐设计原则及计算

9.2.1　球罐

9.2.1.1　球罐的特点

球罐一般用于一定压力下的大量液、气贮存。球罐与圆筒形贮罐相比，在相同直径及相同工况（压力、温度）下球壳所受应力为圆筒体所受应力的一半；换言之，相同的压力、直径球壳的壁可以较薄；其次在相同容积下球壳的表面积最小，因此使用球罐可以节省材料。在相同容积下，球壳表面积小意味着散热（冷）面积小，这对于通常在低温下贮存的物料和挥发性大的物料来说很有利于节能；球罐的另一个优点是占地面积小，这有利合理利用土地资源和节省土地费用，由于球罐有上述优点，其在石油化工、冶金、城市煤气等部门获得广泛应用。

虽然球罐有以上优点，但也有其局限性：球罐体积庞大不能由制造厂制成后整件运输，只能在现场组焊，由于现场组焊需要大量工时，因此施工费用高；为防止制造厂压制的球片在运输过程中变形，包装及运输要有特殊措施，其费用也较高。因此只有当贮存的单罐容积比较大，使材料及土地节省的费用能够抵消因现场组焊等因素增加的费用后采用球罐才有经济意义。作经济比较的另一个因素是热处理费，两者情况不同，费用也不同。除了经济性外还有一个重要因素——安全性。球罐的球壳板组焊时刚性大，现场焊接受外界环境影响大，球壳板的焊接应力比圆筒贮罐高；对应力腐蚀的敏感性球罐高于圆筒罐。而从实际产生的事故率来看，球罐也不如圆筒罐。

9.2.1.2　国内对外球罐的使用情况

我国使用球罐已有几十年的历史，自20世纪70年代以来由于大型合成氨、乙烯、冶金及城市煤气事业的发展，我国已引进或自己设计制造了大量的球罐。这些球罐主要用于贮存液氨、乙烯、丙烯、液化石油气（LPG）、氧气、氮气及天然气等。我国使用的球罐虽然有不少是大型的，如8250m^3的液氨罐、1万立方米的天然气罐。但是与国外相比，我国的球罐以小型的占多数。据介绍，在20世纪80年代统计的1000m^3以上的大球罐在日本占55.4%。国外用于海上运输液化石油气的单罐容积达2.7万立方米，用于城市煤气的球罐容积达5.65万立方米，而国内1000m^3以下的球罐占93.3%，其中$100 \sim 400\text{m}^3$的占70%。因此，今后我国除了在发展大型球罐方面应有所作为以外，还应对400m^3，尤其是200m^3以下的贮罐做好充分的技术经济比较后再对采用球罐还是圆筒罐作出选择，以避免不经济地使用小球罐。

9.2.1.3　球罐的种类

① 按外形可分为圆球形、椭球形、水滴形三种，我国使用的主要是圆球罐。

② 按贮存物料的温度分有：

常温罐，温度高于$-20℃$，经常用于贮存液化石油气、液氨、氮、氧、空气、天然气等；

低温罐，温度在$-20 \sim -100℃$之间，如贮存乙烯等物料；

深冷罐，贮存$-100℃$以下的液化气，如$-253℃$的液氢等。

以上三种在我国都有使用。此外，国外还有使用热球罐的，但在我国尚未见报道。造纸工业用的蒸煮球是热球罐,但其不是贮罐,故不在本书叙述的范围之内。

③ 按球壳分瓣方式分有橘瓣式、足球式、橘瓣-足球瓣混合式。国内使用最多的是橘瓣式,混合式也已开始广泛使用。

9.2.1.4 球罐的结构

球罐的主体由两大部分组成,球壳体及其支撑件。除此外还有各种附件如温度计、压力计、液位计、安全阀、内转梯、外盘梯、平台、保温、水喷淋装置等,典型的球罐结构见图9-1。

(1) 球壳体

上述三种结构中球壳体橘瓣式有许多优点,为国内外广泛采用。混合式我国已有使用经验,其中既有从国外引进的,也有国内自己设计制造的,如1500m³的液化石油气球罐、10000m³的天然气球罐。

(2) 支柱式支撑

球罐的支撑以支柱式占绝大多数。支柱式支撑主要由两部分组成,支柱及拉杆。支柱有单段式及双段式,双段式主要用于低温罐。拉杆主要用于承受风载荷及地震载荷,其结构有可调式及固定式两种。国内的球罐标准(GB 12337—1998)中两种型式都有,但是只有可调式的有计算方法,国内主要用可调式。由于固定式有其自己的特点目前已受到重视且已有了国内设计制造的固定式拉杆。

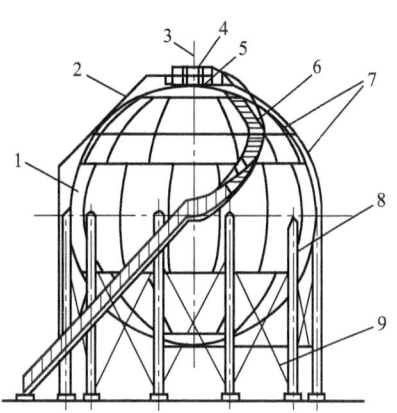

图 9-1 赤道正切柱式支承单层壳球罐
1—球壳;2—液位计导管;3—避雷针;
4—安全泄放阀;5—操作平台;6—盘梯;
7—喷淋水管;8—支柱;9—拉杆

9.2.1.5 球罐标准

我国有关球罐的标准有三个:《钢制球形贮罐型式与基本参数》(GB/T 17261—2011);《球形贮罐施工验收规范》(GB 50094—2010);《钢制球形贮罐》(GB 12337—1998)。

(1)《球形贮罐型式及基本参数》(GB/T 17261—2011)

本系列包括两种球壳结构:橘瓣式及混合式。混合式的基本参数见表9-2。橘瓣式的基本参数见表9-3。

表 9-2 混合式球形贮罐基本参数

公称容积 /m³	球壳内直径或球罐基础中心圆直径 /mm	几何容积 /m³	支柱底板底面至球壳中心的距离 /mm	球壳分带数	支柱根数	各带球心角(°)/各带分块数				
						上极	上温带	赤道带	下温带	下极
1000	12300	974	8000	3	8	112.5/7	—	67.5/16	—	112.5/7
				4	10	90/7	40/20	50/20	—	90/7
1500	14200	1499	8800	3	8	112.5/7	—	67.5/16	—	112.5/7
				4	10	90/7	40/20	50/20	—	90/7
2000	15700	2026	9600	4	10	90/7	40/20	50/20	—	90/7
				5	12	75/7	30/24	45/24	30/24	75/7
3000	18000	3054	10600	4	10	90/7	40/20	50/20	—	90/7
				5	12	75/7	30/24	45/24	30/24	75/7
4000	19700	4003	11600	5	12	75/7	30/24	45/24	30/24	75/7
					14	65/7	38/28	39/28	38/28	65/7

续表

公称容积 /m³	球壳内直径或球罐基础中心圆直径 /mm	几何容积 /m³	支柱底板底面至球壳中心的距离 /mm	球壳分带数	支柱根数	各带球心角(°)/各带分块数				
						上极	上温带	赤道带	下温带	下极
5000	21200	4989	12200	5	12	75/7	30/24	45/24	30/24	75/7
					14	65/7	38/28	39/28	38/28	65/7
6000	22600	6044	13000	5	12	75/7	30/24	45/24	30/24	75/7
					14	65/7	38/28	39/28	38/28	65/7
8000	24800	7986	14000	5	14	65/7	38/28	39/28	38/28	65/7
10000	26800	10079	15000	5	14	65/7	38/28	39/28	38/28	65/7

表 9-3 橘瓣式球形贮罐基本参数

公称容积 /m³	球壳内直径或球罐基础中心圆直径 /mm	几何容积 /m³	支柱底板底面至球壳中心的距离 /mm	球壳分带数	支柱根数	各带球心角(°)/各带分块数						
						上极	上寒带	上温带	赤道带	下温带	下寒带	下极
50	4600	51	4000	3	4	90/3	—	—	90/8	—	—	90/3
120	6100	119	4800	4	5	60/3	—	55/10	65/10	55/10	—	60/3
200	7100	187	5200	4	6	60/3	—	55/12	65/12	55/12	—	60/3
400	9200	408	6200	4	6	60/3	—	55/12	65/12	55/12	—	60/3
					8	60/3	—	55/16	65/16	55/16	—	60/3
				5	8	45/3	—	45/16	45/16	45/16	—	45/3
650	10700	641	7000	4	6	60/3	—	55/12	65/12	55/12	—	60/3
					8	60/3	—	55/16	65/16	55/16	—	60/3
				5	8	38/3	—	46/16	50/16	46/16	—	38/3
1000	12300	974	8000	5	8	54/3	—	36/16	54/16	36/16	—	54/3
					10	54/3	—	36/20	54/20	36/20	—	54/3
1500	14200	1499	8800	5	8	54/3	—	36/16	54/16	36/16	—	54/3
					10	54/3	—	36/20	54/20	36/20	—	54/3
2000	15700	2026	9600	5	10	42/3	—	42/20	54/20	42/20	—	42/3
					12	42/3	—	42/24	54/24	42/24	—	42/3
3000	18000	3054	10600	5	10	42/3	—	42/20	54/20	42/20	—	42/3
					12	42/3	—	42/24	54/24	42/24	—	42/3
4000	19700	4003	11600	6	12	36/3	32/18	36/24	40/24	36/24	32/18	36/3
					14	36/3	32/21	36/28	40/28	36/28	32/21	36/3
5000	21200	4989	12200	6	12	36/3	32/18	36/24	40/24	36/24	32/18	36/3
					14	36/3	32/21	36/28	40/28	36/28	32/21	36/3
6000	22600	6044	13000	6	12	36/3	32/18	36/24	40/24	36/24	32/18	36/3
					14	36/3	32/21	36/28	40/28	36/28	32/21	36/3
8000	24800	7986	14000	7	14	32/3	26/21	30/28	36/28	30/28	26/21	32/3
10000	26800	10079	15000	7	14	32/3	26/21	30/28	36/28	30/28	26/21	32/3

注：上、下极板分块数，根据需要可以是 2 块。

（2）《球形贮罐施工验收规范》(GB 50094—2011)

本规范内容限于施工及验收，不包括设计且施工及验收内容，与 GB 12337—1998 中有所不同，因此不能与 GB 12337—1998 并列使用。

（3）《钢制球形贮罐》(GB 12337—1998)

本标准内容包括了建造球罐设计、制造、组焊、检验和验收的全部内容，适用于设计压力不大于 4MPa，公称容积不小于 50m³ 的橘瓣式或混合式以支柱支撑的球罐。

本标准规定的球壳板材料共 8 个钢号：20R、16MnR、15MnVR、15MnVNR、

07MnCrMoVR、16MnDR、07MnNiCrMoVDR、09Mn2VDR。

9.2.1.6 设计要点

球罐的设计应根据物料的物性、容量大小及使用条件而定。球罐的主要问题是如何防止事故的发生。事故产生原因有多种：焊缝的开裂、构件（如接管或人孔法兰）的泄漏以及操作不当（满罐超压）等等。产生事故较多的是液化气罐，因此我们对建造球罐的各个环节必须严格按规范进行并对球罐制订严格的操作规程。

(1) 球壳选型

从球壳破裂事故来看大多数在焊缝，因此在设计中应尽可能减少球壳板焊缝的总长度。减少焊缝长度的根本途径是加大球片的尺寸。大型球罐（$\geqslant 1000 m^3$）采用混合式结构有利于采用大球片，也就可以减少焊缝长度。

(2) 球壳焊缝的应力腐蚀

某些物料由于含有部分杂质，在球壳焊缝附近所受拉伸应力下会产生应力腐蚀。如液化石油气含有硫化氢、液氨中含有一定量的水等。在球罐标准 GB 12337—2011 中规定对有应力腐蚀的球罐要作焊后整体热处理，但是对何种物料含有多少杂质时才会产生应力腐蚀，没有作出规定。国外资料中对液化石油气贮罐有如下规定可作参考：在使用高强度钢制造的球罐中贮存的液化石油气含有硫化氢等物质时在焊缝附近或定位焊的焊迹等处，经常会发生应力腐蚀裂纹，使液化石油气泄漏，从而导致球罐的破裂。因此，对球罐内贮存的介质组成，特别要予以注意。对于 $60 kgf/mm^2$ 级高强度钢，液化石油气中硫化氢含量必须控制在 50×10^{-6}（液体中）以下。对于 $80 kgf/mm^2$ 级高强度钢。液化石油气中硫化氢的含量必须控制在 10×10^{-6} 以下。

对于液氨，国际上有不少看法是其含水量在 0.2% 以下时容易产生应力腐蚀，设计时必须注意。

(3) 选材

球壳钢板按强度分有中低强度钢和高强度钢（$\sigma_s > 50 kgf/mm^2$ 或 $\sigma_b \geqslant 58 kg/mm^2$）。前者优点是材料易得、价低，焊接条件不苛刻，但球壳板较厚时要热处理，欧洲国家倾向于此；后者的优点是消耗金属少，焊接工作量少可控制壁厚较薄，避免热处理也有利于球罐的大型化，美日倾向于此。

我国 GB 12337—2011 中 2 个钢号为高强度钢，六个钢号为中低强度钢，其中 16MnR 使用最广泛。16MnDR 及 09Mn2VDR、07MnNiCrMoVDR 是三种低温钢，用于低温罐。

由于我国钢铁工业的发展目前已能批量生产低焊接裂纹敏感性的高强度钢（CF 钢），如 07MnCrMoVR 及 07MnNiCrMoVDR，后者为 −40℃ 级的低温钢，可用于制造乙烯球罐。如要使用此两钢号则必须符合《钢制压力容器》（GB150）中的有关规定。

(4) 设计温度和设计压力

罐内贮存介质的正常操作压力及正常操作温度在工艺上确定后还要根据各种不同情况确定其设计温度和设计压力。

环境温度会影响罐内物料温度和球壳金属壁温度，而这种温度又会引起罐内介质压力的变化和金属性质的变化。这些因素必须在设计条件中确定，形成不同的温度-压力组合，设计应按最不利的工况进行。

原化工部标准《设备和管道系统设计压力和设计温度的确定》（HG/T 20570.1—95）对确定设计温度和设计压力作了详细而明确的规定，现摘录如下。

壳体的材料温度仅由大气环境气温条件所确定的设备，其最低设计温度可按该地区气象资料，取历年来"月平均最低气温"的最低值。

① "月平均最低气温"系指当月各天的最低气温相加后除以当月的天数。"月平均最低气温"的最低值，是国家气象局实测的 1971~1988 年逐月平均最低气温资料中的最小值。

② 对低于、等于—20℃的地区，最低设计温度取—20℃。

③ 对于低于、等于—10℃并高于—20℃的地区，最低设计温度取—10℃。

按照此规定贮存压缩气体（氮、氧、空气、天然气等）的球罐当环境最低温度低于等于—20℃时设计温度按此确定。

我国月平均最低气温低于等于—20℃和—10℃的地区摘录于表 9-4。

表 9-4　全国"月平均最低气温"低于等于—20℃和—10℃的地区

① 根据国家气象局提供的 1971~1988 年全国气象台站月平均最低气温等值线图和有关资料，以县级行政区划为单位，画出月平均最低气温等值线
  a. 低于、等于—20℃的地区包括
  ⓐ 新疆维吾尔自治区、西藏自治区、青海省、内蒙古自治区、黑龙江省、吉林省
  ⓑ 下列省中所列县和省直辖行政单位
　•山西省：雁北地区的天镇、大同、怀仁、平鲁、右玉、阳高、左云等县，忻州地区的偏关和河曲县
　•河北省：张家口地区的怀安、万全、崇礼、亦城、康保、沽源等县，承德地区的丰宁、隆化、围场、平泉等县
　•辽宁省：朝阳市的凌源、喀喇沁左翼、朝阳等县，锦州市的北镇、义县、黑山等县，沈阳市的新民县，抚顺市的抚顺、清原、新宾等县，阜新市和彰武阜新县，铁岭市和铁岭、开原县、铁法市、北票市
  b. 低于、等于—10℃的地区包括
  ⓐ 在①a 中低于、等于—20℃的地区
  ⓑ 河北省、山西省、宁夏回族自治区
  c. 下列省中所列省和地区
　•陕西省：榆林地区，延安地区，渭南地区的韩城市、蒲城、潼关、白水、华阴、澄城、合阳、大荔等县，铜川市的宜君县，咸阳市的彬县、长武、旬邑等县
　•甘肃省：平凉地区，定西地区，庆阳地区，武威地区，张掖地区，酒泉地区，临夏回族自治州，甘南藏族自治州的临潭、卓尼、迭部、玛曲、碌曲、夏河等县，兰州市，金昌市，白银市，嘉峪关市
　•四川省：阿坝藏族羌族自治州的马尔康、若尔盖、红原、金川、壤塘等县，甘孜藏族自治州的丹巴、炉霍、新龙、道孚、雅江、白玉、理塘、石渠、巴塘、德格、色达、稻城等县
　•辽宁省：除本表(1)a 中划为—20℃地区外的地区
② 如个别地区有小气候，应以当地气象资料为准

对于或装液化气的容器在 HG/T 20570.1—95 中也有规定，现摘录如下。

① 盛装临界温度高于 50℃的液化气体的压力容器，当设计有可靠的保冷设施时，其最高压力为所盛装液化气体在可能达到的最高工作温度下的饱和蒸气压力；如无保冷设施，其最高压力不得低于该液化气体在 50℃时的饱和蒸气压力。

② 盛装临界温度低于 50℃的液化气体的压力容器，当设计有可靠的保冷措施，并能确保低温贮存的，其最高压力不得低于实测的最高温度下的饱和蒸发压力；没有实测数据或没有保冷设施的压力容器，其最高压力不得低于所装液化气体在规定的最大充装量时，温度为 50℃的气体压力。

③ 常温下盛装混合液化石油气的压力容器，应以 50℃为设计温度。当其 50℃的饱和蒸气压力低于异丁烷 50℃的饱和蒸气压力时，取 50℃异丁烷的饱和蒸气压力为最高压力；当其高于 50℃异丁烷的饱和蒸气压力时，取 50℃丙烷的饱和蒸气压力为最高压力；如高于 50℃丙烷的饱和蒸气压力时，取 50℃丙烯的饱和蒸气压力为最高压力。

对液化石油气贮罐，当介质确定后其设计压力可按表 9-5 确定。

表 9-5 各种液化石油气贮罐的设计压力

常温贮存下,烃类液化气体或混合液化石油气(丙烯与丙烷或丙烯与丁烯等的混合物)容器	介质为丁烷、丁烯、丁二烯时	0.79MPa
	介质 50℃时饱和蒸气压小于1.57MPa 时	1.57MPa
	介质为液态丙烷或介质50℃时饱和蒸气压大于 1.57MPa，小于 1.62MPa 时	1.77MPa
	介质为液态丙烯或介质50℃时饱和蒸气压大于1.62MPa,小于1.94MPa时	2.16MPa

由于球罐容积大，HG/T 20570.1—95 中又有如下之规定。

容积大于或等于100m³ 的盛装液化石油气的贮存类压力容器，由设备设计者和工艺系统设计人员协商来确定设计温度，但不低于40℃，根据设计温度及介质的对应饱和蒸气压来确定最大工作压力和设计压力。

9.2.1.7 球壳板的厚度计算

球壳板的厚度按《钢制压力容器》(GB 150)计算公式的适用范围为 $p_c \leqslant 0.6[\sigma]^t \phi$

$$\delta = \frac{p_c D_i}{4[\sigma]^t \phi - p_c} \tag{9-1}$$

式中 δ——计算厚度，mm；

p_c——计算内压力，MPa，由于球罐容积都较大，因此对于贮存液体物料的球罐计算压力应包括液柱静压力；

D_i——球罐内径，mm；

$[\sigma]^t$——球罐设计温度下材料的许用应力，MPa；

ϕ——焊缝系数。

双面焊和相当于双面焊的全焊透对接接头，100%无损检测 $\phi=1.00$；局部无损检测 $\phi=0.85$。

球罐支承件的计算比较复杂，可按球罐标准 GB 12337—2011 中的方法计算，其中可调式支承的计算是规定性的，固定式支撑计算为参考性计算。

9.2.2 小型贮罐

在石油化学工业中大量使用小型贮罐，所谓"小型"并无严格定义，通常的含义是不大于100m³。

从所受压力来分，小型贮罐可分为真空罐、常压罐、压力罐三种。常压罐通常采用平底立式圆筒形结构，一般仅能承受数百毫米的气相压力，对于较小直径也可用至数千毫米水柱压力。小型常压罐通常采用价格低的结构钢材料，如 Q235-A，Q235-B 等。当介质压力较大时，平底（或平盖）结构在强度或刚度上已不能承受，此时应采用具有成型封头的圆筒形罐。此种贮罐可耐压稍高，由于成型封头制造比平底复杂，因此，与容积相同的常压罐相比价格较高。

9.2.2.1 小型贮罐标准

小型贮罐适用的标准规范与大中型贮罐适用的标准规范相同，即前述压力容器标准 GB

150，常压容器标准 NB/T 47003.1—2009。为设计方便小型贮罐还有系列标准《普通碳素钢及低合金钢贮罐标准系列》HG/T 3145～HG/T 3154，其适用压力及容积范围见表 9-6。

表 9-6　普通碳钢及低合金钢贮罐系列

类型	立 式								卧式
型式	平底平盖贮罐系列	平底平顶贮罐系列	平底锥顶贮罐系列	90°无折边锥形底平顶贮罐系列	90°折边锥形底椭圆形封头贮罐系列		椭圆形封头贮罐系列		椭圆形封头贮罐系列
					悬挂式支座	支腿	悬挂式支座	支腿或裙座	
标准号	HG/T 3146	HG/T 3147	HG/T 3148	HG/T 3149	HG/T 3150	HG/T 3151	HG/T 3152	HG/T 3153	HG/T 3154
示意图									
设计压力 p kgf/cm²	常　　　　压				6		25、6、10、16、18、20、22、25、30、40		
设计压力 p ×10⁻² MPa						59	25、59、98、157、176、196、216、245、294、392		

公称容积 V_g /m³：

容积	HG/T 3146	HG/T 3147	HG/T 3148	HG/T 3149	HG/T 3150	HG/T 3151	HG/T 3152	HG/T 3153	HG/T 3154
0.1									
0.2									
0.3	0.1~1.5								
0.5									0.5~100
0.8									
1									
1.5		0.1~8	0.1~8	0.1~8	0.1~8				
2									
2.5							0.1~10		
3									
4								0.1~40	
5									
6									
8									
10									
12									
16									
20									
25									
32			10~80						
40									
50									
63									
80									
100									

注：1kgf/cm²=98.0665kPa。

该标准仅为规格系列，并无施工图。

常压罐及压力贮罐均安正压设计，若要用于负压则要通过核算后才能使用。

9.2.2.2 小型贮罐的计算

小型贮罐的计算方法与大中型贮罐的计算方法相同，可以采用同样的标准规范。

① 对压力贮罐（$p_{设} \geqslant 0.1 \text{MPa}$）其受压元件采用《钢制压力容器》（GB 150）标准计算。

② 对常压贮罐（$p_{设} \leqslant 0.1 \text{MPa}$）其壳体（包括筒体及顶盖或封头）按《钢制焊接常压容器》NB/T 47003.1—2009 计算。

受内压的压力容器圆筒壁厚计算公式

$$\delta = \frac{p_c D_i}{2[\sigma]\phi - p_c} \tag{9-2a}$$

上式适用范围为 $p_c \leqslant 0.4[\sigma]^t \phi$。

受内压的常压容器圆筒壁厚计算公式

$$\delta = \frac{p_c D_i}{2[\sigma]\phi} \tag{9-2b}$$

式中　δ——计算厚度，mm；

　　　p_c——计算内压力，MPa，当容器内液体压头超过设计压力5%时，应计入液柱压头；

　　　D_i——筒体内径，mm；

　　　$[\sigma]$——设计温度下的许用应力，MPa。对压力容器及常压容器而言；即使材料相同其值也不同，应分别按 GB 150 或 JB/T 4735 内规定取值；

　　　ϕ——焊缝焊接接头系数；对压力容器为 0.8、0.85、0.9、0.95、1.00，按 GB 150 规定取；对常压容器为 0.60、0.65、0.70、0.80、0.85、0.90、1.0，按 JB/T 4735 规定取。

③ 无论是压力容器或常压贮罐都有支撑件，对卧式贮罐其支撑件及支撑在壳体上的应力按卧式容器的方法计算，在新标准没有出来之前可按老标准 GB 158—88 中的计算方法计算。而立式贮罐的计算按支撑形式的不同应按不同的标准计算；用裙式支座支撑的可按《钢制塔式容器》（JB/T 4710）计算；用耳式支座支撑的可按《耳式支座》（JB/T 4712.3），校核其允许弯矩；用支承式或支腿式支座支撑的分别按《支承式支座》（JB/T 4712.4）、《腿式支座》（JB/T 4712.2）校核其承载能力。

9.2.3　低温贮罐

9.2.3.1　概述

在石油化工方面使用制冷技术对液化天然气、乙烯、液化石油气等工业原料和（或）民用燃料进行大量贮存，开辟了天然气、液化石油气等贮运技术的新篇章。已实现常压低温贮运的液态烃有：液化天然气（LNG），贮存温度－162℃，乙烯，贮存温度－103℃，液化石油气（LPG）贮存温度－31℃，丙烯，贮存温度－45℃，无机类有：液氨（－33.4℃）、液氧（－183℃）、液氮（－196℃）、液氢（－253℃）、液氦（－269℃）。低温贮罐容量及运输船装载量也越来越大，当前已建成20万立方米的LNG低温贮罐，最大运输船可以载12.86万立方米的LNG。低温贮运技术有以下几个特点：①增加了贮运安全性，因为这些物料基本处于常压状态，贮运安全可靠，操作方便；②罐区占地面积小，节省了投资；③由于贮存、运输大型化，大大降低了贮运成本；④实现了某些品种物料的大规模长途运输。

低温贮罐用来贮存压力接近常压、温度较低或很低的液态物料，通常简称低温法或常压法。

常压低温法贮运原理是：将需要贮存的物料冷却到某一温度，使其饱和蒸气压接近于常压。由于压力降低，安全性大大提高，同时也可以节省大量钢材，但由于贮存温度低，贮罐对钢材提出了很高的要求，必须具有良好的耐低温性能，而且还要有一套较复杂的制冷系统。

本节适用于 100m³ 以上的大型低温贮罐。

9.2.3.2 工艺流程设计

低温贮存装置的工艺流程设计必须根据贮存的液化气体特性，即以蒸气压和蒸发温度的关系及贮存量而定，不同的液化气体，其贮存温度不同，相应采用的工艺流程也有差异。对贮存温度较低的液化气体，如液化石油气（丙烷－42℃，异丁烷－12℃）、液氨（－33℃）等，其流程较简单，对常压下沸点很低的液化气体如液化天然气（约－162℃）和液态乙烯（约－103℃），其液化过程需采用深度冷冻法，制冷系统复杂。下面分别叙述几类典型的贮存工艺流程。

（1）液化石油气的贮存

用低温贮罐及制冷系统在接近常压下贮存液化石油气，压力一般为 0～7kPa（表压），贮存温度为－40～－30℃。

低温贮罐在运行过程中，周围空气会使部分热量传递至罐内，致使温度升高，为了维持罐内液体温度和蒸气压力，需要设置冷却装置，把热量取走。冷却流程如下。

① 直接式冷却流程　一种形式的直接式冷却流程如图 9-2（a）所示，当罐内温度和压力升高到一定值时，压缩机启动，从贮罐中抽出蒸气，使罐内压力降低。抽出的蒸气经过压缩机加压后，由冷凝器冷凝成液体进入贮液槽，并用泵送到贮罐顶部，经节流喷淋至气相空间，使部分液体吸热汽化，降低罐内温度。经过一段时间，贮罐内的部分液体吸热汽化、再次循环，不断取走热量，使罐内温度和压力维持在设计值。

另一种形式的直接式冷却流程如图 9-2（b）所示，气态与液态的液化石油气，首先经过热交换后，再压缩、冷凝后送回贮罐。

② 间接式冷却流程　间接式冷却流程又分为间接气相流程和间接液相流程两种。

间接气相冷却式流程如图 9-2（c）所示，当罐内温度及压力升高时，由罐顶排出的蒸气经热交换器冷凝成液体进入贮液槽，用泵送回贮罐顶部，经节流喷淋至气相空间使部分液体吸热汽化，降低罐内温度。经过一段时间，贮罐内的部分液体吸热汽化、再次循环，不断取走热量，使罐内温度和压力维持在设计值。

气液分离器的液体，经过节流后送至热交换器作为冷源，汽化后与气液分离器中的气体一起被压缩机吸入，加压并经冷凝器冷凝成液体后回到气液分离器中。

间接液相冷却式流程如图 9-2（d）所示，当罐内温度升高时开动泵，将液态石油气打入热交换器，经冷却后的液态石油气与罐内液态石油气混合，降低罐内温度。

冷源系统液化石油气的循环与间接气相冷却流程相似。

直接式冷却流程系统简单，运行费用低，得到广泛应用。间接式冷却流程通常用在运输船上。

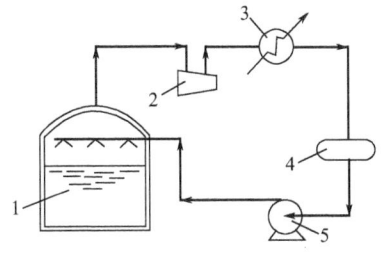
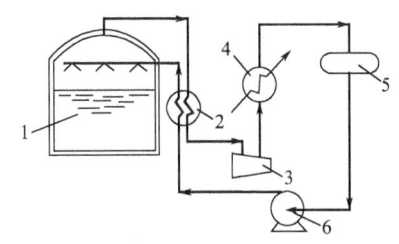

(a) 直接式冷却流程-1
1—低温贮罐；2—压缩机；3—冷凝器；
4—贮液槽；5—液化石油气泵

(b) 直接式冷却流程-2
1—低温贮罐；2—热交换器；3—压缩机；
4—冷凝器；5—贮液槽；6—液化石油气泵

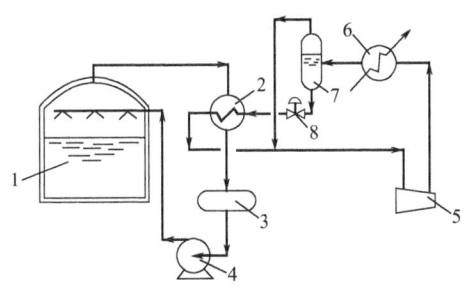
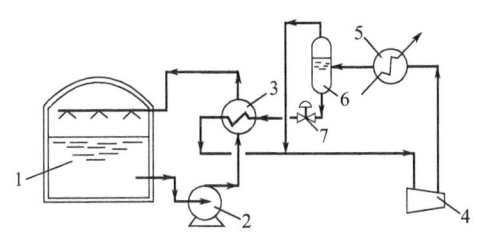

(c) 间接气相冷却式流程
1—低温贮罐；2—热交换器；3—贮液槽；
4—液化石油气泵；5—压缩机；6—冷凝器；
7—气液分离器；8—节流阀

(d) 间接液相冷却式流程
1—低温贮罐；2—液化石油气泵；3—热交换器；
4—压缩机；5—冷凝器；6—气液分离器；7—节流阀

图 9-2 冷却流程

③ 灌注及排空冷却流程　灌注及排空冷却流程如图 9-3 所示，为了维持罐内液化石油气的低温，低温贮罐内部配备冷却系统，即在贮罐底部设计一个与液化石油气相同温度的双甘醇系统，当往低温贮罐灌注液化石油气时，双甘醇经热交换器压入双甘醇贮槽，往低温贮罐灌注的液化石油气在热交换器中冷却。当液化石油气排空时，双甘醇经热交换器冷却后又回到低温贮罐。

带有冷却式流程的低温贮罐也可用于性质相似的其他液化气体。根据贮存物料的性质及容量，对制冷系统的设计参照制冷原理进行。

(2) 液化天然气的贮存

常压下天然气的液化温度很低（-162℃），液化过程一般采用深度冷冻法。天然气的贮存采用低温贮罐及制冷系统，但是靠一般制冷达不到制冷目的。下面提供三种深冷流程。

① 阶式循环（或称串级循环）制冷流程　图 9-4 所示是阶式循环制冷流程。为使天然气液化并达到-162℃，需有三段冷却，制冷剂为丙烷（或氨）、乙烯（或乙烷）和甲烷。

丙烷通过丙烷蒸发器冷却乙烯和甲烷的同时，天然气被冷却到-40℃左右；乙烯通过乙烯

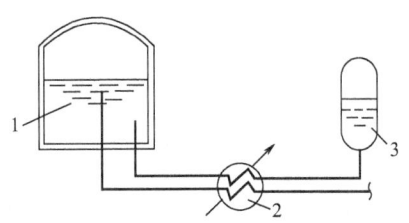

图 9-3 灌注及排空冷却流程
1—低温贮罐；2—热交换器；3—双甘醇贮槽

蒸发器冷却甲烷的同时，天然气被冷却到－100℃左右；甲烷通过甲烷蒸发器把天然气冷却到－162℃，使之液化，经气液分离器分离后，液态天然气进入低温贮罐。三个独立的循环过程都包括蒸发、压缩和冷凝三个过程。

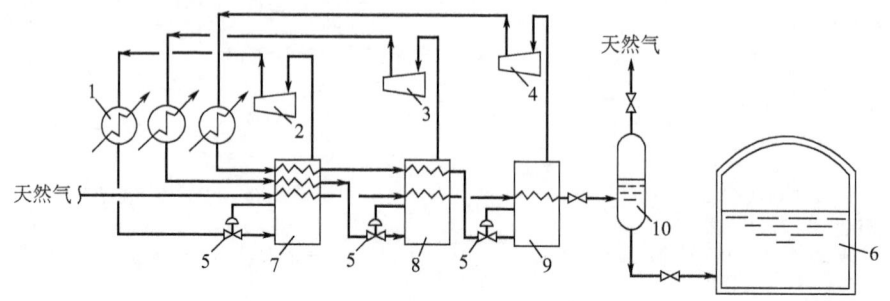

图 9-4 阶式循环制冷流程

1—冷凝器；2—丙烷制冷机；3—乙烯制冷机；4—甲烷制冷机；5—节流阀；
6—低温贮罐；7—丙烷蒸发器；8—乙烯蒸发器；9—甲烷蒸发器；10—气液分离器

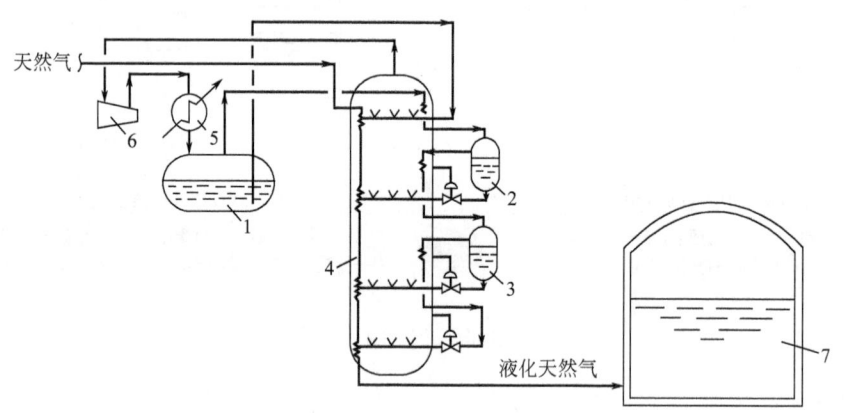

图 9-5 混合式制冷流程

1—丙烷贮槽；2—乙烯贮槽；3—氮贮槽；4—换热器；5—冷却器；6—制冷机；7—低温贮罐

② 混合式（或多组分）制冷流程　图 9-5 所示是混合式制冷流程。制冷剂是烃的混合物及氮。丙烷、乙烯及氮的混合蒸气经制冷机压缩和冷却器冷却进入丙烷贮槽，丙烷呈液态，压力为 3.0MPa（绝压），乙烯和氮呈气态。丙烷在换热器中蒸发，使天然气冷却到－70℃。同时冷却了乙烯和氮，乙烯呈液态进入乙烯贮槽，氮呈气态。液态乙烯在换热器中蒸发，冷却了天然气及氮气。氮气进入氮贮槽并进行气液分离，液氮在换热器中蒸发，进一步冷却天然气同时冷却了氮气，氮气进一步液化并在换热器中蒸发，将天然气冷却到－162℃，送入低温贮罐。

此法优点是设备简单，缺点是气液平衡及焓计算复杂，换热器结构复杂，制造比较困难。

混合式制冷的效率和投资比阶式制冷的低。

③ 膨胀法制冷流程　图 9-6 所示是膨胀法制冷流程。长输干管的天然气，先进入换热器 1，大部分天然气在膨胀涡轮机中减压至输气管网的压力，没有减压的天然气在换热器 2 中被冷却，并经节流阀膨胀，降压液化后进入低温贮罐。

低温贮罐上部蒸发的天然气，由膨胀涡轮机带动的压缩机吸出并压缩到管网的压力，并与膨胀涡轮机出来的天然气混合作为冷源，经换热器 2、换热器 1 进行热交换后送入管网。

天然气液化的数量取决于管网的压力。表 9-7 为各种压力比下甲烷的液化量

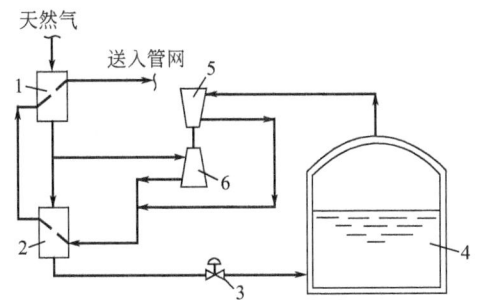

图 9-6 膨胀法制冷流程

1,2—换热器；3—节流阀；4—低温贮罐；5—压缩机；6—膨胀涡轮机

表 9-7 各种压力比下甲烷的液化量

入口压力 p_1(绝压)/MPa	出口压力 p_2(绝压)/MPa	甲烷液化量/%	p_1/p_2
6.86	3.43	3.7	2∶1
5.145	3.43	2.4	1.5∶1
5.145	1.029	10.3	5∶1
5.145	0.343	14.8	15∶1

(3) 液态乙烯的贮存

液态乙烯以接近常压 [102～107kPa（绝压）]、低温（约 −103℃）贮存于低温贮罐 1 中，流程如图 9-7 所示。

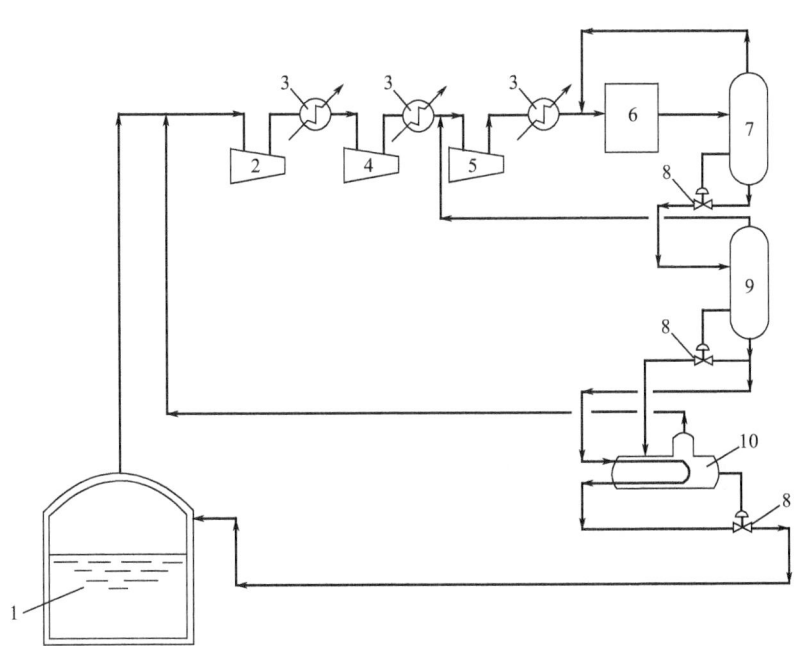

图 9-7 液态乙烯的常压低温贮存流程

1—低温贮罐；2—第一级压缩机；3—冷却器；4—第二级压缩机；5—第三级压缩机；
6—冷冻单元；7—一段闪蒸罐；8—节流膨胀阀；9—二段闪蒸罐；10—乙烯过冷器

由于冷损失低温贮罐 1 中汽化的乙烯蒸气进入第一级压缩机 2，压缩气体到冷却器 3 中冷却后进入第二级压缩机 4，第二级加压冷却后进入第三级压缩机 5，加压并冷却后进入冷冻单元 6 中进一步冷凝到 −20℃ 左右的液态乙烯，流入一段闪蒸罐 7，一段闪蒸罐 7 中产生的气相循环回到冷冻单元 6 中，液相流入管线，经过管线上的节流膨胀阀 8 降压降温，气液态混合乙烯进入二段闪蒸罐 9，二段闪蒸罐 9 中产生的气相回到第三级压缩机 5 的入口，二段闪蒸罐 9 中的少部分液态乙烯流入管线，经过节流膨胀阀 8 进一步降压降温后进入乙烯过冷器 10 的壳程，作为冷源，二段闪蒸罐 9 中的少部分液态乙烯进入乙烯过冷器 10 的管程中进行热交换，乙烯过冷器 10 管程中的液态乙烯降温到 −97℃ 左右，经过管线上的节流膨胀阀 8 降压到 107kPa（绝压），降温到 −103℃ 左右进入低温贮罐 1。乙烯过冷器 10 壳程中的气态乙烯返回到第一级压缩机 2 的入口。

(4) 液氨的贮存

液氨以常压、低温（约 −33℃）贮存于低温贮罐，用压缩机（一段或二段）配备直接式冷却流程的装置，保持罐内的温度和压力在设计值，图 9-8 为带有冷却流程的常压液氨贮罐。

9.2.3.3 低温贮罐的设计

(1) 低温贮罐的结构设计原则

低温贮罐是低温贮存装置的关键设备，材质的选取、保冷及安全应是设计者主要考虑的内容。

普通绝热贮罐一般有两种：一种为单层罐，钢制外壳内填绝热层，用黏结剂密封。一种为双层罐，两层钢制容器，中间充填绝热层，系统内用氮气缓冲。国内双层罐较多，引进装置有单层罐。普通绝热贮罐适用于 $100m^3$ 以上的大型低温贮罐。

双层低温贮罐由内罐和外罐、中间充填具有隔热性能的绝热层组成，下面分别加以叙述。

① 内罐　内罐又称薄膜罐，是用薄而耐低温的钢板制成的液密性、可挠性的内容器。内罐材料根据贮罐的操作温度、操作压力和贮存介质来确定，实际应用时贮存液化天然气常用镍钢、不锈钢或铝合金，贮存液化石油气常用低碳钢或低合金钢。内罐材料选择的原则通常如下。

−20℃ ≤ 设计温度 < 420℃，采用碳钢或低合金钢；−60℃ ≤ 设计温度 < −20℃，采用低温钢；−102℃ ≤ 设计温度 < −60℃，采用 SA—203Gr.D/S5（3.5 镍钢）；设计温度 < −102℃，采用不锈钢。

② 绝热层　绝热层的作用有以下几点：一是将液体压头传递给外罐体；二是起绝热作用减少汽化量；三是起固定内罐的作用。

③ 外壳（又称罐体）　普通绝热贮罐的外壳可有以下几种：a. 钢制壁（包括合金及铝），适用于地上贮罐；b. 钢筋混凝土与预应力钢筋混凝土壁，适用于地下贮罐。其优点有：材料低温性能好，耐久性强，不受地下水腐蚀，不变脆，液密性能好，抗震性能也好；c. 冻土壁，冻土壁和绝热盖形成绝热壳体。建造时用冷却管使内罐土壤冻结而成。

建设条件：地下水位高，选择渗透性要小的岩石或黏土层。优点是安全性好、经济性高，并提高土地利用率。

(2) 大型双层低温贮罐

目前大型双层低温贮罐普遍用于贮存液化石油气、液化天然气、乙烯、丙烯等化工原料或用于贮存工业、民用燃料，我国福建、广东、江苏、上海、浙江等沿海和沿长江的地区建设有几套大型低温贮存装置贮存液化石油气、液化天然气、乙烯，贮存容量在 1 万立方米以上。图 9-9 所示是平底球面顶的双层低温贮罐，内罐用耐低温的铝（贮存液化天然气）或镇静钢（贮存液化石油气）；外壳用普通钢板制成，内外壁之间充填绝热层。

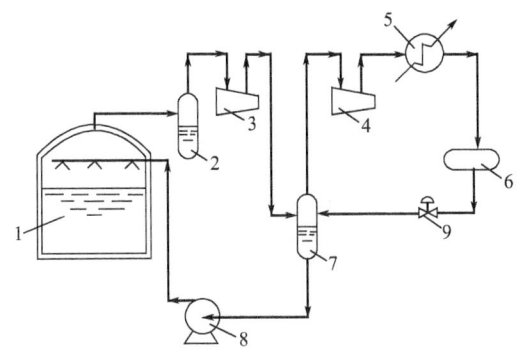

图 9-8 带有冷却流程的常压液氨贮罐流程
1—低温贮罐；2—分离器；3—第一级压缩机；
4—第二级压缩机；5—冷凝器；6—接受器；
7—闪蒸罐；8—液氨泵；9—节流阀

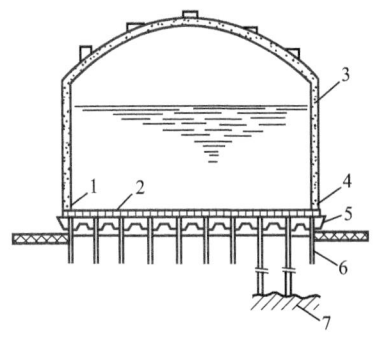

图 9-9 液化石油气低温贮罐
1—珍珠岩混凝土；2—珍珠岩混凝土预制块；
3—充填珍珠岩粉并封入氮气；4—珍珠岩；
5—基础混凝土；6—钢管柱；7—硬质地基

绝热层材料必须是热导率小，如硬质泡沫氨基甲酸乙酯、泡沫玻璃、珍珠岩以及硬质泡沫酚醛树脂。充填在内外罐的中间是粉末、纤维或粉末和板块混合使用。

贮罐上应设置维持罐安全运行的调节阀和安全阀，贮罐管口应采用挠性管连接。此外应配有盘梯、平台、人孔、取样阀门等，贮罐主要管口应装紧急切断阀。下面介绍典型的液化石油气和乙烯的大型低温贮罐。

① 大型液化石油气低温贮罐（图 9-9） 某 LPG 贮存装置内包括两个低温贮罐（T-01、T-02），低温贮罐的设计数据如表 9-8 所示，该 LPG 贮存装置包括 6 种操作模式，如表 9-9 所示。

表 9-8 LPG 低温贮罐的设计数据

T-01		T-02	
项目	指标	项目	指标
介质	液态丙烷	介质	液态丁烷
净工作容积	25000m³	净工作容积	25000m³
设计压力	14.2kPa(表压)	设计压力	14.2kPa(表压)
设计真空	－0.5kPa(表压)	设计真空	－0.5kPa(表压)
设计温度	－45℃	设计温度	－10℃
操作压力	106kPa(绝压)	操作压力	104kPa(绝压)
操作温度	－44℃	操作温度	－8℃
工作密度	590kg/m³	工作密度	620kg/m³
设计密度	620kg/m³	工作密度	620kg/m³
水压试验密度	1000kg/m³	水压试验密度	1000kg/m³
内罐直径	46000mm	内罐直径	46000mm
内罐高度	17000mm	内罐高度	17000mm
外罐直径	46800mm	外罐直径	46800mm
外罐高度	18000mm	外罐高度	18000mm
材质	P275NL1,P355NL1	材质	P275NL1,P355NL1
日蒸发率	0.07%	日蒸发率	0.07%

表 9-9　某 LPG 低温贮存装置的操作模式

序号	操作模式	流量	操作温度	序号	操作模式	流量	操作温度
1	丙烷卸船模式	600000kg/h	−42.9℃	4	丁烷蒸发液化模式	7651kg/h	−8.6℃
2	丁烷卸船模式	600000kg/h	−7.6℃	5	丙烷输送到丙烷球罐模式	41000kg/h	−6℃
3	丙烷蒸发液化模式	10534kg/h	−44℃	6	丁烷输送到丁烷球罐模式	41000kg/h	0℃

公用工程消耗量根据不同的操作模式变化，见表 9-10。

表 9-10　某 LPG 低温贮存装置各种操作模式下耗电量

序号	操作模式	电	序号	操作模式	电
1	丙烷卸船模式	97kW	4	丁烷蒸发液化模式	240kW
2	丁烷卸船模式	982kW	5	丙烷输送到丙烷球罐模式	1075kW
3	丙烷蒸发液化模式	240kW	6	丁烷输送到丁烷球罐模式	285kW

开车时氮气消耗 61560m³/h，开车时空气消耗 14.4m³/h。

② 大型低温乙烯贮罐　低温乙烯贮存的技术较复杂，目前国内常压低温乙烯贮罐仅有两台，容积分别为 10000m³ 和 20000m³，某地拟建容积为 30000m³ 的低温乙烯贮罐。容积为 10000m³ 和 20000m³ 的低温乙烯贮罐的设计数据见表 9-11。

表 9-11　低温乙烯贮罐的工艺设计数据

T-001		T-002	
项目	指标	项目	指标
介质	液态乙烯	介质	液态乙烯
净工作容积	9000m³	净工作容积	17700m³
设计压力(表)	15kPa	设计压力(表)	15kPa
设计真空(表)	−0.5kPa	设计真空(表)	−0.5kPa
设计温度	−107℃	设计温度	−107℃
操作压力(绝)	107kPa	操作压力(绝)	107kPa
操作温度	−103℃	操作温度	−103℃
工作密度	569kg/m³	工作密度	569kg/m³
内罐直径	28000mm	内罐直径	36000mm
内罐高度	16000mm	内罐高度	18750mm
外罐直径	30000mm	外罐直径	38000mm
外罐高度	17500mm	外罐高度	20250mm
内罐材质	9%Ni	内罐材质	5%Ni
外罐材质	9%Ni/C.S.	外罐材质	5%Ni/C.S.
日蒸发率	0.08%	日蒸发率	0.08%

规模为 10000m³ 的某常压低温乙烯贮存装置在接近常压［正常操作压力（绝压）102~112kPa］下和略低于沸点（常压下沸点 −103.71℃）贮存液态乙烯，贮存温度约 −103℃。该低温乙烯贮存装置设计 9 种操作模式，如表 9-12 所示，其中闪蒸液化模式为基本模式，整个装置区采用 DCS 集中控制系统。

表 9-12　某常压低温乙烯储存装置的操作模式

序号	操作模式	流量	工作温度
1	闪蒸液化模式	255kg/h	-103℃
2	卸船到低温乙烯贮罐模式	500m³/h	-103℃
3	烯烃厂向低温乙烯贮罐进料模式	10t/h	-37℃
4	向烯烃厂返输液态乙烯模式	37t/h	-37℃
5	液态乙烯付料装船模式	250m³/h	-103℃
6	气态乙烯返输烯烃厂模式	20t/h	30℃
7	卸船并付液态乙烯至烯烃厂模式	500m³/h 37t/h	-103℃ -37℃
8	由烯烃厂进料并付料装船模式	10t/h 250m³/h	-37℃ -103℃
9	卸船并付气态乙烯至烯烃厂模式	500m³/h 20t/h	-103℃ -30℃

该常压低温乙烯贮存装置包括一台10000m³的双层金属壁壳常压低温乙烯贮罐（T-001），4台往复式压缩机，2台氨制冷机，4台低温乙烯输送泵，5台套换热器，3台容器，一座火炬，一台输油臂。该装置的主要设备是低温乙烯贮罐、往复式压缩机、制冷机、乙烯输送泵、乙烯加热或蒸发器，共同的特点是在低温或超低温下运行。

低温乙烯贮罐（T-001）是常压低温乙烯贮存装置的关键设备，其工艺设计参数如表9-11所示。常压低温乙烯贮罐的结构如图9-10所示，为双层外拱顶形式，内罐吊顶悬挂于外罐顶的结构，这种贮罐的结构形式是为了满足在-103℃、107kPa（绝压）操作条件下贮存液态乙烯。内罐为圆柱形吊顶式结构的金属罐，罐底、罐壁的材质为9% Ni钢（A353），吊顶悬挂在外罐的顶部。外罐为拱顶结构的金属罐，罐底及罐壁的第一层壁板为9%的Ni钢，其余壁板及罐顶采用普通碳素钢（A283）。内外罐之间的环行空间填满了珠光砂散料保温材料，内罐底与外罐底座之间的空间采用珍珠岩、矿物棉干砂混凝土等保冷结构，内罐顶部装有铝合金吊顶，并有珍珠岩棉保冷。

为了保证装置的安全运行，设计采取了如下措施。

a. 低温乙烯罐T-001的基础是带桩柱的、底部可以通风的水泥平台。这种结构的优点是罐内乙烯逐渐将冷量传递到底部平台上，使其温度逐渐降至水泥耐温点以下，造成基础破坏；而平台底部被支撑起来，可以自然通风换热，使平台不至于温度过低。

b. 为了确保低温乙烯罐T-001的安全运行，灌顶设计了几种类型的调节阀和安全阀，防止罐破裂

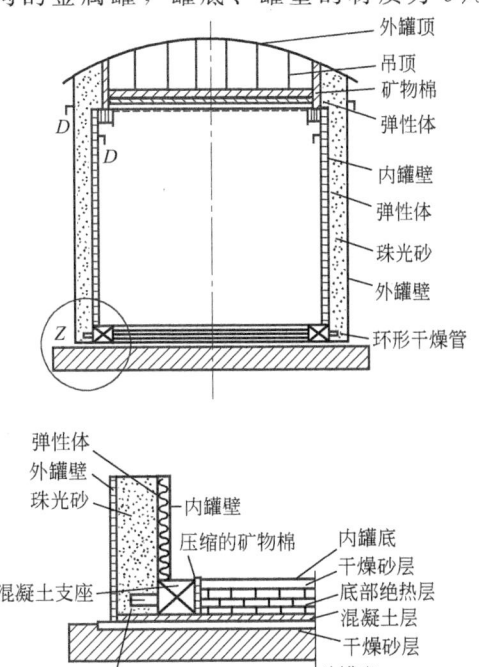

图 9-10　常压低温乙烯贮罐结构简图

或抽瘪。正常运行压力（绝压）为102～112kPa。

当罐内压力（绝压）＞112kPa时，启开乙烯阀，排出乙烯至排气筒。

当罐内压力（绝压）＞136kPa时，超压安全阀打开，乙烯直排大气。

当罐内压力（绝压）＜102kPa时，启开乙烯补充阀或氮气阀。

当罐内压力（绝压）＜97.8kPa时，启开真空安全阀吸入大气。

压缩机一般是处于运转状态，采用出口返回线的调节功能，使罐内压力（绝压）经常保持在107kPa左右。如果空气由安全阀吸入，此时应考虑：停止蒸发器、蒸发气压缩机、循环气压缩机和闪蒸气压缩机的运行，要处理掉罐内和压缩机中的空气和乙烯混合气，小心地由罐内向大气排气，排气口用氮气稀释。

c. 低温乙烯罐 T-001 的罐壁、罐顶都设有水喷淋冷却，喷淋密度达到 $0.224m^3/(h \cdot m^2)$（水液量约 $606m^3/h$）。罐区设有防火堤，保证事故泄漏时不扩大外溢范围，堤内容积为罐容积的110%，堤高2.2m。

d. 装置区内设有可燃气体报警和烟雾报警器，罐区周围设有消防水枪和泡沫枪，并设有灭火装置。

e. 装置区设置了火炬系统，除低温乙烯罐 T-001 外，可以实现超压排放。

f. 低温乙烯罐 T-001 超压时就地排放，并设有蒸汽稀释设施。

规模为 $10000m^3$ 的常压低温乙烯贮存装置的公用工程规格和消耗如下。

a. 公用工程规格。

氮气（绝压）：0.5～0.8MPa，露点－60℃以下，纯度99.99%。

仪表空气（绝压）：0.4～0.6MPa，露点－40℃以下。

低压蒸汽（绝压）：0.5～0.8MPa，饱和。

消防水（绝压）：1.1MPa，33℃以下。

冷却水：

冷却供水	最小	正常	最大
压力（绝压）/MPa	0.3	0.4	0.5
温度/℃	10.0		33
冷却回水	最小	正常	最大
压力（绝压）/MPa	0.17	0.3	0.5
温度/℃			43

电源：6.0kV，380V。

b. 公用工程消耗。

仪表空气（标准）：$30m^3/h$。

电。冷却水、低压蒸汽、氮气消耗量根据不同的操作模式变化，见表9-13。

9.2.4 固定顶贮罐

固定顶贮罐由接近于平的罐底、圆柱形罐壁和固定在罐壁上端的罐顶三大部分组成，是贮罐发展史上最早使用的贮罐。固定顶贮罐的罐底、罐壁结构形式大同小异，而灌顶的几何形状有多种各不相同的类型，如锥顶、拱形顶、伞形顶等。罐顶从结构上可分为支承式罐顶（如柱支承式锥顶）和自支承式罐顶（如拱顶）。自支承式拱顶又分为带肋拱顶和构架支承式拱顶（如网架顶）。对不同罐顶形式的固定顶贮罐，又分别称为锥顶罐、拱顶罐等。固定顶贮罐是最大量使用的一种的液体贮罐。

表 9-13　各种操作模式下公用工程消耗

序号	操作模式	电/kW	冷却水/(t/h)	低压蒸汽/(t/h)	氮气(标准)/[m³/h]
1	闪蒸液化模式	329	115	0	18
2	卸船到 T-001 罐模式	1029	160	0	22
3	烯烃厂向 T-001 罐进料模式	1579	265	0	22
4	向烯烃厂返输液态乙烯模式	410	115	2.7	18
5	液态乙烯附料装船模式	1072	160	0	22
6	气态乙烯返输烯烃厂模式	419	115	4.4	18
7	卸船并附液态乙烯至烯烃厂模式	1109	160	2.7	22
8	由烯烃厂进料并附料装船模式	2171	310	0	26.5
9	卸船并附气态乙烯至烯烃厂模式	1112	160	4.4	22

9.2.4.1　贮罐的容量

贮罐的容量是工艺设计中首先要考虑的问题。贮罐的容量用立方米（m³）表示，有些国家和地区用桶表示（1 桶＝0.159m³）。

贮罐的容量，对应不同的贮液高度，有以下几种不同的名称。

(1) 贮罐的几何容量

几何容量是指贮罐圆柱部分的体积，如图 9-11 (a) 所示。贮罐的几何容量按下式计算

$$V_0 = \pi D^2 H / 4 \tag{9-3}$$

式中　V_0——几何容积，m³；

　　　H——圆柱形罐壁的高度或设计液面高度，m；

　　　D——贮罐内直径，m。

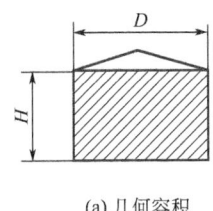 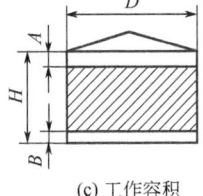

(a) 几何容积　　　(b) 贮存容积　　　(c) 工作容积

图 9-11　立式贮罐的容量

(2) 贮罐的公称容量

公称容量是几何容量圆整后，以拾、百、千、万表示的容量，例如 500m³（五百立方米）；5000m³（五千立方米）；50000m³（五万立方米）；75000m³（七万五千立方米）；125000m³（十二万五千立方米）等。

(3) 贮存容量

贮存容量是指正常操作条件下，贮罐允许贮存的最大容量，见图 9-11 (b)。

图 9-11 (b) 中，A 是由安全因素确定的预留高度。通常预留高度 A 的大小应考虑以下几个因素：a. 贮存介质贮存温度升高时，油品体积膨胀所引起的液位升高；b. 罐壁的空气泡沫接管到油品液面之间的预留空间，以备在火灾事故时，保证油面上的泡沫覆盖层有足够的厚度；c. 当采用压缩空气调合油品时，预留的液面起伏波动高度；d. 紧急情况下，关闭贮罐进油阀门期间内，罐内液位的升高量。

(4) 工作容量

工作容量（或有效容量、周转容量）是指在正常操作条件下，允许的最高操作液位和允许

的最低操作液位之间容量，如图 9-11 (c)。

图 9-11 (c) 中，B 是罐底部不能利用部分的高度（通常称为死区），B 值的大小与贮液出口的结构及标高和贮存介质中的杂质有关。当贮罐在工艺操作中作为分离作用的罐时，通常 B 值较大。

由工艺条件正确地选定贮罐的工作容量是最重要的因素，将直接影响贮罐的运转能力和投资费用。

(5) 贮罐的有效贮存系数

贮罐的有效贮存系数系指贮罐的工作容量与几何容量的比值，即

$$K = V_w/V_0 \tag{9-4}$$

或者

$$K = 1 - (A+B)/H \tag{9-5}$$

A、B、H 的含义见图 9-11 (c)；K 为立式贮罐的有效贮存系数，一般情况下，有效贮存系数 K 为 0.9 左右。

(6) 贮罐的罐壁高度

当贮罐的容量确定以后，正确地选择贮罐的罐壁高度是影响罐区投资费用的重要因素，选择罐壁高度应当考虑贮罐的容量、场地面积的大小，贮罐地基承载能力的大小等因素的影响。当场地面积有限时，贮罐的罐壁高度可以取高一点。当贮罐地基的承载能力比较高时，贮罐的罐壁高度宜与基础的地耐力相当。贮罐基础的投资费用，为贮罐投资费用的 0.1 倍到 1.3 倍之间，合理选择罐壁高度会大大节省贮罐基础的投资费用。

9.2.4.2 立式贮罐的设计条件

(1) 立式贮罐承受的载荷

作用在立式贮罐上的载荷，主要分为静载荷、操作载荷和动载荷三大类。

① 贮罐的静载荷

a. 贮罐自重。贮罐自重包括罐底、罐壁、罐顶的质量及附件和配件的质量。

b. 隔热层重量。当贮罐有保温或保冷层时，隔热材料及结构的重量（包括支承构件，外部保护层的重量等）。

c. 附加载荷（或活载荷）。贮罐顶部检修人员及工具的重量等外载荷，一般不小于 700Pa。

d. 贮存液体的静液压力。按贮存液体的实际密度和水的密度分别计算静液压力，确定罐壁厚度。

e. 雪荷载。我国各地区的基本雪压值可以由 GB 50009《建筑结构荷载规范》确定。山区基本雪压应通过实际调查后确定，如无实测资料时，可按当地空旷、平坦地面的基本雪压乘以系数 1.2 采用。建罐地区实际采用的雪载荷由业主确定，但是不得小于该地区的基本雪压值。

② 贮罐的操作载荷。贮罐的操作载荷是贮罐在正常操作时，贮罐内气相空间的正压和负压造成的载荷。

a. 正压。贮罐气相空间的压力（表压），由贮罐的操作条件决定。罐内气相空间的压力和静液压力的组合载荷，作用于罐壁和罐底；罐内气相空间的压力作用于罐顶，并且在罐壁与罐顶的连接处产生较大的局部应力。

b. 负压。负压是贮罐在抽液时或贮罐周围环境温度急剧变化时在罐内气相空间形成的，

对于一般的固定顶贮罐，罐内的操作负压不大于50mmH₂O。

③ 贮罐的动载荷

a. 风载荷。在风载荷作用下贮罐可能会倾覆或滑移；风荷载的作用也会导致罐壁失稳变形。我国主要地区的基本风压值，可以在GB 50009《建筑结构荷载规范》中查到。建罐地区实际采用的风载荷由业主确定，但是不得小于该地区的基本风压值。

b. 地震荷载。地震荷载作用下可能会使贮罐破坏（如：焊缝撕裂、接管破损、贮罐基础变形等）导致严重的灾害。在地震设防烈度大于等于七度的地区，建造的贮罐应按SH 3048—1999《石油化工钢制设备抗震设计规范》进行抗震设计。

(2) 贮罐的设计压力和设计温度

① 贮罐的设计压力　固定顶贮罐的设计压力是由贮存介质的工况按照罐顶的压力-真空阀（或呼吸阀）的设定压力确定的。

固定顶罐的罐顶有直通大气的开口（如鹅颈管），为无内压贮罐，即常压贮罐。从安全角度考虑，常压罐的设计内压不宜小于750Pa（或75mmH₂O）。

操作压力大于750Pa的贮罐应按照受小内压作用的贮罐进行设计。

浮顶罐和内浮顶罐由于液面以上的压力与大气压力几乎相等，设计内压一般不大于400Pa（40mmH₂O）。

对于特定工况的立式贮罐，如低温贮罐、石脑油贮罐等的设计压力必须按照操作工况，由实际的工艺条件确定。

立式贮罐还必须考虑负压的工况。避免在出油操作时，在罐内形成负压，造成罐壁及罐顶被抽瘪而破坏。

② 设计温度　立式贮罐的设计温度，主要考虑贮存介质的操作温度和建罐地区环境温度影响。一般情况下，贮罐设计温度的上限不高于250℃，设计温度的下限高于－20℃。

贮存介质的操作温度高于40℃并且罐内有加热器的贮罐，为了安全运转，设计温度不得低于最高操作温度，或贮存介质进罐时的最高温度。

仅在环境条件下贮存并且罐内也不设加热器的贮罐，为了贮罐的安全运转，应考虑环境低温的影响。考虑了贮罐内部介质的影响，设计温度的下限取建罐地区历年最低日平均温度加上13℃。

对于受环境影响，设计温度低于－20℃的特殊工况，必须考虑低温对材料性能、结构形式等方面的影响。

设计温度等于低于－20℃的贮罐，应当按照低温贮罐设计，设计温度的下限由特定的工况确定。

9.2.4.3　贮罐用钢材

由于受到运输条件的限制，通常贮罐是用钢板，在建罐现场拼装、组焊而成。建造贮罐的钢材应具有良好的冷加工性能和焊接性能。大多数油品贮罐，采用碳素钢制造。当贮存介质对铁离子有严格要求时，可采用不锈钢制造贮罐。公称容量大于等于10万立方米的贮罐的罐壁钢板采用高强钢板，即钢材的抗拉强度大于610 MPa，钢材的屈服强度大于490 MPa。

贮罐用国产钢板的钢号和相应的钢材标准见表9-14。

9.2.4.4　贮罐用钢材的许用应力

我国罐壁钢板的许用应力是按照设计温度下材料屈服强度的三分之二确定的。贮罐常用的国产钢材的许用应力见表9-15。对屈服强度大于490MPa的高强度钢材，许用应力值不得大于 260MPa。

表 9-14 钢板的使用范围

序号	钢号	钢材标准	使用范围 许用温度/℃	使用范围 许用最大板厚/mm	机械性能检查项目	备注
1	Q235-A·F	GB 700	≥-20	8	$\sigma_b, \sigma_s, \delta_5$	①
		GB 3274	0	12		
2	Q235-A	GB 700	≥-20	16	$\sigma_b, \sigma_s, \delta_5$	
		GB 3274	≥0	34		
3	20R	GB 713	≥-20	34	$\sigma_b, \sigma_s, \delta_5, A_{kv}$,冷弯	
4	16Mn	GB 1591	≥-20	12	$\sigma_b, \sigma_s, \delta_5$,冷弯	
		GB 3274	≥-10	20		
5	16MnR	GB 713	≥-20	34	$\sigma_b, \sigma_s, \delta_5, A_{kv}$,冷弯	②③
6	0Cr18Ni9	GB 4237			$\sigma_b, \sigma_{0.2}, \delta_5$	
7	0Cr18Ni11Ti	GB 4237			$\sigma_b, \sigma_{0.2}, \delta_5$	
8	00Cr19Ni11	GB 4237			$\sigma_b, \sigma_{0.2}, \delta_5$	
9	0Cr17Ni12Mo2	GB 4237			$\sigma_b, \sigma_{0.2}, \delta_5$	
10	00Cr17Ni14Mo2	GB 4237			$\sigma_b, \sigma_{0.2}, \delta_5$	
11	0Cr19Ni13Mo3	GB 4237			$\sigma_b, \sigma_{0.2}, \delta_5$	
12	00Cr19Ni13Mo3	GB 4237			$\sigma_b, \sigma_{0.2}, \delta_5$	

① 许用温度在 0~-20℃时,仅用于贮罐的固定顶。
② 厚度大于 30mm 的 16MnR 钢板应正火状态交货。
③ 厚度大于 30mm 的 16MnR 钢板应逐张进行超声波探伤检查,达到 JB4730—94《压力容器无损检测》的Ⅲ级质量要求为合格。

表 9-15 贮罐用钢板的许用应力值

序号	钢号	板厚/mm	常温强度指标 σ_b/MPa	常温强度指标 σ_s/MPa	下列温度下的许用应力/MPa 大气温度至90℃	150℃	200℃	250℃
1	Q235-A·F	≤16	375	235	157	137	130	121
2	Q235-A	≤16	375	235	157	137	130	121
		17~40	375	225	150	130	124	114
3	20R	6~16	400	245	163	140	130	117
		17~25	400	235	157	134	124	111
		26~36	400	225	150	127	117	108
4	16Mn	≤16	510	345	230	196	183	167
		17~25	490	325	217	183	170	157
5	16MnR	6~16	510	345	230	196	183	167
		17~25	490	325	217	183	170	157
		26~36	490	305	203	173	160	147
6	0Cr18Ni9	2~60			137	137	130	122
7	0Cr18Ni11Ti	2~60			137	137	130	122
8	00Cr19Ni11	2~60			118	118	110	103
9	0Cr17Ni12Mo2	2~60			137	137	134	125
10	00Cr17Ni14Mo2	2~60			118	117	108	100
11	0Cr19Ni13Mo3	2~60			137	137	134	125
12	00Cr19Ni13Mo3	2~60			118	118	118	118

注:1. 中间温度时的许用应力值,可用内插法求得。
2. 表中碳素钢的许用应力是按材料屈服强度的 2/3 确定的。

9.2.4.5 罐底

(1) 罐底的结构形式

固定顶贮罐的罐底是直接平铺在贮罐基础的表面上,罐底板的下表面与基础接触,并紧密贴合；罐底的上表面直接与贮存的液体介质接触。通常认为罐底是一个平铺在弹性基础上的挠性薄膜元件，其厚度取决于贮存的液体介质对钢材的腐蚀性和罐底预期的使用寿命。

一个贮罐完整的平罐底，可以分为两部分：罐底的边缘板和罐底中幅板。边缘板是指与罐壁连接处的罐底部分，中幅板是除去边缘以外的罐底的其余部分。中幅板处于薄膜受力状态，边缘板与罐壁的连接处是贮罐受力最复杂的部位。

贮罐罐底主要有条形排版罐底和弓形边缘板罐底。罐底钢板之间的焊接有搭接结构和对接结构。

① 条形排版罐底　条形排版罐底见图 9-12，常用于直径小于 12.5m 的贮罐。

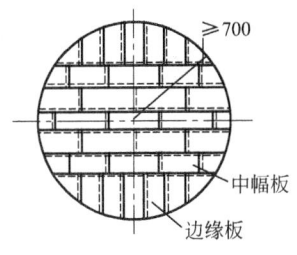

图 9-12　条形排版罐底

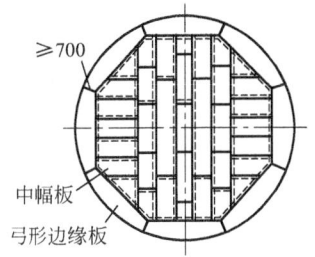

图 9-13　弓形边缘板罐底

② 弓形边缘板罐底　贮罐直径大于等于 12.5m 时，罐底外侧通常采用弓形边缘板，其余的中幅板仍然是条形排板，如图 9-13 所示。弓形边缘板的厚度大于中幅板的厚度，有利于改善罐底和罐壁连接处的受力状态，提高贮罐的操作安全性。

边缘板的径向尺寸，一般应不小于 700mm，考虑到边缘板受力的复杂性和贮罐长周期操作等因素，规定不包括腐蚀裕量的弓形边缘板的最小厚度，见表 9-16。

表 9-16　边缘板的最小厚度

底圈罐壁板厚度/mm	边缘板钢板规格厚度/mm		底圈罐壁板厚度/mm	边缘板钢板规格厚度/mm	
	碳素钢	不锈钢		碳素钢	不锈钢
≤6	6	与底圈壁板等厚度	21～25	10	—
7～10	6	6	>25	12	—
11～20	8	7			

不包括腐蚀裕量的罐底中幅板的最小厚度，见表 9-17。

表 9-17　中幅板的最小厚度

贮罐内径/m	中幅板钢板规格厚度/mm		贮罐内径/m	中幅板钢板规格厚度/mm	
	碳素钢	不锈钢		碳素钢	不锈钢
$D<10$	5	4	$D>20$	6	4.5
$D≤20$	6	4			

注：规格厚度系指钢材标准中的厚度。

(2) 罐底的坡度

许多贮存介质中不同程度的含有水或其他杂质，为了方便地将水或其他杂质从贮罐内部分离出来，贮罐的罐底通常是有坡度的，以便于水或其他杂质向低点汇集。常用的罐底坡度形式有锥底（中心高边缘低）、倒锥底（中心低边缘高）、单坡底（沿直径方向一边高一边低）和平底，如图 9-14 所示。

由于罐底的坡度相对于贮罐直径比较小，尽管图 9-14 的四种罐底坡度型式有所不同，习惯上仍然统称为平底贮罐的罐底。

(3) 罐底板-罐壁连接处的受力分析

由于罐底与罐壁的连接处是不连续结构，在贮液静液压的作用下，受力最为复杂。罐壁附

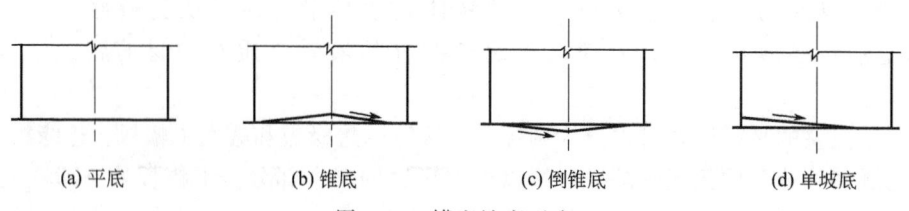

图 9-14 罐底坡度型式

近的贮罐底板除承受薄膜力以外，还有附加弯矩，此弯矩是在静液压作用下，罐底和罐壁径向变形的相互约束产生的。罐壁底部，底板的径向应力 σ_x 分布情况，如图 9-15 所示。

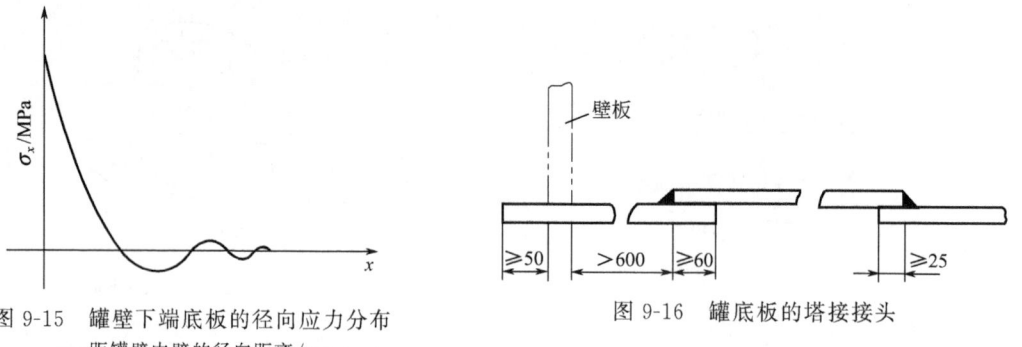

图 9-15 罐壁下端底板的径向应力分布
x—距罐壁内壁的径向距离/cm

图 9-16 罐底板的塔接接头

为了保证贮罐的安全运转，适当增加罐壁下端贮罐底板（即罐底边缘板）的厚度，并且采用与罐壁相同的钢材是十分必要的。

（4）罐底的焊接结构型式

罐底的焊接结构分为塔接结构和焊接结构两种形式，前者多用于贮罐直径不大于 60m 的罐底，后者多用于贮罐直径大于 60m 的罐底。塔接结构对每一张钢板几何尺寸的精度要求比较低；对接结构有利于自动焊接，但是要求每一张钢板几何尺寸的精度比较高。控制焊接变形是保证罐底平整度的最重要因素。

① 搭接形式的罐底　图 9-12 条形排版的罐底，基本上是塔接形式的罐底。图 9-13 弓形边缘板罐底，除弓形边缘板之间的焊缝是对接的以外，其余的焊缝全部是塔接焊缝。中幅板与边缘板的塔接形式，见图 9-16。为了给罐壁提供平滑的支承面，罐底板与罐壁连接处可以采用图 9-17 和图 9-18 的结构形式。

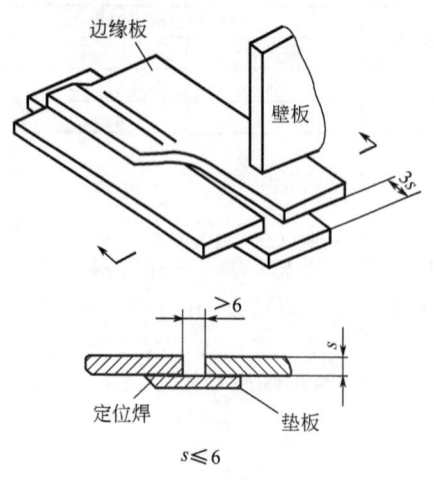

图 9-17 罐壁下部的塔接罐底

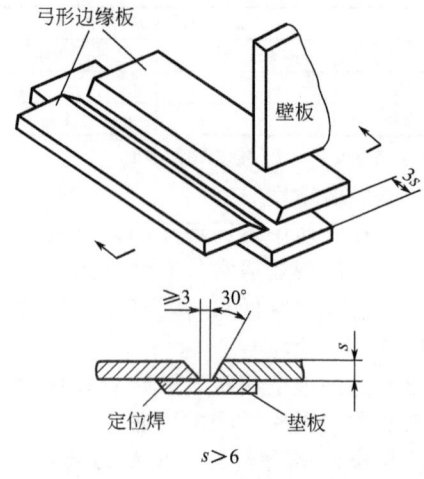

图 9-18 罐壁下部的弓形边缘板

② 对接形式的罐底 对接形式的罐底一般采用图 9-13 号形边缘板罐底，全部焊缝都采用有垫板的对接结构，多用于直径大于 60m 的贮罐，中幅板与边缘板的对接形式，见图 9-19。

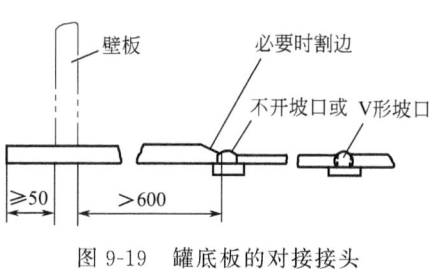

图 9-19 罐底板的对接接头

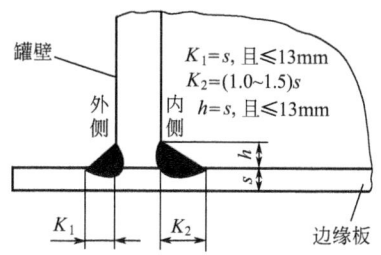

图 9-20 厚度小于等于 12mm 边缘板与底圈罐壁之间的接头

③ 罐底与罐壁之间的角焊缝 角焊缝的焊接接头型式和角焊缝的焊接质量直接影响贮罐的安全运行，必须给予足够的重视。与罐壁连接处的边缘板对接接头应磨平，以便为罐壁提供平滑的支承面。底圈罐壁板与边缘板之间的连接，应采用双面连续角焊缝，焊脚高度等于二者中较薄件的厚度，且焊脚高度不应大于 13mm。在设防烈度大于 7 度的地区，底圈罐壁板与罐底边缘板之间的连接应采用如图 9-20 所示的焊接形式，有圆滑过渡的角焊缝有利于改善边缘板的受力状态。

容量较大的贮罐，当边缘板的厚度大于 12mm 时，底层罐壁的下端可以开双面或单面坡口，双面 45°坡口的有关焊缝尺寸见图 9-21。

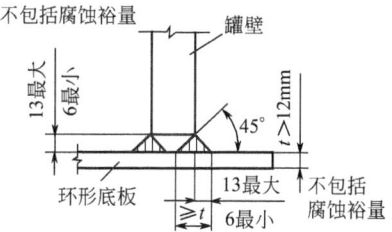

图 9-21 厚度大于 12mm 边缘板与底圈罐壁之间的接头

为了保证罐壁与罐底之间角焊缝安全可靠、确保贮罐长期安全运行，应按照 GB 50128—2005《立式圆筒形钢制焊接油罐施工及验收规范》附录一"T 形接头角焊缝试件和检验"，验证角焊缝的焊接工艺。焊接工艺试板应当采用与贮罐底圈壁板及罐底边缘板同材质、同厚度的钢板制成。

9.2.4.6 罐壁

在理论上认为罐壁是薄壁圆柱形壳体，在设计计算中仅考虑环向薄膜应力的作用。罐壁主要承受贮存介质的侧向静压力，罐壁的厚度是由强度条件确定的，另外也必须考虑操作负压的影响和风载荷作用下的稳定性。在地震设防区的贮罐，还必须考虑在地震的条件下，贮罐的安全、可靠性。

为了计算罐壁的厚度，目前有两种设计方法：即定点设计法（固定点设计法）和变点设计法。

(1) 定点设计法

对于每一层罐壁，以罐壁板下端以上 0.3m 处的静液压力为基准，作为该层罐壁板的设计压力。以这种方法为准，计算罐壁钢板的厚度，就称之为定点设计方法。

"罐壁板下端以上 0.3m 处"是考虑到下层较厚的罐壁，使相邻的上层罐壁板上的最大环向应力向上偏移进行的修正。

计算罐壁的厚度按照公式 (9-6a)、式 (9-6b)、式 (9-6c) 确定。公式 (9-6) 即为确定罐壁厚度的定点设计法。

$$t_d = 0.0049 \rho (H_i - 0.3) D / ([\sigma]^t \phi) + C_1 + C_2 \tag{9-6a}$$

$$t_t = 4.9(H_i - 0.3)D/([\sigma]\phi) + C_1 \tag{9-6b}$$

$$t_i = \max(t_d, t_t) \tag{9-6c}$$

式中 t_d——按照贮液条件确定的设计厚度，mm；

t_t——充水试验条件确定的设计厚度，mm；

t_i——第 i 层罐壁钢板的设计厚度，mm；

ρ——贮液密度，kg/m³；

H_i——设计液面至第 i 层钢板下端的高度，m；

D——贮罐内直径，m；

$[\sigma]^t$——设计温度下，罐壁钢材的许用应力，MPa；

$[\sigma]$——常温下，罐壁钢材的许用应力，MPa；

ϕ——焊缝系数，$\phi \leqslant 1.0$；

C_1——钢板的厚度负偏差，mm；

C_2——腐蚀裕量，mm。

按公式设计的贮罐已在国内大量使用，具有广泛的工程实践经验。

由于定点设计法方便实用而又安全可靠，在国际上得到广泛的使用。如美国、英国、日本、俄罗斯等国，在贮罐的设计中都广泛使用定点设计法。

(2) 变点设计法

由于每层罐壁的厚度可能是不相同的，较厚的下层罐壁会使上层的罐壁板中的最大应力点的位置向上移动，使得每一层罐壁中，最大应力点距下端的距离各不相同。对于每一层罐壁，通过分析计算找出该层壁板最大应力点的位置，然后再以该点的静液压作为强度计算的基准，确定该层罐壁的厚度的方法，即为变点设计法。用变点设计法确定的罐壁厚度比定点法更为经济合理。

美国石油学会标准 API650《钢制焊接油罐》中，规定了定点设计方法，也规定了变点设计方法。变点设计方法适用于大容量的贮罐。

变点设计法是一个试算过程，详细的计算方法可以参见 API650《钢制焊接油罐》的正文和附录 K。

9.2.4.7 罐顶

固定顶贮罐的罐顶，是罐壁以上的结构部件，其主要作用是为贮罐内的贮存介质提供一个密封的封闭式顶，以保证贮存介质具有良好的贮存环境，而不受外部环境（如雨、雪、尘埃等）的影响。目前使用得较多的罐顶形式有锥顶、拱顶、伞形顶、网架顶、柱支承锥顶等。国内使用最多的是拱顶，锥顶仅用于直径不大于 10m 的贮罐，网架顶多用于直径大于 35m 的贮罐，柱支承锥顶国内很少使用。

(1) 罐顶的设计压力

① 罐顶的设计内压　固定顶贮罐罐顶的设计内压由贮罐的操作条件确定，通常按下式确定

$$p_i = Kp_{\max} - q_1 \tag{9-7}$$

式中 p_i——罐顶的设计内压，Pa；

K——超载系数，取 $K=1.2$；

$p_{\max}$——贮罐的最大操作正压，Pa；

q_1——罐顶单位面积的重力（按罐顶投影面积计算），Pa。

② 罐顶的设计外压　固定顶贮罐罐顶的设计外压主要考虑罐顶自重，罐内的操作负压和附加载荷（如雪载荷或活载荷等）。罐顶的设计外压按下式确定

$$p_0 = q_1 + q_2 + q_3 \tag{9-8}$$

式中　p_0——罐顶的设计外压，Pa；
　　　q_1——罐顶单位面积的重力（按投影面积），Pa；
　　　q_2——罐内的操作负压，通常取 1.2 倍呼吸阀的吸阀开启压力，Pa；
　　　q_3——附加载荷（雪载或活载荷），一般不小于 700Pa。

为了保证罐顶具有足够的稳定性，q_2 与 q_3 之和不应小于 1200Pa。

多数固定顶贮罐的罐顶设计条件是由外压控制的，从而使得罐顶的稳定性设计成为罐顶设计的最重要的因素。

(2) 锥顶

锥顶是圆锥形的罐顶，自支承式锥顶的圆锥母线与水平线的夹角，一般不小于 9.5°（坡度 1∶6）；柱支承锥顶的圆锥母线与水平线的夹角，一般不小于 3.5°（坡度 1∶16）。

① 自支承锥顶　自支承锥顶常用于直径不大于 10m 的立式贮罐，罐内没有承受罐顶载荷的支柱，罐顶的载荷由罐壁的上部结构承受。锥顶板的设计厚度按下式计算

$$t = 2.24D \, (p/E^t)^{1/2}/\sin\theta + C \tag{9-9}$$

式中　t——锥顶板的设计厚度，mm；
　　　D——贮罐内直径，m；
　　　p——罐顶的设计压力，取内压或外压中的大者，Pa；
　　　E^t——设计温度下罐顶材料的弹性模量，MPa；
　　　θ——圆锥母线与水平线的夹角；
　　　C——厚度附加量，mm。

② 柱支承锥顶　柱支承锥顶是由支柱、梁和罐顶板组成的。罐顶的载荷是由顶板传向梁，再传向支柱，然后由贮罐基础承受，只有靠近罐壁处的罐顶载荷是由罐壁承受的。所有的梁均被视为在均布荷载作用下的简支梁，两端由支柱支承。柱支承锥顶在国内使用较少，但是在国外，使用相对较多。常用于贮存挥发性较小的油品或类似介质。国内 20 世纪 60 年代以后新建的石油化工企业，基本上不使用柱支承式锥顶，其主要的缺点是钢材消耗量比较大，经济性比较差。

(3) 自支承拱顶

拱顶是球壳的一部分（即球冠），球壳的半径通常是圆筒形罐壁直径的 0.8 倍至 1.2 倍。目前使用的拱顶分为光面球壳和带肋球壳两种，前者多用于罐直径小于 12m 的情况；后者一般用于直径大于 12m，且小于 32m 的贮罐。

国内贮罐大多数采用自支承式的拱顶，即拱顶依靠自身的结构特点支承在圆筒形罐壁的顶端。

① 光面球壳　光面球壳顾名思义是组成球壳的钢板不采用任何型钢加强，如角钢、扁钢等加强件。光面球壳的设计厚度按下式计算

$$t = R \, (10p_0/E^t)^{1/2} + C \tag{9-10}$$

式中　t——光面球壳的设计厚度，mm；
　　　R——球壳曲率半径，m；
　　　p_0——设计内压和设计外压中的大者，Pa；

E^t——设计温度下,罐顶材料的弹性模量,MPa;

C——厚度附加量,mm。

② 带肋球壳 带肋球壳是在球壳的内表面(或外表面)焊制适当肋条,由于球壳板和肋条的共同作用,大大地提高了罐顶的稳定性。带肋球壳是经济实用的罐顶之一。国内,当贮罐的直径范围在12m至32m以内时,广泛使用带肋球壳作为贮罐的罐顶。

带肋球壳如图9-22所示,图中符号的定义见相关公式中的符号说明。

a. 带肋球壳的许用外压。带肋球壳的许用外压应按以下公式计算

$$[p] = 0.1E(t_m/R)^2(t_e/t_m)^{1/2} \quad (9\text{-}11)$$

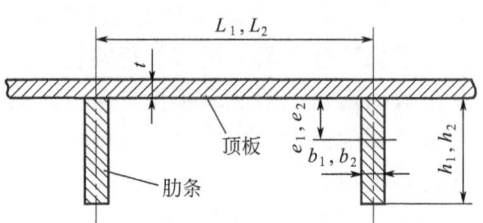

图 9-22 带肋球壳

式中 $[p]$——带肋球壳的许用外压,Pa;

E——钢材的弹性模量,Pa;

R——球壳的曲率半径,m;

t_e——球壳顶板的有效厚度,mm,取钢板规格厚度减去厚度附加量;

t_m——带肋球壳的折算厚度,mm。

带肋球壳的折算厚度按以下公式计算

$$t_m = (t_{1m}^3 + 2t_e^3 + t_{2m}^3)^{1/3} \quad (9\text{-}12)$$

$$t_{1m}^3 = 12[h_1b_1/L_1(h_1^2/3 + h_1t_e/2 + t_e^2) + t_e^3/12 - n_1t_ee_1^2] \quad (9\text{-}13)$$

$$t_{2m}^3 = 12[h_2b_2/L_2(h_2^2/3 + h_2t_e/2 + t_e^2) + t_e^3/12 - n_2t_ee_2^2] \quad (9\text{-}14)$$

$$n_1 = 1 + h_1b_1/L_1/t_e \quad (9\text{-}15)$$

$$n_2 = 1 + h_2b_2/L_2/t_e \quad (9\text{-}16)$$

式中 t_{1m}——纬向肋与球壳的折算厚度,mm;

h_1——纬向肋宽度,mm;

b_1——纬向肋厚度,mm;

L_1——纬向肋在经向的间距,mm;$L_1<1500mm$;

n_1——纬向肋与顶板在经向的面积折算系数;

e_1——纬向肋与顶板在经向的组合截面形心(O点)到顶板中间的距离,mm;

t_{2m}——经向肋与球壳的折算厚度,mm;

h_2——经向肋宽度,mm;

b_2——经向肋厚度,mm;

L_2——经向肋在纬向的间距,mm,$L_2<1500mm$;

n_2——经向肋与顶板在纬向的面积折算系数;

e_2——经向肋与顶板在纬向的组合截面形心(O点)到顶板中面的距离,mm。

b. 带肋球壳的稳定性条件。当带肋球壳的许用外压$[p]$大于罐顶的设计外压p_0时,罐顶即可以满足稳定性要求,即

$$[p] > p_0 \quad (9\text{-}17)$$

(4) 网壳顶

网壳顶(或网架顶)是构架支承式拱顶,由空间杆件预制成为球面网架,然后在球面网架上面铺设钢板形成球壳,组成完整的密封罐顶。罐顶上的外部荷载全部由网架承受,球壳钢板只是起密封件作用的蒙皮,在设计中不考虑球壳钢板的承载能力。

网壳顶具有重量较轻，承载能力较大的优点，广泛使用于大跨度的建筑结构的屋盖，如体育馆、展览厅、天文馆、飞机库等设施的顶盖。随着单台油品贮罐容量的不断增大，贮罐的直径也越来越大，一些用于建筑结构上的球面网架，也在贮罐的罐顶上使用。圆筒形贮罐上使用的网壳，主要有经纬向网壳、双向网壳和三角形网壳等形式。

对网架有兴趣的读者，可以参阅尹德钰等人合著的《网壳结构设计》和参考文献 [12]。

① 经纬向网壳　经向梁和纬向梁构成的经纬向球面网架；这种网架通常有一个中心圆环，径向梁由中心圆环处一直延伸至罐壁的顶部，纬向梁分段制造，与径向梁连接形成球面网架，图 9-23 为经纬向网壳的示意。

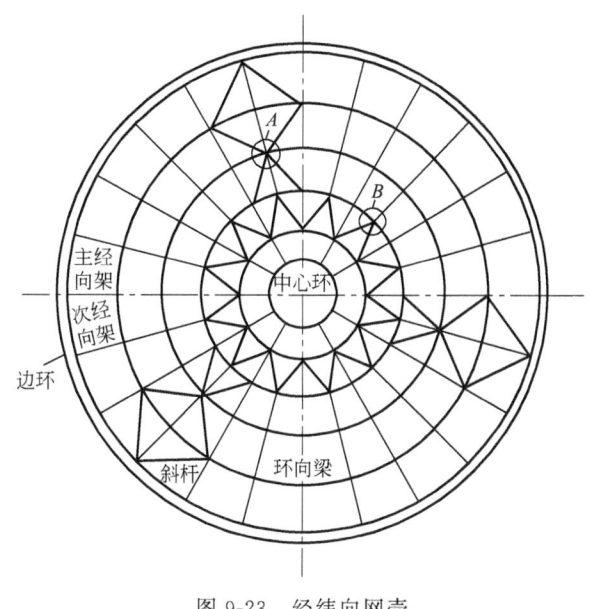

图 9-23　经纬向网壳

② 双向网壳　双向网壳在国外应用的也很多，这种网壳由位于两组子午线上的交叉杆件组成，所有的网格均接近正方形，大小也比较接近。所有的杆件都是等曲率的圆弧杆。与经纬向网壳相比，在相同的设计条件下，方格网架的梁的总长度比较短，造价略低。

图 9-24 在 xyz 的直角坐标系统中示意了双向网壳的网架，所有的梁都与主平面（xoz 平面或 yoz 平面）上的主梁成正交，图为 1/4 个半球，o 为球心，o_1 为球面顶点，圆弧 AB 是位于平行于 xoy 平面的截面中，AB 是以 o_2 为圆心，o_2A（或 o_2B）为半径的圆弧。双向网架的平面视图，见图 9-25。

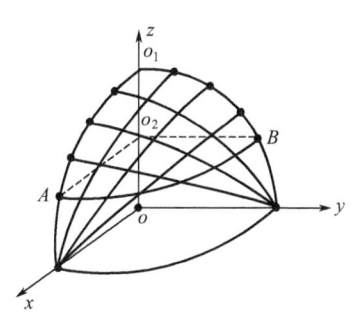

图 9-24　双向网架示意

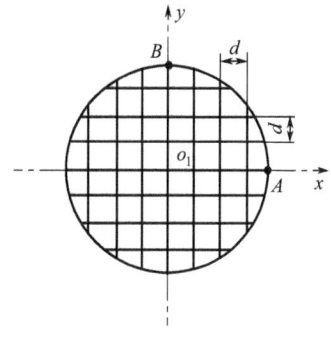

图 9-25　双向网架平面

③ 三角形网壳　三角形网壳的杆件，在空间全部组成三角形，三角形的三个顶点位于球面上，杆件可以是直杆，也可以是半径等于球面半径的曲梁（或曲杆）。图 9-26 给出了几类常见的可以在贮罐罐顶上使用的三角形网架的平面视图。

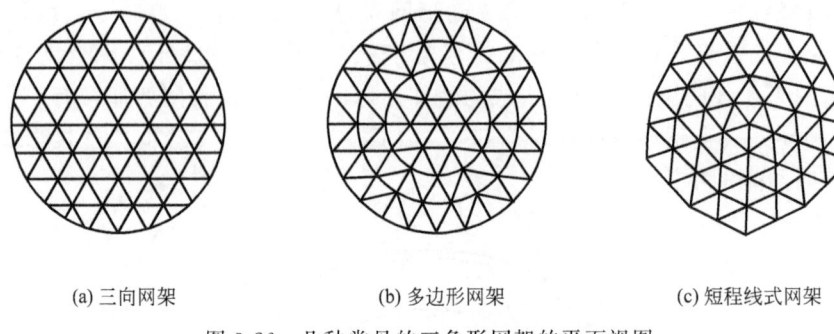

(a) 三向网架　　　　　　(b) 多边形网架　　　　　　(c) 短程线式网架

图 9-26　几种常见的三角形网架的平面视图

a. 三向网架与双向网架类似，双向网架的主梁在主平面上是正交的，而三向网架的三个主梁在水平面上的投影，在中心处是正六边形的三条对角线。

b. 多边形网架通常中心处为正多边形，如五边形、六边形、七边形、八边形等，并且从正多边形的顶点，径向梁延伸至周边。径向梁的节点位于球面上，其余节点位于球面上或接近于球面的空间位置。

c. 短程线式网架：短程线是过球心和 A、B 三点的平面和球面相交的大圆线，这条曲线 AB 称为短程线。在实际工程中，凡根据短程线的原理，将正多面体的基本三角形均分，从其外接球中心将这些等分点投影到球面上，连接此球面上所有点构成的网壳，通常都称为短程线网壳。

理论分析、实验及应用证明，短程线网壳的网格规整均匀，杆件和节点种类在各种球面网壳中是最少的，在荷载作用下所有杆件内力比较均匀，强度高、重量轻，最适合在工厂中大批量生产。

④ 网壳结构使用的材料　网壳结构所使用的材料种类很多并逐步向轻质高强方向发展。在贮罐罐顶上的网壳使用的材料主要是钢材和铝合金。

国内的网壳结构采用钢材的最多。一般采用 Q235 钢，也有采用高强度低合金钢的。网壳的杆件主要应用钢管、工字钢、角钢、槽钢、冷弯薄壁型钢或钢板焊接的工字形或箱形截面构件。

铝合金型材重量轻，强度高，耐腐蚀，易于加工、制造和安装，很适合在空间网壳结构中使用。欧美许多国家已建造了大量的铝合金网壳，杆件的截面有圆形、椭圆形、方形或矩形的管材等。

罐顶的蒙皮材料通常与网壳的杆件所用的材料一致。

⑤ 网壳的临界失稳载荷　有关网壳的稳定问题，有许多理论研究和模型试验。《金属结构稳定性设计准则解说》中对网壳失稳问题进行了综合论述。该文献介绍的方法，适用常用的网壳结构工程。

网壳的失稳（或屈曲）有三种型式，即整体失稳、局部屈曲及构件屈曲。

整体失稳：当壳状结构有较大面积失稳，其中包括相当多结点的失稳称为整体失稳或总体失稳。

局部屈曲：在网壳中，若一个结点连同相连的构件进入屈曲，这种失稳称为局部屈曲。

构件屈曲：如果网壳内的构件像压杆那样发生屈曲，而结点不屈曲，这种失稳称为构件屈曲。

a. 整体稳定性。各向同性网壳的临界失稳压力，可以按公式（9-18）计算

$$p_{cr} = CE \ (t_m/R)^2 \ (t_B/t_m)^{3/2} \tag{9-18}$$

式中 p_{cr}——作用在壳面上的均布法向临界压力，Pa；

C——系数；

E——弹性模量，Pa；

R——球面半径，m；

t_m——有效薄膜厚度，m；

t_B——有效抗弯厚度，m。

式（9-18）适用于格式壳、加肋壳、各向异性壳以及夹层壳。

各种理论分析（如微分方程法、能量法、连续解析法）得到的 C 值在 0.36～1.16 之间。ASME 锅炉和压力容器法规第Ⅲ篇和第Ⅷ篇，金属薄壳的几何形状偏差在允许范围内时，取 C 的临界值为 0.25 左右。上述所有的 C 值都不包括安全系数在内。

为确定 C 值曾做了许多实验。其结果表明，依边界条件、缺陷、塑性效应等的不同，C 值可在 0 到 0.90（左右）之间。

ⓐ 双向网壳（方格形网架）。等距正交环形肋的构架式壳，有效薄膜厚度，按下式计算

$$t_m = A/d \tag{9-19}$$

式中 t_m——有效薄膜厚度，m；

d——环形肋条之间的距离，m；

A——环形肋条的面积，m²。

等距正交环形肋构架式壳的有效抗弯厚度按下式计算

$$t_B = (12I/d)^{1/3} \tag{9-20}$$

式中 t_B——有效抗弯厚度，m；

I——肋条的惯性矩，m⁴。

ⓑ 三角形网壳。等边三角形的三角形格式壳，其等价薄膜厚度和有效抗弯厚度，按下式确定

$$t_m = (2A/L/3)^{1/3} \tag{9-21}$$

$$t_B = (9\sqrt{3} I/L)^{1/3} \tag{9-22}$$

式中 L——构件长度，m；

I——构件的惯性矩，m⁴；

A——三角形面积，m。

b. 局部失稳。对网状形或格子式壳体结构，若在其某一结点受载时，该结点产生挠度或跃越，使壳在此局部的曲率反向，那就叫作局部失稳（局部屈曲）。局部失稳荷载是连接刚度

及构件几何特性的函数。

Crooker 和 Buchert 给出网壳的局部屈曲判据如下

$$R/L^2 (I/A)^{1/2} \leqslant 0.10 \tag{9-23}$$

式中，R，L，I，A 见整体失稳节中的定义。

在选择构件的大小、网格的几何尺寸时，必须考虑式（9-23）的影响，否则网壳在外载荷的作用下，尽管整体失稳的要求得到满足，仍然可能产生局部失稳。

c. 构件失稳。网壳构件本身的失稳是柱的稳定性问题，可以按受压柱的稳定性考虑，详细的计算可以参见钢结构设计规范。

⑥ 贮罐直径与拱顶结构形式的关系　钢制拱顶结构形式与贮罐直径的关系大致如表 9-18 所示。

表 9-18　贮罐直径与拱顶结构形式

拱顶形式	适用的贮罐直径 D/m	拱顶形式	适用的贮罐直径 D/m
光面球壳	$D<12$	网壳顶	$D \geqslant 30$
带肋球壳	$12 \leqslant D < 32$		

9.2.4.8　内压对贮罐的影响

当贮罐的内压大于 750Pa 时，为了保证贮罐的安全运行，就应当考虑内压的作用；当贮罐的设计内压小于等于 750Pa 时，罐顶应有直通大气的通气孔；当贮罐的设计压力高于 750Pa 时，贮罐应按压力贮存条件进行设计；当贮罐的设计压力高于 2000Pa 时，应增加气相压力对罐壁厚度的影响。

（1）罐壁与罐顶之间的连接结构

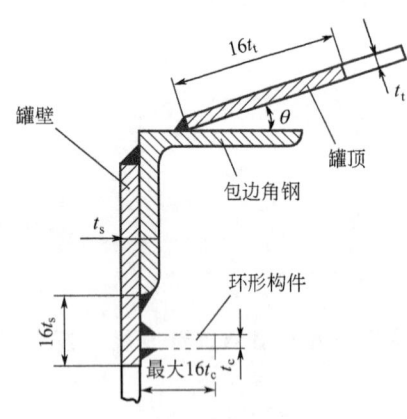

图 9-27　罐顶与罐壁处的有效面积

罐壁顶部通常都设有包边角钢，一方面使罐壁顶部具有较好的圆度，另一方面也为罐顶提供可靠的支承。当罐顶承受外压作用时，连接处是一个受拉应力作用的圆环；当罐顶受内压作用时，连接处是一个受压应力作用的受压圆环。

① 罐顶与罐壁连接处的有效面积　罐顶与罐壁连接处的有效面积（包边角钢截面积加上与其相连的罐壁板与罐顶板各 16 倍板厚范围内的截面积之和）应满足下式要求

$$A \geqslant 0.001 p D^2 / \tan\theta \tag{9-24}$$

式中　A——罐顶与罐壁连接处（图 9-27）的有效面积，mm^2；

p——罐顶的设计压力，Pa，取设计内压及设计外压中较大者；

θ——罐顶起始角，（°），对于拱顶，为罐顶与包边角钢连接处顶板径向切线与其水平投影线之间的夹角；对于锥顶，为圆锥母线与其水平投影线的夹角；

D——贮罐内直径，m。

当有效区域内的面积不能满足式（9-24）的要求时，可以在有效区域内增加环形构件。罐顶与罐壁连接处的有效面积示意，见图 9-27。

② 常用的贮罐包边角钢的规格　常用的贮罐包边角钢的规格，可以从表9-19（1）、表9-19（2）中选择。

表9-19（1）　固定顶罐的包边角钢最小尺寸

贮罐内径 D/m	包边角钢最小边尺寸/mm	贮罐内径 D/m	包边角钢最小边尺寸/mm
$D \leq 5$	∠50×5	$20 < D \leq 60$	∠90×9
$5 < D \leq 10$	∠63×6	$D > 60$	∠100×12
$10 < D \leq 20$	∠75×8		

表9-19（2）　浮顶罐的包边角钢最小尺寸

贮罐内径 D/m	包边角钢最小尺寸/mm	贮罐内径 D/m	包边角钢最小尺寸/mm
$D \leq 20$	∠75×8	$D > 60$	∠120×12
$20 < D \leq 60$	∠90×9		

③ 压力贮罐的破坏压力　为了保证贮罐的安全运行，当内压的作用使得抗压环截面的应力达到钢材屈服点时，贮罐内部的压力即定义为贮罐的破坏压力。

贮罐的破坏压力按下式计算

$$p_f = 8\sigma_s A \tan\theta / D^2 + 7.58gt \tag{9-25}$$

式中　p_f——破坏压力，Pa；
　　　σ_s——罐顶抗压环钢材的屈服强度，MPa；
　　　g——重力加速度，m/s²；
　　　A——罐顶抗压环的面积，mm²；
　　　t——罐顶板厚度，mm；
　　　D——贮罐内径，m。

(2) 贮罐的锚栓

立式贮罐的罐壁与罐底的连接部位，几何形状是不连续的，应力状态复杂，罐壁与罐底的连接角焊缝发生破坏，会产生严重的后果。为了保证贮罐的安全运转，贮罐应当分别考虑内压作用、风载荷和地震载荷的作用。

当贮罐的设计压力高于750Pa，并且罐内的升力（内压乘以贮罐的横截面积）超过罐壁、罐顶和由罐壁或罐顶支撑的构件等金属的重力时，贮罐应设置锚栓；当贮罐设计压力高于750Pa，并且罐内的升力（内压乘以贮罐的横截面积）不超过罐壁、罐顶和由罐壁或罐顶支撑构件等金属的重力时，可以不设置锚栓。

关于风载荷和地震载荷的作用确定锚栓的要求，见本章"贮罐的风载荷和地震载荷"。

① 内压作用下设置锚栓的条件　当贮罐的设计内压产生的升力大于罐顶、罐壁以及由它们支承的构件的重力时，贮罐应当设置锚栓，即满足式（9-26）的要求必须设置锚栓。

$$pS > W_t \tag{9-26}$$

式中　p——设计内压，Pa；
　　　S——贮罐的横截面积，m²；
　　　W_t——罐顶、罐壁以及由它们支承的构件的重力之和，N。

② 确定锚栓大小和数量的因素　全部锚栓的抗拉能力，应同时大于以下工况中产生的升力。

a. 空罐时，1.5倍的设计压力与设计风压产生的升力之和。

b. 空罐时，1.25倍试验压力产生的升力。

c. 罐内充满规定的贮液时，1.5倍的计算破坏压力产生的升力。

③ 锚栓设计　锚栓设计应考虑以下因素。

a. 锚栓的腐蚀裕量不小于3mm；地脚螺栓的公称直径不宜小于24mm。

b. 锚栓不得直接附设在罐底板上，锚栓底座应与罐壁可靠连接。锚栓之间的距离不宜大于3m。锚栓可以采用两端分别焊接在罐壁和贮罐基础预埋件上的扁钢型式或者采用地脚螺栓。推荐的地脚螺栓形式见图 9-28。

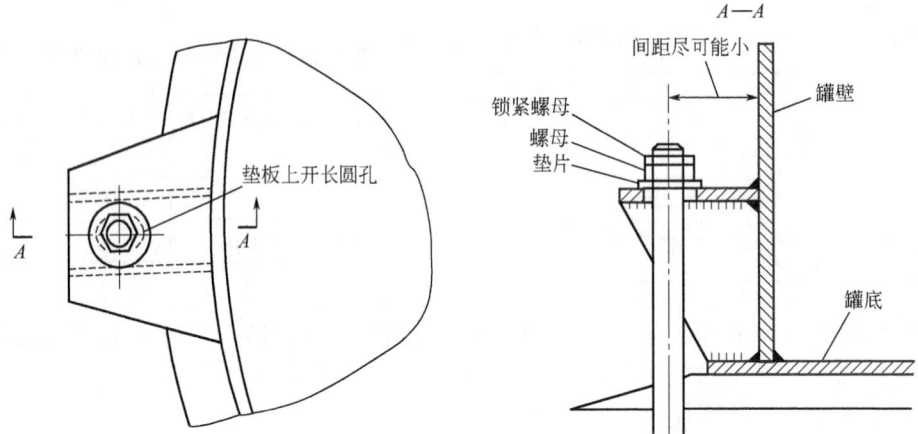

图 9-28 典型的贮罐锚栓详图

c. 所有螺栓应均匀上紧，松紧适度。锚固用钢带或扁钢应在罐内充满水，且于水面以上未加压之前焊于罐壁上。

④ 锚栓的许用应力　锚栓的许用应力按表 9-20 选用。

表 9-20　锚栓的许用应力

荷载状况	许用应力	荷载状况	许用应力
罐的设计压力	$0.5\sigma_s$	试验压力	$0.85\sigma_s$
罐的设计压力加风荷载或地震作用	$0.66\sigma_s$	1.5 倍破坏压力	$1.0\sigma_s$

注：σ_s 为锚栓材料的屈服强度（MPa）。

9.2.4.9　贮罐的附件

为了贮罐的正常操作和安全运转，贮罐必须有足够的附件。常用的附件主要分为罐顶部分附件，罐壁部分附件和安全设施。

(1) 罐顶附件

① 透光孔　主要用于贮罐检修时，便于通风和采光，通常距罐壁 800～1000mm 处，公称直径不小于 500mm。

② 量油孔　用于手工和仪表检测贮存介质的液位。一般设在罐顶平台附近。

③ 通气孔　用于贮罐进出油时，保持贮罐内外气相压力的平衡。通常位于罐顶的中心处。

④ 呼吸阀　用于贮存介质有挥发性的贮罐，通常和通气孔接管用法兰连接。

⑤ 阻火器　与呼吸阀配套使用。用以防止雷击和静电引起的火灾隐患。

(2) 罐壁附件

① 人孔　贮罐检修时，用于工作人员出入贮罐。

② 进出油接管

③ 切水口　用于排出贮罐底部的沉积水。

④ 排污口　用于排出贮罐底部的固体沉积物。

⑤ 液面计　用于测定贮罐内贮液的液面高度。

⑥ 温度计　用于测定贮罐内贮液的温度。

⑦ 加热器　用于维持贮罐内贮液的温度或者提高贮液的贮存温度。

⑧ 清扫孔　用于排出贮罐底部的固体沉积物。

⑨ 液位报警口　用于液面超过预定的液位时的警报。

(3) 安全设施

① 防雷接地设施　贮罐的接地电阻应当不大于10Ω。

② 泡沫消防设施

③ 浮顶罐和内浮顶罐的防静电设施

(4) 梯子、平台和栏杆

① 盘梯　当贮罐直径不小于4m时，通常使用盘梯。

② 直梯　当贮罐直径小于4m时，通常使用直梯。

③ 平台　罐顶一般都设置平台，贮罐罐壁的中间平台可以根据需要设置。

④ 栏杆　罐顶的周边应设置栏杆；盘梯的外侧板处应当设置栏杆；贮罐盘梯的内侧板与罐壁之间的间距大于200mm时，盘梯的内侧板处也应当设置栏杆。

9.2.4.10　贮罐的风载荷

贮罐在风载荷作用下，应当考虑贮罐内无贮液时，贮罐是否会产生位移（倾覆和滑动；罐壁会发生稳定性破坏）。本节着重介绍贮罐的平移和倾覆问题，有关罐壁的稳定性问题见外浮顶一节。

(1) 贮罐迎风面的风力

$$Q = \mu_z H D W_0 \tag{9-27}$$

式中　Q——迎风面的风力，N；

μ_z——风压高度变化系数；

W_0——基本风压值，Pa；

H——罐壁高度，m；

D——贮罐直径，m。

(2) 贮罐的倾覆

风载荷作用下，贮罐可能发生倾覆，为了防止倾覆必要时应当设置锚栓。

① 风载荷作用下，贮罐的倾覆力矩　假定迎风面的风力作用于贮罐的重心位置，由风载荷使贮罐倾覆的力矩，按下式计算

$$M_D = HQ/2 \tag{9-28}$$

式中　M_D——风载荷作用的倾覆力矩，N·m。

② 贮罐的抵抗力矩

$$M_R = DW_r/2 \tag{9-29}$$

式中　M_R——贮罐的抵抗力矩，N·m；

D——贮罐直径，m；

W_r——贮罐自重（包括附件及配件），N。

③ 贮罐不倾覆的条件　当倾覆力矩不超过抵抗力矩时，贮罐是不会倾覆的，但是为了有一定的安全裕度，许用的倾覆力矩不得超过抵抗力矩的2/3。

$$M_D \leqslant 2M_R/3 \tag{9-30}$$

当上式得到满足时，在风载荷作用下，贮罐是不会倾覆的。当上式得不到满足时应设置锚栓。有关锚栓的要求见本节有关锚栓的介绍。

(3) 贮罐的滑移

在风载荷作用下，贮罐可能在水平方向滑动。底板和基础之间的摩擦抵抗力按下式计算

$$F_R = \mu W_r \tag{9-31}$$

式中 F_R——贮罐底板和基础之间的摩擦抵抗力，N；

μ——贮罐底板和基础表面之间的静摩擦系数，取 $\mu=0.4$。

当 $Q < F_R$ 时，贮罐不会在风载荷作用下滑移；

当 $Q > F_R$ 时，贮罐应设置锚栓，有关锚栓的要求见本节有关锚栓的介绍。

9.2.4.11 贮罐的抗震设计

在国内外地震中，由于地震的原因使得贮油罐遭到损坏，有的还伴随着火灾、爆炸和环境污染等，贮罐的地震灾害已多次发生。在地震设防区建造贮罐，为了保证贮罐安全运行必须进行抗震设计。

贮罐在地震中的破坏形式有像足式屈曲，连接管线破裂，靠底部的罐壁开裂，连接罐壁中部与基础的消防泡沫管线撕裂罐壁，连接罐与罐顶的走道掉落，浮顶梯子出轨，贮罐发生明显翘离，由于地基沉陷、基础液化导致等罐体强度及稳定方面的破坏。

国内自 1976 年唐山大地震以来，对贮罐的抗震能力做了大量的研究、试验工作，制定了石油化工设备抗震鉴定标准和设计标准。设计标准是 SH3048—1999《石油化工钢制设备抗震设计规范》。

(1) 地震的震级

地震发生以后，在震中一定范围内会造成不同程度的破坏。地震能量的大小用震级衡量，地面被破坏的程度用烈度来评价，两者既有区别又有联系。

① 震级的定义　震级是震源释放能量大小的一种度量，震级越高震源释放的能量也越大。

国际上通用的里氏震级（M）的定义：距震中 100km 处，伍德-安德森地震仪所记录的最大水平地震位移 A 的对数值。

$$M = \lg A \tag{9-32}$$

式中 M——里氏震级，简称为震级；

A——伍德-安德森地震仪测得的振幅，μm。

例如，当伍德-安德森地震仪测得振幅为 100mm，即 $1 \times 10^5 \mu m$，其对数值为 5，即里氏震级为 5 级。

② 震级与能量的关系　震级与震源释放的能量存在着下列经验关系式

$$\lg E = 1.5M + 11.8 \tag{9-33}$$

式中 E——地震释放的能量，J；

M——地震的震级。

(2) 地震烈度

① 地震烈度的定义　地震烈度系指某一地区地表及各种人工建筑物遭地震影响的强弱程度。

② 震中烈度与震级 M 和震源深度 H 的关系　一般说来，震中区烈度最大，距震中区越远，则烈度越低。震中烈度（I_0）与地震震级（M）的对应关系见表 9-21。

表 9-21　震中烈度（I_0）与地震震级（M）的关系

M	4	5	6	7	8	8 以上
I_0	4~5	6~7	7~8	9~10	11	12

③ 地震烈度表　地震对地表面及建筑物的破坏程度，是人们能感觉到的一种宏观现象。

将宏观现象与烈度对应起来并表格化，即地震烈度表。

根据大量研究，我国于 1980 年修订的地震烈度表中，规定了参考的物理指标，其中包括水平加速度和水平速度的影响，见表 9-22。

表 9-22 中国地震烈度表（1980）

烈度	人的感觉	一般房屋		其他现象	参考物理指标	
		大多数房屋震害程度	平均震害指数		加速度（水平向）/(cm/s²)	速度（水平向）/(cm/s)
Ⅰ	无感					
Ⅱ	室内个别静止中的人有感觉					
Ⅲ	室内多数静止中的人有感觉	门、窗轻微作响		悬挂物微动		
Ⅳ	室内多数人有感觉。室外少数人有感觉。少数人梦中惊醒	门、窗作响		悬挂物明显摆动，器皿作响		
Ⅴ	室内普遍感觉。室外多数人有感觉。多数人梦中惊醒	门窗、屋顶、屋架颤动作响，灰土掉落，抹灰出现微细裂缝		不稳定器物翻倒	31 (22～44)	3 (2～4)
Ⅵ	惊慌失措，仓惶逃出	损坏——个别砖瓦掉落、墙体微细裂缝	0～0.1	河岸和松软土上出现裂缝。饱和砂层出现喷砂冒水。地面上有的砖烟囱轻度裂缝，掉头	63 (45～89)	6 (5～9)
Ⅶ	大多数人仓惶逃出	轻度破坏——局部破坏、开裂，但不妨碍使用	0.11～0.30	河岸出现坍方。饱和砂层常见喷砂冒水。松软土上地裂缝较多。大多数砖烟囱中等破坏	125 (90～177)	13 (10～18)
Ⅷ	摇晃颠簸，行走困难	中等破坏——结构受损，需要修理	0.31～0.50	干硬土上亦有裂缝。大多数砖烟囱严重破坏	250 (178～353)	25 (19～35)
Ⅸ	坐立不稳。行动的人可能摔跤	严重破坏——墙体龟裂，局部倒塌，复修困难	0.51～0.70	干硬土上有许多地方出现裂缝。基岩上可能出现裂缝。常见滑坡、坍方。砖烟囱出现倒塌	500 (354～707)	50 (36～71)
Ⅹ	骑自行车的人会摔倒。处于不稳状态的人会摔出几尺远。有抛起感	倒塌——大部倒塌，不堪修复	0.71～0.90	山崩和地震断裂出现。基岩上的拱桥破坏。大多数砖烟囱从根部破坏或倒毁	1000 (7081～1414)	100 (72～141)

续表

烈度	人的感觉	一般房屋		其他现象	参考物理指标	
		大多数房屋震害程度	平均震害指数		加速度（水平向）/(cm/s²)	速度（水平向）/(cm/s)
XI		毁灭	0.91～1.00	地震断裂延续很长。山崩常见。基岩上拱桥毁坏		
XII				地面剧烈变化，山河改观		

注：1. Ⅰ～Ⅴ度以地面上人的感觉为主；Ⅵ～Ⅹ度以房屋震害为主，人的感觉仅供参考；Ⅺ、Ⅻ度以地表现象为主。Ⅺ～Ⅻ度的评定，需要专门研究。

2. 一般房屋包括用木构架和土、石、砖墙构造的旧式房屋和单层或数层的未经抗震设计的新式砖房。对质量特别差或特别好的房屋，可根据具体情况，对表列各烈度的震害程度和震害指数予以提高或降低。

3. 震害指数以房屋"完好"为0，"毁灭"为1，中间按表列震害程度分级。平均震害指数指所有房屋的震害指数的总平均值而言，可以用普查或抽查方法确定。

4. 使用本表时可根据地区具体情况，作出临时的补充规定。

5. 在农村可以自然村为单位，在城镇可分区进行烈度的评定，但面积以1km²左右为宜。

6. 烟囱指工业或取暖用锅炉房烟囱。

7. 表中数量词的说明：个别，10%以下；少数，10%～50%；多数，50%～70%；大多数，70%～90%；普遍，90%以上。

(3) 基本烈度及烈度区划

在地震区进行建设，对各类建筑物进行抗震设计时，都是以基本烈度为基础考虑的。基本烈度是指在一定期限内一个地区可能遭遇到的最大烈度。为便于工程应用，我国国家地震局1990年发布的"中国地震烈度区划图"规定：50年期限内，一般场地条件下，可能遭遇超越概率（某一地区在未来一定时期内遭遇大于或等于某一烈度地震影响的概率）为10%的烈度值，称为地震基本烈度。我国一些地区的基本烈度摘要如下。

北京	8度	银川	8度	兰州	8度
西安	8度	乌鲁木齐	8度	海口	8度
大连	7度	辽阳	7度	长春	7度
上海	7度	南京	7度	广州	7度
武汉	6度	济南	6度	哈尔滨	6度

(4) 设防烈度和抗震设防标准

设防烈度是由国家主管部门审定的，是一个地区抗震设防烈度的依据。在一般情况下，抗震设防烈度取基本烈度作为抗震设防烈度；对于特殊的地区，抗震设防烈度可以高于基本烈度。

我国的抗震设防标准可以概括为：建筑物或设备在遭到相当于基本烈度的地震影响时，容许有一定的损坏，经一般修理或不需修理仍可继续使用，即"小震不坏、中震可修、大震不倒"的抗震要求。其中小震指常遇地震；中震是相当于基本烈度的地震；大震系指罕遇地震。

(5) 立式贮罐的抗震设计

贮罐的抗震设计，是验证按静液压设计的贮罐是否满足建罐地区、地震设防烈度的要求。

抗震设防烈度为 6 度到 9 度时，贮罐应当进行抗震设计。贮罐的抗震设计步骤如下。

① 确定底层罐壁的竖向临界压力　底层罐壁的竖向临界应力按下式计算

$$\sigma_{cr} = K_c E \delta_1 / D_1 \tag{9-34}$$

$$K_c = 0.0915 (1 + 0.0429 (H/\delta_1))^{1/2} (1 - 0.1706 D_1/H) \tag{9-35}$$

式中　σ_{cr}——罐壁竖向临界应力，MPa；

　　　δ_1——第一圈罐壁的厚度，m；

　　　E——材料的弹性模量，MPa；

　　　K_c——系数；

　　　D_1——第一圈罐壁的平均直径，m；

　　　H——罐壁的高度，m。

② 确定第一圈罐壁的容许临界应力　第一圈罐壁的容许临界应力，应按下式计算

$$[\sigma_{cr}] = \sigma_{cr} / (1.5\eta) \tag{9-36}$$

式中　$[\sigma_{cr}]$——第一圈罐壁的容许临界应力，MPa；

　　　η——重要度系数，贮罐公称容量小于 10000m³ 取 1.0；大于等于 10000m³ 取 1.1。

③ 确定罐壁底部的竖向压应力　计算地震设防条件下，罐壁底部的竖向压应力 σ_c 的计算过程是：a. 计算贮罐的罐液耦连振动基本周期，T_1；b. 计算贮罐的水平地震作用力，F_H；c. 计算水平地震作用力对贮罐底面的力矩，M_1；d. 计算罐壁底部的竖向压应力，σ_c。

④ 满足抗震设计的条件

$$\sigma_c < [\sigma_{cr}] \tag{9-37}$$

当式 (9-37) 得到满足时，贮罐符合抗震设防烈度的要求。

当式 (9-37) 得不到满足时，应采取用以下一个或多个措施，然后重新计算，直到式 (9-37) 得到满足为止。

a. 减少贮罐的高径比。

b. 加大罐底环形边缘板的厚度：较厚的罐底环形边缘板增加了罐底周边的提离反抗力，有利于降低罐壁底部的竖向压应力。

c. 增加第一圈罐壁的厚度。

d. 用锚固螺栓通过螺栓座把贮罐锚固在基础上，罐底周边单位长度上的锚固螺栓抗力，应大于周边单位长度上的提离力与罐壁重力之差。

⑤ 贮罐抗震的构造要求

a. 贮存易燃液体的浮顶罐，其导向装置、转动浮梯等，应工况良好，连接可靠；浮顶与罐壁之间，应采用软密封装置。

b. 石油贮罐应有良好的静电接地装置，浮顶、转动浮梯与罐壁之间应导电良好，防止静电聚集。

c. 大口径刚性管道不宜直接与罐体连接，宜采用柔性接头连接。

9.2.5　外浮顶贮罐

9.2.5.1　概述

随着石油工业的发展，炼油厂的原油处理量越来越大，为了保证炼油厂的连续生产，要求有更大原油贮备量。在原油贮备量相同的条件下，大容量贮罐的经济性比小容量的贮罐更好。早期的原油贮罐是固定顶式的，随着贮罐直径的增大，固定式罐顶的投资费用大大地增加了。为了节省投资，浮顶贮罐就应运而生，用一个漂浮在液面上的浮动顶盖（简称为浮顶）取代固

定式罐顶，这样结构的贮罐就是外浮顶贮罐。

外浮顶罐的主要特点是罐的容量可以做得很大，直径可以超过 90m。大型外浮顶贮罐，主要用于贮存原油。贮存汽油的外浮顶贮罐已逐渐被内浮顶贮罐所替代。外浮顶贮罐贮存挥发性较强的原油等，可以大大减少油品的蒸发损失，同时也减少了油气对大气环境的污染。

外浮顶贮罐的罐底、罐壁部分与固定顶罐的罐底、罐壁在设计上是相同的，有关内容可以参见 9.2.4 的相关部分。本节重点介绍浮顶罐的浮顶及与浮顶有关的主要部件，以及风载荷和地震载荷对贮罐的影响。

由于浮顶是随液面升降而上下运动的，浮顶的结构必须适应这种工况的要求。在正常的操作条件下，罐内液面的变化是相当平稳的，每分钟仅数厘米，故浮顶的运动也是相当平稳的。由于浮顶是直接暴露在大气环境的条件下，阳光、风、雨、雪直接影响浮顶的运行。因此浮顶必须能承受风、雪载荷的作用，并允许在浮顶上积聚一定量的雨水载荷，浮顶上的雨水也应当可以通过排水系统排出罐外。另外，贮罐在制造过程中和贮罐在维修期间，浮顶是通过支柱支撑在罐底板上的，浮顶自身的结构，也必须满足这一工况的要求。

(1) 浮顶的基本要求

为了保证浮顶在贮罐内的安全运行，浮顶的设计条件下必须满足以下的要求。

① 浮顶支撑在罐底板上时，能够承受浮顶自重和 1200Pa 的附加荷载。

② 当浮顶漂浮在密度为 700kg/m^3 的贮液表面上时，在 24h 降雨量为 250mm，且排水机构失效的条件下，浮顶应保持其完整性，既不会沉没，也不会使贮液溢流到浮顶的顶面上。

③ 当浮顶漂浮在密度为 700kg/m^3 的贮液表面上时，单盘式浮顶的单盘板和两个相邻浮仓泄漏或双盘式浮顶的两个相邻浮仓泄漏的条件下，浮顶仍应能漂浮在液面上不沉没，且不发生强度和稳定性破坏。

④ 浮顶罐中的任何相对运动的元件，如通气阀、量油管、导向管、密封装置等，均不得影响浮顶升降，也不得因摩擦而产生火花。

(2) 浮顶的结构形式

目前广泛使用的浮顶结构主要分为两种形式：即单盘式浮顶和双盘式浮顶。单盘式浮顶投资费用较低，在国内外得到了广泛的应用。双盘式浮顶多用于高寒地区浮顶上可能存在较大的偏心荷载（如冬季的雪荷载）的条件下；贮存介质为高凝固点原油时，为了保证原油的流动性，罐内设有加热器，双盘式浮顶的上、下顶板之间的气体空间，是良好的隔热层，有利于减少热损失和减少罐壁结蜡的可能性。

9.2.5.2 单盘式浮顶

(1) 单盘式浮顶的结构形式

单盘式浮顶由周边的环形浮仓和中部的单盘板组成。典型的单盘式浮顶罐的示意见图 9-29。

环形浮仓的作用是为浮顶提供所需要的浮力，通常环形浮仓提供的浮力是浮顶本身重力的二倍，以保证浮顶工作的可靠性。为了保证环形浮仓的可靠性，用隔板把环形浮仓分割成多个独立的封闭式隔仓，每个隔仓与相邻的隔仓互不相通，以免某一个隔仓发生泄漏事故时，不至于影响相邻的隔仓，使环形浮仓的浮力急剧减少，以至于发生浮顶沉没的恶性事故。

单盘板的作用是把贮液的液面与大气环境分隔开，单盘板由钢板组焊而成。由于单盘板的半径比单盘板的厚度大得多，通常认为单盘板是覆盖在贮液表面上的弹性薄膜。

图 9-30 是单盘式浮顶的示意。

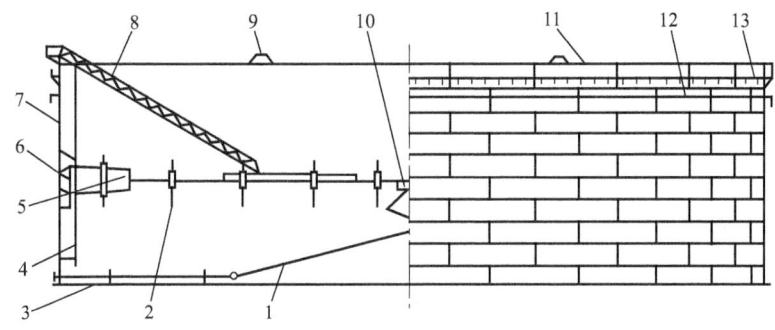

图 9-29 单盘式浮顶罐示意

1—浮顶排水管；2—浮顶立柱；3—罐底板；4—量油管；5—浮仓；
6—密封装置；7—罐壁；8—转动浮梯；9—泡沫消防；
10—单盘板；11—包边角钢；12—加强圈；13—抗风圈

(2) 单盘式浮顶的设计计算

一般情况下，环形浮仓提供的浮力应不小于浮顶自重的 2 倍，环形浮仓的内径与外径的比值为 0.85～0.90 之间为宜。理论分析认为单盘是支承于弹性边环（浮仓）上受均布荷载的圆薄膜。关于浮顶的详细计算比较烦琐，读者可以参阅《单盘式浮顶的设计》一文。

在《单盘式浮顶设计》一文中，弹性边环的弹性系数 λ 是一个无量纲参数，仅与边环的面积、边环的平均半径和单盘板的厚度有关。从以往工程实践的总结，为了方便计算，而又安全可靠，取 $\lambda = 4.10$，有关单盘式浮顶的计算可以大为简化。

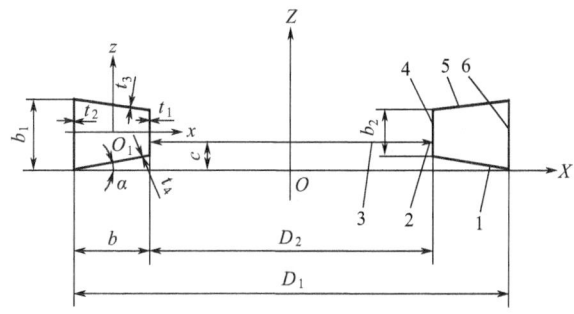

图 9-30 单盘式浮顶示意

D_1—浮顶外径；D_2—浮仓内径；b—环形浮仓宽度；
b_1，b_2—内外边缘板的高度；
$t_1 \sim t_4$—浮仓板的厚度；X-O-Z—坐标系
1—浮仓底板；2—连接件；3—单盘板；4—内边缘板；
5—浮仓顶板；6—外边缘板

① 单盘板的应力和挠度　单盘板在均布载荷作用下的应力和挠度，可以按以下公式计算

$$\sigma_r = 0.169 \, (Eq^2R^2/t^2)^{1/3}$$
$$\sigma_m = 0.344 \, (Eq^2R^2/t^2)^{1/3} \tag{9-38}$$
$$f_m = 1.078 \, (qR^4/Et)^{1/3}$$

式中　σ_r——单盘板周边的径向应力，MPa；
　　　σ_m——单盘板中点的径向应力，MPa；
　　　f_m——单盘板中点的挠度，m；
　　　E——单盘板的弹性模量，MPa；
　　　q——均布荷载，MPa，取单盘板浸没在贮液中单位面积的重力载荷；
　　　R——单盘板的半径，m；
　　　t——单盘板的厚度，m。

在均布荷载作用下，圆薄膜的挠度曲线方程式如下

$$f_x = f_m \, [1 - 0.9 \, (x/R)^2 - 0.1 \, (x/R)^5] \tag{9-39}$$

式中　f_x——距单盘中心为 x 处的挠度，m；
　　　R——单盘半径，m；
　　　x——距单盘中心的距离，m。

由上述挠度曲线形成的曲面体积（m³）按下式计算

$$V_f = 0.521(\pi R^2) f_m \tag{9-40}$$

② 边环的最小金属截面积　支承单盘板的圆形边环，在承受单盘板的均布载荷时，需要的最小金属截面积按下式计算

$$F_0 = R_e t / \lambda \tag{9-41}$$

式中　F_0——边环的最小金属面积，m²；
　　　t——单盘板的厚度，m；
　　　R_e——边环的平均半径，m；
　　　λ——无量纲参数，取 $\lambda = 4.10$。

③ 圆形边环在平面内的稳定性临界荷载　弹性圆环在薄膜应力 σ_r 的作用下，是一个均匀受压的圆环。圆环在平面内的稳定性临界荷载按下式计算

$$P_{cr} = 3EI / R_e^3 \tag{9-42}$$

式中　P_{cr}——圆环在平面内失稳的临界载荷，MN/m；
　　　R_e——圆环的平均半径，m；
　　　I——圆环截面的惯性矩，m⁴。

④ 单盘的安装位置　为了使雨水不再浮顶上聚积，雨水必须通过浮顶的排水系统排出罐内。为了这一目的，浮顶上排水系统的集水坑应当位于浮顶单盘上的较低的位置。

a. 浮仓的浸液深度。对于矩形截面的浮仓，浸液深度值很容易由阿基米德的浮力平衡原理求得，即

$$T_0 = Q / (S\rho) \tag{9-43}$$

$$S = \pi (D_1^2 - D_2^2) / 4$$

式中　T_0——浮仓的浸液深度，m；
　　　Q——浮仓的质量，kg；
　　　S——环形浮仓的水平截面积，m²，即圆环的面积；
　　　D_1, D_2——浮仓的外径和内径，m；
　　　ρ——贮液的密度，kg/m³。

b. 静液压力与单盘板自重平衡的液位深度。静液压力与单盘板自重平衡的液位深度表示：单盘板的重力载荷全部由液体的静液压力平衡，此时的液位深度按照下式确定。

$$h = t(r_{Fe} / \rho) \tag{9-44}$$

式中　h——静液压力与单盘板自重平衡的液位深度，m；
　　　r_{Fe}——铁的密度，kg/m³；
　　　ρ——贮液密度，kg/m³；
　　　t——单盘板厚度，m。

图 9-31 中表示了单盘板的位置与浮仓液面的关系，图中 $z=0$ 处，x 轴位于液面以下 h 见式（9-44）。

图中　x——水平坐标，为单盘的水平状态；
　　　z——竖向坐标；z_1, z_2 单盘板位置的示例；

z_f——浮仓本身漂浮在液面上时的液面线,$z_f=h$;

h——单盘与浮仓相互之间没有作用力,此时单盘位于液面以下的深度,见图 9-31 和公式(9-44);

D_2——单盘直径,或浮仓的内直径。

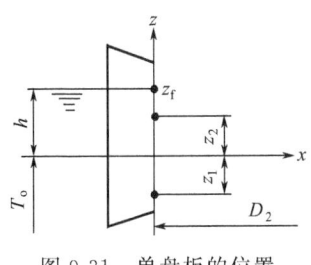

图 9-31 单盘板的位置与浮仓液面的关系

c. 单盘安装的最高位置。由于单盘与浮仓的相对位置不同,单盘的变形状态是不同的。

在图 9-32 中:当 $z<0$ 时,在浮顶正常漂浮时,单盘板受到的液体向上的静液压力大于单盘板的重力,单盘呈凸形,即单盘的中点高于周边;当 $z=0$ 时,单盘理论上是水平的,径向拉应力为零;当 $z>0$ 时,单盘板受到的液体向上的静液压力小于单盘板的重力,单盘呈凹形;为了防止单盘上面聚积雨水,设计时应当使 $z>0$。

在确定单盘安装的最高位置时,有以下假定。

ⓐ 单盘的挠度曲线符合公式(9-39)的描述。单盘中点最大挠度等于式(9-44)的计算值 h。

ⓑ 当 $z>0$,并且单盘下表面没有气相空间出现时,浮仓浸液深度的增量为 ΔT_m,液面由 z_f 点上升至 z_m 点,见图 9-32。

ⓒ 当单盘安装高度大于 z_m 时,在浮仓与单盘之间将出现气体空间,浮仓与单盘之间不出现气体空间,浮仓的浸液深度的增量按照下式计算

$$\Delta T_m = 0.429 h \tau^2 / (1-\tau^2) \quad (9\text{-}45)$$

式中 ΔT_m——浮仓浸液深度增量的最大值;

τ——浮仓内外直径的比值,即 $\tau = D_2/D_1$。

ⓓ 单盘的实际位置。为了保证浮顶单盘可以顺利排水,而且单盘下表面也不出现气相空间,浮顶单盘的实际安装位置 z 应满足下式要求。

$$z_m > z > 0 \quad (9\text{-}46)$$

⑤ 单盘式浮顶的抗沉性。单盘式浮顶的环形浮仓用隔板分成为许多互不相通的隔舱。浮顶的抗沉性要求是当单盘漏损浸入贮液,并且有 2 个相邻的隔舱也同时漏损的情况下,浮顶不会淹没。

a. 当单盘漏损时,环形边环的下沉深度将会增加,增加的下沉深度按照下式计算

$$T_1 = \tau^2 / (1-\tau^2) (r_{Fe}/\rho - 1) t \quad (9\text{-}47)$$

b. 由于边环的 2 个相邻隔舱漏损,使得浮顶的边环下沉量进一步增加,并且使得浮顶倾斜,浮顶倾斜后的最大浸没深度(T),按照以下公式计算

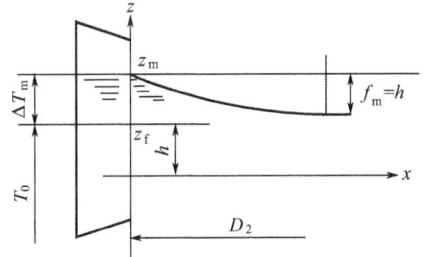

图 9-32 浮仓浸液深度的增量

$$T = (T_0 + T_1) / (1-\alpha) \quad (9\text{-}48)$$

$$\alpha = \frac{2}{m} + \frac{8}{2} \times \frac{1-\tau^2}{1-\tau^4} \times \frac{\sin\varphi}{\pi} \quad (9\text{-}49)$$

式中 T——浮顶的最大浸没深度;

m——浮仓环形隔仓的总数;

φ——单个隔仓的中心角。

c. 当浮仓外侧板的高度大于浮顶的最大浸液深度时，浮顶具有足够的抗沉没性能。

9.2.5.3 双盘式浮顶

双盘式浮顶是由顶板、底板、环形隔板、径向隔板、桁架等组成，形成若干个环形仓以及由径向隔板分隔而成独立的浮仓。双盘式浮顶提供的浮力通常比单盘式浮顶大，结构的整体稳定性较好；双盘式浮顶的顶板具有稳定的排水坡度，不会在雨水载荷的作用下产生大的变形；顶板和底板之间的气体空间是良好的隔热层。双盘式浮顶自重比较大，与相同直径的单盘式浮顶相比投资费用较高。

双盘式浮顶的结构示意如图 9-33 所示。

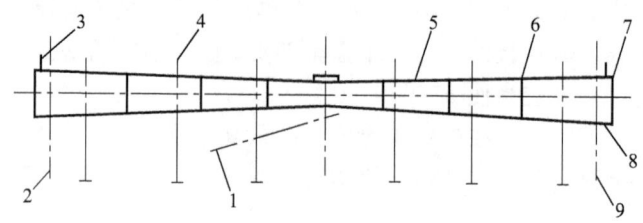

图 9-33 双盘式浮顶结构示意
1—排水管；2—量油管；3—挡雨雪板；4—支柱；5—顶板；
6—环形隔板；7—外边缘板；8—底板；9—导向管

9.2.5.4 外浮顶贮罐的主要部件

(1) 浮顶密封装置

为了保证浮顶在贮罐内部可以自由地上下运动，浮顶与罐壁之间必须有足够的环形间隙，一般情况下环形间隙为 200～250mm。浮顶与罐壁之间的环形间隙，是易挥发贮存介质（如汽油、原油等轻组分）的油气向大气挥发的来源，一来造成贮存产品的损失，又污染了大气环境，另外挥发出来的油气，又是火灾隐患，成为贮罐安全运行的重大不利因素。为了改变这种状态，在浮顶和罐壁之间的环形空间内必须设置密封装置。目前使用的主要密封装置有以下几大类。

① 机械密封装置 机械密封由浸入液面以下并且紧贴罐壁的金属滑套和滑套上端与浮顶上端之间的橡胶类密封带组成。金属滑套沿罐壁形成一个紧贴罐壁的、完整的、有气密性的金属圆筒，金属圆筒上沿圆周有弹性膨胀结，以适应贮罐直径的微量变化。密封带是柔软的耐油、耐大气环境的橡胶或橡塑材料组成的环形密封元件。金属滑套和密封带使得环形空间内的气相空间与外部的大气环境隔开，成为密闭的气相空间。

为了保证金属滑套紧贴在罐壁的内表面上，沿圆周方向约 1m 设置一组重锤式机械机构。在重锤的重力作用下，此机构使金属滑套紧贴在罐壁上，并且当浮顶与罐壁之间的间距变化时，可以维持浮顶位于贮罐的中心，即浮顶与罐壁之间的间距变大的一侧，金属滑套与罐壁内表面之间的推力减小；浮顶与罐壁之间的间距变小的一侧，金属滑套与罐壁内表面之间的推力增大，从而使浮顶始终处于贮罐的中心位置处。机械密封的示意如图 9-34 所示。

② 弹性泡沫密封装置 这种密封装置主要由密封胶带和胶带内部的弹性聚氨酯软泡沫塑料组成。密封胶带借助于可压缩的软泡沫塑料本身的弹力紧贴在罐壁的内表面上。胶带通常是由尼龙布加强的耐油、耐磨损橡胶制品。

弹性泡沫塑料的截面可以有多种不同的形状，如方形、圆形、梯形等。

为了防止雨雪进入浮顶和罐壁之间的环形空间，在密封装置的上端设有防雨雪挡板，以减少环境对贮存油品质量的影响，同时也减轻日光对胶带产生的老化作用。弹性泡沫密封装置的示意如图9-35所示。

③ 管式密封装置　用充液体的管式密封胶袋代替弹性泡沫密封中的软泡沫塑料，使密封胶带紧贴于罐壁，把油品与大气隔绝是管式密封的主要特点。管式密封装置的结构示意见图9-36。

管式密封胶袋内所充的液体通常是轻柴油、煤油等。目前管式密封主要用于原油贮罐，其主要优点是由液体静压头产生的侧压力比较均匀，与其他类型的密封相比较侧压力也比较小，从而使密封胶带与罐壁的摩擦力减小，磨损减轻。又由于液体具有良好的流动性，使得贮存介质的表面充分地与气相空间隔开，这一特点是弹性泡沫密封装置无法比拟的。

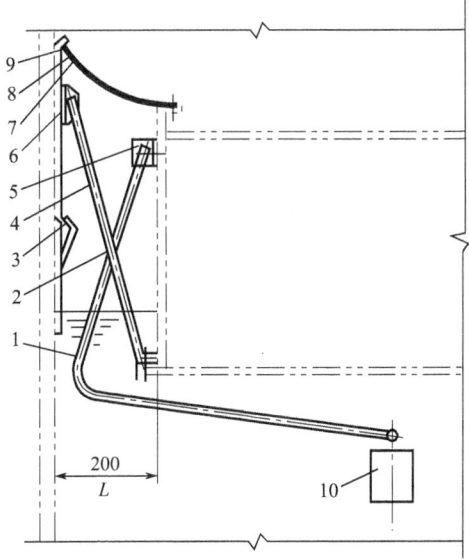

图 9-34　机械密封装置
1—肘杆；2—销轴；3—刮蜡板；4—连杆；
5—右支座；6—左支座；7—金属滑套；
8—橡胶密封板；9—静电导线；10—重锤

④ 二次密封装置　机械密封装置、弹性泡沫密封装置、管式密封装置通常称为主级密封，或一次密封。由于各国政府对环境保护的严格要求，为了减少油气对大气环境的污染，发展了二次密封。二次密封的发展也同时有利于减少油品的蒸发损失。

二次密封装置有多种形式，通常位于一次密封的上部，有些是与防雨雪挡板结合起来的，既有密封功能，又具有防止雨、雪、日光对密封装置及贮存介质产生影响的功能。

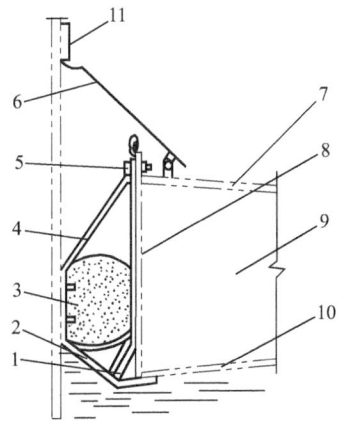

图 9-35　弹性泡沫密封装置
1—固定环；2—固定带；3—软泡沫塑料；4—密封胶带；
5—螺栓螺母；6—防护板；7—浮仓顶板；8—外边缘板；
9—浮仓；10—浮仓底板；11—二次密封

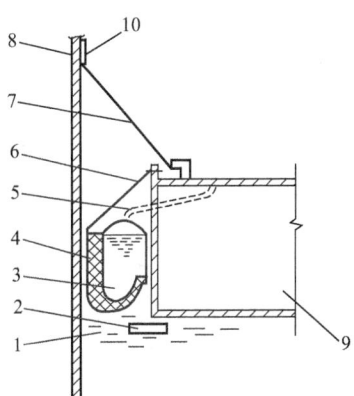

图 9-36　管式密封装置
1—贮液；2—限位板；3—密封管（内充液体）；
4—泡沫塑料垫层；5—导液管；6—吊带；
7—防护板；8—罐壁；9—浮仓；10—二次密封

⑤ 密封装置的使用情况　机械密封装置是浮顶上使用历史最长的，到目前为止，仍广泛用于西欧和北美，以及其他国家和地区。由于日本是多地震地区，主要使用弹性泡沫密封和管式密封。由于环境保护部门严格要求控制油品蒸气对大气环境的污染，二次密封装置在国外得到了广泛的使用。

我国于20世纪70年代后期开始使用弹性泡沫密封和管式密封,现已得到广泛使用,机械密封装置已经很少使用。出于对环境保护的重视和控制油品的挥发损失,二次密封装置也广泛地在国内使用。

(2) 浮顶排水系统

浮顶罐是一个敞口的贮罐,雨、雪会积存在浮顶上,大量积存的雨水会导致浮顶沉没,对贮罐的安全运行构成威胁。为了顺利地将浮顶雨水排出罐外,浮顶必须设置排水系统。浮顶的排水系统主要由以下部分组成。

① 浮顶的集水坑　浮顶上雨水的汇集口,雨水由此进入排水管。

② 浮球式单向阀　只允许雨水进入排水管,在排水管渗漏时,阻止贮罐内的贮液逆流到浮顶上。

③ 排水管　引导浮顶上的雨水顺利地排出罐外。目前使用的排水管可以分为以下几类。

a. 无缝钢管和回转接头的组合。这种排水管国内广泛使用,主要问题是回转接头的密封元件失效,会导致贮液外漏,造成经济损失,同时又污染环境。质量好的回转接头使用寿命可达10年以上,质量差的回转接头使用不到一年就会泄漏。

b. 整根金属软管。质量优良的金属软管使用寿命可达10年以上。

c. 无缝钢管和金属软管的组合。即采用部分金属软管取代回转接头。

④ 排水管出口处的阀门　在排水管泄漏时,可以关闭排水系统,避免贮液大量外泄。由于浮顶排水管是浸没在贮液中工作的,维护保养比较困难,排水管维护周期至少应当大于贮罐的清罐周期。保证浮顶排水管无维护、长周期正常运行是对排水管的最基本要求。

(3) 浮顶支柱

浮顶罐在检修期间和浮顶施工完成以后,浮顶是由支柱支撑在罐底板上的。浮顶支柱应当具有足够的强度和稳定性,以承受浮顶的自重和1200Pa的附加载荷。

(4) 转动扶梯

转动扶梯是罐顶平台与浮顶之间的连接通道,由于浮顶是随着液面上下运动的,转动扶梯必须适应这种工况。转动扶梯的仰角不应大于60°,转动扶梯的踏步在整个行程中应当保持水平状态。转动扶梯在承受5000N的集中载荷作用在中点时,应当具有足够的强度和刚度。

9.2.5.5　浮顶施工的主要要求

浮顶上全部焊缝的焊肉必须饱满,单盘板必须在临时的水平支架上进行铺设和组焊,施工中应当严格控制变形。防止焊缝泄漏是保证浮顶安全运行的最重要的因素,全部与液面接触的焊缝必须进行真空试漏或煤油渗漏试验。每一个浮仓都必须是独立的、气密性的。

9.2.5.6　改变贮存介质

当贮罐的贮存介质改变时(如设计贮存原油,要改贮汽油或相反),单盘式浮顶的单盘板变形状态会发生变化,直接影响浮顶漂浮时的排水效果。通常,贮存汽油的浮顶罐改贮原油时,不会影响浮顶的排水能力;原来贮存原油的浮顶罐改贮汽油时,有可能会影响到浮顶的排水能力,因此必须重新校核计算浮顶的浮力和浮顶的排水效果。

9.2.5.7　风载荷作用下罐壁的稳定性

在理论分析中,忽略罐壁板的厚度对应力分布的影响,把罐壁视为薄壁圆筒。薄壁圆筒承受内压的能力远大于承受外压或负压的能力,贮罐在施工建造过程中和正常使用状态下,罐外壁承受风载荷的作用;罐内的操作负压与风载荷的共同作用会使罐壁发生稳定失效而破坏。为保证贮罐的安全、正常操作,罐壁应当满足强度条件以外,还必须有足够的稳定性。

(1) 圆筒形管壁上的风力分布

罐壁在风载荷作用下的风力分布如图 9-37 所示。由图中可以看出，罐外壁的风压分布是不均匀的，在迎风面约 60°中心角范围内是受压区，其余部分是受拉区。最大风压区域是在中心角 20°所对应的弧长上，并且风压值近似等于常数，最大风压值在驻点 A（驻点——曲线的法向与风向重合处，曲线上的点），其值为 1.0 倍的风压 W_0。敞口罐的内部是负压区，罐内壁 A 点处负压最高，其值近似等于 $W_0/2$。

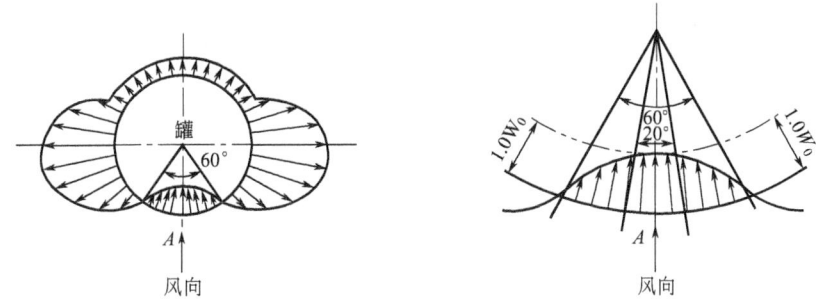

图 9-37　罐壁上的风力分布

(2) 圆筒形罐壁失稳破坏的特点

① 罐壁的失稳是由瞬时外压控制的，在一定范围内失稳是完全弹性的，当外压低于临界压力时，模型不会出现屈曲，一旦增加至临界压力，立即发生凹瘪，若将外压再减小到临界压力以下，圆柱壳面上的屈曲波会立即消失，恢复原形而不留痕迹。

② 风载荷作用下的临界压力（即驻点 A 处的最大不失稳压力）比均匀外压作用下的临界压力约高 13%。

(3) 罐壁的设计外压

罐壁的设计外压仅取决于贮罐的操作条件、建罐地区的设计风压和贮罐的型式。对于固定顶贮罐，罐壁的设计外压按下式计算

$$p_0 = 2.25\mu_s\mu_z W_0 + q \tag{9-50}$$

式中　p_0——罐壁的设计外压，Pa；

　　　μ_s——风荷载体形系数，取 $\mu_s=1.0$；

　　　μ_z——风压高度变化系数；

　　　W_0——基本风压，Pa；

　　　q——设计负压，Pa，取 1.2 倍的罐顶呼吸阀的负压定压压力。

在式 (9-50) 中，系数 2.25 是瞬时风压与基本风压之间的换算系数。GBJ 50009—2012《建筑结构荷载规范》规定：基本风压是以当地比较空旷平坦地面上离地 10m 高处，统计所得的 30 年一遇 10min 平均最大风速 v_0（m/s）为标准，按 $W_0=v_0^2/1.6$ 确定。由于瞬时风速比 10min 平均风速大 1.3~1.7 倍，平均值为 1.5 倍，而风压与风速的平方成正比，故转换系数为 2.25。

(4) 罐壁的临界压力

罐壁的临界压力，仅取决于罐壁本身的材料和结构，如贮罐的直径、高度和罐壁的厚度等。罐壁的临界压力按下式计算

$$p_{cr} = 16000\,(D/H_E)\,/\,(t_{min}/D)^{2.5} \tag{9-51}$$

式中　p_{cr}——罐壁的临界压力，Pa；

　　　D——罐的内直径，m；

$t_{\min}$——罐壁上部，等壁厚部分的公称厚度，mm；

H_E——罐壁的当量高度，m；$H_E=\Sigma h_i\,(t_{\min}/t_i)^{2.5}$ $(i=1,\cdots,n)$；

h_i——第 i 层壁板的宽度，m；

t_i——第 i 层壁板的厚度，mm；

n——罐壁板的层数。

（5）罐壁的稳定条件

罐壁的稳定性设计，应保证罐壁本身的临界失稳压力高于设计风压条件下和正常操作时罐内可能产生的负压，即满足下式的要求

$$p_0 \leqslant p_{cr} \tag{9-52}$$

（6）罐壁加强圈

当 $p_0 > p_{cr}$ 时，必须适当增加罐壁的厚度或在罐壁上设置加强圈，以提高罐壁的稳定性。罐壁上设置加强圈是最常用、最经济的提高罐壁稳定性的措施。

加强圈可以在罐壁上形成足够强的节线，除了提高加强圈处罐壁的稳定性以外，同时也可减小罐壁的计算高度。由公式（9-51）可以看出，在当量高度减少 1/2 时，罐壁的临界压力将提高一倍。

a. 加强圈的大小。加强圈与罐壁的组合截面大大地提高了罐壁的稳定性，为了使加强圈可以形成节线，组合截面的惯性矩应当满足下式的要求

$$I_y = 100\,(Rt)^{1/2}t^3 \tag{9-53a}$$

式中 I_y——组合截面加强圈惯性矩，cm^4；

t——贮罐壁厚度，cm；

R——贮罐半径，cm。

下表中列出了与贮罐直径有关的加强圈规格。

加强圈最小截面尺寸

贮罐直径/m	不等边角钢规格/mm	贮罐直径/m	不等边角钢规格/mm
$D \leqslant 20$	∠100×63×8	$36 < D \leqslant 48$	∠160×100×10
$20 < D \leqslant 36$	∠125×80×8	$D > 48$	∠200×125×12

b. 加强圈的数量。加强圈的数量，按照下式确定

$$N = \text{INT}\,(p_0/p_{cr}) \tag{9-53b}$$

式中 INT——整除符号，舍去小数取整数。

c. 加强圈的位置。当加强圈将罐壁的当量高度均分为几个相等的部分时，每一部分罐壁都具有相同的临界压力，加强圈之间的间距按下式计算

$$L_E = H_E/(N+1) \tag{9-53c}$$

式中 L_E——加强圈之间的距离，m。

（7）外浮顶罐的罐壁抗风圈

外浮顶罐的罐壁是敞口的圆柱形筒体，为了使罐壁在风载荷作用下不产生变形，保持上口的圆度，维持贮罐整体形状，贮罐的上部应当设置罐壁抗风圈。抗风圈应当按照强度条件设计，当贮罐抗风圈有足够的抗风载荷的能力时，在抗风圈以上的罐壁承受的是张力，抗风圈以下的罐壁部位承受压应力。通常，抗风圈设置在距罐顶1m左右的罐壁外侧，并且可以兼作走道平台。

① 抗风圈设计 假定贮罐上半部罐壁所承受的风载荷全部由抗风圈承受；作用于罐外壁迎风面的风力按正弦曲线分布；风力分布范围所对应的抗风圈区段为两端铰支的圆拱；圆拱所

对应圆心角为 60°。

抗风圈作为两端铰支的圆拱,钢材的屈服强度 $\sigma_s=235\mathrm{MPa}$;考虑到抗风圈是受弯曲应力作用的,许用应力取钢材屈服强度的 0.90 倍;抗风圈所需的最小截面系数按照下式计算

$$W_z=0.082D^2HW_0 \tag{9-54a}$$

式中 W_z——抗风圈所必需的最小截面系数,mm^3;
　　　H——罐壁全高,m;
　　　D——贮罐直径,m;
　　　W_0——基本风压,Pa。

② 抗风圈组合截面　在计算抗风圈截面系数 W 时,应计入抗风圈与罐壁连接处两侧各 16 倍罐板厚度范围内的罐壁截面,这部分截面和抗风圈截面共同作用,承受风载荷的作用。抗风圈组合截面系数（W）应满足下式的要求

$$W \geqslant W_z \tag{9-54b}$$

③ 抗风圈的其他要求　抗风圈的截面宽度不宜超过 1m,以利于自身的稳定。对于某些大直径的贮罐,当设置一道抗风圈不能满足要求时,可以设置两道抗风圈。

抗风圈的外周边可以是圆形或多边形,可以采用型钢或型钢与钢板的组合件构成。所用的钢板最小厚度为 5mm,角钢的最小尺寸为 63×6。为满足强度条件,抗风圈本身的接头必须采用全焊透的对接焊缝,抗风圈与罐壁之间的焊接,上表面应采用连续满角焊,下面可采用间断焊。当抗风圈有可能积存液体时应开适当数量的排液孔。

抗风圈与罐壁共同作用范围（两侧各 16 倍壁厚截面）组成一个近似工字形断面的薄腹板梁,在受载状态下除了应满足强度条件外,尚需满足在受弯时不发生侧向失稳。为了有效地防止侧向失稳,抗风圈下表面应当设置支托,相邻支托的最大间距 $L_{\max}$ 可按下式选取

$$L_{\max}=(18\sim24)b_1 \tag{9-55}$$

式中 $L_{\max}$——抗风圈下支托的最大间距,mm;
　　　b_1——抗风圈受压翼缘的宽度,即抗风圈的边缘高度,mm（见图 9-38）。

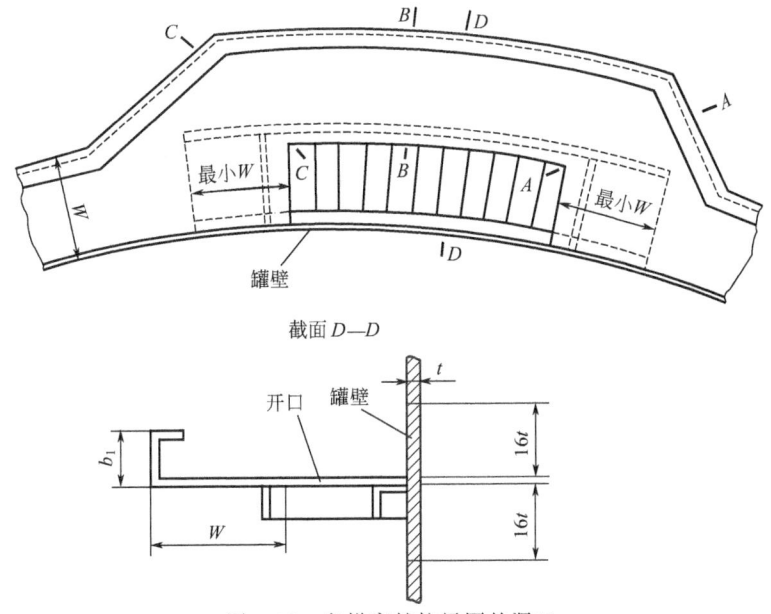

图 9-38　盘梯穿越抗风圈的洞口

为使支托能起到阻止抗风圈侧向失稳的作用，支托上缘应与抗风圈可靠地焊接。

(8) 抗风圈上的洞口

按照强度条件设计的抗风圈作为一个整体是不宜开洞的。当盘梯穿越抗风圈时，应对抗风圈的洞口处进行加强，使洞口处抗风圈的任何截面的截面系数不低于式（9-54b）的要求。如图 9-38 中所示，图中断面 AA、BB、CC 均须满足 $W \geqslant W_z$。

9.2.6 内浮顶贮罐

9.2.6.1 简介

石油、化学工业一直十分关心石油和石油化工产品在贮存过程中的蒸发损耗。人们最初关心的是经济损失和贮存的安全性，近些年来由于生态学方面的问题，环境保护方面的要求越来越严格，要求严格控制易挥发的贮存介质对大气环境的污染。

在固定顶罐内增加一个浮顶，以及增加相应的附属设施，该罐就成为了内浮顶罐；或者在敞口的外浮顶罐顶上，增设一个固定顶以及进行相应改造，原有的外浮顶罐也就成了内浮顶罐。

由于外浮顶罐的上部是敞口的，浮顶和贮存介质易受外界的风、沙、雨、雪的影响。而内浮顶本身不受外界大气环境的风、沙、雨、雪的影响，暴风雨或台风也不会直接作用在内浮顶上，有利于稳定产品的质量；不设置浮顶排水系统、转动扶梯等设施有利于减少操作和维护费用。由于以上特点，贮存石油产品，如汽油、航空煤油、石油芳烃、易挥发的轻质油品等广泛采用了内浮顶罐，而不再使用外浮顶贮罐和拱顶罐。

20 世纪 70 年代末，在一台 $3000m^3$ 的贮存汽油的拱顶贮罐内增加了浅钢盘式内浮顶，从而成为国内的第一台内浮顶罐。该罐投入使用后，进行了大呼吸油品蒸发损耗的测试，实测表明：一台贮存汽油的 $3000m^3$ 拱顶罐，一次全容量的周转，损失汽油约 5t。若以年周转 30 次计算，每年的蒸发损失约 150t；以周转 50 次计算，每年的蒸发损失约 250t。而钢制内浮顶罐，蒸发损失仅为拱顶罐的 10% 左右。

国内的第一台钢制内浮顶罐投入使用以后，其经济效益和社会效益被广泛认可。20 世纪 80 年代初期，一批已经贮存汽油等易挥发介质的拱顶贮罐，经过改造成为钢制内浮顶罐；当时的新建贮罐，在贮存类似于汽油易挥发性的石油和石油化工产品时，大多数采用钢制的内浮顶罐。由于当时的钢制内浮顶是浅盘式的，其抗沉性能比较差，也多次发生过内浮顶沉没的事故。20 世纪 80 年代中后期，国内开始发展并推广使用装配式铝制内浮顶，由于铝制内浮顶罐的蒸发损失仅为拱顶罐蒸发损失的 5% 左右，而且投资费用与钢制内浮顶相当，或者略低，到 20 世纪 90 年代初，钢制浅盘式的内浮顶已被淘汰，装配式铝制内浮顶得到了广泛的使用。

国内外使用的内浮顶主要有以下几种型式。

a. 钢制的无浮仓的盘式浮顶，即钢制浅盘式的。

b. 钢制的有敞口浮仓的盘式浮顶。

c. 钢制的有浮仓的盘式浮顶，类似于单盘式浮顶。

d. 钢制的双盘式浮顶。

e. 浮筒上的金属顶，浮盘在液面以上，如铝制内浮顶。

f. 铝制蜂窝式浮盘，浮盘与液面接触。

g. 组合式塑料浮盘，浮盘与液面接触。

h. 浮子式铝浮顶。

9.2.6.2 钢制内浮顶

钢制内浮顶是指内浮顶是由碳钢钢板组焊而成的，这一点与外浮顶罐的浮顶类似，故外浮顶罐的各种浮顶型式都可以在内浮顶罐中使用，同样，外浮顶罐所采用的密封型式也可以在内浮顶罐中使用。

内浮顶的浮力构件，如周边环形浮仓、内部的单独浮仓（又称之内浮子）等所提供的浮力应不小于浮顶自身重力的 2 倍，以保证浮顶在不测因素的影响下不会沉没，从而保证贮存安全。常用的钢制内浮顶的结构形式见图 9-39。

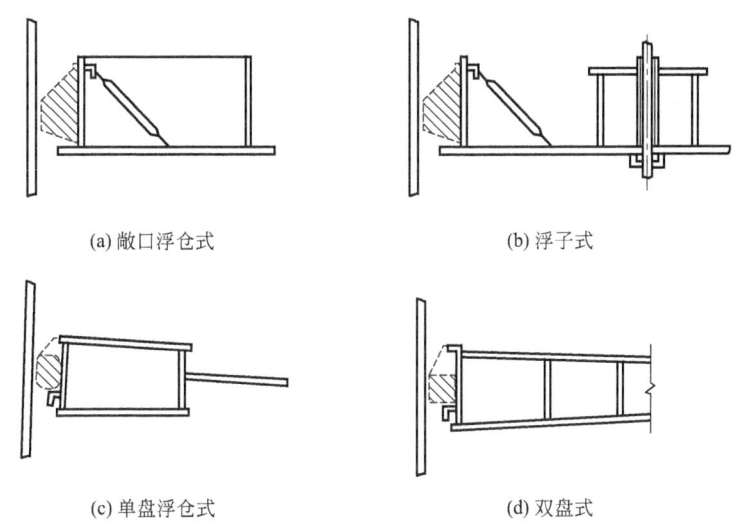

(a) 敞口浮仓式　　　　　　(b) 浮子式

(c) 单盘浮仓式　　　　　　(d) 双盘式

图 9-39　钢制内浮顶结构

9.2.6.3　铝制内浮顶

铝制内浮顶的主要部件。如浮筒，浮盘板等是由铝材制造的。铝制内浮盘的全部零部件可以在制造厂生产，运至施工现场的所有零部件可以从罐壁人孔处送入罐内进行组装。铝浮盘的零部件之间采用螺栓连接，不需要使用电焊机等设备，施工周期也比钢制内浮顶短。要想把正在使用的固定顶贮罐改造成为内浮顶罐，铝制内浮顶是最佳的选择。

(1) 铝制内浮顶的结构

铝制内浮顶按照提供浮力的元件区分，有浮管式的和浮子式的。浮管式的铝浮盘的示意见图 9-40。

(2) 铝制内浮顶主要附件

以浮管式铝制内浮顶为例，内浮顶的主要附件包括浮顶支柱、密封装置、导静电装置、真空阀、防旋转装置、量油孔、人孔、油品入口扩散管、罐壁通气孔、罐顶通气孔等。

① 内浮顶贮罐的密封装置　内浮顶罐的密封装置的型式与外浮顶罐类似。由于充液式软密封的密封袋发生渗漏时，其中的液体会污染贮存介质，影响贮液的质量，一般不在内浮顶罐中使用，其他型式的密封装置，都可以在内浮顶罐中使用的。

② 导静电装置　为了保证贮罐的安全运转，浮顶和贮罐本体必须具有相等的电位，以防止静电带来的危害。

③ 油品入口扩散管　油品入口扩散管的作用是控制油品进罐的速度不大于 1m/s。油品进罐的速度太大，会使油品激烈搅动，增加油品的蒸发损耗和油品静电的危害，也不利于浮顶的平稳操作。

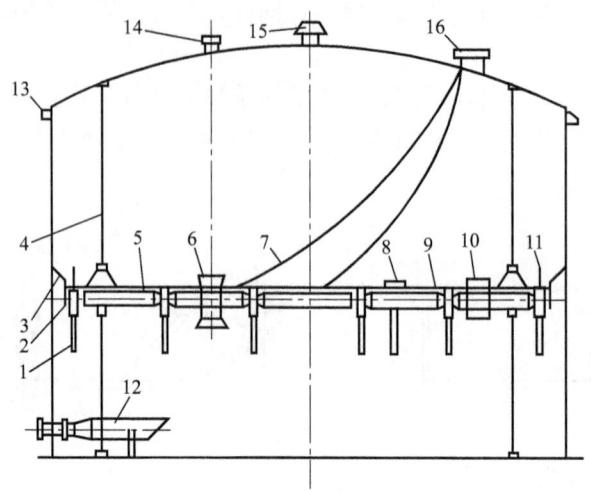

图 9-40 浮管式铝制内浮顶

1—支柱；2—边缘构件；3—舌形密封；4—防旋转装置；5—浮管；
6—量油孔；7—静电导出装置；8—真空阀；9—铺板；10—人孔；
11—消防泡沫挡板；12—油品入口扩散管；13—罐壁通气孔；14—量油孔；15—罐顶通气孔；16—罐顶人孔

9.2.6.4 内浮顶贮罐的设计

(1) 设计内压

对于无气密性要求的内浮顶罐，罐壁和罐顶上有直通大气的通气孔，罐内不会有压力形成（正压或负压），贮罐的设计按常压贮罐考虑。对于有气密性要求的贮罐，设计压力应为最大气相操作压力的1.5倍。

(2) 罐顶的设计外压

罐顶的设计外压包括两部分，即罐顶的自重和1200Pa的附加载荷（当雪载荷大于600Pa时，应增加超过600Pa的部分）。

(3) 内浮顶的设计荷载

内浮顶应允许至少2个人（300mm×300mm面积上的载荷为220kg）在浮顶上任意走动，无论浮顶是漂浮状态或支承状态，既不会使贮液溢流到浮顶的上表面，也不会对浮顶构成损害。内浮顶浮力构件提供的浮力应不小于自重的两倍。内浮顶支柱应能承受600Pa的均布活荷载。

(4) 内浮顶贮罐的通气要求

由于内浮顶贮罐的浮顶与固定顶之间存在着气相空间，有可能成为油气积聚的场所。当油气浓度在易燃范围内时，是一个不安全因素。对于密闭式的内浮顶应在罐顶设置呼吸阀。

当贮罐上设置通气孔时，罐顶部的通气孔直径应当不小于200mm；罐壁的周向通气孔应当位于设计液面以上，沿着罐的圆周均布，至少4个。罐壁的周向通气孔的总面积应当大于0.06倍的贮罐直径，即

$$S \geqslant 0.06D \tag{9-56}$$

式中 S——罐壁的周向通气孔的总面积，m^2；

D——贮罐直径，m。

9.2.6.5 内浮顶贮罐的操作要求

贮罐在进油操作而内浮顶未起浮之前，在气相空间积聚的油气浓度可能会在可燃浓度范围

之内，因此应当控制进油速度在 1m/s 以下。

内浮顶罐发生火灾的外因，主要是雷电和静电。由于罐壁和固定顶在内浮顶上空形成一个"法拉第"笼子，在理论上会阻止雷电引燃油气，降低雷电火灾的危险，在这一点上，内浮顶优于外浮顶罐。

为了保证内浮顶罐的安全运行，应当有以下措施。

① 浮顶和固定顶之间的导静电装置必须完好。
② 进出油品时，不要进行量油和采样操作。
③ 在内浮顶未起浮之前，应当控制进油速度在 1m/s 以下。
④ 上罐操作人员应当穿着防静电工作服。
⑤ 除了维修工作以外，禁止人员到浮顶上去。
⑥ 人员进入罐内以前，必须检测罐内氧气含量和有害气体含量，合格以后才能进入。

9.2.7 湿式气柜

9.2.7.1 简介

湿式气柜主要用于贮存工作压力不大于 4000Pa（400mmH$_2$O）的各种气体，用水作为活动部分的密封介质，解决气体生产与使用过程中的物料平衡问题。

(1) 湿式气柜的分类

湿式气柜由水槽和活动的塔节组成。只有一个活动塔节的气柜为单节气柜；两个活动塔节以上的为多节气柜。活动塔节按照升起的先后顺序，分别称为钟罩、中节Ⅰ、中节Ⅱ等。

湿式气柜按照活动塔节的导轨形式分为直升式气柜和螺旋式气柜。

(2) 湿式气柜的设计、施工及验收标准

湿式气柜应当遵守下列标准最新版本的要求。

a.《钢制低压湿式气柜》HG/T 20517。
b.《钢结构设计规范》GB 50017。
c.《金属焊接湿式气柜施工及验收规范》HGJ 212。
d.《现场设备、工业管道焊接工程施工及验收规》GB 50236。

常用的直升式湿式气柜如图 9-41 所示；螺旋式湿式气柜如图 9-42 所示。

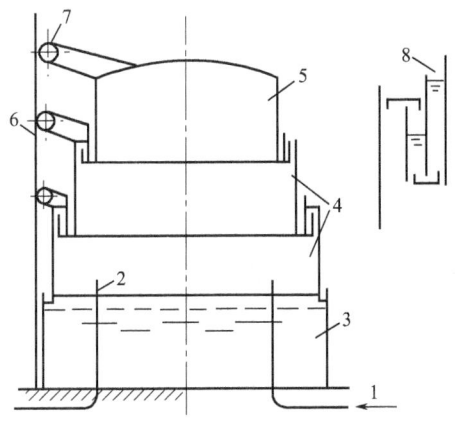

图 9-41 直升式湿式气柜
1—煤气进口；2—煤气出口；3—水槽；4—塔节；
5—钟罩；6—导向装置；7—导轮；8—水封

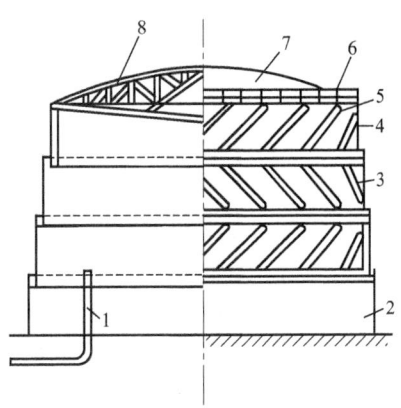

图 9-42 螺旋式湿式气柜
1—煤气管；2—水槽；3—塔节；4—上塔节；
5—导轨；6—栏杆；7—钟罩；8—顶架

9.2.7.2 气柜的容量

(1) 公称容量

气柜的公称容量是有效容量的近似值，以立方米（m³）为单位，取前 1 位或 2 位有效数字，如 90m³，2500m³，3 万立方米，15 万立方米等。

(2) 有效容量

气柜的有效容量以图 9-43 为例，按式（9-57）计算。

$$V=\frac{\pi}{4}\left[D_1^2(h_1-L_1)+D_2^2h_2+\cdots+D_n^2(h_n-f)\right] \qquad (9-57)$$

式中　　V——有效容量，m³；

$D_2,\cdots,D_n$——分别为钟罩、中节Ⅰ、中节Ⅱ、……的内径，m；

h_1——钟罩浸入水槽的深度，m；

$h_2,\cdots,h_n$——分别为中节Ⅰ、中节Ⅱ、……全升起后的有效高度，m；

L_1——安全罩帽插入深度，m，当不设安全罩帽时，$L_1=0$；

f——最下一节活动节升至极限位置时；活动节底部的液位，m。

9.2.7.3 气柜的设计荷载

(1) 设计压力

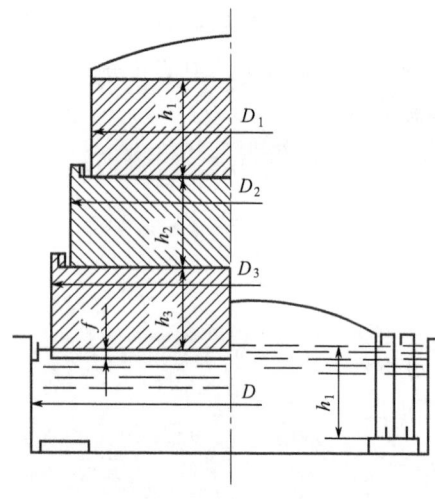

图 9-43 气柜有效容积计算简图

气柜的设计压力取气柜活动塔节全部起升至最大高度的气体压力；水槽的设计压力等于水槽的最高水位的液柱静压力，即水槽溢流液面的水柱高度。

(2) 活荷载

钟罩水平投影面上的活荷载取 700Pa；平台、走道的均布活荷载不小于 2500Pa；扶梯踏步应能承受 1500N 的集中活载荷；栏杆结构在扶手顶部的任意点应能承受任何方向的 900N 的集中载荷。

(3) 恒载

恒载包括气柜本体的自重、上部及下部配重块的质量、水封挂圈内的水重、水槽内水的静压力。

(4) 风荷载和雪荷载

基本风压和基本雪压按《建筑结构荷载规范》（GB 50009）确定，业主可以适当增加，但是不得低于上述标准的规定。

(5) 地震荷载

地震设防烈度大于等于 7 度时，必须计算地震荷载。

(6) 荷载组合

① 不考虑抗震设计的荷载组合

a. 风荷载＋0.9 半面雪荷载：用于轮压计算。

b. 设计压力（内压）＋局部风荷载（风吸）：用于壳壁板局部应力计算。

c. 设计压力（内压）－自重＋局部风荷载（内吸）：用于罩顶板局部应力计算。

d. （自重＋雪荷载）与（自重＋施工荷载）中的较大值：用于罩顶及拱架计算。

e. 自重＋雪荷载＋上部配重块重：用于立柱计算。

f. 自重+活荷载：用于平台、扶梯等计算。

② 考虑抗震设计的荷载组合

a. 水平方向地震荷载+静力设计荷载。

b. 计算水平方向地震荷载时，应包括活动塔节自重、水封挂圈内的水重、配重块重、罩顶半面雪荷载的 50%。

c. 在静力设计荷载中，雪荷载为罩顶半面雪荷载的 50%，风载荷为 25%。

9.2.7.4　气柜用钢材及许用应力

气柜用钢材与固定顶贮罐用钢材是相同的，钢材的许用应力也相同，详细介绍请参见 9.2.4 固定顶贮罐一节。

9.2.7.5　气柜的设计条件

① 气柜的工作压力　气柜的工作压力是由各活动塔节的重力作用在贮存的气体上形成的。当活动塔节的自重不足以形成所需的工作压力时，应在钟罩顶、钟罩内增设配重块。

气柜的最小工作压力（p_{min}）为钟罩刚刚脱离水槽底板上垫梁时气体的压力，Pa。

气柜的最大工作压力（p_{max}）为各活动节升至最大高度时气体的压力，Pa。

② 贮存介质及有关特性，包括重度、腐蚀性等

③ 气体最大流量或进出气管的尺寸和形式

④ 基本风压

⑤ 基本雪压

⑥ 地震设防烈度

⑦ 建造气柜的地区，冬季空气调节室外计算温度

⑧ 地基的工程地质条件

9.2.7.6　气柜的基本参数和选型

(1) 径高比（水槽直径与柜体总高度的比值）D/H

外导架直升式气柜，一般取 $D/H=0.8\sim1.2$。

螺旋气柜和无外导架直升式气柜，一般取 $D/H=1.0\sim1.65$。

确定径高比后，应根据最大进气速度或最大出气速度，校核活动节最大升降速度 V_{max}。按气柜大小的不同，设计的活动节最大升降速度可取 V_{max} 不大于 $0.9\sim1.2\mathrm{m/min}$。

(2) 气柜活动节节数 n

气柜活动节节数应根据气柜的容积和径高比来确定。各活动节的高度应相等；数值上略小于水槽高度，水槽高度一般不大于 10m；如地基承载力低，应适当降低水槽高度。按公称容积确定的活动塔节的节数，可取下列数值。

公称容积 $VN\leqslant 2500\mathrm{m}^3$ 时，取 $n=1$；公称容积 $2500\mathrm{m}^3<VN<10000\mathrm{m}^3$ 时，取 $n=2$；公称容积 $10000\mathrm{m}^3\leqslant VN<50000\mathrm{m}^3$ 时，取 $n=3$；公称容积 $50000\mathrm{m}^3\leqslant VN\leqslant 100000\mathrm{m}^3$ 时，取 $n=4$。

(3) 塔节间隙 Δr（相邻两塔节内半径之差）

直升式气柜取 $\Delta r=400\sim450\mathrm{mm}$，一般宜取 $\Delta r=450\mathrm{mm}$；螺旋气柜 $\Delta r=450\sim500\mathrm{mm}$，一般宜取 $\Delta r=500\mathrm{mm}$。

(4) 气柜选型

气柜按照活动塔节的导轨形式分为直升式导轨气柜和螺旋式导轨气柜，前者又可分为有外导架的直导轨气柜和无外导架的直导轨气柜两类。表 9-23 是这几种气柜结构特点的比较。

表 9-23　几种典型湿式气柜的特点

气柜类型		主要特点
螺旋式导轨气柜		没有外导架,用钢量少,气柜愈大,省材愈多 安装高度低,仅相当于水槽高度,施工方便、安全 抗倾覆性能虽不及外导架直导轨,但升起后的稳定性仍较好 导轨加工较困难,制造、安装精度要求较高 广泛用于大、中、小型气柜
直升式气柜	有外导架	抗倾覆(主要是风和地震力)性能好,尤其适用于高烈度地震区,导轨制作、安装容易 外导架高度大,施工需高空作业,须采取必要的安全措施 钢材消耗比螺旋气柜多15%～25% 适用于大、中、小型气柜
直升式气柜	无外导架	结构简单,导轨制作容易 钢材消耗比有外导架直导轨省,与螺旋导轨气柜相当 安装高度低,仅相当于水槽高度,施工方便、安全 抗倾覆性能较差,台风区、高烈度地震区不宜采用 一般仅用于单节气柜

9.2.7.7　湿式气柜设计

（1）水槽底板和水槽壁板

水槽底板和水槽壁板的结构型式和设计计算与固定顶贮罐的底板和壁板基本相同。主要区别是水槽的贮存介质为水；罐壁设计中焊缝系数的取值按焊缝接头的型式、是否局部探伤等条件确定。表 9-24 为 HG 20517—92《钢制低压湿式气柜》中对焊缝系数的规定。

表 9-24　焊缝系数

接头型式	局部探伤	不探伤	接头型式	局部探伤	不探伤
双面对接焊缝	0.85	0.70	双面填角焊缝		0.55
带垫板单面对接焊缝	0.80	0.65	单面填角焊缝		0.45
无垫板单面对接焊缝	0.70	0.60			

有关底板和壁板的详细介绍,见固定顶贮罐中的相关部分。

（2）钟罩顶

钟罩顶的表面是球形表面,常用的结构型式有光面球壳、带肋球壳和有构架支承的球面网架。钟罩顶的结构形式和固定顶贮罐的常用罐顶形式完全相同,主要区别在于钟罩顶相对于水槽壁是运动的,在钟罩顶的外圆周处加有配重。钟罩顶和固定顶贮罐的罐顶,在满足设计条件的要求下是可以通用的。

大型的湿式气柜中目前用得最多是球形拱架支承的钟罩顶。罩顶的拱高与钟罩球面半径的比值一般取 1/15,即钟罩球面半径等于钟罩内径的 1.098 倍。钟罩顶板的最小厚度为 3mm。

作强度计算时,罩顶有关部分的重力,近似可取下列数值。

光面球壳的厚度　板厚 3mm 时,$W_{s1}=235N/m^2$；$\delta=4mm$ 时,$W_{a1}=314N/m^2$；

带肋球壳　板厚为 4mm 时,$W_{a1}=392N/m^2$。

钟罩顶的拱架

钟罩直径 $D\leqslant 30m$ 时,$W_{s2}\approx 206N/m^2$；$30m<D\leqslant 45m$ 时,$W_{s2}\approx 294N/m^2$；$45m<D\leqslant 65m$ 时,$W_{s2}\approx 441N/m^2$。

铸铁配重块 $71123N/m^3$；

$200^\#$ 混凝土配重块 $21582N/m^2$。

(3) 活动塔节壁板

活动塔节壁板由上、下带板和中间带板组成。上、下带板由于构造上的需要和边缘局部应力，通常比中间带板要厚。上、下带板的厚度及宽度应满足相应的边环、底环和水封挂圈的设计要求。上、下带板的自身拼接，通常采用对接。

中间带板的自身拼接，宜采用对接，也可采用搭接。采用搭接结构时，搭接宽度不得小于板厚的5倍，且不小于25mm。为满足防腐需要，内外侧均应采用连续焊。相邻两圈板纵焊缝的环向间距不得小于250mm。

中间带板宜预制成大块矩形板（对直升式气柜），或大块菱形板（对螺旋导轨气柜），以减少现场焊接工作量，提高质量。

中间带板与上、下带板，导轨垫板的连接，采用双面连续焊的搭接接头，搭接宽度应不小于35mm。

活动塔节的壁板厚度，可以按照承受的内压的薄壁圆筒计算，由于内压很低，计算厚度不大，通常由构造要求确定。壁板的厚度不得小于3mm。

(4) 水封挂圈

水封挂圈是湿式气柜的重要部件，用于密封活动塔节内部的气体，防止贮存气体外溢。

图9-44是螺旋式气柜挂圈的工作原理。图9-45是直升式气柜挂圈的工作原理。

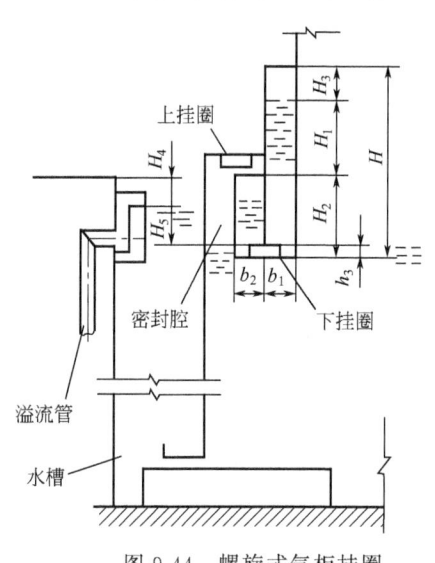

图 9-44 螺旋式气柜挂圈

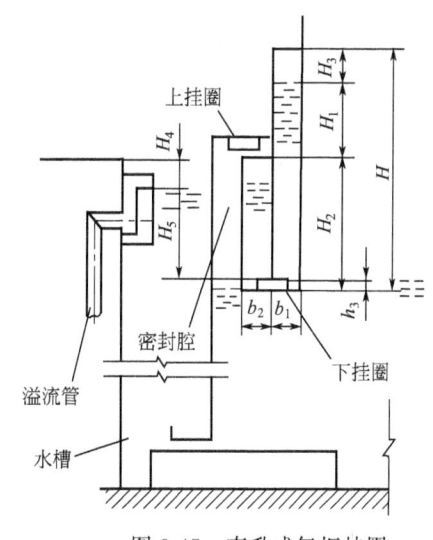

图 9-45 直升式气柜挂圈

H—水封高度，mm；H_1—水封内上挂圈板两侧的液位差，mm；H_2—水封下挂圈板的有效高度，mm；
H_3—水封挂圈顶端与挂圈内最高位之间的预留量，取 $H_3 = 50 \sim 80$mm；
H_4—水槽顶面与溢流液面之间的预留量，$H_4 \geqslant 100$mm；H_5—上挂圈封板浸入水中的深度，mm；
h_3—下挂圈垫圈高度，mm；b_1，b_2—水封内被上挂圈板分隔为两部分后各自的宽度，mm

从图9-44、图9-45可以看出，当 H_5 大于气柜内的最大工作压力（mmH_2O）时，可以保证气柜内的气体不会溢出。当 H_1 大于等于设计压力（mmH_2O）时，水封挂圈可以起到密封气体的作用。

多节活动塔节的每一个水封挂圈均应根据各自的工况分别设计并验算，以保证水封挂圈具有良好的密封作用。

(5) 气柜的超量保护

为了防止气柜内充装的气体超过额定容量，造成事故，气柜的钟罩上设有放空管，一旦气柜容量超额，部分气体会从放空管自动排放，从而限制钟罩进一步升高。气柜的超量保护示意见图 9-46，当 $L_2 < p$ 时，气体会放空，从而防止容量超限，f 为设计预留量，一般取 $f \geq 100 \sim 150 \text{mm}$。

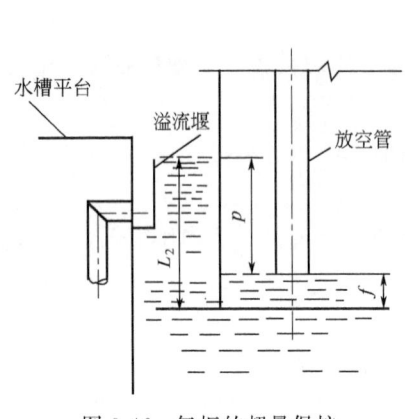

图 9-46 气柜的超量保护

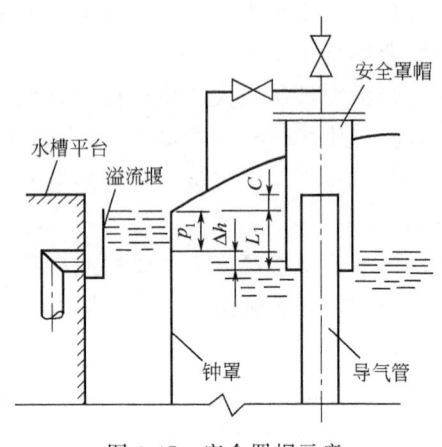

图 9-47 安全罩帽示意

在设计时，式（9-58）的要求应得到满足。

$$L_2 \geq p/9.81 \tag{9-58}$$

式中 p——设计压力，Pa；
L_2——最后升起的塔节，应保证的最小浸液深度，mm。

(6) 气柜的负压保护

当气柜的活动塔节全部处于非起升状态时，过量地抽取气柜内的气体，在钟罩内会形成负压状态，负压过高会导致钟罩失稳而破坏，即钟罩被抽瘪。为了防止钟罩失稳破坏，在钟罩上设有安全罩帽，安全罩帽如图 9-47 所示。安全罩帽的设计应满足式（9-59）的要求。

$$L_1 = p_1/9.81 - \Delta h \tag{9-59}$$

式中 p_1——钟罩起升时，气体的压力，Pa；
L_1——安全罩帽插入水中的深度，mm；
Δh——水封裕量，mm，取 $\Delta h = 50 \text{mm}$。

(7) 气柜的配重

由于活动塔节的自重，通常不能使气体的压力达到工艺要求的数值，为此必须附加配重压块。

为了保证活动塔节均衡、平衡、无倾斜的上升，必须调整配重的位置，以平衡不对称的重力载荷。例如：为了平衡活动塔节上的扶梯的质量，应在对称处附加配重压块。

气柜所需要增加的配重块总质量按式（9-60）计算。

$$M = \frac{\pi}{4} D^2 (p - p_n)/9.81 \tag{9-60}$$

式中 M——配重块总质量，kg；

p——设计压力，Pa；

D——最下部活动塔节的内径，m；

p_n——不计配重，活动塔节全部升起的气体压力，Pa。

配重块分上配重块和下配重块。上配重块用混凝土制成，下配重块用铸铁制成。上、下配重块质量的分配比例大致如下：单节气柜上部混凝土块与下部铸铁块质量比例为1：1；多节气柜上部混凝土块与下部铸铁块质量比例为1：2。

上部配重块设置在钟罩顶边缘的配重架上，沿圆周均布。增减上配重块的数量可以调整气柜内的气体压力。

混凝土配重块可采用150#混凝土，单体质量一般为50kg，最大不应超过70kg。常用混凝土配重块尺寸为450mm×200mm×250mm（长×宽×高）。

下配重块沿圆周均匀布设在钟罩底环内侧，保持气体压力比较平稳。下配重块应用径向隔板和环形角钢圈分隔支持，以免倾倒。环形角钢圈距底环的高度应超过铸铁配重块的重心高度。

铸铁配重块可采用HT100铸铁，单体质量最大不应超过120kg，尺寸大小应能方便地通过塔壁入孔。

偏心载荷的平衡用配重块（平衡水封挂圈上的螺旋扶梯质量等），应布设在偏心载荷的对称位置，此部分配重块质量可计入塔体结构自重中。

浸没于水中的配重块，作为塔体结构自重时，应当扣除浮力的影响。

(8) 气柜的导轨和导轮

气柜的导轨和导轮是维持活动塔节有规律地平稳上升和下降的设施。各活动塔节的导轨数应为4的倍数。

导轨和导轮的设计载荷为风载荷与钟罩顶部半面雪载荷之和。受力最大的是迎风侧及背风侧与风向夹角为零的导轨和导轮。对于多塔节气柜，当塔节全部升起至最高位置时，最下面一节活动塔节的导轨和导轮受力最大。由于各活动塔节上的导轨数量不等，所以对每一塔节应分别计算导轨和轨轮用的作用力，取最大者作为强度计算荷载。

对于导轨、导轮的强度计算详细步骤请读者参阅《钢制低压湿式气柜》(HG 20517—92)，本文不做赘述。

9.2.7.8 气柜的工艺开口和附件

(1) 导气管

导气管是气体进出气柜的通路，其大小和数量由工艺条件确定。导气管内的气体流速不宜大于15m/s。

气柜仅用作气体的贮存和缓冲时，可仅设一根导气管（盲肠式）。当要求气体在柜内作适当匀质混合时，应分别设置进、出气导气管，并使两管保持尽可能远的距离。若气柜用于混合多种气体，则应装设多根进气管。

导气管进入气柜的方式一般有下列两种。

① 导气管由地下室穿过水槽底板进入柜体（见图9-48），大型气柜导气管直径较大宜采用这种方式。

② 导气管由水槽壁进入（见图9-49），小型气柜及建柜地区地下水位高的宜采用这种方式，管径较大时，为降低水槽高度，水平管段通常为矩形截面。

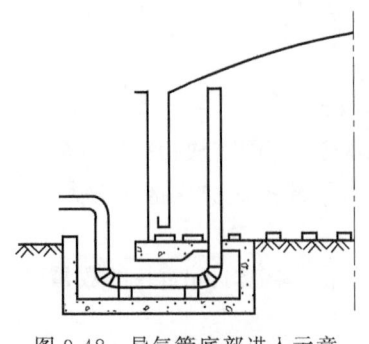
图 9-48 导气管底部进入示意

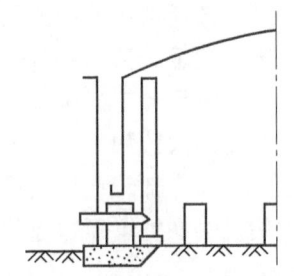
图 9-49 导气管侧向进入示意

为了保证水槽内的水在正常操作条件下不会进入导气管，导气管的上端应高出溢流水面 100mm 以上（见图 9-47 中的 C 值）。

(2) 人孔

① 水槽人孔　水槽壁上的人孔应与各活动塔节上的人孔贯通，以便人员顺利地由外部进入各活动节的间隙内及钟罩内部。当水槽垫梁较高时，也可将水槽壁上的人孔限制在垫梁高度以下，而将各活动塔壁的人孔开在垫梁的高度以上。操作人员的进出方向，如图 9-50 所示。

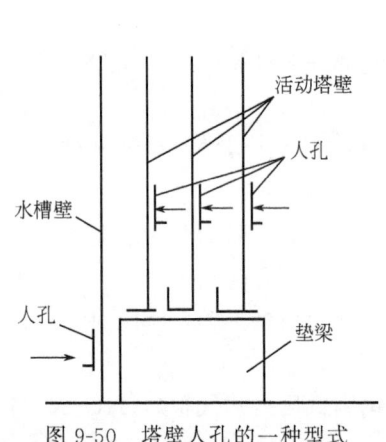
图 9-50　塔壁人孔的一种型式

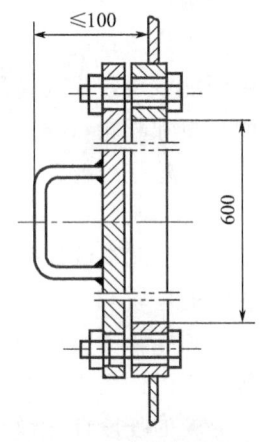
图 9-51　活动塔壁人孔

为了方便施工、维修和防腐，水槽壁上人孔直径应不小于 $DN600$，水槽高度不大于 10m 时，可采用标准的"常压人孔"，人孔数量不少于 2 个，其位置应有利于通风。

② 活动塔壁上的人孔　活动节塔壁上的人孔宜进行整体补强，并限制人孔突出的尺寸，以免影响各活动塔节的升降，人孔结构参见图 9-51。

③ 钟罩顶人孔　罩顶人孔直径应不小于 $DN500$，人孔数量为 1～2 个，可采用标准的"常压人孔"，人孔应避开罩顶拱架的梁。人孔也可开设在导气管的上方，以利用导气管制作直扶梯，方便维修人员上下。

(3) 水槽溢流装置

水槽溢流装置应保证水槽内过量的补充水、防冻蒸汽冷凝水、雨水及由于柜内压力增加而需排出的水能及时通过溢流口流出，而不致从水槽平台溢出，溢流口通过管道把溢流出的水进入下水系统。溢流管内的流速一般控制在 1.5m/s 至 2.5m/s。

典型的溢流装置，如图 9-52 所示。

(4) 集水槽

为了将水槽内的水排放干净，气柜应设置集水槽。位于集水槽处的虹吸式放水管的入口应低于水槽底板 50mm 以上。

(5) 梯子、平台

① 平台的净宽度不得小于 700mm，活动节水封挂圈上部水平板兼作走道时，其宽度应与水平板的宽度相同。

② 盘梯、斜梯的升角宜取 45°，宽度不小于 600mm。

③ 扶梯踏步板的最小宽度为 200mm，踏步间距为 200～250mm，同一梯子的踏步间距必须相同。

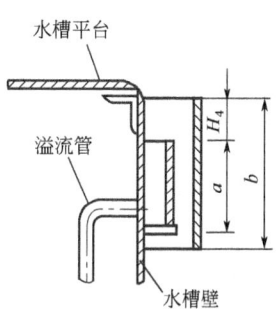

图 9-52 典型的溢流装置

④ 焊接在水槽壁上的三角架，用于支承有内外侧板的盘梯、斜梯，其下端不应与基础面相接触，以免地基不均匀沉降而造成结构损坏。

⑤ 独立于气柜外的钢梯，其与水槽平台或外导架环形平台连接处应留有间隙，以免地基不均匀沉降造成结构损坏。

⑥ 焊接在活动节塔壁上的直爬梯，通常只能用在单节小型气柜上，最大高度不得超过 5m。直爬梯宽度一般为 500mm，踏步间距为 300mm。

⑦ 水槽平台和水封挂圈上的三角螺旋扶梯宽度不应小于 300mm，当各活动塔均上升至最大高度时，各扶梯应能首尾相接，以便操作人员上下。

(6) 气柜的防冻要求

当建柜地区冬季室外计算温度高于 -5℃ 时，可以不考虑气柜的防冻问题。

当建柜地区冬季室外计算温度等于或低于 -5℃ 时，应采取防冻措施。采用任何防冻措施都应使水槽及水封挂圈中的水温不得低于 5℃。

当建柜地区冬季室外计算温度等于或低于 -20℃ 时，为减少热量损失，应在水槽周围建造和水槽同样高度的砖质保温墙。保温墙厚度为 370mm，保温墙与水槽壁的净距离为 600～1000mm。

采用蒸汽加热时，蒸汽由喷射器射入水内，喷射器的数量按所需蒸汽量计算，蒸汽沿塔体圆周以同一旋向射入，以使水槽或挂圈内的水单向流动。

蒸汽总管的安装可顺水槽壁垂直引上，立管的高度为各塔节全升高度的一半。立管可附在斜梯上或外导架上，由立管上再接出一定长度的软管与各塔节环形管连接。

气柜防冻需要的热量可近似按下式计算

$$Q = K_1 F_1 \Delta t_1 + K_2 F_2 \Delta t_2 + (K_3 F_3 + K_4 F_4) \Delta t_3 \tag{9-61}$$

式中 K_1——水槽壁传热系数，$W/(m^2 \cdot ℃)$；K_1 与风速有关，当不能详细计算时，取 $K_1 = 7 \sim 8 W/(m^2 \cdot ℃)$；

F_1——水槽壁表面积，m^2；

K_2——水封挂圈与水槽内水面与大气接触面传热系数，取 $K_2 = 23 W/(m^2 \cdot ℃)$；

F_2——水封挂圈与水槽内的水与大气接触表面的面积之和，m^2；

K_3——水封挂圈与气体接触面传热系数，取 $K_3 = 6 W/(m^2 \cdot ℃)$；

F_3——水封挂圈与气体接触面积，m^2；

K_4——水槽内水与气体接触面传热系数，取 $K_4 = 2 W/(m^2 \cdot ℃)$；

F_4——水槽内水与气体的接触面积，m^2；

Δt_1——水温与水槽壁外侧环境温度的温差，℃，$\Delta t_1 = t_1 - t_2 - t_3$；

t_1——水槽水温,可取为+5℃;

t_2——冬季室外计算温度,℃;

t_3——保温附加值,℃,当无保温墙时,为0℃;当有保温墙时,取15℃;

Δt_2——水温与大气温度的温度差,℃;$\Delta t_2 = t_4 - t_2$;

t_4——水封挂圈内水温,可取为+5℃;

Δt_3——水温与气体的温度差,℃;$\Delta t_3 = t_1 - t_5$;

t_5——气体温度,℃。

(7) 气柜的容积控制

气柜应设置容积指示装置。容积指示可采用仪表指示或在柜体上标置刻度尺来指示。

当气柜活动塔节上升超过最大高度时,应能自动切断进气或放空。不允许直接进入大气中的气体,应送至火炬燃烧。

当气柜活动塔节上升至接近最大高度或下降接近最低位置时,应有信号装置,通知进气和抽气适当减量,以免塔节被顶翻或罩顶被抽瘪。高位信号通常在有效容积的85%左右,低位信号通常在有效容积的10%左右。

(8) 气柜的加水要求

水槽总进水管及排水管的直径应根据水槽灌满水或排空水所规定的时间而计算确定。

由于蒸发和压力波动,水槽内的水会有所损失,应按照规定补充水。补充水的方式,可采用定期补充注水或连续进水。

当气柜操作能保证水封挂圈每天有1~2次下降至水槽内补充及更换水时,可不考虑单独设置挂圈加水管,否则应设置水封挂圈加水管,每天定期向挂圈内补充水。

(9) 气柜的防雷要求

气柜防雷应按第一类工业建筑物防雷要求进行设计。

气柜顶部的自动放空管、排放器或独立的放空管口上方2m应在避雷保护范围之内。

气柜钟罩顶板厚度大于或等于4mm时,方可作为接闪器。顶板厚度等于3mm时,必须另设避雷网,其网格不大于5~10m。避雷网材料的截面积应符合下述规定:圆钢直径为 $\phi 8mm$;扁钢截面积为48mm^2,厚度不小于4mm。

气柜导轨与导轮的接触、水封圈内的水,使得各塔节与水槽成为通路,故气柜本体可以作为引下线。

气柜的接地装置可以选用圆钢、扁钢、角钢或钢管,其最小断面为:

圆钢 $\phi 10mm$;

扁钢截面积≥48mm^2,厚4mm;

角钢L 50×50×5,mm;

钢管 壁厚≥3.5mm。

当遇到地下水及土壤有腐蚀性时,还应适当加大截面或采用镀锌型材。一般采用14根长度为2.5m的L 50×50×5的角钢作为接地极。

安装完毕后要求实测接地总电阻符合3.5~5Ω为合格。如果接地总电阻超过5Ω,则应当增加接地极。

气柜的放空管或顶部排放管应有消除静电措施,必要时可装设阻火器。

9.2.7.9 气柜的防腐

气柜本体外部所有易积水的部位,如钟罩顶部配重架、水封挂圈及其局部配重部位,均需留出足够的排放雨水的出口，以防止由于积存雨水造成腐蚀。

气柜贮存的气体，一般应在送入柜内之前进行必要的净化处理，以减小气体对金属的腐蚀。

水槽要经常补充新鲜水或定时换水，以减少水内有机物及硫化氢的腐蚀。新鲜水可以在水槽一侧加入，而在另一侧通过溢流口排出陈腐水，也可采用杀菌剂以抑制水中细菌的生长。

水封挂圈应经常补充新鲜水或定期使挂圈进入水槽换水，也可采用其他防腐措施如阴极保护等（见表 9-25）。

表 9-25 气柜常用防腐措施

部位	贮存气体	表面处理	底漆	面漆
水槽内壁活动塔节内、外壁及内件	半水煤气、焦炉气、变换气、炼厂气、二氧化碳气	表面喷砂后喷涂乙烯磷化底漆（二道）或表面人工除锈处理后涂带锈底漆（二道）	铁红环氧底漆（二道）或铁红醇酸底漆（二道）或红丹酚醛防锈漆（二道）	环氧沥青漆（四道）或沥青耐酸漆（二道）或漆酚树脂漆（六道）
	氮气、氢气、氨气、乙炔气、乙烯气		铁红环氧底漆（二道）或铁红醇酸底漆（二道）或红丹酚醛防锈漆（二道）	沥青耐酸漆（二道）或环氧沥青漆（四道）
	氧气		铁红环氧底漆（二道）或过氯乙烯底漆（二道）	环氧树脂漆（四道）或过氯乙烯漆（六道）
水槽底板（上、下表面）		表面喷砂后喷涂乙烯磷化底漆（二道）或表面人工除锈处理后涂带锈底漆（二道）	红丹酚醛防锈漆（二道）或铁红环氧底漆（二道）	沥青（一道）再浇热沥青 8～10mm（底板下面无此层）
水槽外壁、钟罩顶板外面、外部构件，如扶梯等	—		红丹酚醛防锈漆（二道）或铁红酚醛底漆（二道）或环氧沥青底漆（二道）	酚醛耐酸漆（二道）或环氧沥青漆（四道）或氯磺化聚乙烯涂料（四～六道）

9.2.7.10 气柜的施工与验收

气柜的施工与验收应符合 HG 20517《钢制低压湿式气柜》和 HGJ 212《金属焊接结构湿式气柜施工及验收规范》的要求。当气柜的设计文件有更严格和详细的要求时，竣工的气柜应当满足设计文件的要求。

气柜的施工过程包括：放样、预制、现场组装、焊接、检验、防腐施工和总体验收等步骤。施工的每一阶段都应严格执行有关设计文件和规范的要求。以下仅就气柜的整体验收做进一步的介绍。

气柜的整体验收是气柜建成后交工以前的"试用"，气柜正常使用时的各种工况，在整体验收过程中都将一一经历；通过配重的调整使气柜内的气压达到设计值；试验各活动塔节是否升降平稳；各塔节是否严密；导轨与轨轮的工作是否协调等，均在整体验收时经过考验。试验气体可以采用空气。

(1) 充气试验

气柜的总体验收应在各塔焊接工作结束，各单体验收合格，施工辅助构件基本拆清，在水槽注水后或塔节升起后才可以喷涂涂料的部位之除外，其余防腐工作均应进行完毕。

水槽注水前下挂圈、底环等与垫梁的定位焊必须全部清理干净；一切妨碍升降的因素均应予以清除；水槽内及下挂圈内所有杂物均需清理干净。

气柜充气之前应检查气柜和管道系统切断装置的严密性；在罩顶人孔盖上接一U形管压力计。准备好供气设备及管道。

气柜充气后应使塔节徐徐上升。在上升和下降过程中应沿四周观察导轮与导轨接触情况和导轮运转情况并加以记录。凡导轨与导轮相互配合不好的地方，应在第二次升降前加以调整。

在气柜充气过程中，气体压力突然升高，须立即停止充气并检查阻碍上升的原因，清除故障后才能继续充气。

在各活动塔节上升过程中，用肥皂水检查塔体壁板焊缝，如有泄漏应予补焊；当塔节全升起后，应用肥皂水检查顶板焊缝，如有泄漏应予补焊。

塔节全升起后，如压力计指示的压力和设计压力偏差过大，则应调整配重块。

气柜严密性试验合格后，应进行快速升降试验1~2次，升降速度每分钟应不低于0.4m，亦不应超过1.5m。大型气柜取较小值，小型气柜取较大值。无法实现快速上升试验时，可以只进行快速下降试验。

（2）合格标准

塔体所有焊缝和各密封接口处均无泄漏。

导轮和导轨在升降过程中无卡轨现象。

各部分无严重变形。

安全限位装置准确可靠。

（3）交工文件

总体试验完成以后，施工单位应向用户提交以下文件：竣工图和设计变更通知单；材料、配件的出厂合格证明及有关试验报告；主体结构的组装记录；焊缝检查报告及返修记录；气柜总体试验记录；气柜防腐记录；基础沉陷观测记录；气柜几何尺寸检查测量记录；焊工考核及焊接工艺判定报告或其抄件。

9.2.8 干式气柜

9.2.8.1 简介

干式气柜主要用于在大气环境温度条件下，贮存压力一般不大于0.005MPa（约500mmH₂O）的气体，如民用煤气、石化行业的炼油厂干气、冶金行业的高炉煤气等。

干式气柜由底板、柱形筒体（横截面为正多边形或圆形）、柜顶和沿气柜内壁上下移动的活塞组成。活塞下部为贮气空间，活塞随贮气量的多少而上下移动。为防止气体外逸，活塞周边与气柜内壁之间设有密封装置。活塞顶面可以设置配重，以满足贮气压力的要求。

干式气柜按照密封方式的不同分为三大类：油液密封式气柜（又称为曼型干式气柜）；油脂密封式气柜（又称为可隆型干式气柜）；柔性膜密封式气柜（又称为维金斯型干式气柜）。以上三种干式气柜的主要区别见表9-26。

表9-26 三种干式气柜的主要区别

类型	外形	密封方式	活塞形式
油液密封式气柜	正棱柱形	矿物油	平板架
油脂密封式气柜	圆柱形	胶圈及油脂	拱架
柔性膜密封式气柜	圆柱形	夹布橡胶板	T形挡板

9.2.8.2 油液密封式气柜

油液密封式气柜如图 9-53 所示,气柜的筒身和活塞的横截面为正多边形,多边形的角上设有工字形立柱。壁板、顶板和活塞底板都由 5~6mm 厚的钢板压制的槽形构件组成,具有一定的抗弯强度和刚度。活塞上部按辐射形布置桁架,桁架的上下两端装有导轮,当活塞升降时导轮沿立柱滑行。罐体外部沿全高每 15m 左右设一环形走道。密封机构由活塞外围的油槽和滑板组成,油槽内充满矿物油,用以封住活塞下面的气体,滑动部分的间隙充满油液,通过间隙流失的油液从上部补充,并且是循环使用的。

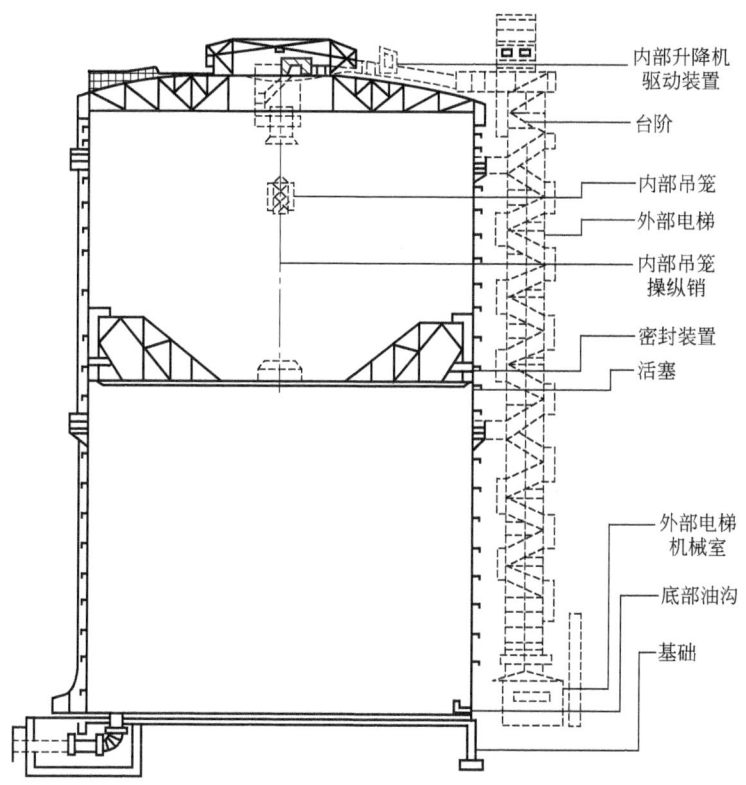

图 9-53 油液密封式气柜

油液密封式气柜的主要技术参数见表 9-27。

表 9-27 油液密封式气柜的主要参数

项目名称	单位	公称容积/×10km³					
		2.0	3.0	5.0	8.0	10.0	16.5
边数	个	14	16	20	22	20	24
边长	m	5.9	5.9	5.9	5.9	7.0	7.0
外接圆直径	m	26.514	30.242	37.715	41.457	44.747	53.629
横截面积	m²	534	700	1099	1332	1547	2233
壁板全高	m	47.88	52.74	56.79	70.56	74.09	84.585
高径比	—	1.81	1.74	1.51	1.7	1.66	1.58
活塞行程	m	41	45	48	60	65	74

项目名称	单位	公称容积/×10km³					
		2.0	3.0	5.0	8.0	10.0	16.5
几何容积	m³	22588	32410	54176	81652	102566	168145
有效容积	m³	21894	31500	52747	79920	100555	165242
设计压力	Pa	2500~4000					
密封油量	t	28	37	57.7	70	81.3	117.3
设计用钢量	t	560	840	1060	1333	1000	2350

注：几何容积为活塞密闭的最大容积，m³。

9.2.8.3 油脂密封式气柜

油脂密封式气柜，如图 9-54 所示。气柜筒体的横断面为圆形，筒壁外面每隔一定距离设置工字钢立柱，并沿全高装设若干道环形人行走道，借以加强薄壁圆筒的刚度。活塞为球壳形，活塞顶面沿外周边设置桁架与导轮匹配，可以防止活塞在运行中倾斜。贮气罐的密封机构是由织物和橡胶夹层压制的密封圈及压紧装置组成的。密封圈与罐壁板之间注入润滑脂，以增强密封性能，并减少活塞运动时的摩擦阻力。

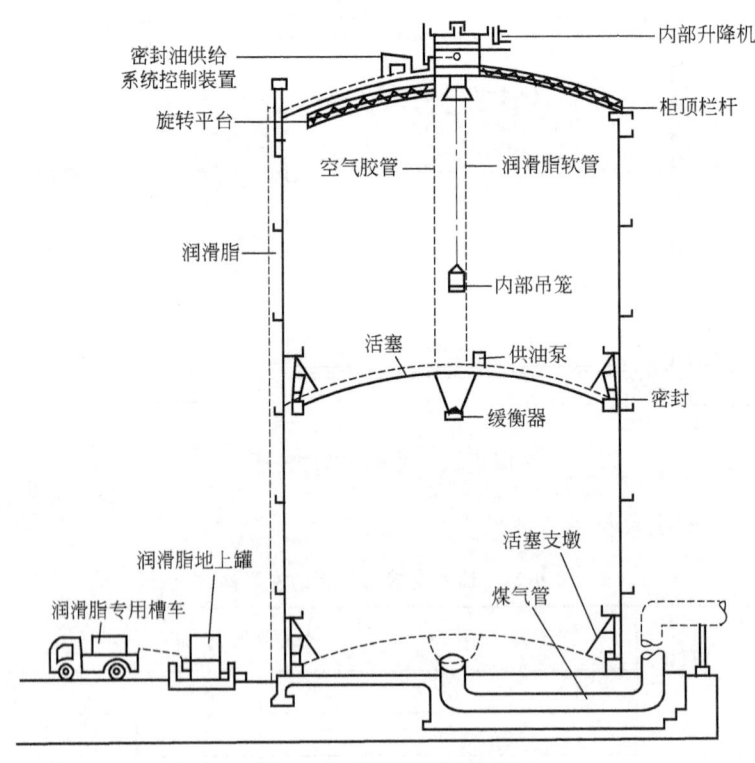

图 9-54 油脂密封式气柜

油脂密封式气柜的系列见表 9-28。

9.2.8.4 柔性膜密封式气柜

柔性膜密封式气柜，如图 9-55 所示。气柜的外形为圆筒形，罐内设有活塞，活塞周边安装密封柔性膜，柔性膜的另一端与罐壁的内侧连接。这样，在活塞下方形成一个封闭空间，当活塞升降时，密封柔性膜随之上下卷动。活塞顶面外圆周有螺旋波纹板构成的套筒式护栏以防止柔性膜侧向变形。罐体上设有平衡装置，用来自动纠正活塞的倾斜。

表 9-28 油脂密封式气柜系列

公称容积/m³	直径/mm	高度/mm	柱子数量	走台段数	高径比	全高/mm	气体压力/Pa	耗钢量/t
30000	32000	46996	20	3	1.47			
40000	35200	50023	22	3	1.42	61200	5500	754
50000	38400	53060	24	3	1.38			
70000	41600	62156	26	4	1.51	66800	4250	872
100000	44800	74284	28	5	1.66	85000	4000~5500	1238
150000	51200	84896	32	6	1.66	96700	4000~8000	1699
200000	57600	89444	36	7	1.55			
300000	67200	98540	42	8	1.47			

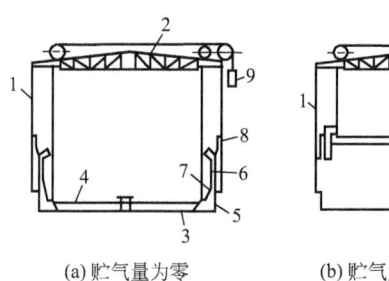
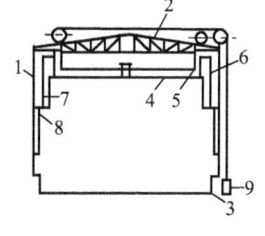

(a) 贮气量为零　　　(b) 贮气量为最大容积1/2　　　(c) 贮气量为最大容积

图 9-55　柔性膜密封式气柜

1—侧板；2—罐顶；3—底板；4—活塞；5—活塞护栏；6—套筒式护栏；
7—内层密封帘；8—外层密封帘；9—平衡装置

柔性膜密封式气柜系列，见表 9-29。

表 9-29 柔性膜密封式气柜系列

容量/m³	内径/mm	高/mm	容量/m³	内径/mm	高/mm	容量/m³	内径/mm	高/mm
50	4830	4830	800	11620	12100	10000	26900	22500
100	5800	6180	1000	12540	12790	20000	32200	30800
150	6770	6820	1500	14530	13770	30000	38500	32800
200	7740	6895	2000	15500	16600	50000	46573	38100
300	8710	8325	2500	15500	17200	80000	58000	39070
400	9690	9150	3000	16460	18330	100000	59740	46839
500	10640	9210	4000	19300	18010	140000	65227	53340
600	10640	10740	5000	19300	21500			

9.2.8.5　湿式螺旋式气柜与油液密封式气柜的比较

小容量的湿式气柜（如容积小于 2500m³）绝大多数采用直升式气柜。湿式螺旋式气柜的公称容量范围与油液密封式气柜的公称容量范围为 2 万立方米至 15 万立方米之间是相当的。

表 9-30 是这两种气柜在主要方面的比较。

表 9-30　湿式螺旋式气柜与油液密封式气柜比较

项目	湿式螺旋式气柜	油液密封式气柜
气体压力	随贮气柜塔节的增减而改变,煤气压力是波动的柜	贮气压力稳定
气体湿度	内湿度大,出口煤气含水量高	贮存气体干燥
保温蒸汽用量	寒冷地区冬季需保温,除水槽加保护墙外,所有水封部位加引射器喷射蒸汽保温,蒸汽用量大	有蒸汽管加热,但耗热量少
占地	高径比一般小于1,钟罩顶落在水槽上部,空间利用率低,占地面积较大	高径比一般为1.2~1.7,活塞落下与底板间距为600mm左右,贮气空间大,占地面积小
使用寿命	一般为≥30年 由于水槽底部细菌繁殖,使水中硫酸盐还原成 H_2S,煤气中含有 H_2S,易使罐体内壁腐蚀	一般为≥50年 由于内壁的表面经常保持一层厚0.5mm的油膜,保护钢板不产生腐蚀
抗震等性能	由于水槽上部塔节为浮动结构,在发生强地震和强风时,易造成塔体倾斜,产生导轮错动、脱轨、卡住等现象	活塞不受强风和冰雪影响
基础	水槽内水量大,在软土地基上建罐需进行基础处理	自重轻,地基处理简单
罐体耗钢量	低	高(干/湿=1.35~1.5)
罐体造价	低	高(干/湿=1.5~2.0)
安装精度要求	低(安装不需要高空作业,操作高度为水槽高度)	高

9.2.8.6　干式气柜设计与施工

干式气柜的主要荷载是内部气体压力、风荷载及地震作用。在各种荷载和内压作用下,气柜的外壳壁板及顶板按薄壳结构无矩理论分析其内力。气柜的壁板和顶板厚度一般并不由强度决定,而是由构造和防腐要求决定的。干式气柜的水平地震作用包括气柜筒身的自重和活塞重量所产生的地震力。计算雪荷载时要考虑雪在气柜顶部的局部堆积引起的偏心力矩的作用。气柜在风荷载和水平地震力和内压作用下要验算局部和整体稳定性。

建造干式气柜时,应将气柜分为若干部件在加工厂内预制,然后进行现场安装,以减少现场安装工作量,提高安装质量,从部件放样、制作,到总体安装各个阶段都要严格检查,以保证气柜最后整体的精确度。安装时,首先铺焊底板,在底板上组装活塞,并在活塞上面支顶桁架,铺焊顶板。同时,安装罐体最下一段壁板和支柱。然后向活塞下面鼓风使其升起,利用活塞作为施工平台来安装上部各段的壁板。逐段抬升活塞,逐段安装立柱和壁板,待达到设计高度以后,将罐顶桁架与顶部立柱固定,然后放下活塞,全部安装即告完成。

9.2.9　粮仓

9.2.9.1　概述

(1) 简介

料仓是工业企业的通用性构筑物,用以贮存松散的块状、粒状等固体物料（如：矿石、煤、水泥、砂子、石灰、谷类等),作为工业生产中的调节和贮存设施。料仓内的物料大部分为比较均匀的粒状和粉状物料的混合物。

料仓已有很长的使用历史,但存在的问题还很多,主要可归纳为：一是安全度问题,二是如何提高使用效率问题。安全度问题反映在一些恶性事故的发生,除施工质量、使用不当外,从设计角度看,目前主要是对荷载的考虑不周全,即筒仓在卸料时,其散料对仓壁的动态压力会超过静态压力的若干倍,因而在料仓的设计中不考虑散料流动引起的动态压力是危险的。料仓内的物料可分为非黏结性物料（如谷物等）和黏结性物料（如含水的煤、矿石等）。这些物料在仓体内的流动大致可分为整体流动和中心流动（或管状流动）,如图 9-56 所示。图 9-56(a) 所示为整体流动,其主要特征是：在卸料时,全部料都在移动,引起仓壁的侧压力急剧增加,这一流动又称为动力型流动,它作用在仓壁上压力大、投资高,但是料仓的容积可以充分利用,物料能够全部卸空,仓的使用效率高。图 9-56 (b)、(c) 所示的为中心流动,其主要特征是在卸料时,只有中心部分的散料在流动,周围散料呆滞不动,形成类似管状或漏斗状的流腔,在仓壁上的物料压力基本上接近静态压力的数值,故又称为非动力型的流动,这种料仓存在死料区。上述两种流动状态具有不固定和转换的可能性。图 9-56 (d) 为中心流动。

料仓结构按所采用的材料不同可分为钢筋混凝土仓、金属仓和砖砌仓。就石油化工行业而言,金属制料仓使用的比较多,本文重点介绍金属制料仓,钢制料仓应按 JB/T 4735.1《钢制焊接常压容器》进行设计和制造。

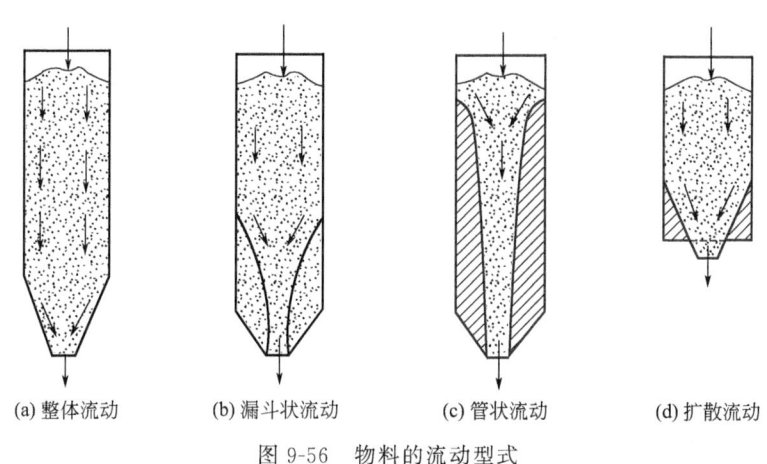

(a) 整体流动　　(b) 漏斗状流动　　(c) 管状流动　　(d) 扩散流动

图 9-56　物料的流动型式

(2) 料仓的设计压力和设计温度

料仓的设计压力系指料仓顶部气相空间的压力,一般情况下,料仓的设计压力不大于 0.1MPa。敞口料仓的设计压力可为常压。

料仓的设计温度通常低于 150℃。相当多的料仓是在环境温度条件下操作的。

(3) 颗粒物料特性

物料的流动时,颗粒之间、颗粒与管壁之间存在着摩擦作用,这个摩擦作用,决定着颗粒移动的难易程度。

① 自然休止角（或安息角）φ_r　颗粒物料自然堆积的物料表面与水平面的夹角定义为安息角（自然休止角）,如图 9-57 所示。自然休止角是颗粒物料本身的一种摩擦角,图 9-57 中 (a) 为堆积于一任意大的底板上,φ_r 将受到底面粗糙度的影响；图 (b) 为在有限大的底板上

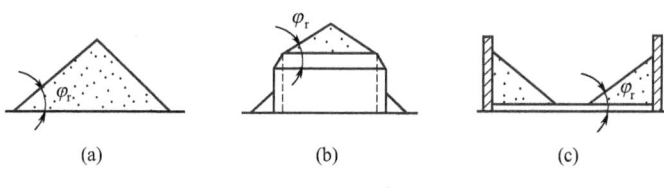

图 9-57　自然休止角

堆积，因而最稳定；图（c）为落于容器内，因而受到器壁的影响。

② 内摩擦角 φ_i　在表面凹凸不平的可以倾斜的板表面上，使颗粒物料在倾斜板上滑动的倾角定义为该物料的内摩擦角。内摩擦角直接影响颗粒物料的流动。部分物料的内摩擦角见表9-31。

表 9-31　常见物料的物性系数

名称	堆积密度 /(kN/m³)	真密度 /(kN/m³)	自然休止角 φ_r	内摩擦角 φ_i （内摩擦系数）	物料与仓壁摩擦角 [μ（摩擦系数）]
聚乙烯（粒料）	6.0～7.0	9.4～9.7	35°	35° (0.70)	18° (0.3～0.36)
聚乙烯（粉料）	3.0～4.0	9.4～9.7	35°～40°	35°～38° (0.70～0.78)	18°～20° (0.32～0.36)
聚丙烯（粒料）	5.0	9.0～9.5	38°～40°	35.5°～37° (0.74～0.76)	15°～18° (0.27～0.32)
聚丙烯（粉料）	3.7～4.5	9.0～9.5	35°～38°	35°～36.5° (0.70～0.74)	15°～18° (0.27～0.32)
ABS（粒料）	5.0	15.8	40°	(38°) (0.78)	18°～22° (0.32～0.40)
ABS（粉料）	4.8	10.1	30°～35°	31°～35° (0.60～0.70)	15°～20° (0.27～0.36)
聚苯乙烯（粒料）	5.0～6.0	10.5	30°	35° (0.70)	20° (0.36)
聚苯乙烯（粉料）	5.0～6.0	10.3	30°～35°	31°～35° (0.60～0.70)	15°～18° (0.27～0.32)
聚酯（粒料）	6.0～7.0	12.8	40°	38° (0.78)	19° (0.34)
聚酯（粉料）	6.0～6.5	10.3	30°～38°	31°～35° (0.60～0.70)	17° (0.30)
砂	14.0～18.0	26.2	35°	32° (0.62)	18° (0.32)
尿素	7.6	13.3	35°～38°	22° (0.405)	11°～14° (0.19～0.25)
离子交换树脂	14.6	23.9	45°	26° (0.49)	20°～22° (0.26～0.40)

③ 壁摩擦系数 μ　壁摩擦系数指颗粒物料与料仓壁之间的摩擦系数，部分物料的壁摩擦

系数见表 9-31。

④ 侧压系数 K　侧压系数定义为某处正压力与侧压力的比值，只取决于物料的内摩擦角 ϕ_i，侧压系数按下式计算

$$K = (1-\sin\phi_i)/(1+\sin\phi_i) \tag{9-62}$$

⑤ 颗粒物料的固有压力 p_e　颗粒物料的固有压力仅与物料的性质和料仓的横截面尺寸有关，而与物料的深度无关。颗粒物料的固有压力按下式计算

$$p_e = r\rho/(\mu K) \tag{9-63}$$

式中　p_e——物料的固有压力，kPa；

　　　ρ——物料的重力密度，kN/m³；

　　　r——料仓的水力半径，m；$r=A/U$，A 为料仓水平截面面积，m²；U 为该截面的周长，m；

　　　μ——壁摩擦系数；

　　　K——侧压系数。

对于直径为 D 的圆形仓 $r=D/4$，则圆形仓的颗粒物料固有压力可按式（9-64）计算

$$p_e = \rho D/(4\mu K) \tag{9-64}$$

9.2.9.2　料仓分类

料仓结构按横截面不同，可分为方形、矩形、圆形、多边形等。这些不同形状的料仓又可布置为独立仓、单列仓和群仓。按出料位置不同，还可分为底卸仓和侧卸仓。

料仓结构按其高低可分为浅仓和深仓两大类。浅仓主要供短期贮料用，可作为卸料、受料、配料和给料的设施，深仓主要供长期贮备物料之用。当竖壁高度小于等于料仓最小跨度的 1.5 倍时，即为浅仓；反之竖壁高度大于料仓最小跨度的 1.5 倍时，即为深仓。在计算散体压力时，深仓必须考虑松散物料与仓壁的摩擦力，浅仓一般不考虑这种摩擦力产生的影响。但对竖向高度大于 18m，料仓横截面的短边大于 15m 的大型浅仓，需按深仓加以验算。

浅仓最常用的形式为矩形浅仓和圆形浅仓，圆形仓使用情况和受力性能比矩形好。

钢筋混凝土矩形浅仓，又分为漏斗仓、低壁浅仓、高壁浅仓。

深仓的平面形状，常为圆形、方形、矩形筒仓。

按制造料仓采用的材料不同又可分为：①钢筋混凝土筒仓——现浇的钢筋混凝土筒仓，预制装配式仓和预应力仓；②金属筒仓；③砌体筒仓——一般为贮量较小的圆形深仓；④组合结构筒仓——用钢或钢筋混凝土骨架承重，用钢筋混凝土板或砌体填充仓壁。

按料仓平面布置可分为独立仓或群仓。群仓又可分为单排布置或多排行列式布置，按出料位置不同又可分为底卸式仓和侧卸式仓。

9.2.9.3　料仓的结构组成

料仓一般由六部分组成，包括仓上建筑物、仓顶、仓壁、仓底、仓下支承结构和基础，如图 9-58 所示。

(1) 仓壁

料仓的仓壁直接承受物料的水平压力。仓壁的厚度由强度计算确定。金属制料仓大多数为圆筒形仓壁。

(2) 仓底

仓底直接承受物料的垂直压力，仓底结构的选型应综合考虑下列要求：①卸料通畅；②荷载传递明确，结构受力合理；③造型简单，施工方便。金属制料仓的仓底可以采用圆锥形的

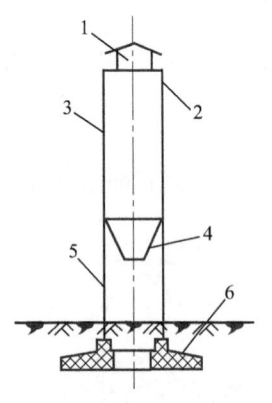

图 9-58 料仓结构组成示意
1—仓上建筑物；2—仓顶；3—仓壁；
4—仓底；5—仓下支承结构；6—基础

封头。

(3) 仓顶

仓顶是料仓壁顶部的固定顶盖。金属制料仓的顶盖大多数为锥顶和球面拱顶，其设计计算与固定顶贮罐的罐顶是相同的。

(4) 支承结构

料仓的支承结构，要满足强度和稳定性要求，结构型式应满足工艺操作条件的要求。

圆形料仓采用柱支承时，支柱数量不宜少于6个；采用裙座式支承时，裙座的结构型式可采用直立式容器的裙座。

(5) 仓上的建筑物

仓上建筑物一般为送料设备和除尘设备等，结构型式有砌体结构、钢筋混凝土框架结构、钢结构等类型。

(6) 基础

料仓基础应根据地质条件、上部荷载、上部结构型式、材料情况及施工条件等因素综合分析确定。独立筒仓，一般常采用扩展基础、环板基础、圆形板基础、壳体基础等型式，当筒仓荷载较大，采用天然地基又不能满足变形要求时，一般采用桩基础。

9.2.9.4 料仓的荷载

(1) 筒仓结构设计时，应考虑下列荷载

① 永久荷载 结构自重、内衬荷载、附在卸料口上的设备荷载。

② 可变荷载（活荷载） 平台及楼面活荷载、物料荷载、仓顶屋面活荷载、仓顶屋面雪荷载、风荷载、地震荷载、积灰荷载、筒仓外部的堆料荷载等。

(2) 荷载组合。

计算料仓支承结构和基础时，应根据操作过程中，可能同时作用的最不利的荷载组合进行设计。

9.2.9.5 金属料仓用材料

金属料仓使用的材料有碳素钢、不锈钢和铝材等，应按照颗粒物料的特性，生产工艺条件的要求进行合理的选择。常用的压力容器和贮罐所使用的钢材，多数条件下可以在金属料仓中使用。

9.2.9.6 颗粒物料的压力和壳体中的应力

颗粒物料在料仓内的压力分布与液体是不同的，压力与物料的深度不是成正比的。

(1) 颗粒物料在筒形仓内的压力

图 9-59 中，表示了筒形料仓内，料层的作用力。图中 A 为筒仓的横截面积，U 为横截面 A 的周长；p_0 为气相空间的压力；h 为物料深度；p_v 为深度为 h 处的垂直压力；p_r 为深度 h 处的水平侧压力。

① 料仓内的垂直压力 料仓内的垂直压力，可按下式计算

$$p_v = p_e - (p_e - p_0) e^{-rh/p_e} \tag{9-65}$$

式中 p_v——物料的垂直压力，kPa；

r——物料的重力密度，kN/m³；

p_0——气相空间的压力，kPa；

h——物料的计算深度，m；

e——自然对数的底;

p_e——物料的固有压力,kPa,见式(9-67)。

图 9-60 表示了直筒内物料的压力和物料的深度的关系,图中表明料仓内的垂直压力,在不同的内压条件下,以固有压力为极限值。

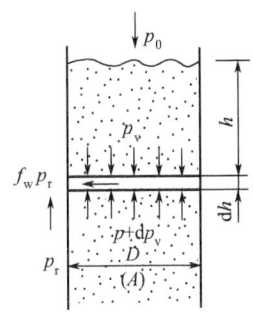

图 9-59 料层内的作用力

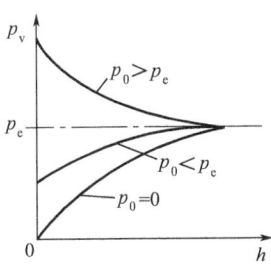

图 9-60 直筒内的物料压力

② 料仓内的水平侧压力 料仓内的水平侧压力按以下公式计算

$$p_r = K p_v \tag{9-66}$$

式中 p_r——水平侧压力,kPa;

p_v——垂直压力,kPa;

K——侧压系数,见式(9-68)。

(2) 颗粒物在锥体内的压力

物料在锥体内的压力见图 9-61。

① 物料在锥体计算截面 $a—a$ 上的垂直力 p_{va} 按下式计算

$$p_{va} = p_e/\cos\theta \, (1 - e^{-rh\cos\theta/p_e}) \tag{9-67}$$

② 物料在锥体计算截面 $a—a$ 上的水平力 p_{ha} 按下式计算

$$p_{ha} = K p_{va} \tag{9-68}$$

③ 物料在锥体计算截面 $a—a$ 上的法向力按下式计算

$$p_{na} = p_{ha} \sin^2\alpha + p_{va} \cos^2\alpha \tag{9-69}$$

(3) 料仓壳体中的应力

料仓的壳体在理论分析中认为是薄壁壳体,应力计算以薄壳理论为基础,校核在物料作用下壳体中的薄膜应力。

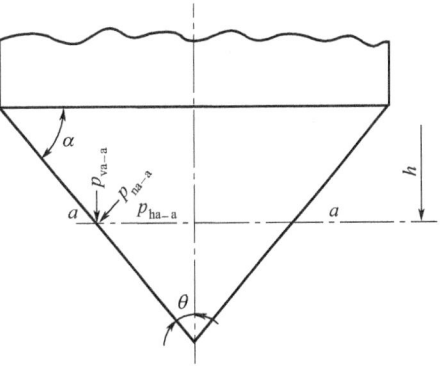

图 9-61 物料在锥体内的压力

与压力容器不同,料仓的内压很小,并且许多料仓是直通大气的常压容器。在相当多的情况下,料仓壳体的壁厚是由结构的构造要求确定的,即按构造要求选定壁厚,再进行应力校核。有关应力计算的详细内容比较繁琐,读者可以参阅 JB/T 4735.1《钢制焊接常压容器》中的圆筒形料仓部分,本文不再赘述。

9.2.9.7 料仓的支承结构

(1) 矩形料仓的支承结构

矩形仓支承结构多采用柱支承(圆形筒仓当工艺上需要时,也可设计成柱支承)。柱子沿圆周均匀布置,根数宜大于或等于六根,柱截面做成方形。

在计算柱子内力时还应考虑到基础不均沉降引起仓体倾斜时所产生的附加内力。

(2) 金属制圆筒形料仓的支承

几种典型的金属料仓的支承结构见图 9-62。

料仓的支承结构应当校核在各种工况条件下的强度和稳定性，如操作载荷、风载荷、地震载荷以及它们的组合载荷。当进出物料有冲击载荷作用时，应当对冲击载荷进行校核。

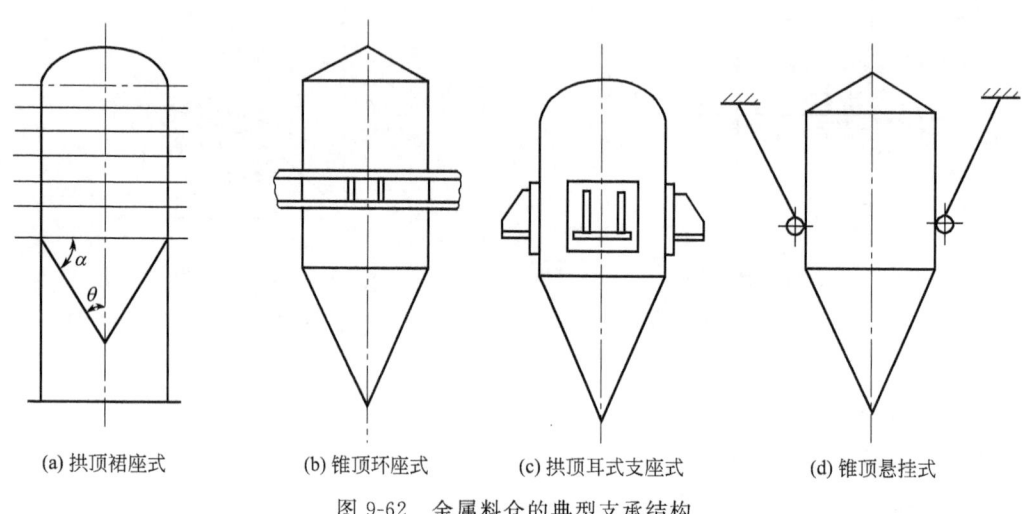

(a) 拱顶裙座式　　(b) 锥顶环座式　　(c) 拱顶耳式支座式　　(d) 锥顶悬挂式

图 9-62　金属料仓的典型支承结构

9.2.9.8　料仓的抗震设计

(1) 震害及表现

地震的震害表明，地面上的料仓遭受的破坏普遍比较严重，地下或半地下室料仓震害比较轻微。柱支承式料仓的抗震害能力低于裙座式料仓的抗震害能力。钢筋混凝土柱支承料仓的震害主要表现为倒塌、柱头部位出现水平裂纹、混凝土压酥、纵向钢筋失稳成"灯笼"形、支柱断裂等形式。

料仓的仓壁具有较好的抗震性能。

料仓上的建筑物，砖混结构抗震能力极差，钢筋混凝土结构有较好的抗震能力。

(2) 料仓抗震的构造措施

料仓的外形宜均匀对称，群仓布置平面宜采用矩形或三角形。在 8 度以上的设防区，筛分间不应设有仓顶，柱支承式料仓的支柱宜采用钢结构，仓顶上的结构宜采用轻型结构。在可能的条件下应当优先采用裙座式支承结构。

(3) 裙座式料仓的抗震设计

料仓的仓体（仓顶、仓壁和仓底）可以不进行抗震验算。料仓按多质点体系模型验算裙座在水平地震作用下的地震剪力、弯矩、扭矩和轴向压力。详细的计算过程可参阅 JB/T 4735.1《钢制焊接常压容器》。

9.2.9.9　施工及验收

金属制料仓的施工及验收与立式容器和立式圆筒形贮罐是十分类似的，本文着重介绍料仓本身主要的特殊要求部分。

(1) 仓体的表面处理

所有与物料接触的焊接接头，均应打磨并与母材平齐且光滑。打磨应在焊接接头质量检查合格后进行。

要求抛光的壁,应在焊缝打磨后进行抛光。在无图样要求时,粗糙度应达到 $Ra=1.6\mu m$。

高合金钢料仓的酸洗钝化应在磨光与抛光后进行。经酸洗钝化的表面不得有黑色流痕及铁红锈痕,表面金属光泽应一致。

经酸洗钝化的料仓,应立即用氯离子含量小于 25×10^{-6} 的清水反复清洗,用试纸检验呈中性为合格。

不需酸洗钝化的料仓,内部用中性肥皂水或其他中性洗涤剂洗刷,洗刷后用清水冲净,不能留有洗涤剂痕迹。

经清洗的料仓,应用干燥无油的压缩空气或其他惰性气体将表面吹干。

(2) 气密性试验

料仓的内压不高于 2000Pa 时,料仓可以不做水压试验,只进行气密性试验。

气密性试验时,料仓上安全附件、阀类及全部内件均应安装齐全,并经检查合格。

试验应当使用干燥无油的压缩空气,空气温度不应低于10℃。

试验时,应缓慢升压至试验压力的 10%,保持压力 15~20min,对焊接接头进行全面检查,无问题时继续升压的 50%,再停留 15~20min,无异常现象时,按每次升压 10%,停留 5min,最终达到试验压力。停止进气后保持压力 30min,同时对焊接接头喷涂中性发泡剂检漏,压力应保持不变为合格。降压过程应当缓慢进行。

(3) 竣工验收

料仓建造完工后,应由建设单位和施工单位对料仓质量及项目进行全面检查和验收。

需要交验的技术文件应包括:a. 产品合格证书;b. 料仓说明书,其中应包括设计压力、试验压力及试验介质和方法,容积、工作介质、设计温度;c. 竣工图;d. 设计变更通知单;e. 质量证明书,其中应包括材料合格证和质量证明书、焊接工艺评定、几何尺寸检验记录、焊接接头质量检查报告(包括返修记录)、无损检测报告、内表面抛光质量检查结果报告、酸洗钝化检查结果报告、气密性试验检查结果报告;f. 铭牌与标志,料仓应在显著位置设置铭牌;铭牌应使用耐腐蚀金属板制作,用铆接或粘接的方法固定在铭牌支架上、铭牌支架与仓壁焊接;铭牌可以按图 9-63 制备。

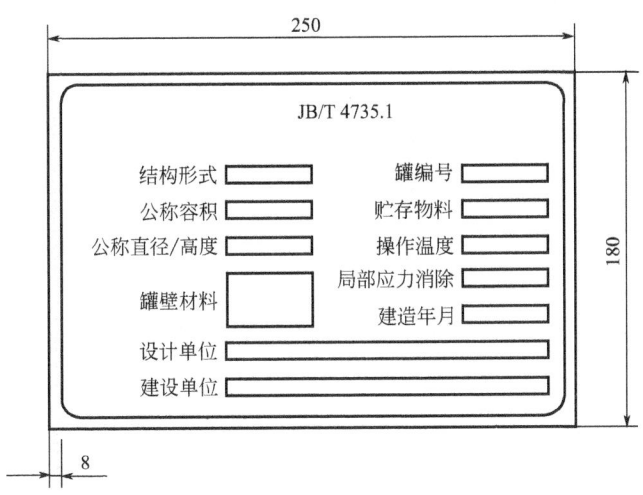

图 9-63 料仓铭牌

9.3 石油化工贮罐工艺设计及计算

9.3.1 石油化工产品贮存工艺方法

9.3.1.1 气体贮存

气体贮存容器主要是贮气罐,是一种工程构筑物。目前我国石油、化工、化肥、冶金及城市煤气等日趋发展,贮气罐具有广泛的用途。贮气罐有两种基本类型。一种是低压气罐,一种是高压气罐。

(1) 低压气罐

低压气罐又分为水封式气罐(又称湿式气罐)和非水封式气罐(又称干式气罐)两种。

湿式气罐由于升降不同又可分为直升式和螺旋式气罐,气罐压力为 $150\sim400mmH_2O$。

干式气罐压力有两种,一种为 $100\sim400mmH_2O$,一种为 $600\sim800mmH_2O$。由于密封不同又可分类如下。

$$干式气罐\begin{cases}滑动密封式\begin{cases}油封式——德国 M.A.N 型\\密封圈式——德国 Klonne 型\end{cases}\\柔膜密封式——美国 Wiggins 型\end{cases}$$

低压湿式及干式气罐均随几何容积而变。罐内压力恒定的气罐又称为固定压力式贮罐。

(2) 高压气罐

按照几何形状可以分为成型封头的圆筒形气罐和球形气罐两种。

成型封头的圆筒形气罐又可分为水平型罐(卧罐)及直立型罐(立罐)两种。

压力气罐为几何容积固定而压力可变的贮气罐,又称为固定容积式气罐。压力为 $0.07\sim3.0MPa$。

(3) 贮气罐的分类

一般使用的贮气罐可根据气体压力、密封形式和气罐构造分类,见图 9-64 和表 9-32。

表 9-32 贮气罐分类表

按贮存气体压力分类		按密封方式分类	按构造方式分类
低压	$(150\sim400mmH_2O)$	湿式 (有水式)	图(a)外导架直升式 图(b)无外导架直升式 图(c)螺旋导轨式
		干式 (活塞式、无水式)	图(d)曼阿恩(M.A.N)型 图(e)可隆(Klonne)型 图(f)威金斯(Wiggins)型
中压	$600\sim850mmH_2O$	干式	图(d)曼阿恩(M.A.N)型 图(e)可隆(Kiggins)型
高压	$0.07\sim3.0MPa$		图(g)立式圆柱体 图(h)卧式圆柱体 图(i)球形

9.3.1.2 湿式气罐

湿式罐由固定水槽、活动罐体(钟罩及多级式塔节)组成。

单节贮罐一般指容量较小($V<3000m^3$)的罐,钟罩高度等于水槽高度,一般水槽高度为直径的 $30\%\sim50\%$。大容量气罐,为避免水槽高度过高,采用多节罐,每节的高度等于水槽的高度,而钟罩和塔节的全高为直径的 $60\%\sim100\%$。

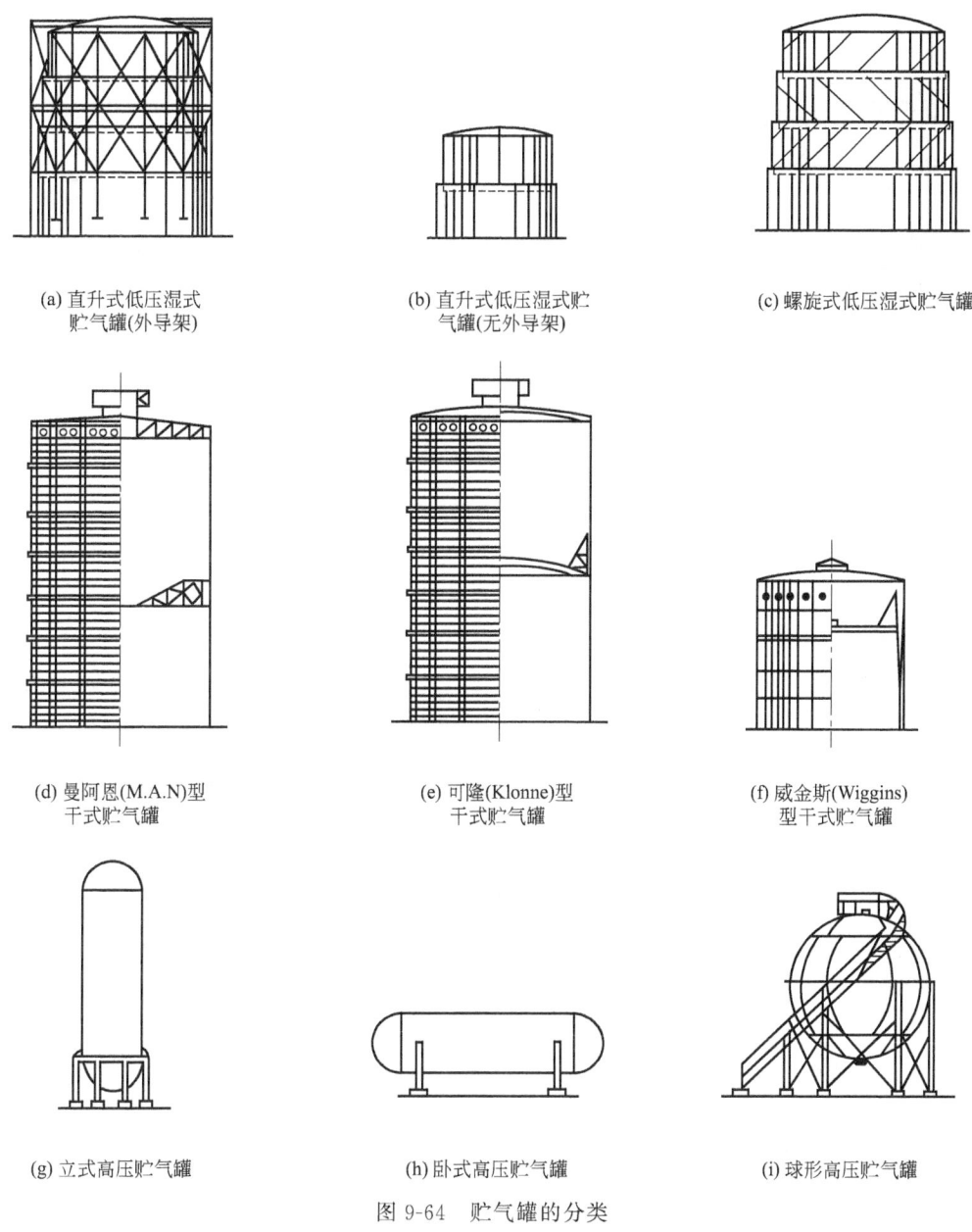

图 9-64　贮气罐的分类

钟罩及塔节放置在水槽内，随气体进出而升降，利用水封贮存气体，罐的容积随气体量而变化。

(1) 直升式气罐

直升式气罐是由水槽、钟罩、水封、顶架、导轨立柱、导轮、增加压力的配重块和防止真空装置组成，称为外导架直升式导轨气罐（图 9-65）。还有一种无外导架直升式气罐（图 9-66），它与螺旋罐相似，但导轨不是斜线轨，罐体以敷设在外壁上直轨和内导轮为导向，垂直升降。

(2) 螺旋式气罐

螺旋式气罐也是由水槽、钟罩、水封等组成的。罐体靠安装在平台上的导轮与罐体上导轨之间相对滑动产生旋转而升降，见图9-67。

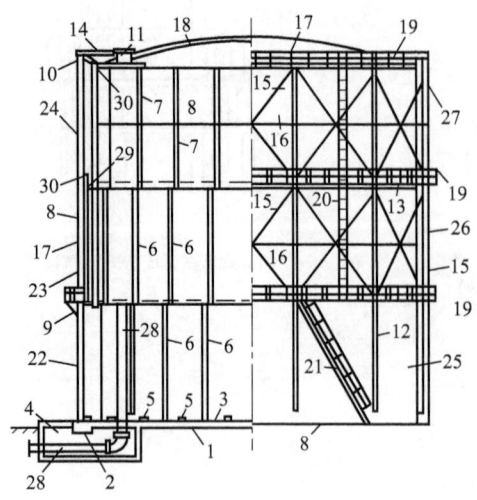

图9-65 外导架直升式贮气罐的组成
1—基础板；2—基础环梁；3—水槽底板；4—闸阀室；
5—垫梁；6—内导轨；7—内立柱；
8—角钢；9—内导轮；10—外导轮；11—安全罩；
12—外导架；13—平台；14—外导架拉梁；15—外导架支承；
16—拉杆；17—钟罩顶板；18—钟罩顶架；
19—栏杆；20—直梯；21—水槽斜梯；
22—水槽壁板；23—第2塔节壁板；24—钟罩壁板；
25—水槽；26—第2塔节；27—钟罩；
28—进气、出气管；29—水封；30—顶环

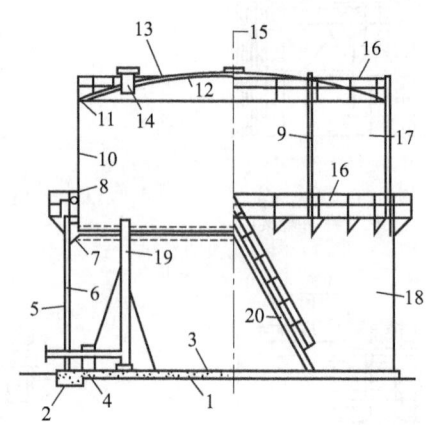

图9-66 无外导架直升式贮气罐的组成
1—基础板；2—基础环梁；3—水槽底板；4—垫梁；
5—水槽壁板；6—内导轨；7—内导轮；
8—外导轮；9—外导轨；10—钟罩壁板；
11—顶环；12—钟罩顶架；13—钟罩顶板；
14—安全罩；15—人孔；16—栏杆；
17—钟罩；18—水槽；19—进气及出气管；
20—水槽斜梯

螺旋导轨式气罐与直升导轨式气罐的不同点在于用螺旋形导轨代替笨重而巨大的垂直导轨。罐体之间导轨旋转方向相反是为了使气体排出时，罐体下降不会积集惯性力，罐体旋转速度不致加大。

这种罐主要优点是比直升罐节省金属15%～30%，外形较为美观，在我国得到广泛使用。

9.3.1.3 高压气罐

高压气罐是一种固定容积式气罐，它与湿式和干式气罐的区别是当气体压力增加时，容器几何容积不变，又称定容式气罐。

高压气罐可存气态和液态物料，由于介质不同，贮罐附件不同；但所有气罐均设有进出口管、安全阀、压力表、人孔、梯子和平台等。

当气罐用作贮存燃气（如煤气、天然气等）时气罐压力等级可按输气压力 p（MPa）划分为

低压煤气系统　　　$p \leqslant 0.005$
中压煤气系统　　　$0.005 < p \leqslant 0.15$
次高压煤气系统　　$0.15 < p \leqslant 0.3$
高压煤气系统　　　$0.3 < p \leqslant 0.8$

当燃气以较高压力由管网供应给系统时，显然不宜采用低压气罐；一般应采用高压气罐。当气源以低压燃气输送，是否采用高压罐，需进行可行性研究或技术经济比较后确定。

(1) 高压气罐形式

高压气罐形式有两种，一种为圆筒形罐，一种为球形罐。

圆筒形罐是由钢板制成圆筒体和两端封头构成的容器。封头分类半球形、椭圆形和碟形。

圆筒形罐又可根据安装方式分为立罐和卧罐两种。卧式罐占地面积大，但支柱和基础较为简单。卧式罐应设置钢制鞍式支座。支座与基础之间要能伸缩及滑动，防止罐体因受冷热影响而产生局部应力。

球形罐通常是分瓣压制拼焊组装而成。罐体的瓣片分布与地球仪相似，一般分为极板、南北极带、南北温带、赤道带等。

球形气罐的附件有：进出口管、排水管、安全阀口、压力表口、人孔和根据现场需要设置温度计口。

球形气罐的管口方位，在设计时应根据工艺特点来考虑。譬如进出口管一般安装在气罐下部是为了燃气的混合均匀，有时将进气管延升至罐顶。如果罐内有积水及尘土，进出口管应高于罐底，同时应设排水管。

所有气罐应设置人孔，一般在维修管理方便之处设置一个人孔，同时应有防雷及防静电措施。

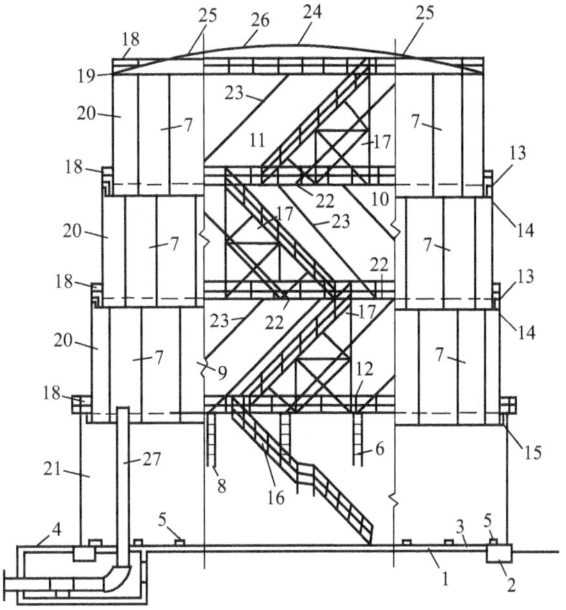

图 9-67 螺旋导轨式贮气罐的组成
1—基础板；2—基础环梁；3—水槽底板；4—闸阀室；
5—垫梁；6—水槽壁柱；7—内立柱；8—水槽；9—第3塔节板壁；
10—第2塔节板壁；11—第1塔节（钟罩）；12—水槽导轮；
13—水封挂圈；14—水封杯圈；15—加强环；
16—水槽斜梯；17—塔节斜梯；18—栏杆；19—顶环；
20—塔节壁板；21—水槽壁板；22—塔节导轮；
23—螺旋式导轨；24—人孔；25—钟罩顶架；
26—钟罩顶板；27—进气及出气管

(2) 高压气罐的选用

当容积较大时，圆筒形罐较球形罐的单位金属耗用量大。与同等容量圆筒形罐相比，球形面积最小，受力均匀，在直径与压力相同情况下，其薄膜应力仅为筒形罐环向应力的1/2，故板厚也为圆筒形罐的1/2。对风压来说，风力系数，球形均为0.3，圆筒形均为0.7。但球罐制造较为复杂，制造费高。所以一般小容量罐多选用圆筒形罐容量 $V<100 m^3$ 最为经济，而大容量罐多选用球罐。

9.3.1.4 小型低温贮气罐

常用的小型低温贮气罐为杜瓦式绝热贮罐。杜瓦式绝热贮罐分为两类。一类是真空绝热贮罐，一类是装有保护屏的真空绝热贮罐，又称多层真空绝热贮罐。

① 真空绝热贮罐 这类贮罐也分为两种，一种是小型容器（又称杜瓦瓶），用于少量液氧、液氮贮存，采用高真空绝热结构；一种是固定式贮罐，用于空分或氮氧站，贮存液氧或液氮，一般采用粉末或真空纤维绝热结构。

a. 小型杜瓦容器（Dewar Container）。图 9-68 为 15L 杜瓦瓶的典型结构，它是双层球胆，内外胆之间是真空夹层，内胆下部有呼吸腔，装有硅胶或活性炭。

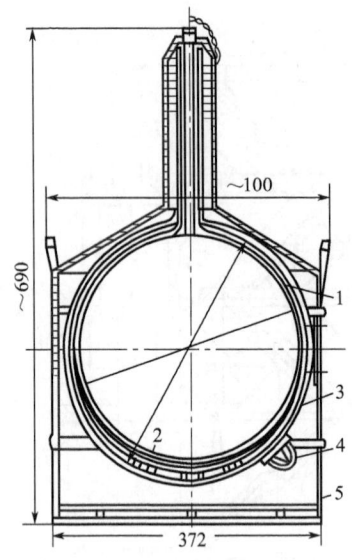

图 9-68 15L 杜瓦瓶的构造
1—真空夹层；2—内胆；3—外胆；
4—抽真空嘴；5—外壳

夹层真空一般抽至 10^{-3} mmH$_2$O，内胆贮存液体，加上吸附剂的作用，夹层压力可达 10^{-5} mmH$_2$O。

杜瓦瓶具有钢制焊接外壳，外壳与胆之间充填矿棉。运用数年后，真空度可能下降，熔开外胆底部，更换吸附剂，重新装配及抽真空。这类容器属于高真空绝热杜瓦瓶。

近年杜瓦瓶也采用真空粉末绝热和真空多层绝热。

b. 固定式贮罐。小型固定式贮罐可采用圆筒形，两端用椭圆形或碟形封头；100m³ 以下多采用真空粉末绝热，材料为珠光砂或气凝胶，绝热层厚为 25～30cm。图 9-69 为 CF-100000 型液氧贮罐，采用真空粉末（珠光砂）绝热。绝热层厚度 40cm，工作压力 0.2～0.3MPa。无增压器。

② 装有保护屏的真空绝热贮罐　保护屏亦称辐射屏或反射屏，种类较多，有气体屏、传导屏等。它的作用可以降低辐射传热量。然而真空夹层中装入互不接触的屏，实际上难以应用。在真空粉末绝热层中加金属粉可起辐射屏作用的启示下，发明了多层绝热方法。

真空多层绝热贮罐是由许多层辐射屏（我国可制成 20 屏）及间隔物质构成，置于密封夹层中，再抽高真空而成。辐射屏可用铝、银、铜、黄铜、不锈钢等，而以铝箔为最好。间隔物用玻璃纤维、尼龙网以及丝绸等。

这类贮罐可贮存超低温液化气体，如液氢、液氦及液氟等。

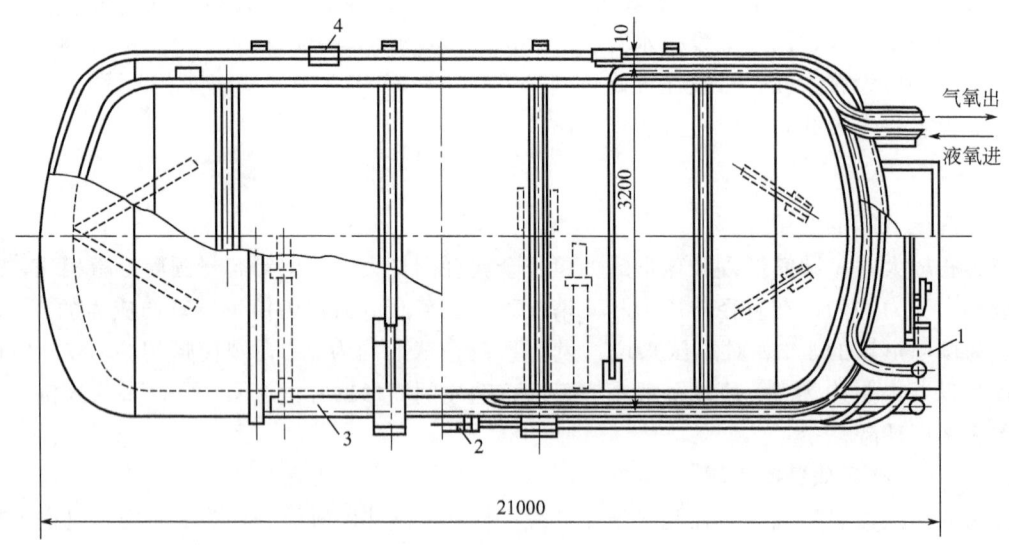

图 9-69　CF-100000 型液氧贮罐
1—仪表箱；2—液氧蒸发器；3—抽真空管；4—盖板

图 9-70 为气体屏氦贮存容器。图 9-71 为多屏绝热低温容器。

9.3.1.5　液化石油气贮罐及贮气罐

液化石油气通常以液态贮存，一旦发生泄漏，就会产生大量蒸气，其体积在大气压下约为液体的 250 倍，即使少量的液化石油气蒸气也可能形成爆炸混合物。所以石油化工业发生在液化石油气罐区的小量泄漏，进入大气形成爆炸混合物，可能在距泄漏点相当远的地方点燃爆炸。装过液化气的贮罐或钢瓶，虽然是空的，仍然有潜在的危险性，在这种情况下，内压大体是常压，如果阀门是开启的或是渗漏的，由于降温会使空气流入罐内（或瓶内），或由于升温会使蒸气溢出贮罐或钢瓶，就可能形成爆炸混合物。所以液化气系统上所有设备、配件、仪表，均应按照标准规范进行设计施工操作使用及维护。不得随地排放残液废气。

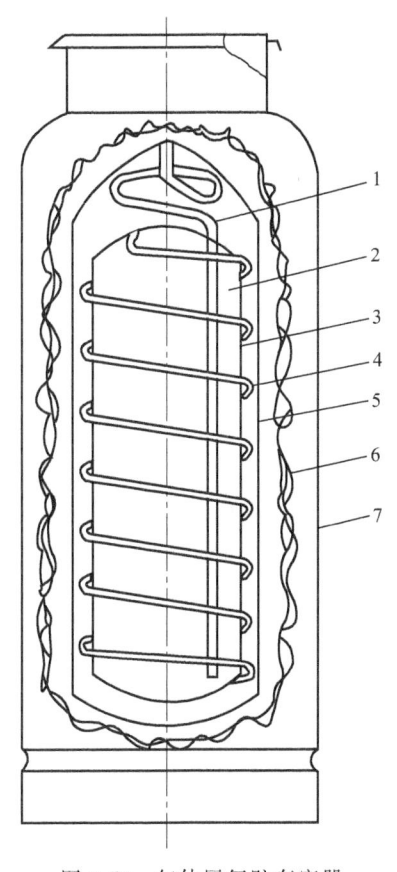

图 9-70　气体屏氦贮存容器
1—液体进出管；2—内胆；3—真空夹层；4—气体管；
5—保护屏；6—多层绝热结构；7—外壳

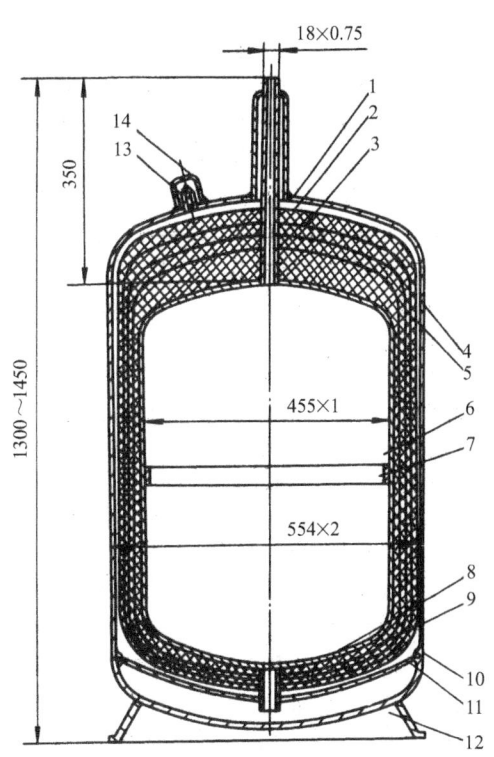

图 9-71　100L 多屏绝热低温容器
1—颈管；2—铜翅片；3—多层绝热；4—外壳；
5—传导屏；6—内胆；7—加强圈；8—支承短管；
9—吸附腔；10—吊钩；11—不锈钢丝绳；
12—底座；13—抽气铅管；
14—铅管护罩

9.3.2　容量计算和基本尺寸的选择

9.3.2.1　容量计算

贮罐区一般分为两类：工厂的原料罐与成品罐以及工艺过程用的中间罐；商业和物资供应部门的贮罐。两类贮罐的容量设计有些差别，但这两类贮罐的总容量（或贮罐的容量）都应根据生产规模（贮液的总量）、贮存时间、供销状况、运输条件及贮液的性质来确定。例如，炼油厂的原油贮罐，由于原油进罐后有继续脱水与沉降去杂质的作用，贮存时间需要长一点，罐的容量就要大一些；反之，苯乙烯等由于易聚合，要求贮存时间短一点，罐的容量也就小一些。贮罐的容量一般应考虑贮罐经常出入的容量、贮罐流出口（出口设在罐壁）以下的液体在操作时不能流出的容量和在最高液位上必须满足有关规定的贮罐空间。

① 高压贮气罐有效贮气容积可按式（9-70）计算

$$V = \frac{V_c (p - p_c)}{0.1} \tag{9-70}$$

式中　V——贮气罐的有效贮气容积（按 0.1MPa 压力计算），m³；
　　　V_c——贮气罐的几何容积，m³；
　　　p——最高绝对工作压力，MPa；
　　　p_c——贮气罐最低允许绝对压力，MPa。

贮罐的容积利用系数，可按式（9-71）计算

$$\varphi = \frac{V}{V_c p} = \frac{V_c (p - p_c)}{V_c p} = \frac{p - p_c}{p} \tag{9-71}$$

下式指 4 塔节式湿式气罐的有效容积

$$V = \frac{\pi}{4} [d_4^2 (h_4 - h_0) + d_3^2 h_3 + d_2^2 h_2 + d_1^2 h_1] \tag{9-72}$$

式中　　　　V——贮气罐的有效容积，m³；
d_1, d_2, d_3, d_4——1, 2, 3, 4 塔节的直径，m；
h_1, h_2, h_3, h_4——1, 2, 3, 4 塔节全部升起后的高度，m；
　　　　　　h_0——最下一个塔节升起的安全高度（超过该高度漏气）一般取 0.15m。

② 贮气罐的钟罩球形顶盖部分（或称弯顶部分）所存气体是不能利用的，一般称为死空间，其容积按下式计算

$$V_T = \frac{\pi}{3} h_f^2 (3R - h_f) \tag{9-73}$$

式中　V_T——死空间的容积，m³；
　　　R——钟罩穹顶半径，m；
　　　h_f——钟罩穹顶高度，m。

③ 液化气体贮气量计算　贮存液化气体容器在设计贮存量时，不得超过式（9-74）的计算值。

$$G = r_t \omega V \tag{9-74}$$

式中　G——液化气体最大充装量，t；
　　　V——容器的设计容积，m³；
　　　r_t——液化气体的容重，t/m³；
　　　ω——装填系数，一般取 0.9，容器经过实际测定者，允许取大于 0.9 但不得大于 0.95。

9.3.2.2　容器基本尺寸的选择

球形容器确定了直径，圆筒形容器确定了长度，实际上是确定了容器的基本尺寸。

球形容器确定了直径，容器的容积也就确定了，没有形状的选择。圆筒形容器包括卧、立两种容器，由于用途不同又分为贮槽、接受罐、回流罐、分离罐等。这些容器基本尺寸，如前所述，主要根据液体在容器的停留时间，算出总容积。在总容积确定后，尽可能按经济原则考虑长径比；一般也可根据经验数据选择。一般 $L:d$ 范围在 (2:1)～(4:1) 范围内。

9.3.3 设计压力和设计温度的确定

(1) 定义

① 压力　除注明者外，压力均为表压力。

a. 工作压力。

ⓐ 内压容器。在正常工作情况下，容器顶部可能出现的最高压力。

ⓑ 真空容器。在正常工作情况下，容器顶部可能出现的最大真空度。

ⓒ 外压容器。在正常工作情况下，容器可能出现的最大内外压力差。

b. 设计压力。设定的容器顶部的最高压力，与相应的设计温度一起作为设计载荷的条件，其值不低于工作压力。

c. 计算压力。在相应设计温度下，用以确定壳体各部位厚度的压力，其中包括液柱静压力。当壳体各部位或元件所承受的液柱静压力小于5%设计压力时，可忽略不计。

d. 最大允许工作压力。在指定温度下，压力容器安装后顶部允许的最大工作压力。该压力应是按容器各受压元件的有效厚度减去除压力外的其他载荷所需厚度后，计算得到的最大允许工作压力（且减去元件相应的液柱静压力）中的最小值。

最大允许工作压力可作为确定保护容器的安全泄放装置动作压力（安全阀开启压力或爆破片设计爆破压力）的依据。

ⓐ 当压力容器根据使用条件要求有不同的设计温度时，应分别计算对应于各个设计温度下的最大允许工作压力。

ⓑ 当不能通过计算来确定最大允许工作压力时，可用设计压力来代替最大允许工作压力。

e. 安全阀的开启压力。安全阀阀瓣开始离开阀座，介质呈连续排出状态时，在安全阀进口测得的压力。

f. 爆破片的标定爆破压力。爆破片铭牌上标志的爆破压力。

② 温度

a. 金属温度。容器元件沿截面厚度的温度平均值。

b. 工作温度。容器在正常工作情况下的介质温度。

c. 最高工作温度。容器在正常工作情况下可能出现的介质最高温度。

d. 最低工作温度。容器在正常工作情况下可能出现的介质最低温度。

e. 设计温度。容器在正常工作情况，在相应的设计压力下，设定的元件的金属温度。容器的设计温度是指壳体的金属温度。

f. 环境温度。压力容器设计中，涉及的环境温度的定义主要有以下几种。

ⓐ 极端气温。历年来的最高（最低）气温。

ⓑ 日平均最高（最低）气温。历年来日平均气温的最高（最低）值。

ⓒ 冬季空气调节室外计算温度。历年来平均每年不保证一天的日平均气温。

ⓓ 月平均最低气温。当月各天的最低气温相加后除以当月的天数得到的气温值。

(2) 设计压力的确定

① 容器设计时，必须考虑在工作情况下可能遇到的工作压力和对应的工作温度两者组合中的各种工况，并以最苛刻工况下的工作压力来确定设计压力。

② 确定初步的设计压力　单台容器初步的设计压力可按表9-33确定。

表 9-33　设计压力选取

类型			设计压力
内压容器	无安全泄放装置		1.0～1.10 倍工作压力
	装有安全阀		不低于(等于或稍大于)安全阀开启压力(安全阀开启压力取 1.05～1.10 倍工作压力)
	装有爆破片		取爆破片设计爆破压力加制造范围上限
	出口管线上装有安全阀		不低于安全阀的开启压力加上流体从容器流至安全阀处的压力降
	容器位于泵进口侧,且无安全泄放装置时		取无安全泄放装置时的设计压力,且以 0.1MPa 外压进行校核
	容器位于泵出口侧,且无安全泄放装置时		取下面三者中大值: (1)泵的正常入口压力加 1.2 倍泵的正常工作扬程; (2)泵的最大入口压力加泵的正常工作扬程; (3)泵的正常入口压力加关闭扬程(即泵出口全关闭时的扬程)
	容器位于压缩机进口侧,且无安全泄放装置时		取无安全泄放装置时的设计压力,且以 0.1MPa 外压进行校核
	容器位于压缩机出口侧,且无安全泄放装置时		取压缩机出口压力
真空容器	无夹套真空容器	有安全泄放装置	设计外压力取 1.25 倍最大内外压力差或 0.1MPa 两者中的最小值
		无安全泄放装置	设计外压力取 0.1MPa
	夹套内为内压的带夹套真空容器	容器(真空)	设计外压力按无夹套真空容器规定选取①
		夹套(内压)	设计内压力按压容器规定选取
	夹套内为真空的带夹套内压容器	容器(内压)	设计内压力按内压容器规定选取②
		夹套(真空)	设计外压力按无夹套真空容器规定选取
外压容器			设计外压力取不小于在正常工作情况下可能产生的最大内外压力差
在规定的充装系数范围内,常温下盛装液化石油气或混合液化石油气的(指丙烯与丙烷或丙烯、丙烷与丁烯等的混合物)容器③④⑤	介质 50℃的饱和蒸气压力低于异丁烷 50℃的饱和蒸气压力时(如丁烷、丁烯、丁二烯)		0.79MPa
	介质 50℃的饱和蒸气压力高于异丁烷 50℃的饱和蒸气压力时(如液态丙烷)		1.77MPa
	介质 50℃的饱和蒸气压力高于丙烷 50℃的饱和蒸气压力时(如液态丙烯)		2.16MPa
两侧受压的压力容器元件			一般应以两侧的设计压力分别作为该元件的设计压力。当有可靠措施确保两侧同时受压时,可取两侧最大压力差作为设计压力

① 容器的计算外压力应为设计外压力加上夹套内的设计内压力，且必须校核在夹套试验压力（外压）下的稳定性。
② 容器的计算内压力应为设计内压力加 0.1MPa，且必须校核在夹套试验压力（外压）下的稳定性。
③ 对盛装液化石油气的压力容器，如设计单位能根据其安装地区的最高气温条件（不是极端气温值）提供可靠的设计温度，则可按介质在该设计温度下的饱和蒸气压来确定工作压力及设计压力，但必须事先经过设计单位总技术负责人批准，并报送省级主管部门和同级劳动部门锅炉压力容器安全监察机构备案。
④ 对容积大于或等于 100m³ 的盛装液化石油气贮存类压力容器，可由设计确定设计温度（但不得低于40℃），并根据与设计温度对应的介质饱和蒸气压确定设计压力。
⑤ 规定的充装系数一般取 0.9，容积经实际测定者可取大于 0.9，但不得大于 0.95。

③ 确定最终的设计压力　根据该容器在每一安全系统中与安全泄放装置的相对位置，对按表 9-33 确定的初步的设计压力进行调整，得出单台容器最终的设计压力，其调整原则详见 HG/T 20570.1—95《设备和管道系统设计压力和设计温度的确定》中 1.0.6 条的规定。

④ 密闭的薄壁容器，在运输或存放期间受环境温度影响可能造成负压时，应以 0.0175MPa 外压进行校核。

⑤ 当国家压力容器安全监察部门或工程设计中对容器的设计压力有专门规定时，其设计压力应按有关规定确定。

(3) 设计温度的确定

① 当金属温度不可能通过传热计算或实测结果确定时，设计温度应按以下规定选取。

a. 容器器壁与介质直接接触且有外保温（或保冷）时，设计温度应按表 9-34 中的 Ⅰ 或 Ⅱ 确定。

表 9-34　设计温度选取

介质工作温度 T	设计温度	
	Ⅰ	Ⅱ
$T<-20℃$	介质最低工作温度	介质工作温度减 0～10℃
$-20℃\leqslant T\leqslant 15℃$	介质最低工作温度	介质工作温度减 5～10℃
$T>15℃$	介质最高工作温度	介质工作温度加 15～30℃

注：当最高（低）工作温度不明确时，按表中的 Ⅱ 确定。

b. 容器内介质用蒸汽直接加热或被内置加热元件（如加热盘管、电热元件等）间接加热时，设计温度取最高工作温度。

c. 容器器壁两侧与不同温度介质直接接触而可能出现单一介质接触时，应以较高一侧的工作温度为基准确定设计温度，当任一介质温度低于-20℃时，则应以该侧的工作温度为基准确定最低设计温度。

d. 安装在室外无保温的容器，当最低设计温度受地区环境温度控制时，可按以下规定选取：ⓐ盛装压缩气体的贮罐，最低设计温度取环境温度减 3℃；ⓑ盛装液体体积占容积 1/4 以上的贮罐，最低设计温度取环境温度。

注：此处环境温度取容器安装地区历年来"月平均最低气温"的最低值，其值应由当地装置所在地气象部门提供。

e. 对裙座等室外钢结构应以环境温度作为设计温度。

注：此处环境温度取"冬季空气调节室外计算温度"，其值详见 HG 20652—1998《塔器设计技术规定》。

② 下列情况宜通过传热计算求得容器金属温度作为容器的设计温度：a. 容器内壁有可靠

的隔热层；b. 容器器壁两侧与不同温度介质直接接触而不会出现单一介质接触时。

③ 容器的不同部位在工作情况下可能出现不同温度时，应按不同温度选取元件相应的设计温度。

④ 容器的最高（或最低）工作温度接近所选材料的允许使用温度界限时，应结合具体情况慎重选取设计温度，以免增加投资或降低安全性。

⑤ 当工程设计中对容器的设计温度有特殊要求时，其设计温度应按有关规定确定。

9.3.4　惰性气体量的计算

贮存可燃气体或液体的容器，往往有两种置换。

贮罐使用前：空气⇌可燃气置换过程。

停止使用后：可燃气⇌空气置换过程。

以上置换过程都会形成爆炸性混合物，因而这是一种危险的置换过程。只有在惰性气体与空气（或可燃物）的置换的条件下，使用或停用容器，才能安全贮存可燃物。

(1) 置换过程及影响因素

Van Uchelen 和 Van Noort 研究置换原理，并提出必须遵循的条件，即影响惰性气体的置换因素。

在密闭容器内用一种气体置换另一种气体通常靠两种作用完成：一是替换作用；二是稀释作用（或称混合作用）。

当使用惰性气体时，如果只是替换作用，则惰性气体量与替换空气或可燃气的体积量是相等的。但是在绝大多数情况下，送入惰性气体与罐内空气或可燃物起了混合作用，因此需要的惰性气体量远远大于所替换的气体用量，由此可见，贮罐的气体置换过程中替换与混合作用是同时存在的。

影响惰性气体置换因素如下。

a. 置换过程中存在稀释作用，增加气体量，如湿式气罐至少是所需要的自由空间体积的 1.8～2 倍，为了减少稀释作用，应尽量缩短惰性气体与空气（或可燃物）表面的接触时间。并应选择适宜惰性气体管径，如管径过小，流速过大，则惰性气体与空气充分混合，这是不利的。

b. 当选用惰性气体时，需考虑贮存气体的相对密度对置换的影响，如惰性气体相对密度大于可燃气体，并用惰性气体置换可燃气体，排气管设置在气罐顶部为宜；相反如用相对密度较小的可燃气置换相对密度较大的惰性气，则排气管设置在气管底部为宜。

c. 一般送入惰性气体温度较低为宜，以常温为佳，防止形成热流。但也需注意气体体积由于温度降低而收缩，贮罐必须保持正压。

(2) 置换的介质

惰性气体必须具备下列条件才能作为置换的介质。

第一类必须是不助燃的（含氧量<2%），第二类必须是不可燃的。

第一类介质为二氧化碳（CO_2）、氮（N_2）以及水蒸气。二氧化碳密度大，不易扩散，置换需要的体积小，适用置换下部气体之用；与氮气比较，能更有效地减少可燃性混合气体的爆炸性，但二氧化碳易溶于水，增加水的酸性和腐蚀性。氮气质量稳定，几乎不溶于任何物质，是一种典型的惰性气体。水蒸气接近大气压时，1kg 约占 $1.6m^3$ 体积空间，可作为燃气贮罐检修置换时使用。由于它温度高、蒸发快，便于使积存在容器内的轻油、苯、萘、焦油等易燃物挥发排出。

第二类介质为烟道气。烟气是燃料在燃烧后产生的废气。关键问题是质量及发生量均不稳定，要求发生烟道气装置的烟道密闭性好，防止混入过量氧，同时加以净化，才能使用。

(3) 惰性气体量的计算

惰性气体量通常可以根据取样残存含氧量情况通过实例得到。

本文还根据文献，介绍一种简易计算方法——图解法。

估算惰性气体量的意义在于确定公用工程中惰性气的负荷及装置规模。

估算惰性气体量按照理想混合式的置换原理而定，即惰性气体进入贮罐，与原有气体理想混合，槽内各处浓度均一，并等于出口浓度。按此原则建立微分子恒式可以导出容器出口氧浓度和惰性气体用量的关系式

$$U=\ln [(y_0-a)/(y_F-a)] \tag{9-75}$$

式中　U——单位容积置换的惰性气体量，以容器体积倍数表示，$U=W/V$；

　　　W——惰性气体用量，m^3；

　　　V——容器的容积，m^3；

y_0，y_F——容器中氧的初始浓度和最终浓度,%（体积分数）；

　　　a——惰性气体中氧浓度,%（体积分数）。

用惰性气体置换容器中可燃气体时，可查图 9-72。例如惰性气体中可燃组分浓度为 0.1%（体积比）时，要求把容器中的可燃气浓度从 100% 降到 1%，则 $y_0=100$ 查得惰性气体的体积为贮罐体积的 4.7 倍，见图 9-72 中的 A 点。

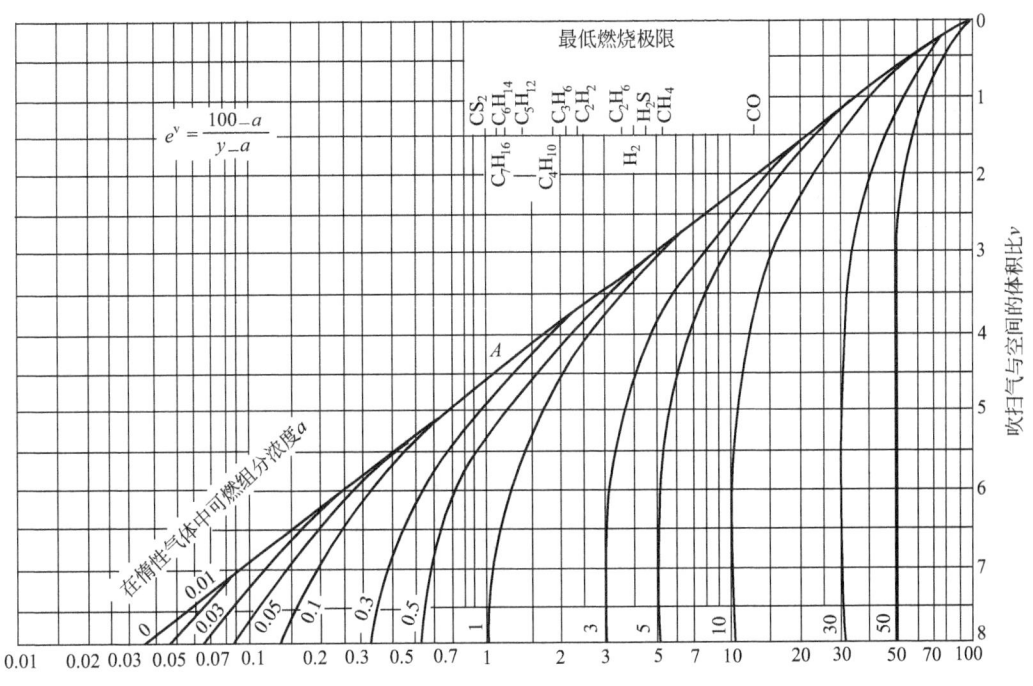

图 9-72　混合气中所要求的可燃气的浓度 y

用惰性气体置换容器中的空气时，$y_0=21$ 由图 9-73 查出惰性气体用量。例如惰性气体中氧浓度为 0.3%（体积分数）要求把贮罐中氧浓度由 21% 降至 2%（体积分数），则查图得惰性气体的体积为容器体积的 2.5 倍，如图 9-73 中 C 点所示。

充氮过程是体积的函数，而与时间无关，因此采用惰性气体可由惰性气体发生装置或加压

容器直接供气。

最低燃烧极限是指在空气中,并且在常温常压条件下,浓度单位为%(体积分数),吹扫空间中可燃气的初始浓度为100%(体积分数)

用惰性气体吹扫的空间中氧的初始浓度是21%(体积分数)。图中浓度单位为%(体积分数)。

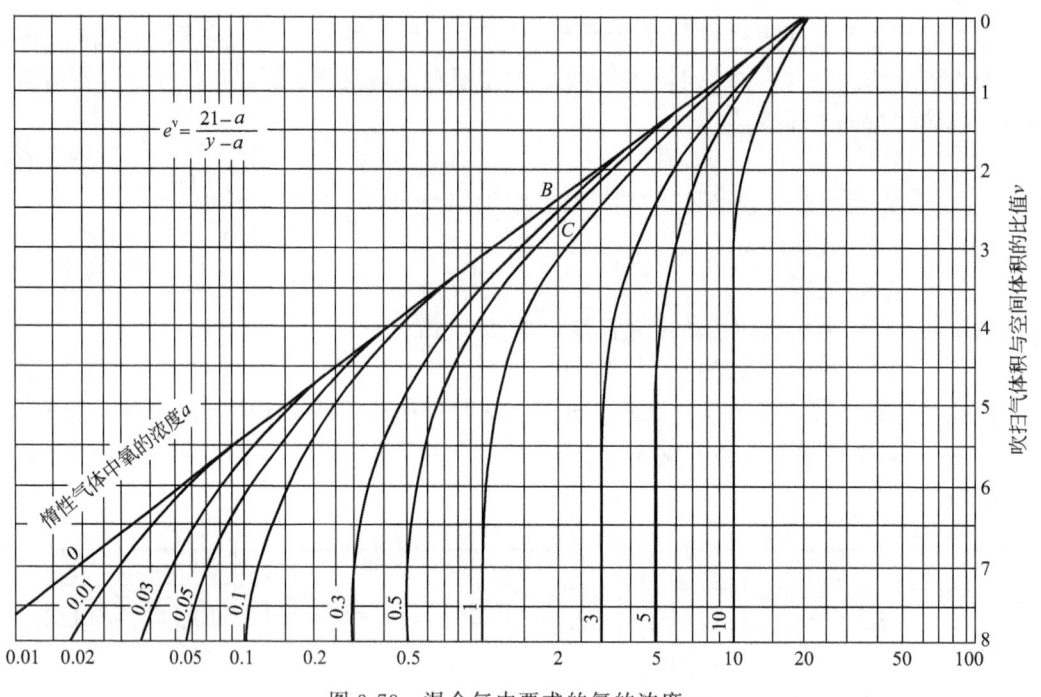

图 9-73　混合气中要求的氧的浓度 y

9.3.5　贮罐液体蒸发损失

(1) 液体蒸发过程

液体蒸发过程是指液体汽化为蒸气,从贮罐排到大气的过程。蒸发速度取决于液体的挥发性质和罐内温度的变化。

贮罐液体蒸发一般分为两种,一种因气温升降、罐内空间蒸气(烃或轻组分)和空气的蒸气分压增大或减小,而使物料蒸气和空气通过呼吸阀或通气孔形成呼吸过程,这种由于大气温度的变化而形成呼吸作用称为小呼吸过程。一种是贮罐进出液体,由于液位升降而使气体容积增减,导致静压差的变化。这种由于罐内液面变化而形成呼吸作用称为大呼吸过程。

(2) 液体蒸发损失的影响因素

蒸发损失的主要因素应该是罐内液体蒸发速度。液体蒸发速度取决于液体物化性质,特别是物料的温度、蒸汽分压、气体空间大小、贮罐的结构、周转次数以及气象条件等。

① 物料温度　物料蒸发速度随温度上升而加快,温度越高,蒸发速度越快。

② 物料液位　物料蒸发速度随液体表面积加大而加快,蒸发表面积越大,蒸发速度越快。

③ 物料重度　物料重度越小,物料轻组分含量越多,在同一饱和蒸气压的温度下,越轻组分蒸发速度越快。

④ 液面上的压力　液面压力越大,蒸发速度越小。因而压力容器蒸发损失要小。

⑤ 物料的流动性 物料流动快，蒸发速度也快。在常压容器内，空气流动大，空气不易被物料蒸发饱和，造成不断蒸发，空气流速快，因而物料蒸发速度也快。在密闭容器内，空气流动小，容器的气体空间易被蒸气饱和，因而物料蒸发速度缓慢。

⑥ 贮罐类型对蒸发损失的影响 在所有类型贮罐的呼吸中，固定顶罐的损失较大，浮顶罐损失是较小的（浮顶盖与罐壁间有一个相对小的空间，物料在此空间产生蒸发作用）。浮顶罐与固定顶罐相比损失小得多的原因在于容器结构。

(3) 液体蒸发损失计算

贮罐的蒸发损失计算一般有两种，一种是经验式，一种是图算法。经验式使用较为普遍是美国 A.P.I 和日本能源厅的公式。

① 固定顶罐小呼吸蒸发损失计算

a. 经验公式计算法

(a) 美国石油学会（API）公式

$$L_y = 3.05 K_a (24/100) [p/(1-p)]^{0.68} D^{1.13} H^{0.51} T^{0.5} F_p C \qquad (9-76)$$

式中 L_y——呼吸损失，m^3/a；

K_a——油品常数，汽油为 1，原油为 0.58；

p——贮存温度下的蒸气压，kg/cm^2（A）；

D——贮罐直径，m；

H——气体空间平均高度，m；

T——日平均气温差，℃；

F_p——涂料系数，见表 9-35；

C——直径 9m 以下，油罐修正系数。

表 9-35 涂料系数 F_p 数据

罐 色		涂料系数 F_p	
罐顶	侧壁	好	坏
白	白	1.00	1.15
氧化铝色(带光泽)	白	1.04	1.13
白	氧化铝色(带光泽)	1.16	1.24
氧化铝色(带光泽)	氧化铝色(带光泽)	1.20	1.29
白	氧化铝色(没有光泽)	1.30	1.38
氧化铝色(没有光泽)	氧化铝色(没有光泽)	1.39	1.46
白	灰色	1.30	1.38
浅灰色	浅灰色	1.33	
中灰色	中灰色	1.46	

(b) 日本能源厅公式

$$F_1 = \frac{1}{100} K_1 V^{\frac{2}{3}} K_2 e^{0.089T} \times \frac{M}{273} \times \frac{273+t}{273} \qquad (9-77)$$

式中 V——罐容量，m^3；

F_1——呼吸损失，kg/h；

T——气温,℃;

M——烃类蒸气平均相对分子质量;

t——排气温度,℃;

K_1,K_2——油品常数,汽油 $K_1=0.2$,$K_2=16$;原油 $K_1=0.16$,$K_2=12$。

根据经验式计算结果及国外文献介绍,3000m^3 罐为小呼吸损失,年蒸发量 70~100t,而浮顶罐蒸发损失接近零。

b. 诺谟图计算法　图算法计算固定顶罐小呼吸蒸发损失最常用的是诺谟图。

诺谟图计算图表,可根据贮存温度和油品蒸气压变化,估算贮罐小呼吸引起蒸发损失量。图 9-74 和 9-75 是根据半经验公式绘成的。

诺谟图可以按下式推导:

由于温度的变化而引起实际体积 dV_T 的变化

$$dV_T = V_0 (dT/T) \tag{9-78}$$

式中　V_0——贮罐自由空间的体积;

T——贮液温度。

由于贮液温度升高,导致液体蒸气压上升,即液体气化使空间含烃浓度增加,因而实际体积 dV_y 变化为

$$dV_y = V_0 dy \tag{9-79}$$

式中　y——液体蒸气和空气混合物中烃的摩尔分数。

烃的摩尔分数为

$$dV_y = V_0 (dp_f/p) \tag{9-80}$$

式中　p_f——烃的蒸气分压;

p——蒸气混合物总压。

两式相加得出 dV 的总增量

$$dV = V_0 [(dT/T) + (dp_f/p)] \tag{9-81}$$

按理想气体定律,体积变化 dV 与烃物质的量变化 dN 的关系如下

$$dN = p_f dV/(RT) \tag{9-82}$$

式(9-81)代入式(9-82)得出

$$dN = \frac{V_0 p_f dT}{RT^2} + \frac{V_0 p_f dp_f}{RTp} \tag{9-83}$$

贮罐液体蒸气压(p)与液体温度(T)之间的经验公式如下

$$\lg p_f = A - (B/T) \tag{9-84}$$

用下式

$$p_f = e^{2.303[A-(B/T)]} \tag{9-85}$$

或

$$1/T = (A - \lg p_f)/B \tag{9-86}$$

代入式(9-83)得到

$$dN = \frac{V_0 e^{2.303[A-(B/T)]} dT}{RT^2} + \frac{V_0 p_f (A - \lg p_f) dp_f}{RBp} \tag{9-87}$$

两边积分,积分区域为夜间最低温度 T_1 和白天最高温度 T_2 及其相应蒸气分压 p_1 和 p_2,可以得到一个具有自由空间 V_0 的贮罐每 24h 所损失烃物质的量 N。

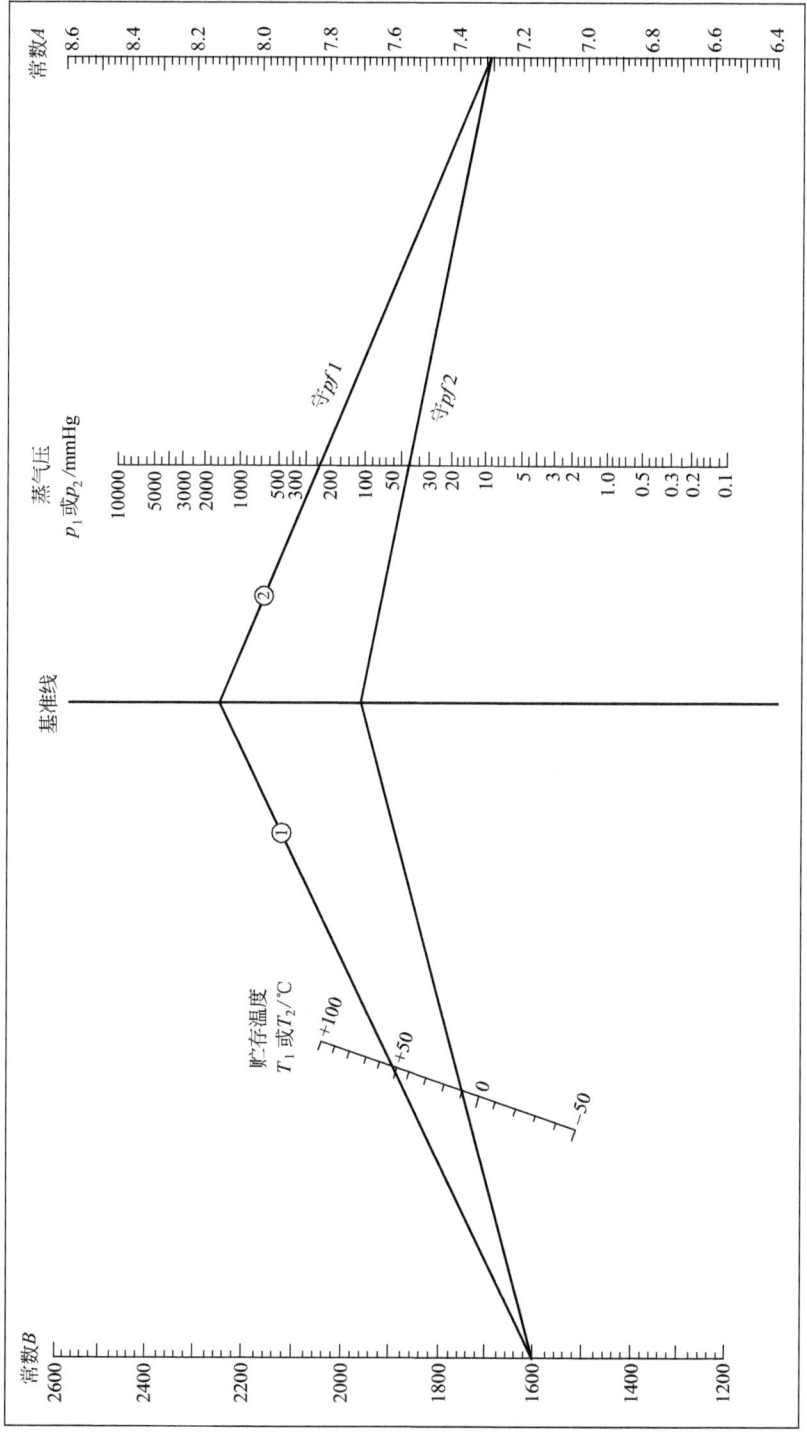

图9-74 蒸气压计算，B和T为基准点，由基准点和A得到蒸气压p

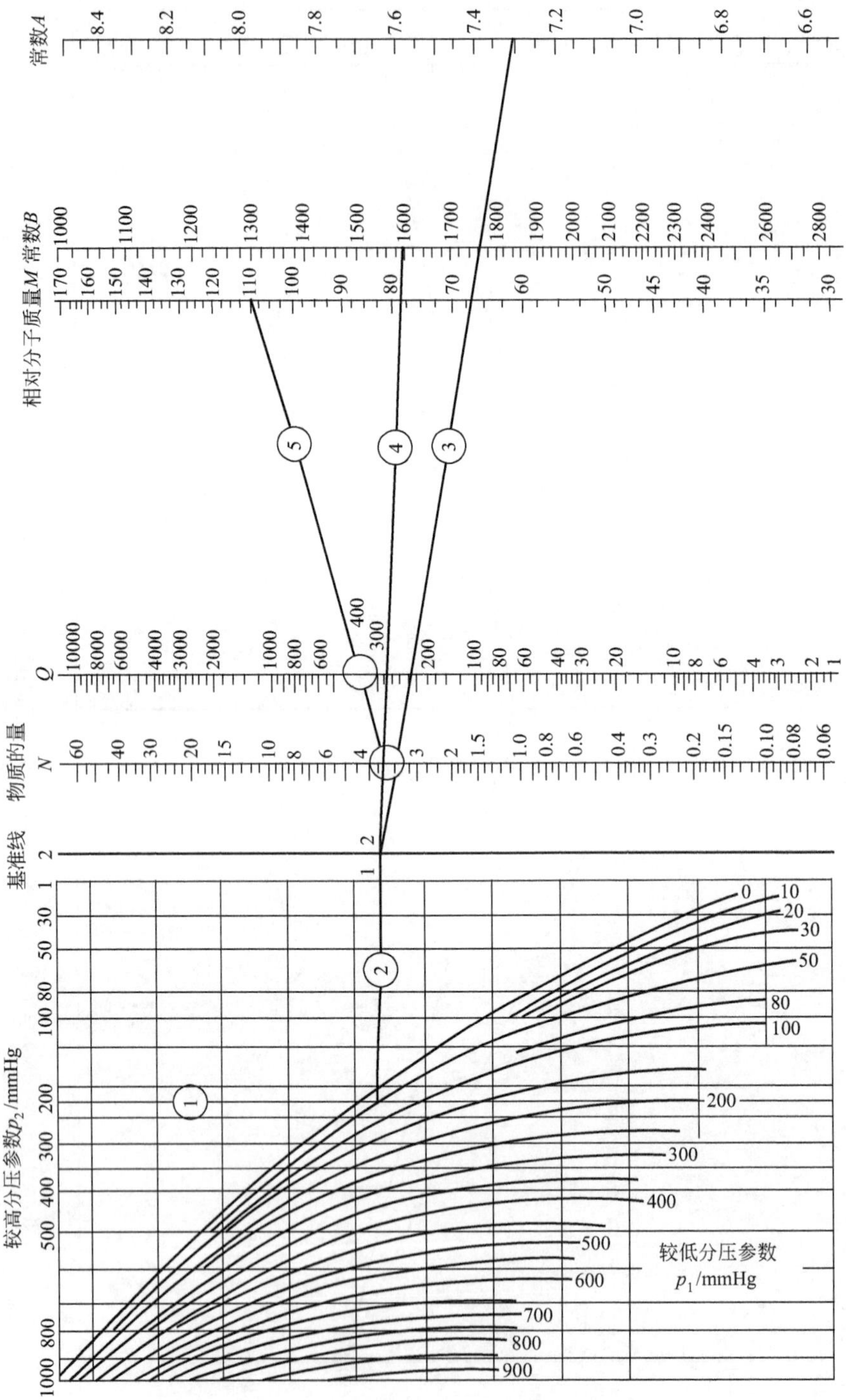

图9-75 蒸汽损失计算

$$N = \frac{V_0}{RB} \left\{ \left[e^{2.303[A-(B/T_2)]} - e^{2.303[A-(B/T_1)]} \right] + \frac{A}{2p}(p_{f_2}^2 - p_{f_1}^2) \right\}$$
$$- \frac{1}{2.303p} \left[p_{f_2}^2 \left(\frac{\ln p_{f_2}}{2} - \frac{1}{4} \right) - p_{f_1}^2 \left(\frac{\ln p_{f_1}}{2} - \frac{1}{4} \right) \right] \tag{9-88}$$

上式中，若取 V_0 为 $1m^3$（1000L），分压为 p_f，mmHg（绝对大气压）。

常压 p 为 760mmHg，气体常数 $R=0.082$ L·atm/(K·mol)，贮罐内 $1m^3$ 自由空间在 24h 内损失的摩尔数 N 为

$$N = (16.04/B)[K] \tag{9-89}$$

式中的 $[K]$ 表示式（9-88）中总括号内式子。

式（9-84）的 A，B 值为常数，常用物质的常数列于表 9-36 内。

表 9-36 蒸气压常数值

产品	公式(9-86)常数 A	公式(9-86)常数 B	产品	公式(9-86)常数 A	公式(9-86)常数 B
1,2,3,4-四氢化萘	6.67	2400	汽油	—	1100~1700
三氯甲烷	7.70	1633	煤油	—	2200~3100
甲苯	9.54	2340	庚烷	7.95	1880
环己烷	7.44	1635	马达汽油	7.48	1523
甲醇	6.00	1242	航空汽油	7.51	1545
甲酸	7.69	1815	轻汽油	7.67	1630
二甲基苯胺	8.81	2850	重汽油	6.36	1370
硝基苯	8.65	2845	马达汽油	7.50	1530
丙烷	7.34	984	航空汽油	7.62	1580
正丁烷	7.30	1224			

也可用 Q（每 24h、$1m^3$ 自由空间内，损失的质量数）表示

$$Q = NM \tag{9-90}$$

式中 M——逸出烃或物质蒸气相对分子质量。

为避免式（9-89）的冗长计算，可由图 9-74 和图 9-75 的诺谟图查出。

图 9-74 用来求解公式（9-85）中的蒸气压。图 9-75 用来求解式（9-89）中小呼吸蒸发损失。

用图解法得到数据，其误差范围为 $\pm 2\%$。

【**例 9-1**】 固定顶罐贮存汽油，其条件为夜间 $T_1=10℃$（283K），白天 $T_2=50℃$（323K）；$A=7.30$，$B=1600$，$M=110$（估算）

在图 9-74 中，从标尺 B 经温度标尺 T_1 引一直线①，在参考线上给出一个点，从这点到标尺 A 引另一条直线②与蒸气压标尺在 p_{f_1} 处相交。对温度 T_2 重复这个方法得出 p_{f_2}，其结果为

$$p_{f_1} = 44 \text{mmHg (A)}, \quad p_{f_2} = 222 \text{mmHg (A)}$$

c. 纳尔逊简易图解法　W.L.纳尔逊的图表见图 9-76。已知平均温度下汽油蒸气压、空间高度（从油面至罐顶）和罐径，可得拱顶形罐汽油呼吸损失。先作出平均温度下蒸气压与空间高度的两点连线交于纵轴，再作该交点与罐径点的连线，延长交于呼吸损失量的坐标，即为所求；并乘以涂层修正系数。

图 9-77 为锥顶罐大呼吸损失，用法与前者相同。

② 固定顶罐大呼吸蒸发损失计算

a. 经验式计算　用经验式计算固定顶罐的大呼吸蒸发损失。

(a) 美国石油学会（API）公式

$$F_c = 14.7 (K_c pV/1000) K_t \tag{9-91}$$

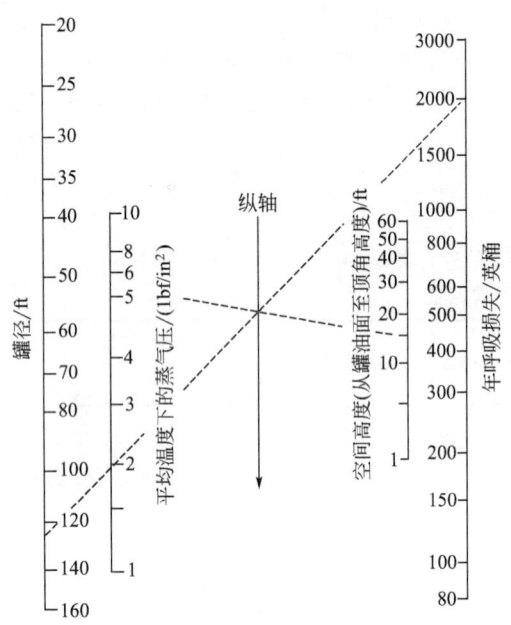

图 9-76 拱顶形罐汽油呼吸损失

涂层修正，铝 1.00，白色 0.75，浅灰色 1.10，
黑无涂层或污染严重，注：年损失乘系数

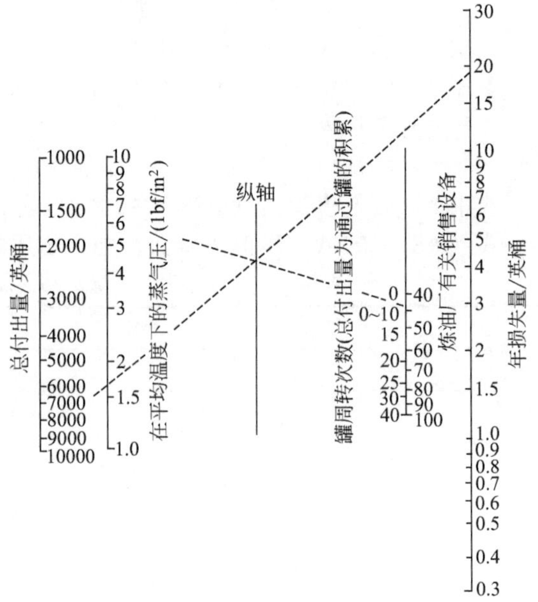

图 9-77 锥顶罐装汽油的损失

1ft=304.8mm，1 lbf=4.448N，1 英桶=159L

(b) 美国环境保护局公式

$$F_f = 1000 \omega m p [(180+N)/(6N)]$$

式中 F_c，F_f——装油损失，m³，kg/1000m³ 装入量；

K_c——油品常数，汽油为 3，原油为 2.25；

V——装油量，m³；

m——油品系数，见表 9-37；

K_t——倒罐系数；

N——年内倒罐次数（周转次），36 次以下取 $N=36$；

ω——贮罐内油品密度，kg/m³；

p——贮存温度下的蒸气压，kgf/m² (A)。

(c) 日本能源厅公式。1m³ 装入量，烃的蒸发损失用下式计算：

$$F_2 = (1/100)(1+0.16p) K_2 e^{(0.039T)} M/[22.4 \times (273+t)/273] \tag{9-92}$$

式中 F_2——装油损失，kg/m³；

p——贮存的雷德蒸气压，kgf/m²

T, M, t, K_2——与式（9-77）相同。

表 9-37 油品系数 m 的数据

油品名称	原油	汽油	灯油	柴油	喷气燃料 JP-4
油品系数 m	2.25×10^{-4}	3×10^{-4}	2.95×10^{-4}	2.76×10^{-4}	3.24×10^{-4}

b. 理论算法　对常压贮罐的大呼吸损耗量，其理论计算可按下式计算：

$$F_c = (3pV_L/10000)K_T \tag{9-93}$$

式中　F_c——泵送损耗量，美桶；

V_L——液体泵送进罐量，美桶；

p——散装液体的真实蒸气压，lbf/in^2；

K_T——周转系数。

根据我国对 $3000m^3$ 拱顶罐的测定，一次泵送大呼吸平均量为 $2410kg/次$，按美国和日本公式及图表计算泵送损耗量分别为 $2225kg/次$ 和 $2570kg/次$，这充分说明实测的泵送损耗量与经验公式计算结果是比较接近的。

③ 浮顶罐大呼吸蒸发损失的计算　用经验公式计算浮顶罐由于送料而液面变化产生大呼吸的蒸发损失。

a. 美国石油学会（API）公式

$$W_E = 6840(C_E/D) \tag{9-94}$$

式中　W_E——送油损失，$m^3/(100\times10^4)m^3$ 送出量；

D——罐直径，m；

C_E——系数，$C_E=0.02$。

b. 日本能源厅公式

$$F_3 = K_3(4/D)(M/22.4) \tag{9-95}$$

式中　F_3——送油损失，kg/m^3；

D——油罐直径，m；

M——蒸发气体平均相对分子质量（$M=114$）；

K_3——油品系数；汽油为 0.00231，原油为 0.000695。

(4) 贮罐的工艺选型

由于贮罐选型不同，贮存物料的蒸发损失不同。根据贮罐结构，一般易挥发物宜采用浮顶罐或内浮顶罐。

采用浮顶罐或内浮顶罐，根据文献介绍和实测数据，一般减少呼吸损失为固定顶罐的 85%～90%。

现将浮顶罐和内浮顶罐控制蒸发的机理叙述如下：根据气体方程 $pV=nRT$ 及道尔顿定律得出拱顶罐蒸发损失的基本方程

$$G = \left[V_1(1-c_1)\times\frac{p_1}{T_1} - V_2(1-c_2)\right]\times\frac{p_2}{T_2}\times\frac{C}{1-C}\times\frac{M}{R} \tag{9-96}$$

式中　　　　　G——每呼吸一次贮液损失量，kg；

V_1, c_1, p_1, T_1——呼吸开始时贮罐中气体空间的体积，m^3；气体空间中贮液蒸气的体积浓度；压力，cmH_2O；热力学温度；

C——贮液蒸气平均体积浓度；

M——贮液蒸气的相对分子质量；

R——通用气体常数。

由于液面上有一个浮盘，因此贮液上方没有气化空间，当密封形式采用软填料的弹性密封时，气化空间趋于零。根据式（9-96），其大、小呼吸损失在理论上等于零，由于内浮盘和固定顶之间形成空气层，绝热效果良好，昼夜大气温度的变化和辐射热的变化对贮液表面温度影响减弱。而贮液表面温度变化是引起贮液蒸发的主要原因。

内浮盘下方即使残存一些气体空间，由于 Δt 变化小，使 $T_1 \approx T_2$，$c_1 = c_2$，贮液蒸气浓度减小，同时在呼吸条件下 $p_1 \approx p_2$，$V_1 = V_2$，由式 (9-96) 可知 $G = 0$。以上分析说明，内浮顶罐能有效抑制贮液损失。

(5) 提高贮罐的承压能力

根据有关文献报道，贮罐承压增至 $4000 mmH_2O$、真空度至 $300 mmH_2O$ 时可以防止气温变化产生的小呼吸损失。A.P.I. 公报 2516 号报道的防止贮罐小呼吸推荐的压力，如图 9-78 所示。从该图可以看出贮罐操作压力提高到 $580 mmH_2O$ 小呼吸损失为常温贮罐的 52%，压力提至 $1750 \sim 2320 mmH_2O$ 时，可以基本消除小呼吸损失。

美国环保局规定：① 常温下具有蒸气压 $\geq 1060 mmH_2O$（A）的产品，不能贮存于常压贮罐，而应贮存在浮顶罐、设有回收系统的固定顶罐或压力贮罐；② 在常温下具有蒸气压 $\geq 7740 mmH_2O$（A）的产品，不能贮存于浮顶罐，应贮存于设有液-气回收系统的固定顶罐内。

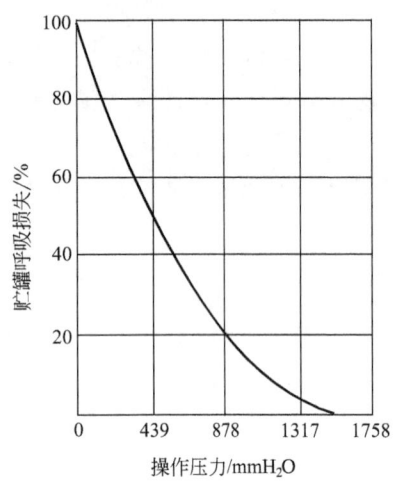

图 9-78 小呼吸损失与操作压力关系

(6) 回收法

在目前工程设计中，为减少固定顶罐蒸发损失可采用回收法，蒸气压小于 0.07MPa 时，一般采用油气回收系统，处理烃浓度小于 50%。由于回收系统费用较大，使用时需进行经济核算。回收方法约三种。

① 冷却冷凝法　将烃蒸气冷却至凝缩温度，一般达到 $-20℃$。该法流程如图 9-79 所示。

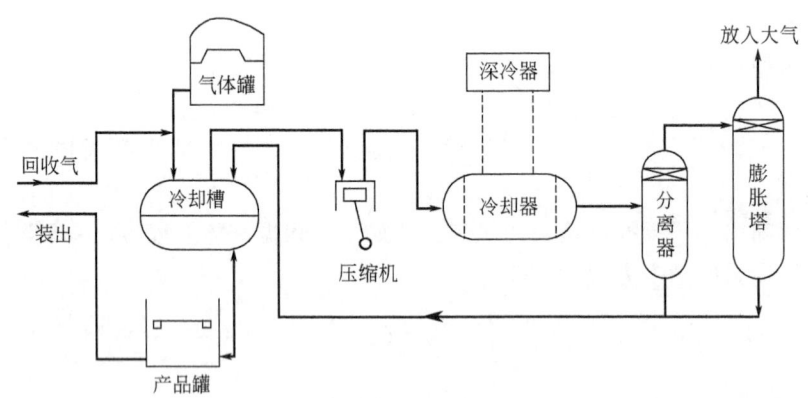

图 9-79 冷却凝缩回收装置

② 冷却吸附法　一般来说，吸附剂温度越低，效果越大，但需温度 $t \geq 0℃$ 以上，防止大气中水分结露。该法流程如图 9-80 所示。

③ 常温吸附法　此法是使吸附液与气体对流接触而吸附为液体的方法。吸附液根据介质物性数据选择，比如当吸附烃蒸气时可用汽油、轻油、酯类等溶剂作为吸附液。

常温吸附法可选用喷射式塔或填料塔。所选塔型应注意吸附液喷射、落洒时所产生的静电问题，并应使塔中阻力降损失最小。

(7) 其他

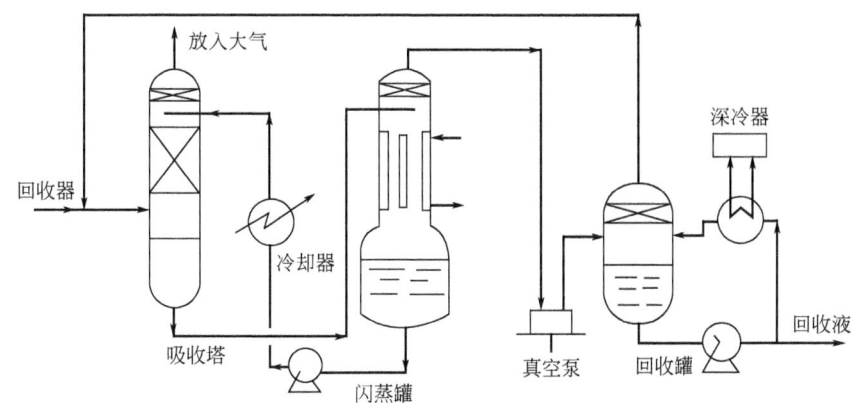

图 9-80　冷却吸附法回收装置

① 气温较高和水源充足的地方，可用喷淋罐体的方法降低罐壁温度，减少损失。

② 罐体内表面涂刷白漆，贮罐内涂以锌白（立德粉）为颜料的耐油漆（如聚氨酯涂料、环氧聚酰胺涂料和丁腈涂料等）。据国外文献报道：在 $100m^3$ 罐中的试验结果证明：涂漆比不涂漆罐减少损耗 32.5%。

③ 罐体外部绝热，可降低小呼吸损耗约 60%。

④ 工厂烃蒸气的排除也可用火炬或焚烧炉的方法来处理，此称燃烧法。它可减少对环境的大气污染，防止及减少烃蒸气损失。它是一项新的技术，今后待进一步提高和改进。

9.3.6　贮罐的加热与冷却

9.3.6.1　贮罐的加热

贮罐加热器的主要目的是使贮存的物料加热后，能保持工艺需要的最佳温度。

(1) 加热器结构形式

贮罐加热器可分贮罐外部和贮罐内部两种加热器。

贮罐外部加热器是液体在贮罐外部加热，然后进入贮罐。主要形式有列管式、套管式和螺旋板式等加热器。

贮罐内部加热器也有两种，一种在贮罐液体内部浸没，在大型罐内有光管排管式、翅片管式和局部加热器等；在小型罐内，有盘管和蛇管式加热器。另一种是间壁式加热器，如夹套式、罐体外壁蛇、盘管式以及罐壁和罐底间壁式加热器。

① 盘管及蛇管加热器　图 9-81 为盘管及蛇管加热器，适用于小型容器。蛇管形状取决于容器的形状和生产要求，如化工生产中，容器内加热与冷却管多制成圆盘形和螺旋形，实际上多制成任意形状，如图 9-82 所示。蛇管不宜太长，过长会使管内流动阻力大，消耗能量多。加热时，若管子过长，冷凝水积集于管子下部，会影响不凝气的排除。据文献报道，蒸汽加热时，管长与管径之比与蒸气压的关系宜小于表 9-38 所列之值。

② 翅片管加热器　用翅片增加管子的传热面，促进湍流，提高传热效率。当管内外传热系数差别很大（如 3:1 或更大）时，采用翅片管是有效和经济的。

表 9-38　管的长径比与蒸气压关系

蒸气绝对压力/(kgf/cm²)	0.45	1.25	1.5	2	3	4	5
管长与管内径的最大比值	100	150	175	200	225	250	275

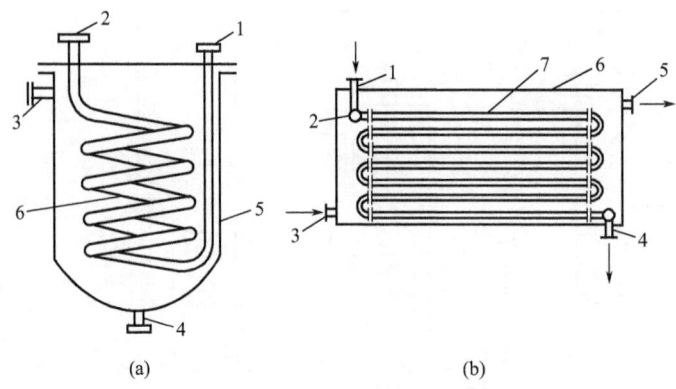

图 9-81 沉浸式换热器示意

(a) 1—热流体出口；2—热流体进口；3—冷却水出口；4—冷却水进口；5—水槽；
6—圆盘形蛇管；(b) 1—热流体进口；2—集合管（分配管）；3—冷却水进口；
4—热流体出口；5—冷却水出口；6—水槽；7—蛇形管

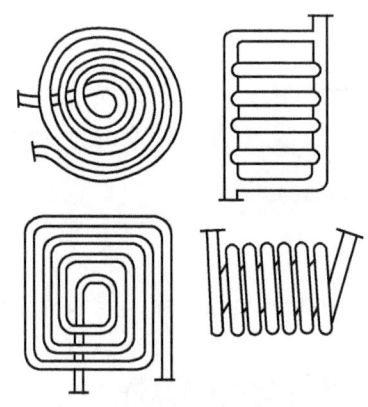

图 9-82 蛇形管

翅片管加工较困难，翅片间易存污泥等污垢，影响传热效果。

翅片管加热器在国外应用广泛，引进的贮罐有翅片管的设置，如天津化纤厂油罐加热用翅片管即为一例。

其翅片管规格为 $\phi 27.9 \times 3.9$，加热器集管为 $\phi 60.5 \times 8.7$，设计压力为 $5.5 kgf/cm^2$，温度为 $160℃$，见图 9-83。

大型油罐的蛇管加热器见图 9-84，由 $DN50 \sim 65$ 钢管制成。因管长，凝结水排出不畅，而是传热效率低，但管接头较少。

大型油罐还有一种分段式加热器系列，传热效率较蛇形管加热器高，但焊接接头较多，详见炼厂油品贮运手册。

③ 局部加热器　为减少散热损失，提高经济性，可在罐的出口处装设加热器，这种罐适用于物料消耗不大、贮存时间较长的容器。此外对于黏度不高（50℃时，黏度<10E），未冷却到凝点以下的油品，采用局部加热是合适的。

对于高黏油品，采用罐外循环加热，在燃油启动加热时，罐内可设置局部加热器。有时罐

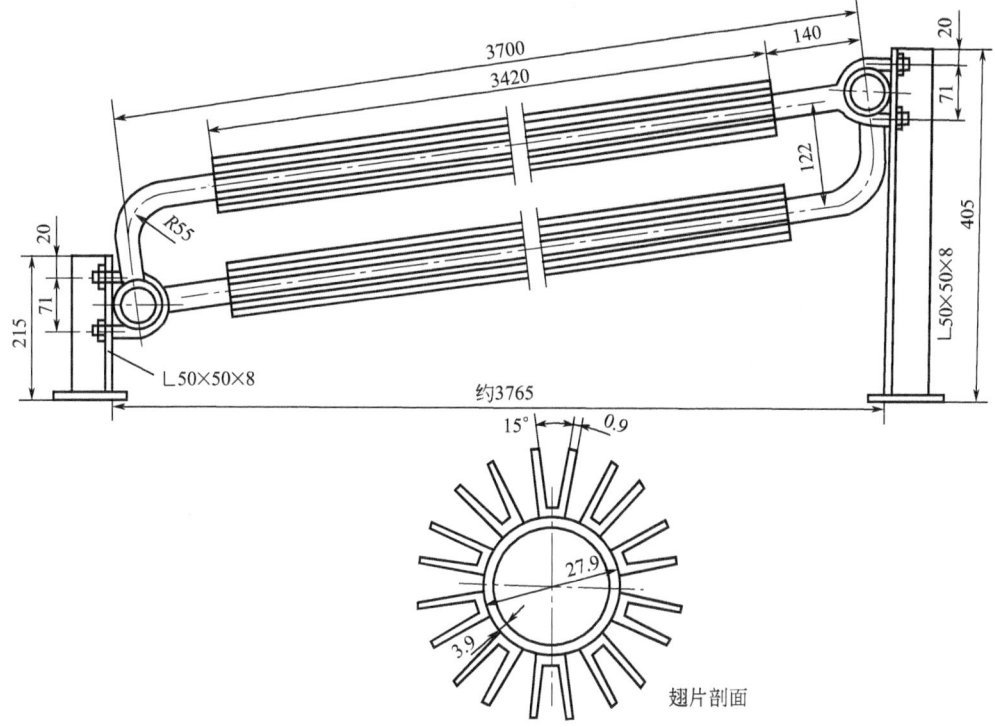

图 9-83 翅片管加热器

内同时设置全加热和局部加热器是经济的。对无保温的油罐,在油罐出油管处设置局部加热器也是必要的。

根据不同情况,选择不同形式的局部加热器。图 9-85～图 9-89 可供选用。

目前油品贮罐使用局部加热器较多。

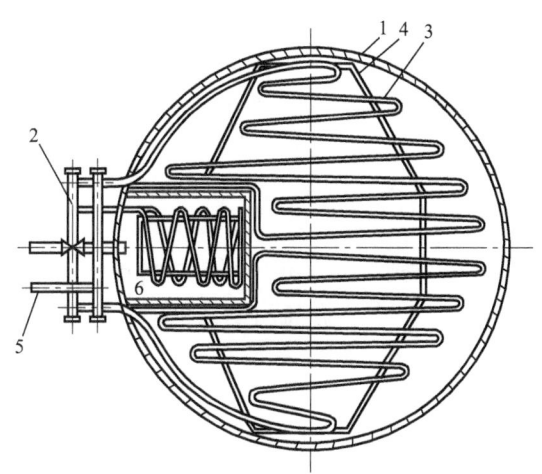

图 9-84 蛇形管加热器在油罐内的布置
1—油罐;2—凝结水管;3—蛇形管加热器;
4—支架;5—蒸汽管;6—隔板

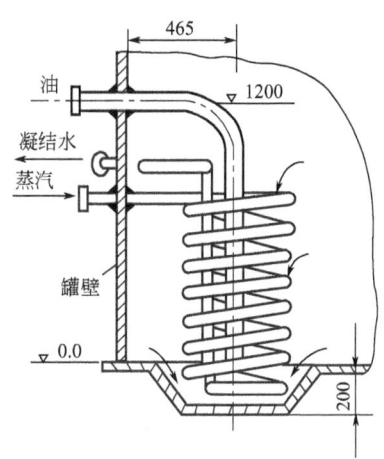

图 9-85 小容量油罐的局部加热器

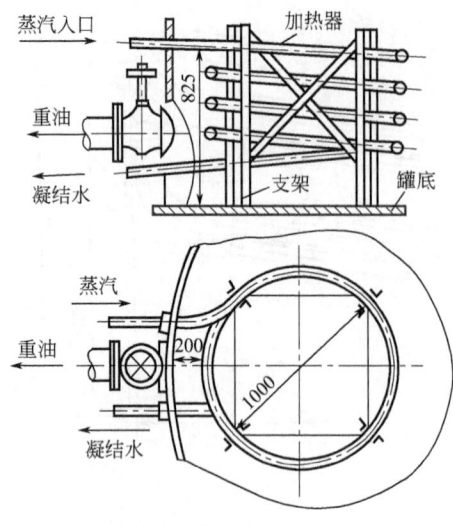

图 9-86 井式局部加热器

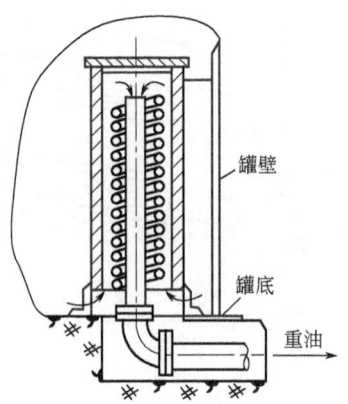

图 9-87 竖井式局部加热器

④ 电加热器 电加热器是一种由小型电元件组成的加热器，目前使用电压为 220～380V，功率为 1～8kW。

在缺乏气源或距离气源较远，或不宜采用蒸汽加热时，可用电加热器，国外广泛采用。例如日本已有定型产品，如图 9-90 所示。无论油罐或化工罐都可使用电加热器。

我国将电加热器用于油品已经多年了，图 9-91 所示为油罐电加热器简图。

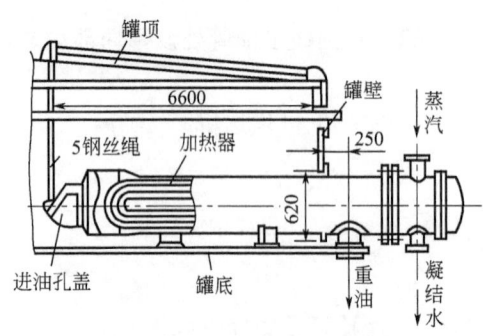

图 9-88 管壳式局部加热器

⑤ 贮罐间壁式加热器 有些化工产品腐蚀性很强，由于工艺要求，需对贮存物料加热，为了节省防腐材料或合金，不在贮罐内部而在贮罐外壁设置加热器。

贮罐外壁设置的加热器，一般称为夹套，夹套加热器的形式，国内一般采用夹层式的夹套，或者采用角钢及管子焊接于容器外壁。

目前夹套式加热器一般有下列数种：夹层式夹套、全管式夹套、半管式夹套（或角钢等不等边形式夹套）、波纹管式夹套等，见图 9-92。

夹层式夹套适用于容积较小（$V<2m^3$）、压力较高（容器内部压力＞夹套内压力）的容器。

半管式夹套内的介质，有很高的流速，且适用于湍流流动，加热介质在循环过程中具有很高的膜给热系数。半管式夹套推荐用于液-液传热过程，由于半管有高刚度结构，对介质为热油的设计是理想的，对水也有同样效果。在很多情况下，这种形式较夹层式、波纹式等都更优越，因为它的压降易于计算。

半管式夹套可以分成多段，见图 9-93，可以减少夹套内介质的压降，并有最大的传热效率。它的最大优点在于可减少容器内壁的厚度，对于节省钢材或高强度合金钢及复合钢板有重要意义。

半管式夹套的规格管内径为 $2\frac{3}{8}''$，$3\frac{1}{2}''$，$4\frac{1}{2}''$。对碳钢来说内径 $2\frac{3}{8}''$，其厚度为 $\frac{3}{16}''$；

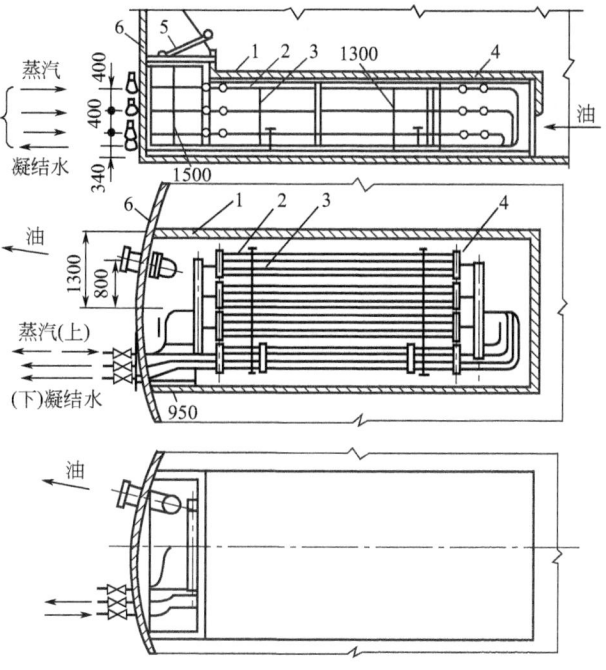

图 9-89 局部组合式加热器（$F=0$ 和 $56m^2$）
在油罐中的布置

1—加热器外壳；2—加热器；3—支架；
4—联箱；5—孔盖；6—油罐壁

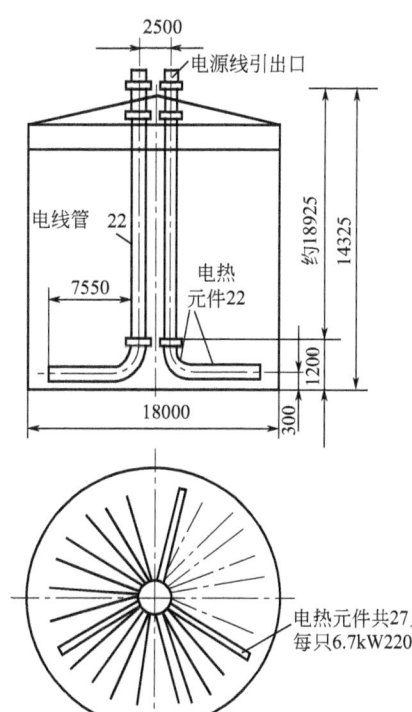

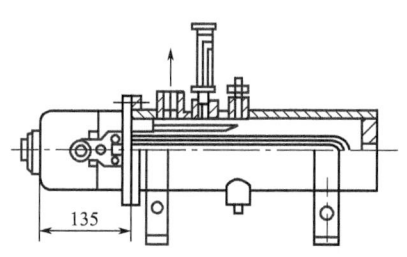

图 9-90 小型管壳式电加热器

图 9-91 油罐电加热器

对于管内径为 $3\frac{1}{2}''$ 和 $4\frac{1}{2}''$ 时,其厚度均为 $\frac{1}{4}''$,对于相同内径的合金钢管厚度均为 $\frac{1}{8}''$。

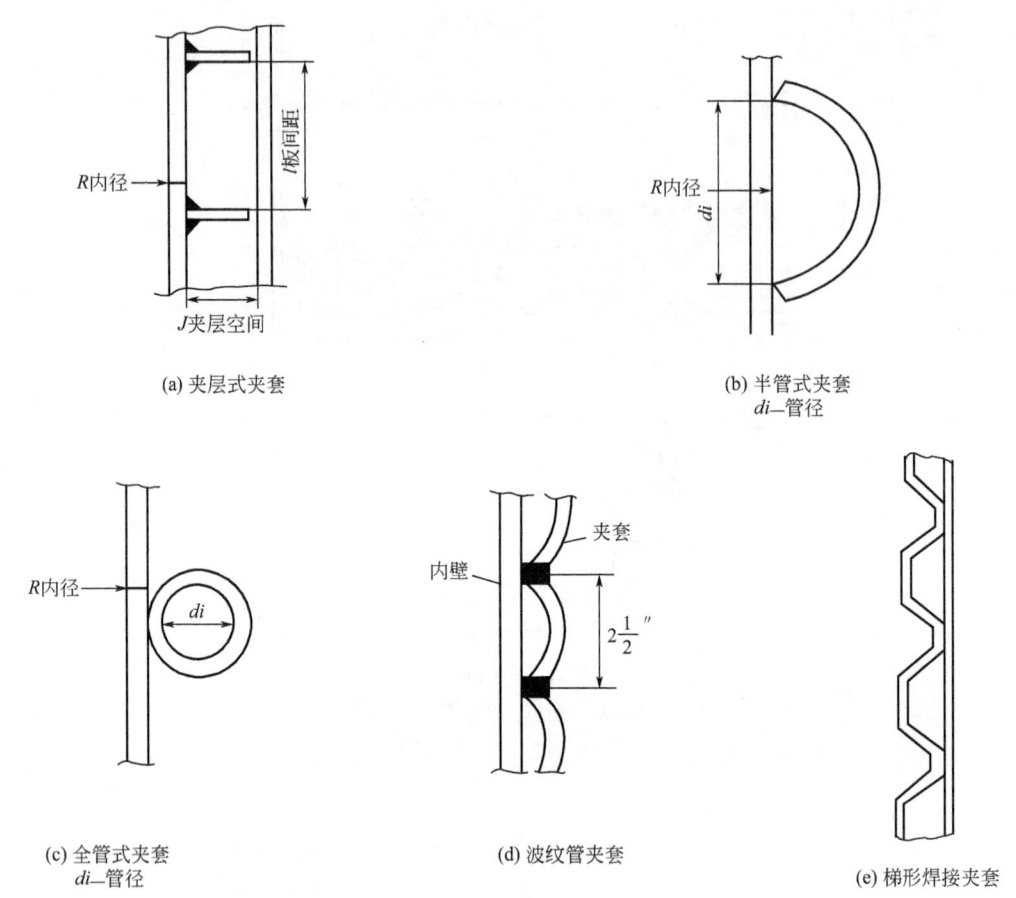

图 9-92 夹套加热器的种类

半管式与全管式夹套相比较,它与容器内壁传热面大,热损失小,因而效率要高。

波纹管式夹套,我国目前很少应用。一般可采用低标准金属结构,其费用较普通夹套节省,当夹套内压力较高或容器较大时,其费用节省更为显著。

波纹管夹套可按照 ASME 非直接火压力容器标准冲压,承受 2.0MPa 压力。

(2) 加热器技术数据

贮罐加热器主要技术数据应是加热面积、贮罐内加热面积,如未进行详细计算时,可按表 9-39 所推荐的数值选用。当月份平均气温较高,罐内物料要求温度较低时,则可选取较小值。

表 9-39 钢油罐罐内加热器面积推荐值

油罐容积/m³	100	200	300	500	700	1000	2000	3000	5000	10000
加热器面积/m²	7～12	8～20	10～27	15～30	35～50	45～65	60～100	70～140	80～150	>100

注:地下油罐的内加热面积可以选取比表中所列数值减少 15%。

9.3.6.2 贮罐的冷却

贮罐冷却器的主要目的是使贮存物料降低到工艺需要的最佳贮存温度。

冷却器的结构形式:贮罐冷却器分贮罐外部及贮罐内部两类冷却器。贮罐外部冷却器是在贮罐外，将物料冷却后送入贮罐。形式与贮罐外部加热器相同。

① 蛇管或盘管式冷却器 这类冷却器形式与加热器相同。

② 喷淋式冷却器 易挥发液体或液化气受热后，罐内压力升高，应采取防晒降温措施。一般有保冷、淋水、遮阳、埋地等几种方式，其中采用较多的为淋水方式，如图 9-94 所示。

淋水冷却装置简单方便，效果显著，淋水量可按 2L/（min·m²）、淋水面积按罐表面积 1/2 考虑。

③ 夹套式冷却器 其形式同加热器。

9.3.6.3 换热器的计算

贮罐的换热器计算可参看换热器的设计。

本节介绍换热器简易计算方法。

(1) 换热器一般计算式

无论使用何种热交换器，其传热面积基本上可由式 (9-97) 计算。

$$F = Q/(K\Delta t) \tag{9-97}$$

式中 F——传热面积，m^2；

Q——传热量，kcal/h；

K——总传热系数，kcal/（m^2·h·℃）；

Δt——校正后的对数平均温度差，℃。

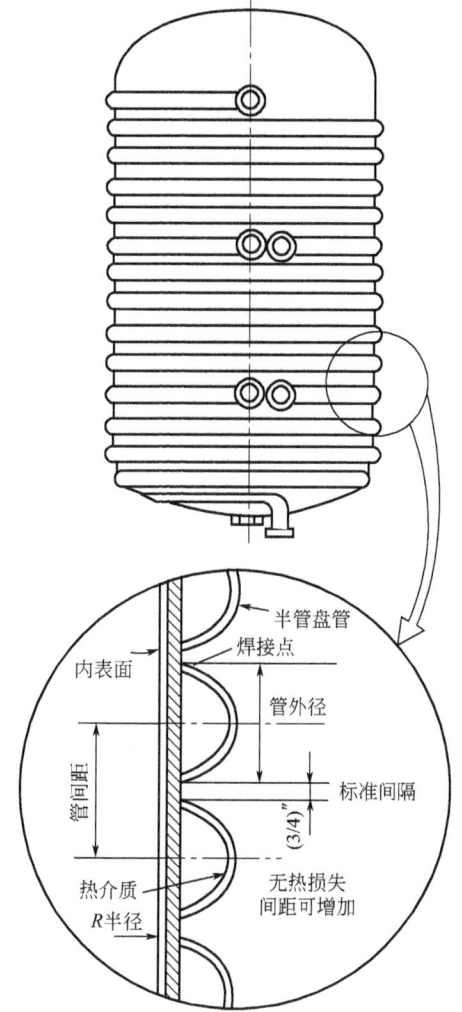

图 9-93 半管式夹套

式 (9-97) 中的 Q、Δt 及 K 可按下述方法计算。

① 传热量 Q 的计算 如果无相变化，可由式 (9-98) 计算。

$$Q = Wc_p(T_1 - T_2) = W'c'_p(t_2 - t_1) \tag{9-98}$$

式中 W, W'——高温及低温流体流量，kg/h；

c_p, c'_p——高温及低温流体的比热容，kcal/（kg·℃）；

T_1, T_2——高温流体的入口及出口温度，℃；

t_1, t_2——低温流体入口及出口温度，℃。

当高温流体或低温流体有相变时（即发生冷凝蒸发），必须考虑其潜热。

$$Q = Wc_p(T_2 - T_1) + \Delta H_v = Wc'_p(t_2 - t_1) + \Delta h_v \tag{9-99}$$

式中 $\Delta H_v, \Delta h_v$——高温流体及低温流体的蒸发潜热，kcal/kg。

② 平均温度差 Δt 的计算 对数平均温度差计算

$$\Delta t_m = (\Delta t_g - \Delta t_1) / [2.3 \lg(\Delta t_g / \Delta t_1)] \tag{9-100}$$

式中 Δt_g——$(T_1 - t_2)$、$(T_2 - t_1)$ 中大的一方温差；

Δt_1——$(T_1 - t_2)$、$(T_2 - t_1)$ 中小的一方温差。

实际在热交换器内，釜侧与管侧流体有时不完全是对流，故有一校正系数。

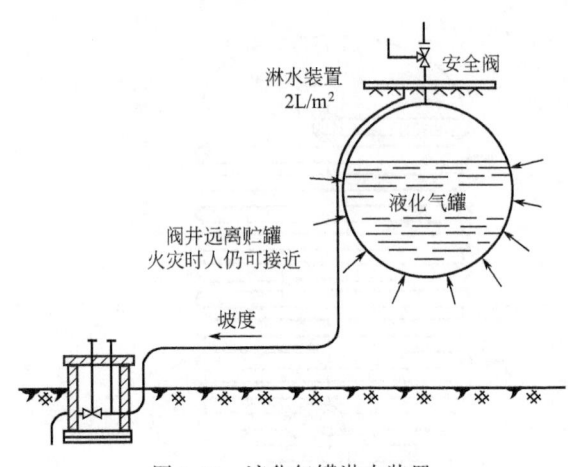

图 9-94 液化气罐淋水装置

在简易计算时,校正系数的平均值可取 0.9。即

$$\Delta t = 0.9 \Delta t_m \qquad (9\text{-}101)$$

③ 总传热系数 K 的计算 为了供给或移去贮罐内热量,常在容器内装上蛇管或采用夹套式加热器,由于有无搅拌及搅拌程度,以及器内、蛇管及夹套内流体的物性对总传热系数的影响很大,因此正确计算总传热系数的方法参看有关传热的专门手册。

本章提供下列情况下的总传热系数 K 的估算值,见表 9-40 及表 9-41。

表 9-40(a) 夹套罐式换热器(无相变)

夹套内	罐 内	传热壁	搅 拌	$K/[\text{kcal}/(\text{m}^2 \cdot \text{h} \cdot ℃)]$
水	乙醇钠溶液		搅	400
冷水	磺化液	铸铁	搅	100~200
水	低浓度的水溶液(近似水)		不搅	400~500
水	石蜡	铸铁	搅	200~350
盐水(低速)	硝化浓稠液		搅(35~38r/min)	150~300

表 9-40(b) 夹套罐式换热器(一侧冷凝,一侧被加热)

夹套内	罐 内	传热壁	搅 拌	$K/[\text{kcal}/(\text{m}^2 \cdot \text{h} \cdot ℃)]$
水蒸气	水	铸铁搪瓷	搅(0~400r/min)	450~600
水蒸气	水	铜	不搅	700
			搅	1200
水蒸气	水溶液	铸铁	搅	800~1000
水蒸气	熔融萘	钢	不搅	100~350
水蒸气	石蜡	铜	不搅	130
水蒸气	石蜡	铸铁	搅	500
水蒸气	磺化液	铸铁	搅	100~300
水蒸气	糊状物	铸铁	搅(双刮板)	600~700
水蒸气	团块	铸铁	搅(双刮板)	350~450
水蒸气	粉状物(含水5%)	铸铁	搅(双刮板)	200~250

表 9-40(c) 夹套罐式换热器(一侧冷凝,一侧沸腾)

夹套内	罐内	传热壁	$K/[\text{kcal}/(\text{m}^2 \cdot \text{h} \cdot ℃)]$	夹套内	罐内	传热壁	$K/[\text{kcal}/(\text{m}^2 \cdot \text{h} \cdot ℃)]$
水蒸气	沸水	碳钢	800~1000	水蒸气	SO_2沸腾	碳钢	290
水蒸气	沸水	铜	1200	水蒸气	烃类沸腾	—	100~300

表 9-40（d） 夹套罐式换热器（一侧冷却，一侧沸腾）

夹套内	罐内	$K/[\text{kcal}/(\text{m}^2\cdot\text{h}\cdot\text{℃})]$
有机溶剂(0.3~0.6m/s)	丙烯蒸发(-18~5℃)	150~200
不饱和 C_4 气体(6~12m/s)	丙烯蒸发(2~38℃)	60~90

表 9-41（a） 浸没蛇管式换热器（无相变）

管内	管外	管材	搅拌	$K/[\text{kcal}/(\text{m}^2\cdot\text{h}\cdot\text{℃})]$
水	水溶液	铅	推进式(500r/min)	1200
冷水	发烟硫酸(25% SO_3,6℃)	钢	搅	100
95% H_2SO_4(30~40℃)	水	钢	—	150~200
水	8%NaOH	钢	搅(20r/min)	700~800
水	42%NaOH(80℃冷至30℃有盐析出)	钢	搅	250
水	甲醛	铝	不搅	200
水	中间体稀溶液	铝	涡轮式(95r/min)	150
冷水	轻有机物	铅	涡轮	1000~1500
冷盐水	水溶液		不搅	250~350
冷盐水	水溶液		强制循环	400~600
冷盐水	硝化混合物	钢	搅	250~300
冷盐水	氨基酸		搅(30r/min)	490
油	熔融盐	钢		250~400

表 9-41（b） 浸没蛇管式换热器（一侧冷凝，一侧被加热）

管内	管外	管外流动情况	$K/[\text{kcal}/(\text{m}^2\cdot\text{h}\cdot\text{℃})]$	管内	管外	管外流动情况	$K/[\text{kcal}/(\text{m}^2\cdot\text{h}\cdot\text{℃})]$
水蒸气	水溶液	自然	500~900	水蒸气	轻油	自然	200~220
水蒸气	水溶液	强制	700~1300	水蒸气	轻油	强制	300~540
水蒸气	熔融石蜡	自然	120~170	饱含水蒸气的氯气(75→25℃,硬质玻璃管)			
水蒸气	熔融石蜡	强制	200~250				
水蒸气	熔融硫	自然	100~170		水	自然	40~60
水蒸气	熔融硫	强制	170~220				

表 9-41（c） 浸没蛇管式换热器（一侧蒸发，一侧被冷却）

管内(蒸发)	管外	循环情况	$K/[\text{kcal}/(\text{m}^2\cdot\text{h}\cdot\text{℃})]$
冷冻剂(F)或氨	水溶液	自然	100~170
冷冻剂(F)或氨	水溶液	强制	200~300

（2）间壁式换热器的计算

① 传热计算　Stanton 方程系环形管内传热计算的基本方程式，对于夹层式、波纹管和半管式等夹套，在无相变的情况下都可适用。

$$h_i = 0.023 Re^{-0.2} Pr^{\frac{2}{3}} C_p G \; (\mu_w/\mu)^{0.14} \tag{9-102}$$

式中　h_i——管内膜给热系数，$J/(m^2 \cdot s \cdot ℃)$；
　　　G——质量流速，$kg/(m^2 \cdot s)$；
　　　Re——雷诺数 Gd_1/μ，无量纲；
　　　μ——黏度（以平均温度为准）$N \cdot s/m^2$；
　　　Pr——普兰德数，$C_p\mu/k$，无量纲；
　　　μ_w——黏度（以壁温为准），$N \cdot s/m^2$；
　　　C_p——定压比热容，$J/(kg \cdot ℃)$。

每种类型的夹套，有不同当量水力直径 D_H，因此每种类型的夹套，计算式有所不同。

$$D_H = 4 \text{ 倍的流通面积} \div \text{润湿周边} \tag{9-103}$$

对于夹层式夹套
$$F \text{ 流通面积} = JL_{BP} \tag{9-104}$$

式中　J——夹套宽，m；
　　　L_{BP}——传热润湿周边，m。

$$D_H = 4JL_{BP}/L_{BP} = 4J \tag{9-105}$$

对于半管夹套
$$D_H = 4 \times (1/2)(\pi/4)(d_1^2/d_1) = 1.5708 d_1 \tag{9-106}$$

对于波纹管夹套
$$D_H = 4 \times 2.658 \times 10^{-4}/0.0635 \text{m} = 0.01674 \text{m} \tag{9-107}$$

需要指出，波纹管焊接中心线为 $2\frac{1}{2}''$（即 0.0635m）见图[9-92(d)]，其流通面积平均值为 0.412in^2（即 $2.658 \times 10^{-4} \text{m}^2$）。

② 压降的计算　计算一个环形管内流体压降基本方程是 Fanning 方程，表达式为

$$\Delta p = 4fG^2 L/2\rho D_H \tag{9-108}$$

当 $Re > 10000$ 时，则
$$f/2 = 0.023/(D_H G_1/\mu)^{0.2} \tag{9-109}$$

式中　f——摩擦系数；
　　　D_H——当量水力直径，m；
　　　L——环形管长度，m；
　　　G_1——质量速度，$kg/(m^2 \cdot s)$；
　　　μ——黏度 $N \cdot s/m^2$；
　　　ρ——加热介质密度，kg/m^3。

当用于夹层式夹套时，当量水力直径 D_H 为
$$D_H = (4L_{BP}J)/(2L_{BP}+2J) = (2L_{BP}J)/(L_{BP}+J) \tag{9-110a}$$

当用于半管式夹套时，当量水力直径 D_H 为
$$D_H = [4 \times (1/2) \times (\pi d_1^2/4)]/[d_1+(1/2) \times \pi d_1] = 0.6110 d_1 \tag{9-110b}$$

式（9-109）基本上是适合于光滑管。

9.3.6.4　贮罐油品加热蒸汽耗量的计算

对于贮存油品的容器，可用一种诺谟图（图 9-95、图 9-96）来计算油品或有机烃类化合物加热时蒸汽耗量。适用于地上的立式钢制保温及不保温的拱顶罐（圆筒形贮罐）。保温罐限于罐壁或罐顶有 50~70mm 矿渣棉保温层的贮罐。

【例 9-2】 已知：燃烧油罐容积 $V=4930\text{m}^3$；油罐装油高度 $H'=7.5\text{m}$，油罐高度 $H=12.5\text{m}$；油罐直径 $d=21\text{m}$，油品加热初温 $t_1=30℃$；油品加热终温 $t_2=55℃$，气温 $t=-10℃$，加热时间 $\tau=12.5\text{h}$。求蒸汽耗量 D_n。

解 利用诺谟图需求下列参数

$$H'/H=7.5/12.5=0.6$$

$$0.5(t_1+t_2)=[0.5\times(30+55)]℃=42.5℃$$

$$H'm=[7.5\times(55-30)/12.5]\text{m}\cdot℃/\text{h}=15\text{m}\cdot℃/\text{h}$$

在计算参数值情况下，根据诺谟图（参见图 9-95 的箭头），求出 $D_n=900\text{kg/h}$，求出蒸汽耗量相应的加热蒸汽热焓变化为 2100kJ/kg。当热焓变化时，加热蒸汽量可按图 9-95 所列公式计算。

计算得出蒸汽耗量，与该加热器实际蒸汽耗量相比，相当接近。

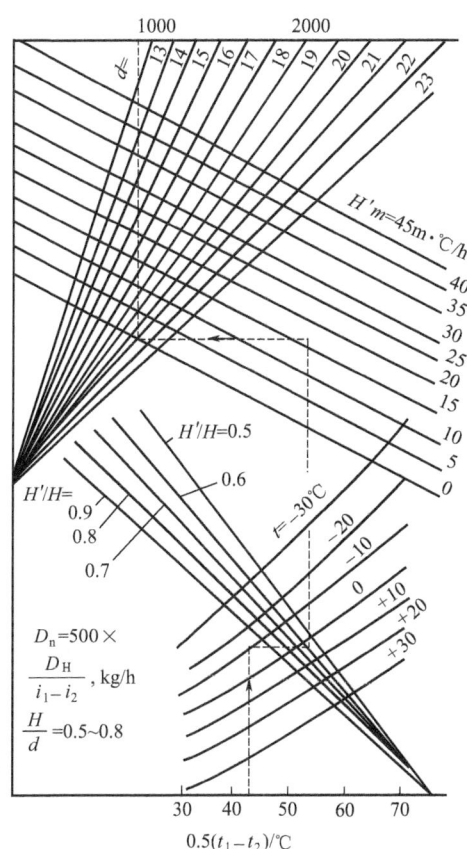

图 9-95 计算不保温钢制圆筒形油罐
油品加热蒸汽耗量的诺谟图

t_1，t_2—油品加热的初温和终温，℃；$m=(t_2-t_1)/\tau$—油品加热的速度，℃/h；i_1，i_2—加热器入口处蒸汽热焓和出口冷凝水热焓，kcal/kg；D_n—加热蒸汽耗量，kg/h

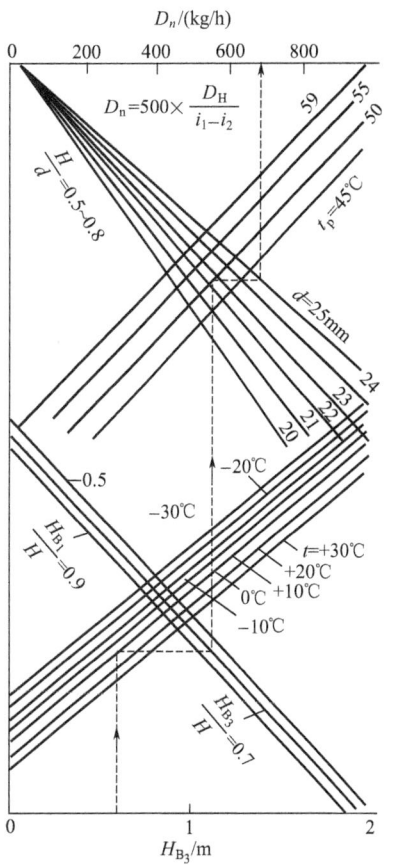

图 9-96 计算保温钢制圆筒形油罐油品
加热蒸汽耗量的诺谟图

（保温层为矿渣棉；厚 50～70mm）符号意义同图 9-95

$t_{cp}=(t_1-t_2)/2$；$h_{B3}=H'$

诺谟图计算的误差数小于5%～10%。

精确度是由下列情况来保证的：①制作诺谟图时，采用了油罐保温层传热系数的半经验公式；②在制作诺谟图时，采用了许多与实际油罐相当近似的结果。

根据文献介绍，用诺谟图计算，可以减少不适当的蒸汽耗量，也可改善贮罐操作经济指标。

9.3.7 贮罐保温

（1）概述

节约能源是当前各行各业的重要课题。而确定好贮罐的保温原则是选好保温材料，合理确定保温厚度，搞好保温结构设计及现场施工。

（2）贮罐保温原则

下列贮罐的罐壁均应保温：a. 介质需在罐内加热升温的贮罐；b. 在贮运期间，会因降温而影响输送的120～200℃热介质的贮罐；c. 加热器设在罐壁外侧的贮罐；d. 贮存石蜡基原油时要求预防罐壁结蜡的浮顶罐。

介质进罐时的温度高于要求的贮存温度，且在整个贮存期内即使贮罐不保温，不加热，罐内介质的温度仍能保持在高于要求的贮存温度的贮罐罐壁，可不保温。

除以上情况外，贮罐罐壁是否需要保温，应对保温工程投资与保温后所节约的热能进行经济比较，如投资回收期在国家规定的期限内，则应保温。

对于介质贮存温度低于95℃的保温贮罐，罐顶可不保温，罐壁的保温高度如下：a. 对于浮顶罐；应与顶部抗风圈的高度一致；b. 对于固定顶罐或内浮顶罐，宜与安全装满高度一致。

对于介质贮存温度高于120℃的保温贮罐，罐壁应全部保温；罐顶是否保温，应根据技术经济比较的结果确定。

（3）贮罐保温材料的选择及其性质

我国各炼油厂石油化工厂油罐保温在20世纪70年代以前普遍采用水泥珍珠岩、蛭石、矿渣棉等硬质和半硬质的保温材料，这些材料的优点是耐温高（200～900℃），产地广泛、价格便宜，其缺点是吸水性强，热导率大，施工中损耗较大。

随着国民经济的发展，近年来保温材料的发展也很快，已涌现出许多新型材料，品种繁多。选择油罐保温材料时，必须符合如下要求。

① 保温性能好 有明确的热导率方程式或随温度变化的热导率图表。当保温层平均温度等于或低于350℃时，热导率不得大于0.12W/（m·℃）。

② 保温材料制品的密度不应大于400kg/m³。

③ 硬质保温材料制品的抗压强度不应小于0.3MPa。

④ 保温材料制品的物理化学性能稳定，对金属无腐蚀作用；属非燃烧材料。

⑤ 保温材料制品的最高安全使用温度应高于贮罐的操作温度。

⑥ 有多种可供选择的保温材料时，应首先选用热导率小、密度小、强度相对适宜、无腐蚀、损耗少、价格低、运距短、施工条件好的制品，如不能同时满足，应优先选用单位热阻价格低、密度小、综合经济效益高的材料或制品。

⑦ 所选用的保温材料及其制品的各项技术性能应由指定的检测机构按国家规定的标准方法测定。

现将贮罐罐壁保温常用的材料及其性质列出供参考，详见表9-42。具体设计时应以生产厂家提供的产品说明书为准。

表 9-42 贮罐保温常用材料及其性能

制品名称	密度 /(kg/m³)	热导率 $t_m(75\pm5)℃$ /[W/(m·℃)]	吸水率 /%	收缩率 /%	渣球含量 (直径0.25mm) /%	纤维直径 /μm	黏结剂 含量/%	最高使用 温度/℃
岩棉板	80	<0.044	1.5		7.7	7	2.6	400
	100～120	<0.046						600
	150～160	<0.048			10	4～6		600
	80～140	<0.040	1.0		4.5	4	2.1	400
	80～150	0.044～0.048	<5		<3	4～7	4	400
玻璃纤维板	40～60	0.040	5					400
超细玻璃棉板	60	0.040						400
憎水泡沫石棉板	30～60	0.033～0.04	5～15	2				500
泡沫石棉板	55	0.45～0.052（常温时）	10	2		<3.5		450
硅钙镁硬质保温板	≤180	0.06（350℃时）		2				1050
锆镁保温毡	100	0.034（常温时）	2	4.5				1000
复合硅酸盐板	200	0.11（350℃时）						800
憎水硅酸镁铝	200～220	0.112（350℃时）						800

关于罐顶保温材料，宜选用容重较轻的保温材料，也可按表9-42选用，近年来出现的新型保温材料，复合硅酸盐浆体，做罐顶保温很适宜，整个罐顶涂抹一定厚度即可，并做防水涂层，由于没有缝隙，严密性好。因此，保温效果也好。

(4) 贮罐保温厚度计算

保温计算的主要内容是计算保温层厚度、散热损失、表面温度等。

热介质从贮罐内部，通过保温结构表面散热是非稳定传热过程。但是，为简化计算，可按稳定传热计算，对于贮罐来说，其精度可满足生产过程和节能的需要。

根据大量的计算，当设备或管道直径等于或大于1020mm时；按圆筒面计算的厚度与按平面计算十分接近。立式钢贮罐直径均大于1020mm，因此，可按平面计算保温层厚度。

贮罐保温厚度的计算方法，多采用经济厚度的计算方法。只有在经济厚度法无条件使用时，才按允许散热损失方法计算。

① 经济厚度计算方法 我国的国家标准 GB/T 4272，

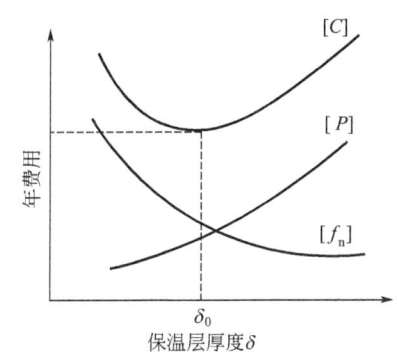

图 9-97 保温层经济厚度

GB/T 8175，日本的国家标准 JISA 9501，美国的 ANSI/ASHRAE/IES 标准都是采用经济厚度计算方法。如图 9-97 表示，材料投资的年分摊费用为 P，保温后的年散热损失费用为 f_n，两者之和为年总费用 C。P 值随保温层厚度 δ 的增加而增大，f_n 值则随保温层 δ 的增加而减少，总费用 C 则在保温层厚度为 δ_0 时具有最小值 C_{min}，这个 δ_0 值即为保温层的经济厚度。

保温层经济厚度可按式（9-111）计算

$$\delta = 1.8975 \times 10^{-3} \sqrt{\frac{Kf_n\lambda\tau(t-t_a)}{P_iS}} - \frac{\lambda}{a} \tag{9-111}$$

式中 δ——保温层厚度，m；
  t——介质贮存温度，℃；
  t_a——环境温度，℃（取介质贮存温度高于月平均温度期间的各月平均温度的历年平均值；若介质贮存温度高于当地最热月平均温度，取历年年平均温度的平均值）；
  λ——保温材料制品热导率，W/（m·℃）；
  a——保温层外表面向大气的放热系数，W/（m²·℃），可取 $a=11.6$W/（m²·℃）；
  τ——介质贮存温度高于环境温度期间的年操作时间，h；
  f_n——热能价格，元/10^6kJ；
  K——保温贮罐罐壁热损失校正系数，可取 0.9；
  P_i——保温结构单位造价，元/m³；
  S——保温工程投资贷款年分摊率，按复利计息。

$$S = \frac{i(1+i)^n}{(1+i)^n - 1} \tag{9-112}$$

式中 n——计息年数；
  i——年利率。

② 允许热损失法 本方法是以保温后允许的散热损失量来计算保温层厚度，按照 GB/T 4272 的规定，其散热损失见表 9-43，表 9-44。

表 9-43 季节运行工况允许最大散热损失

设备、管道及附件外表面温度/K(℃)	323(50)	373(100)	423(150)	473(200)	523(250)	573(300)
允许最大散热损失/(W/m²)	116	163	203	244	279	308

表 9-44 常年运行工况允许最大散热损失

设备、管道及附件外表面温度/K(℃)	323(50)	373(100)	423(150)	473(200)	523(250)	573(300)	623(350)	673(400)	723(450)	773(500)	823(550)	873(600)	923(650)
允许最大散热损失/(W/m²)	58	93	116	140	163	186	209	227	244	262	279	296	314

允许热损失法按式（9-113）计算

$$\delta = \lambda\left(\frac{t-t_a}{q} - \frac{1}{a}\right) \tag{9-113}$$

式中 δ——保温层厚度，m；
  λ——保温材料制品热导率，W/（m·℃）；
  t——介质贮存温度，℃；
  t_a——环境温度，℃；

q——允许最大散热量，W/m^2；

a——保温层外表面向大气的放热系数，$W/(m·℃)$，可取 $a=11.6W/(m^2·℃)$。

9.3.8 钢贮罐基础的工艺要求

随着石油化工的发展，化工气体、液体原料和成品的钢贮罐日益增多，罐容量越来越大，贮存物料品种不断增多，如何按工艺要求、物料性能以及如何从工艺上配合土建专业设计好贮罐基础，已成为一个值得重视的课题。

钢罐基础的主要作用是承受罐内流体的静压力，能将贮罐的荷重传播到较大面积上，并能得到等量匀速沉降。

(1) 钢罐的基础形式及基本要求

① 钢罐基础形式　从基础的形式分类，有整体板式、护坡式、箱式和无面条型等基础。

从贮罐的物料温度分类，有常温、低温及高温等基础。

从贮罐使用功能分类，有斜坡式、高座式基础。

基础设计应根据钢罐类型、容重、工艺、生产和地基等条件进行选择。

② 钢罐基础的要求　基础的土壤由于种种原因，不能达到钢罐对基础的要求，即所谓软基础，因此需要对地基进行处理。

一般地基处理有以下形式：砂垫基础、砂置换基础、砂基础、砂桩基础、碎石基础、钢筋混凝土圈梁基础、支承桩基础及摩擦桩基础等。

国内目前常用的钢罐地基处理有砂垫基础及钢筋混凝土圈梁基础。

土壤（或基础）应满足下列要求。

a. 对贮罐有稳固的支承面。p_s（土壤的容许压力）$\geqslant p$（贮罐化工产品及贮罐自重对土壤的压力）。p 的计算式为

$$p = p_1 + p_2 \tag{9-114}$$

$$p = H\gamma + G/A \tag{9-115}$$

式中　H——贮罐高度，m；

γ——化工产品的密度，t/m^3；

G——钢罐自重，t；

A——基础承受钢罐面积，m^2。

贮罐为大型容器时，p_2 可不计。

b. 贮罐基础坡面总下沉量控制在国家允许范围内，特别应限制在贮罐连接管线的配管设计所允许的沉降数值内。

c. 防止不均匀沉降。

d. 有适当的排水措施，防止积水集中，并防止集中荷载不等量增加。

(2) 常用贮罐基础形式

贮罐的基础在长期实践工作中，推荐两种常用形式：混凝土环形墙的土壤基础和无环形墙的土壤基础。

护坡式（无环形墙）的基础，一般适用于地基较好的拱顶式钢罐或容量小于 $10000m^3$ 的浮顶罐。

环形墙式基础，一般适用于地基较差时的浮顶罐或容量大于 $5000m^3$ 的大型拱顶罐。

① 混凝土环形墙的土壤基础　图9-98所示，大型贮罐具有高度很大的罐体，其基础承受

荷载很大，关系壳体的翘曲。环墙式结构具有下列特点。

a. 对罐体集中荷载起到较好的分配，使罐体下面的土壤承受荷载较为均匀。

b. 环形墙应为钢筋混凝土结构，直接在贮罐圈板下，支持圈板荷重，对需设锚栓的压力罐是合适的。钢筋混凝土环形墙可以增强基础对温度以及填土层侧压力的影响。

c. 软地基下沉量较大，一般应提出基础预抬高量。环形墙可以节省罐底标高预抬高量。

d. 环形墙起防潮圈的作用。

e. 贮罐下沉稳定后，如贮罐出现较大的倾斜，环形墙基础可作为刚性垫块安置千斤顶，调整贮罐的倾斜度。

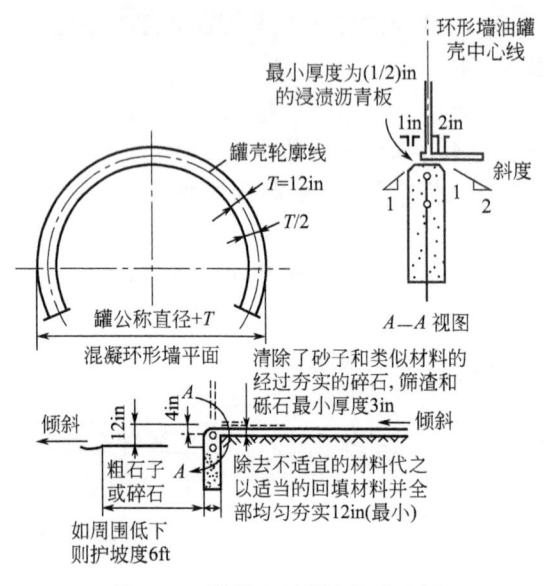

图 9-98 混凝土环形墙基础示例
注：混凝土环形墙顶部应光滑平整，
28d 后的混凝土强度最小 $3000 lbf/in^2$，
钢筋接头应扎牢以充分发挥其强度。

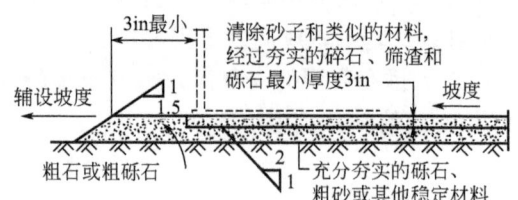

图 9-99 土壤基础示例
注：挖掘的底部应水平；
挖去腐殖土，植物及不稳定
材料至所需深度。

② 无环形墙土壤基础 如图 9-99 所示。无环形墙土壤基础实际是属于护坡式基础。推荐形式如图所示，主要包括：a. 1m 左右宽的外围突台和平面应用碎石砌成或做成永久性铺面材料，防止雨水及排液冲刷；b. 支承贮罐底板基础表面预先应保持光滑和水平。

(3) 石油、化工钢贮罐基础合理选型

① 当贮罐直径 $D \leqslant 8m$ 时，基底压力能满足地耐力要求，一般可采用环梁式基础，见图 9-100 (a)。其优点是免去充水预压工序，有利于调整不均匀沉降，罐体沉降量一般为 1~2mm，充水沉降量 5~7mm，沉降均匀，缺点是混凝土用量较多。在某厂引进装置对外谈判时，西德克鲁伯公司和日本帝人公司，推荐此种基础形式。

② 当贮罐基础直径 $D > 8m$ 时，基底压力一般超过 $10t/m^2$，常采用环梁式基础如图 9-100 (a) 所示，也可采用护坡式基础如图 9-100 (b-1)、图 9-100 (b-2) 所示。其优点是混凝土用量省，但应充水预压，增长施工周期，基础沉降量大。根据文献记载罐体充水后沉降量为 350~450mm，经预压 45d 又沉降 100mm，累计沉降量 450~550mm，倾斜率为 3.2/1000。

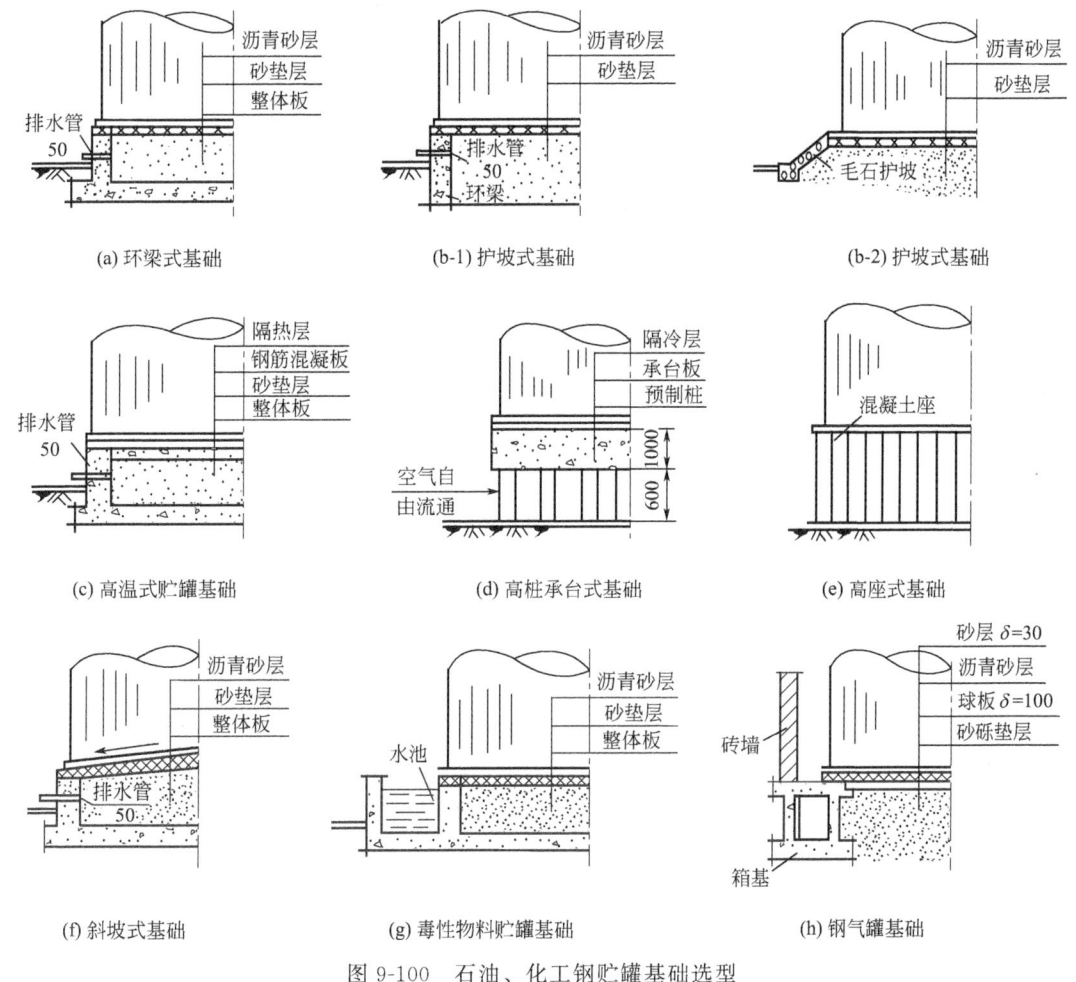

图 9-100 石油、化工钢贮罐基础选型

③ 贮存高温物料的钢罐基础必须根据物料温度设隔热层，如图 9-100（c）所示。当物料温度在 120~150℃时，可用二层平铺沥青浸渍砖，其施工要点详见防腐蚀施工验收规范。当物料温度在 150~190℃时，可用厚度 40mm 的泡沫玻璃砖，用硅基胶泥砌筑。灰缝宽度为 2~3mm，铺砌前基础底板板面及砌筑材料应刷冷底子一遍。耐高温的材料亦可用水玻璃珍珠岩代用。

④ 贮存低温物料的钢贮罐基础应对基础采取防冻措施。某设计院设计的容积为 6000m³ 低温（-33℃）常压液氨罐基础是利用钢筋混凝土桩做成高桩承台，图 9-100（d）承台宽度为 1m，承台板与地坪间有 600mm 空间，使空气流通防止地坪冻土，效果很好，但造价较贵。

⑤ 贮存强腐蚀性物料的钢贮罐或靠重力自流卸料的钢贮罐基础，可采用高座式基础，如图 9-100（e）所示。高座制成条型混凝土，一般为 600mm。高座式基础表面需根据物料腐蚀性质采用妥善的防腐设施。

⑥ 贮存物料黏性很大、易凝固、放料时要求能排净的钢贮罐基础，可采用斜坡式基础，如图 9-100(f) 所示。斜坡大小要根据物料的黏度来决定。北京某化工厂丙烯酸装置中引用较多。

⑦ 贮存具有毒性物料（如丙烯醛）的钢贮罐基础，根据有关法规，罐基须建造在水池里，如图 9-100（g）所示。投产后水池里不能断水，事故时必须向水池里喷特种泡沫，将溶液覆盖住。冬季时水池中的水温要保持在±5℃以上，否则会使水池池壁冻裂。

⑧ 严寒地区建造湿式钢气罐基础，一般采用钢筋混凝土箱型基础，如图 9-100（h）所示。箱型基础的外侧承受围护结构砖墙的重量，内侧承受水槽、导轨、钟罩等的重量。南方地区因水槽不需要围护结构，故基础形式亦可简化，一般采用毛石条型基础。

9.4 石油化工贮罐主要附件的选择与计算

贮罐罐体上设置的附件，是贮罐的重要组成部分，设置附件的主要目的是：确保石油化工物料在正常运行情况下的接收、贮存、发送、计量和监测；便于贮罐的正常维护和管理，便于操作；保证贮罐和操作人员的安全。

由于石油化工物料性质不同，其贮罐附件的配置也不相同，现就贮罐主要附件的选择与计算分述如下。

9.4.1 进料管和出料管的设计

贮罐的进出料管的设计应包括管线水力计算及贮罐进出料管的结构形式设计。

（1）管线水力计算

贮罐的进出料管的设计是与管线设计紧密相关的，因此，确定进出料管的管径时，首先应进行管线水力计算。

管线水力计算应包括管径计算、压降计算和常用管线水力参数及公式的确定。

该项计算属于管道设计范畴。

（2）贮罐进出料管一般结构形式

① 物料的进料管

a. 常见的结构形式如图 9-101（a）所示，该图（a）进料管伸到贮罐液面以下，有液封及减少冲击液面，起稳定液面波动的作用。

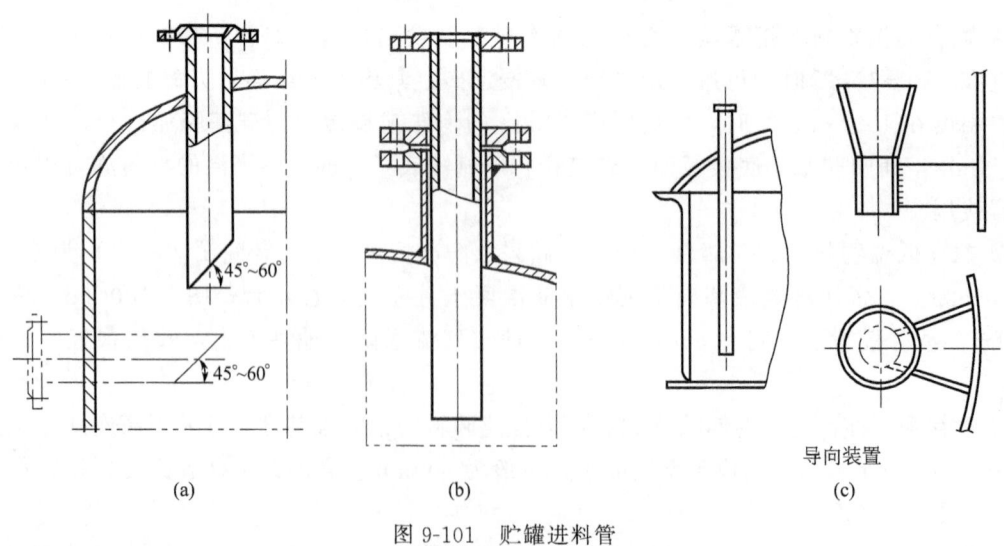

图 9-101 贮罐进料管

b. 对于易腐蚀、易磨损、易堵塞的物料，为便于清洗或检修，可设计成可拆卸结构的插入式进料管如图 9-101（b）所示。

c. 当进料管过长时,可设导向装置,如图 9-101（c）所示。

d. 对于易燃而又不导电的液体（如醇、酮和碳氢化合物等有机物），其进液管应插入液位以下,使进料液体与贮罐内液体成同一电位,防止形成电位差,产生静电效应。进料管的管口制成 45°截面以使液体集中,减少静电。插入深度（L）越深越好,以不使沉淀物冲起为宜,一般推荐 $L \approx$ 全高的 2/3。为了防止虹吸作用,可在进料管（图 9-102）上部开 $\phi5$ 小孔(a 型),或上部敞开（b 型）。

e. 卧罐进料管如图 9-103 所示。当物料为气液混合物时插到液面以上,并用 90°弯头指向容器壁方向,如图 9-103（a）所示。当处理液体时,进料管延伸到液面以下方向,如图 9-103（b）所示,弯头弯曲半径为管径的 1～1.5 倍。

f. 进料管在插入液面后,也可立即沿罐壁敷设,如图 9-104 所示。对于装有搅拌器的贮罐,可将进料管布置在搅拌器相对位置上,如图 9-104 所示。

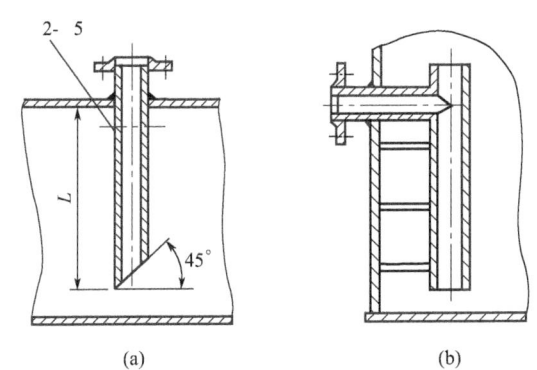

图 9-102 贮存有机物贮罐进料管

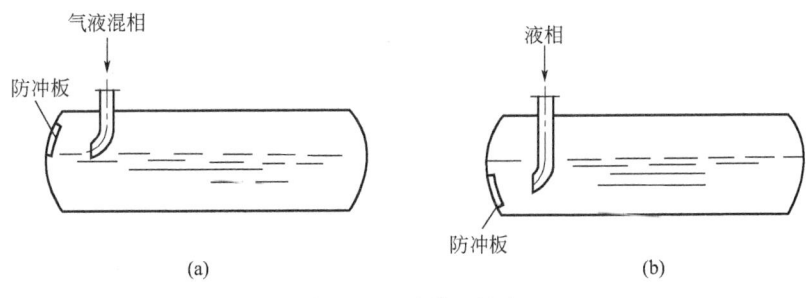

图 9-103 卧罐进料管

② 物料的出料管

a. 底部出料管。常压平底贮罐一般 D 小于 6m,出料管的结构见图 9-105（a）,物料即可排尽。

图 9-105（b）工艺配管方便,但排料不彻底。图 9-106 为我国油罐常用放净出料管结构。图 9-107 适用于防止罐底沉积物随贮液一起排出的结构。

为了使罐内液体放净,也可用图 9-108 的结构。这类管口安装简单,用一个椭圆封头或其他形式封头与罐底焊接而成。这几种出料管系常用放净结构。图 9-108（a）、（b）、（c）均为排重相液体的出料口。三种形式根据设计具体情况选择。

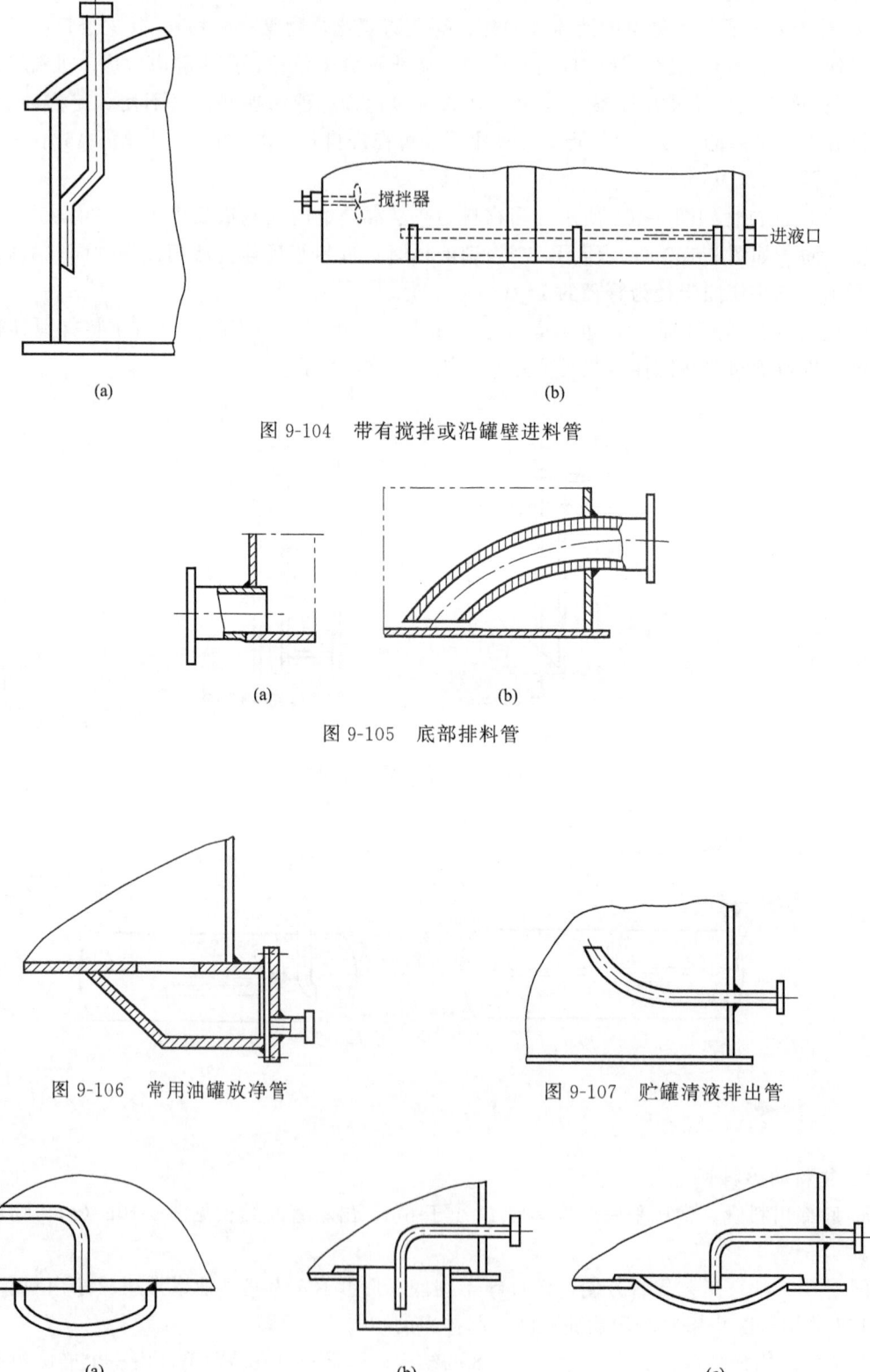

图 9-104 带有搅拌或沿罐壁进料管

图 9-105 底部排料管

图 9-106 常用油罐放净管

图 9-107 贮罐清液排出管

图 9-108 贮罐放净管

b. 浮动式吸油装置。

ⓐ 浮动式吸油装置。浮动式吸油装置是安装在固定顶贮油罐内的装置，用于收发油品作业。其中：1—接管法兰；2，4—浮子；3—出油管（见图 9-109）。安装尺寸见表 9-45。

表 9-45　安装尺寸　　　　　　　　　　　　　　　　　　单位：mm

DN	D_1	D_2	n-d
50	125	160	4-18
100	180	215	8-18
150	240	280	8-23
200	295	335	12-23
250	355	405	12-25

注：法兰标准由设计确定。

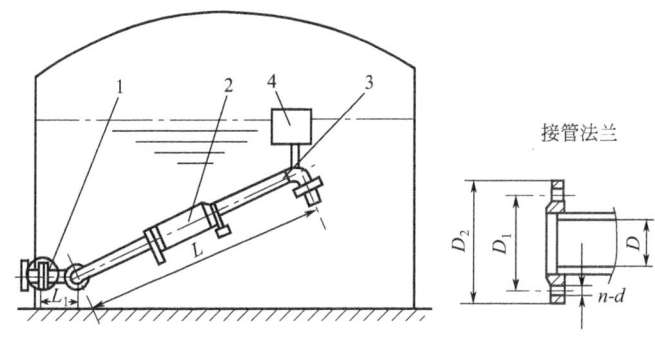

图 9-109　浮动式吸油装置

对特殊规格及其他液体介质的浮动式吸油装置，可根据用户要求设计生产。该产品适用于汽油、煤油、机油、柴油等。工作温度：$-2 \sim +48$℃。

ⓑ YFZ 系列油罐浮动出油装置。本油罐浮动出油装置适用于对发油质量要求高、油品沉降时间短、油罐设备周转快等燃油收发供应系统中使用。与传统的油罐底部发油相比，浮动出油装置利用水分杂质在重力场中的沉降原理，优先发放上层优质洁净燃油，从而保证所发出之燃油达到最佳品质。因而为民航、油库、炼厂、海港、码头、部队等广泛采用。

特点：适于相对密度＞0.75 的无腐蚀性液体；铝制或钢制结构，标准法兰连接；具有自渗罐油功能，工作可靠性指示器，防静电措施、防涡流措施，以及低扭矩旋转接头。

型号命名：

```
                    250 YFZ - 16/20
公称直径250mm ────┘  │     │   └── 适于油罐的直径＞20m
油罐浮动出油装置代号 ─┘     └────── 油罐最大装油高度＜16m
```

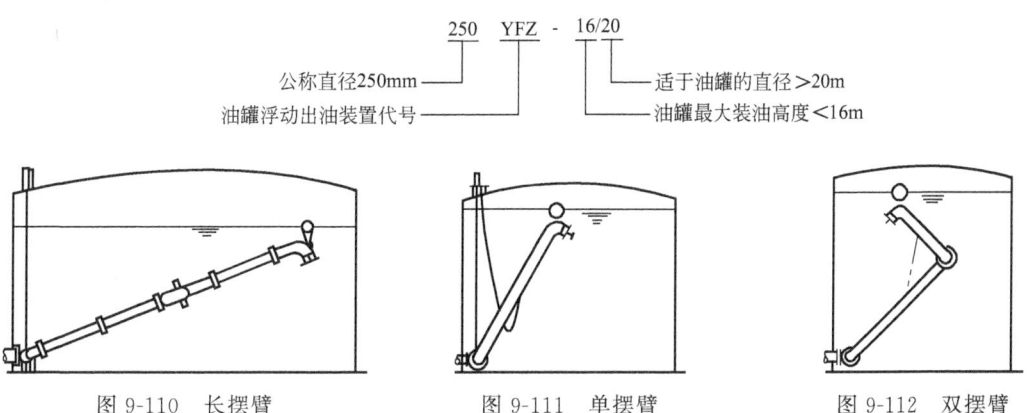

图 9-110　长摆臂　　　图 9-111　单摆臂　　　图 9-112　双摆臂

YFZ系列油罐浮动出油装置有$DN50$，$DN65$、$DN80$、$DN100$、$DN150$、$DN200$、$DN250$、$DN300$、$DN350$、$DN400$ 10种规格，25种标准型号可供选用，适合$25 \sim 10000 m^3$各种立式、卧式贮油罐安装。图9-109～图9-113为安装在立式罐底部，图9-114为安装在卧式罐底部，图9-115安装在卧式罐中部，规格及技术条件见表9-46，特殊规格型号可按用户提出的要求专门制造。本油罐浮动出油装置与油罐出口管连接法兰由设计确定。

表9-46 油罐浮动出油装置规格及技术条件

型号	连接法兰DN	流量/(m³/h)	公称直径/mm	装油高度/m	油罐直径/m	参考罐容/m³	总长/m
50YFZ	50	20	50				
65YFZ	65	30	65	适于卧式、立式贮油罐			
80YFZ	80	80	80	根据用户的油罐尺寸(或要求)制造			
100YFZ	100	120	100				
150YFZ	150	150	150				
100YFZ-6/10	100	120	100	<6	>10		8
150YFZ-6/10	150	150	150	<6	>10		8
150YFZ-10/12	150	150	150	<10	>12	2000	11.5
150YFZ-14/17	150	150	150	<14	>17	5000	16.5
150YFZ-16/20	150	150	150	<16	>20	10000	19
200YFZ-10/12	200	300	200	<10	>12	2000	11.5
200YFZ-14/17	200	300	200	<14	>17	5000	16.5
200YFZ-16/20	200	300	200	<16	>20	10000	19
250YFZ-10/12	250	500	250	<10	>12	2000	11.5
250YFZ-14/17	250	500	250	<14	>17	5000	16.5
250YFZ-16/20	250	500	250	<16	>20	10000	19
300YFZ-10/12	300	750	300	<10	>12	2000	11.5
300YFZ-14/17	300	750	300	<14	>17	5000	16.5
300YFZ-16/20	300	750	300	<16	>20	10000	19
350YFZ-10/12	350	900	350	<10	>12	2000	11.5
350YFZ-14/17	350	900	350	<14	>17	5000	16.5
350YFZ-16/20	350	900	350	<16	>20	10000	19
400YFZ-10/12	400	1050	400	<10	>12	2000	11.5
400YFZ-14/17	400	1050	400	<14	>17	5000	16.5
400YFZ-16/20	400	1050	400	<16	>20	10000	19

注：法兰标准由设计确定。

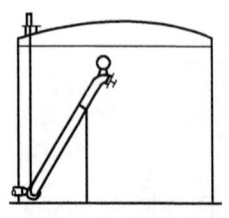
图9-113 带钢索单摆臂

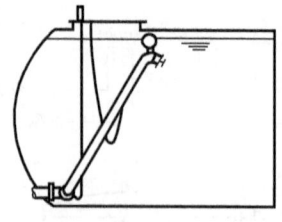
图9-114 单摆臂

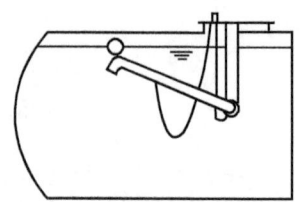
图9-115 单摆臂

c.压料管。在化工生产中，需将物料运送至平行贮罐或较高设备中去，有时采用压料方式送料。压料管在贮槽内的布置，应使管子下端尽量接近贮槽底部，以便排料彻底。

图9-116为压料式排料管，能较彻底压送物料。(a)、(b)型出料口位置不同，均为固定式，而(c)型为可拆式。

图 9-117 适用于卧式容器，物料要求无沉淀物，且不允许有积料。

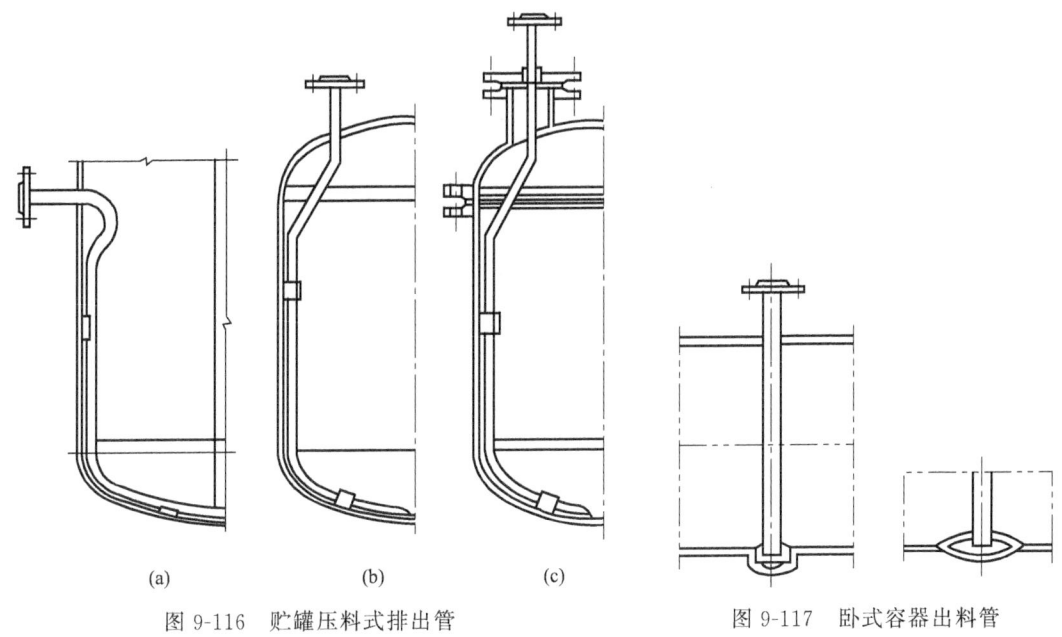

图 9-116　贮罐压料式排出管　　　　图 9-117　卧式容器出料管

d. 排液管。为了排除容器内部的沉淀物或排空残液，以便清理检修，必须放置排液管。通常设在成型底盖的最下部，如图 9-118 所示。

e. 虹吸式放水管和底部排污管。常压平底贮槽一般有两种排污方法，一种是虹吸式排水管，一种是底部排污管。虹吸式管线和底部排污式管线见图 9-119、图 9-120。

虹吸式有两种。一种是固定式（见图 9-121），一种是转动式（见图 9-122）。

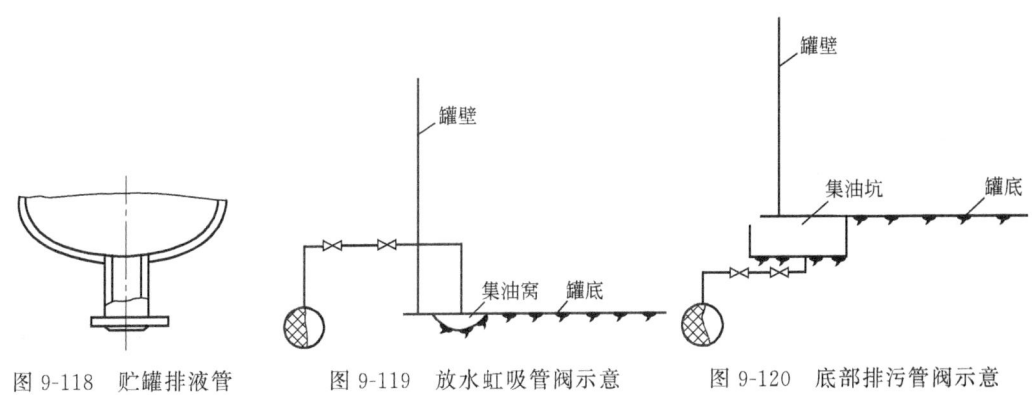

图 9-118　贮罐排液管　　　图 9-119　放水虹吸管阀示意　　　图 9-120　底部排污管阀示意

固定式易堵塞，冬天管内积水易结冰。转动式可克服上述缺点。虹吸栓一般装在油罐下边，第一圈钢板上，用于排出油罐底部的水分。转动式虹吸栓结构比较复杂并易漏油。固定式只要定期放水，效果较好。为安全起见，放水管出口以串联两个阀门为宜。目前使用固定式较多。

固定式放水管按公称直径分为 $DN50$ 和 $DN80$ 两种。

油罐 $V<4000\mathrm{m}^3$，安装一个 $DN50$ 的固定放水管。

油罐 $V>4000\mathrm{m}^3$，安装一个 $DN80$ 的固定放水管。

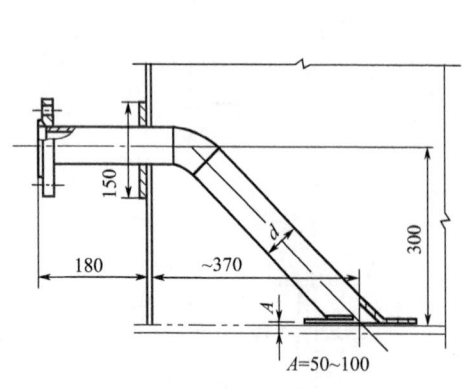

图 9-121　DN50 固定式放水管

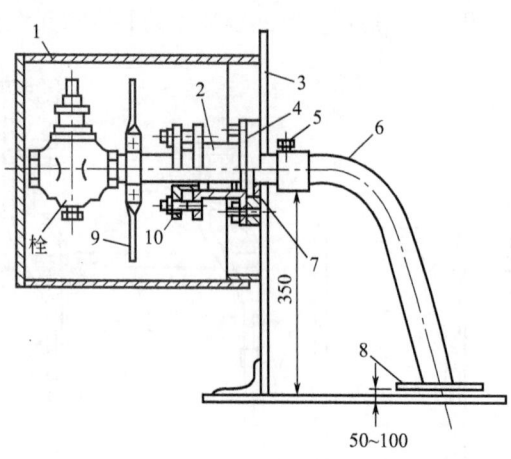

图 9-122　转动式虹吸栓管
1—外壳；2—填料箱本体；3—加强板；4—法兰；
5—螺丝；6—排出管；7—锥形环；8—挡板；
9—手柄；10—填料箱压盖

底部排污管包括排污管线及底阀，它直接利用罐内液体压力把底部存料和积水排出，一般适用于金属罐。其结构见图 9-123。

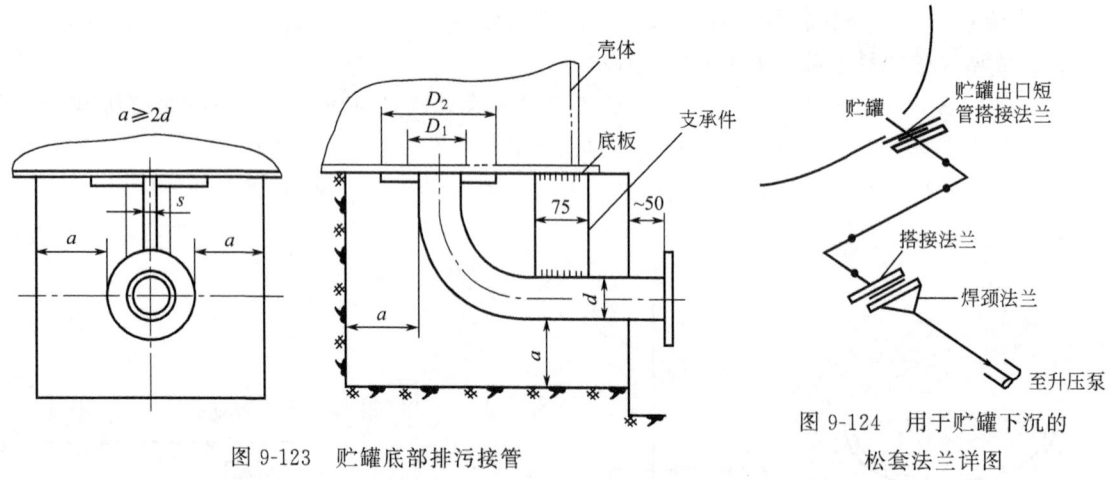

图 9-123　贮罐底部排污接管

图 9-124　用于贮罐下沉的松套法兰详图

③ 物料的金属软管

a. 膨胀接头。金属管线的设计，有时需要考虑使用膨胀接头。由于大直径贮罐有随基础下沉的倾向，采取的措施是使用膨胀接头或松套法兰。图 9-124 是采用松套法兰的设计，当贮罐逐渐下沉时，松套连接的卷边短管可在法兰内转动，保持垫片的密封。设计贮罐接口时，根据贮罐下沉量的计算，可以高于泵的管线，其高度差应等于预计下沉量，当下沉发生后，管线系统得到一种平面上的补偿，恰好保持水平。

b. 金属软管。我国大型贮罐为了防止沉陷，应在贮罐与管道之间用金属软管连接。金属软管的长度根据要求选用。

我国金属软管有低压环形波纹管（滚焊）（RT-08 型）、耐压软管（PZ 型）和输送中性液体耐压软管（PMI 型）。

9.4.2 集水罐的设计

卧式贮罐在运转过程中要求连续分离液体混合相中的水,尤其当排水量小于 $0.035\text{m}^3/\text{min}$,又要求稳定排水时,应在贮罐底部设置集水罐。

(1) 集水罐基本尺寸的确定

① 公式计算

a. 集水罐的直径(m)按下式计算

$$D_水 = \sqrt{Q_水/V_水 \times 0.785} \tag{9-116}$$

b. 集水罐的高度(m)按下式计算

$$H_水 = QT/(0.785 D_水^2) \tag{9-117}$$

式中 $Q_水$——分液贮罐中分离出的水量,m^3/s;

$V_水$——集水罐水的流速,m/s,(可取 $V_水 = 0.03\text{m/s}$);

$D_水$——集水罐的直径,m;

$H_水$——集水罐的高度,m;

T——液体停留时间,min;

Q——操作条件下液体流量,m^3/min。

② 经验值计算

a. 当分液贮槽直径 $D \geq 1.5\text{m}$ 时,集水罐的直径 $D_水 < 1/3 D$;当 $D < 1.5\text{m}$ 时,$D_水 < \dfrac{1}{2}D$。

b. 集水罐的高度一般取 600~900mm。

c. 集水罐的直径 $D_水$ 一般大于 300mm。

d. 集水罐的最低液面至最高液面的距离大于 350mm。

e. 集水罐用仪表控制液面时,集水罐的高度大于 1m。

考虑到分液贮罐的机械强度;当分液贮罐较小($D \leq 1.5\text{m}$),而集水罐要求较大($D_水 \geq \dfrac{1}{2}D$)时,不宜采用集水罐。

(2) 集水罐的形式及特点

① 特点 集水罐用于罐底不积存较重的液层,因此罐的结构尺寸可以相应减小,对集水罐应有良好的分离要求。

② 形式 形式如图 9-125 所示。

(3) 集油罐的结构尺寸

与集水罐相同。

9.4.3 防涡流挡板

(1) 涡流形成因素

液体由容器出料管线流出时,流出方向无论是垂直向上、向下或水平方向,在出口处有可能产生一种向下的漩涡流,使容器或管道内出现气液相混合现象。图 9-126 表示各种情况下漩涡流动。

促使容器或管道形成涡流因素是:出口管径较小,流出速度较高;液体流出时出入口条件不对称;贮罐

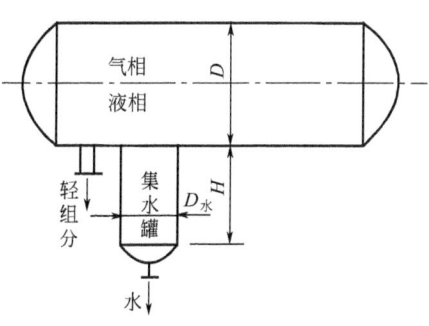

图 9-125 集水罐

液面低或出口净流量大，使液面下降幅度大等。

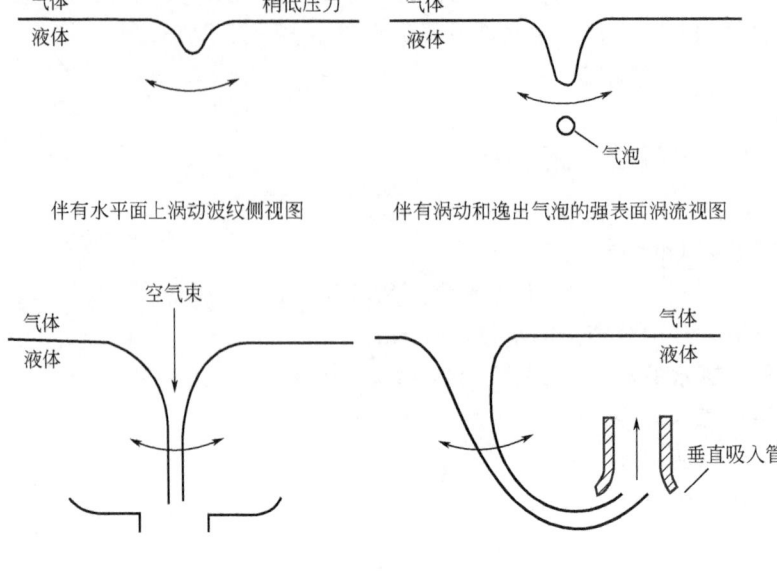

图 9-126　各种情况下漩涡流动

(2) 涡流形成的影响

容器、管道出现涡流，将导致的现象是：ⓐ液体流动时，夹带气体或蒸汽，使气液相混合；ⓑ由于气液紊流，管道阻力降增加，而使管道截面积减小，液体流量相应减小；ⓒ产生不稳定两相流，同时产生喘振，使液体杂质带出，而使泵堵塞或损坏；ⓓ由于涡流，液面气体抽入泵内，使泵抽空；ⓔ破坏了沉降分离及液相分层作用。

(3) 防涡流挡板设计

防涡流挡板（又称消涡器，英文名称 Votex Breakers）安装在液体出口管处，其主要功能是防止管道中心形成下漩涡流。

① 防涡流挡板设计范围　在下列情况下，应考虑设置防涡流挡板。

a. 容器与泵的吸入管线直接相连的容器出口。

b. 具有非均相液体、需分层的容器。

c. 流体流速大于 1m/s 的容器出口。

d. 液体中含有高浓度，或接近其泡点而具有溶解性气体的容器出口。

e. 防止液体因涡流带出杂质的容器出口。

f. 防止液体夹带蒸汽或气体的容器出口。

② 防涡流挡板设计条件　防涡流挡板设计条件与容器出口管径大小、液面离出口距离以及出口管离罐壁、罐底距离有关。

a. 出口管径小，产生涡流的可能性也小，一般出口管径 d 小于 50mm，对流体要求不高时，可不设置防涡流挡板。

b. 容器液面至出口距离越远，产生涡流的可能性越小；相反，当出口管以上液面不高时，出口管易形成下漩涡流。容器（小型容器）出口管（内部延伸至器壁的管）越靠近器壁部位，越不易产生涡流。

c. 安装防涡流挡板的条件,可按下式决定。
$$A \leqslant 0.051 + 12DN/(6-3.28w) \tag{9-118}$$

式中 A——实际最低液面至出口距离,m;

　　　DN——管径,m;

　　　w——出口管液体流速,m/s。

③ 防涡流挡板设计

a. 双层栅板型。图 9-127 所示为 Braun 标准防涡流挡板。它是一种双层栅板型防涡板。材料为碳钢时,支撑杆(可用扁钢)尺寸为 25mm×5mm,按距离 $S=25$mm 排列,再按 100mm 的杆(也可用扁钢)以十字交叉形式焊接成整体。材料为不锈钢时,支撑杆尺寸为 25mm×3mm,其他尺寸相同。

栅板是方形的,边长等于直径(d_v)的 1/3 或出口管径(d_a)的 4 倍。栅板尺寸(最小时)为 300mm。双层栅板的间距为 50mm。

底层位置应放在出口 $d_a/2$ 处,不得小于 75mm。平行杆方向应与邻近栅层成 90°。

图 9-128 所示为 Braun 特殊防涡流挡板。容器出口速度 $w \geqslant 1.3$m/s,容器需要增加防涡流措施,一般采用多层格栅(如三层以上)。顶层放在正常液面以下,底层按前述相同,中层以等距放在顶层与底层之间。相邻层的平行杆方向应成 90°。

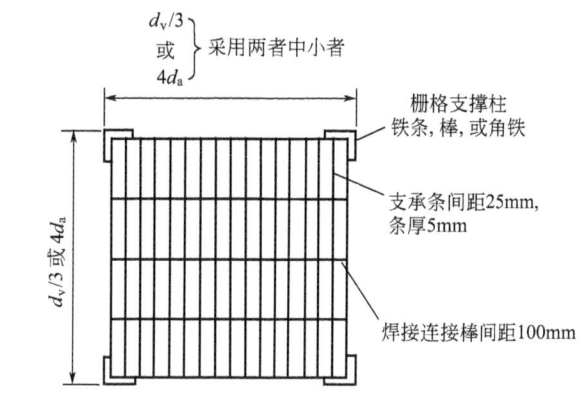

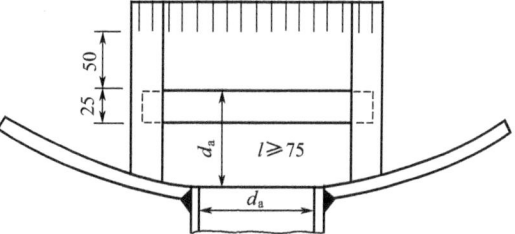

图 9-127 标准防涡流挡板设计
d_a—液管直径;d_v—容器的直径

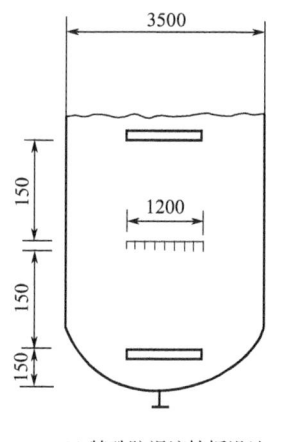

(a) 特殊防涡流挡板设计

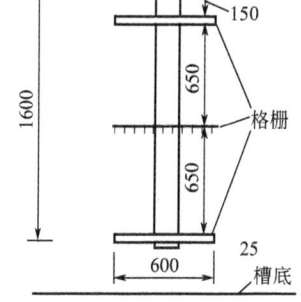

(b) 向上流防涡流挡板的设计

图 9-128 特殊防涡流挡板设计

按容器尺寸选择挡板尺寸如下：

当容器 $d_v=3500$mm 时，栅板尺寸为 $3500/3≈1200$mm 或相当管径 $4d_a=(4×300)$mm$=1200$mm（原则是取两者之较小值者）。格板底层、中层、顶层高度为等距离。半椭圆形封头的深度：$H=d_v/4=875$mm。正常液面高于出口管：$S_{液面}=(735+3500/4)$mm$=1610$mm（即顶层栅板低于正常液面的 150mm）。

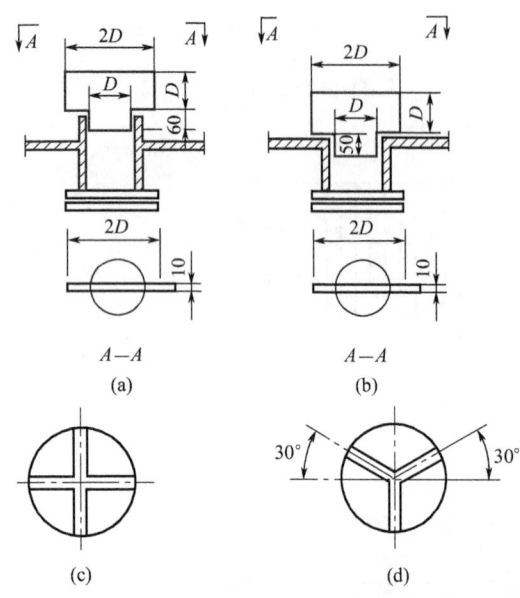

图 9-129 通用型防涡流挡板

b. 通用型。图 9-129（a）～（d）所示结构比较简单。(a) 型在进入设备处。(b) 型在出料管焊接时与罐内壁齐平。(c)、(d) 型常用于水或清净液至泵的吸入口。适用管径为 $50<DN<200$。(a) 型用于介质不是水，而容器另有排净口的情况，这种结构可防止介质中杂质进入泵内。当管径 $DN>150$mm 时，挡板结构采用 (c)、(d) 型。接管是否伸入容器，视介质情况参考 (a) 和 (b) 型。

这种类型防涡板具体形式详见《容器和液-液混合器的工艺设计》（石油部规划设计总院编）和《化工设备设计手册》：材料与零部件（上）。

c. 专用防涡流板。当液体中含有聚合物时，容器及分层容器的出口广泛采用图 9-130 的专用防涡流挡。这种结构不易堵塞，清理方便。Ⅰ～Ⅱ型为不可拆结构，Ⅲ～Ⅳ型为可拆结构，尺寸详见表 9-47。一般 D 为 $(2～5)d$，直径大，防涡作用大。防涡要求不严格时，可采用较小值。H_1 值与管径及使用条件有关，为控制接管中的沉淀值，应适当增加 H_1 值。分层用的容器，H_1 比液体分层的两相界面高出 150mm。如容器底部有集液仓，则 $H_1=150$mm，如果物料较洁净可采用较小值，直到 $H_1=0$，$H_2=0$。

表 9-47 防涡流挡板尺寸　　　　　　　　　　　　　　　　　单位：mm

形式	DN	dS_2	D	S_1	H_1	H_2	H_3	B	S_3
Ⅰ	25	$\phi33.7×3.5$	150	4	75	25	75	50	4
Ⅰ	40	$\phi48.3×4$	270	4	60	40	105	65	4
Ⅰ	50	$\phi60.3×7.1$	300	8	100～200	50	125	82	8
Ⅰ	80	$\phi88.9×8$	390	8	100～200	80	185	100	8
Ⅰ	100	$\phi114×8.8$	450	10	125	100	200	125	10
Ⅱ	175	$\phi188×11$	600	11	200	150	325	500	11
Ⅱ	200		750	12	250	200	428	650	12
Ⅲ	50	$\phi60.3×5$	240	7	200	100	160	80	7
Ⅲ	80	$\phi88.9×5$	270	7	200	100	200	80	7
Ⅳ	150	$\phi168.3×6$	300	7	200	100	250	200	7
Ⅳ	200	$\phi2.6×6$	400	6	200	100	300	300	7
Ⅳ	250	$\phi273$	500	7	200	100	350	400	7

d. 另一种防涡板如图 9-131（a）所示，挡板中有缺口，不易堵塞，适用沉淀物与液体从接管中一起排出。图 9-131（b）系三块钢板拼焊成十字形板置于分离器底部；它能破坏容器底部漩涡，使上升气体不至被带走，从而提高分离效率。图中隔板与器壁间的通道对消除死角

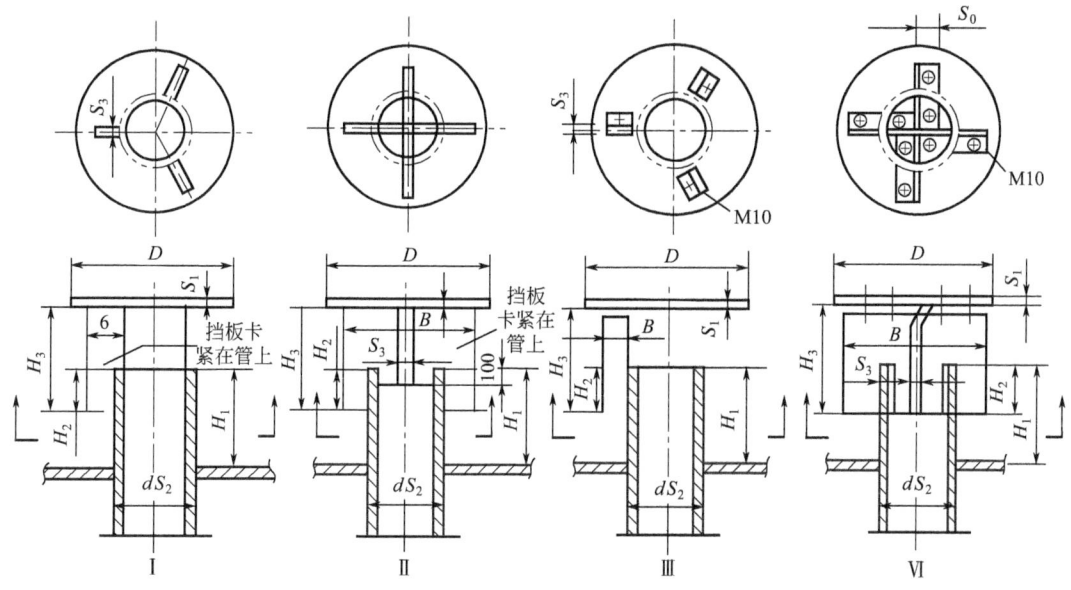

图 9-130　专用防涡流板

和局部涡流有显著作用。

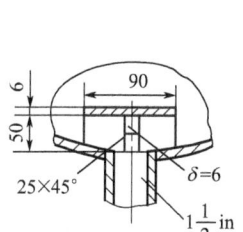

图 9-131（a）　有缺口防涡板

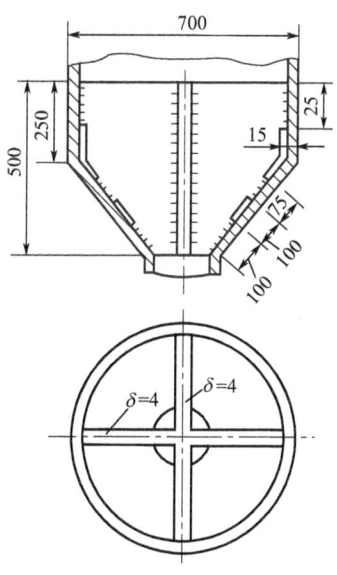

图 9-131（b）　十字形防涡板

e. 原化工部第一设计院防涡板系列（供设计参考）。该系列Ⅰ型适用于较纯净液体，如图 9-132 和表 9-48 所示。Ⅱ型适用于含杂质的液体，如图 9-133（a）和表 9-49 所示。Ⅲ、Ⅳ型适用于沉降分离容器的液相分层情况，如图 9-133（b）、图 9-134 和表 9-50 及表 9-51 所示。

表 9-48　图 9-132 中符号数据

形式	公称管径 DN/mm	D/mm 150	H/mm 100	L/mm 50	T/mm 碳钢	T/mm 不锈钢	质量/kg 碳钢	质量/kg 不锈钢
Ⅰ-A	50	150	100	45	6	4	1.27	0.86
	70	180	100	50	6	4	1.53	1.01
	80	200	100	50	6	4	1.69	1.13
	100	220	100	50	6	4	1.82	1022

续表

形式	公称管径 DN/mm	D/mm	H/mm	L/mm	T/mm 碳钢	T/mm 不锈钢	质量/kg 碳钢	质量/kg 不锈钢
Ⅰ-B	125	270	125		6	4	3.13	2.13
	150	320	150		6	4	4.48	3.02
	175	400	175		6	4	6.33	4.39
	200	450	204		6	4	8.42	5.66
	225	490	225		6	4	10.31	6.94
Ⅰ-C	250	550	250		6	4	24.06	16.16
	300	750	300		6	4	33.91	22.76
	350	750	350		6	4	45.43	30.40
	400	850	400		6	4	58.64	39.37
	450	950	450		6	4	73.52	49.37

表中 L 值为一般情况下的推荐值,当沉淀层较厚,而出口液体要求纯净时,应适当增大 L 值;根据沉降分离情况,一般出口管位置距两界面应在 150mm 以上。

每种形式材料分别为碳钢和不锈钢两种。

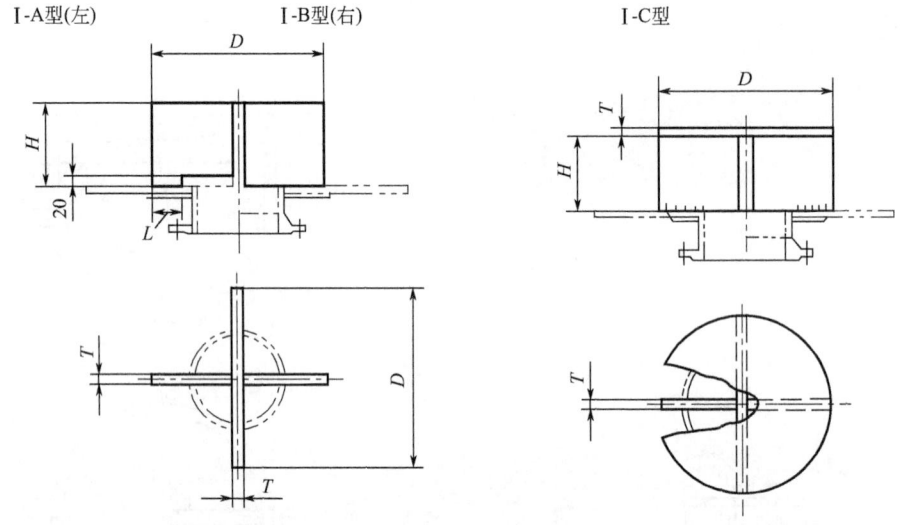

图 9-132　Ⅰ型防涡流挡板

表 9-49　图 9-133(a)中符号数据

形式	公称直径 DN/mm	d/mm	D/mm	H/mm	L/mm	T/mm 碳钢	T/mm 不锈钢	质量/kg 碳钢	质量/kg 不锈钢
Ⅱ-A	40	46	150	150	100	6	4	1.79	1.21
	50	58	150	150	100	6	4	1.71	1.16
	70	77	180	150	100	6	4	2.01	1.33
	80	90	200	150	100	6	4	2.22	1.49
	100	109	220	150	100	6	4	2.37	1.58
Ⅱ-B	125	134	270	175	125	6	4	3.79	2.54
	150	160	320	200	150	6	4	5.24	3.53
	175	195	400	225	175	6	4	7.50	5.03
	200	220	450	250	200	6	4	9.50	6.38
	225	247	490	275	225	6	4	11.46	7.71

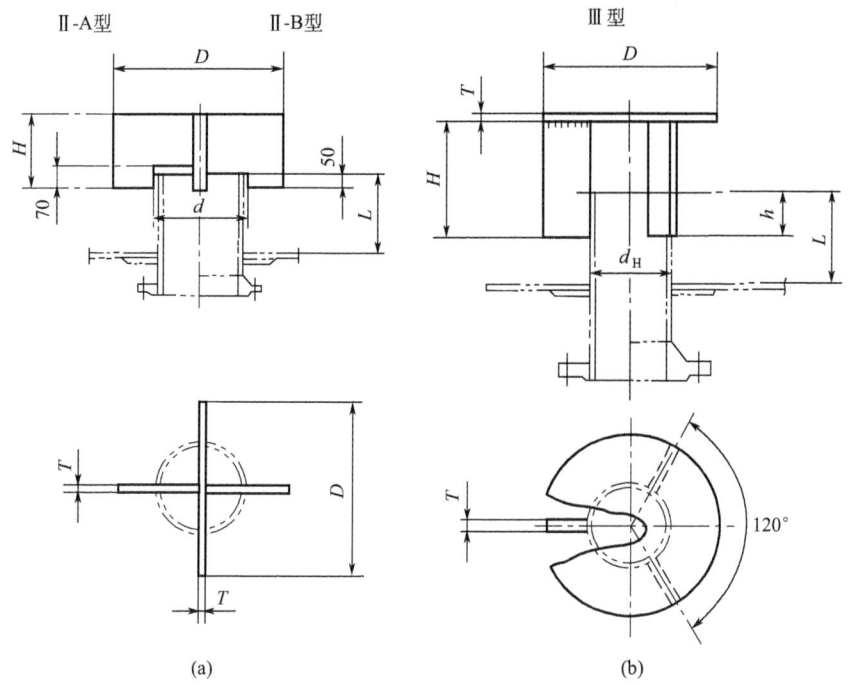

图 9-133 Ⅱ，Ⅲ型防涡流挡板

表 9-50 图 9-133（b）中符号数据

形式	公称直径 DN/mm	d_H/mm	D/mm	H/mm	h/mm	L/mm	T/mm		质量/kg	
							碳钢	不锈钢	碳钢	不锈钢
Ⅲ	40	45	150	100	40	100	6	4	1.55	1.04
	50	57	150	100	40	100	6	4	1.49	1.01
	70	76	180	127	50	100	6	4	2.07	1.37
	80	89	200	130	50	100	6	4	2.50	1.68
	100	108	220	150	50	100	6	4	2.96	1.98

表 9-51 图 9-134 中符号数据

形式	公称直径 DN/mm	d/mm	D/mm	H/mm	L/mm	T/mm		质量/kg	
						碳钢	不锈钢	碳钢	不锈钢
Ⅳ	125	134	270	180	125	6	4	6.65	4.43
	150	160	320	200	150	6	4	9.03	6.07
	175	195	400	225	175	6	4	13.44	9.02
	200	220	450	250	200	6	4	16.98	11.40
	225	247	490	275	225	6	4	20.59	13.83
	250	275	550	300	250	6	4	25.35	17.03
	300	327	650	350	300	6	4	35.43	23.79
	350	379	750	400	350	6	4	47.19	31.68
	400	428	850	450	400	6	4	60.63	40.69
	450	480	950	500	450	6	4	75.71	50.84

f. 中石化北京石油化工工程公司防涡流器系列。Ⅰ型适用于较清洁的物料如图 9-135 和表 9-52 所示。Ⅱ型适用于有固体沉降物的容器物料出口。如图 9-136 和表 9-53 所示。

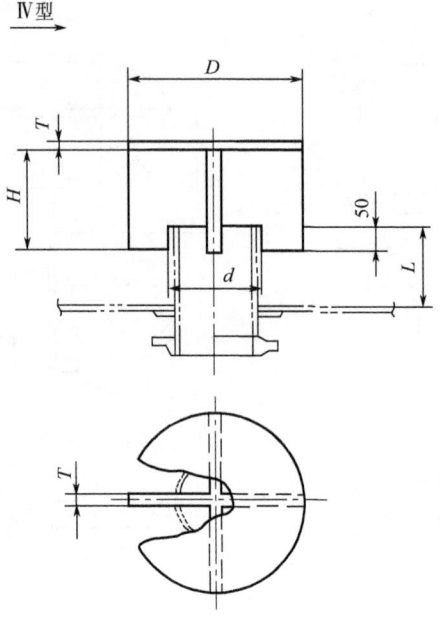

图 9-134 Ⅳ型防涡流板

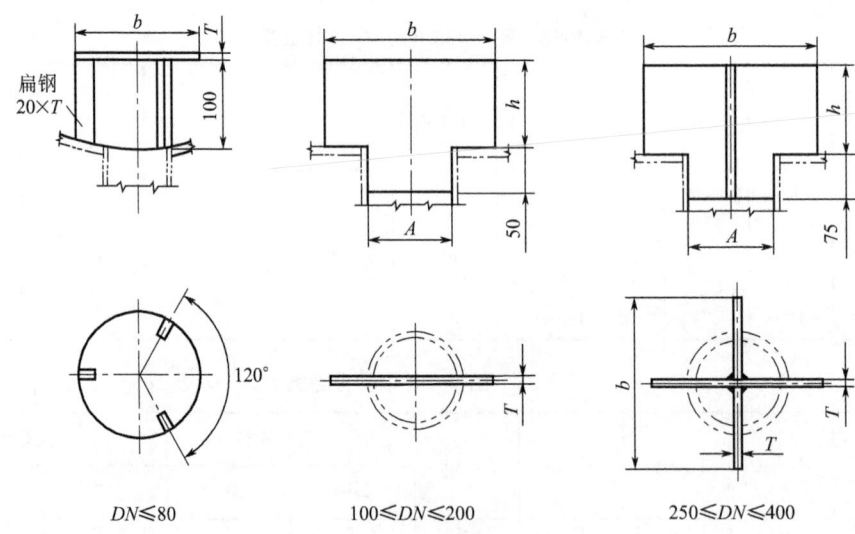

图 9-135 Ⅰ型防涡流器

表 9-52 图 9-135 中符号数据

公称直径 DN/mm	b/mm	h/mm	T/mm	材料 牌号	材料 类别	质量/kg
≤50	φ150	—	6	Q235-A.F	A	1.13
≤50	φ150	—	4	0Cr18Ni9	B	0.74
80	φ200	—	6	Q235-A.F	A	1.76
80	φ200	—	4	0Cr18Ni9	B	1.16

续表

公称直径 DN/mm	b/mm	h/mm	T/mm	材料 牌号	材料 类别	质量/kg
100	200	100	6	Q235-A.F	A	1.18
100	200	100	4	0Cr18Ni9	B	0.78
150	300	150	6	Q235-A.F	A	2.47
150	300	150	4	0Cr18Ni9	B	1.63
200	400	200	6	Q235-A.F	A	4.24
200	400	200	4	0Cr18Ni9	B	2.79
250	500	250	6	Q235-A.F	A	12.87
250	500	250	4	0Cr18Ni9	B	8.49
300	600	300	6	Q235-A.F	A	18.27
300	600	300	4	0Cr18Ni9	B	12.05
350	700	350	6	Q235-A.F	A	24.61
350	700	350	4	0Cr18Ni9	B	16.23
400	800	400	6	Q235-A.F	A	31.90
400	800	400	4	0Cr18Ni9	B	21.02

注：1. Ⅰ型防涡流器适用于较清洁的物料。
2. B类材质可以与容器材质相同，此时必须在装配图明细表备注栏注明。
3. $A=d_0-2$（d_0为接管内径）。
4. 标记示例：DN100mm，材料 Q235-A.F 的防涡流器：
防涡流器 ⅠA DN100 Q235-A.F。

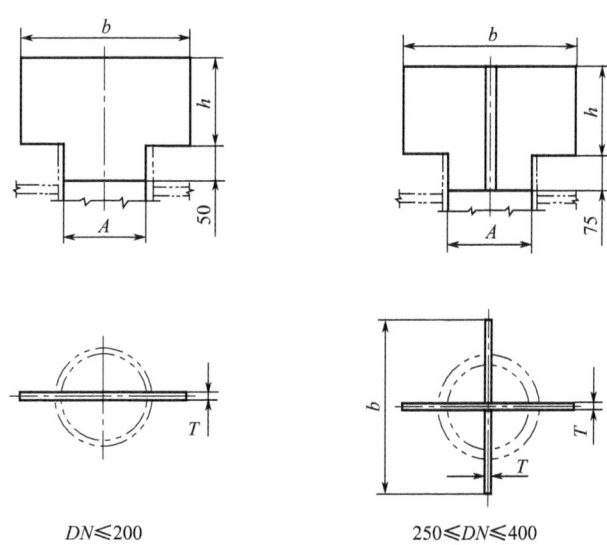

图 9-136　Ⅱ型防涡流器

表 9-53　图 9-136 中符号数据

公称直径 DN/mm	b/mm	h/mm	T/mm	材料 牌号	材料 类别	质量/kg
≤100	200	100	6	Q235-A.F	A	1.18
			4	0Cr18Ni9	B	0.78
150	300	150	6	Q235-A.F	A	2.47
			4	0Cr18Ni9	B	1.63
200	400	200	6	Q235-A.F	A	4.24
			4	0Cr18Ni9	B	2.79
250	500	250	6	Q235-A.F	A	12.87
			4	0Cr18Ni9	B	8.49
300	600	300	6	Q235-A.F	A	18.27
			4	0Cr18Ni9	B	12.05
350	700	350	6	Q235-A.F	A	24.61
			4	0Cr18Ni9	B	16.23
400	800	400	6	Q235-A.F	A	31.90
			4	0Cr18Ni9	B	21.02

注：1. Ⅱ型防涡流器适用于有固体沉降物的容器物料出口。
2. B 类材质可以与容器材质相同，此时必须在装配图明细表备注栏注明。
3. $A=d_0-2$ (d_0 为接管内径)。
4. 标记示例：DN100mm，材料 0Cr18Ni9 的防涡流器；
　防涡流器　ⅡB DN100 0Cr18Ni9。

9.4.4　呼吸装置

固定顶式的贮罐在进出料以及贮存过程中由于温度的变化，引起蒸发或冷凝，都需要换气，一般贮罐顶部需设置通气管或呼吸阀。

（1）通气管

① 通气管的结构　通气管的主要结构形式及其规格按图 9-137 和表 9-54 所示。

表 9-54　通气管主要尺寸　　　　　　　　　　　　　单位：mm

公称直径 DN	D	D_1	D_2	D_3	D_4	H	H_1	H_2	铜丝网尺寸（长×宽）
50	60	60	110	140	200	160	60	100	366×50
100	114	114	170	205	300	202	102	100	586×90
150	159	219	225	260	450	265	165	100	863×151
200									1050×161
250									1190×186

通气管安装于贮罐顶部（靠近罐顶中心），它是一根很短的金属短管，可以是直管，也可制成 U 形或伞形管，使贮罐空间与大气连通。通气管上有盖，防止雨雪落入，除短管的通风孔外，均包以金属网，此网保持清洁，防止堵塞。起通风作用，通气管通风管装配见图 9-138。

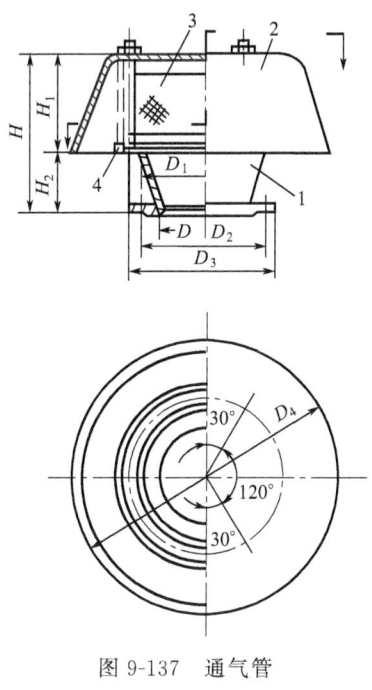

图 9-137 通气管
1—管；2—罩壳；3—铜丝网；4—螺栓底座

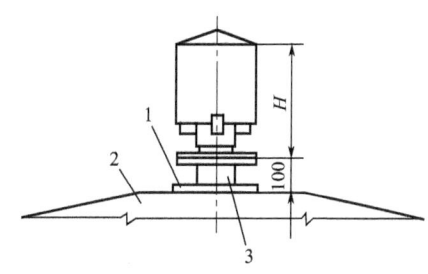

图 9-138 通风管装配
1—加强板；2—油罐顶盖；3—罐顶接合图

通气管的规格可与呼吸阀相同，当改换贮存低闪点的液体时可简便安装呼吸阀，不需更改贮罐，立即运转。

② 通气管的选用

a. FZT-Ⅱ型防爆阻火通气罩（图 9-139）。适用于贮存闪点低于 28℃ 的甲类油品和闪点低于 60℃ 的乙类油品，如汽油、甲苯、煤油及轻柴油等卧式罐及地下油罐排气管道上，不能与呼吸阀配套，只能单独使用。其中 FZT-Ⅱ A 型为法兰连接，FZT-Ⅱ B 型为丝扣连接。规格尺寸见表 9-55。

表 9-55 防爆阻火通气罩规格及安装尺寸

规格	尺寸/mm					单重/kg
	D	A	B	C	H	
DN40	φ40	100	130	184	184	5.7
DN50	φ50	110	140	194	184	6.5
DN80	φ80	150	180	258	190	6.93
DN100	φ100	280	315	258	190	7.71
DN150	φ150	335	370			8.51

注：法兰标准由设计确定。

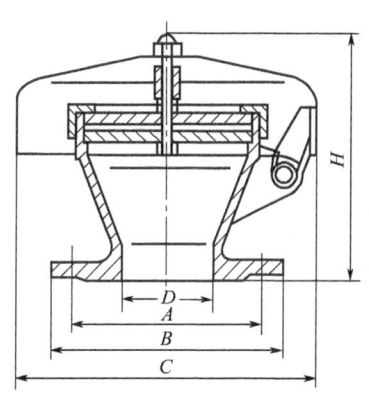

图 9-139 FZT-Ⅱ型防爆阻火通气罩

b. 通气管（图 9-140）。该产品适于装在重质油罐顶部或与阻火器配套使用在部分轻油贮罐上。订货时应注明名称规格、型号。规格、尺寸见表 9-56。

表 9-56　通气管规格及安装尺寸

规格	型号	质量/kg	安装尺寸/mm					
			d	D	D_1	d_1	L	H	n
DN50	GTQ-50	4	$\phi 54$	$\phi 110$	$\phi 140$	$\phi 14$	$\phi 200$	186	4
DN100	GTQ-100	8	$\phi 106$	$\phi 170$	$\phi 205$	$\phi 18$	$\phi 300$	220	4
DN150	GTQ-150	15	$\phi 151$	$\phi 225$	$\phi 260$	$\phi 18$	$\phi 450$	283	8
DN200	GTQ-200	20	$\phi 215$	$\phi 280$	$\phi 315$	$\phi 18$	$\phi 550$	324	8
DN250	GTQ-250	24	$\phi 265$	$\phi 335$	$\phi 370$	$\phi 18$	$\phi 600$	365	12
DN300	GTQ-300	34	$\phi 317$	$\phi 395$	$\phi 435$	$\phi 18$	$\phi 660$	378	12

注：法兰标准由设计确定。

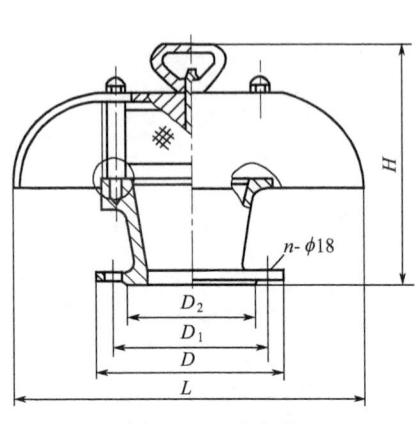

图 9-140　通气管

(2) 呼吸阀

贮存闪点（闭口）小于或等于60℃的化工产品、轻质油品及其他易挥发液体时，不应使用通气管，而应采用呼吸阀。这是因为通气管使贮罐空间与大气相通，由于罐内液面压力减小，则蒸发变快，使闪点低的物料由于空气流动产生蒸发量较静止产生蒸发量要大，造成贮罐物料损耗过高。在这种情况下，不宜采用通气管，必须安装呼吸阀。

呼吸阀形式较多，一般分为机械式和液压式两种。

① 机械式呼吸阀

a. 机械式呼吸阀作用及其结构。机械式呼吸阀的作用是：平时能保持贮罐的密封，以减少蒸发损耗，防止火灾；必要时又能自动通气，调节罐内压力，防止贮罐爆裂和变形。它是固定顶罐重要附件。

机械式呼吸阀主要通过阀盘动作，当负压时吸入空气；罐内压力增加时，放出内部蒸气。其结构如图 9-141 所示，一般系铸铁或铝铸成的。内有两个阀：阀Ⅰ是罐内烃蒸气出口，当罐内气体空间压力增高时，此阀开启，罐内气体导入空气中；阀Ⅱ系真空阀，为空气入口，当罐内形成半真空时，此阀开启，使空气进入罐内。阀的上部设置盖子以便检查和修理，防止阀件堵塞，呼吸阀的通气孔装设防护罩。

b. 机械式呼吸阀的计算。机械式呼吸阀单位面积的压力和阀的质量计算式为

$$p = W/F \quad 或 \quad W = pF \tag{9-119}$$

式中　p——单位面积压力，kgf/cm^2；
　　　W——压力阀压力活瓣的质量，kg；
　　　F——通气孔的面积，cm^2。

【例 9-3】　某呼吸阀其压力阀质量为 1.5kg，通气孔半径为 5cm，求呼吸阀压力活瓣单位面积的压力。

解　　$p = [1.5/(5 \times 5 \times \pi)]kgf/cm^2 = 0.019 kgf/cm^2$

【例 9-4】　已知呼吸阀 $p = 0.015 kgf/cm^2$，呼吸阀通孔半径为 5cm，求压力阀压力活瓣质量。

解　　$W = [0.015 \times (5 \times 5) \times \pi]kg = 1.18 kg$

c. 机械式呼吸阀的种类。机械式呼吸阀有两种，一种是弹簧式，一种是自重式。表 9-57 和图 9-142 为弹簧式机械呼吸阀的主要尺寸。呼吸阀的安装见图 9-143。

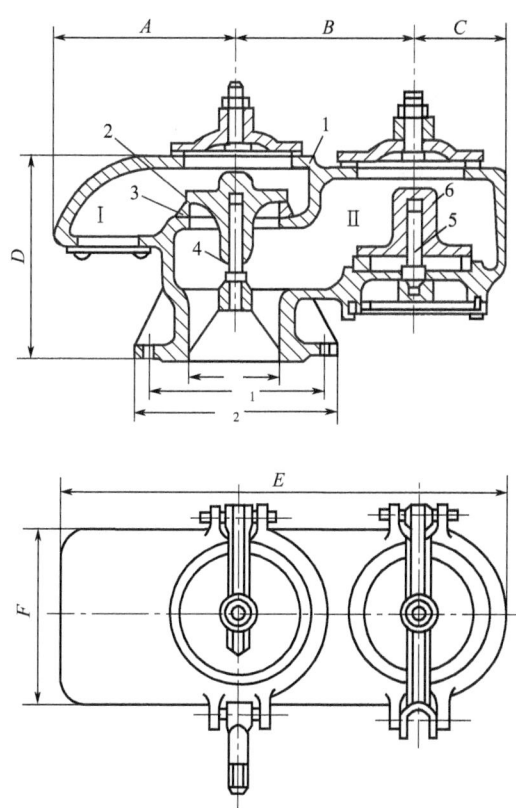

图 9-141 呼吸阀
1—呼吸阀壳体；2—压力活瓣；3—活瓣座；4—压力活瓣导杆；
5—真空活瓣导杆；6—真空活瓣

表 9-57　图 9-142 型呼吸阀主要尺寸　　　　　　　　单位：mm

规格	D	D_1	D_2	D_3	H	规格	D	D_1	D_2	D_3	H
DN50	50	110	140	233	215	DN200	200	280	315	486	315
DN100	100	170	205	326	246	DN250	250	335	370	570	346
DN150	150	225	260	410	286						

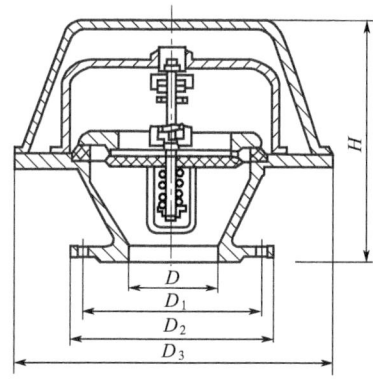

图 9-142　Ⅰ型呼吸阀

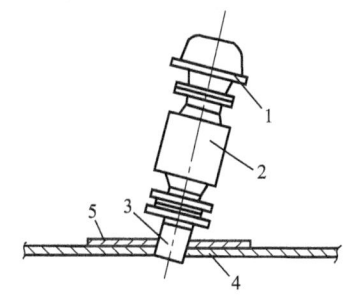

图 9-143　呼吸阀安装
1—呼吸阀；2—防火器；3—罐顶接合管；
4—油罐顶板；5—加强板

国内呼吸阀规格已成系列，国内定压值 180～-30mmH$_2$O。日本呼吸阀用于低压贮罐，其定压值为1750mmH₂O，一般小呼吸范围都能控制。新型呼吸阀处于试验阶段。

② 液压式呼吸阀 液压式呼吸阀又称液压式安全阀，为防止因机械式呼吸阀发生故障而设。贮罐一般除装设机械式呼吸阀外，还需装设液压式呼吸阀。它的压力稍高于机械式呼吸阀。

a. 液压式呼吸阀工作机理。液压式呼吸阀的法兰装于贮罐顶部防火器的上部，靠近罐顶中心。当贮罐内外压力平衡时，阀内润滑油是平衡的，当贮罐内压力大于大气压时，液压阀由于液面承受压力较大，液面出现波动现象，贮罐内气体以小气泡形式通过液封油层，导入大气。当贮罐压力小于大气压时，则形成真空，贮罐则吸入空气。

液压式呼吸阀控制罐内压力数据，按情况而定。一般低压贮罐定压值，正压约承受200mmH₂O，负压约为65mmH₂O的真空度。图9-144为液压式呼吸阀的工作简图。

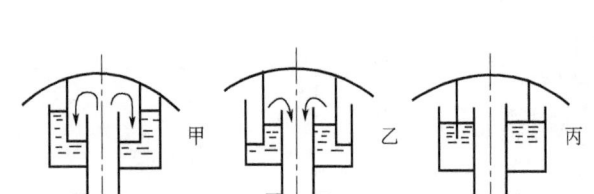

图9-144 液压安全阀工作原理

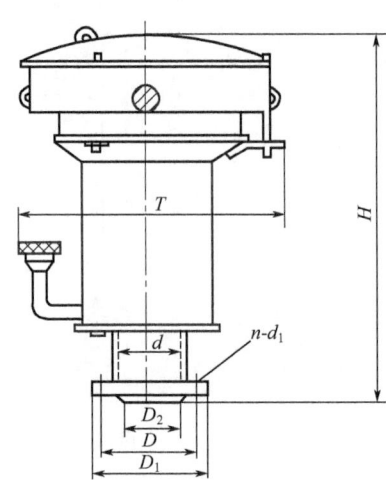

图9-145 液压式呼吸阀

液压式呼吸阀运转性能与润滑油流动性有关，注入阀内润滑油的凝固点（fp）应低于当地最低气温，而又不易挥发。

使用液压式呼吸阀规格，必须根据输液量按表9-58选择。

b. 液压式呼吸阀系列。液压呼吸阀的型号为YJ-B1-3，详见图9-145和表9-58。

③ 通气管、液压式安全阀或呼吸阀的规格及数量 按表9-59选用。对易挥发的液体选用呼吸阀，不易挥发液体选用通气管。

表9-58 图9-145阀的尺寸

规格	尺寸/mm							
	d	D	D_1	D_2	d_1	T	H	n
DN80	φ85	φ150	φ185	φ125	φ18	376	424	4
DN100	φ105	φ170	φ205	φ145	φ18	500	605	4
DN150	φ148	φ225	φ260	φ200	φ18	650	705	8
DN200	φ210	φ280	φ315	φ255	φ18	900	755	8
DN250	φ264	φ335	φ370	φ310	φ18	1050	885	12

表 9-59 通气管、安全阀或呼吸阀的直径选择

输液量 /(m³/h)	公称管径 DN	数量	备注	输液量 /(m³/h)	公称管径 DN	数量	备注
25 以下	50	1		151～250	200	1	
25～100	100	1		251～300	250	1	
101～150	150	1		300 以上	350	1	或用 2×DN200

④ 呼吸阀和通气量的计算　确定固定顶罐上呼吸阀和通气孔的通气量时，必须确定设计压力的基准值，取基准压力为 36mmH$_2$O（相当 353Pa）。

⑤ 呼吸阀的选用

a. HXF-88 型呼吸阀（图 9-146）。该阀是安装在固定顶罐上的通风装置，起减少油品蒸发损耗，控制贮罐压力的作用，其阀盘为硬质铝合金，壳体为铸铁、铸铝或不锈钢。可根据用户要求进行选择。该阀具有通风量大、耐腐蚀等特点，并有静电接地线，使阀与罐体保持等电位。规格、尺寸见表 9-60。

表 9-60　HXF-88 型呼吸阀规格及安装尺寸

| 规格 | 尺寸/mm | | | | | | | 单重/kg |
	H	L	D	D_1	D_2	n	d	
DN50	270	330	φ140	φ110	φ90	4	14	11
DN100	450	480	φ205	φ170	φ145	4	18	23.5
DN150	550	620	φ260	φ225	φ200	8	18	32.8
DN200	570	700	φ315	φ280	φ255	8	18	51.5
DN250	660	830	φ370	φ335	φ310	12	18	75.0

呼吸阀定压：正压 980Pa（100mmH$_2$O）、1750Pa（180mmH$_2$O）法兰标准由设计确定。
　　　　　　负压 295Pa（30mmH$_2$O）。

b. QHXF-89 型全天候呼吸阀（图 9-147）。该阀是安装在固定顶罐上的通风装置，起减少油品蒸发损耗，控制贮罐压力的作用。其阀盘结构为空气垫型膜式阀盘。具有防冻性能，适用于寒冷地区。同时还具有通风量大、泄漏量小，耐腐蚀等特点。并有静电接地线，使该阀与罐体保持等电位，其壳体为铸铝。规格、尺寸见表 9-61。

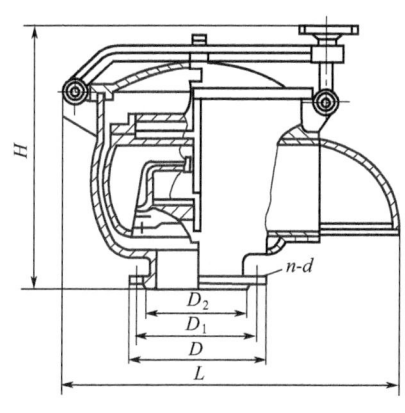

图 9-146　HXF-88 型呼吸阀

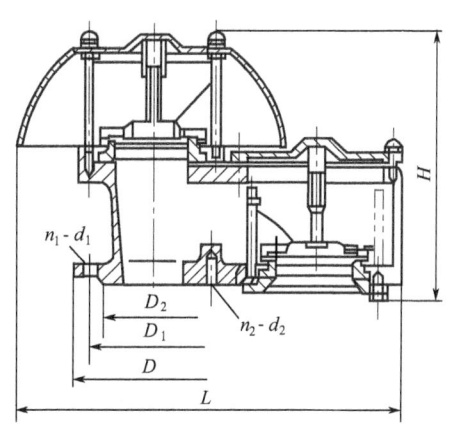

图 9-147　QHXF-89 型全天候呼吸阀

表 9-61 QHXF-89 型全天候呼吸阀规格及安装尺寸

规格	尺寸/mm									单重/kg
	H	L	D	D_1	D_2	n_1	n_2	d_1	d_2	
$DN50$	255	362	$\phi140$	$\phi110$	$\phi90$	3	1	14	12	18
$DN100$	342	508	$\phi205$	$\phi170$	$\phi145$	3	1	18	16	32
$DN150$	460	640	$\phi260$	$\phi225$	$\phi200$	3	1	18	16	49
$DN200$	545	770	$\phi315$	$\phi280$	$\phi255$	6	2	18	16	66
$DN250$	648	918	$\phi370$	$\phi335$	$\phi310$	9	3	18	16	90

呼吸阀定压：正压 355Pa(36mmH_2O)、980Pa(100mmH_2O)、1750Pa(180mmH_2O)。

负压 295Pa(30mmH_2O)。

c. QZF-89 型防火呼吸阀（图 9-148）。该阀是安装在固定顶罐上的通风装置，起减少油品蒸发损耗、控制贮罐压力及阻止外界火焰传入的作用。其结构为 QHXF-89 型全天候呼吸阀与阻火器的联合体；壳体材料为铸铝。该阀具有通风量大、泄漏量小和耐腐蚀等特点，并有静电接地线，使该阀与罐体保持等电位。在寒冷地区阻火器部分需伴热保温。规格、尺寸见表 9-62。

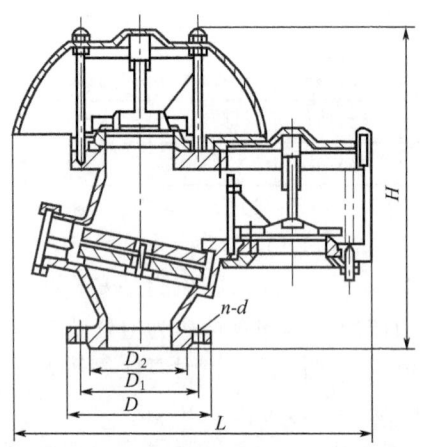

图 9-148 QZF-89 型防火呼吸阀

表 9-62 QZF-89 型防火呼吸阀规格安装尺寸

规格	尺寸/mm							单重/kg
	H	L	D	D_1	D_2	n	d	
$DN50$	360	362	$\phi140$	$\phi110$	$\phi90$	4	14	25
$DN100$	445	513	$\phi205$	$\phi170$	$\phi145$	4	18	47
$DN150$	610	640	$\phi260$	$\phi225$	$\phi200$	4	18	71
$DN200$	700	770	$\phi315$	$\phi280$	$\phi255$	8	18	98
$DN250$	828	918	$\phi370$	$\phi335$	$\phi310$	12	18	130

呼吸阀定压：正压 355Pa（36mmH_2O）、980Pa（100mmH_2O）。

负压 295Pa（30mmH_2O）。

d. GFQ-Ⅱ型全天候呼吸阀（图 9-149）。该产品是安装在固定顶贮罐上的通风装置，起减少油品蒸发损耗、控制贮罐压力的作用，其阀体采用铝合金，质量轻，耐腐蚀性能强，阀盘采用聚四氟乙烯材料，具有防冻性能，并具有结构简单，安装方便的优点。并有静电接地线使该阀与罐体保持等电位。规格、尺寸见表 9-63。

表 9-63 GFQⅡ型全天候呼吸阀规格安装尺寸

规格	尺寸/mm							单重/kg
	H	L	D	D_1	D_2	n	d	
DN50	260	195	φ140	φ110	φ90	4	14	5
DN80	350	345	φ185	φ150	φ125	4	14	8
DN100	365	372	φ205	φ170	φ145	4	18	9.5
DN150	356	435	φ260	φ225	φ200	8	18	12
DN200	418	478	φ315	φ280	φ255	8	18	25
DN250	445	576	φ370	φ335	φ310	12	18	35

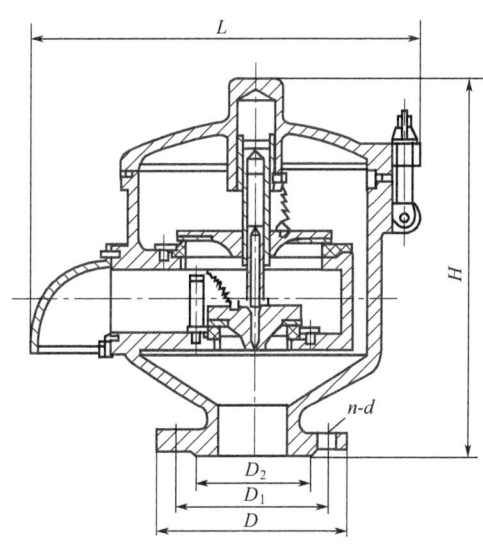

图 9-149 GFQ-Ⅱ型全天候呼吸阀

呼吸阀定压：正压 355Pa(36mmH$_2$O)、980Pa(100mmH$_2$O)、1750Pa(180mmH$_2$O)。
　　　　　　负压 295Pa(30mmH$_2$O)。

e. 带接管呼吸阀。见图 9-150、图 9-151、表 9-64、表 9-65。

表 9-64 带接管呼吸阀类型及代号

类型	代号	类型	代号
呼吸阀	B1(BL1)	阻火呼吸阀	BF1(BLF1)
带吸入接管呼吸阀	B2	带吸入接管阻火呼吸阀	BF2
带呼出接管呼吸阀	B3	带呼出接管阻火呼吸阀	BF3
带双接管呼吸阀	B4	带双接管阻火呼吸阀	BF4
呼出阀	B5	阻火呼出阀	BF5
带接管呼出阀	B6	带接管阻火呼出阀	BF6
吸入阀	B7	阻火吸入阀	BF7
带接管吸入阀	B8	带接管阻火吸入阀	BF8

注：带吸入/呼出接管的均采用法兰连接。

表 9-65　带接管呼吸阀主体材料、代号及定压

主体材料	代号	主体材料	代号
ZG 200-400	I	ZG 0Cr18Ni12Mo2Ti	IV
ZG 0Cr18Ni9	II	ZL102	V
ZG 0Cr18Ni9Ti	III	HT150	VI

注：1. 阀盘、阀座材料与主体材料相同（碳钢与铝合金的为不锈钢）。
2. 阀密封件为聚四氟乙烯。

型号标记及示例：

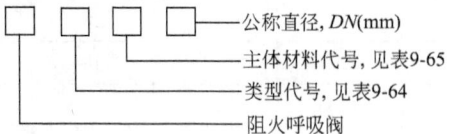

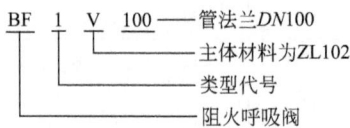

制造和试验、检验标准：按《石油贮罐呼吸阀》SY/T 0511—1996、《石油贮罐阻火器》GB 5908—2005 等标准进行制造和试验、检验或按用户指定标准。

订货须知：

ⓐ 阀体的法兰均以 SH/T 3406—2013 $PN2.0$ 为标准，当客户需用 GB、JB、HG、HGJ 或 ANSI、JIS 等标准或改变压力等级时请在订货合同中说明。

ⓑ 订货时应按型号标记方法写清型号。当需改变材料或有其他要求时，请在合同中说明。

安装尺寸见表 9-66～表 9-68。

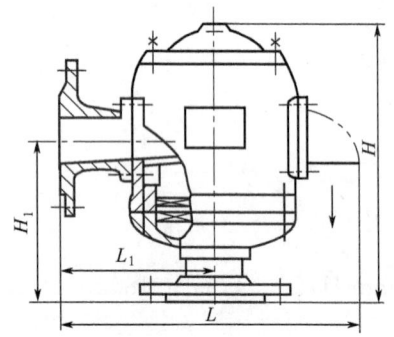

图 9-150　B_2（BF_2）型带吸入接管呼吸阀
（带吸入接管阻火呼吸阀）

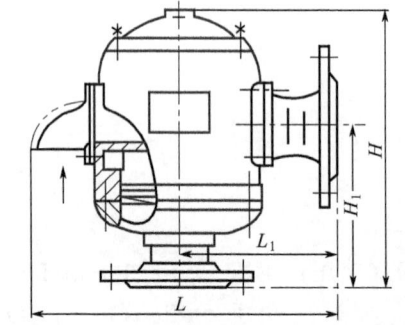

图 9-151　B_3（BF_3）型带呼出接管呼吸阀
（带接管阻火呼吸阀）

表 9-66　B_2、B_3 型安装尺寸　　　　　　　　　单位：mm

DN	40	50	80	100	150	200	250
H	310	310	410	485	585	680	835
H_1	178	178	220	265	295	320	405
L	300	300	397	443	612	775	960
L_1	162	162	198	218	292	358	430
质量/kg	22.5	24.5	32.5	44	72	122	184

注：1. 法兰标准由设计确定。
2. 表中 H、H_1、L、L_1 见图 9-150、图 9-151。

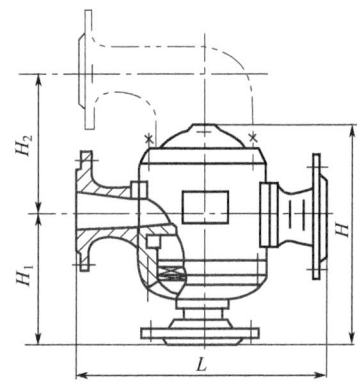

图 9-152　B_4（BF_4）型带双接管呼吸阀
（带双接管阻火呼吸阀）

表 9-67　B_4（BF_4）型安装尺寸　　　　　　　　单位：mm

DN	40	50	80	100	150	200	250
H_2	175	220	250	280	345	420	480
H	310	310	410	485	585	680	835
H_1	178	178	220	265	295	320	405
L	325	325	397	435	584	715	860
质量/kg	23	25	33	44.5	74	124	185

注：表中 H_2、H、H_1、L 见图 9-152。

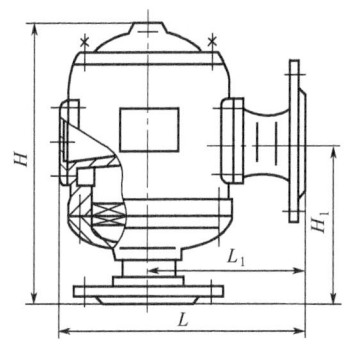

图 9-153　B_7（BF_7）型带接管呼出阀
（带接管阻火呼出阀）

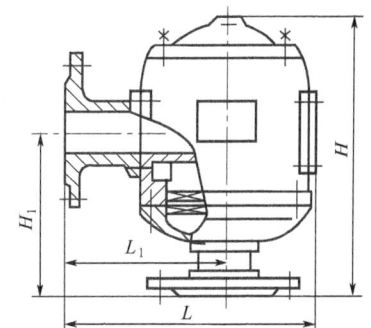

图 9-154　B_8（BF_8）型带接管吸入阀
（带接管阻火吸入阀）

表 9-68　B_7（BF_7）、B_8（BF_8）型安装尺寸　　　　　　　　单位：mm

DN	40	50	80	100	150	200	250
H	310	310	410	485	585	680	885
H_1	178	178	220	265	295	320	405
L	263	263	330	370	508	640	780
L_1	163	163	200	218	292	358	430
质量/kg	22.5	23.5	30.5	42	70	128	180

注：表中 H、H_1、L、L_1 见图 9-153、图 9-154。

f. 油罐车防火呼吸阀（YFH）（图 9-155）。本产品适用于运油,加油罐车上,当罐车装油或卸油时,阀盘可自动调节罐内压力。

本产品下部设有阻火装置,可隔绝外部火源传入罐内,以达到防火防爆的作用。规格尺寸见表 9-69。

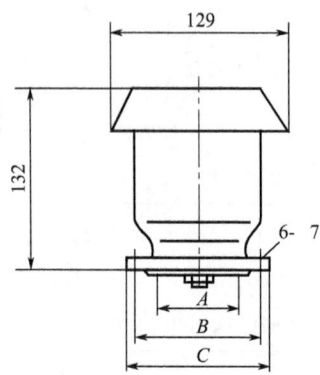

图 9-155　YFH 防火呼吸阀

表 9-69　YFH 防火呼吸阀规格及定压

型号	YFH60	YFH50	YFHG
连接方式	法兰	法兰	螺纹
ϕA	60mm	50mm	G2 英寸
ϕB	90mm	90mm	G2 英寸
ϕC	106mm	106mm	G2 英寸
呼口压力	8000Pa	980Pa	355Pa
吸口压力	3000Pa	295Pa	245Pa

g. 加油站防火呼吸阀（SHF）（图 9-156）。本产品适用于加油站贮罐或运油槽车上,当罐内进出油时,其阀盘自动工作,以调节罐内压力,使其始终保持正常气压（正压：+1750Pa,负压：-295Pa）。

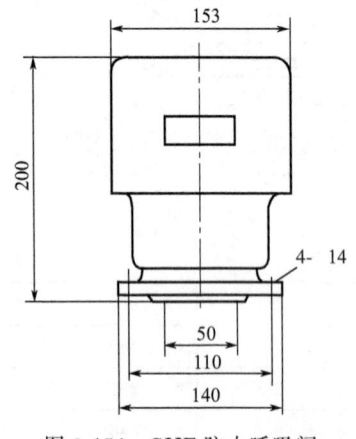

本产品下部设有阻火器,可切断罐外火源达到防火,防爆作用。

⑥ 呼吸阀、通气孔的安装

a. 当一组呼吸阀、通气孔的通气量不足时,可分为两组以上安装。

b. 雨水不得从通气孔进入罐内。

c. 通气孔、呼吸阀的入口和出口不得妨碍气体的流通。

安装呼吸阀时应注意保证阀的水平度,以免影响阀的动作。

d. 在气温较低有可能冻结的地区,应采取防冻措施。

e. 装设每平方英寸 2～4 孔的金属丝网以防鸟类进入。

图 9-156　SHF 防火呼吸阀

f. 贮存闪点不到 70℃的油品时,通气孔处最好安装阻火器。
对于装在浮顶上的呼吸阀及自动通气阀不需设阻火器。

g. 装设阻火器的呼吸阀或通气孔的通气量,应考虑阻火器的流动阻力。

(3) 挡板（又称反射盘）

贮罐呼吸阀接管的下面可设挡板。

挡板是一种简单而对防止蒸发损耗有一定效果的附件，在国外得到广泛应用。1965 年埃索工程标准 A 11-10-10 中规定：锥顶呼吸阀下方，安装呼吸阀挡板。旧的贮罐中可设折叠式挡板，在新建贮罐上设置固定式挡板，见图 9-157。

① 挡板降低蒸发损失的原理　挡板降耗的基本原理是当油罐发油时，空气被吸入罐内，形成强气流直冲至液面上方的大浓度层，形成气体空间的强制对流。装设挡板后，发油时可以改变吸入罐内空气流向，空气沿挡板切线方向，向贮罐顶部空间及四周运动，不致产生垂直向下冲击高浓度层的气流，减缓气体空间强制对流作用，一定程度上抑制罐内油品液面的蒸发速度，降低罐内气体空间的油气浓度；收油时，呼出气体，含油气少，从而降低了油品蒸发损耗。

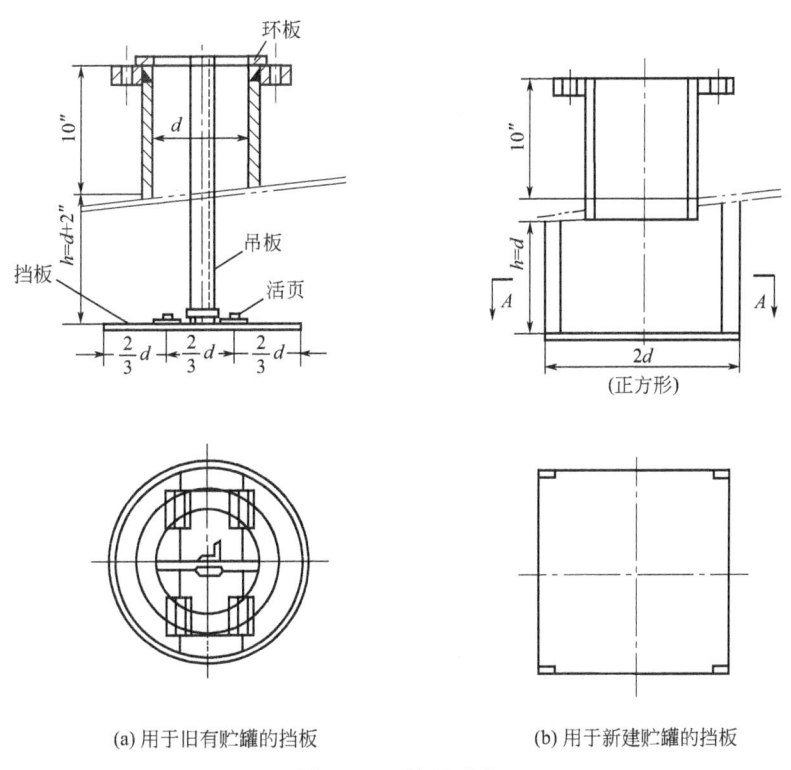

(a) 用于旧有贮罐的挡板　　　(b) 用于新建贮罐的挡板

图 9-157　挡板示意

无挡板及有挡板（包括平挡板及凹挡板），在吸气时的气流运动如图 9-158 和图 9-159 所示。图 9-158 为发油时无挡板贮罐的气体空间强制对流的气流运动。图 9-159 为发油时有挡板贮罐的吸气状态。

从国内外文献报道，装设挡板，大呼吸损耗可降低 20%～30%。适用于贮存原油及轻质油的固定顶罐。

② 我国测试情况　北京石油设计院、抚顺石油机械厂，齐鲁石化公司炼厂于 1980 年 8～9 月对 2 台 2000m³ 汽油罐进行有、无挡板时大呼吸损耗测试工作。测试用的挡板分为三种：ⓐ 短吊杆挡板；ⓑ 长吊杆挡板；ⓒ 带导流罩的短吊杆挡板。

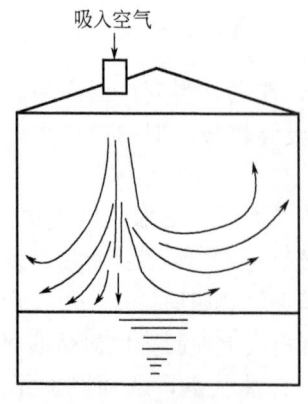
图 9-158 无挡板气流运动

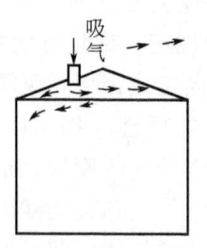
(a) 平挡板吸气状态

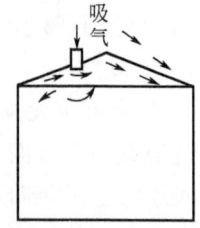
(b) 凹挡板吸气状态

图 9-159 有挡板贮罐的吸气状态

通过测试和分析,可降低大呼吸损耗 25%。表 9-70 为实测蒸发损耗参数表。

表 9-70 实测大呼吸蒸发损耗参数一览表

项目		总耗油量/kg	贮罐内油气温度/℃	油温度/℃	大气温度/℃
无挡板	(1)	1484	31.6	39	25.4
	(2)	1345	33.9	35	26.6
	(3)	1645	37.3	35	23
装挡板	(1)	890	33.2	39	26.6
	(2)	686	30	36	24.8
长吊杆挡板	(1)	986	24.4	37	23.6
	(2)	717	36	38	25.9
短吊杆带导流罩	(1)	1360	33.3	38	24.6
	(2)	1013	35	37	23.4

③ 挡板的技术特性

a. 挡板安装形式及方法。呼吸阀的挡板安装在贮罐的呼吸阀的接合管下方,见图 9-160。由于施工时不需焊接,可在贮存物料的贮罐上进行安装。

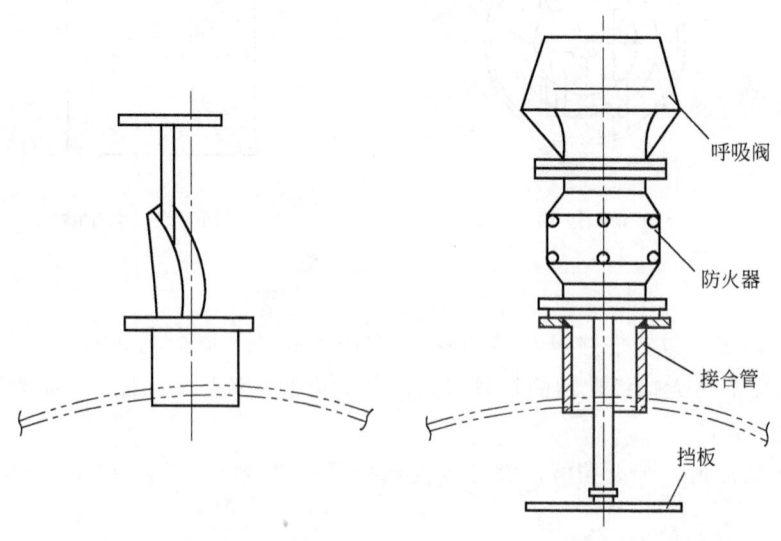

(a) 挡板折叠后装入罐内　　(b) 安装在呼吸阀防火器下面的挡板

图 9-160 挡板的安装形式

在安装时,将罐顶呼吸阀、防火器卸下。将挡板折叠与吊杆平行,再从接合管内放入罐内展开与吊杆垂直,将固定板圆盘置于接合管中心位置,静电接地线垫圈压在防火器连接螺栓与环板之间,以消除气体对挡板的冲刷而产生的静电,然后安装防火器和呼吸阀。

b. 挡板基本尺寸的选择。挡板的规格与呼吸阀相对应。有适用于 $DN100$、$DN150$、$DN200$、$DN250$ 接合管的挡板。挡板基本结构尺寸取决于挡板直径 D 和挡板安装高度 H(接合管下边缘至挡板上表面的距离)。

挡板直径 D 的确定是以吸入罐内空气流,改变流向后不致与挡板间产生太大的摩擦阻力降 Δp 为原则。同时又便于由接合管装入,一般取 $D=2d$。

距离 H 值的确定是确保吸入罐内空气,有足够的环形通道面积,防止产生附加 Δp 而影响呼吸阀的通气量,一般取 $H=(1.5\sim2)d$,由于影响因素较多,可根据实测效果进行调整吊杆长度,确定适宜的安装高度。

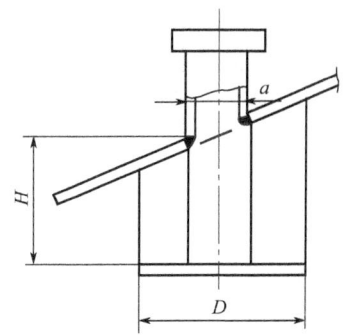

图 9-161 呼吸阀下面设置的挡板

c. 引进装置挡板特性。在一些引进装置的贮罐中,呼吸阀接管下面设置挡板,图 9-161 和表 9-71 为其结构尺寸。

表 9-71 引进装置的挡板规格

接管外径/mm	89.1	114.3	165.2	216.3	267.4
安装高度 H/mm	65	85	145	160	200
挡板直径 D/mm	190	230	290	344	406

9.4.5 防护装置

为防止贮罐出现真空或贮罐内物料大量泄出等意外事故,应设置必要的防护装置,一般适用于低闪点的易燃、易爆液化气体或其他液体。

(1) 防止真空阀

贮罐特别是大中型低温贮罐的设计,需考虑出现真空的保护措施,防止由于抽出液化气或气温急骤下降,罐内形成真空。当贮罐形成真空,防止真空阀的活门开启时,高于大气压力的液化气由其他容器送至贮罐,保持贮罐在正压下工作,见图 9-162。

a. XYF-89 型泄压阀(图 9-163)。该阀是安装在贮罐上的正压通风装置,可与呼吸阀配套使用或用于增加贮罐正压通风量以防超压。也可用于氮封罐和安装在管道上以控制压力。壳体材料为铸铁或铸铝,具有一定的防冻性能,可用于寒冷地区。规格尺寸见表 9-72。

表 9-72 XYF-89 型泄压阀规格及安装尺寸

规格	尺寸							单重/kg
	H/mm	L/mm	D/mm	D_1/mm	D_2/mm	n/个	d/mm	
$DN50$	266	332	$\phi140$	$\phi110$	$\phi90$	4	14	17
$DN100$	296	342	$\phi205$	$\phi170$	$\phi145$	4	18	24
$DN150$	390	372	$\phi260$	$\phi225$	$\phi200$	8	18	39
$DN200$	468	452	$\phi315$	$\phi280$	$\phi255$	8	18	52
$DN250$	544	532	$\phi370$	$\phi335$	$\phi310$	12	18	73

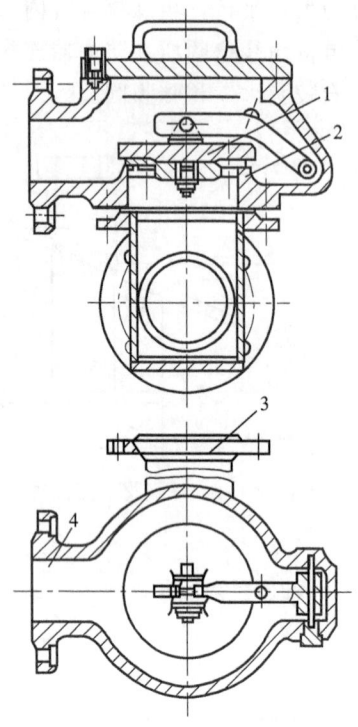

图 9-162 防止真空设备
1—活门；2—阀座；3—接高于大气
压力的液化气容器；4—接贮罐

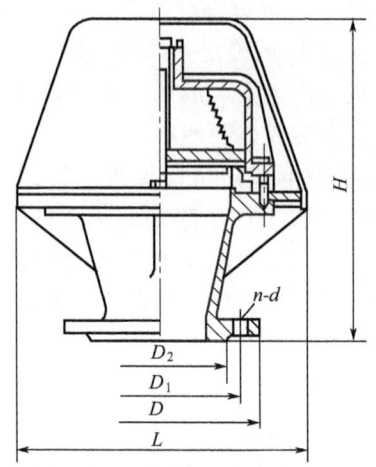

图 9-163 XYF-89 型泄压阀

b. ZXF-89 型真空泄压阀（图 9-164）。该阀是安装在贮罐上的负压通风装置，可与呼吸阀配套使用，以用于增加贮罐空气吸入量以防贮罐抽瘪。也可单独使用，壳体材料为铸铁或铸铝。并具有通风量大、泄漏量小、耐腐蚀等特点。该阀还设有静电接地线使其与罐体保持等电位，并适用于寒冷地区，规格尺寸见表 9-73。

表 9-73 ZXF-89 型真空泄压阀规格及安装尺寸

规格	尺寸							单重/kg
	H/mm	L_1/mm	D/mm	D_1/mm	D_2/mm	n/个	d/mm	
DN50	258	284	φ140	φ110	φ90	4	14	17
DN100	372	446	φ205	φ170	φ145	4	18	44
DN150	400	632	φ260	φ225	φ200	8	18	77
DN200	461	736	φ315	φ280	φ255	8	18	106
DN250	520	876	φ370	φ335	φ310	12	18	148

c. 液压安全阀（图 9-165）。液压安全阀装于油罐顶部与呼吸阀配套使用，正常情况下它不动作，只是呼吸阀失灵或因其他原因使罐内出现过高的压力或真空时它才动作。阀内应装入沸点高，不易挥发，凝固点低的液体作为液封。规格尺寸见表 9-74。

(2) 过流阀

过流阀又称快速阀，是一种防护装置，贮罐的液相管及气相管出口处设置过流阀。

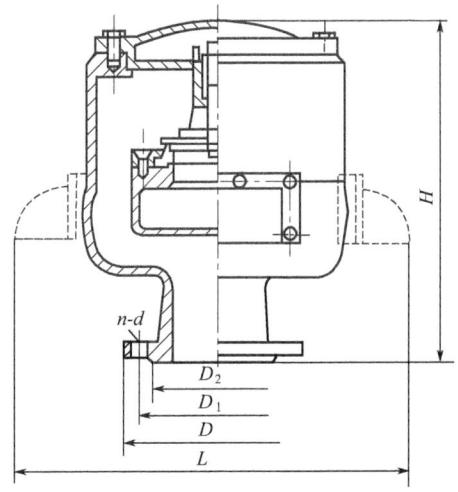

图 9-164 ZXF-89 型真空泄压阀

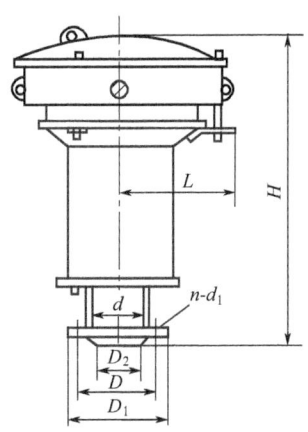

图 9-165 液压安全阀

表 9-74 液压安全阀规格及安装尺寸

规格	尺寸								单重/kg
	d/mm	D/mm	D_1/mm	D_2/mm	d_1/mm	L/mm	H/mm	n/个	
DN80	$\phi85$	$\phi150$	$\phi185$	$\phi125$	$\phi18$	220	424	4	26
DN100	$\phi105$	$\phi170$	$\phi205$	$\phi145$	$\phi18$	500	605	4	42
DN150	$\phi148$	$\phi225$	$\phi260$	$\phi200$	$\phi18$	650	705	8	66
DN200	$\phi210$	$\phi280$	$\phi315$	$\phi255$	$\phi18$	900	755	8	97.5
DN250	$\phi264$	$\phi335$	$\phi370$	$\phi310$	$\phi18$	1050	885	12	140.2

① 过流阀的工作原理　在正常状态下，管道通过正常流量时，过流阀开启，如图 9-166 (a) 所示。当发生事故时，贮罐内液化气大量泄出，出口速度超过正常流速，当达到规定最大流量的 150%～200% 时，塞板受的力大于正常状态弹簧反作用力，塞板压弹簧关闭出口，防止事故流出大量的物料。如图 9-166 (b) 所示。

经过一段时间，塞板前后压力相接近，塞板在弹簧作用下恢复正常状态，液化气又经出口流出。

② 过流阀的形式及计算　过流阀有弹簧式和浮筒式两种。

a. 弹簧式过流阀。该阀用于液相、气相管道的任何位置。弹簧式过流阀的通过能力和尺寸由下式计算

$$(d_2 - d_1)^2 = m^2 G_c/(K\gamma) \tag{9-120}$$

式中　d_2——阀壳内径，m；
　　　d_1——阀芯直径，m；
　　　m——最大允许流量/正常流量，$m=1.5\sim2.0$；
　　　G_c——通过能力，kg/s；
　　　γ——液化气的体积质量，kg/m³；
　　　K——系数，与阀的构造、尺寸、安装方式有关。见表 9-75。

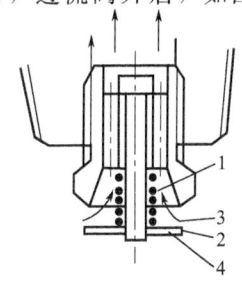

(a) 工作状态

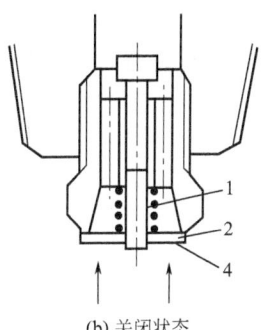

(b) 关闭状态

图 9-166 过流阀工作原理
1—弹簧；2—塞板；3—开口；4—小孔

表 9-75 系数 K 与阀结构安装形式的关系

阀的结构或安装方式	K	阀的结构或安装方式	K
环形缝口	240～320	垂直安装（向下流）	250
垂直安装（向上流）	300	水平安装	275

设计阀门时可取

$$d_1 = d_2 - \sqrt{m^2 G_c/(K\gamma)} \tag{9-121}$$

$$d_2 = 0.85 d_y \tag{9-122}$$

$$d_3 = 0.85 d_1 \tag{9-123}$$

$$h = 0.21 d_1 \tag{9-124}$$

式中　d_y——安装过流阀的管道直径，m；

　　　h——阀芯升起的高度，m；

　　　d_3——阀座的内径，m。

弹簧力的计算公式如下：

$$F = 0.0145 \gamma w_3 d_1^2 \tag{9-125}$$

式中　F——弹簧力，kg；

　　　w_3——工作时的空隙流速，m/s。

阀芯自重应为最大弹簧力的 8%～12%。

型号 YG012 为石家庄阀门二厂产品。适用范围为液化石油气贮配站、炼厂、石化厂的液化石油气系统的液相管路。使用规格为 DN50、DN80。性能规范见表 9-76。

表 9-76 YG012 型阀门性能规范

公称压力 PN /(kgf/cm²)	强度试验压力 p_s/(kgf/cm²)	正常流速 /(m/s)	关闭流速 /(m/s)	适用温度 /℃	适用介质
16	24	<1.5	≈3	-40～+80	液相液化石油气

技术要求如下。

ⓐ该阀为弹簧式过流阀，利用弹簧力平衡介质不同流速引起阀瓣上不同的力，以此控制阀门开启和关闭；ⓑ介质可从两个方向通过，只有从弹簧一端流入时，才能自动关闭；ⓒ阀瓣上有一个 ϕ1.2mm 小孔，用来平衡阀门关闭后阀瓣两边的压力，使阀瓣在弹簧作用下，当管道恢复正常流量时能自动打开；ⓓ弹簧式过流阀主要尺寸及简图详见图 9-167。图（a）为弹簧式过流阀的结构示意。图（b）为 YG-01 过流阀尺寸，图（c）为 YG-02 过流阀尺寸。

b. 浮筒式过流阀。图 9-168 为浮筒式过流阀。浮筒式与弹簧式的不同之处在于平衡力是浮筒的自重，而不是弹簧力。只能用于由下向上流动的流体。

浮筒式过流阀，阀体内设有浮筒，浮筒边上有三个控制浮筒移动的导架，用浮筒自重调节阀门的开关。当流量增加，浮筒升起并压紧底座，使液体不能流出。浮筒顶部有槽沟，当过流阀关闭后，用它来平衡阀门前后的压力。

设计阀门时可取

$$d_1 = d_2 - \sqrt{m^2 G_c d_2/(880\gamma)} \tag{9-126}$$

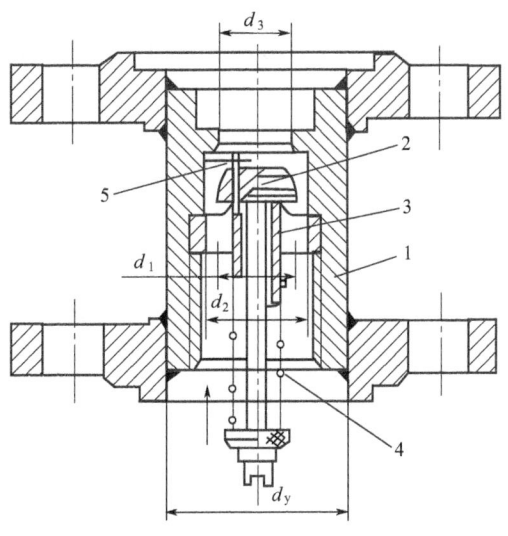

(a) 弹簧式过流阀

1—阀体；2—阀芯；3—导架；4—弹簧；5—小孔

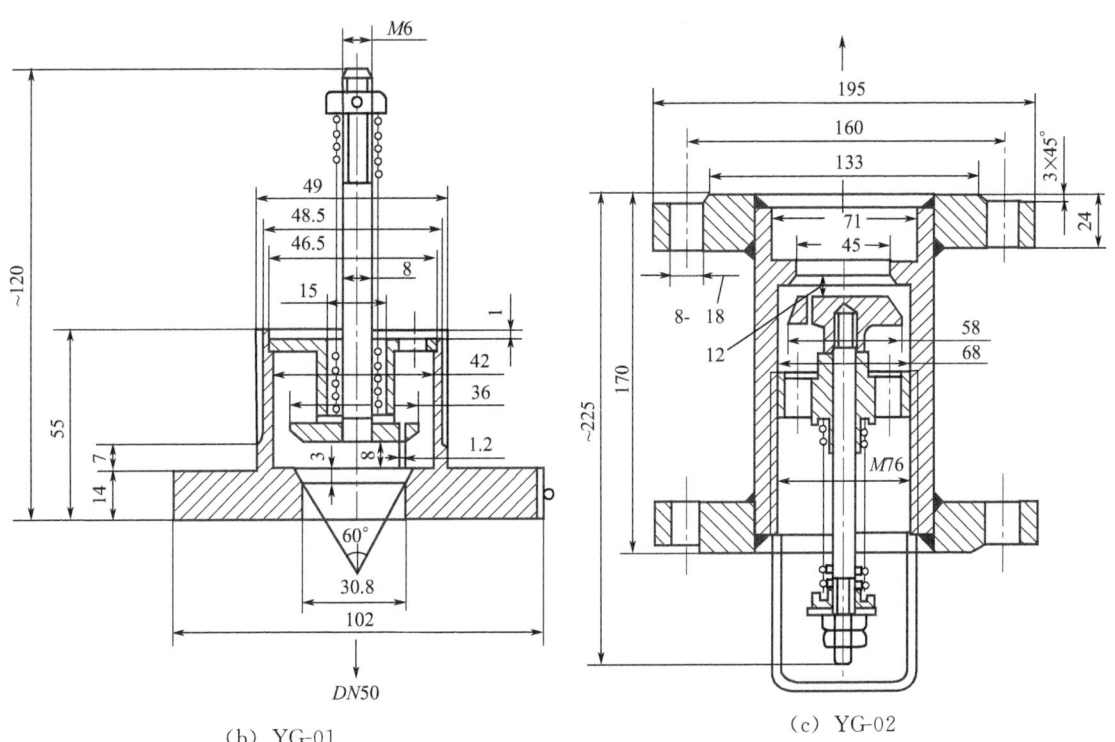

(b) YG-01　　　　　　　　(c) YG-02

图 9-167　过流阀

$$d_2 = d_y \tag{9-127}$$

$$l = 3.5 d_2 \tag{9-128}$$

$$d_3 = 0.85 d_1 \tag{9-129}$$

$$h = 0.21 d_1 \tag{9-130}$$

式中　l——浮筒长度，m；其他符号同前。

(3) 安全回流阀

① 安全回流阀的作用　在用泵灌装液化石油气钢瓶的系统中，由于流量波动，造成泵的排量不稳定，有时会由于压力升高，引起泵与管道系统振动或其他事故，为此，在泵的出口管段上应设安全回流阀。当压力过高时，将活门顶开，液化石油气流回贮罐。

② 型号为 AH42F-16C 液相安全回流阀性能、用途和规格　该型号为石家庄阀门二厂产品。适用范围：适用于液化石油气贮配站、炼厂、石化厂液化石油气系统，起管道溢流作用。规格为 $DN40$，$DN80$。性能规范见表9-77。

表 9-77　AH42F-16C 液相安全回流阀性能规范

公称压力/MPa	强度试验压力/MPa	开启压差/MPa	工作温度/℃	工作介质
1.6	2.4	0.5	−40〜80	液化石油气

技术要求如下。

ⓐ该阀利用弹簧力平衡介质作用于阀瓣上压力，并密封之，当进出口压差达到性能规范压力指标时，阀门自动开启，介质回流；ⓑ该阀开启高度 $\geqslant d_0/4$，排量较大；ⓒ密封面采用聚四氟乙烯；ⓓ安全回流阀主要尺寸及简图见图9-169和表9-78。

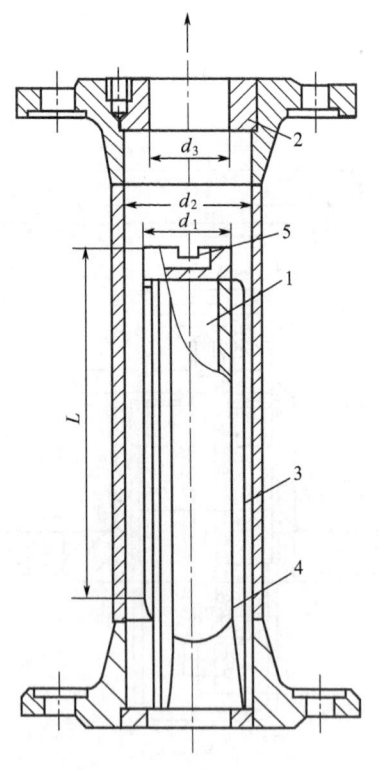

图 9-168　浮筒式过流阀
1—浮筒；2—底座；3—阀体；4—导架；5—槽沟

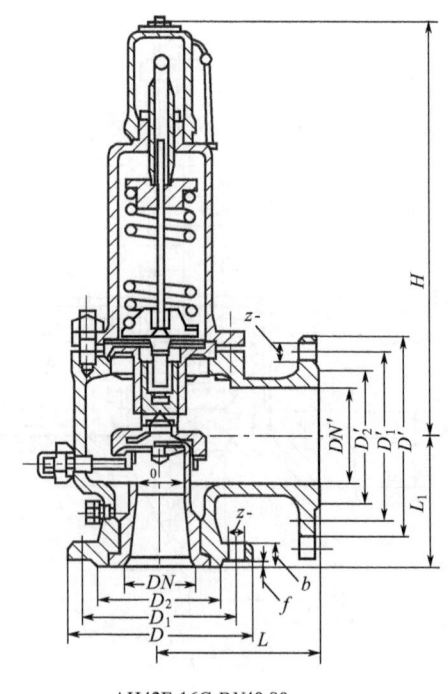

AH42F-16C DN40.80
图 9-169　安全回流阀

(4) 紧急切断阀

在液化气系统内，当管道破损，阀门断裂，发生操作或火灾事故时，为防止液化气大量泄出，贮罐的气相、液相出口处均应设置紧急切断阀。紧急切断阀常与过流阀串联在一起。

紧急切断阀分为油压式、电压式和手动式。

a. 油压式紧急切断阀。油泵将油压送至阀的上部油孔，并进入油缸。油在油缸内克服弹簧力，推动带阀芯的缸体下降，使阀芯与带活塞杆的固定阀离开，阀门开启，液化气由下而上流出。

表 9-78　图 9-169 安全回流阀尺寸

公称直径 DN		40	80	公称直径 DN		40	80
主要外形尺寸和连接尺寸	L/mm	120	170	主要外形尺寸和连接尺寸	D'/mm		
	L_1/mm	110	135		D'_1/mm	160	215
	D/mm	145	195		D'_2/mm	125	180
	D_1/mm	110	160		H/mm	100	155
	D_2/mm	85	135		ϕ_0/mm	279	429
	b/mm	16	20			25	50
	f/mm	3	3				
	$z\text{-}\phi$	4-18	8-18	总重/kg			
	DN'/mm	50	100				

当发生事故时，使油缸油降压，阀芯在弹簧力作用下向上移动，阀芯紧压于阀座上，将流体切断，起到紧急切断的作用。

油的压力大于阀芯弹簧力与流体对阀芯的作用力之和，否则油缸不能下降，阀门不能正常开启。操作的油压 $p_b > 3.0$ MPa。详见图 9-170。

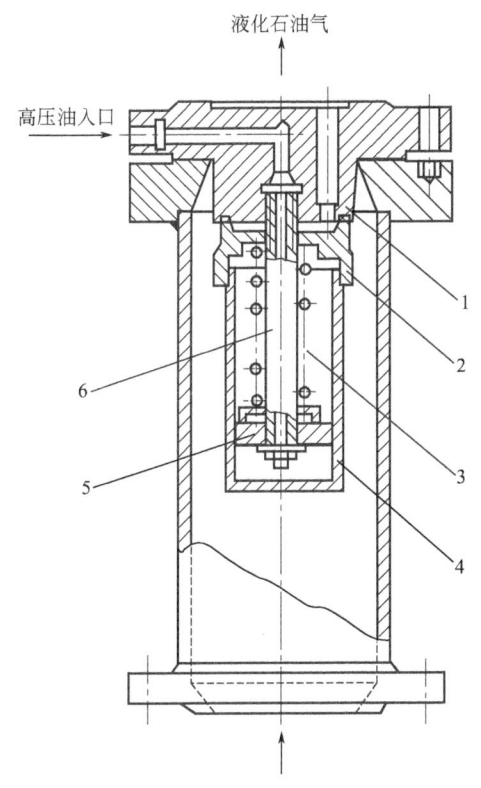

图 9-170　油压式紧急切断阀
1—阀座；2—阀芯；3—弹簧；4—油缸；
5—活塞；6—活塞杆

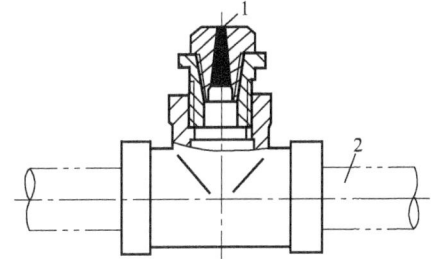

图 9-171　易熔合金塞的安装
1—易熔合金塞；2—油管

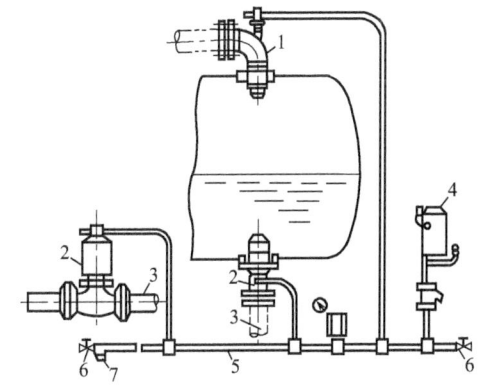

图 9-172　油压式紧急切断阀安装示意
1—气相紧急切断阀；2—液相紧急切断阀；
3—液化石油气液相管；4—油泵；5—油管；
6—泄压阀；7—易熔合金

当发生火灾等事故时，为了能使切断阀自动关闭，应在阀件的油路系统设置易熔合金塞，当发生火灾温度升高，易熔合金熔化，油罐中油排出，油压式切断阀立即关闭。见图 9-171。易熔合金塞熔化温度有 75℃ 和 102℃ 两种。图 9-172 为切断阀安装示意。

b. 气压式紧急切断阀。利用压缩空气使阀门开启和关闭。

c. 电气式紧急切断阀。利用电磁铁的吸引力，使阀门开启和关闭，阀门应具有耐压与防爆性能。

d. 手动式紧急切断阀。利用手动机构控制切断阀开启和关闭。

(5) 防冻排污阀

防冻排污阀安装在贮罐的排污口，它是一种特殊结构阀门，如图 9-173 所示。

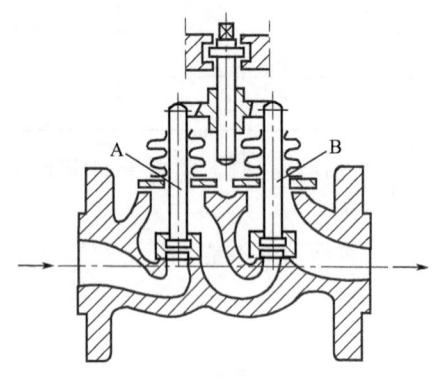

图 9-173　防冻排污阀

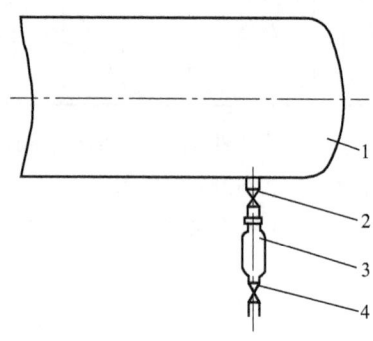

图 9-174　贮罐排污箱连接示意
1—贮罐；2—截止阀；3—排污箱；4—泄放阀

阀门包括有两个不同直径的阀口 A，B，其中 A 的直径稍大于 B，两个阀口的阀杆连在一个横杆上，并由一个操作杆操纵；当阀口 B 开始结冰时，关闭 B 阀口，防止阀口 A 结冰，避免因阀口 B 结冰而使阀门关闭不严而漏气。

防冻排污方法，除了装设防冻排污阀外，还可用下列方法：ⓐ可在排污口安装两个阀口直径不同的阀门代替防冻排污阀；ⓑ贮罐排污口安装截止阀，接着安装排污器，下部连接截止阀，并在排污器外部加蒸气伴热，防止排污的截止阀结冰，见图 9-174。

9.4.6　贮罐内物料流动时的静电及防止办法

(1) 静电的产生及其特点

① 静电的产生　罐体与液体，即两个表面接触时，电子从一个表面转移至另一表面，当分离后，两表面带有不同电荷。在静电系统中，电荷是在非电解质中产生和移动的。

通常认为液体在管线和贮罐内流动时的带电现象可以用所谓离子双电层的理论来解释。

液体中本来存在着等量的正离子和负离子，当液体和固体接触时，正离子或负离子吸附在固体表面。

与吸附离子等量且为相反极性的离子，由于电传导的因素将向吸附离子靠近，形成对应离子，这就构成了离子的双电层。

由于对应离子除受电荷力的影响外，还受到电荷力方向相反的由热运动形成的扩散力的影响，其分布情况由两力的平衡条件来决定。

一般认为在电阻率小的电解液中，由于电导率大，对应离子被压缩在固体表面到 10^{-8} m 左右的范围内。在电阻率大的电解液中，对应离子可从固体表面扩散到液体内达数毫米左右，图 9-175 表示了这种情况。

液体在贮槽及管内流动，由于机械能的影响，扩散在液体内的部分离子会从双电层中分离出来，并与液体一起流动，这就使液体流动带电。

当扩散的部分离子被带走后，双电层的平衡被破坏，剩余只是吸附离子的电荷被释放到管子和贮罐内，使金属管壁和罐壁带电。

凡是非导体（非电解质的有机物）与导体（金属容器、管道）、非导体与非导体之间产生相对运动时，由于接触面的摩擦作用都可使液体和容器分离出相反符号的静电荷。但是由于有机物的电阻率较高，使有机物积累的电荷不易流散，积累电荷达到一定量时，在一定条件下会产生放电现象。

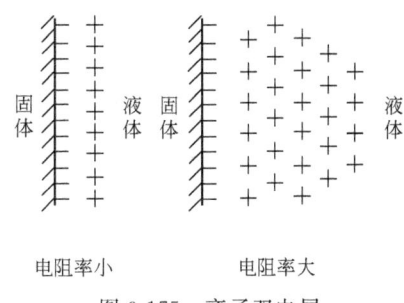

图 9-175 离子双电层

贮罐在贮存、装卸、收送物料时，当流体沿管壁流动过程中，特别是在泵送或液体搅动下，由于有机物与金属壁的摩擦作用，贮罐和进出料管的金属壁与有机物都能聚集电荷。

静电引起爆炸或燃烧（火灾）的条件是：ⓐ爆炸混合物的存在；ⓑ发生火花放电的能量超过最低着火能量。这种静电荷往往是贮罐或容器在正常操作时产生的。比如在容器蒸气空间，湍流增加时，或泵送、液体搅动引起贮罐液位波动时，以及由于管路内液体摩擦阻力降增大情况下产生的。

静电放电形式有两种：一是火花放电，一是电晕放电。

② 影响静电荷量的因素

a. 影响贮油罐内静电产生量的几个因素。

ⓐ 静电荷的产生与装油方式有关，装油方式可分为两种：一种为底部装油法，又称液下装油；另一种为上部装油法，又称为喷溅装油。这两种方法相比后者静电产生量大。因为当油品从上部流出口高速喷入贮油罐时，不但因液体分离而产生静电，同时还因油品冲击到罐壁造成喷溅飞沫而产生静电，与此同时还常常有油雾出现，如果油雾与空气混合达到爆炸浓度，则有更大的危险性。

ⓑ 油品流出口至油面的距离（落差）对油面电位的影响如图 9-176 所示，图中分别给出

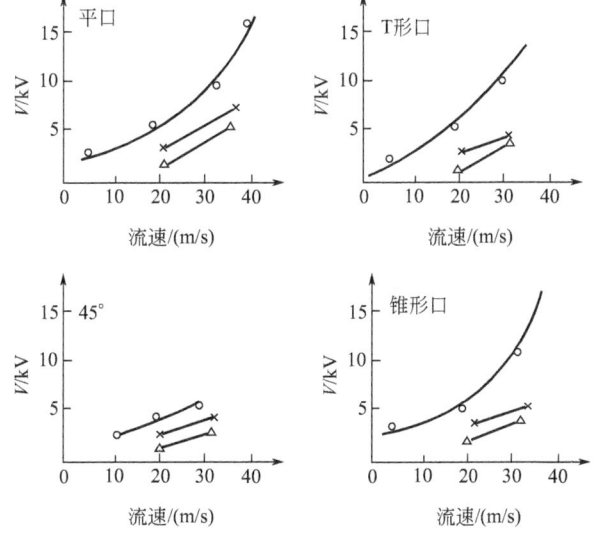

图 9-176 油品流速及落差与油面电位的关系

○ 落差为 1.5m；× 落差为 0.75m；△ 落差为 0.50m

了落差为 1.5m、0.75m 和 0.50m，罐容积为 10m³ 时油面电位与落差之间的关系曲线。可见落差越大静电电位越高。

ⓒ 不同油品相混会增加静电的产生量，例如，某厂用管线向一油罐输送航空煤油，同时又开另一管线送油，后一管路中有残留的碱渣。当时流速虽仅有 2m/s，但却因静电引起了重大爆炸事故，损失达 50 余万元。

ⓓ 当罐底有沉降水时，若采用底部进油方式，则会搅起沉降水，从而会大大地增加静电的产生量。

ⓔ 用蒸汽清洗油罐也会产生很高的静电电位。

ⓕ 时间因素。油罐在注油过程中，从注油停止到油面产生最大静电电位，往往需要经过一段时间，这个时间通常称为延迟时间。图 9-177 给出了往油罐注油，当油量达到油罐容积 90% 时停止注油，并经过 23.6s 的延迟时间后，油面静电电位才达到最大值。

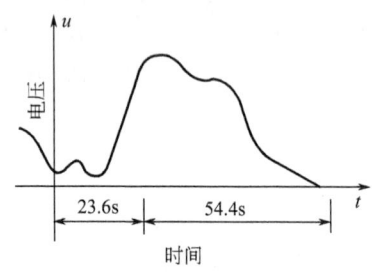

图 9-177 泵送停止后罐内电位变化情况

b. 铁路槽车静电的产生。炼油厂铁路槽车装油基本上有两种方式，一种是泵式装油系统；另一种是自流式装油系统。

分析这两种进油系统的静电产生，泵式系统的静电量主要产生在泵及过滤器处，且在过滤器里静电产生量达到峰值。自流系统与泵式装油系统相比，没有因泵使静电急剧产生的这一环节，从而使得进入过滤器时的初始电荷较少。二者相同之处是在过滤器处都有大量静电产生，因此通常把过滤器设置在离装油口 100m 以外，以便有充裕的时间逸散电荷。

c. 汽车油罐车静电的产生。汽车油罐车按其用途可分为两种，一种是专门用于飞机、坦克、车辆的加油车，另一种是专为运输油料的运油车。从静电产生的机理来看，无论是加油车还是运油车，这些移动式加油工具与管道型的加注系统相比，有它自己的特点。

ⓐ 静电主要产生部位仍然是泵、过滤器、管道等，但油罐车上的加注系统的静电产生量要比地面管道高得多。例如，某厂一条长为 250m、直径 25.4cm（10in）的地下管线以 2500L/min 流量用泵送油时，从加油栓出来的电荷量为 7~10μC/m³，而经过油罐车后电量却超过了 100μC/m³。这些静电荷主要产生于油罐车的过滤器。

ⓑ 油罐车在注油过程中罐内油面电位的变化规律通常是随油面高度的增高而增大，当达到某一值后又开始下降。图 9-178 及图 9-179 分别给出了国产 DD400Y 型加油车及国产 XY510 型黄河运油车油罐内油面电位的变化曲线。

d. 油轮静电的产生。多种原因均可使油轮带电，进而导致重大爆炸事故的发生。据统计，1967 年至 1975 年间，世界上营运的石油、矿石、杂货等巨型混合船共有 300 艘，其中就有 18 艘发生了爆炸，占总船数的 6%。国际有关组织对这些事故研究后指出，由于静电导致爆炸的可能性最大。因此有必要对油轮静电的产生和消除进行认真研究。

ⓐ 用水冲洗油舱时油舱带电。通常情况下虽然水是良导体，但在清洗油舱时，水从喷嘴高速喷出后分裂成细滴和水雾而带有静电荷，使舱内充满了带电的雾和气。有关的测试表明，冲洗仅几分钟至几十分钟，油舱中空间电荷密度就可达到 $10^{-8}C/m^3$ 以上，油舱中心电位高

达 40kV 以上。

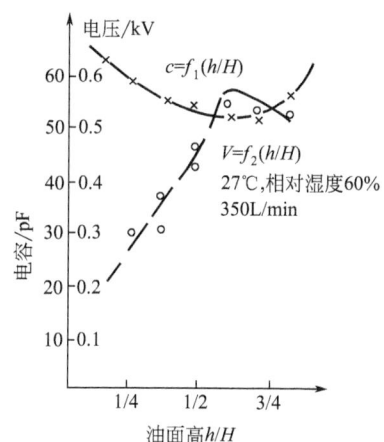

图 9-178　DD400Y 型加油车油面电位、电容变化曲线

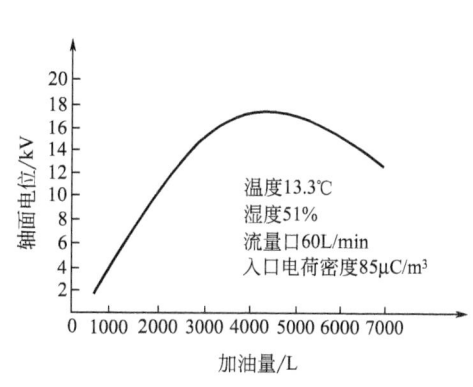

图 9-179　XY510 型黄河运油车油面电位变化曲线

ⓑ 油舱装油不满，油或压舱水摇晃带电。在油舱中油未装满，油或压舱水在航行中由于风浪使其在舱内摇晃而与船壁发生冲击带电。如在 1967～1972 年间有几艘大型石油/散装货/矿石（OBO）船在海上发生大爆炸，均与油舱清洗无关，当时为了弄清原因，做了如下试验：用 3000t 海水及 200t 原油同时注入船舱，液面高度为满舱时的 30%，并让船体在 ±5° 内横摇。经 16h 试验，然后测得舱内的空间电荷密度高达 $18 \times 10^{-12} C/m^3$。可见混合货船的压舱水在激涌时，在舱内产生的静电电荷密度与用水冲洗油舱产生的电荷密度相当或更高。因此，油污海水的液面晃动同样是引起静电火灾的一个重要的危险因素。

e. 管线内影响静电荷量的因素。

ⓐ 管线长度。有机物在管线内流动，管线的长度增加，静电量就要增加，冲流电流与管线长度成指数函数增加。

$$i_Z = i_\infty (1 - e^{-Z/(U\tau)}) \tag{9-131}$$

式中　i_Z——管线长为 Z 时的冲流电流值；

i_∞——管线无限长时冲流电流值；

U——液体在管内流速；

τ——液体的松弛时间，τ 的定义为电阻率与介电常数的乘积。

上式表明，随着管线长度增加，冲流电流从初始值对应于饱和值，然后按指数函数增加或减少，直至接近饱和值。如图 9-180 所示。

由于有机物的物性，使其带静电强弱不同。如不同的油品静电强弱也不同。通常用介电常数和导电率（或电阻率）评定油品带电性能。当油品介电常数达到 2.5～3，电导率为 $10^{-10} \sim 10^{-15}$ $(\Omega \cdot cm)^{-1}$ 时（或

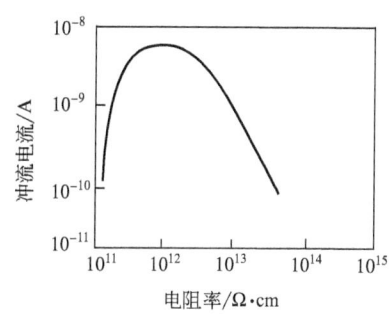

图 9-180　管线长度与冲流电流的关系

电阻率为 $10^{12}\sim10^{14}\Omega\cdot cm$ 时），所载静电荷最大，放电危险性也最大。一般来说，导电率愈高的物质，积累静电荷能力愈小。而电阻率愈高的物质，积累静电荷能力愈高。

由此可见，液体电阻率是流动时静电荷大小的重要因素。

表 9-79 和表 9-80 为若干易燃液体的电导率和电阻率的实测值。

表 9-79 若干有机物的电导率

液体名称	苯酚	甲苯	二甲苯	灯油
电导率$/(\Omega\cdot cm)^{-1}$	$(1\sim6.3)\times10^{-14}$	$(1\sim4.0)\times10^{-14}$	6.3×10^{-14}	$(1\sim6.7)\times10^{-10}$

表 9-80 若干有机物的电阻率

液体名称	丙酮	甲醇	酒精	四氯化碳	苯
电阻率$/\Omega\cdot cm$	1.7×10^7	6.7×10^8	7.4×10^8	2.5×10^{17}	6.0×10^{18}
液体名称	甲苯	二甲苯	灯油	轻油	挥发油
电阻率$/\Omega\cdot cm$	1.2×10^{14}	9.0×10^{13}	10^{15}	10^{15}	10^{15}

ⓑ 管壁的粗糙度。有机物带电量与管路内表面粗糙度成正比，管路的粗糙度愈大，有机物的带电荷量愈多。

ⓒ 管道内有机物的流速。据文献报道，有机烃物质在管道中流动所产生的静电荷与流速的平方成正比。

Mahley 和 Warren 在一定条件下作出实验结果近似二次方的比例关系，$q \propto w^{1.75}$。详见图 9-181。

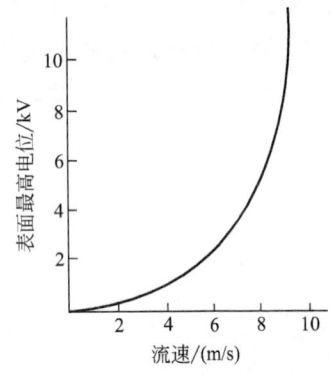

图 9-181 表面电位与流速关系

通常认为电压在 4~5kV 以上及相当大的流速时才产生火花，实际上随流体的性质和状态而相异。

总的来说，有机物在管内流速越大，流动时间越长，产生静电荷越大。

f. 有机物的温度。一般来说，温度愈高，产生静电荷愈多；反之愈少。但也有例外，如柴油的特性相反。

g. 有机物在管道及管件中的摩擦阻力降。有机物经过管道时，阀件、管件越多，过滤网越密，摩擦阻力降越大，则产生静电荷越多。

h. 非金属管道。用非金属管道，例如帆布管、塑料管比金属管道产生静电荷要多。

i. 有机物的杂质及添加物。有机物含有杂质或添加物时，静电荷增加显著，以汽油为例，见表 9-81。

表 9-81 贮罐内汽油含有添加物与电位关系

添加物名称	汽油	汽油添加润滑油	汽油添加沥青
电位/V	1000	1000000	335000

j. 空气的相对湿度。空气中水分含量越高，有机物表面产生吸水层，提高导电性能，因而产生静电荷越少。根据试验数据，现将汽油的相对湿度与电位关系列于表 9-82 内。

表 9-82 贮罐内汽油装卸时空气湿度与电位关系

空气湿度/%	35~40	50	80
电位/V	1100	500~600	无

k. 金属容器接地电阻。一般来说，金属容器、贮罐的接地电阻越小，积累的静电荷越少。

(2) 液体流动的静电计算

① 冲流电流及冲流电压　管路中液体在接触面产生双电层，当液体两端存在压强差（Δp）时，液体流动带走扩散层电荷，因而管路内形成冲流电流（i）。由于冲流电流的存在，管路两端带有不同电荷，管路内形成的电位差叫做冲流电压（U）。在冲流电压的作用下，液体又产生方向相反的欧姆电流 U/R（设管路为绝缘体）。当冲流电流与欧姆电流相等时，即达到平衡，这时冲流电压达到稳定。

② 冲流电流的计算　计算由于液体流动时有机物产生的冲流电流，可用半经验公式或诺谟图进行。

a. 半经验公式计算法。对无限长管道，在紊流状态下，冲流电流饱和电流 I_s 的计算，多数研究者提出用下式计算，即

$$I_s = AU^\alpha d^\beta \tag{9-132}$$

式中　A——系数；由液体各种物理参数。（如密度、黏度、电导因素）决定，随条件变化而变化，计算很复杂；对于煤、汽油等烃类液体，在长管道冲（$L \gg \tau U$），A 取值 $(15/4) \times 10^{-6}$，单位为 $A \cdot s^2/m^4$；

U——液体线速度，m/s；

d——管道内径，m；

α, β——对不同管道取不同的值，表 9-83 为计算冲流电流用的 α, β 值。

表 9-83　计算冲流电流用的 α 和 β 值

研究者	α 值	β 值	主要条件
Koszman and Gavis	1.88	0.88	管道直径在 0.1~0.5cm
Schon	1.8~2.0	1.8~2.0	证明管道直径不同时 α, β 数值不同
Gibson and Tloyd	2.4	1.6	管道直径在 1.62~10.9cm

Bustin、Culbertson 和 Schleckser 等研究烃类化合物在管道内流动产生的静电荷。将烃类化合物 J_p-4 航空汽油，在 $(1/4)''$ 光滑不锈钢管和泵中进行试验，并测量各部位形成的对地电流。根据测试，得到一个预测烃类化合物在管道内流动产生静电荷的半经验公式。

$$I_L = (17.2u^{1.75} + I_0)[1 - e^{-L/(\tau u)}] \tag{9-133a}$$

式中　I_L——管路形成对地电流，以 10^{-10} A 计；

I_0——液体流进管路时初始电流，以 10^{10} A 计；

u——液体流速，m/s；

L——管道长度，m；

τ——时间常数，经验值为 3.4。

由于 τ 为 3.4，公式也可写成

$$I_L = (17.2u^{1.75} + I_0)[1 - e^{-L/(3.4u)}] \tag{9-133b}$$

公式和试验结果比较符合，误差率小于 $\pm 5\%$，负号表示管路带负电荷。

【例 9-5】　将 J_p-4 航空汽油由容器送至 18m 管路[管径 $(1/4)''$]，若流速为 4.6m/s，试计算管路内产生的电流。① 设初始电流为零；② 设初始电流为 600×10^{-10} A。

解　　　　　　　$I_0 = 0$

$$I_L = 17.2u^{1.75}(1 - e^{-L/(3.4u)})$$
$$= \{17.2 \times 4.6^{1.75} \times [1 - e^{-18.3/(3.4 \times 4.6)}]\} \text{A}$$
$$= 165.4 \times 10^{-10} \text{A}$$
$$I_0 = 600 \times 10^{-10} \text{A}$$
$$I_L = (17.2u^{1.75} + I_0)[1 - e^{-L/(3.4u)}]$$
$$= \{(17.2 \times 4.6^{1.75} + 600) \times [1 - e^{-18.3/(3.4 \times 4.6)}]\} \text{A}$$
$$= 580.4 \times 10^{-10} \text{A}$$

当电流测得后，电位差可用欧姆定律计算。静电电压非常高，一般达几十万伏，但通过电流很小，这是因为有机物的电阻率高。

为了计算电位差，有机物的电阻率与测定电流数据有重要意义。这些数据表明：在各种情况下，贮罐、容器及管路是否存在自燃和爆炸危险。烃类化合物电阻率可以测得。

b. 诺谟图的图解计算法。图中有两组曲线（L 和 u），并有 I_0 和 I_L（以 10^{-10} A 为单位）两根垂直的标尺，见图 9-182。

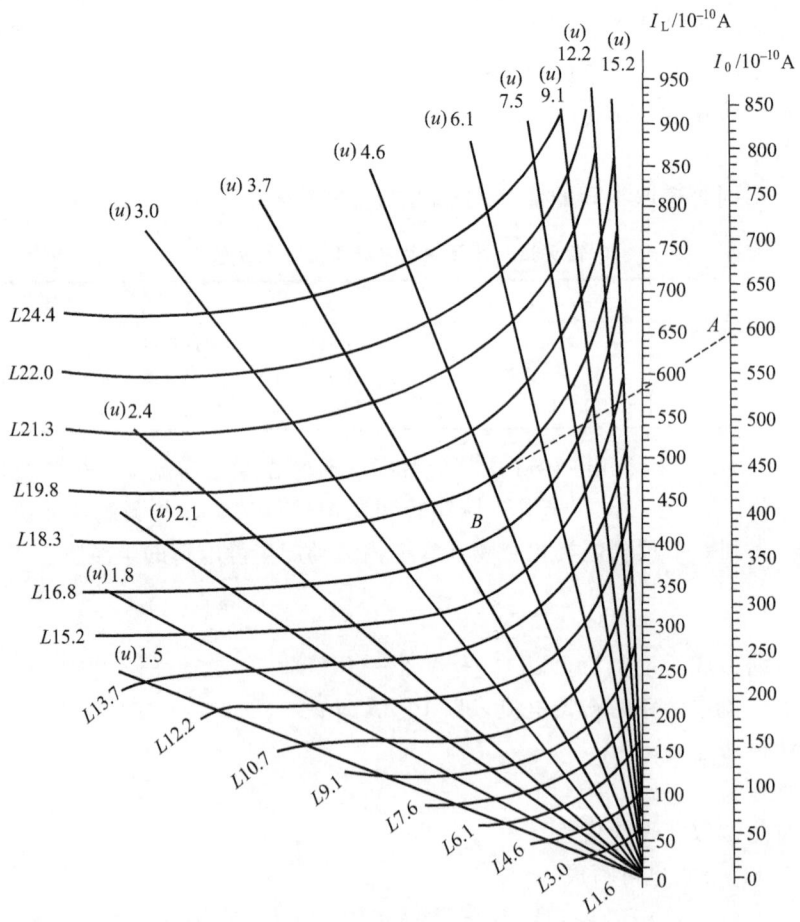

图 9-182 计算冲流电流的诺谟图

该图使用方法说明如下：第一步，在 I_0 标尺上找出已知的初始电流值；第二步，在图中找出已知管长和流速的交点（必要时用内插法找此交点）；第三步，把前两步找出的两点用直线连接起来，该直线与 i 标尺的交点，即为所求之值。

现在用前例数据来具体说明该图的应用。

在前例中，已知 $I_0=600\times10^{-10}$A，$L=18$m，$u=4.8$m/s，先从 I_0 标尺找出等于初始电流点（A），然后找出 $L=18$m 和 $u=4.6$m/s 的交点 B，由 A，B 两点连线（图中的虚线），在 I_L 标尺的交点读出。

$$I_L=580\times10^{-10}A$$

这个结果与前面计算结果相同。

几点说明：ⓐ 该图设计者没有说明此图是否适用泵送其他烃类化合物的情况，根据其他文献介绍，由诺谟图得的结果，乘以下列修正系数（表 9-84）也可适用于不同材质管路及不同油品。

ⓑ 诺谟图不适用于过低（电阻率<10^{10}Ω·cm）或过高（电阻率>10^{15}Ω·cm）电阻的石油或其他易燃产品。

表 9-84　利用诺谟图计算冲流电流的修正系数

管路变化情况	修正系数	管路变化情况	修正系数
不锈钢管（内表面粗糙）	1.3	任意直径 D(in)的管路	$0.25/D$
碳钢管（清洁的）	0.7	流动的液体：煤油	0.3
碳钢管（带锈的）	2.0	汽油	0.2～0.5
氯丁橡胶管	1～1.5		

（3）防止液体流动产生静电的措施。

① 接地消除静电　接地是目前容器消除静电的主要措施。静电接地的范围是：贮存过程中的器件或物料，彼此紧密接触以后又迅速分离，其电阻率大于 10^6Ω·m，表面电阻率大于 10^7Ω·m，或液体电导率小于 10^{-6}S/m 时，应采取静电接地措施。如图 9-183 所示。

贮罐接地设计可根据《化工企业静电设计技术规定》CD 90A3—83 执行。

② 增加空气中相对湿度　如前所述，空气中相对湿度提高，物体表面则产生吸水层，提高导电性能，因此带静电荷载密集地方，可采用调湿装置或喷水方法提高湿度。一般空气湿度在 75% 时可有效防止静电。

③ 泵送管径的选择　流体在管路内的流速是产生静电的主要因素，如前所述，管内静电量 q 和管内流速的关系是 $q\propto w^{1.75}$。当管内流速愈快时，产生静电量愈多。

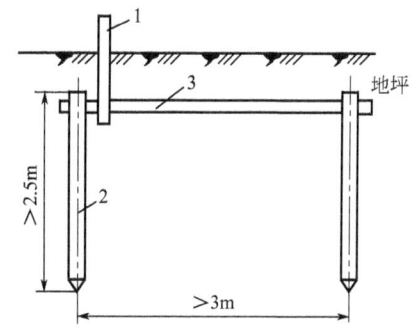

图 9-183　设备接地极的安装图
1—引下线；2—接地棒；3—钢带

选择适当进料与出料的管径，应使流速控制在 1m/s 以下。进出料管径（d）与管长（L）之比采取 $L=20d$ 为宜。

当静电荷量较高时，必须减小泵送速度，选择较大管径或插入一段扩大管，起到缓冲作用，能减少静电荷的积累。

④ 管内流速的选择

a. 流速的极限值。易燃有机物的流动带电，应控制贮罐、管路内液体的电位和电流密度，使其达到安全极限值以下，其中限制流速是十分必要的。

工厂内配管系统包括泵、过滤器、管线弯曲部分以及管线变细等部分。有时弯曲及变细部分产生静电量往往比直管产生的要多，所以直管段实验结果是不能完全适用的。当决定流速极限值时,综合研究以上各种因素的同时还要重视经验和实践。

为了控制贮罐及管路的静电荷量,一些国家规定了安全流速。美国石油协会(API),为了控制爆炸性混合气体,初速度限制在小于 1m/s。德国化工学会有关静电安全规范,对于如灯油、喷气燃料、洗涤用挥发油等石油烃的流速,推荐下列极限值。

$$U^2 d = 0.64 \text{m}^3/\text{s} \tag{9-134a}$$

即
$$U = \sqrt{0.64/d} \tag{9-134b}$$

式中 U——流速,m/s;
d——管径,m。

表 9-85 列出了不同管径中流速的极限值。

表 9-85 流速最大值的一例

管径/cm	1	2.5	5	10	20	40	60
流速/(m/s)	8	4.9	3.5	2.5	1.8	1.3	1

在同一规范中,还规定下列有机物在一定管径下的流速。见表 9-86。

表 9-86 一些有机物在一定管径下的流速

有机物名称	管径/mm	流速/(m/s)
乙醚	12	1~1.5
二硫化碳	24	1~1.5
酯、高级醇及高级酮	—	9~10

非溶解性混合物的液体装入贮罐时,在进出管口完全浸入液体中,或装入浮顶油罐时在浮顶完全浮起来为止,均应把流速限制在 1m/s 以内。但应注意到流速在 1m/s 以下,管线低的地方,就有积水的可能。

b. 易燃性高的液体连续装入易燃性低的液体贮罐内时,在施行所谓换接装载前,一定要进行惰性气体置换,抽出易燃气体。

c. 从罐顶直接装入液体,特别需要防止所谓冲击装载。冲击装载时液体带电量大,且液体悬浮在空气中,即使电阻率小的液体也会带电。

⑤ 贮罐形式的选择 固定顶罐由于气体空间较大,易引起静电火花,浮顶罐减少气体空间,较固定顶罐安全。

⑥ 化学防静电剂 防静电剂也叫做防静电添加剂,具有较好的导电性或较强的吸湿性。因此在容易产生静电的高绝缘材料中,加入防静电剂之后能降低材料的体积电阻或表面电阻,加速静电泄漏,消除静电危险。

使用防静电剂是从根本上消除静电危险的办法,但是生产一个产品或使用一种材料,是否能够加入和加入什么类型的化学防静电剂,要看最终的使用目的和物料的工艺状态。在近三十年来出现了千百种在不同程度上适合各种要求的化学防静电剂。早期阶段出现的化学防静电剂,大多是无机盐和简单的表面活性剂,它们都是靠吸湿来达到减少绝缘材料的表面电阻以消除静电的。近十年来发展了无机半导体,电解质高分子成膜物质及有机半导体高聚物等新型的化学防静电剂。

实际使用的化学防静电剂的举例。

ⓐ 用于聚酯薄膜-涤纶片基的防静电剂。烷基二苯醚磺酸钾盐(简称 DPE)是用于涤纶薄

膜防静电较有成效的一种化学防静电剂。经过实验证明，在相对湿度为 65% 的环境下，使用 DPE 可使涤纶薄膜的表面电阻从 $10^{15}\Omega$ 降低到 $10^7\Omega$ 的数量级，湿度为 60% 时，也可降到 $10^9\Omega$ 的数量级以下。这已经能够满足某些工业对涤纶薄膜防静电的要求。

ⓑ 用于塑料的防静电剂。对于塑料来说，内加型的表面活性剂，保持其防静电的效果较为理想，它可以掺入到合成物质中，在表面的一层起防静电作用，在表面层被洗掉之后，由于亲油亲水平衡的作用，仍然能从内部渗至表面。酰胺基季铵硝酸盐用于聚氯乙烯软质塑料比较成功，已经商品化，它的商业名称为卡特纳克 SN 防静电剂。防静电效果特别是防止吸尘作用是很显著的。

ⓒ 用于纤维的防静电剂。用于纤维的防静电剂种类最多，绝大多数为表面活性剂。其中以阴离子和季铵盐两种类型的为最好。表 9-87 所列是以布样的形式，在 20℃ 和相对湿度为 65% 条件下测得的相对电阻值，表面活性剂的加入量为 0.2%。

表 9-87 各种表面活性剂的防静电效果

表面活性剂	表面电阻/Ω			
	涤纶	尼龙	腈纶	醋酸纤维素
未加活性剂	$>10^{10}$	7×10^{10}	$>10^{10}$	$>10^{10}$
脂肪醇硫酸酯钠盐	2×10^6	7×10^7	2×10^6	5×10^7
烷基磷酸酯有机盐	6×10^6	5×10^8	5×10^6	1×10^8
季铵盐型阴离子	9×10^6	8×10^7	4×10^6	8×10^7
高级酸环氧乙烷合成物	5×1^7	8×10^8	2×10^7	6×10^9
多元醇脂肪酸酯	2×10^8	5×10^{10}	5×10^8	8×10^9

ⓓ 用于石油的防静电剂。用于燃料油的防静电剂，多采用甲基乙烯酯-顺丁烯二酸酐的共聚物，有许多合成的例子，如：

ⅰ. 取 85g (0.4mol) Ⅰ 和 31.2g (0.2mol) 低分子量的甲基乙烯酯-顺丁烯二酸酐共聚物的混合物，用 232g 二甲苯做稀释剂，在 140℃ 搅拌 3h，得产物 A；

ⅱ. 取 125g (0.4mol) Ⅱ 和 31.2g (0.2mol) 与 ⅰ 中相同分子量的甲基乙烯酯-顺丁烯二酸酐共聚物，其余条件相同，得产物 B；

ⅲ. 与 ⅱ 相同，只是用中等分子量的甲基乙烯酯-顺丁烯二酸酐共聚物，得产物 C；

ⅳ. 与 ⅱ 相同，用高分子量共聚物，得产物 D；

ⅴ. 取 123g (0.4mol) 油胺，31.2g (0.2mol) 低分子量共聚物，308g 二甲苯做稀释剂，在 115℃ 条件下搅拌 3h，得产物 E。

用以上产物分别加入到由 75% 催化裂解油和 25% 直馏油掺合，沸程范围为 160~380℃ 的燃料油中，从表 9-88 中可见，燃料油的电导率增加 30~50 倍，其中以较大相对分子质量的甲基乙烯酯-顺丁烯二酸酐共聚物为最好。

表 9-88 几种产物对燃料油的防静电效果

组成	防静电剂	防静电剂浓度/(g/1000g 油)	电导率(相对值)	组成	防静电剂	防静电剂浓度/(g/1000g 油)	电导率(相对值)
掺合燃料油	空白	0	9	掺合燃料油	C	5	551
掺合燃料油	A	5	399	掺合燃料油	D	5	532
掺合燃料油	B	5	388	掺合燃料油	E	5	248

⑦ 静电消除器 静电消除器是指将气体分子进行电离产生消除静电所必要的离子（一般

为正、负离子对）的装置，其中与带电物体极性相反的离子向带电物体移动，并和带电物体的电荷进行中和，从而达到消除静电的目的。它已被广泛应用于生产薄膜、纸、布、粉体等行业的生产中。但是使用方法不当或失误会使消静电效果减弱甚至导致灾害的发生，所以必须掌握静电消除器的特性和使用方法。目前的静电消除器有：自感应式静电消除器；外接电源式静电消除器；放射线式静电消除器；组合式静电消除器四种。

a. 自感应式静电消除器。自感应式静电消除器是一种最简单的消静电装置，它没有外加电源，是由接地的若干支非常尖的针、电刷或作消电电极用的细电线及其支架等附件组成。如图 9-184 所示。使用时针尖对准带电介质，放在距表面 1~2cm 的地方，或者将针插入带电液体介质的内部，都可以达到消除静电的目的。

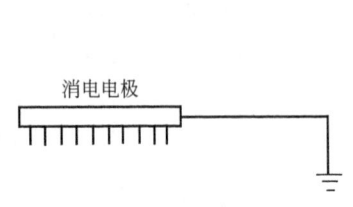

图 9-184　放电针自感应静电消除器

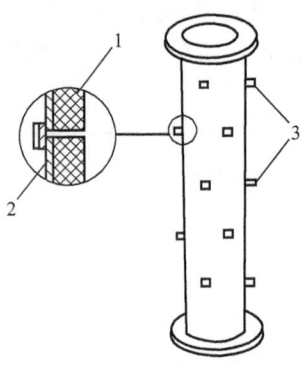

图 9-185　消除器结构示意
1—聚乙烯；2—钢管；
3—镶针螺柱（每排三只）

自感应式静电消除器的性能通常用两个指标来衡量。一是电晕电流，电晕电流越大，表明单位时间内消除掉的静电荷数目越多，消除器的效果就越好。另一个是临界电压，所谓临界电压，是指能够使消除器针尖起电晕作用的最低电压。这个数值越小，最后剩余的静电压就越小，因此消除器的效果也越好。

自感应式静电消除器根据用途不同，种类很多，用于固体消电的有放电针型、刷型、金属丝型、锯齿状型静电消除器。油管用感应式静电消除器是 20 世纪 60 年代为解决槽车装车的静电安全问题由美国研造的，近十几年来在许多国家获得应用。因为这种消电器在我们石化工业中可以广泛使用，现做详细介绍。

消除器的结构如图 9-185 所示，主要由三部分组成：接地钢管及法兰部分、内部绝缘管、放电针及镶针螺栓等。为了均匀地在油内产生相反的电荷，放电针沿长度方向交错布置四至五排，每排沿圆周均匀布置三至四根针。为了方便检查和维修，放电针用螺栓做成，可拆卸。

近年来，我国研制了充油夹层式消除器，选用有机玻璃或玻璃钢做成双层或单层管，使用时夹层之间充满所输送的油品做为电介质（这样可以减少重量，降低成本）。表 9-89 是样品规格，表 9-90 是试验数据，图 9-186、图 9-187 是它的结构。

消电原理：当带电油品进入消除器绝缘管后，对地电容变小，使内部电位增高，这样在介质管内形成一个高电压段。在放电针端部，由于具有高电场使其因感应而堆积的电荷被拉入油中或因高电场强度使油品部分电离而发生中和作用，达到消除部分电荷的效果。

b. 外接电源式静电消除器。外接电源式静电消除器按照高压电源种类的不同，分为交流型和直流型静电消除器，而交流型又有工频和高频两种，按是否具有防爆性能有防爆型和非防爆型两种。

表 9-89 消除器样品规格

钢管直径/mm	管长/mm	电介质层厚/mm	管线直径/mm	通过流量/(L/min)
194	1000	41	102	>2000
184	800	36	102	>2000
159	1000	25	102	>2000

表 9-90 消除器试验数据

工况	流量/(L/min)	出口电荷密度/($\mu C/m^3$)	流动电流/μA
有消电器	1500	17	
	1400	15~18	
	1467	15~18	0.4~0.46
	1400	15~18	
	1250	18	
	1143	17~18	0.4
	1071	13	
	1059	15	
无消电器	<1000	>200	3.5
	1224	>250	>5
	1017	>295	>5

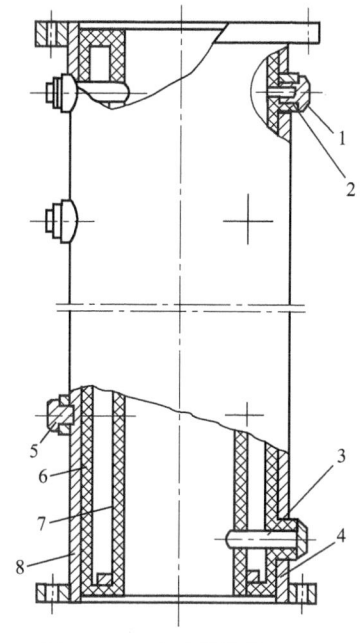

图 9-186 消除器结构（一）
1—放气塞；2—石棉垫；3—定位销；4—螺钉；
5—钨针；6—外有机玻璃管；7—内有机玻璃管；
8—钢管

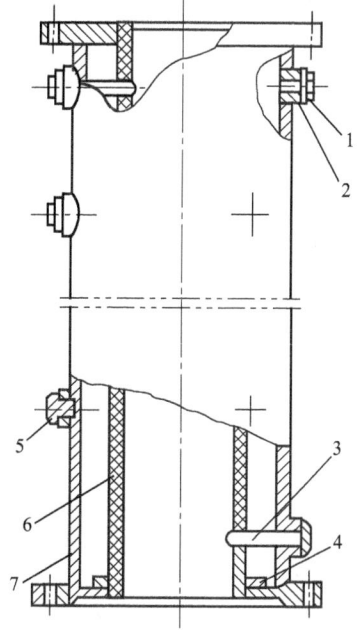

图 9-187 消除器结构（二）
1—放气塞；2—石棉垫；3—定位销；4—螺钉；
5—钨针；6—有机玻璃；7—钢管

无论是直流还是交流，都是利用高压在针尖周围形成强电场而使空气电离的。但直流型静电消除器与交流型静电消除器消除静电的机理并不完全一样。直流型静电消除器是产生与带电体电荷相反符号的离子，直接中和带电体上的电荷，而交流型静电消除器是在放电针尖端附近产生离子对（正、负离子），其中与带电体极性相反的离子向带电体移动，并与带电体上的电荷进行中和，其结果是带电体上的电荷被消除掉。

工频高压静电消除器 工频高压静电消除器是使用变压器升压，副边电压为数千至数十千伏。副边一端接地，并接向消电电极的金属外壳。变压器副边另一端，即高压端，或者通过电阻接向放电针［见图9-188(a)］，或者通过电容接向放电针［见图9-188(b)］，或者通过高压导线与放电针金属支架间的电容耦合［见图9-188(c)］，使放电针与接地外壳间产生电晕作用，产生离子对消除电荷。

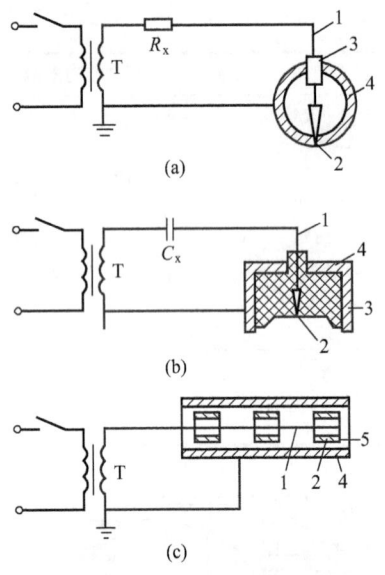
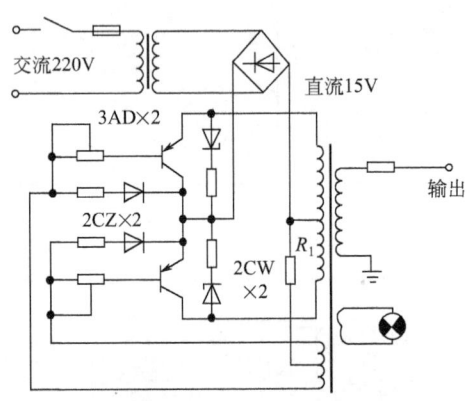

图 9-188 工频高压静电消除器的原理结构
1—高压导线；2—放电针；3—放电针绝缘；4—放电针金属接地外罩；5—放电针金属支架

图 9-189 高频高压电源线路

ⓐ 高频高压静电消除器。高频高压静电消除器的高频高压电源是用振荡线路配合二次线圈构成的。图9-189是一种高频高压电源的线路，图中两只三极管与变压器的一次线圈构成振荡线路。工作时两只三极管轮流导通，变压器一次线圈中出现高频电流，二次线圈则输出高频电压。通过电阻 R_1 的调节，可以调整变压器的输出电压。这种高频高压电源的输出电压可调整为10kV左右，频率可调为3kHz左右，输出电流约为2mA，输出功率约为20W。

高频高压静电消除器由于频率很高，通过电容的耦合作用很强。所以能够比较方便地配用电容耦合型消电电极，在放电针上的短路电流很小，防爆性能较好，适用范围较广。

ⓑ 直流高压静电消除器。直流高压静电消除器的消电电极产生的是直流电晕。其电晕中基本上不含有带相反电荷的离子，基本上不存在交流高压静电消除器电晕中正、负离子复合的问题，所以具有较好的消电效果，消电电极与带电体之间的距离可以增加到150～600mm。

直流高压静电消除器原理如图9-190所示。这种消除器有两只消电电极，即正电晕消电电极 FD_1 和负电晕消电电极 FD_2。图中电容器 C_1 和 C_2 配合整流器 Z_1 和 Z_2 起倍压整流作用，电阻 R_1 和 R_2 起限流作用等。

当带电体电荷极性发生变化时，直流高压静电消除器高压电源输出电压的极性也必须作相应的变化。否则，消除器失去消电作用。当带电体电荷大幅度减弱时，消除器的高压电源也应相应调整，否则，可能使带电体带上相反极性的电荷。

由于直流高压静电消除器是直接耦合型，其短路电流较大，不宜用于有爆炸性混合物的场所。

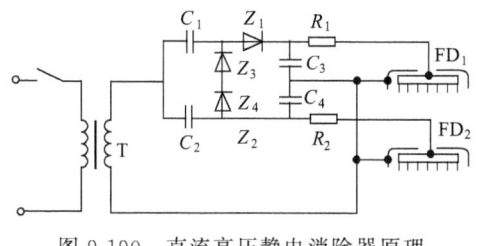 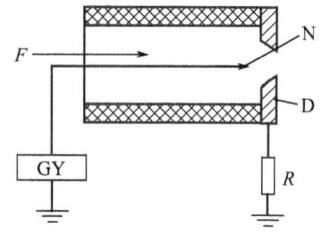

图 9-190　直流高压静电消除器原理
（注：Z_2 为二极管）

图 9-191　离子流静电消除器的基本原理

ⓒ 离子流静电消除器（送风型静电消除器）。离子流静电消除器是把电离子的空气快速输送到较远的地方去消除静电的装置。基本原理如图 9-191 所示。主要由离子流喷头、高压电源和送风系统组成。其离子流喷头由中间有小孔的金属导引环 D、导引电阻 R（与地连接），以及在导引环小孔中心的放电针 N（与直流高压电源 GY 连接）组成。其送风系统由风源、风道等组成。离子流静电消除器工作时，在高压电源作用下，放电针附近的空气发生电离，并由压缩空气以极快的气流速度把空气离子送出去，发挥消电作用。

河北大学在 1977 年定型生产的 LJX-3A 型和 LJX-3B 型离子流静电消除器，是具有高安全性防爆手段和防光性能的静电消除装置。1986 年定型生产的 LJX-4 型复合式离子流静电消除器除具有 LJX-3 型的性能外，还能同时产生可调的正负离子。

c. 放射线式静电消除器。放射线式静电消除器是利用放射性同位素使空气电离，产生正离子和负离子，消除生产物料上静电的装置。放射线式静电消除器可用于化工、橡胶、纺织、造纸、印刷等行业。

镭（Ra）、钋（Po）、钚（Pu）等元素的同位素能放射 α 射线，铊（Tl）、锶（Sr）、氪（Kr）等元素的同位素能放射 β 射线，都可以用作放射线式静电消除器的放射性同位素。

放射线式静电消除器的结构简单，如图 9-192 所示，放射线式静电消除器由放射源、屏蔽框和保护网等部分组成。放射源是厚 0.3～0.5mm 的片状元件，用紧固件固定在屏蔽框底部，屏蔽框应有足够的厚度，以防止射线危害。消除器前面装有保护网，以防止工作人员意外地直接接触到放射源。

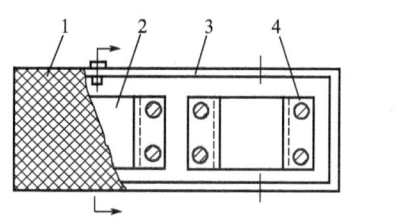

图 9-192　放射线式静电消除器
1—保护网；2—放射源；3—屏蔽框；4—紧固件

放射线式静电消除器离带电体越近，消电效能越好，一般取 10～20mm。根据工艺要求，消除器至带电体之间的距离可以适当增大。为了保证足够的消电效果，采用 α 射线者不宜超过 4～5cm，采用 β 射线者不宜超过 40～60cm。

使用放射线式静电消除器一定要控制放射线对人体的伤害和对产品的污染。为此，放射线式静电消除器的放射性同位素元件应有铅制屏蔽装置或其他屏蔽装置，使消除器只能在其特定方向上使空气电离，发挥中和作用。放射线式静电消除器应有坚固的外壳，防止机械损伤。

放射线式静电消除器结构简单，不要求外接电源，而且工作时不产生火花，适用于有火灾和爆炸危险的场所。

d. 组合式静电消除器。组合式静电消除器是有感应作用和放射线作用或具有高压作用和放射线作用的静电消除器，它兼有两者消电的优点，故有很好的消电效果。

感应式静电消除器在带电体表面电位比较低时不能进行工作，只有在电位高时才能发挥较高的

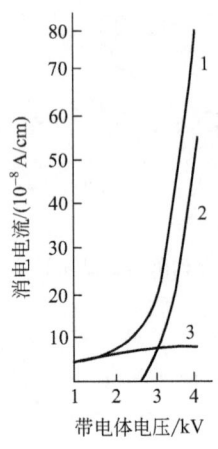

图 9-193 组合式静电消除器的消电性能
1—组合式消除器的特性;
2—感应式消除器的特性;
3—放射线消除器的特性

效率。而放射线式静电消除器能在电位不大的情况下正常工作,但是其效率受到电离电流的限制,电离电流不随介质上电位的增大而增大。两者组合在一起,就能弥补各自的缺点,如图9-193所示。这种组合式静电消除器是由放射线式和感应式两种消除器特性叠加而成的,显然消电效果最为显著。

9.4.7 贮罐消防的工艺要求

随着可燃、易燃的液体产品使用量和贮存量越来越大,大型火灾的危险性也增加,因此贮存可燃、易燃液体的贮罐的消防设计是设计阶段中的重要环节,用于扑救贮罐火灾的灭火剂种类很多,一般可分为气态、固态、液态三种,第一种气态,包括1211、1301、二氧化碳等卤代烷灭火剂。第二种液态,包括蛋白泡沫、氟蛋白泡沫、抗溶泡沫等泡沫灭火剂。第三种固态,包括钾盐、钠盐、全硅化小苏打干粉等化学干粉灭火剂。由于泡沫灭火剂具有原料易得、制造工艺简单、成本低廉、性能稳定等特点,因此利用各种泡沫灭火剂扑灭贮罐发生的火灾是最有效的手段之一。按照可燃、易燃液体的性质各异,贮罐形式的不同等情况,就要选择不同的泡沫灭火剂和不同的投掷手段,才能取得最佳效果。

(1) 泡沫灭火剂的分类

① 蛋白泡沫灭火剂 以动物或大豆蛋白为基料,经水解、中和、沉淀、浓缩后制成,主要用于扑救大面积的液态烃类火灾。

② 氟蛋白泡沫灭火剂 以蛋白泡沫灭火剂为基础,添加氟表面活性剂制成,明显改善灭火剂性能。主要用于汽油、煤油、柴油等油品贮罐采用液下喷射方式扑救火灾。

动、植物蛋白型和氟蛋白型泡沫灭火剂的技术性能见表9-91。

表 9-91 动、植物蛋白型和氟蛋白型泡沫灭火剂的技术性能

项目 指标 名称	相对密度 (20℃)	黏度 (20℃) /mPa·s	凝固点 /℃	沉淀物 /%	沉降物 /%	灭火时间/s		25%析液时间 /min	抗烧时间 /min
						控火	灭火		
动物蛋白型	1.14 1.16	30	≤-10	≤0.1	≤0.2	≤8.0	≤120	≥6.5	≥12
植物蛋白型	1.12 1.14	30	≤-5	≤0.1	≤0.2	≤80	≤120	≥6.5	≥12
氟蛋白型	1.14 1.16	30	≤-10	≤0.1	≤0.2	≤60	≤80	≥6.0	≥12

③ 抗溶性泡沫灭火剂 在蛋白泡沫的基础上添加金属皂、海藻酸钠、微生物多糖制成主要用于扑救醇、酯、醚、酮、有机酸、胺类等水溶性溶剂火灾,技术性能见表9-92。

表 9-92 抗溶性泡沫灭火剂性能

项目 指标 名称	相对密度 (20℃)	黏度 (20℃) /mPa·s	pH值	凝固点 /℃	沉淀物 /%	沉降物 /%	灭火时间 /s	25%析液时间 /min	抗烧时间 /min
抗溶性泡沫灭火剂	1.02~1.04	≤1200	6.5~8.5	-5	≤0.1	≤0.2	≤120	≥4′30″	≥3′30″

④ 其他泡沫灭火剂　随着各行各业对泡沫灭火剂要求的不断提高，我国又先后试制成功高倍数泡沫、轻水泡沫等泡沫灭火剂，为船舶、煤矿、飞机库、大型仓库等提供了更有效的灭火手段。

(2) 贮罐消防设计的要点

如何针对贮罐中物料的特性，贮罐的总图布置以及贮罐的形式，正确地选择泡沫灭火剂和投掷手段，是一个综合的问题，需要注意以下一些问题。

① 物料的特性　对于醇、酯、醚、酮等水溶性物料，由于它们的含碳数、极性、官能团的不同，使用同一种泡沫灭火剂，灭火效果有一定差别，如含碳少的甲醇、乙醇灭火容易，丁醇以上的多元醇就不易灭火。有的抗溶泡沫灭火剂能有效扑灭醇、酯、醚、酮等物料的火灾，但对于有机酸胺类的火灾就无能为力。因此选择泡沫灭火剂时除了应根据 YHS01-7B（工业下水道篇）的规定以外，有些物料应经过燃烧试验才能确定。

对于液态烃等油溶性物料，可选用蛋白型泡沫灭火剂作为消防药剂。

② 贮罐的形式　贮罐的形式很多，在决定贮存物料和选用贮罐形式的基础上，才能正确选择泡沫灭火剂的种类。如抗溶性泡沫灭火剂用于浮顶贮罐和拱顶贮罐合适，用于内浮顶贮罐就有一定困难。另外，使用液下喷射方式扑救液态烃类火灾时，就宜在浮顶贮罐中使用。

(3) 泡沫灭火剂的投掷手段

① 贮罐一般离装置区有一定距离，因此对于罐群集中，地形复杂的大型贮罐区宜采用固定式泡沫消防系统（详见流程图 9-194）。采用这种流程的优点是操作方便，一旦发生火灾，启动快、劳动强度小，但缺点是一次性投资大，管理、维修不方便。

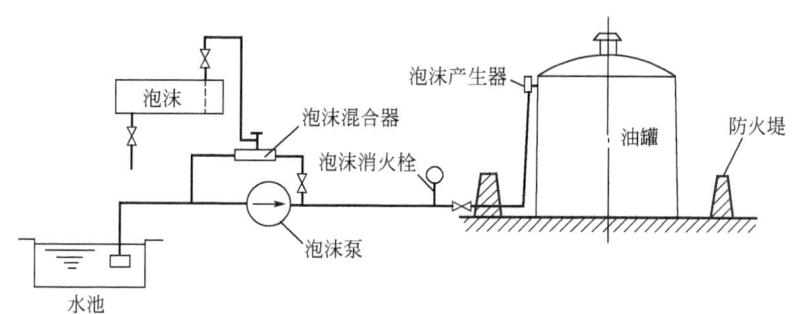

图 9-194　固定式泡沫消防流程

② 当罐群布置分散时，采用半固定式泡沫系统，投资及维修费较少，管理方便，缺点是发生火灾时，动作慢，且容易受风向及距离的限制（流程见图 9-195）。目前我国炼油企业采用较多。

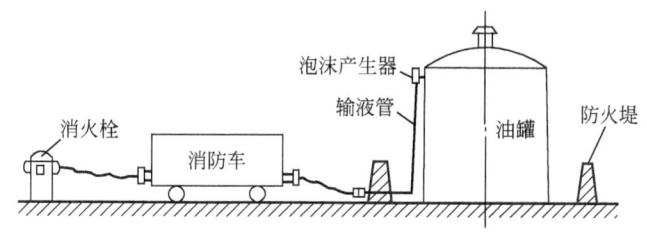

图 9-195　半固定式泡沫消防流程

③ 由于地震或贮罐爆炸时，固定式泡沫系统往往受到破坏，在使用液态烃类贮罐时，采用了液下喷射灭火技术，这种系统的泡沫入口装在贮罐底部，泡沫中析出的水分对燃烧的油品有冷却作用，消防设备和管线节省很多，并可提高贮罐的贮存能力约 3%。缺点是要求泡沫产生器具有较高的出口背压，而且易受物料性质（如黏度、温度、挥发性等）的限制。在我国，

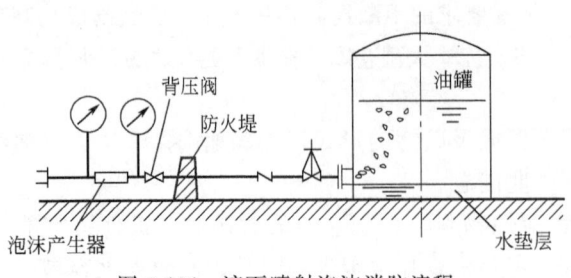

图 9-196 液下喷射泡沫消防流程

目前使用还有一定的限制，对于有热波特性的油品，灭火时有一定的时间要求。根据我国 5000m³ 汽油贮罐的灭火经验，对于汽油、煤油、柴油等具有一定推广价值，详见图 9-196。

（4）美国 ATC 泡沫对不同燃料的灭火供给强度

美国的 ATC 泡沫灭火剂是一种抗醇型泡沫灭火剂，在许多国家有一定影响，下述几条曲线是美国 3M 公司根据试验得出的，我国市场上目前使用的 YEKJ-6A 型泡沫灭火剂基本符合这一规律，有一定参考价值，详见图 9-197。

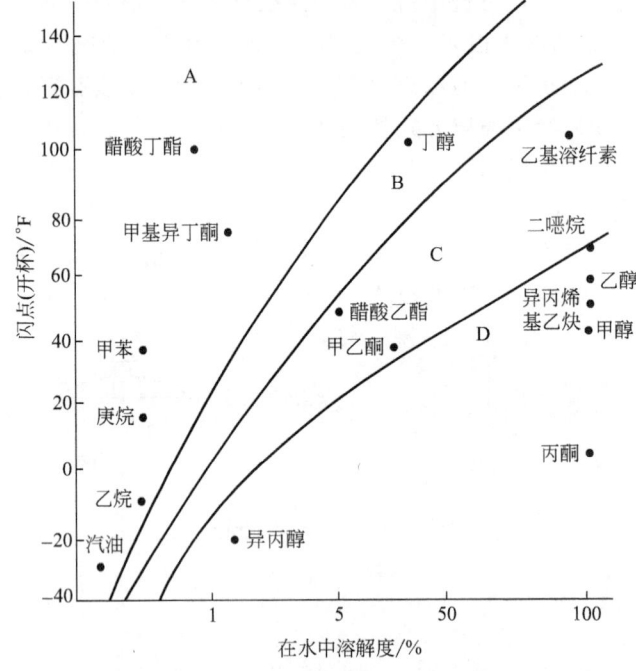

图 9-197 YEKJ-6A 型泡沫灭火剂性能

一般地说，溶剂的极性愈强，在水中的溶解度愈高，闪点愈低，则灭火愈困难，使用时的供给强度就愈大。ATC 对不同燃料的灭火供给强度见表 9-93。

表 9-93 ATC 泡沫灭火剂对不同燃料灭火强度[②]

曲线类别	可燃性液体	贮罐保护	
		3%[①]ATC	6%[①]ATC
A	汽油、乙烷、庚烷、石脑油、正丁醇、乙酸丁酯、甲基异丁酮、丙烯酸甲酯、醋酸、汽油醇（0～10%醇）	0.1	—
B	苯、丙烯酸甲酯、异丁醇、吗啉	0.1	—
C	二噁烷、醋酸乙酯、乙基溶纤素、丙烯腈、异丙醚乙二胺	—	0.1
D	丙酮、甲醇、甲乙酮、乙醇、异丙醇、乙醚、四氢呋喃、丁醇	—	0.17

[①] 3%，6% 是指泡沫液与水的混合比，采用 6% 更好。

[②] 表中单位为 gal/ft³。

9.5 贮罐及管道用钢材

石油化工有压力容器及常压容器，管道有压力管道和非压力管道之分。压力容器和压力管道用钢材与常压容器和非压力管道用钢材是有区别的

本节只对压力容器及压力管用钢材作一些原则性的介绍。

9.5.1 基本要求

① 压力容器受压元件及压力管道用钢应符合本节规定。非受压元件及非压力管道用钢，当与受压元件焊接时，也应是焊接性能良好的钢材。

② 采用本节规定以外的其他钢号的钢材，还应符合有关规定。

③ 压力容器受压元件及压力管道用钢应由平炉、电炉或氧气转炉冶炼。钢材的技术要求应符合相应的国家标准、行业标准或有关技术条件的规定。

④ 压力容器及压力管道用钢应附有钢材生产单位的钢材质量证明书，容器制造单位应按质量证明书对钢材进行验收，必要时尚应进行复验。如无钢材生产单位的钢材质量证明书，则应按《压力容器安全技术监察规程》的规定。

⑤ 选择压力容器及压力管道用钢应考虑容器管道的使用条件（如设计温度、设计压力、介质特性和操作特点等）、材料的焊接性能、容器及管道的制造工艺以及经济合理性。

⑥ 钢材的使用温度上限为本章各许用应力表（表9-94、表9-96、表9-99及表9-100）中各钢号所对应的上限温度。碳素钢和碳锰钢在高于425℃温度下长期使用时，应考虑钢中碳化物相的石墨化倾向。奥氏体钢的使用温度高于525℃时，钢中含碳量应不小于0.04%。

⑦ 钢材的使用温度下限，除奥氏体钢及本节有关条文另行规定者外，均为高于-20℃。钢材的使用温度低于或等于-20℃时，应按规定进行夏比（V形缺口）低温冲击试验。奥氏体钢的使用温度高于或等于-196℃时，可免做冲击试验。

⑧ 当对钢材有特殊要求时（如要求特殊冶炼方法、较高的冲击功指标、附加保证高温屈服强度、提高无损检测要求、增加力学性能检验率等），设计单位应在图样或相应技术文件中注明。

⑨ 钢材的高温性能参考值见GB 150附录F（提示的附录）。

9.5.2 钢板

① 钢板的标准、使用状态及许用应力按表9-94的规定。

② 碳素钢沸腾钢板Q235A·F的适用范围为：容器或管道设计压力$p \leqslant 0.6$MPa；钢板使用温度为0~250℃；用于壳体或管道时，钢板厚度不大于12mm；不得用于易燃介质以及毒性程度为中度、高度或极度危害介质的压力容器及压力管道。

注：介质毒性程度的分级和易燃介质的划分按《压力容器安全技术监察规程》的规定。

③ 碳素钢镇静钢板的适用范围规定如下。

a. Q 235-A 钢板。容器或管道设计压力$p \leqslant 1.0$MPa；钢板使用温度为0~350℃；用于壳体或管道时，钢板厚度不大于16mm；不得用于液化石油气介质以及毒性程度为高度或极度危害介质的压力容器及压力管道。

b. Q 235-B 钢板。容器或管道设计压力$p \leqslant 1.6$MPa；钢板使用温度为0~350℃；用于壳体或管道时，钢板厚度不大于20mm；不得用于毒性程度为高度或极度危害介质的压力容器及压力管道。

表 9-94 某些材质钢板许用应力

钢号	钢板标准	使用状态	厚度/mm	常温强度指标 σ_b/MPa	常温强度指标 σ_s/MPa	在下列温度(℃)下的许用应力/MPa ≤20	100	150	200	250	300	350	400	425	450	475	500	525	550	575	600	注
碳素钢钢板																						
Q235-A·F	GB 912	热轧	3~4	375	235	113	113	113	105	94	—	—	—	—	—	—	—	—	—	—	—	①
	GB 3274		4.5~16	375	235	113	113	113	105	94	—	—	—	—	—	—	—	—	—	—	—	①
Q235-A	GB 912	热轧	3~4	375	235	113	113	113	105	94	86	77	—	—	—	—	—	—	—	—	—	①
	GB 3274		4.5~16	375	235	113	113	113	105	94	86	77	—	—	—	—	—	—	—	—	—	①
			>16~40	375	225	113	113	107	99	91	83	75	—	—	—	—	—	—	—	—	—	①
Q235-B	GB 912	热轧	3~4	375	235	113	113	113	105	94	86	77	—	—	—	—	—	—	—	—	—	①
	GB 3274		4.5~16	375	235	113	113	113	105	94	86	77	—	—	—	—	—	—	—	—	—	①
			>16~40	375	225	113	113	107	99	91	83	75	—	—	—	—	—	—	—	—	—	①
Q235-C	GB 912	热轧	3~4	375	235	125	125	125	116	104	95	86	79	—	—	—	—	—	—	—	—	
	GB 3274		4.5~16	375	235	125	125	125	116	104	95	86	79	—	—	—	—	—	—	—	—	
			>16~40	375	225	125	125	119	110	101	92	83	77	—	—	—	—	—	—	—	—	
20R	GB 6654	热轧,正火	6~16	400	245	133	133	132	123	110	101	92	86	83	61	41	—	—	—	—	—	
			>16~36	400	235	133	132	126	116	104	95	86	79	78	61	41	—	—	—	—	—	
			>36~60	400	225	133	126	119	110	101	92	83	77	75	61	41	—	—	—	—	—	
			>60~100	390	205	128	115	110	103	92	84	77	71	68	61	41	—	—	—	—	—	
低合金钢钢板																						
16MnR	GB 6654	热轧,正火	6~16	510	345	170	170	170	156	144	134	125	119	93	66	43	—	—	—	—	—	
			>16~36	490	325	163	163	163	147	134	125	116	109	93	66	43	—	—	—	—	—	
			>36~60	470	305	157	157	157	150	138	125	116	109	93	66	43	—	—	—	—	—	
			>60~100	460	285	153	153	150	141	128	116	109	103	93	66	43	—	—	—	—	—	
			>100~120	450	275	150	150	147	138	125	113	106	100	93	66	43	—	—	—	—	—	

续表

钢号	钢板标准	使用状态	厚度/mm	常温强度指标 σ_b/MPa	常温强度指标 σ_s/MPa	在下列温度(℃)下的许用应力/MPa ≤20	100	150	200	250	300	350	400	425	450	475	500	525	550	575	600	注
15MnVR	GB 6654	热轧、正火	6~8	550	390	183	183	183	183	183	172	159	147	—	—	—	—	—	—	—	—	②
			6~16	530	390	177	177	177	177	177	172	159	147	—	—	—	—	—	—	—	—	
15MnVNR	GB 6654	正火	>16~36	510	370	170	170	170	170	170	163	150	138	—	—	—	—	—	—	—	—	
			>36~60	490	350	163	163	163	163	163	153	141	131	—	—	—	—	—	—	—	—	
			6~16	570	440	190	190	190	190	190	190	175	163	—	—	—	—	—	—	—	—	
18MnMoNbR	GB 6654	正火加回火	>16~36	550	420	183	183	183	183	183	181	169	156	—	—	—	—	—	—	—	—	
			>36~60	530	400	177	177	177	177	177	172	159	147	—	—	—	—	—	—	—	—	
13MnNiMoNbR	GB 6654	正火加回火	30~60	590	440	197	197	197	197	197	197	197	197	197	177	117	—	—	—	—	—	
			>16~100	570	410	190	190	190	190	190	190	190	190	190	177	117	—	—	—	—	—	
07MnCrMoVR	—	正火加回火	30~100	570	390	190	190	190	190	190	190	190	190	—	—	—	—	—	—	—	—	
			100~120	570	380	190	190	190	190	190	190	190	188	—	—	—	—	—	—	—	—	
		调质	16~50	610	490	203	203	203	203	203	203	203	—	—	—	—	—	—	—	—	—	③
16MnDR	GB 3531	正火	6~16	490	315	163	163	163	156	144	131	122	—	—	—	—	—	—	—	—	—	
			>16~36	470	295	157	157	156	147	134	122	113	—	—	—	—	—	—	—	—	—	
			>36~60	450	275	150	150	147	138	125	113	106	—	—	—	—	—	—	—	—	—	
			>60~100	450	255	150	147	138	128	116	106	100	—	—	—	—	—	—	—	—	—	
07MnNiCrMoVDR	—	调质	16~50	610	490	203	203	203	203	203	203	203	—	—	—	—	—	—	—	—	—	③
15MnNiDR	GB 3531	正火、正火加回火	6~16	490	325	163	163	—	—	—	—	—	—	—	—	—	—	—	—	—	—	
			>16~36	470	305	157	157	—	—	—	—	—	—	—	—	—	—	—	—	—	—	
			>36~60	460	290	153	153	—	—	—	—	—	—	—	—	—	—	—	—	—	—	
09Mn2VDR	GB 3531	正火、正火加回火	6~16	440	290	147	147	—	—	—	—	—	—	—	—	—	—	—	—	—	—	
			>16~36	430	270	143	143	—	—	—	—	—	—	—	—	—	—	—	—	—	—	

续表

钢号	钢板标准	使用状态	厚度/mm	常温强度指标 σ_b/MPa	常温强度指标 σ_s/MPa	在下列温度(℃)下的许用应力/MPa ≤20	100	150	200	250	300	350	400	425	450	475	500	525	550	575	600	注
09MnNiDR	GB 3531	正火,正火加回火	6~16	440	300	147	147	147	147	147	147	138	—	—	—	—	—	—	—	—	—	
			>16~36	430	280	143	143	143	143	143	138	128	—	—	—	—	—	—	—	—	—	
			>36~60	430	260	143	143	143	141	134	128	119	—	—	—	—	—	—	—	—	—	
15CrMoR	GB 6654	正火加回火	6~60	450	295	150	150	150	150	141	131	125	118	115	112	110	88	58	37	—	—	
			>60~100	450	275	150	150	147	138	131	123	116	110	107	104	103	88	58	37	—	—	
14Cr1MoR	—	正火加回火	16~120	515	310	172	172	169	159	153	144	138	131	127	122	116	88	58	37	—	—	③

高合金钢板

钢号	钢板标准	使用状态	厚度/mm	在下列温度(℃)下的许用应力/MPa ≤20	100	150	200	250	300	350	400	425	450	475	500	525	550	575	600	625	650	675	700	注
0Cr13Al	GB 4237	退火	2~15	118	105	101	100	99	97	95	90	87	—	—	—	—	—	—	—	—	—	—	—	
0Cr13	GB 4237	退火	2~60	137	126	123	120	119	117	112	109	105	100	89	72	53	38	26	16	—	—	—	—	
0Cr18Ni9	GB 4237	固溶	2~60	137	137	137	130	122	114	111	107	105	103	101	100	98	91	79	64	52	42	32	27	④
				137	114	103	96	90	85	82	79	78	76	75	74	73	71	67	62	52	42	32	27	
0Cr18Ni10Ti	GB 4237	固溶,稳定化	2~60	137	137	137	130	122	114	111	108	106	105	104	103	101	83	58	44	33	25	18	13	④
				137	114	103	96	90	85	82	80	79	78	77	76	75	74	58	44	33	25	18	13	
0Cr17Ni12Mo2	GB 4237	固溶	2~60	137	134	125	118	113	111	110	109	108	107	106	105	96	81	65	50	38	30		④
				137	117	107	99	93	87	84	82	81	80	79	78	76	73	65	50	38	30		

续表

钢号	钢板标准	使用状态	厚度/mm	在下列温度(℃)下的许用应力/MPa																			注
				≤20	100	150	200	250	300	350	400	425	450	475	500	525	550	575	600	625	650	675	700	
0Cr18Ni12Mo2Ti	GB 4237	固溶	2～60	137	137	137	134	125	118	113	111	110	109	108	107	—	—	—	—	—	—	—	—	④
0Cr19Ni13Mo3	GB 4237	固溶	2～60	137	117	107	99	93	87	84	82	81	81	80	79	—	—	—	—	—	—	—	—	④
0Cr19Ni13Mo3	GB 4237	固溶	2～60	137	137	137	134	125	118	113	111	110	109	108	107	106	105	96	81	65	50	38	30	④
00Cr19Ni10	GB 4237	固溶	2～60	137	117	107	99	93	87	84	82	81	81	80	79	78	78	76	73	65	50	38	30	
00Cr19Ni10	GB 4237	固溶	2～60	118	118	118	110	103	98	94	91	89	—	—	—	—	—	—	—	—	—	—	—	④
00Cr17Ni14Mo3	GB 4237	固溶	2～60	118	97	87	81	76	73	69	67	66	—	—	—	—	—	—	—	—	—	—	—	
00Cr17Ni14Mo3	GB 4237	固溶	2～60	118	118	117	108	100	95	90	86	85	84	—	—	—	—	—	—	—	—	—	—	④
00Cr19Ni13Mo3	GB 4237	固溶	2～60	118	97	87	80	74	70	67	64	63	62	—	—	—	—	—	—	—	—	—	—	
00Cr19Ni13Mo3	GB 4237	固溶	2～60	118	118	118	118	118	118	113	111	110	109	—	—	—	—	—	—	—	—	—	—	④
00Cr19Ni13Mo3	GB 4237	固溶	2～60	118	117	107	99	93	87	84	82	81	81	—	—	—	—	—	—	—	—	—	—	
00Cr18Ni5Mo3Si2	GB 4237	固溶	2～25	197	197	190	173	167	163	—	—	—	—	—	—	—	—	—	—	—	—	—	—	

① 所列许用应力,已乘质量系数 0.9。
② 该许用应力仅适用于多层包扎层包扎压力容器的层板。
③ 该钢板技术要求见附录 A (标准的附录)。
④ 该行许用应力仅适用于允许产生微量永久变形之元件,对于法兰或其他有微量永久变形就引起泄漏或故障的场合不能采用。

注:中间温度的许用应力,可按本表的数值用内插法求得。

c. Q 235-C 钢板。容器或管道设计压力 $p \leqslant 2.5$MPa；钢板使用温度为 0～400℃；用于壳体或管道时，钢板厚度不大于 30mm。

④ 对容器或管道制造过程中需进行热处理的碳素钢和低合金钢钢板，钢厂的交货状态可不用表 9-94 中的使用状态。钢厂检验和容器制造厂复验钢板性能时，应从热处理的样坯上取样，样坯厚度为钢板厚度，样坯长度和宽度均不小于 3 倍钢板厚度。试样的轴线应位于离样坯表面 1/4 厚度处，试样所处的位置离样坯各个侧面的距离应不小于样坯厚度，但拉伸试样的头部（或夹持部位）不受此限制。

⑤ 下列碳素钢和低合金钢钢板，应在正火状态下使用：a. 用于壳体或管道厚度大于 30mm 的 20R 和 16MnR；b. 用于其他受压元件（法兰、管板、平盖等）的厚度大于 50mm 的 20R 和 16MnR；c. 厚度大于 16mm 的 15MnVR。

⑥ 下列碳素钢和低合金钢钢板，应逐张进行拉伸和夏比（V 形缺口）冲击（常温或低温）试验：a. 调质状态供货的钢板；b. 多层包扎压力容器的内筒钢板；c. 用于壳体或管道厚度大于 60mm 的钢板。

以上 a、b 两项系指原轧制钢板逐张进行试验。原轧制钢板，系指由一块板坯或直接由一支钢锭轧制而成的一张钢板，如该钢板随后被剪切成几张钢板，在确定试样取样部位和数量时，仍按一张钢板考虑。

⑦ 用于壳体或管道的下列钢板，当使用温度和钢板厚度符合下述情况时，应每批取一张钢板或按⑥规定逐张钢板进行夏比（V 形缺口）低温冲击试验。试验温度为钢板的使用温度（即相应受压元件的最低设计温度）或按图样的规定，试样取样方向为横向。

a. 使用温度低于 0℃时：厚度大于 25mm 的 20R，厚度大于 38mm 的 16MnR、15MnVR 和 15MnVNR，任何厚度的 18MnMoNbR、13MnNiMoNbR 和 Cr-Mo 钢板。

b. 使用温度低于 −10℃时：厚度大于 12mm 的 20R，厚度大于 20mm 的 16MnR、15MnVR 和 15MnVNR。

低温冲击功的指标根据钢板标准抗拉强度下限值请参阅 GB 150 附录 C（标准的附录）确定。

⑧ 碳素钢和低合金钢钢板使用温度低于或等于 −20℃时，其使用状态及最低冲击试验温度按表 9-95 的规定。

表 9-95　碳素钢和低合金钢铜板使用状态及温度

钢号	使用状态	厚度/mm	最低冲击试验温度/℃
16MnR	热轧	6～25	−20
	正火	6～120	
07MnCrMoVR	调质	16～50	−20
16MnDR	正火	6～36	−40
		＞36～100	−30
07MnNiCrMoVDR	调质	16～50	−40
15MnNiDR	正火，正火加回火	6～60	−45
09Mn2VDR	正火，正火加回火	6～36	−50
09MnNiDR	正火，正火加回火	6～60	−70

⑨ 用于壳体或管道的下列碳素钢和低合金钢钢板，应逐张进行超声检测，钢板的超声检测方法和质量标准按 JB 4730 的规定。

a. 厚度大于 30mm 的 20R 和 16MnR，质量等级应不低于Ⅲ级。

b. 厚度大于 25mm 的 15MnVR、15MnVNR、18MnMoNbR、13MnNiMoNbR 和 Cr-Mo 钢板，质量等级应不低于Ⅲ级。

c. 厚度大于 20mm 的 16MnDR、15MnNiDR、09Mn2VDR 和 09MnNiDR，质量等级应不低于Ⅲ级。

d. 多层包扎压力容器的内筒钢板，质量等级应不低于Ⅱ级。

e. 调质状态供货的钢板，质量等级应不低于Ⅱ级。

⑩ 高合金钢钢板一般按 GB 4237 标准选用。对厚度大于 4mm 的钢板，使用单位在向钢厂订货时应注明为压力容器或压力管道用钢板，以保证钢板表面缺陷处的厚度不小于钢板的允许最小厚度。对厚度不大于 4mm 的钢板，设计单位应注明钢板表面质量的组别。

对厚度不大于 4mm 的钢板，当按 GB 3280 标准选用时，设计单位应注明钢板的表面加工等级。

对耐热用途的钢板，可注明按 GB 4238 标准选用。

⑪ 00Cr18Ni5Mo3Si2 钢板的伸长率（δ_5）应不小于 23%。

⑫ 不锈钢复合钢板应符合以下规定：a. 复合界面的结合剪切强度应不小于 200MPa；b. 复合界面的结合率指标及超声检测范围，应在图样或相应技术文件中注明；c. 基材为本标准中所列的碳素钢和低合金钢钢板或锻件，复材为本标准中所列的高合金钢钢板；d. 复合钢板应在热处理后供货，基层的状态应符合本节的有关规定；e. 复合钢板的使用范围应同时符合基材和复材使用范围的规定。

复合钢板的技术要求除符合上述有关规定外，尚应按 GB 8165 或 NB/T 47002.1 的相应规定。

9.5.3 钢管

① 钢管的标准及许用应力按表 9-96 的规定。

表 9-96 钢管许用应力

钢管	钢管标准	壁厚/mm	常温强度指标 σ_b/MPa	常温强度指标 σ_s/MPa	在下列温度（℃）下的许用应力/MPa ≤20	100	150	200	250	300	350	400	425	450	475	500	525	550	575	600	注
碳素钢钢管																					
10	GB 8163	≤10	335	205	112	112	108	101	92	83	77	71	69	61	41	—	—	—	—	—	
10	GB 9948	≤16	335	205	112	112	108	101	92	83	77	71	69	61	41	—	—	—	—	—	
10	GB 6479	≤16	335	205	112	112	108	101	92	83	77	71	69	61	41	—	—	—	—	—	
		17~40	335	195	112	110	104	98	89	79	74	68	66	61	41	—	—	—	—	—	
20	GB 8163	≤10	390	245	130	130	130	123	110	101	92	86	83	83	41	—	—	—	—	—	
20	GB 9948	≤16	410	245	137	137	132	123	110	101	92	86	83	83	41	—	—	—	—	—	
20G	GB 6479	≤16	410	245	137	137	132	123	110	101	92	86	83	83	41	—	—	—	—	—	
		17~40	410	235	137	132	126	116	104	95	86	79	78	61	41	—	—	—	—	—	
低合金钢钢管																					
16Mn	GB 6479	≤16	490	320	163	163	163	159	147	135	126	119	93	66	43	—	—	—	—	—	
		17~40	490	310	163	163	163	153	141	129	119	116	93	66	43	—	—	—	—	—	
15MnV	GB 6479	≤16	510	350	170	170	170	170	166	153	141	129	—	—	—	—	—	—	—	—	
		17~40	510	340	170	170	170	159	147	135	126		—	—	—	—	—	—	—	—	
09MnD	—	≤16	400	240	133	133	128	119	106	97	88	—	—	—	—	—	—	—	—	—	①

续表

钢管	钢管标准	壁厚/mm	常温强度指标 σ_b/MPa	常温强度指标 σ_s/MPa	在下列温度(℃)下的许用应力/MPa ≤20	100	150	200	250	300	350	400	425	450	475	500	525	550	575	600	注
12CrMo	GB 9948	≤16	410	205	128	113	108	101	95	89	83	77	75	74	72	71	50	—			
12CrMo	GB 6479	≤16	410	205	128	113	108	101	95	89	83	77	75	74	72	71	50	—			
12CrMo	GB 6479	17~40	410	195	122	110	104	98	92	86	79	74	72	71	69	68	50	—			
15CrMo	GB 9948	≤16	440	235	147	132	123	116	110	101	95	89	87	86	81	83	58	37			
15CrMo	GB 6479	≤16	440	235	147	132	123	116	110	101	95	89	87	86	81	83	58	37			
15CrMo	GB 6479	17~40	440	225	141	126	116	110	104	95	89	86	84	83	81	79	58	37			
12Cr1MoVG	GB 5310	≤16	470	255	147	144	135	126	119	110	104	98	96	95	92	89	82	57	35		
10MoWVNb	GB 6479	≤16	470	295	157	157	157	156	153	147	141	135	130	126	121	97	—				
10MoWVNb	GB 6479	17~40	470	285	157	157	156	150	147	141	135	129	124	119	111	97	—				
12Cr2Mo	GB 6479	≤16	450	280	150	150	150	147	144	141	138	134	131	128	119	89	61	46	37		
12Cr2Mo	GB 6479	17~40	450	270	150	150	147	141	138	134	131	128	126	123	119	89	61	46	37		
1Cr5Mo	GB 6479	≤16	390	195	122	110	104	101	98	95	92	89	87	86	83	62	46	35	26	18	
1Cr5Mo	GB 6479	17~40	390	185	116	104	98	95	92	89	86	83	81	79	78	62	46	35	26	18	
高合金钢钢管																					
0Cr13	GB/T 14976	≤18	137	126	123	120	119	117	112	109	105	100	89	72	53	38	26	16	—	—	—
0Cr18Ni9	GB 13296	≤13	137	137	137	130	122	114	111	107	105	103	101	100	98	91	79	64	52	42	32	27	②
0Cr18Ni9	GB/T 14976	≤18	137	114	103	96	90	85	82	79	78	76	75	74	73	71	67	62	52	42	32	27	
0Cr18Ni10Ti	GB 13296	≤13	137	137	137	130	122	114	111	108	106	105	104	103	101	83	58	44	33	25	18	13	②
0Cr18Ni10Ti	GB/T 14976	≤18	137	114	103	96	.90	85	82	80	79	77	76	75	74	58	44	33	25	18	13		
0Cr17Ni12-Mo2	GB 13296	≤13	137	137	137	134	125	118	113	111	110	109	108	107	106	105	96	81	65	50	38	30	②
0Cr17Ni12-Mo2	GB/T 14976	≤18	137	117	107	99	93	87	84	82	81	81	80	79	78	78	76	73	65	50	38	30	
0Cr18Ni12-Mo2Ti	GB 13296	≤13	137	137	137	134	125	118	113	111	110	109	108	107									②
0Cr18Ni12-Mo2Ti	GB/T 14976	≤18	137	117	107	99	93	87	84	82	81	81	80	79									
0Cr19Ni13-Mo3	GB 13296	≤13	137	137	137	134	125	118	113	111	110	109	108	107	106	105	96	81	65	50	38	30	②
0Cr19Ni13-Mo3	GB/T 14976	≤18	137	117	107	99	93	87	84	82	81	81	80	79	78	78	76	73	65	50	38	30	
00Cr19Ni10	GB 13296	≤13	118	118	118	110	103	98	94	91	89												②
00Cr19Ni10	GB/T 14976	≤18	118	97	87	81	76	73	69	67	66												
00Cr17Ni14-Mo2	GB 13296	≤13	118	118	117	108	100	95	90	86	85	84											②
00Cr17Ni14-Mo2	GB/T 14976	≤18	118	97	87	80	74	70	67	64	63	62											
00Cr19Ni13-Mo3	GB 13296	≤13	118	118	118	118	118	113	111	110	109												②
00Cr19Ni13-Mo3	GB/T 14976	≤18	118	117	107	99	93	87	84	82	81	81											

① 该钢管技术要求见 GB 150 附录 A。
② 该行许用应力仅适用于允许产生微量永久变形之元件。
注：中间温度的许用应力，可按本表的数值用内插法求得。

② 选用 GB 6479 标准的钢管时，其尺寸精确度应选取较高级，使用单位在向钢厂订货时应注明该要求。

③ 碳素钢和低合金钾钢管使用温度低于或等于－20℃时，其使用状态及最低冲击试验温度按表 9-97 的规定。

表 9-97　碳素钢和低合金钢使用状态及最低冲击试验温度

钢号	使用状态	壁厚/mm	最低冲击试验温度/℃	钢号	使用状态	壁厚/mm	最低冲击试验温度/℃
10	正火	≤16	－30	16Mn	正火	≤20	－40
20G	正火	≤16	－20	09MnD	正火	≤16	－50

因尺寸限制无法制备 5mm×10mm×55mm 小尺寸冲击试样的钢管，免做冲击试验，各钢号钢管的最低使用温度按 GB 150 附录 C（标准的附录）的规定。

④ 钢管的工艺性能试验（压扁、扩口等）要求，应根据钢管使用时的加工工艺和各钢管标准中的相应规定提出。

9.5.4 锻件

① 锻件的标准及许用应力按表 9-99 的规定。

② 锻件的级别由设计单位确定,并应在图样上注明(在钢号后附上级别符号,如 16MnⅡ)。用作圆筒和封头的筒形和碗形锻件及公称厚度大于 300mm 的低合金钢锻件应选用Ⅲ级或Ⅳ级。

③ 碳素钢和低合金钢锻件使用温度低于或等于 -20℃ 时,其热处理状态及最低冲击试验温度按表 9-98 的规定。

表 9-98 锻件热处理状态

钢号	热处理状态	公称厚度/mm	最低冲击试验温度/℃
16MnD	正火加回火,调质	≤200	-40
		>200~300	-30
09Mn2VD	正火加回火,调质	≤200	-50
09MnNiD	调质	≤300	-70
16MnMoD	调质	≤300	-40
20MnMoD	调质	≤500	-30
		>500~700	-20
08MnNiCrMoVD	调质	≤300	-40
10Ni3MoVD	调质	≤300	-50

9.5.5 螺柱和螺母

① 螺柱用钢的标准、使用状态及许用应力按表 9-100 的规定。

② 低合金钢螺柱用毛坯,经调质热处理后进行力学性能试验。

a. 同一钢号、同一炉号、同一断面尺寸、同一热处理制度、同时投产的螺柱毛坯为一批,每批取一件进行试验。

b. 试样的取样方向为纵向。直径不大于 40mm 的毛坯,试样的纵轴应位于毛坯中心;直径大于 40mm 的毛坯,试样的纵轴应位于毛坯半径的 1/2 处。试样距毛坯端部的距离不得小于毛坯的直径,但拉伸试样的头部(或夹持部分)不受此限制。

c. 每件毛坯上取拉伸试样一个,冲击试样三个。拉伸试验方法按 GB/T 228.1 的规定,冲击试验方法按 GB/T 229 的规定。试验结果应符合表 9-101 的规定,表中冲击功的规定值系三个试样试验结果的平均值,允许有一个试样的试验结果小于规定值,但不得小于规定值的 70%。对钢号和规格符合 JB 4707 的低合金钢螺柱用钢材,其力学性能可按该标准验收。

d. 拉伸试验结果不合格时,应从同一毛坯上再取两个拉伸试样进行复验,测定全部三项性能。试验结果中只要有一个数据不符合表 9-101 的规定,则该批毛坯判为不合格。

e. 冲击试验结果不合格时,应从同一毛坯上再取三个冲击试样进行复验。前后两组六个试样的冲击功平均值不得小于规定值,允许有两个试验的冲击功小于规定值,但其中小于规定值 70% 的只允许有一个。否则该批毛坯判为不合格。

f. 被判为不合格的整批毛坯可重新热处理,然后按上述程序重新取样进行拉伸和冲击试验。

③ 低合金钢螺柱用钢材使用温度低于或等于 -20℃ 时,应进行使用温度下的低温冲击试验,此时表 9-101 中的冲击试验温度由 20℃ 改为使用温度,低温用螺柱的钢号及冲击试验要求按表 9-102 的规定。

表 9-99 锻件许用应力

钢号	锻件标准	公称厚度/mm	常温强度指标		在下列温度(℃)下的许用应力/MPa																注
			σ_b/MPa	σ_s/MPa	≤20	100	150	200	250	300	350	400	425	450	475	500	525	550	575	600	
碳素钢锻件																					
20	NB/T 47008	≤100	370	215	123	119	113	104	95	86	79	74	72	61	41	—	—	—	—	—	

续表

钢号	锻件标准	公称厚度/mm	常温强度指标 σ_b/MPa	常温强度指标 σ_s/MPa	在下列温度(℃)下的许用应力/MPa ≤20	100	150	200	250	300	350	400	425	450	475	500	525	550	575	600	注
35	NB/T 47008	≤100	510	265	166	147	141	129	116	108	98	92	85	61	41	—	—	—	—	—	①
35	NB/T 47008	>100~300	490	255	159	144	138	126	113	104	95	89	85	61	41	—	—	—	—	—	①

低合金钢锻件

钢号	锻件标准	公称厚度/mm	σ_b/MPa	σ_s/MPa	≤20	100	150	200	250	300	350	400	425	450	475	500	525	550	575	600	注
16Mn	NB/T 47008	≤300	450	275	150	150	147	135	129	116	110	104	93	66	43	—	—	—	—	—	
15MnV	NB/T 47008	≤300	470	315	157	157	157	156	147	135	126	113	—	—	—	—	—	—	—	—	

低合金钢锻件

钢号	锻件标准	公称厚度/mm	σ_b/MPa	σ_s/MPa	≤20	100	150	200	250	300	350	400	425	450	475	500	525	550	575	600	注
20MnMo	NB/T 47008	≤300	530	370	177	177	177	177	177	177	171	163	156	131	84	49	—	—	—	—	
20MnMo	NB/T 47008	>300~500	510	355	170	170	170	170	170	169	163	153	147	131	84	49	—	—	—	—	
20MnMo	NB/T 47008	>500~700	490	340	163	163	163	163	163	163	159	150	144	131	84	49	—	—	—	—	
20MnMoNb	NB/T 47008	≤300	620	470	207	207	207	207	207	207	207	207	207	177	117	—	—	—	—	—	
20MnMoNb	NB/T 47008	>300~500	610	460	203	203	203	203	203	203	203	203	203	177	117	—	—	—	—	—	
16MnD	NB/T 47008	≤300	450	275	150	150	147	135	129	116	110	—	—	—	—	—	—	—	—	—	
09Mn2VD	NB/T 47008	≤200	420	260	140	140	—	—	—	—	—	—	—	—	—	—	—	—	—	—	
09MnNiD	NB/T 47008	≤300	420	260	140	140	140	140	134	128	119	—	—	—	—	—	—	—	—	—	
16MnMoD	NB/T 47008	≤300	510	355	170	170	170	170	170	169	163	—	—	—	—	—	—	—	—	—	
20MnMoD	NB/T 47008	≤300	530	370	177	177	177	177	177	177	171	—	—	—	—	—	—	—	—	—	
20MnMoD	NB/T 47008	>300~500	510	355	170	170	170	170	170	169	163	—	—	—	—	—	—	—	—	—	
20MnMoD	NB/T 47008	>500~700	490	340	163	163	163	163	163	163	159	—	—	—	—	—	—	—	—	—	
08MnNiCrMoVD	NB/T 47008	≤300	600	480	200	200	200	200	200	200	200	—	—	—	—	—	—	—	—	—	
10Ni3MoVD	NB/T 47008	≤300	610	490	203	203	—	—	—	—	—	—	—	—	—	—	—	—	—	—	
15CrMo	NB/T 47008	≤300	440	275	147	147	147	138	132	123	116	110	107	104	103	88	58	37	—	—	
15CrMo	NB/T 47008	>300~500	430	255	143	143	135	126	119	110	104	98	96	95	93	88	58	37	—	—	
35CrMo	NB/T 47008	≤300	620	440	207	207	207	207	207	207	207	200	194	150	111	79	50	—	—	—	①
35CrMo	NB/T 47008	>300~500	610	430	203	203	203	203	203	203	203	200	194	150	111	79	50	—	—	—	①
12Cr1MoV	NB/T 47008	≤300	440	255	147	144	135	126	119	110	104	98	96	95	92	89	82	57	35	—	
12Cr1MoV	NB/T 47008	>300~500	430	245	143	141	131	126	119	110	104	98	96	95	92	89	82	57	35	—	
12Cr2Mo1	NB/T 47008	≤300	510	310	170	170	169	163	159	156	153	150	147	144	119	89	61	46	37	—	
12Cr2Mo1	NB/T 47008	>300~500	500	300	167	167	166	159	156	153	150	147	144	141	119	89	61	46	37	—	
1Cr5Mo	NB/T 47008	≤500	590	390	197	197	197	197	197	197	197	190	136	107	83	62	46	35	26	18	

钢号	锻件标准	公称厚度/mm	在下列温度(℃)下的许用应力/MPa ≤20	100	150	200	250	300	350	400	425	450	475	500	525	550	575	600	625	650	675	700	注

高合金钢锻件

钢号	锻件标准	公称厚度/mm	≤20	100	150	200	250	300	350	400	425	450	475	500	525	550	575	600	625	650	675	700	注
0Cr13	NB/T 47008	≤100	137	126	123	120	119	117	112	109	105	100	89	72	53	38	26	16	—	—	—	—	
0Cr18Ni9	NB/T 47008	≤200	137	137	137	130	122	114	111	107	105	103	101	100	98	91	79	64	52	42	32	27	②
0Cr18Ni9	NB/T 47008	≤200	137	114	103	96	90	85	82	79	78	76	75	74	73	71	67	62	52	42	32	27	②
0Cr18Ni10Ti	NB/T 47008	≤200	137	137	137	130	122	114	111	108	106	105	104	103	101	83	58	44	33	25	18	13	②
0Cr18Ni10Ti	NB/T 47008	≤200	137	114	103	96	90	85	82	80	79	78	77	76	75	74	58	44	33	25	18	13	②
0Cr17Ni12Mo2	NB/T 47008	≤200	137	137	137	134	125	118	113	111	110	109	108	107	106	105	96	81	65	50	38	30	②
0Cr17Ni12Mo2	NB/T 47008	≤200	137	117	107	99	93	87	84	82	81	81	80	79	78	78	76	73	65	50	38	30	②
00Cr19Ni10	NB/T 47008	≤200	117	117	117	110	103	98	94	91	89	—	—	—	—	—	—	—	—	—	—	—	②
00Cr19Ni10	NB/T 47008	≤200	117	97	87	81	76	73	69	67	66	—	—	—	—	—	—	—	—	—	—	—	②
00Cr17Ni14Mo2	NB/T 47008	≤200	117	117	117	108	100	95	90	86	85	84	—	—	—	—	—	—	—	—	—	—	②
00Cr17Ni14Mo2	NB/T 47008	≤200	117	97	87	80	74	70	67	64	63	62	—	—	—	—	—	—	—	—	—	—	②
00Cr18Ni5Mo3Si2	NB/T 47008	≤100	197	197	178	163	156	153	—	—	—	—	—	—	—	—	—	—	—	—	—	—	

① 该锻件不得用于焊接结构。
② 该行许用应力仅适用于允许产生微量永久变形之元件,对于法兰或其他有微量永久变形就引起泄漏或故障的场合不能采用。
注:中间温度的许用应力,可按本表的数值用内插法求得。

表 9-100 螺柱许用应力

钢号	钢材标准	使用状态	螺柱规格/mm	常温强度指标 σ_b/MPa	常温强度指标 σ_s/MPa	在下列温度(℃)下的许用应力/MPa ≤20	100	150	200	250	300	350	400	425	450	475	500	525	550	575	600
碳素钢螺柱																					
Q235-A	GB 700	热轧	≤M20	375	235	87	78	74	69	62	56	—	—	—	—	—	—	—	—	—	—
35	GB 699	正火	≤M22	530	315	117	105	98	91	82	74	69	—	—	—	—	—	—	—	—	—
35	GB 699	正火	M24~M27	510	295	118	106	100	92	84	76	70	—	—	—	—	—	—	—	—	—
低合金钢螺柱																					
40MnB	GB 3077	调质	≤M22	805	685	196	176	171	165	162	154	143	126	—	—	—	—	—	—	—	—
40MnB	GB 3077	调质	M24~M36	765	635	212	189	183	180	176	167	154	137	—	—	—	—	—	—	—	—
40MnVB	GB 3077	调质	≤M22	835	735	210	190	185	179	176	168	157	140	—	—	—	—	—	—	—	—
40MnVB	GB 3077	调质	M24~M36	805	685	228	206	199	196	193	183	170	154	—	—	—	—	—	—	—	—
40Cr	GB 3077	调质	≤M22	805	685	196	176	171	165	162	157	148	134	—	—	—	—	—	—	—	—
40Cr	GB 3077	调质	M24~M36	765	635	212	189	183	180	176	170	160	147	—	—	—	—	—	—	—	—
30CrMoA	GB 3077	调质	≤M22	700	550	157	141	137	134	131	129	124	116	111	107	103	79	—	—	—	—
30CrMoA	GB 3077	调质	M24~M48	660	500	167	150	145	142	140	137	132	123	118	113	108	79	—	—	—	—
30CrMoA	GB 3077	调质	M52~M56	660	500	185	167	161	157	156	152	146	137	131	126	111	79	—	—	—	—
35CrMoA	GB 3077	调质	≤M22	835	735	210	190	185	179	176	174	165	154	147	140	111	79	—	—	—	—
35CrMoA	GB 3077	调质	M24~M48	805	685	228	206	199	196	193	189	180	170	162	150	111	79	—	—	—	—
35CrMoA	GB 3077	调质	M52~M80	805	685	254	229	221	218	214	210	200	189	180	150	111	79	—	—	—	—
35CrMoA	GB 3077	调质	M85~M105	735	590	219	198	189	185	181	178	171	160	153	145	111	79	—	—	—	—
35CrMoVA	GB 3077	调质	M52~M105	835	735	272	247	240	232	229	225	218	207	201	—	—	—	—	—	—	—
35CrMoVA	GB 3077	调质	M110~M140	785	665	246	221	214	210	207	203	196	189	183	—	—	—	—	—	—	—
25Cr2MoVA	GB 3077	调质	≤M22	835	735	210	190	185	179	176	174	168	160	156	151	111	131	72	39	—	—
25Cr2MoVA	GB 3077	调质	M24~M48	835	735	245	222	216	209	206	203	196	186	181	176	168	131	72	39	—	—
25Cr2MoVA	GB 3077	调质	M52~M105	805	685	254	229	221	218	214	210	203	196	191	185	176	131	72	39	—	—
25Cr2MoVA	GB 3077	调质	M110~M140	735	590	219	196	189	185	181	178	174	167	164	160	153	131	72	39	—	—
40CrNiMoA	GB 3077	调质	M52~M140	930	825	306	291	281	274	267	257	244	—	—	—	—	—	—	—	—	—
1Cr5Mo	GB 1221	调质	≤M22	590	390	111	101	97	94	92	91	90	87	84	81	77	62	46	35	26	18
1Cr5Mo	GB 1221	调质	M24~M48	590	390	130	118	113	110	109	108	106	105	101	98	95	83	62	46	35	26	18

钢号	钢材标准	使用状态	螺柱规格/mm	在下列温度(℃)下的许用应力/MPa ≤20	100	150	200	250	300	350	400	450	500	525	550	575	600	625	650	675	700
高合金钢螺柱																					
2Cr13	GB 1220	调质	≤M22	126	117	111	106	103	100	97	91	—	—	—	—	—	—	—	—	—	—
2Cr13	GB 1220	调质	M24~M27	147	137	130	123	120	117	113	107	—	—	—	—	—	—	—	—	—	—
0Cr18Ni9	GB 1220	固溶	≤M22	129	107	97	90	84	79	77	74	71	69	68	66	63	58	52	42	32	27
0Cr18Ni9	GB 1220	固溶	M24~M48	137	114	103	96	90	85	82	79	76	74	73	71	67	62	52	42	32	27
0Cr18Ni10Ti	GB 1220	固溶	≤M22	129	107	97	90	84	79	77	75	73	71	70	69	58	44	33	25	18	13
0Cr18Ni10Ti	GB 1220	固溶	M24~M48	137	114	103	96	90	85	82	80	78	76	75	74	58	44	33	25	18	13
0Cr17Ni12Mo2	GB 1220	固溶	≤M22	129	109	101	93	87	82	79	77	76	75	74	73	71	68	65	50	38	30
0Cr17Ni12Mo2	GB 1220	固溶	M24~M48	137	117	107	99	93	87	84	82	81	79	78	78	76	73	65	50	38	30

注：中间温度的许用应力，可按本表的数值用内插法求得。

表 9-101 拉伸试验数据

钢号	回火温度/℃	规格/mm	σ_b/MPa	$\sigma_s(\sigma_{0.2})$/MPa	δ_5/%	A_{kv}/J
40MnB	≥550	≤M22	≥805	≥685	≥13	≥34
40MnB	≥550	M24~M36	≥765	≥635	≥13	≥34
40MnVB	≥550	≤M22	≥835	≥735	≥12	≥34
40MnVB	≥550	M24~M36	≥805	≥685	≥12	≥34

续表

钢号	回火温度/°C	规格/mm	σ_b/MPa	$\sigma_s(\sigma_{0.2})$/MPa	δ_5/%	A_{kv}/J
40Cr	≥550	≤M22	≥805	≥685	≥13	≥34
		M24~M36	≥765	≥635		
30CrMoA	≥600	≤M22	≥700	≥550	≥15	≥61
		M24~M56	≥660	≥500		
35CrMoA	≥560	≤M22	≥835	≥735	≥13	≥54
		M24~M80	≥805	≥685		
		M85~M105	≥735	≥590		≥47
35CrMoVA	≥600	M52~M105	≥835	≥735	≥12	≥47
		M110~M140	≥785	≥665		
25Cr2MoVA	≥620	≤M48	≥835	≥735	≥14	≥47
		M52~M105	≥805	≥685		
		M110~M140	≥735	≥590		
40CrNiMoA	≥520	M52~M140	≥930	≥825	≥12	≥54
1Cr5Mo	≥650	≤M48	≥590	≥390	≥18	≥34

表 9-102　冲击试验数据

钢号	规格/mm	最低冲击试验温度/°C	A_{kv}/J
30CrMoA	≤M56	-100	≥27
35CrMoA	≤M56	-100	≥27
	M60~M80	-70	
40CrNiMoA	M52~M80	-70	≥31
	M85~M140	-50	

④ 与各螺柱用钢组合使用的螺母用钢可按表 9-103 选取，设计人员也可选用有使用经验的其他螺母用钢。调质状态使用的螺母用钢，其回火温度应高于组合使用的螺柱用钢的回火温度。

表 9-103　螺母用组合钢

螺柱钢号	螺母用钢			
	钢号	钢材标准	使用状态	使用温度范围/°C
Q235-A	Q215-A，Q235-A	GB 700	热轧	>-20~300
35	Q235-A	GB 700	热轧	>-20~300
	20，25	GB 699	正火	>-20~350
40MnB	35，40Mn，45	GB 699	正火	>-20~400
40MnVB	35，40Mn，45	GB 699	正火	>-20~400
40Cr	35，40Mn，45	GB 699	正火	>-20~400
30CrMoA	40Mn，45	GB 699	正火	>-20~400
	30CrMoA	GB 3077	调质	-100~500
35CrMoA	40Mn，45	GB 699	正火	>-20~400
	30CrMoA，35CrMoA	GB 3077	调质	-100~500
35CrMoVA	35CrMoA，35CrMoVA	GB 3077	调质	>-20~425
25Cr2MoVA	30CrMoA，35CrMoA	GB 3077	调质	>-20~500
	25Cr2MoVA	GB 3077	调质	>-20~550
40CrNiMoA	35CrMoA，40CrNiMoA	GB 3077	调质	-70~350
1Cr5Mo	1Cr5Mo	GB 1221	调质	>-20~600
2Cr13	1Cr13，2Cr13	GB 1220	调质	>-20~400
0Cr18Ni9	1Cr13	GB 1220	退火	>-20~600
	0Cr18Ni9	GB 1220	固溶	-253~700
0Cr18Ni10Ti	0Cr18Ni10Ti	GB 1220	固溶	-196~700
0Cr17Ni12Mo2	0Cr17Ni12Mo2	GB 1220	固溶	-253~700

参 考 文 献

[1] 国外贮罐技术的现状和动向.石油化工设备技术,1994,15(3).
[2] 试论当代球罐的建造水平及我国球罐的发展方向.压力容器,1987.
[3] 刘宇,谈泉新.WEL-TEN610CF 钢制 1500m³ 球罐设计及制造.化工设备设计,1998,(5).
[4] "液化石油气球形贮罐标准".JLPA 201—1981.日本液化石油气协会标准.
[5] 王松汉等编著.乙烯工艺与技术.北京:中国石化出版社,2000.
[6] 原化学工业部化学工程设计技术中心站主编.化工单元操作设计手册:中册,下册.1987.
[7] 谭永泰.乙烯工业,1996,8(3):1-16.
[8] 玉置明善,玉置正和著.化工装置工程手册.张新等译.北京:兵器工业出版社,1991.
[9] 陈涤非,李学彤.十万立方米浮顶罐的应力实测与分析.油气储运,1998,7(6).
[10] 湛卢炳等编.大型贮罐设计.上海:上海科技出版社,1982.
[11] 尹德钰,刘善维,钱若军编.网壳结构设计.北京:中国建筑工业出版社,1996.
[12] Makowski,Z S Analysis,Design,and Construction of Braced Domes.Granada,1984.
[13] Makowski,Z S 主编.金属结构稳定设计准则解说.董其震等译.北京:中国铁道出版社,1981.
[14] 斯新中.单盘式浮顶的设计.炼油设备设计,1980,(4).
[15] 潘家华编.圆柱形金属油罐设计.北京:石油工业出版社,1984.
[16] 黄才良.装配式铝制内浮顶油罐.石油化工设备技术,1988,9(1).
[17] 洪锡彬.组装式铝合金内浮顶的标定.炼油设计,1988,(4).
[18] 项忠权,孙家孔编.石油化工设备抗震.北京:地震出版社,1995.
[19] 王秀逸,张平生编.特种结构.北京:地震出版社,1997.
[20] 黄标编.气力输送.上海:上海科学技术出版社.1982.
[21] 邓渊等编.煤气规划设计手册.北京:中国建筑工业出版社,1992.
[22] 陈载赋等编.钢筋混凝土建筑结构与特种结构手册.成都:四川科学技术出版社,1997.
[23] 李征西,徐恩文编.油品储运设计手册.北京:石油工业出版社,1997.